Springer-Lehrbuch

H. J. Eichler   H.-D. Kronfeldt   J. Sahm

Das Neue Physikalische Grundpraktikum

53 Themenkreise mit über 300 Vorschlägen für Experimente,
590 zweifarbige Bilder, 50 Tabellen,
Lesezeichen mit Piktogrammen,
Fundamentalkonstanten und einem Replika-Gitter

Zweite, erweiterte und aktualisierte Auflage

Professor Dr. Hans Joachim Eichler
Priv.-Doz. Dr. Heinz-Detlef Kronfeldt
Professor Dr. Jürgen Sahm

Technische Universität Berlin
Optisches Institut
Hardenbergstraße 36
10623 Berlin, Deutschland

eichler@physik.tu-berlin.de (Prof. Eichler)
kf@physik.tu-berlin.de (P.D. Kronfeldt)
sahm@physik.tu-berlin.de (Prof. Sahm)

Bibliografische Information der Deutschen Bibliothek
Die Deutsche Bibliothek verzeichnet diese Publikation in der Deutschen Nationalbibliografie;
detaillierte bibliografische Daten sind im Internet über http://dnb.ddb.de abrufbar.

ISBN-10 3-540-21453-4   2. Aufl. Springer Berlin Heidelberg New York
ISBN-13 978-3-540-21453-3   2. Aufl. Springer Berlin Heidelberg New York
ISBN 3-540-63109-7   1. Aufl. Springer-Verlag Berlin Heidelberg New York

Dieses Werk ist urheberrechtlich geschützt. Die dadurch begründeten Rechte, insbesondere die der Übersetzung, des Nachdrucks, des Vortrags, der Entnahme von Abbildungen und Tabellen, der Funksendung, der Mikroverfilmung oder der Vervielfältigung auf anderen Wegen und der Speicherung in Datenverarbeitungsanlagen, bleiben, auch bei nur auszugsweiser Verwertung, vorbehalten. Eine Vervielfältigung dieses Werkes oder von Teilen dieses Werkes ist auch im Einzelfall nur in den Grenzen der gesetzlichen Bestimmungen des Urheberrechtsgesetzes der Bundesrepublik Deutschland vom 9. September 1965 in der jeweils geltenden Fassung zulässig. Sie ist grundsätzlich vergütungspflichtig. Zuwiderhandlungen unterliegen den Strafbestimmungen des Urheberrechtsgesetzes.

Springer ist ein Unternehmen von Springer Science+Business Media
springer.de
© Springer-Verlag Berlin Heidelberg 2001, 2006
Printed in Slovenia

Die Wiedergabe von Gebrauchsnamen, Handelsnamen, Warenbezeichnungen usw. in diesem Werk berechtigt auch ohne besondere Kennzeichnung nicht zu der Annahme, daß solche Namen im Sinne der Warenzeichen- und Markenschutz-Gesetzgebung als frei zu betrachten wären und daher von jedermann benutzt werden dürften.

Herstellung: LE-TeX Jelonek, Schmidt & Vöckler GbR, Leipzig
Satz und Umbruch: Druckfertige Daten von den Autoren
Einbandgestaltung: *design & production* GmbH, Heidelberg

Gedruckt auf säurefreiem Papier   56/3141/YL - 5 4 3 2 1 0

Vorwort

Die Physik ist eine grundlegende Naturwissenschaft und Basis der meisten technischen Disziplinen; sie bezieht ihre Erkenntnisse aus der befruchtenden Wechselbeziehung zwischen Experiment und Theorie. Die *persönliche Begegnung* mit dem physikalischen Experiment im Rahmen eines Grundpraktikums ist daher ein wesentliches Ausbildungselement für alle angehenden Physiker, Naturwissenschaftler und Ingenieure. Kennzeichnend für das physikalische Grundpraktikum ist das Lernen durch *eigenes Tun*, das eine notwendige Ergänzung zu dem rezeptiven Lernen in Vorlesungen und aus Büchern darstellt. Im besten Falle kommt es zum Verstehen durch *Begreifen*.

Hieraus lassen sich als wichtigste **Ausbildungsziele** eines Physikalischen Grundpraktikums formulieren:

- Einführung in die *Physik als Erfahrungswissenschaft* durch die experimentierende Beschäftigung mit den Grundphänomenen der Physik, wozu im Praktikum vor allem auch die Messung physikalischer Größen und die Überprüfung physikalischer Gesetzmäßigkeiten zählt.

- Kennenlernen und Vertrautwerden mit wichtigen *Meßverfahren* und *−geräten* sowie deren Eigenschaften einschließlich rechnergestützter Meßwerterfassung und -verarbeitung.

- Einführung in die *Methodik wissenschaftlicher experimenteller Arbeit*. Hierzu gehören insbesondere Versuchsplanung und -aufbau, Durchführung und Protokollierung der Messungen, eine geeignete Auswertung der Meßwerte sowie schließlich eine kritische Bewertung mit Fehlerbetrachtungen und die Diskussion der Meßergebnisse.

Damit diese Ziele erreicht werden und das Experimentieren sich nicht in einem bloßen Probieren erschöpft, muß ein Experimentator sowohl die physikalischen Zusammenhänge als auch die meßtechnischen Bedingungen überschauen. Für beides will dieses Praktikumsbuch eine Hilfe sein. Es ist entstanden aus den schriftlichen Anleitungen für das Physikalische Grundpraktikum an der Technischen Universität Berlin und wendet sich **an Studierende der Physik, der Natur- und Ingenieurwissenschaften** an Universitäten und Fachhochschulen. Für Physikstudierende erstreckt sich das Praktikum über drei Semester, während zukünftige Mathematiker, Informatiker, Mediziner und Naturwissenschaftler (wie Chemiker, Biologen und Geowissenschaftler) sowie Ingenieure (wie z. B. Bau-, Elektro-, Maschinenbau- und Wirtschaftsingenieure) eine ihrer Fachrichtung ange-

Physikalische Fundamentalkonstanten
(Quelle: NIST, CODATA 2002)

Absoluter Temperaturnullpunkt
$-273{,}15\,°C$

Atomare Masseneinheit
$u = 1{,}661 \cdot 10^{-27}\ kg$

Avogadro-Konstante
$N_A = 6{,}022 \cdot 10^{23}\ mol^{-1}$

Boltzmann-Konstante
$k = R/N_A = 1{,}381 \cdot 10^{-23}\ J\ K^{-1}$

Elektrische Feldkonstante
$\epsilon_0 = 8{,}854 \cdot 10^{-12}\ A\ s\ V^{-1}\ m^{-1}$

Elektronenmasse
$m_e = 9{,}109 \cdot 10^{-31}\ kg$

Elementarladung
$e = 1{,}602 \cdot 10^{-19}\ C$

universelle, molare Gaskonstante
$R = N_A k = 8{,}314\ J\ mol^{-1}\ K^{-1}$

Gravitationskonstante
$G = 6{,}674 \cdot 10^{-11}\ N\ m^2\ kg^{-2}$

Lichtgeschwindigkeit
$c = 2{,}998 \cdot 10^8\ m\ s^{-1}$

Magnetische Feldkonstante
$\mu_0 = 4\pi \cdot 10^{-7}\ V s\ A^{-1}\ m^{-1}$

Neutronenmasse
$m_n = 1{,}675 \cdot 10^{-27}\ kg$

Plancksches Wirkungsquantum
$h = 6{,}626 \cdot 10^{-34}\ J\ s$

Protonenmasse
$m_p = 1{,}673 \cdot 10^{-27}\ kg$

Rydberg-Frequenz
$R_y = 3{,}290 \cdot 10^{15}\ s^{-1}$

Wärmekapazität von Wasser
$c = 4{,}187\ J\ g^{-1}\ K^{-1}$

Erdbeschleunigung (Berlin)
$g = 9{,}813\ m\ s^{-2}$

Luftnormdruck
$p_0 = 1013{,}25\ hPa$

Luftnormdichte
$\rho_0 = 0{,}001293\ g\ cm^{-3}$

Luftschallgeschwindigkeit (Normbed.)
$c_{0L} = 33100\ cm\ s^{-1}$

---

paßte Aufgabenauswahl für einen ein- bis zweisemestrigen Kurs treffen können.

Die experimentellen Aufgaben aus **53 Themenkreisen** sind zu **12 Kapiteln I-XII** zusammengefaßt. Jeder Themenkreis enthält eine Zahl von **Teilaufgaben**, aus denen für einen Experimentiertermin eine Auswahl zusammengestellt werden kann. Für jede dieser experimentellen Teilaufgaben ist eine Gewichtung (z. B. 1/3, 1/2, 2/3, 1/1) angegeben, die den Zeitbedarf angibt. Während eines Praktikumstermins mit typisch 4 Stunden experimenteller Arbeit sollen Aufgaben im Umfang von 1/1 bearbeitet werden. Studierende von Fachrichtungen, in denen wöchentlich weniger Praktikumsstunden erforderlich sind, bearbeiten Aufgaben mit einer entsprechend geringeren Gewichtung. Die möglichen Kombinationen verschiedener Teilaufgaben erlauben den Praktikumsveranstaltern eine **Differenzierung** für die verschiedenen Fachrichtungen und schaffen zugleich auch ein wünschenswertes Auswahlangebot für die Studierenden.

Die Darstellung der 53 Themenkreise in diesem Buch ist stets in der gleichen Weise strukturiert. Diese Struktur wird durch **Logos** visuell unterstützt. Der Formulierung des allgemeinen *Lernziels* folgen zunächst Hinweise auf die *Literatur*, die zur ergänzenden Vorbereitung auf die Aufgabe herangezogen werden kann. Zur Erleichterung der Suche in Standardlehrbüchern sind jeweils *thematische Stichworte* angegeben. Zusätzlich werden spezielle Quellen genannt. Die anschließende Darstellung der *physikalischen Grundlagen* enthält sowohl die für das Verständnis der zu untersuchenden Phänomene benötigten Grundlagen als auch die der verwendeten Meßverfahren. Dabei sind zum Grundwissen gehörende *Formeln* rot unterlegt, andere für die Aufgabe wichtige Formeln sind grau unterlegt. Besonders wichtiger Text ist als Merksatz rot gekennzeichnet. *Fettgedruckte* Worte bezeichnen Schlüsselbegriffe, die für den behandelten Stoff von grundlegender Bedeutung sind. *Kursivgedruckte* Worte bezeichnen andere wichtige Fachtermini, die oft an anderer Stelle ausführlich erläutert sind – siehe dazu das **Stichwortverzeichnis**.

Bei den experimentellen Aufgaben ist das *Lernziel* der jeweiligen Teilaufgabe formuliert, gefolgt von Angaben zum Meßverfahren und zum *Handwerkszeug und Zubehör*. Die eigentlichen *Meßaufgaben* werden jeweils durch eine Stoppuhr eingeführt. Schließlich gibt es noch Hinweise zur *Auswertung der Versuche*. Eine tabellarische Übersicht über die verwendeten Logos und deren Bedeutung, siehe nächste Randspalte, findet sich auch auf dem beigefügten Lesezeichen, das zusätzlich mit einem **Replika-Gitter** für optische Beugungsexperimente ausgestattet ist, siehe z. B. die *Themenkreise 38* und *44*. Das Lesezeichen listet ferner eine Reihe physikalischer Fundamentalkonstanten auf, wie sie auch nebenstehend abgedruckt sind.

Erfahrungen aus dem Einsatz dieses Buches seit seinem ersten Erscheinen im Jahr 2001 sowie fachliche und methodische Weiterentwicklungen waren Anlaß für eine Überarbeitung für die nunmehr vorgelegte 2. Auflage. So wurden Fehler der 1. Auflage beseitigt, den Grundlagen Elemente der modernen Optik hinzugefügt (u. a. Flüssigkristalle, Laser), das

Aufgabenspektrum erweitert (z. B. Beugung von Materiewellen, Digitalkamera). Schließlich wurden die Themenkreise des Kapitels XII *Digitalelektronik und Computer* durch Umstellung auf das moderne und komfortable Softwarepaket LabVIEW grundlegend überarbeitet, wobei wir die Firma National Instruments für ihre Hardware-Unterstützung dankbar erwähnen möchten. Die bewährte grafische Gestaltung mit den Piktogrammen, der Hervorhebung der wichtigen Formeln, dem optischen Replikagitter und der durchgehenden Zweifarbigkeit wurde beibehalten. Die Autoren hoffen, daß das Buch so den sich wandelnden Ansprüchen eines zeitgemäßen Physikalischen Grundpraktikums gerecht wird.

Dieses Lehrbuch ist aus der Arbeit der Autoren als Praktikumsveranstalter erwachsen. Es stützt sich dabei auch auf die langjährigen Arbeiten von Kollegen, die das Physikalische Grundpraktikum in der Vergangenheit mit großem Engagement mit dem Ziel weiterentwickelt haben, den Studierenden eine inhaltlich und methodisch stets moderne experimentelle Einführung in die Physik zu geben. Stellvertretend für alle anderen sei hier Prof. Dr. Gerd Koppelmann (†1992) erwähnt. Ihnen allen gilt unser Dank. Wir danken ferner mehreren Generationen engagierter wissenschaftlicher Mitarbeiter, die durch ihre neuen Ideen bei der Weiterentwicklung der Praktikumsaufgaben und der zugehörigen Skripten Grundlagen für dieses Buch gelegt haben. In diesen Dank beziehen wir auch die vielen studentischen Mitarbeiter mit ein, die in der täglichen Arbeit bei der Betreuung der Praktikumsstudierenden für eine Fülle von Anregungen gesorgt haben. Besondere Beiträge und Anregungen verdanken wir dabei den Herren Dr. David Ashkenasi, Dr. Hans Blersch, Dipl.-Phys. Andreas Hermerschmidt, Dipl.-Phys. Frank Kallmeyer, Dipl.-Phys. Matthias Kock, Dr. Peter Kümmel, Prof. Dr. Rainer Macdonald, Dipl.-Phys. Christian Müller, Prof. Dr. K.-H. Rädler, Dr. Thomas Riesbeck, Dipl.-Phys. A. Rüdel, Dr. Knut Stahrenberg und Dipl.-Phys. Christoph Theiss. Bei der Herstellung des Buches haben sich besondere Anerkennung verdient Herr Dr. Guido Sawade (†2004), sowie die Damen Dr. Nicola Iwanowski und Dipl.-Phys. Constanze Beyer. Schließlich sei den Mitarbeitern des Springer Verlages, Herrn Dr. Hans Jürgen Kölsch und Frau Petra Treiber sowie Herrn Dr. Thorsten Schneider und Frau Ute Heuser gedankt, die dieses Buchprojekt anhaltend und konstruktiv gefördert haben.

Wir wünschen uns, daß auch die künftigen Praktikumsstudierenden dieses Buch gerne und mit gutem Erfolg nutzen werden.

Berlin, Juni 2005

H. J. Eichler
H.-D. Kronfeldt
J. Sahm

Übersicht über die verwendeten Logos und deren Bedeutung

Ziel
Wichtigste Lernziele der Aufgaben oder Aufgabenteile.

Literatur
Hinweise auf einführende oder weiterführende Literaturquellen.

Grundlagen
Physikalisches Grundwissen zur Aufgabe.

Zubehör
Benötigte Geräte und Material.

Meßaufgabe
Vorschläge zur Durchführung von Experimenten und Messungen.

Teilmeßaufgabe

Auswertung
Vorschläge zur Auswertung einer Meßaufgabe.

Teilauswertung

Formel in rotem Rahmen gehört zum Grundwissen.

Formel in grauem Rahmen ist wichtig.

Inhaltsverzeichnis

Kapitel I.
Grundbegriffe der Meßtechnik

1. **Messen und Auswerten** 3
   Physikalische Größen und ihre Einheiten 3
   Fehler einer Messung 5
   Systematische Fehler 6
   Zufällige Fehler 8
   Fehlerfortpflanzung 10
   Grafische Darstellungen 11
   Auswertung linearer Zusammenhänge 16
   Protokollführung 20

2. **Meßunsicherheit und Statistik** 23
   Statistik 23
   Histogramm und Wahrscheinlichkeit 24
   Die Gauß- oder Normalverteilung 25
   Meßunsicherheit des Endergebnisses 26
   2.1 Grundversuche mit dem Galton-Fallbrett (1/2) 27
   2.2 Standardabweichung und Vertrauensbereich
        für verschieden große Stichproben (1/2) 29

Kapitel II.
Bewegungen und Kräfte

3. **Translation und Rotation** 35
   Bewegungen von Massenpunkten 35
   Drehbewegungen starrer Körper 39
   3.1 Weg-Zeit-Verlauf beim freien Fall (1/3) 41
   3.2 Bestimmung der Erdbeschleunigung (1/3) 42
   3.3 Energieerhaltungssatz (1/3) 43
   3.4 Beziehung zwischen Winkel und Zeit
        unter Einwirkung eines Drehmomentes (1/3) 43
   3.5 Beziehung zwischen Drehmoment
        und Winkelbeschleunigung (1/3) 43

4. Stoßprozesse 45
Impuls- und Energieerhaltungssatz 45
Kugelpendelkette 46
4.1 Stöße zweier Kugeln (1/3) 47
4.2 Kugelpendelkette (1/3) 48
4.3 Kugelpendelkette mit Störungen (1/3) 50

5. Harmonische Schwingungen 52
Schwingungen eines Federpendels 52
Fadenpendel (Mathematisches Pendel) 54
Physikalisches (physisches) Pendel 55
Reversionspendel 56
5.1 Federpendel (1/1) 58
5.2 Fadenpendel (Mathematisches Pendel) (1/1) 59
5.3 Physikalisches Pendel (1/1) 62
5.4 Reversionspendel (1/1) 63

6. Gekoppelte Schwingungen 66
Gekoppelte Pendel 66
Bewegungsgleichungen der gekoppelten Pendel 68
Lösung der gekoppelten Differentialgleichungen 69
6.1 Gekoppelte Pendel mit Federkopplung (1/1) 72
6.2 Gekoppelte Pendel mit Gewichtskopplung (1/1) 73
6.3 Kopplung zwischen Dehnung und Drehung
einer Schraubenfeder (1/3) 73

7. Gedämpfte und erzwungene Schwingungen 75
Pohlsches Rad 75
Freie, gedämpfte Schwingung 77
Erzwungene Schwingungen 79
7.1 Gedämpfte Schwingung (1/2) 81
7.2 Erzwungene Schwingung (1/2) 82

8. Trägheitsmoment 83
Drehbewegungen und Trägheitsmomente 83
Trägheitsmomente bei parallelen Drehachsen 84
Trägheitstensor 85
8.1 Trägheitsmomente aus Drehschwingungen (1/1) 86
8.2 Gleichmäßig beschleunigte Drehbewegungen (1/1) 88

Kapitel III.
Deformierbare Körper und Akustik

9. **Elastizität** 93
   Elastizität und Hookesches Gesetz 93
   Durchbiegung von Stäben 94
   Verdrillung von Stäben und Drähten 95
   Querkontraktion, Poissonsche Zahl 96
   Inhomogene und anisotrope Körper 97
   Elastische Hysterese und Fließvorgänge 98
   9.1   Drahtdehnung (1/2) 98
   9.2   Biegung zweiseitig aufliegender Stäbe (1/2) 99
   9.3   Messung des Elastizitätsmoduls anisotroper
         oder inhomogener Stoffe (1/2) 100
   9.4   Elastische Hysterese und Fließvorgänge (1/2) ... 101
   9.5   Biegung einseitig eingespannter Stäbe (1/2) 102
   9.6   Torsionsschwingungen und Schubmodul (1/2) 102

10. **Zähe Flüssigkeiten** 104
    Flüssigkeiten 104
    Viskosität oder Zähigkeit 104
    Strömung in engen Röhren; Kapillaren 106
    Strömung um eine Kugel 107
    10.1 Zähigkeit nach der Kugelfallmethode (1/2) 108
    10.2 Temperaturabhängigkeit der Zähigkeit (1/2) 109

11. **Oberflächenspannung und Kapillarität** 111
    Spezifische Oberflächenenergie und Oberflächenspannung 111
    Oberflächenspannung an gekrümmten Oberflächen 112
    Kapillarität 113
    Grenzflächenspannungen und Randwinkel 113
    11.1 Lamellen-Abreißverfahren (1/3) 114
    11.2 Kapillaren-Steighöhenmethode (1/3) 115
    11.3 Luftblasenmethode (1/3) 116
    11.4 Stoff- und Temperaturabhängigkeit (1/3) 117

12. **Schallwellen und Akustik** 118
    Wellen und Schall 118
    Stehende Wellen und Eigenschwingungen 120
    Elastische Wellen 121
    Schallwellen und adiabatische Vorgänge 121
    Grundbegriffe der Akustik 122
    12.1 Bestimmung der Schallgeschwindigkeit (2/3) 125
    12.2 Physiologische Akustik (1/3) 127

13. Ultraschall 130
    Erzeugung und Nachweis von Ultraschall 130
    Elastische Wellen in deformierbaren Materialien 131
    Schallwechsel- und Schallstrahlungsdruck, Energiedichte 132
    Schallintensität 133
    Schallreflexion, Schalldurchlässigkeit 134
    Wirkungen von Ultraschall hoher Leistung 135
    13.1 Schallwellenlänge und -geschwindigkeit in Wasser (1/3) . 136
    13.2 Schallstrahlungsdruck (2/3) 138
    13.3 Qualitative Experimente mit Ultraschall (2/3) 139

Kapitel IV.
Vielteilchensysteme und Thermodynamik

14. Thermische Grundversuche 145
    Temperatur und thermische Ausdehnung 145
    Kalorische Grundgleichung, Wärmekapazitäten 146
    Wärmemengen und Energiesatz 147
    Atomistische Betrachtung 147
    Schmelz- und Verdampfungswärmen 149
    Wärmeleitung, Thermohaus 150
    14.1 Spezifische Wärmekapazität fester Körper (1/2) 151
    14.2 Schmelz- und Verdampfungswärme von Wasser (1/2) 152
    14.3 Wärmeausdehnung fester Stoffe (1/2) 153
    14.4 Volumenausdehnung von Flüssigkeiten (1/2) 154
    14.5 Wärmeleitung (Thermohaus) (1/2) 155

15. Statistische Mechanik auf einem Luftkissentisch 158
    Vielteilchensysteme 158
    Barometrische Höhenformel 159
    Boltzmann-Verteilung 160
    Maxwellsche Geschwindigkeitsverteilung 161
    15.1 Translation auf der schiefen Ebene (1/2) 162
    15.2 Barometrische Höhenformel (1/2) 164
    15.3 Druckverteilung in einem Gebäude (1/2) 165
    15.4 Geschwindigkeitsverteilung eines Modellgases (1/2) 165

16. Luftdichte, Dampfdruck, Luftfeuchte 166
    Zusammensetzung von Luft 166
    Reduktion der Dichte auf Normalbedingungen 167
    Dampfdruck von Flüssigkeiten 169
    16.1 Luftnormdichte (1/1) 170
    16.2 Dampfdruck von Wasser (Niederdruckbereich) (1/2) 172
    16.3 Dampfdruck von Wasser (Hochdruckbereich) (1/2) 174

17. Ideale und reale Gase 176
   Ideale Gase 176
   Adiabatenexponent nach kinetischer Gastheorie 178
   Reale Gase 179
   17.1 Adiabatenexponent aus Expansionsversuch (1/2) 181
   17.2 Adiabatenexponent aus Schwingungsversuch (1/2) 182
   17.3 Präzisionsmessung des Adiabatenkoeffizienten (1/2) ... 184
   17.4 Messung des Joule-Thomson-Koeffizienten (1/2) 185

18. Thermodynamische Prozesse in einem Heißluftmotor 187
   Stirlingscher Kreisprozeß 187
   Stirlingmaschine als Heißluftmotor 189
   Wirkungsgrad beim Heißluftmotor 190
   Stirlingmotor als Kältemaschine und Wärmepumpe 192
   18.1 pV-Diagramm und Wirkungsgrad
        bei elektrischer Heizung (2/3) 193
   18.2 pV-Diagramm und Wirkungsgrad
        bei Heizung mit Spiritusbrenner (2/3) 195
   18.3 Belastung und Gesamtwirkungsgrad (1/3) 196
   18.4 Kältemaschine und Wärmepumpe (1/3) 197

Kapitel V.
Gleich- und Wechselstromkreise

19. Widerstände, Ohmsches Gesetz 201
   Elektrische Grundgrößen 201
   Elektrischer Widerstand 202
   Temperaturabhängigkeit des Widerstandes 203
   Strom- und Spannungsmessung 203
   19.1 Kennlinien von Widerständen (1/2) 204
   19.2 Lineare und logarithmische Potentiometer (1/2) 205
   19.3 Temperaturabhängigkeit von Widerständen (1/2) 206

20. Gleichspannungsschaltungen, Kirchhoffsche Regeln 208
   Kirchhoffsche Regeln 208
   Wheatstone-Brücke 209
   Batterie als Spannungsquelle 209
   Kondensatoren im Gleichstromkreis 210
   20.1 Instrumenten-Innenwiderstände
        und Änderung der Meßbereiche (1/2) 211
   20.2 Widerstandsmessung mit Wheatstone-Brücke (1/2) 213
   20.3 Ausgangsspannung und Innenwiderstand
        einer Batterie (1/2) 214
   20.4 Kondensator im Gleichstromkreis (1/2) 215

21. Messungen mit einem Oszilloskop 217
    Aufbau und Funktionsweise des Kathodenstrahloszilloskops ... 217
    Überlagerungsellipsen zweier Wechselspannungen 221
    Messung von Phasendifferenzen 222
    21.1 Grundfunktionen des Oszilloskops (1/3) 223
    21.2 Zeit- und Frequenzmessung (1/3) 224
    21.3 Lissajous-Figuren – Gleiche Frequenzen (1/3) 224
    21.4 Lissajous-Figuren – Ungleiche Frequenzen (1/3) 225

22. Wechselspannungen 227
    Zeitverläufe, Scheitel- und Effektivwerte 227
    Ohmscher, kapazitiver, induktiver Widerstand 228
    Komplexe Darstellung von Wechselspannungen
      und Wechselstromwiderständen 229
    Innenwiderstand einer Wechselstromquelle 229
    Tiefpaß 230
    Schwingkreis, erzwungene Schwingungen 231
    Gleichrichter und Verstärker 232
    22.1 Effektiv- und Scheitelwert (1/3) 232
    22.2 Innenwiderstand und Leistungsabgabe einer Wechselstromquelle (1/3) 233
    22.3 Tiefpaß (1/3) 233
    22.4 Schwingkreis (1/3) 234
    22.5 Gleichrichterschaltungen (1/3) 234
    22.6 Strom-Spannungs-Kennlinie einer Diode (1/3) 235

23. Speicheroszilloskop 236
    Digital-Speicheroszilloskop 236
    Betriebsarten eines Speicheroszilloskops 238
    Nanodrähte mit quantisierter Leitfähigkeit 239
    23.1 Kondensatorentladung und -aufladung (2/3) 240
    23.2 Schalterprellung (1/3) 241
    23.3 Quantisierte Leitfähigkeit von Nanodrähten (1/1) 242
    23.4 Schallgeschwindigkeit aus Laufzeitmessung (1/3) 243
    23.5 Herzschlagmonitor (1/3) 244

24. Elektrische Schwingungen 245
    Freie gedämpfte Schwingungen 245
    Erzwungene Schwingungen 247
    Reihenschwingkreis: Analytische Beschreibung 248
    24.1 Freie gedämpfte Schwingungen (1/3) 250
    24.2 Erzwungene Schwingung
      eines Reihenschwingkreises (2/3) 251
    24.3 Resonanzkurvenmessung mit dem XY-Schreiber (1/3) .. 253

Kapitel VI.
Elektrische und magnetische Felder

25. Elektrische Felder 257
    Feldbegriff und Felddarstellung 257
    Elektrische Ladung 258
    Elektrische Feldstärke 258
    Potential 259
    Potentiallinien 260
    Potentialgleichung 261
    Influenz 262
    25.1 Potential und Feldlinien (1/1) 263
    25.2 Kräfte zwischen Ladungen, Influenz (1/3) 265

26. Elektronenbewegung in elektrischen und magnetischen Feldern 268
    Elektronen im elektrischen Feld 268
    Elektronen in magnetischen Feldern 269
    Elektronenstrahlröhre 271
    26.1 Wirkungsweise und Eigenschaften eines einfachen Kathodenstrahl-Oszilloskops (2/3) 273
    26.2 Messung der Elektronenstrahlablenkung (1/3) 275
    26.3 Nachweis des erdmagnetischen Feldes (1/3) 276

27. Erdmagnetisches Feld 277
    Ursachen von Magnetfeldern 277
    Messung von Magnetfeldern 278
    Erdmagnetfeld 279
    Aufbau der Erde, Ursachen des Erdmagnetfeldes 280
    27.1 Horizontalkomponente des Erdfeldes (2/3) 281
    27.2 Inklination, Gesamtfeldstärke (1/3) 283

28. Magnetische Kreise und Ferromagnetismus 284
    Magnetisches Feld 284
    Dia-, Para- und Ferromagnetismus 285
    Magnetische Kreise 289
    Meßverfahren für magnetische Feldgrößen 291
    28.1 Grundversuche zum Transformator (1/3) 293
    28.2 Messung der Hysteresekurve ohne Luftspalt (1/3) 294
    28.3 Hall-Messung der Hysteresekurve mit Luftspalt (2/3) . 295
    28.4 Einfluß eines Luftspaltes (1/3) 296
    28.5 Kalibrieren einer Feldplatte (1/3) 297

Kapitel VII.
Halbleiterelektronik

29. Halbleiterdioden 301
    Zur Elektrizitätsleitung in Festkörpern 301
    pn-Übergang 304
    Bändermodell 305
    Eigenschaften und Arten von Halbleiterdioden 307
    29.1 Statische Diodenkennlinien (1/3) 310
    29.2 Dynamische Messungen (1/3) 312
    29.3 Untersuchungen von Leuchtdioden (1/3) 312
    29.4 Untersuchungen an einer Solarzelle (1/3) 313
    29.5 Spannungsstabilisierung mit Z-Dioden (1/3) 313

30. Transistoren 315
    Transistoren 315
    Bipolare Transistoren 315
    Feldeffekttransistoren 319
    30.1 Quasistatische Messungen
         an einem bipolaren Transistor (1/3) 321
    30.2 Dynamische Messungen
         an einem bipolaren Transistor (1/3) 322
    30.3 Aufbau einer Verstärkerschaltung (1/3) 323
    30.4 Verstärkung von Sprachschwingungen (1/3) 323
    30.5 Transistor als Schalter (1/3) 324
    30.6 Messungen an einem Feldeffekttransistor (1/3) 324

31. Operationsverstärker 326
    Aufbau von Operationsverstärkern 326
    Grundschaltungen 328
    Meßtechnische Anwendungen 331
    Frequenzverhalten von Operationsverstärkern 332
    31.1 Lineare Verstärkung (1/3) 333
    31.2 Mathematische Operationen (2/3) 334
    31.3 Anwendung als Elektrometer (1/3) 335

32. Simulationsschaltungen mit Operationsverstärkern 336
    Operationsverstärker 336
    Differentialgleichung 1. Ordnung 336
    Differentialgleichung 2. Ordnung 338
    Erzwungene Schwingungen 340
    Gekoppelte Differentialgleichungen 341
    Analoge Simulationen 341
    32.1 Zerfallsgleichung (1/3) 342
    32.2 Schwingungsgleichung (2/3) 342
    32.3 Erzwungene Schwingung (1/3) 343
    32.4 Gekoppelte Pendel (1/3) 344

Kapitel VIII. Linsen und optische Instrumente

33. Linsen 347
    Ausbreitung von Licht 347
    Brechung 348
    Linsen... 349
    Optische Abbildungen mit dünnen Linsen 351
    Paraxialgebiet 353
    Linsenfehler.. 353
    33.1 Einfache Bestimmung von Linsenbrennweiten (1/3) 355
    33.2 Bestimmung von Brennweiten nach Bessel (1/3) 356
    33.3 Qualitative Beobachtung von Linsenfehlern (1/3) 357
    33.4 Messung der chromatischen Aberration (1/3) 358
    33.5 Messung der sphärischen Aberration (1/3) 360

34. Optische Geräte..................................... 362
    Vergrößerung und Auge..................................... 362
    Lupe und Okular... 363
    Fernrohre nach Kepler und Galilei 364
    Dia-Projektor... 366
    Digitalkamera 367
    34.1 Kepler- oder Astronomisches Fernrohr (1/3)........... 368
    34.2 Galilei-Fernrohr (Opernglas) (1/3) 369
    34.3 Dia-Projektor (1/3) 369
    34.4 Digitalkamera (1/3)...................................... 369

35. Mikroskop: Vergrößerung 371
    Geometrische Optik des Mikroskops 371
    35.1 Gesamtvergrößerung, Objektiv, Okular (2/3)........... 374
    35.2 Messung kleiner Längen (1/3)......................... 375
    35.3 Brechzahlmessung mit dem Mikroskop (1/3) 376
    35.4 Exakte Messung der Objektivbrennweite (1/3) 377

36. Mikroskop: Beleuchtung und Auflösung 378
    Beleuchtungsanordnung, Aperturen 378
    Gesamtstrahlengang... 379
    Auflösung des Mikroskops 382
    36.1 Beleuchtung (1/2) 383
    36.2 Apertur der Objektive (1/2) 385
    36.3 Zusammenhang zwischen Auflösungsvermögen und Objektivapertur (1/2)........................... 386

37. Dispersion und Prismenspektrometer ... 388
Lichtbrechung und Dispersion ... 388
Prismenspektrometer ... 389
Spektrales Auflösungsvermögen ... 391
37.1 Messung des brechenden Winkels (1/3) ... 392
37.2 Dispersion von Glas (2/3) ... 392
37.3 Prismenspektrometer (1/3) ... 393
37.4 Brechzahl von Flüssigkeiten (1/3) ... 393

Kapitel IX.
Licht- und Mikrowellen

38. Wellenoptik – Beugungsversuche mit Laserlicht ... 397
Licht als elektromagnetische Welle ... 397
Interferenz und Beugung ... 398
Fraunhofer- und Fresnel-Beugung ... 399
Fraunhofer-Beugung am Doppelspalt ... 400
Fraunhofer-Beugung am Gitter ... 401
Fresnel-Beugung an einer Kante ... 402
38.1 Fresnel- und Fraunhoferbeugung (2/3) ... 402
38.2 Wellenlängenmessung aus Doppelspaltbeugung (1/3) ... 406
38.3 Wellenlängenmessung aus Gitterbeugung (1/3) ... 407

39. Interferenz an dünnen Schichten ... 408
Grundbegriffe der Interferenz ... 408
Newtonsche Ringe ... 409
Dünne Schichten zur Reflexionsverminderung oder -erhöhung . 410
39.1 Krümmungsradius plankonvexer Linsen (1/2) ... 411
39.2 Wellenlängenmessung mit Newtonschen Ringen (1/2) ... 411
39.3 Entspiegelungsschicht (1/1) ... 412
39.4 Dielektrischer Spiegel (1/1) ... 412

40. Beugung am Einfachspalt ... 414
Beugung am Einfachspalt ... 414
Phänomenologische Betrachtung ... 415
Intensität des Spaltbeugungsbildes ... 416
Fraunhofer-Beugung an einer Lochblende ... 417
Kohärenzbedingung ... 417
40.1 Wellenlängenmessung mit einem Einfachspalt (2/3) ... 418
40.2 Prüfung der Kohärenzbedingung (1/3) ... 420
40.3 Prüfung der Ortsauflösungsgrenze (1/3) ... 421
40.4 Ausmessen des Spaltbeugungsbildes mit einem Fotomultiplier (1/3) ... 421

41. Polarisation und Streuung 423
    Polarisiertes Licht 423
    Aufbau und Funktion von Polarisatoren 425
    Optische Aktivität 429
    41.1 Polarisation durch Reflexion (2/3) 432
    41.2 Halbschattenpolarimeter (2/3) 433
    41.3 Spezifische Drehung von Quarz (1/3) 434
    41.4 Saccharimetrie (1/3) 434
    41.5 Rotationsdispersion (1/3) 435
    41.6 Tyndall-Effekt (1/3) 435
    41.7 Fotometrische Leistungsmessung
          hinter Polarisatoren (1/3) 436
    41.8 Elektrooptik von Flüssigkristallen (2/3) 436

42. Ausbreitung von Laserstrahlung 438
    Laserstrahlung mit Gaußverteilung 438
    Umformung von Laserstrahlung durch Linsen 440
    Kollimierung von Laserdiodenstrahlung 442
    Laserstrahl-Aufweitung mit einem Fernrohr 443
    42.1 Messung des Strahldurchmessers und -profils (1/3) 444
    42.2 Messung von Divergenz und Rayleigh-Länge (1/3) 446
    42.3 Strahltransformation durch eine Linse (1/3) 446
    42.4 Abbildungsgesetze der geometrischen Optik (1/3) 447
    42.5 Aufweitung mit einem Fernrohr (1/3) 447

43. Mikrowellen 448
    Erzeugung und Nachweis 448
    Reflexion und Absorption von Mikrowellen 449
    Polarisation durch Reflexion 450
    Zirkulare Polarisation ($\lambda/4$-Plattensystem) 451
    Totalreflexion 451
    43.1 Grundversuche mit Mikrowellen (2/3) 452
    43.2 Michelson-Interferometer (1/3) 454
    43.3 Doppelspaltinterferenzen (1/3) 456
    43.4 Beugung am Einzelspalt (1/3) 458
    43.5 Polarisation durch Reflexion (1/3) 458

Kapitel X.
Photonen, Elektronen und Atome

44. Spektren und Aufbau der Atome 463
    Licht und Spektren 463
    Vorstellungen vom Atomaufbau 463
    Atommodell von Bohr 465
    Energien und Spektren des H-Atoms 467
    Elektronen als Materiewellen 468
    Beugungsgitter zur spektralen Zerlegung 469
    44.1 Wellenlängenmessungen mit dem Beugungsgitter (2/3) .. 471
    44.2 Gitterspektrometer (2/3) 472
    44.3 Spektroskopische Handversuche (1/3) 473
    44.4 ‚Take Home' - Spektroskopie (1/3) 475

45. Röntgenstrahlung 480
    Röntgenquellen 480
    Röntgenspektren 481
    Moseley-Gesetz 482
    Schwächung der Röntgenstrahlung 483
    Bragg-Reflexion 484
    Röntgengeräte 485
    Strahlenschutzhinweise 486
    45.1 Wellenlängenbestimmung der K-Linien (1/3) 486
    45.2 Ausmessen eines Röntgenspektrums (1/3) 487
    45.3 Bestimmung der K-Absorptionskante (1/3) 488
    45.4 Schwächungskoeffizient (1/3) 489
    45.5 Durchstrahlungsexperiment (1/3) 489
    45.6 h-Bestimmung aus der Grenzwellenlänge (1/3) 490

46. Elektronen als Teilchen und als Welle 491
    Elektronenstoßversuche mit Atomen 491
    Franck-Hertz-Röhre mit reiner Hg-Füllung 492
    Aufbau einer Franck-Hertz-Röhre 494
    Elektronenstoßröhre mit Hg-Ne-Füllung 494
    Äußerer lichtelektrischer Effekt 496
    Elektronenwellen 497
    Elektronenbeugung an Kristallen 499
    46.1 Elektronenstöße in reinem Hg-Dampf (2/3) 500
    46.2 Elektronenstöße in einer Hg/Ne-Röhre (2/3) 501
    46.3 Plancksches Wirkungsquantum (1/3) 502
    46.4 Elektronenbeugung (1/3) 502

Kapitel XI.
Radioaktivität und Strahlenschutz

47. Radioaktive Strahlung 507
    Aufbau der Atomkerne 507
    Eigenschaften radioaktiver Strahlung 509
    Absorption von γ-Strahlung 511
    Abstandsgesetz 512
    Biologische Wirkungen radioaktiver Strahlung 512
    Geiger-Müller-Zählrohr 514
    Statistische Schwankungen bei Zählungen 515
    47.1 Zählrohrkennlinie und statistische Schwankungen
          beim radioaktiven Zerfall (1/3) 516
    47.2 Prüfung des Abstandsgesetzes (1/3) 517
    47.3 Prüfung des Absorptionsgesetzes (1/3) 518
    47.4 Absorptionskoeffizient und Wirkungsquerschnitt
          verschiedener Substanzen für γ-Strahlung (2/3) 518
    47.5 Messung der Totzeit eines Zählrohres (2/3) 520
    47.6 Untersuchung von Zählstatistiken (2/3) 522

48. γ-Spektroskopie 525
    γ-Strahlung 525
    Wechselwirkung von γ-Strahlung mit Materie 526
    Detektion von γ-Strahlung 529
    48.1 Spektren von γ-Quellen (1/2) 532
    48.2 Compton-Streuung (1/2) 533

49. α-Strahlung und Nebelkammer 535
    Radioaktiver Zerfall, α-Strahlung....................... 535
    Zerfallsreihen 536
    Ionisationskammer 537
    Nebelkammer 539
    49.1 Ionisationskammer (1/3)........................... 539
    49.2 Reichweite der α-Strahlen in Luft (1/3) 540
    49.3 Halbwertszeit von Radon-220 (1/3) 541
    49.4 Kontinuierliche Nebelkammer (1/3) 541

Kapitel XII.
Digitalelektronik und Computer

50. Logische Verknüpfungen 545
    Digitalschaltungen 545
    Grundverknüpfungen 546
    Realisierung einer NAND-Schaltung 547
    Grafische Programmierumgebung LabVIEW 548
    Einführung in die Nutzung von LabVIEW 549
    50.1 Logische Verknüpfungsschaltungen (1/2) 550
    50.2 Grafische Programmierung logischer Verknüpfungen (1/2) 552

51. Einführung in das Arbeiten mit einem PC 553
    Digitale Informationsverarbeitung im PC 553
    Hardware 554
    Software 555
    Erstellung von Programmen 556
    51.1 Protokollerstellung mittels GUI-Programmen (1/3) 557
    51.2 Verarbeitung und Visualisierung von Meßdaten (1/3) 558
    51.3 Statistik und Zufallszahlen mit C++ (1/3) 561

52. Fourieranalyse, Signalabtastung und Signalfilterung 564
    Periodische Signale und Fourierreihen 564
    Bandbreite 565
    Signal-Abtastung und Spektrenberechnung 566
    Gauß-Rauschen 566
    Harmonische Analyse und Synthese 567
    Fourierspektrum von Rechteck- und Sägezahnsignalen 567
    Erzeugung und Abtastung von Signalen mit LabVIEW 568
    52.1 Darstellung von Signalen (1/3) 569
    52.2 Fourieranalyse und -synthese (1/3) 572
    52.3 Fourieranalyse von Rechteck- und Sägezahnsignalen, Abtasttheorem von Shannon (1/3) 574
    52.4 Spektrale Filterung durch Bandpässe (1/3) 576

53. Ein- und Ausgabe von Meßwerten und Steuersignalen mit dem PC 578
    Computer am Experiment 578
    Parallele Schnittstelle eines PC 579
    Analog-Digital-Wandler 580
    Digital-Analog-Wandler 581
    D/A-Wandler mit der Parallelschnittstelle 582
    DA/AD-Wandler-Meßkarten für PCs 583
    Nutzung von PC-Schnittstellen mit LabVIEW 583
    Bytes lesen und schreiben 583
    Spannungen einlesen und ausgeben 583
    53.1 Digitale Spannungsein- und -ausgabe (1/2) 584

	53.2 Analoge Spannungsein- und -ausgabe (1/2)	585
	53.3 Aufbau eines Digital-Analog-Wandlers (1/2)	586

Literaturverzeichnis 589

Sachverzeichnis 595

Kapitel I
Grundbegriffe der Meßtechnik

1. Messen und Auswerten 3
2. Meßunsicherheit und Statistik 23

1. Messen und Auswerten

 Elemente der Protokollführung; Auswertung von Messungen mit verschiedenen Methoden der Fehlerabschätzung; grafische Darstellungen und deren Auswertung.

Standardlehrbücher (Stichworte: Physikalische Größen und deren Einheiten, systematische und Streufehler, Mittelwert, Standardabweichung, Vertrauensbereich),
Kose/Wagner: Kohlrausch Praktische Physik,
Physikalisch Technische Bundesanstalt (PTB): Die SI-Basiseinheiten,
Walcher: Praktikum der Physik.

Physikalische Größen und ihre Einheiten

Physikalische Größen sind *meßbare Eigenschaften* von Körpern oder von Erscheinungen und Vorgängen im Bereich der unbelebten Natur: z. B. die Länge ℓ eines Stabes, die Stromstärke I in einem Draht oder die Magnetfeldstärke H im Raum zwischen den Polen eines Hufeisenmagneten.

Messen bedeutet: *Vergleich* der zu messenden Größe mit einer gleichartigen Größe, die zuvor (willkürlich) als *Einheit* festgelegt wurde: z. B. wird die Stablänge ℓ mit der Längenangabe 1 m auf einem Maßstab verglichen. Der *Meßvorgang* besteht in der Feststellung, wie oft die gewählte Einheit in der zu messenden Größe enthalten ist. Der so gewonnene *Zahlenwert* (Maßzahl) braucht dabei keine ganze Zahl zu sein.

Zur Durchführung des Meßvorganges bedarf es eines geeigneten **Meßverfahrens**, das auf der Anwendung bekannter physikalischer Vorgänge und Gesetze beruht: z. B. Messung einer Kraft durch die Dehnung einer Feder, beschrieben durch das Hookesche Gesetz.

Zur Durchführung der Messungen werden gewöhnlich **Meßgeräte** verwendet, die in Einheiten (oder deren Bruchteile) der zu untersuchenden physikalischen Größe kalibriert sind: z. B. Metermaßstab, elektrische Digital-Meßinstrumente u. s. w.

Das *Ergebnis* einer Einzelmessung, d. h. der Meßwert, ist stets das Produkt zweier Faktoren, des Zahlenwerts und der verwendeten Einheit:

$$\text{Physikalische Größe} = \text{Zahlenwert} \cdot \text{Einheit} \ .$$

Nach einer internationalen Übereinkunft sind weltweit sieben Einheiten als **Basiseinheiten** festgelegt worden, die in Tabelle 1.1 zusammen mit

1. Messen und Auswerten

Tabelle 1.1. Basiseinheiten und ihre Definitionen

Basiseinheit	Einheit der	Definition
Meter (m)	Länge ℓ	Länge der Strecke, die Licht im Vakuum während der Dauer von (1 / 299 792 485) Sekunden durchläuft.
Kilogramm (kg)	Masse m	Masse des Internationalen Kilogrammprototyps.
Sekunde (s)	Zeit t	9 192 631 770faches der Periodendauer der dem Übergang zwischen den beiden Hyperfeinstrukturniveaus des Grundzustandes von Atomen des Nuklids ^{133}Cs entsprechenden Strahlung.
Ampere (A)	elektrische Stromstärke I	Stärke eines konstanten elektrischen Stromes, der, durch zwei parallele, geradlinige, unendlich lange und im Vakuum im Abstand von einem Meter voneinander angeordnete Leiter von vernachlässigbar kleinem, kreisförmigem Querschnitt fließend, zwischen diesen Leitern je einem Meter Leiterlänge die Kraft $2 \cdot 10^{-7}$ Newton hervorrufen würde.
Kelvin (K)	thermodynamische Temperatur T	273,16ter Teil der thermodynamischen Temperatur des Tripelpunktes des Wassers.
Mol (mol)	Stoffmenge	Stoffmenge eines Systems, das aus ebensoviel Einzelteilchen besteht, wie Atome in 0,012 Kilogramm des Kohlenstoffnuklids ^{12}C enthalten sind. Bei Benutzung des Mol müssen die Einzelteilchen spezifiziert sein und könnten Atome, Moleküle, Ionen, Elektronen sowie andere Teilchen oder Gruppen solcher Teilchen genau angegebener Zusammensetzung sein.
Candela (cd)	Lichtstärke	Lichtstärke in einer bestimmten Richtung einer Strahlungsquelle, die monochromatische Strahlung der Frequenz $540 \cdot 10^{12}$ Hertz aussendet und deren Strahlstärke in dieser Richtung (1 / 683) Watt durch Sterad beträgt.

ihren Definitionen gegeben sind. Die Definitionen dieser sieben Einheiten sind durch die *Generalkonferenz für Maß und Gewicht* festgelegt worden.

Neben diesen sieben Basiseinheiten werden aufgrund physikalischer Gesetzmäßigkeiten **abgeleitete Einheiten** definiert, die sich aus den Basiseinheiten aus algebraischen Beziehungen ermitteln lassen. Tabelle 1.2 zeigt einige Beispiele.

Diese Definitionen führen zu einem kohärenten Einheitensystem, d. h. sie bilden ein System von Einheiten, die untereinander durch mathematische Regeln (Multiplikation, Division) verbunden sind, ausschließlich mit dem numerischen Faktor 1. Dieses System heißt **SI-System** (Système Internationale d'Unités $\hat{=}$ Internationales Einheitensystem). Viele abgeleitete Einheiten tragen einen eigenen Namen.

Ein physikalisches Gesetz kann also jeweils als Verknüpfungsgleichung zur Definition einer abgeleiteten Einheit benutzt werden. Als Beispiel sei hier die *Newtonsche Grundgleichung* gegeben:

$$F = ma$$

Tabelle 1.2. Einige abgeleitete Einheiten im Internationalen Einheitensystem (SI)

Größe	Definitionsgleichung	SI - Einheit	Name
Geschwindigkeit (velocity) v	$v = \Delta \ell / \Delta t = d\ell / dt$	m s^{-1}	–
Kraft (force) F	$F = m\, d^2\ell / dt^2$	kg m s^{-2} = N	Newton
Frequenz f	$f = 1 / t$	s^{-1} = Hz	Hertz
elektrische Ladung Q	$Q = I t$	A s = C	Coulomb

Tabelle 1.3. Vorsätze für Zehnerpotenzen von Einheiten

Zehnerpotenz	10^{15}	10^{12}	10^{9}	10^{6}	10^{3}	10^{-1}	10^{-2}	10^{-3}	10^{-6}	10^{-9}	10^{-12}	10^{-15}	10^{-18}
Bezeichnung	Peta	Tera	Giga	Mega	Kilo	Dezi	Zenti	Milli	Mikro	Nano	Piko	Femto	Atto
Kurzzeichen	P	T	G	M	k	d	c	m	µ	n	p	f	a

mit F = Kraft, m = Masse und a = Beschleunigung. Mit den SI-Einheiten gilt:

$$[m] = 1\,\text{kg} \quad , \quad [a] = 1\,\text{m}\,\text{s}^{-2} \quad ; \quad \text{also}$$

$$[F] = [m][a] = 1\,\text{kg}\,\text{m}\,\text{s}^{-2} = 1\,\text{Newton} = 1\,\text{N} \quad .$$

Da bei physikalischen Größen oft viele Zehnerpotenzen überstrichen werden, hat man für die Zehnerpotenzen Vorsätze laut Tabelle 1.3 eingeführt.

Fehler einer Messung

Jede Messung ist ungenau. Wenn man z. B. eine physikalische Größe x mehrfach mißt, so wird man in der Regel eine Streuung der Meßwerte x_i feststellen, Bild 1.1a. Bei einer sorgfältigeren Messung oder bei Verwendung eines genaueren Meßinstrumentes kann die Streuung der Meßergebnisse unter Umständen kleiner werden, Bild 1.1b. In jedem Falle verbleiben jedoch gewisse Meßfehler, und der *wahre* Wert x_w der zu messenden physikalischen Größe bleibt grundsätzlich unbekannt.

In den meisten Fällen darf man aber annehmen, daß die Meßwerte um den wahren Wert statistisch streuen, d. h. daß die Abweichungen im Betrag schwanken und im Mittel gleich oft positiv wie negativ sind wie z. B. bei einfachen Ablesefehlern. Dann ist der beste Wert, den man aufgrund der n-mal wiederholten Messung angeben kann, gleich dem

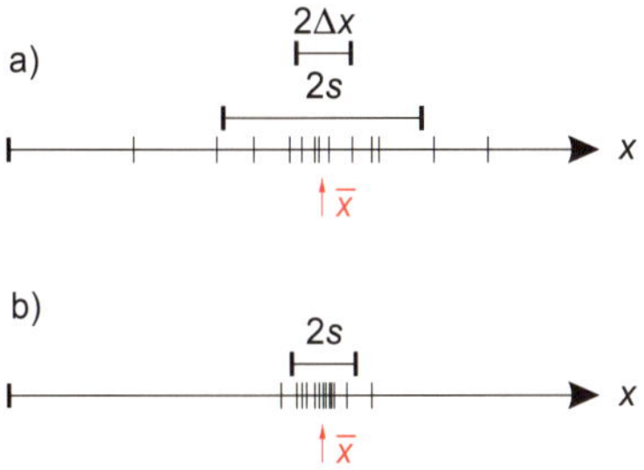

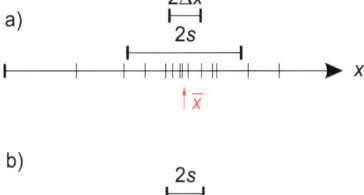

Bild 1.1. (a) Meßwerte einer physikalischen Größe x bei einer Messung mit relativ großer Standardabweichung s bzw. großem Fehler Δx des Mittelwertes $\bar{x}$, (b) Beispiel einer genaueren Messung der physikalischen Größe x

Mittelwert $\quad \bar{x} = \dfrac{1}{n} \sum_{i=1}^{n} x_i \quad .$

Außer den genannten **Streufehlern**, die man auch *zufällige Fehler* oder *statistische Fehler* nennt, treten aber gewöhnlich auch sog. **systematische Fehler** auf. Beispiel: Ein Meßinstrument wird immer etwas zu große Werte anzeigen, wenn es einen entsprechenden Kalibrierfehler besitzt.

Um eine Aussage über die Zuverlässigkeit des Meßergebnisses machen zu können, muß die Größe dieser beiden Fehlereinflüsse quantitativ abgeschätzt werden. Die Aufgabe der **Fehlerrechnung** ist also die Bestimmung des Fehlers $\Delta x = \Delta x_\text{syst} + \Delta x_\text{Streu}$. Das Ergebnis einer Messung lautet dann:

Meßergebnis mit Fehlerangabe $\quad \bar{x} \pm \Delta x \quad .$

Diese Angabe bedeutet: Man erwartet den wahren Wert x_w im Bereich $\bar{x} - \Delta x$ bis $\bar{x} + \Delta x$.

Δx heißt der *absolute Fehler* von x. Häufig ist aber auch die Angabe des *relativen Fehlers* sinnvoll:

relativer Fehler $\quad \dfrac{\Delta x}{\bar{x}}$.

Beispiel: Wenn man die Schwingungszeit $T = 2\,\text{s}$ eines Pendels auf $\Delta T = 0{,}1\,\text{s}$ genau stoppt, dann ist der relative Fehler $0{,}1/2 = 0{,}05 = 5\,\%$. Wenn dagegen eine Uhr pro Tag $10\,\text{s}$ vorgeht, dann ist das ein relativer Fehler von $10/86400 \approx 10^{-4} = 0{,}01\,\%$.

Zweckmäßigerweise gibt man daher im Ergebnis den absoluten *und* den relativen Fehler an:

Endangabe des Meßergebnisses

$$x = \bar{x} \pm \Delta x \quad \text{und} \quad x = \bar{x} \pm \frac{\Delta x}{\bar{x}} \cdot 100\,\% \quad .$$

Da jede gemessene physikalische Größe mit einem Fehler behaftet ist, macht es keinen Sinn, als Meßergebnis eine Zahl mit vielen Ziffern anzugeben. Die Zahl der Ziffern oder Stellenzahl sollte dem Fehler entsprechen, d. h. Meßergebnisse sind zu runden.

Die Fehlerangabe ist nur eine Wahrscheinlichkeitsaussage und auch selbst mit einer gewissen Unsicherheit behaftet. Es genügt daher in der Regel die Angabe nur einer gültigen Stelle für den Fehler. Den Mittelwert der Messung rundet man dann so, daß die letzte angegebene Stelle der letzten Dezimalstelle des Fehlers entspricht.

Systematische Fehler

Systematische Fehler bei Messungen im Praktikum rühren hauptsächlich von Ungenauigkeiten der Meßgeräte oder des Meßverfahrens her. Abweichungen der Meßbedingungen wie z. B. der Temperatur von einem Normwert spielen dagegen in der Regel eine untergeordnete Rolle. Beispiele für systematische Fehler:

- eine Stoppuhr geht stets (ein wenig) vor oder nach
- ein Spannungsmesser zeigt wegen unvermeidlicher Kalibrierfehler stets einen zu großen oder zu kleinen Wert an
- der wahre Wert des Ohmschen Widerstandes in einer elektrischen Schaltung weicht von dem angegebenen Nominalwert ab.

Systematische Fehler haben stets einen festen Betrag und ein eindeutiges Vorzeichen. Sie ändern sich auch nicht, wenn man die Messung in der gleichen Anordnung mit den gleichen Meßgeräten wiederholt. Da jedoch das *Vorzeichen* eines solchen Fehlers in der Regel unbekannt ist, muß er in der Fehlerrechnung ebenso wie der Streufehler mit dem unbestimmten Vorzeichen ± angesetzt werden. Für eine Abschätzung des *Betrages* gelten die folgenden Hinweise.

Für Meßgeräte sind die maximal erlaubten Abweichungen Δx_{syst} eines angezeigten Wertes x vom wahren Wert x_{w} in der Regel durch nationale bzw. internationale Herstellungsnormen festgelegt. Wenn sich keine Angabe dazu in der Gerätebeschreibung befindet, kann im Praktikum mit folgenden, z. T. vereinfachenden Werten gerechnet werden.

Bei *Längenmeßgeräten* beträgt der mögliche systematische Fehler Δx_{syst} selten mehr als wenige Promille vom Meßwert x und ist daher gegenüber den Streufehlern in den meisten Fällen zu vernachlässigen. Für eine quantitative Abschätzung kann die Beziehung

$$\frac{\Delta x_{\text{syst}}}{x} = \frac{1 \text{ Skalenteil der Meßskala}}{\text{Skalenteile bei Vollausschlag}}$$

benutzt werden.

Stoppuhren sind noch genauer. Hier kann für Δx_{syst} angesetzt werden:

$$\Delta x_{\text{syst}} = \text{kleinster Skalenwert} + 0{,}5 \text{ Promille vom Meßwert}.$$

Bei der Messung von Temperaturdifferenzen mit einem Flüssigkeitsthermometer entspricht der erlaubte Gerätefehler etwa dem Wert von 1 Skalenstrichabstand.

Für elektrische Zeigerinstrumente ist der Begriff der **Güteklasse** eingeführt worden. Diese gibt den erlaubten systematischen Fehler als Prozentwert vom Vollausschlag x_{voll} an. So bedeutet z. B. die Güteklasse 1,5

$$\frac{\Delta x_{\text{syst}}}{x_{\text{voll}}} = 1{,}5\,\% = 0{,}015 \quad .$$

Im Praktikum rechnet man mit diesem relativen Fehler nicht nur für den Vollausschlag, sondern für den ganzen Meßbereich. Eine Ablesung $U = 20{,}0\,\text{V}$ auf einem Spannungsmesser der Güteklasse 1,5 bedeutet dann: $\pm \Delta U_{\text{syst}} = \pm 0{,}3\,\text{V}$.

Entsprechende prozentuale Fehlerangaben gelten auch für Oszilloskope (typisch 3 % für x und für y) und für xt- bzw. xy- Schreiber (häufig kleiner als 1 %). Die entsprechenden Angaben müssen der Gerätebeschreibung entnommen werden.

Besondere Beachtung verdienen *digital anzeigende Meßgeräte*, weil es für den Messenden aus psychologischen Gründen schwerer ist, eine Anzeige in Ziffern als fehlerhaft zu betrachten als einen Zeigerausschlag. Bei solchen Digitalinstrumenten setzt sich der erlaubte systematische Fehler stets aus zwei Anteilen zusammen:

- einer Prozentangabe wie bei der o. g. Güteklasse sowie
- einer Anzahl ≥ 1 der Einheit der letzten angezeigten Ziffernstelle (digit)

Bei Digitalmultimetern sind diese möglichen systematischen Fehler in der Regel für unterschiedliche Meßbereiche verschieden.

Zufällige Fehler

Ursachen für die zufälligen oder Streufehler sind z. B. Schwankungen der Meßbedingungen während der Messung oder auch Ungenauigkeiten bei der Ablesung von Zeigerinstrumenten. Um den Betrag des Streufehlers bei der Messung einer Größe x abschätzen zu können, wird die Messung mehrfach wiederholt.

Ein Maß für die Streuung könnte man aus den Abweichungen $x_i - \bar{x}$ der einzelnen Meßwerte x_i von dem Mittelwert $\bar{x}$ gewinnen, z. B. einfach durch Mittelung der Absolutbeträge

$$\frac{1}{n}\sum_{i=1}^{n}|x_i - \bar{x}| \quad .$$

Man benutzt jedoch gewöhnlich als Maß für die Streuung eine von Gauß definierte Größe, die sog.

Standardabweichung $\quad s = \sqrt{\dfrac{1}{n-1}\sum_{i=1}^{n}(x_i - \bar{x})^2} \quad .$

Die Größe s charakterisiert die *Genauigkeit* einer *einzelnen Messung* und damit die Genauigkeit des Meßverfahrens. Deshalb wird s auch als *mittlerer quadratischer Fehler der Einzelmessung* bezeichnet. In Bild 1.1a und b sind die Standardabweichungen als Balken eingezeichnet.

Je mehr Einzelmessungen vorliegen, um so genauer wird der Mittelwert sein. Die Fehlertheorie zeigt, daß der statistische Fehler des Mittelwertes Δx_{Streu} um den Faktor $1/\sqrt{n}$ kleiner als die Standardabweichung s ist:

Statistischer Fehler des Mittelwertes $\quad \Delta x_{\text{Streu}} = \dfrac{s}{\sqrt{n}} \quad .$

Die Fehlerstatistik erlaubt die folgende Aussage (unter der Voraussetzung, daß der statistische Fehler Δx_{Streu} die systematischen Fehler deutlich überwiegt):

Mit einer Wahrscheinlichkeit P_s von etwa 68 % liegt der wahre Wert innerhalb des Intervalls $\bar{x} \pm \Delta x_{\text{Streu}}$.

Daher heißt der entsprechende Bereich auch der

Vertrauensbereich $\quad \bar{x} - \dfrac{s}{\sqrt{n}} \leq x_{\text{w}} \leq \bar{x} + \dfrac{s}{\sqrt{n}} \quad .$

Der Fehler Δx_{Streu} des Mittelwertes nimmt mit der Anzahl n der Einzelmessungen ab, und zwar umgekehrt proportional zu $\sqrt{n}$, Bild 1.2. Die

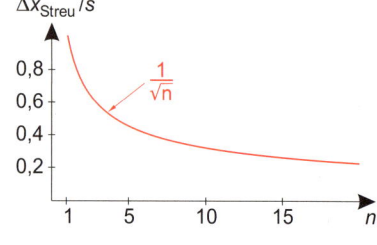

Bild 1.2. Der Quotient aus statistischem Fehler des Mittelwertes Δx_{Streu} und der Standardabweichung s in Abhängigkeit von der Anzahl der Einzelmessungen n

Genauigkeit des Endergebnisses $\bar{x}$ steigt also jeweils um den Faktor 2, wenn man die Zahl der Einzelmessungen von $n = 1$ auf 4 bzw. von 16 auf 64 erhöht. Bereits durch wenige Wiederholungen einer einzelnen Messung erhält man also ein erheblich genaueres Ergebnis. Eine wesentliche Steigerung der Genauigkeit wird allerdings für $n > 10$ sehr mühsam. Es ist dann meistens sinnvoller, die Meßmethode zu verbessern, anstatt die Zahl der Wiederholungsmessungen zu erhöhen.

Beispiel einer Fehlerrechnung für den Streufehler: In Tabelle 1.4 ist als Beispiel die Fehlerrechnung für eine Meßreihe mit $n = 8$ Werten ausgeführt: Bestimmung der Brennweite f einer Linse.

- *Mittelwert:* $\bar{f} = 1322\,\mathrm{mm}/8 = 165{,}25\,\mathrm{mm}$; für die Fehlerrechnung gerundet: $\bar{f} = 165{,}3\,\mathrm{mm}$.
- *Standardabweichung:* $s = \sqrt{23{,}6/(8-1)} = \sqrt{3{,}38} = 1{,}84\,\mathrm{mm}$.
- *Fehler des Mittelwertes:* $\Delta f_{\mathrm{Streu}} = s/\sqrt{n} = 1{,}84/\sqrt{8} = 0{,}65\,\mathrm{mm}$; aufgerundet: $\Delta_{\mathrm{Streu}} f = 0{,}7\,\mathrm{mm}$.
- *Relativer Fehler des Mittelwertes:* $\Delta f_{\mathrm{Streu}}/f = 0{,}65/165{,}3 = 0{,}0039$ oder 0,4 %.
- *Endangabe des Meßergebnisses:*

$$f = (165{,}3 \pm 0{,}7)\,\mathrm{mm} \quad;\quad f = 165{,}3\,\mathrm{mm} \pm 0{,}4\,\%\quad.$$

Tabelle 1.4. Beispiel einer Fehlerrechnung für eine Meßreihe mit $n = 8$ Werten der Brennweite f einer Linse

f in mm	$v = f - \bar{f}$ in mm	$v^2 = (f-\bar{f})^2$ in mm^2
165	−0,3	0,1
168	+2,7	7,3
165	−0,3	0,1
164	−1,3	1,7
166	+0,7	0,5
165	−0,3	0,1
167	+1,7	2,9
162	−3,3	10,9

$\Sigma f_i = 1322\,\mathrm{mm}$ $\quad \Sigma v^2 = 23{,}6\,\mathrm{mm}^2$

($n = 8$ Meßwerte f_i)

Der Taschenrechner liefert, z. B. bei Division durch 3, oft sehr viele Dezimalen, von denen die meisten keine reale, d. h. sinnvoll physikalische Bedeutung haben. Die überflüssigen Stellen sind abzustreichen bzw. zu runden.

Beispiele:

- Runden beim relativen Fehler (ähnlich beim absoluten Fehler): $0{,}538\,\% \to 0{,}5\,\%$; $0{,}078\,\% \to 0{,}08\,\%$; $1{,}67\,\% \to 1{,}7\,\%$.
- Ergebnis-Rundung: Genügende Zahl von Dezimalstellen angeben, z. B. $a = \frac{1}{3} \cdot 8 \pm 0{,}05 \to 2{,}6\bar{6} \pm 0{,}05 \to 2{,}67 \pm 0{,}05$ (nicht richtig ist: $a = 2{,}7 \pm 0{,}05$).
- Ergebniswert und absoluter Fehler müssen in gleichen Einheiten und in gleiche Zehnerpotenzen umgerechnet werden:
 $a = 8{,}524\,\mathrm{m}$; $\Delta a = \pm 50\,\mathrm{cm} \to a = (852{,}4 \pm 50)\,\mathrm{cm} \approx (850 \pm 50)\,\mathrm{cm}$; $g = 9{,}812\,\mathrm{m/s^2}$; $\Delta g = \pm 14 \cdot 10^{-2}\,\mathrm{m/s^2} \to g = (9{,}81 \pm 0{,}14)\,\mathrm{m/s^2}$.

Anstelle einer *Fehlerrechnung* kann oft eine *Fehlerabschätzung* treten: Bei einer Mehrfachmessung ist die Streubreite, d. h. die Differenz von größtem und kleinstem Meßwert einer Meßreihe $x_{\max} - x_{\min}$, größer als die doppelte Standardabweichung s, da $x_{\max} > \bar{x} + s$ und $x_{\min} < \bar{x} - s$. Wir können also für die Abschätzung eines Größtfehlers ansetzen:

Fehlerabschätzung $\quad \Delta x_{\mathrm{Streu}} \lessapprox \frac{1}{2}(x_{\max} - x_{\min})/\sqrt{n}\quad .$

Mit den Werten aus Tabelle 1.4 ist z. B. $f_{\max} - f_{\min} = 168 - 162 = 6$ mm, also $\Delta f_{\text{Streu}} \approx 3/\sqrt{8} = 1{,}1$ mm, während sich nach der exakten Fehlerrechnung $\Delta f_{\text{Streu}} = 0{,}7$ mm ergibt. Man gelangt also schon auf diese einfache Weise zu einer vernünftigen, d. h. größenordnungsmäßig richtigen Fehlerangabe.

Fehlerfortpflanzung

Eine *gesuchte Größe* z, d. h. das Versuchsergebnis, hängt oft von mehreren Meßgrößen ab. Die im Versuch *direkt gemessenen Größen* seien: $a, b, c, \ldots$
Aus der *Theorie* sei der *Zusammenhang* bekannt:

$$z = f(a, b, c, \ldots) \quad .$$

> Die Meßwerte der direkt gemessenen Größen sind stets mit einem Fehler behaftet!

Es seien die *Mittelwerte* $\bar{a}, \bar{b}, \bar{c}, \ldots$ und die *Meßfehler* $\Delta a, \Delta b, \Delta c, \ldots$. Alle diese Größen lassen sich aus den Meßwerten für $a, b, c, \ldots$ und dem Schätzwert für den systematischen Fehler ausrechnen. Der Bestwert des Ergebnisses ist:

$$\bar{z} = f(\bar{a}, \bar{b}, \bar{c}, \ldots) \quad .$$

Der Fehler des Ergebnisses Δz hängt von den Fehlern der einzelnen Meßgrößen $(\Delta a, \Delta b, \Delta b, \ldots)$ und von den partiellen Ableitungen $(\delta z/\delta a, \delta z/\delta b, \delta z/\delta c, \ldots)$ ab. Aus der Fehlerstatistik ergibt sich

$$\Delta z = \sqrt{\left(\frac{\partial z}{\partial a}\right)^2 \Delta a^2 + \left(\frac{\partial z}{\partial b}\right)^2 \Delta b^2 + \left(\frac{\partial z}{\partial c}\right)^2 \Delta c^2 + \ldots}$$

bzw. die vereinfachte Abschätzung für den

Größtfehler $\quad \Delta z \approx \left|\dfrac{\partial z}{\partial a}\right| \Delta a + \left|\dfrac{\partial z}{\partial b}\right| \Delta b + \left|\dfrac{\partial z}{\partial c}\right| \Delta c + \ldots \quad .$

Dabei ist $\partial z/\partial a$ der *partielle Differentialquotient*, d. h. die Ableitung von z nach a, wobei alle anderen Variablen $(b, c, \ldots)$ als Konstanten betrachtet werden.

Zwei Spezialfälle als Beispiele: Es seien a und b die Meßgrößen und K eine Konstante

$$z = f(a, b) = Ka - b \quad .$$

Dann ist nach den Gesetzen der Differentiation

$$\frac{\partial f}{\partial a} = K \quad \text{und} \quad \frac{\partial f}{\partial b} = -1 \quad .$$

Also erhält man $\Delta z \approx |K|\Delta a + |-1|\Delta b$, d. h.

$$\Delta z \approx |K|\Delta a + \Delta b \quad .$$

Es gilt also speziell:

Für Summen (oder Differenzen) von Meßgrößen addieren sich deren absolute Fehler, multipliziert mit ihren konstanten Faktoren, zum absoluten Gesamtfehler.

Als weiterer Spezialfall sei

$$z = \mathrm{f}(a,b) = K a^m b^{-n} \quad .$$

Man erhält für die beiden partiellen Ableitungen:
$$\frac{\partial z}{\partial a} = K m a^{m-1} b^{-n} = m\frac{z}{a} \quad \text{bzw.}$$
$$\frac{\partial z}{\partial b} = K a^m (-n) b^{-n-1} = (-n)\frac{z}{b} \quad .$$

Damit ergibt sich:
$$\Delta z \approx \left|\frac{\partial z}{\partial a}\right|\Delta a + \left|\frac{\partial z}{\partial b}\right|\Delta b \quad \Longrightarrow \quad \Delta z \approx \left|\frac{mz}{a}\right|\Delta a + \left|\frac{-nz}{b}\right|\Delta b$$

$$\frac{\Delta z}{z} \approx m\frac{\Delta a}{a} + n\frac{\Delta b}{b} \quad .$$

Es gilt also:

Für Produkte von Potenzen addieren sich die relativen Fehler, multipliziert mit den Beträgen der Exponenten, zum relativen Gesamtfehler.

Als ein Anwendungsbeispiel wird ein Experiment betrachtet, bei dem der Elastizitätsmodul E eines Drahtes (Länge ℓ, Radius R) aus seiner Verlängerung λ bei Belastung mit Gewichtskörpern der Masse m bestimmt werden soll, Bild 1.3. Für λ gilt:

$$\lambda = \frac{\ell}{E \pi R^2} F \quad \text{bzw.} \quad E = \frac{\ell}{\lambda \pi R^2} F \quad .$$

Hierbei ist $F = mg$ die Gewichtskraft und g die Erdbeschleunigung ($g = 9{,}81\,\mathrm{ms^{-2}}$). E ist der zu bestimmende Elastizitätsmodul, dessen relativer Fehler sich aus

$$\frac{\Delta E}{E} = \frac{\Delta \ell}{\ell} + 2\frac{\Delta R}{R} + \frac{\Delta \lambda}{\lambda} + \frac{\Delta F}{F}$$

bestimmen läßt.

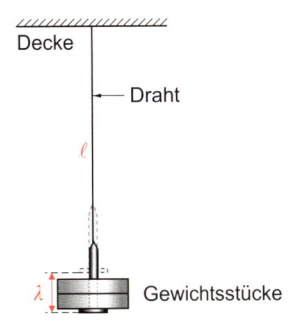

Bild 1.3. Versuchsanordnung zur Drahtdehnung (Näheres siehe *Themenkreis 9*: Elastizität)

📖 Grafische Darstellungen

Bei der Veranschaulichung größerer Datenmengen besitzt die grafische Darstellung gegenüber einer numerischen Tabellen-Darstellung meistens wesentliche Vorteile. Das beruht darauf, daß das menschliche Auge mit dem angeschlossenen neuronalen Netzwerk des Gehirns zur hochgradigen Parallelverarbeitung von sehr großen Datenmengen in der Lage ist und dabei sehr schnell die wesentlichen Informationen aus Bildern extrahieren kann. Ein gerastertes Zeitungsbild $5 \times 10\,\mathrm{cm}$ enthält eine Gesamtinformation von ca. 10^5 bit und ist doch in Bruchteilen einer Sekunde zu überschauen. Die Zahlen in Tabellen müssen dagegen nacheinander gelesen und vom Gehirn seriell, einen Wert nach dem anderen vergleichend, verarbeitet werden, was sehr viel länger dauert und sehr bald auf Gedächtnis-Kapazitätsgrenzen stößt.

Regeln und Hinweise zur Herstellung von Diagrammen

Für die *Zeichnung* von Diagrammen sollte man nur *Millimeter-Papier* oder Papier mit entsprechenden Spezialteilungen verwenden; nicht einfach kariertes Papier benutzen, die Auswertegenauigkeit wäre um eine Größenordnung schlechter. Meistens ist ein mm-Papier-Format DIN A4 angemessen.

Den *Maßstab* wählt man zweckmäßigerweise so, daß sich die Meßpunkte über mehr als 3/4 der Diagramm-Breite und -Höhe verteilen, ggf. unterdrückten Nullpunkt verwenden. Am günstigsten wird ein *Diagramm-Format* ausgenutzt, wenn Ordinate und Abszisse etwa gleich lang sind (oder etwa 2 : 3) und die Kurve in grober Näherung unter 30 bis 60 Grad Steigung verläuft (Bild 1.4c, Maßstab für y-Achse zu klein, Nullpunkts-Unterdrückung und größeren y-Maßstab verwenden).

Durch die streuenden Meßpunkte wird eine *glatte, ausgleichende Kurve* gelegt (Bild 1.4a). Oft genügt eine Ausgleichskurve *nach Augenmaß*. Die Meßpunkte statt dessen mit einer Zickzacklinie zu verbinden (Bild 1.4d), ist selten physikalisch sinnvoll, denn weitere, neu gemessene Zwischenwerte werden in der Regel nicht auf den geradlinigen Verbindungslinien liegen, sondern ebenfalls um die mittlere Kurve streuen.

Für eine zum Vergleich eingezeichnete *gerechnete Kurve* könnte man beliebig dicht liegende Punkte ausrechnen, zweckmäßigerweise sollte man daher überhaupt keine Rechenpunkte angeben. Natürlich muß man einige Punkte zunächst auftragen, um die theoretische Kurve zeichnen zu können. Die *Meßpunkte* für die *experimentellen Kurven* müssen dagegen immer eingezeichnet werden, denn sie geben Auskunft über Streuung, systematische Abweichungen, Ausreißer usw. Experimentell *registrierte Kurven* werden immer ein gewisses *Rauschen* zeigen, das der statistischen Meßwert-Streuung entspricht.

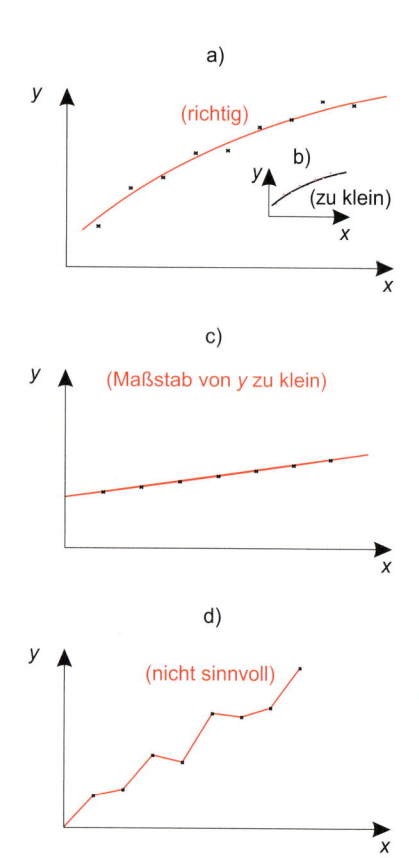

Bild 1.4a-d. Zur zweckmäßigen Anlage von Diagrammen; häufige Fehler

Beschriftung von Diagrammen

Für einen erfolgreich arbeitenden Naturwissenschaftler oder Ingenieur ergibt sich oft die Notwendigkeit, druckfertige Diagramme für Veröffentlichungen, Berichte usw. herzustellen und einzureichen.

Üblicherweise verwendet man dafür heutzutage kommerzielle Programme für PCs, seltener eigenentwickelte Computerprogramme. Bevor man allerdings solche Programme oder gar automatisch gesteuerte Meß- und Zeichenapparaturen sinnvoll einsetzen kann, muß man die Grundlagen des „Zu-Fuß-Messens und -Auswertens" sehr genau gelernt haben.

Üblicherweise trägt man die *unabhängige Veränderliche*, d. h. die vom Experimentator eingestellte Größe x, längs der *horizontalen Achse*, der **Abszisse**, auf. Die *abhängige Variable*, d. h. die abgelesene Größe y, wird längs der *vertikalen Achse*, der **Ordinate** aufgetragen. Die *Wirkung* y wird also als Funktion der *Ursache* x aufgezeichnet, Bild 1.5.

Die beiden Achsen werden beschriftet. Dazu gehören:

- *Bezeichnungen* der aufgetragenen physikalischen Größen oder meistens kurz ihre Symbole.
- Einige wenige runde *Maßstabszahlen*: ca. 4 - 6 Zahlen genügen, die Benennung weiterer Teilstriche des Millimeterpapiers läßt sich nämlich leicht *interpolieren*, auch für die Eintragung der Meßpunkte. Die *Maßstabseinheiten* sollen in einfacher Beziehung zur mm-Teilung stehen; z. B. 1 Einheit $\hat{=}$ 1 cm oder 2 cm oder 5 cm, eventuell auch 2,5 cm; aber nicht 3 cm, da eine Interpolation unnötig schwierig wird. Am *Koordinaten-Ursprung* sollte für *beide* Skalen eine Null angeschrieben werden, wenn kein unterdrückter Nullpunkt vorliegt. *Zehnerpotenzen* werden oft mit den Einheiten zusammengefaßt, Bild 1.6.
- Die benutzten *Einheiten* (Abkürzungen verwenden). Häufig werden *zwei Meßskalen* für zwei physikalische Größen, die einander proportional sind, an die gleiche Koordinatenachse angetragen, Bild 1.6. Eine der Skalen wird dann i. a. nicht mehr mit der mm-Teilung korrespondieren; am besten Teilstriche für runde Maßstabszahlen markieren und ganzzahlige Ziffern anschreiben.

Jedes Diagramm sollte außerdem möglichst eine kurze *Unterschrift* erhalten oder eine kurze *Erläuterung*; diese können bei Labor-Protokollen in freie Teile des Diagramms (z. B. oben) eingeschrieben werden. Ein sachkundiger Leser kann sich dann oft durch schnelle Betrachtung der Diagramme sowie der Figuren (Skizzen), der Überschriften und der Ergebnis-Zusammenfassung einen *Überblick* über den wesentlichen Inhalt eines Meßberichtes verschaffen.

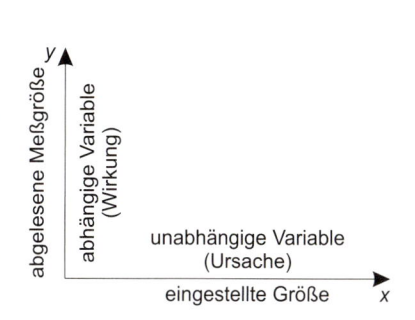

Bild 1.5. Übliche Diagrammauftragung: Wirkung y als Funktion der Ursache x

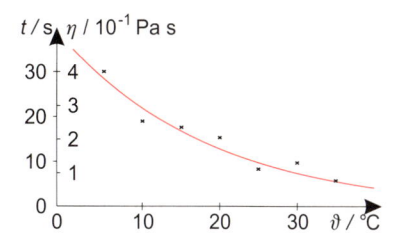

Bild 1.6. Darstellung eines experimentell gefundenen Zusammenhanges: Diagramm mit zwei Ordinatenskalen (Näheres siehe *Themenkreis 10*: Zähe Flüssigkeiten)

Diagramme mit speziellen Teilungen

Normalerweise verwendet man *rechtwinklige Koordinaten* mit linearer Teilung: **Millimeter-Papier**. Gelegentlich wird auch **Polarkoordinaten-Papier** benutzt, wenn nämlich Winkelabhängigkeiten verdeutlicht werden

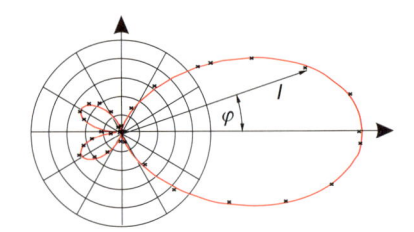

Bild 1.7. Richtstrahl-Charakteristik $I\varphi$ in Polarkoordinaten-Darstellung

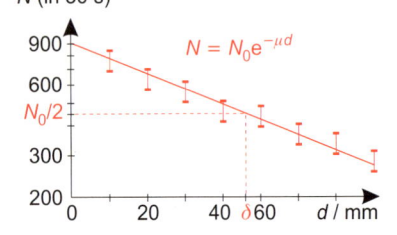

Bild 1.8. Einfach-logarithmische Darstellung (siehe auch *Themenkreis 47: Radioaktive Strahlung*)

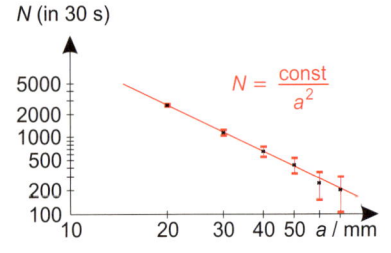

Bild 1.9. Doppelt-logarithmische Darstellung (siehe auch *Themenkreis 47: Radioaktive Strahlung*)

sollen. Beispiele: Abstrahl-Charakteristiken von Antennen oder Lautsprechern oder Empfindlichkeit von Richtmikrophonen, Bild 1.7.

Oft werden auch Diagramme mit *logarithmischen Teilungen*, **Logarithmen-Papier**, verwendet, was z. B. die Darstellung von Größen, die über mehrere Zehnerpotenzen variieren, ermöglicht. Hierbei ist zu unterscheiden zwischen *einfach-* (oder *halb-*) *logarithmischer Darstellung* (eine Achse log, die andere Achse linear, Bild 1.8)

und einer *doppelt-logarithmischer Darstellung* (beide Achsen log, Bild 1.9).

In *halb-logarithmischen* Diagrammen liefern *exponentielle* und *logarithmische Abhängigkeiten Geraden* mit einem Geraden-Anstieg $k \lg e$:

$$y = Ae^{kx} \quad \lg y = \lg A + xk \lg e; \quad (\lg y) = \mathrm{f}(x) \to \text{Gerade} \quad .$$

In *log-log Diagrammen* liefern dagegen *Potenzfunktionen Geraden*, deren Anstieg durch den Exponenten p gegeben ist:

$$y = Ax^p \quad \log y = \log A + p \log x \quad (\lg y) = \mathrm{f}(\lg x) \to \text{Gerade} \quad .$$

Es gibt eine Reihe verschiedener *logarithmischer Papiere*, bei denen auf einer A4-Seite in x- und y-Richtung 1-, 2- oder 3 Dekaden (Zehnerpotenzen) untergebracht sind. Die Auswahl eines geeigneten log-Papiers muß dem Variationsbereich der vorliegenden Daten angepaßt werden.

Besondere Beachtung erfordert die Bestimmung einer Geradensteigung in solchen Diagrammen, weil nicht der Logarithmus einer Größe, sondern der Wert der Größe selbst logarithmisch aufgetragen ist. Dieses Problem läßt sich vermeiden, wenn man einfaches Millimeterpapier verwendet und den mit einem Taschenrechner bestimmten Logarithmus der Größe aufträgt.

Dichte der Meßpunkte in einer Meßreihe

Bei *linearen Zusammenhängen* oder bei schwach gekrümmten Kurven wird man der üblichen Regel folgen: Die unabhängige Variable (Einstellgröße) x wird in gleichen Schritten geändert. Es genügen dann i. a. bereits ca. 10 Meßpunkte zum Zeichnen einer guten grafischen Darstellung.

Bei stärker *gekrümmten Kurven* ist es aber nicht mehr sinnvoll, x mit gleicher Schrittweite zu ändern. Die Dichte der Meßpunkte in den steileren Kurven-Bereichen ist vielmehr zu erhöhen, da sich die Abstände in y-Richtung sonst entsprechend stark vergrößern, Bild 1.10. Allgemeine Regel:

Zweckmäßigerweise ist die Dichte der Meßpunkte so zu wählen, daß ihr *Abstand längs der Kurve* etwa *konstant* bleibt.

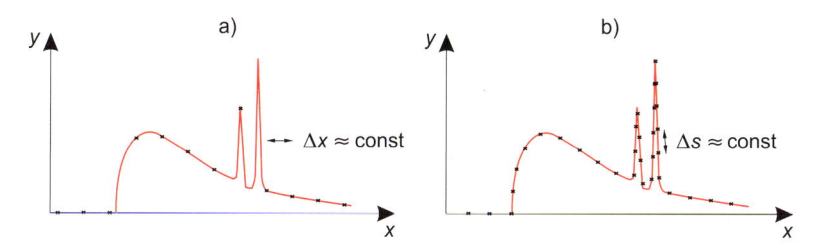

Bild 1.10a-b. Kurve mit stark gekrümmten Bereichen (Röntgenspektrum); Meßpunkte (a) mit gleicher Schrittweite Δx, (b) mit etwa gleichen Abständen Δs längs der Kurve (siehe auch *Themenkreis 45*: Röntgenstrahlung)

Bei komplizierten Kurvenformen erfordert die ungefähre Einhaltung dieser Regel schon einige Erfahrung. Am besten, man erkundet in einem *Vorversuch* den ungefähren Kurvenverlauf: Die Meßpunkte werden mit verringerter Genauigkeit in grobem Raster aufgenommen und in einer Diagramm-Skizze, eventuell auf kariertem Papier, sofort aufgezeichnet. Für die Hauptmessung läßt sich daraus eine geeignet veränderte Schrittweite Δx abschätzen.

Fehlerangabe für die einzelnen Meßpunkte

Die grafische Darstellung eines Meßergebnisses x, y als Meßpunkt ist eine Idealisierung. Jedes Meßergebnis ist mit einem *Meßfehler* $\pm \Delta x$ und $\pm \Delta y$ behaftet; deshalb müßte man eigentlich entsprechend große Meßkleckse zeichnen. Zweckmäßigerweise gibt man den *Fehlerbereich* durch ein *Balkenkreuz* an. Oft ist aber die im Experiment eingestellte Größe (unabhängige Variable x) sehr viel genauer bekannt als die gemessene Größe (abhängige Variable y), dann genügt für die Fehlerangabe ein *vertikaler Balken* der Länge $2\Delta y$, Bild 1.11.

Der *Aussagewert* einer Messung hängt oft entscheidend vom Meßfehler ab. Im Falle des Bildes 1.11b zeigt das Experiment, daß mit Sicherheit keine lineare Beziehung vorliegt; im Falle des Bildes 1.11c ist dagegen hierüber keine Entscheidung möglich, weil die Meßgenauigkeit zu gering ist.

Ist der *absolute Fehler* Δy konstant und für alle Meßpunkte gleich, dann ist natürlich die Länge der Fehlerbalken in der normalen linearen Darstellung konstant. So hätte es in Bild 1.11a oder b ausgereicht, nur jeweils einen Fehlerbalken repräsentativ an einem Meßpunkt einzuzeichnen. In der logarithmischen Darstellung nehmen in diesem Fall dagegen

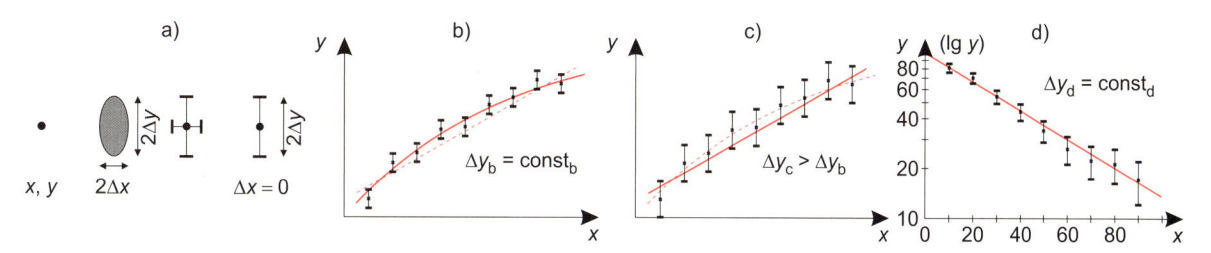

Bild 1.11. (a) Zur Balken-Darstellung von Meßfehlern Δx, Δy in Diagrammen. (b)-(d) Messungen mit konstantem absoluten Fehler Δy: in linearer Darstellung (b), (c) und im logarithmischen Diagramm (d)

die Fehlerbalkenlängen mit abnehmender Meßgröße stark zu Bild 1.11d. Sind dagegen die *relativen Fehler* $\Delta y/y$ in der Meßreihe konstant, so liegen die Verhältnisse umgekehrt: die Länge der Fehlerbalken ändert sich in der normalen linearen Darstellung, während die Balkenlängen in der log Darstellung konstant bleiben.

Erhöhung der Genauigkeit grafischer Darstellungen

Oft ist die Verwendung eines *unterdrückten Nullpunktes* angebracht; der Diagramm-Maßstab kann dann entsprechend größer gewählt werden. So könnte man zum Beispiel in Bild 1.12a mit einem unterdrückten Nullpunkt bei gleichem Diagramm-Format die Maßstäbe für die x- und y-Achsen verdoppeln. Beispiel: Messung der Temperatur des Wasserbades als Funktion der Zeit. Man mißt bei etwa $20\,°C - 30\,°C$, also weit oberhalb von $0\,°C$. Bei Verwendung der absoluten Temperatur-Skala, bei Messungen um $T = 290$ K wäre ein Diagramm ohne Nullpunkts-Unterdrückung sogar völlig sinnlos.

Ist eine *Proportionalität* $y \approx mx$ zu prüfen, wobei nur Meßpunkte in größerer Entfernung vom Nullpunkt vorliegen, Bild 1.12a, dann zeichnet man besser $y/x = \text{fkt}(x - x_0)$ auf, Bild 1.12b.

Liegt nur eine sehr *geringe Abweichung* von der Gleichung $y \approx x$ vor, wie oft bei Kalibrierkurven, Bild 1.12c, dann trägt man in stark vergrößertem Maßstab besser auf: $(y - x) = \text{fkt}(x)$. Streuungen und systematische Abweichungen sind hier viel besser zu erkennen, Bild 1.12d. Entsprechendes gilt für kleine Abweichungen der Meßpunkte von komplizierten Funktionen, z. B. von der theoretischen Formel $y \approx \varphi(x)$. Man benutzt das Diagramm: $y - \varphi(x) = \text{fkt}(x)$. Auf diese Weise läßt sich auch bei hochgenauen Meßergebnissen eine Fehlerabschätzung aus einer grafischen Darstellung gewinnen.

Auswertung linearer Zusammenhänge

Es seien x_i, y_i eine größere Anzahl von Meßwertepaaren ($i = 1, 2, \ldots$), die nach der Theorie linear zusammenhängen sollten

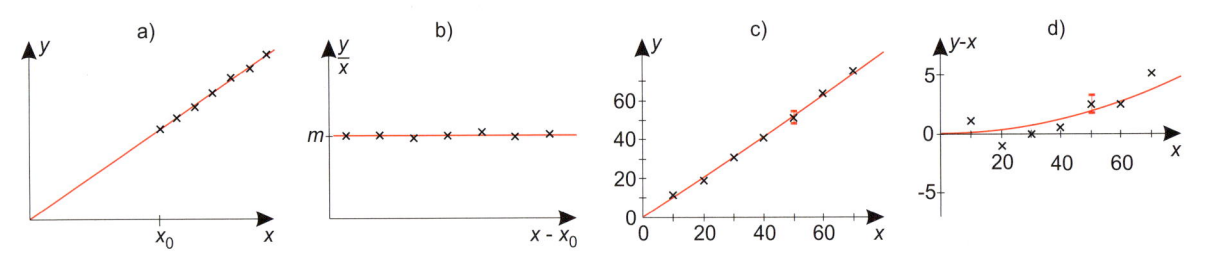

$$y = A + Bx \quad .$$

Bild 1.12. Erhöhung der Genauigkeit einer grafischen Darstellung (a), einer Proportionalität $y \approx mx$ durch Berechnung der Steigungen und Unterdrückung des Nullpunkts (b). Bei einer Kalibrierkurve (c) kann die Abweichung $y - x$ als Funktion von x dargestellt werden

Wegen der zufälligen Meßfehler streuen jedoch die Meßpunkte. Zur Bestimmung der Größen A und B sowie zur Abschätzung der zugehörigen Fehler gibt es zwei verschiedene Wege.

Grafische Auswertung

Die Meßpunkte werden grafisch aufgetragen, Bild 1.13. Nach Augenmaß wird eine ausgleichende Gerade durch die Punkte gezeichnet (rot in Bild 1.13). Es ist dann A = Achsenabschnitt; B = Steigung der Geraden.

Ein grobes Verfahren zur Ermittlung der Streufehler ΔA_{Streu} und ΔB_{Streu} soll an einem anderen fiktiven Meßbeispiel mit größeren Streufehlern erläutert werden, Bild 1.14. Außer der optimal mittelnden Geraden werden noch zwei weitere parallele Geraden (z. B. als dünne Bleistiftstriche) so eingezeichnet, daß sie nach oben und unten verschoben sind, aber doch den größten Teil der Meßpunkte (ca. 70 %) einschließen. Der Bereich, in dem sich die Meßpunkte finden, wird so abgegrenzt, daß ein Streubereichs-Rechteck entsteht, wie in Bild 1.14 zu sehen. Die Diagonalen in diesem Rechteck liefern dann etwa die Fehler $\pm\Delta A_{\text{Streu}}$ und $\pm\Delta B_{\text{Streu}}$.

In vielen Fällen genügt die Einzeichnung der diagonalen Grenzgeraden durch die streuenden Meßpunkte nach Augenmaß.

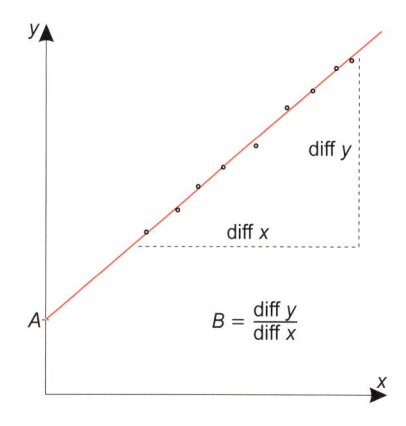

Bild 1.13. Grafische Darstellung von Meßgrößen, die einer Geradengleichung mit dem Achsenabschnitt A und der Steigung der Geraden B genügen

Rechnerische Auswertung nach Punktepaar-Methode

Im Falle geringer Streuung liefert eine Auswertung nach der **Methode der Punktpaare** verläßlichere Ergebnisse als die grafische Auswertung. Dabei werden *Differenzen* gebildet: diff $x = x_{m+i} - x_i$ sowie diff $y = y_{m+i} - y_i$, und zwar am günstigsten nicht zwischen den direkt benachbarten, sondern den etwa um die Hälfte des Meßbereiches auseinanderliegenden Werten ($m \approx n/2$). Als Beispiel ist in Tabelle 1.5 eine solche Auswertung dargestellt. Der Quotient $B = \text{diff}\,y/\text{diff}\,x$ sollte konstant sein; man kann also *mitteln*:

$$\bar{B} = \frac{1}{m}\sum_{i=1}^{m} B_i \quad .$$

Der *mittlere quadratische Fehler des Mittelwertes* $\bar{B}$ errechnet sich aus den Abweichungen $v_{iB} = (B_i - \bar{B})$, wobei man v_{iB}, v_{iB}^2 und schließlich die Summe $\sum v_{iB}^2$ zu bilden hat:

$$\Delta B_{\text{Streu}} = \sqrt{\frac{\sum v_{iB}^2}{m(m-1)}} \quad .$$

Als Ergebnis erhält man zusammenfassend:

$$B = \bar{B} \pm \Delta B_{\text{Streu}} \quad .$$

Mit Hilfe des Mittelwertes $\bar{B}$ wird nun der Parameter A für jedes Wertepaar x_i, y_i nach $A_i = y_i - \bar{B}x_i$ berechnet und der Mittelwert $\bar{A}$ gebildet.

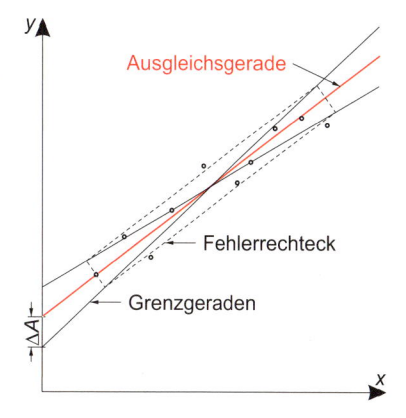

Bild 1.14. Prinzip einer grafischen Auswertung mit Streubereichen **Ausgleichsgerade**

Tabelle 1.5. Rechnerische Auswertung nach der Methode der Punktpaare (Anwendung siehe z.B. *Themenkreis 8: Trägheitsmoment*)

x_i	y_i	diff x	diff y	$B_i = \frac{\text{diff }y}{\text{diff }x}$	$v_{iB} = B_i - \bar{B}$	v_{iB}^2 × 10⁻⁴	$\bar{B}x_i$	$A_i = y_i - \bar{B}x_i$	$v_{iA} = A_i - \bar{A}$	v_{iA}^2 × 10⁻⁴
0,00	1,4	1,80	3,6	2,00	−0,09	81	0,00	1,40	+0,14	196
1,00	3,3	1,75	3,8	2,17	+0,08	64	2,09	1,21	−0,05	25
1,30	3,9	1,90	4,0	2,10	−0,01	1	2,72	1,18	−0,08	64
1,80	5,0	2,35	4,9	2,08	+0,01	1	3,76	1,24	−0,02	4
2,75	7,1						5,75	1,35	+0,09	81
3,20	7,9						6,69	1,21	−0,05	25
4,15	9,9						8,68	1,22	−0,04	16
				$\Sigma B_i =$ 0,35 + 4·2,00		$\Sigma v_{iB}^2 =$ 147·10⁻⁴		$\Sigma A_i =$ 0,41 + 7·1,20		$\Sigma v_{iA}^2 =$ 411·10⁻⁴

Der Fehler des Mittelwertes $\bar{A}$ ergibt sich wieder aus den Abweichungen $v_{iA} = A_i - \bar{A}$, also durch Berechnung von v_{iA}, v_{iA}^2 und $\sum v_{iA}^2$:

$$\Delta A_{\text{Streu}} = \sqrt{\frac{\sum v_{i,A}^2}{n(n-1)}} \quad .$$

Als Ergebnis erhält man zusammenfassend:

$$A = \bar{A} \pm \Delta A_{\text{Streu}} \quad .$$

Die Auswertung der in Tabelle 1.5 dargestellten Messung ergibt: $\bar{B} = 2{,}088$ und $\bar{A} = 1{,}259$, also gerundet: $\bar{B} \approx 2{,}09$ und $\bar{A} \approx 1{,}26$. Weiter berechnet man

$$\Delta B_{\text{Streu}} = \sqrt{\frac{\sum v_B^2}{m(m-1)}} = \sqrt{\frac{147 \cdot 10^{-4}}{4 \cdot 3}} = 3{,}5 \cdot 10^{-2} \approx 0{,}04 \quad ,$$

$$\Delta A_{\text{Streu}} = \sqrt{\frac{\sum v_A^2}{n(n-1)}} = \sqrt{\frac{411 \cdot 10^{-4}}{7 \cdot 6}} = 3{,}1 \cdot 10^{-2} \approx 0{,}03 \quad .$$

Als Ergebnis der Messung erhält man: $B = 2{,}09 \pm 0{,}04$, $\Delta B/B = 2\,\%$ und $A = 1{,}26 \pm 0{,}03$, $\Delta A/A = 2{,}5\,\%$.

Methode der kleinsten Quadrate

International üblich ist die Bestimmung der **Ausgleichsgerade** nach der Gaußschen *Methode der kleinsten Fehlerquadrate*.

Angenommen, die beiden Größen A und B, die von allen n Meßpunktepaaren x_i, y_i abhängig sind, wären schon bekannt. Es ließe sich dann jeweils eine Größe $y(x_i) = A + Bx_i$ berechnen und mit den Meßwerten y_i vergleichen. Dabei werden sich im allgemeinen Abweichungen

$$v_i = y_i - y(x_i)$$

ergeben. Die Gaußsche Forderung ist nun, daß die Summe der Quadrate aller dieser Abweichungen,

$$\sum_{i=l}^{n} v_i^2 = \sum v_i^2 = f(A,B)$$

minimal wird.

Nach Anwendung der Regeln der Differentialrechnung für Funktionen von mehreren Veränderlichen können diejenigen Werte von A und B bestimmt werden, für die $f(A,B)$ minimal wird:

$$B = \frac{\sum x_i y_i - n\bar{x}\bar{y}}{\sum x_i^2 - n\bar{x}^2}$$

$$A = \bar{y} - B\bar{x} \quad .$$

Dabei sind $\bar{x}$ und $\bar{y}$ die Mittelwerte von x_i und y_i. Die dazugehörigen Standardabweichungen werden mit s_x und s_y bezeichnet.

Die Formeln zur Berechnung der Standardabweichungen von A und B werden von *Walcher*: Praktikum der Physik angegeben.

Der **Korrelationskoeffizient** r ist ein Maß für die gegenseitige Abhängigkeit von zwei Variablen

$$r = B\frac{s_x}{s_y} \quad .$$

Zur Veranschaulichung von r betrachte man Meßpunkte y_i, x_i mit $\bar{y}=0$, $\bar{x}=0$. Liegen die Meßpunkte auf einer Geraden $y = Bx$ mit $B > 0$, so ist $s_y = Bs_x$ und es ergibt sich $r = 1$, ist $B < 0$ so ist $r = -1$. Liegen dagegen die Meßwerte statistisch verteilt in der x-y-Ebene, so kommen positive und negative Werte von x_i, y_i gleich häufig vor und die Summe ergibt $B = 0$ und $r = 0$.

Die Größen A und B sowie der Korrelationskoeffizient r können mit wissenschaftlichen Taschenrechnern oder PC-Software nach Eingabe der numerischen Wertepaare einer Meßreihe ohne weiteren Zeitaufwand bestimmt werden. Es ergibt sich z. B. für die im Bild 1.13 dargestellten Meßpunkte $r = 0,99$. Für Bild 1.14 ist der Korrelationskoeffizient $r = 0,94$ kleiner, da die Streuung der Meßwerte größer ist.

Diese Berechnung einer Ausgleichs- oder Regressionsgeraden durch Minimierung des Fehlerquadrates wird als **Regression** bezeichnet. Das Verfahren läßt sich auch zur Berechnung von Ausgleichskurven verallgemeinern, die sich als nichtlineare Funktionen, z. B. $y = A + Bx + Cx^2$ darstellen lassen.

Linearisierung

Da lineare physikalische Zusammenhänge relativ bequem ausgewertet werden können, werden auch nichtlineare Zusammenhänge oft linearisiert, d. h. in Form einer Geraden dargestellt. Dies ist häufig auch möglich, wie folgende Beispiele zeigen.

- Die Schwingungszeit T eines Drehtisches mit Feder, auf dem eine verschiebbare Scheibe der Masse m liegt, hängt vom Abstand ℓ des Scheibenschwerpunktes von der Achse des Drehtisches ab (siehe *Themenkreis 8*: Trägheitsmoment):
$$T = 2\pi\sqrt{\frac{1}{D^*}(I_0 + \ell^2 m)} \quad .$$
Die Winkelrichtgröße der Feder D^* sowie das Trägheitsmoment I_0 der Anordnung mit der Scheibe in der Mitte sind unbekannt. Quadriert man die Gleichung, so kann man $y = T^2$ als Funktion von $x = \ell^2$ ansehen, also eine lineare Abhängigkeit herstellen:
$$\underbrace{T^2}_{y} = \underbrace{\left(\frac{4\pi^2}{D^*}I_0\right)}_{A} + \underbrace{\left(\frac{4\pi^2}{D^*}m\right)}_{B}\underbrace{\ell^2}_{x}$$
$y = A + Bx \quad .$

Das heißt, die etwas umständlich aussehende Ausgangsformel ist zur Gleichung einer einfachen Geraden umgeformt worden.

- Bei der Messung der Brennweite f gilt nach der einfachen Abbildungsgleichung (siehe *Themenkreis 33*: Linsen): $1/f = 1/a + 1/a'$. Hierbei bedeuten a und a' die Gegenstands- und die Bildweite. Setzt man $y = 1/a$ und $x = 1/a'$, so liefert dies $y = (1/f) - x$, d. h. wieder eine Geradengleichung.

Protokollführung

Ein Versuchsprotokoll soll außer den Meßdaten auch eine kurze Beschreibung des Versuches sowie die Auswertung, das Ergebnis und dessen Bewertung enthalten. Ein gutes Protokoll sollte so angelegt sein, daß ein fachkundiger Leser in der Lage ist, den Versuchsablauf zu rekonstruieren. Insbesondere muß aber der Verfasser selbst (auch noch nach einigen Jahren) auf Grund seiner Aufzeichnungen den Versuch im einzelnen verstehen und rekonstruieren können.

Protokollgliederung

Die hier angegebene Reihenfolge zur Gliederung eines Protokolls ist ein bewährter Vorschlag. Andere Gliederungen sind denkbar.

- Der Kopf
  Datum und *Ort*, *Name* des Experimentators (gegebenenfalls auch der Partner), *Thema* des Versuches.
- Grundlagen der Messungen
  Aufgabenstellung und gewählte *Meßmethode* (Stichworte), Zusammenstellung der grundlegenden *Formeln*; *Definitionen* der benutzten Symbole (Buchstaben).
- Beschreibung der Versuchsanordnung
  Prinzip-Skizze mit ergänzenden Bemerkungen (mechanischer Aufbau, elektrische Schaltung, optischer Strahlengang o. ä.), denn „ein Bild sagt

mehr als 1000 Worte". Liste der wesentlichen Geräte mit Angabe der Güteklasse (ggf. mit Inventar-Nr. oder Platz-Nr.).

- Messungen und Beobachtungen
  Zahlenwerte immer mit Angabe der *Einheiten* notieren! Zahlenreihen werden praktischerweise in Form einer *vor* der Messung überlegten *Tabelle* aufgeschrieben, die kompakt, aber übersichtlich sein sollte. Bei der Messung von Einzelgrößen werden die *geschätzten* Fehler notiert (Genauigkeiten der Instrumente oder des Meßverfahrens). Auch Vorversuche und Fehlmessungen werden im Protokoll notiert.

- Auswertung
  Berechnung des Endergebnisses aus den einzelnen Meßergebnissen (z. B. durch Mittelung und Einsetzen der Meßwerte in die Formeln). Gegebenenfalls Ermittlung des Endergebnisses aus einer *grafischen Darstellung* oder Veranschaulichung der Ergebnisse in grafischer Form. Berücksichtigung von Korrektionen.
  Fehlerabschätzung für zufällige Fehler und systematische Fehler. Eine statistische Fehlerrechnung braucht nur ausgeführt zu werden, wenn es sich lohnt, d. h. wenn genügend viele Einzelmessungen vorliegen und ihre Streuung mindestens von gleicher Größenordnung ist wie die der abgeschätzten systematischen Fehler.

- Zusammenfassung der Ergebnisse
  Angabe der sinnvoll *abgerundeten* numerischen *Ergebnisse* mit *Fehlergrenzen* (Meßunsicherheit, Vertrauensbereich), sowie der verwendeten *Einheiten*. Bewertung bzw. Diskussion der Ergebnisse (z.B. Vergleich mit Literaturwerten).

Hinweise zur Protokollführung

Protokolle gelten in der Forschung als Urkunden, wichtig z.B. bei Patent- oder Prioritätsstreitigkeiten. Daher *niemals radieren* oder überschreiben, sondern Falsches *durchstreichen*, notfalls ganze Absätze. Die Lesbarkeit soll dabei erhalten bleiben und der Grund für das Streichen an den Rand geschrieben werden, später könnte sich eine Streichung als ungerechtfertigt erweisen! Nachträge in das Protokoll müssen als solche gekennzeichnet werden, z. B. andersfarbig.

In einem Protokollbuch sollen die Seiten numeriert sein, und es sollte vorn oder hinten ein *Inhaltsverzeichnis* eingefügt werden.

Hinweise zum Protokollieren von Messungen

Die Meßergebnisse werden *sofort* in das Protokoll geschrieben, keine Zettelwirtschaft! Gründe: Zeitverschwendung, Übertragungsfehler, Versuchung subjektiver Auswahl „guter" Werte.

In jedem Fall die *direkt abgelesenen Meßwerte* notieren: zur Vermeidung von später nicht mehr korrigierbaren Fehlern beim Kopfrechnen, die auch bei einfachsten Rechnungen wie Nullpunktskorrektionen oder

Skalenumrechnungen, insbesondere bei ermüdenden Messungen, leicht möglich sind. Zweckmäßige *Reihenfolge* bei der Aufnahme von Meßreihen (zur Vermeidung grober Irrtümer, wie Schreibfehler, Kommafehler u. s. w.): Meßwert ablesen, aufschreiben, Ablesung kontrollieren, Übergang zur nächsten Messung.

Meßdaten werden heutzutage oft, insbesondere bei Serienmessungen direkt mit dem Computer aufgenommen und mit Auswerteroutinen weiter verarbeitet. Im Grundpraktikum kann z. B. ein Ausdruck von Orginalmeßdaten ins Protokoll eingeklebt werden und durch Unterschrift die Orginalität bestätigt werden – dies gilt ebenso für Auswertungen und Grafiken. Im *Themenkreis 53*: Ein/Ausgabe von Meßwerten und Steuersignalen mit dem PC werden Grundlagen zur Datenerfassung behandelt. Dabei tritt eine Reihe prinzipieller Fragen auf wie Sicherung von Orginalmeßdaten, Sicherung der Datenauthentizität, Schutz von Datenmanipulation u. v. m.

2. Meßunsicherheit und Statistik

Einführung in die Fehlerrechnung und Statistik zur Auswertung experimenteller Untersuchungen.

Standardlehrbücher (Stichworte: Fehlerrechnung, Statistik, Gaußverteilung, Normalverteilung, Mittelwert, Standardabweichung),
Themenkreis 1: Messen und Auswerten,
Carleton University: Computational Physics,
Kreyszig: Statistische Methoden und ihre Anwendungen,
Squires: Meßergebnisse.

Statistik

Die Theorie der zufälligen Meßfehler ist eine Anwendung der allgemeinen **mathematischen Statistik**. Statistische Betrachtungen spielen in verschiedenen Gebieten der Physik eine wichtige Rolle, z. B. bei der Theorie der Wärme, bei der Radioaktivität oder in der Quantenmechanik.

Die mathematische Statistik befaßt sich mit Massenerscheinungen, die eine große Zahl von Individuen oder von Einzelprozessen betreffen und bei denen der „Zufall" eine Rolle spielt. Oft zeigen die Massenerscheinungen statistische Gesetzmäßigkeiten, während die Einzelerscheinungen dagegen *zufällige Unregelmäßigkeiten* aufweisen. Beispiele:

- Für jeden einzelnen Wurf einer Münze ist das Ergebnis ungewiß; bei einer großen Zahl von Würfen wird etwa die Hälfte Zahl oder Wappen zeigen.
- Für eine bestimmte Person ist das Lebensalter ungewiß; für eine große definierte Personengruppe sind jedoch recht genaue Voraussagen möglich (Sterbetafeln).
- In einer Produktionsserie wird die Länge von Werkstücken gemessen; die Ergebnisse streuen um einen Mittelwert (Ausschuß-Statistik).
- Nach dem gleichen Meßverfahren wird eine Naturkonstante (z. B. die Gravitationsbeschleunigung der Erde g) wiederholt gemessen; die Meßergebnisse zeigen ebenfalls eine Streuung (zufällige Fehler, Fehlerstatistik).
- Die Atome eines Gases bewegen sich mit der mittleren Geschwindigkeit $\bar{v}$ und legen zwischen zwei Zusammenstößen die Strecke $\bar{\lambda}$ zurück; die Werte v und λ für die einzelnen Atome zeigen eine bestimmte Häufigkeitsverteilung um diese Mittelwerte.

Trotz der Verschiedenheit der Erscheinungen und Objekte der Statistik ist eine theoretische Behandlung mit den gleichen mathematischen Methoden möglich.

Um eine vollkommen zuverlässige statistische Aussage zu ermöglichen, müßten *alle* Individuen oder Erscheinungen der betrachteten Art, d. h. die vollständige Grundgesamtheit, untersucht werden. Näherungsaussagen, die dann nur mit einer gewissen Wahrscheinlichkeit zutreffen, lassen sich jedoch folgendermaßen gewinnen:

Aus der Grundgesamtheit entnimmt man eine *Stichprobe*, untersucht sie und schließt aus den Eigenschaften der Stichprobe auf die Eigenschaften der Grundgesamtheit. Die Stichprobe muß dabei so ausgewählt sein, daß sie die Eigenschaften der Grundgesamtheit repräsentiert.

In der Fehlerstatistik umfaßt die Grundgesamtheit alle möglichen, (d. h. eigentlich unendlich viele) denkbaren Meßergebnisse des betrachteten Experimentes, die Stichprobe dagegen nur die tatsächlich beobachteten n Meßwerte.

Die wichtigsten statistischen Maßzahlen sind der *Mittelwert* (*Bestwert*), die *Standardabweichung* und der *statistische Fehler des Mittelwerts* (*Vertrauensbereich*) als Maß für die Streuung (vgl. *Themenkreis 1*).

Gegeben sei eine Meßreihe mit n Einzelmeßwerten $x_1, x_2, \ldots x_n$ (Beobachtungswerte, Stichprobenelemente). Aus dieser Stichprobe lassen sich berechnen:

- Mittelwert $\bar{x} = \dfrac{1}{n} \sum_{i=1}^{n} x_i$

- Abweichung der Meßwerte vom Mittelwert $v_i = x_i - \bar{x}$

- Standardabweichung $s = \sqrt{\dfrac{1}{n-1} \sum_{i=1}^{n} (x_i - \bar{x})^2}$

- mittlerer quadratischer Fehler $s_M = \dfrac{s}{\sqrt{n}}$.

Nicht bekannte Größen sind:
- wahrer Wert (Mittelwert der Grundgesamtheit) μ, dabei gilt: $\mu \approx \bar{x}$
- wahrer Fehler der Einzelmessung $(x_i - \mu)$
- wahrer Fehler des Mittelwertes $(\bar{x} - \mu)$
- **Standardabweichung der Grundgesamtheit** σ:

$$\sigma = \lim_{n \to \infty} \sqrt{\dfrac{1}{n-1} \sum_{i=1}^{n} (x_i - \mu)^2} \quad \text{mit } \sigma \approx s$$

- Vertrauensbereich für den Mittelwert der Grundgesamtheit aus n Einzelmessungen (Wahrscheinlichkeit P=68 %):

$$\left(\mu \pm \dfrac{\sigma}{\sqrt{n}} \right) \approx \left(\bar{x} \pm \dfrac{s}{\sqrt{n}} \right) \quad .$$

Histogramm und Wahrscheinlichkeit

Die ermittelten Meßwerte lassen sich in einem **Histogramm** (Säulendiagramm) darstellen, Bild 2.1. Dabei sind w die Klassenbreite, $j = 1, 2, \ldots k$ die Klassennummer, x_j die Klassenmitte, $x_j \pm w/2$ die Klassengrenzen, n_j die Besetzungszahl in der Klasse j und $h_j = n_j/n$ die Häufigkeit (relative Besetzungszahl). Ferner gilt:

$$\sum_{j=1}^{k} n_j = n \quad \text{sowie} \quad \sum_{j=1}^{k} h_j = 1 \quad \text{und}$$

näherungsweise für den Mittelwert:

$$\bar{x} = \frac{1}{n} \sum_{j=1}^{k} n_j x_j$$

sowie für die Standardabweichung:

$$s = \sqrt{\frac{1}{n-1} \sum_{j=1}^{k} n_j (x_j - \bar{x})^2} \quad .$$

P_{ab} ist die **Wahrscheinlichkeit**, daß eine Einzelbeobachtung zwischen

$$x_a < x < x_b$$

liegt. Aus dem Histogramm folgt

$$P_{ab} \approx \frac{\text{Fläche im Intervall } [x_a, x_b]}{\text{Gesamtfläche}} \quad .$$

Geht man vom Histogramm zur kontinuierlichen Häufigkeitsverteilung über, Bild 2.2, so erhält man eine *Wahrscheinlichkeitsdichteverteilung* f(x). Die Wahrscheinlichkeit dafür, daß eine Beobachtung zwischen x_a und x_b liegt, ist dann

$$P_{ab} = \int_{x_a}^{x_b} f(x) dx$$

mit der Normierungsbedingung:

$$\int_{-\infty}^{+\infty} f(x) dx = 1 \quad .$$

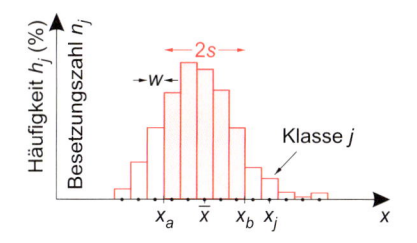

Bild 2.1. Häufigkeitsverteilung (Histogramm) einer Meßreihe oder Stichprobe

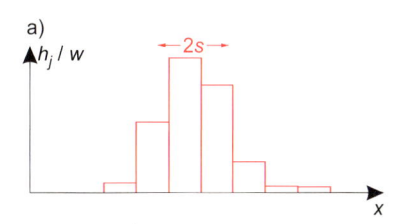

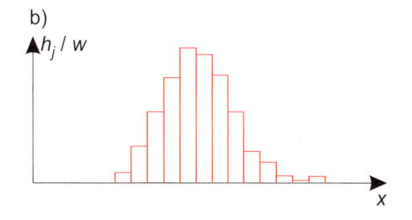

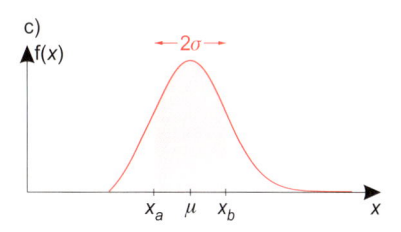

Bild 2.2a-c. Übergang vom Histogramm (Säulendiagramm) für eine Meßreihe oder Stichprobe (mit endlicher Zahl n von Messungen) zu einer kontinuierlichen Häufigkeitsverteilung der Grundgesamtheit. $f(x)$ = Wahrscheinlichkeitsdichteverteilung für $n \to \infty$

Die Gauß- oder Normalverteilung

In der Fehlerrechnung und auch für viele Zwecke der Statistik wird für die Verteilungsfunktion die sog. **Gauß-** oder *Normalverteilung* angenommen:

$$f(x) = \frac{1}{\sqrt{2\pi}\sigma} e^{-(x-\mu)^2 / 2\sigma^2} \quad .$$

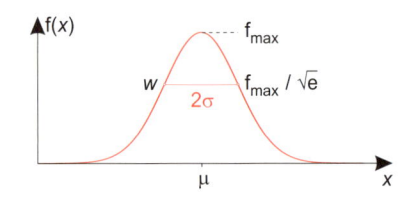

Bild 2.3. Wahrscheinlichkeitsdichte der Normalverteilung (Gaußkurve)

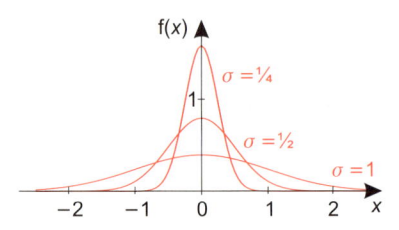

Bild 2.4. Gaußverteilungen für $\sigma = 1$, 1/2, 1/4 (Man beachte: Die Flächen unter den drei Kurven sind gleich)

Eine solche Verteilung ist in Bild 2.3 aufgezeichnet. Sie hat eine symmetrische Glockenform, besitzt das Maximum an der Stelle des Mittelwertes μ und fällt im Bereich $|x - \mu| \gg \sigma$ auf sehr kleine Werte ab.

Bei $x - \mu = \pm \sigma$ besitzt die Gaußkurve ihre Wendepunkte, und es ist dort f(x) um den Faktor $1/\sqrt{e} = 0{,}61$ kleiner als im Maximum $f_{max} = 1/\left(\sqrt{2\pi}\sigma\right)$.

Der Parameter σ bestimmt die Breite der Verteilung, Bild 2.4. Wie man ausrechnen kann, ist der Parameter σ der Gaußverteilung gerade gleich der Standardabweichung dieser Verteilung.

Die Wahrscheinlichkeit P_a, den Wert x zwischen den Grenzen $\mu - a < x < \mu + a$ anzutreffen, ist nach

$$P_a = \int_{-a}^{a} f(x) \, dx$$

zu berechnen. Das auftretende Integral vom Typ

$$\phi(z) = \sqrt{\frac{2}{\pi}} \int_0^z e^{-t^2/2} \, dt \quad \text{mit} \quad z = \frac{a}{\sigma}$$

heißt das *Gaußsche Fehlerintegral*. Dieses Integral ist nicht mehr elementar lösbar; die Funktion läßt sich aber numerisch berechnen und ist tabelliert.

Meßunsicherheit des Endergebnisses

In der Physik ist es üblich, bei der Berücksichtigung von Streufehlern mit der Standardabweichung $s \approx \sigma$ zu rechnen, d. h. eine statistische Sicherheit $P = 68\,\%$ für den Vertrauensbereich zu verwenden. Nach $s_M = s/\sqrt{n} \approx \sigma/\sqrt{n}$ gilt dann

$$\bar{x} \pm \Delta x = \bar{x} \pm \sigma/\sqrt{n} \quad .$$

Das bedeutet, daß wir den wahren Wert μ mit einer Wahrscheinlichkeit von 68 % innerhalb unseres Fehlerbereiches erwarten dürfen. Mit 32 % Wahrscheinlichkeit liegt er aber außerhalb!

Wenn man nun den Vertrauensbereich breiter wählt, erhält man eine höhere statistische Sicherheit. So ist z. B. bei $\bar{x} \pm 2\sigma/\sqrt{n}$ der Wert für $P = 95\,\%$, bzw. $P = 99{,}7\,\%$ bei $\bar{x} \pm 3\sigma/\sqrt{n}$.

Wie bereits erwähnt, ist für ein gegebenes Meßverfahren σ eine Konstante und errechnet sich näherungsweise aus $\sigma \approx s$. Es gibt mehrere Möglichkeiten zur Ermittlung der Größe σ:

- Aus der Standardabweichung s der Stichprobe: Die beste Näherung, die aufgrund der n Beobachtungswerte für die Standardabweichung der Grundgesamtheit σ gegeben werden kann, ist $\sigma \approx s$.
- Aus dem Histogramm: Liegt die Häufigkeitsverteilung explizit als Histogramm vor, so kann man eine Glockenkurve f(x) grob anpassen und die Breite 2σ aus dem Abfall auf $0{,}6\,f_{max}$ für $\Delta x = \pm \sigma$ ablesen.
- Aus der Streuung der Meßwerte: Der Bereich, der 70 % (bzw. 95 %) der Beobachtungswerte enthält, sollte etwa die Breite 2σ (bzw. 4σ)

besitzen. Aus dieser Tatsache läßt sich σ (im Falle einer kleineren Zahl von Beobachtungswerten $n \leq 20$) „auf den ersten Blick" abschätzen.

- Aus dem Durchschnittsfehler r: Auch der Mittelwert der Absolutbeträge der Abweichungen $|v_i| = |x_i - \bar{x}|$ liefert ein Maß für die Standardabweichung σ. Näherungsweise gilt

$$r = \frac{1}{n} \sum_{i=1}^{n} |x_i - \bar{x}| \qquad \text{und} \qquad \sigma \approx \frac{5}{4} r \quad .$$

Es wurden bisher nur die zufälligen Fehler der Messungen betrachtet. Außerdem ist aber auch mit **systematischen Fehlern** zu rechnen. Soweit diese zu erfaßbaren Korrekturen führen (Nullpunktskorrektur, Kalibrierfaktoren u. a.), sind sie im Endergebnis leicht zu berücksichtigen:

$$\bar{x}_{\text{korr}} = \bar{x} + (\text{Korrektur}) \quad .$$

Die nach Vorzeichen und Betrag nicht erfaßbaren systematischen Fehler $\pm \Delta x_{syst}$ müssen abgeschätzt werden (z. B. aus der Güte der Meßinstrumente) und zum statistischen Fehler (also zu dem Vertrauensbereich $\pm \sigma/\sqrt{n}$) addiert werden, um so die gesamte **Meßunsicherheit** darzustellen. Das Endergebnis lautet dann:

$$x = \bar{x}_{\text{korr}} \pm \left(\frac{\sigma}{\sqrt{n}} + \Delta x_{syst} \right) \quad ,$$

mit x: Meßergebnis; $\bar{x}_{\text{korr}}$: (korrigierter) Mittelwert der Meßreihe; $\sigma/\sqrt{n}$: Vertrauensbereich (statistischer Fehler); Δx_{syst}: geschätzter systematischer Fehler.

2.1 Grundversuche mit dem Galton-Fallbrett (1/2)

Anwendung elementarer statistischer Begriffe und Veranschaulichung des Begriffes „statistischer Meßfehler". Kennenlernen von Methoden zur Bestimmung und Abschätzung statistischer Fehler.

Zufallsapparat nach Galton (Fallbrett), Gesamtzahl der Kugeln $n_0 \approx 2000$, Kugeldurchmesser z. B. $2,5$ mm, Transparentpapierbögen als Meßblätter.

Das Galton-Brett stellt ein einfaches Beispiel für ein *chaotisches System* dar. Dieses Brett ist mit einem Raster von Stiften bestückt, Bild 2.5. Eine von oben durch das Raster fallende Kugel stößt immer wieder auf diese Stifte und wird bei jedem Stift nach rechts oder links abgelenkt. Jede Kugel nimmt daher einen anderen Weg durch das Brett. Abhängig von kleinen Unterschieden der Startposition und -richtung (den Anfangsbedingungen) sind Richtungen und Geschwindigkeiten der Kugeln beim Auftreffen auf die einzelnen Stifte unterschiedlich, so daß sie verschieden weit von der Senkrechten abgelenkt werden. So ergeben sich schließlich verschiedene Gesamtablenkungen nach rechts und links, und die Kugeln ordnen sich in verschiedene Fächer ein. Die Gesamtablenkung ist also eine statistisch schwankende Meßgröße.

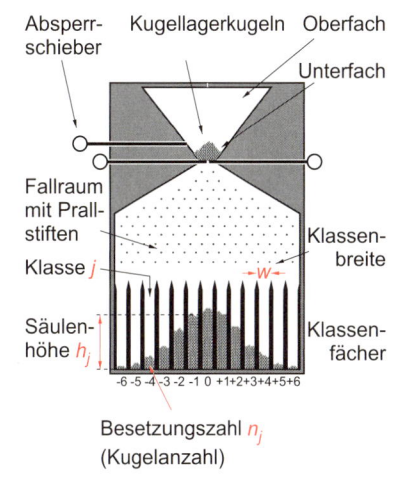

Bild 2.5. Zufallsapparat nach Galton (Fallbrett)

Mit dem Zufallsapparat, Bild 2.5, lassen sich sehr viele Messungen in sehr kurzer Zeit durchführen und bequem statistisch auswerten. Unter stark idealisierenden Voraussetzungen sagt die Theorie des Galton-Fallbrettes die Erzeugung von Gauß-Verteilungen voraus.

Praktische Hinweise: Die Abfüllung kleiner Stichprobenmengen (z. B. von $n = 10$ Kugeln) erfolgt am besten in nahezu horizontaler Lage des Brettes. Dabei sind fast alle Kugeln im Oberfach; Unterfach und Fallraum zur Abtrennung der n Kugeln benutzen. Die Transparentpapierbögen sofort nach dem Versuch beschriften: kurze Kennzeichnung, Angabe von Parametern. Die Meßblätter werden in das Protokoll eingeklebt. Die Ablese- und Zeichengenauigkeit der Kugelsäulenhöhen beträgt etwa ± 1 mm. Eine grafische Freihand-Auswertung ist daher im allgemeinen angemessen.

Die ersten Versuche sollen mehr qualitativ einige Grundbegriffe der Statistik veranschaulichen. Die grafische Auswertung der Versuche erfolgt hier sofort und freihändig.

Reproduzierbarkeit von Zufallsverteilungen

Senkrechter Fall: Gesamtheit der Kugeln ($n \approx 2000$) etwa dreimal senkrecht fallen lassen und jeweils die Säulenhöhen auf einem Meßblatt markieren, z. B. in drei Farben.

Mittelwerte der Säulenhöhen nach Augenmaß auf den Klassenmitten einzeichnen. Gaußkurve als ausgleichende Kurve anpassen. Obwohl der Fall jeder einzelnen Kugel nicht vorhergesagt werden kann, ist die Häufigkeitsverteilung im Falle sehr vieler Kugeln recht gut reproduzierbar.

Verteilung für kleine Stichproben

Senkrechter Fall: Im Unterfach etwa $n \approx 10$ Kugeln abtrennen und senkrecht fallen lassen. Besetzungszahlen n_j in den einzelnen Klassen auszählen und notieren. Versuch zweimal wiederholen.

Ein Histogramm mit allen drei Versuchen erstellen (verschiedene Farben benutzen). Aus einzelnen Stichproben-Untersuchungen mit kleiner Anzahl von Beobachtungen lassen sich die Eigenschaften der Verteilung der untersuchten Grundgesamtheit nur unsicher ablesen, weil die statistischen Schwankungen sehr groß sind.

Stichproben großen Umfanges

Senkrechter Fall zur Untersuchung der Gaußverteilung: Gesamtheit der Kugeln ($n \approx 2000$) senkrecht fallen lassen. Säulenhöhen auf einem neuen Meßblatt in den Klassenmitten markieren.

Auf dem Meßblatt eine ausgleichende Glockenkurve (freihändig) eintragen. Abschätzung der Lage des Mittelwertes $\bar{x} \approx \mu$ (Pfeil nach Augenmaß eintragen).

Im Meßblatt wird das Histogramm als Säulendiagramm eingezeichnet. Die Fläche, die etwa 70 % der Meßwerte umfaßt, grob abschätzen und schraffieren. Die Breite des entsprechenden Bereiches ist dann etwa gleich der doppelten Standardabweichung 2σ.

2.2 Standardabweichung und Vertrauensbereich für verschieden große Stichproben (1/2)

Quantitative Nachprüfung statistischer Gesetze.

Galton-Fallbrett mit Rührdraht, Kugellagerkugeln (Durchmesser z. B. 2,5 mm), Plexiglasmaßstab, Unterlegklötzchen.

Die quantitative Nachprüfung statistischer Gesetze läßt sich mit dem Galton-Fallbrett durch langsames Abrollen der Kugeln über eine schiefe Ebene mit kleinerem Fehler als bei senkrechtem Kugelfall durchführen. Das Fallbrett wird deshalb geneigt aufgestellt, Bild 2.6. Zur übersichtlichen Erfassung und Auswertung der anfallenden Daten ist eine Organisation in Tabellen zu empfehlen, als Muster siehe Tabelle 2.1.

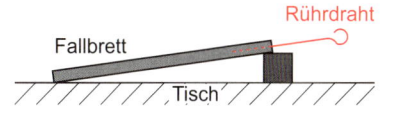

Bild 2.6. Geneigtes Fallbrett

Messungen mit 10 Kugeln

Genau 10 Kugeln werden im Unterfach abgetrennt, $n = 10$ erleichtert die Rechnung. Man läßt sie abrollen und notiert für jede Kugel das Fach i. Der Versuch oder „Wurf", wird dreimal wiederholt. Die 4 mal 10 Werte werden in eine Tabelle eingetragen.

Eine Kugel im Fach -3 z. B. bedeutet einen Meßwert $x_i = -3$, denn die betreffende Kugel fiel etwa $x = -3w$ vom Nullpunkt entfernt nieder ($w =$ Klassenbreite); zwecks Vereinfachung wird der Faktor w weggelassen, d. h. die Entfernung in Einheiten von w gemessen. Zwei Kugeln im Fach -1 bedeuten dann zweimal den Meßwert $x_i = -1$ usw., siehe numerisches Beispiel in Tabelle 2.1. Praktischer Hinweis: Bei Stauung der Kugeln oder Hängenbleiben am Nagel wird seitlich leicht gegen das Fallbrett geklopft.

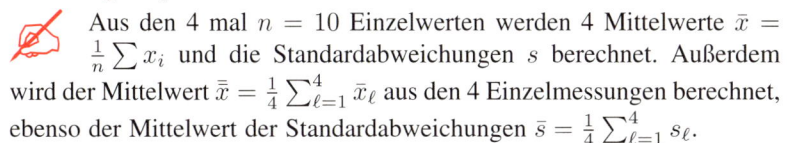

Aus den 4 mal $n = 10$ Einzelwerten werden 4 Mittelwerte $\bar{x} = \frac{1}{n}\sum x_i$ und die Standardabweichungen s berechnet. Außerdem wird der Mittelwert $\bar{\bar{x}} = \frac{1}{4}\sum_{\ell=1}^{4} \bar{x}_\ell$ aus den 4 Einzelmessungen berechnet, ebenso der Mittelwert der Standardabweichungen $\bar{s} = \frac{1}{4}\sum_{\ell=1}^{4} s_\ell$.

Zur Unsicherheit des Meßwertes: Die 4 Meßreihen mit jeweils 10 Beobachtungswerten ergeben also 4 Mittelwerte $\bar{x}_\ell$, die in der Regel nicht gleich sind. Man sieht also, daß nicht nur die Einzelmeßwerte einer Meßreihe um einen Mittelwert streuen; auch die Mittelwerte verschiedener Meßreihen zeigen eine Streuung. Der „wahre Wert" μ in unserem Beispiel liegt bei $x = 0$. Diesen würden wir jedoch erst als Mittelwert aus $n = \infty$ vielen Messungen erhalten: $\bar{x} \to \mu$. $\bar{x}$ ist der experimentelle Bestwert, d. h. der beste Wert, den man aufgrund einer Meßreihe mit z. B. 10 Einzelmessungen angeben kann.

Zur Unsicherheit der Fehlerangabe: Die 4 Meßreihen mit jeweils 10 Beobachtungswerten ergeben 4 Werte für die Standardabweichung s, die ebenfalls erheblich streuen. Es gilt:

Tabelle 2.1. Beispielmeßwerte und Mustertabelle zur Auswertung von vier Würfen mit je 10 Kugeln. Zur Berechnung des Fehlers wird näherungsweise $v_i^2 = (x_i - \bar{x})^2 \approx x_i^2$ gebildet

	gemessen					berechnet			
z.B.	1	2	3	4	z.B.	1	2	3	4
x_i	x_i	x_i	x_i	x_i	x_i^2	x_i^2	x_i^2	x_i^2	x_i^2
−3					9				
−1					1				
−1					1				
0					0				
0					0				
+1					1				
+1					1				
+2					4				
+3					9				
+4					16				
+0,6					2,2				
$\bar{x}_0$	$\bar{x}_1$	$\bar{x}_2$	$\bar{x}_3$	$\bar{x}_4$	s_0	s_1	s_2	s_3	s_4

$$\bar{\bar{x}} = \frac{1}{4}\sum_{\ell=1}^{4}\bar{x}_\ell \qquad \bar{s} = \frac{1}{4}\sum_{\ell=1}^{4}s_\ell$$

Die Standardabweichung, die man aus Reihen von 5 bis 20 Meßwerten berechnet, hängt von der zufällig vorliegenden Stichprobe ab und ist selbst mit einem erheblichen statistischen Fehler behaftet.

Den „wahren Wert" σ für die Standardabweichung würde man erst wieder aus $n = \infty$ vielen Messungen erhalten: $s \to \sigma$.

Der Wert $s \approx \sigma$ macht eine Aussage über die Streuung der Einzelmessungen. Das bedeutet hier: Nach dem Fallen einer weiteren Kugel wird diese sich mit der Wahrscheinlichkeit $P = 68\,\%$ innerhalb und mit $32\,\%$ außerhalb dieses Streubereichs befinden.

Fehler des Mittelwertes: Es wird der mittlere quadratische Fehler des Mittelwertes $\bar{x}$ für die $n = 10$ Messungen berechnet:

$$\Delta x = s_\mathrm{M} = \bar{s}/\sqrt{n} \quad .$$

Man kann nun voraussagen: Bei einer Wiederholung der Meßreihe mit 10 Einzelmessungen wird der Mittelwert $\bar{x}$ mit der Wahrscheinlichkeit $P = 68\,\%$ innerhalb der Fehlergrenzen $\pm \Delta x$ liegen.

Vertrauensbereiche: Man gebe für die 4 Mittelwerte $\bar{x}_\ell$ die Vertrauensbereichsgrenzen $\bar{x}_\ell \pm \Delta x$ an ($P = 68\,\%$). Liegt der an sich zu erwartende „wahre Wert" $x = 0$ immer innerhalb der Vertrauensbereiche?

Anmerkung: Nach der Theorie wäre zu erwarten, daß im Mittel nur etwa in 2 von 3 Fällen der „wahre Wert" im Vertrauensbereich liegt. Bei nur 4 Werten ist die Statistik jedoch noch sehr unsicher.

Tabelle 2.2. Wurf mit ca. 70 Kugeln

gemessen		berechnet			
x_j	n_j	$n_j x_j$	$v_j = x_j - \bar{x}'$	v_j^2	$n_j v_j^2$
−6					
−5					
−4					
−3					
−2					
−1					
0					
1					
2					
3					
4					
5					
6					
$n = \Sigma n_j$					$\Sigma n_j v_j^2$
$\bar{x} = \frac{1}{n}\sum_{j=-6}^{+6} n_j x_j$					$= \Sigma v_i^2$

Messungen mit ca. 70 Kugeln

Geneigtes Brett: Im Unterfach werden ca. 70 Kugeln abgetrennt und in dem nach Bild 2.6 geneigt aufgestellten Fallbrett abgerollt (1-2 mal). Die Besetzungszahlen n_j in den einzelnen Klassen $x_j = -6 \ldots +6$ auszählen und notieren, als Beispiel siehe Tabelle 2.2.

In diesem Versuch wird bereits eine Klasseneinteilung der Meßwerte vorgenommen, und es ist daher die vereinfachte Mittelwertbildung und Fehlerberechnung möglich:

$$\bar{x} = \frac{1}{n} \sum_{j=-6}^{+6} n_j x_j \quad .$$

Zur Fehlerberechnung kann ein aufgerundeter Wert $\bar{x}'$ benutzt werden. Die Näherung $\bar{x}' = 0$ ist jedoch hier nicht mehr genau genug. Wieder gilt:

$$v_j = x_j - \bar{x}' \quad \text{und} \quad s = \sqrt{\sum n_j v_j^2 / (n-1)} \quad .$$

Es werden $\bar{x}$ und s berechnet, wobei die Werte angemessen abzurunden sind. Stimmt die hier aus 70 Kugelfallversuchen ermittelte *Standardabweichung* s mit der aus je 10 Fallversuchen ermittelten überein?

Anmerkung: Wenn sich die experimentellen Bedingungen bei $n = 10$ und bei $n = 70$ nicht unterscheiden, so sollte im Rahmen einer gewissen statistischen Unsicherheit eine Übereinstimmung vorliegen. Denn s charakterisiert die Genauigkeit des Meßverfahrens und sollte unabhängig von der Größe der Stichprobe sein.

✍ Man berechne den mittleren quadratischen Fehler des Mittelwertes $\bar{x}$ aus den $n \approx 70$ Messungen: $\Delta x = s_{\mathrm{M},70} = s/\sqrt{70}$. Ist der Fehler des Mittelwertes Δx für $n = 70$ Messungen deutlich kleiner als der Fehler Δx für $n = 10$ Messungen?

✍ Liegt der zu erwartende „wahre Wert" $x = 0$ auch hier noch innerhalb der Vertrauensgrenzen ($P = 68\,\%$)? Kurze Diskussion.

Messungen mit ca. 2000 Kugeln

Geneigtes Brett: Alle Kugeln im geneigt aufgestellten Fallbrett, Bild 2.1, abrollen lassen. Die Säulenhöhen h_j in den einzelnen Fächern $x_j = -6 \ldots +6$ werden bei senkrechter Aufstellung in der Halterung mit dem Plexiglasmaßstab gemessen und notiert, als Beispiel siehe Tabelle 2.3.

Praktische Hinweise: Um Stauungen aufzulösen, wird im Oberfach mit einem Drahtstück etwas gerührt oder gestochert. Zunächst sammeln sich die Kugeln in den Klassenfächern in einer Monolage; bevor die Fächer voll werden, müssen der Schieber geschlossen, das Fallbrett aufgerichtet und wieder hingelegt werden; erst dann soll der Versuch fortgesetzt werden.

✍ Die gemessenen Kugelsäulenhöhen h_j werden in die Besetzungszahlen n_j umgerechnet: dazu ist in einem Vorversuch die Kugelsäulenhöhe für 100 Kugeln zu bestimmen. Die weitere Auswertung erfolgt wie im letzten Versuchsteil.

Man vergleiche die *Standardabweichung* s, die hier aus 2000 Fallversuchen ermittelt wurde, mit der aus 10 und aus 70 Versuchen ermittelten. Gilt $s_{2000} \approx s_{70} \approx s_{10}$?

✍ Man berechne den mittleren quadratischen Fehler des Mittelwertes $\bar{x}$ aus $n = 2000$ Messungen: $\Delta x = s_{\mathrm{M},2000} = s/\sqrt{2000}$.

✍ Man berechne die Grenzen der *Vertrauensbereiche* mit den verschiedenen statistischen Wahrscheinlichkeiten $P = 68\,\%$, $P = 95\,\%$ und $P = 99{,}7\,\%$. Welcher dieser Bereiche schließt den „wahren Wert" $x = 0$ ein?

Anmerkung: Systematische Fehler wie z. B. eine kleine Neigung der Fallbrett-Unterkante gegen die Horizontale oder auch eine kleine Asymmetrie im Fallbrett-Aufbau können Abweichungen verursachen, die größer sind als die wegen der großen Zahl der Meßwerte relativ geringen statistischen Fehler. Die Genauigkeit der Messung wird dann durch die systematischen Fehler bestimmt.

> Es ist ganz allgemein sinnvoll, die Anzahl n der Messungen nur so groß zu wählen, daß der statistische Fehler $\pm s/\sqrt{n}$ kleiner wird als der systematische Fehler $\pm \Delta x_{syst}$, den man allerdings nur grob schätzen kann.

Tabelle 2.3. Wurf mit ca. 2000 Kugeln

gemessen			berechnet		
x_j	h_j (mm)	n_j	$n_j x_j$	$v_j = x_j - \bar{x}'$	v_j^2	$n_j v_j^2$
−6						
−5						
−4						
−3						
−2						
−1						
0						
1						
2						
3						
4						
5						
6						
		$n = \Sigma n_j$	$\bar{x} = \frac{1}{n}\sum_{j=-6}^{+6} n_j x_j$			$\Sigma n_j v_j^2 = \Sigma v_i^2$

Kapitel II
Bewegungen und Kräfte

3. Translation und Rotation 35
4. Stoßprozesse 45
5. Harmonische Schwingungen 52
6. Gekoppelte Schwingungen 66
7. Gedämpfte und erzwungene Schwingungen 75
8. Trägheitsmoment 83

3. Translation und Rotation

🏁 Beobachtung und Analyse des freien Falls. Untersuchung der Grundgesetze für die gleichmäßig beschleunigte translatorische Bewegung und für die Rotationsbewegung. Analogien zwischen Translation und Rotation. Bestimmung der Fallbeschleunigung.

📚 *Standardlehrbücher* (Stichworte: Masse, Kraft, Translation, Rotation, Fallbeschleunigung).

Bewegungen von Massenpunkten

Die Bewegung eines Körpers, hier zunächst als Massenpunkt angenommen, wird durch die Angabe des Ortes s, an dem sich der Körper zur Zeit t befindet, beschrieben:

$$\boldsymbol{s} = \boldsymbol{s}(t) \ .$$

Die Bewegung wird auch durch die

Geschwindigkeit (engl. velocity) $\boldsymbol{v} = \dfrac{\mathrm{d}\boldsymbol{s}}{\mathrm{d}t} = \lim\limits_{\Delta t \to 0} \dfrac{\Delta \boldsymbol{s}}{\Delta t}$

und die

Beschleunigung (engl. acceleration) $\boldsymbol{a} = \dfrac{\mathrm{d}\boldsymbol{v}}{\mathrm{d}t} = \lim\limits_{\Delta t \to 0} \dfrac{\Delta \boldsymbol{v}}{\Delta t}$

charakterisiert, Bild 3.1. Ort, Geschwindigkeit und Beschleunigung sind im allgemeinen Vektoren und deshalb hier in Fettdruck dargestellt. Für geradlinige Bewegungen reicht es aus, die Beträge der Vektoren anzugeben, die in normaler Schriftstärke und kursiv gedruckt sind, z. B. $|\boldsymbol{s}| = s$.

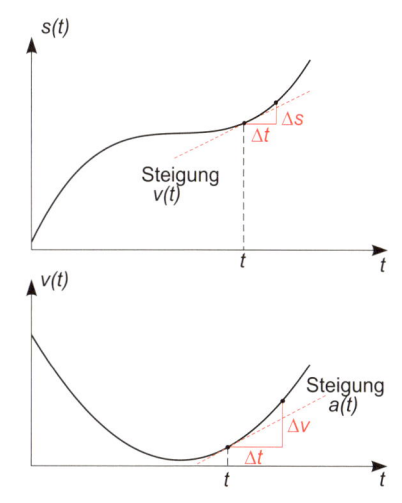

Bild 3.1. Zusammenhang zwischen Ort, Geschwindigkeit und Beschleunigung bei einer willkürlich angenommenen Bewegung eines Massenpunktes

Kraft

Der Bewegungszustand, genauer die Geschwindigkeit und Bewegungsrichtung, eines Körpers lassen sich dadurch ändern, daß eine **Kraft** auf den Körper ausgeübt wird. Kräfte werden durch verschiedene *Wechselwirkungen* zwischen Körpern hervorgerufen. Es gibt im wesentlichen folgende Arten von Kräften:

- *Gravitationskraft*, auch Massenanziehungskraft; Spezialfälle: Erdanziehungskraft, Schwerkraft;

- *Elektromagnetische Kräfte,* Coulombkraft; Folgen: elastische Kräfte, chemische Bindungskräfte, Reibungskräfte;
- *Kernkräfte*: schwache und starke Wechselwirkung.

Eine Kraft wird mit dem Buchstaben F bezeichnet (engl. force). Außer dem Betrag der Kraft muß zur vollständigen Beschreibung auch noch ihre Richtung angegeben werden. Die Kraft ist also eine vektorielle Größe.

Masse

Jeder Körper besitzt eine *Trägheit*, d. h. er verharrt in seinem Bewegungszustand, wenn keine äußeren Kräfte auf ihn wirken. Wirken Kräfte auf den Körper, so macht sich die Trägheit als Widerstand gegen die Beschleunigung bemerkbar. Für die Beschreibung der Trägheit der Körper verwendet man den Begriff **träge Masse**. Zwischen jeweils zwei Körpern besteht eine Massenanziehung nach dem Gravitationsgesetz. Für die Beschreibung der Massenanziehung der Körper verwendet man den Begriff **schwere Masse**. Obwohl beide Massenbegriffe voneinander unabhängig sind, hat die Erfahrung gezeigt, daß träge und schwere Masse gleich sind. Deshalb muß man diese nicht unterscheiden und spricht allgemein von der **Masse** als einer Eigenschaft der Körper.

Zur Bestimmung einer Masse wird diese mit einem Massennormal verglichen und damit gemessen. Der Vergleich erfolgt meist direkt oder indirekt mit einer Waage unter Ausnutzung der Erdanziehungskraft.

Innerhalb der klassischen Mechanik, also für Geschwindigkeiten, die klein sind gegen die Lichtgeschwindigkeit, ist die Masse von der Geschwindigkeit unabhängig. Für sehr große Geschwindigkeiten, wie sie z. B. in der Elementarteilchenphysik erreicht werden, nimmt nach der **Relativitätstheorie** die Masse zu:

$$m = m(v) = \frac{m_0}{\sqrt{1 - \frac{v^2}{c^2}}} \quad ,$$

wobei $m_0 = m(0)$ die Ruhemasse, und c die Vakuumlichtgeschwindigkeit bedeuten. Bei den im folgenden beschriebenen Experimenten und auch sonst bei alltäglichen Bewegungen ist jedoch $v \ll c$, so daß man mit $m = m_0 = $ const. rechnen kann.

Newtonsche Bewegungsgleichung und Impuls

Die Änderung des Bewegungszustandes eines Körpers durch Wirkung einer Kraft ist gegeben durch die **Newtonsche Grundgleichung** oder

> **Newtonsche Bewegungsgleichung** $\quad F = \dfrac{\mathrm{d}}{\mathrm{d}t}(m\boldsymbol{v}) \quad .$

Das Produkt $m\boldsymbol{v}$ nennt man **Impuls** p oder **Bewegungsgröße**. Die Kraft ist also die Ursache für die zeitliche Änderung des Impulses. Besonders einfach ist die Newtonsche Bewegungsgleichung bei konstanter Masse:

$$\boxed{F = m\frac{dv}{dt} = ma \quad \text{bei} \quad m = \text{const.}}$$

Die Kraft ist dann direkt proportional zur Beschleunigung a, der Proportionalitätsfaktor ist die Masse m. Wirken keine Kräfte, so ändert sich der Impuls mit der Zeit nicht, und es gilt der **Erhaltungssatz des Impulses**. Ist zusätzlich die Masse konstant, so bewegt sich der Körper mit konstanter Geschwindigkeit.

In einem System von Körpern, auf das keine äußeren Kräfte wirken, bleibt der Gesamtimpuls, also die Summe der Einzelimpulse, erhalten. Der Erhaltungssatz dieses Gesamtimpulses ist eine Voraussetzung für die Beschreibung von Stoßvorgängen (siehe auch *Themenkreis 4*: Stoßprozesse).

Gleichmäßig beschleunigte Bewegung

Ein wichtiger Spezialfall ist die Bewegung unter Einwirkung einer konstanten Kraft, die gleichmäßig beschleunigte Bewegung; Beispiele siehe Bild 3.2. Da die Kraft konstant ist, ist auch die Beschleunigung konstant:

$$F = \text{const.}, \quad \text{also auch} \quad a = \frac{F}{m} = \text{const.}$$

Eine zweimalige Integration liefert dann die Gleichungen für die Bewegung bei konstanter Beschleunigung:

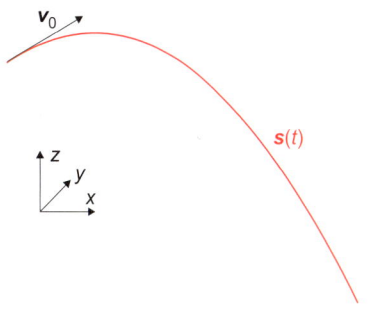

$$\begin{aligned}
\frac{dv}{dt} &= a \\
v &= at + v_0 \\
\frac{ds}{dt} &= v \\
s &= \frac{a}{2}t^2 + v_0 t + s_0 \quad.
\end{aligned}$$

Bild 3.2. Parabolische Bahnkurve $s(t)$ eines Körpers, der mit einer Geschwindigkeit v_0 gestartet wird und sich unter dem Einfluß der Erdanziehungskraft weiterbewegt

Dabei ist s_0 der Ort zur Zeit $t = 0$ und v_0 die Geschwindigkeit zur Zeit $t = 0$. Oft kann man im Experiment s_0 und v_0 zu Null wählen, so daß die Gleichungen für Geschwindigkeit, Weg und Zeit die einfachste Form erhalten, Bild 3.3:

$$\boxed{\begin{array}{l} \textbf{Weg-Zeit-Gesetz} \\[4pt] v = at \\[4pt] s = \dfrac{a}{2}t^2 \quad \text{bei} \quad a = \text{const. sowie} \quad s_0 = 0 \quad \text{und} \quad v_0 = 0 \quad. \end{array}}$$

Die Geschwindigkeit v und der zurückgelegte Weg s haben hier die gleiche Richtung wie die Beschleunigung a. Der Betrag v der Geschwindigkeit läßt sich auch aus dem zurückgelegten Weg berechnen:

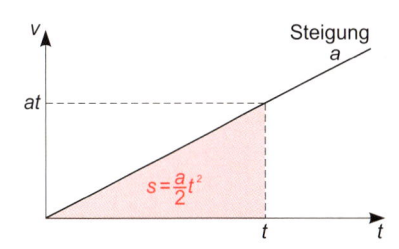

$$v = \sqrt{2as} \quad.$$

Bild 3.3. Geschwindigkeit v und zurückgelegter Weg s bei einer Bewegung mit konstanter Beschleunigung a

Bei der Bewegung im Schwerefeld der Erde ist der Betrag a der Beschleunigung gegeben durch die Erdbeschleunigung g. Die Erdbeschleunigung hat den mittleren Wert $g = 9{,}81\,\text{ms}^{-2}$. Der genaue Wert von g hängt allerdings von der geographischen Breite ab. (Wie ist das erklärbar?)

Arbeit und Energie

Will man an einem mechanischen System eine Veränderung vornehmen, z. B. einen Körper verschieben, so muß man dazu in der Regel eine **Arbeit** aufwenden. Arbeit bei einer kleinen Verschiebung ds ist definiert als das (skalare) Produkt aus der am Körper angreifenden Kraft $\boldsymbol{F}$ und dem Element d$\boldsymbol{s}$ des Verschiebungsweges s. Das Integral längs des Weges s ergibt die gesamte

$$\textbf{Arbeit} \qquad A = \int (\boldsymbol{F} \cdot \mathrm{d}\boldsymbol{s}) \quad .$$

Schließen Kraft und Wegrichtung den Winkel α ein, so gilt:

$$A = \int (F \cos \alpha) \mathrm{d}s \quad .$$

Hebt man einen Körper gegen die Gewichtskraft $F_\text{G} = mg$ auf die Höhe h über ein willkürlich gewähltes Nullniveau, so wendet man wegen $\cos\alpha = 1$ dazu die Arbeit $A = mg(s - s_0) = mgh$ auf. Dieser Körper kann dann beim Herunterfallen einen Körper mit einer gleich großen Masse auf dieselbe Höhe heben, z. B. über eine Wippe. Diese Fähigkeit eines Körpers, Arbeit zu verrichten, wird als **Energie** bezeichnet.

Die **Energie** einer gehobenen Masse nennt man

$$\textbf{potentielle Energie im Schwerefeld} \qquad E_\text{pot} = mgh$$

oder Lageenergie, weil der gehobene Körper die Energie seiner speziellen Lage relativ zu einem Nullniveau verdankt.

Ein Körper besitzt aber auch dadurch Energie, daß er eine Geschwindigkeit hat. Diese Energie heißt **Bewegungsenergie** oder **kinetische Energie** E_kin. Der Wert von E_kin errechnet sich am einfachsten am Beispiel des freien Falles, Bild 3.4. Beim Herabfallen des Körpers aus der Höhe h nimmt die potentielle Energie laufend ab und ist am Boden Null. Hier hat der Körper aber seine größte Geschwindigkeit $v = \sqrt{2gh}$ erreicht und besitzt auch seine größte Bewegungsenergie. Die ursprünglich vorhandene Energie E_pot ist in kinetische Energie E_kin umgewandelt worden. Mit Hilfe dieser Energie ist der Körper nun in der Lage (wenn man von Verlusten durch Reibung absieht), über einen Hebel ein gleich großes Gewicht wieder bis zur Höhe h zu heben, also eine Arbeit von der Größe

$$E_\text{pot} = mgh = mg\frac{v^2}{2g} = \frac{m}{2}v^2$$

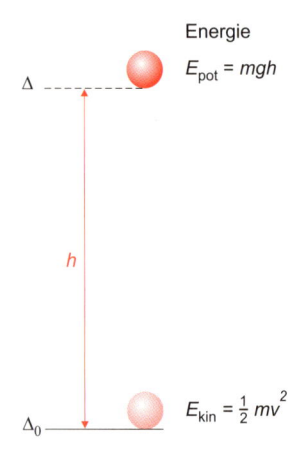

Bild 3.4. Umwandlung von potentieller Energie in kinetische Energie beim freien Fall

zu liefern. Deshalb wird einem Körper mit der Geschwindigkeit v eine

kinetische Energie $\quad E_{\text{kin}} = \dfrac{m}{2} v^2$

zugeordnet.

Im oben beschriebenen Beispiel ist zu jedem Zeitpunkt die Summe aus potentieller Energie und kinetischer Energie, d. h. die Gesamtenergie konstant. Diese Tatsache formuliert man in dem

mechanischen Energieerhaltungssatz $\quad E_{\text{pot}} + E_{\text{kin}} = \text{const.}$

Dieser Energieerhaltungssatz gilt auch für andere reibungsfreie, mechanische Systeme, z. B. für eine springende Stahlkugel oder ein schwingendes Pendel. Bei allen mechanischen Geräten tritt jedoch als weitere Energieart immer die Reibungswärme auf, so daß der Satz in der oben angegebenen Form bei realen Systemen nicht exakt gilt. Berücksichtigt man aber alle auftretenden Energiearten, z. B. Wärme E_{therm} oder chemische Bindungsenergien E_{chem}, so gilt der

allgemeine Energiesatz

$E_{\text{pot}} + E_{\text{kin}} + E_{\text{therm}} + E_{\text{chem}} + \ldots = \text{const.}$

Drehbewegungen starrer Körper

Im allgemeinen bewirken Kräfte, die an einem starren Körper angreifen, nicht nur eine beschleunigte Verschiebung (**Translation**), sondern auch eine beschleunigte *Drehbewegung* (**Rotation**). Zur Beschreibung der Drehbewegung werden in Analogie zur Translationsbewegung die Winkelgrößen eingeführt, Bild 3.5a:

Winkelort $\quad \varphi$
Winkelgeschwindigkeit $\quad \omega = \mathrm{d}\varphi/\mathrm{d}t$
Winkelbeschleunigung $\quad \alpha = \mathrm{d}\omega/\mathrm{d}t$.

Drehmoment

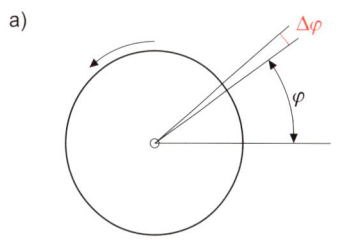

Um einen Körper in eine Drehung um eine feste Achse zu versetzen, muß eine Kraft über einen *Hebelarm* angreifen. Der Hebelarm ist der Abstand von der Drehachse A zum Angriffspunkt der Kraft. Maßgebend für die entstehende Drehbewegung ist das vektorielle Produkt aus Kraft und Hebelarm, das

Bild 3.5. (a) Zur Definition der Winkelgeschwindigkeit $\mathrm{d}\varphi/\mathrm{d}t$ und (b) des Drehmoments M

> **Drehmoment** $M = r \times F$,

Bild 3.5b. Der Betrag des Drehmomentes ist $M = rF\sin\beta$, wenn Kraft und Hebelarm den Winkel β einschließen.

Wird ein Massenpunkt längs einer Kreisbahn beschleunigt, dann gilt $F = m\dot{v} = mr\dot{\omega}$. Die Beschleunigung wird auf ein Drehmoment M zurückgeführt, das sich aus der Newtonschen Bewegungsgleichung berechnen läßt:

$$M = rF = r(mr\dot{\omega}) = I_P\dot{\omega} = I_P\alpha \quad.$$

Das sogenannte **Trägheitsmoment** eines Massenpunktes $I_P = mr^2$ spielt damit für die Drehbewegung eine analoge Rolle wie die Masse m für die translatorische Bewegung. Bei einem um eine Achse A rotierenden starren Körper summieren sich die Beiträge der einzelnen Massenpunkte, Bild 3.6:

> **Trägheitsmoment bei diskreten Massenelementen Δm_i** $\quad I = \sum_i \Delta m_i r_i^2$.

Bei einer kontinuierlichen Verteilung dieser Massenelemente in einem starren Körper geht die Summe in ein Integral über:

> **Trägheitsmoment** $\quad I = \int r^2 \mathrm{d}m$.

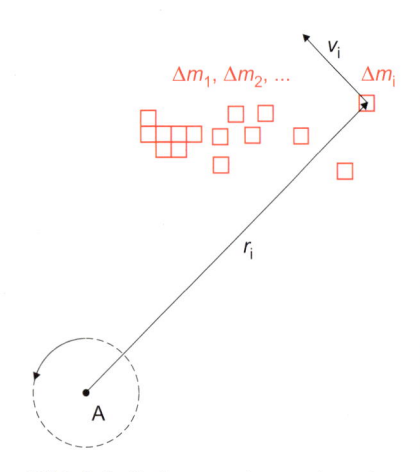

Bild 3.6. Zerlegung eines rotierenden Körpers in Massenelemente Δm_i

Das Trägheitsmoment eines starren Körpers hängt von der Lage der Drehachse ab (siehe *Themenkreis 8*: Trägheitsmoment).

Drehimpuls

Mit dem Trägheitsmoment erhält man die Bewegungsgleichung für die Rotation analog zur Newtonschen Bewegungsgleichung für die Translation:

> **Grundgleichung für Drehbewegungen**
>
> $M = \dfrac{\mathrm{d}}{\mathrm{d}t}(I\omega) \quad \text{oder} \quad M = I\ddot{\varphi} \quad \text{bei} \quad I = const.$.

Analog zum Impuls bei der Linearbewegung nennt man das Produkt aus Trägheitsmoment und Winkelgeschwindigkeit den

> **Drehimpuls** $\quad L = I\omega$.

Bei Abwesenheit von äußeren Drehmomenten gilt dann der **Erhaltungssatz für den Drehimpuls**, der Drehimpuls bleibt zeitlich konstant.

Tabelle 3.1. Gegenüberstellung von Grundbegriffen der Translations- und Rotationsbewegung

Translation		Rotation	
Ort	s	Winkel oder „Winkelort"	φ
Geschwindigkeit	$v = ds/dt$	Winkelgeschwindigkeit	$\omega = d\varphi/dt$
Beschleunigung	$a = dv/dt$	Winkelbeschleunigung	$\alpha = d\omega/dt$
Masse	m	Trägheitsmoment	I
Kraft	F	Drehmoment	M
Impuls	$p = mv$	Drehimpuls	$L = I\omega$
kinetische Energie	$E_{kin} = \frac{1}{2}mv^2$	Rotationsenergie	$E_{kin} = \frac{1}{2}I\omega^2$

In Tabelle 3.1 sind analoge Größen der Translation und der Rotation gegenübergestellt.

Gleichmäßig beschleunigte Drehbewegung

Ein wichtiger Spezialfall ist die Drehbewegung unter Einwirkung eines konstanten Drehmomentes, die gleichmäßig beschleunigte Drehbewegung. Falls zusätzlich das Trägheitsmoment konstant ist, ist auch die Winkelbeschleunigung konstant:

$$\alpha = \frac{d\omega}{dt} = \frac{M}{I} = \text{const.}$$

Eine zweimalige Integration liefert dann die Gleichungen für die Drehbewegung bei konstanter Winkelbeschleunigung:

$$\omega = \alpha t + \omega_0$$
$$\varphi = \frac{\alpha}{2}t^2 + \omega_0 t + \varphi_0 \quad ,$$

siehe hierzu auch Bild 3.5. Dabei ist φ_0 der Winkel zur Zeit $t = 0$ und ω_0 die Winkelgeschwindigkeit zur Zeit $t = 0$. Wenn man im Experiment φ_0 und ω_0 zu Null wählt, so vereinfachen sich diese Gleichungen analog zum *Weg-Zeit-Gesetz* der Translation:

$$\omega = \alpha t \quad \text{und} \quad \varphi = \frac{\alpha}{2}t^2$$

bei $\alpha = \text{const.}$ sowie $\omega_0 = 0$ und $\varphi_0 = 0$.

3.1 Weg-Zeit-Verlauf beim freien Fall (1/3)

Mit einer frei fallenden Stahlkugel soll die Fallzeit als Funktion des zurückgelegten Weges gemessen werden. Aus dem gemessenen Zusammenhang sollen Geschwindigkeit und Beschleunigung grafisch bestimmt werden.

3. Translation und Rotation

Stahlkugel mit ca. 18 mm Durchmesser und Halterung mit Auslöser zur Freigabe der Kugel. Fangschalter zum Auffangen der Kugel. Stativfuß zur Montage von Auslöser und Fangschalter. Elektronische Uhr.

Die Stahlkugel wird in die Halterung eingespannt und schließt dabei den elektrischen Kontakt. Beim Auslösen der Kugel wird der elektrische Kontakt geöffnet, und die Zeitmessung beginnt. Die Kugel trifft einen Fangschalter, der die Zeitmessung beendet. Der Kontakt im Fangschalter wird dabei durch die Abwärtsbewegung des Fangtellers geschlossen, Bild 3.7. Dieser muß vor der Messung in seine obere Position (Fangschalterkontakt geöffnet) gezogen werden. In dieser Stellung wird die Höhe s (Abstand zwischen den Kugelmittelpunkten in Auslöser und Fangschalter bei Schließen des Kontaktes) gemessen. Die Fallzeit z. B. für 10 verschiedene Höhen wird jeweils dreimal gemessen (auf genügend viele Meßpunkte bei kleinen Höhen achten).

Zu jeder Höhe s wird aus den gemessenen Zeiten der Zeitmittelwert t berechnet. In einem Diagramm wird der Weg s in Abhängigkeit von der Zeit aufgetragen. Es ergibt sich kein linearer Zusammenhang. Eine Anleitung zur genauen Analyse des Zusammenhangs zwischen Weg s und Zeit t wird im nächsten Abschnitt gegeben.

In einem zweiten Diagramm soll aus dem ersten Diagramm durch grafische Differentiation die Geschwindigkeit über der Zeit aufgetragen werden. Es sollte sich ein linearer Zusammenhang nach

$$v = gt \quad ,$$

d. h. eine Gerade mit der Steigung g, der Erdbeschleunigung, ergeben. Aus dem Diagramm wird g bestimmt.

Um zu prüfen, ob der erwartete Zusammenhang $s = (g/2)t^2$ (Weg-Zeit-Gesetz) zwischen dem Weg s und der Zeit t besteht, werden die Werte des Weges s/cm in doppelt logarithmischem Papier über der Zeit t/s aufgezeichnet. Man kann auch den Logarithmus des jeweiligen Zahlenwertes von s und t ausrechnen und linear auftragen.

Es handelt sich um ein Gesetz der Form $s = ct^n$ oder

$$\log(s/\text{cm}) = n \log(t/\text{s}) + \log c \quad \text{(Geradengleichung)} \quad .$$

Aus dem Diagramm kann daher die erwartete Steigung $n = 2$ und aus $\log(s/\text{cm})$ bei $\log(t/\text{s})$ die Erdbeschleunigung bestimmt werden. Man untersuche und diskutiere Fehlerquellen, die z. B. bei der Auslösung des Fangschalterkontaktes auftreten.

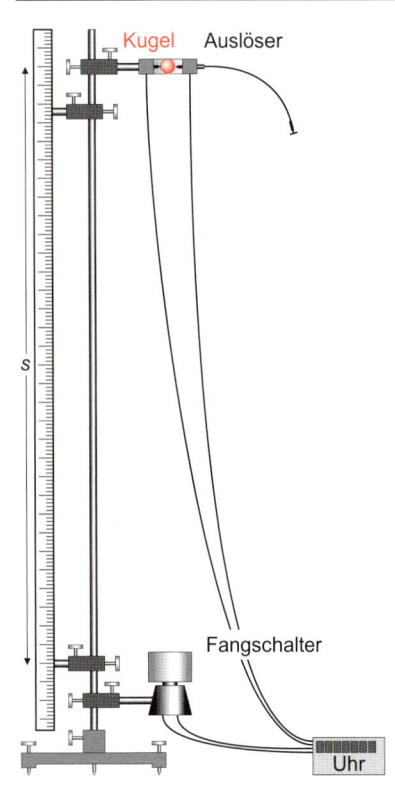

Bild 3.7. Versuchsaufbau für Fallversuch

3.2 Bestimmung der Erdbeschleunigung (1/3)

Die Erdbeschleunigung g soll durch einen Kugelfallversuch bei fester Fallhöhe bestimmt werden.

Es werden die gleichen Geräte wie in der vorhergehenden Aufgabe 3.1 verwendet.

Es soll die Erdbeschleunigung g möglichst genau bestimmt werden. Für eine Höhe s wird dazu die Fallzeit t mindestens fünfmal gemessen. Die Höhe s wird dabei möglichst groß gewählt. (Warum?)

Aus den gemessenen Zeiten wird der Mittelwert $\bar{t}$ bestimmt und mit Hilfe des Gesetzes für den freien Fall die Erdbeschleunigung berechnet. Es soll eine Fehlerrechnung durchgeführt werden und ein Vergleich mit dem Literaturwert erfolgen (siehe auch *Themenkreis 5*: Harmonische Schwingungen).

3.3 Energieerhaltungssatz (1/3)

Es soll gezeigt werden, daß die kinetische Energie $mv^2/2$ nach einer Fallstrecke h gleich der potentiellen Energie mgh ist.

Die Messungen sind die gleichen wie oben unter 3.1 dargestellt, nur die Auswertung ist unterschiedlich.

Aus den bereits in 3.1 dargestellten Messungen entnehme man für verschiedene Fallhöhen die zugehörigen Geschwindigkeiten und berechne daraus E_{pot} und E_{kin}. Die Masse der Stahlkugel ist dazu durch Wägung oder Rechnung aus Radius und Dichte zu bestimmen.

3.4 Beziehung zwischen Winkel und Zeit unter Einwirkung eines Drehmomentes (1/3)

An einer um eine horizontale Achse drehbaren Scheibe (Wellrad) mit dem Trägheitsmoment I soll ein konstantes Drehmoment M angreifen. Der Drehwinkel wird als Funktion der Zeit gemessen. Die Winkelgeschwindigkeit und -beschleunigung sollen grafisch bestimmt werden.

Wellrad nach Bild 3.8. Stativmaterial. Gewichtsstück mit Faden. Stoppuhr.

Das konstante Drehmoment wird erzeugt durch ein Gewichtsstück mit der Gewichtskraft F, das an einem Faden hängt, der um eine Stufe des Wellrades gewickelt ist, Bild 3.9: Das Wellrad erhält dadurch eine Winkelbeschleunigung α. Die Zeit soll für mindestens 8 verschiedene Winkel (z. B. π, 2π, 3π, ...) jeweils dreimal gemessen werden. Auf eine ausreichende Zahl von Meßpunkten bei kleinen Winkeln achten.

Die lineare Abhängigkeit der Winkelgeschwindigkeit von der Zeit sowie die zeitliche Konstanz der Winkelbeschleunigung sollen durch grafische Auswertung gezeigt werden.

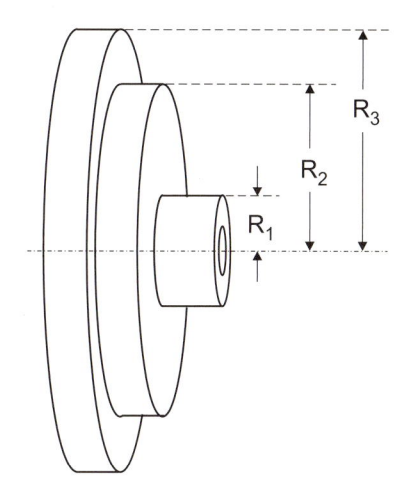

Bild 3.8. Drehscheibe (Wellrad) mit drei Stufen

3.5 Beziehung zwischen Drehmoment und Winkelbeschleunigung (1/3)

Es soll der Zusammenhang zwischen dem Drehmoment als Ursache der Drehbewegung und den kinematischen Größen der Drehbewegung, speziell der Winkelbeschleunigung, hergestellt werden.

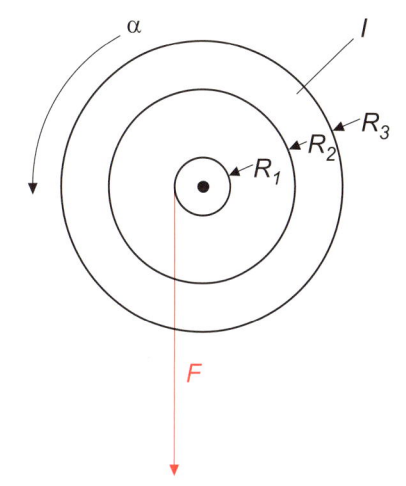

Bild 3.9. Das Wellrad erfährt durch ein Drehmoment, verursacht durch die Gewichtskraft F, eine Winkelbeschleunigung α

Wellrad nach Bild 3.8. Stativmaterial. Gewichtsstücke mit Faden. Stoppuhr. Plexiglasmaßstab oder Schiebelehre.

Die verschiedenen Drehmomente können realisiert werden entweder durch verschiedene Gewichtsstücke oder durch Veränderung des Hebelarmes, indem man den Faden um verschiedene Stufen des Wellrades (R_1, R_2, R_3) legt. Aus der Messung von Drehwinkel φ und Zeit t wird nach der Beziehung

$$\alpha = \frac{2\varphi}{t^2}$$

die Winkelbeschleunigung α bestimmt. Es sollen mindestens sechs verschiedene Drehmomente eingestellt werden.

In einem Diagramm wird die Winkelbeschleunigung in Abhängigkeit vom Drehmoment M dargestellt. Aus der Steigung läßt sich wegen

$$M = I\alpha \quad \text{oder} \quad \alpha = \frac{1}{I}M$$

das Trägheitsmoment I des Wellrades bestimmen.

Die geometrischen Größen des Wellrades sind auszumessen.

Der experimentell bestimmte Wert für I soll mit dem aus den Abmessungen des Wellrades berechneten verglichen werden.

Für die Berechnung des Trägheitsmomentes $I = \int r^2 \mathrm{d}m$ eines *Vollzylinders* bzw. einer Kreisscheibe, Bild 3.10, mit dem Radius R und der Höhe h kann als Massenelement $\mathrm{d}m$ angesetzt werden:

$$\mathrm{d}m = \rho\, \mathrm{d}V = \rho\, \mathrm{d}r\, r\mathrm{d}\varphi\, h \quad .$$

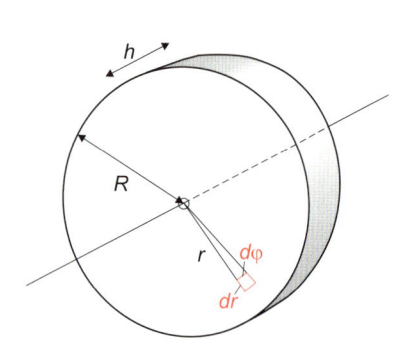

Bild 3.10. Zur Berechnung des Trägheitsmomentes eines Vollzylinders

ρ ist die Dichte des Materials und beträgt z. B. für Aluminium $\rho_{\mathrm{Al}} = 2{,}70\,\mathrm{g\,cm^{-3}}$.

Für die Rotation um die Zylinderachse ist also

$$I = \int_{r=0}^{R_Z}\int_{\varphi=0}^{2\pi} r^2 \rho \mathrm{d}r\, r\mathrm{d}\varphi\, h = \rho h \int_{r=0}^{R_Z} r^3 \mathrm{d}r \int_{\varphi=0}^{2\pi} \mathrm{d}\varphi$$
$$= \rho h \frac{R_Z^4}{4} 2\pi = \frac{\pi}{2}\rho h R_Z^4 \quad .$$

Das Trägheitsmoment des gesamten Wellrades wird als Summe der Trägheitsmomente der einzelnen Stufenscheiben abzüglich des Trägheitsmomentes der Innenbohrung berechnet.

4. Stoßprozesse

Wiederholung der wichtigsten Grundbegriffe und Erhaltungssätze der Mechanik der Massenpunkte. Beschreibung von elastischen und unelastischen Stoßvorgängen.

Standardlehrbücher (Stichworte: Impulserhaltungssatz, Energieerhaltungssatz, Stoßprozesse),
Themenkreis 3: Translation und Rotation.

Impuls- und Energieerhaltungssatz

Für ein System aufeinander stoßender Körper mit den Massen $m_1, m_2, \ldots m_n$ gilt der

Impulserhaltungssatz

$$m_1 u_1 + m_2 u_2 + \ldots + m_n u_n = m_1 v_1 + m_2 v_2 + \ldots + m_n v_n$$

$$\sum_i m_i u_i = \sum_i m_i v_i \quad ,$$

wobei $u_1, u_2, \ldots$ bzw. $v_1, v_2, \ldots$ die Geschwindigkeiten der Körper *vor* bzw. *nach* dem Stoß sind. Dabei wird vorausgesetzt, daß sich die Körper nur in einer Dimension bewegen.

Bei einem vollkommen **elastischen Stoß** bleibt außerdem die Summe der kinetischen Energien konstant:

Energieerhaltungssatz für kinetische Energien

$$\tfrac{1}{2} m_1 u_1^2 + \tfrac{1}{2} m_2 u_2^2 + \ldots + \tfrac{1}{2} m_n u_n^2 = \tfrac{1}{2} m_1 v_1^2 + \tfrac{1}{2} m_2 v_2^2 + \ldots + \tfrac{1}{2} m_n v_n^2$$

$$\sum_i \tfrac{1}{2} m_i u_i^2 = \sum_i \tfrac{1}{2} m_i v_i^2 \quad .$$

Speziell für den *elastischen Stoß* zweier Körper *gleicher* Masse $m_1 = m_2$ folgt aus Impuls- und Energieerhaltungssatz:

$$u_1 + u_2 = v_1 + v_2 \quad \text{und} \quad u_1^2 + u_2^2 = v_1^2 + v_2^2 \quad .$$

Dieses quadratische Gleichungssystem hat zwei Lösungen, die man am einfachsten durch Einsetzen überprüft. Die erste Lösung ist $v_1 = u_1$ und $v_2 = u_2$. Dies bedeutet, daß beide Kugeln nach dem Stoß mit unverän-

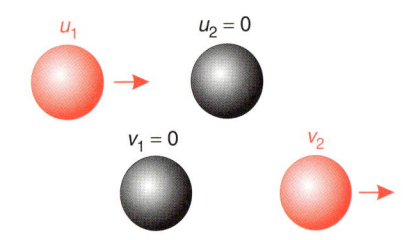

Bild 4.1. Elastischer Stoß zweier Kugeln, wobei eine Kugel in Ruhe ist

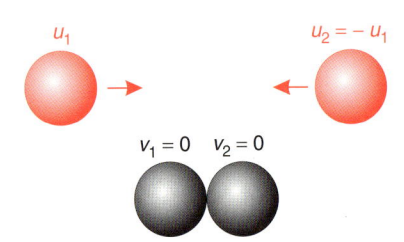

Bild 4.2. Unelastischer Stoß zweier Kugeln mit entgegengesetzten gleichgroßen Geschwindigkeiten

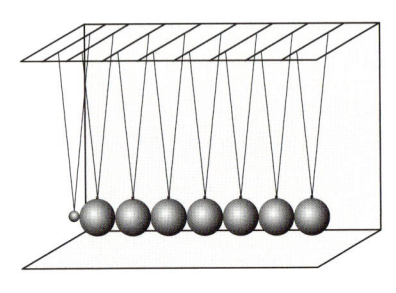

Bild 4.3. Kugelpendelkette

derter Geschwindigkeit weiterfliegen, es hätte also gar keine Wechselwirkung stattgefunden, was physikalisch uninteressant ist. Die zweite Lösung ist $v_1 = u_2$ und $v_2 = u_1$, d. h. die beiden Kugeln haben beim Stoß ihre Geschwindigkeiten ausgetauscht. Ist z. B. der Körper 2 vor dem Stoß in Ruhe, $u_2 = 0$, so besitzt er nach dem Stoß die Geschwindigkeit des stoßenden Körpers 1, während dieser zur Ruhe kommt, $v_1 = 0$, Bild 4.1.

Bei einem **unelastischen Stoß** gilt zwar der Impuls-, aber nicht der Erhaltungssatz der mechanischen Energien, da ein Teilchen außer der kinetischen Energie noch andere Energien aufnehmen kann, z. B. Verformungsenergie. Bei Stößen vollkommen unelastischer Körper werden diese unter Erwärmung solange verformt, bis sie die gleiche Geschwindigkeit besitzen $v_1 = v_2 = \ldots = v$; dann hört die Wechselwirkung auf. Nach dem Impulserhaltungssatz gilt in diesem Fall

$$m_1 u_1 + m_2 u_2 + \ldots + m_n u_n = (m_1 + m_2 + \ldots + m_n) v \quad .$$

Speziell für den *unelastischen Stoß* zweier Körper gleicher Masse folgt daher

$$v = \frac{1}{2}(u_1 + u_2) \quad .$$

Haben beide Körper vor dem Stoß entgegengesetzt gleich große Geschwindigkeiten, also $u_2 = -u_1$, so ist nach dem unelastischen Stoß $v_1 = v_2 = 0$, Bild 4.2, und beide kinetischen Energien verwandeln sich in Wärmeenergie.

In der Realität erfolgen nun allerdings praktisch alle Stöße weder voll elastisch noch vollkommen unelastisch. Wegen des geringeren mathematischen Aufwandes wollen wir uns im Folgenden auf die Betrachtung der Idealfälle beschränken.

Kugelpendelkette

Bei einer Kugelpendelkette sind n gleich große Stahlkugeln in einer Reihe so aufgehängt, daß sie sich gerade berühren und nur zentrale Stöße ausführen können, Bild 4.3. Stöße zwischen gehärteten und polierten Stahlkugeln erfolgen in guter Näherung elastisch. Die Geschwindigkeit der stoßenden oder gestoßenen Pendelkugel kann aus dem maximalen Ausschlagswinkel α abgeschätzt werden, denn hier ist die kinetische Energie vollständig in potentielle Energie umgewandelt:

$$E_{\text{pot,max}} = mgh \quad \text{und} \quad E_{\text{kin}} = 0 \quad ,$$

Bild 4.4 oben. $g = 9{,}81\,\text{m/s}^2$ ist die Erdbeschleunigung. Beim Nulldurchgang besitzt die Kugel ihre maximale kinetische Energie, d. h. auch ihre maximale Geschwindigkeit. Es gilt:

$$E_{\text{pot}} = 0 \quad \text{und} \quad E_{\text{kin,max}} = \frac{1}{2} m v_{\text{max}}^2 \quad ,$$

Bild 4.4 unten. Die potentielle Energie wandelt sich während der Schwingung vollständig in kinetische um und umgekehrt:

$$E_{\text{pot,max}} = E_{\text{kin,max}} \quad , \quad \text{also} \quad mgh = \frac{1}{2}mv_{\text{max}}^2 \quad .$$

Daher folgt:

$$v_{\text{max}} = \sqrt{2gh} \quad .$$

Aus Bild 4.4 oben folgt ferner $\ell - h = \ell \cos\alpha$. Für nicht zu große Ausschlagswinkel α gilt näherungsweise $\cos\alpha \approx 1 - \frac{\alpha^2}{2} + \ldots$ und somit $h = \ell(1 - \cos\alpha) \approx \ell\alpha^2/2$ und damit ist die

Geschwindigkeit eines Fadenpendels beim Nulldurchgang	$v_{\text{max}} \approx \alpha\sqrt{\ell g} \quad .$

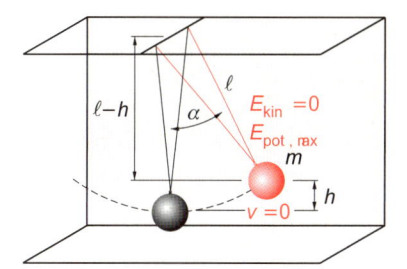

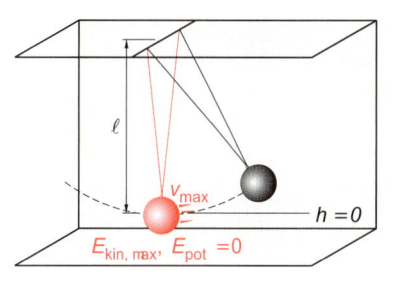

Bild 4.4. Bestimmung der Geschwindigkeit eines Fadenpendels beim Nulldurchgang

4.1 Stöße zweier Kugeln (1/3)

In der Art eines *Versuchsprogramms* werden Energie- und Impulserhaltungssatz experimentell bei Stößen von zwei Kugeln überprüft. Die vorgeschlagenen Versuchsteile können variiert und erweitert werden.

Pendelgestell mit 5 – 7 Kugelpendeln und einer weiteren kleineren Kugel (ca. 1/8 der Masse der Standardkugel), Stahlblock (z. B. $4 \times 4 \times 10\,\text{cm}^3$), Bleiblechstück.

Elastische Stöße zwischen zwei Kugeln gleicher Masse

Hierfür werden nur zwei Kugeln der Pendelkette verwendet. Eine der beiden Kugeln wird um einen Winkel α ausgelenkt, Bild 4.5a, und stößt dann auf die andere ruhende Kugel. Man beobachte den maximalen Ausschlag nach dem Stoß.

Man lenke beide Kugeln um entgegengesetzt gleiche Winkel aus, Bild 4.5b, und gebe sie gleichzeitig frei. Wie sieht der Maximalausschlag nach dem Stoß aus?

Man lenke beide Kugeln um verschiedene Winkel aus, Bild 4.5c.

Die Situationen vor und nach den Stößen sind nach jedem Versuchsteil zu skizzieren. Wird bei allen diesen Versuchen der Austausch der Geschwindigkeiten entsprechend den abgeleiteten Gleichungen näherungsweise erfüllt?

Elastische Stöße zwischen zwei Kugeln ungleicher Masse

Man hänge eine kleine Zusatzkugel neben die letzte Kugel am Ende der Kugelpendelkette und entferne alle übrigen Kugeln. Dann lenke man die kleine Kugel aus, Bild 4.6a, lasse sie auf die große Kugel stoßen und beobachte die maximalen Ausschläge beider Kugeln nach dem ersten Stoß. Man wiederhole den Versuch und beobachte die Ausschläge nach dem zweiten Stoß.

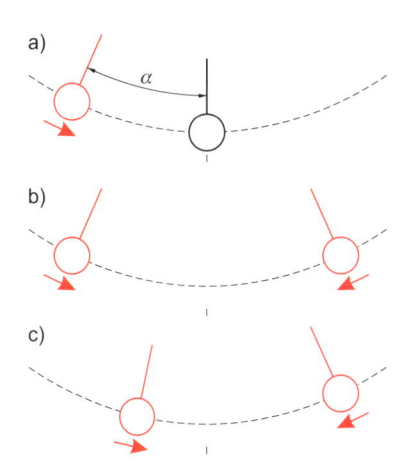

Bild 4.5a-c. Elastische Stöße zwischen zwei Kugeln gleicher Masse

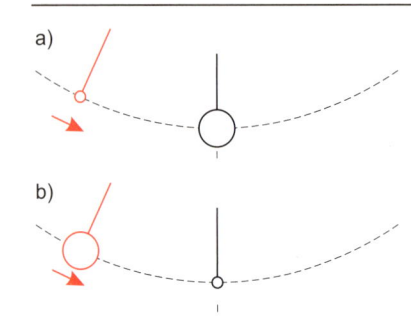

Bild 4.6a-b. Elastische Stöße zwischen zwei Kugeln ungleicher Masse

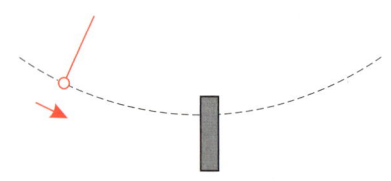

Bild 4.7. Elastische Stöße zwischen Kugel und fester Wand

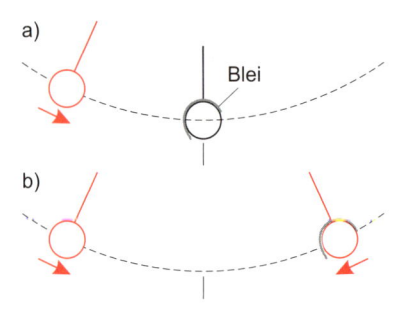

Bild 4.8. Unelastische bzw. teilelastische Stöße zwischen zwei Kugeln mit unterschiedlichen Anfangsauslenkungen (a) und (b)

Die große Kugel wird ausgelenkt. Man läßt sie auf die ruhende kleine Kugel stoßen, Bild 4.6b. Wieder soll die Situation nach dem zweiten Stoß beobachtet werden.

Die Situationen vor und nach den Stößen werden für jeden Versuchsteil skizziert. Die Ergebnisse der Beobachtungen sollen begründet werden.

Elastische Stöße zwischen Kugel und fester Wand

Als *feste Wand* dient ein Stahlblock, der zunächst ganz dicht an die Ruhelage der kleinen Kugel herangeschoben wird. Die Reflexion der kleinen Kugel an der festen Wand wird untersucht, Bild 4.7. Nach dem Stoß ist die Geschwindigkeit der Kugel $v_K = -u_K$.

Die Amplitude der mehrfach reflektierten kleinen Kugel nimmt allmählich ab. Wieviele Stöße kann man etwa zählen?

Wieviele Stöße zählt man bei der Reflexion der größeren Kugel?

Wie groß ist der an die Wand abgegebene Impuls? Null, mu oder $2mu$? Begründen Sie Ihre Aussage!

Wie groß ist die an die Wand abgegebene Energie? Null, $\frac{1}{2}mu^2$ oder $2\frac{1}{2}mu^2$? Begründen Sie Ihre Aussage!

Wodurch ist der Unterschied der Anzahl der Stöße bei kleiner und bei großer Kugel bedingt?

Unelastischer und teilelastischer Stoß zwischen zwei Kugeln

Es werden zwei normale Kugeln benutzt. Über die eine Kugel wird ein Stück Bleiblech gehängt. Der Stoß erfolgt angenähert unelastisch, weil sich das Bleiblech etwas verformt.

Man lenke eine Kugel aus, Bild 4.8a, lasse sie auf die andere, ruhende Kugel stoßen und beobachte die maximalen Ausschläge.

Man lenke beide Kugeln etwa gleich weit aus, Bild 4.8b, und beobachte die Ausschläge nach dem Stoß.

In die Skizze der experimentell beobachteten Ausschläge sollen auch die nach der Theorie des vollständig unelastischen Stoßes zu erwartenden Ausschläge eingezeichnet werden.

4.2 Kugelpendelkette (1/3)

Energie- und Impulserhaltungssatz bei Stößen zwischen mehreren verschiedenen Körpern werden experimentell mit der Kugelpendelkette überprüft. Die vorgeschlagenen Versuchsteile können variiert werden.

Pendelgestell mit 5 – 7 Kugelpendeln, Stahlblock (z. B. $4 \times 4 \times 10\,\text{cm}^3$), kleiner Hammer, Gummistreifen.

4.2 Kugelpendelkette 49

Fortpflanzung von Impuls und Energie in einer Kugelpendelkette

Beim zentralen Stoß werden innerhalb einer Reihe gleich großer, elastischer Kugeln der Impuls und die Stoßenergie ohne Verluste von einer Kugel zur benachbarten weitergegeben. Für die folgenden Versuche benutze man alle Kugeln (Standardgröße) der Pendelkette.

Zunächst soll die Reflexion von Impuls und Energie an einer starren Wand untersucht werden. Als starre Wand wird ein Stahlblock so aufgestellt, daß er die letzte Kugel der Reihe gerade berührt, Bild 4.9a. Auf die andere Seite der Reihe lassen wir eine Kugel fallen. Impuls und Energie durchlaufen innerhalb der sehr kurzen Stoßzeit die Reihe, werden an der Wand reflektiert und laufen zurück. Die erste Kugel wird so zurückgeschleudert, als ob sie direkt von der elastischen Wand reflektiert worden wäre; von Reibungsverlusten sei abgesehen.

Der Versuch wird mit zwei und mit n stoßenden Kugeln wiederholt.

Zur Demonstration des unelastischen Stoßes hält man die letzte Kugel zwischen zwei Fingern fest, Bild 4.9b, und lenkt die erste Kugel aus. Es erfolgt dann ein unelastischer Stoß. Impuls und Energie werden von den Fingern praktisch vollständig aufgenommen.

Die beobachteten Situationen nach den Stößen werden skizziert.

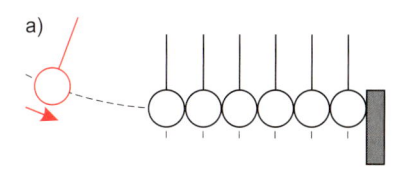

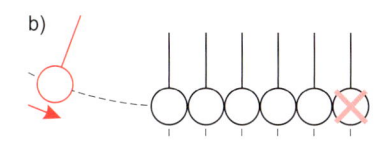

Bild 4.9a-b. Fortpflanzung von Impuls und Energie in einer Kugelpendelkette

Stoßversuche mit einer freien Kugelpendelreihe

Man lenkt die erste Kugel der Pendelkette aus, Bild 4.10a, und beobachtet die Kugelauslenkungen nach dem Stoß.

Danach werden zwei bis n Kugeln ausgelenkt, Bild 4.10b,c.

Man läßt auf beiden Seiten je eine Kugel gleichzeitig und mit gleicher Geschwindigkeit aufstoßen, Bild 4.10d. Danach je zwei, usw. .

Auf den beiden Seiten soll je eine Kugel gleichzeitig, aber mit unterschiedlicher Geschwindigkeit stoßen, Bild 4.10e. Die Ausschläge nach dem ersten Stoß werden beobachtet.

Man läßt auf der einen Seite zwei und auf der anderen Seite drei Kugeln gleichzeitig stoßen, Bild 4.10f.

Die Maximalauslenkungen der Kugeln nach jedem der Stöße werden skizziert. Die Versuchsergebnisse sollen aufgrund des Energie- und Impulserhaltungssatzes gedeutet werden.

Zur Beachtung: Beim elastischen Stoß z. B. im ersten Versuchsteil stößt eine Kugel mit der Geschwindigkeit u_1 auf die restlichen Kugeln der Pendelkette, Bild 4.10a. Der Impulssatz allein wäre auch erfüllt, wenn nach dem Stoß auf der rechten Seite zwei Kugeln mit der halben Geschwindigkeit fortfliegen würden ($v_1 = v_2 = \frac{1}{2}u_1$):

$$mu_1 = mv_1 + mv_2 = m\left(\frac{1}{2}u_1 + \frac{1}{2}u_1\right) \quad .$$

Der Energiesatz würde dann jedoch verletzt werden, weil nach dem Stoß nur noch die Hälfte der Energie vorhanden wäre:

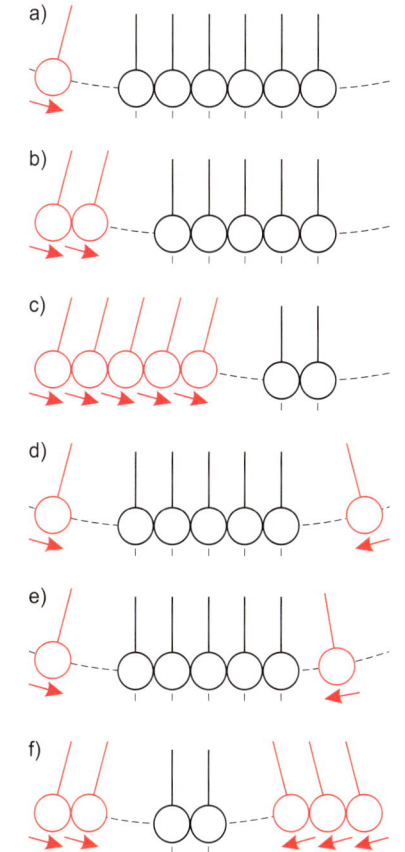

Bild 4.10a-f. Stoßversuche mit einer freien Kugelpendelreihe

4. Stoßprozesse

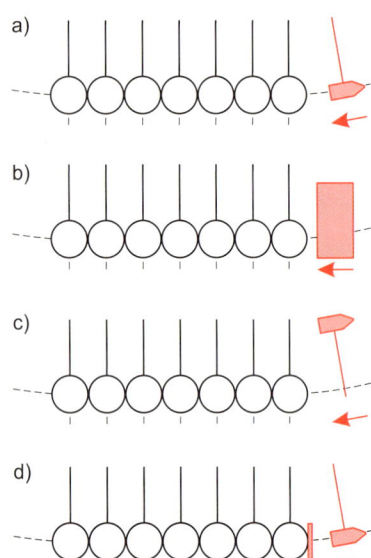

Bild 4.11a-d. Anregung der Pendelreihe durch äußeren Stoß

$$\frac{1}{2}mu_1^2 = \frac{1}{2}mv_1^2 + \frac{1}{2}mv_2^2 \neq \frac{1}{2}m\left(\frac{u_1^2}{4} + \frac{u_1^2}{4}\right) \quad \text{bzw.}$$

$$u_1^2 \neq \frac{u_1^2}{2} \quad .$$

Anregung der Pendelreihe durch äußeren Stoß

Die ruhende Pendelreihe wird mit einem kleinen Hammer, dessen Kopf etwa die Masse einer Kugel hat, leicht angeschlagen, Bild 4.11a. Man beobachte die Maximalausschläge der Pendel.

Die Kugelpendelkette wird mit dem sehr viel schwereren Stahlblock leicht angeschlagen, Bild 4.11b.

Die Pendelreihe wird mit dem Hammerstiel angeschlagen, Bild 4.11c.

Die ruhende Pendelreihe wird mit dem kleinen Hammer unter Zwischenschaltung eines Gummistreifens angeschlagen, Bild 4.11d.

Die jeweiligen Maximalausschläge nach dem Stoß werden skizziert.

Zur Deutung der Versuche: Die Verteilung der Geschwindigkeiten auf die einzelnen Kugeln nach dem Stoß hängt von der Stoßanregung ab, d. h. von der Geschwindigkeit des Stoßkörpers, von seiner Masse und seinen elastischen Eigenschaften, die die zeitliche und örtliche Abhängigkeit der Stoßkraft $F(s(t))$ bestimmen. Entscheidend sind der übertragene Impuls $p = \int F\,\mathrm{d}t$ und die Energie $E = \int F\,\mathrm{d}s$.

4.3 Kugelpendelkette mit Störungen (1/3)

Es soll überprüft werden, in wieweit Stoßvorgänge einer Kugelpendelkette durch Störungen bei der Stoßübertragung, durch eine kleine Zusatzmasse und durch Reibung beeinflußt werden.

Pendelgestell mit 5 – 7 Kugelpendeln und einer weiteren kleineren Kugel (ca. 1/8 der Masse der Standardkugel), Bleiblechstück, Gummistreifen, Zeichenkartonstreifen.

Beeinflussung der Stoßübertragung in der Pendelkette

Während des ersten Stoßes wird ein Stück Gummi oder Zeichenkarton zwischen zwei Kugeln der Pendelkette gehalten. Dadurch wird der zeitliche Verlauf der Stoßkraft $F(s(t))$ auf die Nachbarkugeln und damit auch der übertragene Impuls p und die Energie E verändert.

Es ergeben sich daher nicht mehr die einfachen, leicht durchschaubaren Stoßvorgänge. Trotzdem bleiben natürlich der Impulssatz und bei elastischen Stößen auch der Energiesatz gültig.

Nur für den ersten Stoß wird ein elastisches Gummistück vor die zweite Kugel gehalten, Bild 4.12a. Bleibt die stoßende Kugel nach dem Stoß in Ruhe?

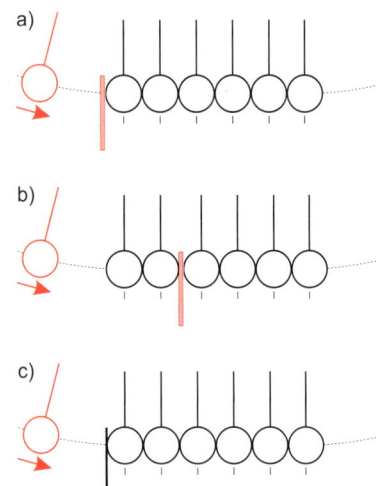

Bild 4.12a-c. Beeinflussung der Stoßübertragung in der Pendelkette

⏱ Man hält den Gummistreifen während des ersten Stoßes irgendwo zwischen zwei Kugeln, Bild 4.12b, und läßt wieder eine Kugel stoßen.

⏱ Man hält einen Streifen dünnen Kartons vor die erste gestoßene Kugel, Bild 4.12c, oder auch zwischen zwei Kugeln. Der Stoß wird jetzt teilweise unelastisch, und es wird ein komplizierter Schwingungsvorgang angeregt.

✎ *Zur Deutung:* Bei den veränderten Stoßvorgängen wird der Impuls so verteilt, daß die stoßende Kugel nicht zur Ruhe kommt, sondern zurückprallt. So ergeben sich z. B. im ersten Versuchsteil eine Kugel, die mit v_1 (negativ) reflektiert wird, und 6 Kugeln, die mit gleicher Geschwindigkeit v in Vorwärtsrichtung fliegen. Aus Impuls- und Energiesatz folgt für einen solchen elastischen Stoß:

$$mu_1 = mv_1 + 6mv \quad \text{und} \quad \frac{1}{2}mu_1^2 = \frac{1}{2}mv_1^2 + 6\frac{1}{2}mv^2 \quad .$$

Daraus folgt:

$$v_1 = -\frac{5}{7}u_1 \quad \text{und} \quad v = +\frac{2}{7}u_1 \quad .$$

Stimmt das Ergebnis des Versuches in etwa mit dem Ergebnis dieser Rechnung überein?

⏱ **Pendelkette mit Störungen**

Schon das Einbringen einer kleinen Störung verändert das Schwingungsverhalten der Pendelkette wesentlich.

Die kleine Pendelkugel mit nur 1/8 Masse der Standardkugeln wird der Pendelreihe angefügt. Auf der anderen Seite werden z. B. eine oder zwei Kugeln ausgelenkt, Bild 4.13a. Es ergibt sich nun ein kompliziertes, nicht periodisches Schwingungsbild, da die Kugeln der Pendelkette jetzt nicht mehr alle die gleiche Masse besitzen. Es gilt daher auch nicht mehr der einfache Satz, daß zwei stoßende Kugeln jeweils ihre Geschwindigkeiten austauschen.

Die kleine Kugel zeigt übrigens etwa periodisch größere und kleinere Ausschläge.

⏱ Als kleine Störung wird ein Bleiblechstück auf die letzte Kugel als Zusatzgewicht so aufgehängt, daß es den Stoßvorgang nicht verändert, Bild 4.13b. Bei Stoßanregung mit einer Kugel wird zwar zunächst im wesentlichen nur die eine Kugel am anderen Ende der Reihe ausgelenkt. Nach einigen Stößen werden jedoch auch die anderen Kugeln der Pendelreihe zu Schwingungen angeregt. Es entstehen wieder komplizierte Schwingungsformen, die sich laufend verändern.

⏱ Für die ungestörte Pendelkette wirken die Reibungsvorgänge ebenfalls als schwache Störungen. Man läßt z. B. zwei Kugeln auf die anderen fünf ruhenden Kugeln stoßen, Bild 4.13c. Nach einigen Stößen beginnen auch die ruhenden Kugeln etwas zu schwingen, und schließlich verbleibt eine gleichgerichtete synchrone Bewegung aller Kugeln, wie sie beim vollkommen unelastischen Stoß schon nach dem ersten Stoß entstehen würde.

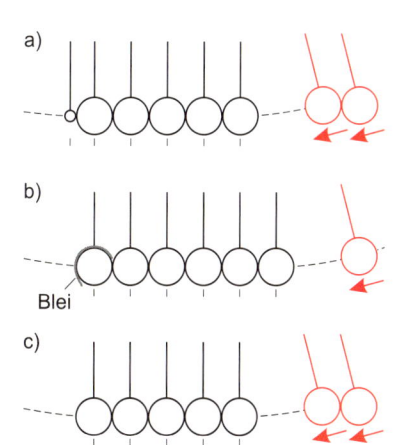

Bild 4.13. Pendelkette mit Störungen

5. Harmonische Schwingungen

Einführung von Grundbegriffen der Schwingungslehre am Beispiel des Feder- und des Fadenpendels. Überprüfung der Gesetze für schwingungsfähige Systeme wie Physikalisches Pendel und Reversionspendel. Vereinfachte Beschreibung realer physikalischer Systeme durch Näherungen. Hochgenaue Bestimmung der Gravitationsbeschleunigung der Erde.

Standardlehrbücher (Stichworte: Schwingungen, Pendel, Gravitationsbeschleunigung),

Themenkreis 3: Translation und Rotation sowie *Themenkreis 8*: Trägheitsmoment.

Schwingungen eines Federpendels

Lenkt man einen Körper der Masse m eines schwingungsfähigen Systems aus seiner stabilen Ruhelage aus und läßt ihn dann los, so vollführt er periodische Bewegungen um diese Ruhelage. Eine solche Schwingung ist charakterisiert durch die **Schwingungsdauer** T und die maximale Auslenkung des Körpers, die **Amplitude** A. Für die quantitative Beschreibung der Schwingungsbewegung bei nicht zu großen Auslenkungen x betrachten wir zunächst die von der Feder, Bild 5.1, auf den Körper ausgeübte

> **rücktreibende Kraft** $\quad F_\mathrm{r} = -Dx$.

Die Konstante D wird als **Federkonstante**, **Richtgröße** oder **Direktionskonstante** bezeichnet.

Läßt man nun bei einer Auslenkung oder Amplitude $x = A$ den Körper los, so beginnt dieser eine beschleunigte Bewegung in Richtung auf die Gleichgewichtslage $x = 0$. Hier angelangt, besitzt er seine maximale *kinetische Energie* $E_\mathrm{kin} = mv^2/2$ und damit die Fähigkeit, gegen die rücktreibende Kraft Arbeit zu leisten. Demzufolge durchläuft der Körper die Ruhelage, wird dann aber zunehmend abgebremst, erreicht im reibungsfreien Fall den Umkehrpunkt bei $x = -A$. Hier ist seine kinetische Energie Null, aber die *potentielle Energie* maximal, und der Körper kehrt seine Bewegungsrichtung wieder um. *Der Körper schwingt dann um seine Gleichgewichtslage.*

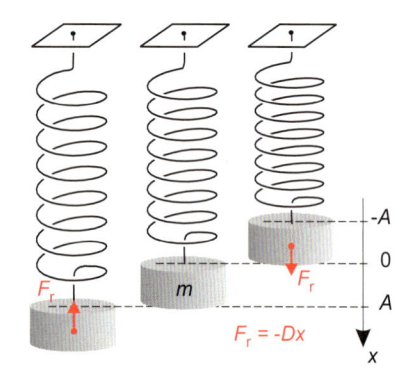

Bild 5.1. Federpendel

Nach der

> **Newtonschen Grundgleichung oder Bewegungsgleichung** $\quad F = ma$

mit der beschleunigenden Kraft F und der Beschleunigung $a = \dot{v} = \ddot{x}$ (wobei $\dot{v} = dv/dt$ und $\ddot{x} = d^2x/dt^2$ bedeuten) muß in jedem Augenblick diese Beschleunigungskraft $F = m\ddot{x}$ gleich der rücktreibenden Kraft $F_r = -Dx$ sein. Damit lautet die Bewegungsgleichung für die Schwingung eines Pendels

$$m\ddot{x} = -Dx \quad .$$

Nach Umformung zu $\ddot{x} + (D/m)x = 0$ ergibt sich eine spezielle Form einer Differentialgleichung, die als

> **Schwingungsgleichung eines Federpendels**
> $\ddot{x} + \omega^2 x = 0 \quad \text{mit} \quad \omega = \sqrt{D/m}$

bezeichnet wird. Diese Bewegungsgleichung einer freien, harmonischen, ungedämpften Schwingung stellt eine *homogene Differentialgleichung 2. Ordnung mit konstanten Koeffizienten* (m, D) dar. Die Größe ω ist dabei eine Konstante, die vom jeweiligen schwingungsfähigen System abhängt. Die Lösung dieser Schwingungsgleichung ist im einfachsten Fall eine Sinusschwingung:

$$x(t) = A \sin \omega t \quad \text{mit} \quad A = \text{konstant.}$$

Daß diese Lösung die Schwingungsgleichung erfüllt, läßt sich durch Differenzieren leicht zeigen:

$$\dot{x} = \omega A \cos \omega t \quad \text{und} \quad \ddot{x} = -\omega^2 A \sin \omega t = -\omega^2 x \quad ,$$

woraus die Schwingungsgleichung $\ddot{x} + \omega^2 x = 0$ folgt.

Sinusfunktionen sind bekanntlich periodisch, daher findet man nach der Dauer einer Schwingung $T = 2\pi/\omega$ den gleichen Schwingungszustand wieder vor, denn für $t = t_0 + T$ gilt:

$$x(t) = A \sin \omega \left(t_0 + \frac{2\pi}{\omega} \right) = A \sin(\omega t_0 + 2\pi) = A \sin \omega t_0 = x(t_0).$$

Die reziproke Schwingungsdauer wird als

> **Frequenz** $\quad f = \dfrac{1}{T} = \dfrac{\omega}{2\pi}$

bezeichnet. $\omega = 2\pi f$ heißt die **Kreisfrequenz** der Schwingung. Für unseren Fall einer Sinusschwingung gilt für die

| **Schwingungungsdauer eines Federpendels** | $T = \dfrac{2\pi}{\omega} = 2\pi\sqrt{\dfrac{m}{D}}$ |

Man sieht: *Die Schwingungsdauer T ist unabhängig von der Schwingungsamplitude A.* Auch wenn A mit der Zeit abnimmt, bleibt die Schwingungszeit T konstant. Die Schwingungszeit ist auch praktisch unabhängig von einer Dämpfung, sofern diese nicht extrem groß wird.

Eine allgemeinere Lösung der Schwingungsgleichung lautet:

$$x = A\sin(\omega t + \alpha),$$

wie man durch Differenzieren und Einsetzen leicht nachprüfen kann. A und α sind beliebig wählbare Parameter, während $\omega = \sqrt{D/m}$ durch das jeweilige schwingungsfähige System festgelegt ist. Das Argument $(\omega t + \alpha)$ der Sinusfunktion bestimmt den augenblicklichen Wert der Auslenkung und wird als *Phase* bezeichnet. Die Größe α bestimmt die Auslenkung zur Zeit $t = 0$. Speziell für $\alpha = \pi/2$ ergibt sich $x = A\sin(\omega t + \pi/2) = A\cos\omega t$. Die Größe α wird *Phasenkonstante* genannt.

Fadenpendel (Mathematisches Pendel)

Ein Fadenpendel besteht aus einem kugelförmigen Körper der Masse m, der an einem Faden der Länge ℓ hängt, Bild 5.2. Nach einer Auslenkung um den Winkel φ vollführt dieses Pendel Schwingungen um seine Ruhelage. Zur Beschreibung dieser Bewegung wird idealisierend angenommen, die Masse sei im Schwerpunkt der Kugel vereint („Massenpunkt – Modell") und der Faden sei gewichtslos. Auf den Körper wirkt die Gewichtskraft $F = mg$ ($g \approx 9{,}81\,\text{m/s}^2$ ist die ortsabhängige **Gravitationsbeschleunigung**, auch *Fall-* oder *Erdbeschleunigung* genannt, deren genauer Wert für Berlin $g = 9{,}81288\,\text{m/s}^2$ beträgt).

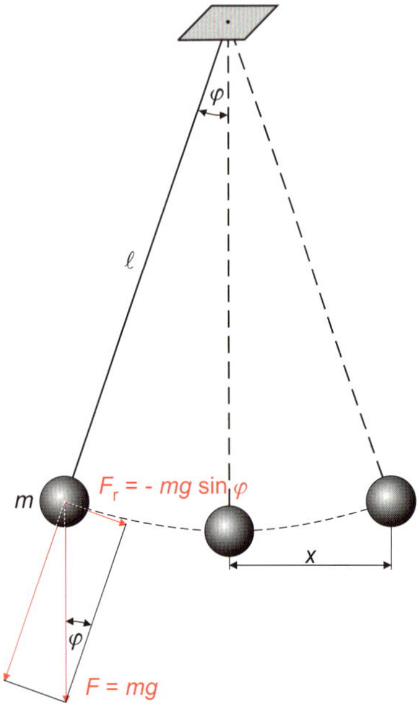

Bei einer Auslenkung um den Winkel φ kann man die Kraft F zerlegen in eine in Richtung des Fadens wirkende, von diesem aufgefangene Kraft und in eine hierzu senkrechte, rücktreibende Kraft $F_r = -mg\sin\varphi$. Diese erzeugt die Beschleunigung $\ddot{x} = \ell\ddot{\varphi}$ längs der kreisförmigen Pendelbahn. Mit der Newtonschen Grundgleichung $F = m\ddot{x}$ ergibt sich aus $F = F_r$:

$$m\ell\ddot{\varphi} = -mg\sin\varphi \quad \text{bzw.} \quad \ddot{\varphi} + \omega^2\sin\varphi = 0 \quad.$$

Für *kleine Amplituden* (kleine Auslenkwinkel) gilt näherungsweise $\sin\varphi \approx \varphi$, und man erhält die

Bild 5.2. Fadenpendel

| **Schwingungsgleichung eines mathematischen Pendels** |
| $\ddot{\varphi} + \omega^2\varphi = 0 \quad \text{mit} \quad \omega = \sqrt{\dfrac{g}{\ell}} \quad.$ |

Diese Differentialgleichung ist vom gleichen Typ wie eben diskutiert, lediglich ist statt des Ortes x beim Federpendel hier der Winkel φ die variable Größe. Mit $T = 2\pi/\omega$ ergibt sich die

Schwingungsdauer eines Fadenpendels bei *kleinen* Amplituden
$$T_0 = 2\pi\sqrt{\frac{\ell}{g}} \ .$$

Daraus folgt:

Die **Schwingungsdauer** eines Fadenpendels ist unabhängig von der **Pendelmasse** m und bei kleinen Amplituden auch unabhängig von der *Schwingungsweite* φ.

Für *große Amplituden* hat man dagegen die exakte Gleichung

$$\ddot{\varphi} + \omega^2 \sin\varphi = 0$$

zu lösen, was auf nicht mehr elementar lösbare sog. elliptische Integrale führt. Man kann jedoch folgende Reihenentwicklung als Näherung ansetzen:

Schwingungsdauer eines Fadenpendels bei *großen* Amplituden

$$T = T_0 \left(1 + \frac{1}{4}\sin^2\frac{\varphi}{2} + \frac{9}{64}\sin^4\frac{\varphi}{2} + \cdots\right) \text{ mit } T_0 = 2\pi\sqrt{\frac{\ell}{g}} \ .$$

Physikalisches (physisches) Pendel

Das mathematische Pendel stellt eine Idealisierung eines schwingungsfähigen Systems dar, bei der die Masse punktförmig lokalisiert ist und der Faden gewichtslos angenommen wird. Bei einem beliebig geformten **starren Körper** der Masse m, der um eine Achse A drehbar aufgehängt ist und schwingt, Bild 5.3, muß dagegen dessen

Trägheitsmoment $\quad I_A = \int r^2 \, dm$

bezüglich der Drehachse A mit berücksichtigt werden.

Der **Schwerpunkt** S des Körpers liegt im Abstand s von der Drehachse A. Bei Auslenkung um den Winkel φ aus der Ruhelage greift am Schwerpunkt wieder – wie beim Fadenpendel – die in Bahnrichtung wirkende rücktreibende Kraft $F_r = -mg\sin\varphi$ an. Diese erzeugt ein

rücktreibendes Drehmoment $\quad M_r = -sF_r = -smg\sin\varphi \ .$

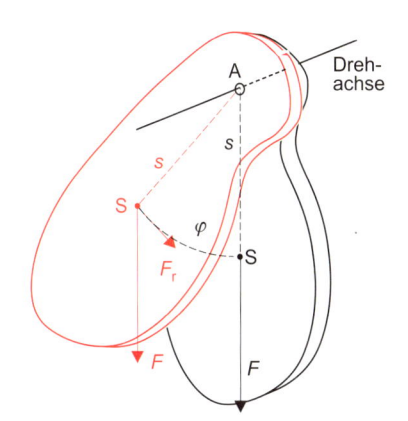

Bild 5.3. Physikalisches Pendel

Für *kleine Winkel* ist wieder näherungsweise $\sin\varphi \approx \varphi$ und somit

$$M_r = -D^*\varphi$$

mit der Winkelrichtgröße $D^* = smg$.

Für diese beschleunigte Drehbewegung gilt mit dem Trägheitsmoment I_A, völlig analog zur Newtonschen Grundgleichung für die Translation, die

> **Grundgleichung für Drehbewegungen** $\qquad M_r = I_A \ddot{\varphi}$.

So erhält man analog zum Fadenpendel die *Schwingungsgleichung eines physikalischen Pendels*

$$\ddot{\varphi} + \omega^2 \varphi = 0 \quad \text{mit} \quad \omega = \sqrt{\frac{D^*}{I_A}} \quad \text{mit der}$$

> **Schwingungsdauer eines physikalischen Pendels**
>
> $$T = 2\pi\sqrt{\frac{I_A}{D^*}} = 2\pi\sqrt{\frac{I_A}{smg}} \quad .$$

Diese einfachen Beziehungen gelten allerdings nur für kleine Auslenkungswinkel. Für *große* Amplituden, die beim physischen Pendel bis zu 180° betragen können, muß man wieder von der exakten Schwingungsgleichung $\ddot{\varphi} + \omega^2 \sin\varphi = 0$ ausgehen und für die Schwingungsdauer die Näherungsformel für größere Amplituden benutzen.

Man definiert ferner eine **reduzierte Pendellänge** ℓ_r eines physischen Pendels, die gleich der Länge eines mathematischen Pendels ist, welches die gleiche Schwingungszeit T besitzt:

$$T = 2\pi\sqrt{\frac{\ell_r}{g}} \equiv 2\pi\sqrt{\frac{I}{smg}} \quad .$$

Damit ergibt sich die

> **reduzierte Pendellänge** $\qquad \ell_r = \dfrac{T^2}{4\pi^2} g = \dfrac{I}{sm}$.

📖 Reversionspendel

Ein Reversionspendel ist ein spezielles *physikalisches Pendel*, das *zwei* zueinander parallele Drehachsen A_1 und A_2 besitzt, an denen das Pendel aufgehängt und zu Schwingungen angeregt werden kann, Bild 5.4. Im allgemeinen werden die Schwingungszeiten T_1 um die Drehachse A_1 und T_2 um A_2 nach Umkehrung des Pendels verschieden sein, da sich sowohl die

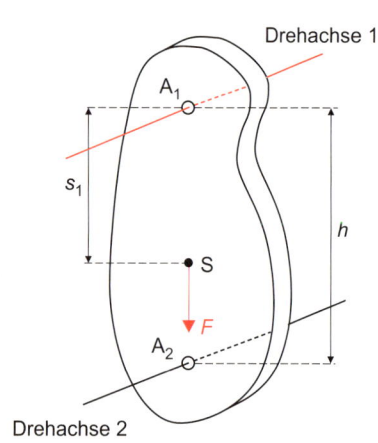

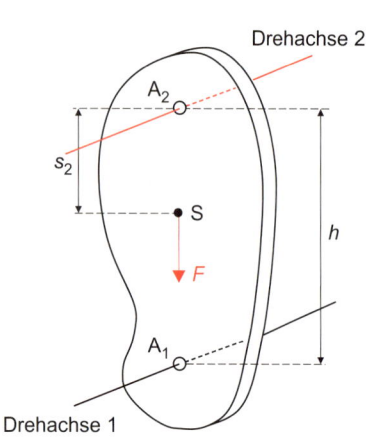

Bild 5.4. Reversionspendel

Trägheitsmomente I_1 und I_2 als auch die Winkelrichtgrößen $D_1^* = s_1 mg$ und $D_2^* = s_2 mg$ für die beiden Schwingungsmöglichkeiten unterscheiden. Für die Schwingungsdauern gilt:

$$T_{1,2} = 2\pi \sqrt{\frac{I_{1,2}}{D_{1,2}^*}} = 2\pi \sqrt{\frac{I_{1,2}}{s_{1,2} mg}}$$

mit m: Masse des Pendels, $s_{1,2}$: Abstände des Pendelschwerpunktes S von den Drehachsen A_1 bzw. A_2 und g: Gravitationsbeschleunigung.

Die reduzierten Pendellängen ℓ_{r1} und ℓ_{r2} für Schwingungen um die beiden Achsen A_1 und A_2, Bild 5.4, sind im allgemeinen verschieden. Durch geeignetes Verschieben der Drehachsen bei gleichbleibender Massenverteilung bzw. durch Veränderung der Massenverteilung des Pendels bei festbleibenden Drehachsen wie bei dem Experiment 5.4 läßt sich jedoch erreichen, daß die Schwingungszeiten T_1 und T_2 gleich werden. Es gilt dann: Die reduzierte Pendellänge $\ell_r = \ell_{r1} = \ell_{r2}$ eines *abgeglichenen Reversionspendels* mit $T_1 = T_2$ ist gleich dem Abstand $h = s_1 + s_2$ der beiden Drehachsen, Bild 5.4, und man erhält die

Schwingungsdauer eines abgeglichenen Reversionspendels $T_1 = T_2 = 2\pi \sqrt{\dfrac{h}{g}}$.

Herleitung dieser Beziehung: Das Trägheitsmoment des Pendels für die Drehachse durch den Schwerpunkt S sei I_S. Für die Schwingung um die Achse A_1 ist dann nach dem *Steinerschen Satz* $I_1 = I_S + m_1 s_1^2$ und daher nach Definition der reduzierten Pendellänge

$$\ell_{r1} = \frac{I_1}{m s_1} = \frac{I_S}{m s_1} + s_1 \quad .$$

Analog ergibt sich:

$$\ell_{r2} = \frac{I_S}{m s_2} + s_2 \quad .$$

Angenommen, es sei $\ell_{r1} = s_1 + s_2$, so ist $s_2 = \ell_{r1} - s_1 = I_S/m s_1$ und man erhält

$$\ell_{r2} = \frac{I_S m s_1}{m I_S} + \frac{I_S}{m s_1} = s_1 + \frac{I_S}{m s_1} = \ell_{r1} \quad ,$$

d. h. $T_1 = T_2$.

Mit Reversionspendeln können Präzisionsmessungen der *Erd-* oder *Gravitationsbeschleunigung* g durchgeführt werden. Denn außer der Schwingungszeit T braucht nur der Schneidenabstand h gemessen zu werden, was mit hoher Genauigkeit möglich ist.

5. Harmonische Schwingungen

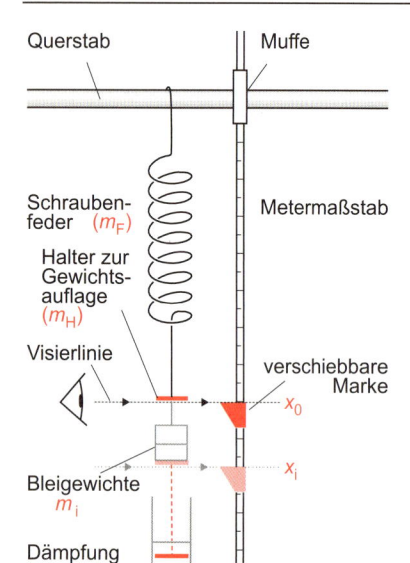

Bild 5.5. Versuchsanordnung zum Federpendel

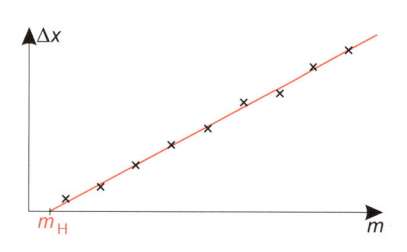

Bild 5.6. Diagramm zur statischen Messung der Federkonstante

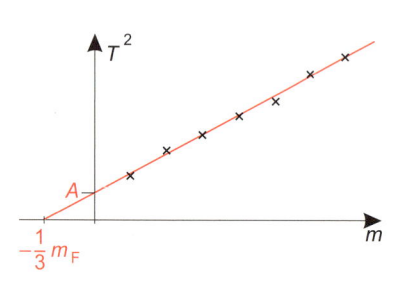

Bild 5.7. Diagramm zur dynamischen Messung

5.1 Federpendel (1/1)

Nachprüfung der Gesetze für die harmonische Schwingung des Federpendels. Statische und dynamische Bestimmung der Federkonstanten D. Überprüfung des Einflusses der Federmasse, der Schwingungsweite und der *Dämpfung* auf die Schwingungszeit. Bestimmung der Richtgröße.

Stoppuhr, Schraubenfeder, Halter zur Gewichtsauflage mit Bleigewichtsscheiben, Metermaßstab mit verschiebbarer Marke, Stativmaterial. Gewindestab mit Dämpfungsscheiben, Becherglas mit Wasser.

Statische Messung von D (1/3)

Zunächst werden die Feder (m_F) und die Gewichtehalterung (m_H) gewogen. Dann bestimmt man die Auslenkung der Feder aufgrund der Gewichtehalterung x_0. Zwecks Ausschaltung der Parallaxe wird z. B. an der Unterseite des Auflagetellers entlangvisiert und die Marke am Maßstab auf die entsprechende Höhe eingestellt, Bild 5.5. Man belastet die Feder nun nacheinander mit unterschiedlichen Kombinationen der Gewichtsscheiben und bestimmt die Auslenkungen $\Delta x_i = x_i - x_0$.

Es werden die Auslenkungen Δx_i über den zugehörigen Werten der Masse m_i aufgetragen und aus dem Geradenanstieg D_stat bestimmt, Bild 5.6.

Dynamische Messung von D (1/3)

Man belastet die Feder nacheinander mit den Gewichtsscheiben, bringt die Feder jeweils zum Schwingen und bestimmt die Schwingungsdauern T_i. Die Zeitmessung erfolgt dabei wegen des kleineren Meßfehlers bei den Nulldurchgängen des Schwingers und nicht bei den Umkehrpunkten. Dabei wird die Zeit jeweils für z. B. 10 Schwingungen gemessen. Jede Zeitmessung wird dreimal durchgeführt.

Mit dem Ziel einer Linearisierung der Ergebnisse wird T^2 als Funktion von m aufgetragen, Bild 5.7. Für die Schwingungszeit T gilt bei Berücksichtigung der Federmasse m_F die erweiterte Formel

$$T = 2\pi\sqrt{(m + m_\mathrm{F}/3)/D} \quad .$$

Aus dem Anstieg B und dem Achsenabschnitt A der mittelnden Geraden werden D und m_F bestimmt:

$$T^2 = \frac{4\pi^2}{D}m + \frac{4\pi^2 m_\mathrm{F}}{3D} = Bm + A \quad .$$

Die Fehler bei der statischen und bei der dynamischen Messung werden abgeschätzt und die gewonnenen Werte für D verglichen.

Einfluß von Federmasse, Schwingungsweite, Dämpfung (1/3)

Man messe die Dehnung x_0 und die Schwingungszeit der Feder T bei Belastung mit dem Halter (m_H) allein. Die Messung wird für eine größere Belastung wiederholt.

✎ Die gemessenen Schwingungszeiten werden mit den mit Hilfe von D und m berechneten verglichen. Welchen Einfluss hat dabei die Berücksichtigung der Federmasse m_F in der Rechnung.

⏱ Bei einer mittleren Belastung m soll geprüft werden, ob sich für sehr kleine, kleine und mittlere Schwingungsweiten x_m die gleichen Schwingungszeiten ergeben. Da der erwartete Unterschied klein ist, muß T jeweils genau gemessen werden. Zur Verringerung der Streufehlereinflüsse soll T daher aus jeweils 20 bis 50 Messungen ermittelt werden.

✎ Die Schwingungszeiten bei unterschiedlichen Schwingungsweiten werden vergleichend diskutiert.

⏱ Ein dünner Stab, der unten eine Scheibe trägt, wird in den Gewichtehalter eingeschraubt. Die Höhe des Querstabes wird so eingestellt, daß die Dämpfungsscheibe in ein mit Wasser gefülltes Becherglas eintaucht und während der Schwingungen auch unter Wasser bleibt. Für eine mittlere Belastung m soll die Schwingungsdauer T_D bei Wasserdämpfung gemessen werden. Wie viele Schwingungen lassen sich messen?

✎ Die Schwingungszeiten der ungedämpften Schwingung werden mit denen für gedämpfte Schwingungen verglichen.

5.2 Fadenpendel (Mathematisches Pendel) (1/1)

🏁 Präzisionsbestimmung der *Erd-* oder *Gravitationsbeschleunigung* g aus der Länge und der Schwingungsdauer eines Fadenpendels unter Berücksichtigung von Korrekturen. Amplitudenabhängigkeit der Schwingungszeit.

🔨 Fadenpendel, Stoppuhr. Für die exakte Bestimmung von g: fotoelektrische Zähleinrichtung, Kathetometer zur Messung der Fadenlänge.

Das Pendel besteht aus einer Kugel (z. B. Messing, Durchmesser $2r$), die über einen dünnen Draht (z. B. Stahl, Durchmesser d) an einer Schneide (Rasierklinge) drehbar aufgehängt ist. Dieses System verhält sich in erster Näherung wie ein mathematisches Pendel, dessen Länge ℓ gleich dem Abstand Kugelmitte/Schneide ist.

⏱ **Messung der Gravitationsbeschleunigung (2/3)**

Die *Pendellänge* wird mit einem Kathetometer gemessen, das aus einem an einem vertikalen Präzisionsmaßstab verschiebbaren, genau horizontal auszurichtenden Fernrohr besteht. Man stellt das Fadenkreuz nacheinander auf die Schneidenkante, sowie auf die obere und untere Tangentialebene der Kugel ein und ermittelt so $\ell - r$ und $\ell + r$, Bild 5.8. Die Messungen werden zweimal wiederholt.

Die Gravitationsbeschleunigung g soll mit einem Fehler $< 1\,\%$ bestimmt werden. Zu der hierfür notwendigen *sehr genauen Ermittlung der Schwingungszeit* ist es sinnvoll, die Zeit für eine große Zahl N von Schwingungen (z. B. 1000) zu messen, wobei die Zählung der $2N$ Nulldurchgänge fotoelektrisch erfolgt, Bild 5.9. Eine Lichtquelle und eine

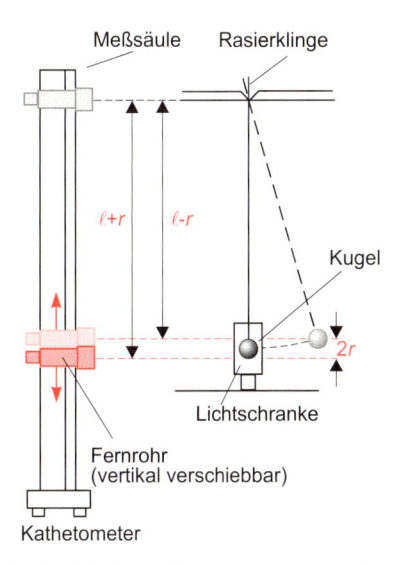

Bild 5.8. Versuchsanordnung zum Fadenpendel

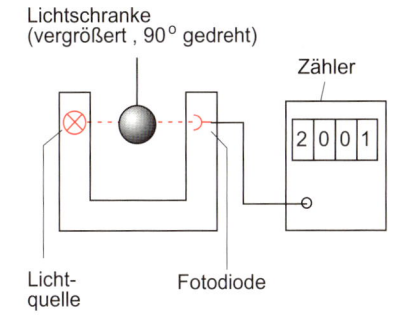

Bild 5.9. Fotoelektrische Zähleinrichtung

Fotodiode werden dazu so aufgestellt, daß die Pendelkugel beim Nulldurchgang das Licht abschattet und der Zähler anspricht. Das Pendel wird nur wenig ausgelenkt, d. h. maximal 5°, damit die Bedingung $\sin\varphi \approx \varphi$ hinreichend genau erfüllt ist. Anfangs- und Endamplitude werden notiert.

Ergänzende Grundlagen: Wegen der angestrebten hohen Genauigkeit bei der g-Bestimmung von unter einem Prozent muß bei der Auswertung eine Reihe von *Korrekturen* berücksichtigt werden, um systematische Fehler, die das Meßergebnis verfälschen, auszuschließen.

- *Trägheitsmoment von Kugel und Aufhängedraht:* Da die Pendelmasse nicht punktförmig und der Faden nicht gewichtslos ist, muß man anstelle der Formel für die Schwingungsdauer eines idealen mathematischen Pendels die Gleichung für ein physikalisches Pendel verwenden:

$$T = 2\pi\sqrt{\frac{I}{D^*}} \quad .$$

Das Trägheitsmoment einer Kugel der Masse m für eine Achse durch den Schwerpunkt ist $I_S = (2/5)mr^2$ und für Drehungen um eine Achse A im Abstand ℓ nach dem *Steinerschen Satz* $I_A = I_S + m\ell^2$. Das Trägheitsmoment des Drahtes der Masse μ und der Länge ℓ, also eines sehr dünnen Stabes, ist bei Drehung um eine senkrechte Achse durch den Schwerpunkt $I'_S = (1/12)\mu\ell^2$, bei Drehung um die Achse A im Abstand $\ell/2$ vom Schwerpunkt $I'_A = I'_S + \mu\ell^2/4$. Das gesamte Trägheitsmoment des Pendels ist daher:

$$I = m\ell^2\left(1 + \frac{2}{5}\left(\frac{r}{\ell}\right)^2\right) + \mu\ell^2\left(\frac{1}{12} + \frac{1}{4}\right)$$

$$= m\ell^2\left(1 + \frac{2}{5}\left(\frac{r}{\ell}\right)^2 + \frac{1}{3}\frac{\mu}{m}\right) \quad .$$

Die Masse der Kugel ($m = V\rho_{\text{Kugel}} = (4/3)\pi r^3 \rho_{\text{Kugel}}$) wird aus dem Radius r und der Dichte ρ_{Kugel} bestimmt, die Masse des Drahtes ($\mu = \pi d^2 \ell \rho_{\text{Draht}}/4$) aus Länge ℓ, Durchmesser d und Dichte ρ_{Draht} des Drahtes. Die Dichten verschiedener Materialien sind in Tabelle 5.1 angegeben.

Tabelle 5.1. Dichten verschiedener Materialien bei 20°C

Material	Dichte / g cm^{-3}
Luft	0,0012
Stahl	7,7
Messing	8,4
Blei	11,3

- *Der Auftrieb in Luft:* Die Schwerkraft $F_G = mg$, die an der Pendelkugel angreift, ist noch um die Auftriebskraft $F_a = V\rho_L g$ zu vermindern ($V = m/\rho_{\text{Kugel}}$; Dichte der Luft ρ_L s. Tabelle 5.1). Die resultierende Kraft ist daher

$$F = mg - V\rho_L g = mg\left(1 - \frac{\rho_L}{\rho_{\text{Kugel}}}\right) \quad .$$

- *Winkelrichtgröße:* Die resultierende Winkelrichtgröße D^* ergibt sich aus dem am Kugelmittelpunkt angreifenden Drehmoment

$$mg\ell\varphi(1 - \rho_L/\rho_{\text{Kugel}})$$

und dem im Drahtschwerpunkt angreifenden Moment $\mu g\varphi\ell/2$:

$$D^* = mg\ell\left(1 - \frac{\rho_L}{\rho_{\text{Kugel}}} + \frac{1}{2}\frac{\mu}{m}\right) \quad .$$

- *Umrechnung auf unendlich kleine Ausschläge:* Ist φ_m (Angabe im Bogenmaß!) die mittlere Schwingungsweite, dann gilt nach der angegebenen Näherungsformel, wenn man nach dem quadratischen Glied abbricht:

$$T = 2\pi \sqrt{\frac{I}{D^*}} \left(1 + \frac{1}{4}\sin^2 \frac{\varphi_\mathrm{m}}{2} + \cdots \right) \approx 2\pi \sqrt{\frac{I}{D^*}} \left(1 + \frac{1}{16}\varphi_\mathrm{m}^2\right).$$

- *Zusammenfassung der Korrekturen:* Aus den vorstehenden vier Korrekturen ergibt sich, wenn man die Näherung $(1+\varepsilon)/(1+\delta) \approx 1 + \varepsilon - \delta$ für $\varepsilon, \delta \ll 1$ verwendet,

$$g = \frac{4\pi^2 \ell}{T^2}\left(1 + \frac{2}{5}\left(\frac{r}{\ell}\right)^2 + \frac{\rho_\mathrm{L}}{\rho_\mathrm{Kugel}} - \frac{1}{6}\frac{\mu}{m} + \frac{1}{8}\varphi_\mathrm{m}^2\right) \quad .$$

✎ Aus den Messungen von ℓ und T wird unter Berücksichtigung der Korrekturen der Wert für g berechnet. Bei der Fehlerabschätzung können Fehler der Korrekturgrößen wegen Geringfügigkeit unberücksichtigt bleiben. Vergleich des Ergebnisses mit dem Literaturwert.

Weitere kleinere, deshalb hier nicht berücksichtigte Korrekturen:

- Die Pendelmasse bewegt auch die umgebende Luft teilweise mit, d. h. die schwingende Masse ist etwas größer als m.
- Das Pendelstativ schwingt geringfügig mit.
- Infolge der Elastizität dreht sich der Pendelfaden periodisch während der Schwingung, d. h. diese andere Schwingungsform nimmt Energie auf.
- Die Drehung um eine Schneide entspricht nicht genau einer Drehung um eine raumfeste Achse.

Die Vorzeichen der durch diese systematischen Fehler verursachten Abweichungen des Meßwertes vom wahren Wert sollen diskutiert werden. Kennen Sie weitere systematische Fehler?

⏱ Amplitudenabhängigkeit der Schwingungsdauer (1/3)

Zur Messung der Abhängigkeit $T = f(\varphi_\mathrm{m})$ werden für etwa 6 Auslenkwinkel jeweils $100\,T$ gemessen. Die mittlere Schwingungsweite φ_m, d. h. das Mittel aus Anfangs- und Endwert des Winkels, soll zwischen $3°$ und $20°$ eingestellt werden.

✎ Nach der Näherungsformel für die Schwingungsdauer eines Fadenpendels für große Winkel folgt mit $\sin(\varphi/2) \approx \varphi/2$ und unter Berücksichtigung des quadratischen Korrekturgliedes die Schwingungsdauer

$$T = T_0\left(1 + \frac{1}{16}\varphi_\mathrm{m}^2\right) \quad .$$

T wird als Funktion von φ_m, Bild 5.10, oder φ_m^2 aufgezeichnet. T_0 wird aus der Extrapolation für $\varphi_\mathrm{m} = 0$ und daraus die Gravitationsbeschleunigung g bestimmt. Das Ergebnis wird unter Einbeziehung der Fehlerrechnung mit dem Wert aus der Präzisionsmessung verglichen.

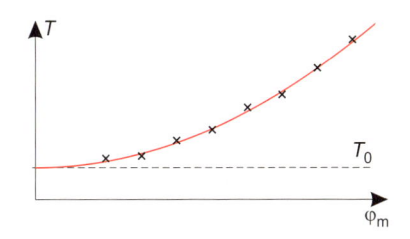

Bild 5.10. Diagramm T über φ_m zur Bestimmung der Amplitudenabhängigkeit beim Fadenpendel

5.3 Physikalisches Pendel (1/1)

Untersuchung der Schwingung eines Pendels mit ausgedehnter Massenverteilung. Überprüfung des Steinerschen Satzes. Messung der Amplitudenabhängigkeit der Schwingungszeit, Nachprüfung der Gültigkeit der Näherungsformel für die Schwingungsdauer bei großen Amplituden.

Stoppuhr, Pendelstab mit Zusatzgewichten und Winkelteilkreis (physikalisches Pendel), Aufstellmarke.

Ein Pendelstab, an welchem zusätzliche Gewichtsstücke angebracht werden können, ist um eine horizontale Achse drehbar gelagert, Bild 5.11. An einem feststehenden 360°-Winkel-Teilkreis lassen sich die Schwingungsweiten φ ablesen.

Physikalisches Pendel bei kleinen Amplituden (1/3)

Bei kleinen Auslenkungen ($< 5°$) werden die Zeiten für z. B. $10\,T$ je dreimal gemessen:

- für den Pendelstab alleine,
- mit einem kleinen, zylindrischen Zusatzgewicht an dem langen Ende des Stabes, Bild 5.11,
- mit einem Scheibengewicht an der gleichen Stelle und
- mit dem Scheibengewicht am langen und dem anderen Gewichtsstück am kurzen Ende des Stabes.

Alle vier Anordnungen werden skizziert.

Um die Schwingungszeiten des physikalischen Pendels berechnen zu können, bestimme man die vom Drehpunkt A gemessenen Längen h_1 und h_2 des Stabes und den Abstand s_1 zum Schwerpunkt S_1 des Zusatzgewichtes, Bild 5.11, und notiere dessen Masse m_1.

Aus den gemessenen Schwingungszeiten T werden für die vier Anordnungen aus $T = 2\pi\sqrt{\ell_r/g}$ mit $g = 9{,}81\,\mathrm{m/s^2}$ die reduzierten Pendellängen ℓ_r berechnet. Ergebnis diskutieren. Aus welchem Grunde ist für die letztgenannte Anordnung mit zwei Zusatzgewichten ℓ_r am größten?

Für den Pendelstab allein sowie die Messung mit dem kleinen Zusatzgewicht werden die zu erwartenden Schwingungsdauern näherungsweise mit $T = 2\pi\sqrt{I/D^*}$ berechnet und mit den gemessenen Werten verglichen.

Die Gültigkeit des *Steinerschen Satzes* wird für fünf Positionen der Zusatzmassen überprüft.

Die Meßergebnisse einschließlich einer Fehlerabschätzung werden mit den aus dem Steinerschen Satz berechneten Werten verglichen.

Physikalisches Pendel bei großen Auslenkungen (1/3)

In einer Meßreihe werden die Schwingungszeiten T des physikalischen Pendels mit einem kleinen, zylindrischen Zusatzgewicht am langen Ende des Stabes, Bild 5.11, als Funktion der Schwingungsweiten φ gemessen. Da infolge der Reibung die Weiten während der Messung abnehmen,

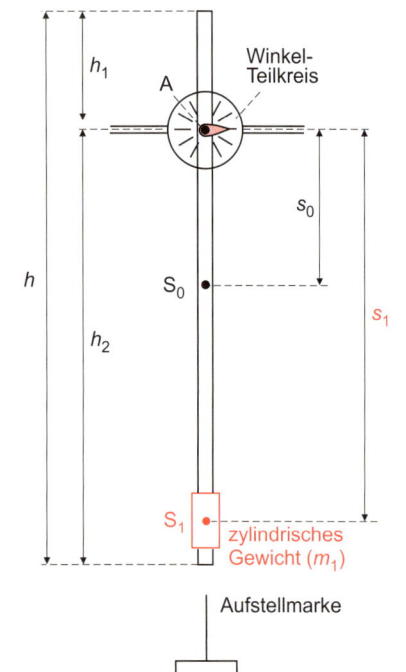

Bild 5.11. Versuchsanordnung zum physikalischen Pendel

beginnt man mit einer etwas größeren Auslenkung, liest Anfangs- und Endamplitude ab und benutzt einen Mittelwert φ_m.

Praktisch bestimmt man $10\,T$ für etwa 6 Werte von φ_m im Bereich zwischen $10°$ und $100°$; für weitere 3 bis 4 Werte im Bereich von $100°$ bis etwa $150°$ mißt man jeweils nur $5\,T$, da hier die Amplitude infolge starker Dämpfung schnell abnimmt. Alle Messungen werden zur Verringerung des Streufehlers dreimal durchgeführt.

Es wird jeweils $(T - T_0)/T_0$ berechnet, wobei T_0 die Zeit für die Amplitude $\varphi_\mathrm{m} \approx 0$ ist. Die Meßergebnisse werden mit der als Näherung zu erwartenden Abhängigkeit der Schwingungsdauer eines Fadenpendels bei großen Amplituden

$$\frac{(T - T_0)}{T_0} = \frac{1}{4}\sin^2\left(\frac{\varphi_\mathrm{m}}{2}\right)$$

verglichen. Man berücksichtige ferner das zweite Korrekturglied der Näherungsformel, das für $\varphi_\mathrm{m} \geq 50°$ einen wesentlichen Beitrag liefert. *Hinweis:* Im Bereich sehr großer Amplituden $\varphi_\mathrm{m} \geq 90°$ wird auch diese Näherung nicht ausreichen.

Theoretische Abschätzung der Schwingungszeit eines physikalischen Pendels (1/3)

Vereinfachend wird zunächst angenommen, daß das Pendel nur aus einem dünnen Stab der Masse m_0 und der Länge $h = h_1 + h_2$ besteht, an dem eine punktförmige Masse m_1 im Abstand s_1 von der Drehachse A befestigt werden kann, Bild 5.11.

Der Schwerpunkt S_0 des Stabes allein liegt in der Entfernung $s_0 = (h_2 - h_1)/2$ von der Drehachse; die Winkelrichtgröße ist daher $D_0^* = m_0 g s_0$ und das Trägheitsmoment beträgt $I_{A_0} = m_0(s_0^2 + h^2/12)$.

Für einen Massenpunkt m_1 im Abstand s_1 von der Drehachse ist $I_{A_1} = m_1 s_1^2$ und $D_1^* = m_1 g s_1$.

Beim Zusammensetzen zweier Pendelkörper zu einem fest verbundenen System addieren sich einfach die Trägheitsmomente und Winkelrichtgrößen: $I_A = I_{A_0} + I_{A_1}$ und $D^* = D_0^* + D_1^*$. Damit läßt sich die Schwingungszeit $T = 2\pi\sqrt{I_A/D^*}$ auch für das System ausrechnen.

Für die durchgeführten Versuche zum physikalischen Pendel bei kleinen Amplituden vergleiche man die berechneten Schwingungszeiten mit den gemessenen Werten von T und diskutiere die Ergebnisse für alle vier Anordnungen.

Man kann die Näherung verbessern, indem man die Zusatzmasse nicht mehr als punktförmig, sondern als zylinderförmig annimmt.

5.4 Reversionspendel (1/1)

Untersuchung der Eigenschaften eines physikalischen Pendels mit zwei Drehachsen. Präzisionsbestimmung der Gravitationsbeschleunigung g.

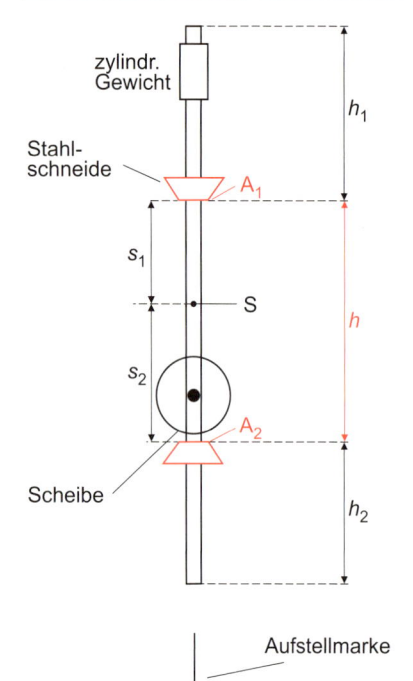

Bild 5.12. Versuchsanordnung zum Reversionspendel

Reversionspendel mit Winkelteilung (z. B. Pendelstab mit zwei Schneiden und Scheibengewichte), Aufstellmarke, Meßschieber, Stoppuhr.

Für die Messungen bei dieser Aufgabe wird eine Anordnung entsprechend Bild 5.12 benutzt. Ein Stab, an welchem zusätzliche Körper angebracht werden können, läßt sich an zwei Stahlschneiden (A_1, A_2) schwingungsfähig aufhängen. Die Pendelschwingungen sind sehr wenig gedämpft; die Auslenkung braucht nur wenige Grad zu betragen (d. h. einige cm bei etwa 50 cm Pendellänge). Um die Nulldurchgänge möglichst genau messen zu können, wird die Ruhelage des Pendels mit einer auf den Tisch gestellten Marke gekennzeichnet.

Der bei einem Reversionspendel notwendige Feinabgleich für die Gleichheit von T_1 und T_2 ist justieraufwendig. Es läßt sich zeigen, daß die Schwingungszeit T eines abgeglichenen Reversionspendels mit der reduzierten Pendellänge $h = s_1 + s_2$, in guter Näherung gegeben ist durch

$$T = \frac{T_1 + T_2}{2} + \frac{T_1 - T_2}{2}\frac{s_1 + s_2}{s_1 - s_2} \quad \text{mit} \quad T = 2\pi\sqrt{\frac{h}{g}} \quad ,$$

wenn $T_1 - T_2 \ll T_1$ gilt. Zur Berechnung des Korrekturgliedes muß $(s_1 - s_2)$ und hierfür die Lage des Pendelschwerpunktes bekannt sein. Wegen des kleinen Faktors $T_1 - T_2$ darf die Messung von s_1 und s_2 im Prinzip relativ ungenau sein. Allerdings würden für nahezu symmetrische Reversionspendel ($s_1 \approx s_2$) die Korrekturen wegen des Auftretens von $s_1 - s_2$ im Nenner wieder groß werden. Aus diesem Grunde verwendet man zur g-Bestimmung asymmetrische Pendel.

Bei Präzisionsmessungen hat man wie beim Fadenpendel eine Reihe weiterer Korrektionen zu berücksichtigen. Insbesondere ist die Reduktion auf unendlich kleine Schwingungsamplituden auszuführen:

$$T_0 = T\left(1 - \frac{1}{16}\varphi_\mathrm{m}^2\right) \quad .$$

Ferner hat man darauf zu achten, daß die Schneiden parallel zueinander und senkrecht zur Pendelachse stehen sowie horizontal aufgehängt werden, und daß der Schwerpunkt in der Ebene der Schneiden liegt.

Abgleich des Reversionspendels (1/2)

Messung der Schwingungszeiten T_1 und T_2 des Stabes ohne Zusatzkörper um die beiden etwas asymmetrisch liegenden Schneiden (z. B. $10\,T$ je dreimal messen). Abmessungen des Stabes bestimmen (h_1, h_2, h; Bild 5.12).

Anbringen der Scheibe außerhalb der Schneide bei A_2 am kurz überstehenden Ende des Stabes. Scheibe dabei zunächst dicht an der Schneide A_2 befestigen. Messung der Schwingungszeiten ($5\,T$ oder $10\,T$) um die beiden Achsen: T_1 und T_2 unterscheiden sich stark. Verschiebt man die Scheibe an das Stabende, so wird die Schwingungszeit T_2 sehr groß.

Scheibe zwischen die beiden Schneiden einsetzen und etwa in der Mitte befestigen; $10\,T_1$ und $10\,T_2$ messen. Es ist $T_1 \approx T_2$, was wegen der weitgehenden Symmetrie der Anordnung auch verständlich ist.

Um eine Asymmetrie zu erzeugen, wird die Scheibe bis ganz dicht an eine der beiden Schneiden verschoben, wie in Bild 5.12 dargestellt; wieder $10\,T_1$ und $10\,T_2$ messen. Trotz Asymmetrie des Pendels ist auch hier $T_1 \approx T_2$.

Einen noch besseren Abgleich der Schwingungszeiten erhält man durch zusätzliches Anbringen des kleinen zylindrischen Körpers an einem der Stabenden, Bild 5.12. Um die optimale Lage zu ermitteln, kann man zunächst die Schwingungszeiten T_1 und T_2 messen, wenn sich das Zusatzgewicht einmal am äußersten Ende des Stabes und das andere Mal dicht an der Schneide befindet: Messungen von z. B. $20\,T$ je ein- bis zweimal wiederholen. Durch Interpolation kann dann die optimale Stellung des kleinen Körpers abgeschätzt und ungefähr eingestellt werden.

Messung der Gravitationsbeschleunigung (1/2)

Mit dem abgeglichenen Reversionspendel wird eine Bestimmung der *Gravitationsbeschleunigung* g durchgeführt. Die Zeiten z. B. $30\,T_1$ und $30\,T_2$ werden mehrmals gemessen (z. B. je dreimal), wobei auch die ungefähre Größe der Schwingungsamplitude notiert werden muß. Man skizziere die Pendel-Anordnung, wobei auf die richtige Indizierung von A_1, A_2 und T_1, T_2 zu achten ist.

Der Schneidenabstand h wird mit dem Meßschieber auf beiden Seiten des Pendelstabes möglichst genau gemessen. Durch Balancieren wird die ungefähre Lage des Pendelschwerpunktes abgeschätzt. Das zylindrische Gewichtsstück in Bild 5.12 wird dabei solange verschoben, bis das Pendel sich etwa im Gleichgewicht befindet. Die Abstände s_1 bzw. s_2 des Schwerpunktes von den Schneiden werden gemessen und in die Skizze eingetragen.

Die Messungen werden mit
$$T = \frac{T_1 + T_2}{2} + \frac{T_1 - T_2}{2}\frac{s_1 + s_2}{s_1 - s_2} \quad ,$$
ausgewertet. Ferner soll eine Reduktion auf unendlich kleine Schwingungsamplituden nach
$$T_0 = T\left(1 - \frac{1}{16}\varphi_\mathrm{m}^2\right)$$
durchgeführt werden. Aus T_0 wird mit der Beziehung
$$T_0 = 2\pi\sqrt{\frac{h}{g}}$$
die Gravitationsbeschleunigung g ermittelt.

Bei der Fehlerrechnung bleiben Fehler der Korrekturterme unberücksichtigt. Vergleich des Ergebnisses mit dem Literaturwert (für Berlin $g = 9{,}81288\,\mathrm{m/s^2}$). Systematische Fehler der Messung sind zu diskutieren.

6. Gekoppelte Schwingungen

🏁 Vertiefung der Schwingungslehre: Schwingungen gekoppelter mechanischer Systeme, Fundamentalschwingungen und ihre Zusammensetzung zu Kopplungsschwingungen.

📚 *Standardlehrbücher* (Stichworte: gekoppelte Pendel, Fundamentalschwingungen),
Themenkreis 3: Translation und Rotation und *Themenkreis 5*: Harmonische Schwingungen,
Magnus/Popp: Schwingungen.

📖 Gekoppelte Pendel

Gekoppelte Schwingungen treten in vielen physikalischen und technischen Systemen auf, z. B. in gekoppelten elektrischen Schwingkreisen oder als Oszillationen von Atomen in Molekülen bzw. in einem Kristallgitter. Derartige *gekoppelte Oszillatoren* sollen hier am Beispiel eines einfachen mechanischen Systems von zwei gekoppelten Pendeln betrachtet werden.

Die im folgenden beschriebenen gekoppelten Pendel sind nicht zu verwechseln mit dem sog. *Doppelpendel*, das aus einem einfachen Pendel besteht, an dessen Achse etwa in der Mitte ein weiteres Pendel hängt. Ein derartiges Doppelpendel wird z. B. zur Demonstration *chaotischer Schwingungen* benutzt.

Ein Pendel, Bild 6.1, ist ein um eine Achse oder einen Punkt reibungsfrei drehbarer Körper mit dem Trägheitsmoment I, der unter dem Einfluß eines Drehmomentes M, das ihn in eine Ruhelage zieht, nach Auslenkung φ aus dieser Ruhelage eine periodische Bewegung ausführt. Die Bewegung eines **Einzelpendels** wird beschrieben durch die

Grundgleichung für Drehbewegungen $\quad M = I\ddot{\varphi}$.

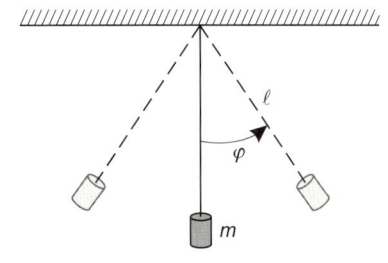

Bild 6.1. Einzelpendel (idealisiert)

Man beachte die Analogie zur Newtonschen Grundgleichung.

Ein idealisiertes Fadenpendel, das aus einem punktförmigen Körper der Masse m an einem dünnen Faden der Länge ℓ besteht, hat das Trägheitsmoment $I = m\ell^2$. Das der Auslenkung entgegenwirkende Drehmoment ist bei kleinen Winkeln gegeben durch $M \approx -mg\ell\varphi$, so daß sich die Schwingungsgleichung für ein *mathematisches Pendel* ergibt:

Schwingungsgleichung $\quad \ddot{\varphi} + \dfrac{g}{\ell}\varphi = 0$.

Die allgemeine Lösung dieser Differentialgleichung ist:

$\varphi(t) = a\cos\omega t + b\sin\omega t \quad \text{mit} \quad \omega = \sqrt{\dfrac{g}{\ell}} \quad$ als Eigenkreisfrequenz.

Die Konstante a bedeutet die Anfangsauslenkung $\varphi(0)$ und $b\omega$ die Anfangsgeschwindigkeit $\dot{\varphi}(0)$.

Verbindet man nun zwei gleiche, aber unabhängige Pendel z. B. durch eine Feder zu einem gekoppelten System, Bild 6.2, so wirken außer der Schwerkraft zusätzliche Kräfte, die durch zusätzliche Drehmomente die Bewegungen der Pendel ändern.

Je nach den verschiedenen Anfangsbedingungen ergeben sich drei charakteristische Arten von Schwingungen:

- **Gleichsinnige Schwingung**, Bild 6.3a: In diesem Fall werden beide Pendel um gleiche Anfangswinkel $\psi_1(0) = \psi_2(0)$ ausgelenkt. Die Pendel schwingen dann gleichsinnig nebeneinander her, ohne daß sich die Länge der Feder und damit ihre Spannung ändert. Wenn die Feder leicht ist, beeinflußt sie die Pendel und ihre Bewegung kaum, so daß diese weiterhin mit der Kreisfrequenz $\omega_{\text{gl}} \approx \omega$ schwingen.

- **Gegensinnige Schwingung**, Bild 6.3b: Lenkt man die beiden Pendel um gleiche Winkelbeträge in entgegengesetzte Richtungen aus, $\psi_1(0) = -\psi_2(0)$, so übt die Feder während der Schwingung auf beide Pendel gleich große, aber einander entgegengerichtete Kräfte und Drehmomente aus. Es ergibt sich eine symmetrische Schwingung der beiden Pendel. Wenn z. B. beide Pendel nach außen schwingen, dann überträgt die Feder auf die Pendel zusätzlich rücktreibende Momente. Folglich wird die Eigenfrequenz ω_{geg} der gegensinnig schwingenden Pendel größer sein als ω_{gl}.

- **Kopplungsschwingung**, Bild 6.3c: Lenkt man eines der Pendel um den Winkel $\psi_1(0)$ aus und hält das andere in seiner Ruhelage fest, so wird bei der Schwingung die Feder periodisch an dem ursprünglich ruhenden Pendel ziehen und dieses in eine Schwingung mit ständig größer werdender Amplitude versetzen. Die Amplitude wird so lange größer, bis die gesamte Energie vom ursprünglich schwingenden auf das ursprünglich ruhende Pendel übergegangen ist. Dann kehrt sich der Vorgang um, bis der Anfangszustand wieder erreicht ist. Bei dieser Schwingungsart, die auch als *Schwebungsschwingung* oder kurz *Schwebung* bezeichnet wird, kann man zwei Kreisfrequenzen definieren:
  - Die Frequenz ω_+, mit der die beiden Pendel schwingen, allerdings mit veränderlicher Amplitude. Diese Frequenz unterscheidet sich nicht sehr stark von ω_{gl} oder ω_{geg}.

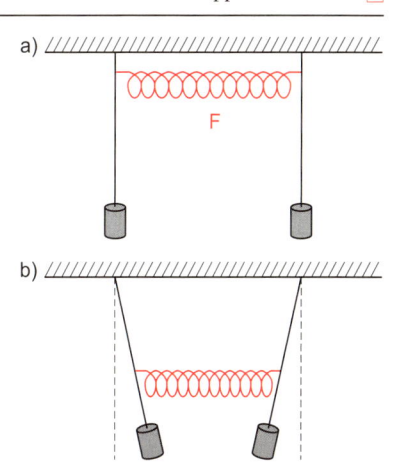

Bild 6.2. Durch Feder F gekoppelte Pendel. (a) Der Hebelarm, an dem die Feder F angreift, ist kurz, so daß die Ruhelagen der beiden Pendel nahezu vertikal sind. (b) die Kopplung durch die Feder ist stärker, so daß die Ruhelagen deutlich nicht vertikal sind

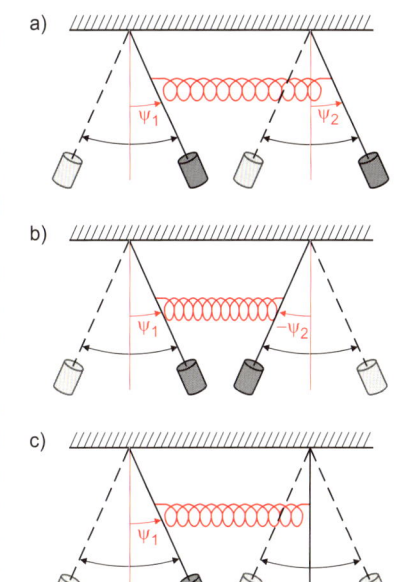

Bild 6.3. (a) Gleichsinnige Schwingung, (b) gegensinnige Schwingung und (c) Kopplungsschwingung, das linke Pendel ist ausgelenkt, das rechte zunächst in seiner Ruhelage. Die Anfangslagen sind durch dunkle Pendel dargestellt.

- Eine Frequenz ω_-, die für die Amplitudenänderung, d. h. die Schwebung der Pendelschwingungen charakteristisch ist, s. a. Bild 6.7.

Bewegungsgleichungen der gekoppelten Pendel

Auf jedes der beiden gleichartigen Pendel in Bild 6.4 wirken zwei Drehmomente ein. Jeweils ein Drehmoment wird von der Schwerkraft bewirkt und hat bei kleinen Winkeln $\varphi_{1,2} \approx \sin \varphi_{1,2}$ die Größe $-mg\ell\varphi_1$ bzw. $-mg\ell\varphi_2$. Das jeweils andere Drehmoment M_1^F und M_2^F wird von der Kopplungsfeder bewirkt.

Werden beide Pendel in die vertikale Lage $\varphi_1 = \varphi_2 = 0$ gebracht, die wegen einer Vorspannung der Feder nicht die Ruhelage ist, so ist wegen dieser Vorspannung das Drehmoment für das linke Pendel $+M_0$ und für das rechte Pendel $-M_0$. Erteilt man jetzt bei festgehaltenem linken Pendel dem rechten Pendel einen Ausschlag φ_2, so erhöht sich das von der Feder bewirkte Drehmoment um einen Betrag, der der Längenänderung der Feder ($= \rho\varphi_2$) proportional ist, so daß sich die Drehmomente $M_0 + D_F\rho^2\varphi_2$ bzw. $-M_0 - D_F\rho^2\varphi_2$ ergeben. Hierbei ist D_F die Federkonstante der Feder F. Lenkt man zusätzlich das linke Pendel um φ_1 aus, so ergibt sich:

$$M_1^F = M_0 + D_F\rho^2(\varphi_2 - \varphi_1)$$

$$M_2^F = -M_0 - D_F\rho^2(\varphi_2 - \varphi_1) \quad .$$

Die Gesamtdrehmomente, welche auf die beiden Pendel wirken, ergeben sich damit zu

$$M_1 = -mg\ell\varphi_1 + M_0 + D_F\rho^2(\varphi_2 - \varphi_1) \quad \text{für Pendel 1,}$$

$$M_2 = -mg\ell\varphi_2 - M_0 - D_F\rho^2(\varphi_2 - \varphi_1) \quad \text{für Pendel 2.}$$

Die Ruhelage der beiden Pendel ist dadurch charakterisiert, daß die beiden Drehmomente verschwinden. Man erhält aus den beiden obigen Gleichungen für $M_1 = M_2 = 0$:

$$\varphi_{01} = -\varphi_{02} = \varphi_0 = \frac{M_0}{mg\ell + 2D_F\rho^2} \quad .$$

Bezeichnet man jetzt die Auslenkungen aus den *Ruhelagen* durch

$$\psi_1 = \varphi_1 - \varphi_0 \quad \text{und} \quad \psi_2 = \varphi_2 + \varphi_0 \quad ,$$

so erhält man durch Einsetzen von M_0 in die Gleichungen für M_1 und M_2:

$$M_1 = -mg\ell\psi_1 + D_F\rho^2(\psi_2 - \psi_1)$$

$$M_2 = -mg\ell\psi_2 - D_F\rho^2(\psi_2 - \psi_1) \quad .$$

In diesen Drehmomenten treten die konstanten Drehmomente $+M_0$ und $-M_0$ nicht mehr auf, da diese nur die Ruhelage bestimmen und bei Bewegungen um die Ruhelage keine Rolle spielen.

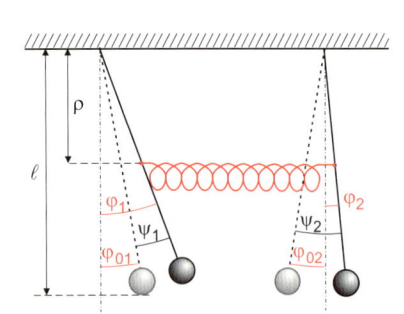

Bild 6.4. Beliebiger Schwingungszustand gekoppelter Pendel: φ_1 und φ_2 sind die Auslenkungswinkel, bezogen auf die Vertikale; ψ_1 und ψ_2 sind die Auslenkungswinkel, bezogen auf die Ruhelage der beiden Einzelpendel, die sich unter Einwirkung der Kopplungsfeder ergibt; φ_{01} und φ_{02} sind die Auslenkungswinkel der Ruhelage, bezogen auf die Vertikale

Für beide Pendel gilt die Grundgleichung für Drehbewegungen:

$$M_1 = I_1 \ddot{\psi}_1 \quad \text{und} \quad M_2 = I_2 \ddot{\psi}_2 \quad .$$

Für zwei gleichartige mathematische Pendel gilt $I_1 = I_2 = m\ell^2$. So erhält man ein System aus zwei *gekoppelten Differentialgleichungen*, das das dynamische Verhalten der gekoppelten Pendel beschreibt:

$$\ddot{\psi}_1 = -\frac{g}{\ell}\psi_1 + \frac{D_\mathrm{F}\rho^2}{m\ell^2}(\psi_2 - \psi_1)$$

$$\ddot{\psi}_2 = -\frac{g}{\ell}\psi_2 - \frac{D_\mathrm{F}\rho^2}{m\ell^2}(\psi_2 - \psi_1) \quad .$$

Mit den Abkürzungen $\omega_\mathrm{gl}^2 \approx \omega^2 = g/\ell$ und $k^2 = D_\mathrm{F}\rho^2/m\ell^2$ ergibt sich:

$$\ddot{\psi}_1 + \omega_\mathrm{gl}^2 \psi_1 = +k^2(\psi_2 - \psi_1)$$

$$\ddot{\psi}_2 + \omega_\mathrm{gl}^2 \psi_2 = -k^2(\psi_2 - \psi_1) \quad .$$

Auf den linken Seiten dieser Schwingungsgleichungen stehen die Differentialausdrücke der ungekoppelten Pendel. Auf den rechten Seiten stehen Zusatzglieder, die von der Winkeldifferenz der Pendelauslenkungen abhängen und die Kopplung beschreiben. Eine Dämpfung soll bei dieser Betrachtung vernachlässigt werden.

Lösung der gekoppelten Differentialgleichungen

Das gekoppelte Gleichungssystem für ψ_1 und ψ_2 wird nun durch Transformationen derart verändert, daß sich eine Lösung leicht finden läßt.

1. Schritt: Addition der beiden Schwingungsgleichungen, um das Kopplungsglied mit $\psi_1 - \psi_2$ zu eliminieren:

$$\frac{\mathrm{d}^2}{\mathrm{d}t^2}(\psi_2 + \psi_1) + \omega_\mathrm{gl}^2(\psi_2 + \psi_1) = 0 \quad .$$

2. Schritt: Subtraktion der beiden eingerahmten Gleichungen:

$$\frac{\mathrm{d}^2}{\mathrm{d}t^2}(\psi_2 - \psi_1) + \omega_\mathrm{gl}^2(\psi_2 - \psi_1) = -2k^2(\psi_2 - \psi_1) \quad .$$

3. Schritt: Nach Einführung der Hilfsgrößen $X = \psi_2 + \psi_1$ und $Y = \psi_2 - \psi_1$ lassen sich obige Gleichungen umschreiben zu:

$$\ddot{X} + \omega_\mathrm{gl}^2 X = 0$$

$$\ddot{Y} + \omega_\mathrm{geg}^2 Y = 0 \quad , \quad \text{wobei} \quad \omega_\mathrm{geg}^2 = \omega_\mathrm{gl}^2 + 2k^2 \quad .$$

Unter der Annahme, daß beide Pendel keine Anfangsgeschwindigkeit besitzen, sind die Lösungen dieser Gleichungen:

6. Gekoppelte Schwingungen

$$X(t) = a \cos \omega_{\text{gl}} t$$

$$Y(t) = b \cos \omega_{\text{geg}} t \quad .$$

4. Schritt: Rücktransformation der allgemeinen Lösung auf die Größen ψ_1 und ψ_2:

$$\psi_1 = \frac{X-Y}{2} \quad , \qquad \psi_2 = \frac{X+Y}{2} \quad ,$$

$$\psi_1(t) = \frac{1}{2}(a \cos \omega_{\text{gl}} t - b \cos \omega_{\text{geg}} t)$$

$$\psi_2(t) = \frac{1}{2}(a \cos \omega_{\text{gl}} t + b \cos \omega_{\text{geg}} t) \quad .$$

Diese Gleichungen zeigen, daß sich eine allgemeine Schwingung der zwei gekoppelten Pendel als Überlagerung der zwei **Fundamentalschwingungen** mit den *Kreisfrequenzen* ω_{gl} und ω_{geg} darstellen läßt.

In ähnlicher Weise wird die Bewegung von N gekoppelten Oszillatoren durch N Fundamentalschwingungen eines solchen Systems beschrieben.

Lösungen mit speziellen Anfangsbedingungen

In der allgemeinen Lösung sind die Konstanten a und b noch unbekannt. Sie werden durch die Anfangsbedingungen bestimmt.

- *Gleichsinnige Schwingung*, Bild 6.3a:

Anfangsbedingungen: $\psi_1(0) = \psi_2(0)$. Damit erhält man als Lösung:

$$\psi_1(0) = \frac{1}{2}(a - b)$$

$$\psi_2(0) = \frac{1}{2}(a + b) = \psi_1(0) \quad .$$

Daraus ergibt sich $a = 2\psi_1(0)$ und $b = 0$, und es folgt für jedes Pendel:

$$\psi_1^{\text{gl}}(t) = \psi_1(0) \cos \omega_{\text{gl}} t$$

$$\psi_2^{\text{gl}}(t) = \psi_1(0) \cos \omega_{\text{gl}} t \quad .$$

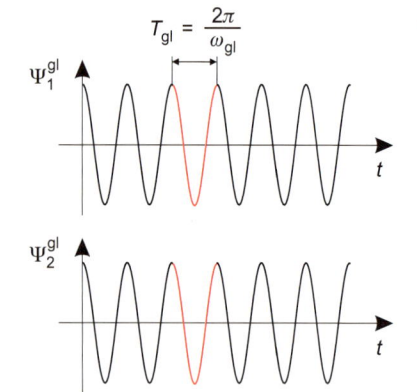

Bild 6.5. Gleichsinnige Fundamentalschwingung

Beide Pendel schwingen also mit der gleichen Kreisfrequenz, Bild 6.5,

$$\omega_{\text{gl}} = \sqrt{g/\ell} \quad ,$$

die wegen der Vernachlässigung der Federmasse mit der Eigenkreisfrequenz ω der ungekoppelten Pendel übereinstimmt.

- *Gegensinnige Schwingung*, Bild 6.3b:

Hier werden beide Pendel in entgegengesetzter Richtung ausgelenkt, d. h. die Anfangsbedingungen lauten: $\psi_1(0) = -\psi_2(0)$. Daraus folgt jetzt:

$\psi_1(0) = \frac{1}{2}(a - b)$

$\psi_2(0) = \frac{1}{2}(a + b) = -\psi_1(0)$,

$a = 0$, $b = -2\psi_1(0)$,

$\psi_1^{\text{geg}}(t) = \psi_1(0) \cos \omega_{\text{geg}} t$

$\psi_2^{\text{geg}}(t) = -\psi_1(0) \cos \omega_{\text{geg}} t$.

Die Pendel schwingen entgegengesetzt mit gleicher Amplitude $\psi_1(0) = -\psi_2(0)$ und gleicher Kreisfrequenz ω_{geg}, die stark von der Kopplung abhängig ist, Bild 6.6. Es besteht ein linearer Zusammenhang zwischen ω_{geg}^2 und dem Quadrat der Kopplungslänge ρ^2:

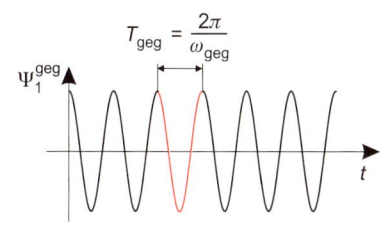

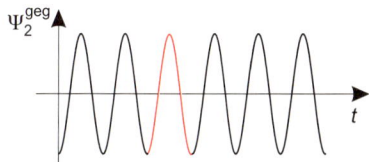

Bild 6.6. Gegensinnige Fundamentalschwingung

$$\omega_{\text{geg}}^2 = \frac{2D_{\text{F}} \rho^2}{m \ell^2} + \omega_{\text{gl}}^2 \; .$$

Wie zu erwarten, geht ω_{geg} für $\rho = 0$ in ω_{gl} über.

- *Kopplungsschwingung*, Bild 6.3c:

Nur ein Pendel wird zu Beginn ausgelenkt, das andere wird in seiner Ruhelage festgehalten, die Anfangsbedingungen sind also:

$\psi_1(0) = \frac{1}{2}(a - b)$

$\psi_2(0) = \frac{1}{2}(a + b) = 0$.

Daraus folgt $a = -b = \psi_1(0)$ und:

$\psi_1^{\text{K}}(t) = \frac{1}{2}\psi_1(0)(\cos \omega_{\text{gl}} t + \cos \omega_{\text{geg}} t)$

$\psi_2^{\text{K}}(t) = \frac{1}{2}\psi_1(0)(\cos \omega_{\text{gl}} t - \cos \omega_{\text{geg}} t)$.

Die Gleichungen kann man mit Hilfe trigonometrischer Formeln umschreiben in:

$$\psi_1^K(t) = \psi_1(0)\cos\left(\frac{\omega_{\text{geg}}-\omega_{\text{gl}}}{2}t\right)\cos\left(\frac{\omega_{\text{geg}}+\omega_{\text{gl}}}{2}t\right)$$

$$= \psi_1(0)\cos\omega_- t \cos\omega_+ t \quad und$$

$$\psi_2^K(t) = \psi_1(0)\sin\left(\frac{\omega_{\text{geg}}-\omega_{\text{gl}}}{2}t\right)\sin\left(\frac{\omega_{\text{geg}}+\omega_{\text{gl}}}{2}t\right)$$

$$= \psi_1(0)\sin\omega_- t \sin\omega_+ t \quad ,$$

$$wobei \quad \omega_- = \frac{\omega_{\text{geg}}-\omega_{\text{gl}}}{2} \quad und \quad \omega_+ = \frac{\omega_{\text{geg}}+\omega_{\text{gl}}}{2} \quad .$$

Für den Fall schwacher Kopplung (d. h. $\omega_{\text{gl}} \approx \omega_{\text{geg}}$) sind die Faktoren $\sin\omega_- t$ und $\cos\omega_- t$ langsam mit der Zeit t veränderlich, da die Kreisfrequenz ω_- klein ist; dagegen sind die Faktoren $\sin\omega_+ t$ und $\cos\omega_+ t$ wesentlich schneller mit der Zeit t veränderlich. Man kann deshalb $\psi_1^K(t)$ und $\psi_2^K(t)$ als zeitlich schnell ablaufende Schwingungen betrachten, deren Amplituden $\psi_1(0)\sin\omega_- t$ und $\psi_1(0)\cos\omega_- t$ zeitlich langsam veränderlich sind und auch negativ werden! Diese langsame *Amplitudenmodulation* oder *Schwebung* entsteht durch Überlagerung der beiden Fundamentalschwingungen, ähnlich wie die Schwebung in der resultierenden Lautstärke von zwei Stimmgabeln leicht unterschiedlicher Frequenz, Bild 6.7.

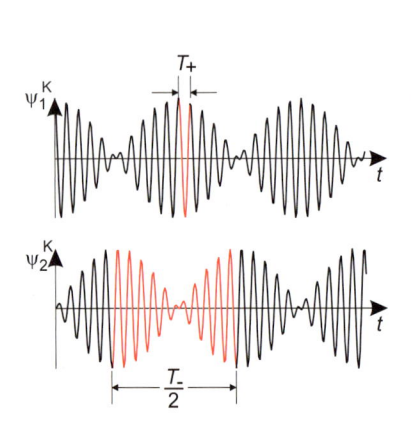

Bild 6.7. Schwingung der Einzelpendel bei Kopplung

Die Gesamtdauer einer Kopplungsschwingung (Periodendauer der Amplitudenfunktion) ergibt sich zu:

$$T_- = \frac{2\pi}{\omega_-} = \frac{4\pi}{\omega_{\text{geg}}-\omega_{\text{gl}}} \quad .$$

Entsprechend ist die Schwingungsdauer des schnell veränderlichen Anteils:

$$T_+ = \frac{2\pi}{\omega_+} = \frac{4\pi}{\omega_{\text{geg}}+\omega_{\text{gl}}} \quad .$$

6.1 Gekoppelte Pendel mit Federkopplung (1/1)

Untersuchung der Fundamentalschwingungen und der Kopplungsschwingung zweier Pendel. Die charakteristischen Schwingungsdauern sollen gemessen werden. Die Zusammenhänge zwischen den verschiedenen Schwingungsdauern sollen experimentell überprüft werden.

Gekoppelte Pendel, Stoppuhr. Die gekoppelten Pendel werden z. B. durch zwei zylindrische Metallkörper realisiert, die jeweils auf eine schneidengelagerte Metallstange der Gesamtlänge ℓ aufgesteckt sind. Die Kopplung erfolgt durch eine Koppelfeder, die in verschiedenen Abständen ρ von der Drehachse befestigt werden kann.

Zum Abgleich der Pendel wird die Koppelfeder entfernt und die Schwingungsdauer T der beiden Einzelpendel gemessen. Durch Verschieben eines der Metallkörper erreicht man gleiche Schwingungsdauern T für beide Pendel. Im allgemeinen ist es für die weiteren Versuche ausreichend, wenn sich während 50-100 Schwingungen die Phase der beiden Pendel um weniger als π gegeneinander verändert.

Für die gleichsinnige und die gegensinnige Fundamentalschwingung sowie für die Kopplungsschwingung werden die Schwingungsdauern der Pendel T_{gl}, T_{geg}, T_+ und T_- für verschiedene Kopplungslängen ρ gemessen.

Man vergleiche die Schwingungsdauer T des ungekoppelten Pendels mit der Schwingungsdauer T_{gl} der gekoppelten Pendel. Man trage ω_{geg}^2 als Funktion von ρ^2 auf und vergleiche mit der theoretischen Vorhersage. Man drücke T_+ und T_- durch T_{gl} und T_{geg} aus und überprüfe, ob die Meßergebnisse im Rahmen der Fehlergrenzen mit den berechneten Werten übereinstimmen.

6.2 Gekoppelte Pendel mit Gewichtskopplung (1/1)

Untersuchung der Eigenschaften gekoppelter Pendel bei Gewichtskopplung,

Es wird die gleiche Anordnung wie in Aufgabe 6.1 verwendet, allerdings wird die Kopplungsfeder zwischen den beiden Pendeln durch einen dünnen, nahezu masselosen Faden ersetzt, in dessen Mitte ein kleines Gewichtsstück hängt, Bild 6.8.

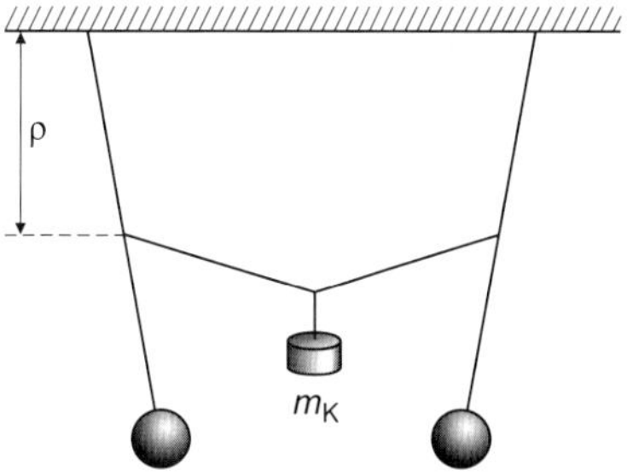

Für die gleichsinnige und gegensinnige Fundamentalschwingung sowie die Kopplungsschwingung werden die Schwingungsdauern T_{gl}, T_{geg}, T_+ und T_- der Pendel für verschiedene Massen m_{K} und Kopplungslängen ρ gemessen.

Bild 6.8. Gewichtskopplung bei gekoppelten Pendelschwingungen

Man erweitere die oben skizzierte Theorie für den Fall der Gewichtskopplung und nehme analoge Auswertungen wie bei der Federkopplung vor. Es ergeben sich für die Auslenkungen $\psi_1(t)$ und $\psi_2(t)$ die gleichen Formeln, wie oben dargestellt, jedoch ist k anders definiert als bei den Bewegungsgleichungen für die Federkopplung.

6.3 Kopplung zwischen Dehnung und Drehung einer Schraubenfeder (1/3)

Man zeige, daß zwischen der Dehnungs- und der Drehschwingung einer zylindrischen Schraubenfeder Kopplung auftritt. Die Fundamentalschwingungen des gekoppelten Systems sollen nachgewiesen werden.

Zylindrische, einsinnig gewickelte Schraubenfeder, Massestück, Stoppuhr.

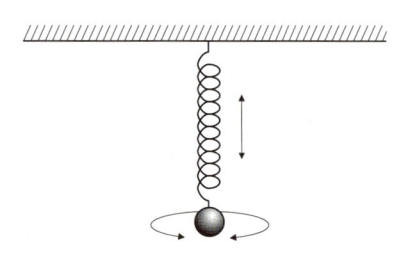

Bild 6.9. Schraubenfeder mit angehängtem Massestück zur Demonstration der Kopplung von Dehnungs- und Drehschwingung

Es wird ein Massestück an der Schraubenfeder aufgehängt, Bild 6.9, wobei die Masse so groß gewählt wird, daß deutliche Kopplungseffekte auftreten. Durch Dehnung der Feder bzw. nach Längsauslenkung des Massestückes wird eine Kopplungsschwingung angeregt. Dabei wechseln sich periodisch Translations- und Rotationsschwingungen der Kugel ab. Die Schwingungszeit der Feder mit dem Massestück und die Schwebungsdauer sind zu bestimmen.

Durch gleichzeitige Dehnung und Drehung der Feder mit zwei unterschiedlichen Drehrichtungen können die beiden Fundamentalschwingungen mit gleicher Frequenz und konstanter Amplitude angeregt und gemessen werden.

Beide Versuchsteile sind qualitativ auszuwerten und zu diskutieren. Zu einer quantitativen Auswertung kann man die leicht unterschiedlichen Frequenzen der beiden Fundamentalschwingungen messen und daraus die Schwebungsfrequenz der Kopplungsfrequenz berechnen. Das Ergebnis wird mit dem experimentell bestimmten Wert verglichen.

7. Gedämpfte und erzwungene Schwingungen

🏁 Vertiefung der Schwingungslehre. Drehschwingungen mit unterschiedlichen Dämpfungen: Schwingfall, aperiodischer Grenzfall, Kriechfall. Erzwungene Schwingungen: Amplitude und Phasenwinkel als Funktion der Frequenz, Resonanz, Einfluß der Dämpfung.

📖 *Standardlehrbücher* (Stichworte: Drehpendel, Drehschwingungen, gedämpfte Schwingungen, erzwungene Schwingungen, Resonanz), *Themenkreis 5*: Harmonische Schwingungen.

📖 Pohlsches Rad

Erzwungene Schwingungen spielen in vielen Teilgebieten der Physik sowie in ihren Anwendungen in der Technik eine wichtige Rolle. Beispiele sind die Schallübertragung durch elektromagnetische Systeme (Lautsprecher, Mikrofon), elektrische Schwingkreise und die Vorgänge bei Absorption und Dispersion von Licht. Bei all diesen scheinbar so verschiedenartigen Problemen tritt stets die Frage auf: Wie hängen Amplitude und Phase eines schwingenden Systems, auch *Oszillator* oder *Resonator* genannt, bei gegebener Eigenfrequenz von der Frequenz des Erregers und von der Dämpfung des Resonators ab?

Die mathematischen Beschreibungen dieser verschiedenartigen Schwingungssysteme sind weitgehend analog, so daß man Erkenntnisse aus einem Bereich auch auf andere übertragen kann. Ein mechanischer Resonator,

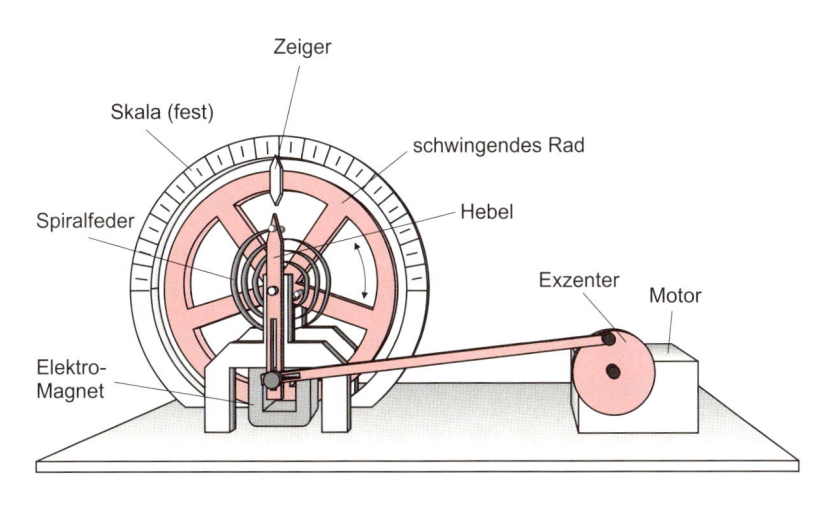

Bild 7.1. Pohlsches Rad zur Untersuchung von Drehschwingungen (von R. W. Pohl zu Demonstrationszwecken entwickelt)

wie z. B. das Pohlsche Rad, Bild 7.1, bietet gegenüber anderen, z. B. dem elektrischen Schwingkreis, den Vorteil größerer Anschaulichkeit und soll deshalb in dieser Aufgabe behandelt werden.

Das Pohlsche Rad ist um die Achse drehbar und wird durch eine Spiralfeder in der Ruhelage gehalten. Die Feder ist an einem Ende am Rad befestigt und am anderen Ende an einem Hebel. Wird das Rad aus der Ruhelage ausgelenkt und dann losgelassen, so kehrt es in Form einer gedämpften Schwingung in die Ruhelage zurück. Das Rad läuft dabei zwischen den Polschuhen eines Elektromagneten, der bei Bewegung des Rades in diesem Wirbelströme induziert, die zu einer Abbremsung führen. Die Dämpfungszeitkonstante kann über die Stromstärke im Magneten geregelt werden.

Durch einen Motor mit Exzenter und Schubstange kann der Hebel hin- und herbewegt werden. Durch das mitbewegte obere Ende der Spiralfeder wirkt ein periodisches Drehmoment auf das Rad, das auf diese Weise zu erzwungenen Schwingungen angeregt wird.

Mit dem Pohlschen Rad können folgende Arten von Schwingungen beobachtet werden:

- Nach einmaligem Anstoßen schwingt das Pohlsche Rad ohne bzw. mit geringer Dämpfung. Dabei wird eine Schwingungsdauer T_0 bzw. Frequenz $f_0 = 1/T_0$ bzw. Kreisfrequenz $\omega_0 = 2\pi f_0$ beobachtet, die sog. **Eigenkreisfrequenz** der **freien ungedämpften Schwingung**.

- Mit Hilfe der Stromstärke im Dämpfungsmagneten können verschieden starke Dämpfungen eingestellt werden. Die Schwingungsamplituden A nehmen dann schneller ab, es liegt eine **gedämpfte Schwingung** vor. Die Eigenkreisfrequenz ω_e ändert sich aber kaum meßbar gegenüber ω_0. Die genaue Rechnung zeigt aber, daß sie etwas kleiner geworden ist.

- Durch periodische Erregung mit dem Motor, der sich mit der Kreisfrequenz ω dreht, werden **erzwungene Schwingungen** erzeugt. Bei Variation der Erregerkreisfrequenz ω beobachtet man:
  - Im Bereich der Eigenkreisfrequenz ω_0 des Pendels wird die Amplitude A sehr groß, was als **Resonanz** bezeichnet wird, s. a. Bild 7.6
  - Zwischen Erreger und Pendel besteht eine Phasenverschiebung. Das Pendel läuft gegenüber dem Erreger nach. Die Erscheinung ist besonders deutlich bei hohen Erregerkreisfrequenzen ($\omega > \omega_0$), bei denen die Bewegung fast gegenphasig wird, s. a. Bild 7.6

Um die Bewegung des Drehpendels analytisch zu beschreiben, betrachtet man die folgenden Größen. Die drehbare Scheibe des Pohlschen Rades besitzt ein Trägheitsmoment I, auf das durch die Spiralfeder das Rückstellmoment $-D^*\varphi$ einwirkt, wobei D^* die Winkelrichtgröße der Feder und φ der Auslenkwinkel sind. Das bremsende Moment $-\rho\dot\varphi$, das durch die Wirbelstrombremse erzeugt wird, setzt man proportional zur Winkelgeschwindigkeit $\dot\varphi = \mathrm{d}\varphi/\mathrm{d}t$ an, wobei die Proportionalitätskonstante ρ als *Reibungs-* oder *Bremskoeffizient* bezeichnet wird. Schließlich wirkt von außen ein periodisches *Erregermoment* $M\cos\omega t$ mittels Elektromotor und Verbindungsstange ein, wobei ω als Erregerkreisfrequenz bezeichnet wird. Damit ergibt sich die

**Bewegungsgleichung
einer erzwungenen Drehschwingung mit Dämpfung**

$$I\ddot{\varphi} = -D^*\varphi - \rho\dot{\varphi} + M\cos\omega t$$

bzw. $\quad \ddot{\varphi} + 2\delta\dot{\varphi} + \omega_0^2\varphi = N\cos\omega t$

mit $\quad 2\delta = \dfrac{\rho}{I} \quad , \quad \omega_0^2 = \dfrac{D^*}{I} \quad$ und $\quad N = \dfrac{M}{I} \quad .$

Diese Schwingungsgleichung ist eine inhomogene lineare Differentialgleichung 2. Ordnung mit konstanten Koeffizienten. Ihre allgemeine Lösung $\varphi_{\text{allg}}(t)$ kann man gewinnen, wenn man die Summe aus der *allgemeinen Lösung* $\psi(t)$ der zugehörigen, homogenen Differentialgleichung und einer *partikulären Lösung* $\varphi(t)$ der inhomogenen Gleichung selbst bildet. Zuerst soll die zugehörige homogene Differentialgleichung behandelt werden, dann die inhomogene.

Freie, gedämpfte Schwingung

Die zugehörige, homogene Differentialgleichung

$$\ddot{\psi} + 2\delta\dot{\psi} + \omega_0^2\psi = 0$$

ist die Schwingungsgleichung für eine freie gedämpfte Schwingung. Differentialgleichungen dieses Typs lassen sich durch einen Exponentialansatz lösen, der bei imaginärem Argument λ auch Sinus- und Kosinusfunktionen ergibt:

$$\psi \propto e^{\lambda t} \quad ,$$

wobei λ zu bestimmen ist. Dazu wird der Ansatz in die Differentialgleichung eingesetzt ($\dot{\psi} \propto \lambda e^{\lambda t}$, $\ddot{\psi} \propto \lambda^2 e^{\lambda t}$):

$$\lambda^2 e^{\lambda t} + 2\delta\lambda e^{\lambda t} + \omega_0^2 e^{\lambda t} = 0 \quad .$$

Die Multiplikation mit $e^{-\lambda t}$ ergibt:

$$\lambda^2 + 2\delta\lambda + \omega_0^2 = 0 \quad .$$

Die Lösung dieser quadratischen Gleichung lautet:

$$\lambda_{1,2} = -\delta \pm \sqrt{\delta^2 - \omega_0^2} \quad .$$

Setzt man $\lambda_{1,2}$ wieder in den Ansatz ein, dann erhält man zwei Lösungen:

$$\psi_1 \propto e^{-\delta t + \Gamma t} \quad \text{und} \quad \psi_2 \propto e^{-\delta t - \Gamma t} \quad \text{mit} \quad \Gamma = \sqrt{\delta^2 - \omega_0^2} \quad .$$

Die *allgemeine Lösung* ergibt sich durch Linearkombination, also:

7. Gedämpfte und erzwungene Schwingungen

$$\psi = ae^{-\delta t + \Gamma t} + be^{-\delta t - \Gamma t} \quad .$$

Dazu folgende Fallunterscheidungen:

Schwingfall: $\delta^2 < \omega_0^2$

Bei geringer Dämpfung ist der Wurzelausdruck $\Gamma = \sqrt{\delta^2 - \omega_0^2} = i\sqrt{\omega_0^2 - \delta^2} = i\omega_e$ imaginär. Umformung mittels *Eulerscher Formel* $e^{i\alpha} = \cos\alpha + i\sin\alpha$ liefert:

$$\psi = ae^{-\delta t}(\cos\omega_e t + i\sin\omega_e t) + be^{-\delta t}(\cos\omega_e t - i\sin\omega_e t) \quad .$$

Dabei wird

$$\omega_e = \sqrt{\omega_0^2 - \delta^2}$$

als Eigenkreisfrequenz des gedämpften Oszillators bezeichnet. Durch Einführung neuer Konstanten A und B, die reell gewählt werden, ergibt sich:

$$\psi = e^{-\delta t}(A\cos\omega_e t + B\sin\omega_e t) \quad .$$

Das ist die allgemeine Gleichung einer gedämpften Schwingung. Aus der Anfangsbedingung $\psi(0) = \psi_0$ ergibt sich $A = \psi_0$. Zur Festlegung der anderen Konstanten B ist eine zweite Anfangsbedingung notwendig. Wird der Drehschwinger am Anfang um ψ_0 ausgelenkt und dann losgelassen, so gilt:

$$\left.\frac{d\psi}{dt}\right|_{t=0} = 0 \quad .$$

Durch Differentiation des Ansatzes folgt:

$$\begin{aligned}\frac{d\psi}{dt} &= -\delta e^{-\delta t}(A\cos\omega_e t + B\sin\omega_e t) \\ &\quad + e^{-\delta t}(-A\omega_e \sin\omega_e t + B\omega_e \cos\omega_e t) \quad .\end{aligned}$$

Mit der zweiten Anfangsbedingung ergibt sich

$$\left.\frac{d\psi}{dt}\right|_{t=0} = -\delta A + B\omega_e = -\delta\psi_0 + B\omega_e = 0 \quad .$$

Damit ist $B = \delta\psi_0/\omega_e$, und es ergibt sich der zeitliche Verlauf für eine *gedämpfte Schwingung*:

Schwingfall $\quad \psi_S = \psi_0 e^{-\delta t}\left(\cos\omega_e t + \dfrac{\delta}{\omega_e}\sin\omega_e t\right) \quad .$

Die Einhüllende der Amplituden dieser Schwingung ist nicht konstant, sondern eine exponentiell abklingende Funktion, Bild 7.2. Das Verhältnis zweier aufeinander folgender Maxima mit dem Abstand der Schwingungsdauer T ist aber konstant und nur von der Dämpfung abhängig:

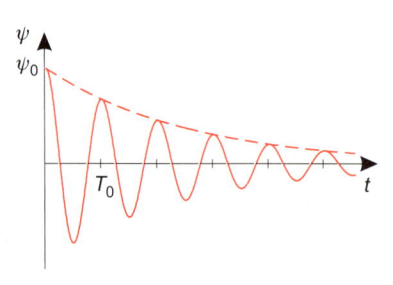

Bild 7.2. Gedämpfter Schwingfall oder periodischer Fall ($\delta/\omega_0 = 1/16$)

$$\frac{\psi(t)}{\psi(t+T)} = e^{+\delta T} \quad .$$

Der Logarithmus davon heißt **logarithmisches Dämpfungsdekrement** Λ:

$$\Lambda = \ln\left(\frac{\psi(t)}{\psi(t+T)}\right) = \delta T \quad .$$

und kann zur Bestimmung von δ herangezogen werden.

Kriechfall: $\delta^2 > \omega_0^2$

Bei starker Dämpfung erfolgt keine Schwingung des Drehpendels mehr. Nach einer anfänglichen Auslenkung kriecht es in seine Ruhelage zurück. Eine Rechnung ähnlich wie beim Schwingfall ergibt:

> **Kriechfall**
> $$\psi_K = \frac{\psi_0}{2\Gamma}e^{-\delta t}\left((\Gamma+\delta)e^{\Gamma t} + (\Gamma-\delta)e^{-\Gamma t}\right)$$
> $$= \psi_0 e^{-\delta t}\left(\cosh \Gamma t + \frac{\delta}{\Gamma}\sinh \Gamma t\right) \quad .$$

Je größer der Reibungskoeffizient ρ und damit δ, desto flacher fällt die Kurve $\psi(t)$ ab, Bild 7.3.

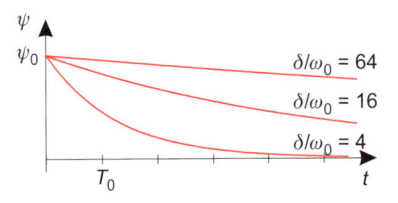

Bild 7.3. Kriechfall mit unterschiedlicher Dämpfung (aperiodischer Fall)

Aperiodischer Grenzfall: $\delta^2 = \omega_0^2$

Für diesen Grenzfall $\delta^2 = \omega_0^2$ erhält man den schnellsten Kriechfall. Mathematisch ergibt sich durch den Grenzübergang $\Gamma \to 0$:

> **aperiodischer Grenzfall** $\quad \psi_G = \psi_0 e^{-\delta t}(1 + \delta t) \quad .$

Dies kann durch direktes Einsetzen in die homogene Differentialgleichung überprüft werden. Diese Grenzsituation veranschaulicht Bild 7.4. Die Einstellung des aperiodischen Grenzfalls ist wichtig für technische Systeme, die nach einer Auslenkung aus der Ruhelage möglichst schnell in diese ohne Schwingung zurückkehren sollen, z. B. Autofedern mit Stoßdämpfer, elektrische Zeigermeßinstrumente.

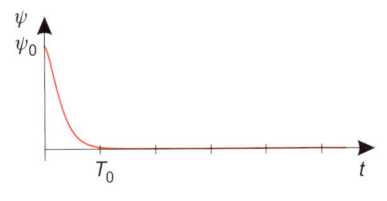

Bild 7.4. Aperiodischer Grenzfall

📖 Erzwungene Schwingungen

Um das Verhalten des erzwungen schwingenden Drehpendels zu beschreiben, muß die Lösung der oben genannten inhomogenen Differentialgleichung gesucht werden. Dazu muß neben der eben behandelten Lösung der homogenen Gleichung noch eine partikuläre Lösung der inhomogenen Gleichung gesucht werden. Hierzu wird der Ansatz $\varphi = A\cos(\omega t - \alpha)$ gemacht, der berücksichtigt, daß das Pendel im stationären Fall mit der gleichen Kreisfrequenz ω wie der Erreger schwingt. A und α sind noch zu bestimmende Größen. Um das umständliche Rechnen mit trigonometrischen Ausdrücken zu umgehen, rechnet man vorteilhafter nach der Eulerschen Formel mit

7. Gedämpfte und erzwungene Schwingungen

$$\varphi = \frac{A}{2} e^{i(\omega t - \alpha)} + c.c. \quad ,$$

wobei *c.c.* den konjugiert komplexen Wert des davorstehenden Ausdrucks bezeichnet. Einsetzen des Ansatzes in die inhomogene Differentialgleichung ergibt:

$$A e^{i(\omega t - \alpha)}(-\omega^2 + 2i\delta\omega + \omega_0^2) = N e^{i\omega t} \quad .$$

Der Faktor $e^{i\omega t}$ kann auf beiden Seiten der Gleichung gekürzt werden. Multiplikation mit der konjugiert komplexen Gleichung und Wurzelziehen ergibt:

$$A = \frac{N}{\sqrt{(\omega_0^2 - \omega^2)^2 + 4\delta^2\omega^2}} \quad .$$

Mit $e^{-i\alpha} = \cos\alpha - i\sin\alpha$ ergibt sich:

$$\tan\alpha = \frac{2\delta\omega}{\omega_0^2 - \omega^2} \quad .$$

Eine partikuläre Lösung lautet damit:

$$\varphi = \frac{N}{\sqrt{(\omega_0^2 - \omega^2)^2 + 4\delta^2\omega^2}} \cos\left(\omega t - \arctan\left(\frac{2\delta\omega}{\omega_0^2 - \omega^2}\right)\right) \quad .$$

Die allgemeine Lösung der inhomogenen Differentialgleichung für das erzwungene schwingende Drehpendel ergibt sich nun aus:

$$\varphi_{\text{allg}} = \psi + \varphi \quad .$$

Betrachtet man φ_{allg} für genügend lange Zeiten oder genügend große Dämpfung, dann wird ψ aufgrund des exponentiellen Gliedes rasch gegen Null streben und φ allein die weitere Bewegung des Pohlschen Rades beschreiben. Die Zeitspanne bis zum Abklingen von ψ stellt den *Einschwingvorgang* dar. Danach schwingt das Pohlsche Rad mit derselben Kreisfrequenz wie der Erreger, Bild 7.5. Für diesen Schwingungsvorgang zeigt φ folgendes Verhalten:

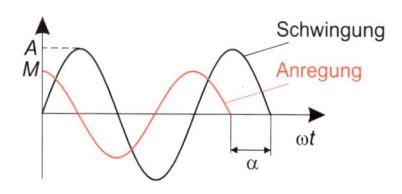

Bild 7.5. Drehmoment $M(t)$ des Erregers sowie die Auslenkung des Schwingers $\varphi = A\sin\omega t$. α: Phasenverschiebung zwischen beiden

- Im hypothetischen, dämpfungsfreien Fall mit $\delta = 0$ wächst bei Annäherung der Erregerkreisfrequenz ω an die *Resonatorkreisfrequenz* ω_0 die Amplitude des Resonators über alle Grenzen: **Resonanz**.
- Die Amplitudenfunktion $A = f(\omega)$ hat für $\delta \neq 0$ ein Maximum. In einem Maximum gilt:

$$\frac{\mathrm{d}A}{\mathrm{d}\omega} \stackrel{!}{=} 0 \quad .$$

Daraus folgt:

$$\omega_{\text{r}} = \sqrt{\omega_0^2 - 2\delta^2} \quad ,$$

d. h. die Resonanzkreisfrequenz ω_r für die erzwungene, gedämpfte Schwingung liegt etwas unterhalb der Eigenkreisfrequenz ω_0 des freien, ungedämpften Oszillators.

- Der erzwungene Oszillator schwingt mit einer Phasenverschiebung

$$\alpha = \arctan \frac{2\delta\omega}{\omega_0^2 - \omega^2}$$

zum Erreger. Es gelten folgende Spezialfälle:

$\omega = 0 \quad \alpha = 0$
$\omega \to \omega_0 \quad \alpha \to +\pi/2$
$\omega \to \infty \quad \alpha \to +\pi$.

Für verschiedene Dämpfungen δ sind die *Phasenverschiebungs-* und *Resonanzkurven* im Bild 7.6 dargestellt. Bei geringen Dämpfungen bleibt die vom Erregermotor geleistete Arbeit weitgehend erhalten, was zu einer großen Amplitude der Schwingung führt. Bei großen Dämpfungen wird die Arbeit des Motors in Wärmeenergie umgewandelt, so daß die Schwingungsamplitude und Schwingungsenergie klein sind.

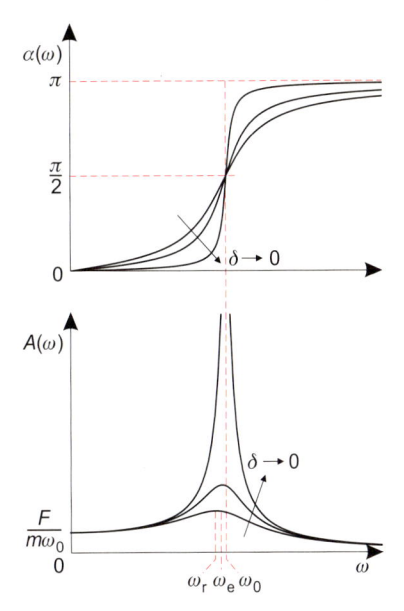

Bild 7.6. Phasenverschiebungs- und Amplituden-Resonanzkurven für verschiedene Dämpfungen δ

7.1 Gedämpfte Schwingung (1/2)

Beobachtung von freien Schwingungen bei verschiedenen Dämpfungen: Schwingfall, aperiodischer Grenzfall, Kriechfall.

Pohlsches Rad mit Dämpfungseinrichtung, Bild 7.1, regelbares Netzgerät, Stoppuhr, Vielfachmeßinstrument.

Messung von Eigenkreisfrequenz und Dämpfung

Durch Änderung der Stromstärke im Elektromagneten läßt sich die Dämpfung kontinuierlich regeln. Die Spulen für die Dämpfung können kurzzeitig z. B. bis max. 2 A belastet werden. !*Vorsicht*! Hohe Ströme für Dämpfungsmagneten nur kurzzeitig!

Die Schwingungsamplituden können an einer das Rad umgebenden feststehenden Skala abgelesen werden. Die Zeitmessungen werden mit einer Stoppuhr durchgeführt. Periodendauern im Schwingfall werden als Abstände gleichsinniger Nulldurchgänge gestoppt.

Bestimmung der Eigenkreisfrequenz ω_0 des nahezu ungedämpften Oszillators durch Messung der Periodendauer. Es tritt nur eine geringe Dämpfung durch Lager- und Luftreibung sowie Verformungsarbeit der Feder auf.

Bestimmung der Eigenkreisfrequenz ω_e des gedämpften Oszillators für verschiedene Dämpfungen, d. h. Spulenströme.

Messung der Amplitude aufeinanderfolgender Schwingungen zur Berechnung des logarithmischen Dekrements bei verschiedenen Spulenströmen.

Einstellung des aperiodischen Grenzfalls: Durch Einstellung einer passenden Dämpfung kehrt das Drehpendel nach einem Ausschlag schnell in die Nullage zurück, ohne weitere Schwingungen auszuführen.

Berechnung von δ für jeden Spulenstrom sowohl aus der Eigenkreisfrequenz ($\omega_e = \sqrt{\omega_0^2 - \delta^2}$) als auch aus der Amplitudenabnahme (logarithmisches Dekrement). Vergleich!

7.2 Erzwungene Schwingung (1/2)

Durch periodische Erregung des Pohlschen Rades mit einem Elektromotor soll das Resonanzverhalten der erzwungenen Schwingung überprüft werden.

Pohlsches Rad mit Dämpfungseinrichtung, Bild 7.1, und Elektromotor einschließlich Steuereinheit zur Erzeugung einer periodischen Erregung, Stoppuhr, Vielfachmeßinstrument.

Als Erreger der erzwungenen Schwingung dient ein Elektromotor, am besten ein Schrittmotor, der in kleinen Stufen geschaltet wird und sich so fast gleichmäßig mit konstanter aber einstellbarer Periodendauer T_{err} bzw. Kreisfrequenz oder Winkelgeschwindigkeit $\omega_{\text{err}} = 2\pi/T_{\text{err}}$ dreht. Der Motor drückt über einen Exzenter mit Schubstange und Hebel die Spiralfeder in periodischer Folge zusammen oder dehnt diese. Die Schwingungen des Hebels werden dadurch dem Resonator aufgezwungen. Auf diese Weise kann man an der Achse des Drehpendels sinusförmig verlaufende Drehmomente mit konstanter Amplitude, aber einstellbarer Frequenz, angreifen lassen.

Der Motor wird über eine zugehörige Steuereinheit betrieben, an der auch die Periodendauern des Erregers und des Schwingers sowie die Zeitdifferenz des Nulldurchgangs abgelesen werden können.

Will man die Amplitude des Erregers verstellen, so wird nach Lösen der Verschraubung die Schubstange in der Führung des Hebels verschoben.

Resonanzkurven

Aufnahme der Amplitude des Resonators als Funktion der Erregerkreisfrequenz ω für drei verschiedene Dämpfungen. Die Amplitude wird mit dem an der Drehscheibe angebrachten Zeiger (in Bild 7.1 hell gezeichnet) an der runden Skala als Maximalausschlag abgelesen.

Bestimmung der Phasenverschiebung α als Funktion der Erregerkreisfrequenz ω für die zuvor eingestellten Dämpfungen. Diese Aufgabe kann gleich bei den oben eingestellten Erregerkreisfrequenzen mitgemessen werden. Die Phasenverschiebung wird mit dem hellen Zeiger in Bild 7.1 auf der Skala abgelesen, wenn der rote Zeiger, an dem die Spiralfeder befestigt ist, gerade durch die Vertikale geht.

Vergleichen der experimentellen Beobachtungen mit den oben dargestellten theoretischen Resonanzkurven nach Bild 7.6.

8. Trägheitsmoment

Vertieftes Verständnis von Drehschwingungen und gleichmäßig beschleunigten Drehbewegungen. Bestimmung von Trägheitsmomenten. Steinerscher Satz.

Kalibrierung einer Meßanordnung mit einer aus der Theorie bekannten Größe. Grafische und numerische Auswertung im Falle nichtlinearer Abhängigkeiten.

Standardlehrbücher (Stichworte: Drehbewegung, Trägheitsmoment, Drehschwingung, Steinerscher Satz),
Themenkreis 3: Translation und Rotation.

Drehbewegungen und Trägheitsmomente

Die **Drehbewegung** und insbesondere die **Drehschwingung** eines starren Körpers können weitgehend analog zu linearen Bewegungen eines Massenpunktes beschrieben werden, wenn statt der Masse m das Trägheitsmoment, statt des Weges x der Winkel φ und statt der Kraft F das Drehmoment M benutzt werden, Tabellen 3.1 und 8.1.

Wie in *Themenkreis 3*: Translation und Rotation aufgeführt, ist das **Trägheitsmoment** I definiert durch

$$I = \int r^2 \, dm = \lim_{\Delta m_i \to 0} \left(\sum_i \Delta m_i r_i^2 \right) \quad ,$$

wobei Δm_i ein Massenelement im senkrechten Abstand r_i von der Drehachse A des rotierenden Körpers bedeutet, Bild 8.1. Ersetzt man Δm_i durch $\rho \Delta V_i$ mit ρ = Dichte und V = Volumen des Körpers, läßt sich

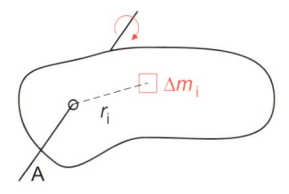

Bild 8.1. Zur Definition des Trägheitsmomentes

	Translation	Rotation
Allgemeine Bewegungsgleichung	$F = ma$	$M = I\alpha$
Schwingungsgleichung	$m\ddot{x} = -Dx$	$I\ddot{\varphi} = -D^*\varphi$
Schwingung	$x = x_0 \sin \omega_t t$	$\varphi = \varphi_0 \sin \omega t$
Kreisfrequenz	$\omega_t = \sqrt{D/m}$	$\omega = \sqrt{D^*/I}$
Schwingungsdauer	$T = 2\pi\sqrt{m/D}$	$T = 2\pi\sqrt{I/D^*}$
Bewegung mit konstanter Beschleunigung	$x = \frac{a}{2}t^2 + v_0 t + x_0$	$\varphi = \frac{\alpha}{2}t^2 + \omega_0 t + \varphi_0$

Tabelle 8.1. Vergleichende Beschreibung von Translations- und Rotationsbewegungen

I aus einer Volumenintegration berechnen. Als Ergebnis einer solchen Integration erhält man bei der Rotation um die Zylinderachse für das

Trägheitsmoment eines Vollzylinders $\qquad I_Z = \frac{1}{2} m_Z R_Z^2$.

Für einen *Hohlzylinder* mit den Radien R_1 und R_2 ergibt sich bei Rotation um die Körperachse:

Trägheitsmoment eines Hohlzylinders $\qquad I_H = \frac{m}{2}(R_1^2 + R_2^2)$.

Für die Rotation eines *Vollzylinders*, Bild 8.2, um eine zur Zylinderachse senkrechte Drehachse durch den Schwerpunkt ergibt eine etwas kompliziertere Rechnung:

$$I'_Z = m_Z \left(\frac{1}{4} R_Z^2 + \frac{1}{12} h^2 \right) .$$

Für das Trägheitsmoment eines **dünnen Stabes** der Länge h (Drehachse durch den Schwerpunkt senkrecht zur Längsachse) ergibt sich:

$$I_{St} = \frac{1}{12} m h^2 \quad ;$$

für eine **Kugel** (Achse durch den Mittelpunkt, Radius R_K) erhält man:

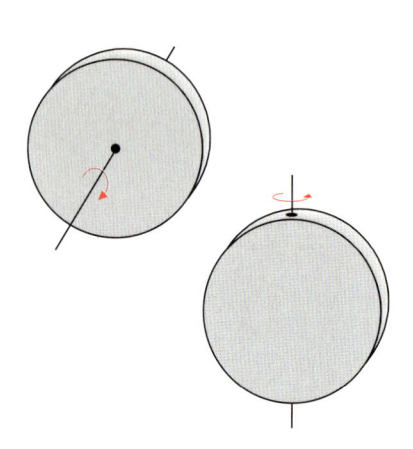

$$I_K = \frac{2}{5} m R_K^2 .$$

Bild 8.2. Rotationen eines Vollzylinders (Radius R_Z, Höhe h und Masse m_Z) um die Zylinderachse und senkrecht dazu ergeben unterschiedliche Trägheitsmomente

Trägheitsmomente bei parallelen Drehachsen

Das Trägheitsmoment eines Körpers hängt von der Drehachse ab. Drehachsen durch den **Schwerpunkt** des Körpers spielen jedoch eine ausgezeichnete Rolle. Aus den Trägheitsmomenten für Schwerpunktachsen lassen sich nach dem **Steinerschen Satz** die Trägheitsmomente für beliebige parallele Achsen berechnen. Dieser Satz wird im folgenden abgeleitet:

Bei Aufhängung eines Körpers an einer horizontalen Achse S, die durch den Schwerpunkt geht, halten sich die durch die Gewichtskräfte der einzelnen Massenelemente Δm_i hervorgerufenen Drehmomente das Gleichgewicht, d. h. der Körper kann auf jeden beliebigen Drehwinkel um diese Achse eingestellt werden und bewegt sich dann nicht weiter. Für das Massenelement Δm_i in Bild 8.3 ist der Beitrag ΔM_i zum Gesamtdrehmoment ΔM_S bezüglich der Achse S:

$$\Delta M_i = g \Delta m_i x_i = g \Delta m_i \rho_i \cos \gamma_i \quad \text{mit} \quad g = 9{,}81 \,\text{m/s}^2 ,$$

wobei x_i die Horizontalkomponente des Abstandes ρ_i des Massenelementes Δm_i von der Drehachse S ist. Da $M_S = \sum \Delta M_i = 0$ ist, ergibt sich die

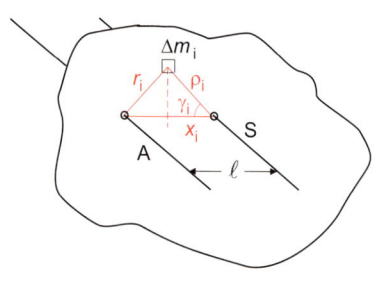

Bild 8.3. Körper mit Schwerpunktachse S und weiterer, dazu paralleler Achse A

> **Schwerpunktsbedingung**
>
> $$\sum \Delta m_i x_i = 0 \qquad \text{oder} \qquad \int x \, \mathrm{d}m = 0 \quad .$$

Bei Rotation eines Körpers um eine Achse, die durch den Schwerpunkt geht, heben sich die Zentrifugalkräfte auf. Deshalb müssen schnell drehende Maschinenteile, z. B. Autoräder oder Compact Discs, ausgewuchtet sein. Billige CD-ROM-Speicherplatten mit Unwucht können leicht Hochgeschwindigkeitslaufwerke zerstören.

Das Trägheitsmoment I_S, bezogen auf die Achse S durch den Schwerpunkt, ist

$$I_\mathrm{S} = \sum \Delta m_i \rho_i^2 \quad .$$

Das Trägheitsmoment I_A, bezogen auf eine zur Schwerpunktsachse S parallele Achse A im Abstand ℓ, ist

$$I_\mathrm{A} = \sum r_i^2 \Delta m_i \quad ,$$

wobei nach dem Kosinussatz gilt: $r_i^2 = \ell^2 + \rho_i^2 - 2\ell\rho_i \cos\gamma_i$. Damit ist:

$$I_\mathrm{A} = \ell^2 \sum \Delta m_i + \sum \Delta m_i \rho_i^2 - 2\ell \sum \Delta m_i x_i \quad .$$

Der erste Term ergibt $m\ell^2$ nach Summation über alle Massenelemente, der zweite Term stellt das Trägheitsmoment I_S, bezogen auf den Schwerpunkt, dar, und der dritte Term ist Null wegen der o. a. Schwerpunktsbedingung. Damit erhält man:

> **Steinerscher Satz** $\qquad I_\mathrm{A} = I_\mathrm{S} + ml^2 \quad .$

Das Trägheitsmoment I_A eines starren Körpers um eine Achse A im Abstand ℓ vom Schwerpunkt S ist also gleich dem Trägheitsmoment I_S für die dazu parallele, durch den Schwerpunkt laufende Achse, vermehrt um $m\ell^2$, den sog. *Steiner-Anteil*.

Trägheitstensor

Wie wir bereits am Beispiel der Kreisscheibe gesehen haben, hängt das Trägheitsmoment eines Körpers für eine Drehachse durch den Schwerpunkt noch von deren Richtung ab. Dies läßt sich durch einen Trägheitstensor beschreiben, der in einem Hauptachsensystem drei Diagonalelemente, die Hauptträgheitsmomente, besitzt.

Man kann einen Körper auch ohne eine festgelegte Achse rotieren lassen, Beispiel: **Kreisel**. Es sind jedoch nur Rotationen um zwei der Hauptachsen des Körpers stabil. Für andere Drehachsenrichtungen bleibt die Figurenachse nicht raumfest stehen, sondern bewegt sich auf einem Kegelmantel: „Nutations-Bewegung" eines Kreisels.

8. Trägheitsmoment

8.1 Trägheitsmomente aus Drehschwingungen (1/1)

🏁 Untersuchung von Drehschwingungen; Bestimmung des Trägheitsmomentes und der Winkelrichtgröße des **Drehtisches** als Beispiel für einen Drehschwinger; Bestimmung des unbekannten Trägheitsmomentes eines Körpers mit dem Drehtisch; Anwendung des Steinerschen Satzes.

🔨 Drehtisch, Probekörper, Kreisscheibe, Meßschieber, Federkraftmesser, Waage, Stoppuhr.

Der Drehtisch, Bild 8.4, besteht aus einer waagerecht gelagerten runden Tischplatte, die sich um eine senkrechte Achse drehen kann. Die Drehachse ist über eine Spiralfeder mit einem festen Rahmen verbunden; bei Auslenkung aus der Ruhelage sorgt diese Feder für eine Rückkehr des Tisches in die Ruhelage in Form einer schwach gedämpften Schwingung. Auf die Tischplatte des Drehtisches kann ein Probekörper in verschiedenen Abständen a von der Drehachse aufgesteckt werden. Dadurch ändert sich der Abstand ℓ seines Schwerpunktes von der Drehachse und damit sein Trägheitsmoment.

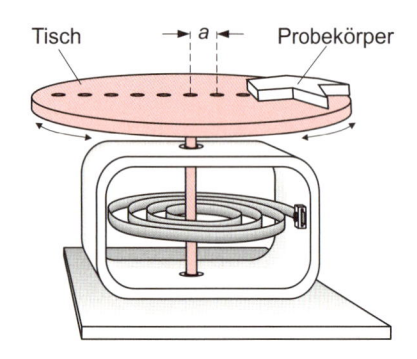

Bild 8.4. Drehtisch

⏱ **Bestimmung des Trägheitsmomentes I_T und der Winkelrichtgröße D^* des Drehtisches**

Es wird eine Kreisscheibe der Masse m_Z nacheinander an allen Positionen aufgesteckt und jeweils die Schwingungsdauer bestimmt.

Anstelle der Dauer T einer Einzelschwingung werden z. B. $10\,T$ gemessen. Für verschiedene Abstände des Aufsteckloches von der Tischachse $a = 0, 1, 2, \ldots, 7\,\text{cm}$ wird die Messung von $10\,T$ sinnvollerweise jeweils 3-mal vorgenommen und dann gemittelt. Außerdem ist der Kreisscheiben-Durchmesser $2R$ zu messen (Meßschieber) und m_Z zu bestimmen (Meßfehler abschätzen).

Vor der Messung den Drehtisch genau horizontal stellen: Beim Auflegen eines Zusatzkörpers an einer beliebigen Stelle des Randes darf sich die Tischplatte nicht zu drehen beginnen. Anfangsauslenkung 90° bis 180°. Beim Zählen der Schwingungen werden gleichsinnige Nulldurchgänge („0", „1", „2"..., „n") gezählt und zwischen „0" und „n" gestoppt.

Verständnisfragen zur Messung:

- Warum mißt man besser $10\,T$ als nur $1\,T$?
- Warum stoppt man bei langsamen Schwingungen besser den Zeitpunkt des Nulldurchganges als den der Umkehrung?
- Warum ist es sinnvoll, die Zeiten $10\,T$ etwa 3-mal (und nicht nur einmal oder 10- oder 100-mal) zu messen?

✏ Aus den Meßwerten sollen Trägheitsmoment I_T und Winkelrichtgröße D^* des leeren Tisches auf grafischem Wege bestimmt werden. Legt man die Kreisscheibe (I_Z, m_Z) in verschiedenen Abständen $\ell = a$ von der Drehachse auf den Tisch, so ergeben sich die Schwingungszeiten

$$T = 2\pi \sqrt{\frac{1}{D^*}(I_T + I_Z + \ell^2 m_Z)} \quad .$$

8.1 Trägheitsmomente aus Drehschwingungen

Um eine leicht auswertbare lineare Abhängigkeit zu erhalten, wird diese Gleichung quadriert:

$$T^2 = \frac{4\pi^2}{D^*}(I_T + I_Z) + \frac{4\pi^2}{D^*}m_Z \ell^2 \quad .$$

Mit $y = T^2$ und $x = \ell^2$ ergibt sich eine Geradengleichung:

$$y = T^2 = A + B\ell^2 = A + Bx \quad .$$

Aus dem Achsenabschnitt A und dem Anstieg B einer durch die Meßpunkte gelegten ausgleichenden Geraden, Bild 8.5, erhält man

$$D^* = \frac{4\pi^2}{B}m_Z \quad \text{und} \quad I_T = \frac{1}{4\pi^2}AD^* - I_Z = \frac{A}{B}m_Z - I_Z \quad .$$

Eine rechnerische Auswertung erfolgt zweckmäßigerweise nach der sog. *Methode der Punktpaare*, siehe auch *Themenkreis 1*: Messen und Auswerten (Tab. 1.5).

Das Trägheitsmoment I_Z der Kreisscheibe wird aus der oben angegebenen Formel berechnet. Damit sind alle Größen zur Berechnung des Trägheitsmomentes des Tisches bekannt.

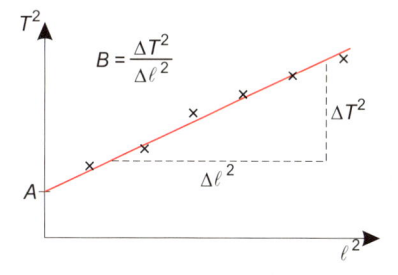

Bild 8.5. Achsenabschnitt A und Steigung B der Ausgleichsgeraden

Bestimmung des unbekannten Trägheitsmomentes I_K eines unregelmäßig geformten Probekörpers

Dazu werden wieder je $10\,T$ bei verschiedenen Abständen a gemessen, wobei jedoch über den Nullpunkt hinaus auch $a = -1\,\text{cm}, -2\,\text{cm}, \ldots$ usw. eingestellt werden. Der unregelmäßig geformte Körper ist so gearbeitet, daß bei Variation von a der Schwerpunkt des Körpers über die Drehachse des Tisches wandert. Dabei ist der Schwerpunktsabstand ℓ jedoch nicht gleich dem Abstand a des Aufsteckbodens von der Drehachse.

Die Schwingungszeit des Probekörpers

$$T = 2\pi\sqrt{\frac{1}{D^*}(I_T + I_K + \ell^2 m_K)}$$

hängt nicht linear von ℓ ab und durchläuft für $\ell = 0$ ein Minimum, Bild 8.6. Aus $T_{\min}$ wird mit Hilfe der aus dem vorhergehenden Versuch bekannten Werten I_T und D^* das gesuchte Trägheitsmoment I_K ermittelt:

$$I_K = T_{\min}^2 \frac{D^*}{4\pi^2} - I_T \quad .$$

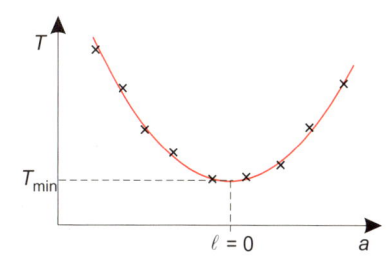

Bild 8.6. Zur Bestimmung eines unbekannten Trägheitsmomentes

Fehlerbetrachtungen

Welche der Größen $T_{\min}^2$, D^*, I bzw. m_Z, A, B, I_Z liefern den Hauptanteil des Fehlers des Ergebnisses? Fehler welcher Größen können vernachlässigt werden? Welche systematischen Fehler treten auf, wenn der Drehtisch vor der Messung nicht genau horizontal gestellt wird? Welchen Einfluß hat die durch die Lagerreibung bedingte Dämpfung auf die Messung der Schwingungszeit?

8.2 Gleichmäßig beschleunigte Drehbewegungen (1/1)

Messung von Trägheitsmomenten durch Untersuchung von beschleunigten Drehbewegungen mit einem *Schwungrad*. Anwendung und Überprüfung des Steinerschen Satzes.

Schwungradscheibe mit Zusatzmassen, Gewichtsstücke, Stoppuhr, Meßschieber, Waage.

Eine Schwungradscheibe, Bild 8.7, wird durch ein konstantes Drehmoment in eine *gleichmäßig beschleunigte Drehbewegung* versetzt. Das Drehmoment M_G wird erzeugt durch Gewichtstücke mit unterschiedlichen Massen m_G, die an einem auf eine Rolle, Radius R, aufgewickelten Faden hängen:

$$M_G \approx m_G g R \quad \text{mit} \quad g = 9{,}81 \, \frac{\text{m}}{\text{s}^2} \quad .$$

Der beschleunigt fallende Körper der Masse m_G wirkt nicht mit der vollen Gewichtskraft $m_G g$ auf die Fadenrolle. Man gebe die vollständige Newtonsche Bewegungsgleichung für m_G an und schätze die tatsächlich auf den Faden wirkende Kraft ab.

Durch die Wirkung der Lagerreibung vermindert sich das angreifende Moment M_G um das Reibungsmoment M_R, so daß nur das Moment

$$M = M_G - M_R$$

beschleunigungswirksam ist. Das Trägheitsmoment des Schwungrades einschließlich Achse, Lager und Fadenrolle, aber ohne die Zusatzscheiben, sei I_0.

Werden an das Schwungrad im Abstand ℓ von der Drehachse noch zwei Zusatzscheiben angeschraubt, dann vergrößert sich das Trägheitsmoment auf $I = I_0 + 2I'_Z$.

Nach dem Steinerschen Satz ist $I'_Z = I_Z + m_Z \ell^2$, wobei m_Z die Masse einer der Kreisscheiben mit dem Radius R_Z und I_Z das Trägheitsmoment bezüglich seiner Schwerpunktsachse ist:

$$I_Z = \frac{m_Z}{2} R_Z^2 \quad .$$

In den Experimenten wird die Bewegung immer aus der Ruhelage $\varphi_0 = 0$ und mit $\dot\varphi_0 = 0$ begonnen. Mit einer Stoppuhr werden die Zeiten t_n gemessen, die für n ganze Umläufe, d. h. für die Drehwinkel $\varphi_n = n 2\pi$, benötigt werden. Mit der konstanten Winkelbeschleunigung α gilt:

$$\varphi_n = \frac{\alpha}{2} t_n^2 = \frac{1}{2} \frac{M_G - M_R}{I} t_n^2 \quad .$$

Um Störungen durch eine mögliche kleine Asymmetrie des Schwungrades erkennen und eliminieren zu können, werden jeweils die Zeiten $t_{n,\text{hin}}$ und $t_{n,\text{rück}}$ für die Drehrichtung im und entgegen dem Uhrzeigersinn gemessen und gemittelt.

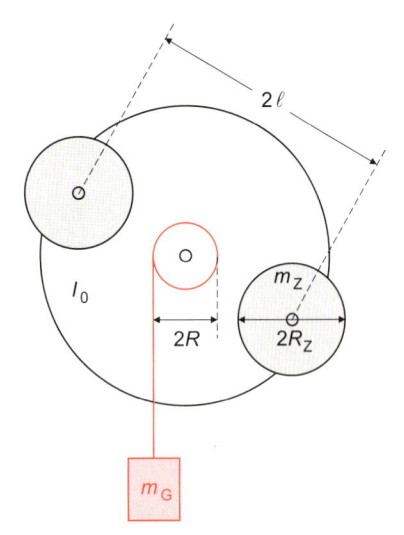

Bild 8.7. Schwungrad mit zwei Zusatzmassen m_Z, z. B. aus Messing (Dichte $\rho = 8{,}5 \, \text{g/cm}^3$)

Quadratische Abhängigkeit des Drehwinkels von der Zeit

Es wird das Schwungrad ohne Zusatzscheiben, aber einschließlich der beiden Befestigungsschrauben in den äußersten Löchern verwendet. Gemessen werden die Zeiten $t_{n,\text{hin}}$ und $t_{n,\text{rück}}$ für $n = 1, 2, \ldots$ Umdrehungen für eines der Gewichtsstücke mit der Masse m_G. Die Messung wird etwa bei $n = 7$ bis $n = 10$ abgebrochen, weil die Drehbewegung der Scheibe sonst zu schnell wird.

Das Gewichtsstück soll beim Start dicht unterhalb des Schwungrades hängen. Die Scheibe soll zur Zeit $t = 0$ wirklich stehen ($\dot\varphi_0 = 0$; kein Anstoß beim Loslassen; besonders kritisch bei kleinen Gewichtsstücken). Drehrichtung notieren; ergeben sich für $t_{n,\text{hin}}$ und $t_{n,\text{rück}}$ starke Abweichungen, die nicht nur durch den Unwuchtfehler, sondern auch durch Stoppfehler oder grobe Zählfehler bedingt sein könnten, so sollte man diese Messungen wiederholen: „Reproduzierbarkeit" prüfen.

Man trägt φ_n über t_n^2 auf und prüft die Güte der Linearität durch Einzeichnen der ausgleichenden Geraden. Der Anstieg liefert die Winkelbeschleunigung α:

$$\frac{\Delta\varphi}{\Delta t^2} = \frac{M_\text{G} - M_\text{R}}{2I_0} = \frac{\alpha}{2} \quad .$$

Messung von Reibungsmoment und Trägheitsmomenten

Die Massen der Zusatzscheiben m_Z und der etwa 4 Gewichtstücke m_G werden durch Wägung bestimmt. Der Radius R der Seilrolle wird mit einem Meßschieber bestimmt. Um den wirksamen Hebelarm für die Formel $M_\text{G} = r m_\text{G} g$ zu erhalten, muß die halbe Fadendicke noch addiert werden. Schließlich wird der Durchmesser der Zusatzscheiben ($2R_\text{Z}$) und der Abstand ℓ der Achsen der Befestigungsschrauben in den äußersten Löchern von der Schwungradachse mit dem Meßschieber gemessen. Die beiden Zusatzscheiben werden danach außen an das Schwungrad angeschraubt.

Für das größte Gewichtsstück wird nun die Zeit $t_{n,\text{hin}}$ und $t_{n,\text{rück}}$ für eine feste Anzahl n (z. B. zwischen 7 und 10) von Umdrehungen gemessen. Der Versuch wird für die drei anderen Gewichtsstücke wiederholt.

Trägt man das berechnete Drehmoment $M_\text{G} = m_\text{G} g R$ über $1/t_n^2$ auf, so sollte man eine Gerade erhalten, die die Ordinate bei $M_\text{G} = M_\text{R}$ schneidet und den Anstieg

$$\frac{\Delta M}{\Delta(1/t_n^2)} = 2\varphi_n I = 4\pi n I$$

besitzt. Es läßt sich also das Reibungsmoment M_R und das Trägheitsmoment der gesamten Anordnung I experimentell ermitteln. Mit dem aus dem ersten Teil der Aufgabe bekannten Wert für $(M_\text{G} - M_\text{R})/2I_0$ läßt sich nun auch das Trägheitsmoment I_0 des Schwungrades ohne Zusatzscheiben ermitteln.

Es werden die Trägheitsmomente I_Z und I'_Z berechnet und mit dem experimentell bestimmten Wert $I'_\text{Z} = 1/2(I - I_0)$ verglichen.

Wie groß ist der Steiner-Anteil $m_Z \ell^2$ im Vergleich zum Hauptträgheitsmoment I_Z der Scheibe?

Bei Beschränkung auf die grafische Auswertung genügt eine Fehlerabschätzung aus der Streuung der Meßpunkte in den Diagrammen.

Steinerscher Satz

Nachprüfung des Steinerschen Satzes durch Variation des Abstandes ℓ der Zusatzscheiben.

Die Ergebnisse sind zu diskutieren.

Untersuchung der Reibung im Schwungradsystem

Die Messungen werden ohne die Zusatzmassen wiederholt und M_R bestimmt (gleicher Wert wie oben?). Dazu läßt man den Faden voll abrollen und dann das Schwungrad weiterdrehen, so daß sich der Faden wieder aufrollt. Damit wird ein vollständiger Zyklus $E_{\text{pot}} \to E_{\text{kin}} \to E_{\text{pot}}$ beobachtet.

Man bestimmt den Energieverlust E_{verl} aus den Höhen des Gewichtsstückes vor dem Abrollen und nach dem Wiederaufrollen des Fadens. Stimmt die Beziehung: $E_{\text{verl}} \approx M_R n 2\pi$?

Zum Vergleich mißt man die Zunahme der Umdrehungszeit des freilaufenden Schwungrades ($M_G = 0$; Faden ab- oder aufgewickelt) und berechnet mit dem bekannten I_0 den Energieverlust E_{verl} pro Umdrehung.

Kapitel III
Deformierbare Körper und Akustik

9. Elastizität 93
10. Zähe Flüssigkeiten 104
11. Oberflächenspannung und Kapillarität 111
12. Schallwellen und Akustik 118
13. Ultraschall 130

9. Elastizität

🏁 Anwendung und Vertiefung elementarer Kenntnisse der Mechanik deformierbarer Medien. Bestimmung des Elastizitäts-Moduls nach verschiedenen Verfahren. Bestimmung des Torsionsmoduls. Darstellung und grafische Auswertung empirischer Ergebnisse.

📖 *Standardlehrbücher* (Stichworte: Elastizität, Hookesches Gesetz, Dehnung, Torsion, Biegung, Plastizität),
Themenkreis 3: Translation und Rotation und *Themenkreis 8*: Trägheitsmoment.

Elastizität und Hookesches Gesetz

Unter Einwirkung äußerer Kräfte verändern feste Körper ihre Gestalt. Nimmt der Körper nach dem Verschwinden der Kräfte wieder die ursprüngliche Form an, so handelt es sich um eine **elastische Verformung**. Bleibt eine Deformation zurück, so spricht man von **plastischer Verformung**.

Auf den Quader in Bild 9.1 mit der Länge ℓ und der Grundfläche A wirke senkrecht zur Fläche A eine Zug- (oder Druck-) Kraft F_n, die gleichmäßig über den ganzen Querschnitt wirksam sei. Die Kraft pro Fläche heißt je nach Richtung

Zug- bzw. Druckspannung $\qquad \sigma = \dfrac{F_n}{A}$.

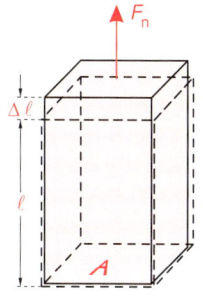

Bild 9.1. Quader, auf den eine Zugkraft F_n wirkt

Unter dem Einfluß dieser mechanischen Spannung erleidet der Quader eine Längenänderung $\Delta\ell$, die als relative Größe mit

Dehnung bzw. Stauchung $\qquad \varepsilon = \dfrac{\Delta\ell}{\ell}$

bezeichnet wird.

Für nicht zu große Verformungen sind Spannung und Dehnung einander proportional:

Hookesches Gesetz $\qquad \sigma = E\varepsilon$.

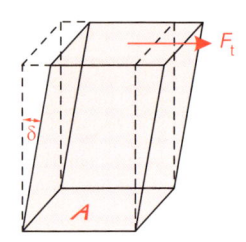

Bild 9.2. Quader, auf den eine tangentiale Kraft F_t wirkt

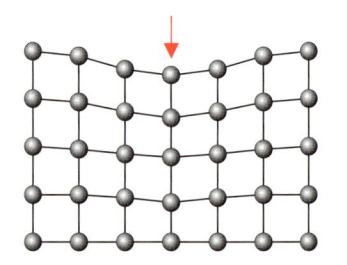

Bild 9.3. Bausteine eines Kristalls unter der Einwirkung einer Kraft, schematisch

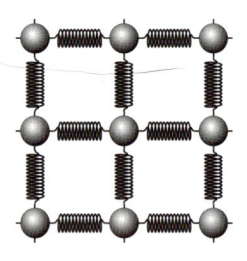

Bild 9.4. Makroskopisches Federmodell für einen elastischen Körper

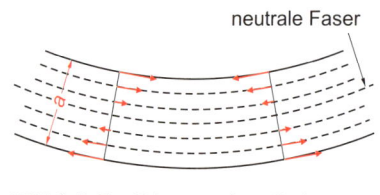

Bild 9.5. Zur Biegung eines Stabes

Die Proportionalitätskonstante E heißt **Elastizitätsmodul**.

Wirkt auf die Fläche A des Quaders statt der normal gerichteten Kraft F_n eine tangentiale Kraft, die Schubkraft F_t, d. h. tritt eine

Schubspannung $\qquad \tau = \dfrac{F_t}{A}$

auf, so bewirkt diese eine Gestaltsänderung des Quaders entsprechend Bild 9.2. Der Verformungs- oder Scherungswinkel δ ist der Schubspannung proportional:

$$\tau = G\delta \quad .$$

Die Proportionalitätskonstante G heißt **Torsions-** oder **Schubmodul**, auch Gleitmodul genannt.

Die Dimension von E und von G sind die einer Spannung = Kraft pro Querschnitt, also in SI-Einheiten: Newton/m^2. Früher wurde vor allem in der Technik für E die Einheit kp/mm^2 verwendet. Für die Umrechnung gilt: $1\,\text{kp}/\text{mm}^2 = 9{,}81 \cdot 10^6\,\text{N}/\text{m}^2$.

Die elastischen Eigenschaften eines Körpers beruhen auf der Wirkung von Bindungskräften zwischen den atomaren Bausteinen. In einem Kristall besitzen z. B. die Atome (Moleküle oder Ionen) eine regelmäßige Anordnung in einem *Raumgitter*. Im ungestörten Fall befindet sich jeder Baustein in einer Gleichgewichtslage, d. h. die anziehenden und abstoßenden Kräfte zu allen Nachbarbausteinen heben sich gerade auf. Wirkt eine äußere Kraft auf den Körper, so werden zunächst die Atome an der Oberfläche aus ihrer Gleichgewichtslage verschoben; dabei üben sie auf die benachbarten Atome Kräfte aus, die auch zu deren Verschiebung führt, Bild 9.3. Bei nicht zu großen Deformationen ist diese proportional zur wirkenden Kraft (**Hookesches Gesetz**). Bei einer Entlastung des Körpers gehen die Volumen- und Formänderungen wieder zurück. Bei starken Verformungen können allerdings die Atome in eine neue Gleichgewichtslage übergehen, und es verbleibt nach dem Entlasten eine plastische Verformung.

Bild 9.4 zeigt ein makroskopisches Modell eines Kristallgitters, bei dem die zwischenatomaren Kräfte durch Schraubenfedern symbolisiert sind.

Durchbiegung von Stäben

Die Durchbiegung von Stäben, Balken, Blechen u. ä. hängt außer von Länge und Querschnitt nur vom Elastizitätsmodul E des Materials ab. Innerhalb eines gebogenen Stabes werden dabei die verschiedenen Schichten auf der konvexen Seite gedehnt und auf der konkaven Seite gestaucht, Bild 9.5. In der Mitte liegt eine zwar gebogene, aber spannungsfreie und ungedehnte Schicht, die sogenannte *neutrale Faser*.

Für Stäbe mit rechteckigem Querschnitt $A = ab$ und der Länge ℓ läßt sich die Größe der Durchbiegung h infolge einer Kraft F bei beidseitiger Auflage, Bild 9.6a, berechnen zu

$$h = \frac{\ell^3}{4a^3 b} \frac{1}{E} F \quad.$$

Für einseitig eingespannte Stäbe, Bild 9.6b gilt:

$$h = \frac{4\ell^3}{a^3 b} \frac{1}{E} F \quad.$$

Verdrillung von Stäben und Drähten

Ein einseitig eingespannter zylinderförmiger Stab oder Draht, Bild 9.7, wird bei Einwirkung eines *Drehmomentes* $M = rF$ verdrillt. Der Verdrillungswinkel φ hängt von Radius R und Länge ℓ des Drahtes, dem Drehmoment M und dem Schubmodul G ab.

Um einen quantitativen Zusammenhang zwischen M und φ herzuleiten, denkt man sich den zylindrischen Draht oder Stab in eine Reihe konzentrischer Hohlzylinder mit den Radien r und $r + dr$ zerlegt, Bild 9.8, und diese jeweils in quaderförmige Volumenelemente mit den Grundflächen $dA = dr r d\varphi$ und der Länge ℓ aufgeteilt. Greift an den Grundflächen dieser Volumenelemente jeweils eine Kraft dF tangential an, so wird der Hohlzylinder um einen Winkel φ verdrillt. Ein bestimmter Quader, in Bild 9.8 rechts noch einmal getrennt gezeichnet, erleidet dabei im wesentlichen eine Scherung, siehe auch Bild 9.2. Der Verformungswinkel δ hängt nach $\sigma = G\delta$ vom Schubmodul G und der Tangentialspannung $\sigma = dF/dA$ ab:

$$dF/dA = G\delta \quad.$$

Andererseits ist δ mit dem Verdrillungswinkel φ verknüpft:

$$\ell\delta = r\varphi \quad.$$

Wenn $r/\ell \ll 1$, ist δ immer klein, auch wenn der Winkel φ groß ist.

Die Kraft dF liefert für das quaderförmige Volumenelement ein Drehmoment $rdF = rG\delta dA$ bezüglich der Zylinderachse. An der gesamten Grundfläche des Hohlzylinders $dA_H = 2\pi r dr$ greift daher das Drehmoment dM an:

$$dM = rG\delta dA_H = 2\pi G\delta r^2 dr \quad,$$

wobei $\delta = \varphi r/\ell$ ist. Die Summation der Drehmomente, die in allen Hohlzylindern angreifen, welche den Draht aufbauen, liefert für das am verdrillten Draht angreifende Drehmoment:

$$M = \int_{r=0}^{R} 2\pi \frac{G}{\ell} \varphi r^3 dr = \frac{\pi G}{2\ell} R^4 \varphi \quad.$$

Daraus folgt die

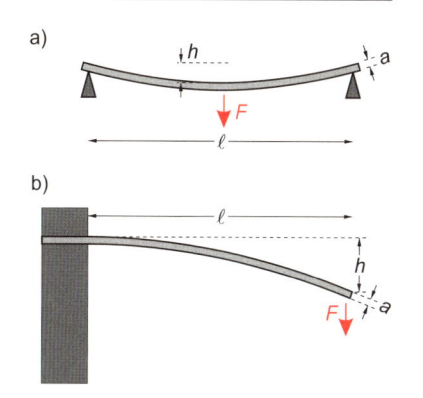

Bild 9.6. Durchbiegung von Stäben; (a) zweiseitig aufliegend; (b) einseitig eingespannt

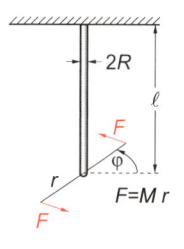

Bild 9.7. Einseitig eingespannter Draht wird verdrillt

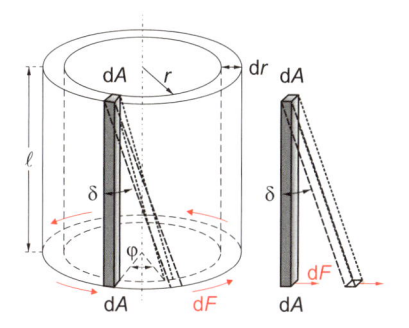

Bild 9.8. Zylindrischer Draht wird in konzentrische Hohlzylinder unterteilt

| Winkelrichtgröße des verdrillten Stabes oder Drahtes | $D^* = \dfrac{M}{\varphi} = G\dfrac{\pi R^4}{2\ell}$. |

Hängt man an das freie Ende eines oben befestigten Drahtes eine Scheibe mit dem Trägheitsmoment I, so kann das System Drehschwingungen ausführen, Bild 9.9. Wird die Scheibe um den Winkel φ aus der Ruhelage ausgelenkt, entsteht ein rücktreibendes Drehmoment $M = -D^*\varphi$. Läßt man die Scheibe los, führt dieses Drehmoment zu einer beschleunigten Bewegung, für die nach der Grundgleichung der Drehbewegungen gilt (siehe auch *Themenkreis 3*: Translation und Rotation):

$$M = -D^*\varphi = I\ddot{\varphi} \quad .$$

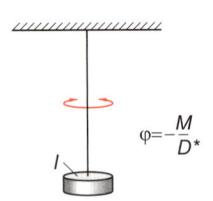

Bild 9.9. Draht mit Scheibe zur Ausführung von Drehschwingungen

Hieraus erhält man die

| Schwingungsgleichung | $\ddot{\varphi} + \omega^2\varphi = 0 \quad$ mit $\quad \omega^2 = D^*/I$. |

Die Größen D^* und I beschreiben Eigenschaften des schwingungsfähigen Systems; daher ist ω eine Systemkonstante. Eine Lösung der Schwingungsgleichung ist

$$\varphi = \varphi_0 \sin \omega t \quad ,$$

wie man durch Differenzieren und Einsetzen bestätigt. Aus der Kreisfrequenz ω ergibt sich die

| Schwingungszeit bei Torsionsschwingungen | $T = \dfrac{2\pi}{\omega} = 2\pi\sqrt{\dfrac{I}{D^*}}$. |

Querkontraktion, Poissonsche Zahl

Greift an einem Quader eine Zugkraft an, Bild 9.10, so tritt nicht nur eine Dehnung $\Delta\ell/\ell$ ein, sondern senkrecht zur Zugkraft auch eine Verringerung des Querschnittes $\Delta d/d$, **Querkontraktion**. Es zeigt sich, daß das Verhältnis dieser beiden Größen eine Materialkonstante ist:

| **Poissonsche Zahl** | $\mu = \dfrac{\Delta d}{d} : \dfrac{\Delta\ell}{\ell}$. |

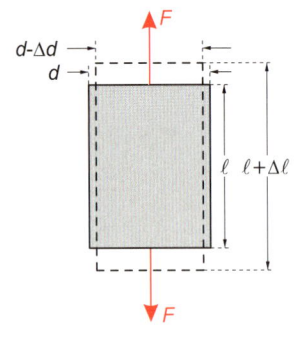

Bild 9.10. Querkontraktion an einem Quader

Unter Einwirkung einer Zugkraft wird dabei das Volumen V des Quaders erfahrungsgemäß etwas vergrößert, *Prinzip von Le Chatelier*. Es gilt

$$\Delta V = (d - \Delta d)^2(\ell + \Delta\ell) - d^2\ell \approx d^2\Delta\ell - 2\Delta d\, d\ell > 0 \quad ,$$

wobei die sehr kleinen Glieder mit Δd^2 und $\Delta d\Delta\ell$ vernachlässigt sind. Hieraus folgt:

$$\frac{\Delta V}{V} = \frac{\Delta V}{d^2 \ell} \approx \frac{\Delta \ell}{\ell} - 2\frac{\Delta d}{d} = \frac{\Delta \ell}{\ell}\left(1 - 2\frac{\Delta d}{d}\frac{\ell}{\Delta \ell}\right) = \varepsilon\,(1 - 2\mu) \quad .$$

Da $\Delta V > 0$ ist, muß $1 - 2\mu > 0$, d. h. es muß $\mu < 0{,}5$ sein; praktisch liegt μ meistens zwischen 0,2 und 0,4.

Inhomogene und anisotrope Körper

Inhomogene Körper sind Körper, die im Innern nicht an allen Stellen die gleichen Eigenschaften besitzen; sie setzen sich aus mehreren einfachen, homogenen Körpern zusammen. Beispiele: porige Schaumstoffe, Holzspanplatten, glasfaser-verstärkte Kunststoffe, Stahlbeton u. a. Die elastischen Eigenschaften solcher Körper hängen von ihrem Aufbau ab und unterscheiden sich natürlich von denen der einzelnen Komponenten.

Elastische **anisotrope Körper** besitzen bei Belastung in verschiedenen Richtungen unterschiedliche elastische Eigenschaften. Es genügt dann nicht mehr die Angabe eines einzigen E-Moduls, um das Spannungs- und Dehnungsverhalten des Materials zu beschreiben.

So besitzen z. B. Kristalle, in denen benachbarte Atome in zwei oder drei Raumrichtungen durch unterschiedliche Kräfte gebunden sind, anisotrope elastische Eigenschaften. In unserem mechanischen Kristall-Gittermodell, Bild 9.11, habe man sich in den verschiedenen Richtungen unterschiedliche Federn, d. h. Federn mit unterschiedlichen Federkonstanten, eingesetzt zu denken.

Eine mechanische Spannung σ_x in Richtung der weichen Federn wird dann zu einer stärkeren Deformation ε_x führen als eine gleich große Spannung σ_z in Richtung der harten Federn (ε_z). Entsprechendes gilt für die dritte Raumrichtung y. Solange das Verhalten des Körpers elastisch ist, gilt das

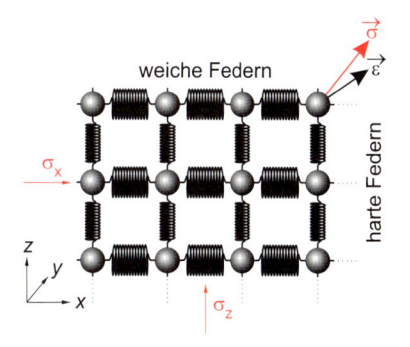

Bild 9.11. Makroskopisches Federmodell für einen zweidimensionalen anisotropen Körper (Schnitt durch die x-z-Ebene)

Hookesche Gesetz

$$\sigma_x = E_x \varepsilon_x \quad , \quad \sigma_y = E_y \varepsilon_y \quad , \quad \sigma_z = E_z \varepsilon_z \quad .$$

Die E-Module können jedoch verschieden sein: $E_x \neq E_y \neq E_z$.

Setzt man einen Würfel einem allseitig wirkenden Druck p aus, z. B. innerhalb einer Flüssigkeit, dann verformt sich der Würfel zu einem Quader mit ungleichen Kantenlängen. Fertigt man dagegen eine Kugel aus diesem Material und setzt sie einem allseitigen Druck aus, so wird die Kugel zu einem Ellipsoid verformt mit den drei Hauptachsen in Richtung der Kristallachsen x, y und z: *Deformationsellipsoid*.

Verformungen in Richtung einer der Kristallachsen lassen sich noch relativ einfach berechnen. Greift jedoch an unserem Gittermodell, Bild 9.11, ein Spannungsvektor $\boldsymbol{\sigma}$ in beliebiger Richtung an, dann werden die weichen Federn stärker nachgeben als die harten Federn. Die Auslenkung $\boldsymbol{\varepsilon}$ wird daher *nicht* mehr die gleiche Richtung besitzen wie die angreifende Spannung $\boldsymbol{\sigma}$ (wie das beim isotropen Körper der Fall ist). Die exakte

Abhängigkeit wird komplizierter und ist nur mit Hilfe von *Tensoren* zu beschreiben.

📖 Elastische Hysterese und Fließvorgänge

Viele Materialien zeigen bei einer mechanischen Belastung außer einer **elastischen Verformung** auch einen Anteil an **plastischer Verformung**, so daß die Körper nach der Entlastung ihre ursprüngliche Form nicht wieder vollständig annehmen. Bei einer periodischen Belastung, bei der auch das Vorzeichen wechselt, werden dann im Spannungs-Dehnungsdiagramm bei Be- und Entlastung verschiedene Kurvenzüge durchlaufen, und es entsteht eine **Hysterese-Kurve** ähnlich wie bei der Magnetisierung ferromagnetischer Stoffe (siehe *Themenkreis 28*: Materie im Magnetfeld). Da bei der in dieser Aufgabe benutzten Versuchsanordnung das Vorzeichen der Belastung nicht umgekehrt werden kann, läßt sich auch nur ein Teil der elastischen Hysterese-Kurve ausmessen, nämlich die Neukurve und der obere Ast im ersten Quadranten.

Schon lange bevor die eigentliche *Fließgrenze* oder die Zerreißspannung erreicht wird, zeigt eine Reihe von Stoffen ein langsames Fließen oder Kriechen: Unter dem Einfluß einer konstanten Spannung erfolgt eine zeitlich zunehmende Formänderung. Dabei ist die Formänderungsgeschwindigkeit nicht konstant; kurz nach Beginn der Belastung ist sie besonders groß und nimmt dann immer mehr ab: Die Materialform verfestigt sich.

9.1 Drahtdehnung (1/2)

🏁 Überprüfung des Hookeschen Gesetzes. Bestimmung des Elastizitätsmoduls eines Metalldrahtes.

🔧 Metalldraht, zylinderförmige Gewichtskörper, Schraubenmikrometer, Wasserwaage mit Mikrometerschraube, Waage, Maßstab.

⏱ Durch Anhängen von Gewichtskörpern mit den Massen m wird der an der Decke befestigte Draht elastisch gedehnt, Bild 9.12, und dadurch die empfindliche Wasserwaage aus dem Gleichgewicht gebracht. Durch Nachstellen der Mikrometerschraube wird die Wasserwaage wieder horizontal eingestellt und die relativ kleine Verlängerung λ des Meßdrahtes an der Mikrometerschraube abgelesen.

Die Massen der Gewichtsstücke und die Länge des Drahtes ℓ sind angegeben oder zu bestimmen. Der Durchmesser $2R$ des Drahtes wird an verschiedenen Stellen möglichst genau mit einem Schraubenmikrometer gemessen. Die Meßfehler sind abzuschätzen.

Die Dehnungsmessung wird schrittweise zunächst bei zunehmender und dann bei abnehmender Belastung durchgeführt. Für die Auswertung werden die Werte gemittelt. Welche Ursachen haben die eventuell auftretenden Unterschiede? Während der Messung werden die aufgelegten Einzelgewichte notiert und die jeweilige Gewichtskraft F später ausgerechnet. Ebenso notiert man auch die Anzeige y der Mikrometerschraube.

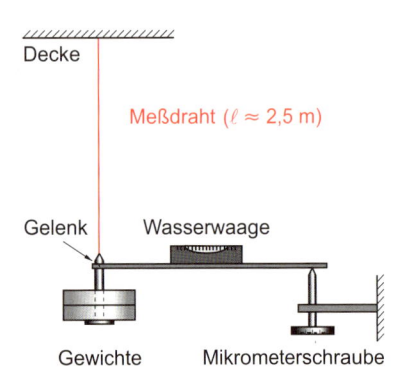

Bild 9.12. Versuchsanordnung zur Drahtdehnung

Die Verlängerung des Drahtes ist dann $\Delta\ell = y - y_0$ (y_0 ist die Schraubenstellung für $F = 0$). Für die Auswertung werden hier jedoch nur die Differenzen von y benötigt.

✍ Die bei Auflegen der Gewichtskörper auftretende schrittweise Dehnung sollte nach dem *Hookeschen Gesetz* eine lineare Abhängigkeit ergeben:

$$\Delta\ell = \frac{\ell}{E\pi R^2} F \quad \text{mit} \quad F = mg \quad (g = 9{,}81\,\text{ms}^{-2}) \quad .$$

Aus einer grafischen Darstellung $\Delta\ell(F)$ kann der Elastizitätsmodul bestimmt werden. Wegen der sehr guten Linearität soll die Proportionalitätskonstante $\ell/E\pi R^2$ darüber hinaus auch rechnerisch durch Differenzen- und Quotientenbildung aus den gemessenen Werten für $\Delta\ell$ und F bestimmt werden. Eine Fehlerbetrachtung gehört zur Auswertung.

✍ Warum weichen bei der Drahtdehnung gewöhnlich die Meßwerte gerade bei geringer Belastung von der Proportionalität ab?

9.2 Biegung zweiseitig aufliegender Stäbe (1/2)

🏁 Untersuchung der Durchbiegung von Stäben bzw. Balken. Bestimmung der Elastizitätsmoduln verschiedener Materialien.

🛠 Zweiseitig aufliegende Stäbe: unterschiedliches Material (z. B. Metallbleche, Holz) sowie unterschiedliche Dicke, hängende Skala, Mikroskop mit Fadenkreuz, Maßstab, Schiebelehre, Schraubenmikrometer, Waage.

⏱ Die Durchbiegung h eines auf zwei Seiten aufliegenden flachen Stabes (Bleches) unter dem Einfluß einer in der Mitte angreifenden Kraft F wird aus der Absenkung einer in der Stabmitte hängenden Skala ermittelt, Bild 9.13. Diese in $1/10\,\text{mm}$ geteilte Skala wird durch ein feststehendes Mikroskop beobachtet, in dessen Okular ein Fadenkreuz eingesetzt ist.

Der Abstand ℓ der Auflageschneiden wird mit einem Maßstab und die Dicke a der Stäbe mit einem Schraubenmikrometer mehrfach gemessen. Für die Messung der Stabbreite b genügt eine Schiebelehre. Die Meßfehler sind abzuschätzen.

Zunächst wird mit schrittweise zunehmender, dann mit wieder abnehmender Belastung gemessen. Es werden die Einzelgewichtsstücke und die Ablesung y der Skala notiert, wobei Skalenbruchteile abgeschätzt werden.

⏱ Die Messung wird mit einem Stab gleicher Abmessungen, aber aus einem anderen Material wiederholt. Alternativ kann auch das gleiche Material, aber ein Stab mit anderen Abmessungen gewählt werden. Ziel dieser Messung ist zu prüfen, ob die Ergebnisse für die Elastizitätsmoduln innerhalb der Fehlergrenzen übereinstimmen.

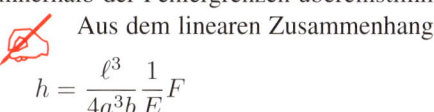

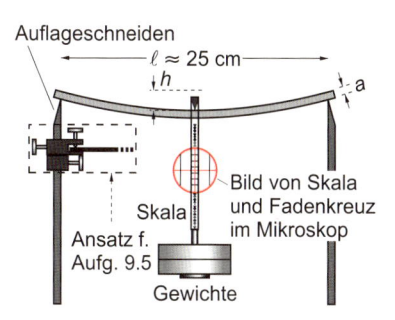

✍ Aus dem linearen Zusammenhang

$$h = \frac{\ell^3}{4a^3 b}\frac{1}{E} F$$

Bild 9.13. Versuchsanordnung zur Biegung zweiseitig aufliegender bzw. einseitig eingespannter Stäbe

kann E grafisch bzw. rechnerisch ermittelt werden, da die geometrischen Abmessungen bekannt sind.

Anstelle der Aufnahme von zwei Meßreihen für die Durchbiegung als Funktion der Belastung kann auch eine größere Zahl verschiedener Stäbe (mindestens 4 Stück) untersucht werden. Dabei wird die Durchbiegung jeweils nur für zwei Belastungen gemessen, und die Elastizitätsmoduln werden aus diesen Wertepaaren rechnerisch ermittelt. Meßfehler abschätzen.

Es soll die Durchbiegung eines Balkens auf zwei Stützen auf Grund seines Eigengewichts abgeschätzt werden. Hierzu kann man vereinfachend annehmen, daß die Gewichtskraft des Balkenteiles zwischen den Stützen im Schwerpunkt angreift. Bei welchen Balken- (oder Folien-) Dicken würde dann eine Durchbiegung von 10 mm erfolgen a) für ein Metall mit $E \approx 100000\,\text{N/mm}^2$ und $\rho = 8\,\text{g/cm}^3$; b) für einen Kunststoff mit $E \approx 3000\,\text{N/mm}^2$ und $\rho = 1{,}5\,\text{g/cm}^3$? Die Länge ℓ betrage wie im Experiment 250 mm.

9.3 Messung des Elastizitätsmoduls anisotroper oder inhomogener Stoffe (1/2)

Messung der Spannungs-Dehnungsabhängigkeit für Proben aus elastisch anisotropen oder inhomogenen Stoffen in Biegungsversuchen. Rückschlüsse auf die Elastizitätsmoduln.

Versuchsanordnung entsprechend Bild 9.13.
Anisotrope Proben in mehreren Exemplaren, z. B.

- Kiefernholzbrettchen (unterschiedlicher Dicke), die senkrecht und parallel zur Faserrichtung geschnitten sind,
- Hartpapier-Streifen (Pertinax) mit gleichen Abmessungen und gleicher Dicke, aber verschiedener Orientierung der Papierschichten, senkrecht zur Brettdicke bzw. senkrecht zur Brettseite,
- Messingbleche, halbhart, kaltgewalzt, mit gleichen Abmessungen, parallel und senkrecht zur Walzrichtung geschnitten. Walzrichtung durch Pfeile markiert.

Inhomogene Proben, die z. T. gleichzeitig anisotrop sind, z. B.:

- Sperrholzbrettchen mit verschiedener Orientierung der Faserrichtung in den Deckschichten,
- Kunststoff-Streifen, z. B. Epoxydharz, mit Glasfaser-Einlage,
- Messingbleche, 0,5 mm dick, die mit Araldit (Uhu-Plus) bzw. Kontaktkleber (Pattex) aufeinander geklebt sind,
- geklebte Messingbleche mit 2 x 0,5 mm Dicke; die Meßergebnisse daran sollen verglichen werden mit denen eines homogenen Messingbleches von 1 mm Dicke und der Durchbiegung zweier Bleche von 0,5 mm, die ohne Klebung übereinander gelegt werden.

Die Durchbiegung h zweiseitig aufliegender flacher Stäbe (Proben) wird gemessen. Proben bei zunehmender und abnehmender Belastung F messen.

Bei einigen der vorgeschlagenen Materialien treten Kriech- oder Fließvorgänge auf. Um hierdurch bedingte Störungen während der Messung klein zu halten, sollte man bei der schrittweise geänderten Belastung kurze und etwa konstante Meßzeiten verwenden und insbesondere die Meßreihe nicht unterbrechen.

Aus den entsprechenden Diagrammen $h = f(F)$ wird der Elastizitätsmodul für die jeweilige untersuchte Dehnungsrichtung des Materials bestimmt. Zur Erinnerung: Bei einer Durchbiegung wird das Material an der Oberseite gedehnt und an der Unterseite gestaucht, also nur in der Richtung parallel zu den Oberflächen elastisch beansprucht.

Hinweis: Für inhomogene Stoffe kann man keinen materialspezifischen E-Modul angeben. Auf Grund der Biegungsmessungen kann man nur aussagen: Die Probe verhält sich wie ein homogener Körper gleicher Abmessungen mit einem effektiven E-Modul E_{eff}.

Die Ergebnisse sind zu diskutieren und Fehler abzuschätzen.

9.4 Elastische Hysterese und Fließvorgänge (1/2)

Messung der elastischen Hysteresekurve beim schrittweisen Be- und Entlasten eines zweiseitig aufliegenden flachen Stabes. Messung von Kriech- oder Fließvorgängen bei konstanter Belastung.

Versuchsaufbau entsprechend Bild 9.13. Kiefernholzbrettchen mit Querfaserung, Plexiglas, Nylon (Polyamid) o. ä., Stoppuhr.

Es wird die Durchbiegung zweiseitig aufliegender flacher Stäbe in der Anordnung nach Bild 9.13 gemessen.

Um die Messung der Hysterese-Kurve durch Fließvorgänge möglichst wenig zu beeinflussen, sollte man die Gewichtsstücke in etwa äquidistanten Zeitabständen auflegen bzw. abnehmen und die Meßzeiten kurz halten.

Nylon zeigt ein extrem starkes Fließen und eine große Hysterese. Die Belastung soll daher nicht zu groß werden. Bei Metallproben liegt der Hysterese-Effekt unterhalb der Meßgenauigkeit. Auch bei Kunststoff (PVC) und bei Hartpapier (Pertinax) ist der Effekt gering.

Kriech- und Fließvorgänge werden in der gleichen Anordnung untersucht: Zu einer Zeit $t = 0$ wird das Brettchen mit einer mittleren Anzahl von Gewichtsstücken belastet (Gesamtgewicht notieren). Gemessen wird die Änderung der Durchbiegung als Funktion der Zeit, zunächst in kurzen (z. B. 1 min), später in größeren Zeitabständen (ca. 3 min, nach 15 min: ca. 5 min). Nach etwa einer 1/2 Stunde kann der Versuch abgebrochen werden.

Nylon fließt extrem schnell; die vorgeschlagenen Zeiten sind daher entsprechend kürzer zu wählen.

Zur Auswertung wird die Durchbiegung y als Funktion der Zeit t aufgezeichnet. Als Ergänzung kann die Verformungsgeschwindigkeit (dy/dt) durch grafisches Differenzieren gewonnen und ebenfalls als Funktion von t gezeichnet werden. Kurven qualitativ diskutieren.

9.5 Biegung einseitig eingespannter Stäbe (1/2)

Untersuchung der Dickenabhängigkeit der Biegung einseitig eingespannter Stäbe. Bestimmung von Elastizitätsmoduln.

Versuchsaufbau entsprechend Bild 9.13. Blechstreifen gleicher Länge ℓ (z. B. 120 mm), aber unterschiedlicher Dicke d (z. B. 0,5; 1,0; 1,5 mm), verschiedene Werkstoffe; Stativmaterial.

Bei der Versuchsanordnung nach Bild 9.13 lassen sich mit Hilfe zweier Kreuzmuffen, einem Stab und einem Klötzchen die kurzen Blechstreifen an einem der beiden Seitenträger anklemmen, wie in Bild 9.13 angedeutet. Die Schneide des Skalenhalters wird in den Schlitz der Schraube am Biegeblech eingesetzt. Die wirksame Länge ℓ des Biegebleches rechnet vom Rand der Klemm-Muffe bis zur Schneide.

Die Messungen werden für verschiedene Werkstoffe durchgeführt.

Mit den Messingblechen verschiedener Dicke läßt sich außer dem Elastizitätsmodul auch die Dickenabhängigkeit der Durchbiegung messen.

Aus dem linearen Zusammenhang

$$h = \frac{4\ell^3}{a^3 b} \frac{1}{E} F$$

kann E grafisch oder rechnerisch ermittelt werden.

Die Messungen zur Dickenabhängigkeit werden ebenfalls geeignet ausgewertet und diskutiert.

9.6 Torsionsschwingungen und Schubmodul (1/2)

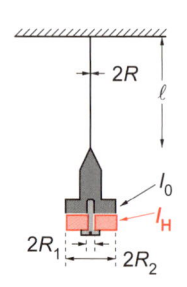

Untersuchung von Torsionsschwingungen zur Bestimmung des Schubmoduls.

Hängender Draht mit angeschraubtem rotationssymmetrischem Körper, (Trägheitsmoment I_0 einschließlich Schraube), Schraubenmikrometer, Schiebelehre, Stoppuhr.

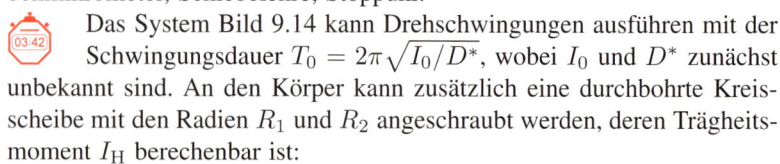

Das System Bild 9.14 kann Drehschwingungen ausführen mit der Schwingungsdauer $T_0 = 2\pi\sqrt{I_0/D^*}$, wobei I_0 und D^* zunächst unbekannt sind. An den Körper kann zusätzlich eine durchbohrte Kreisscheibe mit den Radien R_1 und R_2 angeschraubt werden, deren Trägheitsmoment I_H berechenbar ist:

$$I_H = \frac{1}{2} m_H \left(R_1^2 + R_2^2 \right) \quad .$$

Mit dem Gesamtträgheitsmoment $I = I_0 + I_H$ besitzt das System die Schwingungsdauer $T = 2\pi\sqrt{(I_H + I_0)/D^*}$. Die Winkelrichtgröße des

Bild 9.14. Versuchsanordnung zur Messung der Torsionsschwingungen und zur Bestimmung des Schubmoduls

Drahtes ergibt sich daher aus der Messung der Schwingungsdauern T_0 und T:

$$D^* = \frac{4\pi^2 I_H}{(T^2 - T_0^2)} \quad .$$

Der Drahtdurchmesser $2R$ wird mit dem Schraubenmikrometer mehrmals gemessen. $2R_1$ und $2R_2$ der Kreisscheibe werden mit der Schiebelehre bestimmt und die Schwingungszeiten T_0 und T mit einer Stoppuhr ermittelt. Schließlich müssen auch die Drahtlänge ℓ und die Scheibenmasse m_H gemessen werden. Wegen der geringen Dämpfung der Torsionsschwingungen lassen sich die Schwingungsdauern aus einer großen Zahl von Schwingungen sehr genau bestimmen (z. B. 4 mal je 50 T).

Die Meßfehler sind abzuschätzen.

Die Winkelrichtgröße D^* und der Schubmodul G des Drahtmaterials werden ausgerechnet, wobei $D^* = G\pi R^4/2\ell$ ist.

Für die Bestimmung der Meßfehler gelten folgende Beziehungen:

$$G = \frac{2\ell}{\pi R^4} D^* \quad , \quad \text{also} \quad \frac{\Delta G}{G} = \frac{\Delta \ell}{\ell} + 4\frac{\Delta R}{R} + \frac{\Delta D^*}{D^*} \quad ;$$

$$\frac{\Delta D^*}{D^*} = \frac{\Delta I_H}{I_H} + \frac{\Delta\left(T^2 - T_0^2\right)}{T^2 - T_0^2} \quad \text{mit}$$

$$|\Delta\left(T^2 - T_0^2\right)| = |\Delta T^2| + |\Delta T_0^2| = 2T\Delta T + 2T_0 \Delta T_0 \quad \text{und}$$

$$\frac{\Delta I_H}{I_H} = \frac{\Delta m_H}{m_H} + \frac{\Delta\left(R_1^2 + R_2^2\right)}{R_1^2 + R_2^2} = \frac{\Delta m_H}{m_H} + \frac{2R_1 \Delta R_1 + 2R_2 \Delta R_2}{R_1^2 + R_2^2} \quad .$$

10. Zähe Flüssigkeiten

🏁 Einführung in die Mechanik von Flüssigkeiten. Phänomen der Flüssigkeitsreibung. Beschreibung der inneren Reibung durch die Zähigkeit. Temperaturabhängigkeit der Zähigkeit. Absolut- und Relativmessung der Zähigkeit von Ölen.

📚 *Standardlehrbücher* (Stichworte: Zähigkeit, Viskosität, Strömungen),
Sommerfeld: Vorlesungen über Theoretische Physik Bd. 2,
Lüders/Pohl: Pohls Einführung in die Physik.

📖 Flüssigkeiten

Feste Körper besitzen eine feste Form oder Gestalt. Eine Flüssigkeit besitzt dagegen nur ein festes Volumen, das jede durch ein Gefäß vorgegebene Gestalt annehmen kann. Ein Gas dehnt sich auf den ganzen zur Verfügung stehenden Raum aus.

Im festen Körper befinden sich die Atome oder Moleküle in festen Gleichgewichtslagen, oft periodisch geordnet im sog. Kristall-Gitter. In Flüssigkeiten sind die Moleküle hingegen ungeordnet und können sich gegeneinander verschieben. Hierbei treten allerdings Reibungskräfte auf, die proportional zur Geschwindigkeit der Verschiebung sind. Im gasförmigen Zustand üben die Moleküle wegen der viel größeren gegenseitigen Abstände im Mittel nur geringe Kräfte aufeinander aus.

📖 Viskosität oder Zähigkeit

Die innere Reibung in Flüssigkeiten führt zur sog. **Zähigkeit**. Um eine Platte, Bild 10.1, in einem mit einer zähen Flüssigkeit gefüllten Trog parallel zur Plattenebene zu bewegen, ist eine Kraft F erforderlich (dies merkt man z. B. beim Verschieben eines Messers im Honig). Die Kraft hängt von der Größe der gesamten Plattenoberfläche A (Fläche der beiden Plattenseiten je $A/2$), der Geschwindigkeit v und dem Abstand z zwischen Platte und Trogwand ab. Bei geringer Trogbreite $2z$ und großer Fläche A gilt:

$$F = \eta A \frac{v}{z} \;,$$

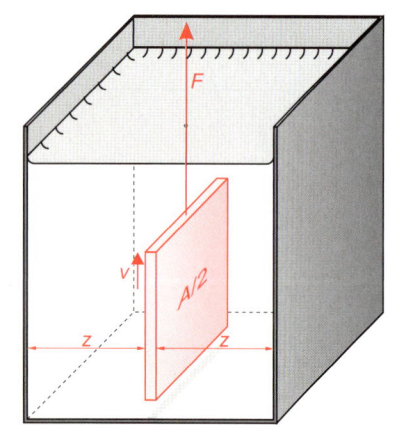

Bild 10.1. Bewegung einer Platte in einer Flüssigkeit unter Wirkung der inneren Reibung

wobei η eine vom Material abhängige Proportionalitätskonstante ist, die *Koeffizient der inneren Reibung* oder kurz **Zähigkeit** oder **Viskosität** der Flüssigkeit genannt wird. Die Einheit von η ergibt sich aus der Definitions-Gleichung $[\eta] = [\text{Kraft}][\text{Zeit}]/[\text{Länge}]^2$. Im SI-Maßsystem ist also

$$[\eta] = \text{Ns/m}^2 = \text{kg}\,\text{m}^{-1}\text{s}^{-1}$$

mit $1\,\text{N} = 1\,\text{Newton} = 1\,\text{kg}\,\text{m}\,\text{s}^{-2}$ als Einheit der Kraft oder

$$[\eta] = \text{Pa}\,\text{s}$$

mit $1\,\text{Pa} = 1\,\text{Pascal} = 1\,\text{N}\,\text{m}^{-2}$ als Einheit für Druck oder mechanische Spannung. Früher wurde η in cgs-Einheiten gemessen und als Einheit $1\,\text{Poise} = 1\,\text{g}\,\text{cm}^{-1}\,\text{s}^{-1}$ definiert. Es gilt $1\,\text{Pa}\,\text{s} = 1\,\text{kg}\,\text{m}^{-1}\,\text{s}^{-1} = 10\,\text{Poise}$.

Die Zähigkeit beruht auf innerer Reibung zwischen benachbarten Flüssigkeitsschichten, die sich mit unterschiedlicher Geschwindigkeit bewegen, wobei die Flüssigkeitsteilchen direkt an der Trogwand in Ruhe bleiben. Dagegen bewegen sich in Bild 10.2 die dicht an der Platte befindlichen Flüssigkeitsteilchen mit der Plattengeschwindigkeit v.

In den Zwischenbereichen werden die Flüssigkeitsschichten nur teilweise mitbewegt, wobei im einfachsten Fall ein lineares Geschwindigkeits-Gefälle entsteht, Bild 10.2. Zwischen benachbarten Flüssigkeitsschichten tritt dabei eine tangentiale *Schubspannung* $\tau = \text{Kraft}/\text{Fläche} = F/A$ auf, die proportional zum Geschwindigkeitsgefälle v/z ist, wie sich bereits aus der Eingangsformel ergibt. In anderen Anordnungen können auch nicht lineare Geschwindigkeits-Gefälle auftreten. Es gilt:

$$\tau = \frac{F}{A} = \eta \frac{\mathrm{d}v}{\mathrm{d}z} \quad .$$

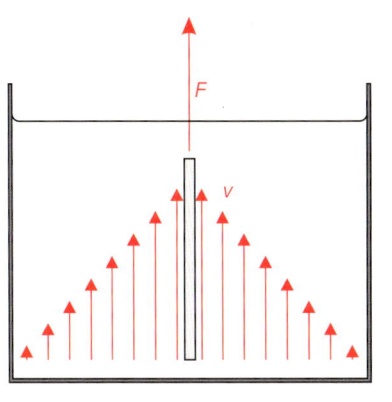

Bild 10.2. Bewegung einer Platte in einer Flüssigkeit und das lineare Geschwindigkeitsprofil der Flüssigkeitsschichten

Mißt man die Zähigkeit einer Flüssigkeit bei verschiedenen Temperaturen, so stellt man fest, daß η mit steigender Temperatur stark abnimmt. Technisches Beispiel: einfaches Auto-Getriebe-Öl. Für viele Flüssigkeiten gilt näherungsweise:

$$\eta = B e^{b/T} \quad ,$$

wobei B und b empirische Konstanten und T die *absolute Temperatur* sind.

Für Flüssigkeiten liegt η größenordnungsmäßig zwischen $10^{-3}\,\text{Pa}\,\text{s}$ (Wasser) und $10\,\text{Pa}\,\text{s}$ (Schweröl). Auch Glas und andere amorphe Stoffe können als unterkühlte Flüssigkeiten angesehen werden, die allerdings nur außerordentlich wenig fließen; alte Kirchenfenster sind z. B. unten dicker. Die Zähigkeit von Glas liegt bei Zimmertemperatur in der Größenordnung $10^{15}\,\text{Pa}\,\text{s}$, bei $400\,°\text{C}$ dagegen nur noch bei $10\,\text{Pa}\,\text{s}$. Anwendung: Glasblasen. Übrigens besitzen auch Gase eine gewisse, jedoch sehr kleine Zähigkeit: $\eta \approx 10^{-5}\,\text{Pa}\,\text{s}$.

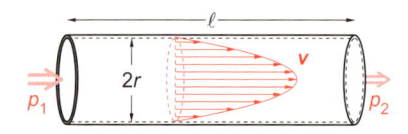

Bild 10.3. Parabolisches Geschwindigkeitsprofil in einer Flüssigkeit, die durch ein Rohr strömt

Strömung in engen Röhren; Kapillaren

Durch Zähigkeit bedingte Reibungskräfte treten auf, wenn eine Flüssigkeit durch ein enges Rohr fließt (Durchmesser $2r$, Länge ℓ). Auch hier haftet eine dünne Flüssigkeitsschicht an der Rohrwandung, und es bildet sich ein parabolisches Geschwindigkeitsprofil aus, Bild 10.3. Um einen konstanten Flüssigkeitsstrom mit der mittleren Geschwindigkeit $\bar{v}$ durch die Kapillare fließen zu lassen, muß eine Reibungskraft F_R überwunden werden, die sich berechnen läßt zu

$$F_R = 8\pi\eta\ell\bar{v} \ .$$

Das Flüssigkeitsvolumen ΔV, das in der Zeit Δt durch den Kapillarenquerschnitt $A = \pi r^2$ fließt, ist $\Delta V = A\bar{v}\Delta t$. Die Kraft zur Überwindung der Reibungskraft kann z. B. durch eine Druckdifferenz $p_1 - p_2$ zwischen den Kapillaren-Enden erzeugt werden: $F = A(p_1 - p_2)$. Damit ergibt sich für die *Flüssigkeits-Stromstärke* $I = \Delta V/\Delta t$ das

Hagen-Poiseuille'sche Gesetz $\quad \dfrac{\Delta V}{\Delta t} = \dfrac{r^4\pi\,(p_1 - p_2)}{8\eta\ell} \ .$

Tabelle 10.1. Drastische Verringerung des Flüssigkeitsstroms $\Delta V/\Delta t$ durch eine Röhre bei nur gering abnehmendem Radius r

r / mm	r^4 / mm^4	$\dfrac{\Delta V}{\Delta t}$
4	256	100 %
3	81	32 %
2	16	6 %
1	1	0,4 %

Für eine Kapillare hängt also die Stromstärke der Flüssigkeit vom Kapillarenradius r in vierter Potenz ab. Das hat z. B. wichtige Auswirkungen auf den Blutkreislauf (Arterienverkalkung, Herzinfarkt). Eine kleine Verengung der Adern erfordert eine große Steigerung der Druckdifferenz und damit der Herz-Leistung, wenn die transportierte Blutmenge konstant gehalten werden soll, Tabelle 10.1.

Die in Bild 10.3 skizzierte geschichtete oder **laminare Strömung** bildet sich nur dann aus, wenn die Strömungsgeschwindigkeiten nicht zu groß sind. Oberhalb einer Grenzgeschwindigkeit v_{gr} geht nämlich die laminare in die sog. **turbulente Strömung** über, in der unregelmäßig wirbelnde Bewegung und dadurch stark erhöhte Reibungswiderstände auftreten. Dann verlieren die hier angegebenen Formeln ihre Gültigkeit. Der Übergang von der einen in die andere Strömungsform erfolgt unstetig, wenn die sog. **Reynoldszahl** Re einen Grenzwert Re_{gr} überschreitet, der von der Strömungsgeometrie abhängt. Es gilt die allgemeine Definition:

$$\mathrm{Re} = \frac{\text{Beschleunigungsarbeit}}{\text{Reibungsarbeit}} \ ,$$

die im Falle der Rohrströmung zu der Beziehung

$$\mathrm{Re} = \frac{\rho r \bar{v}}{\eta}$$

führt, wobei ρ die Dichte der Flüssigkeit, η deren *Zähigkeit* und r der Kapillarenradius sind. Re ist eine dimensionslose Zahl. Für Strömungen in Rohren liegt der Grenzwert etwa bei $\mathrm{Re}_{gr} = 1200$.

Laminare Strömung für $\text{Re} < \text{Re}_{\text{gr}}$;
turbulente Strömung für $\text{Re} > \text{Re}_{\text{gr}}$.

Strömung um eine Kugel

Wird eine Kugel von einer zähen Flüssigkeit laminar umströmt, so ergibt sich das in Bild 10.4 skizzierte **Stromlinienbild**. Die innere Reibung der Flüssigkeit überträgt eine Kraft F auf die Kugel, die proportional zur Zähigkeit η, zum Kugelradius r und zur Strömungsgeschwindigkeit v ist

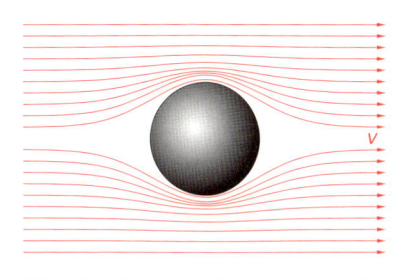

$$F = 6\pi\eta r v \quad .$$

Bild 10.4. Laminare Strömung um eine Kugel

Die Ableitung dieser Formel stellt erhebliche mathematische Anforderungen (siehe z. B. *Sommerfeld*: Vorlesungen über Theoretische Physik), da die Stromlinien im Raum gekrümmt verlaufen.

Die Kraft F tritt natürlich auch auf, wenn die Kugel mit konstanter Geschwindigkeit v durch die ruhende Flüssigkeit bewegt wird. Das geschieht z. B. wenn die Kugel unter dem Einfluß ihrer Gewichtskraft in einer zähen Flüssigkeit herabsinkt, Bild 10.5. Auf die Kugel wirken dann drei Kräfte:

- Die *Gewichtskraft* $F_G = mg$, wobei m die Masse der Kugel und $g = 9{,}81$ m/s^2 die Erdbeschleunigung sind.
- Die *Auftriebskraft* $F_A = \rho_{\text{Fl}} V g$, die nach dem *Archimedischen Prinzip* gleich der Gewichtskraft der verdrängten Flüssigkeitsmenge $m = \rho_{\text{Fl}} V$ ist. $V = (4/3)\,\pi r^3$ ist das Kugelvolumen und ρ_{Fl} die Dichte der Flüssigkeit.
- Die *Reibungskraft* $F_R = 6\pi\eta r v$, die der Kugelgeschwindigkeit entgegengesetzt ist.

Für die Richtung der drei Kräfte gilt: Die Gewichtskraft F_G ist nach unten, der Auftrieb F_A und die Reibungskraft F_R dagegen sind nach oben gerichtet. Im Falle des Kräftegleichgewichtes gilt daher die Beziehung:

$$F_G - F_A - F_R = 0 \quad .$$

In diesem Falle ist keine beschleunigende Kraft vorhanden: Die Kugel gleitet daher mit konstanter Geschwindigkeit. Man erhält die Beziehung:

$$\eta = \frac{(m - V\rho_{\text{Fl}})\,g}{6\pi r v} \quad .$$

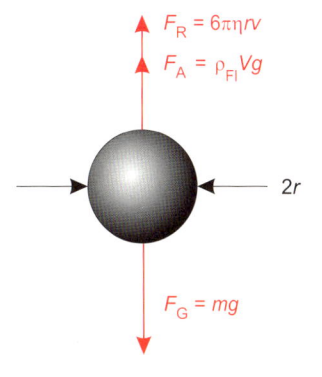

Bild 10.5. Kräfte, die auf eine Kugel in einer zähen Flüssigkeit wirken. Es sei angenommen, daß die umgebende Flüssigkeit seitlich unendlich ausgedehnt iat

Konstante Sinkgeschwindigkeiten, d. h. kein weiteres Anwachsen der Geschwindigkeit wie beim freien Fall, beobachtet man z. B. auch bei Regentropfen, Nebeltröpfchen in Wolken, Rauch- oder Staubteilchen, Fallschirmen. Kohlensäurebläschen in Mineralwasser oder Sekt steigen mit konstanter Geschwindigkeit auf, weil $F_A > F_G$ ist.

10.1 Zähigkeit nach der Kugelfallmethode (1/2)

Bestimmung der Zähigkeit eines Öles mit der Kugelfallmethode.

Rohre mit verschiedenen Ölsorten, Probestandgläser mit diesen Ölsorten, Maßstab, Aräometer zur Dichtebetimmung der Öle, Thermometer, Mikrometerschraube, Pinzette, Kugeln (Durchmesser: z. B. 0,8 und 1,0 mm), Stoppuhr.

Die zu untersuchende Flüssigkeit unbekannter Zähigkeit befindet sich in einem senkrecht stehenden Rohr, Bild 10.6. Läßt man eine kleine Stahlkugel mit dem Radius r etwa in der Rohrmitte in das Öl fallen, so erreicht sie nach wenigen Zentimetern Fallstrecke eine konstante *Sinkgeschwindigkeit* v. Aus der Messung der Fallzeit t zwischen zwei Ringmarken M_1 und M_2, die im Abstand ℓ am Rohr angebracht sind, ergibt sich diese Geschwindigkeit als $v = \ell/t$. Hieraus kann die Zähigkeit mit der o. a. Gleichung berechnet werden.

Der Abstand der Meßmarken M_1 und M_2 sowie der Rohrradius R werden mit dem Maßstab bestimmt. Temperatur ϑ_Z und Dichte ρ_{Fl} des Öls werden im Probestandglas gemessen. Der Kugeldurchmesser wird mit einer Mikrometerschraube gemessen, Messung 3-mal wiederholen.

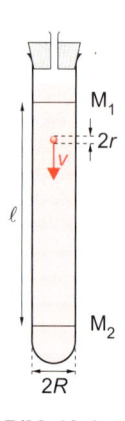

Bild 10.6. Versuchsaufbau zur Kugelfallmethode

Zur Messung der Sinkgeschwindigkeit v läßt man mit einer Pinzette jeweils eine Stahlkugel in die Meßflüssigkeit fallen und bestimmt mit einer Stoppuhr die zum Durchfallen der Meßstrecke ℓ benötigte Zeit t. Um Meßunsicherheiten auszugleichen, wird der Versuch mindestens 6-mal wiederholt.

Die Messung wird für eine Kugelsorte mit anderem Radius wiederholt.

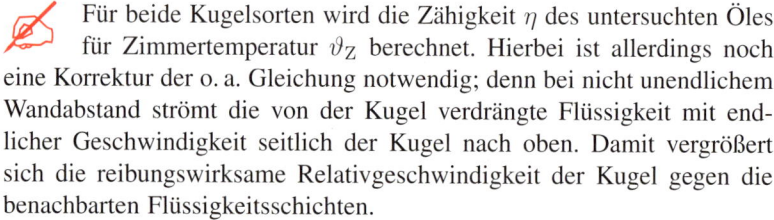

Für beide Kugelsorten wird die Zähigkeit η des untersuchten Öles für Zimmertemperatur ϑ_Z berechnet. Hierbei ist allerdings noch eine Korrektur der o. a. Gleichung notwendig; denn bei nicht unendlichem Wandabstand strömt die von der Kugel verdrängte Flüssigkeit mit endlicher Geschwindigkeit seitlich der Kugel nach oben. Damit vergrößert sich die reibungswirksame Relativgeschwindigkeit der Kugel gegen die benachbarten Flüssigkeitsschichten.

Nach R. Ladenburg kann dieser Einfluß näherungsweise durch einen Korrekturfaktor $(1 + 2{,}1\,r/R)$ berücksichtigt werden. Es gilt dann:

$$\eta = \frac{(m - V\rho_{Fl})\,g}{6\pi r v \left(1 + 2{,}1\,\frac{r}{R}\right)} \;.$$

V und m lassen sich substituieren. Das Volumen der Kugel ist $V = (4/3)\pi r^3$ und die Masse $m = V\rho_{Kugel}$. Damit ergibt sich:

$$\eta = \frac{2}{9}\,\frac{r^2\,(\rho_{Kugel} - \rho_{Fl})\,g}{v\left(1 + 2{,}1\,\frac{r}{R}\right)} \;.$$

Bei der Bestimmung des Meßfehlers kann der Einfluß des Korrekturgliedes $2{,}1\,r/R \ll 1$ vernachlässigt werden und man erhält:

$$\frac{\Delta\eta}{\eta} = \frac{2\Delta r}{r} + \frac{\Delta v}{v} + \frac{\Delta(\rho_{\text{Kugel}} - \rho_{\text{Fl}})}{\rho_{\text{Kugel}} - \rho_{\text{Fl}}} \quad \text{mit}$$

$$\frac{\Delta v}{v} = \frac{\Delta t}{t} + \frac{\Delta \ell}{\ell} \quad \text{und} \quad \Delta(\rho_{\text{Kugel}} - \rho_{\text{Fl}}) \approx \Delta\rho_{\text{Kugel}} + \Delta\rho_{\text{Fl}} \quad .$$

✎ Liegt die Abweichung zwischen den mit den Kugeln r_1 und r_2 ermittelten Werten η_1 und η_2 im Rahmen der Fehlergrenzen? Größere Abweichungen würden auf Abweichungen vom Stokesschen Gesetz hindeuten.

Liegt der Einfluß des Korrekturfaktors $(1 + 2{,}1\, r/R)$ außerhalb der Fehlergrenzen?

✎ Man berechne die Reynoldszahl und prüfe, ob die Bedingung für laminare Strömung erfüllt ist.

10.2 Temperaturabhängigkeit der Zähigkeit (1/2)

Bestimmung der Temperaturabhängigkeit der Zähigkeit.

Viskosimeter nach Ostwald mit verschiedenen Ölsorten, Thermometer, Wasserbad, Rührstab, Stoppuhr.

Mit dem *Viskosimeter* nach Ostwald, Bild 10.7, im Wasserbad, werden bei verschiedenen Temperaturen ϑ Relativmessungen der Zähigkeit eines Öles ausgeführt. Das Viskosimeter besteht aus einem U-förmig gebogenen Glasrohr mit angeschmolzener Kapillare K und zwei kugelförmigen Erweiterungen. Mit dem Gummiballon B wird die zu untersuchende Flüssigkeit aus dem unteren Vorratsgefäß V_{g1} durch die Kapillare K in den anderen Rohrschenkel hochgedrückt. Nach Entfernen des Gummiballons strömt die Flüssigkeit unter dem Einfluß der Schwerkraft durch die Kapillare, bis die Flüssigkeit in beiden Schenkeln wieder gleich hoch steht. Durch zwei Marken M_1 und M_2 oberhalb und unterhalb des oberen Vorratsgefäßes V_{g2} ist ein Volumen V festgelegt. Die Durchlaufzeit t des Flüssigkeitsmeniskus zwischen den Meßmarken M_1 und M_2 ist durch die Zähigkeit bestimmt. Die Apparatur kann durch das Wasserbad auf Temperaturen ϑ zwischen z. B. 0 °C (Eisbad) und 50 °C eingestellt werden kann.

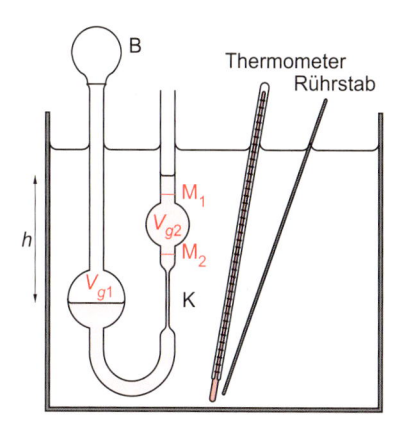

Bild 10.7. Viskosimeter nach Ostwald zur Bestimmung der Temperaturabhängigkeit von Flüssigkeiten im Wasserbad

Während des Ablaufens ändert sich allerdings die Höhe h der Flüssigkeitssäule kontinuierlich. Es ist daher nicht möglich, aus diesem Versuch den Absolutwert für die Zähigkeit η z. B. durch das Hagen-Poiseuille'sche Gesetz zu bestimmen. Vergleicht man jedoch den Strömungsvorgang für die gleiche Flüssigkeit bei zwei verschiedenen Temperaturen ϑ_1, ϑ_2, so zeigt die Formel, daß bei jeweils gleicher Höhe h die Stromstärken dV/dt proportional zu $1/\eta$ sind. Die sehr geringe Temperaturabhängigkeit der Flüssigkeitsdichte ρ_{Fl} kann man vernachlässigen. Da nun alle Phasen des Strömungsvorganges gleichartig durchlaufen werden, müssen auch die insgesamt gemittelten Stromstärken dV/dt proportional zu $1/\eta$ sein. Für ein gegebenes Volumen V sind daher die Gesamtdurchflußzeiten direkt proportional zu η, und es gilt

$$t_1 : t_2 = \eta_1 : \eta_2 \quad \text{bzw.} \quad \eta = \beta t \quad ,$$

wobei β eine Proportionalitätskonstante, der Kalibrierfaktor, ist.

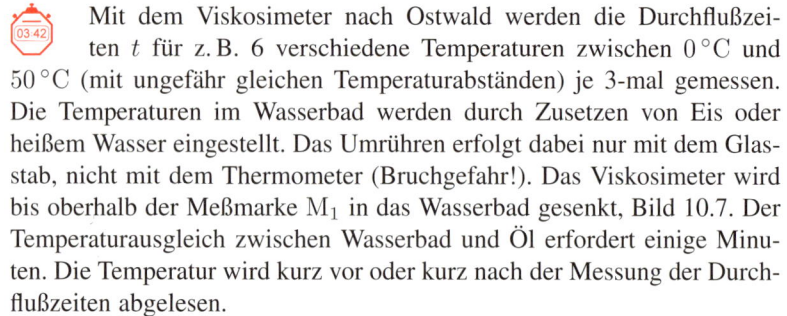

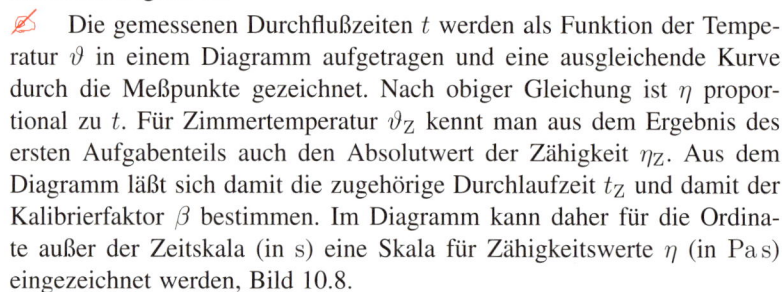

Mit dem Viskosimeter nach Ostwald werden die Durchflußzeiten t für z. B. 6 verschiedene Temperaturen zwischen $0\,°C$ und $50\,°C$ (mit ungefähr gleichen Temperaturabständen) je 3-mal gemessen. Die Temperaturen im Wasserbad werden durch Zusetzen von Eis oder heißem Wasser eingestellt. Das Umrühren erfolgt dabei nur mit dem Glasstab, nicht mit dem Thermometer (Bruchgefahr!). Das Viskosimeter wird bis oberhalb der Meßmarke M_1 in das Wasserbad gesenkt, Bild 10.7. Der Temperaturausgleich zwischen Wasserbad und Öl erfordert einige Minuten. Die Temperatur wird kurz vor oder kurz nach der Messung der Durchflußzeiten abgelesen.

Die gemessenen Durchflußzeiten t werden als Funktion der Temperatur ϑ in einem Diagramm aufgetragen und eine ausgleichende Kurve durch die Meßpunkte gezeichnet. Nach obiger Gleichung ist η proportional zu t. Für Zimmertemperatur ϑ_Z kennt man aus dem Ergebnis des ersten Aufgabenteils auch den Absolutwert der Zähigkeit η_Z. Aus dem Diagramm läßt sich damit die zugehörige Durchlaufzeit t_Z und damit der Kalibrierfaktor β bestimmen. Im Diagramm kann daher für die Ordinate außer der Zeitskala (in s) eine Skala für Zähigkeitswerte η (in $Pa\,s$) eingezeichnet werden, Bild 10.8.

Auf eine Fehlerrechnung wird verzichtet, da schwer abschätzbare systematische Fehler einen entscheidenden Beitrag liefern können.

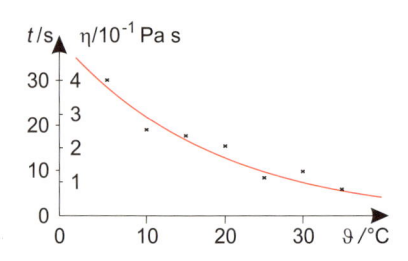

Bild 10.8. Gemessene Durchflußzeiten t sowie Zähigkeit η als Funktion der Temperatur ϑ

11. Oberflächenspannung und Kapillarität

🏁 Einführung in die Grundlagen der Grenzflächenphysik. Messung der Oberflächenspannung von Wasser und anderen Flüssigkeiten nach verschiedenen Methoden.

📚 *Standardlehrbücher* (Stichworte: Oberflächenspannung, Kapillarität, Kohäsion, Adhäsion).

Spezifische Oberflächenenergie und Oberflächenspannung

Ein Molekül innerhalb einer Flüssigkeit unterliegt allseitig den gleichen anziehenden Kräften seiner Nachbarmoleküle, Bild 11.1. Der hierdurch bedingte *Kohäsionsdruck* (von der Größenordnung 10^4 Atmosphären) ist jedoch nicht direkt beobachtbar. Die Reichweite der Molekularkräfte beträgt nur 10^{-7} bis 10^{-6} cm; dies ist der Radius der Wirkungssphäre.

Für ein Molekül in der Nähe der Oberfläche ragt ein Teil seiner Wirkungssphäre in den Gasraum, in dem die Dichte der Nachbarmoleküle sehr viel geringer ist. Es resultiert daher für dieses Molekül eine Kraft, die in das Innere der Flüssigkeit gerichtet ist.

Flüssigkeitsteilchen in der Oberfläche besitzen daher zusätzliche potentielle Energie, die sog. *Oberflächenenergie*: Will man eine Oberfläche um den Betrag ΔA vergrößern, so muß man eine Energie ΔE aufbringen, um die entsprechende Flüssigkeitsmenge aus dem Inneren an die Oberfläche zu bringen.

Der Quotient $\Delta E/\Delta A = \varepsilon$ ist konstant und heißt die **spezifische Oberflächenenergie**

$$\varepsilon = \frac{\text{Energiezunahme}}{\text{Oberflächenzunahme}} \quad \frac{\Delta E}{\Delta A} \quad ,$$

SI-Einheit: $\text{N m}/\text{m}^2 = \text{N/m}$.

Jede freie Flüssigkeitsoberfläche versucht ihren Flächeninhalt zu verringern und den Zustand minimaler potentieller Energie anzunehmen. So zieht sich eine kleine Flüssigkeitsmenge zu einem (nahezu) kugelförmigen Tropfen zusammen, da eine Kugel bei gegebenem Volumen die kleinstmögliche Oberfläche besitzt. In Bild 11.2 hat sich eine *Flüssigkeitslamelle*, ein Seifenhäutchen zwischen einem U-förmig gebogenen Draht und einem beweglichen Bügel der Länge b ausgebildet. Es treten dann tangential zur

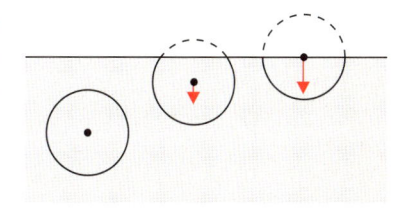

Bild 11.1. Moleküle in einer Flüssigkeit und auf sie wirkende Kräfte

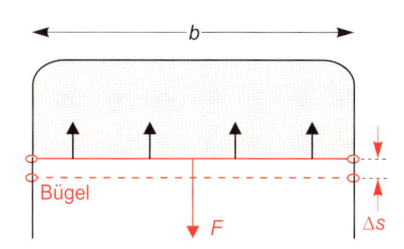

Bild 11.2. Flüssigkeitslamelle in einem U-förmigen Draht mit Bügel

11. Oberflächenspannung und Kapillarität

Tabelle 11.1. Oberflächenspannungen σ einiger Flüssigkeiten bei 20 °C
(*) Achtung! Brennbar!
(**) Achtung! Beim Experimentieren unbedingt besondere Sicherheitsvorkehrungen treffen!

Flüssigkeit	chem. Formel	σ / 10^{-3} N/m
Isopropylalkohol	C_3H_8O	21,4
Ethylalkohol (*)	C_2H_6O	22,3
Essigsäure	$C_2H_4O_2$	27,4
Glycerin	$C_3H_8O_3$	65,7
Wasser	H_2O	72,8
Quecksilber (**)	Hg	465

Oberfläche Kräfte auf, die diese zu verkleinern suchen. Es zeigt sich, daß diese Kräfte nicht von der Größe A der bereits vorhandenen Oberfläche abhängen. Eine an dem Bügel angreifende äußere Kraft F halte den Oberflächenkräften gerade das Gleichgewicht.

Wird nun der Bügel unter dem Einfluß dieser Kraft um Δs verschoben und damit die Flüssigkeitsoberfläche um $\Delta A = 2\Delta sb$ vergrößert, so wird dabei die Arbeit $\Delta E = F\Delta s$ verrichtet. Es ist $\varepsilon = \Delta E/\Delta A = F\Delta s/2\Delta sb = F/2b$.

Es wird nun eine neue Größe definiert, die

Oberflächenspannung

$$\sigma = \frac{\text{Tangentialkraft}}{\text{Länge der Oberflächenberandung}} = \frac{F}{2b}.$$

Da die Lamelle zwei Oberflächen hat, geht die Länge b des Bügels doppelt ein. Der Vergleich zeigt, daß die spezifische Oberflächenarbeit und die Oberflächenspannung zahlen- und dimensionsmäßig gleich sind: $\varepsilon = \sigma$. Sie stellen eine Materialkonstante der Flüssigkeit dar, siehe Tabelle 11.1. Allerdings ist diese Materialkonstante von der Temperatur abhängig. Ferner kann die Oberflächenspannung durch kleine Fremdstoffzusätze stark beeinflußt werden, z. B. führt Seife in Wasser zu sog. „entspanntem" Wasser mit deutlich verringerter Oberflächenspannung.

Oberflächenspannung an gekrümmten Oberflächen

In einer freien, ebenen Flüssigkeitsoberfläche heben sich die tangentialen Kräfte auf, Bild 11.3a. Bei einer konvex gekrümmten Oberfläche dagegen liefern die an einem Oberflächenmolekül angreifenden Kräfte eine nach innen gerichtete Komponente, die den im vorigen Abschnitt behandelten *Kohäsionsdruck* noch um den Druck p_σ vergrößert, Bild 11.3b. Dieser

Kapillardruck $\quad p_\sigma = \dfrac{2\sigma}{r}$

hängt nur vom Krümmungsradius r der Oberfläche und von der Oberflächenspannung σ ab.

Für eine konkave Oberfläche ergibt sich ein Druck p_σ in der entgegengesetzten Richtung, Bild 11.3c.

Die Oberflächenspannung bestimmt auch den Durchmesser von Gasblasen in Flüssigkeiten und von Seifenblasen in Luft. Es entstehe z. B. in einer Flüssigkeit der Dichte ρ in der Tiefe h unter der Oberfläche ein Gasbläschen vom Radius r, Bild 11.4. Der Gasdruck p_i in der Blase muß dann der Summe von *hydrostatischem Druck* $p_h = \rho g h$ und *Kapillardruck* $p_\sigma = 2\sigma/r$ das Gleichgewicht halten:

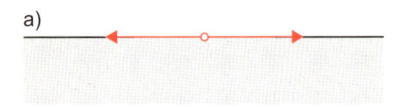

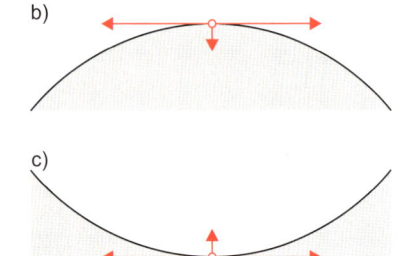

Bild 11.3a-c. Kräfte durch Oberflächenspannungen und Drucke bei unterschiedlichen Formen der Flüssigkeitsoberfläche

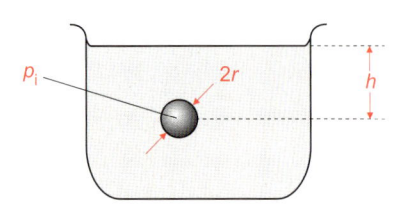

Bild 11.4. Gasbläschen in einer Flüssigkeit

$$p_\mathrm{i} = p_\mathrm{h} + p_\sigma = \rho g h + \frac{2\sigma}{r} \quad .$$

In einer Seifenblase, Bild 11.5, hält der Innendruck p_i des eingeschlossenen Gases dem *Oberflächenspannungsdruck* $p_\sigma = 2 \cdot 2\sigma/r$ das Gleichgewicht; die Seifenhaut hat wieder zwei Oberflächen.

Kapillarität

An der Grenzfläche zwischen verschiedenen Medien üben auch die verschiedenartigen Moleküle Anziehungskräfte aufeinander aus. Dabei bezeichnet man die Anziehungskraft zwischen Molekülen desselben Stoffes als **Kohäsion** und die Anziehungskraft zwischen Molekülen verschiedener Stoffe als **Adhäsion**.

Ein fester Körper wird von einer Flüssigkeit benetzt, wenn die Adhäsion größer als die Kohäsion innerhalb der Flüssigkeit ist. Die Flüssigkeit versucht sich dann möglichst weit über die Wand auszubreiten, und ihre Oberfläche wölbt sich daher in Wandnähe konkav nach oben, z. B. Wasser an einer sauberen Glaswand, Bild 11.6a.

Ist dagegen die Adhäsion kleiner als die Kohäsion, so tritt in Wandnähe eine konvexe Wölbung nach unten ein, die sog. *Kapillar-Depression*. Dies tritt z. B. bei Quecksilber an Glas auf, Bild 11.6b.

Taucht ein enges Rohr vom Durchmesser $2r$ in eine (vollständig) benetzende Flüssigkeit der Dichte ρ, Bild 11.7, so steigt diese in der **Kapillare** bis zur Höhe h hoch:

Steighöhe in einer Kapillaren $\qquad h = \dfrac{2\sigma}{r\rho g}$

mit der Erdbeschleunigung $g = 9{,}81\,\mathrm{m/s^2}$ und Oberflächenspannung σ.

Herleitung: Die Flüssigkeitsoberfläche bildet in der Kapillaren einen Meniskus, der an der Wand tangential endet. An dieser Benetzungsgrenze führt die Oberflächenspannung längs des Umfangs $2\pi r$ zu einer Zugkraft $F_\sigma = 2\pi r\sigma$, die in der Lage ist, das Gewicht einer Flüssigkeitssäule $F_\mathrm{G} = \pi r^2 h\rho g$ zu tragen. Aus $F_\sigma = F_\mathrm{G}$ folgt obige Gleichung.

Grenzflächenspannungen und Randwinkel

Nicht nur an den Grenzflächen Flüssigkeit/Glas, sondern auch an allen anderen Grenzflächen zwischen verschiedenen Medien oder Phasen treten *Grenzflächenspannungen* auf; z. B. zwischen zwei nicht mischbaren Flüssigkeiten sowie zwischen einem festen Körper und einer Flüssigkeit oder einem Gas. An einer vertikalen Gefäßwand bildet im allgemeinen die Flüssigkeit einen Randwinkel Θ, der von $0°$ oder von $90°$ verschieden ist, Bild 11.8. An der Benetzungsgrenze stoßen drei Medien zusammen: feste Wand/Flüssigkeit/Dampf. Die entsprechenden drei Grenzflächenspannungen müssen dort im Gleichgewicht stehen, wobei zu beachten ist, daß die starre Wand die horizontalen Kraftkomponenten ohne Verformung aufnimmt. Es gilt daher das

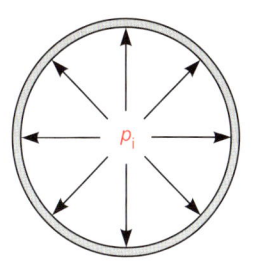

Bild 11.5. Schnitt durch eine Seifenblase, schematisch

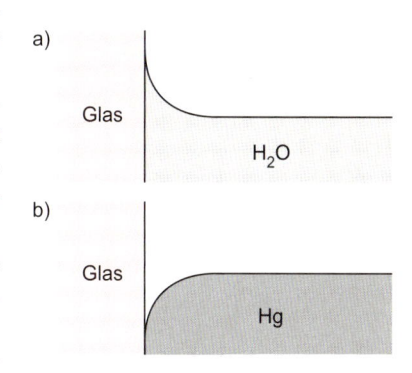

Bild 11.6. (a) Adhäsion > Kohäsion: Glas / Wasser; (b) Adhäsion < Kohäsion: Glas / Quecksilber

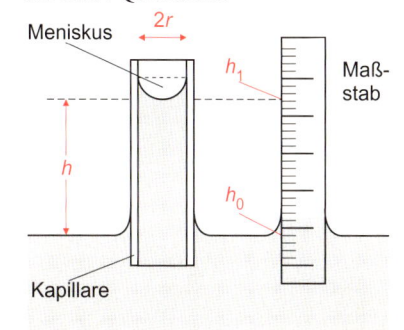

Bild 11.7. Flüssigkeit in einer Kapillaren

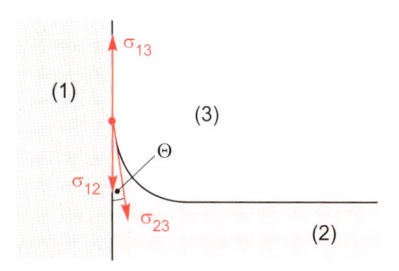

Bild 11.8. Veranschaulichung des Kapillaritätsgesetzes

Kapillaritätsgesetz $\sigma_{13} - \sigma_{12} = \sigma_{23} \cos \Theta$.

Wird innerhalb einer Kapillaren die Wand nicht vollständig benetzt, so daß sich ein von $0°$ verschiedener Randwinkel Θ einstellt, so trägt nur die zur Wand parallele Komponente der Oberflächenspannung $\sigma \cos \Theta$ die Flüssigkeitssäule, und es ist daher

$$h = \frac{2\sigma \cos \Theta}{r\rho g} \quad .$$

Bringt man einen Tropfen einer unlöslichen Flüssigkeit auf eine Wasseroberfläche, so bildet sich in der Regel eine schwimmende Linse aus. Auf ein Teilchen am Linsenrand wirken wieder drei Oberflächenspannungen, Bild 11.9, und die Randwinkel der Linse stellen sich so ein, daß sich die Oberflächenspannungen als Vektoren das Gleichgewicht halten. Ist nun $|\sigma_{12}| > |\sigma_{13}| + |\sigma_{23}|$, so ist ein Gleichgewicht unmöglich, und der Tropfen wird zu einer die ganze Oberfläche bedeckenden Schicht, im Grenzfall bis zu monomolekularer Dicke, auseinandergezogen. Dies ist z. B. bei Öl auf Wasser der Fall, was im Falle einer Öltankerleckage zu den bekannten verheerenden Umweltverschmutzungen der Meere führt.

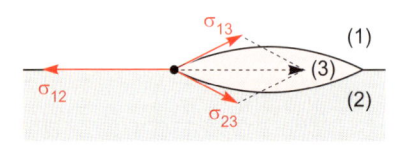

Bild 11.9. Tropfen einer unlöslichen Flüssigkeit auf einer Wasseroberfläche

11.1 Lamellen-Abreißverfahren (1/3)

Bestimmung der Oberflächenspannung σ von Wasser nach der Lamellen-Abreißmethode.

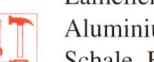

Aluminiumring, Federkraftmesser (z. B. 0,1 N), Gefäß mit Hahn, Schale, Flüssigkeit (z. B. destilliertes Wasser), Lineal, Isopropylalkohol, Zellstoff, Thermometer.

Ein Aluminium-Ring (Radius R) mit einer scharfen Schneide wird in einer Dreipunktaufhängung an eine Federwaage als Kraftmesser gehängt und in die zu untersuchende, vollständig benetzende Flüssigkeit, z. B. Wasser, eingetaucht, Bild 11.10. Mit Hilfe eines Wasserhahnes wird die Flüssigkeit langsam abgelassen, so daß sich der Flüssigkeitsspiegel kontinuierlich und erschütterungsfrei senkt. Taucht der Ring aus der Flüssigkeit auf, so bildet sich an seiner Schneide eine zylindrische, mit der Flüssigkeitsoberfläche zusammenhängende Lamelle. Die an der Federwaage angezeigte Kraft F_w wächst, bis die Lamelle schließlich reißt: $F_{w,max}$. Dann hat die an der Lamelle angreifende Kraft gerade die durch die Oberflächenspannung erzeugte Kraft F_σ überschritten:

$$F_\sigma = 2(2\pi R)\sigma \quad ;$$

die Lamelle enthält zwei Grenzschichten der Länge $2\pi R$. Der Kraftmesser zeigt die Summe der *Oberflächenspannungskraft* F_σ und des Gewichtes des Aluminiumringes F_G an: $F_{w,max} = F_\sigma + F_G$.

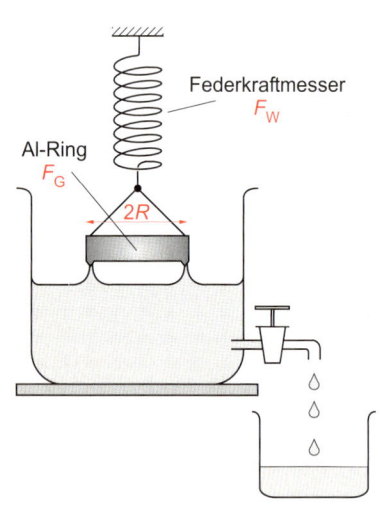

Bild 11.10. Versuchsanordnung zum Lamellen-Abreißverfahren

Der Ringdurchmesser $2R$ wird vor dem Abreißexperiment über verschiedene Diagonalen mit einem Lineal gemessen. Dann wird er durch Abreiben mit in Isopropylalkohol getränktem Zellstoff gereinigt, wobei die Schneide nicht beschädigt werden darf.

Vor der Messung soll der Ring wenigstens einige Minuten in der zu untersuchenden Flüssigkeit, z. B. destilliertem Wasser, liegen. Benetzungskontrolle: Die Flüssigkeit muß nach dem Herausziehen des Ringes ganz gleichmäßig ablaufen.

Ring vollständig in die Flüssigkeit eintauchen. Um Randstörungen zu vermeiden, wird der Ring in der Gefäßmitte getaucht. Abreißkraft $F_{w,\max}$ messen und anschließend jeweils das Gewicht F_G des Ringes ablesen. In der Nähe des Abreißpunktes sollte der Flüssigkeitsspiegel nur sehr langsam abgesenkt werden. Erschütterungen vermeiden. Der Versuch wird einige Male wiederholt; hierbei kann die Höhe des Federkraftmessers so eingestellt werden, daß die Abreißkraft schon zu Beginn der Messung erreicht wird.

Die Flüssigkeitstemperatur muß gemessen werden.

Oberflächenspannung σ des Wassers ausrechnen und mit Fehlergrenzen angeben, Vergleich mit Literaturangaben. Meßtemperatur nennen.

11.2 Kapillaren-Steighöhenmethode (1/3)

Bestimmung der Oberflächenspannung σ von Wasser aus der Steighöhe in Kapillaren.

Satz von Kapillaren mit unterschiedlichen Durchmessern, konische Lochlehre, Schale, Flüssigkeit (z. B. destilliertes Wasser), Lineal.

Ein Satz von Kapillaren mit unterschiedlichen Durchmessern $2r$, Bild 11.11, wird, nach Größe geordnet, so aufgehängt, daß sie in die Versuchsflüssigkeit unten eintauchen. Ein teilweise eingetauchtes Lineal wird dicht hinter die Kapillare gebracht und die Höhe $h_1 - h_0$ des Meniskusscheitels abgelesen; die Höhe des Flüssigkeitsniveaus h_0 kann bestimmt werden, indem man von der Seite unterhalb der Wasseroberfläche entlangvisiert: parallaxenfreie Ablesung. Die Steighöhe ist dann $h = h_1 - h_0$. Extreme Reinheit der Kapillaren-Innenwände ist Voraussetzung für zuverlässige Ergebnisse. Die Kapillaren werden deshalb in destilliertem Wasser aufbewahrt. Vor der Ablesung der Steighöhen wird der Halter mit den Kapillaren erst etwas nach oben verschoben, damit sich der Meniskus an einer schon vorher benetzten Stelle ausbildet. Ablesung der Höhen h_n nach nochmaliger Verschiebung des Halters mehrmals wiederholen (schon um Fehlablesungen zu vermeiden).

Unter der Voraussetzung, daß die Flüssigkeit die Kapillarenwände vollständig benetzt, ist, wie gezeigt, die Steighöhe in einer Kapillaren $h = 2\sigma/r\rho g$ und damit die Oberflächenspannung $\sigma = \frac{1}{2}hr\rho g$. Die Dichte ρ wird aus Tabellen entnommen, z. B. $\rho_{\text{wasser}} = 1\,\text{g/cm}^3$. Der Kapillarendurchmesser $2r$ wird mit einer konischen Lochlehre gemessen. Der Meßkonus ist eventuell nicht rostfrei, daher unbedingt nach Gebrauch mit Zellstoff abtrocknen. Der Konus wird am besten in die oberen Öffnungen

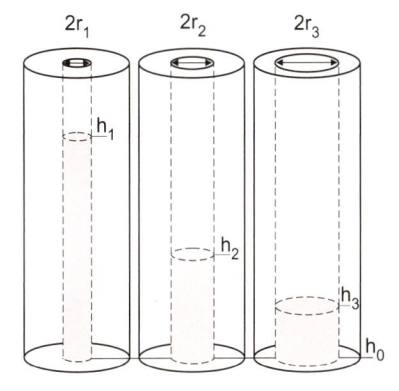

Bild 11.11. Kapillaren mit verschiedenen Durchmessern und Steighöhen h_n ($n=1,2,3$) einer Flüssigkeit

der im Halter hängenden Kapillaren bis zum Anschlag eingeführt und abgelesen. Die Messung ist zu wiederholen, um Ablesefehler zu vermeiden.

Grafische Darstellung der Steighöhen h als Funktion von $(1/r)$ und Ermittlung von σ. Fehler abschätzen. Bei der Auswertung ist zu beachten, daß bei den weiten Kapillaren noch eine Korrektur notwendig ist, die das Gewicht der Flüssigkeitsmenge innerhalb des Meniskus oberhalb des Scheitels berücksichtigt. Anstelle der gemessenen Steighöhe h ist zu setzen: $h' = h + (r/3)$.

11.3 Luftblasenmethode (1/3)

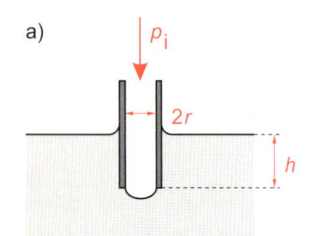

Bestimmung der Oberflächenspannung σ von Wasser nach der Luftblasenmethode.

U-förmiges Wassermanometer, Schlauch, Kapillare, Becherglas, destilliertes Wasser, Lineal.

Es wird der Druck p_i gemessen, der zur Erzeugung eines Bläschens vom Radius r innerhalb der zu untersuchenden Flüssigkeit (Dichte ρ) in der Tiefe h benötigt wird.

Nach der o. a. Gleichung für die Druckbilanz an der Oberfläche eines Bläschen errechnet sich die Oberflächenspannung σ aus, Bild 11.12a

$$\sigma = \frac{1}{2} r \left(p_i - \rho g h \right) \quad .$$

Die Apparatur besteht aus dem U-förmigen Wassermanometer, an das auf der einen Seite über ein Schlauchstück eine dünnwandige Kapillare angesetzt ist, die in die Flüssigkeit eintaucht (h mindestens 10 mm), Bild 11.12b. Durch den vorsichtig und nur wenig geöffneten Verbindungshahn V läuft aus dem Vorratsgefäß langsam weiteres Wasser in das U-Manometer. Dadurch wird die Luft zwischen dem linken Manometerschenkel und der Kapillarenöffnung zunehmend komprimiert. Der Überdruck p wird vom Manometer angezeigt:

$$p = \rho' g H$$

mit der Höhendifferenz der Wassersäulen H; $\rho' = 1\,\mathrm{g/cm^3}$. Unmittelbar vor dem Entweichen der ersten Blase aus der Kapillaren, Bild 11.12a, entspricht der Druck p dem Gasdruck p_i in der Blase mit dem Radius r.

Während der Messung von p_i ändert sich im wesentlichen nur die Lage des höherstehenden Flüssigkeitsspiegels im Manometer. Man liest also zuerst den tieferen Spiegel ab und beobachtet dann das Steigen des höheren Spiegels, der beim Ablösen der ersten Blase ruckartig um einige mm fällt. Aus dem Maximalwert der Höhendifferenz H errechnet man p_i. Die Tauchtiefe h der Kapillaren kann von außen mit dem Lineal gemessen werden, wobei das Becherglas bis an die Kapillare herangeschoben wird (Parallaxe möglichst vermeiden).

Es ist öfter notwendig, über den Hahn A das Wasser aus dem Manometer abzulassen. Vorher ist die Meßflüssigkeit von der Kapillaren zu entfernen, da diese sonst eingesaugt wird.

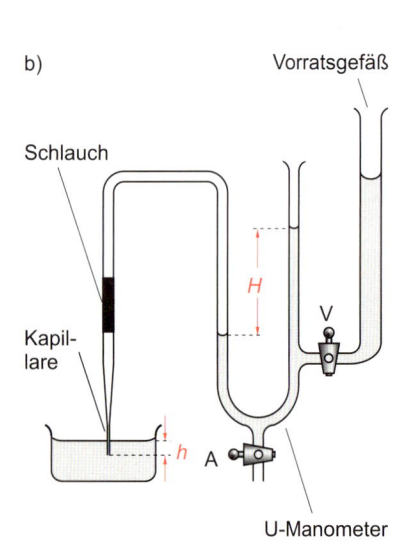

Bild 11.12. Versuchsanordnung zur Luftblasenmethode

Zuverlässige Messungen erhält man nur mit gut gereinigten Kapillaren, die deshalb unter destilliertem Wasser aufbewahrt werden.

Nach dem Aufbau des Versuches wird der Druck p_i für die Ablösung von Luftblasen mehrmals gemessen. Der Kapillaren-Durchmesser $2r$ ist angegeben. Die Dichte ρ der Flüssigkeit wird Tabellen entnommen. Die Eintauchtiefe h ist zu messen und die Temperatur ist anzugeben.

Mit dem gemittelten Ergebnis wird die Oberflächenspannung von Wasser berechnet. Stimmt das Ergebnis innerhalb der Fehlergrenzen mit dem Literaturwert überein?

11.4 Stoff- und Temperaturabhängigkeit (1/3)

Bestimmung der Oberflächenspannung σ von weiteren Flüssigkeiten, Gemischen und Lösungen. Untersuchung der Temperaturabhängigkeit.

Aufbauten für Lamellen-Abreißverfahren, Kapillaren-Steighöhenmethode und Luftblasenmethode, Thermometer, Flüssigkeiten.

Mit den bereits oben getesteten Methoden sollen orientierende Messungen der Oberflächenspannung für weitere Flüsssigkeiten durchgeführt werden. Der Einfluß von Benetzungsmitteln und gelösten Salzen sowie der Temperatur kann nachgewiesen werden.

Bestimmung von σ für andere Flüssigkeiten, z. B. Isopropylalkohol – zum Vergleich siehe Tabelle 11.1, Seite 112.

Änderung von σ für Wasser beim Zusatz einer kleinen Menge Benetzungsmittel. Die Abhängigkeit von der Konzentration ist zu überprüfen; verdünnte Lösung tropfenweise zugeben.

σ für Lösungen, z. B. NaCl in Wasser oder Flüssigkeitsgemische, z. B. Isopropylalkohol und Wasser in Abhängigkeit von der Konzentration.

Messung der Temperaturabhängigkeit von σ für Wasser. Hier ist eine genaue Messung erforderlich, da die Temperaturabhängigkeit nur gering ist. Das Verfahren der Kapillaren-Steighöhenmethode ist dazu ungeeignet.

Die ermittelten Oberflächenspannungen werden angegeben und vergleichend diskutiert.

12. Schallwellen und Akustik

Grundlagen der Wellenlehre und der Akustik. Eigenschwingungen und stehende Wellen in der Mechanik. Adiabatische Zustandsänderungen von Gasen.

Standardlehrbücher (Stichworte: Akustik, Schall, Wellen, stehende Wellen, mechanische Schwingungen).
Themenkreis 9: Elastizität und *Themenkreis 17*: Ideale und reale Gase.

Wellen und Schall

Die Akustik ist ein Teilgebiet der Mechanik und beschäftigt sich mit Schwingungen elastischer Körper sowie der räumlichen Ausbreitung dieser Schwingungen in Form der Schallwellen.

Wird ein Teilchen in einem elastischen Medium aus der Ruhelage ausgelenkt, so überträgt sich die Bewegung durch elastische Kopplung mit einer zeitlichen Verzögerung auch auf die benachbarten Teilchen: Der Bewegungszustand pflanzt sich als **Welle** mit einer chakteristischen *Ausbreitungsgeschwindigkeit v* fort. Anschauliche Beispiele für die Ausbreitung von Wellen sind z. B.

- Wasserwellen, erregt durch einen einmalig oder periodisch eintauchenden Körper;
- Wellen auf einem gespannten Seil, Bild 12.1, als Einzelwellenberg oder als Sinuswelle;
- Wellen quer oder längs einer Kette aus gleichartigen Federn und Massenelementen, Bild 12.2.

Für Wellen ist charakteristisch, daß sie Energie und Impuls transportieren, ohne daß im Zeitmittel ein Materietransport vorliegt. Man unterscheidet grundsätzlich

Transversalwellen (Querwellen): Teilchen schwingen senkrecht zur Fortpflanzungsrichtung, Bild 12.2b, und

Longitudinalwellen (Längswellen): Teilchen schwingen in Fortpflanzungsrichtung, Bild 12.2c, es entstehen Dichteschwankungen.

Transversalwellen sind z. B. elektromagnetische Wellen, Lichtwellen. Longitudinalwellen sind z. B. Schallwellen, die sich in Gasen, Flüssigkeiten und Festkörpern ausbreiten. In einer Schallwelle schwingen die Atome des Materials um ihre jeweilige Ruhelage.

Die meisten *Schallwellen* sind sinusförmig. Zur Beschreibung einer *harmonischen* oder *sinusförmigen Welle* stellt man sich vor, daß jedes

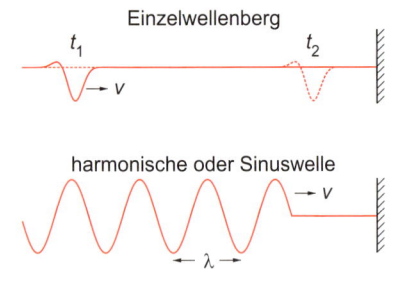

Bild 12.1. Wellen auf einem gespannten Seil, Momentaufnahmen

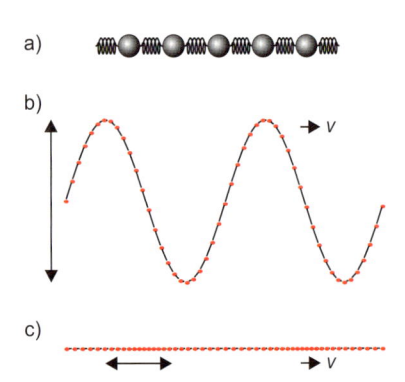

Bild 12.2. (a) Kette aus gleichartigen Federn und Massenelementen, (b) Transversal- und (c) Longitudinalwellen (Momentbilder)

Teilchen des Mediums in der Ausbreitungsrichtung x als Funktion der Zeit t eine sinusförmige Schwingung ausführt (Bild 12.3a):

Schwingung
$$a = A \sin\left(2\pi \frac{t}{T} + \varphi'\right); \quad \varphi' \text{ und } x \text{ konstant} \quad .$$

Hier sind a die Auslenkung des Teilchens aus der Ruhelage, A die **Schwingungsweite** oder **Amplitude** und T die **Schwingungszeit**. Benachbarte Teilchen schwingen dabei allerdings mit einer zeitlichen Verzögerung; d. h. die Phasenkonstante φ' ist von der Ortskoordinate x abhängig.

Ein Momentbild (t = konst.) der Auslenkungen a aller Teilchen zeigt nun ferner auch eine räumlich sinusförmige Verteilung (Bild 12.3b):

Momentbild einer Welle
$$a = A \sin\left(2\pi \frac{x}{\lambda} + \varphi''\right); \quad \varphi'' \text{ und } t \text{ konstant} \quad .$$

λ ist die **Wellenlänge**, d. h. die Länge der räumlichen Periode. Die von Zeit und Ort abhängige Wellenbewegung, Bild 12.3c, wird allgemein beschrieben durch:

Wellenbewegung $\quad a = A \sin(\omega t - kx + \varphi) \quad ,$

mit der

Kreisfrequenz $\quad \omega = \dfrac{2\pi}{T}$

und dem

Wellenvektorbetrag $\quad k = \dfrac{2\pi}{\lambda} \quad .$

Nach der Zeit $t = T$ hat jedes Teilchen eine vollständige Schwingung durchlaufen und befindet sich dann in der gleichen Lage wie zur Zeit $t = 0$. Gleichzeitig verschiebt sich der ganze Wellenzug räumlich um die Strecke $x = \lambda$. Die *Ausbreitungsgeschwindigkeit* v der Welle ist daher

$$v = \frac{\text{Weg der Welle}}{\text{Zeit}} = \frac{\lambda}{T}$$

oder

Ausbreitungsgeschwindigkeit $\quad v = \lambda f \quad .$

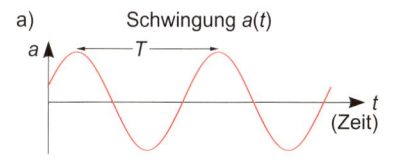

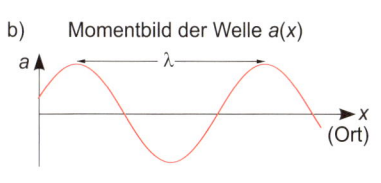

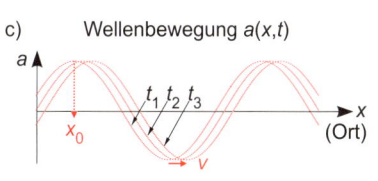

Bild 12.3. (a) Schwingung an festem Ort x, (b) Momentbild einer Welle und (c) Wellenbewegung (3 aufeinander folgende Momentbilder)

Dabei ist $f = 1/T$ die Frequenz mit der Einheit $1\,\mathrm{s}^{-1} = 1\,\mathrm{Hz}$.

Die Fortpflanzungsgeschwindigkeit der Wellen v hängt vom Medium ab. Sie ist gewöhnlich unabhängig von der Amplitude A und in erster Näherung auch unabhängig von der Frequenz f bzw. der Wellenlänge λ. Beim Übergang einer Welle von einem Medium in ein anderes bleibt die Frequenz konstant, allerdings ändert sich die Wellenlänge, und es gilt:

$$\frac{\lambda_1}{\lambda_2} = \frac{v_1}{v_2} \quad .$$

Stehende Wellen und Eigenschwingungen

Bei der Überlagerung zweier einander *entgegenlaufender* Wellen gleicher Frequenz und gleicher Amplitude ergibt sich eine *stehende Welle*, Bild 12.4. An bestimmten Stellen des Wellenfeldes ist die Auslenkung immer Null, **Schwingungsknoten**; dazwischen liegen Bereiche mit maximalen Auslenkungen, **Schwingungsbäuche**. Der Abstand der Knoten (bzw. der Bäuche) beträgt $\lambda/2$. Am einfachsten erzeugt man ein Stehwellenfeld durch Überlagerung einer einfallenden und einer reflektierten Welle, wobei an der reflektierenden festen Wand immer ein Knoten liegt, Bild 12.4.

Bild 12.4. Örtliche Verteilung der Schwingungsauslenkungen in einer stehenden Welle zu verschiedenen Zeiten t

Betrachtet man z. B. ein Seil, das zwischen zwei festen Punkten im Abstand L aufgespannt ist, Bild 12.5, so lassen sich auch hier stehende Wellen anregen, die wieder als Überlagerung einer nach links und einer nach rechts laufenden Welle aufgefaßt werden können, welche an beiden Enden reflektiert werden. Auf diesem zweiseitig eingespannten Seil (z. B. eine Gitarren-Saite) lassen sich nun aber nicht mehr Wellen beliebiger Wellenlänge λ erzeugen, sondern nur solche, die an den Halterungen gerade Knoten besitzen. Die Länge L muß also gleich einem ganzzahligen Vielfachen von $\lambda/2$ sein; dies definiert einen **Resonator**, der hier als akustisches Beispiel vorliegt, aber z. B. auch im optischen Bereich mit zwei Spiegeln funktioniert: *Laserresonator*.

Allgemein gilt:

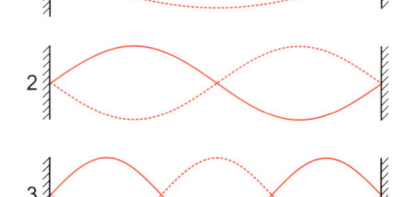

Bild 12.5. Eigenschwingungen eines gespannten Seiles (Saite)

> **Stehende Welle im Resonator**
>
> $$L = n\frac{\lambda_n}{2} \quad \text{mit} \quad n = 1, 2, 3, \ldots \quad .$$

Für n = 1 erhält man die Grundwelle, Bild 12.5 oben, für n = 2 die erste Oberwelle, Bild 12.5 Mitte, und für n = 3 die zweite Oberwelle, Bild 12.5 unten, usw.

Zu den diskreten Wellenlängen λ_n der Saiten-Eigenschwingungen gehören diskrete Frequenzen

$$f_n = \frac{c}{\lambda_n} = n\frac{c}{2L} \quad \text{mit} \quad n = 1, 2, 3, \ldots \quad .$$

Diese **Eigenfrequenzen** der Saite bilden eine harmonische Folge. Oft werden übrigens mehrere Eigenschwingungen der Saite gleichzeitig angeregt, z. B. beim Anzupfen, deren Schwingungsverteilungen sich überlagern. Dies hat Einfluß auf die Klangfarbe eines Musikinstrumentes.

In Bild 12.6 oben ist ein elastischer Stab skizziert, der bei $1/4$ und $3/4$ seiner Länge L eingespannt ist. Der Stab läßt sich zu longitudinalen Eigenschwingungen anregen, wobei natürlich an den Einspannstellen Knoten liegen müssen. Im Falle der Grundschwingung, Bild 12.6, unten, finden wir an den Enden und in der Mitte maximale Amplitude, und es ist daher $L = \lambda$. Für die erste Oberwelle ist $L = 2\lambda$ und es liegen an den Stabenden Knoten; für die zweite Oberwelle ist $L = 3\lambda$, usw.

Auch in vielen anderen Anordnungen lassen sich Eigenschwingungen anregen. Jede Eigenschwingung eines Systems besitzt eine feste Frequenz und eine charakteristische Stehwellenverteilung mit bestimmten Knotenbereichen. Beispiele für solche Resonatoren sind: Stimmgabeln, Glocken, luftgefüllte Hohlräume (z. B. Orgel, Flöte) u. a. Der Begriff der Eigenschwingung spielt in vielen Bereichen der modernen Physik und auch in der Technik eine entscheidende Rolle (Laser, Quantenmechanik, Theorie der chemischen Bindungen, Supraleitung u. a.)

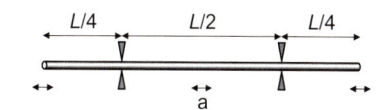

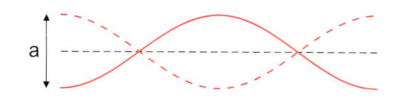

Bild 12.6. Longitudinale Eigenschwingungen eines eingespannten Stabes

Elastische Wellen

Im Falle der Federpendelkette, Bild 12.2, hängt die Wellenfortpflanzungsgeschwindigkeit v von der Größe der Massen und von der Richtgröße (Federkonstanten) der Federn ab. Für Wellen innerhalb eines elastischen Mediums hängt die Geschwindigkeit v dagegen von der *Dichte* ρ und der elastischen Konstanten des Materials ab.

Im *festen Körper* können sowohl Longitudinal- als auch Transversalwellen auftreten; die entsprechenden *Schallgeschwindigkeiten* sind

$$v_{\text{long}}^{\text{fest}} = \sqrt{\frac{E}{\rho}} \quad \text{und} \quad v_{\text{trans}}^{\text{fest}} = \sqrt{\frac{G}{\rho}}$$

mit dem *Elastizitätsmodul* E und dem *Schubmodul* oder *Torsionsmodul* G.

In *Flüssigkeiten und Gasen* sind dagegen nur Longitudinalwellen möglich, da die Schubspannungen hier immer Null sind, und es ist

$$v_{\text{long}}^{\text{fluessig,gas}} = \sqrt{\frac{K}{\rho}}$$

mit der Kompressibilität

$$\frac{1}{K} = -\frac{1}{V}\frac{\Delta V}{\Delta p} \quad .$$

📖 Schallwellen und adiabatische Vorgänge

Ein Lautsprecher erzeugt durch seine schwingende Membran Dichteschwankungen in der Luft mit einer bestimmten Amplitude (Lautstärke) und Frequenz (Tonhöhe). Diese Dichteschwankungen im Schallfeld verlaufen so schnell, daß zwischen den gerade komprimierten und dabei erwärmten Bereichen und den durch Ausdehnung abgekühlten Bereichen kein Wärmeaustausch stattfindet. Dies bezeichnet man als **adiabatischen Vorgang**.

Für ein *ideales Gas* gilt für **adiabatische Zustandsänderungen** die

> **Poisson-Gleichung** $\quad pV^\kappa = \text{konst.} \quad \text{mit} \quad \kappa = \dfrac{c_p}{c_V}$,

mit dem Druck p und dem Volumen V. c_p und c_V sind die spezifischen Wärmekapazitäten des Gases bei konstantem Druck bzw. konstantem Volumen, siehe dazu auch *Themenkreis 17*: Ideale und reale Gase.

Die Schallgeschwindigkeit in einem (idealen) Gas ist

$$v_\text{gas} = \sqrt{\kappa \frac{p}{\rho}} \quad .$$

Für Luft von $0\,°\text{C}$ und $p = 1013\,\text{hPa}$ ergibt sich mit $\kappa = 1{,}40$ und $\rho = 0{,}001293\,\text{g/cm}^3$ die

> **Schallgeschwindigkeit in Luft** $\quad v_\text{0L} \approx 330\,\dfrac{\text{m}}{\text{s}}$.

Da der Druck von *idealen Gasen* bei konstantem Volumen proportional zur Temperatur ist, $p \sim T$, ist auch die Schallgeschwindigkeit v_gas von der Temperatur abhängig:

$$v_\text{gas}(T) = v_\text{gas}(T_0) \cdot \sqrt{T/T_0} \quad .$$

📖 Grundbegriffe der Akustik

Frequenz oder Tonhöhe

Das menschliche Gehör kann Frequenzen im Bereich des sog. **Hörschalls** von etwa $16\,\text{Hz}$ bis $20\,\text{kHz}$ wahrnehmen. Ein reiner **Ton** wird hervorgerufen durch eine Sinusschwingung im Hörbereich, gekennzeichnet durch eine bestimmte Frequenz f und eine Amplitude a, Bild 12.7a. Als harmonischen **Klang** bezeichnet man die Überlagerung von *Grundton* und *Obertönen* mit den Frequenzen $f_n = n f_1$ und den Amplituden $A_n (n = 1, 2, 3, \ldots)$, Bild 12.7b.

Ein Ton eines Musikinstrumentes ist in diesem Sinne ein Klang. Seine Klangfarbe wird durch die Amplitudenverhältnisse der Teiltöne bestimmt

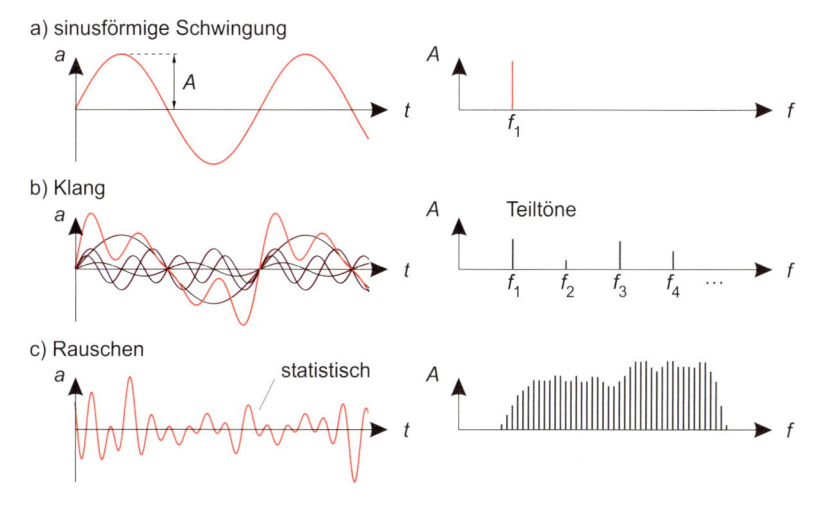

Bild 12.7. Schwingungsauslenkung a in Abhängigkeit von der Zeit t und Amplitude A in Abhängigkeit von der Frequenz (a) für eine reine Sinusschwingung, (b) für mehrere harmonische Teiltöne, d. h. einen Klang und (c) für statistisches Rauschen

($A_1 : A_2 : A_3 \ldots$). Die *Tonhöhe* richtet sich nach der Frequenz f_1 des Grundtones. Der Klangeindruck ist dabei unabhängig von der Phasenlage der Teiltöne. Zur Kennzeichnung eines Klanges (oder Schallsignals) genügt daher die Angabe des Spektrums, d. h. die Auftragung der Amplituden der Teiltöne als Funktion der Frequenz, Bild 12.7 rechts.

Eine Überlagerung mehrerer Töne oder Klänge (z. B. Akkord, Terz) bezeichnet man als Klang- oder Tongemisch. Eine *Konsonanz*, d. h. ein wohlklingender Zusammenklang von zwei Tönen entsteht bei kleinen ganzzahligen Frequenzverhältnissen $f_1 : f_2 = m : n$ für m und n kleiner als 8; z. B. für Oktave 2 : 1, Quint 3 : 2 oder kleine Terz 6 : 5. Andernfalls entsteht eine *Dissonanz*.

Unregelmäßige statistische Schwingungen führen zu einem Geräusch (Bild 12.7c, **Rauschen**). Das Spektrum ist dabei kontinuierlich entsprechend sehr vielen, sehr dicht liegenden Teiltönen.

Die üblicherweise benutzte Tonleiter besitzt eine Einteilung des Tonfrequenzbereiches 1 : 2 (Oktave) in 12 gleich große Halbtonschritte, d. h. in Frequenzstufen, die sich jeweils um den Faktor $\sqrt[12]{2} = 1{,}0595$ unterscheiden; einem Ganzton entspricht also eine Frequenzänderung von ca. 12 %.

In Tabelle 12.1 ist der Tonumfang für verschiedene Schallquellen zusammengestellt.

Tabelle 12.1. Tonumfang (Frequenzbereiche) verschiedener Schallquellen

	Frequenz der Grundtöne (Hz)
Sprache Mann	100 – 300
Frau	200 – 600
Klavier	30 – 3400
Violine	200 – 3800
Orgel	16 – 4100
elektrische Wiedergabe von Lautsprechern	20 – 20000

Schallfeldgrößen

Die **Lautstärke** eines Schallfeldes ist von der maximalen Auslenkung der schwingenden Teilchen aus der Ruhelage, der Amplitude A abhängig. Ein weiteres Maß für die Lautstärke ist die **Schallintensität** I. Das ist die Schallenergie, die pro Zeit- und Flächeneinheit durch eine senkrecht zur Fortpflanzungsrichtung stehende Fläche hindurchtritt:

$$\text{Intensität} = \text{Energiestromdichte} = \frac{\text{Energie}}{\text{Zeit} \cdot \text{Fläche}}$$

mit der Einheit: $1\,\text{Watt}/\text{m}^2 = 1\,\text{W}/\text{m}^2$. Die Intensität ist dabei proportional zum Quadrat der Amplitude, also $I \propto A^2$.

Das menschliche Ohr kann sehr große Lautstärkenunterschiede wahrnehmen. Zwischen der Hörschwelle und der Schmerzgrenze liegen etwa 13 Zehnerpotenzen der Schallintensität. Es ist daher zweckmäßig, eine logarithmische Skala zu verwenden, ein sog. Pegelmaß, den **Schallpegel** x_I. Die Einheit ist $1\,\text{Dezibel} = 1\,\text{dB}$:

Schallpegel $\quad x_I = 10 \log \dfrac{I}{I_0}\,\text{dB}$.

I ist die zu messende und I_0 eine Bezugsintensität.

Beim Hörschall ist die Bezugsschallintensität I_0 auf den Wert $I_0 = 10^{-12}\,\text{W}/\text{m}^2$ festgelegt. Das entspricht etwa der Schallintensität an der Hörschwelle für $f = 1000\,\text{Hz}$. Auf diese Weise können beliebige Schallintensitäten als *Schallpegel* in der Einheit dB angegeben werden.

Da die Intensitäten (Leistungen) I proportional zum Amplitudenquadrat A^2 sind, gilt für das Amplitudenpegelmaß

$$x_A = 10 \log \frac{A^2}{A_0^2}\,\text{dB} = 20 \log \frac{A}{A_0}\,\text{dB} \quad .$$

Bei hintereinander geschalteten Abschwächern bzw. Verstärkern multiplizieren sich die Schwächungsfaktoren I/I_0, entsprechend addieren sich einfach die Pegelmaße. Ein solches Pegelmaß wird in der Meßtechnik oft auch als Maß für eine Leistungs- oder Amplituden-Verstärkung oder -Schwächung (Dämpfung) benutzt, wobei die Eingangs-Leistung bzw. -Intensität als Bezugsgröße I_0 bezeichnet wird, Tabelle 12.2. Es entspricht dann zur Berechnung von Zwischenwerten z. B. $-16\,\text{dB} = -(10\,\text{dB} + 6\,\text{dB}) \cong 0{,}1 \cdot 0{,}25 = 0{,}025 \equiv 2{,}5\%$. Merke: $-3\,\text{dB}$ entspricht ziemlich genau $I/I_0 = 50\%$.

Subjektive Bewertung von Schallintensitäten

Zwei Töne gleicher Intensität, also gleicher Schallenergiestromdichte, aber verschiedener Frequenz empfindet das Ohr nicht als gleich laut. Sehr hohe und sehr tiefe Töne erscheinen vielmehr beim gleichen Schallpegel dem Ohr viel leiser als Töne im mittleren Bereich von 500 bis 5000 Hz.

Auch hier hat man ein logarithmisches Pegelmaß eingeführt, die Lautstärkeskala mit der Einheit 1 Phon. Bei $f = 1000\,\text{Hz}$ erzeugt ein Schallpegel x_I in dB einen **Lautstärkepegel** L_S in Phon. Der Lautstärkepegel

Tabelle 12.2. Umrechnung von Intensitätsverhältnissen in Dezibel

I/I_0 (%)	100	79	63	~50	40	25	16	10	1	0,1	0,01	...
dB	0	-1	-2	**-3**	-4	-6	-8	-10	-20	-30	-40	...

Tabelle 12.3. Beispiele für die Lautstärke L_S verschiedener Schallquellen

L_S (Phon)	0	10	20	30	40	50	60	70	80	90	100	110	120	130
Schallquellen	Blättersäuseln	leises Flüstern		Rascheln von Papier	Zerreißen	Sprechen	Lautsprecherwiedergabe		lautes Rufen	hoher Konzertpegel			Flugzeug in 5 m Entfernung	
Musikbereich				ppp		pp	p		f	ff	fff			

(Hörschwelle)   p : piano (leise)   f : forte (laut)   (Schmerzgrenze)

bei anderen Frequenzen wird dadurch festgelegt, daß der entsprechende Ton die gleiche subjektive Lautstärkeempfindung hervorruft wie ein Ton bei 1000 Hz.

Die Phonskala liefert also ein Maß für die Lautstärke von Tönen beliebiger Frequenzen oder auch von Geräuschen. Eine Steigerung der Lautstärke um 10 Phon entspricht etwa einer Verdopplung der subjektiv empfundenen Lautheit, wie Experimente zeigen: eine Folge des logarithmischen Empfindlichkeitsverlaufs des Ohres. Beispiele sind in Tabelle 12.3 gegeben.

Die Schallintensität muß einen Mindestwert überschreiten, bevor man einen Ton gerade hört; die Lautstärke beträgt dann definitionsgemäß 0 Phon. Für verschiedene Frequenzen ist der Schallpegel an der Hörschwelle jedoch unterschiedlich. Erreicht die Lautstärke etwa 130 Phon, so tritt eine Schmerzempfindung ein, Tabelle 12.3.

12.1 Bestimmung der Schallgeschwindigkeit (2/3)

Bestimmung der Schallgeschwindigkeit in Luft durch Laufzeitmessung und mittels Stehwellenfeld vor einer festen Wand; Bestimmung der Schallgeschwindigkeiten in Luft und Kohlendioxid im Kundtschen Rohr; Berechnung der Schallgeschwindigkeit und des Adiabatenkoeffizienten κ.

2 Mikrofone, Zähler, 2 Metallstäbe, Maßstab, elektronischer Zeitmesser, Frequenzgenerator mit Lautsprecher, Mikrofon mit Mikroamperemeter, optische Bank, Kundtsches Rohr mit Stempel.

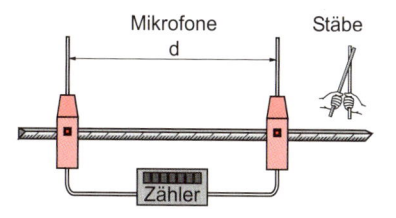

Bild 12.8. Versuchsanordnung zur Bestimmung der Schallgeschwindigkeit durch Laufzeitmessung

Laufzeitmessung

Durch den Schlag zweier Metallstäbe aneinander wird ein kurzzeitiger Klang, ein akustisches Wellenpaket, erzeugt, Bild 12.8. Der Schlag muß in der verlängerten Linie d, die die zwei Mikrofone bilden, erfolgen. Die z. B. auf einer optischen Bank befestigten Mikrofone liefern das Start- und Stop-Signal für das Zählgerät (Start-Stop-Zeit-Einstellung auf $\approx 0{,}1$ ms). Der Abstand d der Mikrofone wird zwischen deren Spitzen gemessen. Messung der Laufzeit t (z. B. 3-mal 10 t). Lufttemperatur bestimmen.

Aus dem Mittelwert der Laufzeit $\bar{t}$ wird die Schallgeschwindigkeit $v_\mathrm{L} = d/\bar{t}$ in Luft berechnet. Temperatur angeben.

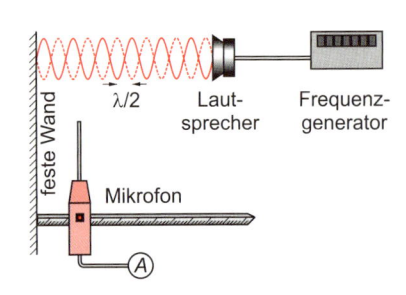

Bild 12.9. Versuchsanordnung zur Bestimmung der Schallgeschwindigkeit im Stehwellenfeld

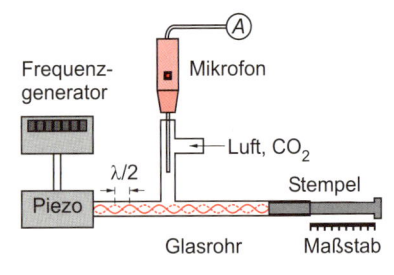

Bild 12.10. Versuchsanordnung zur Bestimmung der Schallgeschwindigkeit mit dem Kundtschen Rohr

Stehwellenfeld

In einer Anordnung nach Bild 12.9 wird durch Verschieben des Mikrofons auf einer optischen Bank das Stehwellenfeld vor einer festen Wand abgetastet. Eine exakte Ausrichtung von Lautsprecher und Mikrofon ist für ein gutes Ergebnis wichtig. Die Messungen erfolgen bei hohen Frequenzen (ca. 20 kHz), da diese zu keiner subjektiv wahrnehmbaren Lautstärke führen (Lärmschutz). Das Mikrofon liefert einen zur Schallintensität proportionalen Strom, der mit einem Mikroamperemeter gemessen wird. Den Positionen der Schwingungsbäuche bzw. -knoten entsprechen Minima bzw. Maxima des Mikrofonstroms.

Es wird der Abstand über 10 bis 15 Maxima, d. h. 10- bis 15-mal $\lambda/2$ gemessen. Da sich die Frequenz während der Messung geringfügig ändern könnte, wird deren Mittelwert aus den Messungen am Anfang (f_A) und am Ende (f_E) bestimmt. Lufttemperatur notieren.

Aus den Abstandsmessungen werden die Schallwellenlänge in Luft und daraus die Schallgeschwindigkeit $v_L = \lambda_L f$ bei der Meßtemperatur bestimmt. Berechnung der Schallgeschwindigkeit für $0\,°C$. Fehlerabschätzung.

Kundtsches Rohr. Bestimmung der Schallgeschwindigkeit und des Adiabatenexponenten κ

Mit dem *Kundtschen Rohr* soll die Schallgeschwindigkeit bestimmt werden. In einem einseitig mit einem Stempel abgeschlossenen gasgefüllten Glasrohr werden mit einem Piezoelement bei hohen Frequenzen (ca. 20 kHz: Lärmschutz!) stehende Wellen erzeugt, Bild 12.10. Mit dem Mikrofon wird der Schallpegel am Abzweig des seitlich angesetzten Glasrohres gemessen. Durch Verschieben des Stempels wird das Stehwellenfeld gleichsam am Mikrofon vorbeigeschoben. Auf diese Weise kann der Abstand zwischen benachbarten Maxima bzw. Minima des Schallpegels bestimmt werden.

Vor Beginn der Messung muß die Anordnung zunächst auf hinreichend große Empfindlichkeiten eingestellt werden. Dazu wird durch Verschieben des Stempels oder Veränderung der Frequenz des Schallsenders eine Einstellung mit maximalem Schallpegel am Ort des seitlichen Rohransatzes gesucht und dann das Mikrofon in eine Position mit maximalem Mikrofonsignal gebracht.

Bei der eigentlichen Versuchsdurchführung werden durch Verschieben des Stempels im luftgefüllten Glasrohr diejenigen Stempel-Positionen d_i als Maxima des Mikrofonsignals gemessen, bei denen sich stehende Wellen maximaler Amplitude im Glasrohr ergeben.

Zur Messung an Kohlendioxid läßt man das Gas zunächst bei herausgezogenem Stempel durch den seitlich angebrachten Stutzen strömen und wartet den Gasaustausch (ca. 30 s) ab. Nach dem Stoppen der CO_2-Zufuhr und schließen des Stempels muß das Mikrofon zunächst, wie oben beschrieben, auf ein Maximum des Mikrofonsignals eingestellt werden. Nach nochmaligem kurzen Füllen mit Kohlendioxid erfolgt die Messung wie bei Luft. Da die Maxima und Minima nicht so ausgeprägt sind und unvermeidbares Einströmen von Luft die Messung verfälschen kann, muß die Messung zügig durchgeführt werden. Aus dem gleichen Grund darf bei dieser Messung der Stempel nur in das Glasrohr hineingeschoben und nicht herausgezogen werden.

Bei den eigentlichen Messungen wird der Abstand über 8 bis 10 Schallpegelmaxima gemessen. Die Frequenz wird wieder als Mittelwert aus Anfangs- (f_A) und Endablesung (f_E) ermittelt. Schließlich muß die Gastemperatur gemessen werden.

Jeder Versuch wird mehrmals wiederholt.

✍ Aus den gemessenen Abständen wird die Wellenlänge λ und mit Hilfe der Frequenz f die Schallgeschwindigkeit $v = \lambda f$ bei der Meßtemperatur bestimmt. Reduktion auf Normalbedingungen für Luft und CO_2, d.h. Berechnung von $v(0\,°C)$. Fehlerabschätzung.

✍ Die Ergebnisse aller drei Experimente für die Schallgeschwindigkeit in Luft werden untereinander und mit dem Literaturwert verglichen. Aus dem Mittelwert der drei Ergebnisse wird der *Adiabatenexponent* für Luft, κ_{Luft}, bestimmt.

✍ Aus der Schallgeschwindigkeit für CO_2 wird der Adiabatenexponent κ_{CO_2} bestimmt. Die Ergebnisse für v_{CO_2} und κ_{CO_2} werden mit den Literaturwerten verglichen.

12.2 Physiologische Akustik (1/3)

Qualitative und quantitative Eigenschaften des eigenen Gehörsinns sollen in Selbstversuchen ermittelt werden.

Tonfrequenz-Generator (Sinus-, Rechteck- und Dreieckspannungen) mit Verstärker und Kopfhörer.

Mit dem Frequenzgenerator können Sinusschwingungen im Frequenzbereich von etwa 15 Hz bis 100 kHz erzeugt, elektronisch verstärkt und über einen Kopfhörer in Schallschwingungen umgesetzt werden.

Die Amplitude des Schallsignals muß einstellbar sein, z.B. durch Änderung des Verstärkungsfaktors um bis zu 10^5. Dabei entsprechen die Abschwächungsfaktoren für die Schalleistung von $10^0, 10^{-1}, \ldots 10^{-5}$ den Stufen $0, -20, -40, \ldots -100$ dB beim Spannungspegel. Die elektrische und damit auch die akustische Ausgangsleistung ist proportional zu U_A^2.

Für die Versuche wird vereinfachend angenommen, daß die Kopfhörer im ganzen Frequenz- und Intensitätsbereich linear arbeiten, so daß jeweils ein reiner Sinuston entsteht und die Schalleistung der elektrischen Ausgangsleistung proportional ist. Im Bereich hoher Intensitäten und insbesondere bei tiefen Frequenzen ist mit Abweichungen von der Linearität zu rechnen, die jedoch diese mehr qualitativen Versuche kaum beeinträchtigen. Die folgenden Versuche werden zunächst mit Sinustönen durchgeführt und mit beiden Ohren abgehört.

Für die Untersuchung des Einflusses von Obertönen soll der Frequenzgenerator außer dem üblicherweise verwendeten Sinus-Ton auch einen

Rechteck- und einen Dreieck-Ton mit jeweils gleicher effektiver Leistung erzeugen können.

Überblick über den Umfang des Lautstärke-Hörbereiches

Es wird eine konstante Frequenz, z. B. $f = 1\,\text{kHz}$ eingestellt und dann, von der größten Schalleistung ausgehend, der Pegel um jeweils $20\,\text{dB}\ (\equiv 20\ \text{Phon})$, die Leistung also um jeweils einen Faktor 100 und damit die Ausgangsspannung U_A jeweils um einen Faktor 10 heruntergeschaltet. Vorsicht beim Einschalten des lautesten Tones.

Man zeige, daß der Gehörsinn über einen Intensitätsbereich von mehr als 12 Zehnerpotenzen arbeitet!

Ergänzung: Wiederholung der Beobachtungen bei den Frequenzen $f = 10\,\text{kHz}$ und $f = 100\,\text{Hz}$.

Überblick über den Tonhöhen-Hörbereich: Es wird eine mittlere Lautstärke eingestellt. Vom Ultraschallbereich beginnend ($f \approx 20\,\text{kHz}$), wird die Frequenz kontinuierlich erniedrigt, bis ein Ton hörbar wird. Wo liegt die individuelle Grenzfrequenz bei der gewählten Schalleistung?

Nun verändere man die Frequenz jeweils um den Faktor 2 und höre die Töne in einer Oktavfolge, z. B. 8000, 4000, 2000, 1000, 500, 250, 125, 64, 32, 16 Hz. Unterhalb 100 Hz muß die Leistung erhöht werden.

Der Hörbereich umfaßt etwa 10 Oktaven, besitzt also einen Frequenzumfang $1 : 2^{10} \approx 1 : 1000$. Wieviel Oktaven umfaßt der Frequenz- bzw. Wellenlängenbereich des sichtbaren Lichtes?

Einfluß von Oberwellen auf die Klangfarbe eines Tones

Bei der Frequenz von $1\,\text{kHz}$ wird eine mittlere Lautstärke eingestellt. Man schalte nun zwischen Sinus-, Dreieck- und Rechteck-Ton um und achte auf die Klangfarbe: Rechteck- und Dreieck-Ton enthalten eine große Zahl von Obertönen! Wiederholung des Versuchs bei anderen Frequenzen (100 Hz, 10 kHz).

Wo hört man Unterschiede in der Klangfarbe? Wie ist der Befund zu deuten?

Zur oberen Frequenzgrenze des Hörbereiches

Es wird die größte Schalleistung eingestellt. Die Frequenz wird, beginnend bei etwa $20\,\text{kHz}$, kontinuierlich verringert, bis ein Ton gerade hörbar wird; Messungen einige Male wiederholen.

Man prüfe die obere Frequenzgrenze für das rechte und linke Ohr getrennt. Achtung: Zwecks Vermeidung systematischer Fehler Kopfhörer vertauschen, da beide Systeme nie genau gleich sind.

Frequenzabhängigkeit der Hörschwelle

Die Empfindlichkeit des Ohres fällt bei Annäherung an die obere und untere Hörfrequenzgrenze stark ab; d. h. es werden immer größere Schallintensitäten gebraucht, um einen gerade hörbaren Ton (0 Phon) zu erzeugen, bis schließlich an den äußersten Grenzen des Hörbereiches Hörschwelle und Schmerzgrenze zusammenfallen.

Um die Frequenzabhängigkeit der Hörschwelle zu messen, stellt man eine beliebige Schalleistung ein und sucht dann die Frequenz f_o (bzw. f_u) in der Nachbarschaft der oberen (bzw. unteren) Frequenzgrenze auf, für die der Ton gerade hörbar wird. Die Messungen werden für verschiedene Lautstärken wiederholt.

✎ Die Intensität I bei der größten vom Frequenzgenerator abgegebenen Leistung wird willkürlich gleich 1 gesetzt. Die Meßwerte werden in doppelt-logarithmischer Darstellung aufgetragen, Bild 12.11.

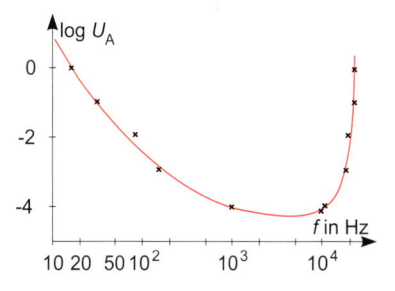

Bild 12.11. Beispielmessung zur Frequenzabhängigkeit der Hörschwelle

Lautstärken-Unterscheidungsschwelle

Es wird ein Ton mittlerer Höhe und Lautstärke eingestellt (z. B. bei 1 kHz.) Nun variiert man die Amplitude U_A z. B. um ±10% (also um etwa ±1 dB bzw. ±1 Phon) und stellt dabei fest, ob eine Lautstärkenänderung erkennbar ist. Dann wiederholt man den Versuch mit kleineren und größeren Variationsschritten (z. B. ±3%, ±5%, ±20%). Wo liegt die Unterscheidungsschwelle?

Äquidistante Lautstärkenschritte

Bei einer Erhöhung der Lautstärke um 10 Phon soll sich die subjektiv empfundene Lautheit eines Schalles etwa verdoppeln. Für einen Ton mittlerer Lautstärke (z. B. 1 kHz) vergleiche man die Lautheit bei den Einstellungen, die jeweils etwa Stufen von 10 Phon entsprechen. Es ist ein mittlerer Schallpegel nach Gehör einzustellen, der einer Verdopplung bzw. einer Halbierung der subjektiv empfundenen Lautheit entspricht. Sind dies mehr oder weniger als 10 Phon?

Tonhöhen-Unterscheidungsschwelle

Für Tonhöhenänderungen ist das Gehör besonders im mittleren Frequenzbereich außerordentlich empfindlich. Einen 2 kHz-Ton mittlerer Lautstärke einstellen. Ton ca. 1 s anhören, dann etwa 1 s abschalten, die Frequenzskala verstellen und wieder einschalten; ursprünglichen Ton mit geschlossenen Augen wieder aufsuchen. Wie gut ist die Reproduzierbarkeit (Angabe von Δf und $\Delta f/f$)?

13. Ultraschall

🏁 Einführung in die physikalischen Grundlagen und die technische Anwendung des Ultraschalls: Erzeugung, Ausbreitungseigenschaften und Wirkungen, Lichtbeugung an stehenden Schallwellen.

📖 *Standardlehrbücher* (Stichworte: Ultraschall, Schallgeschwindigkeit, Schalleistung, Schallstrahlungsdruck),
Themenkreis 12: Schallwellen und Akustik,
Handbook of Chemistry and Physics,
Physics Handbook.

📖 Erzeugung und Nachweis von Ultraschall

Schallwellen sind elastische Wellen in Gasen, Flüssigkeiten und Festkörpern. Eine Einteilung ist durch die Eigenschaft des menschlichen Ohres gegeben, hohe Schallfrequenzen über 20 kHz nicht wahrnehmen zu können. Als **Hörschall** bezeichnet man Schallwellen im Frequenzbereich von $f = 16\,\text{Hz}$ bis 20 kHz. In Luft, mit einer Schallausbreitungsgeschwindigkeit von $v \approx 330\,\text{m/s}$ bei 0 °C, ergeben sich dabei wegen $v = f\lambda$ Schallwellenlängen von $\lambda = 20{,}6\,\text{m}$ bis 1,65 cm.

Als **Ultraschall** bezeichnet man Schallwellen im Frequenzbereich oberhalb von $f = 20\,\text{kHz}$ bis zu einigen GHz. In Luft ergeben sich damit Schallwellenlängen von 1,65 cm bis 0,1 μm, d. h. Schallwellenlängen bis herab zur Größenordnung der Lichtwellenlängen.

Zur Erzeugung von Ultraschall nutzt man überwiegend magnetostriktive oder piezoelektrische Effekte, weil die dafür erforderlichen magnetischen und elektrischen Wechselfelder genügend hoher Frequenz technisch leicht zu erzeugen sind. Diese Effekte sind auch zum *Nachweis* von Ultraschall geeignet.

Magnetostriktion

Als **magnetostriktiven Effekt** bezeichnet man die Längenänderung eines ferromagnetischen Körpers durch ein Magnetfeld, Bild 13.1. Feldrichtung und Längenänderung verlaufen dabei meist parallel. Die Größe der Längenänderung hängt von der Stärke des Magnetfeldes und den Eigenschaften des Materials ab, wobei vorwiegend Nickellegierungen Verwendung finden. Arbeitet man mit einem magnetischen Wechselfeld, so führt der Körper zeitlich periodische Längenänderungen aus: Er wird periodisch

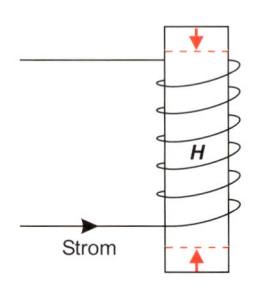

Bild 13.1. Magnetostriktion: ein Magnetfeld der Stärke H führt bei Nickel zu einer Stabverkürzung

elastisch deformiert und kann diese elastische Deformation als Schallwelle auf das umgebende Medium übertragen.

Einen guten Wirkungsgrad erhält man, wenn die Frequenz des magnetischen Wechselfeldes gleich einer Eigenfrequenz einer mechanischen Körperschwingung ist. Man erreicht mit magnetostriktiven Schallgebern Frequenzen bis ca. 60 kHz in der Grundschwingung und bis ca. 500 kHz bei Anregung der Oberschwingungen. Ihre Hauptanwendung finden solche magnetostriktiven Schallgeber im Frequenzbereich bis ca. 50 kHz in Ultraschallreinigungsanlagen.

Piezoeffekt

Als **piezoelektrischen Effekt** bezeichnet man die Erscheinung, daß bei einigen Kristallen durch Druck oder Dehnung in geeigneten kristallographischen Richtungen Ladungen an den Oberflächen auftreten. Ursache: Bei piezoelektrischen Materialien fallen der positive und negative Ladungsschwerpunkt der Ionen einer Elementarzelle nicht mehr zusammen, wenn diese deformiert wird. Bei der Deformation entstehen daher Dipole, die das Auftreten von Ladungen auf den Kristalloberflächen bewirken. Die damit verbundene Spannung eignet sich auch zum Nachweis von Deformationen, die durch Ultraschall hervorgerufen werden, Bild 13.2a.

Durch Anlegen einer elektrischen Spannung an geeignete Kristallflächen erhält man umgekehrt eine Deformation des Kristalls. So kann eine Wechselspannung in Ultraschallschwingungen umgesetzt werden, Bild 13.2b.

Als Piezomaterialien werden Quarz-Einkristalle oder auch polykristalline Oxide benutzt, meist in Form von Scheiben oder Plättchen. Deren Eigenfrequenzen sind umgekehrt proportional zu ihrer Dicke. Da bei sehr hohen Frequenzen ($f > 50$ MHz) die Quarzplättchen zu dünn werden, verwendet man dann dickere Quarze, die in Oberschwingungen angeregt werden.

Das elektrische Schaltbild eines **Ultraschallquarzes** entspricht dem eines Schwingungskreises aus Spule und Kondensator, siehe auch *Themenkreis 24*: Elektrische Schwingungen. Man kann also den Schwingquarz auch in den Rückkopplungsweg eines Verstärkers einbauen und erhält dann einen Oszillator, der mit der Eigenfrequenz des Quarzes schwingt. Angewendet wird dieses Verfahren z. B. bei den Quarzuhren und den Frequenznormalen in elektronischen Zählschaltungen.

Die breite Anwendung des Quarzes als Ultraschallgeber, Empfänger und als Oszillator beruht auf der sehr geringen Temperaturabhängigkeit des Piezoeffektes und der hohen mechanischen Stabilität des Quarzes.

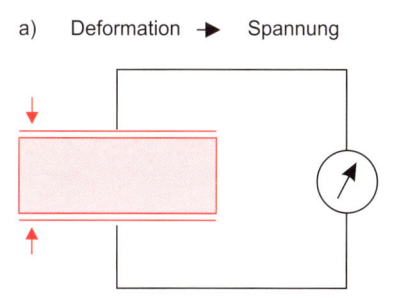

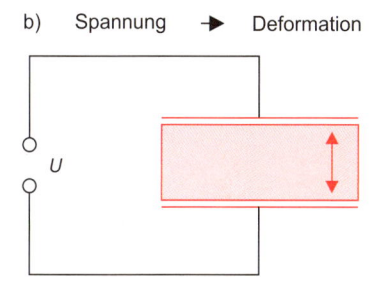

Bild 13.2. Piezoeffekt (a) und inverser Piezoeffekt (b)

Elastische Wellen in deformierbaren Materialien

In einer *Schallwelle* schwingen die Massenpunkte im Material (z. B. Atome oder Moleküle) um ihre Ruhelage. In einer longitudinalen Welle, die sich in x-Richtung ausbreitet, erfolgt auch die Schwingung in x-Richtung.

Tabelle 13.1. Zahlenwerte der Dichte und der Schallgeschwindigkeit für verschiedene Stoffe, nach *Physics Handbook* und *Handbook of Chemistry and Physics*

	ρ / kg m^{-3}	v / m s^{-1}
Luft (0°C)	1,2929	331,45
Wasser (20°C)	998,23	1482,9
Quarz	2200	5900
Aluminium	2700	6420
Stahl (1% C)	7840	5940
Messing	8530	4700
Kronglas	2240	5100
Plexiglas	1180	2680

Die zeitliche und räumliche Verteilung der Auslenkung $a = a(x, t)$ der Massenpunkte aus ihrer Ruhelage ist:

$$a = a_0 \sin 2\pi \left(\frac{t}{T} - \frac{x}{\lambda}\right) = a_0 \sin \omega \left(t - \frac{x}{v}\right) \quad,$$

mit der Schwingungsdauer T, der Wellenlänge $\lambda = vT$, der Frequenz $f = 1/T$ und der Kreisfrequenz $\omega = 2\pi f$. Bei Flüssigkeiten und Gasen gilt für die

Schallgeschwindigkeit $\quad v = \sqrt{\dfrac{K}{\rho}} \quad,$

mit Dichte ρ (Tabelle 13.1) und adiabatischer Kompressibilität $1/K$, die für Flüssigkeiten sehr viel kleiner als für Gase ist.

Die Geschwindigkeit der Massenpunkte in der Schallwelle ist

$$\frac{da(x,t)}{dt} = u(x,t) = \omega a_0 \cos \omega \left(t - \frac{x}{v}\right) = u_0 \cos \omega \left(t - \frac{x}{v}\right) \quad.$$

Darin ist der Faktor $u_0 = \omega a_0$ die maximale Geschwindigkeit der Massenpunkte. Man bezeichnet u_0 als *Geschwindigkeitsamplitude* oder *Schallschnelle*, was nicht mit der Schallgeschwindigkeit v verwechselt werden darf.

Die Beschleunigung der Mediumteilchen ist

$$b(x,t) = \frac{d^2 a(x,t)}{dt^2} = -\omega u_0 \sin \omega \left(t - \frac{x}{v}\right) = -b_0 \sin \omega \left(t - \frac{x}{v}\right) \quad,$$

worin

$$b_0 = \omega u_0 = \omega^2 a_0$$

die *Beschleunigungsamplitude* ist.

Schallwechsel- und Schallstrahlungsdruck, Energiedichte

Zur Berechnung der Druckänderungen, die bei der Schallausbreitung in einem Medium auftreten, betrachtet man ein Massenelement $dm = \rho \, dV = \rho \, dx \, dy \, dz$. Dieses Massenelement hat bei der Schallausbreitung die Geschwindigkeit u und Beschleunigung b. Dann wirkt das Massenelement dm mit der Kraft $dF = dm \, b(x,t)$ auf seine Umgebung. Für den Druck in Ausbreitungsrichtung (x-Richtung) ergibt sich dann:

$$\frac{dF}{dy \, dz} = dp = \rho \, dx \left(-\omega^2 a_0 \sin \omega \left(t - \frac{x}{v}\right)\right)$$

und

$$\frac{dp}{dx} = \rho \, b(x,t) = -\rho \omega^2 a_0 \sin \omega \left(t - \frac{x}{v}\right) \quad.$$

Besteht ohne Schallwelle der Druck p_0, so erhält man durch Integration die Druckverteilung in der Schallwelle:

$$p(x,t) = p_0 + \rho\, v\, \omega a_0 \cos\omega\left(t - \frac{x}{v}\right) \quad.$$

Bildet man den zeitlichen Mittelwert des Druckes, so ergibt sich p_0, d. h. durch den **Schallwechseldruck** wird im zeitlichen Mittel kein zusätzlicher statischer Druck auf eine gedachte Wand innerhalb des Mediums ausgeübt.

Bei Experimenten mit Ultraschall kann man jedoch leicht nachweisen, daß auf jede Grenzfläche senkrecht zur Ausbreitungsrichtung ein Druck ausgeübt wird, der auch im zeitlichen Mittel von Null verschieden ist. Dieser Druck wird **Schallstrahlungsdruck** S genannt und hängt mit der im folgenden zu besprechenden Energiedichte E in der Schallwelle zusammen.

Die kinetische Energie eines Masseteilchens der Masse $\mathrm{d}m$ in einer Schallwelle ist:

$$e_{\mathrm{kin}} = \frac{1}{2}\mathrm{d}m\,[u(x,t)]^2 = \frac{1}{2}\mathrm{d}m\, u_0^2 \cos^2\omega\left(t - \frac{x}{v}\right) \quad.$$

Betrachtet man die *Energiedichte*, d. h. die Energie pro Volumeneinheit, so muß man $\mathrm{d}m$ durch die Dichte $\rho = \mathrm{d}m/\mathrm{d}V$ ersetzen:

$$\frac{E_{\mathrm{kin}}}{V} = \frac{e_{\mathrm{kin}}}{\mathrm{d}V} = \frac{1}{2}\rho\, u_0^2 \cos^2\omega\left(t - \frac{x}{v}\right) \quad.$$

Für den zeitlichen Mittelwert der (kinetischen) Energiedichte erhält man, da das Integral der Kosinusquadratfunktion über eine Periodendauer gleich 1/2 ist:

$$\overline{E_{\mathrm{kin}}}^{\,t} = \frac{1}{4}\rho\, u_0^2 \quad.$$

Die potentielle Energiedichte hat im zeitlichen Mittel den gleichen Wert, so daß die (Gesamt-)Energiedichte in einer Schallwelle gegeben ist durch:

$$E = \overline{E_{\mathrm{kin}}}^{\,t} + \overline{E_{\mathrm{pot}}}^{\,t} = \frac{1}{2}\rho\, u_0^2 = \frac{1}{2}\rho\, \omega^2 a_0^2 \quad.$$

Theoretische Überlegungen zeigen, daß der *Schallstrahlungsdruck* S mit der Energiedichte verknüpft ist, siehe dazu *Bergmann-Schäfer*: Experimentalphysik Band 1. Für den Fall vollständiger Schallabsorption am Hindernis gilt einfach

$$S = E \quad.$$

In den meisten Fällen wird man jedoch ein Hindernis haben, das teilweise reflektiert und teilweise durchlässig ist: Ist R der Intensitätsreflexionsgrad, so hat man vor dem Hindernis die Energiedichte $E_{\mathrm{v}} = (1+R)E$. Die durchgelassene Energiedichte E_{h} hinter dem Hindernis bewirkt einen Schallstrahlungsdruck mit entgegengesetztem Vorzeichen. Damit gilt für den gesamten Schallstrahlungsdruck:

$$\boxed{S = E_{\mathrm{v}} - E_{\mathrm{h}} = (1+R)E - E_{\mathrm{h}}}$$

Nach der Quantentheorie wird die Energie eines Schallfeldes durch Energiequanten $\hbar\omega$, sog. **Phononen** beschrieben. Dabei ergibt sich der Schallstrahlungsdruck aus dem Impuls $\hbar\omega/v$ der Phononen.

Schallintensität

Die Energie, die pro Zeiteinheit durch eine Flächeneinheit senkrecht zur Ausbreitungsrichtung transportiert wird, bezeichnet man als

Schallintensität $\quad I = Ev = \frac{1}{2}\rho v u_0^2 \quad .$

Gemessen wird die Schallintensität I in W/m².

Für die gesamte von einer Schallquelle an die Umgebung abgegebene Schalleistung L erhält man damit

$$L = \oint_A I\,\mathrm{d}A$$

mit $\mathrm{d}A$ = Flächenelement einer die Schallquelle umgebenden Fläche. Die Schalleistung wird in Watt gemessen.

Sind die Schalleistung L, die Schallfrequenz ω und die Fläche A einer Schallquelle bekannt, so kann man sich alle anderen Schallfeldgrößen aus diesen Angaben berechnen, wenn man die Dichte und die Schallgeschwindigkeit des Mediums kennt, in dem sich der Schall ausbreitet, Tabelle 13.2.

Von einer im Versuch benutzten Schallquelle seien z. B. bekannt: Schalleistung $L = 16$ W, Abstrahlfläche $A = 4\,\text{cm}^2$, Schallfrequenz $f = 800$ kHz. Bei der Ausbreitung des Schalls im Wasser (mit $\rho = 1\,\text{g/cm}^3$ und $v = 1480$ m/s) ergeben sich dann folgende Werte für die Schallfeldgrößen:

Schallintensität $I = 4\cdot 10^4\,\text{W/m}^2$, Energiedichte $E = 27\,\text{W\,s/m}^3$ Schallstrahlungsdruck $s = 27\,\text{N/m}^2$, Schallschnelle $u_0 = 23\,\text{cm/s}$, Bewegungsamplitude $a_0 = 0{,}046\,\mu\text{m}$.

Tabelle 13.2. Schallfeldgrößen

Schallfeldgröße	Definition
Schallintensität	$I = L/A$
Energiedichte	$E = I/v$
Schallschnelle	$u = \sqrt{2E/\rho} = \sqrt{2I/v\rho}$
Beschleunigungsamplitude	$b_0 = \omega u_0$
Bewegungsamplitude	$a_0 = \dfrac{u_0}{\omega} = \dfrac{1}{\omega}\sqrt{2E/\rho}$
Schallwechseldruckamplitude	$p = \sqrt{2I\rho v}$

Schallreflexion, Schalldurchlässigkeit

Das Verhältnis der Schallgeschwindigkeit in einem Medium 1 zur Schallgeschwindigkeit in einem Medium 2 wird in völliger Analogie zum Licht als Brechzahl oder Brechungsindex des Mediums 2 gegenüber dem Medium 1 bezeichnet. Beim Übergang vom Medium 1 zum Medium 2 gilt das Reflexions- und Brechungsgesetz, wie es aus der Optik bekannt ist.

Die allgemeine Berechnung der reflektierten und gebrochenen bzw. durchgelassenen Schallintensität ist recht kompliziert. Es sei hier nur das Ergebnis für den Fall des senkrechten Schalleinfalls und fehlender Schallabsorption angegeben. Für den Reflexionsgrad R, auch Reflexionsvermögen genannt, das ist das Verhältnis von reflektierter zu einfallender Intensität, ergibt sich:

$$R = \left(\frac{m-1}{m+1}\right)^2 \quad \text{mit} \quad m = \frac{\rho_1 v_1}{\rho_2 v_2} \quad .$$

Das Produkt ρv, das auch schon in der Gleichung für die Schallwechseldruckamplitude und die Schallintensität auftrat, wird als **Schallwellenwiderstand** oder Impedanz bezeichnet. Für die Grenzfläche zwischen Wasser und Aluminium gilt $R = 0{,}72$.

Für die Grenzfläche zwischen Wasser und Luft ist $R = 0{,}998 \approx 1$. Daraus ist zu ersehen, daß Schallwellen beim Übergang von Luft in Wasser fast vollständig reflektiert werden und umgekehrt. Ähnlich hohe Reflexionsgrade treten an den Grenzflächen zwischen Festkörpern und Luft auf.

Aus diesen Reflexionsgraden wird deutlich, daß es bei der Übertragung von Ultraschall zwischen Festkörpern keinen Luftspalt geben sollte. Um eine effiziente Übertragung zu erreichen, bringt man zwischen die beiden Körper eine dünne Wasser- oder Fettschicht, wie z. B. bei medizinischen Ultraschalluntersuchungen, der Sonografie.

Schallreflexion von Schichten

Für den Reflexionskoeffizienten einer Schicht, z. B. einer Metallplatte in einer Flüssigkeit oder einer Luftschicht im Festkörper, ergibt sich wegen Vielfachreflexion der Schallwelle an den Schichtoberflächen und Interferenz der Teilwellen:

$$R_P = \frac{4R \sin^2\left(\frac{2\pi d}{\lambda_2}\right)}{(1-R)^2 + 4R\left(m - \frac{1}{m}\right)^2 \sin^2\left(\frac{2\pi d}{\lambda_2}\right)}$$

mit d Plattendicke, λ_2 Schallwellenlänge im Plattenmaterial. Der Reflexionskoeffizient als Funktion der Plattendicke d ist in Bild 13.3 dargestellt.

Aus dieser Gleichung ist ersichtlich, daß der Reflexionsgrad nicht nur vom Verhältnis m der Schallwellenwiderstände, sondern auch von der Plattendicke abhängig ist. Die minimale Reflexion ergibt sich für:

$$d_{\min} = n \frac{\lambda_2}{2} \quad \text{mit} \quad n = 1, 2, 3 \ldots \quad .$$

Eine Schicht oder Platte der Dicke $d_{\min}$ ist also unabhängig vom Verhältnis der Schallwiderstände vollkommen schalldurchlässig. Ein Maximum der Reflexion oder ein Minimum der Schalldurchlässigkeit ergibt sich für

$$d_{\max} = \left(n - \frac{1}{2}\right) \frac{\lambda_2}{2} \quad .$$

Eine Schicht oder Platte mit der Dicke $\lambda_2/4$ oder $3\lambda_2/4$ usw. reflektiert also Ultraschall optimal, jedoch in einem Maß, das vom Verhältnis der Schallwellenwiderstände der beiden Medien abhängig ist.

Bei schrägem Einfall einer Ultraschallwelle auf eine Platte ist die wirksame Dicke vom Einfallswinkel abhängig. Deshalb ergibt sich durch Interferenz eine winkelabhängige Reflexion und Transmission.

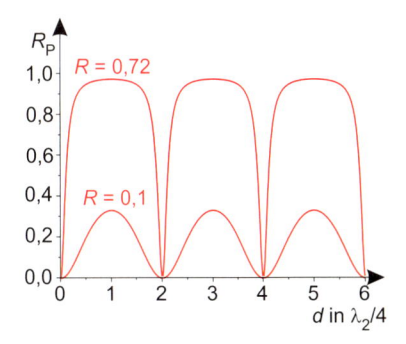

Bild 13.3. Reflexionskoeffizient einer planparallelen Platte für verschiedene Reflexionsgrade der Grenzflächen $R = 0{,}1$ und $0{,}72$

Wirkungen von Ultraschall hoher Leistung

Bei großen Intensitäten kann die Schallwechseldruckamplitude den gleichen Wert wie der Normaldruck p_0 erreichen. Es treten dann Druckschwankungen zwischen $p = 2p_0$ und $p = 0$ auf. Speziell für Flüssigkeiten und Festkörper ändert sich aber für $p \to 0$ der Aggregatzustand; z. B. können dabei Flüssigkeiten schon bei Zimmertemperatur verdampfen. Die Entstehung dieser „kalten" Dampfblasen bezeichnet man als **Kavitation**.

Durch das gleichzeitige Auftreten von Schallstrahlungsdruck, Kavitation, Schallwechseldruck und Erwärmung des Mediums infolge von Schallabsorption läßt sich eine Reihe von Wirkungen des Ultraschalls hoher Leistung verstehen. So z. B. die *Emulgierung* und *Koagulation* kolloider Systeme, ebenso die disperse Verteilung fester Stoffe in Flüssigkeiten und Gasen und schließlich auch das Mischen von unter gewöhnlichen Bedingungen nicht mischbaren Flüssigkeiten. Auch biologische, chemische und medizinische Wirkungen und Anwendungen des Ultraschalls beruhen auf den erwähnten Erscheinungen.

Breitet sich eine Schallwelle in einem Medium aus, so ergeben sich innerhalb des Mediums periodische Druck- und Dichteänderungen. Eine senkrecht zur Schallausbreitungsrichtung auf das Medium auftreffende Lichtwelle trifft dann auf ein Medium mit örtlich periodisch sich änderndem optischen Brechungsindex, da dieser bei Flüssigkeiten und Gasen druck- bzw. dichteabhängig ist. Man sagt, in dem Medium existiere ein *Schallwellengitter*. Die Gitterkonstante dieses Gitters entspricht der Schallwellenlänge im Medium.

Das Schallwellengitter hat prinzipiell die gleiche Wirkung auf die Lichtausbreitung wie die in der Optik benutzten Strichgitter. Dies führt zur Beugung von Licht an Ultraschallwellen. Die darauf beruhende Abbildung des Ultraschallfeldes mit Licht wurde zuerst von Debye und Sears experimentell nachgewiesen: **Debye-Sears-Effekt**.

13.1 Schallwellenlänge und -geschwindigkeit in Wasser (1/3)

Lichtoptische Abbildung einer Ultraschallwelle. Messung der Wellenlänge einer Schallwelle bei gegebener Frequenz. Bestimmung der Schallgeschwindigkeit und Kompressibilität von Wasser.

Schallkopf mit Netzgerät zur Erzeugung des Ultraschalls, Quarzplatte, Oszilloskop, Küvetten, Lampe, Plexiglasmaßstab, Schirm.

Das Netzanschlußgerät erzeugt eine elektrische Wechselspannung, deren Amplitude mit Hilfe eines Drehschalters stufenweise geändert werden kann. Ein Anschlußkabel führt die hochfrequente Spannung dem Schallkopf zu, der einen abgestimmten Schwingquarz enthält. Dieser überträgt seine Schwingung auf eine Metallmembran, die den Schallkopf dicht abschließt. Der Schallkopf kann unbedenklich in Medien (z. B. Luft) schwingen, die ihm wenig Energie entziehen. Der Bau des Schallkopfes verhütet, daß die nicht abgestrahlte Energie zur Zerstörung des Schwingquarzes durch übermäßige Erwärmung führt. Trotzdem soll der Drehschalter am Ultraschallgenerator vor Inbetriebnahme des Schallkopfes auf den Kleinstwert eingestellt sein.

> Durch die hochfrequente Strahlung des Ultraschallgenerators kann sich dessen Gehäuse elektrisch aufladen ähnlich einem Kondensator! Daher muß dieses vor dem Einschalten über die Erdungsbuchse geerdet werden, um unangenehme Stromschläge bei der Berührung des Gehäuses zu vermeiden.

Wegen Fertigungstoleranzen kann die Resonanzfrequenz des Schallkopfes (bzw. Schwingquarzes) von der Anregungsfrequenz des Netzgerätes abweichen. Das verwendete Gerät kann aber mit Hilfe einer Abstimmvorrichtung auf den jeweiligen Schallkopf eingestellt werden.

Messung der Schallfrequenz

Der Schallkopf wird mit der Abstrahlfläche nach oben eingespannt. Diese wird zur besseren Kopplung mit Wasser benetzt und eine Piezo-Quarzplatte aufgelegt.

Die Spannung zwischen Ober- und Unterseite der Quarzplatte wird mit zwei freien Kabelenden abgegriffen und auf dem Oszilloskopschirm sichtbar gemacht. Mit Hilfe der kalibrierten Zeitbasis des Oszilloskops läßt sich nun die Frequenz bestimmen. (Oszilloskop im kalibrierten Zustand benutzen)

Messung der Wellenlänge

Zur Wellenlängenmessung wird eine stehende Ultraschallwelle in einer mit Wasser gefüllten Küvette erzeugt, Bild 13.4. Durch diese stehende Welle wird in der Flüssigkeit eine periodische Druckverteilung erzeugt (Schwingungsbäuche und Schwingungsknoten) und damit auch Unterschiede in der Brechzahl. Wenn die Küvette mit Licht durchstrahlt wird, sind auf einem Schirm verschiedene helle Streifen zu sehen.

Um ein möglichst kontrastreiches Bild zu erhalten, wird der Schallkopf in der Höhe und im Neigungswinkel justiert. Der Aufbau ist sehr empfindlich, so daß das Bild bei Erschütterungen unscharf werden oder verschwinden kann.

Ist der Aufbau justiert, wird ein Bogen Papier auf dem Schirm befestigt, um darauf möglichst viele der beobachtbaren Streifen zu markieren. Dann wird an Stelle der stehenden Welle ein Plexiglas-Maßstab eingesetzt und dessen Einteilung ebenfalls auf dem Schirm markiert. Die Messung wird für verschiedene Abstände Schirm/Küvette wiederholt.

Aus dem direkten Größenvergleich der Streifen von Ultraschallwellen und Maßstab läßt sich die Wellenlänge bestimmen.

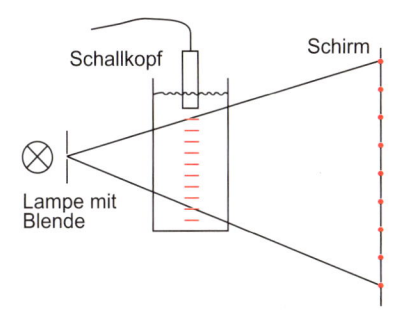

Bild 13.4. Aufbau zur Messung der Ultraschallwellenlänge in Wasser

Schallgeschwindigkeit und Kompressibilität von Wasser

Da die Frequenz f und die Wellenlänge λ gemessen wurden, kann nach $v = \lambda f$ die Schallgeschwindigkeit im Wasser bestimmt werden. Die

Kompressibilität ergibt sich zu $1/K = 1/\rho v^2$. Der reziproke Wert K wird als Kompressionsmodul bezeichnet.

✍ Zum Vergleich überschlage man, welche Kraft auf den Kolben einer Pumpe (Kolbendurchmesser z. B. 1 cm) wirken müßte, um eine Wassersäule vorgegebener Länge meßbar zusammenzudrücken. Das Ergebnis soll zeigen, daß eine Messung der Kompressibilität auf einem solchen Wege schwierig ist.

13.2 Schallstrahlungsdruck (2/3)

🏁 Messung des Schallstrahlungsdrucks einer Ultraschallwelle.

🔧 Ultraschallkopf mit Netzgerät, Lampe, Linse, Torsionswaage, Kalibriergewichte, Wasserbad.

⏱ Von einem Schallsender wird an der Oberfläche einer Meßplatte ein Schallstrahlungsdruck erzeugt. Die dadurch hervorgerufene Kraft F auf die Meßplatte wird mit Hilfe einer empfindlichen Torsionswaage bestimmt, Bild 13.5. Die Messung erfolgt dabei in einem Kompensationsverfahren, d.h. die Kraft F wird durch eine entsprechende Gegenkraft kompensiert. Diese Gegenkraft kann auf zwei Arten erzeugt werden: Durch Gewichtsstücke in der Waagschale oder durch Torsion des Drahtes der Drehwaage. Da jedoch das Übersetzungsverhältnis des Waagebalkens und die durch Torsion erzeugbare Kraft unbekannt sind, muß die Anordnung vor der Messung zunächst kalibriert werden: Durch Ausbalancieren der Waage mit Gewichtsstücken der Masse m_1 auf der Meßplatte und m_2 in der Waagschale wird das Übersetzungsverhältnis m_1/m_2 bestimmt. Nun wird zur Kalibrierung der Torsionsskala eine Gewichtskraft $m_3 g$ in der Waagschale durch Torsion des Drahtes um einen zugehörigen Winkel δ_{m_3} kompensiert. Bei der eigentlichen Messung wird dann F durch Gewichtskräfte $m_F g$ und/oder durch Torsion des Drahtes um einen Winkel δ_F kompensiert. Dann gilt:

$$F = \frac{m_1}{m_2}\left(m_F + \frac{m_3}{\delta_{m_3}}\delta_F\right)g \quad \text{mit} \quad g = 9{,}81\,\text{m/s}^2 \quad .$$

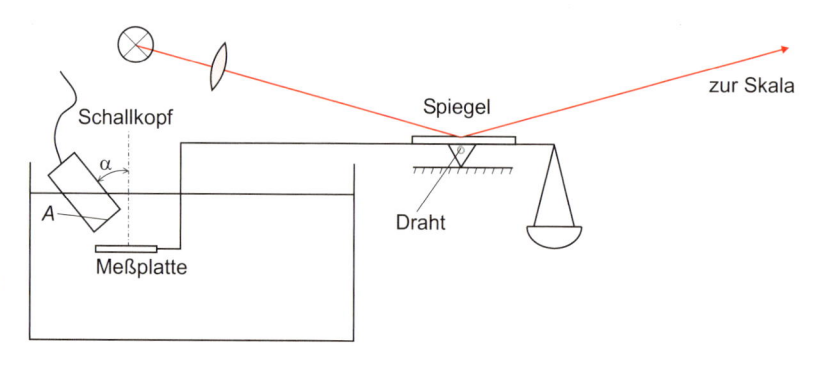

Bild 13.5. Torsionswaage zur Energiedichtebestimmung. Der Spiegel wird durch einen gespannten Draht in der Ruhelage gehalten

Der beim Eintauchen der Meßplatte in das Wasserbad entstehende Auftrieb darf nur durch Verstellen der Gegengewichte ausgeglichen werden, da sich das Übersetzungsverhältnis sonst wieder ändert. Taucht man die Meßplatte schon während der Kalibrierung der Torsionsskala ein, so kann die Dämpfung des Wassers schon dabei ausgenutzt werden. Warum nicht schon während der Bestimmung des Übersetzungsverhältnisses?

Mit der in Bild 13.5 angegebenen Anordnung wird die Kraft $F \approx SA$ gemessen, die der resultierende Strahlungsdruck S auf die wirksame Fläche A der Meßplatte ausübt. A ist bei ebenen Wellen gleich der aktiven Fläche des Schallkopfes. Da die Meßplatte eine winkelabhängige Reflexion R_P besitzt, wird der Eintrittswinkel α so gewählt, daß die durch Interferenz modulierte Reflexion R_P maximal wird. Dann ist auch die Kraft F und Auslenkung der Torsionswaage maximal.

Aus der gemessenen Kraft F ist der Schallstrahlungsdruck zu bestimmen. Wie ist dabei α zu berücksichtigen? Aus dem Druck S folgt die Energiedichte $E \approx S/2$, wobei der Reflexionskoeffizient der Meßplatte $R \approx 1$ gesetzt wird (Warum?). Man Vergleiche die Energiedichte mit dem Wert, der sich aus der angegebenen abgestrahlten Leistung des Schallkopfes und dessen Fläche ergibt. Man berechne die Auslenkung, Geschwindigkeit und Beschleunigungsamplitude der Wasserteilchen in der Ultraschallwelle und vergleiche z.B. letztgenannte mit der Erdbeschleunigung.

13.3 Qualitative Experimente mit Ultraschall (2/3)

Kennenlernen weiterer Wirkungen von Ultraschallwellen und deren Ausbreitung. Analogien zu Lichtwellen.

Ultraschallgeber, Küvette mit Wasser, Papier am Faden, Metallstreifen, Neonglimmlampe als Spannungssensor, Plexiglas-Prisma und Linse, Reagenzglas, Wasser, Öl, Lykopodiumpulver.

Schallstrahlungsdruck in Luft

Vor dem horizontal angeordneten Schallkopf wird ein Stück dünnes Papier an einem dünnen, langen Faden (Seidenfaden) aufgehängt. Wird die vom Schallkopf abgegebene Leistung durch Betätigen des Drehschalters vergrößert, so wird das Papier zunehmend vom Schallkopf weg ausgelenkt.

Man versuche, aus dem Ablenkwinkel des Papierpendels die Größenordnung der Energiedichte in Luft abzuschätzen.

Schallstrahlungsdruck in Flüssigkeiten

Die Küvette wird mit Wasser (Höhe 1 cm) gefüllt, mit dem senkrecht gehaltenen Schallkopf vom Boden her in Berührung gebracht und nach Zugabe einiger Tropfen Wasser zwischen Schallkopf und Boden (Bildung einer energieübertragenden Wasserschicht!) mit Ultraschall beschickt. Die freie Oberfläche des Wassers über dem Schallkopf wird zu einem Sprudel verformt.

Nachweis von Ultraschall durch Piezoeffekt

Auf die Membran des Schallkopfes wird ein großer Tropfen Wasser gebracht und darauf der Ultraschallquarz gelegt. Seine Dicke ist auf die Resonanzfrequenz abgestimmt. Nach Einstellen auf volle Schalleistung wird die Quarzoberfläche mit einer Neonglimmlampe berührt. Das Aufleuchten beider Elektroden der Neonglimmlampe zeigt an, daß der schwingende Quarz Quelle einer Wechselspannung ist (*piezoelektrischer Effekt*). Die Amplitude dieser Spannung kann mit Hilfe eines Oszilloskops bestimmt werden.

Man bestimme die Größenordnung der Kraftamplitude F in der Wasserschicht auf die Oberfläche des Quarzes aus den obigen Angaben und setze sie zur daraus enstehenden Spannung U am Piezokristall ins Verhältnis.

Reflexion

Die Küvette wird bis etwa 3 cm unter den Rand mit Wasser gefüllt, mit dem waagerecht gehalterten Schallkopf in Berührung gebracht und nach Zugabe einiger Tropfen Wasser zwischen Wand und Schallkopf mit Ultraschall beschickt. Wird der Metallstreifen nach Bild 13.6 in die Küvette gebracht, so wird infolge Reflexion der Ultraschallstrahlung am Metallstreifen auf der Wasseroberfläche eine kegelförmige Aufwölbung der Wasseroberfläche sichtbar, die bei Drehung des Metallstreifens um die schmale Kante an eine andere Stelle wandert.

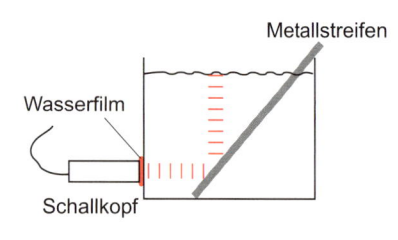

Bild 13.6. Reflexion von Ultraschall an Metallstreifen

Welche Änderungen ergeben sich bzw. sind theoretisch zu erwarten, wenn verschieden dicke Streifen verwendet werden?

Ultraschalldurchlässigkeit von Metallplatten

Auf die Membran des Schallkopfes werden einige Tropfen Wasser gebracht. Nun werden nacheinander zwei Aluminiumplatten aufgelegt und nach Aufbringen eines Tropfens Wasser mit Quarzplatte und Neonglimmlampe wie oben auf Ultraschall geprüft. Frage: Wann leuchtet das Glimmlämpchen und warum? Man beachte die Ergebnisse aus dem Reflexionsversuch.

Anmerkung: Ebene Metallplatten gleichen Materials und gleicher Dicke haben rechnerisch gleich große Ultraschalldurchlässigkeit. Abweichungen von den Sollwerten lassen auf Fehler im Material (Lunker, Risse, Fremdkörper) schließen. Anwendung: Materialprüfung mit Ultraschall.

Brechung durch Prismen

In die Küvette wird nach Bild 13.7 das Plexiglas-Prisma gelegt. Zwischen dieses und die Seitenwand der Küvette wird der Metallstreifen gestellt. Er dient hier zum Verschieben des Plexiglas-Prismas.

Die Küvette wird bis etwa 3 cm unter den Rand mit Wasser gefüllt, mit dem senkrecht gehalterten Schallkopf vom Boden her in Berührung gebracht und nach Zugabe einiger Tropfen Wasser zwischen Schallkopf und Boden mit Ultraschall beschickt. Senkrecht über dem Schallkopf wird auf der freien Oberfläche des Wassers ein ringartiger, unterteilter Kegel sichtbar.

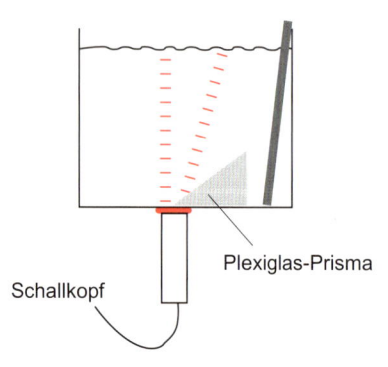

Bild 13.7. Brechung von Ultraschall am Prisma

Wird das Plexiglas-Prisma so weit nach links verschoben, daß es den Schallkopf abdeckt, so wird an der Verschiebung des Kegels nach links die Brechung des Ultraschalls durch das Prisma zur brechenden Kante hin erkannt.

✎ Welche vergleichende Aussage kann über die Schallwellenlänge und -geschwindigkeit in Wasser und Plexiglas gemacht werden? Man denke an die Analogie zur Lichtbrechung.

Brechung durch Linsen

Die Küvette wird 3 bis 4 cm hoch mit Wasser gefüllt, mit dem senkrecht gehaltenen Schallkopf vom Boden her in Berührung gebracht und nach Zugabe einiger Tropfen Wasser zwischen Schallkopf und Boden mit Ultraschall beschickt. Die freie Oberfläche des Wassers senkrecht über dem Schallkopf wird zu einem breiten Kegel verformt. Wird eine Plexiglas-Linse in den „Strahlengang" geschoben, so tritt anstelle des breiten ein schmaler, hoher Wasserkegel auf.

✎ Man deute das Ergebnis. Zeichnung des Strahlenganges.

Zerstäuben von Flüssigkeiten

Vor Einschalten des Ultraschallgenerators werden einige Tropfen Wasser auf den Schallkopf gebracht. Bei Einwirkung des Ultraschalls wird das Wasser in feintröpfigen Nebel zerstäubt.

✎ Wird das Wasser zum Sieden gebracht? Man mache eine Berührungsprobe (Messung, ob $100\,°C$ erreicht werden) und gebe eine Erklärung.

Emulgierung und Koagulierung durch Ultraschall

In ein zu etwa 3/4 mit Wasser gefülltes Reagenzglas werden einige Tropfen Öl gegeben. Beide Flüssigkeiten sind unter normalen Bedingungen weder mischbar noch emulgierbar. Der Glasboden berührt den Schallkopf, auf den vorher wieder einige Tropfen Wasser gegeben worden sind. Nach Einschalten des Ultraschallgenerators wird Trübung und Grautönung des Wassers beobachtet: das Öl ist in feinste Teilchen dispergiert worden. Es entsteht eine Öl-Wasser-Emulsion.

Man wiederhole den Versuch mit einem zu etwa 1/3 mit Wasser gefüllten Reagenzglas, in das eine Messerspitze Lykopodium gegeben wurde. Man schüttelt gut durch und bringt das Reagenzglas mit dem Schallkopf in Berührung. Kurz nach Einschalten des Ultraschallgenerators ballt sich das vorher fein verteilte Lykopodium zu größeren Flocken zusammen, es koaguliert.

Kapitel IV
Vielteilchensysteme und Thermodynamik

14. Thermische Grundversuche.............................. 145
15. Statistische Mechanik auf einem Luftkissentisch 158
16. Luftdichte, Dampfdruck, Luftfeuchte.................... 166
17. Ideale und reale Gase 176
18. Thermodynamische Prozesse in einem Heißluftmotor 187

14. Thermische Grundversuche

Anwendung und Vertiefung elementarer Kenntnisse der Wärmelehre. Bestimmung der spezifischen Wärmekapazität von Metallen sowie der Schmelz- und Verdampfungswärme von Wasser durch kalorische Messungen. Thermische Ausdehnung von festen Stoffen und Flüssigkeiten. Untersuchung der Wärmeleitung.

Standardlehrbücher (Stichworte: Temperatur und Wärmeenergie, spezifische Wärmekapazität, Schmelz- und Verdampfungswärme, Hauptsätze der Wärmelehre, kinetische Gastheorie, Temperaturmessung, Thermoelement, Wärmeleitung).

Temperatur und thermische Ausdehnung

Der thermische Zustand eines Körpers wird durch seine **Temperatur** t charakterisiert. Für deren Messung mittels Thermometer nutzt man temperaturabhängige Eigenschaften von Thermometersubstanzen wie z. B. die Ausdehnung von Flüssigkeiten und Gasen bei Erwärmung oder auch die Änderung des elektrischen Widerstandes von elektrischen Leitern bzw. Halbleitern.

Historisch bedingt gibt es verschiedene **Temperaturskalen** (Celsius, Fahrenheit, absolute Temperaturskala), deren Werte ineinander umrechenbar sind. Zur Festlegung der Celsius-Skala wurde – willkürlich – die Temperatur des schmelzenden Eises als $0\,°C$, die des siedenden Wassers als $100\,°C$ bezeichnet, beides bei *Normaldruck*.

Für die *Längenausdehnung* $\Delta\ell$ eines Stabes oder auch einer Flüssigkeitssäule gilt bei nicht zu großen Temperaturdifferenzen Δt in guter Näherung:

$$\Delta\ell \sim \Delta t \quad \widehat{=} \quad \frac{\Delta\ell}{\ell} = \alpha \Delta t$$

mit $\alpha =$ **linearer Ausdehnungskoeffizient**. Geht man von einer Bezugstemperatur t_0 aus, so läßt sich dann schreiben:

$$\ell_t = \ell_0[1 + \alpha(t - t_0)] \quad .$$

Für die *Volumenausdehnung* von Stoffen gilt entsprechend:

$$V_t = V_0[1 + \beta(t - t_0)]$$

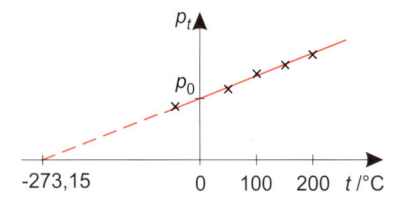

Bild 14.1. Meßkurve für die Temperaturabhängigkeit des Gasdruckes bei $V_0 = $ const.

mit $\beta = $ **Volumen-Ausdehnungskoeffizient**. In vielen Fällen gilt, daß für das gleiche Material $\beta \approx 3\alpha$ ist. Für alle idealen Gase erhält man für β den jeweils gleichen Wert $\beta \approx (273\,°C)^{-1}$, sofern der Druck $p = p_0$ konstant gehalten wird. Wird umgekehrt das Volumen $V = V_0$ konstant gehalten, ändert sich der Gasdruck mit der Temperatur:

$$p_t = p_0[1 + \beta(t - t_0)] \quad .$$

Bild 14.1 veranschaulicht diese Abhängigkeit. Die Extrapolation der Geraden führt zu einer hypothetischen Temperatur, bei der der Gasdruck Null werden müßte, sofern das Gas bis dahin gasförmig bliebe. Diese tiefstmögliche Temperatur $t = -273{,}15\,°C$ nennt man den **absoluten Nullpunkt**. Man hat ihn zum Bezugspunkt der absoluten Temperaturskala gewählt, in der die Temperatur mit T bezeichnet und in Kelvin (K) gemessen wird. Es gilt:

$$t_0 = 0\,°C \;\; \widehat{=} \;\; T_0 = 273{,}15\,\text{K} \quad \text{und}$$

$$\Delta t = 1\,°C = 1\,\text{K} = \Delta T \quad .$$

📖 Kalorische Grundgleichung, Wärmekapazitäten

Erwärmt man einen festen, gasförmigen oder flüssigen Stoff, z. B. Wasser mit Hilfe eines Tauchsieders, Bild 14.2, so steigt dessen Temperatur T in erster Näherung linear mit der zugeführten Wärmemenge Q, es gilt die

Kalorische Grundgleichung	$Q = cm\Delta T$.

Hierin bedeuten m die Masse des erwärmten Stoffes und c seine **spezifische Wärmekapazität** (früher ungenauer als *spezifische Wärme* bezeichnet). Die SI-Einheit von c ist

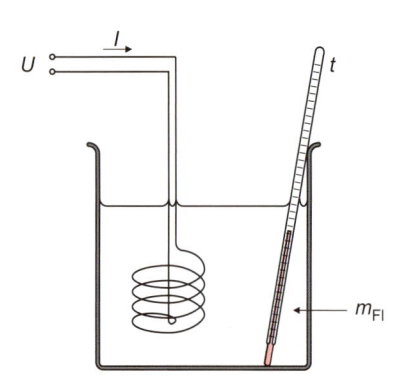

$$[c] = 1\,\frac{\text{J}}{\text{kg}\,\text{K}} \quad .$$

Bild 14.2. Aufheizen einer Flüssigkeit, z. B. Wasser, durch einen Tauchsieder

Die spezifische Wärmekapazität (*spezifisch* bedeutet hier: auf die Masse bezogen) ist dabei nicht nur stoffabhängig, sondern auch für die verschiedenen **Aggregatzustände** (fest, flüssig, gasförmig) *eines* Stoffes unterschiedlich. Tabelle 14.1 enthält einige Beispiele.

Häufig wird die Wärmekapazität nicht auf die Masse eines Stoffes, sondern auf die Stoffmenge bezogen. Deren Einheit 1 Mol ist diejenige Menge eines Stoffes, die ebenso viele Teilchen (Atome, Moleküle, Ionen) enthält wie 12 g des Kohlenstoff-Isotops ^{12}C. Diese Teilchenzahl nennt man **Avogadro-Konstante**, ihr experimenteller Bestwert beträgt gerundet:

Avogadro-Konstante	$N_A = 6{,}022 \cdot 10^{23}\,\text{mol}^{-1}$.

Für die Stoffmenge von 1 Mol (Molmasse M) gilt:

Tabelle 14.1. Spezifische Wärmekapazität verschiedener Stoffe bei konstantem Druck

Stoff	c in J / kg K
Wasser (20 °C)	$4{,}18 \cdot 10^3$
Eis (0 °C)	$2{,}09 \cdot 10^3$
Wasserdampf (100 °C)	$1{,}94 \cdot 10^3$
Aluminium	$0{,}896 \cdot 10^3$
Blei	$0{,}129 \cdot 10^3$
Eisen	$0{,}450 \cdot 10^3$
Kupfer	$0{,}383 \cdot 10^3$
Messing	$0{,}385 \cdot 10^3$

Molare Wärmekapazität $C_{\mathrm{mol}} = cM$; $[C_{\mathrm{mol}}] = 1\dfrac{\mathrm{J}}{\mathrm{mol\,K}}$.

Wärmemengen und Energiesatz

Wärme ist eine der Erscheinungsformen der Energie. Wärmeenergie kann in andere Energieformen gewandelt werden und umgekehrt. So entsteht durch Reibung aus **mechanischer Energie** E_{mech} Wärme oder **thermische Energie** E_{therm}, die sog. Reibungswärme. Umgekehrt kann z. B. der Energieinhalt E_{therm} von heißen Gasen oder Dampf (teilweise) in mechanische Energie umgesetzt werden, z. B. in einem Benzinmotor. **Elektrische Energie** E_{elektr} kann durch einen Elektromotor in mechanische Energie oder in einer Elektroheizung in Wärme gewandelt werden. Für alle Energieumwandlungen gilt der empirische **Energie-Erhaltungssatz**

> **Energie-Erhaltungssatz: In einem abgeschlossenen System ist die Summe aller Energien konstant.**
>
> $E_{\mathrm{mech}} + E_{\mathrm{therm}} + E_{\mathrm{elektr}} + E_{\mathrm{sonstige}} = E_{\mathrm{gesamt}} = \mathrm{const}$.

Hat man es nur mit thermisch-mechanischen Energieumwandlungen zu tun, so nennt man den Energiesatz aus historischen Gründen den *1. Hauptsatz der Wärmelehre*.

Als Beispiel einer Anwendung des Energiesatzes sollen die Änderungen der Wärmeenergien berechnet werden, die auftreten, wenn ein Körper 1 mit der Temperatur t_1 mit einem Körper 2 mit der Temperatur t_2 in Kontakt gebracht wird. Es erfolgt dann ein Temperaturausgleich: Nach einiger Zeit besitzen beide Körper die gleiche Temperatur $\bar{t}$, die zwischen t_1 und t_2 liegen wird. Bei diesem Vorgang gibt der wärmere Körper 1 die Wärmeenergie $E_{\mathrm{therm}} = Q_1$ ab und der kältere Körper 2 nimmt die Wärmeenergie Q_2 auf, Bild 14.3. Unter der Voraussetzung, daß keine Wärmeverluste nach außen auftreten, d. h. in einem abgeschlossenen System, gilt als Spezialfall des allgemeinen Energie-Erhaltungssatzes der

Wärmemengen-Erhaltungssatz $Q_1 = Q_2$.

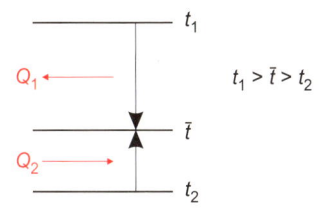

Bild 14.3. Durch Austausch von Wärmemengen Q_1 und Q_2 zwischen zwei Körpern unterschiedlicher Temperaturen t_1 und t_2 stellt sich eine Ausgleichstemperatur $\bar{t}$ ein

Atomistische Betrachtung

Um ein tieferes Verständnis für den Wärmezustand eines Körpers zu erhalten, kann man zunächst einen gasförmigen Stoff betrachten. Er besteht aus Atomen bzw. Molekülen, die sich in ungeordneter Bewegung befinden; dabei sind die Geschwindigkeiten nach Betrag und Raumrichtung statistisch verteilt. Die Teilchen besitzen also kinetische Energie, und zwar sowohl für die Translations- als auch für Rotationsbewegungen. Mit Hilfe der **kinetischen Gastheorie** kann man zeigen, daß die *absolute Temperatur T* des Gases ein Maß für die *mittlere kinetische Energie* $\overline{E}_\text{kin}$ des einzelnen Moleküls ist. Je heißer der Körper, desto größer die mittlere kinetische Energie seiner Teilchen, d. h. umso schneller ist die Translations- bzw. Rotationsbewegung. Nimmt man nun an, daß diese Energie auf alle *Bewegungsfreiheitsgrade f* des Moleküls (Translation, Rotation) mit gleichem Betrag verteilt ist (**Gleichverteilungssatz**), so erhält man quantitativ:

$$\overline{E}_\text{kin} = \frac{f}{2}kT \quad \text{mit der}$$

Boltzmann-Konstante $\quad k = 1{,}38 \cdot 10^{-23}\,\text{J/K}$.

Betrachtet man nun diese mittlere kinetische Energie nicht nur für 1 Molekül, sondern für die Stoffmenge von 1 Mol des Gases, so gilt mit der Avogadro-Konstante N_A:

$$\overline{E}_\text{mol} = N_\text{A}\overline{E}_\text{kin} = \frac{f}{2}N_\text{A}kT = \frac{f}{2}RT \quad,$$

wobei

universelle Gaskonstante $\quad R = N_\text{A}k = 8{,}31\,\dfrac{\text{J}}{\text{mol}\,\text{K}}$.

Eine entsprechende Betrachtung läßt sich auch für *Festkörper* anstellen. Auch diese bestehen aus Teilchen, die jedoch nicht frei beweglich, sondern an feste Kristallgitterplätze gebunden sind. Hier ist die Temperatur ein Maß für die *mittlere Schwingungsenergie* der um ihre ortsfeste Ruhelage schwingenden Teilchen. Wegen der drei möglichen Raumrichtungen (x, y, z) hat diese Bewegung $f = 6$ Freiheitsgrade (je 3 von kinetischer und potentieller Energie). So ergibt sich für 1 Mol:

$$E_\text{mol} = 3RT \quad.$$

Hieraus folgt für die molare Wärmekapazität $C_\text{mol} = \Delta\overline{E}_\text{mol}/\Delta T$ die

Regel von Dulong und Petit $\quad C_\text{mol} = 3R \approx 25\,\dfrac{\text{J}}{\text{mol}\,\text{K}}$,

ein Ergebnis, das sich für viele feste Körper experimentell bestätigen läßt. Einige Beispiele sind in Tabelle 14.2 aufgeführt.

Tabelle 14.2. Molare Wärmekapazitäten verschiedener Stoffe

Stoff	C_mol in J / mol K
Aluminium	24,2
Blei	26,7
Eisen	25,1
Kupfer	24,3
Messing	24,7

Schmelz- und Verdampfungswärmen

Die Moleküle besitzen im Kristall eine bestimmte Bindungsenergie. Um einen Kristall zu schmelzen, muß daher eine entsprechende Energie zugeführt werden. Die gleiche Energiemenge wird beim Erstarren der Schmelze natürlich wieder frei. Entsprechendes gilt beim Verdampfen einer Flüssigkeitsmenge und beim Kondensieren des Dampfes.

Während des Schmelzens oder Verdampfens bleibt die Temperatur t auch bei andauernder Energie-Zufuhr konstant, bis die gesamte Stoffmenge geschmolzen oder verdampft ist, Bild 14.4.

Für **Phasenübergänge** gilt allgemein: Die Änderung des Aggregatzustandes eines reinen Stoffes (**Schmelzen**, **Verdampfen**, **Sublimieren**: Modifikations-Umwandlung) erfolgt bei einer konstanten Umwandlungstemperatur unter Zufuhr oder Abgabe von Wärmeenergie. Die spezifischen Umwandlungswärmen sind wie folgt definiert:

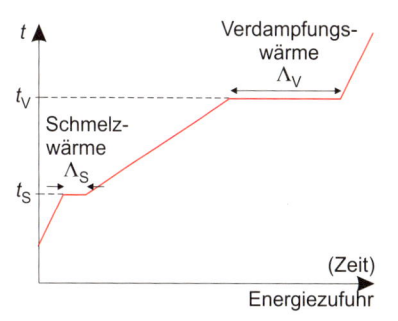

Bild 14.4. Temperatur-Verlauf beim stetigen Erwärmen einer festen Stoffmenge einer Substanz (z. B. Eis, Wasser, Wasserdampf)

$$\text{spezifische Schmelzwärme} \quad \Lambda_S = \frac{Q_S}{m} ,$$

$$\text{spezifische Verdampfungswärme} \quad \Lambda_V = \frac{Q_V}{m} .$$

Hierbei sind Q_S und Q_V die Wärmemengen, die zum Schmelzen bzw. Verdampfen eines Stoffes der Masse m am Schmelzpunkt t_S bzw. am Verdampfungs- oder Siedepunkt t_V benötigt werden. In Tabellenwerken werden häufig statt der *spezifischen* (d. h. auf die Masse bezogenen) die *molaren* Größen angegeben, die sich auf die Stoffmenge 1 Mol beziehen.

Die Angaben für die Verdampfungswärme enthalten zwei Anteile: Zum einen muß die Energie aufgebracht werden, um die Bindungskräfte zwischen den Molekülen in der Flüssigkeit zu überwinden, zum anderen muß Energie für die Ausdehnung des entstehenden Dampfes gegen den Außendruck aufgebracht werden. In der Thermodynamik spricht man deshalb auch präziser von der *Verdampfungsenthalpie* anstatt von der *Verdampfungswärme*. Bei siedendem Wasser z. B. beträgt der Anteil der Ausdehnungsarbeit 7,5 %.

Für reine Stoffe ist die Schmelzwärme gleich der Erstarrungswärme und die Verdampfungswärme gleich der Kondensationswärme. Ferner sind Schmelztemperatur gleich Erstarrungstemperatur sowie Siedetemperatur gleich Kondensationstemperatur. Für Legierungen und Lösungen sowie für amorphe Körper ergeben sich dagegen Schmelztemperatur-Intervalle. Flüssigkeitsgemische haben darüber hinaus im allgemeinen auch keinen definierten Siedepunkt. Anwendung: fraktionierte Destillation.

Wärmeleitung, Thermohaus

Der **Wärmeenergiefluß** oder **Wärmestrom**, d. h. die durch eine Wand der Dicke d und der Fläche A tretende Wärmeleistung P ist gegeben durch die Temperaturdifferenz der Luft auf beiden Seiten der Wand:

$$\frac{P_{\text{ges}}}{A} = K(T_{\text{i}} - T_{\text{a}}) \quad,$$

mit T_{i}: Lufttemperatur innen und T_{a}: Lufttemperatur außen.

Der *Wärmedämmungskoeffizient* K beschreibt die Dämmeigenschaften des Material, d. h. je kleiner der K-Wert, desto besser ist die Wärmeisolation. Voraussetzung für die Gültigkeit der Gleichung ist, daß die Innentemperatur T_{i} konstant bleibt, d. h. Energieverluste im Innern müssen durch eine Heizquelle nachgeliefert werden. Das gleiche gilt für die Außenlufttemperatur T_{a}. Hier muß Wärme abgeführt werden, um eine Temperaturkonstanz zu erreichen.

Der lineare Zusammenhang zwischen Wärmestrom und Temperaturdifferenz entspricht dem *Ohmschen Gesetz* der Elektrizitätslehre. Die Temperaturdifferenz ist dabei analog zur elektrischen Spannung. Zur genauen Betrachtung wird nun die gesamte Temperaturdifferenz in Bild 14.5, die der Wärmefluß P durchströmt, in drei Bereiche aufgeteilt:

$$T_{\text{i}} - T_{\text{a}} = (T_{\text{i}} - T_{\text{Wi}}) + (T_{\text{Wi}} - T_{\text{Wa}}) + (T_{\text{Wa}} - T_{\text{a}}) \quad.$$

Im ersten Bereich geht es um den Wärmeübergang zwischen der Innenraumluft und der Innenseite der Wand:

$$P = \alpha_{\text{i}} A \left(T_{\text{i}} - T_{\text{Wi}}\right) \quad,$$

im zweiten Bereich geht es um die Wärmeleitung innerhalb der Wand der Dicke d und der Wärmeleitfähigkeit λ:

$$P = \frac{\lambda}{d} A \left(T_{\text{Wi}} - T_{\text{Wa}}\right) \quad \text{und}$$

im dritten Bereich um den Übergang Außenwand-Außenluft:

$$P = \alpha_{\text{a}} A \left(T_{\text{Wa}} - T_{\text{a}}\right) \quad.$$

Der Wärmestrom P ist im stationären Fall in allen drei Bereichen der gleiche. Der Wärmeübergangskoeffizient α für ruhende Luft beträgt für viele vorkommende Wandmaterialien:

$$\alpha_{\text{i}} = \alpha_{\text{a}} = (8{,}1 \pm 0{,}1) \, \frac{\text{W}}{\text{m}^2 K} \quad.$$

Allerdings ist α_{i} wegen der innen auftretenden *Konvektionen* i. a. größer als α_{a}. Die Wärmeleitfähigkeit λ ist dagegen stark vom Material abhängig. Aus den obigen Gleichungen folgt für den K-Wert:

$$(T_{\text{i}} - T_{\text{a}}) = \frac{1}{K} \frac{P}{A} = \left(\frac{1}{\alpha_{\text{i}}} + \frac{d}{\lambda} + \frac{1}{\alpha_{\text{a}}}\right) \frac{P}{A} \quad.$$

In Anlehnung an das Ohmsche Gesetz der Elektrizitätslehre nennt man $1/K$ auch den spezifischen (d. h. auf die Fläche bezogenen) **Wärmeübergangswiderstand**, für den bei Reihen- oder Parallelschaltung die entsprechenden Regeln für elektrische Stromkeise gelten.

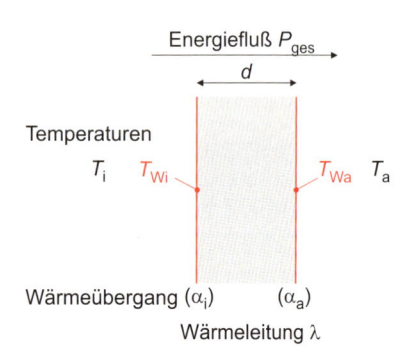

Bild 14.5. Energiefluß durch eine Wand. In diesem Beispiel ist $T_i > T_a$

14.1 Spezifische Wärmekapazität fester Körper (1/2)

Relativbestimmung der *spezifischen Wärmekapazität* eines Metalls, Nachprüfung der *Regel von Dulong und Petit*.

Kalorimeter, diverse Probekörper (z. B. Fe, Ms, Al, Pb, Cu), Rührstab, Thermometer, Bunsenbrenner, Barometer.

Ein in siedendem Wasser auf 100 °C erwärmter Probekörper (m_P, c_P, $t_\mathrm{P} = 100$ °C) wird in ein Kalorimeter gebracht, das mit kaltem Wasser gefüllt ist (m_W, $c_\mathrm{W} = 4{,}19\,\mathrm{J/g\,°C}$, t_W), Bild 14.6. Man beachte, daß c_P die spezifische Wärmekapazität des Probekörpers ist; nicht zu verwechseln mit c_p, der spezifischen Wärme bei konstantem Druck. Das Innenteil des Kalorimeters kann z. B. von einem Aluminium-Becher gebildet werden (m_K, $t_\mathrm{K} = t_\mathrm{W}$); die spezifische Wärmekapazität von Al sei bekannt, siehe Tabelle 14.1. Die Massen m_W, m_K und m_P werden mit einer Waage bestimmt.

Nach dem Wärmemengen-Erhaltungssatz berechnet sich die spezifische Wärmekapazität c_P des Probekörpers im vorliegenden Experiment zu:

$$c_\mathrm{P} m_\mathrm{P}(100\,°\mathrm{C} - \bar{t}) = (c_\mathrm{W} m_\mathrm{W} + c_\mathrm{K} m_\mathrm{K})(\bar{t} - t_\mathrm{W})$$

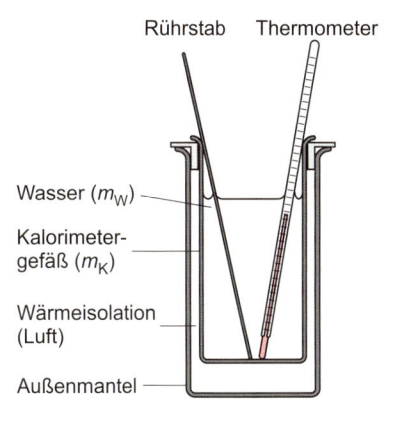

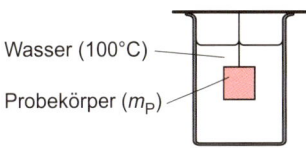

Bild 14.6. Zubehör zur Bestimmung der Wärmekapazität fester Körper

Zur Korrektur der Siedetemperatur $t_\mathrm{S} \approx 100$ °C kann der Luftdruck mit dem Barometer abgelesen werden.

Zur Bestimmung der Mischtemperatur $\bar{t}$ wird die Temperatur im Kalorimeter während einer längeren Zeit alle 1/2 Minuten gemessen, beginnend etwa 5 Minuten bevor und endend etwa 5 bis 8 Minuten, nachdem der heiße Probekörper in das Kalorimeter gebracht wurde.

Durch eine grafische Extrapolation auf einen idealisierten momentanen Wärmeausgleich kann der Fehler durch den Wärmeaustausch mit der Umgebung weitgehend vermieden werden. In dem Temperatur-Zeitdiagramm werden die Vor- und die Nachkurve extrapoliert und so durch eine Senkrechte verbunden, daß flächengleiche Abschnitte entstehen, Bild 14.7. Daraus werden t_W und $\bar{t}$ bestimmt. Dann kann c_P berechnet werden.

Da die Wägefehler hier vernachlässigbar sind, gilt:

$$\frac{\Delta c_\mathrm{P}}{c_\mathrm{P}} = \frac{\Delta(\bar{t} - t_\mathrm{W})}{(\bar{t} - t_\mathrm{W})} + \frac{\Delta(100° - \bar{t})}{(100° - \bar{t})} \quad \text{mit} \quad \Delta(100° - \bar{t}) = \Delta\bar{t} \quad .$$

Die Werte für $\Delta(\bar{t} - t_\mathrm{W})$ und $\Delta\bar{t}$ bestehen aus zwei Anteilen: einem Streufehler, der aus dem Diagramm abzuschätzen ist, sowie einem möglichen systematischen Fehler der benutzten Thermometer (ca. ±1 Skt.).

Als Ergebnisse werden c_P und C_mol für den untersuchten Metallkörper mit Fehlergrenzen in den Einheiten J/g K bzw. J/mol K angegeben und mit dem Literaturwert verglichen.

Die Gültigkeit der *Regel von Dulong und Petit* soll nachgeprüft werden.

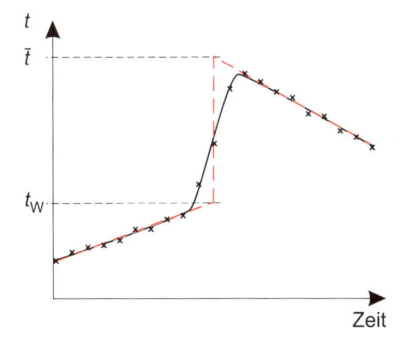

Bild 14.7. Temperatur-Zeit-Diagramm zur Bestimmung der Wärmekapazität fester Körper

14.2 Schmelz- und Verdampfungswärme von Wasser (1/2)

Bestimmung der *Verdampfungswärme* (Kondensationswärme) des Wassers und Messung der *Schmelzwärme* des Eises.

Dewargefäß (Kalorimeter), Erlenmeyerkolben, Heizquelle, Doppelmantelvakuumrohr, Thermometer, Waage, Barometer.

Zunächst wird die Wärmekapazität des Kalorimeters, Bild 14.8, bestimmt. Dazu wird vor dem Versuch die Temperatur des leeren Kalorimeters gemessen, d. h. die Zimmertemperatur t_Z. Danach wird so viel heißes Wasser mit der Temperatur t_W in das Kalorimeter geschüttet, daß dieses etwa so hoch gefüllt ist wie bei den beiden nachfolgenden Versuchen (2/3 bis 3/4 voll). Die Masse m_W des eingefüllten Wassers sowie die Mischungstemperatur $\bar{t}$ werden gemessen. Die Wärmekapazität C_K des Kalorimeters ergibt sich dann aus

$$c_W m_W (t_W - \bar{t}) = C_K (\bar{t} - t_Z) \quad .$$

Die Masse m_W des eingefüllten heißen Wassers wird aus der Differenz der Massen des Kalorimeters mit Wasser $(m_K + m_W)$ und des leeren Kalorimeters (m_K) bestimmt. Die Ungenauigkeiten bei der Temperaturmessung und der Wägung werden abgeschätzt.

Verdampfungswärme: Das Kalorimeter wird zu 2/3 mit kaltem Wasser gefüllt (t_A) und gewogen $(m_K + m_W)$. Dann wird Dampf in das Wasser geleitet, Bild 14.9, bis die Temperatur etwa 60 °C erreicht (t_E), und das Kalorimeter noch einmal gewogen $(m_K + m_W + m_D)$. Die Größen sind: m_W = Masse des Wassers vor dem Versuch, m_D = Masse des kondensierten Dampfes, t_A = Anfangstemperatur des Wassers, t_D = Dampf-Temperatur (ca. 100 °C), t_E = Endtemperatur des Wassers. Aus der Energiebilanz erhält man die *Verdampfungswärme* Λ_V:

$$m_D \Lambda_V + m_D c_W (t_D - t_E) = (m_W c_W + C_K)(t_E - t_A) \quad .$$

Eine Luftdruckkorrektur zur Korrektur der Siedetemperatur kann ergänzend vorgenommen werden.

Schmelzwärme des Eises: Zwecks Einsparung von Wägungen wird diese Messung gleich an die vorgehende angeschlossen, ohne das Wasser im Kalorimeter zu wechseln. Es wird nochmals die Temperatur (t'_A) des heißen Wassers im Dewar-Gefäß gemessen, dann werden einige abgetrocknete Eisstücke hineingetan, bis das Kalorimeter gut 3/4 voll ist. Die Temperatur (t'_E) nach dem Schmelzen des Eises wird gemessen und das Kalorimeter abschließend gewogen $(m_K + m_W + m_D + m_E)$, um die Masse des Eises m_E zu ermitteln. Die Temperatur am Schmelzpunkt ist $t_S = 0$ °C. Die Energiebilanz liefert die *Schmelzwärme* Λ_S:

$$m_E \Lambda_S + m_E c_W (t'_E - t_S) = (c_W (m_W + m_D) + C_K)(t'_A - t'_E) \quad .$$

Eine streng durchgeführte Fehlerrechnung wird hier kompliziert, da in den Formeln Summen und Produkte zahlreicher Variabler auftreten. Setzt man jedoch in die Energiebilanzgleichungen die im Experiment ermittelten Werte ein, so erkennt man, daß einige Summanden nur

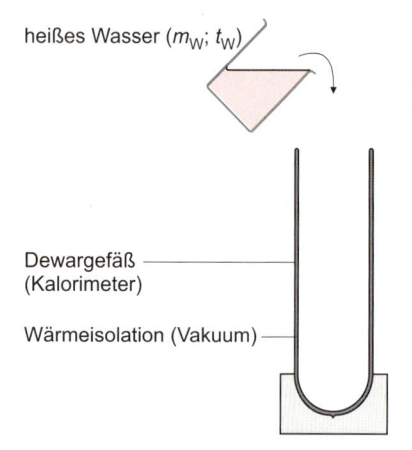

Bild 14.8. Aufbau zur Bestimmung der Wärmekapazität eines Kalorimeters

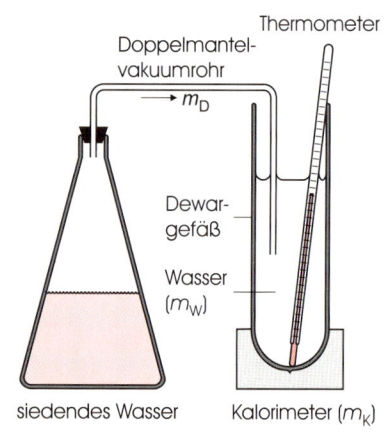

Bild 14.9. Aufbau zur Bestimmung der Verdampfungswärme von Wasser

relativ kleine Beiträge liefern; diese tragen auch wenig zum Gesamtfehler des Ergebnisses bei. Für die Fehlerabschätzung kann man sich daher auf die folgenden Formeln beschränken:

$$\Lambda_V \approx \frac{1}{m_D} m_W c_W (t_E - t_A) \quad ; \quad \frac{\Delta \Lambda_V}{\Lambda_V} \approx \frac{\Delta m_D}{m_D} + \frac{\Delta t_E + \Delta t_A}{t_E - t_A} \quad ;$$

$$\Lambda_S \approx \frac{1}{m_E} c_W (m_W + m_D)(t'_A - t'_E) \quad ; \quad \frac{\Delta \Lambda_S}{\Lambda_S} \approx \frac{\Delta t'_A + \Delta t'_E}{t'_A - t'_E} \quad .$$

Hierbei wird berücksichtigt, daß der relative Fehler der Wägungen nur bei der relativ kleinen Masse des Dampfes m_D eine Rolle spielt.

Als Ergebnisse sind C_K in J/K sowie Λ_V und Λ_S in J/g mit geschätztem Fehler anzugeben. Wie groß sind die auf ein Mol bezogenen Umwandlungswärmen $\Lambda_{V,mol}$ bzw. $\Lambda_{S,mol}$? Die Ergebnisse sind mit den Literaturwerten zu vergleichen.

14.3 Wärmeausdehnung fester Stoffe (1/2)

Die thermische Ausdehnung von verschiedenen festen Stoffen soll quantitativ bestimmt werden.

Dilatometer nach Bild 14.10 mit verschiedenen Proberohren, (z. B. Kupfer, Eisen, Messing, Aluminium, Glas, Polyäthylen), kleine und große Reibrolle, Kochflasche zur Dampferzeugung, Thermometer, Bandmaß, Lineal, Schiebelehre, Mikrometerschraube.

Ein Rohr, dessen thermische Ausdehnung gemessen werden soll, wird auf der einen Seite fest gelagert und liegt auf der anderen Seite auf einer Rolle mit dem Radius r auf, an der ein Zeiger der Länge R befestigt ist, Bild 14.10. Bei einer Ausdehnung des Rohrteiles der Länge ℓ_Z bei Zimmertemperatur t_Z um die Strecke $\Delta \ell$ wird die Reibrolle gedreht, und das Zeigerende bewegt sich um den Bogen

$$\Delta x = \Delta \ell R / r \quad .$$

Das Rohr wird bei Zimmertemperatur t_Z eingespannt, der Schlauch angeschlossen und der Zeiger auf den Skalenanfang eingestellt. Dann wird Dampf von $t_D = 100\,°C$ durch das Rohr geleitet und der dazugehörige Zeigerausschlag Δx abgelesen. Es werden t_Z, Δx, R (Lineal),

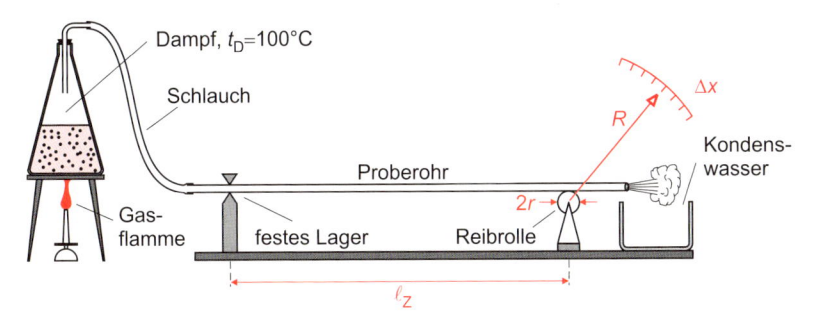

Bild 14.10. Aufbau zur Bestimmung der Wärmeausdehnung fester Stoffe

r (Schiebelehre) und ℓ_Z als Abstand der Kerben auf dem Rohr (Bandmaß) bestimmt. Für Materialien mit sehr großem linearen Ausdehnungskoeffizient α wie z. B. Polyäthylen wird eine größere Reibrolle verwendet.

Der Versuch wird für weitere Materialien wiederholt.

Die Ausdehnungskoeffizienten α für die untersuchten Materialien lassen sich berechnen aus:

$$\alpha = \frac{\Delta \ell}{\ell_Z (t_D - t_Z)} \quad .$$

Die Fehler sind abzuschätzen. Welche Größen liefern dabei den Hauptbeitrag? Die Ergebnisse sollen mit Literaturwerten verglichen werden.

Für Metalle (mit einer dichtesten Kugelpackung der Atome im Kristallgitter) gilt die

Regel von Grüneisen $\qquad \alpha \approx 0{,}02/T_S \quad ,$

mit T_S = absolute Temperatur am Schmelzpunkt. Die Regel von Grüneisen soll für die untersuchten Metalle überprüft werden. Für die Schmelzpunkte von Metallen: siehe Tabelle 14.3.

Hinweis: Setzt man in die Gleichung $\alpha = \Delta\ell/\ell_0(T-T_0)$ die absoluten Temperaturen $T_0 = 0\,\mathrm{K}$ und $T = T_S$ ein, dann erhält man mit $\alpha \approx 0{,}02/T_S$

$\Delta\ell/\ell_0 \approx 0{,}02 \quad .$

Das bedeutet: Nach einer Längenänderung von etwa 2 % durch thermische Ausdehnung sind durch Vergrößerung der Abstände der Atome im Kristallgitter die Bindungskräfte so weit gelockert, daß das Gitter zusammenbricht und der Kristall schmilzt. Diese Aussage gilt unabhängig von der Art des Metalles.

Tabelle 14.3. Schmelztemperaturen für einige reine Metalle

Metall	Schmelzpunkt
Blei	327 °C
Aluminium	660 °C
Kupfer	1083 °C
Eisen	1535 °C

14.4 Volumenausdehnung von Flüssigkeiten (1/2)

Die thermische Ausdehnung von Flüssigkeiten soll quantitativ untersucht werden.

Ausdehnungsgefäß, Becherglas mit Glaseinsatz, Rührstab, Gasbrenner, Dreifuß und Ceranplatte, Spritze mit Schlauchansatz, konische Lochlehre, Thermometer 0 °C bis 100 °C. Als Flüssigkeiten können z. B. Wasser, Methylalkohol, Isopropylalkohol, u. a. untersucht werden.

Das Ausdehnungsgefäß, Bild 14.11, besteht aus einem kugelförmigen Glasgefäß mit ca. 50 cm³ Inhalt und einer über einen Schliff ansetzbaren Glaskapillare mit mm-Teilung. Dieses Gefäß wird bis zum Schliff mit der zu untersuchenden Flüssigkeit gefüllt und der Stopfen so aufgesetzt, daß der Flüssigkeitsspiegel in der Kapillare unten steht. Mit der Spritze kann etwas Flüssigkeit abgesaugt oder zugegeben werden, ohne daß Luftblasen

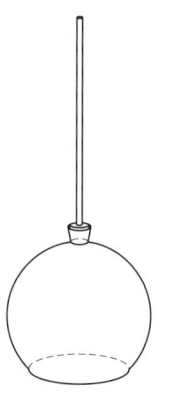

Bild 14.11. Ausdehnungsgefäß

im Gefäß auftreten. Aus dem Anstieg der Flüssigkeitssäule in der Kapillare bei Erwärmung des Glasgefäßes kann die Volumenausdehnung der Flüssigkeit berechnet werden.

Zunächst wird das leere und dann das mit Wasser gefüllte Ausdehnungsgefäß gewogen und das Volumen V_0 aus $V_0 = m/\rho_0$ bestimmt. Der Durchmesser $2R$ der Kapillare wird mit einer konischen Lochlehre gemessen.

Das gefüllte Gefäß wird bis zur Schliffhöhe in ein Wasserbad getaucht, welches in kleinen Schritten vorsichtig aufgeheizt wird: Temperaturschritte zwischen 0 °C und 10 °C kleiner als 2 °C wählen, sonst ca. 5 °C. Hierbei Gasflamme nur kurz wirken lassen; dann ca. 3 bis 5 min unter Rühren den Temperaturausgleich zwischen Wasserbad und Meßflüssigkeit abwarten, bevor die Höhe h des Flüssigkeitsspiegels in der Kapillare und die Temperatur t im Wasserbad gemessen werden. Typischerweise lassen sich Temperaturen zwischen 0 °C (Eis/Wasserbad) bis ca. 50 °C realisieren.

Aus dem Anstieg Δh des Flüssigkeitsspiegels in der Kapillare kann man zunächst nur die *scheinbare* Volumenvergrößerung $\Delta V'$ ermitteln:

$$\Delta V' = \pi R^2 \Delta h \quad .$$

Diese muß noch korrigiert werden, weil die gleichzeitige Volumenvergrößerung $\Delta V''$ des Glasgefäßes

$$\Delta V'' = 3\alpha_{\text{Glas}} V_0 \Delta t$$

mit $\alpha_{\text{Glas}} = 9{,}3 \cdot 10^{-6}\,\text{grad}^{-1}$ den Wert für Δh zu klein ausfallen läßt. Die *wirkliche* Volumenzunahme der Flüssigkeit ist also

$$\Delta V = \Delta V' + \Delta V'' \quad \text{und damit der}$$

Volumenausdehnungskoeffizient

$$\beta = \frac{\Delta V}{V_0 \Delta t} = \frac{\Delta V' + \Delta V''}{V_0 \Delta t} = \frac{\Delta V'}{V_0 \Delta t} + 3\alpha_{\text{Glas}} \quad .$$

Für die meisten Flüssigkeiten ist der Koeffizient β innerhalb größerer Temperaturbereiche nicht konstant und daher die Kurve $\Delta V = f(t)$ keine Gerade.

Zur Auswertung werden die korrigierten Werte für $\Delta V/V_0$ berechnet und als Funktion der Wasserbadtemperatur t grafisch dargestellt, $\Delta V = \Delta V' + \Delta V''$. Aus dem Anstieg der (nicht linearen) Kurve wird der Ausdehnungskoeffizient β für zwei Temperaturen bestimmt, z. B. für 20 °C und 40 °C. Wo liegt das Dichtemaximum?

Die Auswertung für verschiedene Flüssigkeiten durchführen.

14.5 Wärmeleitung (Thermohaus) (1/2)

Experimentelle Bestimmung der *Wärmeleitfähigkeit* verschiedener Materialien, Einfluß der Dicke des Materials, Bestimmung der

Übergangskoeffizienten verschiedener Materialien, Temperaturmessungen mit Bimetall-Thermoelementen, Thermosäule.

🔧 Thermohaus mit vier Öffnungen (Fenster) und eingebauter regelbarer Heizung, verschiedene Materialien (z. B. Holz, Styropor, Einfachglas, Isolierglas), Materialien verschiedener Wanddicke (z. B. Holz: $d = 1; 2; 3; 4$ cm), NiCr-Ni-Thermoelemente, Digital-Temperaturmeßgeräte, Flüssigkeitsthermometer.

In ein Thermohaus mit vier Öffnungen (Fenstern) können verschiedene Materialien eingesetzt werden. Die Heizung im Innern erfolgt über eine regelbare Glühlampe, die nach einer Heizzeit von ca. 90 min eine Innentemperatur zwischen ca. 35 °C und ca. 70 °C einzustellen gestattet. Die Wärmeabstrahlung erfolgt über ein schwarzes Heizblech. Zur Temperaturmessung stehen ummantelte NiCr-Ni Thermoelemente sowie Widerstandsthermometer mit digitaler Anzeige zur Verfügung. Um eine annähernd stationäre Temperatur zu erreichen, soll das Thermohaus mindestens 2 Stunden vor Beginn der Messungen aufgeheizt werden (Innenraumtemperatur $T_i \approx 55$ °C). Die Innenlufttemperatur wird mit einem Tauchelement gemessen, welches durch Schaumstoffabdichtungen hindurch in das Thermohaus eingeführt werden kann, ohne dieses zu öffnen.

⏱ Die Vorbereitung der Messung umfaßt die folgenden vier Teilschritte:

- Die Thermohausheizungen werden eingeschaltet.
- Alle benutzten Thermoelemente müssen kalibriert werden (z. B. mit Hilfe eines Wasserbades).
- Die NiCr-Ni-Elemente werden an den Außenwänden des Thermohauses jeweils in der Mitte befestigt.
- Das Tauchelement zur Messung der Lufttemperatur T_i wird eingeführt, aber nicht zu nahe am Heizblech positioniert.

⏱ Nach ca. 2 Stunden Heizzeit, wenn die Temperaturen sich kaum noch ändern, werden die Außenwandtemperaturen T_{Wa} sowie die Innenraumtemperatur T_i abgelesen, siehe auch Bild 14.5

Der Thermohausdeckel wird für möglichst kurze Zeit abgenommen, um die Thermoelemente für Glas und Styropor innen zu befestigen (auf gute Befestigung achten, durch Schaumstoffdichtung führen, sehr schnell arbeiten!). Danach wird der Deckel wieder aufgesetzt.

Nach ca. 30 min Relaxationszeit wird eine Messung von T_{Wi} (Glas) und T_{Wi} (Styropor) durchgeführt. Die Luft-Außentemperatur T_a wird mit dem Thermometer bestimmt.

⏱ Zur Bestimmung des Einflusses der Wanddicke auf die Dämmeigenschaften einer Wand stehen Holzwände verschiedener Dicke zur Verfügung. Hierfür sollte ein zweites Thermohaus benutzt werden, da wieder 2 Stunden Heizzeit benötigt werden und daher besser parallel gearbeitet wird: Die Werte T_i, T_{Wi}, T_{Wa}, T_a werden für verschiedene Wanddicken gemessen.

✍ Für die verschiedenen Materialien wird die gesamte Wärmestromdichte P/A durch die Wand und der Wärmedämmkoeffizient K angegeben, wobei α_a als bekannt vorausgesetzt wird.

✍ Für die Materialien Glas und Styropor werden die Wärmeleitfähigkeit λ und der Wärmeübergangskoeffizient α_i bestimmt.

✍ Für die Holzproben werden die gesamte Wärmestromdichte P/A und die Wärmedämmungsgrößen K bzw. $R = 1/K$ bestimmt.

Da nach

$$\frac{1}{K} = \frac{1}{\alpha_i} + \frac{d}{\lambda} + \frac{1}{\alpha_a} = \text{const.} + \frac{1}{\lambda} d$$

zwischen $1/K$ und der Materialdicke d eine lineare Abhängigkeit besteht, folgt aus der Steigung von $R = f(d)$ die Wärmeleitfähigkeit λ von Holz. Aus dem Achsenabschnitt für $d = 0$ erhält man die Summe der Übergangswiderstände innen und außen:

$$\frac{1}{\alpha_i} + \frac{1}{\alpha_a} \quad .$$

Bei bekannten α_a läßt sich damit α_i angeben.

Man vergleiche die so bestimmten Werte für α_i und λ für Holz mit Werten, die sich aus den zugehörigen Temperaturdifferenzen ergeben.

15. Statistische Mechanik auf einem Luftkissentisch

Untersuchung statistischer Eigenschaften von Vielteilchensystemen am Beispiel des Modells eines idealen Gases.

Standardlehrbücher (Stichworte: ideales Gas, barometrische Höhenformel, Boltzmann-Verteilung, Maxwell-Verteilung, Gleichverteilungssatz, thermisches Gleichgewicht),
Themenkreis 3: Translation und Rotation,
Becker: Theorie der Wärme.

Vielteilchensysteme

Alle Objekte unserer *makroskopischen* Welt bestehen aus einer riesigen Zahl *(sub)mikroskopischer* Teilchen wie Atomen, Molekülen, Elektronen usw. Deren Verhalten bzw. deren Wechselwirkung untereinander bestimmt die meßbaren Eigenschaften der makroskopischen Objekte. Da die atomaren Teilchen in der Regel nicht direkt beobachtbar sind, kann man für sie und ihr Verhalten nur geeignete Modellvorstellungen entwickeln. Geeignet sind diese Modelle dann, wenn die daraus ableitbaren Aussagen über Eigenschaften der makroskopischen Objekte mit den wirklich gemessenen übereinstimmen. Zwei Beispiele hierfür sind:

- *Elektrizitätsleitung in Metallen und Halbleitern:*
  Gemessene Größe: Elektrische Leitfähigkeit, auch temperaturabhängig.
  Modellvorstellung: Elektronentheorie.
- *Eigenschaften von Gasen:*
  Gemessene Größen: Druck, Temperatur u. a.
  Modellvorstellung: Kinetische Gastheorie.

Für die Beschreibung solcher Vielteilchensysteme benutzt man mit großem Erfolg statistische Methoden.

In diesem Themenkreis werden verschiedene Eigenschaften von Gasen betrachtet, die aus dem wechselseitigen Verhalten der großen Zahl von Gasmolekülen abgeleitet werden können. Um dieses (sub)mikroskopische System experimentell zugänglich zu machen, wird als Modellgas ein System aus makroskopischen Scheiben benutzt, die sich auf einem Luftkissentisch praktisch reibungsfrei bewegen und denen durch einen bewegbaren Rahmen zusätzliche Bewegungsenergie zugeführt werden kann.

📖 Barometrische Höhenformel

Der Druck p in der Atmosphäre hängt von der Höhe über dem Erdboden ab. Er nimmt mit abnehmender Höhe zu, weil eine entsprechende Luftschicht immer mehr das über ihr befindliche Gas zu tragen hat.

Zur Berechnung der Abnahme des Druckes mit zunehmender Höhe werden einige Vereinfachungen gemacht: Diese Modell-Atmosphäre habe konstante Temperatur $T = \text{const.}$ und soll nur aus *einer* Sorte von Teilchen mit der Masse m bestehen. Auf die Teilchenmenge sei die **ideale Gasgleichung** anwendbar, das heißt einerseits soll die Teilchengröße sehr klein gegenüber den gegenseitigen Abständen sein, andererseits sollen die Teilchen aufeinander keine Kräfte ausüben. Dann gilt die

> **Ideale Gasgleichung** $\qquad pV = \nu RT$

mit der *universellen Gaskonstanten* $R = 8{,}314\,\text{J}\,\text{mol}^{-1}\text{K}^{-1}$, dem Volumen V und der Mole-Anzahl ν.

Im Schwerefeld der Erde wirkt auf jedes Teilchen die **Schwerkraft**

$$F_g = mg \quad .$$

Die Gewichtskraft auf alle Teilchen, die sich in einem Volumen zwischen den Höhen h und $h + \mathrm{d}h$ befinden, ist

$$\mathrm{d}G = mgnA\,\mathrm{d}h \quad ,$$

wobei A eine Fläche parallel zum Erdboden und n die Teilchenzahldichte in der jeweiligen Höhe h ist:

$$n = \frac{N}{V} = \frac{\text{Gesamtzahl der Teilchen im Volumen } V}{\text{Volumen des Gases}} \quad .$$

Die Druckänderung $\mathrm{d}p$ bei Zunahme der Höhe h auf $h + \mathrm{d}h$ beträgt

$$\mathrm{d}p = -\frac{\mathrm{d}G}{A} = -mgn\,\mathrm{d}h \quad .$$

Das Vorzeichen ist negativ, weil der Druck mit zunehmender Höhe ($\mathrm{d}h$ positiv) abnimmt. Damit ist schon eine Abhängigkeit von Druck p und Höhe h gegeben, aber es muß noch die Abhängigkeit der auch vom Druck abhängigen Teilchenzahldichte berücksichtigt werden. Diese Abhängigkeit kann man mit der idealen Gasgleichung ableiten.

Durch Einsetzen von $R = kN_A$ und $\nu = N/N_A$, wobei $k = R/N_A = 1{,}38 \cdot 10^{-23}\,\text{J}\,\text{K}^{-1}$ die **Boltzmannkonstante** und $N_A = 6{,}022 \cdot 10^{23}\,\text{mol}^{-1}$ die **Avogadrokonstante** sind, erhält man $pV = NkT$ und schließlich mit $n = N/V$:

$$p = nkT \quad .$$

Damit ergibt sich

$$\mathrm{d}p = -mg\frac{p}{kT}\,\mathrm{d}h \quad , \quad \frac{\mathrm{d}p}{p} = -\frac{mg}{kT}\,\mathrm{d}h \quad \text{und} \quad \ln p = -\frac{mg}{kT}h + C$$

15. Statistische Mechanik auf einem Luftkissentisch

nach der Integration. Die Integrationskonstante C läßt sich durch Vorgabe von Randbedingungen bestimmen, z. B. soll am Erdboden, d. h. bei $h = 0$, der Druck $p = p_0$ sein, also $\ln p_0 = 0 + C$. Man erhält daraus

$$\ln p - \ln p_0 = \ln \frac{p}{p_0} = -\frac{mg}{kT}h$$

und damit die

barometrische Höhenformel $\qquad p = p_0 \, e^{-mgh/(kT)}$.

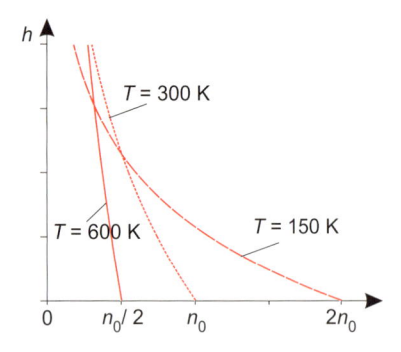

Bild 15.1. Barometrische Höhenformel für verschiedene Temperaturen. Die Gesamtzahl der Teilchen ist als konstant angenommen. Eine Höheneinheit (Teilstrichabstand) entspricht etwa 2000 m bei einer Stickstoffatmosphäre

Diese Beziehung für p läßt sich mit $p = nkT$ auch für die Teilchenzahldichte schreiben, Bild 15.1,

Teilchenzahldichte $\qquad n = n_0 \, e^{-mgh/(kT)}$.

Der Druck oder die Teilchenzahldichte dieser Modell-Atmosphäre fällt demnach exponentiell mit der Höhe ab und hat damit auch keine scharfe Grenze. Bei einer Messung der Höhe nach dieser barometrischen Höhenformel mit einem Druckmesser muß man jedoch berücksichtigen, daß die Druckverteilung der realen Atmosphäre durch ihre Bewegungen und ihre oft sehr ungleichmäßige Temperatur stark von dem durch die Formel gegebenen Zusammenhang abweicht. Die Formel ist daher meist nur für Schichten von einigen hundert Metern anwendbar.

Man sieht an der Formel, daß sich für Teilchen verschiedener Masse m auch verschiedene Verteilungen ergeben: Der Anteil der schweren Teilchen müßte bei abnehmender Höhe größer werden und umgekehrt. Dieser Effekt ist aber in der Nähe der Erdoberfläche wegen der Durchmischung der Atmosphäre infolge Konvektion kaum zu beobachten. Er zeigt sich aber deutlich bei der Verteilung von Staubteilchen, die wegen ihrer relativ großen Massen nur geringe Höhen erreichen. Umgekehrt besteht die Atmosphäre in großen Höhen fast ausschließlich aus den in niedriger Höhe nur gering vertretenen Stoffen He und H_2.

Boltzmann-Verteilung

Die gefundene Abhängigkeit der Teilchendichte nach einem Exponentialgesetz ergibt sich nicht nur bei einem Schwerefeld. Die gleiche Gesetzmäßigkeit ergibt sich auch, wenn z. B. einer großen Zahl von Teilchen in thermischer Bewegung bei konstanter Temperatur ein magnetisches oder elektrisches Feld überlagert ist. Für die Teilchenzahldichte n in einem Gebiet, in dem die potentielle oder kinetische Energie $= E$ ist, in Beziehung zu der Teilchenzahldichte n_0 an der Stelle, wo diese Energie Null ist, gilt die

Boltzmann-Verteilung $\qquad n = n_0 \, e^{-E/(kT)}$.

Je größer die Energie der Teilchen ist, um so geringer ist deren Zahl.

Maxwellsche Geschwindigkeitsverteilung

Die Teilchen in einem Gas wechselwirken durch elastische Stöße. Dabei tauschen sie kinetische Energie aus, so daß die Geschwindigkeiten der Teilchen dadurch in jedem Augenblick über einen weiten Bereich streuen und sich für ein einzelnes Teilchen nach Betrag und Richtung im Laufe der Zeit statistisch ändern.

Betrachtet man zunächst nur eine Komponente v_x der Geschwindigkeit v, so ist die Zahl dN der Teilchen, die eine x-Komponente der Geschwindigkeit im Intervall von v_x bis $v_x + dv_x$ besitzen, proportional zur Gesamtzahl N der Teilchen des betrachteten Gasvolumens und zur Breite dv_x des Geschwindigkeitsintervalls:

$$dN \propto N dv_x \quad \text{bzw.} \quad dN = N f(v_x) dv_x \quad.$$

Der Proportionalitätsfaktor ist die *Verteilungsfunktion* $f(v_x)$ oder *Wahrscheinlichkeitsdichte*. Der Wert der Funktion $f(v_x)$ multipliziert mit dv_x gibt an, mit welcher Wahrscheinlichkeit Teilchen mit einer Geschwindigkeit zwischen v_x und $v_x + dv_x$ vorkommen. Die schraffierte Fläche, Bild 15.2, kennzeichnet diese Wahrscheinlichkeit

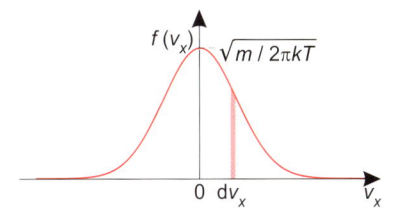

$$f(v_x) dv_x = \frac{dN}{N} \quad.$$

Bild 15.2. Maxwellsche Verteilungsfunktion $f(v_x)$ bzw. Wahrscheinlichkeitsdichte

Analog zur Boltzmann-Verteilung ergibt sich mit $E = m v_x^2 / 2$ die

eindimensionale Maxwellsche Geschwindigkeitsverteilung

$$f(v_x) dv_x = \sqrt{\frac{m}{2\pi kT}}\, e^{-m v_x^2/(2kT)} dv_x \quad.$$

Die Kurve ist symmetrisch zur Achse $v_x = 0$.

Nimmt man die ganze Fläche unter der Kurve, d. h. integriert man die Verteilungsfunktion über alle vorkommenden Geschwindigkeiten, erhält man:

$$\int_{-\infty}^{+\infty} f(v_x) dv_x = 1 \quad,$$

d. h. die Wahrscheinlichkeit dafür, daß ein Teilchen irgendeine Geschwindigkeit besitzt, ist 1.

Die drei Komponenten der Geschwindigkeit, v_x, v_y und v_z sind gleichwertig und durch gleichartige Verteilungsfunktionen $f(v_x)$, $f(v_y)$, $f(v_z)$ gegeben. Die Wahrscheinlichkeit, daß der Betrag der gesamten Teilchengeschwindigkeit $v = \sqrt{v_x^2 + v_y^2 + v_z^2}$ zwischen v und $v + dv$ liegt, ist gleich dem Produkt der Einzelwahrscheinlichkeiten:

$$f(v_x) f(v_y) f(v_z) \propto e^{-m v^2/(2kT)} \quad.$$

Diese Dichte ist also innerhalb einer Kugelschale der Dicke dv im Geschwindigkeitsraum konstant, Bild 15.3. Multipliziert man die Dichte

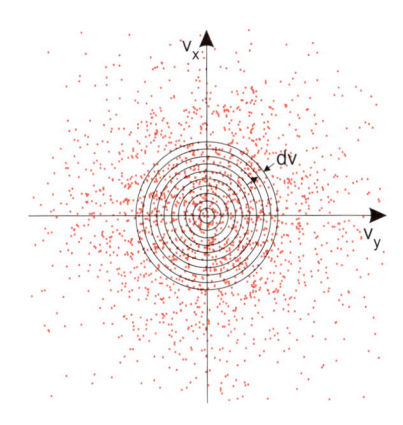

Bild 15.3. Verteilung der Geschwindigkeiten v mit den Komponenten v_x, v_y, v_z im Geschwindigkeitsraum. Die Verteilung ist kugelsymmetrisch. Innerhalb einer Kugelschale mit dem Radius v ist die Teilchendichte konstant (hier nur zweidimensionale Darstellung)

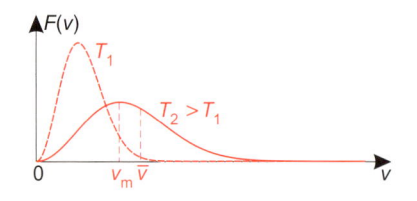

Bild 15.4. Maxwellsche Verteilungsfunktion $F(v)$ für verschiedene Temperaturen T_1, T_2.

mit dem Volumen $4\pi v^2 \mathrm{d}v$ der Kugelschale, so erhält man die Teilchenzahl mit Geschwindigkeiten im Intervall von v bis $v + \mathrm{d}v$, Bild 15.4:

dreidimensionale Maxwellsche Geschwindigkeitsverteilung

$$F(v)\mathrm{d}v = 4\pi \left(\frac{m}{2\pi kT}\right)^{\frac{3}{2}} v^2\, e^{-mv^2/2kT}\mathrm{d}v \quad .$$

Die mittlere Geschwindigkeit $\overline{v}$ ist etwas größer als die wahrscheinlichste v_m, Bild 15.4. Die Verteilung der Geschwindigkeitsbeträge ist asymmetrisch, während man für die Komponenten der Geschwindigkeiten symmetrische Kurven erhält. Zur Veranschaulichung ist in Bild 15.3 eine mögliche Verteilung der Geschwindigkeitsvektoren dargestellt. Die Punkte kennzeichnen die Endpunkte der vom Ursprung aus abgetragenen Geschwindigkeitsvektoren. Geht man z. B. in x-Richtung vor und zählt die auftretenden Punkte $nf(v_x)\mathrm{d}x$ in gleichen Intervallen von $\mathrm{d}v_x$, so ergibt sich eine symmetrische Kurve. Zählt man aber die Punkte in zum Ursprung konzentrischen Kreisringen der Breite $\mathrm{d}v$, so nimmt ihre Zahl vom Zentrum aus zunächst zu und nimmt erst nach einem Maximum wieder ab.

Bei der statistischen Bewegung von Gasteilchen in einer Fläche ist die Zahl der Teilchen im Intervall von v bis $v + \mathrm{d}v$ gegeben durch die

zweidimensionale Maxwellsche Geschwindigkeitsverteilung

$$\mathrm{d}N = N\frac{m}{kT}v\, e^{-mv^2/2kT}\mathrm{d}v \quad .$$

Um diese Verteilung mit einem experimentellen Histogramm vergleichen zu können, muß man die Konstanten kennen. Die mittlere kinetische Energie eines Teilchens ist $\overline{\frac{m}{2}v^2} = kT$ (zweidimensional) mit $\overline{v^2} = 2kT/m$. Der Wert $2kT/m$ läßt sich also aus dem Mittelwert für v^2 berechnen:

$$\frac{2kT}{m} = \frac{\sum_{i=1}^{q} n_i v_i^2}{\sum_{i=1}^{q} n_i} \quad ;$$

n_i ist jeweils die Anzahl der in den gewählten q Geschwindigkeits-Intervallen vorkommenden Teilchen, Bild 15.5.

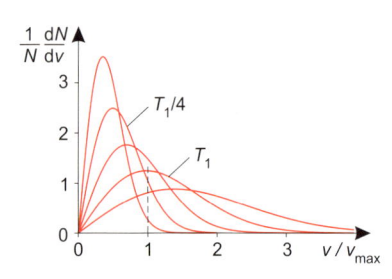

Bild 15.5. 2-dimensionale Maxwell-Verteilung für verschiedene Temperaturen. Die Geschwindigkeiten sind auf die Maximalgeschwindigkeit $v_{\max}$ bei der Temperatur T_1 bezogen.

15.1 Translation auf der schiefen Ebene (1/2)

Kennenlernen der experimentellen Möglichkeiten eines Luftkissentisches. Vertiefung der Kenntnisse über die Beziehung zwischen Ort und Zeit bei der translatorischen Bewegung im Schwerefeld.

Reibungsfreier Tisch, Wasserwaage zur horizontalen Ausrichtung des Tisches, Pucks verschiedener Größe und Masse, Unterlegklötzchen, Schnur, Gummiband, Stoppuhr oder Haltemagnet mit Netzgerät, elektrische Stoppuhr und Lichtschranke.

15.1 Translation auf der schiefen Ebene

Um die Möglichkeit zu bieten, einen Puck auf der schiefen Ebene mit der Anfangsgeschwindigkeit Null ablaufen zu lassen, wird ein Haltemagnet mit einem Netzgerät benutzt. An dieses Netzgerät können ferner eine elektrische Stoppuhr und eine Lichtschranke angeschlossen werden.

Bläst man Luft in den reibungsfreien Tisch, Bild 15.6, ist die aus den Löchern strömende Luft in der Lage, flache Plastikscheiben (Pucks) zu tragen. Zwischen den Pucks und der Tischfläche bildet sich eine dünne Luftschicht, die eine nahezu reibungsfreie Fläche darstellt. Die noch bleibende sehr geringe Dämpfung der Bewegung entsteht nicht mehr durch äußere Gleitreibung, sondern lediglich durch die innere Reibung (Zähigkeit) der Luft, die bei den folgenden Versuchen jedoch vernachlässigt werden kann.

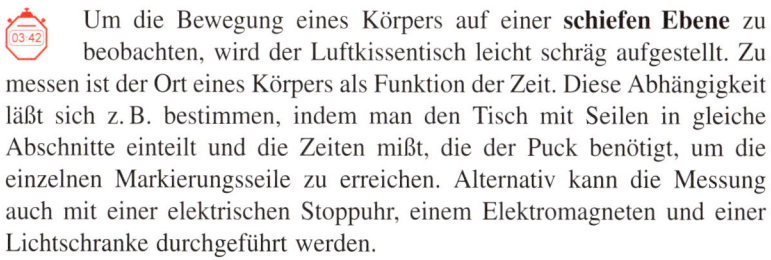

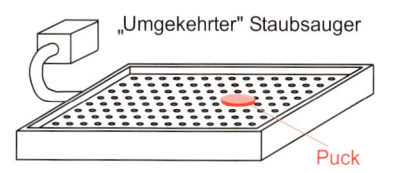

Bild 15.6. Reibungfreier Tisch

Um die Bewegung eines Körpers auf einer **schiefen Ebene** zu beobachten, wird der Luftkissentisch leicht schräg aufgestellt. Zu messen ist der Ort eines Körpers als Funktion der Zeit. Diese Abhängigkeit läßt sich z. B. bestimmen, indem man den Tisch mit Seilen in gleiche Abschnitte einteilt und die Zeiten mißt, die der Puck benötigt, um die einzelnen Markierungsseile zu erreichen. Alternativ kann die Messung auch mit einer elektrischen Stoppuhr, einem Elektromagneten und einer Lichtschranke durchgeführt werden.

Nach Bild 15.7 ergibt sich für die Beschleunigung a:

$$a = g \sin \alpha \quad . \quad \text{Weiter gilt:} \quad \sin \alpha = \frac{h}{s} \quad ,$$

wobei s der vom Körper zurückgelegte Weg ist.

Man vergleiche die Fallzeiten verschieden schwerer Pucks.

Man lasse 2 Pucks gleichzeitig los, stoße aber dabei einen senkrecht zur Fallrichtung.

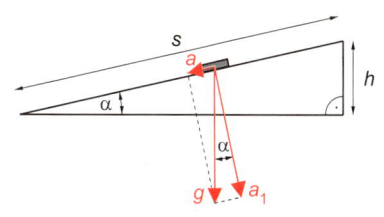

Bild 15.7. Bewegung eines Körpers auf einer schiefen Ebene

Man schieße die Pucks mit einem Gummiband (Katapult) in Richtung der Steigung ab und untersuche diese Wurf-Versuche bei verschiedenen Abwurfwinkeln.

Die Messungen sollen grafisch (mm-Papier) analysiert, Bild 15.8, und daraus der Zusammenhang der Größen Ort, Zeit, Geschwindigkeit und Beschleunigung gefunden werden. Man erarbeite die beschreibenden physikalischen Gleichungen nur aus den Messungen und den verschiedenen möglichen grafischen Darstellungen.

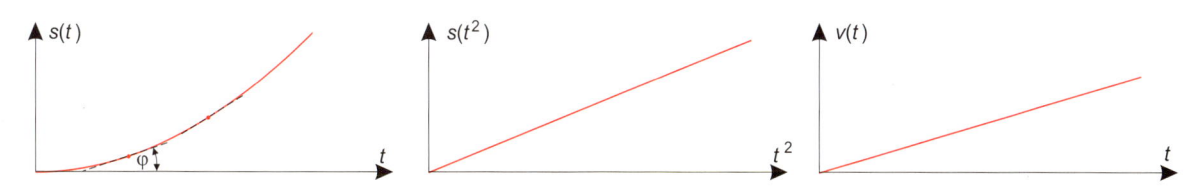

Bild 15.8. Grafische Bestimmung der Zusammenhänge zwischen Ort, Geschwindigkeit und Zeit

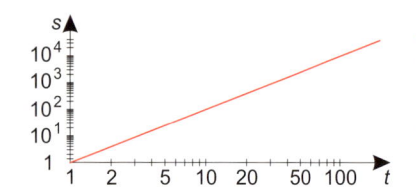

Bild 15.9. Zur grafischen Bestimmung der Erdbeschleunigung g mittels log-log-Papier

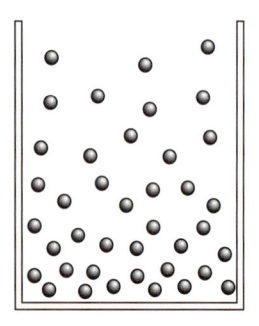

Bild 15.10. Stoßende Teilchen im Schwerefeld: Luftkissentisch von oben gesehen

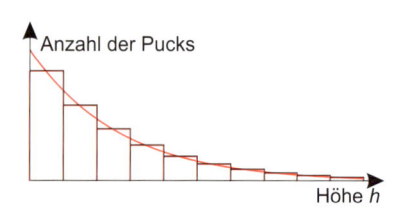

Bild 15.11. Darstellung der ermittelten Häufigkeitsverteilung in Form eines Histogramms

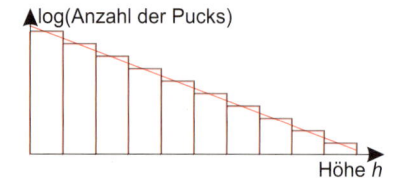

Bild 15.12. Darstellung der Häufigkeitsverteilung auf halb-logarithmischem Papier

Man bestimme die Erdbeschleunigung g, indem man zunächst a bestimmt. Mit einer Grafik, die entsprechend Bild 15.9 auf log-log-Papier angefertigt wird, zeige man die quadratische Abhängigkeit des Weges von der Zeit: $s = \frac{1}{2}at^2$, woraus folgt: $\log s = \log \frac{1}{2}a + 2\log t$.

15.2 Barometrische Höhenformel (1/2)

Es soll die Verteilung von Teilchen in einem Schwerefeld mit Hilfe eines zweidimensionalen Modellgases ermittelt werden. Durch geeignete grafische Darstellungen soll die Gültigkeit der barometrischen Höhenformel überprüft werden.

Luftkissentisch mit Zubehör, beweglicher Rüttelrahmen mit Elektromotor, Unterlegklötzchen.

Das Modellgas besteht aus einer Anzahl von etwa 20 kleinen Pucks, die sich auf dem zur Herstellung eines Schwerefeldes etwas geneigten Luftkissentisch frei bewegen können, Bild 15.10.

In einem idealen Gas tauschen die Moleküle ihre Geschwindigkeit durch Stöße aus. Dabei bleiben Energie und Impuls des Gases erhalten, sofern das Gas ohne Kontakt mit der Umgebung ist. Auf dem Luftkissentisch geht jedoch bei jedem Stoß ein kleiner Energiebetrag verloren, so daß man eine Vorrichtung benötigt, die eine konstante „Temperatur" aufrecht erhält, wenn man das „Gas" längere Zeit beobachten möchte. Dafür wird ein Rüttelrahmen verwendet, der von einem Elektromotor angetrieben wird. Man teilt den Tisch mit Markierungsseilen in etwa 10 horizontale, gleich breite Streifen.

Einige Zeit nach Beginn des Versuchs werden zunächst die Rüttelvorrichtungen, und gleich danach der Luftstrom abgeschaltet. Die momentane Verteilung der Pucks über der Höhe wird dadurch sozusagen eingefroren.

Man trägt die gefundene Häufigkeitsverteilung in Form eines *Histogramms* (Säulendarstellung), entsprechend Bild 15.11 auf. Wenn das Histogramm noch keinen eindeutigen Kurvenverlauf zeigt, läßt es sich durch die Histogramme weiterer Versuche ergänzen. Die Überlagerung der Teilhistogramme zeigt dann, daß erst eine große Zahl von Versuchen die Häufigkeitsverteilung richtig wiedergibt und die sehr zufällige Verteilung weniger Teilchen überdeckt.

Die Ergebnisse sollen auch halblogarithmisch dargestellt werden, Bild 15.12. Man vergleiche die grafischen Ergebnisse mit den theoretisch zu erwartenden Kurven und diskutiere die Grenzen des Modells.

Hinweis: Die im Versuch wirksame Komponente von g ist aus dem Neigungswinkel des Tisches bestimmbar, so daß sich die „Temperatur" des Modellgases bestimmen läßt.

15.3 Druckverteilung in einem Gebäude (1/2)

Überprüfung der barometrischen Höhenformel anhand des Druckabfalls in einem Gebäude mit zunehmender Höhe.
Empfindliches Manometer.

Man mißt in einem höheren Raum (z. B. Hörsaal mit ansteigenden Sitzreihen) oder in mehreren Stockwerken eines Gebäudes den Zusammenhang zwischen Druck und Höhe. Es ist dabei zu kontrollieren, ob die Temperatur mindestens näherungsweise konstant ist.

Man überprüfe, ob die Druckabnahme der barometrischen Höhenformel (lineare Näherung) entspricht. Dazu wird in der oben angegebenen Gleichung die Teilchenmasse m durch die Molmasse der Luft und die Boltzmannkonstante k durch die allgemeine Gaskonstante $R = kN_A$ ausgedrückt.

15.4 Geschwindigkeitsverteilung eines Modellgases (1/2)

Demonstration der Maxwellschen Geschwindigkeitsverteilung an einem zweidimensionalen Modellgas.
Luftkissentisch mit Zubehör, beweglicher Rüttelrahmen mit Elektromotor, Digital-Kamera und *Stroboskop*.

Die Maxwellverteilung läßt sich an einem zweidimensionalen Modellgas, bestehend aus einer Anzahl (> 10) Pucks demonstrieren. Die „Temperatur" des Gases wird durch einen beweglichen Aufsatzrahmen erzeugt. Die Geschwindigkeitsverteilung läßt sich dann aus stroboskopischen Aufnahmen (Blitzfolge etwa 10 Hz, Belichtungszeit z. B. 1 s) der sich bewegenden Pucks ermitteln, indem man die jeweils zwischen zwei oder mehreren Blitzen zurückgelegten Strecken mißt, Bild 15.13.

Der Versuch wird mit einer Pucksorte mit anderer Masse wiederholt, z. B. $m_2 = 2m_1$.

Die den Geschwindigkeiten entsprechenden Strecken werden in einem Histogramm dargestellt, Bild 15.14.

Die Gleichverteilung der Energie (die mittlere kinetische Energie $\overline{mv^2/2}$ ist für jeden Freiheitsgrad gleich $kT/2$) läßt sich dadurch zeigen, daß man die Maxwellverteilungen eines Gemisches aus zwei Pucksorten (mit z. B. $m_2 = 2m_1$) mißt und daraus jeweils die mittlere kinetische Energie bestimmt und vergleicht.

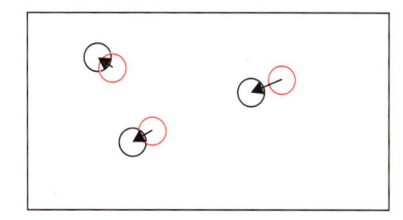

Bild 15.13. Doppelbelichtungsaufnahme zur Bestimmung der Momentangeschwindigkeit v_i der Teilchen

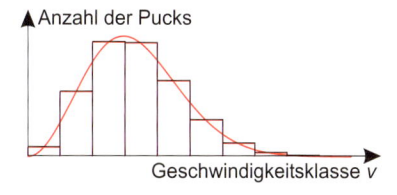

Bild 15.14. Darstellung der Geschwindigkeitsverteilung in einem Histogramm

16. Luftdichte, Dampfdruck, Luftfeuchte

Untersuchung der Eigenschaften von Gasen an den Beispielen Luft und Wasserdampf: Luftdichte und Luftfeuchte, Partial- und Sättigungsdampfdruck von Wasser.

Standardlehrbücher (Stichworte: Zustandsgleichung idealer Gase, Zustandsdiagramm von Wasser, Dampfdruckkurven, Luftfeuchte, Taupunkt),
Kose/Wagner: Kohlrausch Praktische Physik,
Atkinson: Wetterforschung.

Zusammensetzung von Luft

Die **Dichte**, also auch die Luft-Dichte, ist definiert als Quotient aus der Masse m und dem dazugehörigen Volumen V:

Dichte $\quad \rho = \dfrac{m}{V}$.

Die Dichte von Gasen wie Luft hängt wegen der hohen Kompressibilität stark vom Druck ab, ferner von der Temperatur und der Feuchtigkeit. Angaben für den Wert der Luftdichte sind daher nur dann vergleichbar, wenn sie sich auf die sog. *Normbedingungen* beziehen: $t_0 = 0\,°C \cong T = 273{,}15\,K$ und $p_0 = 1013{,}25\,hPa$. Die zugehörige Normdichte von trockener Luft beträgt $\rho_0 = 0{,}001293\,g/cm^3$. Atmosphärische Luft besteht im wesentlichen aus einem Gemisch von Stickstoff N_2, Sauerstoff O_2, ein wenig Kohlendioxid CO_2 sowie einer Reihe von Spurengasen (Argon, Helium u. a.). Dazu kommt eine variable Menge Wasserdampf, d. h. die Luft ist „feucht". Den Gehalt der Luft an Wasserdampf bezeichnet man als **Luftfeuchte**. Dem Wasserdampfanteil in der Luft entspricht ein *Wasserdampfpartialdruck* p_W. Das ist der Druck, den der Wasserdampf auf die Wände eines Gefäßes ausüben würde, wenn er allein in einem Behälter wäre. Die obere Grenze für p_W bildet der *Sättigungsdampfdruck*, der für die jeweilige Temperatur dem Zustandsdiagramm $p = p(T)$ für Wasser entnommen werden kann.

Im Bild 16.1 ist das (p,T)-Diagramm für Wasser aufgezeichnet. Die drei möglichen Phasen (Eis, Wasser und Wasserdampf) erscheinen als Flächen, wobei zwei Phasen jeweils durch eine *Phasengrenzkurve* voneinander getrennt sind, auf der sie miteinander im sog. thermischen Gleichgewicht stehen. Die Phasengrenzkurven heißen *Dampfdruckkurve* (1) zwi-

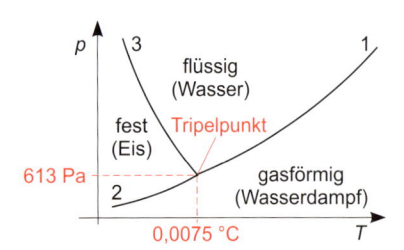

Bild 16.1. Zustandsdiagramm von Wasser

schen der flüssigen und der gasförmigen Phase, *Sublimationskurve* (2) zwischen der festen und der gasförmigen Phase und *Schmelzdruckkurve* (3) zwischen der festen und der flüssigen Phase. Der Schnittpunkt aller drei Phasengrenzkurven ist der sog. **Tripelpunkt**. Nur in diesem einen Punkt stehen alle drei Phasen miteinander im thermischen Gleichgewicht. Er liegt für Wasser bei 0,0075 °C und 613 Pa.

Bei der Phasenkurve (1) handelt es sich um einen Teil der Sättigungsdampfdruckkurve des Wassers, die näherungsweise der Gleichung $p_S = A e^{-B/T}$ gehorcht, wie unten beschrieben ist.

Die *absolute Luftfeuchte* f_{abs} ist gegeben durch die in einer Luftmenge mit dem Volumen V enthaltene Masse m_W an Wasserdampf:

absolute Luftfeuchte $\quad f_{\text{abs}} = \dfrac{m_W}{V}$.

Die absolute Luftfeuchte erreicht dann ihren maximalen Wert, wenn der Wasserdampfpartialdruck gleich dem Sättigungsdampfdruck für die jeweilige Temperatur ist,

$$p_W = p_S \quad \Leftrightarrow \quad f_{\text{abs}} = f_{\max} \quad ,$$

und man spricht dann von feuchtigkeitsgesättigter Luft. Überschreitet die Luftfeuchte kurzzeitig den Wert $f_{\max}$, so kondensiert der überschüssige Wasserdampf, indem sich Nebeltröpfchen oder ein Niederschlag an der kältesten Stelle in der Umgebung (z. B. kalte Fensterscheibe im Auto) bilden. Die Luftfeuchte sinkt dadurch wieder auf den Wert $f_{\max}$ ab.

Die *relative Luftfeuchte* f_{rel} ist definiert als:

relative Luftfeuchte $\quad f_{\text{rel}} = \dfrac{f_{\text{abs}}}{f_{\max}}$.

f_{rel} sinkt, wenn man ungesättigte Luft erwärmt, und steigt, wenn man die Luft abkühlt. Mit **Taupunkt** bezeichnet man dabei die Temperatur, bei der der Wasserdampf in der Luft gesättigt ist und zu kondensieren beginnt:

$$f_{\text{abs}} = f_{\max} \qquad \text{bzw.} \qquad f_{\text{rel}} = 100\% \quad .$$

Reduktion der Dichte auf Normalbedingungen

Die Angabe der Luftnormdichte ρ_0 verlangt die Kenntnis der Abhängigkeit der Luftdichte von der Lufttemperatur t_L, dem Luftdruck p_L und der Feuchtigkeit, d. h. dem Partialdruck des Wasserdampfes p_W. Näherungsweise kann Luft als ideales Gas angesehen werden, das der Zustandsgleichung der idealen Gase genügt. Dann gilt die:

Reduktionsformel $\quad \rho_0 \approx \rho_L \dfrac{p_0}{p_L} \dfrac{T_L}{T_0} \left(1 + \dfrac{3}{8} \dfrac{p_W}{p_L}\right)$.

16. Luftdichte, Dampfdruck, Luftfeuchte

Tabelle 16.1. Meßgrößen zur Bestimmung der Luftnormdichte ρ_0

ρ_L	gemessene Luftdichte bei t_L, p_W und p_L
t_L	Lufttemperatur in °C
p_0	Luftnormdruck p_0 = 1013,25 hPa
T_0	Luftnormtemperatur T_0 = 273 K
p_L	Luftdruck
T_L	Lufttemperatur in K $T_L = T_0 + t_L$
p_W	Partialdruck des Wasserdampfes

Die auftretenden Größen sind in Tabelle 16.1 erklärt.

Die Herleitung dieser Reduktionsformel geschieht mit Hilfe der allgemeinen Zustandsgleichung idealer Gase in drei Schritten:

- Berücksichtigung des Wasserdampfpartialdruckes p_W

Da die feuchte Luft ein Gemisch aus trockener Luft und Wasserdampf ist, gilt für ihre Dichte (m_L Masse der trockenen Luft, m_W Masse des Wasserdampfes):

$$\rho_L = \rho_\ell + \rho_W \quad .$$

Aus der Zustandsgleichung idealer Gase folgt für die Dichte ρ_ℓ der trockenen Luft (p_ℓ Partialdruck, M_ℓ Molmasse, V_M Molvolumen und T_ℓ absolute Temperatur der trockenen Luft):

$$\rho_\ell = \frac{M_\ell}{V_M} = \frac{M_\ell p_\ell}{R T_\ell} \quad .$$

Analog gilt für die Dichte ρ_W des Wasserdampfes (p_W Partialdruck, M_W molare Masse und T_W absolute Temperatur des Wasserdampfes):

$$\rho_W = \frac{M_W p_W}{R T_W} \quad .$$

Trockene Luft besteht in guter Näherung aus 80 % N_2 (molare Masse $2 \cdot 14$ g mol^{-1}) und 20 % O_2 (molare Masse: $2 \cdot 16$ g mol^{-1}). Die molare Masse des Gemisches wird also:

$$M_\ell = (0{,}8 \cdot 28 + 0{,}2 \cdot 32)\,\text{g mol}^{-1} = 28{,}8\,\text{g mol}^{-1} \quad .$$

Die molare Masse des Wasserdampfes H_2O ist

$$M_W = (2 + 16)\,\text{g mol}^{-1} = 18\,\text{g mol}^{-1} \quad .$$

Durch Division der beiden vorstehenden Gleichungen für ρ_W und ρ_ℓ und Einsetzen von M_ℓ und M_W ergibt sich, da $T_\ell = T_W$:

$$\rho_W \approx 0{,}625\,\rho_\ell \frac{p_W}{p_\ell} = \rho_\ell \frac{5}{8}\frac{p_W}{p_\ell} \quad .$$

Wird dieser Ausdruck in die Gleichung $\rho_L = \rho_\ell + \rho_W$ eingesetzt, folgt für die Dichte der trockenen Luft:

$$\rho_\ell = \frac{\rho_L}{(1 + 5 p_W / 8 p_\ell)} \quad .$$

Man beachte, daß sich diese Dichte auf den gemessenen Druck p_L und die Temperatur t_L bezieht.

- Berücksichtigung der Lufttemperatur t_L und des Luftdrucks p_L

Zwischen ρ_ℓ und ρ_0 besteht folgender Zusammenhang (m_ℓ = const.):

$$\rho_\ell V_\ell = \rho_0 V_0 \quad .$$

Aus der Zustandsgleichung idealer Gase folgt das Luftvolumen V_0 unter Normbedingungen:

$$p_\ell V_\ell = p_0 V_0 \frac{T_L}{T_0} \quad .$$

Die Kombination der letzten beiden Gleichungen ergibt:

$$\rho_0 = \rho_\ell \frac{p_0}{p_\ell} \frac{T_\mathrm{L}}{T_0} \quad.$$

- Damit folgt für die Luftnormdichte in Abhängigkeit von der Lufttemperatur t_L und dem Wasserdampfpartialdruck p_W

$$\rho_0 = \rho_\mathrm{L} p_0 \frac{T_\mathrm{L}}{T_0} \frac{1}{p_\ell + \tfrac{5}{8} p_\mathrm{W}} \quad.$$

Der Luftdruck p_L setzt sich aus den Partialdrucken p_ℓ und p_W zusammen:

$$p_\mathrm{L} = p_\ell + p_\mathrm{W} \qquad \text{bzw.} \qquad p_\ell = p_\mathrm{L} - p_\mathrm{W} \quad.$$

Für $p_\mathrm{W}/p_\mathrm{L} \ll 1$ folgt die o. a. Reduktionsformel.

Dampfdruck von Flüssigkeiten

Aus dem *1. und 2. Hauptsatz der Wärmelehre* läßt sich ein Zusammenhang zwischen der Verdampfungswärme Λ_V und der Änderung des Dampfdruckes mit der Temperatur $\mathrm{d}p_\mathrm{S}/\mathrm{d}T$ ableiten:

Gleichung von Clausius-Clapeyron

$$\Lambda_{\mathrm{V}_\mathrm{mol}} = T \frac{\mathrm{d}p_\mathrm{S}}{\mathrm{d}T}(V_\mathrm{D} - V_\mathrm{Fl}) \quad.$$

V_D und V_Fl sind dabei die Molvolumina des Dampfes bzw. der Flüssigkeit. Bei einer Integration dieser Gleichung ist jedoch zu beachten, daß die Verdampfungswärme nicht konstant ist, sondern mit steigender Temperatur abnimmt, vor allem im Bereich höherer Drucke und Temperaturen. Am kritischen Punkt schließlich wird $\Lambda_{\mathrm{V}_\mathrm{mol}} = 0$, und es verschwindet der Unterschied der Dichten von Flüssigkeit und Dampf ($\rho_\mathrm{D} = \rho_\mathrm{Fl}$). Oberhalb der kritischen Temperatur kann nur noch die Dampf- oder Gasphase existieren.

Im Falle niedriger Dampfdrucke kann man in der Clausius-Clapeyron-Gleichung $V_\mathrm{Fl} \ll V_\mathrm{D}$ vernachlässigen und innerhalb kleinerer Temperaturbereiche die Verdampfungswärme näherungsweise als konstant ansehen. Ferner verhält sich in diesem Bereich der Dampf angenähert wie ein ideales Gas, d. h. es ist

$$V_\mathrm{D} \approx \frac{RT}{p_\mathrm{S}}$$

Es gilt also:

$$\frac{\Lambda_{\mathrm{V}_\mathrm{mol}}}{R} \frac{\mathrm{d}T}{T^2} = \frac{\mathrm{d}p_\mathrm{S}}{p_\mathrm{S}}$$

Die letzte Gleichung läßt sich auf beiden Seiten getrennt integrieren:

$$\ln p_\mathrm{S} = \ln p_0 - \frac{\Lambda_{\mathrm{V}_\mathrm{mol}}}{R}\left(\frac{1}{T} - \frac{1}{T_0}\right) \quad.$$

Tabelle 16.2. Druck-Einheiten

Druck-Einheiten (SI-Einheit Pascal seit 1978 verbindlich)	
1 Pascal	1 Pa = 1 Nm^{-2}
1 Hekto-Pascal	1 hPa = 10^2 Pa
1 Bar	10^5 Pa
1 Millibar	1 mbar = 1 hPa
1 physikalische Atmosphäre	1 atm = 760 Torr = 1013 hPa
1 mm Hg-Säule	1 Torr
1 technische Atmosphäre = 10 m Wassersäule	1 at = 1 kp / cm^2 = 736 Torr = 981 hPa
1 pound per square inch	1 psi = 68,95 hPa

Nach Einführung neuer Konstanten folgt die

Temperaturabhängigkeit des Sättigungdampfdruckes

$$p_S = A e^{-B/T} \qquad A, B \approx \text{const.}$$

16.1 Luftnormdichte (1/1)

Bestimmung der Luftnormdichte aus Luftdichte ρ_L, Lufttemperatur t_L, Luftdruck p_L und Wasserdampfpartialdruck p_W.

Evakuierbares Gefäß: sog. Pyknometer, Vakuumpumpe mit Anschlußschlauch, Balkenwaage und / oder Analysenwaage mit elektronischer Anzeige, Thermometer, Barometer, Hygrometer: Taupunkthygrometer, Psychrometer, mechanisches oder elektrisches Hygrometer.

Luftdichte

Mit einem Hg-Barometer wird der Luftdruck gemessen. Die Länge der Hg-Säule ist jedoch temperaturabhängig wegen der unterschiedlichen Dichte des Hg bei verschiedenen Temperaturen; deshalb ist der Luftdruck noch zu korrigieren (s. hierzu *Kose/Wagner*: Kohlrausch Praktische Physik):

$$p_L = p_{\text{Barometer}}(1 - K t_L) \quad .$$

Der Korrekturfaktor $K = 0{,}00018/°\text{C}^{-1}$ entspricht dem thermischen Ausdehnungskoeffizienten von Hg. Nach der Korrektur muß der Druck in Pascal umgerechnet werden, s. Tabelle 16.2.

Zur Dichtebestimmung muß man die Masse m_L eines bekannten Luftvolumens V_L messen. Dazu wägt man ein evakuierbares Gefäß, ein sog. *Pyknometer* (Volumen V_L, Masse m_{Pyk}) einmal mit und einmal ohne Luftfüllung mit einer hinreichend empfindlichen Waage. Dann ergibt sich die Luftmasse m_L im Volumen V_L als Differenz:

$$m_L = m_{\text{Pyk+Luft}} - m_{\text{Pyk,evakuiert}} \quad .$$

Die Messungen müssen sorgfältig vorgenommen werden, weil der mögliche Meßfehler Δm_L der kleinen Differenzgröße sich als Summe der zwei Einzelmessungen ergibt:

$$\Delta m_L = \Delta m_{\text{Pyk+Luft}} + \Delta m_{\text{Pyk,evakuiert}} \quad .$$

Zur Volumenbestimmung V_L wägt man das Pyknometer einmal mit und einmal ohne Wasser. Aus der Masse des Wassers m_W, ermittelt z. B. mit einer Balkenwaage, und der temperaturabhängigen Dichte des Wassers ρ_W, s. Tabelle 16.3, folgt dann das Volumen V_L:

$$V_L = \frac{m_W}{\rho_W} = \frac{1}{\rho_W}(m_{\text{Pyk+Wasser}} - m_{\text{Pyk,evakuiert}}) \quad .$$

Tabelle 16.3. Temperaturabhängige Dichte des Wassers

t / °C	ρ / g cm^{-3}
10	0,999700
11	0,999605
12	0,999498
13	0,999378
14	0,999245
15	0,999101
16	0,998944
17	0,998776
18	0,998597
19	0,998407
20	0,998206
21	0,997994
22	0,997772
23	0,997540
24	0,997299
25	0,997047
26	0,996786
27	0,996516
28	0,996236
29	0,995948
30	0,995650

Damit gilt für die Dichte der (feuchten) Luft:

$$\rho_L = \frac{m_L}{V_L} = \rho_W \frac{m_L}{m_W} \quad .$$

Fragen: Welche Rolle spielt der Auftrieb bei einer Wägung generell und speziell bei der vorliegenden Messung? Wie groß ist er hier, und wie wäre er zu berücksichtigen?

Zur Berechnung der Luftnormdichte ρ_0 muß nun noch der Wasserdampfpartialdruck in der feuchten Luft bestimmt werden. Das soll mit verschiedenen Methoden geschehen. Auch soll die Luftfeuchte sowohl im Freien als auch im Labor gemessen werden.

Taupunkthygrometer

Bei diesem Verfahren wird der Wasserdampfpartialdruck aus dem Taupunkt bestimmt. Dazu benutzt man ein *Taupunkthygrometer*, Bild 16.2, bei dem eine Metalloberfläche mittels eines *Peltierelements* gekühlt wird. Bei fortschreitender Abkühlung ist der Taupunkt dann erreicht, wenn das in der Luft enthaltene Wasser kondensiert und der Metallspiegel beschlägt (man mißt dabei eine Temperatur t_1) bzw. wenn bei nachfolgender Erwärmung der Beschlag wieder verschwindet (t_2). Aus der Mittelung der beiden Temperaturen erhält man den Taupunkt t_{Tau}. Aus der Kenntnis von t_{Tau} und dem Verlauf der Dampfdruckkurve, Bild 16.3, erhält man dann den gesuchten Wasserdampfpartialdruck $p_W(t) = p_S(t_{Tau})$ bei der Umgebungstemperatur t.

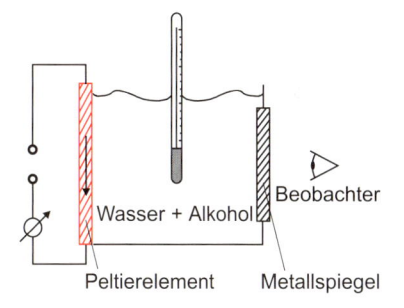

Bild 16.2. Aufbau eines Taupunkthygrometers

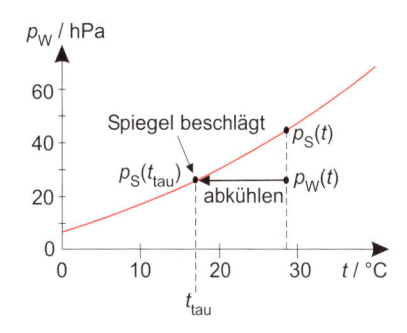

Bild 16.3. Bestimmung des Dampfdrucks von Wasser aus der Taupunkttemperatur

Psychrometer

Das Psychrometer zur Bestimmung von p_W besteht aus zwei gleichartigen Thermometern, von denen eines über einen Gazestreifen mit Wasser aus einem Vorratsgefäß benetzt wird, Bild 16.4. Man läßt nun mittels eines Ventilators Luft vorbeistreichen, so daß das „trockene" Thermometer die Lufttemperatur t mißt. Ist die Luft zu 100% mit Wasserdampf gesättigt, wird auch das feuchte Thermometer die gleiche Temperatur anzeigen ($t = t_f$). Ist die relative Feuchte der Luft jedoch geringer (man spricht auch von einem sog. Sättigungsmangel), wird sie am feuchten Thermometer weiteres Wasser als Dampf aufnehmen, wobei die Verdampfungswärme dem Thermometer und der angrenzenden Luft entzogen wird. Die „feuchte" Temperatur t_f wird also niedriger als t sein. Der Temperaturunterschied ($t - t_f$) ist umso größer, je stärker sich die tatsächliche Feuchte der Luft (Wasserpartialdampfdruck p_W) von der Sättigungsfeuchte (Sättigungsdampfdruck p_S) bei der Temperatur t unterscheidet. Es ist also der Unterschied ($t-t_f$) ein Maß für ($p_W - p_S$). Es gilt näherungsweise

$$p_{W,t} = p_S - \text{const}\, p_B (t - t_f) \quad .$$

Die Konstante beträgt $0{,}00066\,°\text{C}^{-1}$, p_B ist der Barometerdruck.

Die Temperaturerniedrigung von t auf t_f kann natürlich nur dann voll eintreten, wenn laufend Wasser verdunstet und abgeführt wird. t_f sollte also von der Anströmgeschwindigkeit v abhängen. Dabei hat sich gezeigt, daß bei $v > 2\,\text{m/s}$ die Gleichgewichtseinstellung (also t_f) nicht mehr verändert wird. Wenn die Temperatur t_f von der Geschwindigkeit unabhängig

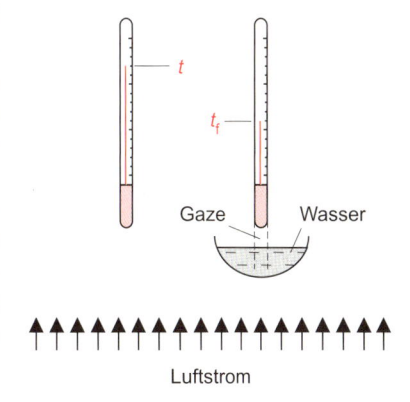

Bild 16.4. Psychrometer

geworden ist, dann darf man schließen, daß jetzt alles neu verdampfende Wasser vollständig abgeführt wird, so daß nunmehr die Rate, mit der aus dem Flüssigkeitsfilm die Wasser-Moleküle verdampfen, die Temperatur t_f bestimmt.

Kommerzielle Hygrometer

Die Luftfeuchte kann auch mit mechanisch arbeitenden Geräten bestimmt werden, bei denen die feuchtebedingte Längenänderung eines Fadens auf einen drehbaren Zeiger übertragen wird, oder auch mit elektronisch anzeigenden Geräten, bei denen feuchtigkeitsabhängige Änderungen von elektrischen Widerständen oder anderer elektrischer Eigenschaften zur Messung eingesetzt werden.

Die Ergebnisse der verschiedenen Luftfeuchtemessungen sollen verglichen und diskutiert werden. Ändert sich die Luftfeuchte in einem Raum, in dem sich mehrere Personen aufhalten?

Aus der Dichte ρ_L der feuchten Luft, dem Luftdruck p_L, der Temperatur t_L sowie dem Wasserdampfpartialdruck p_W, gemessen in dem gleichen Raum, wird nun mit Hilfe der Reduktionsformel die Luftnormdichte ρ_0 bestimmt. Die Meßfehler sind abzuschätzen und das Ergebnis mit dem Literaturwert zu vergleichen.

16.2 Dampfdruck von Wasser (Niederdruckbereich) (1/2)

Messung des Sättigungsdampfdruckes von Wasser bei Temperaturen bis etwa $100\,°C$. Vergleich mit einer theoretischen Dampfdruckkurve. Berechnung der Verdampfungswärme nach Clausius-Clapeyron.

Apparatur zur Dampfdruckmessung mit Thermometer, Heizung und Magnetrührer, Bild 16.5.

Die Apparatur besteht aus einem mit Quecksilber und etwas Wasser gefüllten, U-förmigen Manometer. Dessen kurzer Schenkel kann in einem beheizbaren Wasserbad auf verschiedene Temperaturen gebracht werden, Bild 16.5.

Achtung! Vorsicht beim Füllen und Leeren des Wasserbades wegen Bruchgefahr für das Hg-gefüllte Manometer!
Wegen der „Trägheit" des Wärmeausgleichs Wasserbad/Quecksilber darf nur langsam aufgeheizt werden, wenn man die Temperatur zuverlässig messen will.
Im Wasserbad: nur destilliertes Wasser – Korrosionsgefahr.

In dem ansonsten evakuierten Raum über dem Wasser in dem kurzen Manometerschenkel herrscht stets der Sättigungsdampfdruck p_S des Wassers. Er läßt sich ermitteln aus der Höhendifferenz h der Hg-Spiegel in den beiden Schenkeln. Der Wert von h muß allerdings noch wegen des hydrostatischen Druckes der Wassersäule der Höhe $H = H_2 - H_1$ korrigiert werden:

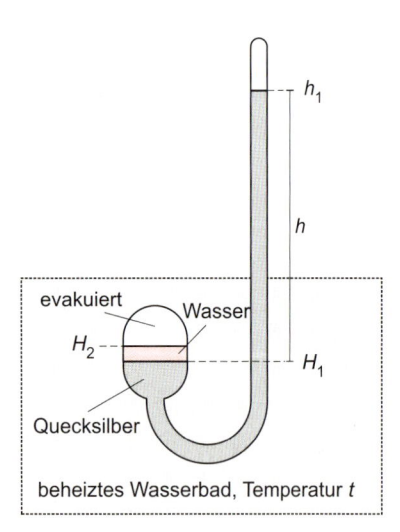

Bild 16.5. Dampfdruckmessung von Wasser (Niederdruckbereich)

16.2 Dampfdruck von Wasser (Niederdruckbereich)

$$h' = h - H\frac{\rho_{H_2O}}{\rho_{Hg}}$$

mit $\rho_{Hg} = 13{,}6\,\text{g/cm}^3$ und $\rho_{H_2O} = 1\,\text{g/cm}^3$.

Der kurze Manometerschenkel muß immer vollständig in das Wasserbad eintauchen. Ein Deckel auf dem Wasserbad verhindert Verdampfungsverluste; notfalls destilliertes Wasser nachfüllen. Bei der Manometerablesung sollte die Parallaxe möglichst ausgeschaltet werden. Die Höhe des Wasserspiegels H_2 läßt sich am besten durch Visieren unter der Wasseroberfläche entlang feststellen.

Zunächst wird bei Zimmertemperatur gemessen: Die Höhe des Hg-Meniskus im kurzen Schenkel (H_1) und die des Wassermeniskus (H_2), die Wasserbad-Temperatur t_Z sowie die Höhe h_1 des Hg-Meniskus im langen Schenkel.

Bei den anderen Temperaturen werden nur h und t abgelesen, z. B. in Abständen von 5 °C. Bei siedendem Wasserbad wird schließlich noch einmal die Höhe H_1 des Hg-Meniskus im kurzen Schenkel abgelesen. Für die Zwischentemperaturen kann die Höhe H_1 genügend genau zwischen den zwei Meßwerten linear interpoliert werden (z. B. grafisch). Die Höhe der Wassersäule H kann dagegen als konstant angenommen werden. Vorschläge für unterschiedlich ausführliche Messungen sind weiter unten ausgeführt.

Ferner muß noch der Barometerdruck p_B abgelesen und die zugehörige Siedetemperatur des Wassers aus einer Tabelle entnommen werden.

Man berechne aus den temperaturabhängigen Messungen von h bzw. den korrigierten Werten h' den Dampfdruck p_S und zeichne das Diagramm $p_S = f(t)$. In dieses Diagramm zeichne man die Tabellenwerte (s. Tabelle 16.4) ein und diskutiere die Ursachen für eventuelle Abweichungen.

Man zeichne ferner das Diagramm $\lg p_S = f(1/T)$ und prüfe, ob sich eine Gerade ergibt. Achtung: T ist die absolute Temperatur!

Ergänzung: Man ermittle aus dem Anstieg der Dampfdruckkurve dp_S/dt nach der Clausius-Clapeyron-Gleichung die Verdampfungswärme von Wasser für $t = 100\,°C$ ($V_{Fl} = 18 \cdot 10^{-6}\,\text{m}^3/\text{mol}$, $V_D = 30 \cdot 10^{-3}\,\text{m}^3/\text{mol}$) und vergleiche das Ergebnis mit dem Literaturwert.

Man vergleiche den bei siedendem Wasserbad gemessenen Dampfdruck mit dem Barometerdruck p_B, sowie die gemessene Siedetemperatur mit dem aus dem Barometerdruck ermittelten Sollwert.

Vorschlag für eine ausführliche Messung

Nach den Ablesungen bei Zimmertemperatur wird etwa die halbe maximale Heizleistung eingeschaltet und z. B. h und t alle 5 °C abgelesen. Oberhalb von 60 °C auf maximale (z. B. 500 W) Heizleistung schalten, da die Wärmeabgabe bei höheren Temperaturen größer wird. Nach den Messungen am Siedepunkt wird die Heizung abgeschaltet, das Wasserbad wird jedoch weiter gerührt und während der Abkühlung bei den gleichen Temperaturen wieder das Manometer abgelesen (bis ca. 60 °C, dann wird die

Tabelle 16.4. Sättigungsdampfdruck von Wasser (Niederdruckbereich)

t / °C	p_S / Torr	p_S / hPa
0	4,6	6,1
10	9,2	12,3
15	12,8	17,1
20	17,5	23,3
25	23,8	31,7
30	31,8	42,4
40	55,3	73,7
50	92,5	123
60	149	199
80	355	473
90	526	701
95	634	845
99	733	977
100	760	1013
101	788	1051

Abkühlung zu langsam). Abweichungen der Messungen bei Erwärmung und Abkühlung diskutieren.

Vorschlag für eine abgekürzte Messung

Ablesungen bei Zimmertemperatur. Dann mit voller Leistung von 500 W das Wasserbad bis zum Sieden aufheizen, ohne zu messen (ca. 1/2 Stunde). Messungen am Siedepunkt ausführen. Dann Messung von h und t während der Abkühlung bis ca. $50\,°\mathrm{C}$ (z. B. alle $5\,°\mathrm{C}$).

Für die Aufzeichnung der logarithmischen Abhängigkeit $\lg p_S = f(1/T)$ braucht man nur etwa 6 – 8 Meßpunkte z. B. alle $10\,°\mathrm{C}$. Anstatt einfach-logarithmisches Papier zu benutzen, kann man auch $\lg p_S$ mit einem Rechner bestimmen, in die Meßtabelle eintragen und dann $\lg p_S$ als Funktion von $1/T$ auf normalem mm-Papier auftragen.

16.3 Dampfdruck von Wasser (Hochdruckbereich) (1/2)

Messung des Sättigungsdampfdrucks von Wasser für Temperaturen oberhalb $100\,°\mathrm{C}$.

Hochdruckapparatur, Bild 16.6, bestehend aus Druckgefäß mit horizontalem Gasbrenner, Thermometer $0\,°\mathrm{C} - 250\,°\mathrm{C}$, Schraubenschlüssel, Bleischeiben zur Dichtung, Spritze zum Füllen mit destilliertem Wasser.

In einem dickwandigen Hochdruckgefäß aus Al wird Wasser auf Temperaturen t bis zu $250\,°\mathrm{C}$ aufgeheizt und der Dampfdruck p_S mit einem Dosenmanometer (0 – 60 at) gemessen. Bei der Manometerablesung Parallaxe möglichst vermeiden.

Füllung der Apparatur (nur destilliertes Wasser verwenden): Überwurfmutter am Ende des Druckkessels abschrauben. Im Inneren liegt ein dünnes Kupferrohr, das bis zum Manometer durchgeführt ist und dort frei endet. Destilliertes Wasser wird in die Spritze eingezogen und durch das Kupferrohr eingespritzt. Auf diese Weise kann die ganze Apparatur luftfrei mit Wasser gefüllt werden. Die Überwurfmutter wird wieder fest angezogen (notfalls vorher die Bleischeibe erneuern). Während des Aufheizens muß die Dichtung gegebenenfalls nachgezogen werden.

> Achtung! Beim Ablesen von Manometer und Thermometer einen Sicherheitsabstand von mindestens 30 cm einhalten. Bei fehlerhafter Dichtung kann möglicherweise plötzlich ein feiner Dampfstrahl austreten.

Um einen Wärmeausgleich und damit eine zuverlässige Messung zu ermöglichen, darf der Druckkessel nur langsam aufgeheizt werden, z. B. mit einem Druckanstieg von etwa 2 at/min. Bei den Messungen erweist es sich als sinnvoll, die Temperaturmessung jeweils bei festen Druckdifferenzen (z. B. 2 at) vorzunehmen.

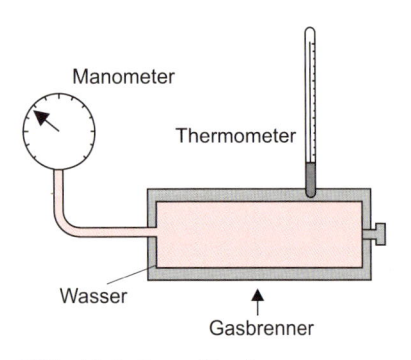

Bild 16.6. Dampfdruckmessung von Wasser (Hochdruckbereich)

50 at nicht überschreiten!

Messungen während des Abkühlungsvorganges wiederholen und die Werte mitteln (sehr kleine Flamme zunächst brennen lassen).

✍ Man zeichne das Diagramm $p = f(t)$, trage auch die Literaturwerte ein (Tabelle 16.5) und diskutiere eventuelle Abweichungen.

✍ Man zeichne das Diagramm $\lg p_S = f(1/T)$ und prüfe, ob sich entsprechend der Clausius-Clapeyronschen Gleichung eine Gerade ergibt. *Hinweis:* T ist die absolute Temperatur.

Tabelle 16.5. Sättigungsdampfdruck von Wasser (Hochdruckbereich)

$t\,/\,°C$	$p_S\,/\,at$	$p_S\,/\,hPa$
0	0,0062	6,1
40	0,075	73,7
80	0,48	471
100	1,033	1013
120	2,025	1987
140	3,685	3615
160	6,302	6182
180	10,225	10031
200	15,86	15559
220	23,66	23211
240	34,14	33491
260	47,87	46961
280	65,46	64216

17. Ideale und reale Gase

🏁 Vertiefung der Grundkenntnisse in der Thermodynamik durch die Untersuchung von Zustandsänderungen idealer und realer Gase.

📚 *Standardlehrbücher* (Stichworte: Ideale und reale Gase, Adiabatenexponent und Adiabaten-Gleichungen, Joule-Thomson-Effekt),
Themenkreis 14: Thermische Grundversuche,
Kose/Wagner: Kohlrausch Praktische Physik, Band 3.

📖 Ideale Gase

Die Untersuchung von Gasen hat bei der Entwicklung sowohl der klassischen Thermodynamik als auch der Vorstellungen vom atomistischen Aufbau der Materie eine wichtige Rolle gespielt. Für Experimente mit Gasen benutzt man in der Regel eine abgeschlossene Gasmenge, deren Eigenschaften man durch die drei **Zustandsgrößen** Volumen V, Druck p und (absolute) Temperatur T beschreibt. Der Zusammenhang dieser Größen ist im einfachsten Fall gegeben durch die

Ideale Gasgleichung $\quad pV = \nu RT \quad$,

in der ν die Mol-Anzahl des Gases angibt und $R = 8{,}314 \, \text{J/(mol K)}$ die **universelle Gaskonstante** bedeutet. Gase, die dieser Gleichung genügen, heißen **ideale Gase**. Bei den in der Natur vorkommenden, den realen Gasen, ist dieses nur dann näherungsweise erreichbar, wenn die Gastemperatur hoch genug über der Siedetemperatur des Stoffes liegt und der Gasdruck gering ist.

Beim Experimentieren mit einem Gas können sich seine Zustandsgrößen ändern. Aus Gründen der einfacheren Beschreibung werden die Versuche häufig so geführt, daß eine dieser Größen konstant bleibt. Im pV-Diagramm in Bild 17.1 sind einige Beispiele dargestellt. Für die bei solchen Zustandsänderungen auftretenden Energiebilanzen gilt der Energiesatz, der in der Thermodynamik als **1. Hauptsatz der Wärmelehre** bezeichnet wird und der in Differenzen-Schreibweise lautet:

1. Hauptsatz $\quad \Delta Q = \Delta U + p\Delta V \quad$.

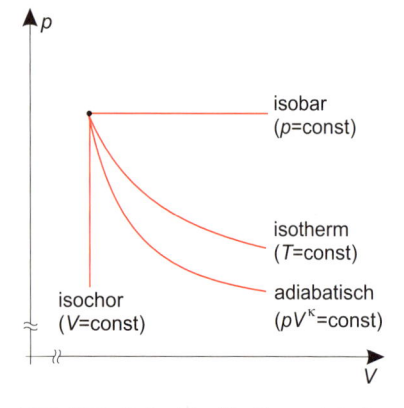

Bild 17.1. Beispiele für Zustandsänderungen idealer Gase, dargestellt im pV-Diagramm

Darin bezeichnet ein positives Q eine dem Gas von außen zugeführte Wärmeenergie, die je nach Prozeßführung zu einer Erhöhung der inneren Energie um ΔU und/oder zu einer Volumenarbeit des Gases ($p\Delta V$) führt.

Eine weitere wichtige thermische Beschreibungsgröße für Gase ist deren *spezifische Wärmekapazität c*. Diese wird bekanntlich definiert durch die

Kalorische Grundgleichung: $\quad Q = cm\Delta T \quad$,

in der m die Masse der untersuchten Gasmenge bedeutet. Häufig rechnet man jedoch besser mit der **molaren Wärmekapazität** C:

$$C = cM \quad,$$

mit M = Molmasse des Gases. Allerdings ist die Wärmekapazität von Gasen – anders als bei flüssigen oder festen Stoffen – lediglich bei isochoren Zustandsänderungen ($V = $ const) eine reine Stoffkonstante. Andere Arten der Versuchsführung liefern wegen des Beitrags der Volumen- oder Ausdehnungsarbeit zur Energiebilanz andere Werte von C:

$$0 = C_{\text{adiabatisch}} < C_{\text{isochor}} \equiv C_V < C_{\text{isobar}} \equiv C_p < C_{\text{isotherm}} = \infty \,.$$

Für die besonders wichtigen Wärmekapazitäten C_p und C_V erhält man für ideale Gase den einfachen Zusammenhang:

$$C_p - C_V = R \quad.$$

Den Quotienten dieser beiden Wärmekapazitäten nennt man

Adiabatenexponent $\quad \kappa = \dfrac{C_p}{C_V} = \dfrac{c_p}{c_V} \quad.$

Der *Adiabatenexponent* spielt eine wichtige Rolle bei **adiabatischen Zustandsänderungen**, d.h. solchen, die so rasch vor sich gehen, daß dabei kein merklicher Austausch von Wärmeenergie Q mit der Umgebung erfolgt. Für solche Vorgänge lassen sich mit Hilfe des 1. Hauptsatzes und der idealen Gasgleichung, die ja noch die *drei* Variablen p, V und T enthält, einfachere Beziehungen mit jeweils nur zwei Variablen herleiten:

Adiabaten-Gleichungen $\quad \begin{cases} pV^\kappa &= p_0 V_0^\kappa \\ Tp^{\frac{1-\kappa}{\kappa}} &= T_0 p_0^{\frac{1-\kappa}{\kappa}} \end{cases}.$

17. Ideale und reale Gase

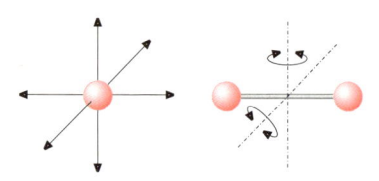

3 Translationsachsen für jedes Gasteilchen

2 Rotationsachsen bei einem zweiatomigen Molekül

Bild 17.2. Bewegungsfreiheitsgrade von Gasteilchen (zwei Beispiele)

Tabelle 17.1. Zahl f der Bewegungsfreiheitsgrade für verschiedene Gasarten

Gasteilchen	1-atomig	2-atomig	3-atomig
$f_{translation}$	3	3	3
$f_{rotation}$	0	2	3
f_{gesamt}	3	5	6

Adiabatenexponent nach kinetischer Gastheorie

Die **kinetische Gastheorie** versucht, die makroskopisch beobachtbaren Eigenschaften von Gasen aus einer atomistischen Modellvorstellung zu begründen. In diesem Modell wird u. a. angenommen, die der absoluten Temperatur T proportionale mittlere kinetische Energie $\overline{E}_{kin}$ der Gasmoleküle sei gleichmäßig auf deren **Bewegungsfreiheitsgrade** verteilt (*Gleichverteilungssatz*). Auf jeden Freiheitsgrad entfällt die Energie $\frac{1}{2}kT$. Wenn die Bewegung der Gasteilchen nur aus Translation und Rotation besteht (keine Schwingung), gilt:

$$\overline{E}_{kin} = \overline{E}_{translation} + \overline{E}_{rotation} = f\frac{1}{2}kT \quad .$$

Hierin bedeuten $k = 1{,}38 \cdot 10^{-23}\,\mathrm{JK^{-1}}$ die *Boltzmannkonstante* und f die Zahl der Freiheitsgrade der Gasteilchen. Diese hängt von der Zahl der Atome im Molekül ab, Bild 17.2. Einige Beispiele für den Zusammenhang von f mit der Gasart sind in Tabelle 17.1 wiedergegeben.

Eine experimentelle Bestätigung für die Richtigkeit der oben gemachten Annahmen der kinetischen Gastheorie zeigt die Untersuchung der molaren Wärmekapazitäten C verschiedener Gasarten. Für C_V erhält man nämlich aus der kinetischen Gastheorie den Zusammenhang:

$$C_V = \left(\frac{dQ}{dT}\right)_{V=const} = N_A \left(\frac{d\overline{E}_{kin}}{dT}\right)_{V=const} = N_A \frac{f}{2}k = \frac{f}{2}R \quad .$$

$N_A = 6{,}02 \cdot 10^{23}\,\mathrm{mol^{-1}}$ ist dabei die Zahl der Gasteilchen pro Mol (*Avogadrokonstante*), und es gilt: $N_A k = R$. Mit der oben eingeführten Beziehung $(C_p - C_V) = R$ folgt hieraus für C_p:

$$C_p = C_V + R = \frac{f+2}{2}R$$

und daraus für den Adiabatenexponenten:

$$\kappa = \frac{C_p}{C_V} = \frac{f+2}{f} \quad .$$

Tabelle 17.2. Vergleich gemessener (25 °C) und mit der kinetischen Gastheorie berechneter Werte für die molaren Wärmekapazitäten C_V und C_p (in $\mathrm{J\,mol^{-1}\,K^{-1}}$) sowie für den Adiabatenexponenten κ

Gas	Experiment			Kinetische Gastheorie		
	C_V	C_p	κ	C_V	C_p	κ
He	12,5	20,8	1,66	12,47	20,79	1,67
Ar	12,4	20,8	1,68			
H_2	20,3	28,8	1,41	20,79	29,10	1,40
N_2	20,4	28,6	1,41			
CO_2	28,9	37,4	1,29	24,94	33,26	1,33
N_2O	30,4	38,9	1,28			

Tabelle 17.2 zeigt, daß die nach den Modellannahmen der kinetischen Gastheorie berechneten Werte für C_V, C_p und κ für die aufgeführten Beispielgase mit den experimentell bestimmten Werten gut bis sehr gut übereinstimmen.

Reale Gase

Die in der Natur vorkommenden **realen Gase** zeigen – je nach den Versuchsbedingungen – mehr oder weniger große Abweichungen vom Verhalten der idealen Gase. Das auffälligste Merkmal realer Gase ist die Möglichkeit ihrer *Verflüssigung*, sofern man den sog. **kritischen Punkt** unterschreitet. Das pV-Diagramm eines solchen Gases im Bild 17.3 zeigt, daß die Isothermen sich erst deutlich oberhalb der kritischen Temperatur dem für ideale Gase gültigen Hyperbelverlauf annähern. Das abweichende Verhalten realer Gase läßt sich im wesentlichen auf zwei Eigenschaften der Gasmoleküle bzw. -atome zurückführen:

- Das Eigenvolumen dieser Gasteilchen ist nicht vernachlässigbar, so daß für deren Bewegung nicht mehr das gesamte Gasvolumen V zur Verfügung steht (Van der Waalsches Kovolumen);
- die Gasteilchen üben anziehende Kräfte aufeinander aus; der außen mit einem Druckmesser gemessene Druck p fällt daher geringer aus als ohne diese nach innen gerichteten Kräfte (Binnendruck).

Berücksichtigt man diese beiden Einflüsse, so läßt sich die allgemeine Zustandsgleichung der Gase erweitern auf die

---

Van der Waalssche Zustandsgleichung

$$\left(p + \frac{a}{V^2}\right)(V - b) = RT \quad ,$$

---

die das Verhalten realer Gase im gasförmigen Bereich von Bild 17.3 mit guter Näherung beschreibt. Die Gleichung ist für die Stoffmenge 1 Mol aufgeschrieben. In der Tabelle 17.3 sind die experimentell bestimmten Werte der *Van-der-Waals-Konstanten* a und b einiger Gase zusammengestellt. Die ebenfalls aufgeführten Meßwerte für die kritische Temperatur T_k gehorchen sehr gut der formelmäßigen Beziehung, die man aus der Van-der-Waals-Gleichung herleiten kann:

$$T_k = \frac{8a}{27Rb} \quad .$$

Ein weiteres Phänomen, das reale Gase von idealen unterscheidet, ist der **Joule-Thomson-Effekt**. Hierbei wird eine feste Gasmenge im Zustand 1 (p_1, V_1, T_1, Bild 17.4 links) durch eine poröse Wand hindurch in den Zustand 2 entspannt (p_2, V_2, T_2 mit $p_2 < p_1$ und $V_2 > V_1$). Der Vorgang erfolgt adiabatisch, d. h. es gibt keinen Wärmenergie-Austausch mit der Umgebung: $Q = 0$. Bei einem idealen Gas wäre die links in das Gas hineingesteckte Volumenarbeit $p_1 V_1$ genauso groß wie die auf der rechten Seite vom Gas gegen den Außendruck p_2 verrichtete Ausdehnungsarbeit $p_2 V_2$, die Temperatur des idealen Gases bliebe daher gleich:

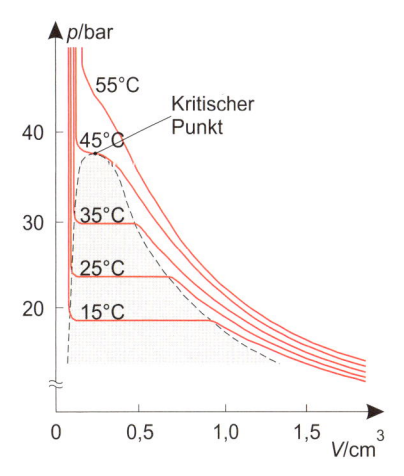

Bild 17.3. Gemessene Isothermen für eine feste Menge eines realen Gases (Schwefelhexafluorid SF_6)

Tabelle 17.3. Experimentelle Werte der Van-der-Waals-Konstanten a und b, der kritischen Temperatur T_k und der Inversionstemperatur T_i einiger Gase

Gas	a Nm^{4}mol^{-2}	b 10^{-6}m^{3}mol^{-1}	T_k K	T_i K
N_2	0,137	38,9	126	621
H_2	0,025	26,7	33,2	193
He	0,0035	23,8	5,2	16
SF_6	0,786	88,0	318	

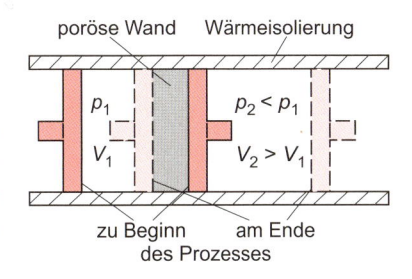

Bild 17.4. Joule-Thomson-Entspannung eines Gases durch eine poröse Wand

$(T_2)_\text{ideal} = (T_1)_\text{ideal}$. Bei einem realen Gas dagegen beobachtet man eine Temperaturänderung, deren Vorzeichen und Betrag von der Ausgangstemperatur T_1 abhängt. Ursache hierfür sind zwei gegenläufige Beiträge:

- eine *Erwärmung*, weil aufgrund des merklichen Eigenvolumens der Gasmoleküle die Volumenzunahme ($V_1 \to V_2 > V_1$) kleiner ausfällt als bei einem idealen Gas und damit die hineingesteckte Volumenarbeit $p_1 V_1$ größer ist als die Ausdehnungsarbeit $p_2 V_2$,
- sowie zugleich eine *Abkühlung*, weil für eine Volumenzunahme die gegenseitige Anziehung der Moleküle überwunden werden muß; die hierfür benötige Energie nimmt das Gas wegen der adiabatischen Isolierung aus seiner inneren Energie.

Für eine quantitative Beschreibung definiert man den

Joule-Thomson-Koeffizienten $\quad \mu = \left(\dfrac{dT}{dp}\right)_\text{J.T.}$,

der Druck- und Temperaturänderung bei diesem Prozeß miteinander verknüpft. Für ein reales Gas erhält man hierfür aus der Van-der-Waals-Gleichung angenähert den Zusammenhang

$$\mu = \left(\dfrac{dT}{dp}\right)_\text{J.T.} \approx \dfrac{1}{C_p}\left(\dfrac{2a}{RT} - b\right) \quad .$$

Der Klammerausdruck rechts führt auf den Begriff der

Inversionstemperatur $\quad T_\text{i} = \dfrac{2a}{Rb}$.

Für Ausgangstemperaturen $T_1 > T_\text{i}$ überwiegt der Erwärmungseffekt bei der Joule-Thomson-Entspannung, für $T_1 < T_\text{i}$ die Abkühlung, wie die folgenden Ungleichungen deutlich machen:

$$\left.\begin{array}{l} T_1 > T_\text{i} \;\Rightarrow\; \mu < 0 \;\Rightarrow\; dT > 0 \\ T_1 = T_\text{i} \;\Rightarrow\; \mu = 0 \;\Rightarrow\; dT = 0 \\ T_1 < T_\text{i} \;\Rightarrow\; \mu > 0 \;\Rightarrow\; dT < 0 \end{array}\right\} \text{bei} \quad dp < 0 \quad .$$

Die experimentellen Werte für T_i in der Tabelle 17.3 zeigen, daß bei einigen Gasen eine Vorkühlung unter die Zimmertemperatur nötig ist, wenn man sie zum Zwecke der Verflüssigung durch eine gedrosselte Entspannung abkühlen will.

Berechnet man die Inversionstemperatur T_i mit Hilfe der angegebenen Formel aus den Van-der-Waals-Konstanten, so sieht man allerdings deutliche Abweichungen von den Meßwerten – ein Zeichen dafür, daß diese Formel nur eine grobe Näherung für das reale Verhalten der Gase darstellt.

17.1 Adiabatenexponent aus Expansionsversuch (1/2)

Aus Druckmessungen vor und nach einer adiabatischen Expansion soll der Adiabatenexponent κ von Luft bestimmt werden.

Gasbehälter mit Manometer, Belüftungsmöglichkeit und Gummiball, Stoppuhr

In einem Gasbehälter mit dem Volumen V_0, Bild 17.5, wird mit einem Gummiball oder Blasebalg zunächst ein geringer Überdruck erzeugt. Nach dem thermischen Ausgleich auf T_0, bei dem die Kompressionswärme an die Umgebung abgeführt wird, bestimmt man den verbleibenden Überdruck Δp, der mit einem U-Rohr Manometer gemessen wird:

$$p_\text{gas} = p_0 + \Delta p \quad .$$

Wird nun der Hahn kurzzeitig geöffnet, entspannt sich die komprimierte Luft adiabatisch auf den Außendruck p_0, und die Temperatur sinkt auf $T_0 - \Delta T$. Bevor ein Wärmeaustausch mit der Umgebung stattfinden kann, wird der Hahn wieder geschlossen. Durch isochore Wärmeaufnahme aus der Umgebung nimmt das Gas dann wieder die Außentemperatur T_0 an, wodurch der Druck wieder ansteigt, und zwar um $\Delta p' < \Delta p$.

Die Berechnung der adiabatischen Temperaturabnahme ΔT im zweiten Teilschritt erfolgt mit der Adiabatengleichung

$$Tp^{\frac{1-\kappa}{\kappa}} = T_0 p_0^{\frac{1-\kappa}{\kappa}} \quad .$$

Der Differentialquotient $\frac{dT}{dp} \approx \frac{\Delta T}{\Delta p}$ liefert mit den Näherungen $\Delta T \ll T_0$ und $\Delta p \ll p_0$

$$\frac{\Delta T}{T_0} \approx \frac{\kappa - 1}{\kappa} \frac{\Delta p}{p_0} \quad .$$

Der Druckanstieg $\Delta p'$ aus dem letzten Versuchsteil läßt sich mit Hilfe der idealen Gasgleichung $pV = \nu RT$ wegen $V = $ const. schreiben als

$$\frac{\Delta p'}{p_0} = \frac{\Delta T}{T_0} \quad .$$

Einsetzen in die obere Gleichung für $\Delta T / T_0$ liefert wegen $\Delta p' \ll p_0$ das

Druckverhältnis von Clement-Désormes $\quad \Delta p' \approx \dfrac{\kappa - 1}{\kappa} \Delta p \quad .$

Aus der Messung von Δp und $\Delta p'$ läßt sich mit Hilfe dieser Beziehung der Adiabatenexponent κ bestimmen.

Da die Messung empfindlich gegen Schwankungen der Umgebungstemperatur ist, muß vor jeder Ablesung des Manometers der thermische Ausgleich abgewartet werden (ca. 1-2 min). Auch muß eine Wärmezufuhr durch Berühren des Behälters mit der Hand ebenso vermieden werden wie unnötiger Luftzug.

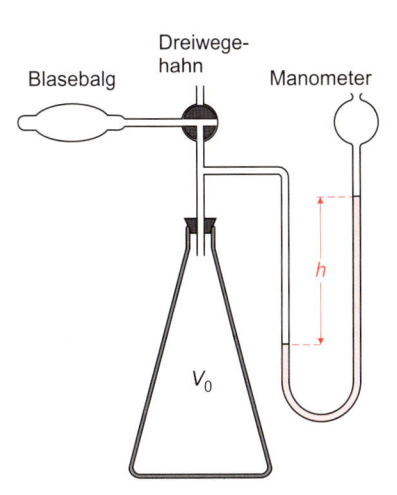

Bild 17.5. Versuchsanordnung nach *Clement-Désormes*

Die Qualität des Meßergebnisses hängt ferner von der richtigen Wahl der Öffnungszeit des Hahnes für die adiabatische Expansion ab: Ist diese Zeit zu lang, findet bereits ein Wärmeaustausch mit der Umgebung statt, und $\Delta p'$ fällt zu klein aus. Wird der Hahn dagegen schon geschlossen, bevor der Druckausgleich beendet ist, erhält man einen zu großen Wert für $\Delta p'$. Die Druckdifferenzen werden aus der Steighöhe h der Flüssigkeitssäule in einem U-Rohr-Manometer bestimmt.

In einem Vorversuch wird für einen Anfangsüberdruck Δp von ca. 10 mbar ≈ 10 cm Wassersäule die Ausströmzeit bei Öffnen des Hahnes bestimmt.

Im Hauptversuch werden für einen Anfangsüberdruck von $\Delta p = 10$ mbar die beiden Druckdifferenzen Δp und $\Delta p'$ bestimmt. Der Versuch wird für mindestens 5 andere Werte von Δp zwischen 2 und etwa 15 mbar wiederholt.

Die Auswertung soll grafisch erfolgen. Hierzu wird $\Delta p'$ über Δp aufgetragen und κ aus der Steigung der mittelnden Geraden bestimmt:

$$\Delta p' = \frac{\kappa - 1}{\kappa} \Delta p \quad .$$

Eine Fehlerrechnung ist erforderlich.

Die Ergebnisse sollen mit den Vorhersagen aus der kinetischen Gastheorie verglichen werden.

17.2 Adiabatenexponent aus Schwingungsversuch (1/2)

Aus der Schwingungsdauer einer auf einem Gaspolster schwingenden Kugel sollen die Adiabatenexponenten κ für verschiedene Gase bestimmt werden.

Gasbehälter, z. B. bestehend aus 2 Flaschen, die mit unterschiedlichen Gasen gefüllt werden können; Präzisionsglasrohr mit Verbindungsstücken, Hähnen und Metallkugel, Gasflaschen mit Reduzierventilen, Stoppuhr, Magnet.

Ein Gasbehälter mit dem Volumen V_0 ist mit einem senkrecht stehenden zylindrischen Präzisionsglasrohr mit dem Querschnitt A_0 verbunden, Bild 17.6. Läßt man in dem Glasrohr eine genau eingepaßte Stahlkugel der Masse m fallen, dann führt diese auf dem Gaspolster Schwingungen aus, wobei das Gas periodisch komprimiert wird und wieder expandiert. Der Vorgang verläuft adiabatisch, weil die Periodendauer zu kurz ist, um einen Wärmeaustausch des Gases mit der Umgebung zu ermöglichen. Den quantitativen Zusammenhang zwischen dem Adiabatenexponenten und der Schwingungsdauer zeigt die folgende Betrachtung.

Für die Schwingungsdauer T gilt wie für jede elastische Federschwingung:

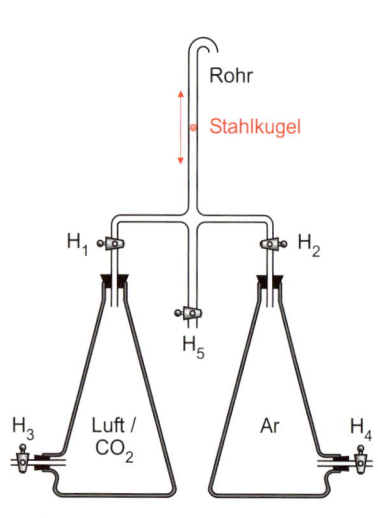

Bild 17.6. Versuchsanordnung nach *Rüchardt* (H_{1-5}: Hähne)

$$T = 2\pi \sqrt{\frac{m}{D}} \quad,$$

mit D = Federkonstante des Gaspolsters. Zur Berechnung von D betrachten wir eine Verschiebung der Kugel um eine Strecke Δx im Rohr, die zu einer Änderung des Gasvolumens $\Delta V = A_0 \Delta x$ und zu einer Druckänderung Δp führt. Für diesen adiabatisch ablaufenden Vorgang gelten die Adiabaten-Gleichungen, so daß man schreiben kann:

$$p_0 V_0^\kappa = (p_0 + \Delta p)(V_0 - \Delta V)^\kappa \quad.$$

Hieraus folgt bei den kleinen Volumenänderungen $\Delta V \ll V_0$:

$$\Delta p \approx -\kappa p_0 \frac{\Delta V}{V_0} \quad,$$

wobei von der Näherung

$$(V_0 - \Delta V)^\kappa = V_0^\kappa \left(1 - \frac{\Delta V}{V_0}\right)^\kappa \approx V_0^\kappa \left(1 - \kappa \frac{\Delta V}{V_0}\right)$$

Gebrauch gemacht und ein Term mit $\Delta V \Delta p \approx 0$ gesetzt wurde. Aus Δp ergibt sich für die rücktreibende Kraft F des Gaspolsters:

$$F = \Delta p A_0 \approx -\kappa p_0 \frac{A_0^2 \Delta x}{V_0} = -D \Delta x \quad \text{mit} \quad D = \kappa A_0^2 \frac{p_0}{V_0} \quad.$$

Für die Schwingungsdauer folgt daraus:

$$T = 2\pi \sqrt{\frac{m V_0}{\kappa p_0 A_0^2}} \quad.$$

Die Auflösung nach κ liefert die gesuchte Bestimmungsgleichung:

Adiabatenexponent $\quad \kappa = \dfrac{4\pi^2}{T^2} \dfrac{m V_0}{p_0 A_0^2} \quad.$

Das Präzisionsglasrohr wird jeweils nur mit einem der beiden Gasbehälter verbunden. Um eine Korrosion der Kugel zu vermeiden, wird diese nicht aus dem Rohr entfernt. Zum Starten des Schwingungsvorgangs wird sie mit Hilfe eines Magneten im Rohr angehoben. Dabei entsteht zunächst ein Unterdruck im Gasbehälter, der durch kurzzeitiges Öffnen des Hahnes H_5 ausgeglichen wird, Bild 17.6. Nach dem Loslassen der Kugel schwingt diese dann gedämpft um eine Ruhelage. Nach dem Ausschwingen sinkt sie infolge des endlichen Luftspalts zwischen Kugel und Rohr allmählich an das untere Rohrende. Damit die Kugel frei schwingt und nicht an der Rohrwand reibt, muß das Glasrohr vertikal ausgerichtet sein.

Beim Wechsel einer Gasfüllung die Flaschen vor der Messung jeweils mit dem Füllgas spülen, damit keine undefinierte Gasmischung vermessen wird. Sofern Gase aus Druckgasflaschen benutzt werden, sind besondere Sicherheitsmaßnahmen zu beachten, Bild 17.7.

Sicherheitshinweise zu Druckgasflaschen:
- Flaschen niemals ohne die Schutzkappe oder mit angeschlossenem Druckminderer transportieren!
- Flaschen gegen Wegrollen oder Umkippen sichern!
- Einstellungen am Druckminderer erst nach Einweisung durch Betreuer vornehmen!

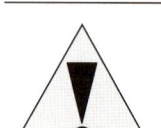

Bild 17.7. Sicherheitsmaßnahmen beachten!

Zur Messung der Schwingungsdauer muß eine möglichst große Zahl von Schwingungen ausgewertet werden. Die Messung mehrmals wiederholen, um den Streufehler hinreichend klein zu halten, da T quadratisch eingeht. Außenluftdruck p_0 messen (Barometer) sowie V_0 und A_0 notieren.

Messung für andere Gasarten wiederholen.

Werte für den Adiabatenexponenten für die verschiedenen Gasarten mit Fehlerabschätzung bestimmen und mit den Voraussagen aus der kinetischen Gastheorie vergleichen.

17.3 Präzisionsmessung des Adiabatenkoeffizienten (1/2)

Bestimmung des Adiabatenexponenten verschiedener Gase mit besonders kleinem Meßfehler aus der entdämpften Schwingung eines Körpers auf einem Gaspolster.

Glasgefäß mit Gaseinlaßstutzen und aufgesetztem Präzisionsrohr mit eingepaßtem Kunststoffzylinder, Stoppuhr bzw. elektronische Zeitmessung mit Gabellichtschranke und elektronischem Zeitmesser, Waage, Meßschraube, Druckgasflaschen mit Reduzierventilen.

Bei diesem Experiment handelt es sich um eine interessante Variante des Rüchardt-Versuchs aus Teilaufgabe 17.2, bei der die dort störende Dämpfung der Kugelschwingung vermieden wird. Als Schwingkörper wird hier anstelle der Kugel ein Kunststoffzylinder verwendet.

In dem Präzisionsrohr, das auf das Glasgefäß aufgesetzt ist, Bild 17.8, befindet sich der genau eingepaßte Kunststoffzylinder (Radius r, Masse m) im Gleichgewicht, wenn für den Druck im Glasgefäß gilt:

$$p = p_0 + \frac{mg}{\pi r^2} \quad .$$

Bringt man den Zylinder kurzzeitig aus der Gleichgewichtslage, so beginnt er zu schwingen, wobei sich das Gas im Gefäß wie eine Feder mit der Richtgröße D verhält. Wegen der Kürze der Schwingungsdauer läuft der Vorgang adiabatisch ab, so daß die Adiabaten-Gleichung $pV^\kappa = \text{const}$ gilt. Für die Herleitung der Beziehung zwischen dem Adiabatenexponenten $\kappa = C_p/C_V$ und der Schwingungsdauer T gelten die gleichen Beziehungen wie in der Teilaufgabe 17.2 mit der schwingenden Kugel:

$$\kappa = \frac{4\pi^2}{T^2} \frac{mV_0}{p_0 A_0^2} \quad .$$

Bild 17.8. Versuchsanordnung nach *Flammersfeld*

Die Schwingung des Zylinders ist zunächst gedämpft. Um zur Verringerung des Meßfehlers große Meßzeiten zu ermöglichen, wird der Zylinder mit Hilfe eines kontinuierlichen Gasstromes und einer Ausströmöffnung im Präzisionsrohr zu einer resonanten Schwingung angeregt. Zur Anregung dieser Schwingung genügt ein sehr geringer Gasstrom.

Achtung! Den Schwingkörper erst in das Glasrohr (von oben) einführen, wenn das Gas schon strömt, um ein Herausfliegen aus dem Rohr bei versehentlich zu großem Gasdruck zu vermeiden.

Nach Abschluß des Versuchs die Ventile der benutzten Gasflasche wieder sorgfältig schließen.

> *Hinweise:*
> - Sicherheitshinweise zu Druckgasflaschen wie Teilaufgabe 17.2!
> - Oberfläche des Schwingkörpers nicht beschädigen!

Schwingungsdauer für 100 Schwingungen des Schwingkörpers für eine Gasart, z. B. Stickstoff, bestimmen. Wiederholungsmessungen zur Kontrolle.

Für die Bestimmung von Masse m und Querschnitt A_0 des Schwingkörpers wird ein zweites identisches Bauteil benutzt, um Beschädigungen der Oberfläche des eigentlichen Schwingkörpers zu vermeiden.

Wiederholung der Messung mit anderen Gasarten. Wünschenswert sind insgesamt Ergebnisse für ein-, zwei- und dreiatomige Gase. Beim Wechsel der Gase vor der neuen Messung das Glasgefäß mit dem neuen Gas zunächst spülen, um undefinierte Gasgemische zu vermeiden.

Berechnung des Adiabatenexponenten aus den Meßwerten. Eine Fehlerrechnung ist erforderlich. Vergleich der Meßergebnisse mit den Voraussagen der kinetischen Gastheorie.

Aus den Meßergebnissen sollen $C_V = R/(1-\kappa)$ sowie $C_p = C_V + R$ berechnet und mit den Ergebnissen der kinetischen Gastheorie verglichen werden.

17.4 Messung des Joule-Thomson-Koeffizienten (1/2)

Mit Hilfe einer Joule-Thomson-Apparatur soll der Joule-Thomson-Koeffizient für zwei verschiedene Gase bestimmt werden.

Joule-Thomson-Apparatur mit Manometer, Thermometer zur Bestimmung der Temperaturdifferenz, Gasflaschen mit Reduzierventilen.

Die Joule-Thomson-Apparatur besteht aus einem druckfesten Glasrohr mit Kunststoffmantel als Berstschutz. Es enthält in der Rohrmitte einen porösen Stopfen („Fritte") als Drosselstelle, Bild 17.9. Man läßt nun Gas unter dem Druck p_1 einströmen. Es verläßt die Drosselstelle unter dem kleineren Druck $p_2 = p_0$ (Außendruck). Die durch die Drosselung verursachte Temperaturdifferenz ΔT wird mit Hilfe zweier Thermometer bestimmt. Da ΔT wegen der kleinen Druckdifferenzen $\Delta p \leq 1$ bar

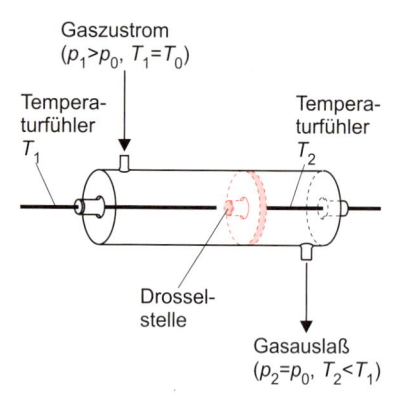

Bild 17.9. Joule-Thomson-Apparatur, schematisch

nur wenige Zehntel Grad beträgt, muß das aus einer Gasflasche mit Reduzierventil abgekühlt zuströmende Gas vor Eintritt in das Glasrohr zunächst wieder auf die Umgebungstemperatur T_0 gebracht werden. Hierzu dient eine Wendel aus Kupferkapillarrohr als Wärmetauscher, die im Bild 17.9 nicht eingezeichnet ist, aber vor dem Gaseinlaß zu denken ist.

Zunächst muß die elektrisch gemessene Temperaturdifferenz der zwei Thermofühler auf Null gesetzt werden. Dann wird für ein Gas, z. B. CO_2, mit Hilfe des Reduzierventils ein Einströmdruck von $p_1 = p_0 + 1$ bar eingestellt. Nach einer Einstellzeit von ca. 1 min wird die Temperaturdifferenz ΔT zwischen beiden Seiten der Drosselstelle abgelesen. Der Versuch wird bei kleineren Werten für den Einströmdruck p_1 wiederholt, z. B. durch Reduzierung des Drucks um jeweils 0,1 bar bis $p_1 = p_0$. Nach jeder Druckeinstellung muß jeweils gewartet werden, bis sich der stationäre Zustand für die Temperaturdifferenz eingestellt hat (ca. 1 min).

Die Versuchsreihe soll für eine andere Gasart, z. B. N_2, wiederholt werden.

Den Zusammenhang zwischen Δp und ΔT grafisch auftragen. Aus dem zu erwartenden linearen Graphen den Joule-Thomson-Koeffizienten bestimmen. Eine Fehlerabschätzung ist sinnvoll. Vergleich mit dem Wert, der sich aus der **Van-der-Waalschen-Zustandsgleichung** ergibt:

$$\mu = \frac{dT}{dp} \approx \frac{1}{C_p}\left(\frac{2a}{RT} - b\right) \quad .$$

18. Thermodynamische Prozesse in einem Heißluftmotor

Vertiefung der Kenntnisse über thermodynamische Kreisprozesse und deren technische Anwendung. Beschäftigung mit der Frage von Wirkungsgraden.

Standardlehrbücher (Stichworte: Zustandsänderungen, Kreisprozesse, Wärmekraftmaschinen, Kältemaschine, Wärmepumpe, Wirkungsgrad).

Stirlingscher Kreisprozeß

Thermodynamische Kreisprozesse beschreiben die physikalischen Vorgänge periodisch arbeitender Maschinen, in denen Wärme in mechanische Arbeit umgewandelt wird. In vielen Fällen besteht dabei der Arbeitsstoff aus einem Gas oder Gasgemisch. **Kreisprozeß** bedeutet dabei, daß das Arbeitsgas nach einer Reihe von Zustandsänderungen am Ende eines Arbeitszyklus wieder in seinen Anfangszustand zurückgeführt wird. Man unterscheidet dabei:

- Prozesse, bei denen der Arbeitsstoff bzw. ein Teil davon verbraucht wird und daher regelmäßig von außen ergänzt werden muß wie z. B. das Benzin-Luft-Gemisch in einem Automotor bzw.
- Prozesse, bei denen der Arbeitsstoff abgeschlossen ist und daher immer derselbe bleibt wie z. B. das Heliumgas bei einer Stirling-Gaskältemaschine zur Luftverflüssigung.

In dieser Aufgabe soll der zweite Typ von Kreisprozessen untersucht werden. Dabei wird ein Gerät aus dem Lehrmittelhandel benutzt, das unter dem Namen *Stirlingmaschine* oder auch **Heißluftmotor** vertrieben wird. Als Arbeitsstoff dient Luft, die man bei den Betriebsbedingungen ohne Einschränkungen als *ideales Gas* betrachten kann. Für die quantitative Beschreibung der beim Betrieb aufretenden Zustandsänderungen benötigt man zum einen die

Ideale Gasgleichung $\quad pV = \nu RT \quad ,$

worin p, V und T die Zustandsgrößen Druck, Volumen und Temperatur des Gases sind und ν die Gasmenge in Mol sowie $R = 8{,}314\,\mathrm{J/(mol\,K)}$ die *universelle Gaskonstante* bedeuten. Die zweite wichtige Gleichung ist der **1. Hauptsatz der Wärmelehre**, hier in differentieller Schreibweise:

18. Thermodynamische Prozesse in einem Heißluftmotor

> **1. Hauptsatz der Wärmelehre** $dQ = dU + pdV$

wobei dQ die Änderung der Wärmeenergie, dU die Änderung der inneren Energie des Gases und pdV dessen Volumenarbeit darstellen. Für ein ideales Gas hängt die *innere Energie* U nur von der Temperatur ab, und es gilt:

$$dU = \nu C_V dT \quad ,$$

wobei C_V die molare Wärmekapazität bei konstantem Volumen bezeichnet.

Die beim Betrieb eines Heißluftmotors auftretenden Zustandsänderungen bilden den **Stirlingschen Kreisprozeß**, der in zwei Phasen anders abläuft als der bekannte *Carnotsche Kreisprozeß*: Statt der adiabatischen Prozesse erfolgen die *Zustandsänderungen* hier *isochor*. Sein Ablauf ist im *pV-Diagramm* in Bild 18.1 dargestellt. Die abgeschlossene Gasmenge befinde sich zunächst im Zustand 1 mit den Zustandsgrößen p_1, V_1 und T_1 und werde *isotherm* ($T_1 = $ const) auf den Zustand 2 expandiert. Die für die Ausdehnungsarbeit notwendige Wärmeenergie Q_{12} wird aus einem umgebenden Wärmereservoir entnommen. Anschließend wird das Gas *isochor*, d. h. bei konstantem Volumen ($V_2 = $ const) auf $T_2 < T_1$ abgekühlt. Dabei wird ihm die Wärmemenge Q_{23} entzogen. Bei der tieferen Temperatur wird das Gas *isotherm* wieder komprimiert. Die dabei am Gas verrichtete Arbeit wird als Wärmeenergie Q_{34} an ein weiteres Wärmereservoir mit der Temperatur T_2 abgeführt. Für die abschließende *isochore* Erwärmung auf die Ausgangstemperatur T_1 muß dem Gas die Wärmeenergie Q_{41} zugeführt werden. Die Berechnung dieser Wärmeenergien gelingt mit dem 1. Hauptsatz, der sich für die vier Teilprozesse besonders einfach schreiben läßt:

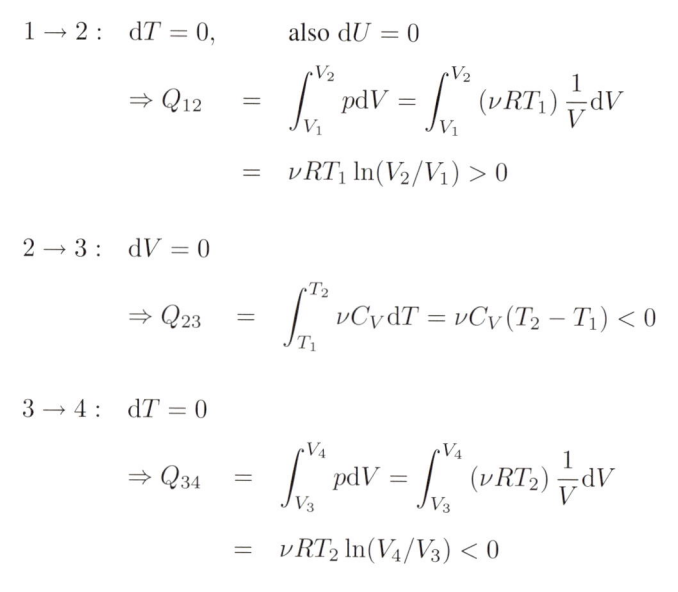

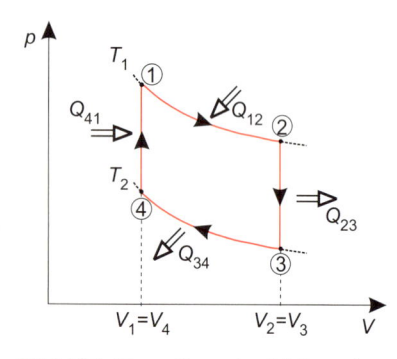

Bild 18.1. Darstellung des Stirlingschen Kreisprozesses im pV-Diagramm

$1 \to 2:$ $dT = 0,$ also $dU = 0$

$$\Rightarrow Q_{12} = \int_{V_1}^{V_2} p dV = \int_{V_1}^{V_2} (\nu R T_1) \frac{1}{V} dV$$

$$= \nu R T_1 \ln(V_2/V_1) > 0$$

$2 \to 3:$ $dV = 0$

$$\Rightarrow Q_{23} = \int_{T_1}^{T_2} \nu C_V dT = \nu C_V (T_2 - T_1) < 0$$

$3 \to 4:$ $dT = 0$

$$\Rightarrow Q_{34} = \int_{V_3}^{V_4} p dV = \int_{V_3}^{V_4} (\nu R T_2) \frac{1}{V} dV$$

$$= \nu R T_2 \ln(V_4/V_3) < 0$$

$4 \to 1:\quad dV = 0$

$$\Rightarrow Q_{41} = \int_{T_2}^{T_1} \nu C_V dT = \nu C_V (T_1 - T_2) > 0 \quad.$$

Offenkundig ist $Q_{23} = -Q_{41}$. Wenn es also gelingt, die vom Gas auf dem Weg von $2 \to 3$ abgegebene Wärmeenergie zwischenzuspeichern und für den Erwärmungsprozeß $4 \to 1$ zu nutzen, spielten diese Energien bei der Gesamtbilanz keine Rolle. Für den gesamten Kreisprozeß erhielte man dann als Differenz zwischen zugeführter und abgeführter Wärmeenergie, wobei die Gleichheiten $V_4 = V_1$ und $V_3 = V_2$ benutzt werden:

$$\oint dQ = Q_{12} + Q_{34} = \nu R \ln \frac{V_2}{V_1}(T_1 - T_2) \quad.$$

Diese Energie ist gleich der Differenz zwischen der bei der höheren Temperatur T_1 gewonnenen Expansions- und der bei der tieferen Temperatur T_2 hineingesteckten Kompressionsarbeit und damit *die bei einem Umlauf in mechanische Arbeit umgesetzte Energie* ($\oint pdV$). Im pV-Diagramm entspricht diese Größe der von der durchlaufenen Kurve eingeschlossenen Fläche (s. Tönung in Bild 18.2).

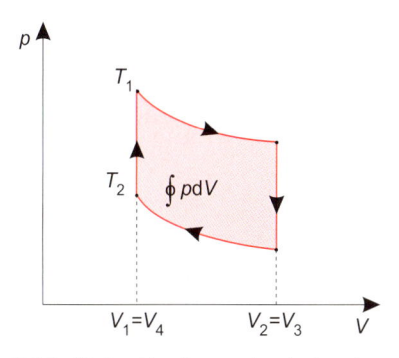

Bild 18.2. Die in mechanische Arbeit umgesetzte Energie beim Stirling-Kreisprozeß

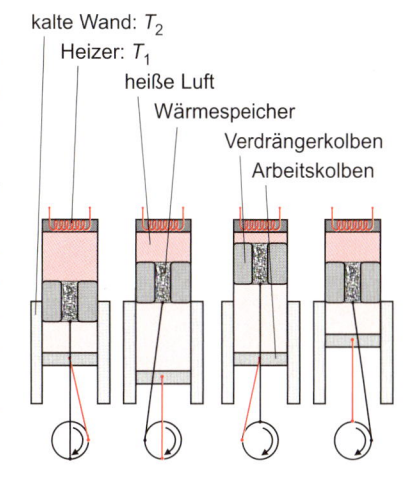

Bei dem **thermodynamischen Wirkungsgrad** η wird die so gewonnene Arbeit bezogen auf die gesamte *zugeführte* Wärmeenergie, hier also Q_{12}. So erhält man:

$$\eta_{\text{th}} = \frac{\oint pdV}{Q_{12}} = \frac{\nu R \ln(V_2/V_1)(T_1 - T_2)}{\nu R \ln(V_2/V_1) T_1} = \frac{T_1 - T_2}{T_1} = 1 - \frac{T_2}{T_1} \quad.$$

Hinweis: Die hier dargestellten Zusammenhänge setzen voraus, daß die thermodynamischen Prozesse *reversibel* ablaufen. Das bedeutet, daß sie jederzeit durch Umkehr des Prozeßweges vollständig rückgängig gemacht werden können und daß dann bei der Wiederherstellung des Anfangszustandes insgesamt keine Energiezufuhr aufgetreten ist. Alle in der Natur ablaufenden Prozesse sind jedoch - mindestens teilweise - *irreversibel*. Diese Erfahrungstatsache wird durch den **2. Hauptsatz der Wärmelehre** beschrieben, mit dem zugleich die physikalische Größe **Entropie** als Maß für den Grad der Irreversibilität definiert wird. Beim Stirlingschen Kreisprozeß ist insbesondere die Wärmeabgabe an den Zwischenspeicher (Prozeßschritt $2 \to 3$) ein irreversibler Prozeß, so daß der thermodynamische Wirkungsgrad merklich kleiner ist als der o. a. theoretische Maximalwert von $(T_1 - T_2)/T_1$.

📖 Stirlingmaschine als Heißluftmotor

Eine Maschine, die auf der Basis des Stirlingschen Kreisprozesses arbeitet, ist der sog. **Heißluftmotor**. Seinen Aufbau und die Wirkungsweise stellt Bild 18.3 schematisch dar. Durch einen *Arbeitskolben*, der mit einer Exzenterscheibe verbunden ist, wird eingeschlossene Luft als Arbeitsgas periodisch expandiert und wieder komprimiert. Der *Verdrängerkolben* dagegen verschiebt dieses Gas lediglich zwischen zwei Bereichen mit den

isotherme Expansion — isochore Abkühlung — isotherme Kompression — isochore Erwärmung

Bild 18.3. Zur Wirkungsweise des Heißluftmotors nach Stirling. Im Bild unten ist die Exzenterscheibe mit zwei phasenversetzt bewegten Kolbenstangen zu sehen (Arbeitskolbenstange: rot, Verdrängerkolbenstange: schwarz)

unterschiedlichen Temperaturen T_1 und T_2, den sog. Wärmereservoiren. In seinem Durchströmkanal befindet sich in der Regel ein Wärmespeicher, z. B. Kupferwolle. Durch die winkelversetzte Befestigung an der Exzenterscheibe ist die Bewegung des Verdrängerkolbens um eine Viertelperiode phasenverschoben gegenüber der des Arbeitskolbens.

Die vier im pV-Diagramm in Bild 18.1 dargestellten Teilprozesse lassen sich bei einer laufenden Maschine anhand des Bildes 18.3 wie folgt beschreiben:

$1 \to 2$ Arbeits- und Verdrängerkolben bewegen sich beide nach unten, die auf T_1 erwärmte Luft expandiert (und verrichtet dabei Ausdehnungsarbeit).

$2 \to 3$ Der Arbeitskolben bewegt sich vergleichsweise wenig (unterer Umkehrpunkt): $V_2 \approx$ const.; der Verdrängerkolben dagegen bewegt sich nach oben und läßt dadurch die heiße Luft von oben in das kältere Wärmereservoir unten strömen. Dabei nimmt die Kupferwolle die Wärmeenergie Q_{23} auf und speichert sie.

$3 \to 4$ Der Verdrängerkolben befindet sich im Bereich des oberen Umkehrpunktes, der Arbeitskolben dagegen bewegt sich nach oben und komprimiert die auf T_2 abgekühlte Luft.

$4 \to 1$ Wenn der Arbeitskolben den oberen Umkehrpunkt erreicht hat ($V_4 \approx$ const.), transportiert der Verdrängerkolben die komprimierte kalte Luft wieder in das obere Wärmereservoir. Beim Durchströmen des Wärmespeichers nimmt sie dort die vorher zwischengespeicherte Wärmeenergie wieder auf.

Die Temperatur des oberen Wärmereservoirs kann durch eine beliebige Wärmequelle erzeugt werden. Es gibt Geräte, bei denen eine elektrisch geheizte Glühwendel die Luft erwärmt, dann ist die Heizleistung durch Strom und Spannung bestimmt: $P_\text{heiz} = UI$. In anderen Fällen besteht die Heizung aus einer Flamme, in der Spiritus verbrannt wird. Dabei wird die Heizleistung aus der Masse Δm des im Zeitintervall Δt verbrannten Spiritus und dessen Heizwert h (Literaturwert für Spiritus: $h = 25$ kJ/g) ermittelt: $P_\text{heiz} = (\Delta m/\Delta t)h$. Die tiefere Temperatur T_2 ist in beiden Fällen die Umgebungstemperatur, deren Konstanz z. B. durch eine Wasserkühlung sichergestellt werden kann.

Wirkungsgrad beim Heißluftmotor

Für den Betrieb eines jeden Motors sind die Fragen nach der mechanischen Leistung sowie nach dem *Wirkungsgrad* der Maschine von besonderem Interesse. Beim Gesamtwirkungsgrad η_ges wird die an der Motorwelle abnehmbare mechanische Leistung P_mech zu der eingesetzten Heizleistung P_heiz in Beziehung gesetzt:

$$\eta_\text{ges} = \frac{P_\text{mech}}{P_\text{heiz}} \quad .$$

Diese Größe bleibt bei Praktikumsgeräten deutlich unter dem oben berechneten Wert für den thermodynamischen Wirkungsgrad η_{th}. Zum einen gibt es Wärmeverluste an die Umgebung durch Wärmeabstrahlung des Heizsystems und durch Wärmeleitung. Hierzu zählen auch die Verluste durch unvollständige Speicherung von Wärmeenergie im Wärmespeicher. Zum anderen treten mechanische Reibungsverluste auf durch die Kolbenbewegungen und die Drehung der Motorachse. Der gesamte Prozeß der Umwandlung primärer Heizleistung in mechanisch verfügbare Leistung am Stirlingmotor läßt sich durch die folgende Übersicht über die einzelnen Prozeßschritte mit den jeweiligen Teilwirkungsgraden darstellen:

$P_{\text{heiz}} = UI$ oder $\frac{\Delta m}{\Delta t} h$ — Heizleistung (elektrische oder chemische Energie)

$P_{\text{auf}} = \eta_{\text{heiz}} P_{\text{heiz}} = f Q_{12}$ — Vom Arbeitsgas aufgenommene Wärmeleistung (f: Drehfrequenz des Motors)

η_{heiz} — Teilwirkungsgrad, bestimmt durch *Wärmestrahlungs-* und *Konvektionsverluste* an die Umgebung

$P_{\text{ab}} = \eta_{\text{th}} P_{\text{auf}} = f \oint p\, dV$ — Vom Arbeitsgas abgegebene mechanische Leistung

η_{th} — thermodynamischer Wirkungsgrad, bestimmt durch die *Abgabe von Wärmeleistung* $f Q_{34}$ an das Kühlwasser

$P_{\text{mech}} = \eta_{\text{mech}} P_{\text{ab}}$ — An der Welle des Motors abnehmbare Leistung.

η_{mech} — Mechanischer Teilwirkungsgrad, bestimmt durch *Reibungsverluste*

Insgesamt gilt der Zusammenhang:

$$P_{\text{mech}} = \eta_{\text{mech}} \eta_{\text{th}} \eta_{\text{heiz}} P_{\text{heiz}} \ .$$

Für die experimentelle Ermittlung der Teilwirkungsgrade muß neben der Heizleistung P_{heiz}, der Drehfrequenz f und der mechanischen Leistung P_{mech} des Motors auch das pV-Diagramm gemessen werden, um die vom Arbeitsgas abgegebene Leistung P_{ab} zu bestimmen. Bild 18.4 zeigt eine typische Meßkurve für ein Praktikumsgerät. Daß die einzelnen Kurvenstücke nicht den oben diskutierten idealisierten Verlauf der Darstellung in Bild 18.1 zeigen, liegt vor allem an der einfachen technischen Realisierung der Kolbenbewegungen. Will man nun hieraus die Werte für Q_{12} sowie für $\oint p\, dV$ bestimmen, muß man die entsprechenden Flächeninhalte unter bzw. zwischen den Kurvenzügen ermitteln.

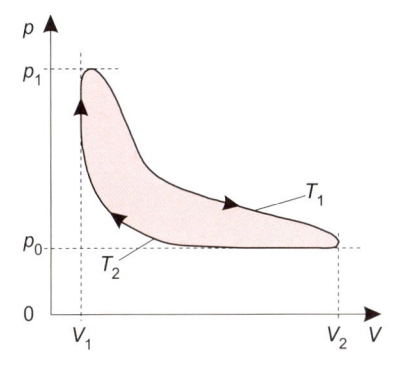

Bild 18.4. Gemessenes pV-Diagramm eines Heißluftmotors mit elektrischer Heizung im Praktikumsversuch (die isochore Abkühlung bei V_2 ist nur sehr eingeschränkt zu erkennen)

Das Experiment zeigt, daß die Teilwirkungsgrade wie auch der Gesamtwirkungsgrad sowohl von der Heizleistung als auch von der mechanischen Belastung des Motors beeinflußt werden.

Stirlingmotor als Kältemaschine und Wärmepumpe

Bisher wurde der Stirlingmotor als Wärmekraftmaschine dargestellt: Durch den Fluß von Wärmeenergie von einem warmen zu einem kalten Wärmereservoir wurde mechanische Arbeit erzeugt. Steckt man dagegen umgekehrt mechanische Arbeit hinein, indem man die Maschine von außen antreibt, so wird dadurch umgekehrt ein Wärmestrom vom kälteren zum wärmeren Reservoir erzeugt. Wird nun der wärmere Behälter auf Zimmertemperatur gehalten, läßt sich das andere Reservoir dadurch abkühlen: Man erhält eine **Kältemaschine**. Befindet sich dagegen der kältere Behälter auf Zimmertertemperatur, wird das andere Reservoir geheizt: Es liegt eine sog. **Wärmepumpe** vor. Beide Varianten haben in den vergangenen Jahrzehnten große technische Bedeutung erlangt. Mit Hilfe sog. Gaskältemaschinen z. B. läßt sich auf einfache Weise Luft verflüssigen. Wärmepumpen werden in vielen Häusern zur energiesparenden Wärmeerzeugung eingesetzt.

In beiden Fällen wird das pV-Diagramm – anders als im Fall der Arbeitsmaschine – entgegen dem Uhrzeigersinn durchlaufen, Bild 18.5. D. h. die isotherme Expansion erfolgt bei der tieferen Temperatur T_2. Die dafür nötige Wärmeenergie wird dem kälteren Wärmereservoir entnommen, bei der Kompression bei der höheren Temperatur T_1 wird entsprechend Energie freigesetzt. Im Fall der *Kältemaschine* wird dabei das Wärmereservoir mit der höheren Temperatur T_1 auf Umgebungstemperatur ($T_1 = T_0$) gehalten, dadurch kühlt sich das untere Wärmereservoir ab. Bei der *Wärmepumpe* wird dagegen $T_2 = T_0$ gewählt, das führt zu einer Erwärmung des oberen Wärmereservoirs.

Auch für diese Betriebsarten der Maschine lassen sich thermodynamische Wirkungsgrade definieren. In beiden Fällen vergleicht man die Nutzenergie mit der in den Prozeß hineingesteckten mechanischen Arbeit, d. h. mit $\oint p \mathrm{d}V$. So erhält man für die Kältemaschine einen Wirkungsgrad

$$\eta_\mathrm{K} = \frac{Q'_{12}}{\oint p \mathrm{d}V} = \frac{T_2}{T_1 - T_2} \lessgtr 1$$

und für die Wärmepumpe einen Wirkungsgrad

$$\eta_\mathrm{W} = \frac{Q'_{34}}{\oint p \mathrm{d}V} = \frac{T_1}{T_1 - T_2} > 1 \quad .$$

Die Tatsache, daß diese Wirkungsgrade größer als 1 sein können, lohnt eine Diskussion.

Mit den in Praktika benutzten Maschinen mit einer Glühwendel als Heizer läßt sich bei Betrieb als Kältemaschine z. B. eine Wasserprobe auf 0 °C abkühlen und zu Eis gefrieren. Beim Einsatz als Wärmepumpe läßt sich Wasser zum Sieden bringen.

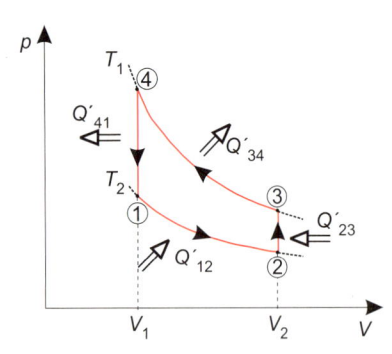

Bild 18.5. pV-Diagramm für die Stirling-Maschine als Wärmepumpe oder als Kältemaschine

18.1 pV-Diagramm und Wirkungsgrad bei elektrischer Heizung (2/3)

Eine Stirlingmaschine mit elektrischer Heizung soll als Heißluftmotor betrieben werden. Aus der Messung des pV-Diagramms sowie der elektrischen Eingangs- und der mechanischen Ausgangsgrößen sollen der Gesamtwirkungsgrad sowie die Teilwirkungsgrade dieser Wärmekraftmaschine bestimmt werden.

Stirlingmaschine mit Heizwendel und Wasserkühlung, Stromversorgung mit Strom- und Spannungsmesser, Einrichtung zur Messung von p und V, Federkraftmesser und Drehzahlmesser zur Bestimmung der mechanischen Leistung an der Motorwelle.

Zur Messung von Druck und Volumen des Arbeitsgases dient der sog. *pV-Indikator*. Wesentliches Element ist ein Spiegel auf einem Halter, der um zwei senkrecht zueinander stehende Achsen drehbar ist, Bild 18.6. Die Drehung um die vertikale Achse ist durch das Volumen des Gases bestimmt und wird durch einen am Arbeitskolben befestigten Faden bewirkt. Die Drehung um die horizontale Achse entspricht der Gasdruckänderung und wird durch die Bewegung der Membran einer Druckdose hervorgerufen, die mit dem Arbeitsgas durch einen dünnen Schlauch verbunden ist. Die periodische Bewegung des Spiegels wird mittels eines Lichtzeigers (z. B. He-Ne-Laser) auf einen Papierschirm übertragen, der zur besseren Auswertung der pV-Kurve mit Millimeterpapier bespannt wird. Die Lichtzeigerkurve läßt sich bei umlaufendem Lichtzeiger von Hand nachzeichnen.

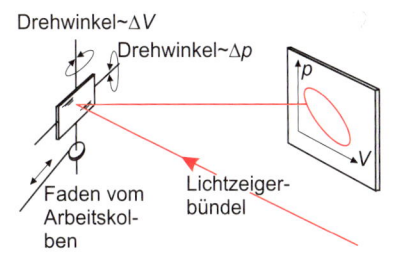

Bild 18.6. Zur Messung von Druck und Volumen mittels eines pV-Indikators

Vor Beginn der eigentlichen Messung müssen die Koordinatenachsen des pV-Diagramms kalibriert werden. Hierzu wird der Heißluftmotor von Hand gedreht, und es werden für beide Achsen die jeweiligen Umkehrpunkte der Lichtmarke auf dem Projektionsschirm markiert. Die Umkehrpunkte auf der V-Achse entsprechen den Werten V_1 und V_2, deren Differenz gleich dem im Datenblatt angegebenen Hubvolumen des Motors ist. Für die Kalibrierung der p-Achse muß der Druck sowohl mit dem pV-Indikator als auch mit einem parallel dazu angeordneten kalibrierten Manometer gemessen werden. Dabei muß beachtet werden, daß die p-Achse im Diagramm bei $p = 0$ beginnt (wichtig für die Flächenbestimmung), das Manometer aber üblicherweise nur den Differenzdruck Δp gegen den Umgebungsdruck p_0 anzeigt. Bei $\Delta p = 0$ hat das Arbeitsgas den Druck p_0.

Zur Übertragung einer mechanischen Leistung P_{mech} wird die Motorwelle (Durchmesser D) mit einer *Reibungskrause* belastet. Die Größe von P_{mech} läßt sich dann aus der Drehfrequenz f des Motors und der an der Motorwelle angreifenden Bremskraft F_{br} bestimmen. Hierzu wird ein Kupferband in einer Schlaufe so um die Welle gelegt, daß man an den beiden freien Enden mit je einem Federkraftmesser ziehen kann, Bild 18.7. Die Differenz der angezeigten Zugkräfte F_2 und F_1 ist gerade die Bremskraft F_{br}, die der Antriebskraft des Motors das Gleichgewicht hält. Die

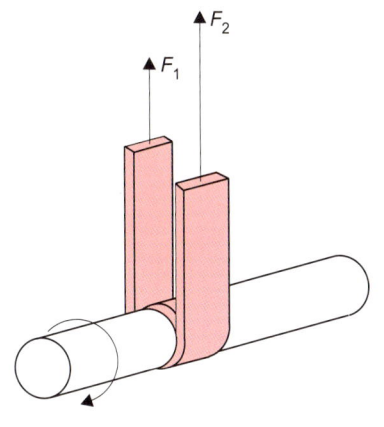

Bild 18.7. Zur Funktion einer Reibungskrause. Das Band reibt als Schlaufe oder nur auf dem halben Umfang der Motorwelle

Messung kann alternativ auch mit einem sog. Bremszaum vorgenommen werden. Der Motor gibt während eines Umlaufs die Arbeit

Bremskraft $\times$ Umfang der Welle

ab, woraus sich folgende mechanische Leistung ergibt:

$P_{\mathrm{mech}} = F_{\mathrm{br}} \pi D f$.

Zunächst wird die Kühlung eingeschaltet, dann die Stromversorgung der Heizwendel. Der Motor läuft jedoch nicht von alleine an. Er muß daher am Schwungrad – u. U. mehrmals – mit der Hand angeworfen werden, sobald die Heizwendel Rotglut erreicht hat.

> *Vorsicht!* **Wird bei Rotglut der Heizwendel der Motor nicht gedreht, wird die Wendel innerhalb kürzester Zeit zerstört, da die entstehende Joulesche Wärme nicht abgeführt wird.**

Für eine feste Heizleistung P_{el} wird der Motor zunächst im *Leerlauf* untersucht, bei dem die abgenommene mechanische Leistung $P_{\mathrm{mech}} = 0$ ist. Es werden das pV-Diagramm aufgenommen und die Drehfrequenz bestimmt.

Die Messung wird bei gleicher Heizleistung zweimal wiederholt: einmal bei mäßiger und einmal bei hoher mechanischer Belastung des Motors. Hierzu wird auf die Motorachse mit Hilfe des Kupferbandes ein entsprechendes Bremsmoment ausgeübt und die dabei auftretende Bremskraft F_{br} gemessen. Es werden jeweils das pV-Diagramm aufgenommen und die zugehörige Drehfrequenz bestimmt. Dabei auf Konstanz der Bremskraft und der Drehzahl achten!

Nach jeder Neueinstellung der Meßbedingungen bedarf es einer gewissen Einlaufzeit des Motors, bis der Motorlauf wieder stationär ist.

Man untersuche, ob sich das pV-Diagramm mit der Belastung wesentlich ändert. Aus dem pV-Diagramm werden die vom Arbeitsgas aufgenommene Wärmemenge Q_{12} und die vom Gas abgegebene mechanische Arbeit $\oint p\mathrm{d}V$ bestimmt. Die dazu notwendige Ermittlung von Flächeninhalten kann entweder durch Auszählen von Kästchen auf dem Millimeterpapier oder auch durch Ausschneiden und Wägen mit einer hinreichend empfindlichen Waage erfolgen.

Aus den Werten für P_{el}, Q_{12}, $\oint p\mathrm{d}V$ und P_{mech} werden für jede Belastung der Gesamtwirkungsgrad η_{ges} sowie die Teilwirkungsgrade η_{el}, η_{th} und η_{mech} ermittelt und ihre Absolutwerte sowie ihre Veränderung mit der Belastung diskutiert.

Aus η_{th} soll die Temperatur T_1 des oberen Wärmereservoirs (heißes Gas) abgeschätzt werden (T_2 = Kühlwassertemperatur). Aus der Farbe der glühenden Heizwendel soll deren Temperatur geschätzt und mit T_1 verglichen werden. Diskutieren Sie den Unterschied.

18.2 pV-Diagramm und Wirkungsgrad bei Heizung mit Spiritusbrenner (2/3)

Eine Stirlingmaschine mit Flammenheizung soll als Heißluftmotor betrieben werden. Aus der Messung des pV-Diagramms sowie der thermischen Eingangs- und der mechanischen Ausgangsgrößen sollen der Gesamtwirkungsgrad sowie die Teilwirkungsgrade dieser Wärmekraftmaschine bestimmt werden.

Stirlingmaschine mit Spiritusbrenner und Sensoreinheit, s. Bild 18.8, Meßbox, 2 Temperatursensoren, Bremszaum, Kalibrierzubehör, Multimeter, PC mit Software.

Bei dieser Stirlingmaschine wird das Gasvolumen V mit Hilfe eines Winkelschrittgebers aus der Winkelstellung der Drehachse der Maschine ermittelt und steht am Ausgang der Meßbox als digitalisiertes Spannungssignal zur Verfügung. Zur Kalibrierung muß der Nullpunkt der Volumenmessung bei der Stellung des Arbeitskolbens mit dem geringsten Gasvolumen gekennzeichnet werden.

Der Gasdruck p wird mit einem eingebauten Drucksensor gemessen, dessen Meßwerte ebenfalls als digitalisierte Spannungssignale zu Verfügung stehen. Zunächst muß die Spannung für den Luftdruck p_0 bestimmt werden. Die Kalibrierung der Druckdifferenzanzeige erfolgt dann mit Hilfe einer anschließbaren Gasspritze, deren meßbare Kolbenverschiebung in Druckänderungen umgerechnet wird.

Zur Messung der mechanischen Leistung des Motors wird ein *Bremszaum* benutzt (sog. Prony'scher Zaum mit Neigungsgewicht, Bild 18.9). Bei der Rotation der Motorwelle wird der Bremszaum so weit aus der vertikalen Ruhelage ausgelenkt, bis das Bremsmoment $M_{\mathrm{br}} = Fd\sin\alpha$ dem Drehmoment an der Motorwelle das Gleichgewicht hält. Dann gilt für die vom Motor abgegebene mechanische Energie W_{mech} bzw. die mechanische Leistung P_{mech}:

$$W_{\mathrm{mech}} = 2\pi M_{\mathrm{br}} \quad \text{bzw.} \quad P_{\mathrm{mech}} = f W_{\mathrm{mech}} \quad .$$

Diese Stirlingmaschine bietet die Möglichkeit, die Temperaturen T_1 und T_2 der beiden Wärmereservoire mit Hilfe von Thermoelementen zu messen. Vor Beginn der Messung müssen deren geringfügig unterschiedliche Meßwerte bei gleicher Temperatur festgestellt werden.

Nach Einschalten des Gerätes erfolgen zunächst die Kalibrierungen. Dann wird der Spiritusbrenner gezündet und unter den Stirlingmotor gestellt. Für eine bessere Wärmekopplung sollte der Kamin benutzt werden. Sobald eine Lufttemperatur von ca. 60 °C erreicht ist, kann der Motor durch Drehen des Schwungrades im Uhrzeigersinn angeworfen werden.

Vorsicht! Glasapparatur! **Keine unnötigen mechanischen und thermischen Belastungen!**

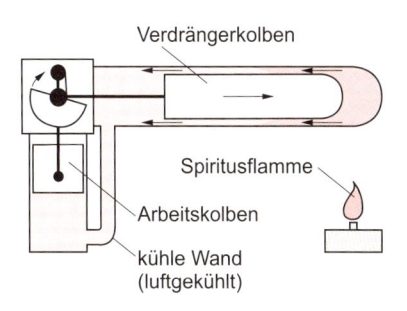

Bild 18.8. Stirlingmaschine mit Spiritusbrenner als Heizquelle, schematisch

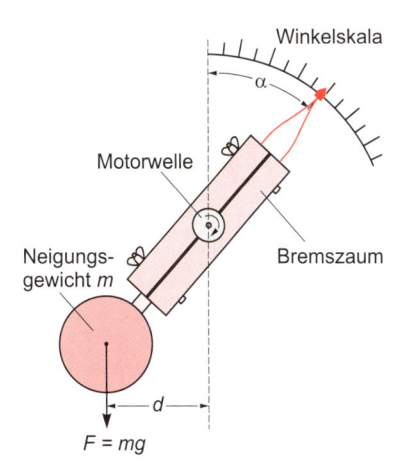

Bild 18.9. Bremszaum (Prony'scher Zaum) zur Leistungsmessung an einer Motorwelle, schematisch

Zunächst soll der Motor im Leerlauf untersucht werden ($P_\text{mech} = 0$). Es werden das pV-Diagramm, die Drehfrequenz und die Temperaturen T_1 und T_2 bestimmt. Anschließend wird die Messung zweimal wiederholt: einmal bei mäßiger und einmal bei höherer mechanischer Belastung des Motors. Dazu wird der Bremszaum auf die Motorwelle gesteckt. Mit einer Stellschraube kann die Reibung zwischen dem Zaum und der Welle eingestellt werden.

Die in den Rechner eingelesenen Daten werden mit einem geeigneten Programm ausgewertet, z. B. mit *Open Office Calc*. Zur Berechnung der vom Arbeitsgas aufgenommenen Wärmemenge Q_{12} bzw. der vom Gas abgegebenen mechanischen Arbeit $W_\text{ab} = Q_{12} - Q_{34} = \oint p\,dV$ müssen im pV-Diagramm die Flächeninhalte unter bzw. zwischen den Teilkurven 1-2 und 3-4 bestimmt werden. Dieses geschieht durch elektronisches Aufsummieren der durch benachbarte Meßpunkte definierten Teilflächeninhalte, siehe Bild 18.10.

Aus den Werten für P_heiz, Q_{12}, P_ab und P_mech werden für jede Belastung der Gesamtwirkungsgrad sowie die Teilwirkungsgrade ermittelt und ihre Absolutwerte sowie ihre Veränderung mit der Belastung diskutiert.

Der thermodynamische Wirkungsgrad des Stirlingschen Kreisprozesses soll sowohl aus dem pV-Diagramm als auch aus den Temperaturen T_1 und T_2 bestimmt werden. Der Unterschied ist zu diskutieren.

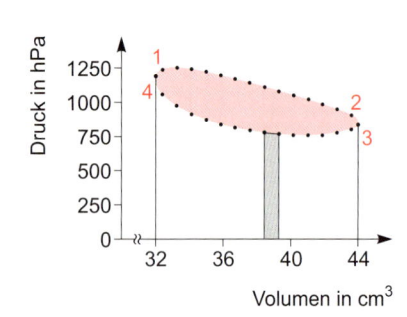

Bild 18.10. Zur elektronischen Auswertung des pV-Diagramms. Für den unteren Kurvenast ist eine durch zwei benachbarte Meßpunkte definierte Teilfläche gekennzeichnet

18.3 Belastung und Gesamtwirkungsgrad (1/3)

Bei konstanter Eingangsleistung P_heiz eines Heißluftmotors soll die Abhängigkeit der abgenommenen mechanischen Leistung P_mech von der Drehzahl untersucht werden.

Geräte wie in Aufgabe 18.1 (ohne pV-Indikator) oder wie in 18.2, Elektromotor/Generator als Zubehörteil zu 18.2.

Es werden nacheinander unterschiedliche Bremsmomente an der Motorwelle eingestellt und die zugehörige Drehfrequenz f bestimmt.

Man stelle die vom Motor abgegebene mechanische Leistung bzw. den Gesamtwirkungsgrad $\eta_\text{ges} = P_\text{mech}/P_\text{heiz}$ als Funktion der Drehfrequenz in einem Diagramm dar und diskutiere, weshalb es eine optimale Drehfrequenz gibt.

Der Elektromotor/Generator wird so aufgebaut, daß er mittels einer Pese vom Heißluftmotor angetrieben und so als Generator genutzt werden kann. Der Generator wird mit einem veränderbaren Widerstand R belastet, Bild 18.11. Es werden nacheinander verschiedene Belastungen (R) eingestellt und die zugehörige Drehfrequenz f des Heißluftmotors bestimmt.

Die vom Generator abgegebene elektrische Leistung bzw. der Gesamtwirkungsgrad $\eta_\text{ges} = P_\text{el}/P_\text{heiz}$ werden als Funktion der Drehfrequenz dargestellt. Der Kurvenverlauf ist zu diskutieren.

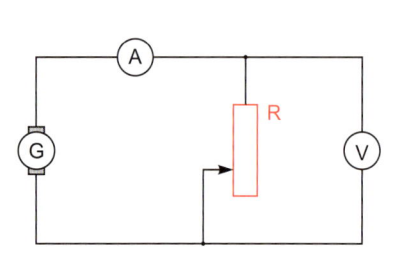

Bild 18.11. Schaltung zur Belastung des Generators G durch einen veränderbaren Widerstand R

18.4 Kältemaschine und Wärmepumpe (1/3)

Diese beiden Betriebsarten einer Stirlingmaschine sollen qualitativ untersucht werden.

Stirlingmaschine mit elektrischer Primärheizung mit umgebautem Kopfteil, pV-Indikator, Thermometer $-20\,°C$ bis $+100\,°C$, Antriebsmotor.

Die Stirlingmaschine muß für diese Experimente umgebaut werden: Die Glühwendel wird durch einen Deckel ersetzt, der die Temperaturänderung des Gases oberhalb des Verdrängerkolbens zu untersuchen gestattet. Dies kann ein Reagenzglas zum Einfüllen von Wasser oder auch ein Thermometer sein. In jedem Fall muß auf eine gute Dichtung geachtet werden, da die Drücke im oberen Luftraum bei der Kompression erheblich sind.

Für den Betrieb als *Kältemaschine* wird die Stirlingmaschine mit Hilfe des Antriebsmotors im gleichen Drehsinn gedreht, wie sie als Heißluftmotor von allein lief. Dabei kühlt sich der obere Luftraum ab; denn die für die isotherme Expansion des Arbeitsgases benötigte Ausdehnungsarbeit wird jetzt nicht wie beim Heißluftmotor durch eine beheizte Glühwendel geliefert, sondern der zunächst auf Umgebungstemperatur befindlichen Luft entzogen: Die Temperatur sinkt unter die Umgebungstemperatur. So liegt die Isotherme für den oberen Luftraum im pV-Diagramm unten und die für den unteren, durch die Wasserkühlung auf Umgebungstemperatur gehaltenen Luftraum oben, wie in Bild 18.5 dargestellt.

Für die Messung sollte das Thermometer eingebaut werden, alternativ kann die Temperatur des Wassers im Reagenzglas mit Hilfe eines Thermometers gemessen werden. Nach dem Einschalten des Antriebsmotors sollen die Temperatur und die Form des pV-Diagramms als Funktion der Zeit qualitativ beobachtet werden.

Bei Einbau eines Reagenzglases mit Wasser bildet sich nach kurzer Betriebszeit der Maschine Eis.

Für den Betrieb als *Wärmepumpe* muß die Stirlingmaschine durch den Antriebsmotor in die Gegenrichtung gedreht werden. Dann erfolgt die isotherme Expansion im unteren statt im oberen Luftraum. Die benötigte Expansionsenergie wird daher dem auf Umgebungstemperatur befindlichen Kühlwasser entzogen und – vermehrt um die mechanische Arbeit $\oint p\,dV$ – im oberen Luftraum wieder abgegeben, dessen Temperatur dadurch steigt.

Gemessen werden soll wieder der Verlauf von Temperatur und Form des pV-Diagramms als Funktion der Zeit nach dem Einschalten des Antriebsmotors.

Auch diese Betriebsart läßt sich besonders anschaulich demonstrieren durch etwas Wasser im Reagenzglas, das nach einiger Zeit zu sieden beginnt.

Für beide Betriebsarten des Stirlingmotors sollen die beobachteten zeitlichen Änderungen der Form des pV-Diagramms mit Hilfe der Theorie des *Stirling-Kreisprozesses* diskutiert werden.

Kapitel V
Gleich- und Wechselstromkreise

19. Widerstände, Ohmsches Gesetz 201

20. Gleichspannungsschaltungen, Kirchhoffsche Regeln 208

21. Messungen mit einem Oszilloskop 217

22. Wechselspannungen 227

23. Speicheroszilloskop 236

24. Elektrische Schwingungen 245

19. Widerstände, Ohmsches Gesetz

Messung elektrischer Grundgrößen: Strom, Spannung, Widerstand. Elementare Grundgesetze der Elektrizitätslehre und deren Anwendung. Umgang mit einfachen elektrischen Bauelementen und Meßgeräten.

Standardlehrbücher (Stichworte: Stromstärke, Gleichstrom, Spannung, Ladung, Widerstand, Ohmsches Gesetz).

Elektrische Grundgrößen

Die elektrische **Ladung** Q ist eine Grundgröße, die für elektrische Erscheinungen eine ähnliche Bedeutung besitzt wie die Masse in der Mechanik. Es gibt allerdings im Gegensatz zur Masse bei der Ladung positive und negative Werte; das Vorzeichen wurde willkürlich gewählt. Das kleinste Quantum an Ladung ist gleich dem Betrag e der Ladung des Elektrons, der **Elementarladung**. Es ist die

> **Einheit der Ladung**
>
> $1\,\text{Coulomb} = 1\,\text{C} = 1\,\text{Ampere} \cdot \text{Sekunde} = 1\,\text{As}$

mit $1\,\text{C} = 6{,}24 \cdot 10^{18} e$.

Wird ein Ladungsträger der Ladung Q in einem elektrischen Feld von einem Punkt zu einem anderen gegen die Feldrichtung transportiert, so muß eine **elektrische Arbeit** W verrichtet werden. Es gilt

$$W = QU \quad,$$

wobei U die **Spannung** oder **Potentialdifferenz** zwischen den betrachteten Punkten bedeutet. Die Einheit der Spannung ist 1 Volt = 1 V.

Tritt durch den Querschnitt eines Leiters in der Zeit t die elektrische Ladung Q, so fließt ein elektrischer Strom mit der

> **Stromstärke** $\quad I = \dfrac{Q}{t} \quad.$

Ihre Einheit ist 1 Ampere = 1 A. Als Stromrichtung ist die Bewegungsrichtung einer positiven Ladung definiert, die vom positiven zum negativen Pol fließt. (Man beachte: Die Elektronen bewegen sich vom negativen zum positiven Pol!)

Wirkungen des elektrischen Stromes sind z. B. die Wärmewirkung, die magnetische Wirkung oder die chemische Wirkung.

Fließt ein Strom I durch einen Verbraucher mit einem elektrischen Widerstand, so fällt eine Spannung U ab. An den Verbraucher wird dann die

elektrische Leistung $\quad P = IU$

abgegeben. Die Einheit der Leistung ist $1\,\text{Watt} = 1\,\text{W} = 1\,\text{J/s} = 1\,\text{N\,m/s}$. Die Einheit der elektrischen Arbeit $W = IUt$ ist $1\,\text{Ws}$, in der Technik auch $1\,\text{kWh} = 3{,}6 \cdot 10^6\,\text{Ws}$ (Stromzähler im Haushalt).

Elektrischer Widerstand

Ist U die Spannung zwischen den Enden eines Leiters, durch den ein Strom I fließt, wird ihr Verhältnis definitionsgemäß bezeichnet als

elektrischer Widerstand $\quad R = \dfrac{U}{I}$

mit der Einheit: $1\,\text{Ohm} = 1\,\Omega = 1\,\text{V/A}$. Für eine große Zahl von Leitern ist der Widerstand konstant und hängt bei gegebener Temperatur nicht von Spannung oder Stromstärke ab. Diesen Sachverhalt nennt man

Ohmsches Gesetz $\quad R = \text{const.}$

Als Kehrwert des Widerstandes ergibt sich der

Leitwert $\quad G = \dfrac{I}{U} = \dfrac{1}{R}$

mit der Einheit $1\,\text{Ohm}^{-1} = 1\,\Omega^{-1} = 1\,\text{A/V}$.

In einem Leiter mit dem Widerstand R, der vom Strom I durchflossen wird, setzt man elektrische Leistung P auch in Wärme um:

Stromwärme $\quad P = IU = I^2 R = \dfrac{U^2}{R}$.

Für einen stabförmigen Leiter hängt der Widerstand außer vom Material nur vom Querschnitt A und von der Länge ℓ ab:

Widerstand eines stabförmigen Leiters $\quad R = \rho \dfrac{\ell}{A}$.

ρ heißt der **spezifische Widerstand** und $1/\rho = \sigma$ die **elektrische Leitfähigkeit** des Materials.

Längs eines stromdurchflossenen Leiters mit konstantem Querschnitt fällt die Spannung linear ab. Hierauf beruht das Prinzip der Spannungsteiler- oder **Potentiometerschaltung**, Bild 19.1:

$$U = U_0 \frac{x}{\ell} \quad .$$

Dieser lineare Zusammenhang zwischen U und der Schleiferstellung x gilt allerdings nur, wenn der Spannungsteiler durch einen Widerstand R_L, in Bild 19.1 gestrichelt eingezeichnet, nicht merklich belastet wird, d. h. solange $R_L/R \gg 1$.

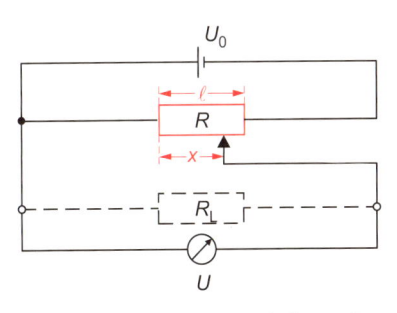

Bild 19.1. Potentiometerschaltung, belastbar durch einen Widerstand R_L

Temperaturabhängigkeit des Widerstandes

Mit wachsender Temperatur T nimmt der Widerstand von Metallen, z. B. Glühfaden einer Lampe, zu. Diese Erscheinung wird verständlich, wenn man sich ein atomares Bild des elektrischen Stromes macht. Im elektrischen Leiter wird der Strom hervorgerufen durch eine Bewegung von Ladungsträgern – in den Metallen in der Regel Elektronen – infolge der angelegten Spannung. Die Behinderung dieser Bewegung durch Störungen des Metallgitters oder durch Gitterschwingungen wirkt wie eine Reibungskraft auf die Ladungsträger und erzeugt so den elektrischen Widerstand. Bei wachsender Temperatur werden die Gitterschwingungen heftiger, und der Widerstand nimmt zu.

Für Metalle gilt innerhalb eines gewissen Bereiches in der Umgebung der Zimmertemperatur, oft bis zu einigen hundert °C in guter Näherung:

$$\frac{\rho_T}{\rho_0} = \frac{R_T}{R_0} = 1 + \beta(T - T_0) \quad ,$$

wobei ρ_T, R_T bzw. ρ_0, R_0 die Widerstände bei den Temperaturen T bzw. T_0 kennzeichnen und β als Temperaturkoeffizient bezeichnet wird. Für einige Legierungen (Konstantan, Manganin) ist im Bereich der Zimmertemperatur angenähert $\beta = 0$ (Anwendung: Präzisionswiderstände).

Der Widerstand von *Halbleitern* und *Elektrolyten* nimmt im Gegensatz zu Metallen mit wachsender Temperatur ab (siehe auch *Themenkreis 29:* Halbleiterdioden).

Strom- und Spannungsmessung

Als elektrische Zeigermeßinstrumente kann man für Gleichstrom z. B. Drehspulinstrumente benutzen. Der Meßstrom durchfließt eine im Feld eines Permanentmagneten an zwei Spiralfedern drehbar aufgehängte kleine Spule. Infolge der magnetischen Wirkungen des Stromes wird die Spule (mit dem Zeiger) um einen zum Strom proportionalen Winkel ausgelenkt. Diese Instrumente sind also primär *Strommesser* (*Amperemeter*). Nach dem Ohmschen Gesetz $U = IR_i$ (R_i = Innenwiderstand des Drehspulinstruments) ist aber der Ausschlag des Instrumentes auch proportional zu der an seine Klemmen angelegten Spannung. Damit ist das Gerät auch als *Spannungsmesser* (*Voltmeter*) verwendbar.

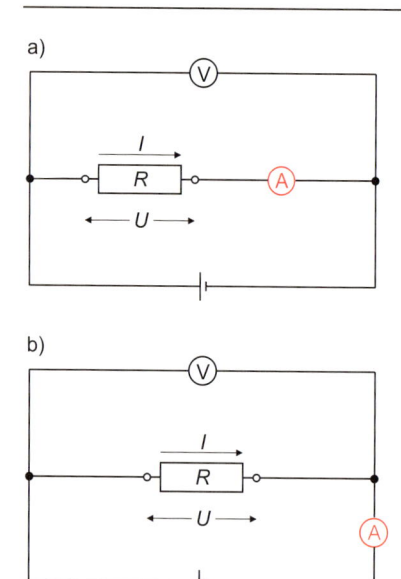

Bild 19.2a-b. Schaltungen von Strom- und Spannungsmessung zur Widerstandsbestimmung

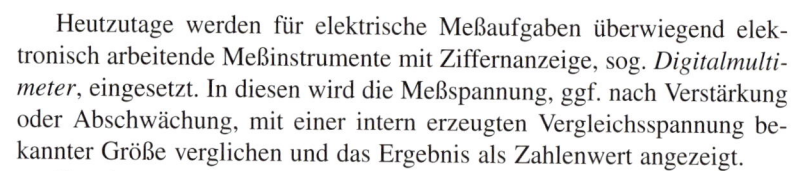

Heutzutage werden für elektrische Meßaufgaben überwiegend elektronisch arbeitende Meßinstrumente mit Ziffernanzeige, sog. *Digitalmultimeter*, eingesetzt. In diesen wird die Meßspannung, ggf. nach Verstärkung oder Abschwächung, mit einer intern erzeugten Vergleichsspannung bekannter Größe verglichen und das Ergebnis als Zahlenwert angezeigt.

Um den Widerstand R eines stromdurchflossenen Leiters zu bestimmen, können die Schaltungen Bild 19.2 verwendet werden. Hierbei ist jedoch zu beachten, daß das Verhältnis der von Amperemeter und Voltmeter angezeigten Werte I_A und U_V noch nicht den genau richtigen Wert für den gesuchten Widerstand $R = U/I$ ergibt. Zwar ist z. B. in der Schaltung Bild 19.2a der durch den Widerstand fließende Strom I gleich dem gemessenen Strom I_A, doch ist die vom Voltmeter angezeigte Spannung U_V noch um den Betrag $U_A = IR_{iA}$ zu groß, d. h. um die Spannung, die am inneren Widerstand R_{iA} des Amperemeters abfällt.

Verwendet man die etwas geänderte Schaltung Bild 19.2b, dann mißt man zwar den richtigen Spannungsabfall $U = U_V$ direkt am Widerstand, doch ist hier im gemessenen Strom I_A auch noch der Strom $I_V = U/R_{iV}$ durch die Drehspule des Voltmeters (Widerstand R_{iV}) enthalten.

Diese Korrekturen werden sehr klein, wenn der Innenwiderstand R_{iA} des Amperemeters sehr klein ($\to 0$) und der Innenwiderstand R_{iV} des Voltmeters sehr groß ($\to \infty$) im Vergleich zum Widerstand R werden, was natürlich beim Bau der Instrumente berücksichtigt wird.

19.1 Kennlinien von Widerständen (1/2)

Messung der Strom-Spannungskennlinien von verschiedenartigen Widerständen

Verschiedene Widerstände (wie Ohmscher Widerstand, Glühlampe, VDR - voltage dependent resistor u. a.), Digital- und/oder Drehspulinstrumente für Strom, Spannung und Widerstand, Spannungsquelle (max. 12 V).

Um die Spannung variieren zu können, wird eine Potentiometerschaltung entsprechend Bild 19.1 aufgebaut. Hierzu kann entweder die Verbindung 1-2 oder 1-3, Bild 19.3, geschaltet werden. Meßbereiche sowie Güteklasse bzw. Genauigkeit der Instrumente sind zu notieren.

Ohmscher Widerstand: Es werden die Strom- und Spannungswerte in Abständen von etwa 0,5 V aufgenommen und in eine Tabelle eingetragen.

Widerstand einer Glühlampe: Im unteren Teil der Kennlinie steigt der Strom sehr schnell an. Zweckmäßigerweise werden hier die Meßpunkte zuerst im Abstand von z. B. 10 mA, später wieder in Abständen von ca. 0,5 V aufgenommen und in eine Tabelle eingetragen. Sinnvollerweise wählt man also die Dichte der Meßpunkte so, daß sie längs der Meßkurve in etwa äquidistanten Abständen liegen.

VDR-Widerstand: Dieser spezielle Widerstand besteht aus Halbleitermaterial. Die Kennlinie läßt sich beschreiben durch

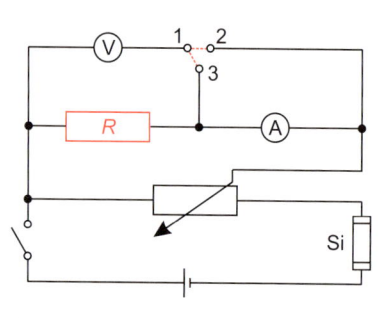

Bild 19.3. Schaltung zur Widerstandsmessung mit Potentiometerschaltung, Si = Gerätesicherung

$$I = \text{const.} \, U^\gamma \quad \text{mit} \quad \gamma > 1 \quad ,$$

d. h. mit zunehmender Spannung wird der Widerstand geringer. Auch hier werden die Meßpunkte wieder in Abständen von ca. 0,5 V aufgenommen.

Digitalmeßgerät: Die Widerstände können auch mit einem Digitalmeßgerät gemessen werden. Dieses legt eine intern erzeugte, konstante Spannung bekannter Größe an den Widerstand, mißt den Stromfluß und ermittelt daraus den Widerstandswert. Zwei verschiedene Meßspannungen (HiV, LoV) sollen - falls beim Meßgerät verfügbar - benutzt werden. Warum erhält man unterschiedliche Meßwerte, speziell beim VDR?

In einem gemeinsamen Diagramm wird für die drei Meßreihen der Strom über der Spannung aufgezeichnet. Jeweils für einen Meßpunkt, etwa in der Mitte der drei Kurven, sind die Fehlerbalken entsprechend der Meßunsicherheit exemplarisch einzutragen. Man diskutiere die Ursachen für die Krümmung der Kennlinien.

In den drei Meßtabellen berechne man für alle Strom-Spannungswerte den Widerstand R. In einem Diagramm wird $R_{\text{Glüh}}$ als Funktion des Stromes und in einem weiteren Diagramm R_{VDR} als Funktion der Spannung aufgezeichnet.

Ferner sind anzugeben: Der Wert des Ohmschen Widerstandes, der Widerstand der Glühlampe bei der Nennspannung, z. B. 12 V, und die dabei umgesetzte elektrische Leistung $P = UI$ in Watt.

Die Fehler dieser Messungen sind aus den Güteklassen bzw. den Genauigkeiten der Instrumente abzuschätzen.

19.2 Lineare und logarithmische Potentiometer (1/2)

Untersuchung von linearen und logarithmischen Potentiometern als Spannungsteiler, die durch Verbraucherwiderstände belastet werden bzw. ohne Belastung. Arbeiten mit halblogarithmischem bzw. logarithmischem Papier.

Lineares Potentiometer, z. B. 200 Ω, logarithmisches Potentiometer, Digital- oder Drehspulinstrumente, Spannungsquelle (max. 12 V).

Die Schaltung nach Bild 19.4 wird mit einem linearen Potentiometer aufgebaut. Es wird ein Potentiometer mit in Stufen linear geteilter Skala verwendet. Man messe die Spannung U mit dem Digitalvoltmeter für ca. 10 Potentiometereinstellungen, jeweils mit verschiedenen Belastungswiderständen z. B. $R_L = \infty$, 1000 Ω und 100 Ω. Der Wert des Innenwiderstandes des Digital-Voltmeters (>1 MΩ) kann dabei praktisch als ∞ betrachtet werden.

Man stelle die Spannung U in Abhängigkeit von der Potentiometereinstellung für die verschiedenen Lastwiderstände grafisch dar. Für $R_L = 100 \, \Omega$ berechne man die Spannung U für die Potentiometereinstellungen $1/6, 2/6 \ldots 6/6$ und zeichne diese in das Diagramm ein.

Hinweis: Zur Berechnung der Spannung U für das belastete Potentiometer betrachte man das Ersatzschaltbild, Bild 19.5.

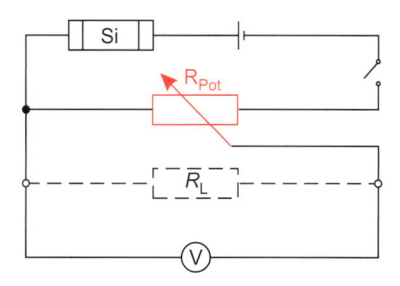

Bild 19.4. Schaltung zur Messung der Belastungsabhängigkeit eines Potentiometers (Si: Sicherung)

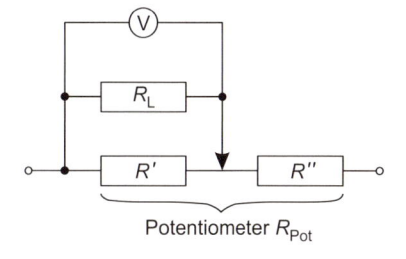

Bild 19.5. Ersatzschaltbild für das belastete Potentiometer ($R_{\text{Pot}} = R' + R''$)

Die Schaltung nach Bild 19.4 wird mit einem logarithmischen Potentiometer aufgebaut. Die Kennlinie dieses Potentiometers ohne Belastung (d. h. $R_\text{L} = \infty$) bestimmen. Die Widerstandsmessung soll dabei mit einem Digitalinstrument als Ohmmeter durchgeführt werden.

Grafische Darstellung des Widerstandes als Funktion des Einstellwinkels auf halb-logarithmischem Papier. Eventuelle Abweichungen sollen diskutiert werden.

19.3 Temperaturabhängigkeit von Widerständen (1/2)

Messung der Temperaturabhängigkeit des Widerstandes von verschiedenen elektrischen Bauteilen.

Gefäß mit Wasser (z. B. 4 ℓ), Thermostat oder Tauchsieder, Thermometer 0 °C – 100 °C, diverse Widerstände: Metall- (Cu und CuNi) und Kohleschicht-Widerstände, PTC- und NTC-Widerstände (positiver/negativer Temperaturkoeffizient), Z-Dioden, Si- und Ge-Dioden, Digitalinstrument (Ohmmeter), Spannungsquelle.

Die verschiedenen Widerstandsbauelemente werden in hitzebeständigen Kunststoffbeuteln in ein Temperaturbad gebracht, da sie nicht feucht werden dürfen. Mit dem Regler des Thermostaten oder mit dem Tauchsieder sollen nun verschiedene Wasserbadtemperaturen eingestellt werden, wobei die Einstellgenauigkeit typisch $\Delta T \approx 0{,}5\,°\text{C} - 2\,°\text{C}$ beträgt. Die Temperaturen werden mit dem Thermometer bestimmt. Man beginnt die Messung bei tiefstmöglichen Temperaturen und erhöht sie dann in Schritten von z. B. 10 °C, bis etwa 85 °C – 90 °C erreicht sind. Bei der jeweiligen Temperatur messe man mit dem Digitalinstrument die Widerstände der verschiedenen Bauteile.

In einem Diagramm werden die Widerstandswerte in Abhängigkeit von der Temperatur t (in °C) aufgetragen. Bei linearen Temperaturabhängigkeiten ergeben sich Geraden, deren Steigungen den jeweiligen Temperaturkoeffizienten β angeben. Man vergleiche diese mit dem theoretischen Wert für reine Metalle: $\beta = 1/(273\,°\text{C})$. Für die Fehlerbetrachtung soll etwa in der Mitte jeder Kurve exemplarisch ein zugehöriger Fehlerbalken eingetragen werden.

Man schalte eine Diode in Durchlaßrichtung und stelle eine Spannung im Bereich der Schwellspannung ein (d. h. etwa 0,4 V für Ge, 0,6 V für Si und 0,7 V für eine Z-Diode), so daß der Strom etwa 10 – 20 mA beträgt. Man messe die Spannung U_Diode an der Diode in Abhängigkeit von der Temperatur, wobei allerdings die Stromstärke I durch Nachregeln auf einem konstanten Wert gehalten werden muß.

In einem Diagramm stelle man U_Diode in Abhängigkeit von der absoluten Temperatur T dar. Die Temperaturabhängigkeit ist erwartungsgemäß nahezu linear; denn für den Zusammenhang zwischen I und U_Diode gilt:

$$I = I_0 \left(e^{eU_\text{Diode}/kT} - 1 \right) \quad .$$

Allerdings hängt auch der Wert von I_0 von der Temperatur ab! Man diskutiere das Ergebnis.

Mit den Z-Dioden kann die entsprechende Messung auch in Sperrichtung versuchsweise durchgeführt werden. Eine Ge-Diode hat i. a. einen durchaus meßbaren Sperrstrom. Führt man die Messung in Sperrichtung bei konstanter Sperrspannung, z. B. 2 V, durch, so läßt sich die exponentielle Abhängigkeit des Sperrstromes von der Temperatur zeigen.

In geeigneten Diagrammen stelle man die Ergebnisse dar und diskutiere sie.

20. Gleichspannungsschaltungen, Kirchhoffsche Regeln

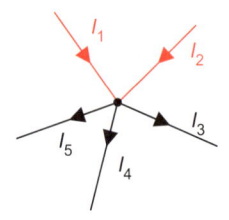

Bild 20.1. Veranschaulichung der 1. Kirchhoffschen Regel

🏁 Aufbau von einfachen elektrischen Gleichspannungsschaltungen. Anwendung der Kirchhoffschen Regeln. Kompensationsmeßmethode mit Nullanzeige.

📚 *Standardlehrbücher* (Stichworte: Widerstand, Kirchhoffsche Regeln, Parallelschaltung, Reihenschaltung).

📖 Kirchhoffsche Regeln

In einem Knotenpunkt einer elektrischen Schaltung (Netzwerk) ist die Summe der zufließenden Ströme gleich der Summe der abfließenden Ströme, Bild 20.1:

$$I_1 + I_2 = I_3 + I_4 + I_5 \quad ,$$

d. h. in keinem Punkt eines Stromnetzes kann Strom verschwinden oder entstehen, also allgemein:

1. Kirchhoffsche Regel $\quad \sum I_n = 0$

Längs einer beliebigen geschlossenen Schleife eines Netzwerkes ist die Summe der Spannungsabfälle $I_K R_K$ an den Widerständen R_K gleich Null. Als Beispiel gilt für eine geschlossene Schleife nach Bild 20.2:

$$U_1 + U_2 = U_3 + U_4$$

und mit dem Ohmschen Gesetz $U = RI$

$$R_1 I_1 + R_2 I_2 = R_3 I_3 + R_4 I_4 \quad ,$$

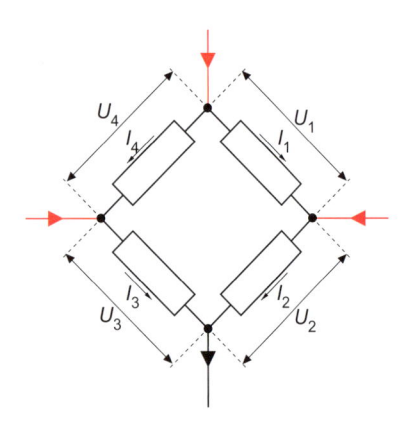

Bild 20.2. Veranschaulichung der 2. Kirchhoffschen Regel

also allgemein:

2. Kirchhoffsche Regel $\quad \sum U_n = 0$

Bei einer **Reihenschaltung** von Widerständen, Bild 20.3, mißt man in jedem Punkt der Strombahn den gleichen Strom I, und es gilt:

$$U = U_1 + U_2 + U_3 = IR_1 + IR_2 + IR_3 = (R_1 + R_2 + R_3)I \quad .$$

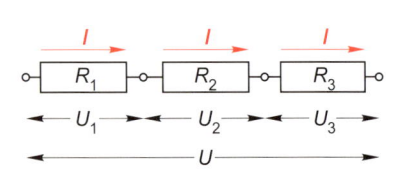

Bild 20.3. Reihenschaltung von Widerständen

Damit erhält man einen Gesamtwiderstand $R = R_1 + R_2 + R_3$, allgemein:

Gesamtwiderstand in Reihenschaltung $\quad R_{\text{Reihe}} = \sum_i R_i$.

Bei der **Parallelschaltung**, Bild 20.4, ist die Spannung U für alle Widerstände gleich, der Strom I dagegen teilt sich entsprechend der 1. Kirchhoffschen Regel in drei Teilströme auf: $I = I_1 + I_2 + I_3$. Aus der 2. Kirchhoffschen Regel folgt: $U = I_1 R_1 = I_2 R_2 = I_3 R_3$. Man erhält

$$I = U \left(\frac{1}{R_1} + \frac{1}{R_2} + \frac{1}{R_3} \right) = \frac{U}{R} \quad .$$

Für den Gesamtwiderstand R ergibt sich allgemein:

Gesamtwiderstand in Parallelschaltung $\quad \dfrac{1}{R_{\text{Parallel}}} = \sum_i \dfrac{1}{R_i}$,

d. h. bei Parallelschaltung addieren sich die *Leitwerte* $G_i = 1/R_i$.

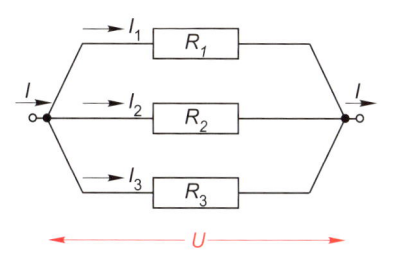

Bild 20.4. Parallelschaltung von Widerständen

Wheatstone-Brücke

Bei der Brückenschaltung nach **Wheatstone** werden vier Widerstände wie in Bild 20.5 zusammengeschaltet, an die Eckpunkte A und B eine Spannung angelegt und die Punkte C, D diagonal durch eine Brücke mit einem empfindlichen Strommesser verbunden. Nur wenn die vier Widerstände in einem bestimmten Verhältnis zueinander stehen, ist die Brücke stromlos: $I' = 0$, d. h. an den Punkten C und D liegt die gleiche Spannung. Es kann dann die 2. Kirchhoffsche Regel zweimal angewendet werden: $I_\text{I} R_2 = I_\text{II} R_3$ und $I_\text{I} R_1 = I_\text{II} R_4$, also $R_4 = R_1 R_3 / R_2$.

Praktisch benutzt man anstelle der Widerstände R_1, R_2 einen Draht mit einem Schleifkontakt, siehe dazu Bild 20.11. Das Widerstandsverhältnis R_1/R_2 läßt sich dann aus der Stellung des Abgriffs ermitteln: $R_1/R_2 = x/(\ell - x)$. An die Stelle von R_3 und R_4 treten ein kalibrierter Vergleichswiderstand R_0 und der unbekannte Widerstand R_x. Bei stromloser Brücke gilt dann

$$R_x = R_3 \frac{R_1}{R_2} = R_0 \frac{x}{\ell - x} \quad .$$

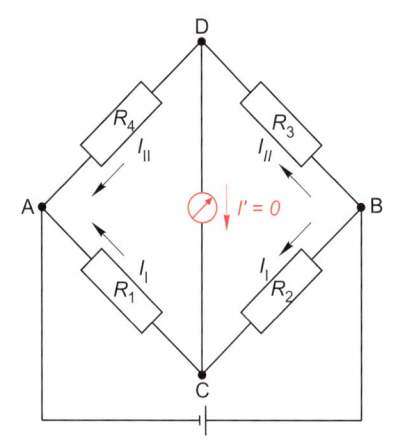

Bild 20.5. Brückenschaltung nach Wheatstone

Diese Meßmethode ist ein charakteristisches Beispiel für einen Größenvergleich nach einer *Kompensationsmethode* mit einer Nullanzeige mittels eines empfindlichen (unkalibrierten!) Meßinstrumentes.

Batterie als Spannungsquelle

Umgangssprachlich wird jedes galvanische Element, ob einzeln (z. B. Mono- oder Babyzelle) oder in Reihe geschaltet (z. B. Akku oder 9 V-Flachbatterie) als *Batterie* bezeichnet. Aufgrund des chemischen Zustandes in einer solchen Batterie besteht zwischen beiden Polen im unbelasteten Zustand ($I = 0$) die **Leerlaufspannung** U_0, auch *Ur-Spannung* genannt. Wird ein Verbraucher angeschlossen, d. h. ein Außenwiderstand R_a, so sinkt die Ausgangs- oder **Klemmenspannung** U zwischen beiden Polen, da der Laststrom I auch durch die Batterie fließt und an deren Innenwiderstand R_i ein Teil der Spannung abfällt.

Im Ersatzschaltbild, Bild 20.6, wird die Batterie dargestellt durch eine idealisierte Spannungsquelle mit der stromunabhängigen Leerlaufspannung U_0 und einem in Reihe geschalteten Innenwiderstand R_i. Nach der 2. Kirchhoffschen Regel gilt nun:

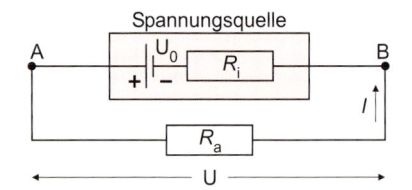

$$U - IR_a = 0 \quad \text{oder} \quad U_0 - IR_i - IR_a = 0$$

Bild 20.6. Ersatzschaltbild einer Batterie als Spannungsquelle

mit $U = U_0 - IR_i$. Die Klemmenspannung U ist also um den Spannungsabfall IR_i am Innenwiderstand R_i vermindert und ändert sich linear mit der Stromstärke, solange R_i konstant ist. Allerdings ist R_i im allgemeinen von der Stromstärke abhängig.

Die größte Stromstärke, die man einer Spannungsquelle entnehmen kann, erhält man im *Kurzschlußfall*, d. h. wenn $R_a = 0$ ist. Dann gilt $I_K = U_0/R_i$. Die Messung der Leerlaufspannung U_0 kann nur erfolgen, wenn dabei die Batterie nicht belastet wird, d. h. bei $I = 0$. Dies kann z. B. mit einem hochohmigen Voltmeter geschehen ($R_V \gg R_i$) oder mit einer Kompensationsschaltung. U_0 hängt allerdings wegen der chemischen Prozesse an den Elektroden auch von der vorangegangenen Belastung ab. So erholt sich die Batterie nach kurzzeitigem Kurzschluß erst in einigen Stunden – ein längerer Kurzschluß macht sie dagegen unbrauchbar.

Verschiedene Batterietypen unterscheiden sich außer in der Leerlaufspannung durch ihren Innenwiderstand ($< 0,5$ bis $20\,\Omega$), insbesondere aber auch durch ihr Entladeverhalten und ihre Leerlaufsspannungskonstanz.

Kondensatoren im Gleichstromkreis

Wird ein **Kondensator** entsprechend Bild 20.7 in einen Gleichstromkreis geschaltet, so beobachtet man beim Anschließen der Spannungsquelle durch das Schließen des Tasters T eine sehr rasche Auflading des Kondensators auf die Spannung $U_C = U_0$. Öffnet man den Taster T wieder, so entlädt sich der Kondensator über den Widerstand R, und die Spannung U_C am Kondensator nimmt exponentiell ab, Bild 20.8. Das Experiment zeigt, daß die Entladung umso langsamer verläuft, je größer der Widerstand R ist bzw. je größer die Kapazität C des Kondensators ist.

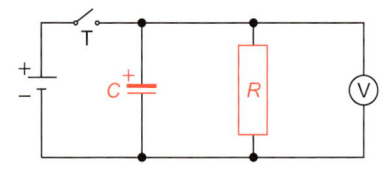

Bild 20.7. Elektrische Schaltung zur Untersuchung am Kondensator bei Gleichstrom

Für die theoretische Beschreibung des Entladevorganges wird die 2. Kirchhoffsche Regel benutzt, nach der für jeden Zeitpunkt gilt:

$$U_C + U_R = 0 \quad .$$

Mit den Verknüpfungen $U_R = IR$, $U_c = Q/C$ und $I = \mathrm{d}Q/\mathrm{d}t = C\mathrm{d}U_C/\mathrm{d}t$ erhält man durch Einsetzen:

$$U_C + RC\frac{\mathrm{d}U_C}{\mathrm{d}t} = 0 \quad \text{bzw.} \quad \frac{\mathrm{d}U_C}{U_C} = -\frac{1}{RC}\mathrm{d}t \quad .$$

Hieraus folgt durch Integration:

$$U_C(t) = U_0 \exp(-t/RC) \quad .$$

Dabei wurde die Integrationskonstante durch die Anfangsbedingung $U_C(t = 0) = U_0$ festgelegt. Die Darstellung dieser Funktion in Bild 20.8 enthält neben der *Halbwertszeit* $T_{1/2}$ auch die

Zeitkonstante $\quad \tau = RC \quad ,$

Bild 20.8. Zeitlicher Verlauf der Entladespannung am Kondensator

welche die Zeit angibt, nach der die Kondensatorspannung auf $1/e \approx 37\,\%$ ihres Anfangswertes U_0 abgefallen ist: $U_C = U_0/e$.

Für die Halbwertszeit gilt: $T_{1/2} = \tau \ln 2 \approx 0{,}693\, RC$.

Für die Parallel-, bzw. Reihenschaltung von n Kondensatoren mit den Kapazitäten C_i ($i = 1, \ldots, n$) gelten die Formeln:

Parallelschaltung von Kondensatoren

$$C_{\text{Parallel}} = \sum_i C_i \quad \text{und}$$

Reihenschaltung von Kondensatoren $\quad 1/C_{\text{Reihe}} = \sum_i 1/C_i \quad .$

20.1 Instrumenten-Innenwiderstände und Änderung der Meßbereiche (1/2)

Kennenlernen einfacher elektrischer Meßgeräte für Strom und Spannung. Änderung der Meßbereiche durch Widerstände.

Drehspulinstrument mit Spiegelskala, digitale Volt- und Amperemeter, Stromquelle, elektrische Widerstände.

Schaltet man nach Bild 20.9a parallel zu einem Strommesser mit dem Innenwiderstand R_{iA} noch einen *Nebenwiderstand* oder *Shunt* R_N, so fließt von dem Gesamtstrom I nur ein Teil durch das Instrument (I_A), der Rest über den Nebenwiderstand (I_N). Nach der 1. Kirchhoffschen Regel gilt $I_0 = I_A + I_N$; nach der 2. Kirchhoffschen Regel ist $R_{iA} I_A = R_N I_N$. Daraus folgt

$$I_A = \frac{I_0}{1 + \frac{R_{iA}}{R_N}} \quad .$$

Ist z. B. $R_N = (1/9) R_{iA}$, dann sinkt die Empfindlichkeit des Strommessers genau um den Faktor 10.

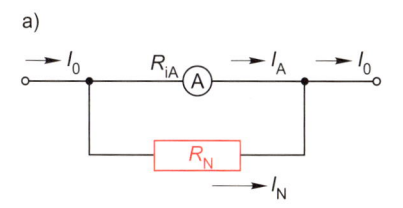

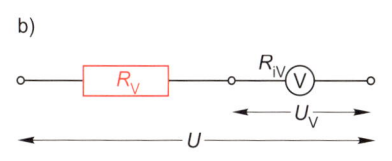

Bild 20.9. Erweiterung der Meßbereiche eines Drehspulinstrumentes (a) zur Strommessung durch Nebenwiderstand, (b) zur Spannungsmessung durch Vorwiderstand

Schaltet man jedoch nach Bild 20.9b vor einen Spannungsmesser (Innenwiderstand R_{iV}) noch einen Vorwiderstand R_V, dann fällt von der Gesamtspannung U am Voltmeter nur der Anteil

$$U_V = \frac{U}{1 + \frac{R_V}{R_{iV}}}$$

ab. Ist z. B. $R_V = 9 R_{iV}$, dann sinkt die Empfindlichkeit des Spannungsmessers um den Faktor 10. Auf diesem Prinzip beruhen umschaltbare *Vielfachmeßinstrumente*.

Kalibrierung und Innenwiderstandsmessung

Mit einem unkalibrierten empfindlichen Drehspulmeßinstrument M, z. B. mit Spiegelskala zur parallaxenfreien Ablesung, kann eine Schaltung nach Bild 20.10a aufgebaut werden, zunächst noch ohne den gestrichelt gezeichneten Widerstand R_N. Zuerst wird eine Kalibrierung des Drehspulinstrumentes M als Amperemeter durchgeführt. Mit Hilfe der Schaltung nach Bild 20.10b (ohne R_V) erfolgt eine Kalibrierung als Voltmeter. Aus beiden Messungen läßt sich auch der Innenwiderstand von M bestimmen.

Achtung: Zum Schutz des Instrumentes M den Widerstand R_S (typisch einige kΩ) nicht vergessen! Als Amperemeter A und als Voltmeter V verwende man jeweils das Digitalinstrument.

Messungen zwecks Kalibrierung: Nach Bild 20.10a wird für mehrere Potentiometerstellungen der Ausschlag φ_M des Instrumentes M über den ganzen Skalenbereich variiert und φ_M (in Skalenteilen) und der Strom I_A gemessen. Für die gleichen Ausschläge φ_M messe man nach Bild 20.10b die Spannung U_V.

In drei Diagrammen werden I_A und U_V als Funktion von φ_M und φ_M/I_A als Funktion von I_A aufgetragen. Aus den mittelnden Geraden für die ersten beiden Diagramme bestimme man die Kalibrierfaktoren φ_M/I_A in Skt/mA und φ_M/U_V in Skt/V. Ergeben sich Abweichungen von der Linearität? Man diskutiere, wodurch im vorliegenden Fall die Kalibrierfehler vermutlich überwiegend bedingt sind.

Schließlich wird $U_V(\varphi_M)$ als Funktion von $I_A(\varphi_M)$ grafisch aufgetragen und aus der mittelnden Geraden der Innenwiderstand R_{iM} bestimmt.

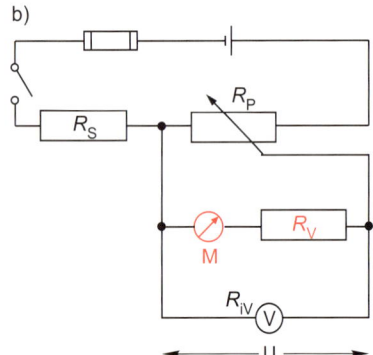

Bild 20.10a-b. Elektrische Schaltungen zur Erweiterung der Meßbereiche eines Drehspulinstrumentes M

Meßbereichsänderung als Amperemeter

In Schaltung 20.10a wird parallel zu M ein Nebenwiderstand (typisch einige hundert Ω) eingesetzt. Die Stromanzeige I_M des Instrumentes M ist jetzt geringer. Allerdings verändert sich auch der Gesamtstrom I_A; warum?

Für mehrere Potentiometerstellungen werden wieder φ_M (in Skalenteilen) und I_A (in mA) gemessen.

Die Meßpunkte werden in ein Diagramm $I_A = f(\varphi_M)$ eingetragen und die ausgleichende Gerade durchgezeichnet. Das Verhältnis der beiden Geradenanstiege liefert den Änderungsfaktor der Stromempfindlichkeit des Instrumentes M durch den Nebenwiderstand R_N. Zur

Kontrolle berechne man aus dem ermittelten Innenwiderstand R_{iM} diesen Faktor: $I_1/I_2 = R_{\text{iM}}/(R_{\text{N}} + R_{\text{iM}})$.

Meßbereichsänderung als Voltmeter

Die Spannungsempfindlichkeit des Instrumentes M wird durch einen Vorwiderstand R_V geändert. Man setzt in der Schaltung Bild 20.10b einen Vorwiderstand (z. B. $R_V = 1000\,\Omega$) ein.

Für mehrere Potentiometerstellungen werden φ_M (in Skalenteilen) und U_V (in Volt) gemessen.

Es erfolgt wieder eine grafische Auswertung. Man gebe die Änderung der Spannungsempfindlichkeit an als U_1/U_2 und berechne diesen Faktor aus R_{iM} und R: $U_1/U_2 = R_{\text{iM}}/(R_V + R_{\text{iM}})$.

Vergleichsmessung von R_{iM}

Mit einem Digitalinstrument messe man zur Kontrolle den Innenwiderstand von M.

Man vergleiche die Widerstandswerte und diskutiere die Ergebnisse.

20.2 Widerstandsmessung mit Wheatstone-Brücke (1/2)

Präzisionsbestimmung der Widerstandswerte für einzelne Widerstände sowie für Kombinationen dieser Widerstände mit Hilfe der Wheatstone-Brückenschaltung.

Lineares Potentiometer (z. B. 1 kΩ - 10 Gang - Wendelpotentiometer), Nullinstrument (Amperemeter), diverse Widerstände, Kalibrierwiderstände (z. B. $100\,\Omega$, $500\,\Omega$, $1000\,\Omega$), Stromquelle.

Anstelle des Meßdrahtes in Bild 20.11 verwende man z. B. ein Wendelpotentiometer mit einem Schleifer, der in einer Schraubenlinie den Meßdraht abtastet. Als Maß für die Drahtlänge werden die Zahl von Umdrehungen und deren Bruchteile gezählt und angezeigt. Die Anzeige am rechten Anschlag $x = \ell$ ist ein Maß für den Gesamtwiderstand (Nullpunkt notieren!).

Als *Nullinstrument* verwende man ein sehr empfindliches Drehspulinstrument, möglichst mit einem eingebauten Schutzwiderstand R_S, der durch einen Taster T' überbrückt werden kann. Vor Beginn der Messung wird der Abgriff des Potentiometers in den mittleren Bereich $x \approx \ell/2$ eingestellt. Nach dem Einschalten wird der Schleifer so lange verschoben, bis der Zeiger des Meßinstrumentes auf Null steht. Durch Drücken des Tasters T' wird der Widerstand R_S überbrückt, und man kann so die Feineinstellung der Brücke vornehmen.

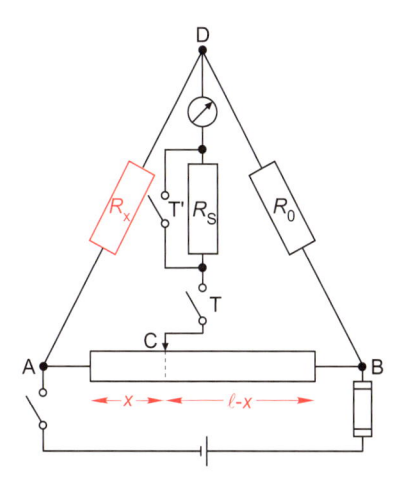

Bild 20.11. Elektrische Schaltung nach Wheatstone

Zunächst werden z. B. drei unbekannte Widerstände mit Hilfe von bekannten Vergleichswiderständen ausgemessen. Der Vergleichswiderstand wird jeweils so gewählt, daß bei abgeglichener Brücke der Schleifer im mittleren Bereich steht. Jede Einstellung sollte mehrmals wiederholt werden, um die Reproduzierbarkeit zu prüfen.

Für einen der Widerstände wiederhole man die Messung, nachdem in der Schaltung die Widerstände R und R_0 vertauscht wurden, um die Symmetrie der Anordnung zu prüfen.

Zur Nachprüfung der Kirchhoffschen Regeln werden unbekannte Widerstände zu verschiedenen Kombinationen zusammengeschaltet und ausgemessen. Die Schaltungen sollen skizziert werden.

Die Werte der unbekannten Widerstände sollen bestimmt werden. Der Fehler wird entsprechend der folgenden Beziehung abgeschätzt:

$$\frac{\Delta R}{R} = \frac{\Delta x}{x} + \frac{\Delta x}{\ell - x} + \frac{\Delta R_0}{R_0} \quad .$$

Die Symmetrie der Anordnung soll diskutiert werden.

Die Meßergebnisse der Kombination von Widerständen mit Fehlerabschätzung und der nach den Kirchhoffschen Regeln aus den Einzelwiderständen berechneten Werte werden in einer Tabelle gegenübergestellt und diskutiert.

20.3 Ausgangsspannung und Innenwiderstand einer Batterie (1/2)

Untersuchung der Eigenschaften von Spannungsquellen: Parallel- und Reihenschaltung, Leerlaufspannung, Kurzschlußstrom, Ausgangsspannung bei Belastung, Innenwiderstand.

Verschiedene Typen von galvanischen Elementen bzw. Batterien, Drehspulamperemeter, Digitalmultimeter, diverse Widerstände.

Man messe die Klemmenspannung U mehrerer Batterien mit einem hochohmigen Digitalvoltmeter jeweils einzeln, sowie in Reihen- und Parallelschaltung. Die Güteklasse und der Innenwiderstand des Voltmeters werden notiert.

Man baue die Schaltung Bild 20.12 auf und messe den Strom I, z. B. mit einem Drehspulinstrument, sowie die Spannung U, z. B. mit einem Digitalvoltmeter, für verschiedene Lastwiderstände R_a. Dabei könnte eine Meßreihe z. B. folgendermaßen gestaltet werden: $1{,}5\,\mathrm{k}\Omega$, $1\,\mathrm{k}\Omega$, $(500+100)\,\Omega$ in Reihe, $2\mathrm{x}500\,\Omega$ parallel, $(100+100)\,\Omega$ in Reihe, $100\,\Omega$, $2\mathrm{x}100\,\Omega$ parallel. Jede Messung wird ca. dreimal durchgeführt. Dabei wird der Taster T jeweils nur für die Dauer der Ablesung (einige Sekunden) geschlossen, um die Spannungsquelle möglichst nur kurzzeitig zu belasten. Zwischen den einzelnen Messungen notiere man stets den Wert U_0.

Durch Kurzschließen der Batterie über das Amperemeter, Drehspulinstrument im Meßbereich $25\,\mathrm{mA}$, kann man durch (kurzzeitige!) Messung den Kurzschlußstrom I_K abschätzen. Der Innenwiderstand des Amperemeter ist zu notieren. Diese Messung führe man auch z. B. für zwei parallel- und in Reihe geschaltete Batterien durch. Meßzeit nicht größer als 1 Sekunde!

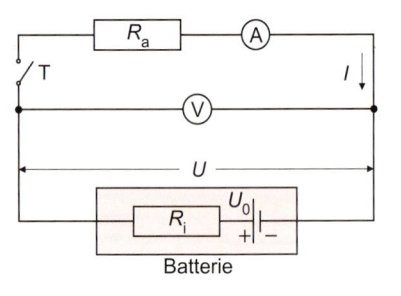

Bild 20.12. Elektrische Schaltung zur Untersuchung von Klemmenspannung und Innenwiderstand eines galvanischen Elementes bzw. einer Batterie

✍ In einem Diagramm wird die Klemmenspannung U über dem Strom I aufgetragen. Für die einzelnen Meßpunkte trage man Fehlerbalken ein, die aus der Streuung der Wiederholungsmessungen abgeschätzt werden.

✍ Aus dem gemittelten Wert für U_0 und dem gemessenen Kurzschlußstrom I_K berechne man den mittleren Innenwiderstand $R_i = U_0/I_K$ für die Batterien einzeln sowie für die Parallel- und die Reihenschaltung. Im Diagramm zeichne man eine Gerade durch U_0 mit der Steigung R_i der Einzelbatterie ein.

✍ Mit Hilfe der Beziehung $U = U_0 - IR_i$ berechne man für jede Messung jeweils den Innenwiderstand R_i und trage in einem zweiten Diagramm R_i über dem Strom I auf. Man diskutiere die erhaltenen Daten.

✍ Es ist zu berechnen, bei welchem Lastwiderstand R_a eine Spannungsquelle (mit festem U_0 und R_i) die maximale Leistung P abgibt.

20.4 Kondensator im Gleichstromkreis (1/2)

Untersuchung der Entladevorgänge am Kondensator. Bestimmung verschiedener Kapazitäten durch Messung der Entladezeit. Parallel- und Reihenschaltung von Kondensatoren.

Spannungsquelle, diverse Kondensatoren, Widerstände, Meßinstrumente.

Die Schaltung wird nach Bild 20.7 aufgebaut. *Achtung:* Elektrolytkondensatoren werden zerstört, wenn man sie falsch polt! Mit Elektrolytkondensatoren können sehr große Kapazitäten bei kleinen Abmessungen realisiert werden. Sie bestehen im Prinzip aus zwei Metallelektroden, z. B. Al oder Ta, in einem Elektrolyten. Bei falscher Polung wird die sehr dünne elektrisch isolierende Oxidschicht auf der einen Elektrode chemisch abgetragen, der Kondensator wird zu einem Leiter, erwärmt sich und kann explodieren.

Durch Drücken des Tasters T, Bild 20.7, lädt man den Kondensator C auf, so daß an diesem die Spannung $U_C = U_0$ anliegt. Nach dem Loslassen des Tasters mißt man die Zeit $T_{1/2}$, bei der sich der Kondensator über R auf den Wert $U_C(t=0)/2$ entladen hat. Aus der Kenntnis von R läßt sich C ermitteln. Man führe die Messung von $T_{1/2}$ mehrmals für verschiedene Kapazitäten und drei Kombinationen (Parallel- und Reihenschaltung) durch.

Der zeitliche Verlauf der Entladung soll durch Aufnahme von U_C in Abhängigkeit von der Zeit bestimmt und tabellarisch protokolliert werden.

✍ Setzt man R als bekannt voraus, so läßt sich aus den Meßwerten $T_{1/2}(C)$ jeweils C bestimmen. Man vergleiche die experimentellen Werte von C mit den Angaben auf den Bauelementen. Die vom Hersteller angegebenen Kapazitätswerte besitzen in der Regel weite Toleranzen (z. B. 30 %). Die Ergebnisse der durchgeführten Messung ist jedoch wesentlich genauer. Für die Parallel- und Hintereinanderschaltung von Kondensatoren überprüfe man die Formeln. In einem Diagramm stelle man $T_{1/2}$ in Abhängigkeit von den berechneten Werten C dar.

✍ Der zeitliche Verlauf der Spannung U_C an einem Kondensator wird in einem Diagramm $U_C(t)$, bzw. $\ln U_C$ über t dargestellt. Es soll geprüft werden, ob es sich um eine Exponentialfunktion handelt, Bild 20.8.

21. Messungen mit einem Oszilloskop

Physikalische Grundlagen und Anwendungen des Oszilloskops. Messung von Zeiten, Frequenzen und Spannungen. Darstellung des zeitlichen Verlaufs von Spannungen oder Darstellung einer Spannung als Funktion einer anderen Spannung. Beobachtung von Lissajous-Figuren.

Standardlehrbücher (Stichworte: Kathodenstrahlröhre, Braunsche Röhre, Oszilloskop, Lissajous-Figuren),
Bedienungsanleitung des verwendeten Oszilloskops,
Themenkreis 26: Elektronenbewegung in elektrischen und magnetischen Feldern.

Aufbau und Funktionsweise des Kathodenstrahloszilloskops

Ein **Oszilloskop** ist ein universelles elektrisches Meßinstrument. Es dient zur Darstellung von elektrischen Spannungen, die sich zeitlich schnell verändern. Entsprechend lassen sich auch andere physikalische Größen y, die in Spannungen umgewandelt werden können, wie Stromstärken, Lichtleistungen, Temperaturänderungen usw. als Funktion der Zeit darstellen: $y(t)$. Besonders geeignet ist das Oszilloskop zur Darstellung zeitlich periodischer Funktionen. Mit einem *Speicheroszilloskop* können aber auch einmalige Vorgänge aufgezeichnet werden. Statt der Zeit sind auch andere physikalische Größen x als unabhängige Variablen möglich, so daß sich auf dem Oszilloskopschirm die verschiedensten physikalischen Zusammenhänge $y = f(x)$ darstellen lassen.

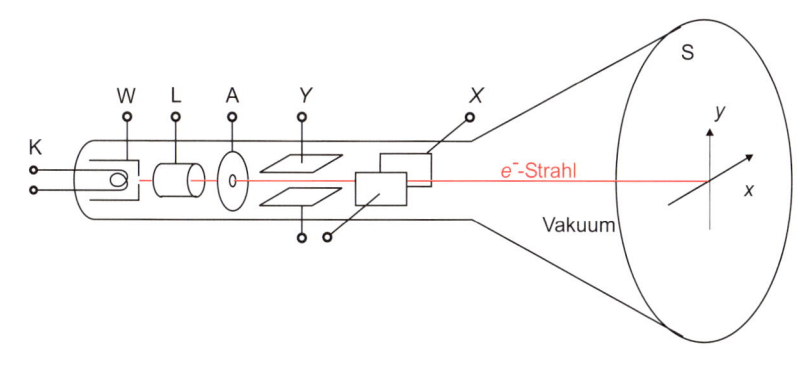

Bild 21.1. Aufbau einer Kathodenstrahlröhre:
K = Kathode,
W = Wehneltzylinder,
L = elektromagnetische Linsen,
A = Anode,
S = Leuchtschirm,
X, Y = Ablenkplatten

Bild 21.2. Blockschaltbild eines Oszilloskops

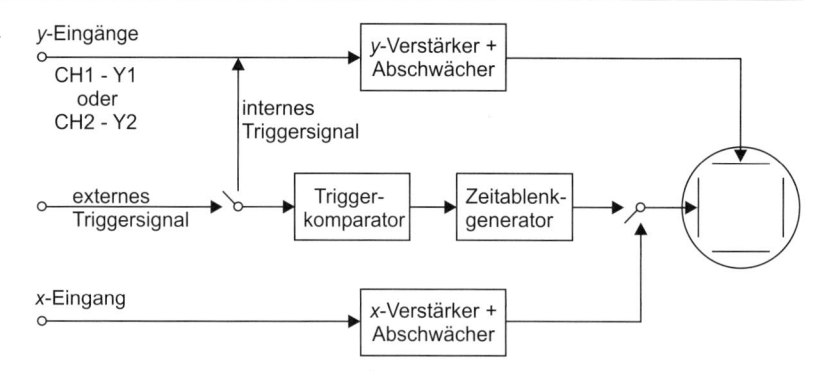

Aufgebaut ist ein Oszilloskop aus einer **Kathodenstrahlröhre**, Bild 21.1, sowie mehreren elektronischen Baugruppen, Bild 21.2, zur Erzeugung der Versorgungsspannungen für die Röhre, Spannungsteilern und Verstärkern, Zeitablenkgenerator mit Triggereinheit und einer Frontplatte, auf der sich die Bedienungselemente befinden, Bild 21.3.

Die durch Glühemission aus der indirekt geheizten Kathode K, Bild 21.1, austretenden Elektronen werden durch die Anodenspannung der Anode A von etwa 1 bis 10 kV in Richtung auf den Leuchtschirm S hin beschleunigt, auf dem sie beim Auftreffen einen Leuchtfleck erzeugen. Der *Wehnelt-Zylinder* W hat ein negativeres Potential als die Kathode. Durch Änderung dieses Potentials und damit der Spannung zwischen Wehnelt-Zylinder und Kathode kann die Intensität des Strahlstromes und damit die Helligkeit des leuchtenden Punktes auf dem Schirm gesteuert bzw. eingestellt werden (*Intensity*-Bedienungsknopf in Bild 21.3). Der von dem Wehnelt-Zylinder kommende Elektronenstrahl wird durch ein elektrostatisches elektronenoptisches Abbildungssystem L gebündelt, so daß bei geeigneter Potentialregulierung der einzelnen Elektroden des Systems (*Focus*-Regler) ein scharfbegrenzter Leuchtfleck auf dem Leuchtschirm entsteht.

Elektronenstrahlablenkung

Der Elektronenstrahl, und damit der Leuchtfleck, werden mit Hilfe von zwei zueinander senkrecht angeordneten Plattenkondensatoren abgelenkt. Legt man an die Platten des Kondensators, dessen Feldstärkevektor in die vertikale Richtung (y-Richtung) weist, eine Spannung U_y an, so wird der Elektronenstrahl aus der Strahlachse in y-Richtung um eine zu U_y proportionale Strecke y abgelenkt. Dadurch ist es möglich, nach einer Kalibrierung aus der Messung von y (Abstandsmessung auf dem Bildschirm) die ablenkende Spannung U_y wie mit einem Voltmeter zu messen. Entsprechendes gilt für die x-Ablenkung.

Empfindlichkeitsregelung, Eingangsbuchsen

Praktisch werden die zu messenden Spannungen nicht direkt an die Platten gelegt, vielmehr wird ein kalibrierter Verstärker oder Abschwächer vorge-

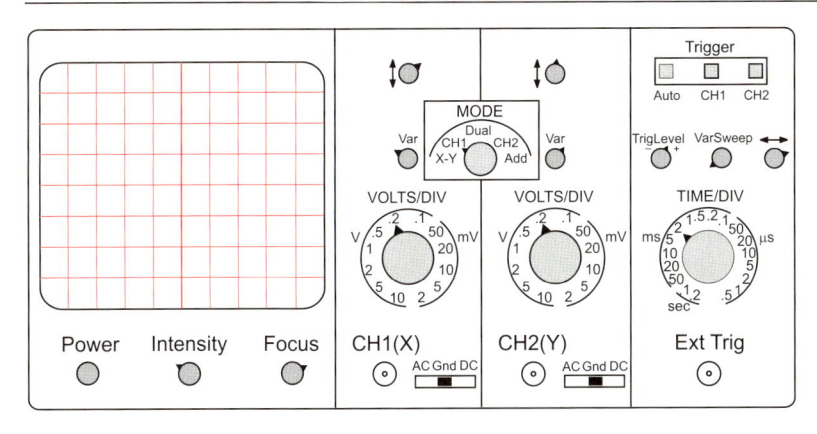

Bild 21.3. Frontplatte eines Oszilloskops, schematisch:
Power = Hauptschalter,
Intensity = Regler für Intensität des Leuchtflecks,
Focus = Regler für Schärfe des Leuchtflecks,
CH1 oder X = Anschlußbuchse für X-Spannung oder Kanal 1 im Zweikanalbetrieb,
CH2 oder Y = Anschlußbuchse für Y-Spannung oder Kanal 2 im Zweikanalbetrieb,
Ext Trig = Anschlußbuchse für externes Triggersignal

schaltet. Man kann dann wie bei einem Vielfachinstrument die Spannungsempfindlichkeit mit den Drehschaltern *VOLTS/DIV* in Stufen verändern. Die Stellung 0,2 V/DIV bedeutet z. B. daß ein Teilabstand (engl. division) auf dem Schirm der Frontplatte nach Bild 21.3 einer Spannung von 0,2 V = 200 mV entspricht.

Die zu messenden Spannungen werden an die Buchsen *CH1(X)* bzw. *CH2(Y)* angelegt, ein externes Triggersignal an die Buchse *Ext Trig*. Die zu messenden Spannungen werden dann je nach Stellung der Schiebeschalter entweder über einen Koppelkondensator (*AC*-gekoppelt) oder direkt (*DC*-gekoppelt) an die Vorverstärker gelegt. Die Stellung *Gnd* (ground) der Schiebeschalter bedeutet, daß die zugehörige Spannungsbuchse geerdet ist. Über den Empfindlichkeitsreglern *VOLTS/DIV* bzw. *TIME/DIV* befinden sich zwei Regler *Var* zur stufenlosen Variation der Empfindlichkeit sowie zwei weitere Regler ↕ zur vertikalen bzw. horizontalen Positionseinstellung des Elektronenstrahls auf dem Bildschirm. Mit dem *Mode*-Regler wird die Betriebsart eingestellt: y-t-Betrieb bei Regler auf *CH1* (Channel 1) oder *CH2* (Channel 2), entsprechend x-y-Betrieb und Zweikanalbetrieb (*Dual*).

y-t-Betrieb, Zeitablenkung

Wenn eine **zeitabhängige Spannung** an den y-Platten liegt, dann bewegt sich der Leuchtpunkt auf dem Bildschirm in vertikaler Richtung, entsprechend dem jeweiligen Momentanwert der Ablenkspannung U_y. Bei schnell veränderlichen Wechselspannungen sähe man wegen der Trägheit des Auges allerdings nur einen senkrechten Strich auf dem Schirm. Um diesen Vorgang zeitlich aufzulösen, also den zeitlichen Verlauf der Spannung $U_y(t)$ darzustellen, wird intern eine zusätzliche Ablenkspannung, die sog. *Sägezahnspannung* oder *Kippspannung* an die x-Platten gelegt, Bild 21.4. Dies wird als y-t-Betrieb bezeichnet. Bei $t = 0$ und $U_x = -U_{x,\max}$ möge sich der Leuchtfleck am linken Ende des Leuchtschirmes befinden. Er wird dann mit ansteigender Spannung U_x in horizontaler Richtung nach rechts abgelenkt. Nach der Zeit τ bei Erreichen des größten Spannungswertes $U_{x,\max}$ befindet sich der Leuchtfleck am rechten Rand des Schirms.

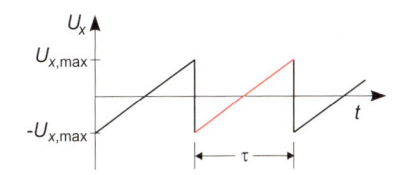

Bild 21.4. Sägezahnspannung als Zeitablenkspannung in einem Oszilloskop

Die Ablenkspannung geht jetzt wieder auf den Wert $-U_{x,\max}$, und der Strahl kehrt an seinen Ausgangspunkt zurück. Die dazugehörige Rücklaufzeit, in der die Spannung auf $-U_{x,\max}$ abfällt, ist wesentlich kleiner als die Anstiegszeit. Damit der Leuchtfleck während dieser Zeit unsichtbar bleibt, wird während des Rücklaufes an den Wehnelt-Zylinder ein genügend großes negatives Potential gelegt, das den Strahlstrom unterdrückt und damit den Rücklauf unsichtbar macht. In der Zeit τ bewegt sich also der Leuchtpunkt horizontal einmal über die gesamte Schirmbreite, so daß man nach einer Kalibrierung die Zeit, die während des Durchlaufens einer Längeneinheit ($1\,\mathrm{div} \approx 1\,\mathrm{cm}$) vergeht, als Zeitablenkfaktor (*TIME/DIV*) angeben kann (z. B. 1 ms/cm). Dieser kann stufenweise (*TIME/DIV*), zwischen zwei Stufen auch kontinuierlich (*VarSweep*), verändert werden.

Bei bekanntem Zeitablenkfaktor kann durch eine Längenmessung auf dem Schirm eine Zeit bestimmt werden. So ist es z. B. möglich, die Periodendauer T der untersuchten Spannung U_y durch Messen des Abstandes der Maxima zu ermitteln.

Triggerung

Soll durch wiederholtes Schreiben des Elektronenstrahls auf dem Schirm ein *stehendes* Bild einer periodischen Wechselspannung, Bild 21.5a, erscheinen, dann muß die Zeitablenkung so erfolgen, daß der Leuchtfleck nach dem Rücklauf zum linken Bildschirmrand den erneuten Schreibvorgang bei der gleichen Phasenlage der Spannung U_y beginnt, bei der er auch beim ersten Durchlauf startete. Das erreicht man durch getriggerte Zeitablenkung (engl.: Trigger = Auslöser), d. h. indem man die Kippspannung und damit die x-Ablenkung immer dann einsetzen läßt, wenn die Spannung U_y eine vorgewählte Höhe (*Trigger-Level*) erreicht hat.

Das Triggersignal muß nicht identisch mit dem darzustellenden Spannungsverlauf, sondern kann auch eine dazu synchrone, d. h. die gleiche Periode besitzende Spannung, sein. Eine solche Triggerspannung kann von außen über die Buchse *Ext Trig* oder intern über die Stellung der Schalter *Trigger* (in Bild 21.3 rechts oben) angelegt bzw. ausgewählt werden.

Soll bei einer periodischen Wechselspannung wie in Bild 21.5 die Darstellung im Zeitpunkt A_1 z. B. bei der Spannung $U_y = 1$ V auf der ansteigenden (positiven) Flanke (engl. slope) beginnen, dann muß der Bedienungsknopf *TrigLevel* so eingestellt werden, daß die Kippspannung dann einsetzt, wenn die Spannung U_y einen Wert (Level) von 1 Volt erreicht hat. Der Kathodenstrahl beginnt dann den Kurvenzug im Punkt A_1 zu zeichnen und hat nach der Zeit τ (der Kippspannungsanstiegszeit) den Punkt B_1 am rechten Rand des Schirmes erreicht. Die Kippspannung springt auf $-U_{x,\max}$ zurück und steigt erst dann wieder an, wenn das Signal auf der positiven Flanke das vorgewählte Trigger-Niveau bei der nächsten Periode im Punkt A_2 erreicht hat: Der Kurvenzug wird dann auf dem Schirm wieder am selben Ort begonnen, usw. So entsteht auf dem Oszilloskopschirm ein scheinbar stehendes Bild.

Durch Änderung der Anstiegszeit der Kippspannung (der Ablenkzeit) können also verschiedene Teile oder Vielfache der Spannungsperioden

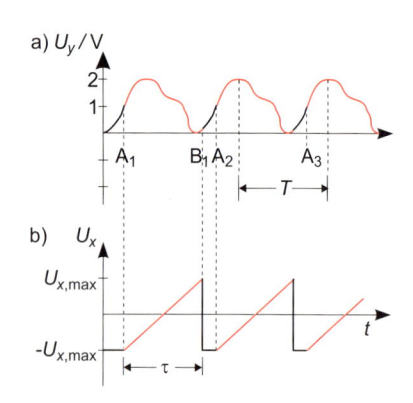

Bild 21.5. (a) Beispiel für den Zeitverlauf einer Spannung, (b) Verlauf der Zeitablenkspannung bei getriggertem Betrieb. Auf dem Bildschirm werden nur die Kurvenstücke $A_i - B_i$ dargestellt, d. h. phasenrichtig übereinander geschrieben

auf dem Oszilloskopschirm als Kurvenzug sichtbar gemacht werden (hier also vom Punkt A_i bis zum Punkt B_i). Ist die Ablenkzeit τ kleiner als die Periodendauer T, so sieht man auf dem Schirm nur einen Teil des periodischen Vorganges. Ist τ größer als T, so erscheint mehr als eine Periode. Durch geeignete Wahl des Einsatzpunktes und der Ablenkzeit kann man also beliebige Ausschnitte der periodischen Wechselspannung sichtbar machen.

Zwei- oder Mehrkanalbetrieb

Um zwei verschiedene Spannungen gleichzeitig darzustellen, haben einige Oszilloskope zwei Elektronenstrahlsysteme, die zwei getrennte Spuren auf dem Leuchtschirm erzeugen. Man erreicht einen derartigen 2-Kanalbetrieb allerdings auch durch schnelle elektrische Umschaltung eines Elektronenstrahls zwischen zwei Spuren, die als Kanal (engl. Channel) *CH1* und Kanal *CH2* bezeichnet werden, Bild 21.3. Dazu ist der Stellknopf *MODE* auf *Dual* zu schalten. In Stellung *CH1* oder *CH2* wird entweder der Eingang 1 oder der Eingang 2 auf dem Schirm dargestellt.

Durch Kombination mehrerer Umschalter oder Elektronenstrahlsysteme ist es auch möglich, z. B. vier zeitlich unterschiedliche Spannungsverläufe gleichzeitig darzustellen (4-Strahloszilloskop, Mehrkanalbetrieb).

Überlagerungsellipsen zweier Wechselspannungen

An die x-Achse kann statt einer zeitlinearen Sägezahnspannung auch eine andere zeitveränderliche Spannung U_x gelegt werden. Der Stellknopf *MODE* wird dazu auf *X-Y* gestellt. Wird gleichzeitig an die y-Achse eine Spannung U_y gelegt, die von U_x abhängt, so entsteht auf dem Oszilloskopschirm die Funktion $U_y = f(U_x)$. Dies kann z. B. zur Darstellung von Kennlinien von elektronischen Bauelementen, z. B. einer Diode, verwendet werden. Dazu wird die variable Spannung an der Diode als U_x an den x-Eingang gelegt und mit einem Widerstand eine Spannung U_y erzeugt, die dem Strom proportional ist.

Der x-y-Betrieb kann auch zur Bestimmung der Phasendifferenz φ zwischen zwei Sinusspannungen gleicher Frequenz f verwendet werden. Die beiden Spannungen werden an den x- bzw. y-Eingang gelegt, Bild 21.6:

$$x = a\sin(2\pi ft) \quad \text{und} \quad y = b\sin(2\pi ft + \varphi) \ .$$

Es ergeben sich je nach Phasendifferenz φ unterschiedliche Bilder auf dem Oszilloskop. Aus der Mathematik ist bekannt, daß diese beiden Gleichungen die Parameterdarstellung einer Ellipse darstellen. Für $\varphi = 0°$, Bild 21.7a,d, ergibt sich eine Gerade mit dem Anstieg b/a. Für $\varphi = 90°$, Bild 21.7c, erscheint eine Ellipse mit den Halbachsen a und b parallel zur x- bzw. y-Achse. Für eine beliebige Phasendifferenz φ ergeben sich ebenfalls Ellipsen, deren Halbachsen jedoch von a und b verschieden sind und nicht zu den Koordinatenachsen parallel liegen, Bild 21.7b,e.

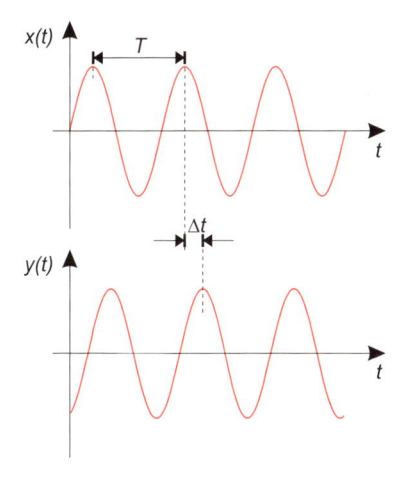

Bild 21.6. Sinusspannungen gleicher Frequenz mit Phasenverschiebung $\varphi = -2\pi f \Delta t$

Bild 21.7. (a)-(c) Oszilloskop-Bilder für unterschiedliche und (d)-(f) für gleiche Amplituden a und b bei verschiedenen Phasenverschiebungen

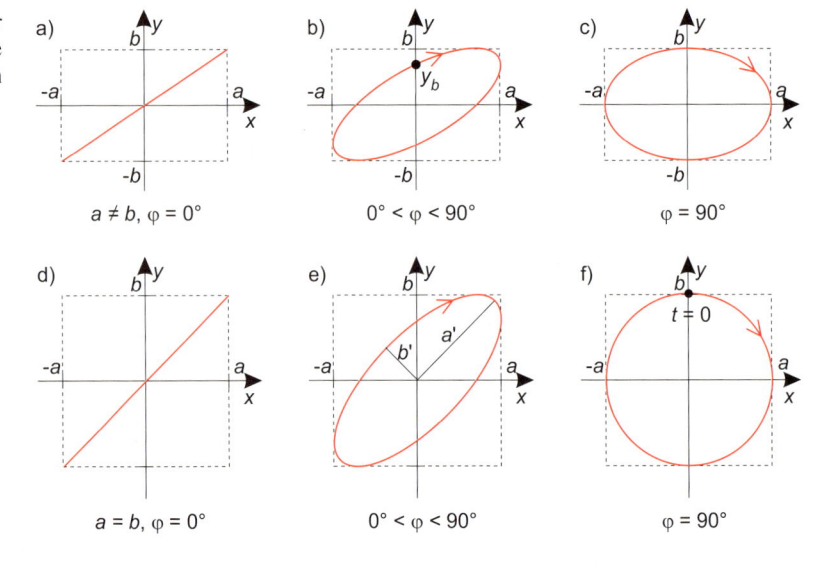

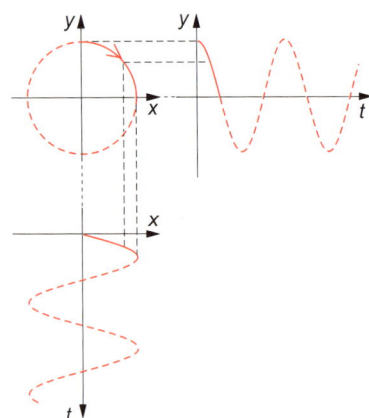

Bild 21.8. Die Überlagerung zweier Sinusspannungen gleicher Amplitude und Frequenz, die um $90°$ phasenverschoben an den x- bzw. y-Eingang eines Oszilloskops gelegt werden, ergibt einen Kreis

Sind a und b gleich, so erhält man bei einer Phasenverschiebung von $\varphi = 90°$ einen Kreis, Bild 21.7f. Man erhält dies auch rechnerisch indem man die beiden oben angegebenen Gleichungen quadriert und addiert:

$$x^2 + y^2 = a^2 \sin^2(2\pi f) + a^2 \cos^2(2\pi f) = a^2 \quad \text{für } a = b,\ \varphi = 90°.$$

Dies ist die Darstellung eines Kreises in kartesischen Koordinaten. Die in Bild 21.7 dargestellten Überlagerungsbilder können im übrigen auch durch die in Bild 21.8 dargestellte geometrische Konstruktion gewonnen werden.

Gleichzeitiges Anlegen zweier Sinusspannungen gleicher Frequenz aber unterschiedlicher Amplitude und Phase an den $x-$ und $y-$Eingang ergibt also Geraden oder Ellipsen als Bilder auf dem Oszilloskopschirm.

Hinweis: In analoger Weise setzen sich zwei senkrecht zueinander linear polarisierte Lichtwellen gleicher Frequenz zu linear, zirkular oder elliptisch polarisiertem Licht zusammen.

Die Überlagerungsfiguren von zwei zueinander senkrecht stehenden Schwingungen, die auch unterschiedliche Frequenz besitzen können, werden als *Lissajous-Figuren* bezeichnet (nach J. A. Lissajous).

Messung von Phasendifferenzen

Betrachtet man zwei sinusförmige Signale gleicher Frequenz, so ist eine Möglichkeit zur Bestimmung einer Phasendifferenz φ zwischen ihnen die gleichzeitige Darstellung ihrer Zeitverläufe, siehe auch Bild 21.6, auf dem Schirm eines Zweikanal-Oszilloskops. Aus der Messung der Zeitverschiebung Δt zwischen gleichartigen Phasenlagen der beiden Kurven wie z. B. Nulldurchgang oder Maximalwert und der Periodendauer $T = 1/f$ läßt sich die Phasenverschiebung dann berechnen aus:

$$\varphi = -2\pi \Delta t / T \quad .$$

Eine Methode, die ohne Zweikanaloszilloskop auskommt, ist die Erzeugung einer **Lissajous-Figur**. Hierzu legt man das eine Signal an die Horizontal(X)-, das andere an die Vertikal(Y)-Ablenkplatten eines Oszilloskops und zwingt damit dem Elektronenstrahl zwei senkrecht aufeinander stehende Schwingungen gleicher Frequenz, aber unterschiedlicher Phase auf. Das Ergebnis als Leuchtspur auf dem Oszilloskopschirm ist im allgemeinen Fall eine Ellipse, deren Exzentrizität und Lage im Koordinatensystem vom Amplitudenverhältnis a/b und vom Phasenwinkel φ bestimmt werden, Bild 21.7.

Für die experimentelle Bestimung des Phasenwinkels benötigt man lediglich die Werte für b sowie den Schnittpunkt y_b der Ellipse mit der y-Achse. Denn auf der positiven y-Achse ist $x(t) = 0$ für $\omega t = 0, 2\pi$ usw. Daraus folgt $y_b = b \sin \varphi$ bzw.

$$\sin \varphi = \frac{y_b}{b} \quad .$$

21.1 Grundfunktionen des Oszilloskops (1/3)

Einarbeitung in die grundlegende Benutzung eines Oszilloskops. Darstellung von periodischen Zeitfunktionen und Triggerung.

Funktionsgenerator, der sinus-, rechteck-, und dreieckförmige Ausgangsspannungen (Wellenformen) mit einstellbarer Frequenz und Amplitude abgibt. Zusätzlich soll ein Rechtecksignal gleicher Frequenz zur Triggerung eines Oszilloskops abgenommen werden können. Zweikanal-Oszilloskop. Dioden, Widerstand, Operationsverstärker und Verbindungskabel.

Man stelle die verschiedenen Funktionen, die vom Generator erzeugt werden, nämlich Sinusspannung, Rechteck- und Dreieckspannung als stehende Bilder auf dem Oszilloskop-Schirm dar, und erprobe dabei die interne und externe Triggerung.

Man skizziere den zeitlichen Spannungsverlauf einer Sinusfunktion bei unterschiedlicher Einstellung des Trigger-Level.

Zur Erzeugung einer intern nicht eindeutig triggerbaren Funktion wird eine Gleichrichterschaltung mit unterschiedlichen Dioden aufgebaut, siehe Bild 21.9. An den Gleichrichter wird eine Sinusspannung angelegt. Man mache den Anfang der auf dem Oszilloskop erhaltenen Ausgangsspannung nach Bild 21.10 sichtbar und teste den Einfluß der Schwellspannung (Trigger-Level). Man stelle bei interner Triggerung auf eine Schwellspannung U_T ein, die pro Periode nicht eindeutig ist (also einem Spannungswert, der kleiner als das kleinere Maximum der Kurve ist). Es entsteht dann im allgemeinen kein stehendes Bild mit einer Spur, es sei denn, daß zufällig die Periode der Sägezahnspannung (Zeitablenkung) ein ganzzahliges Vielfaches der Periode der Signalspannung ist.

Bei genügend hohem Trigger-Level U_T oder bei externem Triggern entsteht ein stehendes Bild mit einer eindeutigen Spur.

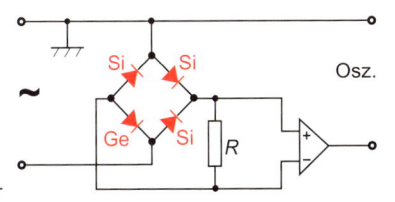

Bild 21.9. Gleichrichterschaltung mit unterschiedlichen Dioden zur Erzeugung einer Wechselspannung nach Bild 21.10

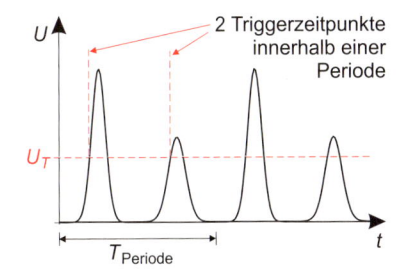

Bild 21.10. Ausgangsspannung der Gleichrichterschaltung nach Bild 21.9. Bei niedriger Triggerschwelle ist diese Funktion nicht eindeutig triggerbar

21.2 Zeit- und Frequenzmessung (1/3)

Bei bekanntem Zeitablenkungsfaktor eines Oszilloskops kann eine Zeitmessung durch eine Längenmessung auf dem Oszilloskopschirm erfolgen. Mit diesem Verfahren soll die Frequenzskala eines Wechselspannungsgenerators, der auch als Frequenzgenerator bezeichnet wird, kalibriert werden.

Oszilloskop, Frequenzgenerator (unkalibriert).

Für eine zunächst beliebige Einstellung der Frequenzskala des Generators wird die Frequenz mit Hilfe des Oszilloskops bestimmt. Hierzu wird die Zeitablenkung am Oszilloskop so eingestellt, daß mehrere Schwingungen der sinusförmigen Wechselspannung auf dem Bildschirm sichtbar sind, Bild 21.11. Die Wechselspannungsamplitude aus dem Generator und der Ablenkungsfaktor des y-Kanals werden so aufeinander abgestimmt, daß das Signal mindestens 2/3 des Bildschirmhöhe einnimmt. Die richtige Triggereinstellung sorgt für ein stehendes Bild. Nun wird die Strecke s einer möglichst großen Zahl n von Schwingungsperioden auf dem Bildschirm bestimmt.

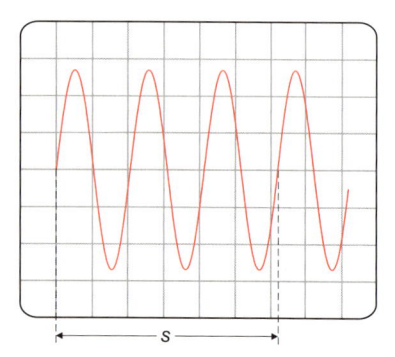

Bild 21.11. Frequenzmessung am Oszilloskop

Aus dem Zeitablenkfaktor α, z. B. 1 ms/cm der Zeitbasis, und der Strecke s, über die sich n Schwingungsperioden erstrecken, wird die Dauer einer Schwingung $T = \alpha s/n$ bzw. die Frequenz $f = 1/T$ der Wechselspannung berechnet.

Die Messung wird für weitere Frequenzen wiederholt, die sinnvoll über den gesamten Verstellbereich ϕ (Drehknopfeinstellung) des Generators verteilt sind.

Für die grafische Auswertung $f(\phi)$ wird wegen des über mehrere Dekaden reichenden Frequenzbereichs doppelt-logarithmisches Papier verwendet. Die Streuung der Meßpunkte der Kurve (z. B. etwa eine Gerade) wird durch Fehlerbalken gekennzeichnet. Zur Berechnung der Meßunsicherheit für die Frequenzskala muß zusätzlich noch der mögliche systematische Fehler des Zeitablenkfaktors α berücksichtigt werden (in der Regel $\pm 3\,\%$).

21.3 Lissajous-Figuren – Gleiche Frequenzen (1/3)

Darstellung von Lissajous-Figuren bzw. Überlagerungsellipsen bei gleichen Frequenzen von x- und y-Spannung. Anwendung zur Phasenmessung.

Wie 21.2, zusätzlicher Frequenzgenerator, Widerstände und Kondensatoren zum Aufbau eines Tiefpasses (vgl. *Themenkreis 22: Wechselspannungen*).

Bei gleicher Frequenz der am x- und y-Eingang anliegenden Spannungen entstehen als Lissajous-Figuren Geraden, Ellipsen oder Kreise, Bild 21.12.

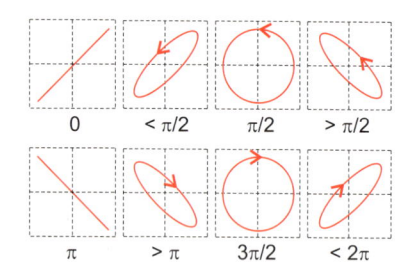

Bild 21.12. Lissajous-Figuren aus zwei Sinusspannungen mit gleicher Frequenz und gleicher Amplitude bei verschiedenen Phasendifferenzen

Man diskutiere die Entstehung der Überlagerungsfiguren zweier Sinusspannungen und bestimme als Anwendung die Phasenverschiebung von Eingangs- und Ausgangsspannung z. B. bei einem Tiefpaß.

21.4 Lissajous-Figuren – Ungleiche Frequenzen (1/3)

Die Überlagerungsfiguren zweier Wechselspannungen unterschiedlicher Frequenz, die an den x- und y-Eingang eines Oszilloskops gelegt werden, sind darzustellen und zu diskutieren. Anwendung der Lissajous-Figuren zur Frequenzmessung.

Wie 21.2; zusätzlicher Frequenzgenerator.

Legt man an den x- und den y-Eingang des Oszilloskops Wechselspannungen mit unterschiedlichen Frequenzen, erscheinen auf dem Schirm Lissajous-Figuren. Im allgemeinen Fall scheinen sich diese Figuren um eine Achse zu drehen. Dies geschieht häufig so schnell, daß ihre genaue Struktur nicht ohne weiteres erkennbar ist. Stehen die Frequenzen der beiden angelegten Wechselspannungen jedoch in einem rationalen Verhältnis m/n zueinander, ergeben sich stehende Figuren, z. B. Bild 21.13. In Bild 21.14 sind weitere Beispiele dargestellt. Allerdings läßt sich aufgrund der begrenzten Frequenzstabilität von zwei unabhängigen Spannungsquellen ein stehendes Bild meistens nur kurzzeitig erreichen.

Das Meßsignal, d. h. die Sinusspannung, deren Frequenz f zu messen ist, wird an die y-Platten gelegt; an die x-Platten legt man die Wechselspannung mit der bekannten Vergleichsfrequenz f_0. Die Verstärkungen werden so eingestellt, daß die Fläche des Leuchtschirms gut ausgenutzt wird. Auf die Genauigkeit der Messung haben die x- und y-Auslenkungen allerdings keinen wesentlichen Einfluß, da die unbekannte Frequenz aus der Form und nicht der Größe der Lissajous-Figur bestimmt wird. Es stehen Vergleichsspannungen mit z. B. $f_0 = 50\,\text{Hz}$ und $1000\,\text{Hz}$ zur Verfügung. Ist das Verhältnis $f/f_0 = m/n$ aus der unbekannten Frequenz f und der bekannten Frequenz f_0 durch m und n bestimmt (m, n ganze Zahlen), so ergibt sich auf dem Leuchtschirm eine in sich geschlossene und stehende Lissajous-Figur, die in x- und y-Richtung eine Reihe von Umkehrpunkten aufweist.

Die Zahl m ergibt sich, indem man die Anzahl der Umkehrpunkte am oberen und unteren Rand der Lissajous-Figur abzählt. Ebenso bestimmt man die Zahl n durch Abzählen der Umkehrpunkte am rechten oder linken Rand der Figur. Bild 21.14 zeigt mehrere solcher Figuren, die während der Kalibrierung eines solchen Sinusgenerators aufgenommen wurden. Man zählt z. B. in Bild 21.14a am oberen (oder am unteren) Rand $m = 5$ Umkehrpunkte, am linken (oder rechten) Rand $n = 2$ Umkehrpunkte.

Ist die Vergleichsfrequenz $f_0 = 50\,\text{Hz}$, ergibt sich für die eingestellte Frequenz

$$f = \frac{m}{n} f_0 = \frac{5}{2} 50 = 125\,\text{Hz}.$$

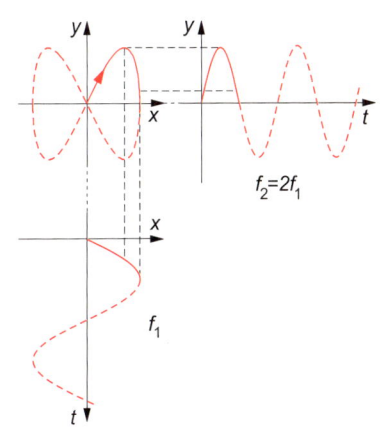

Bild 21.13. Konstruktion einer Lissajous-Figur mit $m/n = 2/1$

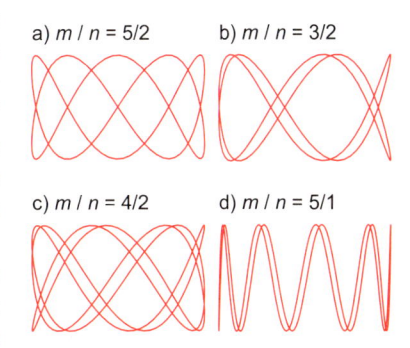

Bild 21.14a-d. Einige Lissajous-Figuren. Bei exakt ganzzahligem Verhältnis der Frequenz ergeben sich stabile Figuren wie in (a). Bei Verwendung zweier unabhängiger Spannungsgeneratoren für die x- und y-Ablenkung ergeben sich instabile Figuren, d. h. Vor- und Rücklauf sind verschieden (Doppelspur) und auch die Form der Figur ändert sich

Wovon hängt bei diesem Verfahren die Genauigkeit ab? Was bestimmt die scheinbare Drehgeschwindigkeit und den Umlaufsinn der Lissajous-Figuren?

Es sollen einige Lissajous-Figuren erzeugt und skizziert werden; die abgebildeten kennen wir schon, was gibt es sonst noch für welche?

22. Wechselspannungen

Experimentelle Erarbeitung der Grundbegriffe der Wechselspannungstechnik, einfache Wechselspannungsschaltungen, Tiefpaß, Hochpaß, Schwingkreis, Gleichrichterschaltungen, Arbeiten mit dem Oszilloskop.

Standardlehrbücher (Stichworte: Wechselspannung, Wechselstrom, Wechselstromkreis, Ohmscher Widerstand, Selbstinduktivität, Kapazität, Ohmsches Gesetz für Wechselspannungen),
Themenkreis 21: Messungen mit einem Oszilloskop.

Zeitverläufe, Scheitel- und Effektivwerte

Als **Wechselspannungen** U und **Wechselströme** I bezeichnet man elektrische Spannungen und Ströme, die zeitlich nicht konstant sind, sondern sich, meistens periodisch, ändern. Einige Beispiele sind in Bild 22.1 dargestellt. Bei technisch verwendeten Wechselspannungen wird die zeitliche Änderung durch eine Sinus- oder Kosinusfunktion beschrieben, z. B.:

$$I = I_0 \sin \omega t \quad \text{und} \quad U = U_0 \sin(\omega t + \varphi) \quad ,$$

dabei sind $\omega = 2\pi f$ die Kreisfrequenz und I_0 bzw. U_0 die Scheitelwerte von Strom bzw. Spannung. φ gibt eine mögliche Phasenverschiebung an.

Der **Scheitelwert** ist der höchste während einer Periode auftretende Momentanwert der Spannung bzw. des Stromes. Unter **Effektivwert** einer Wechselspannung versteht man eine fiktive Gleichspannung, die an einem Ohmschen Widerstand anliegen müßte, so daß an diesem die gleiche Leistung (Wärme) erzeugt wird wie im zeitlichen Mittel bei der Wechselspannung. Bei sinusförmigen Wechselspannungen gilt:

$$U_\text{eff} = \frac{1}{\sqrt{2}} U_0 \qquad I_\text{eff} = \frac{1}{\sqrt{2}} I_0 \quad .$$

So entspricht die Effektivspannung des Wechselstromnetzes von 230 V (Haushaltssteckdose!) einer Scheitelspannung von 325 V. Bei nicht-sinusförmigen Wechselspannungsverläufen ergeben sich andere Verhältnisse U_eff/U_0, z. B. $1/\sqrt{3}$ bei Dreieck- und $1/1$ bei Rechtecksignalen. Die üblichen Meßgeräte für Wechselspannungen und -ströme zeigen den Effektivwert an, d. h. einen quadratisch zeitgemittelten Wert. Will man den Zeitverlauf solcher Größen untersuchen, benutzt man ein Oszilloskop.

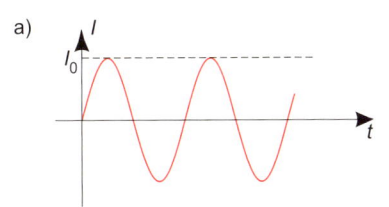

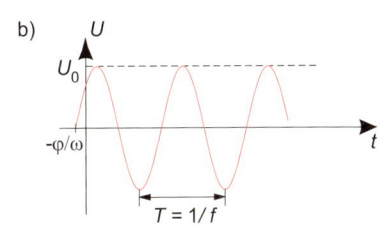

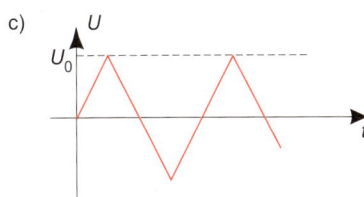

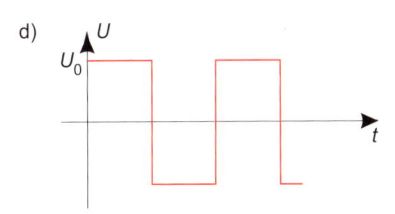

Bild 22.1a-d. Beispiele für zeitliche Verläufe von Wechselströmen und Wechselspannungen

📖 Ohmscher, kapazitiver, induktiver Widerstand

Ein **Ohmscher Widerstand** in einem Wechselstrom-Kreis entspricht einem Ohmschen Widerstand R in einem Gleichstromkreis. Der Betrag des Widerstandes ist auch hier der Quotient aus Spannung und Strom: $U = RI$. Eine Phasenverschiebung zwischen Strom und Spannung tritt nicht auf.

Ein **kapazitiver Widerstand** wird verursacht durch einen Kondensator oder andere elektrische Bauelemente, bei denen die am Bauelement anliegende Spannung proportional zur Ladung Q bzw. zu dem zeitlichen Integral des durch das Bauelement fließenden Stromes ist:

$$U_C = \frac{Q}{C} = \frac{1}{C} \int I \mathrm{d}t \quad .$$

Den Proportionalitätsfaktor C nennt man dabei **Kapazität** des Bauelementes. Die Maßeinheit der Kapazität ist 1 Farad = 1 F = 1 As/V.

Als Betrag des kapazitiven Widerstandes bezeichnet man den Quotienten aus den Scheitelwerten von anliegender Spannung und fließendem Strom. Für einen sinusförmigen Strom

$$I = I_0 \sin \omega t$$

ergibt sich nach

$$U_C = \frac{1}{C} \int I \mathrm{d}t = -\frac{I_0}{\omega C} \cos \omega t = -U_0 \cos \omega t = U_0 \sin\left(\omega t - \frac{\pi}{2}\right)$$

für den kapazitiven Widerstand ein Betrag von

$$\left|\frac{U_0}{I_0}\right| = \frac{1}{\omega C} \quad .$$

Zwischen Strom und Spannung besteht eine Phasenverschiebung $\varphi = -\pi/2$, d.h. der Zeitverlauf der Spannung eilt dem Stromverlauf um 1/4 Periodendauer nach.

Bei einer Spule oder einem **induktiven Widerstand** ist die anliegende Spannung proportional zur zeitlichen Änderung des Stromes:

$$U_L = L \frac{\mathrm{d}}{\mathrm{d}t} I \quad .$$

Die Proportionalitätskonstante L bezeichnet man als Selbstinduktivität oder **Induktivität**. Die Maßeinheit der Induktivität ist 1 Henry = 1 H = 1Vs/1A. Der Betrag des induktiven Widerstandes ωL ist auch hier wieder der Quotient aus den Scheitelwerten von Spannung und Strom. Dabei kann man zugleich zeigen, daß der Spannungsverlauf dem Strom um $\varphi = \pi/2$ vorauseilt.

Komplexe Darstellung von Wechselspannungen und Wechselstromwiderständen

Bei der quantitativen Beschreibung von Wechselstromkreisen ist wegen der notwendigen Berücksichtigung von Betrag und Phase eine komplexe Schreibweise sehr hilfreich. Bekanntlich können Sinus- und Kosinusfunktionen durch komplexe Exponentialfunktionen ausgedrückt werden:

$$\sin \omega t = \frac{1}{2i}\left(e^{i\omega t} - e^{-i\omega t}\right) = \frac{1}{2i}e^{i\omega t} - \text{c.c.}$$

$$\cos \omega t = \frac{1}{2}\left(e^{i\omega t} + e^{-i\omega t}\right) = \frac{1}{2}e^{i\omega t} + \text{c.c.} \quad .$$

Dabei bedeutet „c.c." den konjugiert komplexen Wert des jeweils vorangegangenen Ausdrucks. In komplexer Schreibweise gilt für den Zusammenhang zwischen Strom und Spannung an einem *Ohmschen Widerstand* R:

$$U = RI = R\frac{I_0}{2i}e^{i\omega t} - \text{c.c.} = \frac{U_0}{2i}e^{i\omega t} - \text{c.c.}$$

Für einen Kondensator gilt:

$$U = \frac{1}{C}\int I\, \mathrm{d}t = \frac{1}{C}\int \frac{I_0 e^{i\omega t}}{2i}\mathrm{d}t - \text{c.c.} = \frac{1}{i\omega C}\frac{I_0}{2i}e^{i\omega t} - \text{c.c.} \quad .$$

Die Größe

$$Z_C = \frac{1}{i\omega C}$$

wird als *komplexer kapazitiver Widerstand* bezeichnet. Mit dem komplexen Widerstand kann aus der komplexen Stromamplitude mit Hilfe des Ohmschen Gesetzes die komplexe Spannungsamplitude berechnet werden.

Bei einer Induktivität ist

$$U = L\frac{\mathrm{d}I}{\mathrm{d}t} = L\frac{\mathrm{d}}{\mathrm{d}t}\left(\frac{I_0}{2i}e^{i\omega t} - \text{c.c.}\right) = i\omega L\frac{I_0}{2i}e^{i\omega t} - \text{c.c.} \quad .$$

Die Größe

$$Z_L = i\omega L$$

wird als *komplexer induktiver Widerstand* bezeichnet.

Mit komplexen Widerständen gelten das Ohmsche Gesetz und die Kirchhoffschen Regeln für Wechselspannungen und -ströme wie in Gleichstromkreisen. Man muß dabei beachten, daß sich bei derartigen Rechnungen auch komplexe Strom- und Spannungsamplituden ergeben können. Die meßbaren Ströme und Spannungen entsprechen dann jeweils den Beträgen der komplexen Größen.

📖 Innenwiderstand einer Wechselstromquelle

Ähnlich wie im Gleichstromfall lassen sich auch Wechselstromquellen durch einen Innenwiderstand R_i charakterisieren, Bild 22.2. Entsprechend gilt für die außen verfügbare Klemmspannung U_{kl}:

$$U_{kl} = U_0 - IR_i$$

U_0 ist die *Leerlaufspannung*, d.h. die Klemmenspannung bei $R_a = \infty$ ($I = 0$). R_i erhält man entweder aus der (negativen) Steigung der Kennlinie $U_{kl} = f(I)$ bzw. aus den extrapolierten Werten für U_0 und I_k (*Kurzschlußstrom*).

Die von der Stromquelle an den Lastwiderstand R_a abgegebene Leistung durchläuft eine Kurve mit einem Maximum bei $R_a = R_i$ (Fall der **Anpassung**), Bild 22.3. Die Richtigkeit dieser Aussage soll durch Lösen der mathematischen Extremwertaufgabe $dP_a/dR_a = 0$ nachgewiesen werden.

Bei einfachen Netzstromtransformatoren als Wechselstromquelle kann der Innenwiderstand auch komplex sein, weil magnetische Streufelder zum Auftreten einer Verlustinduktivität ωL_i führen. Dann ist die Kennlinie $U_{kl} = f(I)$ keine Gerade, sondern stellt den Ausschnitt aus einer Ellipsenkurve dar. Der Betrag Z_i des komplexen Innenwiderstandes (im Ersatzschaltbild: Reihenschaltung aus R_i und L_i) ergibt sich dann aus

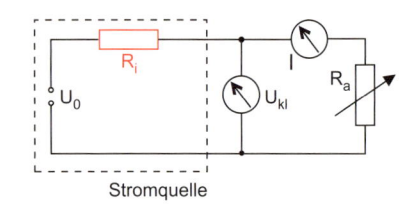

$$Z_i = \sqrt{R_i^2 + (\omega L_i)^2} \quad .$$

Bild 22.2. Ersatzschaltbild für eine mit R_a belastete Wechselstromquelle mit Ohmschem Innenwiderstand

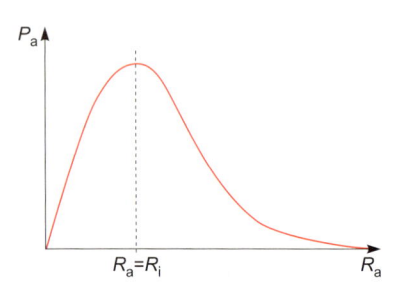

Bild 22.3. Wirkleistung P_a, die von einer Wechselstromquelle im äußeren Belastungswiderstand R_a umgesetzt wird

📖 Tiefpaß

Ein *Tiefpaß* ist eine elektrische Schaltung, die eine Wechselspannung am Eingang bei tiefen Frequenzen ungehindert zum Ausgang überträgt und bei hohen Frequenzen nicht zum Ausgang durchläßt. Eine einfache Schaltung, die dieses Verhalten zeigt, ist ein Spannungsteiler mit einem Kondensator als frequenzabhängigem Widerstand, Bild 22.4.

Bei kleinen Frequenzen f der Eingangsspannung U_E stellt die Kapazität C einen großen Widerstand dar, d.h. die Ausgangsspannung U wird etwa gleich U_E sein. Bei hohen Frequenzen wirkt C als Kurzschluß, so daß die Ausgangsspannung klein wird.

Unter Verwendung des komplexen Widerstandes Z_C ergibt sich das Verhältnis vom Scheitelwert der Ausgangsspannung U_0 zum Scheitelwert der Eingangsspannung U_{E0} wie bei einem Spannungsteiler aus Ohmschen Widerständen zu

$$\left|\frac{U_0}{U_{E0}}\right| = \left|\frac{Z_C}{R + Z_C}\right| = \frac{|1/i\omega C|}{|R + 1/i\omega C|} = \frac{1}{\sqrt{(\omega RC)^2 + 1}} \quad ,$$

also

$$\frac{U_0}{U_{E0}} = \frac{1}{\sqrt{(\omega RC)^2 + 1}} = \frac{1}{\sqrt{(f/f_G)^2 + 1}} \quad .$$

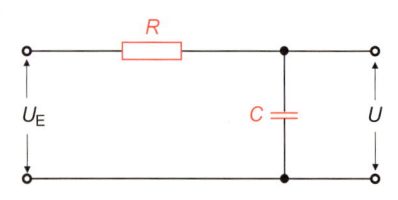

Bild 22.4. Schaltung eines Tiefpasses

Diese Schaltung ist kein idealer Tiefpaß, da das Verhältnis von Ausgangs- zu Eingangsspannung U_0/U_{E0} beim Überschreiten einer Grenzfrequenz nicht abrupt Null wird, sondern langsam abfällt und zwar näherungsweise umgekehrt proportional zur Frequenz, Bild 22.5. Als Grenzfrequenz wird bei dieser Schaltung die Frequenz

$$f_G = \frac{1}{2\pi RC}$$

angegeben. Bei dieser Frequenz tritt nach Bild 22.5 der Knick in der Übertragungskennlinie auf.

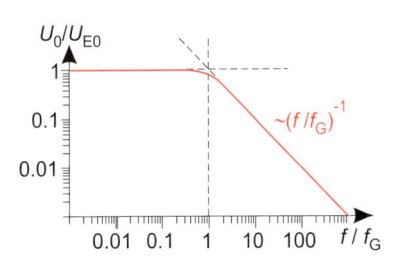

Bild 22.5. Übertragungskennlinie eines Tiefpasses

Folgende Sonderfälle sind für das Verhältnis der Scheitelwerte von Ausgangsspannung U_0 zur Eingangsspannung U_{E0} charakteristisch:

$$f \ll f_G \quad\bigg|\quad f = f_G \quad\bigg|\quad f \gg f_G$$
$$\frac{U_0}{U_{E0}} = 1 \quad\bigg|\quad \frac{U_0}{U_{E0}} = \frac{1}{\sqrt{2}} \quad\bigg|\quad \frac{U_0}{U_{E0}} \approx \left(\frac{f}{f_G}\right)^{-1}.$$

Schwingkreis, erzwungene Schwingungen

Ein elektrischer **elektrischer Schwingkreis** besteht aus einer Spule und einem Kondensator, zwei Bauelemente, die beide elektrische Energie speichern können. Bei Einspeisung von Wechselstrom I_E mit konstanter Amplitude wird z. B. der Kondensator zunächst aufgeladen und speichert Energie im elektrischen Feld. Wird der Ladestrom $I_E = 0$, so entlädt sich der Kondensator über die Spule, wobei ein Magnetfeld in der Spule aufgebaut wird. Die darin gespeicherte Energie wandert danach wieder in den Kondensator zurück, so daß eine periodische Schwingung auftritt, ähnlich wie bei einem Pendel, bei dem ständig ein Austausch von kinetischer und potentieller Energie stattfindet. Bei einer bestimmten Frequenz des anregendes Stromes tritt Resonanz auf, d. h. die Spannung am Schwingkreis wird maximal.

Die Spannungsamplitude am Schwingkreis kann mit den komplexen Widerständen von Spule und Kapazität berechnet werden. Zusätzlich zu Bild 22.6 soll in der Schaltung ein Widerstand R in Reihe zur Spule L berücksichtigt werden. Ein derartiger Dämpfungswiderstand ist wegen des Ohmschen Widerstandes des Spulendrahtes und Ummagnetisierungsverlusten des Spulenkernes immer vorhanden, auch wenn er nicht als separates Bauelement eingebaut ist. Der komplexe Widerstand einer realen Spule beträgt also $i\omega L + R$. Ein Kondensator hat zwar wegen nicht idealer Isolation auch einen Ohmschen Widerstand, jedoch ist dieser hier weniger bedeutend.

Der komplexe Gesamtwiderstand dieses Parallelschwingkreises ergibt sich durch Addition der reziproken Einzelwiderstände der Bauelemente:

$$\frac{1}{Z_{ges}} = i\omega C + \frac{1}{i\omega L + R} = \frac{1 - \omega^2 LC + i\omega RC}{i\omega L + R} \quad.$$

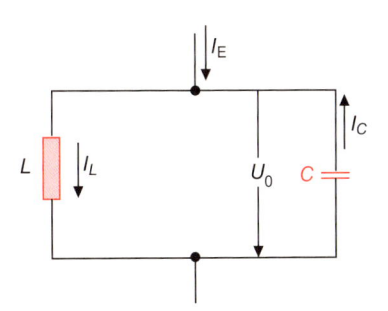

Bild 22.6. Anregung eines Schwingkreises zu erzwungenen Schwingungen durch Einspeisung eines Stromes I_E

Die Spannungsamplitude am Schwingkreis ist:

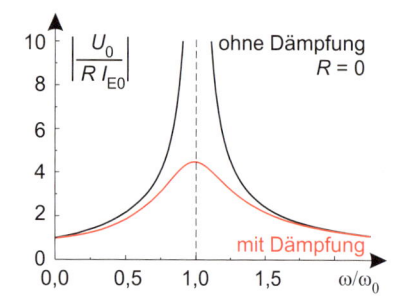

Bild 22.7. Resonanzkurve eines Parallel-Schwingkreises, der nach Bild 22.6 angeregt wird. Der Dämpfungswiderstand der roten Kurve ist zu $2R = \sqrt{L/C}$ angenommen

$$|U_0| = |Z_{ges} I_{E0}| = \frac{\sqrt{\omega^2 L^2 + R^2}|I_{E0}|}{\sqrt{(\omega RC)^2 + (\omega^2 LC - 1)^2}}.$$

Für vernachlässigbare Dämpfung, d. h. $R \to 0$, wäre bei der Resonanzfrequenz $\omega_R = 1/\sqrt{LC}$ die Amplitude der Stromschwingung unendlich, Bild 22.7. Berücksichtigt man jedoch zusätzlich die stets vorhandene Dämpfung, so ergibt sich auch im Resonanzfall ein endlicher Wert.

Gleichrichter und Verstärker

Als **Gleichrichter** kann man alle elektrischen Bauelemente benutzen, die beim Anlegen einer Spannung in *einer* Polungsrichtung Strom durchlassen, in der anderen Polungsrichtung dagegen nicht, z. B. Halbleiterdioden aus Germanium oder Silizium (vgl. *Themenkreis 29*: Halbleiterdioden), Bild 22.8. Man kann solche Gleichrichter in Einweg- oder Zweiweg- (Brücken-) Schaltungen einsetzen, je nachdem, ob man eine oder beide Halbwellen der Eingangsspannung ausnutzen will.

Zur Verstärkung kleiner Spannungen und Ströme werden oft Differenzoder Operationsverstärker eingesetzt, die in *Themenkreis 31*: Operationsverstärker ausführlicher dargestellt sind, Bild 22.9.

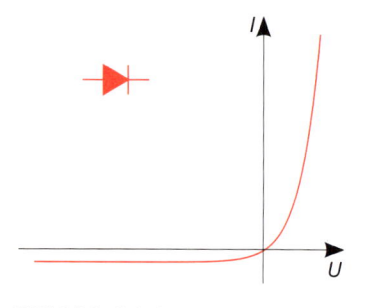

Bild 22.8. Schaltungssymbol und Kennlinie einer Diode

22.1 Effektiv- und Scheitelwert (1/3)

Messung von Scheitel- und Effektivwerten von Wechselspannungen verschiedener Wellenformen.

Funktionsgenerator, der sinus-, rechteck- und dreieckförmige Ausgangsspannungen (Wellenformen) mit einstellbarer Frequenz und Amplitude abgibt und ein zusätzliches Rechtecksignal gleicher Frequenz zur Triggerung eines Oszilloskops; Vielfachmeßinstrumente (Volt-, Ampere- und Ohmmeter) für Gleich- und Wechselspannung, das Effektivwerte für Wechselspannung und Wechselstrom anzeigt (analog oder digital); Zweikanal-Oszilloskop.

Der Effektiv- und Scheitelwert von Sinus-Wechselspannungen soll gleichzeitig mit Vielfachinstrument und Oszilloskop gemessen werden. Diese Messung wird bei verschiedenen Wellenformen, Spannungen und Frequenzen wiederholt. Die Frequenzen sollten zwischen $f = 50\,\text{Hz}$ und einer Maximalfrequenz liegen, bei der die Spannungsempfindlichkeit der Vielfachinstrumente deutlich reduziert ist.

Der Vergleich der gemessenen Verhältnisse von Effektiv- und Scheitelwert soll zeigen, ob die Ergebnisse innerhalb der Fehlergrenzen mit den berechneten Werten für verschiedene Wellenformen (Sinus, Rechteck, Dreieck) übereinstimmen.

Hinweis: Im allgemeinen sind die Vielfachmeßinstrumente nur für sinusförmige Spannungsverläufe kalibriert, so daß bei anderen Kurvenverläufen systematische Abweichungen des angezeigten vom tatsächlichen Effektivwert auftreten. Es gibt jedoch auch Meßinstrumente, bei denen

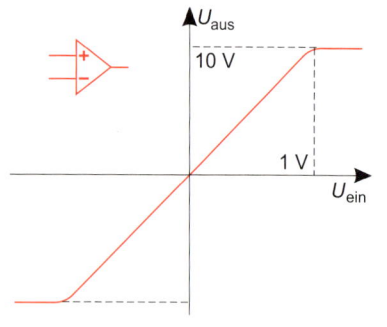

Bild 22.9. Schaltungssymbol und Kennlinie eines Differenzverstärkers (z. B. 10-fach verstärkend bis zu einer maximalen Ausgangsspannung von 10 Volt)

bei allen Wechselspannungsformen der tatsächliche Effektivwert angezeigt wird.

22.2 Innenwiderstand und Leistungsabgabe einer Wechselstromquelle (1/3)

Aus Strom-Spannungsmessungen soll der Innenwiderstand einer Wechselstromquelle bestimmt werden.

Meßgeräte für Strom und Spannung, Belastungswiderstände, Netztrafo oder kurzschlußfester Funktionsgenerator.

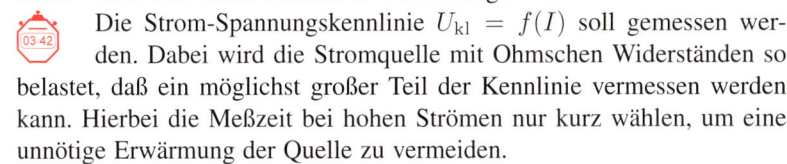

Die Strom-Spannungskennlinie $U_{kl} = f(I)$ soll gemessen werden. Dabei wird die Stromquelle mit Ohmschen Widerständen so belastet, daß ein möglichst großer Teil der Kennlinie vermessen werden kann. Hierbei die Meßzeit bei hohen Strömen nur kurz wählen, um eine unnötige Erwärmung der Quelle zu vermeiden.

Meßwerte grafisch auftragen und aus der Grafik die Leerlaufspannung U_0, den Kurzschlußstrom I_k sowie den Betrag des Innenwiderstandes R_i bzw. Z_i bestimmen. Eine Fehlerrechnung ist erforderlich.

Die im Außenwiderstand R_a umgesetzte Leistung $P_a = U_{kl}I$ als Funktion des Belastungswiderstandes $R_a = U_{kl}/I$ auftragen und aus der Lage des Leistungsmaximums noch einmal den Innenwiderstand bestimmen (mit Fehlerrechnung).

22.3 Tiefpaß (1/3)

Messung des Übertragungsverhältnisses eines Tiefpasses.

Funktionsgenerator und Zweikanal-Oszilloskop (wie 22.1), Vielfachmeßinstrumente, Bauelemente: Widerstände, Kondensatoren und Kabelverbindungen.

Tiefpaßschaltung entsprechend Bild 22.10 oder mit anderen R, C-Werten aufbauen und mit einem Oszilloskop das Verhältnis von Ausgangsspannung U zur Eingangsspannung U_E als Funktion der Frequenz der Eingangsspannung messen. Die Phasenverschiebung zwischen Ausgangs- und Eingangsspannung beachten.

In einem Diagramm wird aus Gründen einer übersichtlicheren Darstellung zweckmäßigerweise der Logarithmus des Amplitudenverhältnisses über dem Logarithmus der Frequenz aufgetragen:

$$\log(U/U_E) = \text{fkt}[\log(f/\text{Hz})] \quad .$$

Die gemessene Kurve soll mit der theoretischen Abhängigkeit verglichen werden. Weiter soll die aus den verwendeten Widerstands- und Kapazitätswerten berechnete Grenzfrequenz mit dem gemessenen Wert verglichen werden.

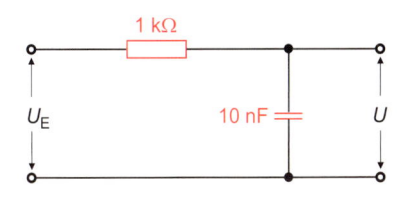

Bild 22.10. Vorschlag zur Dimensionierung eines Tiefpasses

22.4 Schwingkreis (1/3)

Bestimmung der Resonanzfrequenz eines Schwingkreises.

Funktionsgenerator und Zweikanal-Oszilloskop wie in 22.1, Bauelemente: Widerstände, Kondensatoren, Spulen.

Eine Schwingkreisschaltung z. B. entsprechend Bild 22.11 aufbauen und mit einem Oszilloskop die Ausgangsspannung U als Funktion der Frequenz messen.

Der Vorwiderstand von z. B. $10\,\text{k}\Omega$ in der angegebenen Schaltung sorgt dafür, daß der Schwingkreis mit etwa konstanter Stromamplitude I_{E0} angeregt wird, auch wenn die Frequenz sich ändert.

Die Resonanzfrequenz soll grafisch bestimmt und mit dem berechneten Wert verglichen werden.

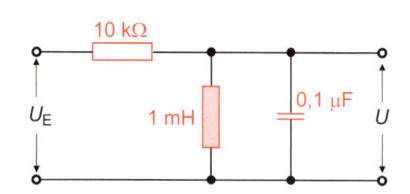

Bild 22.11. Vorschlag zur Dimensionierung eines Parallelschwingkreises

22.5 Gleichrichterschaltungen (1/3)

Kennenlernen der Eigenschaften verschiedener Gleichrichterschaltungen.

Funktionsgenerator und Zweikanal-Oszilloskop wie in 22.1, zusätzlich Widerstände, Si-Dioden und Differenzverstärker.

Es soll die Schaltung eines Halbwellengleichrichters, Bild 22.12, aufgebaut werden. Die Eingangsspannung wird mit dem Funktionsgenerator erzeugt. Die Eingangs- und Ausgangsspannung werden mit dem Oszilloskop gemessen. Dabei muß die Nullinie für die Ausgangsspannung festgestellt werden.

In einem Diagramm sollen Eingangs- und Ausgangsspannung als Funktion der Zeit skizziert und deren Verlauf diskutiert werden.

Die Schaltung eines Halbleitergleichrichters mit Glättungskondensator, Bild 22.13, soll aufgebaut werden. Wieder werden die Eingangs- und die Ausgangsspannung mit dem Oszilloskop gemessen. Der Einfluß verschiedener Kapazitäten bei dieser Schaltung soll untersucht werden.

Die Eingangs- und Ausgangsspannungen sollen als Funktion der Zeit in Diagrammen skizziert und der Einfluß der verschiedenen Kapazitäten diskutiert werden.

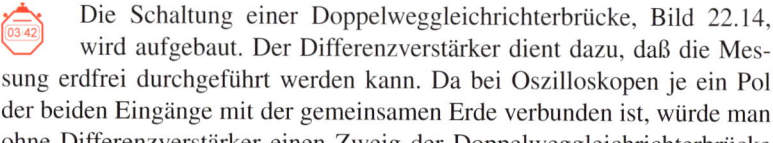

Die Schaltung einer Doppelweggleichrichterbrücke, Bild 22.14, wird aufgebaut. Der Differenzverstärker dient dazu, daß die Messung erdfrei durchgeführt werden kann. Da bei Oszilloskopen je ein Pol der beiden Eingänge mit der gemeinsamen Erde verbunden ist, würde man ohne Differenzverstärker einen Zweig der Doppelweggleichrichterbrücke über die Erde kurzschließen. Die Eingänge des Differenzverstärkers dagegen sind erdfrei.

Der Zeitverlauf der Ausgangsspannung soll skizziert und diskutiert werden.

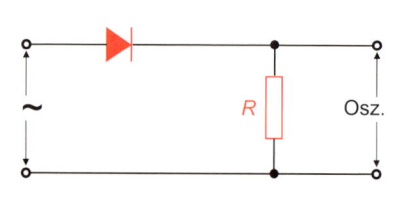

Bild 22.12. Halbwellengleichrichter

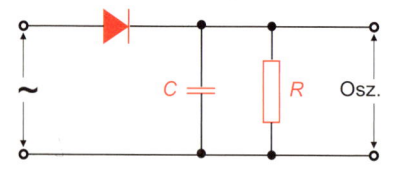

Bild 22.13. Halbwellengleichrichter mit Glättungskondensator

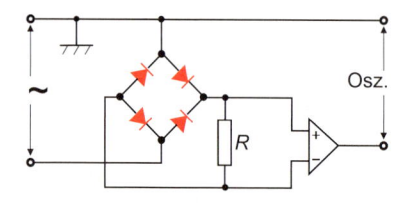

Bild 22.14. Doppelweggleichrichterbrücke. Der Differenzverstärker dient zur erdfreien Messung

22.6 Strom-Spannungs-Kennlinie einer Diode (1/3)

Nutzung des x-y-Betriebs eines Oszilloskops zur Darstellung von Strom - Spannungs-Kennlinien.

Funktionsgenerator und Zweikanal-Oszilloskop wie in 22.1, Widerstände, Dioden, Differenzverstärker.

Zur Ermittelung der Kennlinie einer Diode kann ein Schaltungsaufbau wie in Bild 22.12 verwendet werden. Die an der Diode liegende Spannung U wird an die x-Platten des Oszilloskops gelegt. Der Strom I ruft einen Spannungsabfall U_I am Widerstand hervor, der diesem Strom I proportional ist. Diese Spannung U_I wird auf den y-Eingang des Oszilloskops gegeben. Wie bei der Doppelweggleichrichterschaltung, Bild 22.14, muß die Ausgangsspannung auch hier über einen Differenzverstärker an das Oszilloskop gelegt werden, da es sonst Erdungsprobleme gibt.

Die Diodenkennlinie soll mit transparentem Papier abgezeichnet oder gegebenenfalls mit einer Digital-Kamera fotografiert werden. Diese Diodenkennlinie kann mit den Angaben im Datenblatt oder mit einer entsprechend *Themenkreis 29:* Halbleiterdioden quasistatisch aufgenommenen Kennlinie verglichen werden.

23. Speicheroszilloskop

Verständnis für Funktionsweise und Benutzung eines Speicheroszilloskops. Messung nichtperiodischer Signale als Anwendung, z. B. Kondensatorentladung, gedämpfte Schwingungen, Laufzeitmessung von Schallimpulsen, Herzschlagmonitor, Nachweis von Leitfähigkeitsquanten in Nanodrähten.

Standardlehrbücher (Stichworte: Oszilloskop, Kondensatorentladung, gedämpfte Schwingungen),
Betriebsanleitung des verwendeten Oszilloskops,
Garcia/Costa-Krämer: Quantum-Level Phenomena in nanowires,
Ott/Lunney: Quantum Conduction: A Step-by-Step Guide.

Digital-Speicheroszilloskop

Ein **Speicheroszilloskop** kann einmalige oder auch periodisch wiederkehrende Signale speichern und als stehendes Bild, z. B. auf dem Schirm einer Elektronenröhre darstellen. Ebenso wie ein gewöhnliches Oszilloskop dient auch ein Digital-Speicheroszilloskop zur Erfassung und Darstellung analoger Signale, d. h. zeitveränderlicher Spannungen. Allerdings erfolgt die Speicherung der analogen Signale digital. Gibt man dieses gespeicherte einmalige Signal öfter als 25 mal pro Sekunde auf dem Schirm des Speicheroszilloskops aus, so entsteht ein stationäres und flimmerfreies Bild.

Die Funktionsweise und typische Betriebsarten eines Speicheroszilloskops sollen an einem Beispielgerät, dem Gould Digital Storage Oscilloscope, Typ DSO 1421, erläutert werden.

Funktionsweise

Das Blockschaltbild eines Speicheroszilloskops ist in Bild 23.1 dargestellt. Die analogen Signale Y_1 und Y_2, die an den Kanälen CH1 bzw. CH2 anliegen, werden durch Eingangsverstärker verstärkt. Je nach Stellung des `Normal`- und `Speicher`-Schalters wird das verstärkte Signal entweder direkt über den `Normal`-Kanal auf den Y-Ausgangsverstärker gegeben, oder es durchläuft vorher auf dem `Speicher`-Kanal die digitale Zwischenspeicherung. Im Speicherbetrieb werden die analogen Signale mit *Analog-Digital-Wandlern*, *A/D-Wandlern*, in digitale Signale umgewandelt. Diese können dann in einem *Halbleiterspeicher* abgespeichert werden. Der Spei-

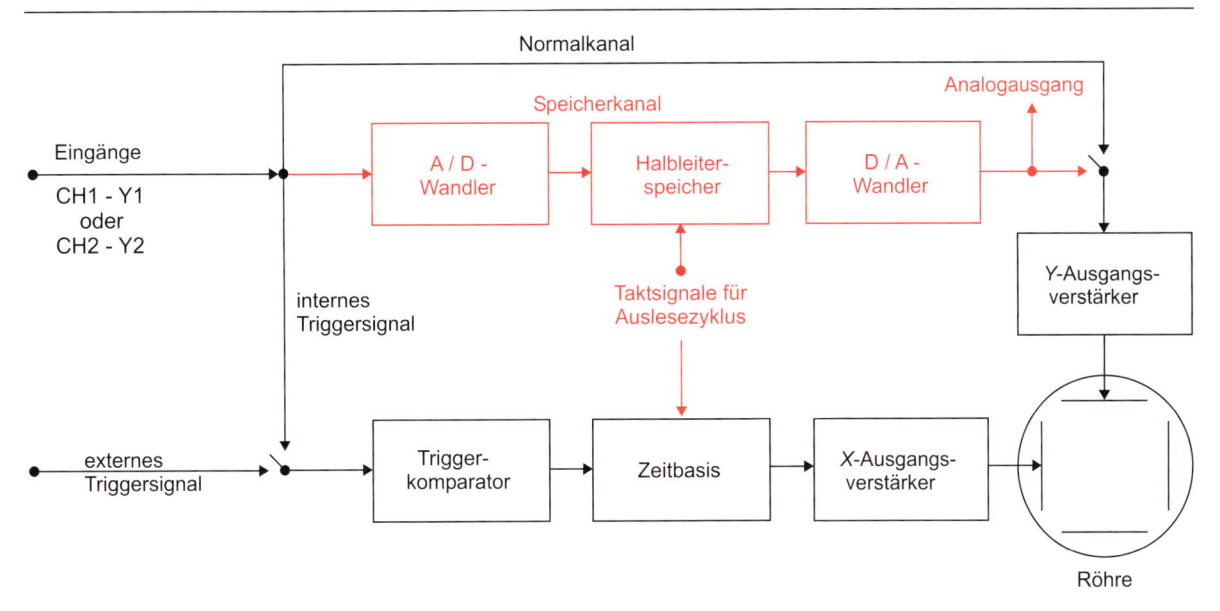

Bild 23.1. Blockschaltbild eines Speicheroszilloskops

cher wird, gesteuert durch eine interne Taktfrequenz, periodisch ausgelesen, die Digitalsignale mit einem Digital-Analog-Wandler, *D/A-Wandler*, wieder in Analogsignale umgewandelt und auf den Y-Ausgangsverstärker geschaltet. Das so verstärkte Signal wird an die horizontal angeordneten Platten der Oszilloskopröhre gelegt und erzeugt die Y-Ablenkung des Elektronenstrahls.

Die X-Ablenkung des Elektronenstrahls ist unabhängig von der Stellung des `Normal-/Speicher`-Umschalters. Im Normalbetrieb startet der *Triggerkomparator* das Ablaufen der X-Ablenkung, sobald das anliegende Analogsignal einen bestimmten Flankenwert, der extern über den *Trigger-Level* eingestellt werden kann, übersteigt. Dann wird der Elektronenstrahl freigegeben und kann den Schirm der Röhre in horizontaler Richtung durchlaufen. Der Triggerkomparator kann alternativ auch mit einem externen Triggersignal freigeschaltet werden. Die Zeit, die benötigt wird, um den Schirm einmal in der X-Achse zu durchlaufen, kann mit der *Zeitbasis* voreingestellt werden. Die *Sägezahnspannung*, die den Strahl in X-Richtung ablenken soll und deren Rampensteigung die Zeitbasis vorgibt, wird im X-Ausgangsverstärker verstärkt und an die vertikal angeordneten Platten der Oszilloskopröhre gelegt.

Im Speicherbetrieb können *Speichern* und *Auslesen* unabhängig voneinander, d. h. mit unterschiedlichen Frequenzen, erfolgen. Wichtig für den Speichervorgang ist die Angabe des Startzeitpunktes (Trigger-Signal) und des Speicherzeitraumes (Zeitbasis). Nach dem Triggersignal wird das Eingangssignal innerhalb des Speicherzeitraums in n gleichen Zeitabschnitten abgetastet und in die n zur Verfügung stehenden Speicherplätze geschrieben. Bei dem zur Verfügung stehenden Gerätetyp ist $n = 1024$. Die maximale Abtastrate des Eingangssignals beträgt 2 MHz, was eine untere Grenze der Zeitbasis zur Folge hat. Beim Auslesevorgang entspricht ein Strahldurchlauf von links nach rechts auf dem Oszilloskopschirm dem Auslesen und Darstellen der 1024 gespeicherten Spannungswerte.

📖 Betriebsarten eines Speicheroszilloskops

Normalbetrieb: Schalterstellung auf `Norm`

In dieser Betriebsart (Echtzeitbetrieb) kann das Gerät ohne Speicher verwendet werden wie ein normales Oszilloskop.

Speicherbetrieb: Schalterstellung auf `Store`

Beim DSO 1421 sind alle für den Speicherbetrieb benötigten Bedienungselemente orange gekennzeichnet. Bei allen Speicherbetriebsarten muß der *Auto-Trigger* ausgeschaltet sein (Stellung `Normal`). Dies macht sich z. B. in der normalen Betriebsart dadurch bemerkbar, daß der Strahl erst losläuft, wenn ein Triggersignal anliegt; d. h. ohne Signal erscheint auch kein Strahl (waagerechte Linie) auf dem Oszilloskopschirm.

Datenerneuerung: Schalterstellung auf `Refresh`

In dieser Betriebsart wird nach jedem Triggersignal der Speicher hintereinander voll geschrieben. Gleichzeitig wird der alte Speicherinhalt gelöscht. Unabhängig vom Einlesen wird die gespeicherte Information ständig ausgegeben. Bei sehr langsamen Löschvorgängen (z. B. Zeitbasis 10 s) kann das Überschreiben deutlich beobachtet werden.

Schalterstellung `Refresh + Arm`

Diese Betriebsart ermöglicht einen *single shot*-Betrieb: Nach dem Drücken der Taste `Arm` befindet sich das Gerät in Speicherbereitschaft (die Kontroll-Lampe `Armed` blinkt). Das nächste vom Trigger akzeptierte Signal startet dann den einmaligen Speichervorgang, der beendet ist, wenn die Lampe `Stored` leuchtet. Dieser Zustand bleibt bei qualitativ unverändertem Bild solange erhalten, bis entweder ein neuer Speicherbefehl erteilt oder durch Drücken der `Release`-Taste auf reinen `Refresh`-Betrieb geschaltet wird.

Schalterstellung: `Roll`

Eine andere Art der Speicherung wird durch Drücken der Taste `Roll` ermöglicht. Der gesamte Speicher funktioniert jetzt wie ein *Schieberegister*, Bild 23.2. Die aktuellen Daten (in Bild 23.2 beispielsweise 10110100) werden von einem Speicherplatz zum nächsten weitergeschoben, wobei der neueste Wert am Speicheranfang eingegeben wird und der älteste Wert am Ausgang den Speicher verläßt und verlorengeht. Auch hier wird unabhängig vom Schiebevorgang der ganze Speicher periodisch auf den Bildschirm ausgegeben.

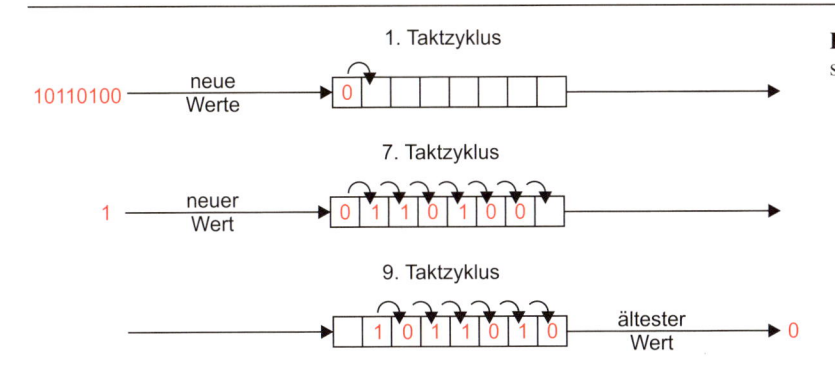

Bild 23.2. Schematische Funktionsweise eines Schieberegisters

Schalterstellung: `Roll + Arm`, Funktion des Pretriggers

Bei Schalterstellung `Roll` und nach Drücken der Taste `Arm` (Kontroll-Lampe blinkt) wird beim nächsten Triggersignal der Schiebevorgang der Daten gestoppt. Je nach Stellung der Pretriggertaste ist so das Signal vor dem Eintreffen des Triggersignals im Speicher. Das Eingangssignal kann dabei um 0 %, 25 %, 75 % und 100 % vor der Zeit, die an der Zeitbasis eingestellt wird, dargestellt werden; d. h. um den angegebenen Prozentsatz vor dem Eintreffen des Triggersignales.

Schalterstellung: `Hold`

Durch Drücken der `Hold`-Taste kann man den Speicherinhalt „einfrieren". Es können damit entweder beide Kanäle oder nur Kanal CH 2 festgehalten werden. Diese können dann z. B. auf einem X-Y-Schreiber ausgegeben werden. Wird nur Kanal 2 abgespeichert, kann dieses Signal mit dem fortlaufenden Signal auf Kanal 1 verglichen werden.

Nanodrähte mit quantisierter Leitfähigkeit

Sehr dünne Drähte, sog. **Nanodrähte**, können auf einfache Weise kurzzeitig erzeugt werden, Bild 23.3, so daß mit einem Speicheroszilloskop die mit dem geringen Durchmesser verbundenen *Quanteneffekte* der elektrischen Leitfähigkeit beobachtet werden können.

Die Entstehung dieser Nanodrähte beim Lösen eines Metallkontaktes (z. B. zwischen zwei Golddrähten) ist mit dem *Rasterelektronenmikroskop* nachgewiesen worden. Vergleichbar mit dem Fädenziehen z. B. von geschmolzenem Käse nimmt der Querschnitt mit zunehmendem Abstand der Oberflächen ab. Die Nanodrähte haben einen Durchmesser von nur wenigen 1/10 nm und eine Länge von bis zu 4 nm, bis es zur völligen Kontaktunterbrechung kommt.

Zum Verständnis der quantisierten Leitfähigkeit stellt man sich den Nanodraht als enge Verbindung zwischen zwei Elektronenreservoirs, den Metallkontakten vor. Durch Anlegen einer Spannung entsteht ein Strom, bei dem sich die Elektronen ballistisch, d. h. ohne Stöße bewegen. Quantenmechanisch werden die Elektronen durch Wellenfunktionen beschrieben, die sich in dem durch die Oberfläche gebildeten transversalen Kastenpotential ausbreiten, ähnlich wie Lichtwellen in einer Glasfaser. In

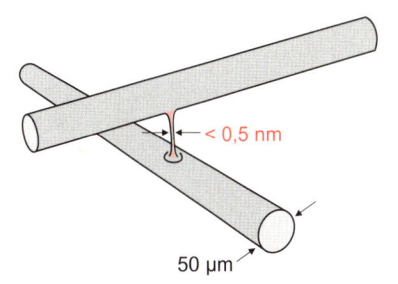

Bild 23.3. Schematische Abbildung eines Nanodrahtes mit einem Durchmesser von weniger als 0,5 nm beim Trennen zweier Golddrähte, die ursprünglich gekreuzt übereinander lagen

einem Nanodraht mit dem Durchmesser W ergeben sich näherungsweise eine Zahl von $(2W/\lambda)^2$ Ausbreitungsmoden, wobei λ die *de Broglie-Wellenlänge* der Elektronen ist. Sie ist allgemein definiert als

> **de Broglie-Wellenlänge** $\qquad \lambda = \dfrac{h}{p} = \dfrac{h}{mv}$.

Mit der Abnahme des Durchmessers W nimmt auch die Zahl der Moden und damit die Leitfähigkeit ab. Mit dem Wegfall jeder Ausbreitungsmode nimmt die Leitfähigkeit in einem Sprung von $2e^2/h$ bei ab.

23.1 Kondensatorentladung und -aufladung (2/3)

Die Bedienung des Speicheroszilloskops wird an einfachen elektrischen Schaltungen geübt.

Speicheroszilloskop, Steckbrett, verschiedene Widerstände, Kondensator, Spule (Induktivität), verschiedene Schalter und Taster.

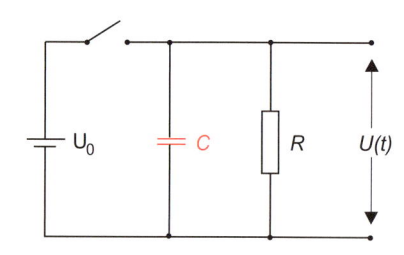

Kondensatorentladung

Durch Anlegen einer Spannung U_0 wird in einem Kondensator der Kapazität C eine Ladungsmenge $Q = CU_0$ gespeichert, Bild 23.4. Nach Abschalten des Ladestromes fließt über den nachgeschalteten Widerstand R ein Strom

$$I = \frac{U_0}{R} e^{-t/RC} ,$$

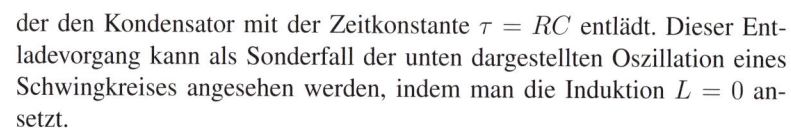

Bild 23.4. Schaltplan zur Kondensatorentladung

der den Kondensator mit der Zeitkonstante $\tau = RC$ entlädt. Dieser Entladevorgang kann als Sonderfall der unten dargestellten Oszillation eines Schwingkreises angesehen werden, indem man die Induktion $L = 0$ ansetzt.

Mit dem Speicheroszilloskop wird dieser Entladevorgang durch Messung von $U(t) = RI(t)$ für verschiedene Widerstände R aufgenommen. Wertebeispiel: $C = 100\,\mu\text{F}$, R zwischen $500\,\Omega$ und $20\,\text{k}\Omega$.

Für die Einstellungen am Oszilloskop werden folgende Werte vorgeschlagen: Roll-Mode, 25 % Pretrigger, DC, Normal, Zeitbasis 0,2 s/DIV.

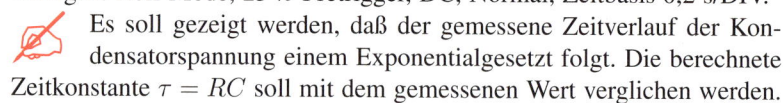

Es soll gezeigt werden, daß der gemessene Zeitverlauf der Kondensatorspannung einem Exponentialgesetzt folgt. Die berechnete Zeitkonstante $\tau = RC$ soll mit dem gemessenen Wert verglichen werden.

Kondensatoraufladung

In der Schaltung nach Bild 23.4 kann auch die Aufladung eines Kondensators untersucht werden. Welche mathematische Funktion und welche Zeitkonstante ergibt sich dafür?

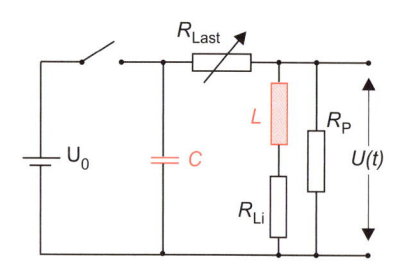

Gedämpfte Oszillationen von Schwingkreisen

Bild 23.5. Ersatzschaltbild eines Schwingkreises mit variabler Dämpfung

Die grundlegende Schaltung eines *Schwingkreises* ist in Bild 23.5 dargestellt. Dabei bezeichnet C die Kapazität des Kondensators, L die

Induktivität der Spule, R_{Li} den Ohmschen Innenwiderstand der Spule, R_{Last} den regelbaren Ohmschen Lastwiderstand für die variable Dämpfung des Schwingkreises und R_{P} den parallelen Eingangswiderstand des Oszilloskops.

Entsprechend der Herleitung im *Themenkreis 24: Elektrische Schwingungen* ist dabei die Spannung am Eingang des Oszilloskops nach Öffnen des Schalters gegeben durch:

$$U = U_0 e^{-i\beta t} \cos \omega_{\text{eig}} t \quad .$$

Mit dem Speicheroszilloskop soll diese Spannung in Abhängigkeit von der Zeit t untersucht werden. Daraus können der Einfluß des Lastwiderstandes auf die Dämpfung, bzw. die Abklingkonstante β, sowie die Abhängigkeit der Eigenkreisfrequenz des Schwingkreises ω_{eig} von der Kapazität C sowie der Induktivität L bestimmt werden.

Für die Einstellungen am Oszilloskop wird vorgeschlagen: Refresh-Mode, DC-Trigger Normal, Zeitbasis 0,2 ms/DIV.

Man wähle z. B. $C = 100\,\mu\text{F}$ und berechne L so, daß sich eine Eigenfrequenz f_{eig} von einigen Kilohertz ergibt.

Man vergleiche, ob die gemessene Frequenz ω_{eig} mit den berechneten Werten übereinstimmt. Man stelle den Einfluß des Lastwiderstandes auf den Zeitverlauf der gedämpften Schwingung qualitativ dar.

23.2 Schalterprellung (1/3)

Einmalig auftretende Signale, wie sie z. B. beim Schließen eines Kontaktes entstehen, sollen aufgezeichnet werden.

Verschiedene Schalter und Taster, Batterie und Speicheroszilloskop, Steckbrett.

In der Digital-Elektronik werden vorzugsweise Schaltungen benutzt, die Signale bis ca. 60 MHz, d. h. Schaltzeiten von ca. 16 ns, verarbeiten können (TTL- und CMOS-Technik). Bei der Daten- und Befehlseingabe werden aber vom Benutzer oft Schalter und Taster betätigt, die den Nachteil haben, daß nach Betätigung mehrere Impulse ausgelöst werden. Diese können nun bei der schnellen Auswerteelektronik zu Fehlern führen. Dies wird als *Prellen* bezeichnet.

Es wird eine Schaltung entsprechend Bild 23.6 aufgebaut und das Triggersignal durch mehrmaliges Schalten eingestellt; dann kann nach jeweiligem Betätigen der Taste `Arm` ein Einschaltvorgang abgespeichert werden.

Es soll nun für jeden Schalter oder Taster untersucht werden, wieviele Schaltvorgänge durch die Taster ausgelöst werden können und wieviel Zeit vergeht, bis das Signal störungsfrei anliegt.

Die Ergebnisse sollen dokumentiert und diskutiert werden. Welche Bedingungen müßte eine Entprellschaltung erfüllen?

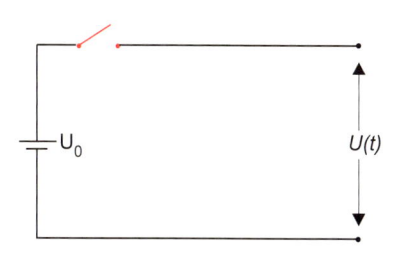

Bild 23.6. Schaltplan zum Versuch Schalterprellung

23.3 Quantisierte Leitfähigkeit von Nanodrähten (1/1)

In kurzzeitig erzeugten *Nanodrähten* soll die Quantelung des Widerstands nachgewiesen werden. Die bei der Trennung von 2 Golddrähten auftretende, zeitliche Widerstandsänderung wird mit einem Speicheroszilloskop als Spannungsverlauf gemessen.

Speicheroszilloskop, ca. 50 µm dünner Golddraht, Batterie 9 V mit Spannungsteiler, Vorwiderstand 10 kΩ, evtl. Sinusgenerator 10 Hz mit Lautsprecher.

An zwei Kupferdrähte werden 50 µm dünne Golddrähte angelötet und über einen Vorwiderstand an eine Spannungsquelle angeschlossen, Bild 23.7. Die Spannung, die am Vorwiderstand abfällt, wird auf einem Speicheroszilloskop mit einer Ablenkung von etwa 100 ms/cm dargestellt. Als stabile Spannungsquelle eignet sich eine normale 9 V-Batterie, deren Spannung mit einem Spannungsteiler auf $U_0 = 0,4$ V vermindert wurde. Die Spannung sollte unter 1 V liegen, um nichtlineare Effekte zu vermeiden. Die Golddrähte werden so aneinander gebogen, daß sie einen Kontakt bilden, und in Vibration versetzt. Das kann durch Klopfen auf die Tischplatte geschehen oder besser durch die Montage auf einen Lautsprecher der mit einem Sinussignal von 2 bis 10 Hz betrieben wird. Durch die Vibration wird ein kontinuierliches Schließen und Lösen des Kontaktes erreicht, was mit dem Speicheroszilloskop verfolgt werden kann. Um eine ausreichend langsame Bewegung der Golddrähte zu erreichen, wird die Andruckkraft durch geschicktes Biegen so gering wie möglich gehalten.

Die Nanodrähte aus Gold existieren für eine Zeitdauer von 1 ms bis 3 ms und werden unterhalb eines Durchmessers W von 0,5 nm, der der *Elektronen-Wellenlänge* λ in Gold entspricht, elektrisch leitend. Der Leitwert $S_n = \frac{1}{R_N}$ nimmt ganzzahlige Vielfache n von $2e^2/h = 1/12906\,\Omega$ an. Der Vorwiderstand wird mit $R_V = 10\,\text{k}\Omega$ günstigerweise etwa in der Größe des größten quantenmechanischen Widerstands $R_N(n=1) = 12906\,\Omega$ gewählt, um die Stufen deutlich sichtbar zu machen. Die am Os-

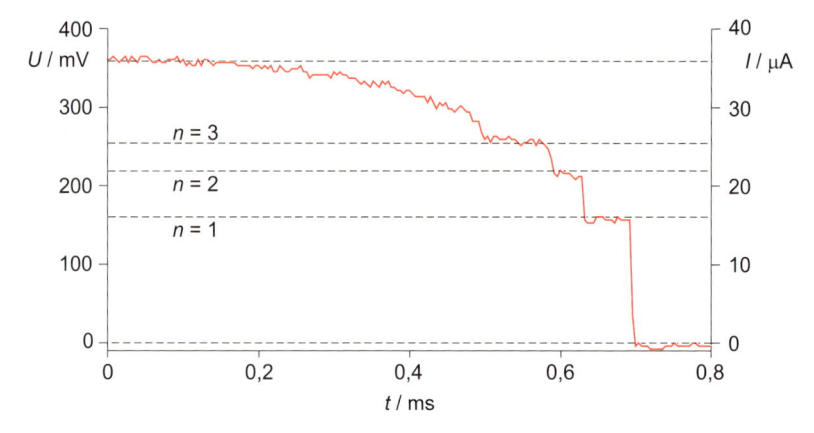

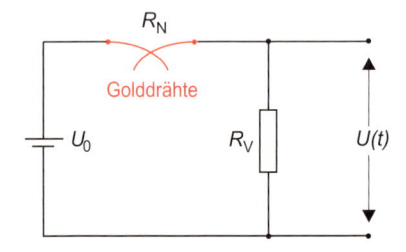

Bild 23.7. Schaltplan zum Nachweis der quantisierten Leitfähigkeit in einem Nanodraht, der sich bei der Trennung von zwei Golddrähten bildet, die ursprünglich einen Kontakt hatten

Bild 23.8. Spannungs- und Stromverlauf beim Lösen eines Goldkontaktes: Es treten Leitfähigkeitssprünge auf

zilloskop anliegende Spannung wird durch folgende Gleichung beschrieben:

$$U = \frac{R_V}{R_V + R_N(n)} U_0 \quad .$$

Bei dieser Anordnung nimmt der Strom in größer werdenden Stufen ab, bis er bei $W < \lambda$ abbricht, Bild 23.8. Gelegentlich kann auch eine stufenweise Zunahme des Stroms beobachtet werden, wenn der Kontakt anschließend wieder geschlossen wird.

Man bestimme aus dem Spannungsverlauf die Größe der Leitfähigkeitssprünge und vergleiche diese mit dem theoretischen Wert.

23.4 Schallgeschwindigkeit aus Laufzeitmessung (1/3)

Die *Schallgeschwindigkeit* in verschiedenen Materialien soll bestimmt werden.

Speicheroszilloskop, zwei Mikrofone, Maßstab. Die *Pretrigger*-Funktion des Oszilloskops wird benutzt, um die zeitverzögerten Signale der beiden Mikrofone zu messen.

Die Mikrofone werden mit den jeweiligen Materialien (Luft, Holz einer Tischplatte, Beton des Fußbodens) in akustischen Kontakt gebracht (z. B. durch Auflegen des Mikrofons auf das Material) und der Abstand zwischen beiden ausgemessen. Die Mikrofone werden mit den Eingängen CH1 und CH2 verbunden und am Oszilloskop folgende Einstellungen vorgenommen: Der Funktionswahlschalter muß auf `Dual` stehen, und die beiden Elektronenstrahlspuren sollten mit der Vertikalverstellung ungefähr in der Mitte der oberen bzw. der unteren Hälfte des Bildschirms liegen. Die Eingänge beider Kanäle werden auf Gleichstrom (DC) und die Spannungsteiler auf 5 mV/DIV gestellt. Die Zeitablenkung sollte 1 ms/DIV betragen. Für die Triggereinstellung muß `Auto`, `DC` und derjenige Kanal gewählt werden, dessen Mikrofon der Schallquelle am nächsten ist. An den Speicherwahlschaltern wird `Store` und `Roll` eingestellt und vor jedem erzeugten Geräusch die Taste `Arm` gedrückt. Mit den Pretriggertasten 25 % und 75 % kann nun eine Zeitverzögerung nach dem ersten Triggersignal (Schallwelle erreicht das erste Mikrofon) gewählt werden (Ausprobieren!). Mit einem lauten Geräusch (Klatschen in der Luft, Klopfen auf den Tisch oder Aufschlag einer Metallkugel o. ä. auf dem Fußboden) wird nun der Speichervorgang gestartet. Man sieht nun, daß das Signal an dem Kanal mit dem entfernteren Mikrofon später ankommt.

Aus dem gemessenen Zeitversatz kann man bei bekanntem Abstand der Mikrofone die Schallgeschwindigkeit bestimmen. Es soll diskutiert werden, wodurch die unterschiedlichen Schallgeschwindigkeiten in den unterschiedlichen Materialien bedingt sind (Stichworte: Dichte, Hooke'sches Gesetz, Elastizitätsmodul).

23.5 Herzschlagmonitor (1/3)

Mittels eines Blutdruckmeßgerätes soll der Herzschlag einer Versuchsperson auf dem Oszilloskop dargestellt und die Funktionsweise des Gerätes überprüft werden. Zwei Betriebsarten, `Refresh` und `Roll` des Speicheroszilloskops sollen untersucht werden. Der Vorteil des Speicheroszilloskops bei der Darstellung von sich langsam wiederholenden Signalen soll deutlich gemacht werden.

Speicheroszilloskop, Blutdruckmeßgerät mit Manschette und Mikrofon.

Bei der Bestimmung des *Blutdruckes* werden zwei Werte gemessen. Der höhere Wert wird als systolisch (Kontraktion des Herzmuskels) und der niedrigere Wert als diastolisch (Entspannung des Herzmuskels) bezeichnet. Zur Messung dieser beiden Werte wird eine Manschette um den linken Oberarm gelegt und aufgepumpt.

> Achtung: Hauptschlagader des Armes nur kurz abschnüren.

Der Druck der Manschette auf den Arm wird in mm Hg angezeigt (1 mm Hg = 133,3 Pa). In der Manschette befindet sich ein Mikrofon, das an der Hauptschlagader des Armes die Druckwelle des Herzens aufnimmt. Das Signal dieses Mikrofons wird auf die Y1-Ablenkung des Speicheroszilloskops geschaltet.

Die Manschette wird so weit aufgepumpt, bis auf der Anzeige des Blutdruckmeßgerätes `Wait` erscheint. Auf dem Speicheroszilloskop ist kein Impuls zu sehen, da jetzt die Manschette die Arterie abklemmt, und kein Blut mehr durchfließt. Durch ein kleines Ventil kann nun langsam (!) Luft aus der Manschette entweichen (vergleiche dabei die Druckanzeige des Blutdrukmeßgerätes). Ist der Blutdruck (z. B. der systolische Wert) größer als der Druck in der Manschette, kann das Blut wieder durch die Ader fließen. Durch die Abschnürung ist die Strömung nun allerdings turbulent und als Schallsignal meßbar. Auf dem Speicheroszilloskop ist dieses Signal (Herzschlag) darstellbar. Der Druck in der Manschette sinkt nun weiter, wobei jetzt das Signal am Mikrofon immer schwächer wird. Wenn kein Impuls mehr erkennbar ist, ist die Strömung laminar. Der Blutdruck nähert sich dem diastolischen Wert.

Diese Arbeitsweise des Blutdruckmeßgerätes soll mit dem Speicheroszilloskop kontrolliert werden, wobei das Speicheroszilloskop a) in Stellung `Refresh`, b) in Stellung `Roll` und c) in Stellung `Normal` betrieben werden soll. Alle drei Betriebsarten sind zu erproben.

Man skizziere und diskutiere die beobachteten Schallsignale.

24. Elektrische Schwingungen

🏁 Untersuchung von freien und erzwungenen Schwingungen in einem Reihenschwingkreis. Messung der Phasenbeziehungen zwischen elektrischen Größen.

📖 *Standardlehrbücher* (Stichworte: gedämpfte / erzwungene Schwingungen, Wechselstromwiderstände, Schwingkreise),
Themenkreis 7: Gedämpfte und erzwungene Schwingungen,
Demtröder: Experimentalphysik 2,
Pohl: Elektrizitätslehre.

Freie gedämpfte Schwingungen

In elektrischen Schwingkreisen, d. h. Stromkreisen mit einer Kapazität C und einer Induktivität L lassen sich **elektrische Schwingungen** erzeugen. Diese sind durch Ohmsche Verlustwiderstände gedämpft. Bild 24.1 zeigt eine entsprechende Schaltung, bei der ein Kondensator zunächst mit Hilfe einer Gleichspannungsquelle aufgeladen wird. Bei der anschließenden Entladung über den geschlossenen Stromkreis beobachtet man gedämpfte Oszillationen des fließenden Stromes, Bild 24.2. Dabei werden die **Eigenfrequenz** durch das Produkt LC und die Stärke der **Dämpfung** durch das Verhältnis R/L bestimmt.

Der Schwingungsvorgang läßt sich durch eine Energiebetrachtung beschreiben, wie sie durch das Bild 24.3 veranschaulicht wird. Im anfangs geladenen Kondensator ist *elektrische Feldenergie* gespeichert. Durch das Fließen des Stromes wird das Feld in einer Viertelperiode abgebaut und zugleich ein magnetisches Feld in der Spule aufgebaut, das dann *magnetische Feldenergie* enthält. In der zweiten Viertelperiode wird bei gleichbleibender Stromrichtung dieses Feld wieder abgebaut und der Kondensator mit umgekehrter Polung aufgeladen. Der ganze Vorgang wiederholt sich dann mit umgekehrter Stromrichtung: Es entsteht eine elektrische Schwin-

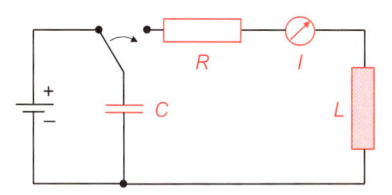

Bild 24.1. Schaltung zur Erzeugung gedämpfter elektrischer Schwingungen

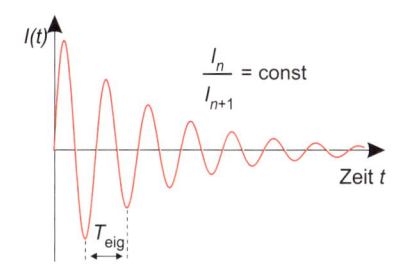

Bild 24.2. Gedämpfte Stromoszillationen in einem Stromkreis entsprechend Bild 24.1

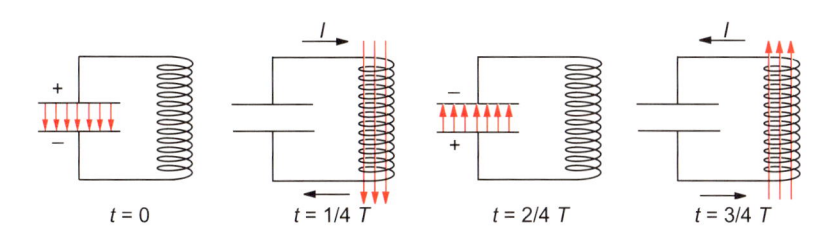

Bild 24.3. Elektrische und magnetische Feldenergie bei einer elektrischen Schwingung ohne Ohmschen Verlustwiderstand

gung. Diese ist gedämpft, weil ein Teil der vom Strom transportierten Energie im Ohmschen Widerstand in Wärmeenergie umgewandelt wird.

Zur analytischen Beschreibung des Vorgangs wird davon ausgegangen, daß sich nach Umlegen des Schalters in Bild 24.1 die Spannung U_C am Kondensator aufteilt in die beiden Teilspannungen am Ohmschen und am induktiven Widerstand (2. Kirchhoffsche Regel). Das Minuszeichen berücksichtigt die unterschiedliche Stromrichtung in diesen beiden Bauelementen im Vergleich zum Kondensator.

Für die Schaltung in Bild 24.1 gilt:

$$U_C(t) = U_R(t) + U_L(t) = -\left(IR + L\frac{dI}{dt}\right) \quad .$$

Unter Zuhilfenahme der Beziehung $U_C = Q/C = (1/C)\int I dt$ läßt sich diese Gleichung für die Stromstärke $I(t)$ umschreiben:

$$L\frac{dI}{dt} + RI + \frac{1}{C}\int I dt = 0 \quad .$$

Einmalige Ableitung nach der Zeit und Division durch L liefert die *Differentialgleichung der gedämpften elektrischen Schwingung*:

Schwingungsgleichung $\quad \dfrac{d^2 I}{dt^2} + \dfrac{R}{L}\dfrac{dI}{dt} + \dfrac{1}{LC}I = 0 \quad .$

Die Lösung einer solchen homogenen Differentialgleichung 2. Ordnung mit konstanten Koeffizienten wird für mechanische Schwingungen in den *Themenkreisen 5* und *7* ausführlich behandelt. Die dort ermittelten Ergebnisse lassen sich direkt auf elektrische Schwingkreise übertragen. So findet man auch hier – abhängig von der Stärke der Dämpfung – die drei Fälle:

- Schwingfall
- Kriechfall
- aperiodischer Grenzfall.

Für den **Schwingfall**, der hier hauptsächlich interessiert, ergibt sich dabei der folgende zeitliche Stromverlauf:

$$I(t) = I_0 e^{-\beta t}\sin(\omega_{\text{eig}}t - \varphi_0) \quad \text{mit} \quad \beta \ll \omega_{\text{eig}} \quad .$$

Hierin bedeuten:

$$\begin{aligned}
\beta &= R/(2L) &&\text{die Dämpfungskonstante,} \\
\omega_{\text{eig}} = 2\pi/T_{\text{eig}} &= \sqrt{\omega_0^2 - \beta^2} &&\text{die Eigenkreisfrequenz des gedämpft schwingenden Systems,} \\
\omega_0 = 2\pi/T_0 &= 1/\sqrt{LC} &&\text{die Eigenkreisfrequenz des ungedämpften Systems.}
\end{aligned}$$

Die Anfangsamplitude des Stromes I_0 und die Phasenkonstante φ_0 sind durch die Anfangsbedingungen festgelegt. In unserem Beispiel: $I(0) = 0$ und $U_C(0) = U_0$.

Für den Fall kleiner Dämpfung, also für $1/\beta = 2L/R \ll T_{\text{eig}}$ ist $I_0/U_0 = \sqrt{C/L}$ und $\varphi_0 = 0$.

Die Dämpfungskonstante β läßt sich experimentell aus dem (konstanten) Verhältnis aufeinanderfolgender Stromamplituden I_n/I_{n+1} und der Schwingungsdauer T_{eig} ermitteln; denn aus der obigen Gleichung für den zeitlichen Stromverlauf erhält man:

$$\ln \frac{I_n}{I_{n+1}} = \Lambda = \beta\, T_{\text{eig}} \quad .$$

Λ ist das *logarithmische Dekrement* der gedämpften Schwingung. Ist zusätzlich auch die Induktivität L bekannt, kann man dann aus $\beta = R/2L$ den Ohmschen Widerstand des Kreises berechnen. Dieser wird häufig nicht nur durch das zugeschaltete Widerstandsbauelement bestimmt; Effekte wie die periodische Ummagnetisierung eines Eisenkerns in der Spule, Wirbelströme in einem solchen Eisenkern sowie eine nicht verschwindende Leitfähigkeit des Dielektrikums im Kondensator führen auch zu *Ohmschen Verlusten* und liefern dadurch Beiträge zu R. Leitungswiderstände spielen dagegen meistens eine vernachlässigbare Rolle.

Erzwungene Schwingungen

Wird eine Reihenschaltung aus Spule, Kondensator und Ohmschem Widerstand durch eine Wechselspannung

$$U_{\text{err}}(t) = U_{\text{err}_0} \sin(\omega_{\text{err}} t)$$

entsprechend der Schaltung in Bild 24.4 erregt, entsteht eine **erzwungene elektrische Schwingung**. Nach dem Einschalten der Erregerspannung beobachtet man zunächst einen *Einschwingvorgang*, bei dem der Kurvenverlauf des Stromes sowohl von der Erregerfrequenz $f_{\text{err}} = \frac{1}{2\pi}\omega_{\text{err}}$ als auch von der Eigenfrequenz des Systems $f_{\text{eig}} = \frac{1}{2\pi}\omega_{\text{eig}}$ bestimmt wird. Der letzte Anteil klingt jedoch mit einer dämpfungsabhängigen Einschwingzeit ab, so daß im *stationären Fall* der Strom die gleiche Frequenz wie die erregende Wechselspannung hat. In diesem Stadium läßt sich $I(t)$ wie folgt beschreiben:

$$I(t) = I_0 \sin(\omega_{\text{err}} t - \varphi_0) \quad .$$

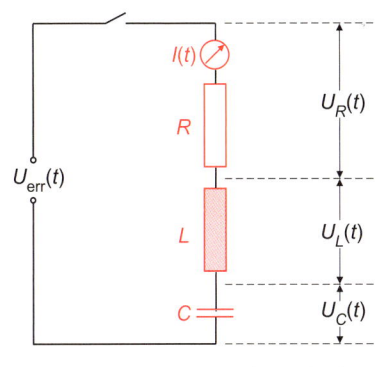

Bild 24.4. Elektrischer Reihenschwingkreis mit Strommesser

Mißt man die stationären Werte für die Stromamplitude I_0 und die Phasenverschiebung φ_0 zwischen Strom und erregender Wechselspannung bei unterschiedlichen Erregerfrequenzen $f_{\text{err}} = \frac{1}{2\pi}\omega_{\text{err}}$, so findet man die in Bild 24.5 dargestellten Zusammenhänge, die man auch als **Resonanzkurven** bezeichnet. Besonders bemerkenswert ist das Verhalten des Kreises bei der Resonanzfrequenz, die gleich der Eigenfrequenz $f_0 = \frac{1}{2\pi}\omega_0$ des ungedämpften Schwingkreises ist. Dort ist die stationäre Stromamplitude I_0 am größten und damit der Gesamtwiderstand des Kreises am kleinsten. Dieser wird dabei nur durch den Ohmschen (Dämpfungs-)Widerstand R bestimmt:

$$I_{\max} = \frac{U_{\text{err}_0}}{R} \quad .$$

Für die Phasenverschiebung φ_0 zwischen Strom und Erregerspannung zeigt die Darstellung in Bild 24.5:

- $\omega_{\text{err}} < \omega_0 : \varphi_0 < 0$, d. h. der Strom eilt der Spannung voraus: der Stromkreis zeigt *kapazitives Verhalten*
- $\omega_{\text{err}} = \omega_0 : \varphi_0 = 0$, d. h. Strom und Spannung sind in Phase: der Stromkreis zeigt *Ohmsches Verhalten*
- $\omega_{\text{err}} > \omega_0 : \varphi_0 > 0$, d. h. die Spannung eilt dem Strom voraus: der Stromkreis zeigt *induktives Verhalten*.

Phasenverschiebungen $\varphi_0 \neq 0$ bedeuten, daß ein Teil des Stromes als *Blindstrom* fließt, d. h. keine Wirkleistung im Stromkreis umsetzt. Die stationäre Stromamplitude stellt sich dabei stets so ein, daß die von der Stromquelle gelieferte *Wirkleistung* $P_{\text{wirk}} = U_{\text{err}} I \cos \varphi_0$ gerade die Ohmschen Verluste im Kreis deckt.

Bei der Anwendung von Schwingkreisen z. B. als frequenzabhängige Spannungsteiler (Bandpaß) ist nicht der Strom, sondern die Spannung $U_C(t)$ am Kondensator wichtig. Diese ist bekanntlich gegen den Strom um $-\pi/2$ phasenverschoben, so daß sich gegenüber der Erregerspannung $U_{\text{err}}(t)$ eine Phasenverschiebung $\alpha = \varphi_0 + \pi/2$ ergibt.

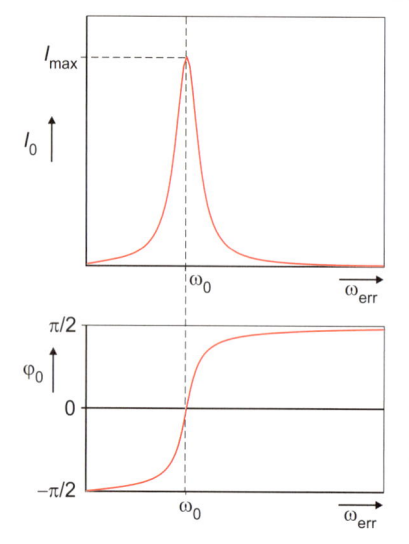

Bild 24.5. Stromresonanzkurve und Phasenverschiebung in einem Reihenschwingkreis

📖 Reihenschwingkreis: Analytische Beschreibung

Eine analytische Beschreibung des Reihenschwingkreises ergibt sich aus der Forderung, daß die Summe der Teilspannungen an den Bauelementen in jedem Augenblick gleich der angelegten Erregerspannung $U_{\text{err}}(t)$ ist, Bild 24.4:

$$U_R(t) + U_L(t) + U_C(t) = U_{\text{err}}(t) \quad .$$

Unter Zuhilfenahme der Beziehungen $I = dQ/dt$ und $Q = C U_C$ (Q = Ladung des Kondensators) kann man alle Teilspannungen durch U_C ausdrücken:

$$U_R = RI = R\frac{dQ}{dt} = RC\frac{dU_C}{dt}$$

$$U_L = L\frac{dI}{dt} = L\frac{d^2Q}{dt^2} = LC\frac{d^2U_C}{dt^2} \quad .$$

Einsetzen und Division durch LC liefert die *Differentialgleichung für die erzwungene Schwingung der Kondensatorspannung*, eine Größe, die der Messung besonders leicht zugänglich ist:

$$\frac{d^2 U_C}{dt^2} + 2\beta \frac{dU_C}{dt} + \omega_0^2 U_C = \omega_0^2 U_{\text{err}_0} \sin \omega_{\text{err}} t \quad ,$$

worin $\beta = R/(2L)$ die Dämpfungskonstante und $\omega_0 = 1/\sqrt{LC}$ die Eigenfrequenz des ungedämpften Schwingkreises bedeuten.

Diese Gleichung ist von der gleichen Form wie die Differentialgleichung der *erzwungenen mechanischen Schwingung*, wie sie im *Themenkreis 7. Gedämpfte und erzwungene Schwingungen* ausführlich behandelt wurde. Wir wollen daher hier nicht auf den mathematischen Lösungsweg, sondern gleich auf die Lösungen eingehen. Die allgemeine Lösung einer solchen inhomogenen Differentialgleichung 2. Ordnung mit konstanten Koeffizienten besteht bekanntlich aus zwei Anteilen: der allgemeinen Lösung für die homogene sowie einer partikulären Lösung für die inhomogene Gleichung:

$$U_C(t) = U_{C,\text{hom}}(t) + U_{C,\text{inhom}}(t) \quad .$$

Die Lösung der homogenen Gleichung beschreibt eine freie gedämpfte Schwingung und entspricht in der Form der gedämpften Stromschwingung, die im ersten Grundlagenabschnitt dieses Themenkreises behandelt ist:

$$U_{C,\text{hom}}(t) = U_{C,\text{hom}_0} e^{-\beta t} \sin(\omega_{\text{eig}} t - \alpha) \quad .$$

Je nach Größe des Dämpfungsfaktors $\beta = R/(2L)$ liegt ein *Schwingfall*, *Kriechfall* oder *aperiodischer Grenzfall* vor. In jedem dieser Fälle klingt die Funktion $U_{C,\text{hom}}(t)$ mit einer dämpfungsabhängigen Zeitkonstanten $\tau = 1/\beta$ ab und spielt daher nur für das *Einschwingverhalten des Schwingkreises* eine Rolle. Danach, d. h. im *stationären Fall der erzwungenen Schwingung*, bleibt nur noch die Funktion $U_{C,\text{inhom}}(t)$ übrig, für die man mathematisch die folgende Beziehung findet:

$$U_{C,\text{inhom}}(t) = U_{C_0} \sin(\omega_{\text{err}} t - \alpha) \quad \text{mit}$$

$$U_{C_0} = U_{\text{err}_0} \frac{\omega_0^2}{\sqrt{(\omega_0^2 - \omega_{\text{err}}^2)^2 + 4\beta^2 \omega_{\text{err}}^2}} \quad \text{und}$$

$$\tan \alpha = \frac{2\beta \omega_{\text{err}}}{(\omega_0^2 - \omega_{\text{err}}^2)} \quad .$$

In Bild 24.6 sind die zugehörigen Resonanzkurven für verschiedene Dämpfungen dargestellt. Die Amplituden-Resonanzkurve $U_{C_0}(\omega_{\text{err}})$ zeigt einen etwas anderen Verlauf als die Stromresonanzkurve. U_{C_0} strebt bei kleinen Frequenzen nicht gegen Null wie die Stromresonanzkurve, sondern gegen den konstanten Wert U_{err_0}, die Amplitude der Erregerspannung: Dann liegt also die gesamte Erregerspannung am Kondensator. Ferner sieht man, daß die Frequenz, bei der U_{C_0} maximal wird, d. h. die

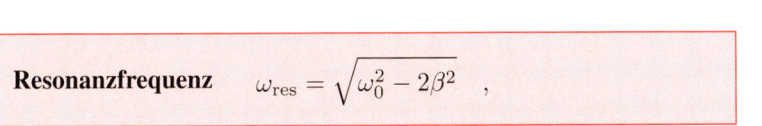

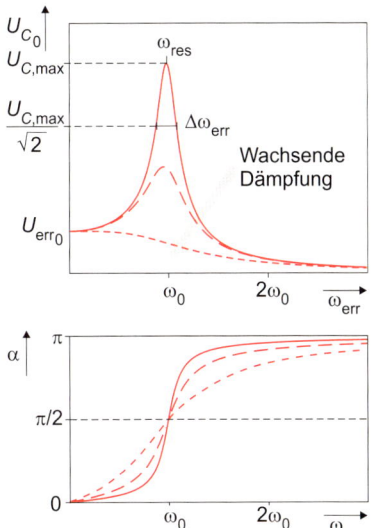

Resonanzfrequenz $\quad \omega_{\text{res}} = \sqrt{\omega_0^2 - 2\beta^2} \quad ,$

Bild 24.6. Amplituden- und Phasenresonanzkurve für die Kondensatorspannung im Reihenschwingkreis

dämpfungsabhängig ist und noch unterhalb der Eigenfrequenz des gedämpften Systems $\omega_{\text{eig}} = \sqrt{\omega_0^2 - \beta^2}$ liegt. Bei hinreichend großen Dämpfungen ($\beta^2 \geq \omega_0^2/2$) durchläuft U_{C_0} gar kein Maximum mehr, sondern nimmt mit wachsendem ω_{err} monoton ab.

Das Verhältnis $U_{C_0} : U_{\text{err}_0}$ im Resonanzfall bezeichnet man als

Resonanzüberhöhung $\qquad \sigma = \dfrac{U_{C,\max}}{U_{\text{err}_0}} = \dfrac{\omega_0}{2\beta \sqrt{1 - \left(\dfrac{\beta}{\omega_0}\right)^2}}$.

σ wächst mit abnehmender Dämpfung. Für den häufigen Fall kleiner Dämpfung ($\beta^2 \ll \omega_0^2$) erhält man hieraus die Näherung:

$$\sigma \approx \frac{\omega_0}{2\beta} ,$$

aus der man wegen $\omega_0 \approx \omega_{\text{eig}}$ einen besonders einfachen Zusammenhang mit dem *logarithmischen Dekrement* Λ des gedämpften Schwingkreises findet:

$$\sigma \approx \frac{\omega_0}{2\beta} = \frac{2\pi}{2\beta T_{\text{eig}}} = \frac{\pi}{\Lambda} \quad \text{bzw.} \quad \sigma \Lambda \approx \pi .$$

Abnehmende Dämpfung beeinflußt aber nicht nur die Amplitude sondern auch die Form der Resonanzkurve, die man durch ihre **Bandbreite** $\Delta \omega$ charakterisiert. Diese bezeichnet die Frequenzdifferenz zwischen denjenigen Punkten auf der Resonanzkurve, für die U_{C_0} auf $1/\sqrt{2}$ des Maximalwertes $U_{C_{\max}}$ gefallen ist. Bei kleinen Dämpfungen, für die $\beta^2 \ll \omega_0^2$ und damit $\omega_{\text{res}} \approx \omega_0$ ist, findet man hierfür die

Bandbreite $\quad \Delta \omega \approx 2\beta$.

Diese Beziehung erlaubt eine einfache Bestimmung der Dämpfungskonstanten direkt aus der Resonanzkurve, Bild 24.6 oben. Das Verhältnis $Q = \omega_{\text{res}} : \Delta \omega_{\text{err}}$ bezeichnet man als

Güte des Schwingkreises $\quad Q = \dfrac{\omega_{\text{res}}}{\Delta \omega} \approx \dfrac{\omega_0}{2\beta}$.

Bei kleinen Dämpfungen ist die Güte Q gleich der oben definierten Resonanzüberhöhung σ.

24.1 Freie gedämpfte Schwingungen (1/3)

Durch die zeitaufgelöste Messung der Kondensatorspannung in einem Reihenschwingkreis sollen gedämpfte elektrische Schwingungen untersucht werden.

Reihenschwingkreis mit verschiedenen L-C-Kombinationen und Widerstandsdekade (R_0), Niederfrequenzgenerator für Rechteckspannungen, Oszilloskop.

Für den Aufbau wird die Schaltung nach Bild 24.7 vorgeschlagen, in der der Kondensator des Reihenschwingkreises mit Hilfe einer Rechteckspannung periodisch aufgeladen wird. Die Zeit zwischen den Aufladungen wird so groß gewählt, daß die jeweils angeregte Schwingkreisschwingung in dieser Zeit vollständig abklingen kann. Durch entsprechende Triggerung des Oszilloskops läßt sich die periodisch angestoßene Schwingung auf dem Oszilloskopschirm als stehendes Bild beobachten und quantitativ ausmessen.

Untersuchung der gedämpften Schwingung für ein erstes Wertetripel von L, C und R_0, z. B. $C = 8\,\text{nF}$, $L = 400\,\text{mH}$ und $R_0 = 100\,\Omega$, Frequenz der Rechteckwechselspannung ca. 50 Hz. Bestimmung der Eigenfrequenz $f_\text{eig} = 1/T_\text{eig}$ aus dem Abstand von Nulldurchgängen oder Maxima von $U_C(t)$.

Bestimmung des Dämpfungsfaktors β. Hierzu sollen – soweit möglich – bis zu 10 aufeinanderfolgende Spannungsamplituden U_{C_0} abgelesen werden.

Die Bestimmung von β soll grafisch erfolgen, wozu die Werte U_{C_0} logarithmisch aufgetragen werden. Aus der Geradensteigung wird zunächst das *logarithmische Dekrement* Λ ermittelt:

$$\Lambda = \frac{1}{m}\left(\ln \frac{U_n}{U_{n+m}}\right)\ .$$

Aus Λ und T_eig folgt $\beta = \Lambda/T_\text{eig}$. Aus der Dämpfungskonstante β und der Induktivität L soll der Ohmsche Verlustwiderstand R des Kreises bestimmt und mit dem Wert für das dem Kreis zugeschaltete Widerstandsbauelement R_0 verglichen werden. Fehlerrechnung.

Messung für mindestens einen anderen Dämpfungswiderstand wiederholen.

Messung für andere LC-Kombinationen wiederholen.

Die gemessenen Eigenfrequenzen $f_\text{eig} = 1/T_\text{eig}$ mit den aus L und C berechneten Werten unter Berücksichtigung der Fehler vergleichen.

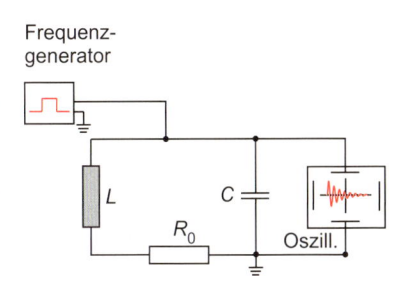

Bild 24.7. Schaltung zur oszilloskopischen Untersuchung freier gedämpfter elektrischer Schwingungen

24.2 Erzwungene Schwingung eines Reihenschwingkreises (2/3)

Die Resonanzkurven für Amplitude und Phase der Spannung U_{C_0} des Kondensators in einem Reihenschwingkreis sollen oszilloskopisch mit Hilfe von Lissajous-Figuren gemessen werden.

Reihenschwingkreis, Generator verstellbarer Frequenz für die Erregerwechselspannung, Frequenzmeßgerät, Oszilloskop mit XY-Betrieb. Der Versuchsaufbau ist in Bild 24.9 skizziert.

24. Elektrische Schwingungen

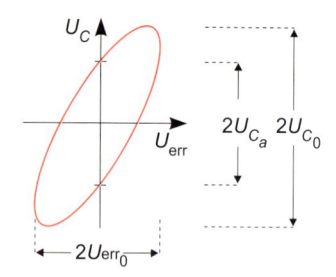

Bild 24.8. Lissajous-Figur: Abhängigkeit der Spannung U_C am Kondensator C in Bild 24.9 von der zeitabhängigen Erregerspannung $U_{\text{err}}(t)$. Während einer Periodendauer $T = 2\pi/\omega_{\text{err}}$ wird die Ellipse einmal durchlaufen

Für die Messungen werden die sinusförmige Erregerspannung $U_{\text{err}}(t) = U_{\text{err}_0}\sin(\omega_{\text{err}}t)$ an die X- und die Kondensatorspannung $U_C(t) = U_{C_0}\sin(\omega_{\text{err}}t - \alpha)$ an die Y-Ablenkplatten des Oszilloskops gelegt. Die Kurve auf dem Bildschirm ist dann im allgemeinen eine Ellipse, Bild 24.8, deren Exzentrizität und Achsenneigung im Koordinatensystem vom Amplitudenverhältnis $U_{C_0}/U_{\text{err}_0} = g(\omega_{\text{err}})$ und vom Phasenwinkel $\alpha = h(\omega_{\text{err}})$ bestimmt werden. Für die experimentelle Bestimmung dieser beiden Funktionen muß die Ellipse für jede eingestellte Frequenz ω_{err} entsprechend Bild 24.8 ausgemessen werden. Für die Achsenabschnitte auf der Ordinate (y-Achse), auf der $\omega_{\text{err}}t = n\pi$ beträgt, gilt:

$$\left|\frac{2U_{C_a}}{2U_{C_0}}\right| = |\sin(-\alpha)| \quad .$$

Voraussetzung für diese Messung ist die Gleichheit der Verstärkungsfaktoren V_x und V_y des X- und des Y-Eingangsverstärkers: Hierzu wird vor Beginn der eigentlichen Messungen an beide Eingänge des Oszilloskops die gleiche Wechselspannung gelegt. Auf dem Bildschirm entsteht das Bild einer Ursprungsgeraden. Die Y-Eingangsverstärkung V_y wird dann so eingestellt, daß diese Gerade einen Winkel von 45° gegen die Achsen zeigt.

In einem Vorversuch wird die Resonanzfrequenz des Schwingkreises gesucht und durch Wahl des Dämpfungswiderstandes eine Resonanzüberhöhung von etwa 5 eingestellt. Dann werden die Amplituden- und Phasenresonanzkurve für diese C-L-R-Kombination punktweise aufgenommen. Die Frequenzen sollen ein Intervall $0{,}1 f_{\text{res}} \leq f_{\text{err}} \leq 5 f_{\text{res}}$ überstreichen, wobei die Frequenzintervalle stets um den gleichen Faktor wachsen sollen; denn die Meßwerte sollen später logarithmisch aufgetragen werden. Die Meßpunkte in der Umgebung der Resonanzstelle werden dabei dichter gewählt als außerhalb!

Zur Verringerung des Meßfehlers beim Ablesen von $2U_{C_0}$, $2U_{C_a}$ und $2U_{\text{err}_0}$ sollte die Ellipse auf dem Bildschirm stets möglichst groß sein. Um die Kalibrierung $V_y = V_x$ nicht zu verfälschen, werden hierzu nicht die Verstärkungsfaktoren umgeschaltet, sondern die Erregerspannung U_{err}

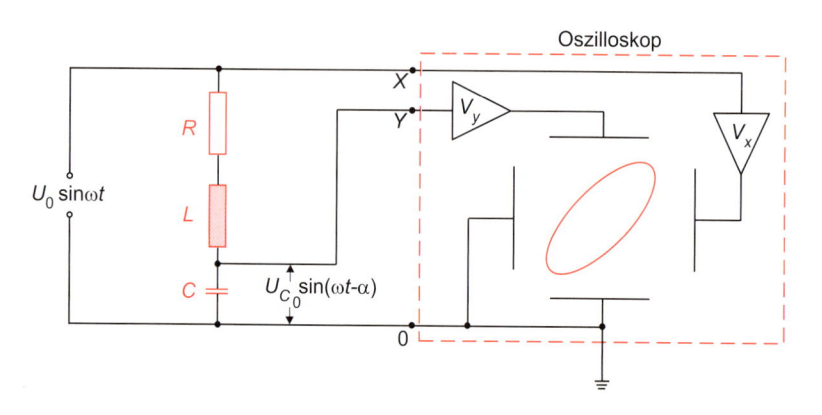

Bild 24.9. Versuchsaufbau zur Untersuchung der Resonanzkurve eines Reihenschwingkreises mittels Lissajous-Figuren

am Frequenzgenerator nachgeregelt. Die Ablesung von $2U_{C_0}$ bzw. $2U_{\mathrm{err}_0}$ kann durch Ausschalten der jeweils anderen Koordinate erleichtert werden: Entfernt man den x-Anschluß, so wird die Ellipse zu einem senkrechten Strich, dessen Länge direkt dem Wert von $2U_{C_0}$ entspricht. Entsprechend verfährt man bei der Messung von $2U_{\mathrm{err}_0}$.

Das Amplitudenverhältnis $U_{C_0}/U_{\mathrm{err}_0}$ sowie die Phasenverschiebung α zwischen diesen beiden Spannungen werden über einer logarithmischen Frequenzachse aufgetragen. Aus der Phasenresonanzkurve soll die ungedämpfte Eigenfrequenz $\omega_0 = 2\pi f_0$ bestimmt und mit dem aus L und C errechneten Wert verglichen werden. Ferner soll aus der Amplitudenresonanzkurve die Resonanzfrequenz $\omega_{\mathrm{res}} = 2\pi f_{\mathrm{res}}$ bestimmt und mit der zuvor ermittelten Frequenz ω_0 verglichen werden.

Die Dämpfungskonstante β soll einmal aus der Bandbreite $\Delta\omega$ der Amplitudenresonanzkurve und einmal aus der Resonanzüberhöhung σ bestimmt werden. Aus β und L soll dann der Dämpfungswiderstand berechnet und mit dem Nennwert des zugeschalteten Widerstandsbauelementes verglichen werden. Eine Fehlerabschätzung dabei ist sinnvoll.

Die Güte des Schwingkreises soll angegeben werden.

Bei ausreichender Zeit sollen die Resonanzkurven für einen weiteren Wert der Dämpfung (β z. B. zwei- bis dreimal größer) aufgenommen werden.

Grafische Auftragung im gleichen Diagramm wie die erste Messung. Erneute Bestimmung insbesondere von ω_{res} und β.

24.3 Resonanzkurvenmessung mit dem XY-Schreiber (1/3)

Die Amplitudenresonanzkurve eines Reihenschwingkreises soll mit Hilfe eines XY-Schreibers aufgezeichnet werden.

Reihenschwingkreis, XY-Schreiber, wobbelbarer Frequenzgenerator, Sägezahnspannungsquelle, z. B. Oszilloskop mit einem Ausgang für die sägezahnförmige X-Ablenkspannung.

In dem benutzten Generator wird die Freqenz f durch eine von aussen zugeführte bzw. intern erzeugte Spannung U_{wob} entsprechend der Beziehung $\log f \sim U_{\mathrm{wob}}$ festgelegt. Wählt man für U_{wob} nun eine Sägezahnspannung, läßt sich der interessierende Frequenzbereich periodisch durchfahren: *wobbeln*. Dabei muß die Wobbelfrequenz f_{wob} so niedrig gewählt werden (z. B. 0,1 Hz), daß die Trägheit der Schreiberaufzeichnung noch keine Rolle spielt. Wird die Sägezahnspannung aus einem Oszilloskop verwendet, kann die Kurve ohne zusätzliche Triggereinstellungen als stehendes Bild auf dessen Schirm beobachtet werden. Für die Messung wird eine Schaltung nach Bild 24.10 vorgeschlagen. Die X-Ablenkung des Schreibers erfolgt durch die Wobbelspannung U_{wob} und ist damit proportional zum Logarithmus der Frequenz; auf den Y-Eingang wird die gleichgerichtete Kondensatorspannung gegeben. Bei den hohen

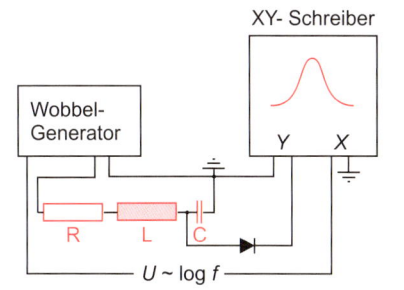

Bild 24.10. Versuchsaufbau zur Aufzeichnung der Amplitudenresonanzkurve eines Reihenschwingkreises mittels XY-Schreiber und Wobbelgenerator

Frequenzen dieser Spannung ($\omega_{\text{err, min}}$ z. B. 100 Hz) stellt sich der Schreiber aufgrund seiner mechanischen Trägheit jeweils auf einen zu U_{C_0} proportionalen Wert ein.

Hinweis: Anders als bei der punktweisen Aufnahme der Kurve mit Hilfe einer Lissajousfigur wird hier kein Spannungs*verhältnis*, sondern die Kondensatorspannung allein bestimmt. Für eine quantitative Auswertung der Kurve muß dabei sichergestellt sein, daß sich die Amplitude der Erregerspannung während der Messung nicht ändert. Eine solche Änderung kann jedoch im Bereich der Resonanz dann auftreten, wenn eine Erregerspannungsquelle mit zu hochohmigem Ausgang gewählt wird und durch den geringen Widerstand des Reihenschwingkreises im Resonanzfall merklich belastet wird!

Für ein Wertepaar C und L und eine im Vorversuch ermittelte Resonanzüberhöhung von $\sigma \approx 10$ wird die Amplitudenresonanzkurve aufgezeichnet. Durch Einschalten entsprechender Dämpfungswiderstände werden 2 bis 3 weitere Kurven mit größerer Dämpfung in das gleiche Diagramm geschrieben. Eine davon sollte der Bedingung $\beta^2 \geq \omega_0^2/2$ genügen.

Die Kurvenverläufe und insbesondere der Dämpfungseinfluß sollen qualitativ diskutiert werden. Hierbei sollte insbesondere auch auf die dämpfungsabhängige Verschiebung der Resonanzfrequenz sowie auf die Änderung der Güte des Schwingkreises eingegangen werden.

Kapitel VI
Elektrische und magnetische Felder

25. Elektrische Felder 257
26. Elektronenbewegung in elektrischen
    und magnetischen Feldern 268
27. Erdmagnetisches Feld 277
28. Magnetische Kreise und Ferromagnetismus 284

25. Elektrische Felder

🏁 Experimentelle Erarbeitung des Feldbegriffs am Beispiel des elektrischen Feldes. Zusammenhang zwischen Feld und Potential. Messung der Potentialverteilung und Berechnung der Feldverteilung für unterschiedlich geformte Elektrodenanordnungen. Kräfte zwischen Ladungen. Beobachtung von Influenzerscheinungen und Hochspannungsentladungen. Messung hoher Spannungen.

📖 *Standardlehrbücher* (Stichworte: Elektrische Ladung, Feldstärke, Potential, Feldlinien, Potentialflächen, Influenz, Funkenüberschlag),
Kose/Wagner: Kohlrausch Praktische Physik.

📖 Feldbegriff und Felddarstellung

Unter einem Feld wird in der Physik die räumliche Verteilung einer physikalischen Größe verstanden. Ein Beispiel sind *elektrische Felder*, die sowohl den Aufbau von Atomen und Molekülen prägen als auch in der Elektrotechnik bedeutsam sind. Die **elektrische Feldstärke** E wird in Richtung und Betrag durch Vektoren gekennzeichnet und ist i. a. ortsabhängig. Zwei Beispiele sind in Bild 25.1 dargestellt.

Es gibt verschiedene Möglichkeiten, ein elektrisches Feld direkt auszumessen. So läßt sich durch dielektrische Staubteilchen der Verlauf der elektrischen **Feldlinien** andeuten, ähnlich wie man den Verlauf eines Magnetfeldes durch Einbringen von Eisenfeilspänen sichtbar machen kann.

Modellhaft lassen sich elektrische Felder in einem sog. **elektrolytischen Trog** ausmessen. Dabei wird davon ausgegangen, daß der von einem System geladener Elektroden erzeugte elektrische Feldverlauf der gleiche ist, unabhängig davon, ob sich die Elektroden im Vakuum, in Luft oder in einem Elektrolyten befinden, z. B. in Wasser mit Zusatz von Kochsalz zur Erhöhung der Leitfähigkeit. Dies gilt jedoch nur so lange, wie in den betreffenden Medien keine feldverzerrenden Raumladungen auftreten. Es sollen also in jedem Raumgebiet positive und negative Ladungen in gleicher Anzahl vorhanden sein.

Im elektrolytischen Trog werden nicht unmittelbar die elektrischen Feldlinien gemessen, sondern – z. B. in einer Brücken- oder Kompensationsschaltung – Linien gleichen *Potentials*, aus denen sich die elektrischen Feldlinien bestimmen lassen.

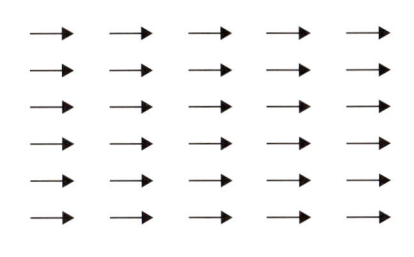

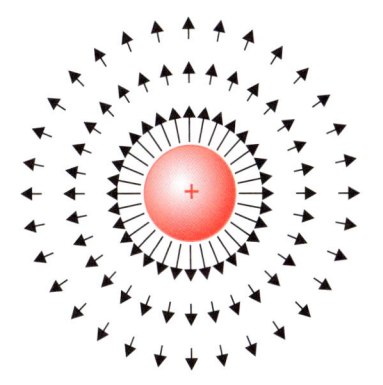

Bild 25.1. Homogenes elektrisches Feld: Richtung und Betrag von E sind konstant (oben), radiales elektrisches Feld: *einer Punktladung*, z. B. einer geladenen Kugel (unten)

Die genaue Kenntnis des Verlaufs von elektrischen Feldlinien ist z. B. in der Elektronenoptik für den Aufbau von Elektronenmikroskopen, von Fernsehröhren, von Massenspektrometern, von Atom- oder Ionenfallen oder auch beim Aufbau von Halbleiterkomponenten von großer Bedeutung. Sollen also elektrisch geladene Teilchen, z. B. Elektronen oder Ionen, in elektrischen Feldern definiert bewegt oder gefangen werden, so setzt das die genaue Kenntnis der Feldverteilung voraus.

Elektrische Ladung

Die Elementarteilchen und die daraus zusammengesetzte Materie können neben der Masse als zusätzliche Eigenschaft eine *elektrische Ladung* q besitzen. Im Gegensatz zur Masse sind bei der elektrischen Ladung positive und negative Werte und auch die Ladung Null möglich. Die Einheit der Ladung ist 1 Coulomb, abgekürzt C. Die elektrische Ladung ist durch Kraftwirkungen zwischen geladenen Teilchen charakterisiert, Bild 25.2. Zwischen zwei punktförmigen Ladungen q_1 und q_2 im Abstand r wirkt die sog.

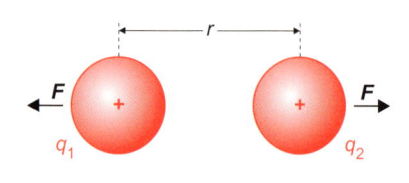

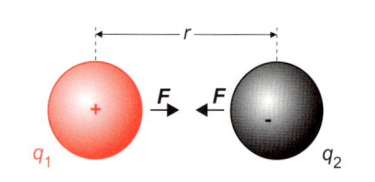

Coulombkraft $\quad F_{\text{Coul}} = \dfrac{1}{4\pi\varepsilon_0}\dfrac{q_1 q_2}{r^2}$.

Bild 25.2. Gleichnamige Ladungen stoßen sich ab; ungleichnamige Ladungen ziehen sich an. Bei punktförmigen Ladungen ist $F = F_{\text{Coul}}$

ε_0 heißt **Dielektrizitätskonstante** oder *Influenzkonstante* oder *elektrische Feldkonstante*.

Elektrische Feldstärke

Jede elektrische Ladung erzeugt um sich herum ein elektrisches Feld, Bild 25.1, unten. Für die elektrische Feldstärke E gilt folgende Definitionsgleichung, die gleichzeitig eine Meßvorschrift darstellt:

Elektrische Feldstärke $\quad \boldsymbol{E} = \lim\limits_{q\to 0} \dfrac{\boldsymbol{F}}{q}$.

$\boldsymbol{F}$ ist die Kraft, die in einem elektrischen Feld auf eine sehr kleine Probeladung q ausgeübt wird. Da die Probeladung selbst auch von einem Feld umgeben ist, wird das zu untersuchende Feld grundsätzlich durch die Probeladung gestört. Man kann aber die Störung beliebig klein machen, wenn man die Probeladung im Grenzfall gegen Null gehen läßt.

Nach der Definition ist die elektrische Feldstärke ein Vektor. Das elektrische Feld ist demnach erst bestimmt, wenn an jedem Punkt des Raumes die Feldstärke nach Betrag und Richtung bekannt ist. Die Einheit der elektrischen Feldstärke ist Volt/Meter $\equiv$ V/m.

Wird ein Feld durch mehrere (z. B. n) Punktladungen erzeugt, so addieren sich deren Kraftwirkungen auf eine Probeladung q, d. h. es addieren sich die einzelnen elektrischen Feldstärken vektoriell.

$$\boldsymbol{E} = \boldsymbol{E_1} + \boldsymbol{E_2} + \ldots + \boldsymbol{E_n} \quad .$$

Konstruiert man im elektrischen Feld Kurven, deren Tangenten in jedem Punkt mit der Richtung der dort herrschenden Feldstärke übereinstimmen, so geben diese elektrischen *Feldlinien* ein anschauliches Bild von der Struktur des Feldes, das die Ladung oder Elektrode umgibt. Der Betrag, d. h. die Größe der Feldstärke, wird durch die relative Dichte der Feldlinien dargestellt, Bild 25.3.

Aus den abgebildeten Beispielfeldern lassen sich wichtige Regeln für die Felddarstellung durch elektrische Feldlinien erkennen:

- Die Feldlinien beginnen und enden auf Ladungen entgegengesetzten Vorzeichens.
- Als Feldrichtung bezeichnet man definitionsgemäß die Richtung von der positiven zur negativen Ladung.
- Feldlinien schneiden sich nicht.
- Die Feldlinien stehen auf Leiteroberflächen senkrecht.
- Die Dichte der Feldlinien wird so gezeichnet, daß diese jeweils proportional zum Betrag der Feldstärke E ist.

Potential

Um in einem elektrischen Feld eine Probeladung q um eine sehr kleine Strecke ds zu verschieben, muß gegen die an der Ladung angreifende Kraft F die Arbeit

$$dW = -\boldsymbol{F} \cdot \boldsymbol{ds} = -q\,\boldsymbol{E} \cdot \boldsymbol{ds}$$

aufgewendet werden, wobei die rechte Seite der Gleichung ein Skalarprodukt darstellt. Auf dem Wege von Punkt 1 nach Punkt 2, Bild 25.4, wird die Arbeit W_{12} aufgewendet:

$$W_{12} = -\int_{P_1}^{P_2} \boldsymbol{F} \cdot \boldsymbol{ds} = -q \int_{P_1}^{P_2} \boldsymbol{E} \cdot \boldsymbol{ds} \quad.$$

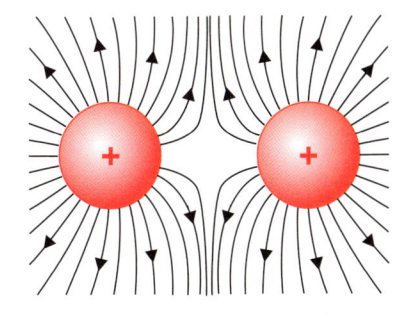

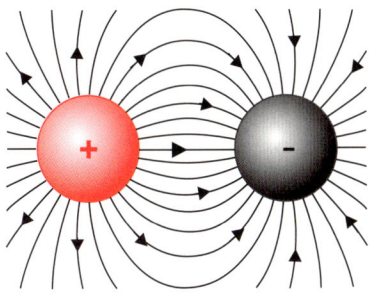

Bild 25.3. Elektrischer Feldverlauf zwischen zwei gleichnamig, z. B. positiv geladenen Körpern und zwei ungleichnamig geladenen Körpern

Dieses Integral heißt *Linienintegral*, weil die Integration entlang der gewählten Weglinie ($s_0, s_1, s_2 \ldots$) erfolgt. Die aufgewendete Arbeit wird in *potentielle Energie* der Probeladung umgewandelt. Die Verhältnisse sind damit ähnlich wie beim Anheben von Körpern im Schwerefeld der Erde.

Im Falle von statischen elektrischen Feldern, sog. Potentialfeldern, zeigt sich, daß die aufgewendete Arbeit und damit die Änderung der potentiellen Energie W_{12} nur von den Werten am Anfang sowie am Ende des Weges und nicht vom Verlauf des Weges abhängig ist:

$$W_{12} = W(P_2) - W(P_1) = W_2 - W_1 \quad.$$

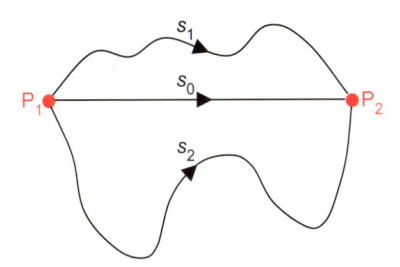

Bild 25.4. Die Potentialdifferenz U_{21} ist unabhängig vom Weg s_i

Diese Beziehung zeigt auch, daß es nicht auf die Absolutbeträge der potentiellen Energien W_i ankommt. Auch bei einer für beide Punkte gleichen Verschiebung des Nullpunkts der potentiellen Energie bliebe die Differenz W_{12} die gleiche.

Den nur vom elektrischen Feld und nicht von der Ladung q abhängigen Ausdruck

$$\frac{W_{12}}{q} = -\int_{P_1}^{P_2} \boldsymbol{E} \cdot \boldsymbol{ds} = \frac{W_2}{q} - \frac{W_1}{q} = \phi_2 - \phi_1 = U_{21}$$

nennt man die *Potentialdifferenz* oder die *elektrische Spannung* zwischen den Punkten P_1 und P_2, Bild 25.4. Hierin bedeuten ϕ_i das Potential des Punktes P_i. Der Wert des Potentials ist – entsprechend der potentiellen Energie – stets abhängig von der (willkürlichen) Wahl des Bezugspunktes B mit $\phi_B \equiv 0$. Die Potentialdifferenz dagegen bleibt von einer Nullpunktsverschiebung unbeeinflußt.

Das Potential ist eine skalare Größe der Dimension Arbeit/Ladung. Die Einheit des Potentials bzw. der Spannung wird mit Volt bezeichnet:

$$1\,\text{Volt} = 1\,\frac{\text{Nm}}{\text{C}} = 1\,\frac{\text{Joule}}{\text{Coulomb}}.$$

Kennt man das Potential in jedem Punkt eines elektrostatischen Feldes, so läßt sich die Feldverteilung aus der Potentialverteilung berechnen.

Im eindimensionalen Fall hängen sowohl das Potential ϕ als auch die elektrische Feldstärke E nur von einer Raumkoordinate ab, z. B. x. Dann gilt $d\phi = -E_x\,dx$ und damit:

$$E_x = -\frac{d\phi}{dx} \quad .$$

Die elektrische Feldstärke ist also gleich der negativen Ableitung des Potentials nach dem Ort. In der Praxis sind elektrische Felder jedoch dreidimensional; für deren mathematische Behandlung wird auf Lehrbücher der theoretischen Physik verwiesen.

Das Potential ist wie die Feldstärke geeignet, das elektrische Feld zu beschreiben. Der Vorteil, das Feld durch das Potential darzustellen, besteht darin, daß dieses eine skalare Größe ist, während der Feldstärkevektor in jedem Punkt drei Komponenten besitzt und daher allgemein durch eine Ortsfunktion $E_x(x,y,z)$, $E_y(x,y,z)$ und $E_z(x,y,z)$ beschrieben werden muß. Ist dagegen die Potentialfunktion $\phi = \phi(x,y,z)$ bekannt, so lassen sich durch partielles Differenzieren die drei Komponenten der elektrischen Feldstärke sofort angeben.

Potentiallinien

Verbindet man in einem räumlichen elektrischen Feld die Punkte gleichen Potentials miteinander, so erhält man eine *Äquipotentialfläche* (bzw. *Äquipotentiallinie* im zweidimensionalen Fall).

Für die Arbeit beim Verschieben einer Ladung q von einem beliebigen Punkt P_1 zu einem Punkt P_1' der gleichen Äquipotentiallinie, Bild 25.5, gilt definitionsgemäß $W_{11'} = 0$. Daher muß wegen

$$dW_{11'} = -q\boldsymbol{E} \cdot \boldsymbol{ds} = -q|\boldsymbol{E}||\boldsymbol{ds}|\cos\alpha$$

$\cos \alpha = 0$ sein, d. h. der Winkel zwischen Feldstärke und Ladungsverschiebung muß 90° betragen. Die elektrischen Feldlinien verlaufen also senkrecht zu den Äquipotentiallinien. Daraus ergibt sich eine einfache Konstruktion der Feldstärke aus einem Potentiallinienbild. Man greife sich einen Punkt auf einer Potentiallinie heraus: Die Feldstärke in diesem Punkt steht senkrecht zur Potentiallinie und ihr Betrag ist gleich der Potentialdifferenz zu einer benachbarten Potentiallinie, dividiert durch den Abstand: $E = \Delta\phi/\Delta s$.

In Metallen sind die elektrischen Felder nur relativ schwach, die Potentiale können daher oft als konstant angesehen werden.

Potentialgleichung

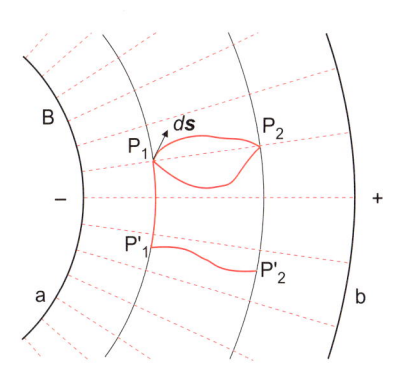

Bild 25.5. Feldlinien (gestrichelt) und Potentiallinien (dazu senkrecht) zwischen zwei Metallelektroden a bzw. b mit negativer bzw. positiver Ladung. Die Elektrodenoberflächen sind Flächen bzw. Linien konstanten Potentials

Für ein dreidimensionales elektrisches Feld gilt allgemein:

$$E_x = -\frac{\partial \phi}{\partial x} \qquad E_y = -\frac{\partial \phi}{\partial y} \qquad E_z = -\frac{\partial \phi}{\partial z}$$

$$\boldsymbol{E} = (E_x, E_y, E_z) = -\left(\frac{\partial \phi}{\partial x}, \frac{\partial \phi}{\partial y}, \frac{\partial \phi}{\partial z}\right).$$

Die räumliche Differentiation kann man durch das Symbol *grad* (gesprochen Gradient) abkürzen, das eine Rechenvorschrift oder einen Operator darstellt:

$$\left(\frac{\partial \phi}{\partial x}, \frac{\partial \phi}{\partial y}, \frac{\partial \phi}{\partial z}\right) = \mathrm{grad}$$

Mit dieser abgekürzten Schreibweise gilt:

$$\boldsymbol{E} = -\mathrm{grad}\, \phi \quad .$$

Die elektrische Feldstärke ist gleich dem negativen Gradienten oder dem „Gefälle" des Potentials.

Die Potentialverteilung zwischen leitenden Elektroden kann mit Hilfe der Potentialgleichung, die im ladungsfreien Raum gilt, berechnet werden:

$$\mathrm{div\, grad}\, \phi = \Delta \phi = 0 \quad .$$

Dabei bedeutet Δ den sog. *Laplace-Operator*:

$$\Delta = \frac{\partial^2}{\partial x^2} + \frac{\partial^2}{\partial y^2} + \frac{\partial^2}{\partial z^2} \quad .$$

Man kann durch Differenzieren zeigen, daß folgende Potentialverteilungen Lösungen der Potentialgleichung darstellen:

1. Plattenkondensator, Bild 25.6:

$$\phi = \phi_\mathrm{a} + U\frac{x}{d} \quad .$$

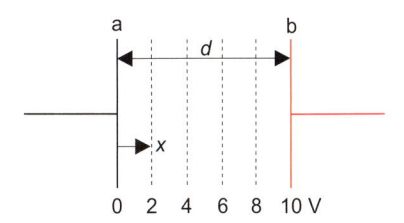

Bild 25.6. Plattenkondensator mit Potentiallinien im Abstand von 2 Volt

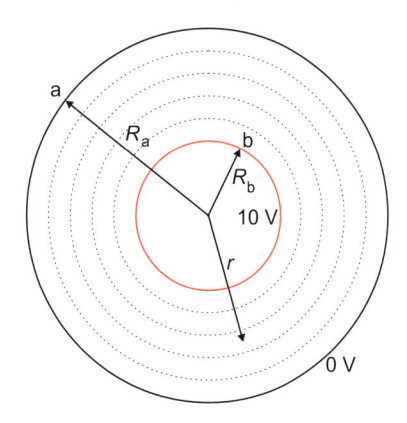

Bild 25.7. Koaxialkondensator mit Potentiallinien (gestrichelt)

Dabei bedeutet ϕ_a das Potential der Platte a, U die Potentialdifferenz, d den Plattenabstand und x eine Koordinate senkrecht zur Plattenoberfläche mit $x = 0$ auf der Platte a. Die Potentialflächen (bzw. Potentiallinien im Schnittbild 25.6) sind Ebenen parallel zu den Elektrodenflächen.

2. Koaxialkondensator, Bild 25.7:

$$\phi = \phi_a + U\frac{\ln(r/R_a)}{\ln(R_b/R_a)} \ .$$

Dabei bedeutet ϕ_a das Potential der Elektrode a, U die Potentialdifferenz zwischen den Elektroden und $r = \sqrt{x^2 + y^2}$ den Abstand vom Mittelpunkt. Die Potentiallinien sind Kreise. Zeichnet man äquidistante Potentiallinien, Bild 25.7, so ist deren Potentialdifferenz nicht konstant.

Influenz

Influenz bedeutet die Verschiebung von Ladungen in Leitern, die sich in elektrischen Feldern befinden. Wenn sich z. B. ein Leiter im Feld einer positiven Punktladung befindet, so zieht diese Elektronen an. Es entsteht dadurch in dem ursprünglich nicht geladenen Leiter eine Raumladung, die das ursprünglich vorhandene Feld so verändert, daß die resultierende Feldstärke senkrecht zur Leiteroberfläche gerichtet ist.

Im Beispiel einer Punktladung vor einer ebenen Leiteroberfläche ist das resultierende Feld so aufgebaut, als ob sich spiegelbildlich zur Leiteroberfläche eine Ladung, *Bildladung* genannt, mit entgegengesetztem Vorzeichen befindet, Bild 25.8. Das resultierende Feld hat dann an der Oberfläche nur eine Normalkomponente, aber keine Tangentialkomponente.

Solche durch Influenz entstehenden Raumladungen führen zu einer Anziehungskraft zwischen geladenen Körpern und Metallstücken. Bei einer Punktladung vor einer ebenen Metalloberfläche ist die Anziehungskraft durch das Coulomb-Gesetz gegeben, wobei die Raumladung im Metall aus der Bildladung besteht.

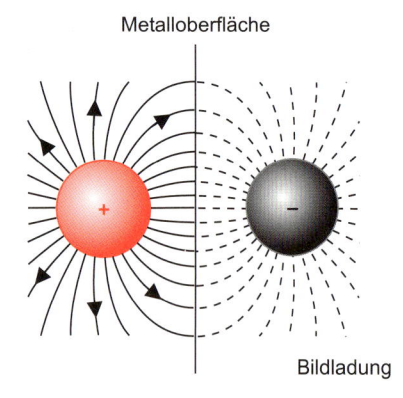

Bild 25.8. Influenzwirkung eines geladenen Körpers vor einer Metalloberfläche. Entstehung einer Bildladung

Die *Influenzmaschine*, auch als „Wimshurst Machine" oder „Elektrisiermaschine" bezeichnet, ist ein historisches Gerät zur Erzeugung hoher Gleichspannungen. Zwei gleichgroße isolierende Scheiben, z. B. aus Acrylharz A und B von etwa 30 cm Durchmesser, befinden sich in geringem Abstand parallel zueinander auf einer horizontalen Achse. Die Scheiben rotieren bei Betätigung einer Handkurbel gegenläufig. Die Außenflächen der beiden Scheiben sind ringsherum mit Aluminiumstreifen $A_1, A_2, A_3, \ldots A_{24}$ und $B_1, B_2, B_3, \ldots B_{24}$ belegt. In Bild 25.9 sind die Einzelheiten, die die hintere Scheibe B betreffen, rot gestrichelt gezeichnet. Vor jeder Scheibe befindet sich ein um die Achse verdrehbarer Querleiter (C und D), dessen Metallpinsel C_1 und C_2 bzw. D_1 und D_2 über die Aluminiumbeläge schleifen. An den Enden einer Isolierleiste befinden sich die Bürsten E_1 und E_2 zur Stromabnahme. Die Elektroden E_1 und E_2 können mit Kondensatoren verbunden werden.

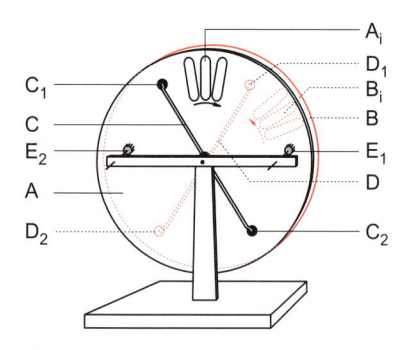

Bild 25.9. Prinzip der Influenzmaschine. Von den etwa 24 Metallbelägen A_i der vorderen Scheibe A sind nur 3 gezeichnet, gleiches gilt für die hinteren Metallstreifen B_i

Eine anfänglich stets vorhandene minimale Aufladung der Metallbeläge wird während des Betriebs durch Ausnutzung von Influenzvorgängen verstärkt, bis die durch Isolationsfehler, Stromentnahme und Funkenüberschläge begrenzte Betriebsspannung erreicht ist. Zum besseren Verständnis der Funktionsweise wird der Vorgang im folgenden in einzelne Teilschritte untergliedert.

Ist beispielsweise der mittlere obere Metallbelag A_1 positiv aufgeladen, so wird auf dem gegenüberliegenden Metallbelag B_1 eine negative Ladung influenziert. Nunmehr werde die Scheibe B um zwei Metallbeläge weiter bewegt, so daß der negativ aufgeladene Belag B_1 gegenüber dem Pinsel C_1 zu liegen kommt. Auf dem dort befindlichen Belag A_{22} wird nun eine positive Ladung influenziert, während die entsprechende negative Ladung über die Pinsel C_1 und C_2 zur diametral gegenüberliegenden Belegung A_{10} abgeleitet wird. Diese erzeugt auf dem gegenüberliegenden Belag B_{13} eine positive Ladung.

Nach diesem Schritt wird die entsprechende Bewegung der Scheibe A betrachtet, die den unter dem Pinsel C_1 befindlichen positiv aufgeladenen Belag A_{22} in die Stellung dem Pinsel D_1 gegenüber befördert. Tatsächlich erfolgen die beiden, hier nacheinander beschriebenen Bewegungsvorgänge, gleichzeitig. Auf der Platte A werden, unter dem Einfluß der Ladungen auf der Platte B, unter dem Pinsel C_1 bzw. C_2 positive bzw. negative Ladungen influenziert. Diese Ladungen werden, nachdem sie die gegenüberliegenden Pinsel D_1 bzw. D_2 passierten und dort auf den entsprechenden Belegungen der Platte B negative bzw. positive Ladungen influenzieren konnten, weitergeführt, bis sie an den Bürsten E ihre Ladungen abgeben können. Entsprechendes geschieht gleichzeitig auf der Platte B.

Die Polung der Influenzmaschine kann ermittelt werden, indem ein Elektroskop über eine Elektrode aufgeladen wird. Läßt sich das Elektroskop durch Berühren mit einem geriebenen Kunststoffstab entladen, so ist die benutzte Elektrode positiv – der Kunststoffstab erhält durch die Reibung mit Wolle eine negative Ladung. Erfolgt weitere Aufladung, so ist die Elektrode negativ. Ein Wechsel der Pole tritt während des Betriebs der Maschine nicht ein. Nur nach längeren Pausen können sich die Pole ändern.

25.1 Potential und Feldlinien (1/1)

Messung von Äquipotentiallinien für verschiedene Elektrodenanordnungen. Grafische Bestimmung der dazugehörigen Feldverteilungen.

Flacher, mit Leitungswasser gefüllter Trog, z. B. fotografische Entwicklerschale (23 cm × 33 cm), auf deren Boden eine Mattglasscheibe mit mm-Netz zur Markierung der Punkte im Potentialfeld liegt. Elektroden verschiedener Form, Kompensationsschaltung mit Potentiome-

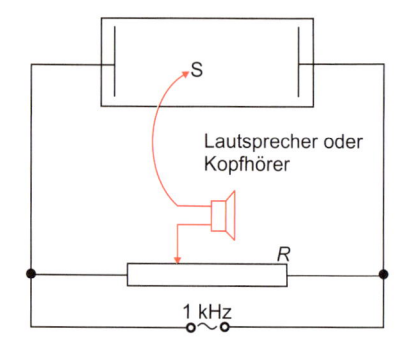

Bild 25.10. Elektrische Schaltung zur Messung der Potentialverteilung zwischen zwei ebenen Elektroden in einer Wasserschale. Das Potential an der Spitze S der Sonde wird mit einem einstellbaren Potential verglichen, das von einer Kette von z. B. 10 Widerständen abgegriffen wird (Gesamtwiderstand R)

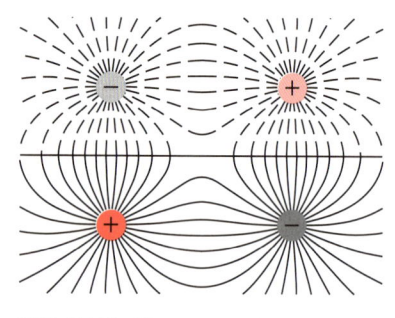

Bild 25.11. Verzerrung des Feldverlaufs zwischen zwei Punktladungen an den Wänden eines Troges mit leitenden Wänden. Die oberen gestrichelt gekennzeichneten Bildladungen und Feldlinien dienen zur Konstruktion des verzerrten Feldes, sind aber nicht real vorhanden

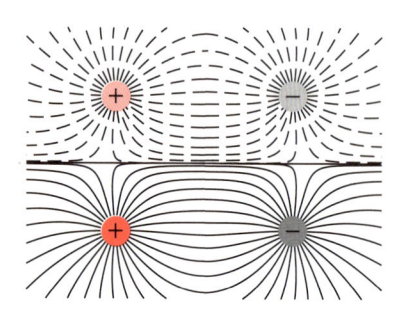

Bild 25.12. Verzerrung des Feldverlaufs zweier Punktladungen an den isolierenden Wänden eines mit leitendem Wasser gefüllten Trog

ter, Tonfrequenzgenerator, Kopfhörer mit Sonde (Drahtspitze mit isoliertem Griff).

Die Messung der Äquipotentiallinien erfolgt in einem großen, nichtleitenden Trog (flache Schale), der mit Leitungswasser gefüllt ist, das elektrisch schwach leitend ist. Die verschiedenen felderzeugenden Elektroden werden nacheinander in den Trog gestellt.

Die Äquipotentiallinien werden mit Hilfe einer *Kompensationsschaltung* ermittelt, Bild 25.10. Bei Benutzung von Wechselspannung im Tonfrequenzbereich kann ein Kopfhörer als Nulldetektor benutzt werden. Wenn durch den Kopfhörer kein Strom fließt, bedeutet dies, daß zwischen Sonde und Potentiometerabgriff keine Potentialdifferenz, d. h. keine Spannung, besteht. Dieser Koordinatenpunkt im *elektrolytischen Trog* besitzt dann das gleiche Potential wie der Abgriff. Im Kopfhörer macht sich dieser Koordinatenpunkt durch ein Lautstärkeminimum bemerkbar.

Mit Hilfe der Sonde S wird nun eine Folge solcher Punkte im Trog aufgesucht, die mit dem Abgriff am Spannungsteiler auf gleichem Potential liegen. Diese Folge von Punkten gleichen Potentials im Elektrolyten bildet dann eine Äquipotentiallinie.

Als Spannungsquelle wird ein Tonfrequenzgenerator mit einer Frequenz von z. B. 1000 Hz eingesetzt. Die Benutzung von Wechselstrom ruft in der Potentialverteilung, auf die es hier allein ankommt, keine Unterschiede gegenüber Gleichstrom hervor, da sich alle Punkte des Systems in jedem Augenblick in gleicher Spannungsphase befinden. Es ergeben sich zwei Vorteile gegenüber der Benutzung von Gleichspannung:

- Es erfolgen keine elektrolytischen Abscheidungen an den Elektroden.
- Als Meßgerät zur Bestimmung der Potentialgleichheit zwischen Sonde und Abgriff kann man statt eines Zeigerinstrumentes einen Kopfhörer benutzen und so die hohe Empfindlichkeit des Ohres ausnutzen.

Es entsteht jedoch ein Fehler durch die endliche Größe des Troges. Mit dem vorliegenden Versuchsaufbau können nur ebene Probleme behandelt werden. Das setzt streng genommen voraus, daß der Elektrolyt und die Elektroden senkrecht zur Trogfläche unendlich ausgedehnt sind. Die unendliche Ausdehnung der Anordnung in vertikaler Richtung läßt sich natürlich nicht realisieren. Dabei ist jedoch zu berücksichtigen, daß das Feld in einem Elektrolyten erzeugt wird, der einen wesentlich geringeren Widerstand als die umgebende Luft besitzt. Die zweidimensionale Feldverteilung im Trog ist daher näherungsweise unabhängig von der Ausdehnung in vertikaler Richtung.

An den Trogwänden entstehen Störungen im Feldverlauf gegenüber dem Fall unendlich seitlicher Ausdehnung des Systems. Benutzt man z. B. leitende Trogwände, Bild 25.11, so bilden diese selbst Äquipotentialflächen. Die Feldlinien müssen dann senkrecht zu den Trogwänden verlaufen. Man erhält einen Feldverlauf, als ob die Elektroden mit entgegengesetzter Polarität an den Trogwänden gespiegelt wären (siehe folgenden Abschnitt).

Sind die Trogwände dagegen isolierend, Bild 25.12, dann verlaufen die elektrischen Feldlinien an den Begrenzungen parallel zu denselben, d. h.

die Äquipotentialflächen stehen senkrecht auf den Begrenzungsflächen des Troges. Die Ursache dafür ist, daß die Feldlinien im Leiter bleiben. Bei genügendem Abstand von den Begrenzungsflächen des Troges zeigt sich jedoch der unverzerrte Feldverlauf.

Man bestimme die Potentialverteilung zwischen zwei ebenen Elektroden entsprechend Bild 25.6.

- Man konstruiere aus den Potentiallinien einige Feldlinien und prüfe, ob die Feldstärke konstant ist.
- Man bestimme ebenso den Potentialverlauf zwischen einer gewinkelten Kante und einer ebenen Elektrode, Bild 25.13.
- Man berechne durch grafische Differentiation einige Feldstärkewerte und zeige, daß die Feldstärke in Spitzennähe die größten Werte hat.
- Man bestimme den Potentialverlauf zwischen zwei koaxialen zylindrischen Elektroden entsprechend Bild 25.7.
- Man zeige durch Zeichnen auf Einfach-log-Papier, daß für das Potential gilt: $\phi = A + B \log r$.
- Man bestimme den Potentialverlauf in einem Dreielektrodensystem mit einer Spaltblende, Bild 25.14. Die linke Elektrode wird z. B. auf 10 V und der Spalt auf 0 V gesetzt. Je nach Potential der rechten Elektrode kann ein unterschiedliches Feldlinienbild beobachtet werden. Bei einem Potential von z. B. 4 V auf Elektrode c enden alle von Elektrode a und c ausgehenden Feldlinien auf Elektrode b. Bei einem Potential von 2 V gibt es Feldlinien, die direkt zwischen Elektrode a und c verlaufen.
- Durch grafisches Differenzieren wird die Feldstärke E entlang charakteristischer Richtungen bestimmt und in Diagrammen dargestellt.

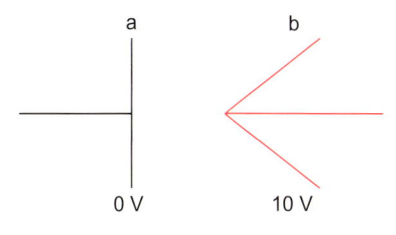

Bild 25.13. Ebene Elektrode und Kante

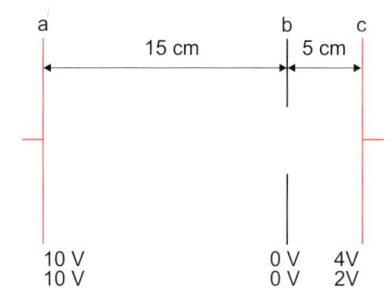

Bild 25.14. Dreielektrodensystem mit zwei Dimensionierungsvorschlägen. Die Zwischenelektrode führt bei geeigneter Wahl des Potentials zu einer Konzentration der Feldlinien im Elektrodenspalt. Ähnlich wirkt ein Wehnelt-Zylinder in einer Elektronenstrahlröhre

25.2 Kräfte zwischen Ladungen, Influenz (1/3)

Betrieb und Anwendung einer **Influenzmaschine**, eines historischen Gerätes zur Erzeugung hoher Spannungen. Durchführung qualitativer Versuche zur Elektrostatik. Anziehung und Abstoßung elektrisch geladener Körper. Entstehung von Ladungen durch Influenz. Funkenüberschlag. Messung von Hochspannungen.

Influenzmaschine, zwei isolierte Stative, zwei Leitungsketten, Papierbüschel, Glocken und Pendel, Kunstglasbehälter mit Metallspitze als Elektrode, Räucherkerzen, zwei Metallkugeln, weiteres Zubehör.

Abstoßung gleichnamiger Ladungen
Für die Versuche wird ein Stativ durch eine Leitungskette mit einer Elektrode der Influenzmaschine verbunden. Die zweite Elektrode wird bei den Versuchen entweder geerdet oder mit einem anderen Experimentteil verbunden.

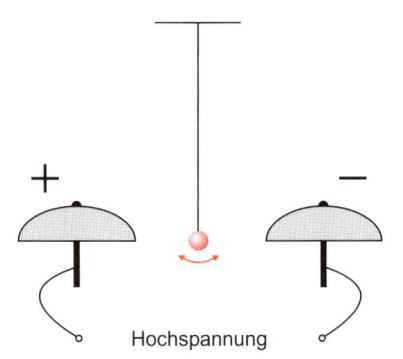

Bild 25.15. Anziehung gleichnamiger Ladungen: Die Pendelkugel wird einmalig durch Influenz aufgeladen und von der Glocke mit dem kleineren Abstand angezogen. Bei Kontakt mit der Glocke wird die Pendelkugel umgeladen und schwingt in die andere Richtung

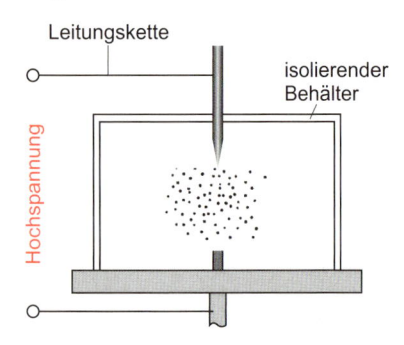

Bild 25.16. Reinigung der Luft von Schwebteilchen, z. B. Rauchpartikeln. Die Partikel werden durch die Hochspannung an der Spitze bzw. an der Bodenplatte abgeschieden

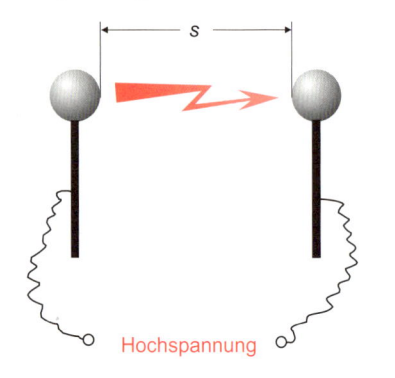

Bild 25.17. Bestimmung von Hochspannungen durch Messung der Funkenschlagweite

Das Papierbüschel wird auf dem mit der Influenzmaschine verbundenen Stativ befestigt. Bei Betätigung der Influenzmaschine werden die Papierstreifen gleichnamig, d. h. entweder beide positiv oder beide negativ, aufgeladen, sie stoßen sich gegenseitig ab, und das Papierbüschel fächert sich auf.

Influenz, Anziehung positiver und negativer Ladungen

Zwei (oder mehrere) Glocken werden auf isolierten Stativen befestigt, Bild 25.15. Dazwischen wird eine Metallkugel als Pendel so angeordnet, daß sie zwischen den Glocken hin und her schwingen kann. Die an einem isolierenden Faden aufgehängte Pendelkugel ist zunächst elektrisch neutral. Die beiden Glocken werden mit den Polen der Influenzmaschine verbunden. Bei Betätigung der Influenzmaschine werden durch das von den Glocken ausgehende elektrische Feld auf der Kugel Influenzladungen induziert, die dann zu einer Anziehung der Pendelkugel durch die näherstehende Glocke fürt. Dort wird die Kugel umgeladen und dann abgestoßen. Das Pendel schwingt dann zur anderen Glocke, an die die Ladung der Pendelkugel abgegeben wird.

Dieser Schwingungsvorgang wiederholt sich fortlaufend, so daß das Pendel zwischen den Glocken hin und her schwingt und diese anschlägt, solange die Glocken geladen sind.

Luftreinigung

Zur Demonstration der Luftreinigung wird ein Glasbehälter verwendet, dessen leitende Bodenplatte mit der einen Elektrode der Influenzmaschine verbunden wird. Gegenüber der Bodenplatte befindet sich eine Metallspitze, die mit der anderen Elektrode der Influenzmaschine verbunden wird, Bild 25.16. Um die Kammer mit Rauch zu füllen, wird ein Räucherkerzchen angezündet und auf die Bodenplatte gestellt. Es kann stattdessen auch Zigarettenrauch verwendet werden. Bei Betätigung der Influenzmaschine setzt sich der Rauch an den Elektroden ab, da die Rauchpartikel durch das sehr starke elektrische Feld in der Nähe der Metallspitze elektrisch aufgeladen werden und sich zu den entgegengesetzt geladenen Elektroden bewegen. Dieses Verfahren wird auch technisch zur Luftreinigung eingesetzt.

Funkenschlagweite

Zwei Kugeln werden auf einem Stativ isoliert befestigt und mit den Leitungsketten an die Influenzmaschine angeschlossen, Bild 25.17. Die Funkenschlagweite wird für verschiedene Umdrehungsgeschwindigkeiten und andere einstellbare Parameter der Maschine gemessen. Mit einwandfrei arbeitenden Influenzmaschinen können Funkenschlagweiten von 10 cm und mehr erreicht werden. Die entsprechenden Hochspannungen sind jedoch relativ ungefährlich, da nur geringe Ströme fließen und die in einem Funken entladene Energie klein ist.

Aus der Funkendurchschlagstrecke kann die erzeugte Spannung abgeschätzt werden, siehe *Kose/Wagner*: Kohlrausch Praktische Physik. Für zwei Kugeln mit je 1 cm Radius und einem Abstand von beispielsweise $s = 3\,\text{mm}$ beträgt die Überschlagsspannung $11{,}4\,\text{kV}$ bei trockener Luft von $18\,°\text{C}$ und einem Druck von $1013\,\text{hPa}$.

Man diskutiere den nach Funkenüberschlag durch Ozonbildung entstehenden scharfen Geruch.

26. Elektronenbewegung in elektrischen und magnetischen Feldern

🏁 Bewegung von Elektronen in elektrischen und magnetischen Feldern. Prinzip und Anwendungsmöglichkeiten eines einfachen Elektronenstrahl-Oszilloskops. Prinzip des Fernsehapparates.

📚 *Standardlehrbücher* (Stichworte: elektrostatische Felder, magnetische Felder, Lorentz-Kraft, Oszilloskop),
Themenkreis 21: Messungen mit einem Oszilloskop.

Elektronen im elektrischen Feld

Auf ein Elektron mit der negativen Ladung $q = -e$ und der Masse m_e wirkt eine

> **Kraft im elektrischen Feld** $\quad \boldsymbol{F} = -e\boldsymbol{E}$,

die bei einem freien Elektron eine Beschleunigung $\boldsymbol{a}$ in negativer Feldrichtung zur Folge hat, wobei das Newtonsche Grundgesetz $\boldsymbol{F} = m_e \boldsymbol{a}$ gilt.

Nach dem Durchlaufen einer Spannung U hat das Elektron die

> **elektrische Energie** $\quad E_\text{el} = eU$

aus dem Feld aufgenommen und trägt sie als *kinetische Energie* E_kin mit sich. Solange das Elektron nicht relativistisch ist, gilt $E_\text{kin} = \frac{1}{2} m_e v^2$ mit $v =$ Geschwindigkeit des Elektrons. Mit $eU = \frac{1}{2} m_e v^2$ ergibt sich die Geschwindigkeit des Elektrons nach Durchlaufen der Potentialdifferenz bzw. Spannung U:

$$v = \sqrt{\frac{2e}{m_e} U} \quad .$$

Das Elektron bewege sich im elektrischen Feld eines **Plattenkondensators** mit einer Plattenfläche A und einem Plattenabstand d, wie es in Bild 26.1 skizziert ist. Im idealen Fall wird im Plattenkondensator ein homogenes Feld angenommen, Bild 26.1a; der reale Feldverlauf zeigt, daß dies streng genommen nur in der Mitte des Kondensators gilt, Bild 26.1b. Im homogenen Fall ist die

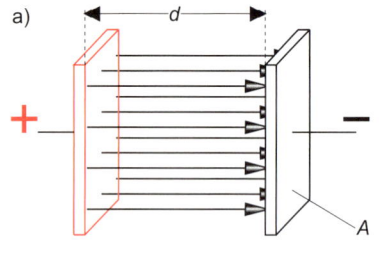

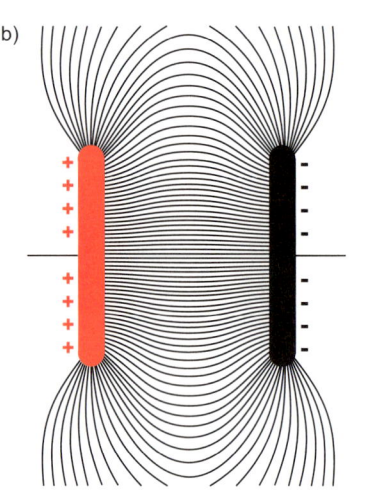

Bild 26.1. Feldlinienverlauf im elektrischen Feld eines Plattenkondensators; (a) idealisiert, (b) real

elektrische Feldstärke im Plattenkondensator $\quad E = U_P/d$,

wobei U_P die Spannung zwischen den Kondensatorplatten und d den Plattenabstand bezeichnen. Die Einheit von E ist 1 V/m.

Tritt ein Elektron mit der Geschwindigkeit v_0 senkrecht in dieses **homogene Feld** ein, so wird es zur positiven Platte hin beschleunigt, Bild 26.2. Für die Kraftkomponente F_y gilt:

$$F_y = -eE = -e\frac{U_P}{d} \quad \text{und} \quad F_y = m_e a_y \quad .$$

Die Flugzeit t durch den Kondensator beträgt $t = \ell/v_0$. In dieser Zeit beträgt die Beschleunigung $a_y = -eU_P/m_e d$ und liefert am Ende eine y-Komponente der Geschwindigkeit $v_y = a_y t$, während die x-Komponente $v_x = v_0$ unverändert bleibt, denn *die Bewegungen in x-Richtung und y-Richtung überlagern sich unabhängig!* Die Richtung der Flugbahn des Elektrons ändert sich also um einen Winkel α, wobei $\tan \alpha = v_y/v_x$ ist. Daraus folgt:

$$\tan \alpha = \frac{a_y t}{v_0} = -\frac{e}{m_e} \frac{U_P}{d} \frac{\ell}{v_0^2} \quad .$$

Da die Elektronengeschwindigkeit v_0 durch die zuvor durchlaufene Beschleunigungsspannung U ausgedrückt werden kann, ergibt sich

$$\tan \alpha = -\frac{1}{2} \frac{\ell}{d} \frac{U_P}{U} \quad ,$$

also ist der in der Praxis kleine

Ablenkwinkel im Plattenkondensator $\quad \alpha \approx \tan \alpha \sim U_P$.

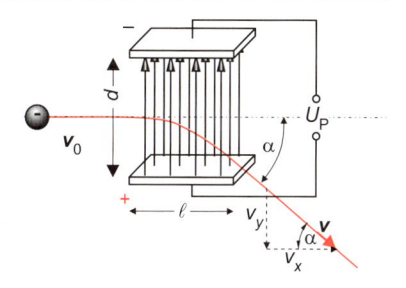

Bild 26.2. Bewegung eines Elektrons im elektrischen Feld eines Plattenkondensators. Ablenkwinkel α zur Verdeutlichung sehr groß gewählt

📖 Elektronen in magnetischen Feldern

Magnetische Felder werden am einfachsten mit *Permanentmagneten*, z. B. einem Stabmagneten mit einem Nord- und einem Südpol (N, S) erzeugt, dessen Feld in Bild 26.3 skizziert ist. Dabei ist die Richtung der magnetischen Feldlinien so definiert, daß sie im Außenraum vom Nord- zum Südpol verlaufen.

Neben Permanentmagneten erzeugen auch elektrische Ströme in ihrer Umgebung magnetische Felder. Wird ein langer Draht der Länge ℓ zu einer **Spule** mit n Windungen gewickelt und fließt in dem Draht ein Strom I, so erhält man das in Bild 26.4 dargestellte Magnetfeld. Für das im Inneren der Spule weitgehend homogene Magnetfeld gilt:

$$H = \frac{nI}{\ell} \quad \text{mit der Einheit} \quad [H] = 1 \frac{\text{A}}{\text{m}} \quad .$$

Im Außenraum dagegen entspricht das Spulenfeld im wesentlichen dem Dipolfeld eines Stabmagneten, Bild 26.3.

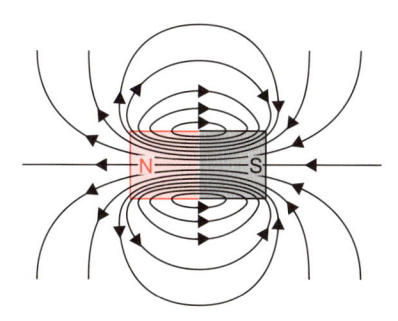

Bild 26.3. Magnetfeld eines Stabmagneten

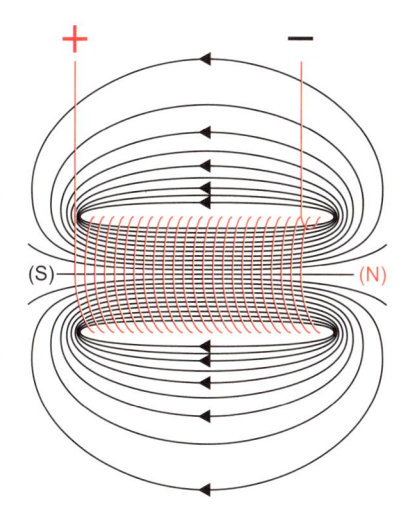

Bild 26.4. Magnetfeld in einer Spule

Bild 26.5. (a) Ein Ladungsträger mit positiver Ladung q und der Geschwindigkeit v im Magnetfeld der Stärke H erfährt eine Kraft F; (b) dem entspricht die sog. *Rechte-Hand-Regel*

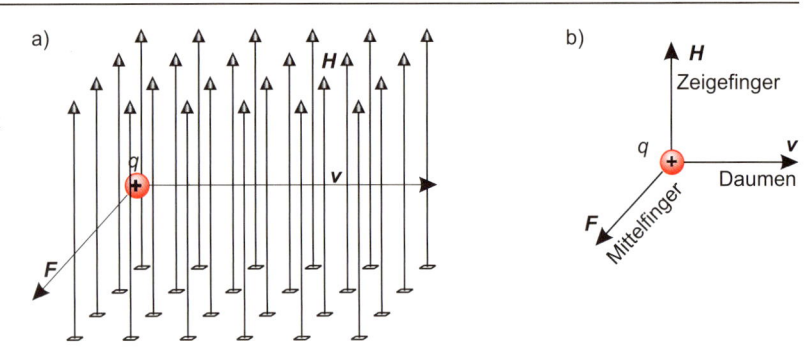

Bringt man nun einen Ladungsträger der Ladung q in ein magnetisches Feld, so erfährt er keine Kraftwirkung, wenn er im Feld ruht. Auch wenn er sich parallel zu den Magnetfeldlinien bewegt, ergibt sich keine Kraftwirkung. Wenn seine Geschwindigkeit v dagegen eine Komponente $v_\perp$ senkrecht zur Richtung der Feldstärke H besitzt, dann entsteht eine Kraft F_L, die senkrecht zu $v_\perp$ und H gerichtet ist, Bild 26.5:

Lorentzkraft $\quad F_L = \mu_0 q v_\perp H \quad .$

Hierbei ist μ_0 die **Induktions-** oder *magnetische Feldkonstante*.

Bilden die Vektoren v und H einen beliebigen Winkel α, so steht F_L wieder auf der durch v und H aufgespannten Ebene senkrecht und besitzt die Größe

$$|\boldsymbol{F}_L| = \mu_0 q |\boldsymbol{v}||\boldsymbol{H}| \sin \alpha,$$

was als **Vektorprodukt** geschrieben werden kann:

$$\boldsymbol{F}_L = \mu_0 q (\boldsymbol{v} \times \boldsymbol{H}) \quad .$$

(Merkhilfe: **Rechte-Hand-Regel**, siehe Bild 26.5b – Achtung: Vorzeichen bei negativen Ladungen (Elektronen) beachten.)

In Bild 26.6 bewegt sich ein Elektron mit der Geschwindigkeit v_0 in einem homogenen Magnetfeld der Feldstärke H, das senkrecht zur Papierebene steht, und erfährt die *Lorentzkraft* F_L. Diese Lorentzkraft wirkt dann senkrecht zu v und zwingt das Elektron auf eine gekrümmte Bahn, wobei der Betrag der Geschwindigkeit konstant bleibt, weil die Kraft stets senkrecht zur Bahntangente wirkt. Auf einer solchen gekrümmten Bahn wirkt auf das Elektron die nach außen gerichtete *Zentrifugalkraft*

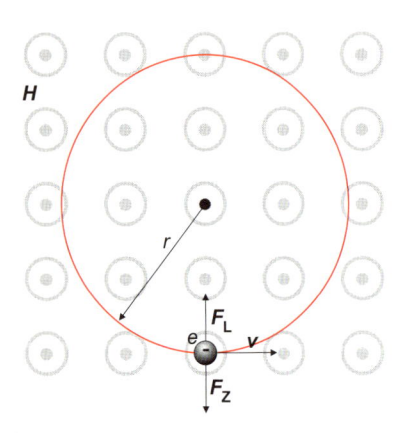

$$F_Z = m_e \frac{v^2}{r} \quad ,$$

Bild 26.6. Elektron im homogenen Magnetfeld. Das Feld steht senkrecht auf der Papierebene und zeigt nach oben. Man beachte, daß die Ladung des Elektrons negativ ist.

wobei r der Krümmungsradius der Bahn und m_e die Elektronenmasse ist. Da $F_Z = -F_L$ sein muß, ergibt sich für die Beträge der Vektoren

$$m_e \frac{v^2}{r} = \mu_0 evH \quad ,$$

d. h. das Elektron bewegt sich auf einer Kreisbahn mit dem Radius r. Der Geschwindigkeitsvektor v bleibt dabei immer senkrecht zum Magnetfeld H und senkrecht zu r.

Durchfliegt das Elektron ein homogenes Magnetfeld räumlich begrenzter Ausdehnung, Bild 26.7, so wird es nur einen Kreisbogen der Länge ℓ durchlaufen. Der Ablenkwinkel der Bahn ist dann:

$$\alpha = \ell/r = \frac{\ell \mu_0 e}{m_e v} H \quad .$$

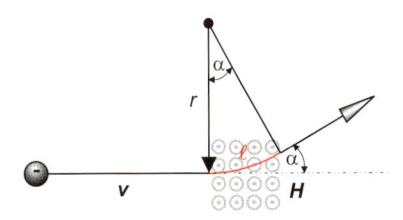

Bild 26.7. Ablenkung eines Elektrons durch ein homogenes Magnetfeld der Ausdehnung ℓ

Elektronenstrahlröhre

Versuche zur Ablenkung von Elektronen durch elektrische und magnetische Felder können mit einer Elektronenstrahlröhre durchgeführt werden, die in ähnlicher Form auch in technischen Elektronenstrahl-Oszilloskopen eingesetzt wird – siehe dazu Themenkreis *21. Messungen mit einem Oszilloskop.*

In einem evakuierten Glaskolben, Bild 26.8, befindet sich eine auf negativem Potential liegende indirekt geheizte **Kathode** K, die in einem kleinen Bariumoxidfleck Elektronen emittieren kann (U_{Hz}: Heizspannung). Diese Elektronen werden nun zur positiv gepolten **Anode** A hin beschleunigt. Die Anode besteht aus einer Lochscheibe, durch die die beschleunigten Elektronen bis zum **Leuchtschirm** S gelangen. Der Schirm besitzt eine fluoreszierende Schicht, z. B. Zinksilikat, die aufleuchtet, wenn sie von Elektronen getroffen wird. Der zusätzlich vorhandene **Wehnelt-Zylinder** W wirkt als Linse für Elektronen (**Elektronenlinse**). Durch Verändern der negativen Wehnelt-Spannung läßt sich die Brennweite der Elektronenlinse verändern; der Elektronenstrahl kann dadurch fokussiert werden. Allerdings ändert sich dabei zugleich auch die Elektronenstrahlstärke. Bei zu stark negativer Wehnelt-Spannung kann der Fall auftreten, daß die Elektronen den Kathodenraum überhaupt nicht mehr verlassen können.

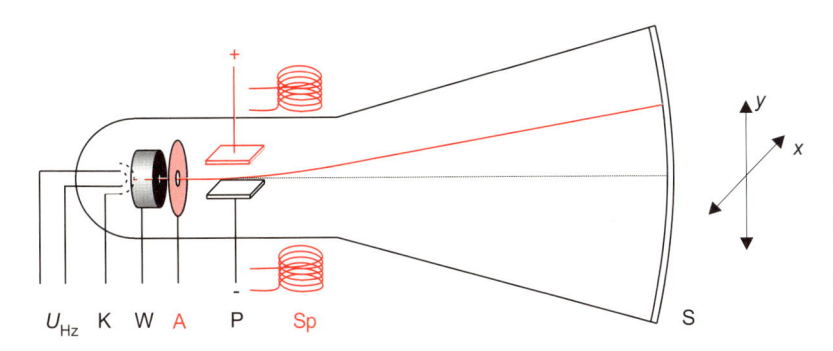

Bild 26.8. Elektronenstrahl-Röhre zur Demonstration der Ablenkung durch ein elektrisches Feld (erzeugt durch Spannung an Plattenpaar P) sowie ein magnetisches Feld (erzeugt durch stromdurchflossenes Spulenpaar Sp), Aufsicht von oben (schematisch)

Auf dem Weg zum Leuchtschirm S durchläuft der Elektronenstrahl noch das homogene elektrische Feld zwischen den Ablenkplatten P sowie das Magnetfeld der Ablenkspulen Sp. Die Winkelablenkung des Elektronenstrahls durch das E-Feld ist wie in Bild 26.2 proportional zur Plattenspannung U_P. Durch das gleichgerichtete Magnetfeld der beiden Spulen, die in gleicher Richtung vom Strom I durchflossen werden, wird dagegen der Elektronenstrahl aus der Zeichenebene herausgelenkt, wobei der Ablenkwinkel proportional zur magnetischen Feldstärke H und damit zum Spulenstrom I_{Sp} ist, vergleiche Bild 26.7. Die x- und die y-Auslenkung sind unabhängig voneinander, da sich die auf das Elektron wirkenden Ablenkkräfte unabhängig addieren.

Legt man zeitlich sich ändernde Spannungen an die Platten oder schickt man zeitlich sich ändernde Ströme durch die Spulen, so folgt der Elektronenstrahl fast trägheitslos, da die Elektronen eine hohe Geschwindigkeit und eine sehr kleine Masse besitzen. Zur Demonstration eines Oszilloskops mit Zeitablenkung wird an die Horizontal-Ablenkplatten eine Sägezahn- oder **Kippspannung** U_x gelegt, so daß in jeder Periode eine linear mit der Zeit wachsende Ablenkung in x-Richtung erfolgt, gefolgt von einem schnellen Rücklauf, Bild 26.9. Legt man nun gleichzeitig eine sinusförmige Wechselspannung U_y an das Spulenpaar, so ergibt die Überlagerung der beiden Ablenkungen auf dem Leuchtschirm eine sinusförmige Leuchtspur. In Bild 26.9 ist die Entstehung dieses Leuchtspurbildes für

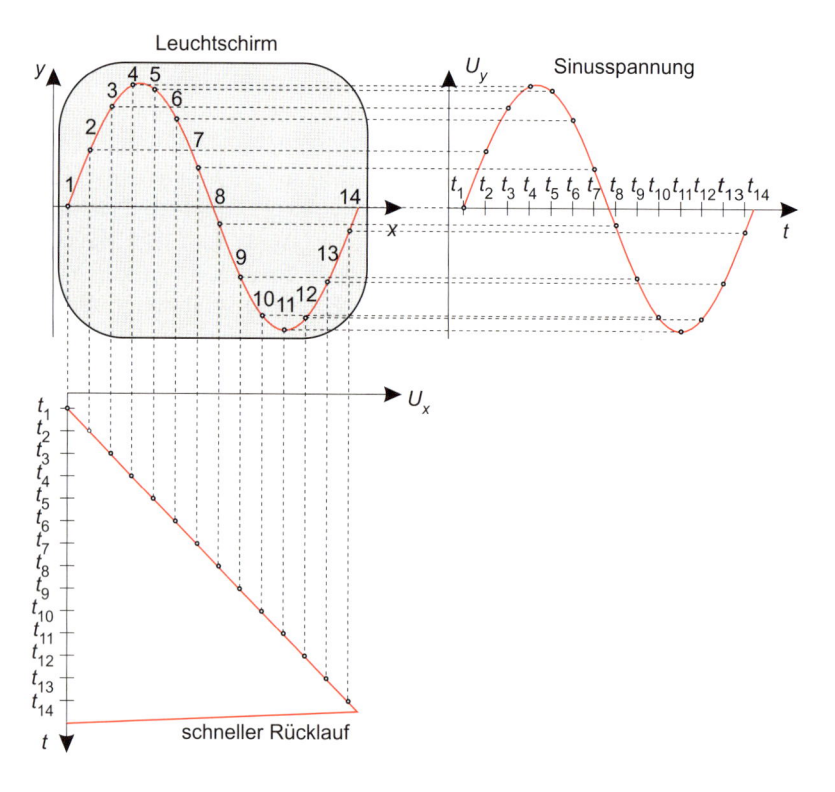

Bild 26.9. Darstellung einer sinusförmigen Spannung U_y auf dem Leuchtschirm mittels einer Sägezahnspannung U_x an den Horizontalablenkplatten

14 Zeitpunkte t_1 bis t_{14} grafisch erläutert. Die gerade Rücklaufspur ist dagegen wegen der hier vorhandenen hohen Schreibgeschwindigkeit des Elektronenstrahles kaum sichtbar. In technischen Oszilloskopen wird der Elektronenstrahl in diesem kurzen Zeitintervall durch einen hinreichend hohen negativen Wehneltspannungs-Impuls ausgeschaltet.

Bei gleicher Frequenz der Sinus- und Sägezahnablenkung erhält man auf dem Leuchtschirm ein stehendes Bild, da alle aufeinander folgenden Ablenkungsbilder identisch sind. Bei kleinen Frequenzabweichungen beobachtet man dagegen eine mehr oder weniger schnell wandernde Kurve. Ein stehendes Bild erhält man übrigens auch dann, wenn die Sinusfrequenz ein ganzzahliges (oder auch nur rationales) Vielfaches der Kippfrequenz ist.

In *technischen Oszilloskopen* wird anstelle der Ablenkspulen auch zur Ablenkung in x-Richtung gewöhnlich ein zweiter, um 90° gedrehter Ablenkkondensator verwendet.

Fernsehgeräte enthalten eine Elektronenstrahlröhre zur Bilddarstellung ähnlich wie ein Oszilloskop. Der Bildschirm enthält drei verschiedenfarbig fluoreszierende Pigmente. Sie arbeiten typischerweise mit Anodenspannungen von 25 kV und bilden aus drei Farbsystemen das farbige Fernsehbild, wobei z. B. die Bildhelligkeit mit der Anodenspannung geregelt wird und die Farbsättigung durch unterschiedliche Anodenspannungen in den drei Farbsystemen realisiert werden kann. Das in Deutschland und vielen anderen Ländern verwendete PAL-System (Phase Alternate Line) setzt sich aus 625 Zeilen und 25 bzw. 50 Bildern pro Sekunde zusammen, wobei zur Verringerung des Flimmereffekts 50 oder 100 Halbbilder pro Sekunde angezeigt werden.

Neuerdings werden auch *Flüssigkristall-Bildschirme* (LCD = Liquid Crystal Display) eingesetzt, die besonders flach sind und vornehmlich in Laptops ihre Anwendung finden.

26.1 Wirkungsweise und Eigenschaften eines einfachen Kathodenstrahl-Oszilloskops (2/3)

In einer einfachen Oszilloskop-Anordnung mit freistehender Kathodenstrahlröhre werden die Grundgesetze der Elektronenbewegung in elektrischen und magnetischen Feldern veranschaulicht. Die Funktion eines Oszilloskops wird verdeutlicht.

Kathodenstrahlröhre (Braunsche Röhre) einfacher Bauform mit Sägezahngenerator, Spulen (z. B. 2×300 Windungen, $R_{Sp} = 4\,\Omega$) und Kondensatorplatten (z. B. $\ell = 20\,\text{mm}$, $d = 12\,\text{mm}$), Netzgerät, Kompaß, Stabmagnet, Drehspiegel, Eisenjoche für die Spulen, Vielfach-Meßinstrument, Plexiglas-Maßstab, Kabel.

Wirkung der Wehnelt-Spannung U_W

Die maximale Anodenspannung wird eingestellt. Die Wehneltspannung U_W wird über ihren vollen Spannungsbereich z. B. von $-50\,\text{V}$

bis 0 V variiert und der Wert bei schärfster Fokussierung notiert. Bei welcher Spannung U_W verschwindet der Leuchtfleck?

Die Anodenspannung U_A wird über ihren vollen Spannungsbereich z. B. von 120 V bis 300 V variiert. Dabei wird die Wehneltspannung so nachgeregelt, daß sich jeweils eine gute Fokussierung ergibt. Die Messung wird für ca. 10 Wertepaare durchgeführt.

Die Ergebnisse werden grafisch aufgetragen: $U_W = f(U_A)$. Für die maximal erreichte Anodenspannung wird die Geschwindigkeit der Elektronen berechnet. Frage: Wie schnell sind Elektronen in kommerziellen Farbfernsehgeräten ($U_A = 25\,\text{kV}$)?

Ablenkung im magnetischen Feld

Zur Prüfung der Richtung der Lorentzkraft auf den Elektronenstrahl wird ein Stabmagnet der Kathodenstrahlröhre so genähert, daß das Magnetfeld den Elektronenstrahl etwa senkrecht durchsetzt. Die Ablenkrichtung wird verglichen mit der *Rechten-Hand-Regel* in Bild 26.5.

Das Experiment wird mit anderen Magnetfeldrichtungen wiederholt, hierbei den Stabmagneten u.a. auch parallel zum Elektronenstrahl halten.

Mit Hilfe der zwei Ablenkspulen wird die Ablenkung des Elektronenstrahls durch ein Magnetfeld weiter untersucht. Zunächst werden die Spulen mit dem maximal zugelassenen Gleichstrom betrieben; die Magnetfeldrichtung läßt sich dabei mit dem Kompaß bestimmen. Was ändert sich beim Einsatz der Eisenjoche?

Der Versuch wird mit Netzwechselstrom (50 Hz) wiederholt. Der entstehende Leuchtstrich wird über einen Drehspiegel beobachtet (es kann auch ein Taschenspiegel zwischen zwei Fingern gehalten und mit der anderen Hand schnell hin und her bewegt werden). Wie kann man die Beobachtung deuten?

Ablenkung im elektrischen Feld

Die Auslenkung y des Leuchtflecks wird in Abhängigkeit von der Gleichspannung am Plattenkondensator gemessen und grafisch aufgetragen: $y = f(U_P)$. Die Richtung der Elektronenstrahlablenkung soll diskutiert werden.

Bei Anlegen einer Wechselspannung (z. B. 50 Hz) an die Ablenkplatten entsteht wieder ein Leuchtstrich, der wie bei der Magnet-Ablenkung mit einem Drehspiegel beobachtet werden kann.

Es wird eine gleichzeitige Ablenkung durch ein elektrisches Gleichfeld und ein magnetisches Gleichfeld realisiert. Das Ergebnis zeigt eine unabhängige Überlagerung der beiden Ablenkungen. Ursache: Die beiden an den Elektronen angreifenden Kräfte addieren sich vektoriell.

Überlagerung zueinander senkrechtstehender Schwingungen

An beide Ablenkspulen wird die gleiche Wechselspannung (50 Hz) gelegt. Eine der beiden Spulen wird um 90° um die Röhrenachse geschwenkt. Die Bewegung des Leuchtflecks entspricht dann der Überlagerung zweier zueinander senkrechter Sinusschwingungen mit gleicher Frequenz und Phase.

- Wiederholung der Messung beim Schwenken der Spule nur um 45°.
- Weitere Versuche können durchgeführt werden: z. B. eine horizontale Spule mit einem Eisenkern führt zu einer kleinen Phasenverschiebung, d. h. eine Ellipse ergibt sich, die verschwindet, wenn auch in die andere Spule ein Eisenkern eingeführt wird. Ferner kann eine Wechselspannung an den Ablenkkondensator gegeben werden, usw.

Darstellung einer Wechselspannung mittels einer Sägezahnablenkung

An den Ablenkkondensator des Kathodenstrahlrohres wird die Spannung eines Sägezahngenerators, also eine x-Ablenkung entsprechend Bild 26.8, angelegt. Die Frequenz des Sägezahngenerators wird variiert. Durch die Ablenkspulen, also die y-Ablenkung entsprechend Bild 26.8, wird nun ein z. B. sinusförmiger Wechselstrom (z. B. 50 Hz) geschickt. Der Leuchtfleck vollführt dann auf dem Bildschirm genau eine einzige Sinusschwingung, wenn die Frequenz des Sägezahngenerators ebenfalls 50 Hz beträgt.

Es werden weitere Verhältnisse zwischen beiden Frequenzen $f_\text{Säge} / f_\text{Wechsel}$ eingestellt und die Ergebnisse skizziert.

- Die jeweiligen Ergebnisse beschreiben und diskutieren.

26.2 Messung der Elektronenstrahlablenkung (1/3)

In der einfachen Oszilloskop-Anordnung sollen die durch elektrische und magnetische Felder verursachten Elektronenstrahlablenkungen quantitativ bestimmt werden.

Kathodenstrahlröhre einfacher Bauform mit Zubehör wie in Aufgabe 26.1.

Messung der Elektronenstrahlablenkung

Die maximale Anodenspannung U_A und die bestmögliche Fokussierung mit der Wehnelt-Spannung U_W werden eingestellt, wobei der Leuchtfleck ohne Ablenkung etwa in der Mitte des Bildschirmes liegen sollte (U_A und U_W notieren).

Infolge Ausbildung störender Wandladungen auf der Glaskolben-Innenfläche, die einen Teil der Ablenkung im Plattenkondensator kompensieren, kann der Leuchtfleck 2 – 3 Sekunden nach dem Einschalten der Plattenspannung in Richtung Null-Lage wandern. Man sollte daher die Auslenkung sofort nach dem Einschalten messen. Praktisch läßt sich das realisieren, indem man zunächst die gewünschte Gleichspannung $U_{\overline{P}}$ einstellt, dann auf $U_{\widetilde{P}}$ umschaltet und erst zur Messung wieder auf $U_{\overline{P}}$ zurückschaltet und den maximalen Ausschlag möglichst schnell abliest.

Zunächst wird die Ablenkung im *magnetischen Gleichfeld* gemessen. Hierzu werden für z. B. 6 - 8 Spulenstromstärken $I_{\overline{\text{Sp}}}$ (Gleichstrom) die Längen der Strahlauslenkungen $\overline{y}$ auf dem Bildschirm bestimmt.

Ist die Ablenk-Kalibrierkurve $\overline{y} = f(I_{\overline{Sp}})$ innerhalb der Fehlergrenzen linear?

Zur Bestimmung der Ablenkung eines Elektronenstrahles im *magnetischen Wechselfeld* werden die Längen des Leuchtstriches $2\widetilde{y}$ wieder für z. B. 6 – 8 Werte $I_{\widetilde{Sp}}$ (Wechselstrom) bestimmt.

Bei der Ablenkung des Elektronenstrahls im *elektrischen Gleichfeld* wird die Auslenkung $\overline{x}$ des Leuchtpunktes für z. B. 6 – 8 Ablenkgleichspannungen $U_{\overline{P}}$ gemessen.

Für die Ablenkung im *elektrischen Wechselfeld* wird die Länge $2\widetilde{x}$ des horizontalen Leuchtstriches für z. B. 6 – 8 Ablenkspannungen $U_{\widetilde{P}}$ bestimmt.

Die Ergebnisse $\overline{y} = f(I_{\overline{Sp}})$, $\widetilde{y} = f(I_{\widetilde{Sp}})$, $\overline{x} = f(U_{\overline{P}})$, $\widetilde{x} = f(U_{\widetilde{P}})$ werden in Diagrammen aufgetragen. Die Steigungen der sich ergebenden Geraden werden diskutiert und aus den Parametern der Anordnung abgeschätzt.

26.3 Nachweis des erdmagnetischen Feldes (1/3)

Der Einfluß des Erdmagnetfeldes soll durch Ablenkung eines Elektronenstrahls qualitativ beobachtet werden.

Kathodenstrahlröhre einfacher Bauform mit Zubehör, Kohlemikrofon, Lineal, Kompaß.

Mit einem Kompaß wird zunächst die Richtung der Horizontalkomponente des *erdmagnetischen Feldes* H_E am Meßplatz bestimmt. Das Oszilloskop wird nun so gedreht, daß der Kathodenstrahl parallel zu dieser Horizontalkomponente liegt, die Lage des Leuchtflecks wird markiert. Die Anordnung wird um 90° um die vertikale Achse gedreht und die Verschiebung des Leuchtflecks registriert.

Stimmt die Richtung der Verschiebung mit der bekannten Richtung des erdmagnetischen Feldes überein? Welchen Einfluß hat die Vertikalkomponente des Erdmagnetfeldes auf das Experiment? Wie wirkt sich die Abschirmung durch die Eisenträger im Gebäude aus?

27. Erdmagnetisches Feld

Messung statischer Magnetfelder, insbesondere des erdmagnetischen Feldes. Magnetfelderzeugung durch elektrischen Strom. Untersuchung des Drehmomentes auf einen permanentmagnetischen Dipol im magnetischen Feld. Messung vektorieller Größen. Anwendung des Kompensationsverfahrens am Beispiel der Feldmessung.

Standardlehrbücher (Stichworte: Magnetfeld, magnetischer Dipol, Erdmagnetfeld),
Bloxham/Gubbins: Die Entwicklung des Erdmagnetfeldes,
Gubbins/Bloxham: Morphology of the geomagnetic field and implications for the geodynamo,
Powell: Innenansicht der Erde.

Ursachen von Magnetfeldern

Magnetische Felder entstehen durch bewegte elektrische Ladungen. Dabei kann es sich um Ströme in elektrischen Leitungen oder auch im Erdinneren handeln.

Magnetfelder sind im Gegensatz zu elektrostatischen Feldern Wirbelfelder, deren Feldlinien stets geschlossen sind. Es gibt – anders als im elektrischen Fall – keine magnetischen Ladungen oder Monopole, sondern nur **Dipole**. Beispiele für solche Dipole sind ein stabförmiger Permanentmagnet oder auch eine Kompassnadel.

Betrag und Richtung von Magnetfeldern werden durch die magnetische Feldstärke H beschrieben, die sich für einfache Geometrien stromdurchflossener Leiter aus dem Durchflutungsgesetz, das einer der Maxwellschen Gleichungen entspricht, berechnen läßt.

Für die Mitte einer von einem Strom I durchflossenen Spule mit einer Zahl von N Windungen, der Länge ℓ und dem Durchmesser D, Bild 27.1, erhält man daraus für den Betrag der **magnetischen Feldstärke**

$$H = \frac{NI}{\sqrt{D^2 + \ell^2}} \ .$$

Das Feld variiert etwas in axialer und radialer Richtung. Bei sehr langen Spulen mit $\ell \gg D$ wird das Feld homogen:

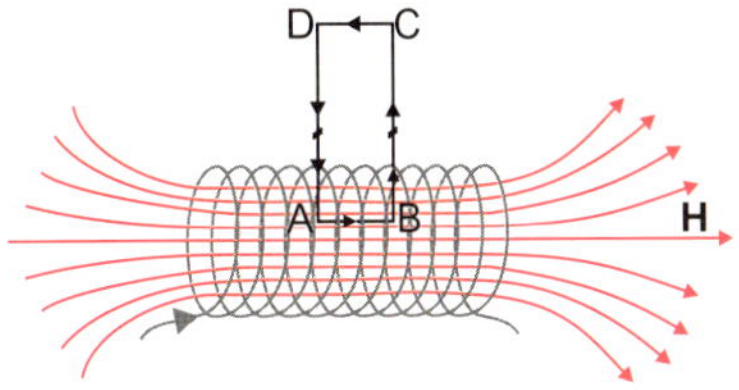

Bild 27.1. Magnetfeld einer langen Spule, die von einem elektrischen Strom I durchflossen wird. Ein möglicher Weg A, B, C, D für die Anwendung des Durchflutungsgesetzes zur Feldberechnung für theoretisch interessierte Studenten ist skizziert

> **Magnetische Feldstärke in einer langen Spule:** $\quad H \approx \frac{N}{\ell} I \ .$

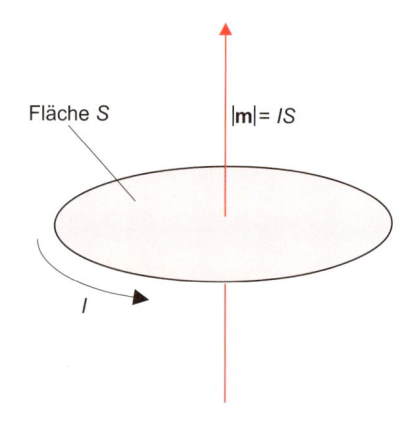

Bild 27.2. Magnetisches Dipolmoment m eines Kreisstromes I

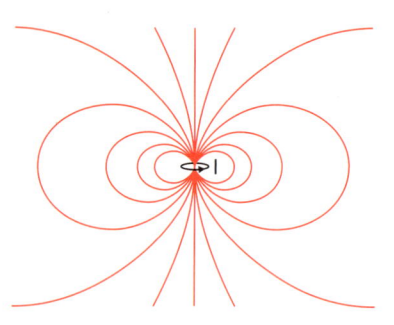

Bild 27.3. Feld eines magnetischen Dipols, z. B. erzeugt durch Kreisstrom I

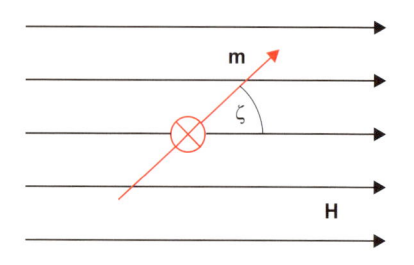

Bild 27.4. Magnetischer Dipol m in einem homogenen Magnetfeld der Feldstärke H. Das auf den Dipol wirkende Drehmoment steht senkrecht auf der Bildebene, zeigt in die Zeichenebene hinein und bewirkt eine Drehung des Dipols im Uhrzeigersinn

Eine weitere Ursache von Magnetfeldern können magnetische Dipolmomente, Bild 27.2 und 27.3, z. B. in Permanentmagneten sein, die aus ferromagnetischen Materialien bestehen (z.B. Fe, Co, Ni). In solchen Materialien kann man durch ein äußeres Magnetfeld die Ausrichtung permanent vorhandener, elementarer magnetischer Dipole erreichen. Diese Ausrichtung bleibt unterhalb einer bestimmten Temperatur nach Abschalten des äußeren Feldes erhalten. Die Magnetfelder der elementaren Dipole entstehen durch die kreisförmigen Elektronenströme in den Atomen, Bild 27.2.

In einer größeren Entfernung von einem Permanentmagneten beobachtet man unabhängig von seiner Form ein Dipolfeld, was aus der Überlagerung der elementaren Dipolfelder verständlich ist.

Messung von Magnetfeldern

Die Größe und Richtung des magnetischen Feldstärkevektors H läßt sich nicht in derselben Weise feststellen wie beim elektrischen Feld, bei dem man im Prinzip eine Probeladung in das Feld einbringen und die ausgeübte Kraft messen kann. Dies liegt daran, daß es keine magnetischen Einzelladungen oder Monopole gibt.

Zur Messung betrachtet man daher die Wirkung dieses äußeren Magnetfeldes auf einen magnetischen Dipol mit dem Dipolmoment m. Im elektrischen Fall besteht ein Dipol aus einer positiven und einer gleichgroßen negativen Ladung in einem kleinen Abstand. Magnetische Dipole werden durch Kreisströme, z. B. bewegte Elektronen in Atomen erzeugt, Bild 27.3. Dies ist beispielsweise ein stabförmiger Permanentmagnet. Ein solcher magnetischer Dipol verhält sich in einem Magnetfeld analog zu einem elektrischen Dipol im elektrischen Feld. In einem homogenen (räumlich konstanten) Feld wirkt auf den Dipol nur ein Drehmoment, aber keine resultierende Kraft, Bild 27.4:

$$M = \mu_0 m \times H \quad .$$

Man veranschauliche sich diesen Zusammenhang mittels der *Lorentzkraft*, die auf einen Ringstrom gemäß Bild 27.3 einwirkt, wenn dieser sich in einem homogenen Feld befindet! Aus der Größe des ausgeübten Drehmomentes kann man auf die Stärke des Magnetfeldes schließen.

Da das magnetische Dipolmoment m des im folgenden Versuch verwendeten ferromagnetischen Stabmagneten in Bezug auf die Drehachse nicht bekannt ist, überlagert man das zu messende Feld H_h mit einem bekannten Spulenfeld H_s zu einem Gesamtfeld H_i mit dem Betrag

$$H_i = H_h + H_s = H_h + \frac{N}{l} I \quad .$$

Es wird dabei vorausgesetzt, daß die Spulenachse parallel zu dem zu messenden Magnetfeld ausgerichtet ist, dessen Richtung mit einem Kompaß festgestellt werden kann.

Mit dem angreifenden Drehmoment (das Torsionsmoment des Aufhängefadens wird vernachlässigt) ergibt sich die Schwingungsgleichung für den Auslenkwinkel ζ des Stabmagneten aus der Gleichgewichtslage:

$$J\ddot{\zeta} + \mu_0 m H_i \sin\zeta = 0 \quad .$$

Dabei ist J das Trägheitsmoment des Stabmagneten.

Für kleine Auslenkwinkel $\zeta \ll 1$ läßt sich $\sin\zeta \approx \zeta$ nähern und die Differentialgleichung elementar lösen: *Schwingungsgleichung*. Die Schwingungsdauer ergibt sich dann zu:

$$T^2 = \frac{4\pi^2 J}{\mu_0 m |H_h + \frac{N}{l} I|} \quad .$$

Um den Wert von H_h zu bestimmen, wird die Schwingungsdauer T in Abhängigkeit vom Spulenstrom gemessen und festgestellt, wann $H_h = -H_s$ oder $T^2 \to \infty$.

Nach Abklingen von Schwingungen richtet der Dipol sich parallel zum Magnetfeld aus, so daß $\zeta = 0$ wird. Dieses Prinzip wird auch bei der Kompaßnadel ausgenutzt, die sich in Nord-Süd-Richtung einstellt.

In der Praxis werden Magnetfelder heute häufig mit kalibrierten *Hallsonden* gemessen (siehe auch *Themenkreis 28*: Materie im Magnetfeld).

Erdmagnetfeld

Das Magnetfeld der Erde, Bild 27.5, entsteht ebenfalls durch eine Bewegung von Ladungen, die im Erdinneren zu großen elektrischen Strömen führen. Es ist in Näherung gleich dem Feld $\boldsymbol{H}$ eines magnetischen Dipols mit dem Dipolmoment m_E im Erdmittelpunkt, dessen Nordpol in der Südhalbkugel liegt und dessen Achse um etwa 11,4° gegen die Rotationsachse der Erde (Radius R) geneigt ist. Die Abweichungen der realen magnetischen Feldstärke an der Erdoberfläche von diesem einfachen Dipolbild liegen bei etwa 10 % und können durch die Hinzunahme höherer Multipole erfaßt werden. Der Feldstärkevektor $\boldsymbol{H}$ und die Erdoberfläche (Horizontale) schließen einen sog. **Inklinationswinkel** β ein, Bild 27.6. $\boldsymbol{H}$ hat eine Horizontalkomponente in magnetischer Nord–Süd–Richtung (Einheitsvektor $\boldsymbol{e}_h$) und eine Radialkomponente senkrecht zur Erdoberfläche (Einheitsvektor $\boldsymbol{e}_r$):

$$\boldsymbol{H} = \frac{m_E}{4\pi R^3} (\boldsymbol{e}_h \cos\phi + \boldsymbol{e}_r 2\sin\phi) \quad .$$

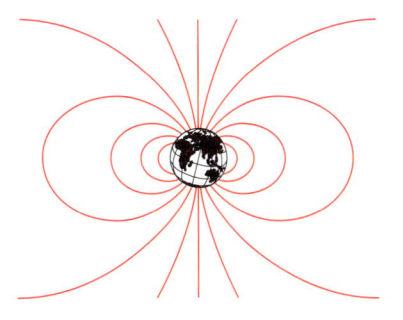

Bild 27.5. Magnetfeld (Feldlinien) der Erde

Daraus kann die Inklination für den Versuchsstandort mit der geomagnetischen Breite ϕ, die nur näherungsweise gleich der geographischen Breite ist, abgeschätzt werden: $\tan\beta = 2\tan\phi$.

Die Abweichung der Horizontalkomponente von der geographischen N–S–Richtung wird als **Deklination** (auch magnetische Mißweisung) bezeichnet. Die Deklination ist in Seekarten verzeichnet. Heute wird allerdings das Erdmagnetfeld als Navigationshilfsmittel durch das *Global Positioning System (GPS)* mittels Sattelitendistanzmessungen ersetzt.

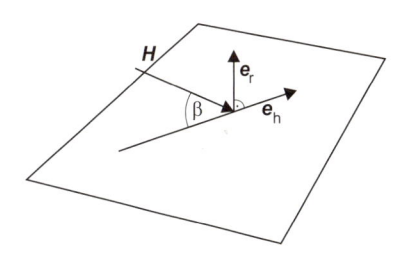

Bild 27.6. Die magnetische Feldstärke ist gegenüber der Erdoberfläche um einen Inklinationswinkel β geneigt

Aufbau der Erde, Ursachen des Erdmagnetfeldes

Mit Experimenten und Simulationen zur Ausbreitung von seismischen Wellen (Erdbeben oder unterirdische Atombombentests) wurde der Schalenaufbau der Erde, Bild 27.7, erforscht. Unter der kaum 60 km mächtigen, festen Gesteinskruste, in der sich die Gebirgsbildung, Vulkanausbrüche und die Drift der Kontinentalplatten abspielt, befindet sich ein 2900 km tiefer Gesteinsmantel. Dieser Erdmantel, der vorwiegend aus silikatischem Gestein besteht, ist zähplastisch.

Der noch tiefer gelegene Erdkern besteht aus einem festen inneren und einem äußeren, flüssigen Bereich. Die in diesem äußeren Kern vorherrschenden Drücke übersteigen den Atmosphärendruck etwa eine Million Mal. Durch die gleichzeitig hohen Temperaturen von 5800 K (fast die Temperatur der Sonnenoberfläche!) wird der vermutlich aus einer Eisen-Nickellegierung mit Sauerstoff und Schwefel bestehende flüssige äußere Kern etwa so viskos wie Wasser. Die elektrische Leitfähigkeit beträgt $3 \cdot 10^5$ S/m und ist damit nur etwa 200 mal kleiner als die von Kupfer.

Das im Inneren heiße Material strömt nach außen. Kälteres Material sinkt durch die Schwerkraft nach innen. Es entstehen so walzenförmige Konvektionsströmungen, wobei benachbarte Walzen gegenläufig sind. Zusätzlich wirkt die Erdrotation, so daß sich insgesamt schraubenförmige Wirbel parallel zur Erdachse einstellen.

Als eigentlicher Entstehungsort des Erdmagnetfeldes gilt der äußere, flüssige Erdkern. Die Ursache für das Magnetfeld ist der sog. *Geodynamo*: Die mit der leitfähigen Schmelze strömenden, elektrischen Ladungen unterliegen über die *Lorentzkraft* einer Ablenkung durch das Erdmagnetfeld, daß elektrische Ströme erzeugt werden. Diese Ströme induzieren wiederum das Magnetfeld. Strom und Magnetfeld treiben sich also wie in

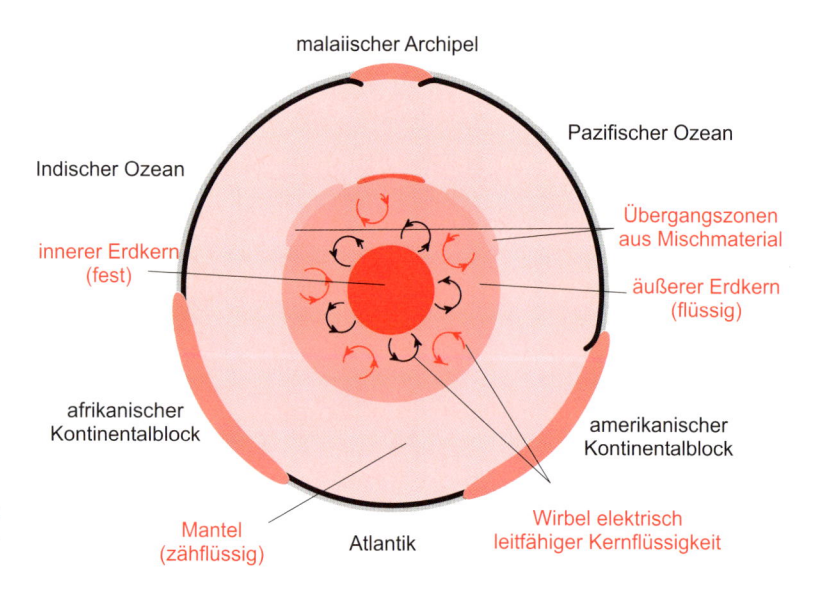

Bild 27.7. Schnitt durch die Erde am Äquator und elektrische Stromverteilungen, die das Magnetfeld erzeugen

einer selbsterregten elektrischen Dynamomaschine gegenseitig an, wobei die Energiezufuhr durch die Massenströme erfolgt, die einem mechanischen Antrieb entsprechen.

Das Magnetfeld der Erde unterliegt in geologischen Zeiträumen starken Schwankungen. Durch Untersuchungen von magnetisiertem Gestein ist die Geschichte des Erdmagnetfeldes in groben Zügen über mehr als 2 Milliarden Jahren bekannt. Das Feld polt sich in unregelmäßigen Zeitintervallen von 10^5 bis 10^7 Jahren um und kann dazwischen fast vollständig verschwinden. Diese Erscheinungen werden mit einer Wanderung und Veränderung der Strömungen im äußeren Erdkern begründet.

Auch in der Ionosphäre werden Ströme durch das magnetische Erdfeld erzeugt, die aber vom Stand der Sonne wegen schwankender Ladungsträgerkonzentration in der Ionosphäre und Konvektion infolge der Tageserwärmung abhängig sind. Damit lassen sich beispielsweise die Tagesschwankungen des Magnetfeldes erklären.

In diesem Zusammenhang sei auch die für irdisches Leben schützende Funktion des Erdmagnetfeldes erwähnt. Schnelle, geladene Teilchen aus dem Weltraum werden im sog. Strahlungsgürtel, dem *Van-Allen-Gürtel* durch die *Lorentzkraft* abgelenkt. Der Gürtel ist zu den Polen hin offen, wo schnelle Elektronen in die Hochatmosphäre eindringen können und durch Stoßanregung u. a. das Polarlicht erzeugen.

27.1 Horizontalkomponente des Erdfeldes (2/3)

Die Horizontalkomponente H des Erdmagnetfeldes soll durch Ausnutzung des Drehmoments auf einen magnetischen Dipol gemessen werden, dessen Schwingungsdauer vom Feld abhängt. Anwendung eines Kompensationsverfahrens zur Messung einer physikalischen Größe.

Magnetometer, Netzgerät, Kompass, Stoppuhr.

Das Spulenmagnetometer besteht aus einer langen Spule, in deren Mitte sich ein um eine vertikale Achse frei drehbarer Stabmagnet befindet, Bild 27.8. Der Stabmagnet kann durch die Sichtfenster, die gegen Luftzug schützen, an den Spulenenden beobachtet werden.

Der an einem Torsionsfaden befestigte Stabmagnet schwingt um seine Gleichgewichtslage, die der Spulenachse entspricht. Die Periodendauer T hängt von dem zusätzlichen homogenen Spulenfeld H_s ab, das sich aus dem fließenden Spulenstrom und der Windungszahl berechnen läßt. Durch die Polung und Variation des Spulenstromes kann man das Magnetfeld in der Spule gegenüber dem *Erdmagnetfeld* stärken, schwächen oder ganz umpolen. Besitzt das Spulenfeld genau die Größe der Horizontalkomponente des Erdfeldes und die entgegengesetzte Richtung, so verschwindet das auf den Stabmagneten einwirkende Drehmoment. Die Schwingungsdauer geht dann gegen unendlich. Im Experiment wird die Bewegung dann im wesentlichen durch das Torsionsmoment des Fadens und durch Feldinhomogenitäten (Länge des Stabmagneten nicht vernachlässigbar gegen

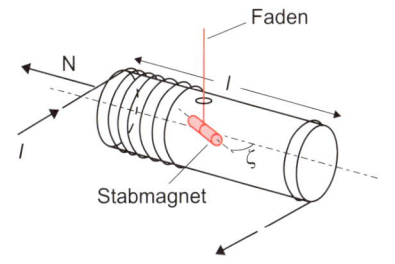

Bild 27.8. Spulenmagnetometer

den Spulendurchmesser) bestimmt, die bei großen Auslenkungen auftreten.

Das dargestellte Meßverfahren ist ein Beispiel für in der Physik häufig verwendete Kompensationsmessungen. Bei diesem Meßverfahren wird der zu messenden Größe (Erdfeld) eine bekannte, einstellbare Vergleichsgröße (Spulenfeld) gegenübergestellt. Die Differenz zwischen beiden wird auf Null geregelt, d. h. die Meßgröße wird *kompensiert*. Durch den fein einstellbaren Differenzabgleich läßt sich oft eine hohe Meßgenauigkeit erzielen. Man verdeutliche sich diese Methode durch den Vergleich einer Balken- mit einer Federwaage sowie der Messungen eines elektrischen Widerstandes einmal mit *Wheatstonscher Meßbrücke* und einmal in einer einfachen Schaltung mit Ampere- und Voltmeter!

Zu Versuchsbeginn wird die Spulenachse mit einem Kompaß parallel zur Horizontalkomponente des Erdfeldes ausgerichtet. Es ist darauf zu achten, daß der an einem dünnen Faden hängende Stabmagnet tatsächlich frei schwingen kann.

Zur quantitativen Bestimmung des Erdmagnetfeldes mißt man mit dem Magnetometer die Abhängigkeit der Schwingungsdauer des kleinen Stabmagneten vom Spulenstrom I, über den das Spulenfeld H_s eingestellt wird. Der Strom ist in den beiden möglichen Richtungen einzustellen.

Zur grafischen Auswertung trägt man $1/T^2$ über dem Spulenstrom I auf, um einen linearen Zusammenhang herzustellen. Die Wertepaare lassen sich dann durch eine Ausgleichsgerade verbinden, deren Nullstelle den zur Kompensation des erdmagnetischen Feldes notwendigen Spulenstrom angibt, Bild 27.9. Die Feldstärke H_h kann daraus berechnet werden. Man verwende dabei die einleitend dargestellten Zusammenhänge zwischen Feldstärke und Spulenstrom.

Statt einer geschätzten Ausgleichsgerade kann auch eine lineare Regression (Minimierung des Abstandsquadrates der Meßpunkte von der Ausgleichsgeraden) vorgenommen werden. In jedem Fall ist eine Fehlerrechnung durchzuführen. Dabei sind der Fehler bei der Ermittlung des Spulenfeldes und der Schwingungsdauer abzuschätzen. Im Diagramm sind für einige Wertepaare Fehlerkreuze einzutragen und entsprechende extreme Ausgleichsgeraden visuell zu bestimmen. Man vergleiche die so ermittelte obere und untere Grenze von H mit dem relativen Fehler, der sich aus der Geradengleichung abschätzen läßt.

Magnetische Dipolmomente: Aus der Steigung der Geraden in Bild 27.9 läßt sich das Dipolmoment m des Meßmagneten bestimmen, sofern dessen Trägheitsmoment bekannt ist. Dieses läßt sich aus seinen Abmessungen und seiner Dichte (z. B. Eisen : $\rho_{Fe} = 7874\,\text{kg/m}^3$) berechnen. Aus der gemessenen Tangentialkomponente des Erdmagnetfeldes läßt sich nach der o. a. Gleichung das Dipolmoment m_E der Erde berechnen.

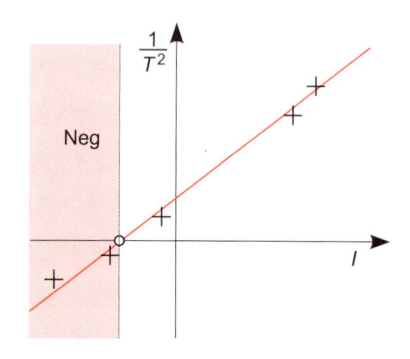

Bild 27.9. Reziprokes Quadrat der Schwingungsdauer als Funktion des Spulenstromes. Im Bereich Neg werden die Werte für $1/T^2$ negativ in das Diagramm eingetragen. Der Schnittpunkt der Ausgleichsgeraden mit der I-Achse ergibt die Horizontalkomponente des Erdfeldes

27.2 Inklination, Gesamtfeldstärke (1/3)

Messung des Inklinationswinkels, Berechnung der Gesamtfeldstärke.

Inklinatorium, d.h. ein Kompaß mit Teilkreis, dessen Drehachse in die Horizontale geschwenkt werden kann.

Um die *Inklination* zu ermitteln, muß zunächst die Richtung des magnetischen Meridians (magnetische N–S–Richtung) bestimmt werden. Hierzu muß die Nadelachse vertikal eingestellt und das Gerät solange gedreht werden, bis die Magnetnadel auf $0°$ des Teilkreises zeigt. Dann bringt man die Nadelachse in die horizontale Lage, so daß die Nadel in der N-S-Ebene schwingen kann. Die Neigung der Nadel gegen die Horizontale gibt den Inklinationswinkel β an.

Die Gesamtfeldstärke des erdmagnetischen Feldes ist dann aus der Horizontalkomponente und dem Inklinationswinkel entsprechend Bild 27.6 zu berechnen (mit Fehlerabschätzung!). Ein Vergleich der Meßergebnisse zeigt i. a. eine deutliche Abweichung von den kartierten Werten nach unten, die von $0{,}6\,\text{Gauss} = 60\,\mu\text{T} \approx 48\,\text{A/m}$ am Nordpol bis auf etwa die Hälfte dieses Wertes am Äquator abnehmen. Die Ursache für die Abweichungen sind Abschirmungen durch Eisenmassen, die in Baukonstruktionen oder Apparaturen in der Umgebung enthalten sind. Man diskutiere die Meßwerte kritisch in bezug auf diese und andere Störgrößen aus der realen Umgebung des Experimentes. Dazu sollten die Größe und die Richtung des Feldes an verschiedenen Standpunkten im Gebäude gemessen und verglichen werden.

28. Magnetische Kreise und Ferromagnetismus

Verhalten von Stoffen, insbesondere von Ferromagneten im Magnetfeld. Atomare Ursachen für die magnetischen Eigenschaften von Stoffen. Aufbau und Funktion eines Transformators. Wirkung eines Luftspalts in einem Eisenkreis. Verschiedene Verfahren zur Bestimmung magnetischer Feldgrößen.

Standardlehrbücher (Stichworte: Dia-, Para- und Ferromagnetismus, Hysteresekurve, elektromagnetische Induktion, Halleffekt).

Magnetisches Feld

Magnetfelder werden durch *stromdurchflossene Leiter* oder auch durch *Permanentmagnete* erzeugt, Bild 28.1. Sie äußern sich durch Kraftwirkungen auf magnetische Dipole wie z. B. eine Magnetnadel oder auf stromdurchflossene Leiter (*Lorentzkraft*). Die zuletzt genannte Erscheinung läßt sich zurückführen auf die Kraftwirkung, die bewegte Ladungsträger in einem Magnetfeld erfahren. Solche physikalischen Phänomene können genutzt werden, um magnetische Feldgrößen zu definieren und sie zu messen.

Magnetische Felder sind **Wirbelfelder**, d. h. ihre *Feldlinien* sind stets geschlossen, haben also weder Anfang noch Ende. Wie auch bei anderen Feldern (elektrisches Feld, Gravitationsfeld) unterscheidet man *homogene* und *inhomogene* Felder. In homogenen Feldern, wie z. B. im Innern einer langen Spule, sind Betrag und Richtung der Kraftwirkung an jedem Punkt des Feldes gleich, die Feldlinien verlaufen geradlinig und parallel.

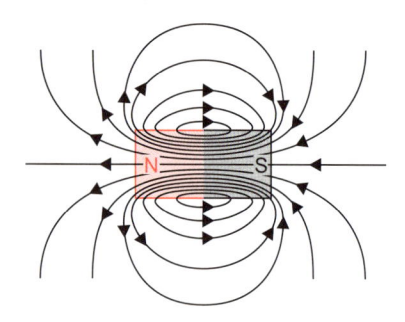

Bild 28.1. Magnetfeld eines Permanentmagneten

Magnetische Feldgrößen

Zur quantitativen Beschreibung von Magnetfeldern dient die **magnetische Feldstärke** H. Für den Betrag der Feldstärke im Innern einer vom Strom I durchflossenen langen Spule (Länge ℓ, Windungszahl N) gilt:

$$H = \frac{NI}{\ell} \quad ; \quad \text{Einheit: } [H] = 1 \, \frac{\text{A}}{\text{m}} \, .$$

Hierbei bedeutet „lange" Spule, daß die Länge ℓ groß ist gegen den Durchmesser der Spule. Die Messung von H erfolgt am einfachsten durch die Messung der felderregenden Stromstärke.

Eine andere Beschreibungsgröße, die **magnetische Flußdichte** B (früher auch *magnetische Induktion* genannt), berücksichtigt den Einfluß von Materie im Magnetfeld. Im Vakuum gilt der einfache Zusammenhang:

$$B_{\text{Vakuum}} = \mu_0 H \quad ; \qquad \text{Einheit: } [B] = 1\,\frac{\text{Vs}}{\text{m}^2} = 1\,\text{T} = 1\,\text{Tesla} .$$

Hierbei ist $\mu_0 = 4\pi \cdot 10^{-7}\,\text{Vs/Am}$ die *magnetische Feldkonstante*.

Für die Messung von B werden in dieser Aufgabe mehrere Verfahren behandelt, die auf unterschiedlichen physikalischen Erscheinungen beruhen: Elektromagnetische Induktion, Halleffekt sowie magnetische Widerstandsänderung.

Der **magnetische Fluß** Φ stellt das Flächenintegral über die magnetische Flußdichte dar; im homogenen Feld gilt die einfache Beziehung:

$$\Phi = BA \quad ; \qquad \text{Einheit: } [\Phi] = 1\,\text{Vs} = 1\,\text{Wb} = 1\,\text{Weber} .$$

Elektromagnetische Induktion

Eine Spule der Windungszahl N_i (i $\widehat{=}$ Induktion) werde von einem Magnetfeld durchsetzt. Ändert sich die magnetische Flußdichte B bzw. der magnetische Fluß $\Phi = BA$ durch die Spule der Fläche A, z. B. durch rasches Herausziehen der Spule aus dem Feld, entsteht zwischen den Enden der Spule eine *Induktionsspannung* $U_i(t)$, Bild 28.2. Für diese gilt das

$$\textbf{Induktionsgesetz} \qquad U_i = -N_i \frac{d\Phi}{dt} .$$

Durch Integration von t_a (a $\widehat{=}$ Anfang) bis t_e (e $\widehat{=}$ Ende) erhält man daraus

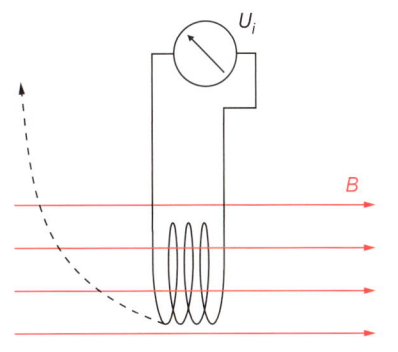

$$\int_{t_a}^{t_e} U_i\,dt = -N_i A \int_{B_a}^{B_e} dB = -N_i A (B_e - B_a) = -N_i A \Delta B \quad .$$

Bild 28.2. Beispiel zur elektromagnetischen Induktion: Durch Ausschwenken der Spule aus dem Magnetfeld der Flußdichte B entsteht eine Induktionsspannung, da sich der magnetische Fluß in der Spule ändert

Durch Messung dieses *Induktionsspannungsstoßes* lassen sich daher Änderungen der magnetischen Flußdichte, bzw. bei $B_e = 0$ die magnetische Flußdichte B_a selbst, bestimmen.

📖 Dia-, Para- und Ferromagnetismus

Bringt man Materie in ein Magnetfeld, so wird dieses in dem Stoff entweder geringfügig abgeschwächt (**Diamagnet**) oder geringfügig bzw. erheblich verstärkt (**Paramagnet** bzw. **Ferromagnet**). Allgemein gilt für die magnetische Flußdichte in einem Stoff:

$$B = \mu_0\,\mu_r H$$

mit μ_r: (stoffabhängige) **Permeabilitätszahl**. Für die verschiedenen Stoffgruppen gilt:

> Diamagnete   : μ_r geringfügig kleiner als 1
> Paramagnete : μ_r geringfügig größer als 1
> Ferromagnete : μ_r sehr viel größer als 1

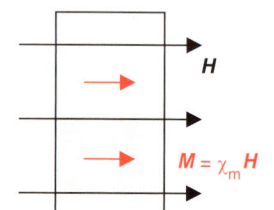

Bild 28.3. Magnetisierung eines Paramagneten durch ein äußeres Magnetfeld der magnetischen Feldstärke H

Para- und Diamagnetismus

Die geringfügig magnetflußverstärkende Wirkung der *Paramagnete* beschreibt man durch die Annahme, daß in dem Stoff infolge des äußeren Feldes ein zusätzliches inneres Feld entsteht, das man durch die **Magnetisierung** M beschreibt. M erweist sich bei nicht zu großen Feldern zur magnetischen Feldstärke proportional, Bild 28.3, so daß man schreiben kann:

$$M = \chi_m H$$

Die Proportionalitätskonstante χ_m heißt **magnetische Suszeptibilität**. Sie ist eine stoffspezifische dimensionslose Zahl, die bei Paramagneten positiv ist, wie im oberen Teil von Tabelle 28.1 aufgeführt. Damit ergibt sich für die Flußdichte in der Materie:

$$B = \mu_0(H + M) = \mu_0(1 + \chi_m)H = \mu_0 \mu_r H \quad \text{mit } \mu_r = 1 + \chi_m .$$

Tabelle 28.1. Suszeptibilität einiger Stoffe

	Stoff	χ_m
Paramagnete	Aluminium	$+ 21 \cdot 10^{-6}$
	Neodym	$+ 3100 \cdot 10^{-6}$
	Luft	$+ 0{,}4 \cdot 10^{-6}$
Diamagnete	Kupfer	$- 10 \cdot 10^{-6}$
	Wismut	$- 160 \cdot 10^{-6}$
	Wasser	$- 9 \cdot 10^{-6}$

Die Magnetisierung wird durch *atomare magnetische Dipole* verursacht. Ohne äußeres Magnetfeld wird deren gegenseitige Ausrichtung durch die Temperaturbewegung gestört, so daß eine statistische Verteilung der Dipolrichtungen vorliegt und der Körper nach außen unmagnetisch erscheint, Bild 28.4 links. Durch ein äußeres Magnetfeld erfolgt dann eine teilweise Ausrichtung der atomaren Dipole, so daß ein **makroskopisches Dipolmoment** entsteht. Dieses Dipolmoment, bezogen auf die Volumeneinheit des Stoffes, ist die oben eingeführte *Magnetisierung* M.

Im Einklang mit der Modellvorstellung der temperaturbewegten magnetischen Dipole findet man für die Temperaturabhängigkeit von χ_m das

> **Curiesches Gesetz** $\chi_m = \dfrac{C}{T}$.

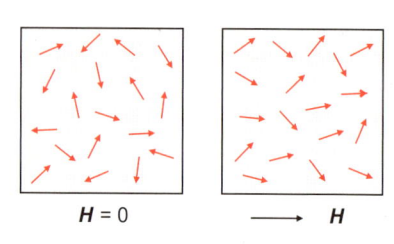

Bild 28.4. Verteilung der atomaren Dipole in einem Paramagneten ohne bzw. mit äußerem Magnetfeld (Momentaufnahme, schematisch). Die nicht vollständige Ausrichtung der Dipole soll den störenden Einfluß der Temperaturbewegung verdeutlichen

Hierbei ist C eine stoffspezifische Konstante (Curiekonstante).

Das magnetische Moment der Atome wird im wesentlichen durch das magnetische Dipolmoment der Hüllenelektronen hervorgerufen. Hierbei unterscheidet man zwei Beiträge:

- die „Bahnbewegung" der Elektronen führt zum *magnetischen Bahnmoment*,

- der Spin = Eigendrehimpuls der Elektronen führt zum *magnetischen Spinmoment*; bei Festkörpern stellt dieses den wesentlichen Teil des atomaren magnetischen Moments dar.

Elektronen aus abgeschlossenen Schalen oder Teilschalen tragen nicht zum atomaren magnetischen Moment bei, weil die Einzelmomente nach quantenmechanischen Regeln so zueinander orientiert sind, daß sie sich zu Null kompensieren. Atome mit abgeschlossenen Elektronen(teil)schalen stellen also keine permanenten magnetischen Dipole dar. Diese Atome liefern **diamagnetisches Verhalten**. Die analytische Beschreibung erfolgt wie bei den Paramagneten, nur ist die Magnetisierung M antiparallel zur magnetischen Feldstärke H, die magnetische Suszeptibilität χ_m daher negativ, s. unterer Teil von Tabelle 28.1.

Das Entstehen eines solchen Gegenfeldes läßt sich klassisch anschaulich so beschreiben, daß beim Einschalten eines äußeren Feldes die magnetischen Momente der einzelnen Elektronen zu Präzessionsbewegungen um das äußere Feld angeregt werden, die eine zum Feld antiparallele Magnetisierung erzeugen. Dieses Verhalten trifft natürlich auch bei Atomen zu, deren magnetische Momente sich nicht kompensieren, d. h. bei den paramagnetischen Stoffen. In der Tat ist der Diamagnetismus eine *jeder* Materie anhaftende Eigenschaft; wegen der Kleinheit des Effektes wird er bei vielen Stoffen aber von den paramagnetischen und erst recht von den ferromagnetischen Erscheinungen überdeckt.

Ferromagnetismus

Bringt man Stoffe wie z. B. Eisen in ein Magnetfeld, so beobachtet man eine ganz erhebliche Erhöhung der Flußdichte. Der Zusammenhang zwischen der z. B. durch eine Spule erzeugten Feldstärke H und der magnetischen Flußdichte B im Eisen ist jedoch nichtlinear und zeigt darüber hinaus Nachlauf-Erscheinungen: Bringt man das Eisen in ein magnetisches Wechselfeld, so tritt eine typische **Hysteresekurve** auf. Das Bild 28.5 zeigt

- die *Neukurve*: das ist die Magnetisierungskurve des zunächst unmagnetischen Eisenstücks;
- die *Sättigung*: die Bereiche, in denen der Feldzuwachs nur noch mit dem Verstärkungsfaktor μ_0 erfolgt;
- die *Remanenz* B_r: die remanente Flußdichte im Eisen beim Abschalten des äußeren Feldes;
- die *Koerzitivfeldstärke* H_c; die (Gegen)Feldstärke, die man braucht, um die remanente Flußdichte zu kompensieren.

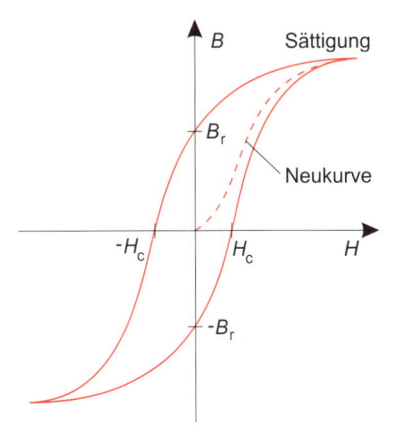

Bild 28.5. Hysteresekurve einer ferromagnetischen Probe. B_r: Remanenz, H_c: Koerzitivfeldstärke

Der Flächeninhalt unter der Hyteresekurve stellt die zur Ummagnetisierung des Eisenstücks während einer Feldperiode benötigte Energie E, dividiert durch dessen Volumen V dar:

Ummagnetisierungsenergie $\qquad \oint B\,dH = \dfrac{E}{V}$.

Tabelle 28.2. Anfangspermeabilitätszahl einiger ferromagnetischer Stoffe

Stoff	μ_r ($H \to 0$)
Gußeisen	ca. 50
Dynamoblech IV	ca. 500
Mumetall	ca. 20.000
Supermalloy	ca. 100.000

Die stoffcharakterisierende Angabe einer Suszeptibilität $\chi_m = \mu_r - 1$ bzw. einer Permeabilitätszahl $\mu_r = B/\mu_0 H$ hat bei einem ferromagnetischen Stoff wegen der Nichtlinearität nur für den Beginn oder den Wendepunkt der Neukurve einen Sinn. Sie ergibt sich aus der Steigung der an der entsprechenden Stelle an diese Kurve gelegten Tangente. Tabelle 28.2 zeigt Werte der Anfangspermeabilität verschiedener Stoffe. Legierungen mit besonders großen Werten für μ_r (Mumetall, Supermalloy) werden für magnetische Abschirmungen verwendet.

Alle *Charakteristika der Hysteresekurve* erweisen sich als temperaturabhängig. Insbesondere nimmt die Sättigungsmagnetisierung mit wachsender Temperatur ab. Oberhalb der stoffabhängigen *Curie-Temperatur* verschwindet der Ferromagnetismus, der Stoff wird paramagnetisch (bei Eisen: 769 °C = 1042 K). Diese Tatsache sowie die Beobachtung, daß der Ferromagnetismus an den festen Aggregatzustand gebunden ist (Eisendampfatome sind paramagnetisch), zeigen, daß es sich dabei nicht um eine Eigenschaft der Einzelatome handelt, sondern um ein Kollektivphänomen in Festkörpern.

Bei Raumtemperatur sind außer dem Eisen auch die chemisch verwandten Elemente Nickel und Kobalt sowie einige Legierungen ferromagnetisch, ebenso Elemente der Seltenen Erden wie z. B. Samarium. Ähnlich verhalten sich auch die Ferrite wie das Magnetit (Fe_3O_4).

Deutung des Ferromagnetismus

Die atomare Deutung des Ferromagnetismus geht davon aus, daß diese Stoffe aus paramagnetischen Atomen bestehen, daß aber im Gegensatz zu den Paramagneten jeder Kristallit eines ferromagnetischen Stoffes innerhalb kleiner Bereiche eine vollständige Parallelausrichtung der atomaren magnetischen Momente besitzt, eine Erscheinung, die nur quantenmechanisch erklärbar ist (Austauschwechselwirkung). Diese Bereiche heißen **Weißsche Bezirke**, Bild 28.6. Die Trennwand zwischen zwei solchen Bereichen ist einige hundert Atomlagen dick und heißt *Bloch-Wand*.

In diesem mikroskopischen Bild läßt sich die Entstehung der Hysteresekurve folgendermaßen verstehen. Ohne äußeres Feld sind die Magnetisierungsrichtungen der Weißschen Bezirke zunächst statistisch verteilt: Das ferromagnetische Material erscheint makroskopisch unmagnetisch. Wird ein Magnetfeld angelegt, dann wachsen zunächst die Bezirke, welche in dem äußeren Feld die geringere potentielle Energie haben. Das geschieht auf Kosten der anderen Bezirke durch Verschieben der Blochwände zwischen ihnen. Diese Verschiebung erfolgt nicht mit konstanter Geschwindigkeit, sondern sprunghaft, meist von einem Kristallbaufehler zum nächsten (*Barkhausen-Sprünge*). Diese Wandverschiebungsprozesse verbrauchen nur wenig Energie, deshalb wächst die Magnetisierung bereits bei kleinen äußeren Magnetfeldern stark an. Eine Drehung der Magnetisierungsvektoren von den Würfelkanten der Kristalle weg in die äußere Feldrichtung erfolgt erst bei größeren Feldstärken. Diese *Drehprozesse* erfordern im allgemeinen mehr Energie und laufen daher im wesentlichen

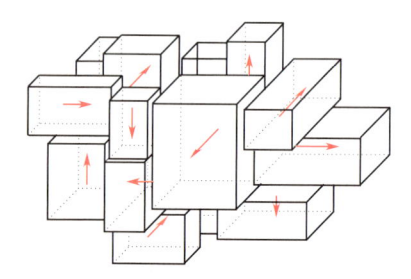

Bild 28.6. Ungeordnete Weißsche Bezirke im Ferromagneten (schematisch)

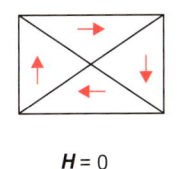

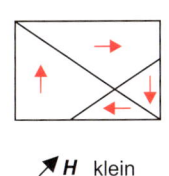

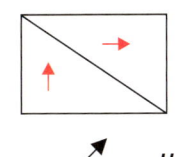

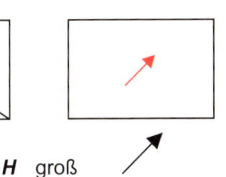

Bild 28.7. Ferromagnetikum im äußeren Magnetfeld H (zweidimensionales Modell)

nach den Wandverschiebungen ab. Sind diese Prozesse beendet, so tritt Sättigung ein, die Magnetisierung kann durch Zunahme der Feldstärke praktisch nicht mehr erhöht werden. Diese Prozesse sind schematisch in Bild 28.7 dargestellt.

Wenn die magnetische Erregung bei einem bereits vollständig oder teilweise magnetisierten Stoff wieder abnimmt, so kehren sich die genannten Vorgänge um, aber nicht vollständig. Auch wenn die magnetische Erregung verschwunden ist, bleibt ein mehr oder minder großer Rest von andauernder Magnetisierung übrig, die sog. *Remanenz*. Die remanente Magnetisierung verschwindet erst, wenn man durch ein äußeres Gegenfeld der Feldstärke H_c weitere Wandverschiebungen veranlaßt hat.

Technische Anwendungen

Die Form der Hysteresekurve mit den kennzeichnenden Größen B_r und H_c spielt eine große Rolle bei technischen Anwendungen. *Gezogener Schmiedestahl* hat einen großen Wert für B_r und einen kleinen für H_c; bei *gehärtetem Werkzeugstahl* ist es umgekehrt. Für *Permanentmagnete* braucht man Ferromagnete mit einem großen Wert für das Produkt $B_r H_c$, für die *Kerne von Elektromagneten* dagegen Material von kleiner Remanenz und schmaler Hysteresekurve (*Weicheisen*), damit sie beim Ausschalten des Stromes möglichst vollständig entmagnetisiert sind. Eine schmale Hysteresekurve sorgt im übrigen dafür, daß beim periodischen Ummagnetisieren des Weicheisens (z. B. in den Eisenkernen von Transformatoren) die Ummagnetisierungsverluste ($\oint B \, dH$) gering bleiben.

Magnetische Kreise

Die Erhöhung der Flußdichte des magnetischen Feldes einer stromdurchflossenen Spule durch Einbringen eines ferromagnetischen Stoffes, z. B. Eisen, ist besonders groß, wenn der Eisenkern ringförmig geschlossen ist. Dann wird das Magnetfeld vollständig innerhalb des Eisenkerns geführt. Die Flußdichte im Kern zeigt dann das anhand von Bild 28.5 diskutierte Verhalten.

Der Transformator

Eine wichtige Anwendung eines solchen geschlossenen magnetischen Kreises ist der **Transformator**. Er dient zur Änderung der Amplitude einer Wechselspannung ohne Frequenzveränderung. Er besteht aus zwei

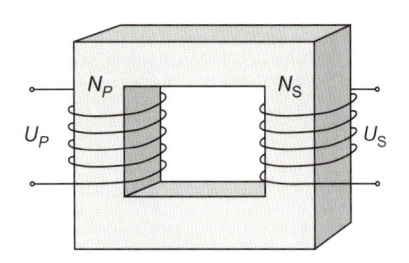

Bild 28.8. Transformator mit geschlossenem Eisenkern

Spulen, der Primärspule mit der Windungszahl N_P und der Sekundärspule (N_S), Bild 28.8.

Es wird ein *idealer Transformator* betrachtet, bei dem die **Kupferverluste** (durch Ohmschen Widerstand der Spulen) und die **Eisenverluste** (erzeugt durch Wirbelströme im Eisenkern sowie dessen periodische Ummagnetisierung) gegenüber dem induktiven Widerstand vernachlässigbar sind. Außerdem soll kein Streufluß auftreten, d.h. der von dem Strom der Primärspule erzeugte Magnetfluß Φ soll die Sekundärspule vollständig durchsetzen. Legt man an die Primärspule eine Wechselspannung $U_1(t)$, entsteht infolge des rein induktiven Widerstandes eine entgegengesetzt gleiche Selbstinduktionsspannung, für die gilt:

$$U_P = N_P \frac{d\Phi}{dt} \quad .$$

Zwischen den Enden der Sekundärspule induziert dieselbe Flußänderung die Spannung

$$U_S = -N_S \frac{d\Phi}{dt} \quad .$$

Es ergibt sich daher für die

Spannungsübersetzung des Transformators $\quad \dfrac{U_S}{U_P} = -\dfrac{N_S}{N_P} \quad .$

Das negative Vorzeichen drückt eine Phasenverschiebung der beiden Spannungen um 180° aus. Diese einfache Gleichung gilt exakt allerdings nur im Leerlauf des idealen Transformators. Bei merklichen Strömen $I_P(t)$ und $I_S(t)$ sowie bei realen Transformatoreigenschaften kann das Übersetzungsverhältnis deutlich abweichen.

Magnetischer Kreis mit Luftspalt

Bei einer Reihe von Anwendungen enthält der Eisenkreis jedoch einen mehr oder weniger breiten Luftspalt. Ein Beispiel hierfür zeigt das Bild 28.9. Ein solcher Luftspalt ändert das magnetische Verhalten des magnetischen Kreises erheblich, man spricht von einer **Scherung** der Hysteresekurve, Bild 28.10. Anschaulich verständlich wird das Phänomen, wenn man bedenkt, daß eine Verstärkung der durch eine Spule erzeugten Flußdichte nur im Eisen, nicht jedoch im Luftspalt stattfindet.

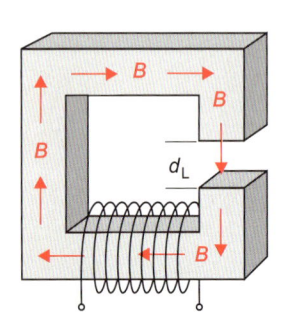

Bild 28.9. Führung des magnetischen Flusses durch einen Eisenkern der Länge ℓ_{Fe}

Die quantitative Beschreibung dieses Phänomens nutzt zum einen die Tatsache, daß bei nicht zu großen Luftspalten die Flußdichte B_{Fe} im Eisen den gleichen Wert hat wie im Luftspalt (B_L):

$$B_{Fe} = \mu_{r,Fe}\mu_0 H_{Fe} = B_L = \mu_0 H_L \quad .$$

Zum anderen gilt nach dem **Durchflutungsgesetz**

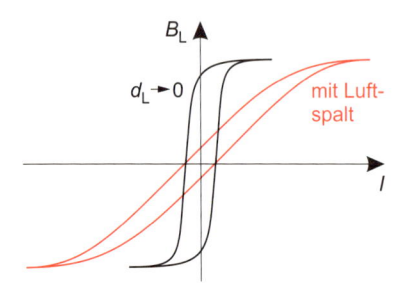

$$\oint \boldsymbol{H} d\boldsymbol{\ell} = H_{Fe}\ell_{Fe} + H_L d_L = NI \quad ,$$

Bild 28.10. Magnetische Flußdichte B_L im Luftspalt der Breite d_L eines ringförmigen Eisenkerns

wobei N und I Windungszahl und Spulenstromstärke bedeuten. Aus beiden Gleichungen erhält man für die Flußdichte im Luftspalt:

$$B_\mathrm{L} = \mu_0 H_\mathrm{L} = \mu_0 \frac{NI}{d_\mathrm{L} + \frac{\ell_\mathrm{Fe}}{\mu_\mathrm{r,Fe}}} \quad .$$

Die Luftspaltbreite d_L beeinflußt also wesentlich das Magnetfeld im Luftspalt. Ein Beispiel möge dieses verdeutlichen: nimmt man bei einer Eisenweglänge von 50 cm eine Luftspaltbreite von 5 mm an und rechnet mit einer mittleren Permeabilitätszahl von $\mu_\mathrm{rFe} = 1000$, dann sinkt die Flußdichte B_L trotz der geringen Luftspaltbreite auf nur 10% des Wertes ohne Luftspalt. Für einen solchen Fall läßt sich die magnetische Flußdichte wegen $\ell_\mathrm{Fe}/\mu_\mathrm{r,Fe} \ll d_\mathrm{L}$ näherungsweise berechnen:

$$B \approx \mu_0 \frac{NI}{d_\mathrm{L}} \quad .$$

Meßverfahren für magnetische Feldgrößen

Zur Messung der magnetischen Flußdichte lassen sich verschiedene physikalische Phänomene nutzen. Das historisch älteste mit Hilfe des Induktionsgesetzes ist bereits weiter oben besprochen worden, siehe Bild 28.2.

Halleffekt

Die sog. *galvanomagnetischen Effekte* beruhen auf dem Einfluß des Magnetfeldes auf die Ladungsträgerbewegung in Festkörpern. Der **Halleffekt** ist dabei der meßtechnisch wichtigste. Bringt man einen stromdurchflossenen Leiter in ein Magnetfeld, so beobachtet man senkrecht zur Stromrichtung und zu B eine Spannung U_H, die man nach ihrem Entdecker *Hallspannung* nennt. Das zugehörige elektrische Feld heißt *Hallfeld*. Bei nicht zu großen magnetischen Feldern ist U_H proportional zu B und kann daher zur Bestimmung von B benutzt werden.

Für die theoretische Herleitung des Zusammenhanges zwischen U_H und B geht man am einfachsten vom Teilchenmodell des elektrischen Stromes aus, wie es als Elektronengasmodell im *Themenkreis 29: Halbleiterdioden* behandelt ist. Fließt durch die Leiterplatte des Bildes 28.11 ein Strom I, so entspricht dies einer Driftbewegung von Elektronen mit der Driftgeschwindigkeit u. Auf bewegte Elektronen (Ladung e_0) wirkt im Magnetfeld die

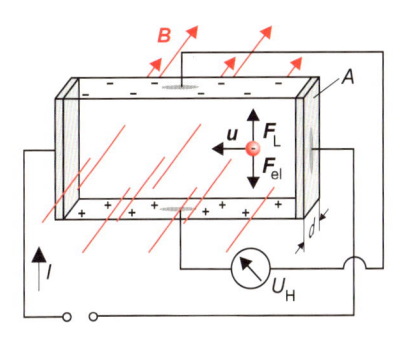

Bild 28.11. Halleffekt: Auf die bewegten Elektronen mit der Driftgeschwindigkeit u wirkt die Lorentzkraft F_L, die zu einer Aufladung der Seitenflächen und damit zur Hallspannung U_H führt

$$\boxed{\text{Lorentzkraft} \quad \boldsymbol{F}_\mathrm{L} = e_0 \boldsymbol{u} \times \boldsymbol{B} \quad ,}$$

die zu einer Elektronenanreicherung am oberen Rand der Platte und zu einer entsprechenden Verarmung unten führt. Die dadurch entstehende elektrische Feldstärke E_H führt zu einer entgegengerichteten Kraft F_el auf die Elektronen und damit zu einem Gleichgewicht, bei dem gilt:

$$F_\mathrm{L} = e_0 u B = F_\mathrm{el} = e_0 E_\mathrm{H} = e_0 \frac{U_\mathrm{H}}{b} \quad .$$

Hierin ist b die Breite des Leiters in Richtung der Hallfeldstärke. Zwischen der Driftgeschwindigkeit u der Ladungsträger und der Stromstärke I gilt der Zusammenhang:

$$I = n e_0 u A \quad ,$$

mit $A = bd =$ Querschnitt des Leiters und $n =$ Konzentration der Ladungsträger. Damit ergibt sich für die Hallspannung ein linearer Zusammenhang mit der magnetischen Flußdichte:

Hallspannung $\quad U_\mathrm{H} = \dfrac{1}{n e_0} \dfrac{I}{d} B = R_\mathrm{H} \dfrac{I}{d} B \quad .$

$R_\mathrm{H} = 1/n e_0$ heißt *Hallkonstante*. Sie bestimmt wesentlich die *Hallempfindlichkeit* (U_H/B) eines Leiters: Eine hohe Ladungsträgerkonzentration liefert eine kleine Hallspannung und umgekehrt. Daher sind Metalle als Hallelemente i. a. schlecht geeignet (Größenordnung µV/T), Ausnahme ist das schlecht leitende Wismut. Niedrig dotierte Halbleiter eignen sich dagegen gut (U_H/B bis zu V/T).

Bei der Messung mit kommerziellen Hallsonden ist folgendes zu beachten: Auch ohne Magnetfeld tritt in der Regel eine (Pseudo-)Hallspannung auf. Diese rührt daher, daß die beiden Kontakte für den Abgriff von U_H in Bild 28.11 nicht genau einander gegenüber angebracht sind und daher nicht auf der gleichen Äquipotentialfläche des elektrischen Längsfeldes liegen. Diese sog. *Offsetspannung* U_0 ist der eigentlichen Hallspannung überlagert und muß daher von allen Meßwerten vorzeichenrichtig subtrahiert werden.

Will man mit einer Hallsonde magnetische Flußdichten messen, muß man deren Hallempfindlichkeit $U_\mathrm{H}/B = (R_\mathrm{H} I)1/d$ kennen. Genügen einem die Herstellerangaben oder der Vergleich mit einer Sonde bekannter Empfindlichkeit nicht, so muß man die Sonde selbst kalibrieren. Hierzu eignet sich eine Induktionsspannungsmessung mit einer Induktionsspule bekannter Abmessungen.

Magnetische Widerstandsänderung

Der elektrische Widerstand eines Leiters wird durch ein transversales Magnetfeld erhöht. Man findet einen quadratischen Zusammenhang:

$$R(B) = R_0 + c B^2 \quad .$$

Der geradzahlige Exponent von B zeigt dabei, daß der Effekt unabhängig von der Magnetfeldrichtung ist.

Dieser galvanomagnetische Effekt erreicht jedoch nur bei Halbleitern meßbare Werte. Das liegt wie beim Halleffekt an der im Vergleich zu Metallen geringeren Ladungsträgerkonzentration. In den sog. **Feldplatten** ist der Effekt durch geeignete Strukturierung von Halbleitern zu einem meßtechnisch verwertbaren Effekt gesteigert worden.

Für eine Deutung dieser Erscheinung auf atomarer Ebene wird auf die Herleitung der Gleichung für die Hallspannung im vorigen Abschnitt zurückgegriffen. Dort wurde mit dem Gleichgewichtsfall gerechnet, bei dem die Lorentzkraft F_L auf die driftenden Ladungsträger und die Kraft F_{el} infolge des elektrischen Hallfeldes entgegengesetzt gleich groß sind. Diese Bedingung ist jedoch aus mehreren Gründen nicht uneingeschränkt erfüllt:

- Es wurde mit einer mittleren Driftgeschwindigkeit u gerechnet, mit der sich die Ladungsträger im elektrischen Längsfeld bewegen. Die Geschwindigkeiten zeigen jedoch eine statistische Verteilung. Jede Abweichung vom mittleren Wert führt zu einer resultierenden Kraft vom Betrage $|F_L - F_{el}|$ und damit zu einer „Verbiegung" der Ladungsträgerbahnen. Dadurch verlängert sich deren effektive Wegstrecke zwischen den Elektroden, was durch eine Widerstandserhöhung meßbar wird.

- Das Hallfeld ist erst in einigem Abstand von den seitlichen Endflächen aufgebaut, weil die elektrische Aufladung der Querflächen durch die gut leitenden metallischen Elektroden links und rechts im Bild 28.11 kurzgeschlossen wird. In diesem Bereich ist daher F_L größer als F_{el} und führt ebenfalls zu einer „Verbiegung" und damit Verlängerung der Ladungsträgerbahnen. In den Feldplatten wird dieser Effekt ausgenutzt. Dazu werden gut leitende nadelförmige Kristalle parallel zu den Elektroden in den Halbleiterkristall eingebaut, so daß sich der eben beschriebene Kurzschlußeffekt im Kristall vielfach wiederholt und über die Bahnverlängerung der Ladungsträger zu einer deutlich meßbaren Widerstandserhöhung führt, Bild 28.12.

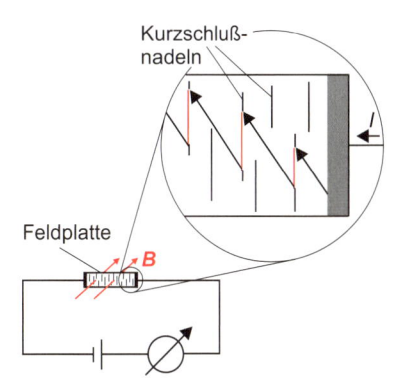

Bild 28.12. Innere Strukturierung einer Feldplatte, schematisch. Die schwarzen Pfeile deuten die Stromrichtung zwischen den Kurzschlußnadeln an

28.1 Grundversuche zum Transformator (1/3)

Kennenlernen der Funktion eines Transformators zur Spannungsumsetzung.

Regelbare Wechselstromquelle, 2 Spulen mit unterschiedlichen Windungszahlen auf Eisenkern (geschlossen), Lastwiderstand, Spannungsmesser, Zweikanal-Oszilloskop

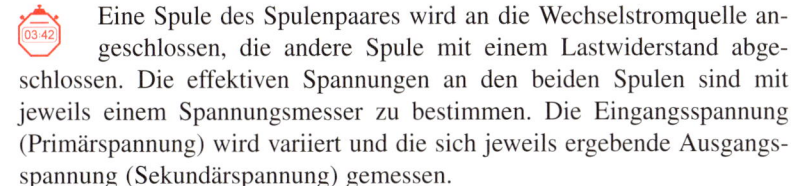

Eine Spule des Spulenpaares wird an die Wechselstromquelle angeschlossen, die andere Spule mit einem Lastwiderstand abgeschlossen. Die effektiven Spannungen an den beiden Spulen sind mit jeweils einem Spannungsmesser zu bestimmen. Die Eingangsspannung (Primärspannung) wird variiert und die sich jeweils ergebende Ausgangsspannung (Sekundärspannung) gemessen.

Die Ausgangsspannung wird als Funktion der Eingangsspannung in einem Diagramm aufgetragen. Das Verhältnis von Ausgangs- zu Eingangsspannung wird grafisch bestimmt und mit dem Verhältnis der Windungszahlen verglichen.

Eingangs- und Ausgangsspannung werden mit einem Zweikanal-Oszilloskop als Funktion der Zeit dargestellt. Die Phasenverschiebung zwischen beiden Kurven soll bestimmt werden.

Man vergleiche die Phasenverschiebung mit dem theoretisch zu erwartenden Wert.

28.2 Messung der Hysteresekurve ohne Luftspalt (1/3)

An einer periodisch durchlaufenen Hysteresekurve sollen die folgenden magnetischen Eigenschaften von technischem Dynamoblech bestimmt werden: die Sättigungsflußdichte $B_{\max}$, die remanente Flußdichte B_r, die Koerzitivfeldstärke H_c, die Ummagnetisierungs-Verlustleistung P_V.

Regelbare Wechselstromquelle, Strommesser, Spulenpaar mit Eisenkern (geschlossen), Oszilloskop, RC-Glied zur Integration, Digitalkamera.

Für die Messung wird die Schaltung, Bild 28.13, vorgeschlagen. Untersuchungsgegenstand ist der geschlossene Eisenkern des Elektromagneten mit der Querschnittsfläche A. Dieser wird primärseitig (N_P) mit einem Netzwechselstrom I erregt. Ein in Phase und Amplitude stromproportionales Signal wird an die X-Ablenkplatten des Oszilloskops gelegt und liefert so eine zu H proportionale Achsenteilung. Zwischen den Enden der Sekundärspule (N_S) entsteht durch *elektromagnetische Induktion* eine Induktionsspannung U_S. Diese läßt sich mittels der angeschlossenen Reihenschaltung aus Widerstand und Kondensator integrieren. Bei geeigneter Wahl von R und C ist die Spannung U_c am Kondensator proportional zur magnetischen Flußdichte B im Eisenkern. Legt man daher U_c an die Y-Ablenkplatten des Oszilloskops, so entsteht eine Darstellung der Hysteresekurve $B = f(H)$ auf dem Bildschirm.

Die Wirkungsweise der Integrationsschaltung läßt sich wie folgt schreiben. Die Induktionsspannung U_S an der Sekundärspule mit der Windungszahl N_s folgt dem *Induktionsgesetz*, hier in integraler Schreibweise:

$$\int U_S \, dt = -N_s AB + \text{const} \quad .$$

Die Integrationskonstante spielt keine Rolle, da hier nur Wechselspannungen gemessen werden. Voraussetzung ist allerdings, daß die *Integrationszeitkonstante* RC groß ist gegenüber der Periodendauer dieser Wechselspannung. Der resultierende (Induktions-)Strom $I = U_S/R$ führt zu einer Änderung der Kondensatorspannung, für die sich schreiben läßt:

$$U_c = \frac{\int I \, dt}{C} = \frac{\int U_S \, dt}{RC} = -\frac{N_S A}{RC} B \quad .$$

Elektrische Schaltung aufbauen (Vorsicht: Auftreten von Spannungen bis $230\,\text{V}\sim$). Hierbei R und C so wählen, daß RC groß ist gegen die Periodendauer der Wechselspannung. Im Falle der Netzfrequenz mit einer Periodendauer von $1/50\,\text{s}$ reicht $RC \approx 1\,\text{s}$. Vorschlag:

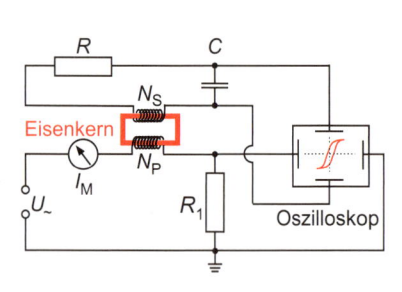

Bild 28.13. Versuchsaufbau zur oszilloskopischen Messung der Hysteresekurve eines Eisenkerns

$R = 10\,\text{M}\Omega$ und $C = 100\,\text{nF}$. Hysteresekurve seitenrichtig auf den Oszilloskopschirm bringen: Die Sättigung muß im 1. und 3., nicht im 2. und 4. Quadranten liegen! Sonst entweder Abgriffe am Kondensator oder an der Sekundärspule tauschen. Die Messung von Sättigungsflußdichte B_{max}, remanenter Flußdichte B_{r} und Koerzitivfeldstärke H_{c} kann direkt am Bildschirm vorgenommen werden.

Für die Messung der Ummagnetisierungs-Verlustleistung P_{V} muß die Fläche unter der Hysteresekurve bestimmt werden. Hierzu eignet sich Abzeichnen auf transparentes Millimeterpapier oder Abfotografieren des Bildschirmes mit einer Digitalkamera.

Für die quantitative Auswertung müssen die Koordinaten-Achsen kalibriert werden. Für die Abzisse gilt: $H_{\text{max}} = N_{\text{p}} I_{\text{max}}/\ell_{\text{Fe}}$ mit N_{p}: Windungszahl der Primärspule, $I_{\text{max}} = I_{\text{eff}}\sqrt{2}$ und ℓ_{Fe}: mittlere Länge des Eisenweges. Für die Ordinate gilt: $B_{\text{max}} = U_{\text{c}} RC/N_{\text{s}} A$. Hierin ist A die Querschnittsfläche des Eisenkerns.

Die Verlustleistung P_{V} errechnet sich aus der Fläche $\oint B\,\text{d}H$, die die Energie pro Volumeneinheit und pro Umlauf darstellt. Bei 50 Hz entspricht 1 Umlauf $\Delta t = 20\,\text{ms}$.

Besteht der untersuchte Eisenkern aus einem U-Kern mit trennbarem Joch (z. B. Experimentiertransformator von Lehrmittelfirmen), so läßt sich die „scherende" Wirkung eines Luftspaltes entsprechend Bild 28.10 demonstrieren. Hierzu wird zwischen U-Kern und Joch ein nichtferromagnetischer Stoff eingebracht und die Hysteresekurve erneut aufgenommen. Bereits ein Blatt Papier, das eine Luftspaltbreite d_{L} von zweimal ca. 0,1 mm erzeugt, führt zu einer deutlichen Scherung der Hysteresekurve. Hinweis: Ein Luftspalt verringert den induktiven Widerstand des Elektromagneten und führt daher primärseitig bei konstanter Spannung zu einem größeren Spulenstrom!

28.3 Hall-Messung der Hysteresekurve mit Luftspalt (2/3)

An einem Eisenkern mit Luftspalt soll die magnetische Flußdichte mit Hallsonde bzw. Feldplatte vermessen werden. Es sollen die Neukurve sowie anschließend die Hysteresekurve des Eisenkerns eines Elektromagneten mit Luftspalt punktweise aufgenommen werden. Die Messung erfolgt mit einem Hallelement bekannter Hallempfindlichkeit U_{H}/B.

Hallsonde mit Stromversorgung, Elektromagnet mit geteilten Polschuhen, Gleichstrom-Netzgerät mit regelbarer Spannung, Strom- und Spannungsmesser, Bild 28.14.

Vor Beginn der eigentlichen Messung muß zunächst die *Offsetspannung* der Hallsonde bestimmt werden. Hierzu wird der Strom I_{H} durch die Hallsonde auf den Nennwert eingestellt und außerhalb des Magnetfeldes die Offsetspannung an der Sonde gemessen. Diese muß von allen späteren Meßwerten vorzeichenrichtig subtrahiert werden. Ferner muß der Eisenkern zunächst *entmagnetisiert* werden. Hierzu durchfährt

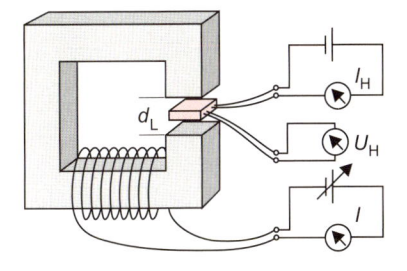

Bild 28.14. Zu den Messungen mit der Hallsonde (Prinzipskizze)

man die Hysteresekurve mehrmals mit auf Null abnehmender Stromamplitude. Sofern für die Aufgabe nur eine Gleichspannungsquelle zur Verfügung steht, muß dieser Vorgang durch Regelung von Hand und mit entsprechendem mehrmaligen Umpolen am Magneten erfolgen. Die anschließende Überprüfung von $B = 0$ erfolgt mit Hilfe der Hallsonde.

Für einen festen Wert der Luftspaltbreite d_L wird die *Neukurve* mit Hilfe der Hallsonde für insgesamt etwa 15 Werte des Magnetisierungsstromes I aufgenommen ($U_{\text{Hall}} = f(I)$). Dabei darf der Magnetisierungsstrom stets nur monoton gesteigert werden. Nach einer Reduktion oder gar Abschaltung des Stromes muß die ganze Messung einschließlich der Entmagnetisierung wiederholt werden! Bei der Messung im Magnetfeld muß der Strom I_H durch die Hallsonde u. U. nachgeregelt werden, sofern keine Konstantstromversorgung möglich ist.

Anschließend wird die *Hysteresekurve* aufgenommen. Auch für diese Messung gilt der Hinweis, daß der Magnetisierungsstrom nur monoton geändert und keinesfalls ausgeschaltet werden darf, sonst ist die ganze Meßreihe unbrauchbar.

Die Meßwerte für Neukurve und Hysteresekurve werden in einem gemeinsamen Diagramm $U_{\text{Hall}} = f(I)$ aufgetragen. Aus der Graphik sollen die remanente Flußdichte B_r und der für die Koerzitivfeldstärke notwendige Strom I_c ermittelt werden. Der Kurvenverlauf soll diskutiert werden.

28.4 Einfluß eines Luftspaltes (1/3)

Der Einfluß eines Luftspaltes im Eisenkern des Elektromagneten auf die Flußdichte soll in diesem magnetischen Kreis mit der Hallsonde quantitativ untersucht werden. Aus dem Meßergebnis kann auf den Wert der Flußdichte im geschlossenen Eisenkern ($d_L = 0$) geschlossen werden.

Hallsonde mit Stromversorgung, Elektromagnet mit geteilten Polschuhen, Gleichstrom-Netzgerät mit regelbarer Spannung, Spannungsmesser, Abstandsstücke aus nichtmagnetischem Material.

Für einen festen Spulenstrom wird bei verschiedenen Luftspaltbreiten d_L jeweils die Hallspannung gemessen und daraus die Flußdichte B bestimmt. Sinnvoll erscheinen z. B. mindestens 6 Werte für d_L zwischen ca. 2 und 10 mm. Die Meßreihe kann für einen weiteren Wert des Spulenstromes wiederholt werden. *Hinweis*: Um die Polschuhe verschieben zu können, muß der Spulenstrom ausgeschaltet sein.

Für die Flußdichte in einem nicht zu breiten Luftspalt ist bereits folgende Beziehung hergeleitet:

$$B_L = \mu_0 NI \left(\frac{\ell_{\text{Fe}}}{\mu_{r,\text{Fe}}} + d_L \right)^{-1} \approx \mu_0 \frac{NI}{d_L} \quad .$$

Durch Kehrwertbildung erhält man hieraus:

$$\frac{1}{B_\mathrm{L}} \approx \frac{1}{\mu_0} \frac{1}{NI} d_\mathrm{L} \quad .$$

Mit Hilfe einer Grafik $1/B_\mathrm{L} = f(d_\mathrm{L})$ soll geprüft werden, ob der erwartete lineare Zusammenhang gegeben ist. Durch Extrapolation auf $d_\mathrm{L} = 0$ soll dann die Flußdichte in einem geschlossenen Eisenkern bestimmt werden.

28.5 Kalibrieren einer Feldplatte (1/3)

Kennenlernen eines weiteren Meßverfahrens für magnetische Flußdichten. In Kombination mit der Aufgabe 28.4 soll die Kenngröße einer Feldplatte bestimmt werden.

Feldplatte und Widerstandsmeßgerät, Elektromagnet mit geteilten Polschuhen, Netzgerät mit regelbarer Spannung.

Parallel zur Messung mit der Hallsonde in Aufgabe 28.4 wird die Neukurve des Elektromagneten auch mit Hilfe einer Feldplatte ausgemessen. Dazu wird für jeden Meßpunkt mit der Hallsonde der elektrische Widerstand der Feldplatte bestimmt: $R(B)$.

Aus einem Diagramm $R = f(B^2)$ sollen R_0 sowie der Koeffizient c aus der Gleichung $R = R_0 + cB^2$ bestimmt werden.

Kapitel VII
Halbleiterelektronik

29. Halbleiterdioden 301
30. Transistoren 315
31. Operationsverstärker 326
32. Simulationsschaltungen mit Operationsverstärkern 336

29. Halbleiterdioden

🏁 Elektrische Leitungsprozesse in Halbleitern, Vorgänge an pn-Übergängen und deren Anwendung für verschiedenartige Halbleiterdioden.

📖 *Standardlehrbücher* (Stichworte: Halbleiterdioden, Eigenleitung, Störleitung, pn-Übergang, Bändermodell),
Müller: Halbleiter-Elektronik,
Winstel/Weyrich: Optoelektronik.

📖 Zur Elektrizitätsleitung in Festkörpern

Halbleiterdioden sind Bauelemente mit einer charakteristischen nichtlinearen Strom-Spannungs-Kennlinie, Bild 29.1. Für das Verständnis der dabei wirksamen physikalischen Prozesse soll im folgenden zunächst der **Leitungsmechanismus** in homogenen Festkörpern, vor allem in Halbleitern behandelt werden. Dabei wird die Betrachtung sowohl im (halb)klassischen Teilchenbild als auch im quantenmechanisch begründeten Bändermodell durchgeführt. Auch das Verhalten eines pn-Übergangs wird in beiden Modellen dargestellt.

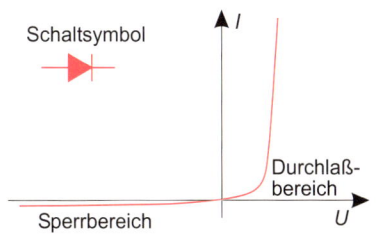

Bild 29.1. Kennlinie einer Diode

Metallische Leitung

Für einen homogenen Leiter (Länge l, Querschnitt A und Widerstand R) läßt sich das Ohmsches Gesetz $U = RI$ umschreiben in die Form:

> **Ohmsches Gesetz** $j = \sigma E$

mit $j = I/A$ = Stromdichte, $E = U/\ell$ = elektrische Feldstärke und σ = elektrische Leitfähigkeit. Nach der Teilchenvorstellung für den elektrischen Strom in Metallen, dem **Elektronengasmodell**, wird der Strom getragen durch (quasi) freie Elektronen, die sich im elektrischen Feld der Feldstärke E mit konstanter Driftgeschwindigkeit u_{dr} bewegen, Bild 29.2. Aus dieser Betrachtung findet man den folgenden Zusammenhang für die

> **Leitfähigkeit** $\sigma = n e \mu_{\text{n}}$

mit n = Ladungsträgerkonzentration, e = Elementarladung und μ_{n} = Beweglichkeit der Elektronen. Dabei ist die **Beweglichkeit** der Proportio-

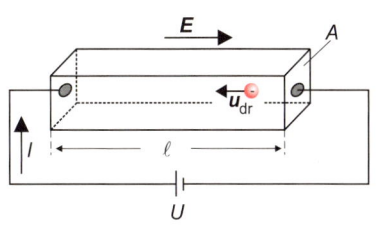

Bild 29.2. Modellvorstellung zur Elektrizitätsleitung in einem Elektronenleiter

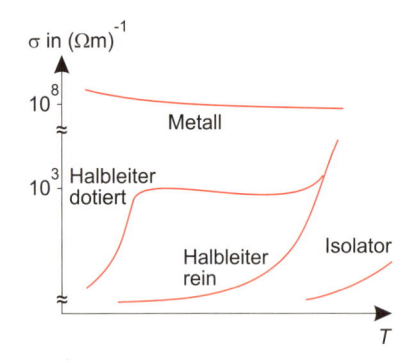

Bild 29.3. Die Temperaturabhängigkeit der elektrischen Leitfähigkeit, schematisch. Die Absolutwerte für Metalle, Halbleiter und Isolatoren liegen um viele Größenordnungen auseinander

nalitätsfaktor zwischen der Driftgeschwindigkeit der Ladungsträger und der sie verursachenden elektrischen Feldstärke:

$$u_{\mathrm{dr}} = \mu_{\mathrm{n}} E \quad .$$

Die Einheit von μ_{n} ist $\frac{m}{s}/\frac{V}{m} = m^2/Vs$. Will man μ_{n} aus der Gleichung für die Leitfähigkeit bestimmen, muß man neben σ auch n messen. Das gelingt z. B. mit Hilfe des Hall-Effekts, s. *Themenkreis 28*: Materie im Magnetfeld. Ein wesentliches Unterscheidungskriterium zwischen Metallen und Halbleitern sind die sehr unterschiedlichen *Temperaturabhängigkeiten* ihrer *Leitungseigenschaften*. Die Darstellung in Bild 29.3 verdeutlicht die prinzipiellen Abhängigkeiten.

Halbleiter

In Metallen hängt die Ladungsträgerkonzentration n nicht von der Temperatur ab: $n \neq f(T)$. Als *Halbleiter* bezeichnet man dagegen Festkörper, die bei hinreichend tiefen Temperaturen und großer Reinheit Isolatoren sind, deren Leitfähigkeit mit wachsender Temperatur jedoch steil ansteigt, Bild 29.3. Typische Vertreter solcher Stoffe sind die Elemente der IV. Hauptgruppe des Periodischen Systems wie Si und Ge sowie Verbindungen von Elementen der III. und V. Hauptgruppe, sog. III-V-Verbindungen wie GaAs, GaP, InP usw., Tabelle 29.1.

Die Untersuchung der *Leitungseigenschaften von Halbleitern* zeigt:

- die starke Zunahme der Leitfähigkeit $\sigma(T)$ mit der Temperatur wird hervorgerufen durch eine entsprechende *Zunahme der Ladungsträgerkonzentration*; die bei Halbleitern wie bei Metallen auftretende geringfügige Abnahme der Beweglichkeit mit wachsender Temperatur wird dadurch verdeckt;

- der Ladungstransport erfolgt bei reinen Halbleitern (*Eigenleitung*) durch zwei Ladungsträgerarten: durch **n**egative **Elektronen** und **p**ositive *Löcher* oder **Defektelektronen** in gleicher Konzentration ($n(T) = p(T)$) und nicht nur durch eine einzige Ladungsträgerart wie bei Metallen;

- gezielte oder auch nur ungewollte Verunreinigungen (*Dotierung*) der Halbleiter führen zu einer drastischen Zunahme der Leitfähigkeit infolge der sog. *Störleitung*.

Dieses Verhalten wird oft veranschaulicht in einem ebenen **Kristallgitter-Bindungs-Modell**, Bild 29.4. Bei einem Element der IV. Hauptgruppe wie Si werden alle Valenzelektronen für die Bindung mit den Nachbarn benötigt und sind daher ortsgebunden. Nur durch Energiezufuhr – z. B. durch die Wärmebewegung des Gitters – können sie abgelöst werden und dann in einem elektrischen Feld driften: Elektronen- oder **n-Leitung**. Auch der bei der Ablösung eines Elektrons verbleibende freie Platz kann durch Nachrücken von Elektronen der Nachbaratome zur Leitfähigkeit beitragen. Dieses Loch driftet dabei entgegen der Bewegungsrichtung der Elektronen, verhält sich daher im elektrischen Feld wie ein positiver Ladungsträger: Löcher- oder **p-Leitung**. In einem störungsfreien Halbleiter entstehen freie Elektronen und Löcher also stets

Tabelle 29.1. Ausschnitt aus dem Periodensystem der Elemente

Hauptquan-	Hauptgruppe		
tenzahl n	III	IV	V
2	B	C	N
3	Al	Si	P
4	Ga	Ge	As
5	In	(Sn)	Sb

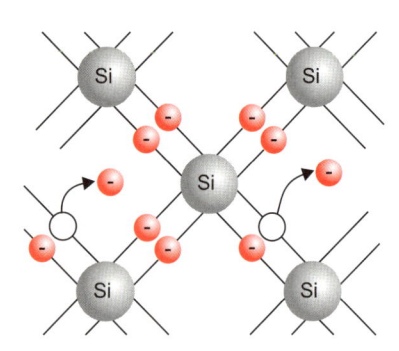

Bild 29.4. Eigenleitung im Kristallgitter-Bindungs-Modell. Schematische zweidimensionale Darstellung

paarweise. Man spricht dann von **Eigenleitung**. Die zur Freisetzung dieser Elektronen-Loch-Paare nötige Energie wird dabei der thermischen Energie des Kristalls entnommen.

Die Ladungsträger haben jedoch nur eine *begrenzte Lebensdauer*. Beim Zusammentreffen von solchen (quasi)freien Elektronen und Löchern gibt es eine **Rekombination**: Ein Ladungsträger*paar* verschwindet wieder. Die dabei freiwerdende Energie wird als elektromagnetische Strahlung abgestrahlt oder in Form von Wärme an das Kristallgitter abgegeben. Bei jeder Temperatur stellt sich nun ein Gleichgewicht ein, bei dem die *Erzeugungsrate* von Ladungsträgerpaaren gleich ihrer Rekombinationsrate ist. Es gilt die

Gleichgewichtsbedingung $\quad np \sim T^3 \exp(-E_g/kT)$

mit E_g = Anregungsenergie und k = Boltzmann-Konstante. Das Produkt kT bezeichnet man als *thermische Energie*; sie hat bei Zimmertemperatur, d. h. $T_0 \approx 300$ K, den Wert $kT_0 \approx 0{,}026$ eV $= 26$ meV. Einige Werte für ΔE_g sowie die zugehörige Eigenleitungskonzentration der Ladungsträger bei Raumtemperatur finden sich in Tabelle 29.2.

Tabelle 29.2. Anregungsenergie (Bandabstand) sowie Eigenleitungskonzentration für einige Halbleiter

Stoff	ΔE_g in eV	$n_i = p_i$ bei 300 K in cm^{-3}
Ge	0.67	ca. 10^{13}
Si	1.1	ca. 10^{10}
GaAs	1.43	ca. 10^{6}

Störleitung

Tabelle 29.2 zeigt, daß die Ladungsträgerkonzentration $n_i = p_i$ bei Eigenleitung (i für engl. *intrinsic* $\widehat{=}$ eigenleitend) für Raumtemperatur im Vergleich zu Metallen (Cu: n ca. 10^{23} cm^{-3}) sehr gering ist. Entsprechend groß ist der Einfluß von Störungen. Der Einbau von *Fremdatomen* mit abweichender Zahl von Valenzelektronen bewirkt daher eine erhebliche materialspezifische Leitfähigkeitsänderung, die sog. **Störleitung**. Dies ist in Bild 29.5 wieder im Kristallgitter-Bindungs-Modell erläutert. Wird ein Si-Atom durch eines aus der V. Gruppe des periodischen Systems ersetzt, also eines mit 5 Valenzelektronen wie P oder As, so werden davon nur 4 Elektronen für die Kristallbindung benötigt. Das 5. Elektron bleibt zwar durch die positive Kernladung des P-Atoms gebunden, aber seine Bindungsenergie ist viel geringer als die für ein Elektron eines Si-Atoms: Sie beträgt nur einige zehn meV. Das Elektron kann daher bereits bei vergleichsweise tiefen Temperaturen thermisch freigesetzt werden und für die Elektrizitätsleitung zur Verfügung stehen. Diese Störstellen nennt man **Donatoren** (Elektronenspender), den entstehenden Stoff einen *n-Halbleiter*.

In diesem Fall entsteht jedoch – anders als bei der Eigenleitung – nur *eine* Ladungsträgersorte, hier Elektronen. Die für die elektrische Neutralität nötige positive Gegenladung sitzt am zurückbleibenden Störion, ist also ortsfest. Bei Zimmertemperatur sind praktisch alle Störatome ionisiert, d. h. sie haben ihre Elektronen abgegeben und damit die geringe Elektronenkonzentration n_i aus der Eigenleitung um mehrere Größenordnungen (bei Si typisch: 10^5 bis 10^9) erhöht.

Bei Störleitung gilt die gleiche Gleichgewichtsbedingung wie für die Eigenleitung: $np = \text{const}(T)$. Die Erhöhung von n führt daher zu einer

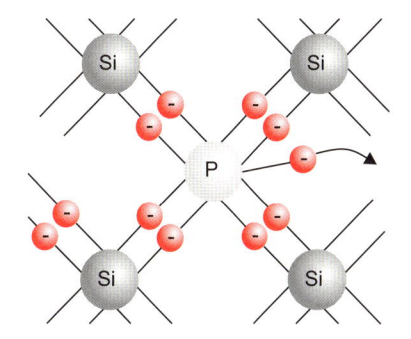

Bild 29.5. Zur Entstehung von *n*-Leitung in Silizium durch Dotierung mit Phosphor, das ein überschüssiges Elektron besitzt. Schematische zweidimensionale Darstellung

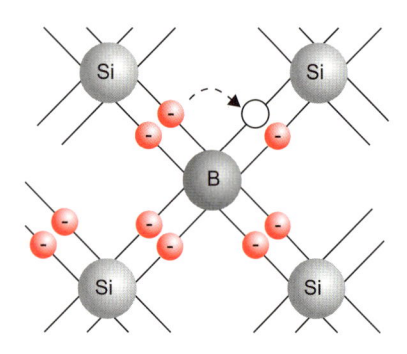

Bild 29.6. Zur Entstehung von p-Leitung in Silizium durch Dotierung mit Bor. Schematische zweidimensionale Darstellung

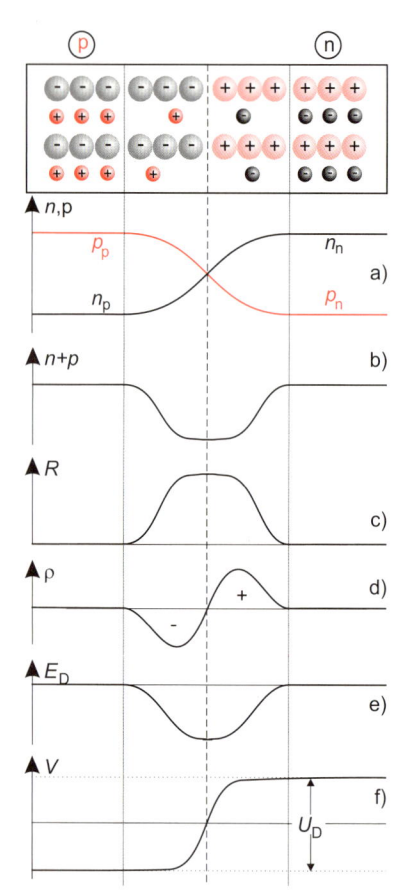

Bild 29.7. Der stromlose pn-Übergang im Teilchenbild. Verschiedener elektrische Größen im Kristall sind als Funktion des Ortes (horizontale Achse) aufgetragen

entsprechenden Erniedrigung der Konzentration p der Defektelektronen, die aus der Eigenleitungs-Erzeugungsrate stammen. Der Ladungstransport wird also im Fall der Störleitung praktisch nur durch die sog. **Majoritätsladungsträger** (hier n) bestimmt. Trotz ihrer z. T. erheblich geringeren Konzentration bleiben aber auch die **Minoritätsladungsträger** (hier p) wichtig, insbesondere für die Funktionsweise von pn-Übergängen.

Bei Si-Kristallen liefert der Einbau von Atomen mit nur drei Valenzelektronen, wie z. B. Al, In oder B schon bei tiefen Temperaturen freie Löcher. Man erhält dadurch *p-Halbleiter*, hier speziell p-Si. Bild 29.6 zeigt diesen Zusammenhang im Modellbild. Die zugehörigen Störstellen heißen **Akzeptoren** (Elektronenfänger).

pn-Übergang

Ein *pn-Übergang* entsteht, wenn ein n- und ein p-dotierter Halbleiterbereich auf atomarem Abstand aneinandergrenzen. Der hierfür nötige Dotierungssprung an der Grenzschicht läßt sich in der Regel nicht beliebig scharf herstellen, sondern erstreckt sich über mehrere Atomlagen. Der pn-Übergang zeigt das elektrisch nichtlineare Verhalten von Bild 29.1. Dieses Phänomen soll zunächst im Teilchenbild erläutert werden.

pn-Übergang im Teilchenbild

Im Bild 29.7 ist oben das Schema eines pn-Übergangs in einem Halbleiterkristall dargestellt. Darin symbolisieren die großen Kugeln die ortsfesten Störionen – positiv geladene Donatorionen im n-Teil und negativ geladene Akzeptorionen im p-Teil. Die kleineren Kugeln stellen die jeweiligen Majoritätsladungsträger dar. Am Übergang werden nun infolge des *Konzentrationsunterschiedes* Elektronen aus dem n-Gebiet ins p-Gebiet und Löcher aus dem p-Gebiet in das n-Gebiet diffundieren und verstärkt rekombinieren. Der pn-Übergangsbereich ist durch diese Rekombination an Ladungsträgern verarmt, was sich im Ortsverlauf der Ladungsträgerkonzentration n bzw. p widerspiegelt, Bild 29.7a. Die für die Leitfähigkeit verantwortliche Gesamtkonzentration von Ladungsträgern $(n+p)$ zeigt in diesem Bereich daher einen erheblich kleineren, Bild 29.7b, der elektrische Widerstand R, Bild 29.7c, einen entsprechend größeren Wert als in den links und rechts angrenzenden Volumenbereichen: der pn-Übergang ist *hochohmig*.

Bei der Diffusion der freien Ladungsträger bleiben die ortsfesten ionisierten Störatome zurück, dadurch entsteht auf der n-Seite des Übergangs eine positive und auf der p-Seite eine negative *Raumladung*, in Bild 29.7d dargestellt als Ladungsdichte ρ. Diese als *Raumladungszone* bezeichnete Dipolschicht ist Ursache für ein elektrisches Feld der Feldstärke E_D, Bild 29.7e, das zu einer Änderung des Potentials V, Bild 29.7f am Übergang führt. Die so entstehende Potentialdifferenz U_D heißt **Diffusionsspannung** und wirkt der durch das Konzentrationsgefälle ausgelösten Diffusion der Ladungsträger entgegen, so daß sich ein stromloses Gleichgewicht einstellt, bei dem an jedem Ort die Beziehung $np = \text{const.} = n_i^2$ gilt.

Legt man an den pn-Übergang eine äußere Spannung an, Bild 29.8, welche dem Potentialsprung entgegengesetzt ist (n-Seite negativ, p-Seite positiv gepolt), so strömen von beiden Seiten die Majoritätsträger zum Übergang und erhöhen dort die Ladungsträgerkonzentration: Die Leitfähigkeit steigt, und es fließt ein Strom – der Durchlaßstrom, siehe auch Bild 29.1. Die Diode ist in **Durchlaßrichtung** gepolt. Die Bedingung $np = $ const gilt allerdings nicht mehr, weil durch die angelegte Spannung das thermodynamische Gleichgewicht aufgehoben ist.

Bei umgekehrter Polung, Bild 29.9, bewirkt die äußere Spannung eine weitere Abnahme der Ladungsträgerkonzentration im Gebiet des Übergangs gegenüber dem stromlosen Fall und damit eine weitere Abnahme der Leitfähigkeit; ein nur sehr geringer Strom von Minoritätsträgern fließt über den pn-Übergang – der Sperrstrom. Die Diode ist also in **Sperrichtung** gepolt.

Aus theoretischen Überlegungen findet man für den Zusammenhang zwischen Strom I und Spannung U die allgemeine Gleichung der

Diodenkennlinie $\quad I(U) = I_0(e^{eU/kT} - 1)$,

die die experimentellen Kennlinien allerdings nur näherungsweise beschreibt. Wie man dem Bild 29.1 entnehmen kann, beginnt der Durchlaßstrom erst bei höheren Durchlaßspannungen merklich zu fließen. Als Kenngröße hierfür dient die sog. *Schleusenspannung* U_s, die man durch Extrapolation der steil ansteigenden Stromkurve auf die Achse $I = 0$ erhält. Die Schleusenspannung ist materialabhängig und wächst mit der Anregungsenergie E_g, siehe hierzu auch Bild 29.19.

Bändermodell

Das bisher benutzte Teilchen-Orts-Modell ist nur für einen anschaulichen Einstieg brauchbar. Da die meisten Festkörpereigenschaften jedoch wesentlich durch das kollektive Zusammenwirken der vielen sehr dicht benachbarten Atome bestimmt werden, reicht dieses Modell für quantitative Betrachtungen nicht aus. Sehr viel hilfreicher ist das sog. **Bändermodell**, das die erlaubten *Energiezustände der Elektronen* in einem Festkörper beschreibt. Es entsteht aus der Anwendung der Quantenmechanik auf den Festkörper – allerdings auch nur in einer Näherung. Seine Eigenschaften sollen im folgenden kurz dargestellt (nicht abgeleitet) werden.

Bei *freien Einzelatomen*, z. B. freien Si-Atomen, besetzen Elektronen scharfe Energieniveaus. Bei einem zweiatomigen Molekül Si_2 spalten diese scharfen Einzelniveaus in jeweils 2 oder mehr Unterniveaus auf. In einem *Festkörper* entstehen aus den Einzelniveaus (quasi) kontinuierliche **Energiebänder**, welche größenordnungsmäßig so viele Unterniveaus enthalten, wie der betrachtete Kristall Atome enthält. Diese Bänder sind durch **Energielücken** getrennt, Bild 29.10.

So gibt es in jedem Festkörper (voll) besetzte und nicht voll besetzte bzw. leere Energiebänder. Ein volles Band kann zur elektrischen Leitung

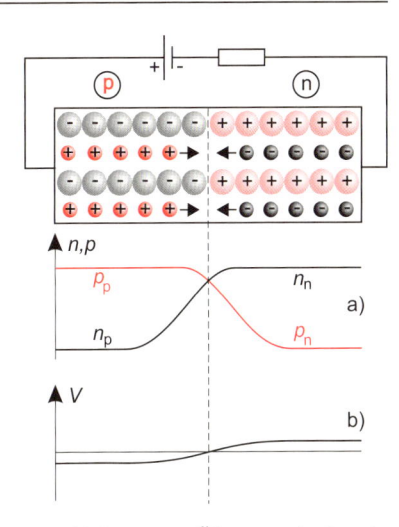

Bild 29.8. Der pn-Übergang, in Durchlaßrichtung gepolt, mit Verlauf (a) der Ladungsträgerkonzentrationen n und p und (b) des Potentials V als Funktion des Ortes im Kristall (horizontale Achse)

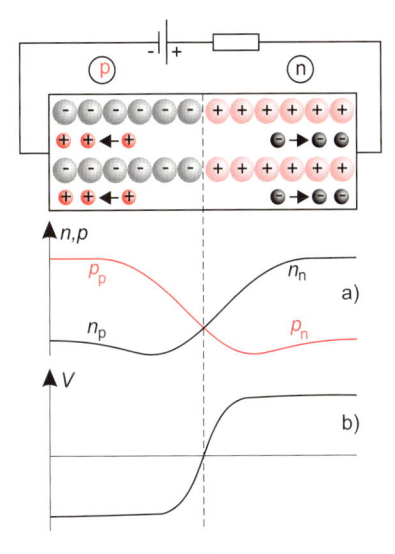

Bild 29.9. Der pn-Übergang, in Sperrichtung gepolt, mit Verlauf (a) der Ladungsträgerkonzentrationen n und p und (b) des Potentials V als Funktion des Ortes im Kristall (horizontale Achse)

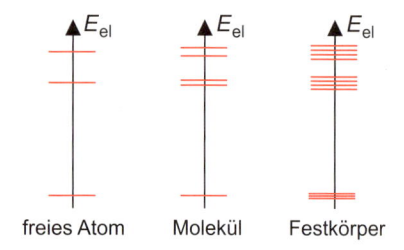

Bild 29.10. Zur Aufspaltung von Energieniveaus, schematisch

nicht beitragen; denn wenn ein Ladungsträger Energie aus einem elektrischen Feld aufnehmen will, muß es freie Energieniveaus im Band hierfür geben, und solche sind in einem vollen Band nicht verfügbar. Man nennt daher das unterste Band, das bei tiefer Temperatur nicht (voll) besetzt ist, das **Leitungsband** (LB). Das nächst tiefere Band heißt **Valenzband** (VB). Es ist bei tiefen Temperaturen voll besetzt.

Leitungseigenschaften im Bändermodell

Das unterschiedliche elektrische Verhalten von Festkörpern läßt sich nun im Bändermodell sehr einfach beschreiben. Bei Metallen ist das Leitungsband auch bei tiefen Temperaturen bereits teilweise mit Elektronen gefüllt, so daß ein Stromtransport möglich ist.

Für reine Halbleiter dagegen ist bei $T = 0\,\text{K}$ das Valenzband voll und das Leitungsband leer. Beide Bänder sind durch eine **Energielücke** der Breite E_g, den sog. *Bandabstand* (Index g für engl. *gap* = Lücke) getrennt: Die Leitfähigkeit ist Null. Bei wachsender Temperatur werden durch thermische Anregung Elektronen aus dem Valenz- ins Leitungsband gehoben. Dadurch wird Elektronenleitung im Leitungsband möglich, durch die entstehenden freien Plätze aber zugleich auch Löcherleitung im Valenzband: Es liegt Eigenleitung vor mit $n_i = p_i = f(T)$. Das Bild 29.11 zeigt die Eigenschaften von Metallen und Halbleitern im Bänderschema, in dem die Energie der Elektronen über dem Ort im Kristall aufgetragen ist.

Durch den Einbau von *Donatoren* wie z. B. P in Si entstehen ortsfeste Energieniveaus E_D dicht unter der Leitungsbandunterkante E_L (Abstand ΔE_D), aus denen Elektronen schon mit sehr viel geringerer thermischer Energie ins Leitungsband befreit werden können: Es entsteht n-Leitung. Die positive Gegenladung bleibt ortsfest. Ganz entsprechend führt der Einbau von *Akzeptoren* – wie z. B. Bor in Si – zu diskreten Energieniveaus E_A über der Valenzbandoberkante E_V (Abstand ΔE_A), in die schon bei tiefen Temperaturen Elektronen aus dem Valenzband gehoben werden können: Es entstehen freie Plätze im Valenzband, d. h. es gibt p-Leitung.

Typische Werte für $\Delta E_D = E_L - E_D$ und $\Delta E_A = E_A - E_V$ liegen zwischen einigen 10 und 100 meV, d. h. in der Größenordnung der thermischen Energie bei Raumtemperatur $kT \approx 26\,\text{meV}$.

Bild 29.11. Besetzung des Leitungsbandes LB bzw. des Valenzbandes VB mit Elektronen bzw. Löchern zur Erklärung der Leitungseigenschaften von Metallen und Halbleitern, schematisch. E_L = Unterkante des Leitungsbandes, E_V = Oberkante des Valenzbandes. E_D bzw. E_A = Energieniveaus der Donatoren bzw. Akzptoren. E_F bezeichnet die Fermienergie

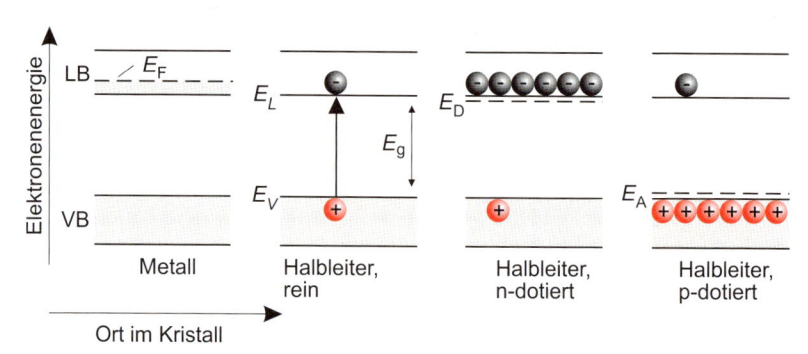

Eine wichtige Größe in Festkörpern ist die **Fermienergie** E_F. Sie gibt den Energiewert an, für den die Besetzungswahrscheinlichkeit für Elektronen 1/2 ist. Bei Eigenleitung liegt E_F etwa in der Mitte der verbotenen Zone, bei dotierten Halbleitern liegt E_F in der Nähe der die Majoritätsträger liefernden Störniveaus, siehe dazu auch Bild 29.12 oben.

Der pn-Übergang im Bändermodell

Anhand von Bild 29.7 wurde der *Ortsverlauf* von Konzentrationen (n, p) und einiger elektrischer Größen diskutiert. Im Bändermodell betrachtet man die *Energie der Elektronen* als Funktion des Ortes im Kristall. Da sich im *thermodynamischen Gleichgewicht* ($\widehat{=}$ keine äußere Spannung am pn-Übergang) das System so einstellt, daß die Fermienergie im p- und im n-Teil auf gleicher Höhe liegt, entsteht ein Verlauf von Valenz- und Leitungsband, wie er in Bild 29.12 oben skizziert ist. Dabei sind – wie in solchen Abbildungen üblich – vom Leitungsband nur die Unterkante (E_L) und vom Valenzband nur die Oberkante (E_V) gezeichnet. Die *Bandverbiegung* entspricht dem schon diskutierten Potentialsprung am pn-Übergang und hat ihre Ursache in den durch Diffusion entstandenen Raumladungen: positiv im n-Teil, negativ im p-Teil. Die Abbildung enthält zusätzlich die Angaben für die Fermienergie E_F sowie die Donator- bzw. die Akzeptorniveaus (E_D, E_A).

Eine Spannung in *Durchlaßrichtung* erniedrigt die Energiebarriere; ein merklicher Durchlaßstrom fließt jedoch erst, wenn diese weitgehend abgebaut ist. Das Bild 29.12 Mitte zeigt, daß dann die Fermienergie einen gekrümmten Verlauf hat: Es herrscht kein Gleichgewicht. Letzteres gilt auch für den *Sperrfall* in Bild 29.12 unten, bei dem die Bänder umgekehrt und noch steiler aufgebogen sind – die Sperrung für Majoritätsladungsträger ist noch größer als im stromlosen Fall. *Hinweis*: Im Sperrfall ist der pn-Übergang nur für Minoritätsladungsträger durchlässig.

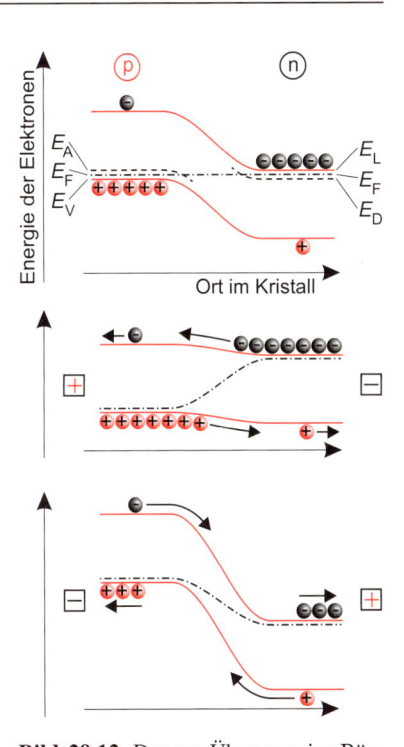

Bild 29.12. Der pn-Übergang im Bändermodell, vereinfacht. Oben: stromlos, Mitte: Durchlaßpolung, unten: Sperrpolung

Eigenschaften und Arten von Halbleiterdioden

Die Eigenschaften von Halbleiterdioden lassen sich durch Variation des Halbleitergrundmaterials sowie der Dotierungsstoffe und ihrer Konzentration in sehr weiten Grenzen einstellen und den geplanten Verwendungszwecken anpassen. Dementsprechend kann man ganz verschiedene Diodentypen unterscheiden.

Gleichrichterdioden

Hierbei wird die Nichtlinearität der Diodenkennlinie, Bild 29.1, zur *Gleichrichtung von Wechselspannungen* ausgenutzt. Solche **Gleichrichtung** ist in zwei Bereichen wichtig, die jeweils unterschiedliche Anforderungen stellen:

Tabelle 29.3. Kenngrößen von Gleichrichterdioden im Vergleich

Kenngröße	zusammengehörige Wertekombination	
Dotierung	hoch	gering
Bahnwiderstand	gering	hoch
Sperrstrom	gering	hoch
Sperrspannung	gering	hoch

- Bei der *Signalübertragung* benötigt man Gleichrichterdioden mit hohen Übertragungsfrequenzen. Die obere Grenzfrequenz liegt heute bei einigen zehn Gigahertz (GHz).
- Für die Gleichrichtung bei *Leistungsübertragungen* erstrebt man hohe Sperrspannungen und geringe Sperrströme, außerdem geringe Leitungswiderstände im Durchlaßbereich. Diese Forderungen lassen sich mit einem einfachen pn-Übergang nicht alle gleichzeitig realisieren, wie Tabelle 29.3 zeigt. Eine Lösung des Problems ist möglich durch Verwendung sog. *pin-Dioden* (p-Halbleiter / Isolator / n-Halbleiter). Die Isolierschicht erhöht dabei die maximal mögliche Sperrspannung erheblich. Ihre Dicke muß geringer sein als die mittlere Driftstrecke der Ladungsträger von typisch einigen Zehntel Millimetern, damit sie von diesen Ladungsträgern ohne merkliche Rekombination durchlaufen werden kann. Heutige Leistungsdioden erreichen Sperrspannungen bis zu einigen 10 kV und Durchlaßtröme von mehreren kA.

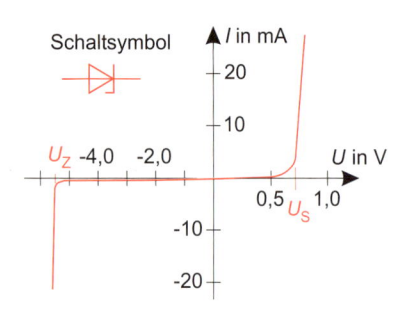

Bild 29.13. Kennlinie einer Z-Diode

Z-Dioden

Alle Halbleiterdioden zeigen bei hinreichend hohen Sperrspannungen einen sog. **Durchbruch**, Bild 29.13. Die Z-förmige Kennlinie (Bild um 90° drehen!) hat der Diode ihren Namen gegeben. Der Betrag der Durchbruchspannung U_z ist hoch bei geringer Dotierung (Si-Dioden: U_z bis über 1000 V) und nimmt mit wachsender Dotierung ab. Dioden mit Werten von wenigen Volt für U_z benutzt man häufig für Spannungsbegrenzungsschaltungen.

Grund für den Durchbruch ist die hohe Feldstärke im pn-Übergang. Bei geringer Dotierung ist der pn-Übergangsbereich sehr breit, weil sich die zur Kompensation der Diffusion aufzubauende Raumladung wegen der geringen Dotierung auf ein großes Volumen verteilt. Hohe Dotierung dagegen führt zu einem schmalen pn-Übergangsbereich von wenigen 100 nm, so daß schon einer vergleichsweise geringen Sperrspannung eine große Feldstärke von 10^5 bis 10^6 V/cm entspricht. Hierdurch können einerseits *Stoßionisationsprozesse* der Minoritätsträger im pn-Übergang hervorgerufen werden, die durch *Lawinenbildung* zu einer Ladungsträgervermehrung führen (*Zener-Effekt*), andererseits können Ladungsträger durch die verbotene Zone tunneln. Bei besonders hohen Dotierungen und damit niedrigen Durchbruchsspannungen ($U_z < 5$ V) dominiert der *Tunneleffekt*, im umgekehrten Fall ($U_z >$ etwa 7 V) ist der Prozeß der Stoßionisation vorherrschend.

Tunneldioden

Bei extrem hoher Dotierung (z. B. Si-Tunneldiode: $n = 7 \cdot 10^{19}$ cm^{-3}) beobachtet man eine völlig andere Form der Diodenkennlinie, Bild 29.14. Der Strom wächst für beide Polungen sofort steil an. Ursache ist der

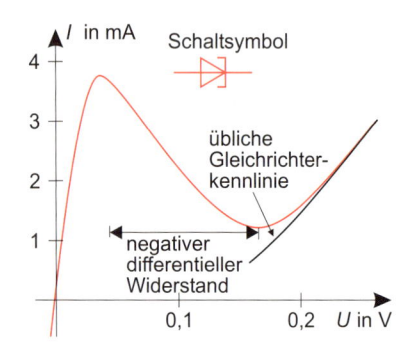

Bild 29.14. Kennlinie einer Tunneldiode

Tunneleffekt, der schon bei kleinen Spannungen auftritt und im Bändermodell erläutert werden soll. Die extrem hohe Dotierung führt dazu, daß die Fermienergie E_F nicht mehr in der verbotenen Zone, sondern innerhalb der Bänder verläuft, Bild 29.15. Das bedeutet, daß z. B. bei Sperrpolung Elektronen unterhalb von E_F im Valenzband des p-Gebietes freien Plätzen im Leitungsband des n-Gebietes räumlich sehr dicht benachbart sind. Die Tunnelwahrscheinlichkeit ist dann sehr hoch. Das entsprechende gilt zunächst auch bei Durchlaßpolung.

Bei steigender Durchlaßspannung aber hört der Tunneleffekt dann auf, wenn die Leitungsbandunterkante im n-Gebiet energetisch höher liegt als die Valenzbandoberkante im p-Gebiet. Der Strom sinkt ab und geht in die normale Gleichrichterkennlinie über. Eine solche Diode heißt *Tunneldiode* oder – nach ihrem Erfinder – *Esakidiode*.

Eine Tunneldiode wird in Durchlaßrichtung betrieben. Wegen des Kurvenstücks, in welchem bei steigender Durchlaßspannung der Durchlaßstrom sinkt (negativer Widerstand) kann eine solche Diode zur Schwingungserzeugung benutzt werden. Wegen der kleinen Kapazität solcher Dioden sind hohe Grenzfrequenzen möglich. Anwendung: Oszillatoren, schnelle Schalter.

Bild 29.15. Verlauf der Fermienergie E_F bei extrem hoher Dotierung im stromlosen pn-Übergang

Fotodioden, Solarzellen

Bei Fotodioden wird der Sperrstrom durch Lichteinstrahlung in den pn-Übergang erhöht. Durch Licht hoher Quantenenergie $hf > E_g$ werden dabei Ladungsträgerpaare im Raumladungsgebiet des pn-Überganges erzeugt. Die den Sperrstrom tragende Minoritätsträger-Konzentration wird dadurch deutlich erhöht. Fotodioden sind meistens so hergestellt, daß der pn-Übergang großflächig direkt unter der bestrahlten Bauelementoberfläche liegt. Bei der Vermessung des einfallenden Lichts ist zu beachten, daß der Kurzschlußstrom $I_K = I(U=0)$ proportional zur einfallenden Strahlungsleistung P_{opt} ist, während die Leerlaufspannung $U_L = U(I=0)$ nur mit dem Logarithmus von P_{opt} wächst, siehe Kennlinienschar in Bild 29.16.

Ein technisch wichtiger Sonderfall eines Fotoelements ist die **Solarzelle**, eine für optoelektrische Energieumwandlung von Sonnenlicht optimierte Fotodiode. Benutzt man die Solarzelle zur Energiegewinnung, arbeitet man im 4. Quadranten der Kennlinienschar. Eine Beschreibungsgröße für die Solarzelle ist der sog. *Füllfaktor FF*, Bild 29.17

$$FF = \frac{A}{A_0} = \frac{\int I \, dU}{U_L I_K} \ .$$

Der Füllfaktor ist ein wichtiger Bestandteil des Wirkungsgrades einer einer Solarzelle, der definiert ist als Verhältnis von gewonnener elektrischer Energie zu eingestrahlter Sonnenenergie. Der Wirkungsgrad erreicht heute bei den besten Zellen Werte von über 35%. An einer weiteren Erhöhung dieses Wertes wird gearbeitet.

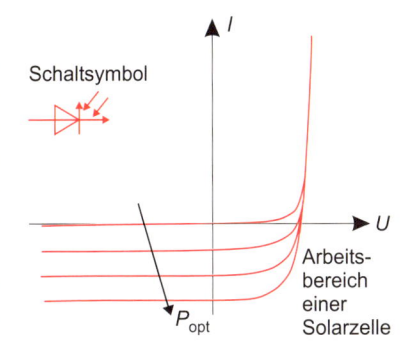

Bild 29.16. Kennlinien einer Fotodiode bei verschiedenen Werten der eingestrahlten optischen Lichtleistung P_{opt}

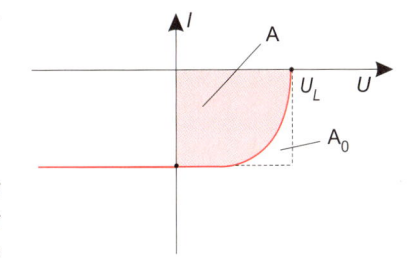

Bild 29.17. Ausschnitt aus dem Kennlinienverlauf einer Solarzelle

Leuchtdioden

Eine **Leuchtdiode**, auch als LED (light emitting diode) bezeichnet, ist eine hochdotierte Diode, die in Durchlaßrichtung betrieben wird und bei der die durch *Rekombination der Ladungsträgerpaare* im pn-Übergangsgebiet frei werdende Energie in Form von Lichtquanten emittiert wird. Bild 29.18 zeigt die Zusammenhänge im Bändermodell.

Dabei erreicht die Photonenenergie hf in einfachen Fällen etwa den Wert des Bandabstandes $hf = E_g$. Daher läßt sich z. B. GaAs nur für die Infrarot-Leuchtdioden verwenden, für sichtbares Licht kann man dagegen mit N dotiertes GaP bzw. den Mischkristall $GaAs_{1-x}P_x$ benutzen. Bei diesem ternären, d. h. aus drei Komponenten bestehenden Mischkristall läßt sich durch die Wahl des Phosphoranteils x der Bandabstand E_g und damit die Wellenlänge des emittierten Lichtes verändern, wie Tabelle 29.4 zeigt. Strom-Spannungs-Kennlinien für verschiedene Materialien sieht man in Bild 29.19. Die klassischen Halbleiter Ge oder Si eignen sich nicht für die Herstellung von Leuchtdioden, weil die Rekombination der Ladungsträgerpaare nicht strahlend erfolgt.

In jüngerer Zeit sind helle blaue Leuchtdioden auf der Basis von GaN entwickelt worden. Das ternäre Material $In_{0,15}Ga_{0,85}N$ emittiert Licht z. B. der Wellenlänge 450 nm (0,15 bzw. 0,85 geben das jeweilige Mischungsverhältnis an). Eine weißes Licht emittierende LED kann man durch das Einbringen von geeigneten Leuchtstoffen in die Plastikumhüllung des Bauelementes herstellen. Das monochromatische Licht der LED regt dann diesen Leuchtstoff zum Leuchten an wie bei einer Leuchtstoffröhre.

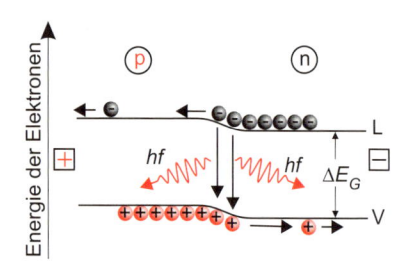

Bild 29.18. Bänderschema für eine in Durchlaßrichtung betriebene Leuchtdiode

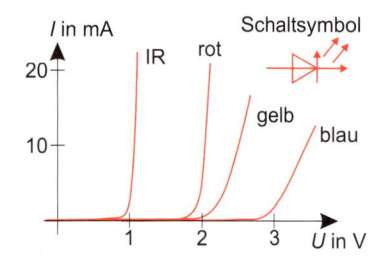

Bild 29.19. Kennlinien von Leuchtdioden mit verschiedenen Emissionswellenlängen

Halbleiterlaser

Einen wichtigen Sonderfall der Leuchtdioden stellen die **Halbleiterlaser** dar. Bei extrem hoher Dotierung kann bei Durchlaßpolung erreicht werden, daß sich an der Valenzbandoberkante mehr Löcher als Elektronen, am gleichen Ort an der Leitungsbandunterkante mehr Elektronen als freie Plätze befinden. Eine solche *Besetzungsinversion* – energetisch höher liegende Zustände sind stärker besetzt als energetisch tiefer liegende – ist stets die notwendige Voraussetzung dafür, daß ein Lasereffekt eintritt. Besonders geeignetes Material für Halbleiterlaser sind GaAs (infrarote Laserdioden) und $Ga_{1-x}Al_xAs$.

Halbleiterlaser gewinnen immer breitere Verwendung in vielen Lebensbereichen. Beispiele aus dem Alltag sind die Infrarotlaser in CD-Abspielgeräten oder die roten Laserscanner an Kaufhauskassen.

Tabelle 29.4. Bandabstand E_g und Emissionswellenlänge λ_{em} für verschiedene LED-Materialien

Stoff	E_g	λ_{em}
GaAs	1,43 eV	870 nm
$GaAs_{0,6}P_{0,4}$	1,92 eV	650 nm
GaP	2,26 eV	560 nm

29.1 Statische Diodenkennlinien (1/3)

Für verschiedene Arten von Dioden sollen die Kennlinien $I = f(U)$ punktweise bzw. mit Hilfe eines XY-Schreibers oder PCïs aufgenommen werden. Der Verlauf der Kennlinien soll qualitativ diskutiert werden, charakteristische Größen wie die Schleusenspannung U_s und die Durchbruchsspannung U_z sollen quantitativ bestimmt werden.

Regelbares Gleichspannungsnetzgerät, Halbleiterdioden, Vorwiderstand, XY-Schreiber mit erdfreien Eingängen (ansonsten muß die Schaltung leicht geändert werden), Strom- und Spannungsmesser.

Besondere Hinweise: Halbleiterdioden werden durch lokale Überhitzung des *pn*-Übergangs leicht zerstört. Solche Bauelemente daher stets mit einem Vorwiderstand zur Strombegrenzung betreiben. Auch müssen Spannungsspitzen im Stromkreis vermieden werden. Daher Spannungsversorgung vor dem Ein- oder Ausschalten stets auf Null regeln.

Zunächst soll die Kennlinie einer Diode (z. B. Tunneldiode oder Z-Diode) punktweise aufgenommen werden. Hierbei darf die maximal zugelassene Stromstärke bzw. Verlustleistung nicht überschritten werden. Bei der Tunneldiode ist wegen der Anwendungsgesichtspunkte nur der Durchlaßbereich von Interesse.

Die Meßwerte für die Sperrpolung müssen zunächst korrigiert werden, weil im Sperrfall der Strom durch den Spannungsmesser (Innenwiderstand R_i) einen merklichen Teil des Gesamtstromes ausmachen kann. Die korrigierten Werte sollen graphisch dargestellt werden; den Kurvenverlauf im Sperrbereich u. U. durch geänderte Achseneinteilung deutlich machen.

In weiteren Messungen sollen die Kennlinien verschiedener Diodentypen mit einem XY-Schreiber aufgezeichnet werden. Hierzu wird eine Schaltung nach Bild 29.20 verwendet, bei der der Spannungsabfall am Ohmschen Widerstand $R_V + R_I$ als stromproportionales Y-Signal benutzt wird. Das Hochregeln der Spannung für jede Polung erfolgt von Hand und nur so schnell, daß es keinen Nachlaufeffekt des Schreibers gibt (Kontrolle durch Wechsel der Richtung der Spannungsänderung). Dabei sollen die Kennlinien von zu vergleichenden Dioden wie Ge-, Si- und Leuchtdioden oder auch Z-Dioden mit unterschiedlichen Durchbruchspannungen sinnvollerweise auf das gleiche Blatt aufgezeichnet werden.

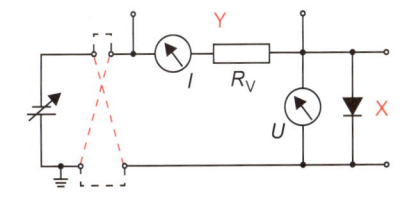

Bild 29.20. Versuchsaufbau zur Messung der Diodenkennlinien

Die Achsenteilung der Stromachse muß mit Hilfe von $R_V + R_I$ berechnet werden. Aus den graphischen Darstellungen sollen die jeweiligen Schleusenspannungen U_s sowie gegebenenfalls die Durchbruchsspannungen U_z ermittelt werden.

Die gemessenen Kurvenverläufe sollen vergleichend diskutiert werden.

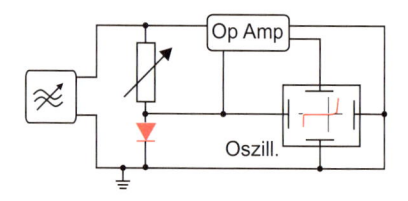

Bild 29.21. Aufbau zur Messung dynamischer Kennlinien

29.2 Dynamische Messungen (1/3)

Die Strom-Spannungs-Kennlinien einiger Dioden sollen in einer dynamischen Messung auf einem Oszilloskopschirm dargestellt werden. Der Bildschirm kann abfotografiert werden.

Frequenzgenerator, Halbleiterdioden, Vorwiderstand, Oszilloskop mit XY-Darstellung, Sofortbild- oder Digitalkamera.

Zur Messung dient die nebenstehende Schaltung, Bild 29.21. Die stromproportionale Spannung am regelbaren Vorwiderstand wird zur Messung des Stromes benutzt. Der Operationsverstärker (OpAmp) dient dazu, den üblicherweise gegen Masse messenden Oszilloskopeingang galvanisch von der eigentlichen Schaltung zu trennen, sonst würde die Schaltung an zwei unterschiedlichen Stellen geerdet und damit partiell kurzgeschlossen werden.

Aufbau der Schaltung. Vor dem Wechseln der jeweiligen Diode Spannung des Frequenzgenerators auf Null regeln. Um eine Überlastung der Diode zu vermeiden, Spannung stets nur so hoch regeln, daß die maximale Verlustleistung der Diode nicht überschritten wird. In der Regel reicht eine Darstellung, bei der die charakteristischen Merkmale der Kennlinie auf dem Bildschirm gerade gut zu sehen sind (z. B. Maximum und Minimum bei der Tunneldiode, Durchbruch bei der Z-Diode).

Die Kennlinien sollen qualitativ diskutiert werden.

29.3 Untersuchungen von Leuchtdioden (1/3)

Für verschiedenfarbige Leuchtdioden sollen aus den Strom-Spannungs-Kennlinien die unterschiedlichen Schleusenspannungen bestimmt werden. Durch zusätzliche spektroskopische Messung der Emissionswellenlänge soll der Wert der Planckschen Konstanten h abgeschätzt werden.

Bauteile wie in Versuch 29.1, dazu Leuchtdioden sowie Handspektroskop mit Wellenlängenskala.

Die statischen Kennlinien von mindestens drei verschiedenfarbigen Leuchtdioden werden mit Hilfe eines XY-Schreibers aufgenommen. Aus den Kurven werden die Schleusenspannungen U_S ermittelt. Die Lichtemission der Leuchtdioden wird mittels eines wellenlängenkalibrierten Handspektroskops betrachtet und die mittlere Wellenlänge λ der Emission bestimmt.

Die Schleusenspannungen werden über der zugehörigen Emissionsfrequenz $f = c_0/\lambda$ (c_0: Lichtgeschwindigkeit) aufgetragen. Für die Steigung des erwarteten linearen Zusammenhangs gilt:

$$\frac{\Delta U_S}{\Delta f} = \frac{h}{e}$$

mit h: Plancksches Wirkungsquantum und e: Elementarladung. Die Begründung für diesen Zusammenhang liefert die Betrachtung des Bändermodells, Bild 29.11. Für den Bandabstand E_g gelten näherungsweise die Beziehungen:

$$\left. \begin{array}{rcl} E_g & \approx & eU_S \\ E_g & \approx & hf \end{array} \right\} \quad U_S \approx \frac{h}{e}f \ .$$

29.4 Untersuchungen an einer Solarzelle (1/3)

Mit Strom-Spannungs-Messungen sollen die fotoelektrischen Eigenschaften einer Solarzelle bestimmt werden.

Solarzelle mit Halter, regelbare Gleichspannungsquelle (0 bis ca. 5 V), Vorwiderstand, Strom-Spannungsmesser oder XY-Schreiber, Experimentierleuchte (mind. 50 W). Die Meßanordnung sollte abschirmbar gegen Streulicht sein.

In einer Anordnung entsprechend Bild 29.20 wird zunächst die Dunkelkennlinie der Solarzelle aufgenommen. Die Messung wird mit hell beleuchteter Solarzelle wiederholt. Beide Kurven sollen zur direkten Vergleichbarkeit auf das gleiche Blatt aufgezeichnet werden.

Die Kurven sollen vergleichend diskutiert werden. Aus der Kurve bei Bestrahlung sollen bestimmt werden: Kurzschlußstrom I_K, Leerlaufspannung U_L sowie Füllfaktor FF.

Bei unterschiedlichen Bestrahlungsstärken E sollen jeweils Kurzschlußstrom I_K und Leerlaufspannung U_L der Solarzelle bestimmt werden. Die unterschiedlichen Bestrahlungsstärken E sollen durch Änderung des Abstandes r der Lichtquelle von der Solarzelle meßbar eingestellt werden. Bei einer punktförmigen Lichtquelle gilt ein quadratisches Abstandsgesetz: $E/E_0 = r_0^2/r^2$.

I_K über E/E_0 auftragen und die erwartete Linearität prüfen. Den Logarithmus von U_L/U_{L0} über E/E_0 auftragen und ebenfalls auf Linearität prüfen. Abweichungen diskutieren.

29.5 Spannungsstabilisierung mit Z-Dioden (1/3)

Anwendung von Z-Dioden zur Spannungsstabilisierung: Bei Spannungsschwankungen auf der Eingangsseite sowie Stromschwankungen auf der Ausgangsseite.

Bauteile wie Versuch 29.1, zusätzlich weitere Widerstände sowie Z-Dioden. Vorgeschlagene Werte: Z-Diode ZD 6,8 ($U_Z = 6{,}8$ V), U_0 regelbar zwischen 15 und 20 V, $R_1 \approx R_2 \approx 200\,\Omega$, R_L regelbar von 0 bis 1 kΩ.

Schaltung entsprechend Bild 29.22 aufbauen. Lastwiderstand R_L zunächst groß wählen, so daß der Ausgangsstrom gering ist. Eingangsspannung U_0 so einstellen, daß beim Umschalten des Schalters T zwischen Z-Diode und R_2 an beiden etwa die gleiche Spannung $U_A \geq U_Z$ liegt. Verringerung des Lastwiderstandes R_L und damit Erhöhung des Ausgangsstromes führt zur Abnahme der Ausgangsspannung U_A.

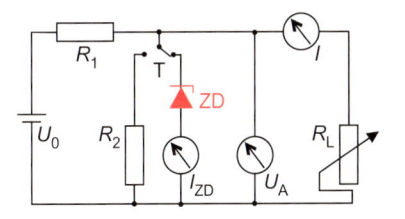

Bild 29.22. Schaltbild zur Untersuchung der Spannungsstabilisierung mit Hilfe von Z-Dioden

⏱ Bei Benutzung des Spannungsteilers R_1, R_2 wird der Zusammenhang $I = f(U_A)$ aufgenommen.

⏱ Nach dem Umschalten auf den Spannungsteiler R_1, ZD wird die Messung wiederholt. Der Strom I_{ZD} durch die Z-Diode wird zur Vorsicht kontrolliert, damit die maximal zulässige Belastung $P_{V,max}$ durch die Z-Diode nicht überschritten wird: $P_V = U_Z I_{ZD}$.

✍ Beide Abhängigkeiten $U_A(I)$ werden in das gleiche Diagramm eingetragen und vergleichend diskutiert.

✍ Für den Spannungsteiler R_1, R_2 soll geprüft werden, ob die aus dem Teilschaltbild herleitbare Beziehung für U_A

$$U_A = U_0 \frac{R_2}{R_1 + R_2} \left(1 + \frac{R_1 R_2}{R_L(R_1 R_2)}\right)$$

mit den gemessenen Werten übereinstimmt.

⏱ Lastwiderstand wieder groß wählen, so daß ein geringer Ausgangsstrom fließt. Spannungsteiler: R_1, ZD. Eingangsspannung U_0 variieren, z. B. zwischen 15 und 20 V. Veränderungen von U_A messen.

⏱ Messung mit dem anderen Spannungsteiler (R_1, R_2) wiederholen.

✍ Zusammenhang $U_A(U_0)$ grafisch auftragen: Unterschied beider Messungen anhand der o. g. Gleichung sowie der Z-Dioden-Kennlinie diskutieren.

30. Transistoren

⚑ Eigenschaften verschiedenartiger Transistoren; elektronische Prozesse in Transistoren.

📚 *Standardlehrbücher* (Stichworte: Halbleitereigenschaften, bipolare Transistoren, *pn*-Übergänge, Feldeffekttransistoren),
Müller: Halbleiter-Elektronik,
Kellner: Feldeffekttransistoren.

📖 Transistoren

Transistoren sind Halbleiterbauelemente, bei denen der Strom zwischen zwei Elektroden mit Hilfe einer weiteren Elektrode leistungsarm bzw. leistungslos gesteuert wird. Hierbei spielen **pn-Übergänge** die entscheidende Rolle. Die Entdeckung des Transistoreffekts durch die Physiker Bardeen, Brattain und Shockley im Dezember 1947 war der Ausgangspunkt einer rasanten Entwicklung, die unter dem Namen *Mikroelektronik* zusammengefaßt werden kann, und die eine wesentliche Grundlage für die heutige Informations- und Kommunikationstechnik darstellt. Als wichtige Entwicklungsschritte auf diesem Wege sind zu nennen: der *Spitzentransistor*, der *bipolare* (Flächen-)*Transistor*, der *Feldeffekttransistor* (FET) und die *integrierte Schaltung* (englisch = integrated circuit: IC).

Transistoren werden in elektronischen Schaltungen in zweierlei Funktion verwendet. In der *Analogtechnik* werden sie als - meist lineare - **Verstärker** eingesetzt, wobei zwischen reiner Signalverstärkung und reiner Leistungsverstärkung alle Zwischenstufen vorkommen. In der *Digitalelektronik* dagegen übernehmen Transistoren die Aufgabe von **Schaltern**, die ein Signal elektronisch ein- oder ausschalten. In dieser Funktion sind sie die wesentlichen Bauelemente von Rechenbausteinen, z. B. in Digitalrechnern.

📖 Bipolare Transistoren

Ein **bipolarer Transistor** besteht im einfachsten Fall aus drei Halbleiterschichten, die jeweils abwechselnd dotiert sind (*n-p-n* oder *p-n-p*): dem **Emitter** (E), der sehr dünnen **Basisschicht** (B) und dem **Kollektor** (K), Bild 30.1. So entstehen zwei *pn*-Übergänge in räumlich dichter Nachbarschaft. Für den Betrieb wird nun der Kollektor-Basis-Übergang in Sperrichtung gepolt, so daß zunächst ein nur geringer Sperrstrom fließt. Dieser *Sperrstrom* ist immer ein Strom von *Minoritätsladungsträgern*, bei einem

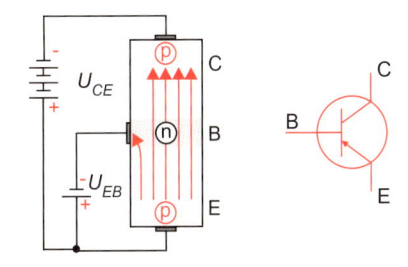

Bild 30.1. Links: Bipolarer *pnp*-Transistor in Emitterschaltung mit schematischer Darstellung der Stromverteilung. Rechts: Schaltzeichen eines *pnp*-Transistors

pnp-Transistor also von Elektronen aus dem p-Gebiet des Kollektors und von Löchern aus dem n-Gebiet der Basis. Für die Minoritätsladungsträger ist der pn-Übergang bei Sperrpolung im Gegensatz zu den Majoritätsladungsträgern ja durchlässig (siehe *Themenkreis 29*: Halbleiterdioden).

Der andere pn-Übergang, also die Grenzschicht zwischen Emitter und Basis, wird in Durchlaßrichtung gepolt, der durch sie fließende *Durchlaßstrom* wird durch die jeweiligen *Majoritätsladungsträger* getragen. Wegen der geringen Dicke der Basisschicht ($< 1\,\mu\text{m}$) jedoch gelangen die meisten Majoritätsladungsträger des Emitters, im Beispiel von Bild 30.1 also die Löcher, noch vor ihrer Rekombination in der Basiszone in den Einflußbereich des gesperrten pn-Überganges zwischen Basis und Kollektor. Dort aber sind die Löcher Minoritätsladungsträger und können diesen pn-Übergang ungehindert passieren und auf diese Weise den dortigen geringen Sperrstrom um Größenordnungen verstärken.

Der Emitterstrom I_E fließt also ganz überwiegend zum Kollektor. Nur der geringe Anteil der in der n-leitenden Basis rekombinierenden Löcher ergibt den *Basisstrom*. Typische Werte für die Stromverteilung sind: Emitterstrom 100%, Kollektorstrom 99%, Basisstrom 1%. Durch Regelung dieses relativ gering bleibenden Basisstromes I_B bzw. der zugehörigen Basis-Emitter-Spannung U_{BE} kann daher der sehr viel größere Kollektorstrom I_C gesteuert werden.

Diese Prozesse lassen sich auch im **Bändermodell** verdeutlichen (siehe *Themenkreis 29*: Halbleiterdioden). Dabei wird die Energie der Elektronen über einer Ortskoordinate im Halbleiterkristall aufgetragen. Das Bild 30.2 zeigt in der linken Bildhälfte den Verlauf von *Leitungsband* (Unterkante) und *Valenzband* (Oberkante) im durchlaßgepolten Emitter-Basis-Übergang, rechts im Bild den entsprechenden Verlauf für den gesperrten Basis-Kollektor-Übergang. Die Darstellung macht anschaulich, wie der Löcherstrom aus dem Emitter den gesperrten Basis-Kollektor-Übergang „überflutet".

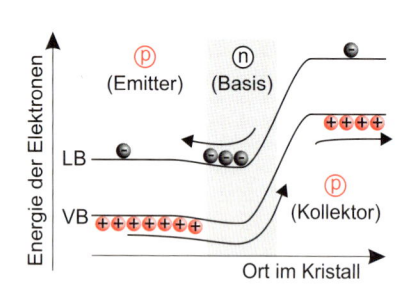

Bild 30.2. Bipolarer Transistor im Bändermodell

Die Emitterschaltung

In der Schaltung in Bild 30.1 ist der Emitter die Bezugselektrode für alle angelegten Spannungen, man nennt sie daher **Emitterschaltung**. Wichtige Eigenschaften dieser in der Praxis häufig verwendeten Schaltung sind in Tabelle 30.1 aufgeführt.

Die **Eingangskennlinie** – der Basisstrom I_B als Funktion der Basis-Emitter-Spannung U_{BE} – ist eine typische Diodenkennlinie, Bild 30.3 links. Auf der Kennlinie ist auch ein geeignet gewählter Arbeitspunkt A für den Betrieb des Transistors markiert. Aus der Darstellung wird zugleich das grafische Verfahren zur Bestimmung des statischen Eingangswiderstandes $R_{BE} = U_{BE}/I_B$ bzw. des dynamischen Eingangswiderstandes $r_{BE} = \Delta U_{BE}/\Delta I_B$ am Arbeitspunkt des Transistors deutlich.

Die **Ausgangskennlinien** $I_C = f(U_{CE})$ bei $I_B = \text{const.}$ sind eigentlich Sperrstromkennlinien, die bei einfachen Dioden im 3. Quadranten eines Strom-Spannungs-Diagramms dargestellt werden. Aus praktischen

Tabelle 30.1. Eigenschaften der Emitterschaltung mit einem bipolaren Transistor

Kenngröße	Wert
Eingangswiderstand	klein
Ausgangswiderstand	groß
Stromverstärkung	groß
Spannungsverstärkung	groß
Leistungsverstärkung	sehr groß

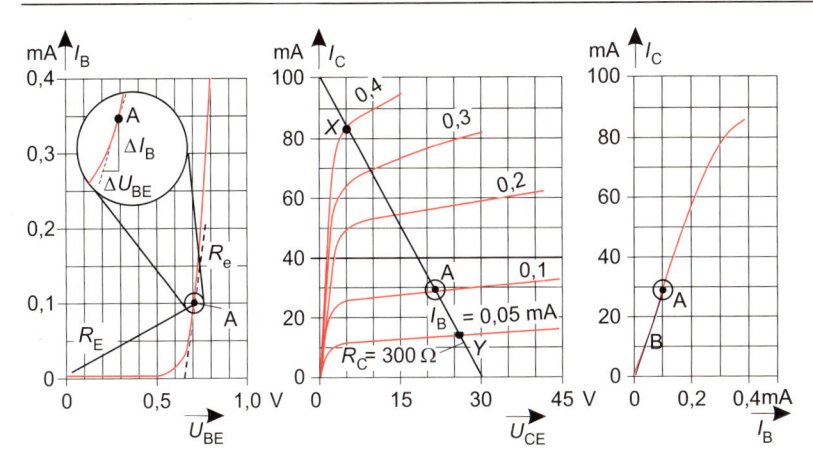

Bild 30.3. Kennlinien eines bipolaren Transistors in Emitterschaltung. Links: Eingangskennlinie. Mitte: Ausgangskennlinien mit Widerstandgerade für $R_C = 300\,\Omega$. Rechts: Stromverstärkung B. A kennzeichnet den Arbeitspunkt

Gründen werden sie beim Transistor jedoch üblicherweise in den 1. Quadranten gespiegelt. Bild 30.3 Mitte zeigt solche Kennlinien für mehrere Werte des Basisstromes: Nach einem anfänglich steilen Verlauf steigt I_C nur noch geringfügig mit der Kollektor-Emitter-Spannung U_{CE}, ein Hinweis auf einen großen dynamischen Ausgangswiderstand des Transistors $R_a = \Delta U_{CE}/\Delta I_C$ ($\hat{=}$ Steigung der Kennlinie). Dieser Widerstand sinkt allerdings mit wachsendem Basisstrom I_B.

Aus diesen beiden Grafen läßt sich die Kennlinie der Stromverstärkung $I_C = f(I_B)$ bestimmen. Bild 30.3 rechts zeigt eine solche Kennlinie für $U_{CE} = 22\,\text{V}$. Der Quotient $B = I_C/I_B$ heißt **Stromverstärkungsfaktor**. B ändert sich in der Regel mit der Größe des Basisstroms. Für Wechselspannungsverstärkungen benutzt man sinnvoller den *dynamischen Stromverstärkungsfaktor* $\beta = \Delta I_C/\Delta I_B$, der am Arbeitspunkt des gezeichneten Beispiels $\beta \approx 280$ beträgt.

Widerstandsgerade

Eine für Spannungsverstärkungen übliche Schaltung wie in Bild 30.4 enthält im Ausgangskreis einen Kollektor- oder Lastwiderstand R_C. An diesem Bauelement fällt der Teil $I_C R_C$ der Versorgungsspannung U_0 ab. Spannung U_{CE} und Strom I_C des Transistors können dann nur noch Werte annehmen, wie sie sich aus den Schnittpunkten der statischen Ausgangskennlinien mit der sog. **Widerstandsgeraden** ergeben. In Bild 30.3 Mitte ist eine solche Gerade für die Werte $R_C = 300\,\Omega$ und $U_0 = 30\,\text{V}$ eingezeichnet. Für die verbleibende Spannung zwischen Kollektor und Emitter gilt dann: $U_{CE} = U_0 - I_C R_C$. Da sich U_{CE} mit I_C ändert, ist auch die zugehörige reale Stromverstärkungskennlinie stärker gekrümmt und verläuft flacher als im gezeigten Beispiel in Bild 30.3 rechts, bei dem ja U_{CE} konstant gehalten war! Für die reale *dynamische Stromverstärkung* gilt dann die Beziehung:

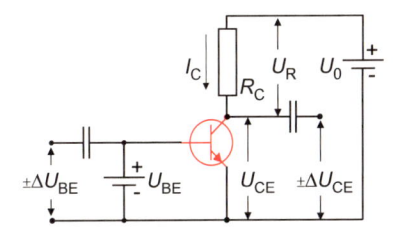

$$\beta_r = \frac{\beta}{1 + R_C/R_a} \quad .$$

Bild 30.4. Prinzipbeschaltung eines bipolaren *npn*-Transistors zur Spannungsverstärkung

Anhand der Darstellung in Bild 30.3 Mitte lassen sich im übrigen auch die zwei unterschiedlichen Anwendungsarten von Transistoren verdeutlichen:

- der Transistor als **analoger Verstärker**: Es erfolgt eine kontinuierliche Aussteuerung um einen Arbeitspunkt herum; dieser muß so gewählt werden, daß die Verstärkung möglichst linear erfolgt;
- der Transistor als **digitaler Schalter**: Durch entsprechendes Verändern der Basisströme kommen nur die beiden Endzustände X (leitend) und Y (gesperrt) vor, die man als *EIN* und *AUS* definieren kann.

Spannungsverstärkung

Anhand von Bild 30.4 soll nun die Verstärkung von Wechselspannungen diskutiert werden. Die zu verstärkende Spannung mit der Amplitude $\pm \Delta U_{\rm BE}$ wird über einen Koppelkondensator an die Basis gelegt, so daß dort die Spannung $U_{\rm BE} \pm \Delta U_{\rm BE}$ herrscht. Für die Berechnung der Spannungsverstärkung $\Delta U_{\rm CE}/\Delta U_{\rm BE}$ betrachten wir zunächst die Eingangskennlinie (Bild 30.3 links), aus der folgt: $\Delta U_{\rm BE} = \Delta I_{\rm B} r_{\rm BE}$. Für den Kollektorkreis gilt: $\Delta U_{\rm CE} = U_0 - I_{\rm C} R_{\rm C}$. Eine Basisstromänderung $\Delta I_{\rm B}$ bewirkt eine Änderung des Kollektorstromes $\Delta I_{\rm C}$, was wiederum eine Änderung der Kollektor-Emitter-Spannung zur Folge hat (U_0 = const.): $\Delta U_{\rm CE} = -\Delta I_{\rm C} R_{\rm C}$. So erhält man für die Spannungsverstärkung:

$$\left|\frac{\Delta U_{\rm CE}}{\Delta U_{\rm BE}}\right| = \frac{\Delta I_{\rm C} R_{\rm C}}{\Delta I_{\rm B} r_{\rm BE}} = \beta \frac{R_{\rm C}}{r_{\rm BE}} \quad .$$

In diese Formel gehen die dynamische Stromverstärkung β und der differentielle Eingangswiderstand $r_{\rm BE}$ ein. Beide Größen sind beim Entwurf einer Schaltung schlecht zu bestimmen: Von Exemplar zu Exemplar eines Transistortyps kann β stark schwanken, denn $r_{\rm BE}$ hängt von der jeweiligen Eingangskennlinie eines Transistors und vom Eingangsstrom $I_{\rm B}$ ab. Aus diesen Gründen wird für praktische Schaltungen zur Spannungsverstärkung meist eine etwas geänderte Schaltung verwendet, Bild 30.5. Diese unterscheidet sich von der in Bild 30.4 nur durch den zusätzlichen Widerstand $R_{\rm E}$.

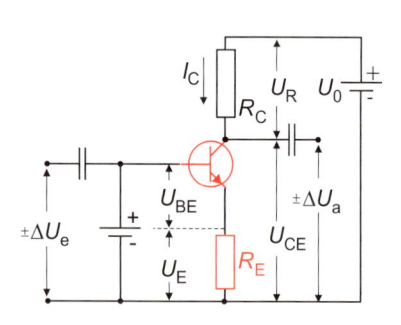

Bild 30.5. Spannungsverstärkerschaltung mit Stromgegenkopplung

Vergrößert man den Eingangsstrom $I_{\rm B}$ (durch Vergrößerung von $U_{\rm e}$), so vergrößert sich der Kollektorstrom $I_{\rm C}$. Da $I_{\rm C} \gg I_{\rm B}$ ist, ist auch der durch den Widerstand $R_{\rm E}$ fließende Emitterstrom ungefähr $I_{\rm C}$. Bei Vergrößerung von $I_{\rm C}$ vergrößert sich demnach der Spannungsabfall $U_{\rm E} = I_{\rm C} R_{\rm E}$. Daraus folgt, daß $U_{\rm BE} = U_{\rm e} - U_{\rm E}$ sich weniger ändert als im Fall $R_{\rm E} = 0$, $U_{\rm E} = 0$. Eine geringe Änderung von $U_{\rm BE}$ bewirkt dadurch eine geringere Änderung von $I_{\rm C}$. Insgesamt wirkt also der Spannungsabfall, der durch den Emitterstrom an dem zusätzlichen Widerstand $R_{\rm E}$ hervorgerufen wird, der Verstärkung entgegen: Man spricht von Gegenkopplung durch den Emitterstrom.

Die nun zu berechnende Spannungsverstärkung ist $\Delta U_{\rm a}/\Delta U_{\rm e}$. Vernachlässigt man sogar in grober Näherung die kleine Änderung von $U_{\rm BE}$, so gilt:

$$\Delta U_\mathrm{e} \approx \Delta U_\mathrm{E} \Rightarrow \frac{\Delta U_\mathrm{a}}{\Delta U_\mathrm{e}} \approx \frac{\Delta U_\mathrm{a}}{\Delta U_\mathrm{E}} = \frac{\Delta U_\mathrm{a}}{R_\mathrm{E} \Delta I_\mathrm{C}} \quad .$$

Für den Kollektorkreis folgt daraus wegen $\Delta U_\mathrm{a} = -R_\mathrm{C} \Delta I_\mathrm{C}$:

$$\frac{\Delta U_\mathrm{a}}{\Delta U_\mathrm{e}} \approx -\frac{R_\mathrm{C} \Delta I_\mathrm{C}}{R_\mathrm{E} \Delta I_\mathrm{C}} = -\frac{R_\mathrm{C}}{R_\mathrm{E}} \quad .$$

Hier geht kein Transistorparameter mehr ein. Die Spannungsverstärkung ist demnach nur noch durch die äußere Beschaltung bestimmt, solange die Verstärkung nicht zu hoch wird.

Frequenzverhalten von bipolaren Transistoren

Transistoren sind als Verstärker nur innerhalb eines nach oben begrenzten Frequenzbereiches geeignet. Gründe hierfür sind:

- Bei gleichbleibender Spannung nimmt der Kollektorstrom deutlich ab, wenn die Laufzeit der Ladungsträger in der Basis in die Größenordnung der Dauer einer Halbperiode kommt. Hohe Grenzfrequenzen erfordern daher besonders dünne Basisschichten.
- Die stets vorhandene Kollektorkapazität führt zu einem mit wachsender Frequenz abnehmenden Transistor-Ausgangswiderstand. Für hohe Grenzfrequenzen braucht man daher besonders kleine Kontaktflächen.

Feldeffekttransistoren

Auch bei den **Feldeffekttransistoren** (englisch: field effect transistors: FET) spielen pn-Übergänge die stromsteuernde Rolle, aber anders als bei den bipolaren Transistoren ist nur eine einzige Trägerart (p oder n) maßgeblich am Stromtransport beteiligt. Der Strompfad zwischen zwei Elektroden: **Source** (deutsch: Quelle) und **Drain** (deutsch: Senke) wird durch die Spannung an der Steuerelektrode **Gate** (deutsch: Tor) mehr oder weniger eingeschnürt. Bild 30.6 zeigt die Verhältnisse für einen n-Kanal-FET, der aus einem n-leitenden Grundmaterial besteht und bei dem

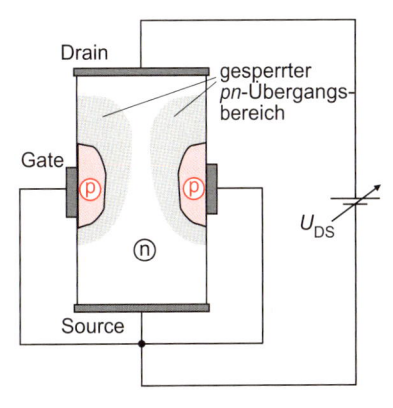

Bild 30.6. Schnitt durch einen Sperrschicht-Feldeffekttransistor mit elektrischer Beschaltung, schematisch

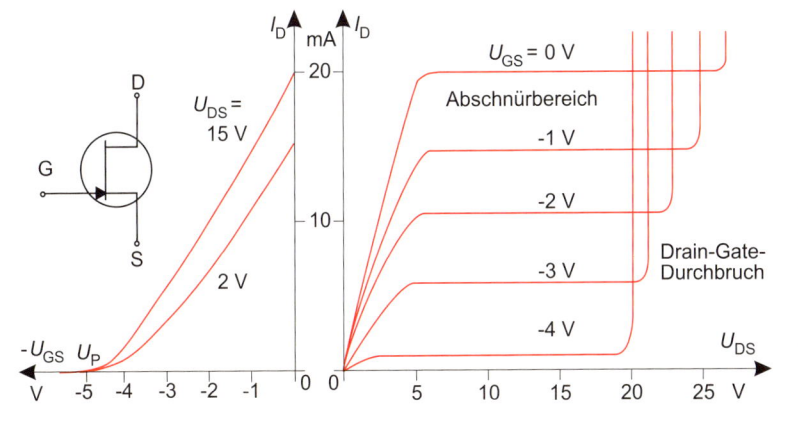

Bild 30.7. Beispiel für Strom-Spannungs-Kennlinien eines n-Kanal-Sperrschicht-Feldeffekttransistors (Schaltzeichen: ganz links). Bei hinreichend hohen Sperrspannungen zwischen den Elektroden Drain und Gate kann es zu einem Durchbruch wie bei Z-Dioden kommen (s. *Themenkreis 29*: Halbleiterdioden)

der Gate-Anschluß von zwei Seiten über einen p-leitenden Bereich erfolgt. Die Spannung U_{DS} führt zu einem Elektronenstromfluß von Source nach Drain. Der pn-Übergang zwischen den Elektroden Source und Gate ist spannungslos und damit bereits sperrend. Zwischen Gate und Drain dagegen liegt Sperrpolung vor, was zu einer räumlich noch weiter ausgedehnten Sperrschicht führt (graue Bereiche im Bild 30.6). Die dadurch bewirkte Einschnürung des Stromkanals erhöht dessen Widerstand gerade so viel, daß der Drainstrom I_D trotz zunehmender Spannung U_{DS} zwischen Source und Drain nach anfänglichem Anwachsen praktisch konstant bleibt, Bild 30.7. Legt man zwischen Gate und Source eine Spannung $U_{GS} < 0$ (in Bild 30.6 nicht eingezeichnet) an, so führt das zu einem geringeren Sättigungs-Drainstrom. Der Ausgang eines solchen Bauelements $R_a = \Delta U_{DS}/\Delta I_D$ ist hochohmig. Der dynamische Eingangswiderstand ist wegen der gesperrten pn-Übergänge nur durch den geringen Sperrstrom bestimmt und dadurch auch sehr hoch. Wegen der steuernden Wirkung der Sperrschichten spricht man bei dieser Art von Bauelementen auch von *Sperrschicht-Feldeffekttransistoren* (englisch: junction-FET $\hat{=}$ JFET).

MOS-Feldeffekttransistoren

Noch höhere Eingangswiderstände im Bereich von Teraohm ($\hat{=} 10^{12}\,\Omega$) erzielt man durch **MOS-Feldeffekttransistoren**. Hier wird der Strom zwischen Source und Drain über die Steuerelektrode Gate elektrostatisch, d. h. praktisch stromlos gesteuert. Diese Steuerelektrode ist dabei durch eine sehr dünne hochisolierende Schicht vom Halbleiter getrennt. Bei Siliziumtransistoren wird diese Isolierschicht durch einfache Oxidation erzeugt (SiO_2), so daß eine Schichtenfolge Metall-Oxid-Halbleiter (englisch: metal oxide semiconductor = MOS) entsteht. Bild 30.8 zeigt einen n-Kanal-MOSFET schematisch. Das Grundmaterial (Substrat) ist p-leitend, Quelle und Senke sind n-dotiert. Ohne Steuerspannung kann zwischen ihnen kein Strom fließen, weil einerseits zwischen Source (n) und Substrat (p) ein stromloser, zwischen dem Substrat und Drain (n) andererseits ein in Sperrichtung gepolter pn-Übergang vorliegen. Zur Erinnerung: Die Sperrung bezieht sich stets auf die Majoritätsladungsträger, im hier gewählten Substrat also auf die Löcher.

Bei positiver Steuerspannung U_{GS} werden nun durch Influenz Löcher von der Oberfläche des p-Gebiets verdrängt und Elektronen angezogen. Beginnend bei einer materialspezifischen Schwellenspannung bildet sich so ein n-leitender Kanal aus, der mit wachsender Steuerspannung breiter wird; im Bild 30.8 rot gezeichnet. Die Elektronen sind aber Minoritätsladungsträger im Substrat und finden durchlässig wirkende pn-Übergänge vor: Ein Stromfluß zwischen Quelle und Senke ist möglich. Weil eine Steuerspannung U_{GS} am Gate zu einer Ansammlung von Ladungsträgern im sog. Kanal führt, spricht man von einem MOSFET des *Anreicherungstyps*.

Bei dem beschriebenen n-Kanal-MOSFET läßt sich der Strom nur durch eine positive Spannung U_{GS} steuern, bei einem p-Kanal-MOSFET

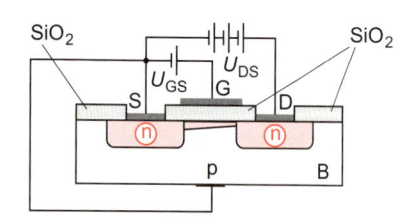

Bild 30.8. Beschalteter MOS-Feldeffekttransistor im Schnitt, schematisch. B bezeichnet das Halbleiter-Substrat (englisch: bulk)

entsprechend nur durch eine negative. Um Steuerspannungen symmetrisch zu Null verwenden zu können, kann man bei der Herstellung des Transistors ortsfeste Ladungen geeigneten Vorzeichens in die Isolierschicht aus SiO_2 einbauen. Beim n-Kanal-MOSFET sind es positive Ladungen. Dadurch ist der Transistor schon ohne Steuerspannung, d.h. bei $U_{GS} = 0$ leitend. Er kann durch Anlegen einer Steuerspannung $U_{GS}(t)$ symmetrisch zu diesem Zustand ausgesteuert werden. Im Gegensatz zum oben besprochenen Anreicherungstyp heißen solche Bauelemente MOSFETs vom *Verarmungstyp*. Die Schaltsymbole für diese beiden Bauelementetypen zeigt das Bild 30.9. Mit B ist der Anschluß am Substrat (englisch: bulk) bezeichnet. Für Hochfrequenzanwendungen erreicht man mit heutigen MOSFETs Grenzfrequenzen um 1 GHz. Mit neuartigen Hetero-Bipolar-Transisoren (HBT) erreicht man sogar Grenzfrequenzen von 10 GHz und mehr.

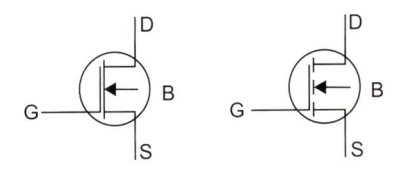

Bild 30.9. Schaltzeichen für n-Kanal-MOS-Feldeffekttransistoren, und zwar links: Verarmungstyp, rechts: Anreicherungstyp

> Der extrem hohe Eingangswiderstand von MOSFETs (einige GΩ) führt zu einer hohen Empfindlichkeit des Einganges gegen elektrostatische Aufladungen. Dadurch kann es leicht zu einer Zerstörung des Gate-Source-Überganges kommen. Die Eingänge müssen daher im unbenutzten Zustand kurzgeschlossen bzw. der eingebaute MOSFET muß geerdet sein.

30.1 Quasistatische Messungen an einem bipolaren Transistor (1/3)

Durch Widerstands- sowie Strom-Spannungs-Messungen sollen die Eigenschaften bipolarer Transistoren ermittelt werden.

Bipolare Transistoren, Basis-Vorwiderstand, Widerstandsmeßgerät, Strommesser, Spannungsmesser, Gleichspannungsnetzgeräte für den Eingangs- sowie für den Ausgangskreis, XY-Schreiber oder PC.

Mit Hilfe von Widerstandsmessungen an drei unterschiedlichen Transistoren soll jeweils der Basisanschluß identifiziert sowie ermittelt werden, ob es sich um npn- oder pnp-Transistoren handelt.

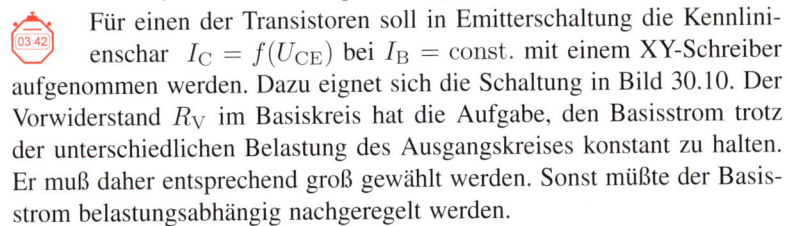

Für einen der Transistoren soll in Emitterschaltung die Kennlinienschar $I_C = f(U_{CE})$ bei $I_B = $ const. mit einem XY-Schreiber aufgenommen werden. Dazu eignet sich die Schaltung in Bild 30.10. Der Vorwiderstand R_V im Basiskreis hat die Aufgabe, den Basisstrom trotz der unterschiedlichen Belastung des Ausgangskreises konstant zu halten. Er muß daher entsprechend groß gewählt werden. Sonst müßte der Basisstrom belastungsabhängig nachgeregelt werden.

Die Messung soll für z.B. 6 verschiedene Werte des Basisstromes durchgeführt werden. Dabei darf aber die maximale Verlustleistung des Transistors nicht überschritten werden. Hierzu sollte vor Beginn der Messung der Verlauf der Verlustleistungshyperbel $(P_V)_{max} = (U_{CE} I_C)_{max}$ auf dem Schreiberpapier markiert werden.

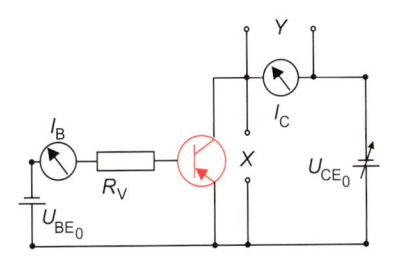

Bild 30.10. Schaltung zur Aufnahme statischer Kennlinien von bipolaren Transistoren

Zur Kalibrierung der Ordinate des Schreibers als Stromachse kann die Anzeige des Strommessers genutzt werden, über den das Y-Signal abgegriffen wird.

Aus der gemessenen Kennlinienschar sollen dann die Kurven der Stromverstärkung $I_C = f(I_B)$ bei $U_{CE} = $ const. für mindestens 2 Werte der Kollektor-Emitter-Spannung konstruiert werden. Für geeignet gewählte Arbeitspunkte soll ferner der Wert der dynamischen Stromverstärkung $\beta = \Delta I_C / \Delta I_B$ angegeben werden.

30.2 Dynamische Messungen an einem bipolaren Transistor (1/3)

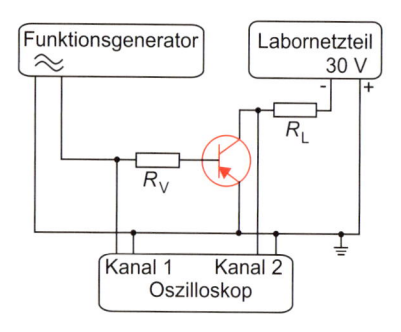

Durch oszilloskopische Messungen soll die Frequenzabhängigkeit der Verstärkungsschaltung mit einem bipolaren Transistor untersucht werden.

Bipolarer Transistor, Zweikanal-Oszilloskop, Funktionsgenerator für den Eingangskreis mit verstellbarem Gleichspannungspegel (Offset-Regler) für die Arbeitspunkteinstellung, Basis-Vorwiderstand, Kollektorwiderstand, Gleichspannungsnetzgerät für den Kollektorkreis.

Schaltung entsprechend Bild 30.11 aufbauen. Der Widerstand R_V im Basiskreis soll den Basisstrom unabhängig vom Kollektorstrom bestimmen.

Zunächst wird mit Hilfe des Gleichspannungsreglers am Funktionsgenerator der Arbeitspunkt des Transistors so eingestellt, daß der Transistor symmetrisch ausgesteuert wird. Hierzu wird bei einer Frequenz von z. B. 1 kHz die „Sinusförmigkeit" der Ausgangsspannung U_{CE} des Transistors auf dem Bildschirm kontrolliert.

Nun wird die Spannungsverstärkung als Funktion der Frequenz untersucht. Dabei soll insbesondere die Grenzfrequenz f_{gr} der Schaltung ermittelt werden, die durch die Abnahme der Spannungsverstärkung um 3 dB, also 50%, definiert ist.

Angabe der Spannungsverstärkung bei kleinen Frequenzen sowie bei der Grenzfrequenz. Vergleich des Ergebnisses mit der Angabe im Datenblatt des Transistors. Wie beeinflußt die Beschaltung des Transistors bzw. des Meßkreises (Oszilloskop) das Meßergebnis?

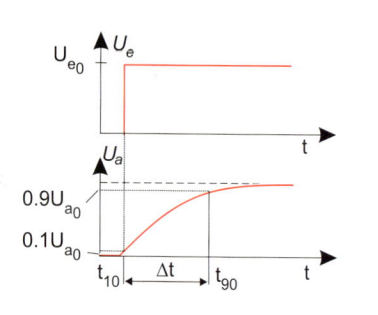

Die Grenzfrequenz soll in einem weiteren Teilversuch aus der Verformung von Rechteckimpulsen bestimmt werden. Hierzu wird eine periodische Rechteckspannung auf den Transistoreingang gegeben. Dabei muß die Polung der Rechteckspannung natürlich so gewählt werden, daß der Transistor dadurch leitend wird. Am Oszilloskopschirm wird für die Ausgangsspannung das Zeitintervall Δt für den Anstieg von 10% auf 90% des Endwertes bestimmt, Bild 30.12. Dazu muß die Zeitablenkung ggf. entsprechend gespreizt werden.

Angabe der Grenzfrequenz und Vergleich mit der vorhergehenden Messung.

Bild 30.11. Schaltung für dynamische Messungen an einem bipolaren *pnp*-Transistor

Bild 30.12. Zur Bestimmung der Grenzfrequenz einer Transistorschaltung. U_e: Eingangsspannung, U_a: Ausgangsspannung

30.3 Aufbau einer Verstärkerschaltung (1/3)

Mit Hilfe eines bipolaren Transistors soll eine Schaltung zur Wechselspannungsverstärkung aufgebaut und ausgemessen werden.

Bipolarer Transistor, Widerstände, Strommesser, Gleichspannungsquelle für U_{BE} und U_{CE}, Frequenzgenerator, Zweikanaloszilloskop.

Für die Schaltung zur Verstärkung von Wechselspannungen wird ein Aufbau entsprechend Bild 30.13 vorgeschlagen. Der Arbeitspunkt des Eingangskreises wird hier nicht wie in Bild 30.5 durch eine getrennte Spannungsquelle, sondern durch einen von der Gesamtspannung U_0 versorgten Spannungsteiler (R, R_V) eingestellt. Die zu verstärkende Wechselspannung mit der Amplitude ΔU_e ca. 20 mV wird dem Frequenzgenerator entnommen und über einen Koppelkondensator (Kapazität C_K z. B. 1 µF) an die Basis B gelegt. Der Kondensator dient dazu, die zur Einstellung des Arbeitspunktes notwendige Gleichspannung an der Basis des Transistors vom Ausgang des Frequenzgenerators galvanisch zu trennen. Die Eingangswechselspannung ΔU_e an der Basis B (Y_1) sowie das verstärkte Ausgangssignal ΔU_a am Kollektor C (Y_2) werden mit Hilfe eines Zweikanaloszilloskops gleichzeitig aufgezeichnet. Um die Signale ohne die jeweils überlagerten Gleichspannungen zu messen, benutzt man ebenfalls Kondensatoren. Bei Verwendung eines üblichen Oszilloskops läßt sich das durch Umschaltung der entsprechenden Eingangsschalter von „DC" auf „AC" realisieren, da solche Kondensatoren im Oszilloskop bereits eingebaut sind.

Für die Durchführung der Messung werden folgende Werte vorgeschlagen: U_0 ca. 20 V; $R_{V,max} = 1\,\text{k}\Omega$, $R = 1\,\text{k}\Omega$, $R_E = 100\,\Omega$ und $R_C = 1\,\text{k}\Omega$. Der Arbeitspunkt im Eingangskreis wird so eingestellt, daß die Verstärkung maximal wird und keine Verzerrung der Kurvenform auftritt.

Bei der eingestellten Widerstandsbeschaltung wird der Spannungs-Verstärkungsfaktor $\Delta U_a / \Delta U_e$ gemessen. Die Messung kann für eine andere Wertekombination R_E, R_C wiederholt werden.

Der gemessene Verstärkungsfaktor wird mit dem aus dem Verhältnis R_C / R_E berechneten verglichen. Eine Fehlerrechnung ist nicht notwendig.

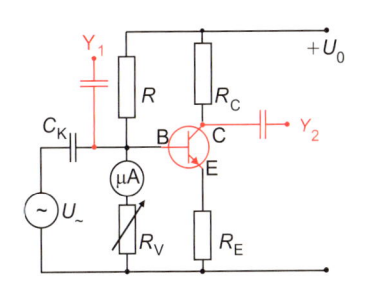

Bild 30.13. Schaltung mit Stromgegenkopplung (R_E) zur Verstärkung von Wechselspannungen (npn-Transistor)

30.4 Verstärkung von Sprachschwingungen (1/3)

Unter Anwendung einer Verstärkerschaltung mit bipolarem Transistor sollen über ein Mikrofon aufgenommene Sprachsignale so verstärkt werden, daß sie in einem Kopfhörer wieder hörbar gemacht werden können.

Kohlemikrofon, Kopfhörer, bipolarer Transistor, Widerstände, Kondensatoren, Strommesser.

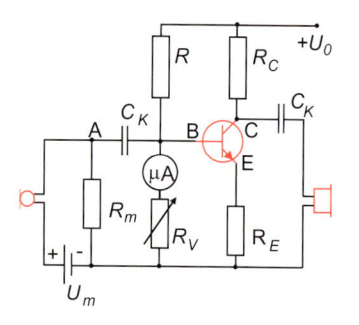

Bild 30.14. Schaltung mit Stromgegenkopplung (R_E) zur Verstärkung von Sprachschwingungen (*npn*-Transistor)

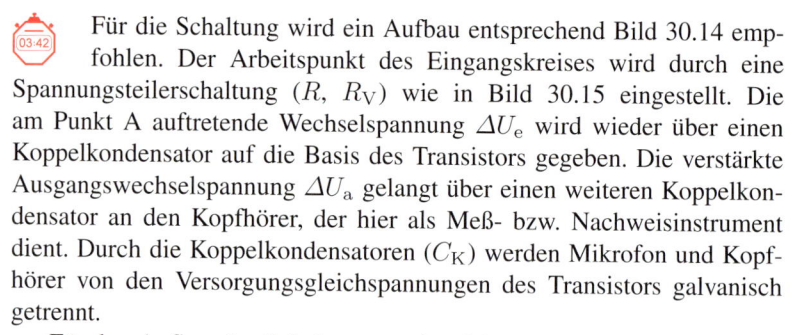

Für die Schaltung wird ein Aufbau entsprechend Bild 30.14 empfohlen. Der Arbeitspunkt des Eingangskreises wird durch eine Spannungsteilerschaltung (R, R_V) wie in Bild 30.15 eingestellt. Die am Punkt A auftretende Wechselspannung ΔU_e wird wieder über einen Koppelkondensator auf die Basis des Transistors gegeben. Die verstärkte Ausgangswechselspannung ΔU_a gelangt über einen weiteren Koppelkondensator an den Kopfhörer, der hier als Meß- bzw. Nachweisinstrument dient. Durch die Koppelkondensatoren (C_K) werden Mikrofon und Kopfhörer von den Versorgungsgleichspannungen des Transistors galvanisch getrennt.

Für den Aufbau der Schaltung werden folgende Werte vorgeschlagen: U_0 ca. 20 V, U_{e0} ca. 2 V, U_m ca. 10 V; C_K ca. 1 µF; R_m ca. 500 Ω, R = 1 kΩ, $R_{V,\max}$ = 1 kΩ, R_C = 1 kΩ, R_E = 100 Ω.

Zum Vergleich teste man die Sprachübertragung ohne Verstärker, indem man die beiden Punkte A und C direkt verbindet.

Die Auswertung besteht hier aus einem subjektiven Vergleich der beiden Hörergebnisse.

30.5 Transistor als Schalter (1/3)

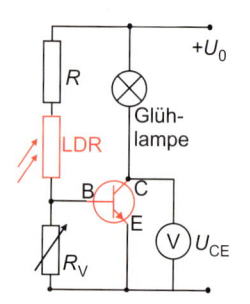

In einer einfachen Schaltung soll die Funktion eines bipolaren Transistors als elektronischer Schalter demonstriert werden.

Bipolarer Transistor, Festwiderstand (R z. B. 1 kΩ), Vorwiderstand ($R_{V,\max}$ z. B. 1 kΩ), lichtempfindlicher Widerstand (LDR), Glühlampe (z. B. für 6 V).

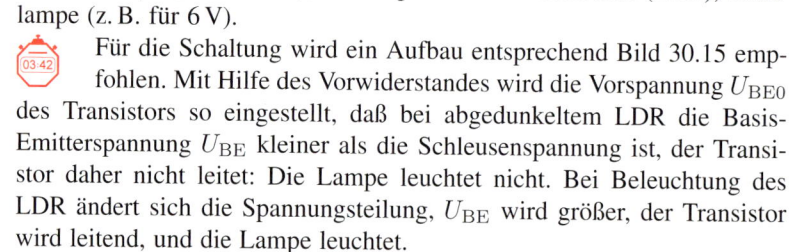

Für die Schaltung wird ein Aufbau entsprechend Bild 30.15 empfohlen. Mit Hilfe des Vorwiderstandes wird die Vorspannung U_{BE0} des Transistors so eingestellt, daß bei abgedunkeltem LDR die Basis-Emitterspannung U_{BE} kleiner als die Schleusenspannung ist, der Transistor daher nicht leitet: Die Lampe leuchtet nicht. Bei Beleuchtung des LDR ändert sich die Spannungsteilung, U_{BE} wird größer, der Transistor wird leitend, und die Lampe leuchtet.

Der Vorgang soll erläutert werden.

Bild 30.15. Einstufige Lichtschranke mit *npn*-Transistor

30.6 Messungen an einem Feldeffekttransistor (1/3)

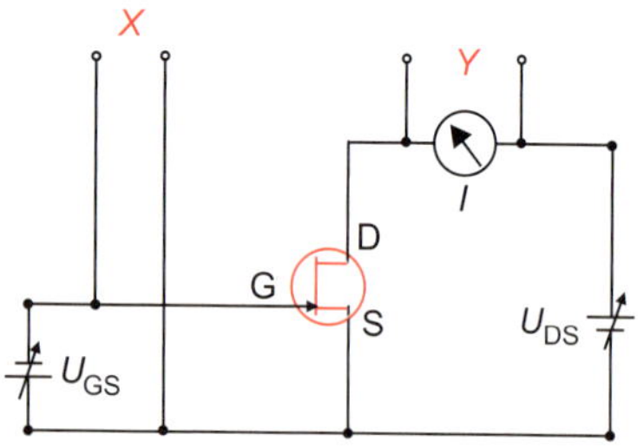

Es soll die Kennlinienschar eines *n*-Kanal-Sperrschicht-Feldeffekttransistors mit Hilfe eines XY-Schreibers aufgenommen werden.

Feldeffekttransistor, regelbare Gleichspannungsquelle für die Gate-Spannung, regelbare Gleichspannungsquelle für die Spannung zwischen Drain und Source, Strom- und Spannungsmesser, XY-Schreiber oder PC.

Schaltung entsprechend Bild 30.16 aufbauen. Ebenso wie beim bipolaren Transistor (Aufgabe 30.1) können auch hier die Ausgangskennlinien $I_D = f(U_{DS})$ für verschiedene Steuerspannungen U_{GS}

Bild 30.16. Aufbau zu den Messungen mit einem Sperrschicht-FET

gemessen werden. Es wird weiter vorgeschlagen, die Steuerkennlinien aufzunehmen: Drainstrom I_D als Funktion der Steuerspannung U_{GS} für verschiedene Spannungen im Ausgangskreis U_{DS} (z. B. 0 ... 2,5 V in 0,5 V-Schritten).

Aus dem Kennlinienfeld soll die Gate-Source-Abschnürspannung U_p (p für englisch: pinchoff) bestimmt werden, bei der kein meßbarer Drainstrom I_D mehr fließt.

31. Operationsverstärker

🏁 Kennenlernen der Wirkungsweise von Operationsverstärkern. Anwendung solcher Bauelemente für verschiedene mathematisch-physikalische Operationen.

📚 *Standardlehrbücher* (Stichworte: Differentialgleichungen)
Tietze: Halbleiter-Schaltungstechnik.

Aufbau von Operationsverstärkern

Bei der elektrischen Signalverarbeitung oder -übertragung tritt häufig die Notwendigkeit einer Signalverstärkung auf. Ein *idealer Verstärker* sollte dabei die folgenden Forderungen erfüllen, Bild 31.1:

- möglichst hohe Verstärkung ($V = U_A/U_E \to \infty$);
- möglichst hoher *Eingangswiderstand* ($R_E \to \infty$), damit eine Spannungsquelle, die an die Eingangsklemmen des Verstärkers angeschlossen wird, nicht belastet wird;
- möglichst kleiner *Ausgangswiderstand* ($R_A \to 0$), damit die Ausgangsspannung unabhängig vom Ausgangsstrom ist, also von der Belastung durch einen angeschlossenen Verbraucher;
- möglichst kleine *Einstellzeit* ($\tau \to 0$): Das bedeutet, daß das Ausgangssignal dem Eingangssignal möglichst verzögerungsfrei folgt, so daß hohe Frequenzen übertragen und verstärkt werden können; das entspricht der Forderung: Grenzfrequenz $f_{gr} \to \infty$;
- die Ausgangsspannung soll Null sein, wenn am Eingang keine Spannung liegt.

Mit den **Operationsverstärkern** ist es gelungen, Verstärker zu entwickeln, die diesen idealen Eigenschaften sehr nahe kommen. In der folgenden Tabelle 31.1 sind einige der wichtigsten Eigenschaften von Operationsverstärkern zusammengestellt: In Spalte 2 die Forderungen an den idealen Verstärker und in Spalte 3 die Werte eines typischen Operationsverstärkers (CA 3140).

Bei diesen Verstärkern nutzt man nun nicht die sehr große *Leerlaufverstärkung* ($V_0 = 10^5$ bis 10^6) aus, sondern legt die Eigenschaften durch eine Rückkopplungsschaltung fest. Durch geeignete Wahl dieser Beschaltung (ohmscher Widerstand, Kondensator o. ä.) kann man den Verstärker nicht nur zum Verstärken mit von außen einstellbaren Verstärkungsfaktoren, sondern auch zu Operationen wie Summieren, Integrieren, Differenzieren, Logarithmieren usw. von Eingangsspannungen benutzen. Daraus

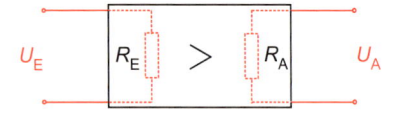

Bild 31.1. Elektrischer Verstärker, schematisch

Tabelle 31.1. Eigenschaften von Operationsverstärkern

	ideal	CA 3140
Verstärkung V	∞	10^5
Eingangswiderstand R_E in Ω	∞	$1{,}5 \cdot 10^{12}$
Ausgangswiderstand R_A in Ω	0	60
obere Grenzfrequenz in Hz	∞	$4{,}5 \cdot 10^6$

leitet sich auch der Name *Operationsverstärker* ab (englisch: operational amplifier, abgekürzt: OpAmp).

Die aus einer Vielzahl von Einzelbauelementen wie Dioden, Transistoren, ohmschen Widerständen und Kondensatoren aufgebauten Operationsverstärker werden heute ausschließlich in Form von **integrierten Schaltungen** (englisch: *integrated circuit* – IC) auf einem winzigen, gekapselten Siliziumkristall untergebracht. Nur die Anschlüsse für Eingang, Ausgang und Spannungsversorgung sind herausgeführt. Im folgenden wird auf die wesentlichen Baugruppen von einfachen Operationsverstärkern eingegangen.

Bild 31.2 zeigt schematisch den Aufbau eines solchen Verstärkers. Er besteht zunächst aus einem hochohmigen **Differenzverstärker** (6) mit zwei Eingängen (1: invertierender Eingang, 2: nichtinvertierender Eingang), durch den eine hohe Verstärkung des Eingangssignals erreicht wird. Meist folgt noch ein hier nicht gezeichneter Zwischenverstärker, bevor ein **Impedanzwandler** (7) für eine Transformation des hohen Eingangswiderstandes auf einen niedrigen Wert des Ausgangswiderstandes sorgt. Da es meist um die Verstärkung von Wechselstromgrößen geht, sind diese Widerstände im allgemeinen Scheinwiderstände oder *Impedanzen*. Die für den Betrieb nötige Spannungsversorgung (5), z. B. $+15$ V und -15 V mit gemeinsamem Bezugspunkt (4), ist hier mit eingezeichnet, wird jedoch sonst in Schaltskizzen fortgelassen und deshalb im folgenden auch hier.

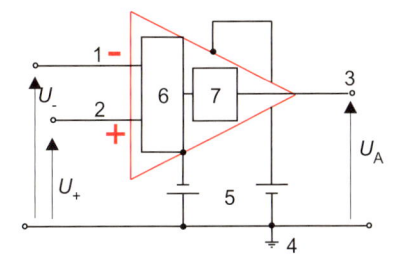

Bild 31.2. Aufbau eines Operationsversärkers, schematisch

Differenzverstärker sind so gebaut, daß die zu verstärkende Eingangsspannung U_E gleich der Differenz der an den beiden Eingängen liegenden Spannungen U_- und U_+ ist. Der mit „−" bezeichnete Eingang heißt *invertierend*: Wenn er positiv gegen den nichtinvertierenden Eingang ist, erscheint am Ausgang eine negative Spannung. Mit dem Leerlaufverstärkungsfaktor V_0 gilt:

$$U_A = -V_0(U_- - U_+) = -V_0 U_E \quad .$$

Differenzverstärker haben den Vorteil, daß Spannungen oder Störungen, die beide Eingänge in gleicher Weise beeinflussen, (praktisch) nicht verstärkt werden. Ein wichtiges Anwendungsbeispiel ist die Unterdrückung einer Temperaturdrift bei den Transistoren der beiden Eingangskanäle: So wird eine Temperaturabhängigkeit der Basis-Emitter-Spannung dU_{BE}/dT ($I_B = $ const.), die bei einem Einzeltransistor einige mV/K beträgt, in einer Differenzschaltung etwa um den Faktor 1000 auf wenige μV/K reduziert. Voraussetzung ist dabei gleiche Temperatur der beiden Eingangstransistoren, wie sie jedoch bei der heute üblichen Technik der integrierten Schaltung mit den extrem kleinen Abständen der Bauteile von wenigen μm auf dem gleichen Si-Kristallstück sehr gut erfüllt ist.

Der hier angedeutete innere Aufbau sorgt für die benötigte hohe Leerlaufverstärkung V_0 des Operationsverstärkers. Seine Eigenschaften in einer Schaltung werden jedoch nicht durch V_0, sondern durch die Wahl einer geeigneten äußeren Beschaltung bestimmt.

Grundschaltungen

Im folgenden werden einige Operationsverstärkerschaltungen betrachtet, mit denen mathematische Operationen in Simulationsschaltungen oder in Schaltungen der Meß- und Regeltechnik ausgeführt werden können. Die Beispiele verdeutlichen zugleich die grundsätzliche Wirkungsweise von Operationsverstärkern.

Invertierender Verstärker

Der nichtinvertierende Eingang ist bei der in Bild 31.3 dargestellten Schaltung auf Masse gelegt; der Ausgang ist über einen Widerstand R_G auf den invertierenden Eingang rückgekoppelt. Da der invertierende Eingang und der Ausgang entgegengesetzte Polarität haben, spricht man von einer *Gegenkopplung*.

Bei der Berechnung von Netzwerken werden üblicherweise die Pfeilrichtungen für Ströme und Spannungen zu Beginn willkürlich festgelegt. Die Spannungen werden auf ein gemeinsames Bezugspotential, z. B. Masse bezogen. Die Gleichungsansätze müssen diesen Festlegungen entsprechen. Die tatsächlichen Richtungen ergeben sich dann aus den Vorzeichen der Rechenergebnisse.

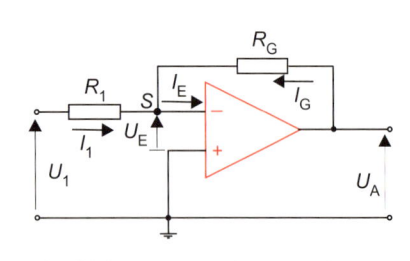

Bild 31.3. Invertierender Verstärker

Nun zur Berechnung der Verknüpfung der Ausgangsspannung U_A mit der Signalspannung U_1: Mit den im Bild 31.3 angegebenen Pfeilrichtungen und dem Kirchhoffschen Gesetz für den Punkt S folgt:

$$I_1 + I_G - I_E = 0 \quad .$$

Aus dem Ohmschen Gesetz folgt für die drei Ströme:

$$\begin{aligned} I_1 &= (U_1 - U_E)/R_1 \\ I_G &= (U_A - U_E)/R_G \\ I_E &= U_E/R_E \end{aligned}$$

Für den Verstärker gilt die Beziehung:

$$U_A = -V_0 U_E \quad \text{bzw.} \quad U_E = -\frac{U_A}{V_0} \quad .$$

Einsetzen dieser Gleichungen in das 1. Kirchhoffsche Gesetz liefert:

$$\frac{U_1 + \frac{U_A}{V_0}}{R_1} + \frac{U_A + \frac{U_A}{V_0}}{R_G} + \frac{U_A}{V_0 R_E} = 0 \quad .$$

Da die Leerlaufverstärkung V_0 sehr groß ist, können alle Summanden mit V_0 im Nenner vernachlässigt werden. Es bleibt:

$$\frac{U_1}{R_1} + \frac{U_A}{R_G} = 0 \quad ,$$

woraus sich für den invertierenden Verstärker ergibt:

$$U_A = -\frac{R_G}{R_1} U_1 \quad .$$

Wie diese Rechnung zeigt, tritt bei dieser Schaltung am Ausgang die mit einem Faktor $V = -R_G/R_1$ multiplizierte Signalspannung U_1 auf. Dieser Faktor V ist die Verstärkung des Netzwerkes. Sie hängt – wie man sieht – nur von der äußeren Beschaltung, aber nicht von der „inneren" Verstärkung V_0 des Verstärkers selbst ab. Vorraussetzung ist dabei lediglich, daß diese Leerlaufverstärkung groß genug ist: $V_0 \gg V$. Ferner fällt auf, daß die eigentliche Eingangsspannung U_E, das ist die Spannung zwischen den Differenzeingängen „−" und „+", nicht explizit auftritt. Der Grund ist ihre Kleinheit, es gilt nämlich:

$$U_E = -\frac{U_A}{V_0} = \frac{R_G}{R_1}\frac{U_1}{V_0} \approx 0 \quad.$$

Durch die Gegenkopplung wird also der Punkt S – unabhängig von Signal- und Ausgangsspannungen – immer ziemlich genau auf dem Potential des nichtinvertierenden Eingangs, in diesem Beispiel auf Massepotential gehalten. Dadurch sind Ein- und Ausgang völlig voneinander getrennt. Insbesondere wird die Spannungsquelle U_1 nur mit dem Widerstand R_1 belastet.

Diese und alle weiteren Schaltungen lassen sich daher leicht verstehen, wenn man immer beachtet, daß aufgrund der Gegenkopplung praktisch keine Spannung zwischen den beiden Eingängen auftritt, und damit auch der Strom I_E verschwindet. Bei allen weiteren Betrachtungen wird daher stets $U_E = 0$ und $I_E = 0$ gesetzt. Ferner soll, wie allgemein üblich, die Signalspannung (hier: U_1) als Eingangsspannung bezeichnet werden.

Der *Impedanzwandler* im Operationsverstärker sorgt dafür, daß der Ausgang niederohmig ist. Die Ausgangsspannung U_A ist daher in weiten Grenzen von der Belastung unabhängig. Die dafür benötigte Leistung wird von einer im Bild 31.3 nicht mehr eingezeichneten Spannungsversorgung geliefert.

Summationsschaltung

Bei der Schaltung entsprechend Bild 31.4 werden 2 Spannungsquellen mit den Signalspannungen U_1 und U_2 über entsprechende Vorwiderstände an den invertierenden Eingang (Punkt S) angeschlossen. Im Rückkopplungszweig befindet sich ein ohmscher Widerstand (R_G). Zur Berechnung der Ausgangsspannung U_A wird wieder die 1. Kirchhoffsche Regel benutzt. Mit der Annahme $I_E = 0$ gilt dann:

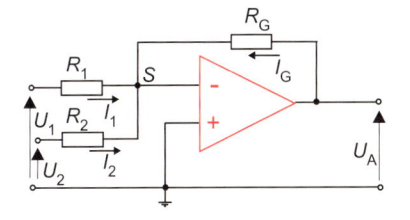

$$I_1 + I_2 + I_G = 0 \quad.$$

Bild 31.4. Summationsschaltung

Drückt man die Ströme durch Spannungen und Widerstände aus ($I_1 = U_1/R_1$, $I_2 = U_2/R_2$ und $I_G = U_A/R_G$), erhält man:

$$U_A = -\left(\frac{R_G}{R_1}U_1 + \frac{R_G}{R_2}U_2\right) \quad.$$

Wählt man $R_1 = R_2 = R_G$ ergibt sich die Ausgangsspannung als negative Summe der zwei Eingangsspannungen:

$$U_A = -(U_1 + U_2)$$

Dieser Zusammenhang gibt der Schaltung ihren Namen. Aus dem gleichen Grunde nennt man den Punkt S auch den *Summationspunkt*.

Integrationsschaltung

Durch Austauschen des Widerstandes R_G im Rückkopplungszweig gegen einen Kondensator der Kapazität C_G erhält man eine Integrationsschaltung, Bild 31.5.

Für die Berechnung der Ausgangsspannung wird auch hier wieder die 1. Kirchhoffsche Regel auf den Summationspunkt S angewendet:

$$I_1 + I_C = 0 \quad .$$

Für I_C, den Strom durch den Kondensator, gilt:

$$I_C = \dot{Q}_C = C_G \dot{U}_A \quad .$$

Mit $I_1 = U_1/R_1$ erhält man $U_1/R_1 = -C_G \dot{U}_A$ und damit:

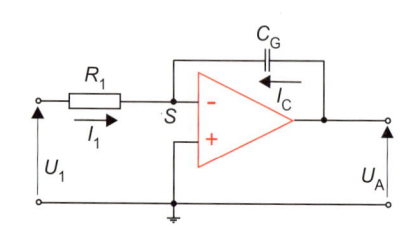

$$U_A = -\frac{1}{R_1 C_G} \int_{t_0}^{t} U_1 \, dt \quad .$$

Bild 31.5. Integrationsschaltung

Die Ausgangsspannung ergibt sich in dieser Schaltung also durch zeitliche Integration der Eingangsspannung. Beispiele:

- Ist U_1 kosinusförmig, erhält man für U_A eine negative Sinusfunktion.
- Bei konstanter negativer Eingangsspannung U_1 steigt U_A linear mit der Zeit an.
- Ist U_1 dagegen eine linear steigende Funktion, erhält man für U_A eine quadratische Parabelfunktion.

Die Ausgangsspannung kann jedoch nicht unbegrenzt wachsen, sie ist durch die Höhe der Versorgungsspannungen (z. B. $+15\,\text{V}$ und $-15\,\text{V}$) begrenzt: Der Operationsverstärker gerät dann in die Sättigung.

Differentiationsschaltung

Durch Vertauschen von R und C in der Integrationsschaltung läßt sich eine Differentiationsschaltung aufbauen, Bild 31.6. Es gilt wieder:

$$I_C + I_G = 0, \quad \text{und es ist} \quad I_C = C\dot{U}_1 \quad \text{sowie} \quad I_G = U_A/R_G \quad .$$

Daraus folgt:

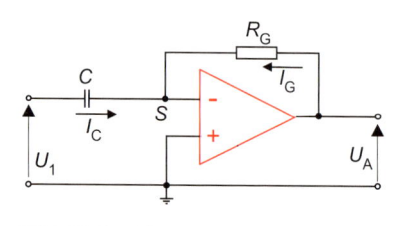

$$U_A = -R_G C \dot{U}_1 \quad .$$

Bild 31.6. Differentiationsschaltung

Subtraktionsschaltung

Sollen zwei Signalspannungen U_1 und U_2 voneinander subtrahiert werden, gibt es zwei verschiedene Realisierungsmöglichkeiten. In dem einen Fall wird zunächst das Vorzeichen von U_2 invertiert. Dazu dient ein einfacher invertierender Verstärker mit dem Verstärkungsfaktor $V = -1$. Dann wird $-U_2$ in einer Summationsschaltung zu U_1 addiert. Die zweite Möglichkeit arbeitet mit nur einem Operationsverstärker, bei dem jedoch im Unterschied zu den bisherigen Schaltungen der nichtinvertierende Eingang nicht auf Massepotential liegt, Bild 31.7.

Für die Berechnung dieser Schaltung werden die Kirchhoffschen Regeln auf das Netzwerk angewendet, wobei wieder von den Folgen des großen Wertes der Leerlaufverstärkung V_0 Gebrauch gemacht wird: $I_E \approx 0$ und $U_- \approx U_+$:

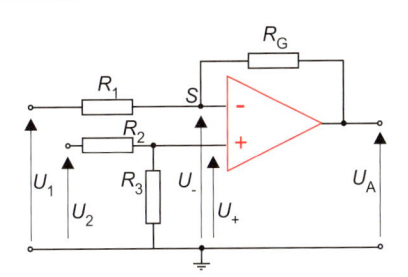

$$\begin{aligned} I_1 \approx -I_G &= -(U_A - U_1)\frac{1}{R_1 + R_G} \\ U_- &= U_A - I_G R_G = U_A - (U_A - U_1)\frac{R_G}{R_1 + R_G} \\ U_+ &= U_2 \frac{R_3}{R_2 + R_3} \end{aligned}$$

Bild 31.7. Subtraktionsschaltung

Da $U_- \approx U_+$, läßt sich daraus für U_A herleiten:

$$U_A = -\left(U_1 \frac{R_G}{R_1 + R_G} - U_2 \frac{R_3}{R_2 + R_3}\right) \frac{R_1 + R_G}{R_1} \quad .$$

Für den einfachen Fall $R_1 = R_G$ und $R_2 = R_3$ ergibt sich die Ausgangsspannung als Differenz der beiden Eingangsspannungen U_1 und U_2:

$$U_A = -(U_1 - U_2) \quad .$$

Für $R_1 = R_G$ und $R_2 \neq R_3$ erhält man:

$$U_A = -(U_1 - \alpha U_2) \quad \text{mit} \quad \alpha = \frac{2R_3}{R_2 + R_3} \quad .$$

📖 Meßtechnische Anwendungen

Wegen des hohen Eingangswiderstandes kann ein Operationsverstärker als hochohmiger Spannungsmesser verwendet werden (*Elektrometerverstärker*). In dieser Schaltung wird die Signalspannung U_1 direkt an den nichtinvertierenden Eingang des Operationsverstärkers gelegt und der Rückkopplungszweig kurzgeschlossen, Bild 31.8. Für die Berechnung der Ausgangsspannung greifen wir zurück auf die grundlegende Beziehung:

$$U_A = -V_0(U_- - U_+) \quad .$$

Wegen der kurzgeschlossenen Rückkopplung gilt: $U_- = U_A$. Mit $U_+ = U_1$ erhält man daher $U_A = -V_0(U_A - U_1)$ und daraus die Beziehung

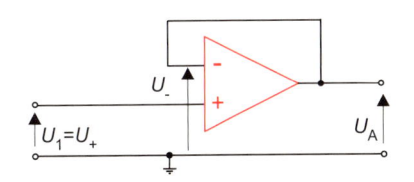

$$U_1 = U_A\left(1 + \frac{1}{V_0}\right) \approx U_A \quad \text{wegen} \quad \frac{1}{V_0} \ll 1 \quad .$$

Bild 31.8. Elektrometerverstärker

Die Ausgangsspannung ist also praktisch gleich der Eingangsspannung; es tritt weder eine Spannungsverstärkung noch eine Vorzeichenänderung auf. Allerdings hat es durch den Operationsverstärker eine Impedanzwandlung gegeben: Der Eingang ist bei Verwendung geeigneter Feldeffekt-Transistoren wie z. B. MOSFET hochohmig (Bereich TΩ), der Ausgang ist um viele Größenordnungen niederohmiger (Bereich kΩ), der Ausgangsstrom erreicht Werte bis zu einigen mA. Dadurch lassen sich sehr hochohmige Spannungsgeber wie z. B. Piezoelemente mit relativ niederohmigen Meßgeräten vermessen – eine für die Meßtechnik außerordentlich wichtige Aufgabe.

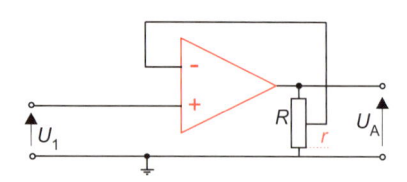

Bild 31.9. Regelbare Verstärkerschaltung

Soll der Verstärkungsfaktor der Schaltung größer als 1 gemacht werden, wird wie in Bild 31.9 nur ein Bruchteil r/R der Ausgangsspannung U_A auf den invertierenden Eingang rückgekoppelt. Dann erhält man:

$$U_A = \frac{R}{r} U_1 \quad .$$

Ein *ideales Amperemeter* für kleine Ströme und mit verschwindendem Innenwiderstand kann durch eine Schaltung entsprechend Bild 31.10 hergestellt werden. Der zu messende Strom I wird dem Gegenkopplungszweig eingeprägt und läßt sich durch die hierbei entstehende Spannung $U_A = -IR_G$ messen. Der Spannungsabfall zwischen den Klemmen 1 und 2 dieses Strommessers ist nahezu Null. Wählt man R_G hinreichend groß, lassen sich hiermit Ströme bis herab in die Größenordnung pA ($10^{-9}A$) messen!

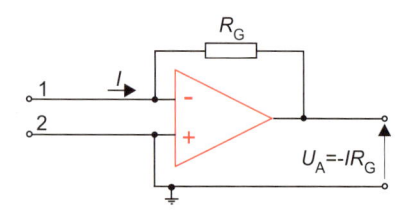

Bild 31.10. Ideales Amperemeter

Jede Schaltung mit einem Operationsverstärker kann als *Konstantspannungsquelle* mit sehr kleinem Innenwiderstand aufgefaßt werden, da die Ausgangsspannung U_A von der Belastung in weiten Grenzen unabhängig ist. Mit Operationsverstärkern können aber auch *Konstantstromquellen* aufgebaut werden. Eine Konstantstromquelle prägt einem Lastwiderstand, der veränderlich sein kann, einen konstanten Strom ein – z. B. den Längsstrom einer Hall-Sonde.

Frequenzverhalten von Operationsverstärkern

Bei der Verstärkung von Wechselspannungen ist die Frequenzabhängigkeit der Leerlaufverstärkung V_0 eines Operationsverstärkers zu beachten. In Bild 31.11 ist ein typischer Frequenzverlauf dargestellt: V_0 ist nur für ein vergleichsweise schmales Frequenzintervall konstant, um dann mit wachsender Frequenz annähernd linear abzunehmen. Dieser Bereich wird begrenzt zum einen durch die Frequenz f_{gr}, bei der $V_0(f)$ auf $1/\sqrt{2} \approx 70\,\%$ seines Anfangswertes $V_0(0)$ abgenommen hat, zum anderen durch die **Transitfrequenz** f_T, bei der V_0 auf den Wert 1 abgenommen hat, die Differenzeingangsspannung $(U_- - U_+)$ also gerade keine Verstärkung mehr erfährt. Aus der Graphik läßt sich ablesen, welches maximale Frequenzintervall (= Bandbreite) sich mit einem vorgegebenen Mindestwert von V_0 verstärken läßt. Das *Verstärkungs-Bandbreite-Produkt* $V_0(f)f$ ist in dem linearen Teil der Kurve konstant und gleich der Transitfrequenz f_T:

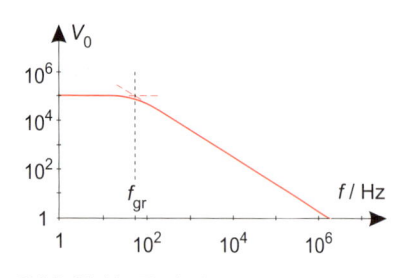

Bild 31.11. Typischer Frequenzverlauf der Differenzverstärkung eines Operationsverstärkers

$$V_0(f)f = V_0(0)f_{\mathrm{gr}} = f_{\mathrm{T}} \quad .$$

31.1 Lineare Verstärkung (1/3)

Der Operationsverstärker soll in seiner Grundschaltung, d. h. als invertierender Verstärker aufgebaut und untersucht werden.

Operationsverstärker mit Spannungsversorgung (z. B. $+15\,\mathrm{V}$, $0\,\mathrm{V}$ und $-15\,\mathrm{V}$), Gleichspannungsquelle für die Eingangsspannungen (z. B. $1\,\mathrm{V}$), Präzisionspotentiometer zum Einstellen von Bruchteilen der Eingangsspannungen (z. B. Mehrgangwendelpotentiometer), Bauelemente zum Beschalten des Operationsverstärkers (alle Bauelemente mit Fehlern $<1\%$), Spannungsmesser, XY-Schreiber.

Operationsverstärker sind empfindliche Bauelemente. Um Störungen oder gar Beschädigungen durch Kontaktprobleme zu vermeiden, sollte für die Aufbauten ein Steckbrett mit gut verlöteten Verbindungsleitungen benutzt werden.

Vor jedem Ein- bzw. Umstecken sollen außerdem die Versorgungsspannungen stets abgeschaltet werden.

Meßfehler durch Potentiometernutzung

Wird zur Einstellung der Signalspannung (U_1) ein Potentiometer benutzt wie in Bild 31.12, so gilt die lineare Beziehung

$$U_1 = U_0 \frac{r}{R}$$

nur, wenn der Belastungswiderstand R_1 hinreichend groß gegen den Potentiometerwiderstand R ist. Bei abnehmendem Wert von R_1 wächst der Fehler. Darauf muß insbesondere bei meßtechnischen Anwendungen sowie bei quantitativen Rechenoperationen geachtet werden. Eine Berechnung mit Hilfe der *2. Kirchhoffschen Gesetzes* zeigt, daß der Wert des Belastungswiderstandes $R_1 \geq 30R$ sein muß, wenn der Fehler $\Delta U_1/U_1$ für alle Schleifenstellungen $<1\%$ sein soll. Beispiel: $R = 30\,\mathrm{k\Omega}$ (Zehngangwendelpotentiometer), $R_1 = 1\,\mathrm{M\Omega}$.

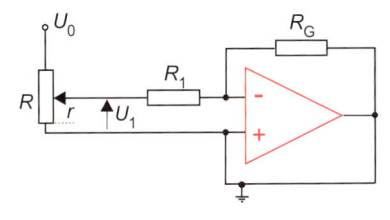

Bild 31.12. Einstellung von Rechenspannungen

Invertierender Verstärker

Der Operationsverstärker soll für eine 10-fache Netzwerkverstärkung beschaltet werden. Damit soll die Ausgangsspannung U_A als Funktion der Eingangsspannung U_1 gemessen werden. U_1 wird mit Hilfe eines Potentiometers eingestellt ($R_1 = 1\,\mathrm{M\Omega}$).

Die gleiche Messung soll für eine 100-fache Netzverstärkung durchgeführt werden.

Aus den Diagrammen $U_A = f(U_1)$ sollen die Netzwerkverstärkungsfaktoren graphisch bestimmt werden und – unter Einbeziehung des ermittelten Meßfehlers – mit dem eingestellten Wert verglichen werden.

Durch einen regelbaren Widerstand R_G soll eine regelbare Netzwerkverstärkung realisiert werden. Werte z. B.: $U_1 = 1\,\text{V}$; $R_1 = 3\,\text{k}\Omega$, R_G regelbar bis $30\,\text{k}\Omega$.

Graphische Darstellung $U_A = f(R_G)$ und Prüfung der Linearität.

Belastungsabhängigkeit der Ausgangsspannung

Durch eine geeignete Beschaltung des Operationsverstärkers wird eine feste Ausgangsspannung erzeugt, z. B. $U_A = 1\,\text{V}$, die gemessen wird. Durch einen regelbaren Belastungswiderstand R_a (z. B. $1\,\text{k}\Omega$ maximal) wird der Ausgang unterschiedlich stark belastet. Hierbei ist darauf zu achten, daß der benutzte Lastwiderstand den maximalen Ausgangsstrom (in der Regel einige mA) auch verträgt!

Auftragen von $U_A = f(R_a)$. Hieraus Bestimmung des maximal möglichen Ausgangsstromes.

31.2 Mathematische Operationen (2/3)

Durch geeignete Beschaltungen eines Operationsverstärkers sollen verschiedene mathematische Operationen wie Summieren, Integrieren und Subtrahieren simuliert werden.

Es werden die gleichen Geräte benötigt wie in Aufgabe 31.1. Der Hinweis zum Meßfehler durch die Benutzung eines Potentiometers zur Einstellung der Eingangsspannung gilt auch hier.

Summation von Spannungen

Es soll eine Summationsschaltung mit zwei durch Potentiometer einstellbaren Eingangsspannungen U_1 und U_2 aufgebaut werden. $R_1 = R_2 = R_G = 1\,\text{M}\Omega$. Verschiedene Wertepaare für U_1 und U_2 einstellen und U_A messen.

Das Meßergebnis für U_A mit der Summe der Eingangsspannungen vergleichen. Fehlerrechnung für 2 bis 3 Beispiele.

Integration von Spannungen

Integrationsschaltung entsprechend Bild 31.5 aufbauen. Sinnvolle Werte sind $R_1 = 10\,\text{M}\Omega$ und C_G ca. $1\,\mu\text{F}$. Damit bis zum Beginn der Integration $U_A = 0$ bleibt, muß der Kondensator bis zum Start der Messung über einen kleinen Widerstand (Größenordnung $10\,\Omega$) kurzgeschlossen werden (Schalter oder besser Drucktaster).

Zum Zeitpunkt t_0 wird dieser Kurzschluß aufgehoben und zugleich die Eingangsspannung U_1 (z. B. 1 V) eingeschaltet. Nun wird der Zeitverlauf von U_A gemesen, z. B. mit einem Yt-Schreiber oder PC. Bei Erreichen der Sättigung wird U_1 wieder abgeschaltet. Vor Beginn jeder neuen Messung muß zunächst der Kondensator über den Kurzschlußwiderstand entladen werden.

Aus der Grafik $U_A(t)$ soll die Integrations-Zeitkonstante $\tau = R_1 C_G$ und hieraus der Wert der Kapazität bestimmt werden. Fehlerabschätzung.

Die oben beschriebene Messung mit anderen Eingangsspannungen (Betrag und Polarität) und anderen Werten des Widerstandes R_1 wiederholen.

Als Eingangsspannung können auch Wechselspannungen (Dreieck-, Sinus- oder Rechteckspannungen, auch unterschiedliche Frequenzen) verwendet werden. Die Messung von U_A erfolgt dabei am besten mit einem Oszilloskop; bei einem Zweikanaloszilloskop lassen sich $U_1(t)$ und $U_A(t)$ direkt miteinander vergleichen.

Die Ergebnisse sind zu dokumentieren.

Subtraktionsschaltung

Schaltung nach Bild 31.7 aufbauen und zunächst $R_1 = R_G$ und $R_2 = R_3$ wählen. Für verschiedene Wertepaare der Eingangsspannungen U_1 und U_2 die Beziehung $U_A = -(U_1 - U_2)$ überprüfen.

Die Werte für R_2 und R_3 unterschiedlich wählen. Für verschiedene Werte von $\alpha = 2R_3/(R_2 + R_3)$ die Richtigkeit der Beziehung $U_A = -(U_1 - \alpha U_2)$ überprüfen.

Die Ergebnisse sind zu dokumentieren.

31.3 Anwendung als Elektrometer (1/3)

Von den verschiedenen meßtechnischen Anwendungen soll hier die Elektrometerschaltung untersucht und auf ein physikalisches Meßbeispiel angewendet werden.

Es werden die gleichen Geräte benötigt wie in Aufgabe 31.1, dazu eine hochohmige Spannungsquelle wie z. B. ein Kristallmikrofon oder ein Piezoelement.

Die Schaltung nach Bild 31.8 aufbauen. Für verschiedene Werte von U_1 nachweisen, daß innerhalb der Fehlergrenzen $U_A = U_1$ ist. Ergebnisse auf der Basis einer Fehlerabschätzung diskutieren.

32. Simulationsschaltungen mit Operationsverstärkern

Anwendungen von Operationsverstärkern zur Lösung von Differentialgleichungen. Kenntnis der prinzipiellen Wirkungsweise von Simulationsschaltungen.

Standardlehrbücher (Stichworte: Operationsverstärker, Differentialgleichungen),

Tietze: Halbleiter-Schaltungstechnik.

Operationsverstärker

Mathematische Operationen lassen sich nicht nur mathematisch ausführen, sondern auch physikalisch in einer geeigneten elektrischen Schaltung mit **Operationsverstärkern** simulieren. In dieser Aufgabe sollen als ein Beispiel Differentialgleichungen untersucht werden. Wie im *Themenkreis 31*: Operationsverstärker beschrieben, wird das Verhalten eines Operationsverstärkers nicht nur durch seine hohe Leerlaufverstärkung $V_0 = -U_A/U_E$ beziehungsweise seinen extrem hohen Eingangswiderstand R_E bestimmt; entscheidend ist vielmehr die Beschaltung des *Gegenkopplungszweiges* (daher der Index G) zwischen Ausgang und invertierendem Eingang des Verstärkers, Bild 32.1. Erfolgt diese Rückkopplung über einen ohmschen Widerstand, so arbeitet die Schaltung als linearer invertierender Verstärker mit dem Verstärkungsfaktor

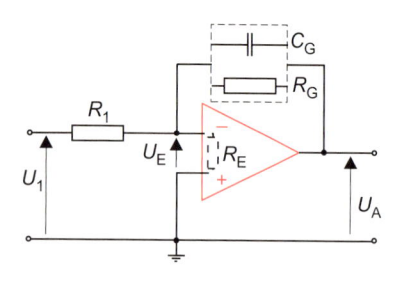

$$V = -\frac{U_A}{U_1} = \frac{R_G}{R_1} \quad .$$

Bild 32.1. Operationsverstärker mit Beschaltungsmöglichkeiten des Rückkopplungszweiges

Benutzt man dagegen einen Kondensator, ergibt sich die Ausgangsspannung als das negative zeitliche Integral der eingangsseitigen Signalspannung U_1:

$$U_A = -\frac{1}{R_1 C_G} \int U_1 \, dt \quad .$$

Diese Form der Beschaltung ist daher zur physikalischen Behandlung von Differentialgleichungen geeignet. Zusätzlich benötigt man noch Baugruppen zur Addition und zur Subtraktion.

Differentialgleichung 1. Ordnung

Als Beispiel für einen physikalischen Vorgang, der sich mathematisch durch eine Differentialgleichung 1. Ordnung beschreiben läßt, wird die radioaktive Kernumwandlung betrachtet, meist als **radioaktiver Zerfall** bezeichnet, Bild 32.2. Für die Zahl dN der im Zeitintervall dt zerfallenden Atome gilt das

Zerfallsgesetz $\quad \dfrac{dN}{dt} = -\lambda N(t)$,

wobei N die Zahl der zur Zeit t noch nicht zerfallenen Atome und λ die *Zerfallskonstante* bedeuten; λ hängt mit der *Halbwertszeit* über $t_{1/2} = \ln 2/\lambda$ zusammen.

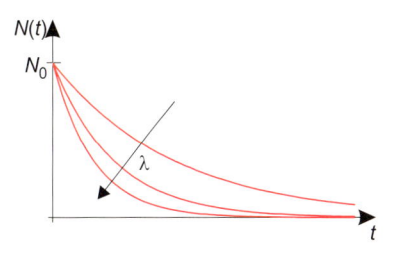

Bild 32.2. Zerfallskurven mit unterschiedlichen Zerfallskonstanten λ

Die Differentialgleichung läßt sich mathematisch einfach integrieren. Für die vollständige Beschreibung bleibt dann nur noch die Festlegung der einen Integrationskonstante, die durch die Anfangsbedingung $N(t=0) = N_0$ festgelegt wird. Das Ergebnis der Integration lautet:

$N(t) = N_0 e^{-\lambda t}$.

Will man nun eine „physikalische" Integration mit Hilfe eines Operationsverstärkers durchführen, benötigt man einen Schaltkreis, dessen Ausgangsspannung U_A einer dem Zerfallsgesetz entsprechenden Gleichung genügt:

$\dfrac{dU_A}{dt} = -k U_A$.

Eine solche Schaltung zeigt Bild 32.3, bei der der Bruchteil r/R der Ausgangsspannung U_A als Signalspannung U_1 über R_1 an den invertierenden Eingang des Operationsverstärkers gelegt wird. Für die Ausgangsspannung ergibt sich dann:

$U_A = -\dfrac{1}{R_1 C_G} \int U_1 dt = -\dfrac{1}{R_1 C_G} \int \dfrac{r}{R} U_A dt$.

Die zeitliche Ableitung dieser Gleichung liefert mit

$\dot{U}_A = -\dfrac{1}{R_1 C_G} \dfrac{r}{R} U_A = -k U_A$

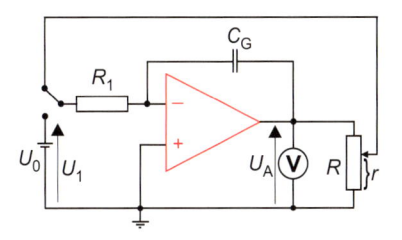

Bild 32.3. Simulationsschaltung für eine Zerfallsgleichung

die gesuchte Beziehung. Die Konstante k ist dabei durch die Größen R_1, C_G und das Verhältnis r/R bestimmt.

Überläßt man diese Schaltung nach der Einstellung eines Anfangswertes $U_A(t=0) = U_{A_0}$ sich selbst, so ergibt sich ein Zeitverlauf der Ausgangsspannung der Form:

$U_A(t) = U_{A_0} e^{-kt}$.

Durch den Verlauf der Funktion $U_A(t)$ wird der physikalische Vorgang des radioaktiven Zerfalls simuliert. Eine Veränderung der Beschaltung ermöglicht eine einfache Einstellung verschiedener Zerfallskonstanten bzw. Halbwertszeiten.

Für die Festlegung der Anfangsbedingung U_{A_0} wird die Verbindung des Ausgangs mit dem Eingang gelöst und über R_1 eine konstante Spannung an den invertierenden Eingang des Verstärkers gelegt. Dann ist das

Netzwerk eine *Integrationsschaltung* und die Spannung U_A nimmt linear mit der Zeit zu. Sobald der gewünschte Wert U_{A_0} erreicht ist, wird die Spannungsquelle abgetrennt und die Verbindung zum Ausgang wieder hergestellt: Dieser Augenblick definiert zugleich den Zeitpunkt $t = 0$.

Diese Schaltung stellt bereits einen einfachen Analogrechner dar. Mit ihrer Hilfe läßt sich der Zeitverlauf aller Größen simulieren, die der gleichen Form der Differentialgleichung wie $U_A(t)$ genügen. Man braucht nur die zueinander analogen Größen einander zuzuordnen. Beim radioaktiven Zerfall entspricht die Teilchenzahl N der Ausgangsspannung U_A, die Zerfallskonstante λ der durch Widerstände und eine Kapazität festgelegten Konstante k.

Differentialgleichung 2. Ordnung

Ein häufig verwendetes Beispiel für eine gewöhnliche Differentialgleichung 2. Ordnung ist die Gleichung einer gedämpften Schwingung, siehe z. B *Themenkreise 5, 6, 7* oder *24*:

Schwingungsgleichung $\quad \ddot{x}(t) + 2\beta\dot{x}(t) + \omega_0^2 x(t) = 0$.

Hierbei bedeuten β die Dämpfungskonstante und $\omega_0 = 2\pi f_0$ die Eigen(kreis)frequenz des ungedämpften Systems. Die *mathematische Lösung* dieser Gleichung erfordert eine zweimalige Integration und führt zu einem analytischen Ausdruck für die Funktion $x(t)$. Abhängig von der Stärke der Dämpfung erhält man bekanntlich drei unterschiedliche Fälle: (gedämpfter) *Schwingfall*, *Kriechfall* und *aperiodischer Grenzfall*, Bild 32.4. Die zwei Integrationskonstanten werden durch zwei Anfangsbedingungen festgelegt.

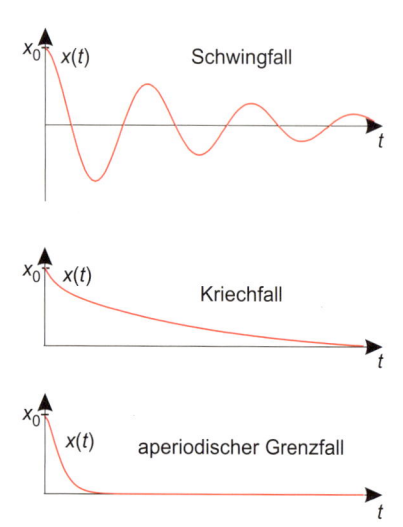

Bild 32.4. Dämpfungsabhängige Lösungen der Schwingungsgleichung

Die *physikalische Simulation* des Problems gelingt durch eine geeignete Kopplung mehrerer Operationsverstärkerbaugruppen. Zunächst soll ein übersichtlicher Koppelplan für diese Schaltung aufgestellt werden. Dazu löst man die Differentialgleichung nach dem Glied mit der höchsten Ableitung auf:

$$\ddot{x}(t) = -2\beta\dot{x}(t) - \omega_0^2 x(t) \quad .$$

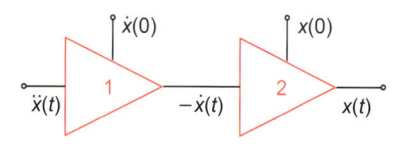

Bild 32.5. Integrationskette, schematisch

Die beiden Summanden auf der rechten Seite werden nun aus einer Integrationskette gewonnen, die sukzessiv die Ordnung der Ableitung herabsetzt, Bild 32.5. Dabei müssen die jeweiligen Anfangsbedingungen $\dot{x}(0)$ und $x(0)$ einstellbar sein. Nun werden diese beiden Glieder der Bestimmungsgleichung zur Summation an den Eingang des ersten Integrators zurückgeführt, an dem $\ddot{x}(t)$ liegen soll, das gleich der Summe dieser beiden Glieder ist, Bild 32.6. Der Invertierer ($x(t) \to -x(t)$) ist notwendig, damit die Summanden vorzeichenrichtig addiert werden. Die Konstanten 2β und ω_0^2 werden durch die Beschaltung der Operationsverstärker festgelegt.

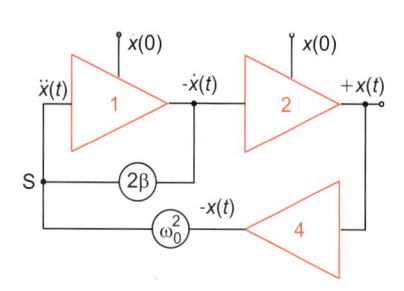

Bild 32.6. Koppelplan für die Lösung einer Differentialgleichung 2. Ordnung

Der besseren Übersichtlichkeit wegen kann man die Rechenoperationen „Summieren" und „1. Integration" auch in zwei Schritte trennen. Der

Differentialgleichung 2. Ordnung 339

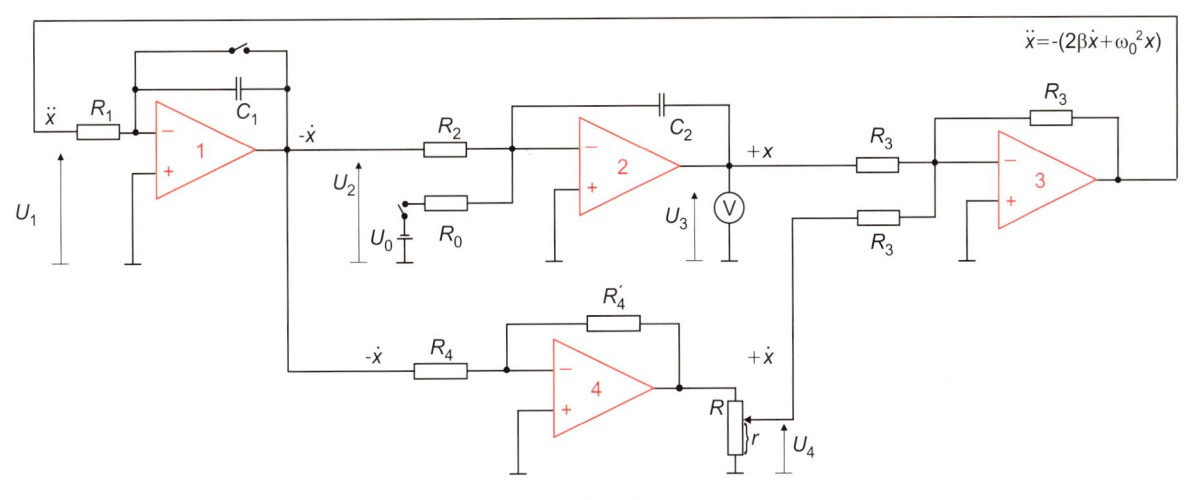

$$\ddot{x} = -(2\beta\dot{x} + \omega_0^2 x)$$

Bild 32.7. Schaltung zur Lösung einer Differentialgleichung 2. Ordnung

Vorteil davon ist, daß dann alle Größen ($x(t)$, $\dot{x}(t)$ und $\ddot{x}(t)$) explizit erzeugt werden und einzeln zugänglich sind. Der Nachteil: Man benötigt einen Operationsverstärker mehr.

Ein Beispiel für die Ausführung einer solchen Schaltung zeigt Bild 32.7. Darin stellen die Operationsverstärker 1 und 2 die beiden Integratoren dar, so daß die folgenden analogen Zuordnungen zu den Funktionen in der Schwingungsgleichung bestehen:

$$\ddot{x}(t) \sim U_1(t), \quad \dot{x}(t) \sim U_2(t), \quad x(t) \sim U_3(t) \quad .$$

$U_3(t)$ ist daher die gesuchte Funktion, deren Zeitverlauf es zu untersuchen gilt. Die Summation erfolgt durch den Operationsverstärker 3, das Ergebnis wird an den ersten Integrator zurückgeführt. Damit die Summanden vorzeichenrichtig addiert werden, muß das Vorzeichen von $U_2(t)$ vorher invertiert werden (Verstärker 4). Die Werte für die Dämpfungskonstante β und die Eigenfrequenz ω_0 werden durch die Widerstände und Kapazitäten der Schaltung festgelegt. Die folgende Berechnung der Schaltung liefert die quantitativen Zusammenhänge:

Integrator 1: $\quad U_2 = -\dfrac{1}{R_1 C_1} \int U_1 \mathrm{d}t$

Integrator 2: $\quad U_3 = -\dfrac{1}{R_2 C_2} \int U_2 \mathrm{d}t = \dfrac{1}{R_1 C_1 R_2 C_2} \iint U_1 \mathrm{d}^2 t \quad .$

Hieraus erhält man durch Differenzieren:

$$\dot{U}_3 = \dfrac{1}{R_1 C_1 R_2 C_2} \int U_1 \mathrm{d}t \quad \text{und} \quad \ddot{U}_3 = \dfrac{1}{R_1 C_1 R_2 C_2} U_1$$

Invertierer: $\quad U_4 = -\dfrac{r}{R} \dfrac{R'_4}{R_4} U_2 = \dfrac{r}{R} \dfrac{R'_4}{R_4} R_2 C_2 \dot{U}_3$

Summation: $\quad U_1 = -(U_3 + U_4) \quad$ (Rückverbindung)

$$R_1 R_2 C_1 C_2 \ddot{U}_3 = -U_3 - \frac{r}{R}\frac{R'_4}{R_4} R_2 C_2 \dot{U}_3$$
$$\ddot{U}_3 = -\frac{r}{R}\frac{R'_4}{R_4}\frac{1}{R_1 C_1}\dot{U}_3 - \frac{1}{R_1 C_1 R_2 C_2} U_3 \quad .$$

Hieraus folgt für Dämpfungskonstante und Eigenfrequenz:

$$\beta = \frac{1}{2}\frac{r}{R}\frac{R'_4}{R_4}\frac{1}{R_1 C_1} \quad \text{und} \quad \omega_0 = \frac{1}{\sqrt{R_1 C_1 R_2 C_2}} \quad .$$

Um das schwingungsfähige System anzustoßen, muß ihm zunächst eine Anfangsauslenkung erteilt werden. Diese Anfangsbedingung $U_3(0)$ wird eingestellt, indem über den Widerstand R_0 eine konstante Gleichspannung U_0 an den invertierenden Eingang des Verstärkers 2 gelegt und die Integration bei dem gewünschten Anfangswert U_{3_0} unterbrochen wird. Diese Anfangs*auslenkung* würde über den Verstärker 1 jedoch zu einem Anwachsen von $U_2(t)$ führen und damit eine Anfangs*geschwindigkeit* simulieren. Um dieses zu verhindern, muß der Kondensator C_1 zunächst kurzgeschlossen werden, dann ist die Verstärkung der Recheneinheit 1 gleich Null und U_2 bleibt Null. Sobald der Kurzschluß aufgehoben wird, beginnt die Schwingung.

Erzwungene Schwingungen

Die oben beschriebene Untersuchung der Schwingungseigenschaften eines gedämpften Systems läßt sich leicht erweitern auf den Fall **erzwungener Schwingungen** (siehe hierzu auch *Themenkreis 7: Gedämpfte und erzwungene Schwingungen*). Dabei soll der Einfachheit halber eine sinusförmige Erregung angenommen werden. Ein solches System läßt sich durch die folgende *inhomogene Differentialgleichung* beschreiben:

$$\ddot{x}(t) + 2\beta \dot{x}(t) + \omega_0^2 x(t) = A \sin \omega_{\text{err}} t \quad .$$

Die vollständige mathematische Lösung besteht bekanntlich aus zwei Teilen, der vollständigen Lösung der homogenen Differentialgleichung und einer speziellen Lösung der inhomogenen Gleichung. Es gilt:

$$x(t) = x_{\text{hom}}(t) + x_{\text{inhom}}(t) \quad .$$

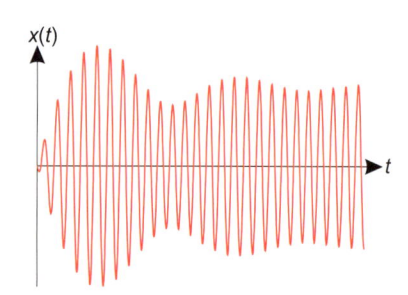

Bild 32.8. Beispiel eines Einschwingvorganges einer erzwungenen Schwingung

Hierbei beschreibt $x_{\text{inhom}}(t)$ den stationären Schwingungsvorgang, denn der Beitrag von $x_{\text{hom}}(t)$ klingt nach dem Einschalten der Erregung entsprechend der Dämpfung (β) ab und hat daher nur während des *Einschwingvorganges* einen Einfluß auf die Schwingung, Bild 32.8.

Für die physikalische Simulation einer solchen erzwungenen Schwingung kann die Schaltung im Bild 32.7 mit einer kleinen Erweiterung benutzt werden: Dem Summationspunkt des Verstärkers 3 wird über den Widerstand R'_3 eine Wechselspannung $U_{\text{err}}(t) = -U_{\text{err}_0}\sin \omega_{\text{err}} t$ zugeführt, Bild 32.9. $U_3(t)$ ist wieder die gesuchte, zu $x(t)$ analoge Funktion.

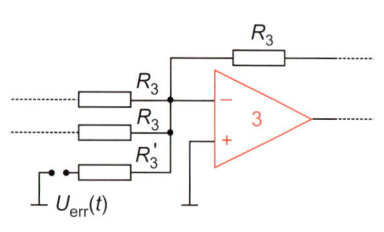

Bild 32.9. Schaltungsergänzung für die Simulation einer erzwungenen Schwingung

Gekoppelte Differentialgleichungen

Werden zwei schwingungsfähige Gebilde gleicher Frequenz untereinander gekoppelt, so kommt es zu sog. **Koppelschwingungen** (siehe hierzu auch Themenkreis 6, *Gekoppelte Schwingungen*). Im Falle ungedämpfter Systeme gelten die folgenden **gekoppelten Differentialgleichungen**:

$$\begin{aligned}\ddot{x}_1(t) &= -Dx_1 - K(x_1(t) - x_2(t)) \quad \text{und} \\ \ddot{x}_2(t) &= -Dx_2 - K(x_2(t) - x_1(t)) \quad .\end{aligned}$$

Hierin bedeuten D die Richtgröße der Einzelschwinger und K die Kopplungskonstante. Die mathematische Integration dieser Gleichungen liefert die von den Anfangsbedingungen abhängigen Zeitverläufe der beiden Schwingungen $x_1(t)$ und $x_2(t)$. Besonders interessant ist dabei der Fall der Schwebung, Bild 32.10.

Auch solche Systeme lassen sich durch Operationsverstärkerschaltungen simulieren. Dazu müssen zwei identische Schwingungsgleichungs-Schaltungen geeignet gekoppelt werden. Da hierbei kein Dämpfungsglied auftritt, kann der Verstärker 4 im Bild 32.7 für eine Subtraktionsschaltung zur Erzeugung des Differenzterms $-k(x_1(t) - x_2(t))$ genutzt werden.

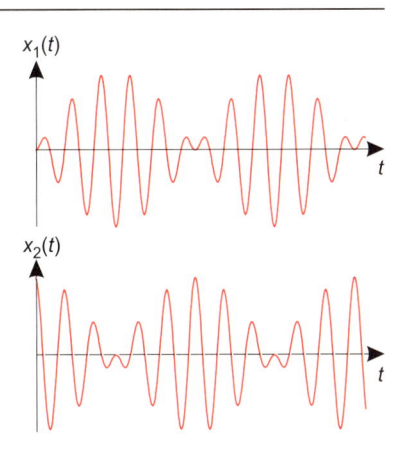

Bild 32.10. Beispiel für den Schwingungsverlauf bei gekoppelten Schwingungen

Analoge Simulationen

Das Prinzip einer analogen Simulation, das an den beschriebenen Beispielen bereits zu erkennen ist, soll hier noch einmal allgemeiner erläutert werden: Zahlreiche physikalische oder technische Vorgänge werden durch Gleichungen zwischen Größen beschrieben, die von der Zeit oder einer anderen unabhängigen Variablen abhängen. Bei einer elektrischen Simulation wird jede dieser Beschreibungsgrößen durch eine ihrem Zahlenwert proportionale Spannung dargestellt. Die zwischen solchen Größen (oder den ihnen analogen Spannungen) geltenden Beziehungen werden durch Netzwerke simuliert, in denen die nötigen Rechenoperationen (z. B. Addition, Multiplikation, Integration, usw.) von Operationsverstärkerschaltungen ausgeführt werden. Die Rechenvorgänge führen dazu, daß sich die Spannungen im Netzwerk zeitlich so ändern, wie es die ihnen analogen Beschreibungsgrößen des physikalischen Problems tun würden.

Probleme, bei denen die abhängigen Variablen nicht von der Zeit, sondern von *einer* anderen unabhängigen Variablen abhängen, können dadurch behandelt werden, daß diese unabhängige Variable der Zeit proportional (analog) gesetzt wird. Probleme, in denen *mehrere* unabhängige Variablen auftreten, können mit solchen Schaltungen jedoch nicht gelöst werden. Partielle Differentialgleichungen lassen sich daher mit diesem Verfahren nur dann untersuchen, wenn sie auf gewöhnliche Differentialgleichungen zurückführbar sind.

Die Genauigkeit dieser Methode ist durch die Genauigkeit gegeben, mit der die elektrischen Größen wie Spannungen, Widerstände, Kondensatoren vorgegeben bzw. gemessen werden können. Sie liegt praktisch bei 1 bis 10%.

Simulationen mit *Digitalrechnern* dagegen arbeiten mit erheblich größerer Genauigkeit. Die Rechengrößen werden als Zahlen im binären Zahlensystem dargestellt und die zwischen ihnen geltenden Beziehungen durch numerische Operationen berücksichtigt (die Integration z. B. durch Summation genügend vieler Einzelwerte der benutzten Funktionen).

32.1 Zerfallsgleichung (1/3)

Durch geeignete Beschaltung eines Operationsverstärkers soll der Vorgang des radioaktiven Zerfalls simuliert werden.

Operationsverstärker mit Netzgerät zur Spannungsversorgung (2 x 15 V), Präzisionswiderstände und -kondensatoren zur Beschaltung, Gleichspannungsquelle zum Einstellen der Anfangsbedingung, Spannungsmeßgerät bzw. Yt-Schreiber. Schaltung nach Bild 32.3.

Sinnvolle Werte für die Bauelemente: $R_1 = 1\,\mathrm{M}\Omega$, $C_G = 1\,\mu\mathrm{F}$, $R = 30\,\mathrm{k}\Omega$ (10-Gang-Potentiometer).

Schaltung aufbauen, Anfangsbedingungen einstellen, danach $U_A(t)$ mittels Schreiber aufnehmen. Die Messung soll für mehrere Zerfallskonstanten und einen weiteren Anfangswert U_{A_0} wiederholt werden.

Werte für die Kondensatoren und Widerstände angeben. Kurvenverläufe diskutieren, Halbwertszeiten bestimmen. Zerfallskonstanten aus den Bauelementedaten berechnen und mit den gemessenen Werten vergleichen. Fehlerbetrachtung für ein Meßbeispiel.

32.2 Schwingungsgleichung (2/3)

Durch geeignete Kopplung von 4 Operationsverstärkern soll der Verlauf gedämpfter Schwingungen entsprechend der Differentialgleichung $\ddot{x}(t) = -2\beta \dot{x}(t) - \omega_0^2 x(t)$ simuliert werden. Durch Veränderung der Beschaltung sollen die drei möglichen Fälle – Schwingfall, Kriechfall und aperiodischer Grenzfall – eingestellt und untersucht werden.

Mehrere Operationsverstärker sowie ein Netzgerät zu ihrer Spannungsversorgung, Präzisionswiderstände und -kondensatoren zur Beschaltung, Gleichspannungsquelle zur Einstellung der Anfangsbedingungen, Spannungsmeßgerät bzw. Yt-Schreiber.

Es wird vorgeschlagen, eine Schaltung gemäß Bild 32.7 zu verwenden. Sinnvolle Werte für die Bauelemente: R_0 bis R_4 je $1\,\mathrm{M}\Omega$, $R_4' = 10\,\mathrm{M}\Omega$, $R = 30\,\mathrm{k}\Omega$ und C_1, C_2 je $1\,\mu\mathrm{F}$. Der Anfangswert $U_3(0)$ muß so gewählt werden, daß keiner der Verstärker in die Sättigung gerät, auch nicht der Verstärker 4, bei dem für die stark gedämpften Systeme möglicherweise eine Verstärkung bis zu 10 gewählt wird. Für die Untersuchung der Schwingfälle ist jedoch eine nur 2-fache Verstärkung beim Verstärker 4 günstiger. Die Dämpfung läßt sich durch das Widerstandsverhältnis r/R am Ausgang des Verstärkers 4 verändern. So können nacheinander Schwingfall, Kriechfall und aperiodischer Grenzfall eingestellt werden.

Für $r/R = 0$ tritt allerdings noch immer eine geringe Dämpfung auf, die im wesentlichen durch die Isolationswiderstände der Kondensatoren bedingt ist. Diese Restdämpfung läßt sich nur durch eine Einstellung $\beta < 0$ kompensieren.

⏱ Die Schaltung aufbauen und die Werte für Eigenfrequenz (ω_0) und Dämpfung (β) berechnen. Anfangsbedingungen $U_3(0) = U_{3_0}$ und $U_2(0) = 0$ einstellen. Dann den Zeitverlauf von U_3 mit Hilfe eines Schreibers für verschiedene Dämpfungen messen.

⏱ Wiederholung der Messung im Schwingfall mit anderen Eigenfrequenzen.

Hinweis: Eine kontinuierliche Regelung der Frequenz ist durch kontinuierliche Änderung des von U_3 stammenden Beitrags am Summierer 3 möglich (weiteres Potentiometer einbauen, Bild 32.11).

✍ Die gemessenen Kurven sollen zunächst qualitativ diskutiert werden. Für die Eigenfrequenz $\omega_0 = 2\pi f_0$ und die Dämpfungskonstante β sollen die aus den Bauelementedaten berechneten Werte mit den gemessenen verglichen werden. Eine Fehlerrechnung sollte für ein Beispiel durchgeführt werden.

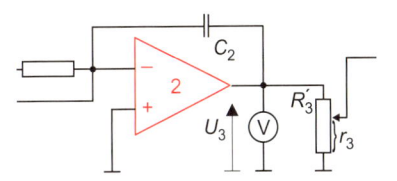

Bild 32.11. Schaltungsänderung zur kontinuierlichen Frequenzregelung

32.3 Erzwungene Schwingung (1/3)

🏁 Durch Ergänzen der Schaltung in Aufgabe 32.2 soll das Verhalten eines erzwungen schwingenden Systems untersucht werden. Dabei soll besonders auf das Einschwingverhalten geachtet werden.

🔧 Aufbau entsprechend Aufgabe 32.2 um eine Wechselspannungsquelle erweitern, Bild 32.9. Die Amplitude U_{err_0} der Erregerwechselspannung muß bei den Versuchen so gering eingestellt werden, daß keiner der Verstärker infolge der Resonanzüberhöhung in die Sättigung gerät.

⏱ Zunächst benachbarte Werte für Erregerfrequenz ω_{err} und Eigenfrequenz ω_0 des „Schwingers" wählen ($\Delta\omega/\omega_{\text{err}} \sim 20\%$). Dämpfung nicht zu groß. Anfangsbedingungen $U_2(0) = U_3(0) = 0$ wählen. Den Einschwingvorgang $U_3(t)$ aufzeichnen. Die Zeitachse des Yt-Schreibers dabei so wählen, daß der Verlauf bis zum stationären Zustand aufgezeichnet wird.

⏱ Messung für größere Dämpfung sowie für andere Erregerfrequenzen wiederholen.

Hinweis: Die Schwingungsamplitude von U_3 hängt wegen der Resonanzkurve von der Erregerfrequenz sowie von der Dämpfung ab.

✍ Gemessene Kurvenverläufe qualitativ diskutieren. Die Abklingzeit des Einschwingvorgangs mit der eingestellten Dämpfungskonstante in Beziehung bringen.

32.4 Gekoppelte Pendel (1/3)

Durch geeignete Kopplung von 2 Aufbauten der Aufgabe 32.2 soll der Verlauf einer ungedämpften gekoppelten Schwingung simuliert werden.

Zwei Aufbauten aus Aufgabe 32.2. Die beiden Aufbauten sollen möglichst gleiche Eigenfrequenzen haben und ungedämpft schwingen, sonst gelten die angegebenen Differentialgleichungen nicht.

Die Koppelschwingung kann durch Vorgabe einer „Anfangsbedingung" wie in Aufgabe 32.2 angestoßen werden. Die Spannungen $U_3(t)$ sollen dann in beiden Aufbauten zeitgleich aufgezeichnet werden.

Die Kurvenverläufe sollen vergleichend diskutiert werden. Dabei soll u. a. auch das Phasenverhalten im Minimum der Schwebung beachtet werden.

Kapitel VIII
Linsen und optische Instrumente

33. Linsen 347
34. Optische Geräte 362
35. Mikroskop: Vergrößerung 371
36. Mikroskop: Beleuchtung und Auflösung 378
37. Dispersion und Prismenspektrometer 388

33. Linsen

🏁 Wiederholung, Vertiefung und Anwendung elementarer Kenntnisse der geometrischen Optik bzw. Strahlenoptik. Gültigkeitsprüfung der Linsenformeln durch Bestimmung der Brennweiten von Sammel- und Zerstreuungslinsen mittels zweier Meßverfahren. Qualitative Beobachtung und quantitative Untersuchung von Linsenfehlern.

📖 *Standardlehrbücher* (Stichworte: geometrische Optik, Brechung, Linsen, optische Abbildung, Dispersion, Linsenfehler),
Naumann/Schröder: Bauelemente der Optik.

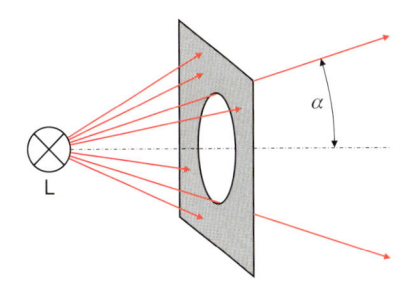

Bild 33.1. Ausblenden eines Lichtbündels mit dem Öffnungswinkel α

📖 Ausbreitung von Licht

Die einfachste Vorstellung über die Lichtausbreitung besteht darin, daß von einer Lampe oder einer anderen Lichtquelle das Licht in Form von geradlinigen „Strahlen" ausgesandt wird. Mit Hilfe einer Blende läßt sich aus der von einer kleinen (im Idealfall punktförmigen) Lichtquelle L ausgehenden **Strahlung** ein scharf begrenztes Lichtbündel ausblenden, Bild 33.1. Verschiebt man die Lichtquelle nach ∞, so ergibt sich als Grenzfall ein Parallellichtbündel.

Solche Lichtbündel mit einem Öffnungswinkel $\alpha \to 0$ und verschwindendem Querschnitt kann man als Realisation des Modellbegriffs der **Lichtstrahlen** betrachten. Diese werden zur vereinfachten Darstellung von Strahlengängen benutzt und bezeichnen allgemein die Achse eines Lichtbündels.

An glatten Oberflächen werden Lichtstrahlen reflektiert, wobei gilt:

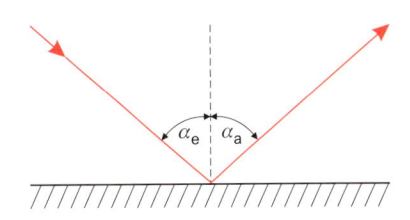

Bild 33.2. Zum Reflexionsgesetz

Reflexionsgesetz

Einfallswinkel α_e = Reflexionswinkel α_a .

Einfallender und reflektierter Strahl liegen mit der Normalen der Spiegelfläche in einer Ebene, der **Einfallsebene**, Bild 33.2.

Bei einem **ebenen Spiegel**, Bild 33.3, werden die vom Objekt ausgehenden Bündel so reflektiert, als ob sie von einem **virtuellen Bild** hinter dem Spiegel herkommen. Bild und Objekt sind spiegelsymmetrisch, d. h. seitenverkehrt - so sieht man sich in einem Spiegel seitenverkehrt.

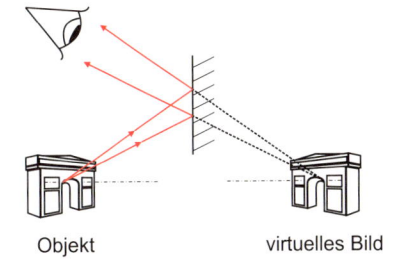

Bild 33.3. Reflexion am ebenen Spiegel: Das virtuelle Bild ist seitenverkehrt

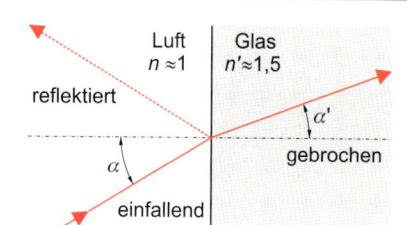

Bild 33.4. Brechung des Lichtes beim Übergang vom optisch dünneren Medium in ein optisch dichteres Medium: Der Lichtstrahl wird zum Einfallslot gebrochen

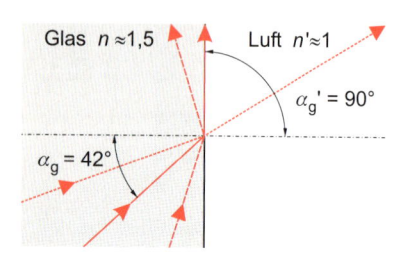

Bild 33.5. Brechung des Lichtes beim Übergang vom optisch dichteren Medium in ein optisch dünneres Medium; bei genügend großem Einfallswinkel $\alpha > \alpha_g$ tritt Totalreflexion ein

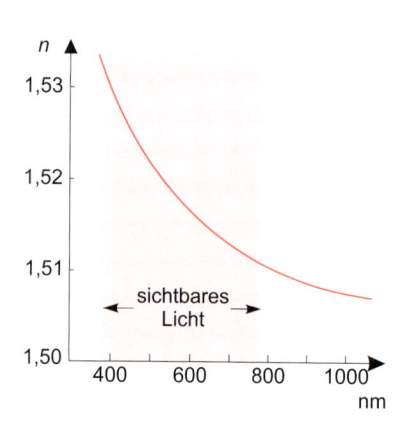

Bild 33.6. Dispersionskurve der Glassorte BK 7 (Bor-Kronglas)

Bild 33.7. (a) Brechung an einer planparallelen Glasplatte, (b) Brechung an einem Prisma, (c) Prinzip eines Retroreflektors (Katzenauges)

Brechung

Lichtstrahlen werden beim Übergang von einem durchsichtigen Material in ein anderes gebrochen. Es gilt das

Snelliussche Brechungsgesetz $\quad n \sin \alpha = n' \sin \alpha'$

mit dem Einfallswinkel α und dem **Brechungswinkel** α' sowie den entsprechenden **Brechzahlen** (häufig auch bezeichnet als *Brechungsindizes*) n und n', Bild 33.4. Ein Teil des Lichtes wird allerdings nach dem Reflexionsgesetz reflektiert (gestrichelt gezeichnet). Das Medium mit der kleineren Brechzahl heißt *optisch dünner*, das mit der größeren *optisch dichter*.

Für Vakuum und näherungsweise auch für Luft ist $n = 1$. Bei Lichteinfall auf eine Grenzfläche von einem optisch dichteren in ein optisch dünneres Medium, Bild 33.5, tritt für Einfallswinkel $\alpha > \alpha_g$ **Totalreflexion** ein, d. h. oberhalb des Grenzwinkels α_g der Totalreflexion tritt das Licht nicht mehr in das dünnere Medium ein, sondern wird nach dem Reflexionsgesetz total reflektiert. Mit $\alpha' = 90°$, d. h. $\sin \alpha' = 1$ ergibt sich aus dem Brechungsgesetz für den

Grenzwinkel der Totalreflexion $\quad \sin \alpha_g = n'/n$.

Die Brechzahl hängt vom Material ab (z. B. Glas, Kunststoff, Kristall). Sie ändert sich auch mit der Wellenlänge λ des Lichtes. Diese Abhängigkeit nennt man **Dispersion**. Als ein Beispiel ist in Bild 33.6 die Dispersionskurve eines der am häufigsten verwendeten Gläser, BK 7, gezeigt. Man erkennt, daß die Brechzahl dieses Glases im Bereich des sichtbaren Lichtes (rot unterlegtes Gebiet) von ca. 1,53 auf 1,51 abfällt. Andere Gläser, wie z. B. Flintglas, haben eine größere Brechzahl und eine stärkere Dispersion (vgl. *Themenkreis 37*: Dispersion und Prismenspektrometer).

Drei Anwendungen der Brechung sind in Bild 33.7 gezeigt: die Strahlversetzung an einer *planparallelen Glasplatte*, die zweimalige Brechung an einem *Prisma* mit dem brechenden Winkel γ und die Strahlumkehr oder Retroreflexion durch die zweimalige Totalreflexion in einem 90°-Glasprisma.

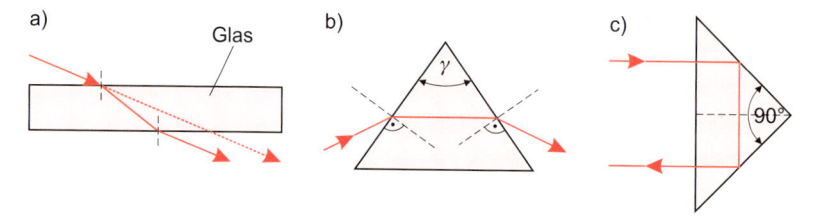

Linsen

Linsen sind durchsichtige Körper, die im einfachsten Fall von zwei Kugelflächen begrenzt werden: **sphärische Linsen**. Zur Verminderung von Linsenfehlern werden häufig auch anders gekrümmte Grenzflächen eingesetzt: **asphärische Linsen**. Die Linsenwirkung läßt sich qualitativ verstehen, wenn man sich die Linse aus vielen Prismen zusammengesetzt denkt, Bild 33.8.

Die wichtigsten Kenngrößen einer Linse sind in Bild 33.9 dargestellt. Die **Brennweiten** f und f' sind die Entfernungen der Brennpunkte F und F' von den **Hauptpunkten** H und H' der Linse. Dabei ist der Brennpunkt dadurch definiert, daß parallel zur Linsenachse einfallende Strahlen sich hinter der Linse treffen. Bei einer dünnen Linse fallen die Hauptpunkte H und H' in der Linsenmitte zusammen. Wenn sich vor und hinter der Linse das gleiche Medium befindet, typischerweise Luft, gilt $f = f'$, allgemein ($n_1 \neq n_2$) gilt jedoch $f \neq f'$. Beispiele für den letzten Fall sind das menschliche Auge oder die Unterwasserfotografie. Die Entfernungen zum Gegenstand O mit der Höhe y bzw. zum Bild O' mit der Höhe y' kann man entweder von den Hauptpunkten H und H' aus rechnen und mit a (*Gegenstands-* oder *Objektweite*) und a' (*Bildweite*) bezeichnen oder von den Brennpunkten aus und diese Strecken mit z und z' benennen. Beide Darstellungen, die *hauptpunktbezogene Form* und die *brennpunktbezogene Form*, sind gleichwertig, da sie sich nur durch die konstanten Brennweiten der Linse f und f' unterscheiden.

Die reziproke Brennweite f einer Linse bestimmt die **Brechkraft**

Brechkraft einer Linse $\quad D = \dfrac{1}{f}$.

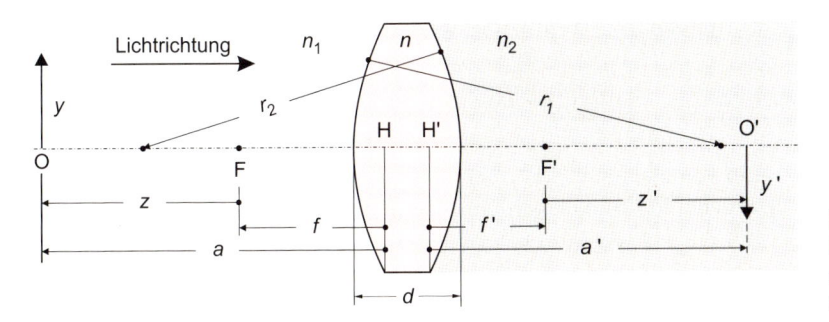

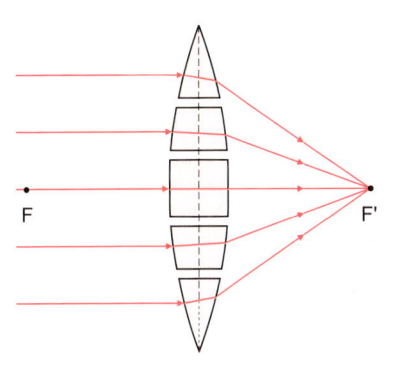

Bild 33.8. Modell einer dünnen Linse, zusammengesetzt aus mehreren Prismen

D wird angegeben in der Einheit 1 Dioptrie = 1 dpt = $1\,\text{m}^{-1}$. Brillengläser haben üblicherweise Brechkräfte von 1 bis 5 Dioptrien.

Bei der Kombination zweier dicht hintereinander stehender dünner Linsen addieren sich die Brechkräfte:

Bild 33.9. Wichtigste Kenngrößen einer Linse. Die Materialien links und rechts der Linse haben unterschiedliche Brechzahlen: $n_1 \neq n_2$

Bild 33.10. Linsenformen von Sammel- und Zerstreuungslinsen

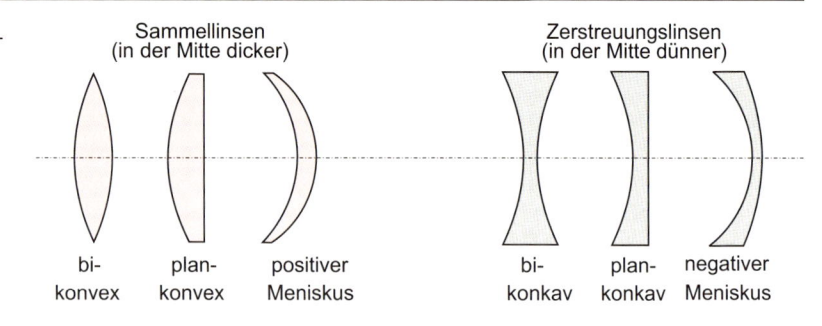

Sammellinsen (in der Mitte dicker): bi-konvex, plan-konvex, positiver Meniskus

Zerstreuungslinsen (in der Mitte dünner): bi-konkav, plan-konkav, negativer Meniskus

$$D = D_1 + D_2 \quad \text{bzw.} \quad \frac{1}{f} = \frac{1}{f_1} + \frac{1}{f_2}.$$

Kennt man die Brechzahl n des Linsenmaterials, die Linsendicke d und die Radien der beiden Linsenflächen r_1 und r_2, so erhält man die

Brennweite einer dicken Linse in Luft

$$f = \left(\frac{1}{n-1}\right) \frac{n r_1 r_2}{n(r_2 - r_1) + d(n-1)}.$$

Für kleines d fallen die Hauptpunkte H und H' zusammen, und es folgt die:

Brennweite einer dünnen Linse in Luft

$$f = \left(\frac{1}{n-1}\right) \frac{r_1 r_2}{r_2 - r_1} = \frac{1}{n-1} \left(\frac{1}{r_1} - \frac{1}{r_2}\right)^{-1}.$$

Linsenformen von Sammel- und Zerstreuungslinsen sind in Bild 33.10 dargestellt. Als Brillengläser werden meist Meniskuslinsen verwendet. Bei Berechnungen von Planlinsen gilt $r_2 = \infty$.

Ein von der Objektseite auf eine **Sammellinse** einfallendes Parallelbündel, d. h. der Gegenstand liegt im ∞, wird im bildseitigen Brennpunkt F' gesammelt, Bild 33.11a: Prinzip eines *Brennglases*. Ein vom objektseitigen Brennpunkt F ausgehendes Bündel verläßt die Linse als achsenparalleles Bündel, Bild 33.11b. Das entspricht der allgemeineren Aussage:

In der geometrischen Optik sind Strahlengänge umkehrbar.

Ein von einem außeraxialen Punkt der Brennebene ausgehendes Bündel verläßt die Linse als schiefes Parallelbündel, Bild 33.11c.

Bei einer **Zerstreuungslinse** liegt der bildseitige Brennpunkt F' vor der Linse (!), nämlich in der rückwärtigen Verlängerung der gebrochenen Strahlen eines parallel einfallenden Bündels, Bild 33.11d.

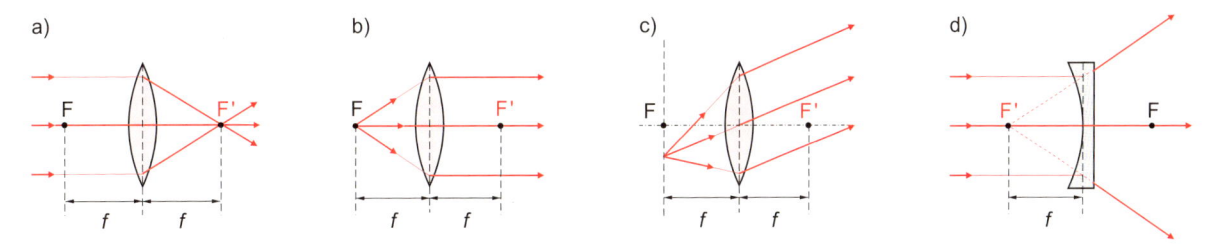

Bild 33.11. Abbildungen mit dünnen Sammel- und Zerstreuungslinsen. Die Lichtbündel kommen bei (a) und (d) aus dem Unendlichen, bei (b) aus dem Brennpunkt, bei (c) aus der Brennebene.

Optische Abbildungen mit dünnen Linsen

Mit Linsen lassen sich selbstleuchtende (z.B. Lampen) oder beleuchtete (z.B. Dia in einem Projektor) Objekte vergrößert abbilden. Will man bei einem vorgegebenen Standort des abzubildenden Objektes O und einer Linse mit der Brennweite f wissen, an welchem Ort das Bild O′ entsteht, so kann man eine Bildkonstruktion durchführen, für die man den Verlauf von mindestens 2 Strahlen, die von einem Objektpunkt kommen, kennen muß. Man benutzt dafür im allgemeinen *drei* spezielle von einem Objektpunkt O zu dem Bildpunkt O′ verlaufende Strahlen entsprechend Bild 33.12: Den *Parallelstrahl* (1), der vor der Linse parallel zur optischen Achse verläuft und hinter der Linse durch den Brennpunkt F′ geht, den *Mittelpunktsstrahl* (2), der ungebrochen durch den Mittelpunkt der Linse verläuft und den *Brennpunktsstrahl* (3), der durch den Brennpunkt F geht und hinter der Linse parallel zur optischen Achse verläuft. Im Schnittpunkt aller drei Strahlen befindet sich das Bild des durch den Pfeil gegebenen Objektpunktes. Dieses Verfahren wird als **Listingsche Bildkonstruktion** bezeichnet.

Bild 33.13 zeigt typische Lagen von Bild und Objekt für eine Sammellinse. Bewegt man das Objekt parallel zur optischen Achse auf die Linse zu, so bewegt sich das Bild immer in der gleichen Richtung wie das Objekt, also von der Linse weg. Für $f \ll a$ liegt das Bild im Brennpunkt F′ (Objektlage 1 und Bildlage 1′). Für $a > 2f$ ergibt sich ein verkleinertes **reelles Bild** mit der Lage $f < a' < 2f$ (Bildlage 2′). Für $a = 2f$ wird auch $a' = 2f$, d.h. der Abbildungsmaßstab beträgt $\beta = a'/a = 1$ (Bild-

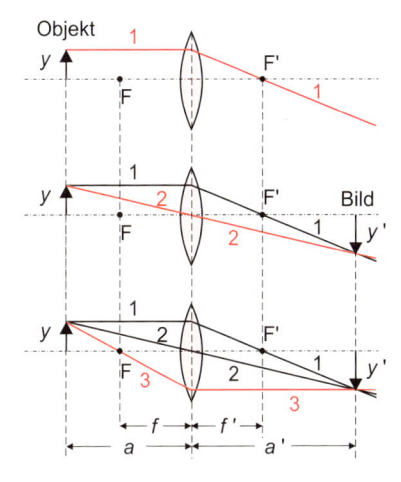

Bild 33.12. Bildkonstruktion nach Listing mit Parallelstrahl (1), Mittelpunktsstrahl (2) und Brennpunktsstrahl (3).

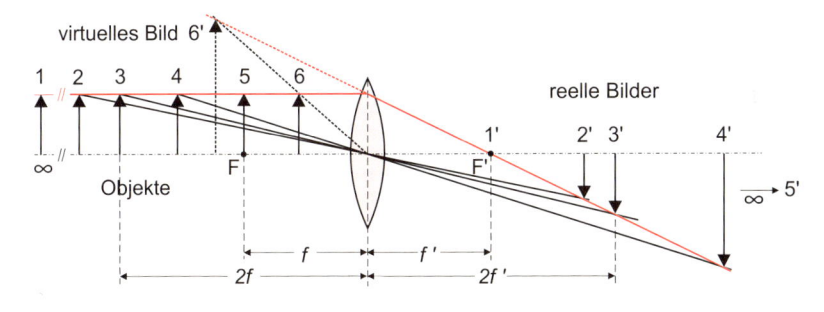

Bild 33.13. Lagen von Objekt und Bild bei Abbildungen durch eine Sammellinse

lage 3). In diesem Fall erreicht der Abstand $s = a + a'$ zwischen Objekt und Bild seinen kleinstmöglichen Wert $s_{\min} = 4f$.

> Will man also im Experiment überhaupt eine Abbildung erzielen, so muß die Meßstrecke Objekt – Schirm mindestens das 4-fache der Brennweite betragen!

Für $2f > a > f$ ergibt sich ein reelles vergrößertes Bild mit der Lage $a' > 2f$ (Bildlage 4′). Liegt das Objekt schließlich im Brennpunkt F, so wird das Bild nach ∞ abgebildet (Bildlage 5′). Für $f > a > 0$ ergibt sich ein **virtuelles Bild** (Bildlage 6′). Die Linse wirkt als *Lupe*.

Eine wichtige Größe bei einer Abbildung ist der **Abbildungsmaßstab** β, der definiert ist durch das Verhältnis von Bildgröße y' und Objektgröße y. Es gilt:

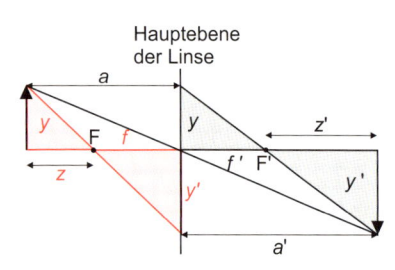

> **Abbildungsmaßstab** $\quad \beta = \dfrac{y'}{y} = \dfrac{a'}{a}$,

Bild 33.14. Zur Herleitung der Abbildungsgleichungen

wie Bild 33.14 zeigt. Außerdem erhält man aus diesem Bild:

$$\frac{f}{a} = \frac{y'}{y' + y} \quad ; \quad \frac{f}{a'} = \frac{y}{y' + y} \quad .$$

Durch Addition ergibt sich die

> **Abbildungsgleichung** $\quad \dfrac{1}{a} + \dfrac{1}{a'} = \dfrac{1}{f}$.

Diese wird hauptpunktbezogene Abbildungsgleichung genannt, da Gegenstands- und Bildweite von den Hauptpunkten, bzw. bei dünnen Linsen von der Linsenmitte aus gerechnet werden, Bild 33.9.

Man kann aber die jeweiligen Abstände z und z' zwischen dem Gegenstand bzw. Bild von den zugehörigen Brennpunkten zur Berechnung der Brennweite benutzen, und man erhält als brennpunktbezogene Abbildungsgleichung die

> **Newtonsche Abbildungsgleichung** $\quad zz' = f^2$.

Der Beweis folgt wieder aus dem Strahlensatz nach Bild 33.14:

$$\frac{z}{f} = \frac{y}{y'} \quad ; \quad \frac{z'}{f'} = \frac{y'}{y} \quad .$$

Die Abbildungsgleichungen gelten auch für Zerstreuungslinsen, wenn für diese Linsen negative Brennweiten angesetzt werden.

Paraxialgebiet

Bei Berechnungen in der geometrischen Optik treten oft Winkelfunktionen auf, Beispiel: Snelliussches Brechungsgesetz. Bei Abbildungen mit Linsen ist es häufig ausreichend, sich zunächst nur auf den achsennahen Bereich, das sog. **Paraxialgebiet**, zu beschränken. Dabei sind die zur optischen Achse auftretenden Winkel $\varepsilon \ll 1$, und es gilt in guter Näherung:

$$\sin \varepsilon \approx \tan \varepsilon \approx \varepsilon \quad , \quad \cos \varepsilon \approx 1 \quad .$$

Beispielsweise ergibt sich dann aus dem Snelliusschen Brechungsgesetz $n \sin \alpha = n' \sin \alpha'$ das vereinfachte

Brechungsgesetz für das Paraxialgebiet $\quad n\alpha = n'\alpha' \quad .$

Linsenfehler

Eine sphärische Linse bildet einen Gegenstandspunkt P nur dann in guter Näherung in einen Bildpunkt P' ab, wenn man die Bedingungen des *Paraxialgebietes* einhält, also nur achsennahe Strahlen bei der Abbildung mitwirken. Ferner darf nur *monochromatisches Licht* verwendet werden, um unabhängig von der *Dispersion* zu werden.

Meistens sind diese Bedingungen nicht erfüllt. Dies hat zur Folge, daß sich nicht alle von einem Gegenstandspunkt ausgehenden Strahlen – nach zweimaliger Brechung an den Linsenflächen – in einem Bildpunkt schneiden. Die dadurch verursachten Bildstörungen bezeichnet man als **Abbildungsfehler** (**Linsenfehler**). Abbildungsfehler treten also auch bei ideal sphärisch geschliffenen Linsen auf und sind nicht etwa eine Folge von Oberflächenfehlern, Schlieren im Glas oder ähnlichen Störungen.

- **Öffnungsfehler** oder **sphärische Aberration**

  Aus einem achsenparallel einfallenden (monochromatischen) Strahlenbündel werden durch eine sphärische Sammellinse nur die achsennahen Strahlen in dem Brennpunkt F'_O, die *Randstrahlen* in einer Höhe h jedoch in einem näher an der Linse liegenden Brennpunkt F'_R gesammelt, Bild 33.15. Den verschiedenen Brennweiten f'_O und f'_R entsprechend, wird ein auf der Achse liegender Gegenstandspunkt mit der Gegenstandsweite a von der Mittelzone und von der Randzone der Linse in unterschiedliche Bildweiten a_O' und a_R' abgebildet. Bei voller Linsenöffnung entsteht daher ein unscharfes Bild. Für die Längsabweichung gilt:
  $$a_O' - a_R' \sim h^2 \quad .$$

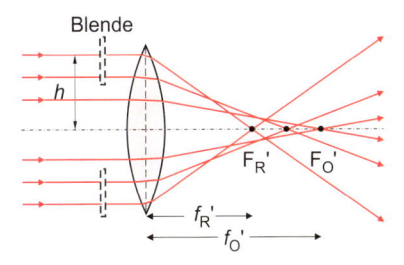

Bild 33.15. Öffnungsfehler oder sphärische Aberration

- **Astigmatismus** schräger Bündel

  Ein Parallelbündel, das schräg zur Linsenachse einfällt, wird nicht mehr in einem Punkt, sondern in zwei zueinander senkrechten Brennlinien, dem *Meridionalschnitt* und dem *Sagittalschnitt*, vereinigt, die einen

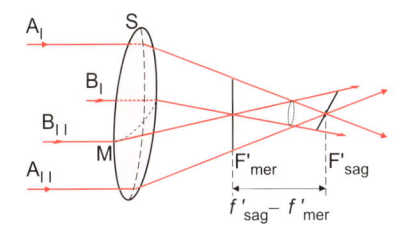

Bild 33.16. Astigmatismus bei Fokussierung eines Parallelbündels durch eine schräg gestellte Linse

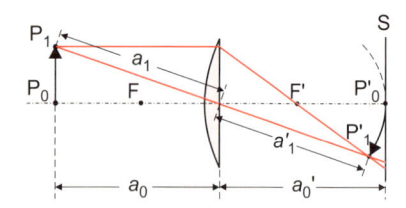

Bild 33.17. Bildfeldwölbung

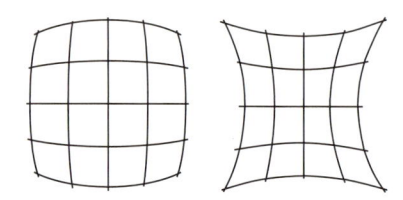

Bild 33.18. Tonnenförmige und kissenförmige Verzeichnung

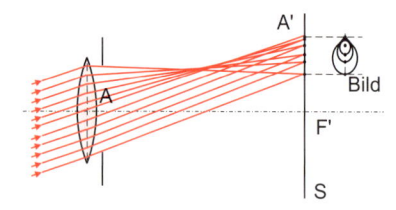

Bild 33.19. Koma

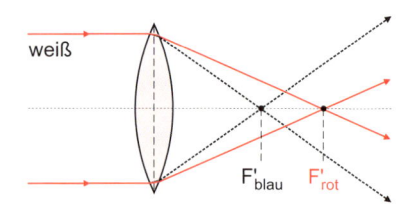

Bild 33.20. Farbfehler oder chromatische Aberration

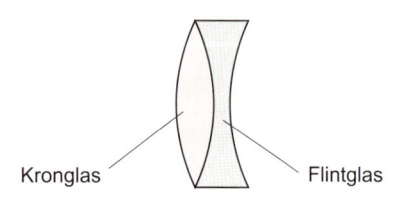

Bild 33.21. Achromatische Zerstreuungslinse, Prinzipaufbau

axialen Abstand ($f'_{sag} - f'_{mer}$) besitzen, Bild 33.16. Der unsymmetrische Bündelverlauf bewirkt unterschiedliche Brennpunkte F'_{sag} und F'_{mer}, d. h. es tritt **Astigmatismus** (= Punktlosigkeit) auf; zum Objektpunkt P existiert kein einheitlicher Bildpunkt P' mehr.

Bewegt man den Objektpunkt, so bewegen sich die Bildpunkte auf zwei gekrümmten Bildschalen, sagittal und meridional. Der Astigmatismus schiefer Bündel wird daher auch als *Zweischalenfehler* bezeichnet.

- **Bildfeldwölbung**

Ein Punkt P_0 auf der Achse wird in den Achsenpunkt P'_0 abgebildet; ein außeraxialer Punkt P_1 in der gleichen Gegenstandsebene, z. B. die Pfeilspitze in Bild 33.17, liegt weiter von der Linse entfernt ($a_1 > a_0$) und wird mit einer kürzeren Bildweite $a'_1 < a'_0$ abgebildet. Ein ebener Gegenstand $P_0 P_1$ wird daher von einer Einzellinse in eine gekrümmte Bildfläche $P'_0 P'_1$ abgebildet. Durch Verschieben des ebenen Schirmes S kann man also entweder die Bildmitte (P'_0) oder den Bildrand (P'_1) scharf stellen.

- **Verzeichnung**

Bei der Abbildung eines Rasters beobachtet man häufig Verzerrungen im Bild, Bild 33.18. Eine tonnenförmige Verzeichnung entsteht, wenn eine strahlenbegrenzende Blende zwischen Gegenstand und Linse liegt. Eine kissenförmige Verzeichnung findet man dagegen, wenn eine Blende zwischen Linse und Bild steht.

- **Koma**

Bei der Abbildung eines Punktes außerhalb der Achse einer Linse, die sphärische Aberration besitzt, überschneiden sich die Strahlen z. T. schon vor der Bildebene S, Bild 33.19. Anstelle eines scharfen Punktbildes entsteht daher ein Bild mit einem einseitig radial gerichteten kometenhaften Schwanz: Koma. Die Störung ist um so größer, je schiefer der Einfall und je größer die Linsenöffnung ist.

- **Farbfehler** oder **chromatische Aberration**

Farbfehler treten auch im Paraxialgebiet auf, da sie durch die *Dispersion* bedingt sind. Dabei werden die blauen Lichtstrahlen stärker gebrochen als die roten. Für eine Sammellinse ist daher $f'_{rot} > f'_{blau}$, Bild 33.20. Bei Abbildungen mit weißem Licht entstehen deshalb Bilder mit unscharfen, farbigen Rändern.

Durch Kombination mehrerer geeignet ausgewählter Konvex- und Konkavlinsen aus verschiedenen Glasarten zu einem Linsensystem lassen sich die Abbildungsfehler erheblich reduzieren. So kann eine Kombination aus einer Kronglas-Sammellinse und einer Flintglas-Zerstreuungslinse Farbfehler weitgehend vermeiden; dieses System bezeichnet man als **Achromaten**, Bild 33.21.

Andererseits treten Abbildungsfehler nicht unabhängig voneinander auf, d. h. bei der Korrektur eines Fehlers ändern sich auch die anderen. Eine vollständige Korrektur aller Linsenfehler gleichzeitig ist nicht möglich. Entsprechend der Aufgabe eines optischen Systems, z. B. als Foto-, Mikroskop- oder Fernrohr-Objektiv, wird man daher jeweils einen gün-

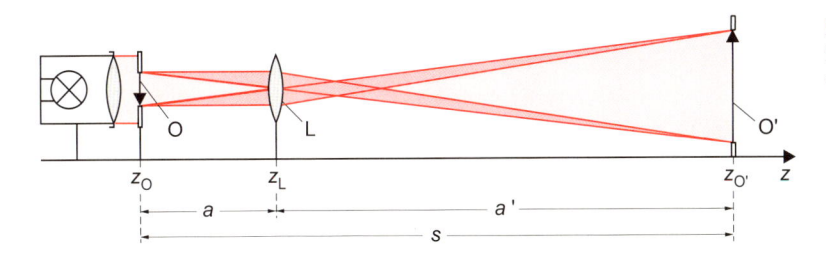

Bild 33.22. Versuchsanordnung zur einfachen Bestimmung einer Linsenbrennweite

stigen Kompromiß anstreben. Ferner lassen sich Linsenfehler auch z. T. durch Verwendung *asphärisch* geschliffener Linsen deutlich verringern.

33.1 Einfache Bestimmung von Linsenbrennweiten (1/3)

Bestimmung der Brennweite einer dünnen Sammellinse und einer Zerstreuungslinse. Nachprüfung der Abbildungsgleichung.

Sammel- und Zerstreuungslinsen mit verschiedenen Brennweiten, optische Bank, optische Reiter, Linsenklemmhalter, weißer Schirm, abzubildende Objekte; Lichtquelle, z. B. eine Niedervolt-Glühlampe mit Lampengehäuse, Aufsteckkondensor und Netzgerät, Taschenlampe zum Arbeiten im abgedunkelten Raum.

Justierung des Strahlenganges

Die optischen Elemente Lichtquelle, Objekthalter, Linse, Schirm werden zunächst sorgfältig auf gleiche Mittenhöhe justiert, um systematische Fehler zu vermeiden. Danach sollen die Höhen aller auf diese Weise zentrierten optischen Elemente während der Versuche unverändert bleiben.

Abschätzung der Brennweite

Für die richtige Auswahl einer zur Messung geeigneten Sammel- bzw. Zerstreuungslinse genügt eine grobe Bestimmung der Brennweite, die für Sammellinsen einfach durch Abbildung der Deckenlampe (näherungsweise $a \approx \infty$) in die *hohle Hand* erfolgt, damit ist $a' \approx f$. Zerstreuungslinsen werden mit einer so untersuchten Sammellinse kombiniert und die Brennweiten dieser Systeme auf die gleiche Weise abgeschätzt. Dabei sollen nur solche Linsen bzw. Linsensysteme ausgewählt werden, mit denen sich reelle Abbildungen auf der benutzten optischen Bank begrenzter Länge l realisieren lassen. $4f$ muß daher deutlich kleiner als l sein!

Die geschätzten Brennweiten werden notiert und später mit den Werten der exakten Methoden verglichen.

Einfache Brennweitenbestimmung

Man stelle eine feste Entfernung s zwischen Objekt O und Schirm O' ein und bilde das Objekt durch Verschieben der Linse L scharf ab, Bild 33.22. Die Werte für z_O, z_L und $z_{O'}$ werden ermittelt. Die Messung wird für mehrere Abstände s (z. B. fünf) wiederholt.

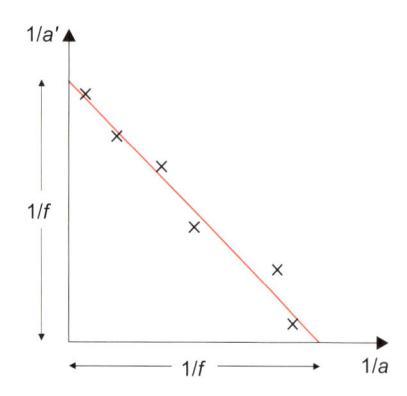

Bild 33.23. Grafische Auswertung zur Bestimmung der Linsenbrennweite f mit den hauptpunktsbezogenen Größen a und a'

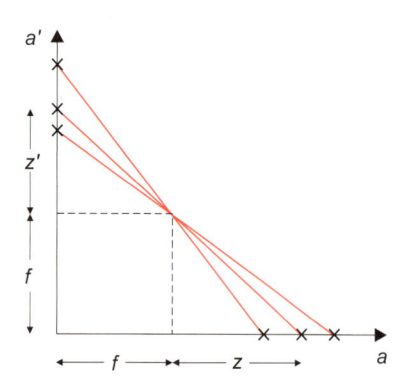

Bild 33.24. Grafische Auswertung zur Bestimmung der Linsenbrennweite f mit den brennpunktsbezogenen Größen z und z'

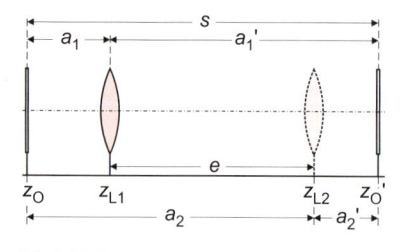

Bild 33.25. Versuchsanordnung zur Bestimmung einer Linsenbrennweite nach dem Besselverfahren

Zur Prüfung der Reproduzierbarkeit und zur Abschätzung des Meßfehlers soll die Einstellung des Bildes (Scharfstellung) für einen der Werte von s mehrmals wiederholt werden.

Aus den gemessenen z-Werten berechne man a, a' und f. Mit $a = z_L - z_O$ und $a' = z_{O'} - z_L$ gilt für die Linsenbrennweite nach der *Abbildungsgleichung*:

$$\frac{1}{f} = \frac{1}{a} + \frac{1}{a'} \Rightarrow f = \frac{aa'}{a+a'} \quad .$$

Das Ergebnis für die Brennweite soll zunächst als rechnerischer Mittelwert bestimmt werden. Ferner soll eine grafische Auswertung erfolgen. Dazu stelle man die Ergebnisse der Messungen $1/a' = \text{fkt.}(1/a)$ grafisch dar, siehe Skizze Bild 33.23. Die Achsenschnittpunkte ergeben jeweils $1/f$.

Schließlich werden die einzelnen Wertepaare a' und a gegeneinander aufgetragen und jeweils durch eine Gerade verbunden, Bild 33.24. Alle Geraden schneiden sich in dem Punkt mit den Koordinaten (f, f). Der Beweis folgt aus der Newtonschen-Formel $zz' = f^2$. Die Reproduzierbarkeit soll diskutiert und der Meßfehler abgeschätzt werden.

Die auf verschiedene Weise gewonnenen Werte für die Brennweite sind vergleichend zu diskutieren.

33.2 Bestimmung von Brennweiten nach Bessel (1/3)

Nachprüfung der Newtonschen Abbildungsgleichung. Bestimmung der Brennweite einer dünnen Sammellinse und einer dünnen Zerstreuungslinse nach dem Besselverfahren.

Sammel- und Zerstreuungslinsen mit verschiedenen Brennweiten, optische Bank, optische Reiter, Linsenklemmhalter, weißer Schirm, abzubildende Objekte; Lichtquelle, z. B. eine Niedervolt-Glühlampe mit Lampengehäuse, Aufsteckkondensor und Netzgerät, Taschenlampe zum Arbeiten im abgedunkelten Raum.

Besselverfahren

Für einen festen Abstand s zwischen Bild und Gegenstand, Bild 33.25, gibt es zwei symmetrische Linsenstellungen, in denen ein scharfes vergrößertes bzw. verkleinertes Bild erscheint; denn: *Strahlengänge sind umkehrbar!*

Es gilt: $a'_2 = a_1 = a$ und $a_2 = a'_1 = a'$. Aus der Verschiebung e der Linse und der Entfernung s läßt sich f bestimmen. Aus Symmetriegründen ist nach der Linsengleichung $e = a' - a = z_{L2} - z_{L1}$ und $s = a + a' = z_{O'} - z_O$ und somit die Brennweite

$$f = \frac{aa'}{a+a'} = \frac{s^2 - e^2}{4s} \quad .$$

Die Messung soll für eine Sammellinse und für ein Linsensystem, bestehend aus Sammel- und Zerstreuungslinse mit insgesamt positiver

Brechkraft durchgeführt werden. Die Messung soll für unterschiedliche Einstellungen von s wiederholt werden.

Aus den Meßergebnissen wird die Brennweite der Sammellinse und aus der Brennweite des Linsensystems die Brennweite der Zerstreuungslinse berechnet. Die Genauigkeiten der Ergebnisse sind abzuschätzen.

33.3 Qualitative Beobachtung von Linsenfehlern (1/3)

Kennenlernen der wichtigsten Linsen- und Abbildungsfehler von optischen Systemen.

Sammel- und Zerstreuungslinsen mit verschiedenen Brennweiten aus Kron- und Flintglas, Farbgläser (rot, blau), optische Bank, optische Reiter, Linsenklemmhalter, weißer Schirm, Abbildungsobjekte, Lochblendenblech, Blendenscheiben, Lichtquelle, z. B. eine Niedervolt-Lampe mit Lampengehäuse, Aufsteckkondensor und Netzgerät, Taschenlampe.

Öffnungsfehler, sphärische Aberration

Ein Objekt soll mit einer Sammellinse abgebildet werden. Zunächst wird eine runde Blende (z. B. 15 mm Lochdurchmesser) vor die Linse gestellt und die Bildmitte durch Verschieben des Schirmes scharfgestellt. Dann wird die Lochblende durch eine Ringblende ersetzt und der Schirm verschoben, bis die Bildmitte wieder scharf ist. Der Unterschied in den Bildweiten wird wiederholt ausgemessen.

Das Objekt wird schließlich mit voller Linsenöffnung in der Mitte möglichst scharf abgebildet und die Bildqualitität mit der Abbildung bei abgeblendeter Linse verglichen.

Astigmatismus schräger Bündel

Ein kleines Einzelloch als Objekt wird auf dem Schirm abgebildet. Nun dreht man die Linse um die Stielachse etwa um $20° - 30°$, so daß bei der Abbildung des Punktes die Lichtbündel die Linse schräg durchsetzen. Beim Verschieben des Schirmes beobachtet man anstelle des Punktbildes, wie erwartet, zwei Bildlinien in sagittaler und meridionaler Richtung. Man notiere, welche Bildlinie näher an der Linse liegt.

Nun setzt man eine Schlitzblende vor die Linse, einmal mit horizontaler, dann mit vertikaler Spaltrichtung. Man bestimme die dadurch bedingte Form der Bilder und die astigmatische Bildweitendifferenz.

Bildfeldwölbung

Ein mm-Raster mit Zonen, Bild 33.26, wird als Objekt verwendet. Zuerst wird das Raster in der zentralen Zone durch Verschieben der Linse scharf abgebildet. Dann verschiebt man den Schirm, bis nacheinander die Raster in der zweiten, dritten und vierten Zone scharf erscheinen. Man messe die jeweiligen Schirmstellungen aus. Hat das Bildfeld, von der Linse aus gesehen, eine konvexe oder konkave Wölbung?

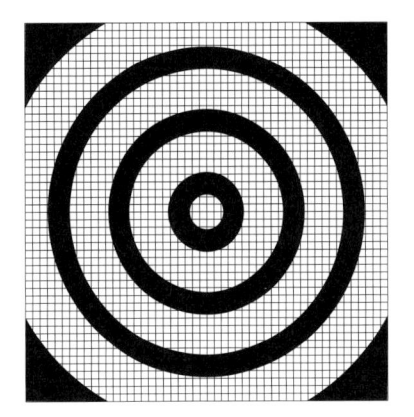

Bild 33.26. mm-Raster mit Zonen zum Nachweis der Bildfeldwölbung

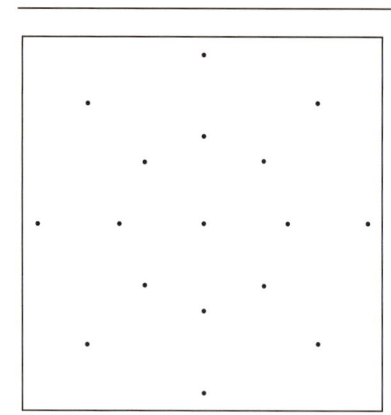

Bild 33.27. Löcherkranz zum Nachweis der Koma

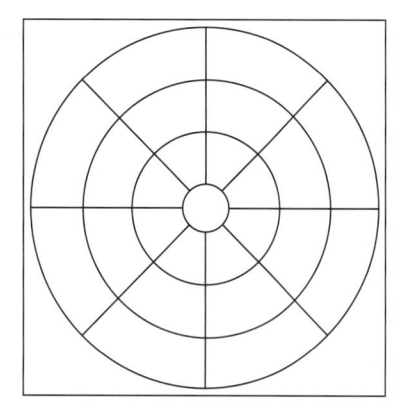

Bild 33.28. Speichenrad

Bild 33.29. Teststern zur Demonstration von Bildveränderungen (z. B. Kontrastumkehr) bei unscharfen Abbildungen. Der Teststern wird auch zur Untersuchung des Auflösungsvermögens eines optischen Systems eingesetzt

Verzeichnung

Als Objekt kann z. B. ein 5 mm-Raster verwendet werden. Der Schirm wird wieder etwa 1 m entfernt aufgestellt und das Objekt möglichst scharf abgebildet. Man bringt nun ein Blendenblech (ca. 10 mm Loch), zur Achse zentriert, in den Strahlengang und beobachtet die Verzeichnung im Bild, wenn sich die Blende zwischen Linse und Objekt (in der Nähe des Objektes) bzw. zwischen Linse und Bild (ca. 20 – 30 cm hinter der Linse) befindet. Für beide Fälle die Verzeichnungen skizzieren.

Koma

Als Objekt wird ein Löcherkranz benutzt, Bild 33.27. Der Bildschirm wird so nahe aufgestellt, daß man das ganze Objekt abbilden kann. Durch Verschieben der Linse bilde man dann die mittlere Lochblende scharf ab und beobachte die Bilder der weiter nach außen liegenden Löcher. Man sieht die Koma-Schwänze. Man beschreibe die Richtung der Koma-Schwänze, deren Länge in Abhängigkeit vom Mittenabstand und auftretende Dispersionseffekte.

Abbildung eines Speichenrades

Die Linse wird wieder senkrecht zur optischen Achse gestellt. Zunächst bilde man mit rotem Licht (Farbfilter) die Mitte des Speichenrades, Bild 33.28, scharf ab und verschiebe dann den Schirm, bis die Randbereiche scharf werden. Hierbei lassen sich der äußerste Reifen und die Speichen nicht gleichzeitig scharf stellen. Diese Erscheinung soll als Folge des *Astigmatismus* diskutiert werden.

Bildveränderungen bei unscharfer Abbildung

Man bilde einen *Teststern*, Bild 33.29, mit rotem Licht möglichst groß, d. h. auf einen weit entfernten Schirm, ab. Die Auflösung reicht aus, die Objekteinzelheiten aufzulösen. Verschiebt man nun den Schirm in Richtung Linse um etwa 20-40 cm, so wird das Bild dabei nicht gleichmäßig unscharf, sondern es zeigt sich in der Nähe des Teststernzentrums eine Umkehr des Kontrastes, d. h. dort, wo im Objekt ein schwarzer Streifen liegt, erscheint im defokussierten Bild ein heller Bereich und umgekehrt. In radialer Richtung, d. h. bei wachsenden Streifenabständen, kann man unter Umständen eine mehrfache Kontrastumkehr beobachten.

Bei unscharfen Abbildungen können also Bilder entstehen, die dem Objekt völlig unähnlich sind.

Die Ergebnisse sollen qualitativ diskutiert werden.

33.4 Messung der chromatischen Aberration (1/3)

Quantitative Bestimmung des Farbfehlers, der chromatischen Aberration, aufgrund der Dispersion von Glas.

Sammellinsen mit verschiedenen Brennweiten (aus Flintglas), Farbgläser rot und blau, optische Bank, optische Reiter, Linsenklemmhalter, weißer Schirm, Abbildungsobjekte, Lochblendenblech, Blenden-

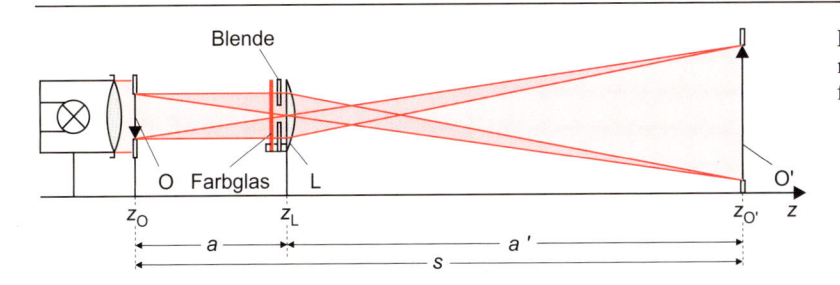

Bild 33.30. Versuchsaufbau zur Bestimmung von Linsenfehlern, z. B. des Farbfehlers

scheiben, Lichtquelle, z. B. eine Niedervolt-Lampe mit Lampengehäuse, Aufsteckkondensor und Netzgerät, Taschenlampe.

Quantitative Bestimmung des Farbfehlers

Das Objekt O besteht z. B. aus einem mm-Raster, dessen Mitte zunächst bei eingeschaltetem Rotfilter R durch Verschieben der Flintglaslinse auf den etwa 1 m entfernten Schirm abgebildet wird, Bild 33.30. Man lese z_O, z_L und $z_{O',\text{rot}}$ ab. Dann ersetze man das Rotfilter durch ein Blaufilter, verschiebe jetzt den Schirm, bis die Bildmitte wieder scharf ist und lese $z_{O',\text{blau}}$ ab. Die Messungen werden mehrmals durchgeführt. Für rotes Licht gilt:

$$\frac{1}{f_1} = \frac{1}{a} + \frac{1}{a'_1} \quad \text{mit} \quad a'_1 = z_{O',\text{rot}} - z_L$$

und für blaues Licht:

$$\frac{1}{f_2} = \frac{1}{a} + \frac{1}{a'_2} \quad \text{mit} \quad a'_2 = z_{O',\text{blau}} - z_L \quad .$$

Da die Lage des Gegenstandes und der Linse nicht genau mit der Lage der Ablesemarke übereinstimmen, treten systematische Fehler auf. Diese Fehler, insbesondere bei der Bestimmung von a, gehen jedoch bei beiden Messungen in gleicher Weise ein und fallen wegen der großen Abstände nicht sonderlich ins Gewicht.

$$\frac{1}{f_2} - \frac{1}{f_1} = \frac{1}{a'_2} - \frac{1}{a'_1} \quad \Longleftrightarrow \quad \frac{f_1 - f_2}{f_1 f_2} = \frac{a'_1 - a'_2}{a'_1 a'_2} \quad .$$

Da die Unterschiede in den Brennweiten nur klein sind, gilt $f_1 f_2 \approx f^2$. Für die benutzte Linse beträgt also der Farbfehler von rot bis blau, d. h. von etwa $\lambda = 600$ nm bis 480 nm:

$$f_1 - f_2 = \frac{a'_1 - a'_2}{a'_1 a'_2} f^2 \quad .$$

Die Brennweitendifferenzen werden berechnet. Nach der Gleichung für dünne Linsen

$$f = \left(\frac{1}{n-1}\right) \frac{r_1 r_2}{r_2 - r_1} \quad \text{gilt:}$$

$$\frac{f_1}{f_2} = \frac{n_{\text{blau}} - 1}{n_{\text{rot}} - 1} \quad , \quad \text{also:}$$

$$\frac{f_1 - f_2}{f_2} = \frac{(n_{\text{blau}} - 1) - (n_{\text{rot}} - 1)}{n_{\text{rot}} - 1} \; ; \; f_1 - f_2 \approx \frac{n_{\text{blau}} - n_{\text{rot}}}{n_{\text{rot}} - 1} f \quad .$$

Nach Tabellenangaben gilt für Flintglas etwa $n_{\text{rot}} = 1{,}616$ im Roten und $n_{\text{blau}} = 1{,}630$ im Blauen. Man prüfe, ob der gemessene Wert im Rahmen der Fehlergrenzen mit der aus den Tabellenwerten berechneten Brennweitendifferenz übereinstimmt.

33.5 Messung der sphärischen Aberration (1/3)

Quantitative Bestimmung des geometrischen Abbildungsfehlers (sphärische Aberration).

Sammel- und Zerstreuungslinsen mit verschiedenen Brennweiten aus Kron- und Flintglas, Farbgläser (rot, blau), optische Bank, optische Reiter, Linsenklemmhalter, weißer Schirm, Abbildungsobjekte, Lochblendenblech, Blendenscheiben, Lichtquelle, z. B. eine Niedervolt-Lampe mit Lampengehäuse, Aufsteckkondensor und Netzgerät, Taschenlampe.

Messung der Brennweitenunterschiede für Randstrahlen und achsennahe Strahlen

Ein Objekt, z. B. ein mm-Raster, wird bei eingesetzter Blende (Durchmesser z. B. 15 mm, Bild 33.15) auf einen etwa 100 cm entfernten Schirm scharf abgebildet. Mit einem Rotfilter verhindert man zusätzliche Farbfehler. Es werden z_L und $z_{O',1}$ abgelesen. Dann werden eine Ringblende eingesetzt und der Schirm verschoben, bis die Abbildung wieder scharf ist, $z_{O',2}$ wird abgelesen. Die Messungen werden zur Verringerung des Streufehlers mehrmals wiederholt.

Die Auswertung und Bestimmung von $f_1 - f_2$ erfolgt wie im Fall der chromatischen Aberration mit

$$a'_1 = z_{O',1} - z_L \quad , \quad a'_2 = z_{O',2} - z_L \quad \text{und}$$

$$f_1 - f_2 = \frac{a'_1 - a'_2}{a'_1 a'_2} f^2 \quad .$$

Messung der Größe der sphärischen Aberration bei Lichteinfall auf die plane oder konvexe Seite der Linse

Die eben beschriebenen Messungen werden nach Drehung der Linse um 180° wiederholt, Bild 33.31. Andere Linsenformen können in gleicher Weise untersucht werden.

Die Brennweitendifferenzen werden bestimmt und können für die verschiedenen Formen verglichen werden. Man überprüfe die Richtigkeit des folgenden allgemeinen Merksatzes:

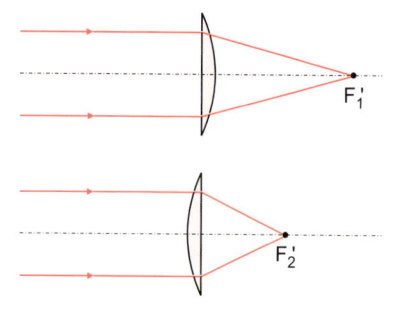

Bild 33.31. Stellungen einer Plankonvexlinse im parallelen Strahlengang

Um die sphärische Aberration zu minimieren, stelle man Linsen so in den Strahlengang, daß auf beiden Seiten der Linse etwa gleich große Brechungswinkel auftreten.

34. Optische Geräte

Kennenlernen von Eigenschaften optischer Instrumente wie Auge, Lupe, Fernrohr, Dia-Projektor, Digitalkamera. Aufbau elementarer optischer Geräte aus Einzelelementen.

Standardlehrbücher (Stichworte: Auge, Lupe, Okular, Fernrohr, Vergrößerung, Auflösungsvermögen, Pupille),
Themenkreis 33: Linsen,
Naumann/Schröder: Bauelemente der Optik.

Vergrößerung und Auge

Der **Sehwinkel** ε ist der Winkel, unter dem ein Objekt dem Beobachter erscheint, Bild 34.1. Die Vergrößerung eines optischen Instrumentes ist definiert durch die

> **Winkelvergrößerung** $\quad \Gamma = \dfrac{\varepsilon'}{\varepsilon}$,

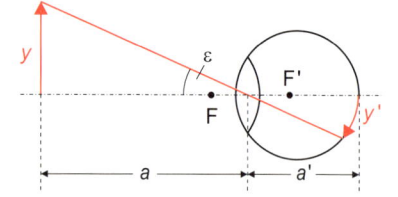

Bild 34.1. Sehwinkel bei Betrachtung eines Gegenstandes mit dem Auge

wobei ε *der Sehwinkel ohne Instrument* und ε' *der Sehwinkel mit Instrument* sind. Bei kleinen Winkeln gilt näherungsweise $\Gamma \approx \frac{\tan\varepsilon'}{\tan\varepsilon}$.

Die Vergrößerung darf nicht mit dem

> **Abbildungsmaßstab** $\quad \beta = \dfrac{y'}{y}$

für ebene Bilder verwechselt werden (s. a. Bild 33.14 auf Seite 352).

Das optische Instrument **Auge,** das nahezu eine Kugel mit r ca. 12 mm ist, Bild 34.2, besteht im wesentlichen aus der lichtempfindlichen **Netzhaut** sowie aus einem Linsensystem, das aus der Hornhaut, der vorderen Augenkammer und der **Linse** gebildet wird. Die Brechkraft dieser Linse wird durch Muskeln geregelt. Dieses Linsensystem besitzt stets zwei unterschiedliche Brennweiten, da sich vor und hinter der *Augenlinse* verschiedene Medien mit unterschiedlichen Brechzahlen befinden. Bei **Akkomodation** (automatische Scharfstellung des Auges) auf ∞ ergibt sich vor dem Auge $f_\infty = 17$ mm und im Auge $f'_\infty = 23$ mm; beim Nahsehen ergeben sich Brennweiten von z. B. $f_{\text{Nah}} = 14$ mm und $f'_{\text{Nah}} = 19$ mm. Die Hornhaut wirkt durch ihre starke Krümmung als Sammellinse von ca. 40 Dioptrien und liefert den größten Beitrag zur Gesamtbrechkraft des

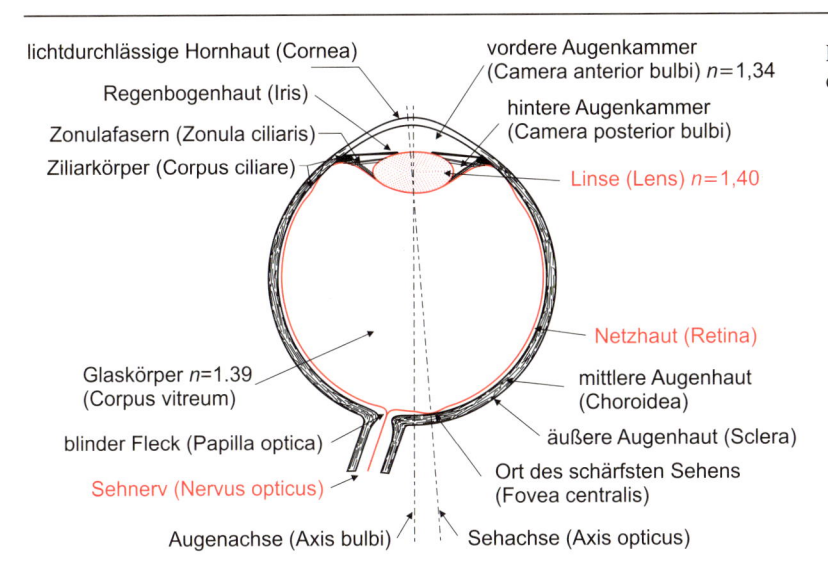

Bild 34.2. Übersicht über den Aufbau des Augapfels (Bulbus oculi)

Auges. Die Linse mit einem Durchmesser von 10 mm beim Erwachsenen ist durch Zonulafasern in der hinteren Augenkammer aufgehängt. Die Regenbogenhaut bildet eine lichtdurchlässige Öffnung, die Pupille, die wie eine Blende beim Fotoapparat den gesamten Lichtfluß in das Auge regelt.

Der Durchmesser der **Pupille** d kann je nach Helligkeit zwischen ca. 2 mm (Tagessehen) und 7,5 mm (Nachtsehen) variieren. Die *Sehschärfe* des Auges ist bei $d = 3$ mm am größten, da bei größeren Werten bereits Farbfehler und die sphärische Aberration eine Rolle spielen. Bei kleineren Werten von d wächst der Einfluß der Beugung und verringert das **örtliche Auflösungsvermögen**, d. h. die Fähigkeit, zwei eng benachbarte Objektpunkte noch getrennt zu erkennen. Beim Pupillendurchmesser $d = 3$ mm ist dieses Auflösungsvermögen maximal, der noch auflösbare Winkelabstand beträgt $\varepsilon = 1$ Bogenminute $\approx 3 \cdot 10^{-4}$ rad. Die optische Abbildung im Auge erfolgt auf die *Netzhaut*, die mit speziellen Lichtempfängern, den *Stäbchen* für das Nachtsehen und den *Zapfen* für das Farbsehen, ausgestattet ist.

Optische Instrumente wie Lupe (Okular), Mikroskop und Fernrohr dienen der Vergrößerung des Sehwinkels, unter dem das Auge sehr kleine, bzw. weit entfernte Objekte sieht. Für die Berechnung der Vergrößerung hat man eine **Bezugssehweite** bzw. *deutliche Sehweite* definiert, Bild 34.3.

Bezugssehweite $s_0 = 250$ mm .

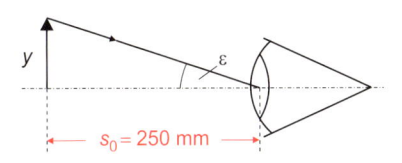

Bild 34.3. Bezugssehweite bzw. deutliche Sehweite s_0

Lupe und Okular

Eine **Lupe** kurzer Brennweite, die dicht vor das Auge gehalten wird, ermöglicht die Betrachtung kleiner Gegenstände y aus Entfernungen s, die wesentlich kleiner als die *Bezugssehweite* des Auges s_0 sind, Bild

Bild 34.4. Beobachtung eines Objekts der Höhe y durch eine Lupe. Das Auge sieht dabei ein virtuelles Bild. Eingezeichnet sind der Parallelstrahl (1) und der Mittelpunktsstrahl (2); (a) Objekt ist innerhalb der einfachen Brennweite, (b) Objekt ist im Brennpunkt F, das virtuelle Bild liegt dann sehr weit ("in unendlicher Entfernung") von der Lupe

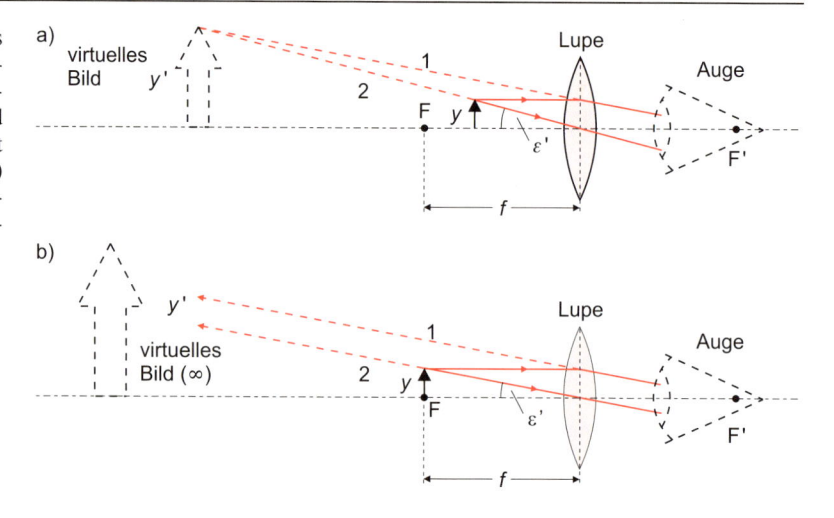

34.4a. Man beobachtet ein virtuelles Bild y'. Bringt man den Gegenstand genau in die Brennebene der Lupe, so beobachtet man das virtuelle Bild y' im ∞, Bild 34.4b. Als Winkelvergrößerung der Lupe Γ_L erhält man in diesem speziellen Fall die

Lupenvergrößerung $\qquad \Gamma_L = \dfrac{\varepsilon'}{\varepsilon} \approx \dfrac{y/f}{y/s_0} = \dfrac{s_0}{f}$.

Dabei ist angenommen, daß das Objekt y ohne Lupe in der deutlichen Sehweite s_0 betrachtet wird. Wird die Brennweite der Lupe f klein gewählt, so erhält man, da f im Nenner steht und s_0 konstant ist, einen großen Wert für die Vergrößerung Γ_L. Eine kleine Brennweite erfordert allerdings kleine Krümmungsradien der Linsenoberfläche, was letztlich die Vergrößerung einer Lupe auf Werte kleiner als 100:1 begrenzt.

Okulare sind Lupen, die aus zwei oder mehr Linsen zusammengesetzt sind und mit denen reelle Zwischenbilder in optischen Geräten (z. B. Fernrohre, Mikroskope) vergrößert betrachtet werden. Als optische Kenngröße wird auch bei Okularen die Lupenvergrößerung benutzt. Steht auf einem Okular z. B. $8\,x$, d. h. $\Gamma_L = 8$, so ergibt sich mit $s_0 = 250\,\text{mm}$ eine Brennweite des Okulars von $f_{Ok} = 31{,}25\,\text{mm}$.

Fernrohre nach Kepler und Galilei

Ein **astronomisches Fernrohr** oder **Keplersches Fernrohr** ist in Bild 34.5a gezeigt. Das **Objektiv**, Linse L_1, entwirft von dem sehr weit (∞) entfernten Gegenstand y ein umgekehrtes reelles Bild der Größe y'_1 in seiner Brennebene. Dieses Zwischenbild wird durch ein *Okular*, Linse L_2, als virtuelles Bild im ∞ betrachtet, wenn $F'_1 = F_2$ gilt. Es ergibt sich in diesem Spezialfall die

a) Kepler Fernrohr

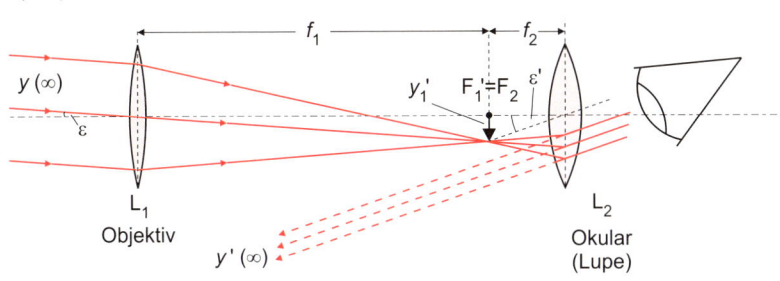

Bild 34.5. (a) Astronomisches oder Kepler-Fernrohr und (b) Galilei-Fernrohr

b) Galilei Fernrohr

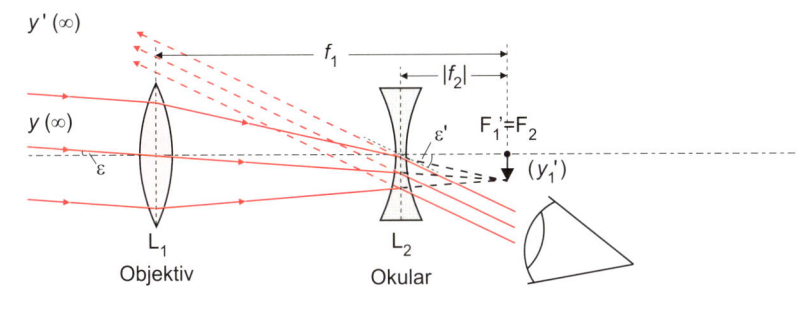

> **Winkelvergrößerung eines Kepler (astronomischen) Fernrohres**
>
> $$\Gamma_{\text{Kep}} = \frac{\varepsilon'}{\varepsilon} \approx \frac{y_1'/f_2}{y_1'/f_1} = \frac{f_1}{f_2} = \frac{f_{Objektiv}}{f_{Okular}} \quad .$$

Das heißt die Fernrohrvergrößerung wird groß, wenn f_1 groß, f_2 hingegen klein ist. Die Baulänge ℓ des Kepler-Fernrohres ist einfach die Summe der beiden Brennweiten:

> **Baulänge des Kepler-Fernrohres** $\quad \ell = f_1 + f_2 \quad .$

Das Prinzip des **Galilei-Fernrohres** zeigt Bild 34.5b. Das *Objektiv*, Linse L_1 würde vom weit entfernten (∞) Gegenstand in der Brennebene ein reelles Bild der Größe y_1', wie beim Kepler-Fernrohr, entwerfen. Man bringt jedoch vor diese Ebene eine Zerstreuungslinse L_2 mit der negativen Brennweite f_2 gerade so an, daß die Brennpunkte F_1' und F_2 zusammenfallen. Das Auge beobachtet dann, ebenfalls wie beim Kepler-Fernrohr, ein virtuelles Bild im ∞, dieses ist hier jedoch aufrecht. Die

> **Winkelvergrößerung eines Galilei-Fernrohrs** $\quad \Gamma_{\text{Gal}} = \dfrac{f_1}{|f_2|} \quad ,$

ist gleich der eines Keplerfernrohrs, wenn die Absolutwerte der Brennweiten gleich sind. Für eine möglichst hohe Vergrößerung sind f_1 möglichst

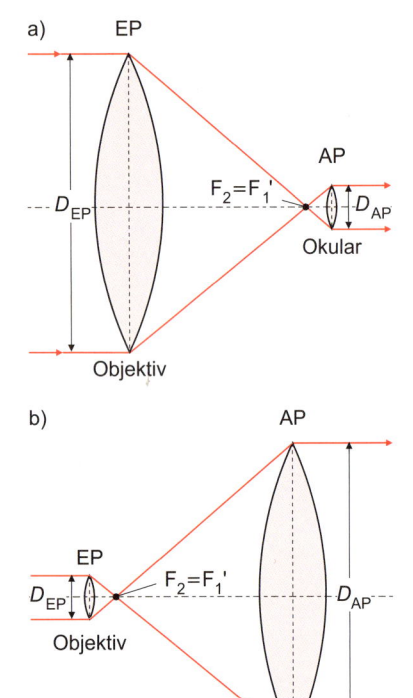

Bild 34.6. Fernrohr zur Laserstrahlaufweitung in den Strahlengang gestellt: (a) Strahleinengung, (b) Strahlaufweitung. In beiden Fällen ist der Durchmesser der Okularlinse dem Durchmesser der Austrittspupille $D_{AP} = D_{EP} f_2/f_1$ genau angepaßt worden

groß und f_2 klein zu wählen. Das Galilei-Fernrohr findet eine praktische Anwendung im **Opernglas**, da die Baulänge hier gegenüber dem Kepler-Fernrohr entscheidend verkürzt ist und man ohne eine dritte Zusatzlinse (beim Kepler-Fernrohr ist noch eine sog. Umkehrlinse nötig) ein aufrechtes Bild erhält:

Baulänge des Galilei-Fernrohres $\quad \ell = f_1' - |f_2|$.

Bei **Ferngläsern** werden als Kenngrößen die Winkelvergrößerung Γ und der Durchmesser D_{EP} der Eintrittspupille (im einfachsten Fall der Durchmesser der Objektivlinse) angegeben: *8 x 30* bedeutet, daß $\Gamma = 8$ und $D_{EP} = 30$ mm sind. Ferner ist oft noch das **Sehfeld** angegeben, z. B. als Felddurchmesser in 1000 m Abstand: *Objektfeld 120 m auf 1000 m*.

Fernrohre werden, neben der Beobachtung entfernter Objekte, z. B. auch zur Veränderung von parallelen Strahldurchmessern eingesetzt. Bild 34.6a zeigt eine **Strahleinengung** und Bild 34.6b eine **Strahlaufweitung**. So können z. B. parallele Laserstrahlen mit dem Verhältnis der Durchmesser von **Eintrittspupille** D_{EP} (im einfachsten Fall der Linsendurchmesser des Objektives) und **Austrittspupille** D_{AP} aufgeweitet werden, Bild 34.6b. Aus Bild 34.6 folgt für die

Strahlaufweitung bzw. -einengung $\quad \dfrac{D_{EP}}{D_{AP}} = \dfrac{f_1}{f_2}$.

Dia-Projektor

Bei einem **Dia-Projektor** wird durch ein (Projektions-Objektiv) das transparente Objekt (Diapositiv) stark vergrößert auf einen Projektionsschirm (Leinwand) abgebildet, Bild 34.7. Um das von der Lichtquelle ausgehende Licht möglichst gut auszunutzen und gleichzeitig das Dia gleichmäßig auszuleuchten, wird die Lampe mit einer weiteren Linse, dem **Kondensor**, in das Projektions-Objektiv abgebildet und das Dia dicht hinter dem Kondensor angeordnet. Man erhält dadurch zwei verkettete Strahlengänge, den *Beleuchtungsstrahlengang* und den *Abbildungsstrahlengang*; diese Art der Beleuchtung und Abbildung wird als **Köhlerscher Strahlengang** bezeichnet. Zusätzlich wird oft noch mit einem Hohlspiegel ein Bild der Lampenwendel neben der Originalwendel erzeugt und so das rückwärts abgestrahlte Licht zur Erhöhung der Bildhelligkeit ebenfalls ausgenutzt.

Ein Diaprojektor erzeugt ein reelles, aber umgekehrtes Bild. Da man das Bild des Dias natürlich aufrecht sehen will, muß man es umgekehrt in den Dia-Projektor stecken; die Pfeilspitze des Dias zeigt deshalb in Bild 34.7 nach unten.

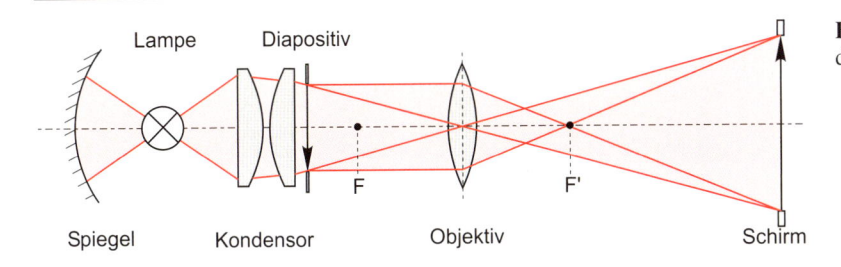

Bild 34.7. Dia-Projektor mit Abbildungs- und Beleuchtungsstrahlengang

📖 Digitalkamera

Eine **Digitalkamera** besteht aus dem *Objektiv*, einer in ihrem Durchmesser veränderlichen *Blende* und der Abbildungsebene, in der sich ein Farb-*CCD-Bildwandler* (früher der Film) mit derzeit typisch 3 - 5 Megapixeln befindet. Als Objektive kommen *Zoomobjektive* mit veränderlichen Brennweiten, z. B. 34-102 mm, je nach Kamera, zur Anwendung. Verschiedene Einstellungsmodi sind programmgesteuert möglich wie: automatische Belichtung, Blendenpriorität, Verschlußzeitpriorität, manuelle Belichtung, kleine Videos o. ä. Für eine physikalische Beschreibung sind die Größen der Blendenöffnungen festgelegt durch die

---
Blendenzahl

$$k = \frac{f}{D_{\text{EP}}} \quad \text{mit} \quad k = 1 \quad 1{,}4 \quad 2 \quad 2{,}8 \quad 4 \quad 5{,}6 \quad 8 \quad 11 \quad 16 \quad \ldots$$

---

mit der *Objektivbrennweite* f und dem Durchmesser der *Eintrittspupille* D_{EP}, die in der Regel durch den Durchmesser der Blende bestimmt ist. Aus der gegebenen Formel für die Blendenzahl $k = f/D_{\text{EP}}$ ergibt sich, daß der Durchmesser der verstellbaren Blende, z. B. einer *Irisblende*, um so kleiner ist, je größer die Blendenzahl ist.

Da die **Bildhelligkeit** H proportional zu dem durch die Linse tretenden Lichtstrom Φ ist, also proportional zur Flächengröße der Blende:

$$H \sim \Phi \sim \frac{\pi D_{\text{EP}}^2}{4} \quad ,$$

ist sie umgekehrt proportional zum Quadrat der Blendenzahl k:

$$H \sim \frac{1}{k^2} = \left(\frac{D_{\text{EP}}}{f}\right)^2 \quad .$$

Auch eine ideale Linse kann nur von *einer* Gegenstandsebene ein vollständig scharfes Bild liefern; gewöhnlich will man mit einer Kamera jedoch Objekte abbilden, die eine gewisse *räumliche Tiefe* aufweisen. Liegt bei der Abbildung des Objektpunktes O die Abbildungsebene ein kleines Stück t' hinter oder auch vor dem Bildpunkt O', so wird anstelle eines Punktes ein kleiner *Zerstreuungskreis* mit dem Durchmesser δ registriert, Bild 34.8. Da $t'/a' = \delta/D_{\text{EP}}$ gilt, erhält man

Bild 34.8. Abbildung in einer Kamera. Unter Berücksichtigung der Schärfentiefe darf ein Bildpunkt O′ um bis zu $\pm t'$ außerhalb der Abbildungsebene liegen

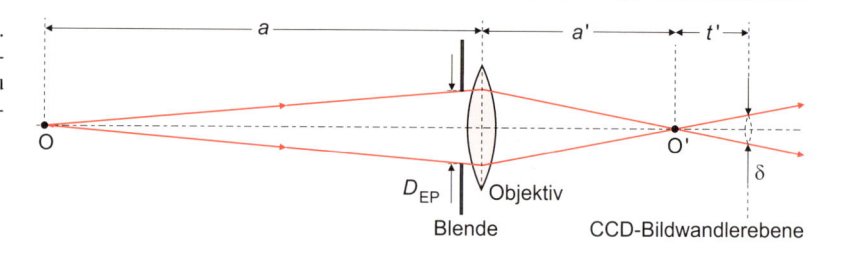

$$t' = \frac{\delta f}{D_{\text{EP}}} = \delta k \quad , \quad \text{wenn} \quad a' \approx f \quad .$$

Auch bei absolut scharfer Abbildung ist die Auflösung der Bilder durch die Pixeldichte des CCD-Bildwandlers begrenzt. Es genügt daher, daß der Durchmesser δ des Unschärfekreis unterhalb des Pixelabstands bleibt (derzeit etwa 10 μm).

Nach der Formel wird die **Schärfentiefe** $\pm t'$ um so größer, je kleiner der Blendendurchmesser D_{EP} bzw. je größer die Blendenzahl k ist. Entsprechend einer Bildweite $a' \pm t'$ im Bildraum lassen sich Objekte mit einer gewissen Tiefenausdehnung von $a_1 < a < a_2$ gleichzeitig hinreichend scharf abbilden. Nach der Abbildungsgleichung gilt:

$$\frac{1}{a_1} = \frac{1}{f} - \frac{1}{a' + t'} \qquad \text{und} \qquad \frac{1}{a_2} = \frac{1}{f} - \frac{1}{a' - t'} \quad .$$

34.1 Kepler- oder Astronomisches Fernrohr (1/3)

Aufbau eines Kepler-Fernrohres als astronomisches Fernrohr und mit Umkehrlinse. Beobachtung weit entfernter Objekte.

Sammellinsen mit verschiedenen Brennweiten, optische Bank oder Schiene auf einem Stativ, optische Reiter oder Kreuzmuffen, Linsenklemmhalter oder Linsenhalter mit Schraubfassung und Zwischenringen, Lineal, Taschenlampe zur Orientierung im abgedunkelten Raum.

Kepler-Fernrohr

Es soll ein **Keplersches Fernrohr** oder *astronomisches Fernrohr* aus Einzellinsen aufgebaut und die Funktion dadurch geprüft werden, daß weit entfernte Objekte beobachtet werden. Die ungefähre Lage der optischen Teile ist auszumessen und zu skizzieren.

Eine Umkehrlinse wird eingebaut, um ein aufrechtes Bild eines weit entfernten Objektes zu erzielen. Man skizziere die Lage der optischen Bauteile.

Die Kenngrößen der Geräte wie Winkelvergrößerung Γ_{Kep} und Baulänge ℓ sind zu bestimmen. Wie unterscheiden sich die Bauformen mit und ohne Umkehrlinse?

34.2 Galilei-Fernrohr (Opernglas) (1/3)

Aufbau eines Galilei-Fernrohres und Verwendung als astronomisches Fernrohr (Beobachtung weit entfernter Objekte) und als Opernglas.

Sammel- und Zerstreuungslinsen mit verschiedenen Brennweiten, optische Bank oder Schiene auf einem Stativ, optische Reiter oder Kreuzmuffen, Linsenklemmhalter oder Linsenhalter mit Schraubfassung und Zwischenringen, Taschenlampe.

Galilei-Fernrohr
Es wird ein *Galilei-Fernrohr* mit den vorhandenen Linsen aufgebaut und die Funktion dadurch geprüft, daß weit entfernte Objekte beobachtet werden. Die ungefähre Lage der optischen Teile ist auszumessen und zu skizzieren.

Die Kenngrößen der Geräte wie Winkelvergrößerung Γ_{Gal} und Baulänge ℓ sind zu bestimmen.

Das Galilei-Fernrohr soll als *Opernglas* ausprobiert werden, wobei sich die Entfernung zur Bühne ändern soll. Für Entfernungen z. B. von 1 bis 100 m sollen einige Linsenstellungen bestimmt werden.

Die Ergebnisse sind quantitativ zu diskutieren.

34.3 Dia-Projektor (1/3)

Aufbau und Erprobung eines einfachen Dia-Projektors. Verketteter Beleuchtungs– und Abbildungsstrahlengang.

Sammellinsen mit verschiedenen Brennweiten, optische Bank, optische Reiter, Linsenklemmhalter, weißer Schirm, Objektdias, Taschenlampe, Lichtquelle, z. B. eine Niedervolt-Lampe mit Lampengehäuse, Aufsteckkondensor und Netzgerät.

Es soll ein *Dia-Projektor* auf der optischen Bank aufgebaut und die Funktion geprüft werden. Die ungefähre Lage der optischen Teile ist auszumessen und zu skizzieren.

Man halte den *Köhlerschen Strahlengang* ein, indem man die Lampenwendel am Ort des Objektives scharf abbildet.

Auf einer weit entfernten möglichst weißen Wand soll das Dia größtmöglichst abgebildet werden. Die ungefähre Lage der optischen Teile ist auszumessen.

34.4 Digitalkamera (1/3)

Kennenlernen optischer Eigenschaften einer Digitalkamera. Austesten der Funktionen der Digitalkamera.

Digitalkamera, PC mit Bildbearbeitungsprogramm (z. B. *Photoprint*), Drucker

Die Eigenschaften der verwendeten Digitalkamera sind zu untersuchen: Verschlußzeit, Blende, Brennweite, Bildauflösung, ISO (Empfindlichkeit), Bildsensor, Farbe, Farbmodi etc. Dazu ist die jeweilige Menüsteuerung zu verwenden.

Die Daten für die verwendete Digitalkamera werden notiert.

Von einem mittel bis weit entfernten Objekt sind Weitwinkelaufnahmen in den verschiedenen Bildauflösungsstufen zu machen (z. B. $f/2{,}7$-$f/5{,}2$), das gleiche gilt für eine Meßreihe im Telebereich (z. B. $f/4{,}6$-$f/8{,}7$).

Die Digitalbilder sind in einen Computer einzulesen und mit einem Bildbearbeitungsprogramm (z. B. Photoprint) hinsichtlich ihrer Pixelgröße auszuwerten.

Die Reichweite des Blitzes ist zu ermitteln.

Die Abnahme der Helligkeit eines Objekts ist grafisch aufzutragen. Stimmt das Abstandsgesetz?

Es sind interessierende Aufnahmen bei Spezialmodi der Digitalkamera aufzunehmen, z. B. beim Sport, in der Nacht etc.

Die Ergebnisse sind als Ausdrucke zu dokumentieren.

Spezialfunktionen der Digitalkamera können erprobt werden, z. B. Videoclips.

Der Speicherbedarf für Fotos im Vergleich zu Videos ist zu diskutieren.

35. Mikroskop: Vergrößerung

🏁 Aufbau und Funktion des Mikroskops. Gesamtvergrößerung des Mikroskops. Abbildungsmaßstab und Brennweite von Objektiven. Winkelvergrößerung von Okularen. Einfluss einer Gesichtsfeldlinse. Messen kleiner Längen. Anwendung eines Mikroskops zur vergrößerten Betrachtung kleiner Objekte, z. B. in der Biologie.

📚 *Standardlehrbücher* (Stichworte: Mikroskop, Vergrößerung, Abbildungsmaßstab, Apertur, Pupille, Blende, Ortsauflösung),
Themenkreis 33: Linsen,
Themenkreis 34: Optische Geräte.

📖 Geometrische Optik des Mikroskops

Ein **Mikroskop** dient zur vergrößerten Betrachtung kleiner Objekte, indem es den Sehwinkel vergrößert, unter dem ein vor dem Objektiv befindlicher Gegenstand dem Betrachter erscheint. Es besteht aus zwei Linsensystemen, die das Objekt in zwei Schritten abbilden. Zunächst wird mit dem **Objektiv** ein vergrößertes, reelles Zwischenbild erzeugt, das dann mit dem **Okular** noch einmal vergrößert betrachtet wird. Der Betrachter sieht schließlich ein vergrößertes virtuelles Bild wie mit einer Lupe. Der Gegenstand der Größe y befindet sich geringfügig außerhalb der einfachen Brennweite des Objektivs (Brennpunkt F_{Obj}). Somit wird ein reelles (Zwischen-) Bild y' erzeugt, das erheblich größer als der Gegenstand ist. Das Okular ist so angeordnet, daß dieses Zwischenbild in der Nähe des Brennpunktes F_{Ok}, aber innerhalb der einfachen Brennweite entsteht.

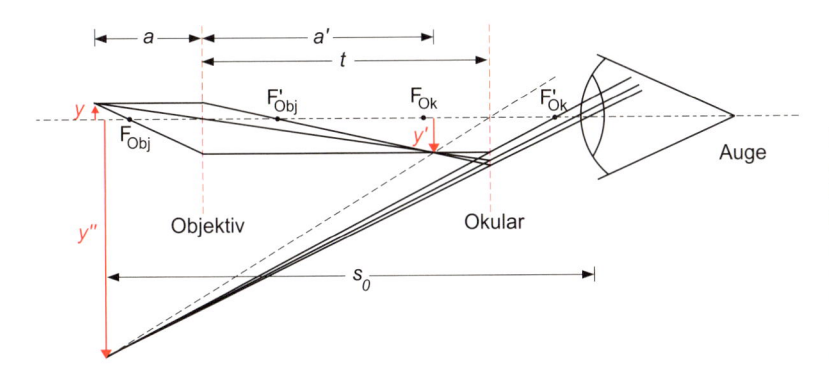

Bild 35.1. Abbildungsstrahlengang in einem Mikroskop. Bei einem realen Mikroskop ist die Tubuslänge t im Verhältnis zu den Abmessungen des Auges viel größer. Die gestrichelte, schräg zur Achse verlaufende Linie entspricht keinem realen Lichtstrahl sondern dient zur Konstruktion der Lage der Pfeilspitze des Bildes y''

Das Okular wirkt also wie eine Lupe, mit der das Zwischenbild als noch einmal vergrößertes virtuelles Bild betrachtet wird. Dieses Bild erscheint dem Auge – je nach Einstellung des Mikroskops – in der Bezugssehweite $s_0 = 250$ mm oder im Unendlichen (entspannte Beobachtung). Bild 35.1 verdeutlicht den Strahlengang in einem Mikroskop.

Berechnung der Mikroskopvergrößerung

Die Gesamtvergrößerung des Mikroskops ist eine **Winkelvergrößerung**:

$$\Gamma_{\text{Mi}} = \frac{\text{Sehwinkel } \varepsilon \text{ mit Instrument}}{\text{Sehwinkel } \varepsilon_0 \text{ ohne Instrument}} \approx \frac{\tan \varepsilon}{\tan \varepsilon_0} \quad .$$

Für den Sehwinkel wird dabei wieder die Bezugssehweite s_0 für Objekt bzw. Bild festgelegt. Für die Gesamtvergrößerung des Mikroskops gilt damit:

$$\Gamma_{\text{Mi}} = \frac{y''}{s_0} \frac{s_0}{y} = \frac{y''}{y} \quad .$$

Diese Gesamtvergrößerung Γ_{Mi} entsteht aus dem Produkt der Einzelvergrößerungen der beiden Linsensysteme, dem Abildungsmaßstab β_{Obj} des Objektivs und der Winkelvergrößerung Γ_{Ok} des Okulars:

Gesamtvergrößerung des Mikroskops

$$\Gamma_{\text{Mi}} = \frac{y''}{y} = \beta_{\text{Obj}} \cdot \Gamma_{\text{Ok}} \quad .$$

Durch diese Produktbildung als Folge der zweistufigen Abbildung im Mikroskop lassen sich im Vergleich zu einer einstufigen Lupe viel höhere Vergrößerungen erreichen. Dabei ist der

Abildungsmaßstab des Objektivs

$$\beta_{\text{Obj}} = \frac{y'}{y} = \frac{a'}{a} \approx \frac{t}{f_{\text{Obj}}} \quad ,$$

wobei t die Tubuslänge des Mikroskops bezeichnet, Bild 35.1. Ähnlich gilt für die

Winkelvergrößerung des Okulars $\quad \Gamma_{\text{Ok}} = \frac{y''}{y'} \approx \frac{s_0}{f_{\text{Ok}}} \quad .$

Damit folgt für die Vergrößerung des Mikroskops näherungsweise:

$$\Gamma_{\text{Mi}} \approx \frac{t}{f_{\text{Obj}}} \frac{s_0}{f_{\text{Ok}}} \quad .$$

Wie aus dieser Gleichung erkennbar ist, müssen Objektiv und Okular sehr kleine Brennweiten aufweisen, wenn eine hohe Gesamtvergrößerung erzielt werden soll. Dies läßt sich technisch mit Linsensystemen aus teilweise über zehn Einzellinsen erreichen, mit denen sich einerseits sehr kurze Brennweiten erzielen lassen und andererseits Abbildungsfehler verringert werden können, die ggf. das Auflösungsvermögen des Mikroskops herabsetzen könnten (siehe auch *Themenkreis 33*: Linsen).

Dicke Linsen

Optische Abbildungen werden in den *Themenkreisen 33*: Linsen und *34*: Optische Geräte besprochen. Dort sind *dünne Linsen* angenommen, deren Dicken vernachlässigt werden, so daß die Brechung der einfallenden Lichtstrahlen nur an einer Hauptebene betrachtet wird. Genau genommen, werden jedoch stets *dicke Linsen* verwendet, d. h. Linsen, deren Dicken nicht mehr klein gegen die Krümmungsradien der Linsenoberflächen sind. Dicke Linsen werden nicht mehr nur durch eine, sondern durch zwei Hauptebenen (in Bild 35.2 H und H′) charakterisiert. Die Brennweite f ist dann der Abstand zwischen Brennpunkt und jeweiliger Hauptebene. Die Hauptebenen sind nicht an ausgezeichnete Punkte der realen Linse gebunden, in vielen Fällen liegen sie sogar außerhalb der Linse.

Die Bildkonstruktion bei einer dicken Linse unterscheidet sich von der bei einer dünnen Linse dadurch, daß die drei charakteristischen Strahlen zwischen den Hauptebenen parallel zur optischen Achse gezeichnet werden, wie in Bild 35.2 dargestellt. Es wird empfohlen, eine Bildkonstruktion zeichnerisch für verschiedene Gegenstandsweiten (z. B. $2f \geq a \geq f$) durchzuführen. Für ein grundsätzliches Verständnis des Mikroskops reicht es aber aus, die Linsen als dünn anzusehen. Die beiden Hauptebenen fallen dann zusammen.

Okular mit Feldlinse

Von einem ausgeleuchteten Objekt ist im allgemeinen nur ein Ausschnitt, das sog. *Gesichtsfeld*, im Mikroskop sichtbar. Ein Mikroskop, das nur aus Objektiv und einer einfachen Okularlinse besteht, liefert nur ein relativ kleines Gesichtsfeld, da nur das direkt durch Objektiv, Okular und Augenpupille fallende Licht auf die Netzhaut gelangt. Der effektive Durchmesser auch beliebig großer Okulare entspricht damit etwa dem Pupillendurchmesser des menschlichen Auges bei Tagessehen, also 2 mm. Um das

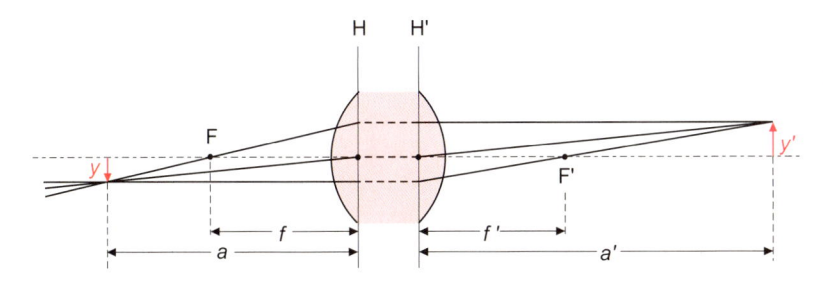

Bild 35.2. Strahlenverlauf bei der Abbildung durch eine dicke Linse mit den Hauptebenen H und H′ sowie der Brennweite f. Die beiden Brennpunkte F und F′ sind gleichweit von den Hauptebenen entfernt. y ist die Gegenstandsgröße, a die Gegenstandsweite, y' die Bildgröße und a' die Bildweite

Bild 35.3. Huygens-Okular: Bei einem ausgedehnten Objekt treten am Rande Lichtstrahlen (gestrichelt) auf, die unter großen Winkeln zur optischen Achse verlaufen, und daher nicht mehr von der Okularlinse und dem dahinterliegenden Auge erfaßt werden. Durch die Feldlinse werden diese Lichtstrahlen in die Okularlinse gebrochen. Dabei tritt eine Verkleinerung des Zwischenbildes y' auf y'^* auf (übertrieben gezeichnet). Am Ort des Zwischenbildes y'^* (Gesichtsblende im linken Teilbild) läßt sich ein Okularmaßstab anbringen, der mit dem Mikroskopbild zugleich scharf gesehen wird

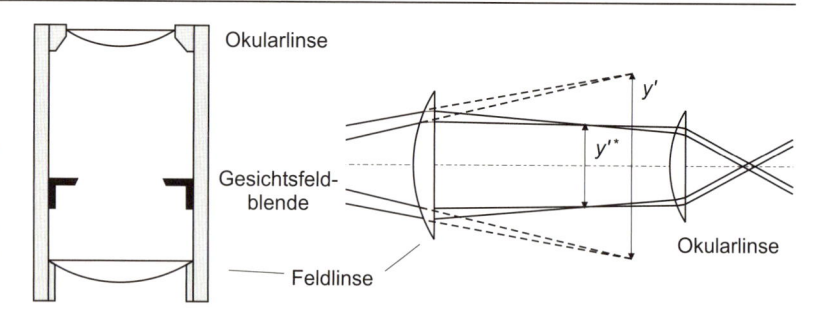

nutzbare Gesichtsfeld zu vergrößern, kann man eine zusätzliche Sammellinse, die **Feldlinse**, in die Ebene des Zwischenbildes y', Bild 35.1, einsetzen und ihre Brennweite so wählen, daß auch die schräg verlaufenden Lichtbündel, die ohne Feldlinse nicht mehr in die Okularlinse gelangen, in diese hineingelenkt werden. Eine derartige Feldlinse ändert die Lage des virtuellen Bildes und die Gesamtvergrößerung nicht.

Bei dem in der Praxis weit verbreiteten *Huygens-Okular*, Bild 35.3, ist die Feldlinse integriert: Man legt das Zwischenbild zwischen die beiden Sammellinsen des Systems und erreicht so, daß die erste der beiden Linsen sowohl als Feldlinse wirkt, als auch zur Korrektur der Abbildungsfehler des Okulars beiträgt. Dabei verliert man allerdings etwas an Vergrößerung.

35.1 Gesamtvergrößerung, Objektiv, Okular (2/3)

Einführung in die Funktion eines Mikroskops. Messung der Gesamtvergrößerung und des Abbildungsmaßstabs des Objektivs. Funktion des Okulars.

Kommerzielles Mikroskop mit mehreren Objektiven (z. B. $\beta_{\mathrm{Obj}} = 10, 40, 100$, im folgenden mit $10\times$ usw. bezeichnet) und Okularen (Γ_{Ok} z. B. 6 und 10). Objektmaßstab mit feiner Teilung (1/100 mm), Maßstab mit Millimetereinteilung, Mattscheibe auf Rohrstück, das in den Mikroskoptubus geschoben werden kann.

> ⚠ **Um das Präparat nicht zu zerdrücken, Tubus während der Einstellung nur heben; vorher wird der Tubus mit dem Objektiv bis dicht über den Glasträger gesenkt, während man von der Seite beobachtet.**

Gesamtvergrößerung

Die Gesamtvergrößerung Γ_{Mi} wird gemessen, indem man mit einem Auge durch das Mikroskop einen Gegenstand bekannter Größe (Objektmaßstab) betrachtet, mit dem anderen Auge an dem Tubus vorbei einen in der Objektebene gehaltenen Vergleichsmaßstab. Das gleichzeitige Beobachten zweier verschiedener Objekte erfordert ein wenig Übung.

Sicherstellen daß das Bild und der Vergleichsmaßstab in der gleichen Ebene liegen.

Ein Größenvergleich des virtuellen Bildes y'' des Objektmaßstabes und des Vergleichsmaßstabes in dieser Ebene liefert die Gesamtvergrößerung:

$$\Gamma_{\text{Mi}} = \frac{y''}{y} \;.$$

Man vergleiche die für verschiedene Kombinationen von Objektiven und Okularen gemessenen Werte mit der Gesamtvergrößerung, die man aus den angegebenen Daten für Objektive und Okulare berechnet.

Man verifiziere mit Hilfe der in Bild 35.1 dargestellten Konstruktion und experimentell am Mikroskop, daß das virtuelle Bild y'' unabhängig von seiner genauen Lage immer unter einem fast gleichen Sehwinkel betrachtet wird.

Objektiv: Abbildungsmaßstab und Brennweite

Zur Bestimmung des Abbildungsmaßstabes des Objektivs bildet man das Zwischenbild y' auf einer in den Mikroskoptubus anstelle des Okulars eingeführten Mattscheibe ab und vergleicht die Größe des Objektmaßstabes mit dem Bild.

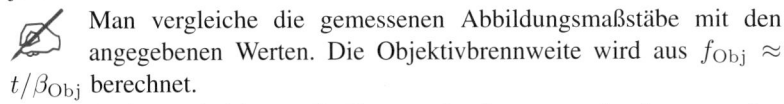

Man vergleiche die gemessenen Abbildungsmaßstäbe mit den angegebenen Werten. Die Objektivbrennweite wird aus $f_{\text{Obj}} \approx t/\beta_{\text{Obj}}$ berechnet.

Man diskutiere, wie hieraus die Brennweite f_{Obj} genau bestimmt werden kann, bzw. welche Schwierigkeiten dabei auftreten können? (Eine genauere Methode ist in 35.4 erläutert.)

Okular: Funktion der Feldlinse

Um den Einfluß der Feldlinse zu zeigen, läßt sich bei den verwendeten Mikroskopen die am Okular angebrachte Feldlinse abnehmen.

Man beschreibe die Unterschiede, die sich mit bzw. ohne Feldlinse ergeben, und begründe daraus die Funktion der Feldlinse.

35.2 Messung kleiner Längen (1/3)

Anwendung des Mikroskops, z. B. zur Messung des Durchmessers kleiner Bohrungen und der Abmessung von biologischen Zellstrukturen.

Geräte wie in Teilaufgabe 35.1, Metallstreifen mit Bohrungen verschiedener Durchmesser, Okular mit Maßstab in der Zwischenbildebene. Alternativ können auch die mikroskopischen Abmessungen von Zellen und anderen Strukturen biologischer Präparate bestimmt werden.

Der Okularmaßstab (in Glas geritzte Skala) wird durch Vergleich mit einem Objektmaßstab bekannter Größe kalibriert. Damit ist die Größe mikroskopischer Objekte meßbar. Die Kalibrierung läßt sich nur dann exakt ausführen, wenn sich die Skala am Ort des Zwischenbildes befindet, d. h. wenn Skala und Zwischenbild gleichzeitig scharf und parallaxenfrei gesehen werden.

Man bestimme den mittleren Durchmesser der Bohrungen sowie Abweichungen von der Rundheit und vergleiche mit den angegebenen Werten.

35.3 Brechzahlmessung mit dem Mikroskop (1/3)

Anwendung des Mikroskops zur Brechzahlmessung

Mikroskop mit mikrometrisch meßbar veränderlicher Feineinstellung des Tubus mit einem sog. Tubusmikrometer, das z. B. in 50 Teile geteilt ist. Eine volle Umdrehung dieser Stellschraube entspricht einer Hebung des Tubus z. B. um 0,2 mm, der Teilstrichabstand entspricht daher 4 μm.

Zur Brechzahlbestimmung stehen Glasplatten unterschiedlicher Dicke aus unterschiedlichem Material zur Verfügung.

Das Mikroskop wird zur Messung von Brechzahlen verwendet, indem eine dünne Platte des zu untersuchenden Materials der Dicke d, z. B. ein Objektträger, unter das Objektiv auf den Mikroskoptisch gelegt wird, Bild 35.4. Das Mikroskop wird zuerst auf die Oberseite der Platte scharf gestellt, indem Staubteilchen oder Kratzer beobachtet werden, anschließend auf die Unterseite. Zur Scharfstellung auf die Unterseite muß der Mikroskoptubus mit Objektiv und Okular um eine Strecke $d - h$ nach unten verschoben werden.

Anschließend wird die Platte entfernt und das Mikroskop auf die Oberseite des Mikroskoptisches scharf gestellt. Dazu muß der Mikroskoptubus insgesamt um die Plattendicke d nach unten verschoben werden, bezogen auf die Scharfstellung auf die Oberseite der Platte.

Einführen einer planparallelen Platte von der Dicke d bewirkt also eine Bildhebung vom Betrage h. Die Plattendicke kann zur Kontrolle auch mit einer Mikrometerschraube gemessen werden.

Aus der gemessenen Plattendicke und der Bildhebung h folgt für kleine Beobachtungswinkel α ($\approx$ Apertur) die Brechzahl n nach folgender Gleichung:

$$n \approx \frac{d}{d-h} \ .$$

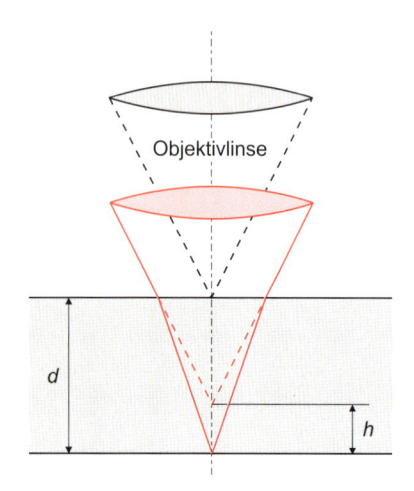

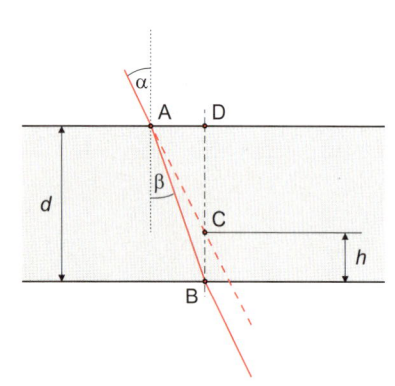

Bild 35.4. Bildhebung $h = \overline{BC}$ durch eine Platte mit der Dicke d. Aus dem Brechungsgesetz folgt $n\,\overline{DC} \approx d$, und daraus ergibt sich die Brechzahl n, wie im Text angegeben

Aus den Meßunsicherheiten von d und h ist die Genauigkeit dieser Methode der Brechzahlbestimmung abzuleiten.

35.4 Exakte Messung der Objektivbrennweite (1/3)

Brennweitenbestimmung eines Linsensystems, das als *dicke Linse* aufgefaßt werden kann.
Geräte wie bei Teilaufgabe 35.1

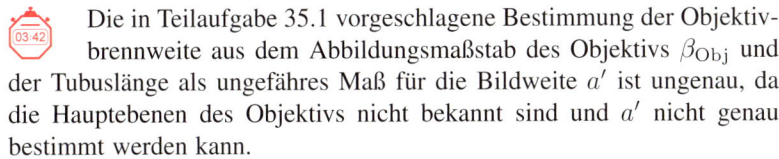

Die in Teilaufgabe 35.1 vorgeschlagene Bestimmung der Objektivbrennweite aus dem Abbildungsmaßstab des Objektivs β_{Obj} und der Tubuslänge als ungefähres Maß für die Bildweite a' ist ungenau, da die Hauptebenen des Objektivs nicht bekannt sind und a' nicht genau bestimmt werden kann.

Im folgenden wird nun gezeigt, daß trotz Unkenntnis der Hauptebenen des Objektivs eine exakte Bestimmung der Brennweite durchgeführt werden kann.

Von einer Mikrometerskala als Objekt wird das vergrößerte Zwischenbild auf einer Mattscheibe mit mm-Skala aufgefangen, die an einem Rohr sitzt, das in den Mikroskoptubus eingeführt wird, Bild 35.5. Die Entfernung ℓ der Mattscheibe vom Tubusende kann an einer Skala abgelesen werden. Der Abstand a' des Zwischenbildes ist damit bis auf eine unbekannte, aber apparativ konstante Länge x bestimmt.

Gibt man nun feste Werte für die Bildentfernung $a' = x + \ell$ vor, so kann jeweils die Gegenstandweite a durch Verstellen des Feintriebs des Mikroskops auf maximale Bildschärfe eingestellt werden. Der Abbildungsmaßstab β_{Obj} kann also als Funktion von $a' = x + \ell$ gemessen werden. Um einen großen Meßbereich abzudecken, sollte ℓ auch negative Werte annehmen, d. h. die Mattscheibe in den Tubus ragen.

Aus $f = a'/(1 + \beta_{Obj})$ folgt $f(1 + \beta_{Obj}) = a' = x + \ell$. Trägt man für eine Reihe von Messungen die Werte $\ell_1, \ell_2, \ell_3, \ldots$ über $\beta_1, \beta_2, \beta_3 \ldots$ auf, Bild 35.6, so hat die entstehende Gerade den Anstieg f. Der Fehler für f ist aus der Unsicherheit der Geradengleichung abzuschätzen.

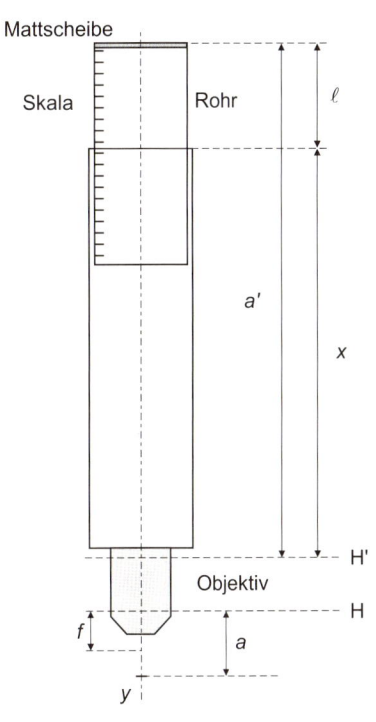

Bild 35.5. Meßanordnung zur Bestimmung des Abbildungsmaßstabes des Objektivs β_{Obj}

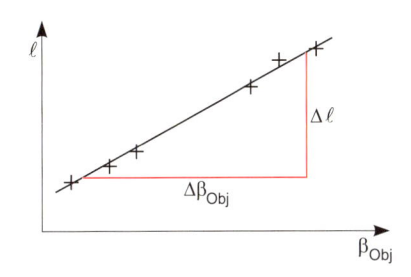

Bild 35.6. Genaue Brennweitenbestimmung für ein Mikroskopobjektiv

36. Mikroskop: Beleuchtung und Auflösung

🚩 *Vertieftes Verständnis der Funktion von Mikroskopen. Abbildung beleuchteter Objekte. Optimierung der Beleuchtung: Köhlerscher Strahlengang. Untersuchung des Auflösungsvermögens.*

📚 *Standardlehrbücher* (Stichworte: Mikroskopapertur, Köhlerscher Strahlengang, Blende, Pupille, Auflösungsvermögen),
Themenkreis 33: Linsen,
Themenkreis 34: Optische Geräte,
Themenkreis 35: Mikroskop: Vergrößerung.

📖 Beleuchtungsanordnung, Aperturen

Im allgemeinen werden mit dem Mikroskop Objekte untersucht, die nicht selbstleuchtend sind, sondern beleuchtet werden müssen. Die Beleuchtungsanordnung dient nun dazu, ein einerseits möglichst helles Bild mit andererseits optimalen Kontrasten und maximaler Auflösung zu erreichen. Als Lichtquelle kann man am bequemsten die Oberfläche einer stark mattierten Glühlampe verwenden, was eine gleichmäßig strahlende Fläche ergibt. Der größte Teil dieser Fläche ist jedoch zur Beleuchtung im Mikroskop gar nicht nutzbar. Eine bessere Lichtnutzung ist mit einer punktförmigen Lichtquelle möglich, die annähernd durch die Wendel einer nichtmattierten Glühlampe dargestellt werden kann. Dabei ist jedoch von Nachteil, daß die Wendel ungleichmäßig strahlt. Man muß dann dafür sorgen, daß das Objekt trotzdem gleichmäßig ausgeleuchtet wird. Dies kann mit dem sog. **Köhlerschen Strahlengang** erreicht werden.

Von einem selbstleuchtenden oder beleuchteten, punktförmigen Objekt nimmt das Objektiv maximal ein kegelförmiges Strahlenbündel mit dem Öffnungswinkel $2\alpha_{Obj}$ auf, Bild 36.1. Ist n_0 die Brechzahl des Mediums zwischen Objekt und Objektiv, so definiert man als dessen **numerische Apertur**:

$$NA = n_0 \sin \alpha_{Obj} \ .$$

Diese Größe spielt für das Auflösungsvermögen des Mikroskops eine entscheidende Rolle.

Wird ein nicht selbstleuchtendes Objekt mit einer (etwas) ausgedehnten Lichtquelle, z. B. der Wendel einer Glühlampe beleuchtet, dann ergibt

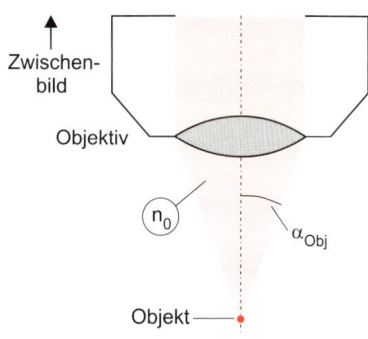

Bild 36.1. Zur Definition der numerischen Apertur eines Objektives. Zwischen dem punktförmigen Objekt und der Objektivlinse befindet sich ein Medium mit der Brechzahl n_0, meist Luft mit $n_0 \approx 1$ oder eine Immersionsflüssigkeit (z. B. Öl mit $n = 1,4$ bis $1,6$) für hohe Auflösung

sich ein ebenfalls kegelförmiges Beleuchtungsbündel mit einer sog. **Beleuchtungsapertur**, Bild 36.2:

$$NA_{\text{Bel}} = n_0 \sin \alpha_{\text{Bel}}\quad.$$

Nur die Strahlen, die das kleine Objekt durchsetzen, wirken bei der Bildentstehung mit. Die anderen Strahlen werden durch Blenden im Mikroskop entfernt, z. B. der punktierte Strahl in Bild 36.2. Falls $NA_{\text{Bel}} < NA$, wird die Objektivapertur nicht voll ausgenutzt und die höchstmögliche Auflösung nicht erreicht. Die beste Auflösung ergibt sich, wenn $NA_{\text{Bel}} \geq NA$ ist. Andererseits ergibt sich für wachsendes NA_{Bel}, insbesondere für $NA_{\text{Bel}} > NA$, eine Überstrahlung und Verminderung der Kontraste, wie auch im Versuch zu sehen. Es ist daher erwünscht, die Beleuchtungsapertur während des Mikroskopierens von kleinen bis zu großen Werten regeln zu können. Das wird erreicht mit Hilfe des **Kondensors**, dessen Aufbau und Funktion in Bild 36.3 dargestellt ist.

Mit einer kurzbrennweitigen Sammellinse wird das Lichtbündel von der relativ weit entfernten Lichtquelle auf das Objekt fokussiert, Bild 36.3. Ferner ist eine fest mit der Kondensorlinse verbundene Blende, die **Kondensoriris**, so angeordnet, daß ihr reelles Bild in die Objektivöffnung fällt. Durch Schließen dieser *Irisblende*, das ist eine Blende mit variabler Öffnung, kann man die Beleuchtungsapertur NA_{Bel} regeln und so z. B. $NA_{\text{Bel}} = NA$ einstellen.

Im Gesichtsfeld des Mikroskops ist die Kondensoriris natürlich nicht sichtbar, denn es wird ja die Objektebene und nicht die Objektivebene abgebildet; aber wenn man das Okular entfernt und in den Mikroskoptubus hineinschaut, kann man die zugezogene Irisblende als Bild in der Objektivebene sehen.

Von einem ausgedehnten Objekt sieht man im Mikroskop nur einen begrenzten Ausschnitt, das sog. **Gesichtsfeld**. Es ist deshalb nur notwendig, dieses kleine Gesichtsfeld im Objekt auszuleuchten. Wird mehr beleuchtet, so hat das auf die Helligkeit der Abbildung keinen Einfluß. Da aber zum Mikroskopieren hohe Leuchtdichten verwendet werden, ergibt sich durch Absorption eine stärkere Erwärmung des Präparates, als unbedingt notwendig ist, was häufig, besonders bei organischen Präparaten schadet. Es ist also günstig, das beleuchtete Objektfeld (Leuchtfeld) etwa annähernd gleich dem Gesichtsfeld zu machen. Dies erreicht man durch entsprechende Einstellungen der **Leuchtfeldblende**, die sich zwischen Lichtquelle und Objekt befindet, Bild 36.4.

Gesamtstrahlengang

Die gesamte Mikroskopanordnung mit einer einfachen Beleuchtungsanordnung nach Köhler zeigt Bild 36.4. Die Lichtquelle ist eine mattierte Glühlampe; dicht davor liegt die Leuchtfeldblende. Es folgen Kondensor, Objekt, Mikroskoptubus mit Objektiv und Okular. Ein oft vorhandener Umlenkspiegel im Beleuchtungsteil knickt nur den Strahlengang für eine seitliche Beleuchtung um und wird hier nicht berücksichtigt.

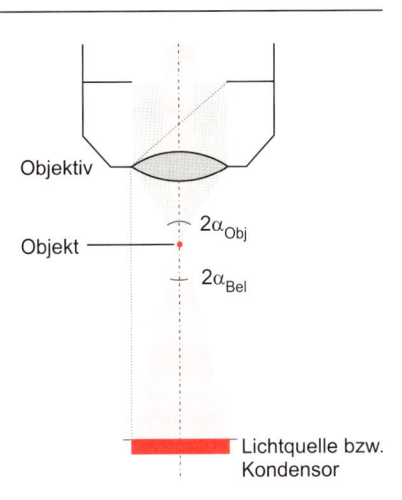

Bild 36.2. Zur Definition der Beleuchtungsapertur

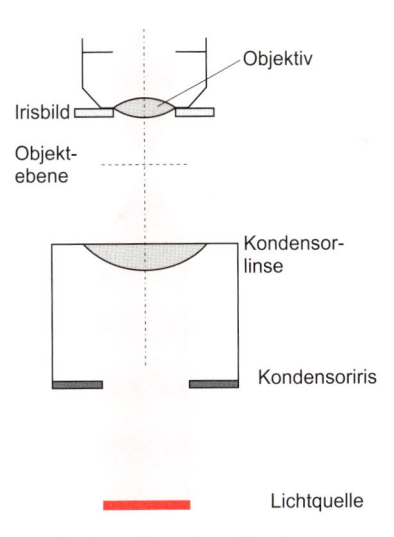

Bild 36.3. Aufbau eines Kondensors

36. Mikroskop: Beleuchtung und Auflösung

Bild 36.4. Mikroskop mit Hellfeldbeleuchtung (rechts), nicht maßstäblich. Bei der Dunkelfeldbeleuchtung (links) wird durch die Dunkelfeldblende der zentrale Bereich des zur Beleuchtung verwendeten Strahlenbündels ausgeblendet. Das zur Beleuchtung verwendete Strahlenbündel (grau gezeichnet) fällt so schräg auf das Objekt, daß es nicht das Objektiv passiert. In das Objektiv gelangt nur Licht von kleinen (auch submikroskopisch kleinen) Partikeln im Objekt, an denen Licht des Beleuchtungsstrahlenbündels seitlich gestreut wurde.

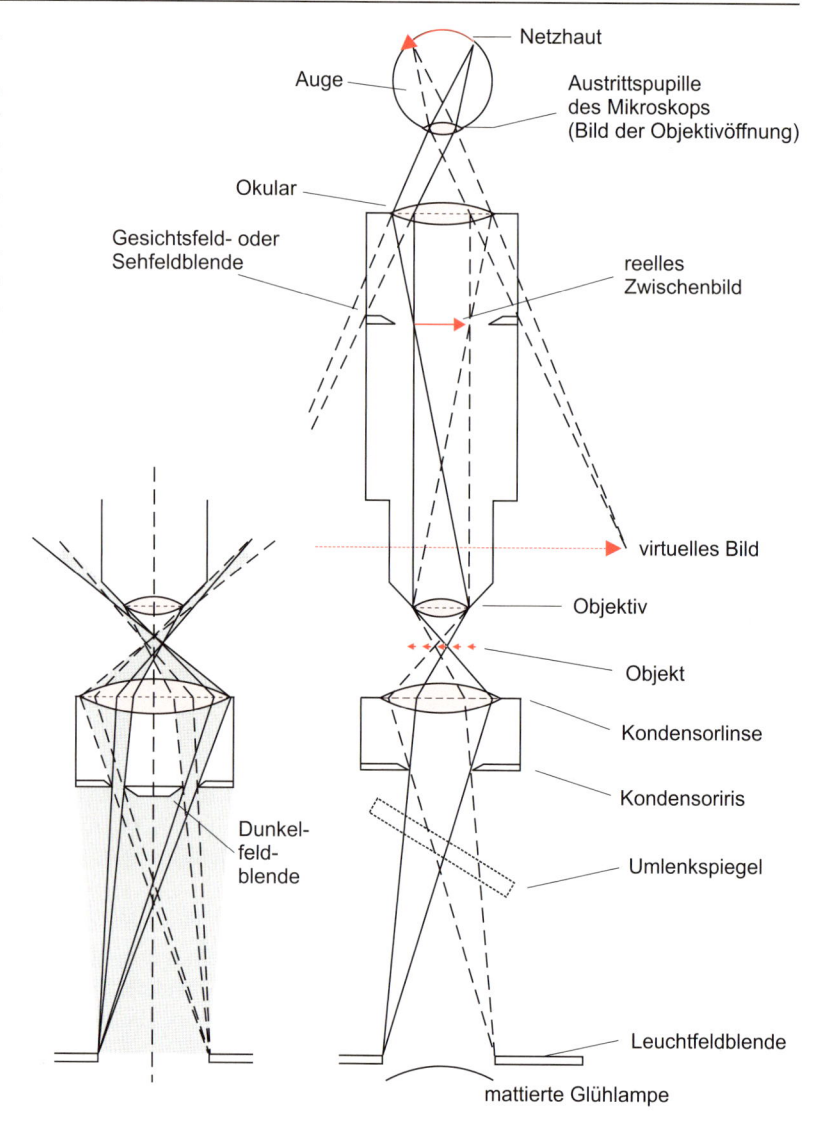

Die Leuchtfeldblende wird durch die Kondensorlinse in das Objekt abgebildet, das Objekt durch das Objektiv in das Zwischenbild, wo sich die Sehfeldblende befindet. Das Zwischenbild wird durch Okular und Augenlinse auf die Netzhaut abgebildet. Andererseits wird nach Bild 36.4 die Kondensoriris durch die Kondensorlinse in die Objektivöffnung abgebildet und diese wieder durch das Okular (stark verkleinert) in die *Austrittspupille* des Mikroskops (auch Augenkreis genannt), in welche man die Augenlinse bringt.

Die erste Blendengruppe liegt in Ebenen, die der *Objektebene* optisch konjugiert sind, d.h. diese Ebenen werden durch Linsen oder Objektive aufeinander abgebildet. Die „kleinste" dieser Blenden begrenzt das

Gesichtsfeld des Geräts. Sie wird Gesichtsfeldblende oder auch *Luke* genannt.

Die zweite Blendengruppe liegt in Ebenen, die der Ebene der *Objektivfassung* optisch konjugiert sind. Die „kleinste" von diesen wirkt als Öffnungsblende (auch *Pupille* genannt) und bestimmt den Öffnungswinkel (d. h. die *Apertur*) des ganzen Systems, was einerseits für die Bildhelligkeit und andererseits für das Auflösungsvermögen wichtig ist. Die Pupille ist natürlich nicht im Gesichtsfeld sichtbar.

Die optimale Justierung liegt dann vor, wenn die Blenden jeweils einer Gruppe eine einander entsprechende Größe haben, d. h. daß das Verhältnis der Blendendurchmesser gleich dem jeweiligen Abbildungsmaßstab der dazwischen liegenden Linse (bzw. des Objektivs) ist. Eine solche optimale Hellfeldbeleuchtung soll in der Aufgabe praktisch einjustiert werden: Beleuchtungsanordnung nach Köhler.

- Eine professionelle Mikroskopbeleuchtung (nach Köhler) benutzt statt der mattierten Glühlampe als gleichmäßig leuchtende Fläche eine Linse (sog. Kollektorlinse), mit der eine Lichtquelle mit kleiner Leuchtfläche (Wendel) auf die Kondensoriris vergrößert abgebildet wird. Hierdurch wird die Lichtausnutzung und Bildhelligkeit auf ein Vielfaches erhöht. Bei den Praktikumsexperimenten ist das aber nicht notwendig, da nicht bis zur höchsten Vergrößerung gegangen und auch keine Mikroprojektion ausgeführt wird.

- Ungeübte Mikroskopbenutzer versuchen häufig fälschlich, die Änderung der Helligkeit durch Verstellen der Höhe des Kondensors zu erreichen. Dabei wird jedoch die gesamte Köhlersche Beleuchtungsanordnung dejustiert. Zur Helligkeitsregelung benutzt man Graugläser oder Mattscheiben im Strahlengang.

Dunkelfeldbeleuchtung

Mit Hilfe der Dunkelfeldbeleuchtung gelingt es, geeignete Objekte im Mikroskop zu sehen, die wegen ihrer Kleinheit im Hellfeld-Mikroskop nicht zu sehen sind. Fällt z. B. paralleles Licht auf kleine Objektteilchen, so wird immer ein gewisser Anteil des Lichtes durch Beugung oder auch durch Brechung gestreut und aus der ursprünglichen Richtung abgelenkt. Wählt man nun eine Beleuchtung (wie in Bild 36.4 links gezeichnet), bei der das direkt auf das Objektiv zielende Licht durch eine Zentralblende abgedeckt ist, so muß das Gesichtsfeld im allgemeinen dunkel erscheinen. Sind aber streuende Teilchen im Objekt vorhanden, so gelangt Licht, von diesen ausgehend, in das Objektiv, und die Teilchen erscheinen hell auf dunklem Grund (Dunkelfeld). Zum Übergang von der Hell- zur Dunkelfeldbeleuchtung ist es also nur nötig, eine passende Zentralblende in die Ebene der Kondensoriris einzufügen, die gerade so groß ist, daß ihr Bild die Objektivöffnung überdeckt, und die Kondensoriris genügend weit zu öffnen.

📖 Auflösung des Mikroskops

Das *örtliche Auflösungsvermögen* kennzeichnet den kleinsten (Winkel-)Abstand zweier Punkte, die bei Betrachtung durch das Mikroskop noch als getrennt wahrgenommen werden. Die Auflösung ist durch Beugung begrenzt.

Bei jeder Lichtbündelbegrenzung tritt eine Beugung auf, die von der Größe der begrenzenden Öffnung abhängig ist. Auch hier beim Mikroskop tritt eine derartige Beugung auf, und zwar an der das Objektiv begrenzenden Öffnung bzw. an der Aperturblende oder Eintrittspupille, die sich auch einige cm hinter der Objektivebene befinden kann. Von einem punktförmigen Objekt P entsteht dann also nicht nur das reguläre Bild P′, sondern noch eine Reihe von ringförmigen Interferenzmaxima in höheren Ordnungen, siehe Bild 36.5.

Der erste dunkle Ring hat einen Winkelabstand α_m von P′, gegeben durch

$$\sin \alpha_m = 1{,}22 \frac{\lambda_0}{a} \approx \frac{\lambda_0}{a} \quad .$$

Dabei ist λ_0 die Wellenlänge.

Ein dem Punkt P benachbarter Punkt Q wird nun üblicherweise dann als von P getrennt betrachtet, wenn sein Bildpunkt Q′ mindestens in das erste Minimum der zu P′ gehörenden Beugungsfigur fällt, d. h. wenn sein Winkelabstand ε von P größer oder mindestens gleich α_m ist, also wenn gilt:

$$\sin \varepsilon \geq \frac{\lambda_0}{a} \quad .$$

Es ist nun zweckmäßig, die experimentell schlecht zugängliche Größe ε durch den kleinstmöglichen noch trennbaren Abstand h zu ersetzen:

$$\sin \varepsilon \approx \tan \varepsilon = \frac{h}{f} \geq \frac{\lambda_0}{a} \quad .$$

Da bei starken Vergrößerungen beim Mikroskop auf der Objektseite häufig eine Immersionsflüssigkeit benutzt wird, müssen die Brechzahlen auf der Objekt- (n_0) und auf der Bildseite ($n \approx 1$) unterschieden werden. Damit ist $\lambda_0 = \lambda/n_0$. Der Durchmesser a des Objektivs läßt sich durch die weiter vorn definierte numerische Apertur $NA = n_0 \sin \alpha_{\text{Obj}}$ ausdrücken

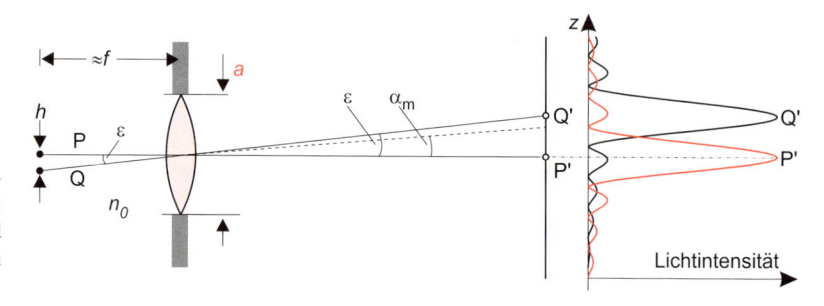

Bild 36.5. Zur Berechnung des Auflösungsvermögens eines Mikroskops: Damit die beiden Bildpunkte P′ und Q′ vom Auge getrennt wahrgenommen werden, muß $\varepsilon > \alpha_m$ gelten

$$a \approx 2f \tan \alpha_{\text{Obj}} \approx 2f \sin \alpha_{\text{Obj}} = \frac{2fNA}{n_0} \quad .$$

Aus den beiden vorstehenden Gleichungen ergibt sich

der kleinstmögliche auflösbare Abstand

$$h \geq \frac{\lambda}{2n_0 \sin \alpha_{\text{Obj}}} = \frac{\lambda}{2NA} \quad .$$

NA kann nie wesentlich über den Wert 1 hinausgehen, so daß die kleinstmöglichen, von einem Mikroskop auflösbaren Distanzen etwa halb so groß wie die verwendete Wellenlänge sind.

Hohes Auflösungsvermögen erfordert daher die Verwendung kurzer Wellenlängen. Mit grün-blauem Licht einer Wellenlänge von etwa 500 nm lassen sich z. B. Abstände von 200 bis 300 nm auflösen. Wesentlich besseres Auflösungsvermögen haben Elektronenmikroskope, da Elektronen je nach ihrer Geschwindigkeit Wellenlängen z. B. von $1\,\text{Å} = 0{,}1\,\text{nm}$ und weniger besitzen.

36.1 Beleuchtung (1/2)

Vertieftes Verständnis für die Eigenschaften eines Mikroskops sowie die numerische Apertur des Objektivs. Mikroskopbeleuchtung, Köhlerscher Strahlengang. Dunkelfeld-Verfahren.

Mikroskop mit 2 Objektiven, 2 Okulare. Tubus mit Mattscheibe, 2 Objektmikrometer, Diatomeenpräparat, Messingblech mit Steinbohrung, Dunkelfeldblende, Grauglas, Objektivzwischenstück mit Blenden und einer Fassung, Glühlampe, Papiermaßstab, Leuchtfeldblenden.

Justierung einer Hellfeldbeleuchtung

Es kommt bei dieser Aufgabe weniger darauf an, exakte Messungen zu machen, als vielmehr die Funktionen des Mikroskops in ihren Einzelheiten und Anwendungen kennenzulernen.

Lichtquelle (stark mattierte Glühlampe) mit Leuchtfeldblendenhalter (ohne Blende) und Mikroskop - z. B. versehen mit Objektiv 10x und Okular 10x - zentrieren und aneinander grenzend aufstellen. (Aus Gründen der entspannteren Beobachtung kann der Mikroskoptubus um 30° bis 45° gekippt werden.) Der Kondensor ist so einzusetzen, daß der Irishebel zwischen vorn und rechts verstellt werden kann.

⚠ Vorsicht bei Schwenken des Mikroskops in die Horizontale! Nur am Stativbügel anfassen und nicht am Tubus; Feintrieb sonst gefährdet. Die Irisblendenbleche dürfen nicht berührt werden.

Präparat (Objektmikrometer, Teilung 1/20 mm) einlegen und zentrieren; Planspiegel so einstellen, daß das Licht in das Objektiv fällt; Mikroskop auf die Objektskala scharf stellen, mit offener Leuchtfeldblende und offener Kondensoriris.

Kleinste Leuchtfeldblende einsetzen; Höheneinstellung des Kondensors verändern, bis ein scharfes Bild der kreisförmigen Leuchtfeldblende im Gesichtsfeld erscheint; genaues Zentrieren durch Nachstellen des Planspiegels.

Bewegen der Leuchtfeldblende zeigt, daß es sich tatsächlich um ein reelles Bild dieser Blende handelt. Ein schwaches Doppelbild kann durch Reflexion des zur Beleuchtung verwendeten Lichtes an der Glasvorderseite des rückseitig versilberten Umlenkspiegel bedingt sein; farbige Ränder durch Linsenfehler des Kondensors.

Austauschen der kleinen Leuchtfeldblende gegen größere, bis etwa gerade das gesamte Gesichtsfeld des Mikroskops ausgeleuchtet ist.

Kondensoriris schließen und nach Herausnehmen des Okulares deren Bild in der Objektivöffnung beobachten. Öffnen der Iris, bis deren Rand mit dem Objektivrand zusammenzufallen scheint: Dann ist gerade $NA_{Bel} = NA_{Obj}$.

Okular wieder einsetzen. Hellfeldbeleuchtung ist damit bezüglich Helligkeit und Auflösung optimal justiert. Sollte das Bild zu hell erscheinen, so kann man ein Grauglas zwischen Leuchtfeldblende und Blendenhalter in den Strahlengang einschieben. Die Bildhelligkeit sollte nicht durch Veränderung der Kondensorhöheneinstellung vermindert werden, da hierdurch die Beleutungsapertur NA_{Bel} verändert wird.

Versuche im Hellfeld

Man bringe dicht über das Okular eine Mattscheibe; Lage und Größe der Austrittspupille lassen sich nachweisen. Verschiedene Okulare, z. B. 10×, 6× und 6× ohne Feldlinse anwenden. Im letzten Fall bringe man das Auge vor, in und hinter die Austrittspupille und beobachte die Größe und Beweglichkeit des Gesichtsfeldes. Beobachtungen notieren.

Austauschen des Objektmikrometers gegen das Diatomeenpräparat und eventuell nachjustieren. Weiteres Öffnen der Kondensoriris, während man z. B. durch das Okular 10× sieht, also $NA_{Bel} > NA_{Obj}$, ergibt wachsende Überstrahlung und Verminderung der Kontraste.

Schließen der Blende, also $NA_{Bel} < NA_{Obj}$: Kontraste werden besser, aber die Auflösung wird etwas geringer, was allerdings bei den verwendeten Objekten nur bei genauer Betrachtung bei kleinster NA_{Bel} nachweisbar ist.

Diatomeen betrachten; von Objektiv 10× auf Objektiv 40× umschalten. Die Halterung ist so gut justiert, daß dann das gleiche Objekt in verschiedener Vergrößerung in der Mitte des Gesichtsfeldes abgebildet wird. Man beachte die Erhöhung des Auflösungsvermögens.

Justierung einer Dunkelfeldbeleuchtung

Objektiv, z. B. 10×, wählen; Okular herausnehmen und wieder mit der Kondensoriris $NA_{\text{Bel}} = NA_{\text{Obj}}$ einstellen. Horizontallegen des Mikroskops; Durchmesser der Kondensoriris in dieser Einstellung grob, d. h. auf ± 1 mm ausmessen. So groß muß die Dunkelfeldblende mindestens sein, die das direkt in das Objektiv einfallende Licht abblenden soll.

Mikroskop wieder aufrichten und nachjustieren. Durchmesser der vorhandenen Dunkelfeldblende ausmessen (zum Vergleich mit Kondensoriris). Einlegen der Blende in den Blendenhalter und diesen in den Strahlengang schwenken, während man in den Tubus ohne Okular sieht; Kondensoriris weiter öffnen. Okular einsetzen: Mikroskop zeigt Dunkelfeldbild.

Vergleichen von Hell- und Dunkelfeldbildern durch Aus- und Einschwenken des Blendenhalters und eventuell entsprechendes Öffnen und Schließen der Kondensoriris, ohne das Auge vom Okular zu nehmen.

Man beachte im Dunkelfeld das schwach blaue Leuchten bei bestimmten Diatomeenarten.

Angabe des Durchmessers der Kondensoriris bei Hellfeldbeleuchtung mit $NA_{\text{Bel}} = NA_{\text{Obj}}$ für Objektiv 10×.

Durchmesser der gegebenen Dunkelfeldblende diskutieren: Warum ist sie größer als der Durchmesser der Kondensoriris für $NA_{\text{Bel}} = NA_{\text{Obj}}$?

36.2 Apertur der Objektive (1/2)

Messung der Apertur von Mikroskopobjektiven zur Berechnung des kleinsten auflösbaren Abstandes.

Mikroskop mit Objektiven, z. B. 10× und 40×. Dünnes Blech mit Bohrung als Blende. Glühlampe, auf Skala verschiebbar.

Es ist $NA = n_0 \sin \alpha_0$. Für Objektive ohne Immersionsflüssigkeit ist $n_0 = 1$ (Luft). Es ist also nur α_0 zu bestimmen. Dies geschieht folgendermaßen, Bild 36.6: Man stellt das Mikroskop mit irgendeinem Okular auf ein kreisförmiges Loch in einem dünnen Blech scharf ein. Diese Blende Bl stellt also den Ort eines bei normaler Benutzung beobachteten Objektpunktes dar. Dann entfernt man vorsichtig das Okular und die normale Beleuchtungsanordnung, ohne an der Stellung der Lochblende und des Objektivs etwas zu ändern, und stellt das Mikroskop horizontal.

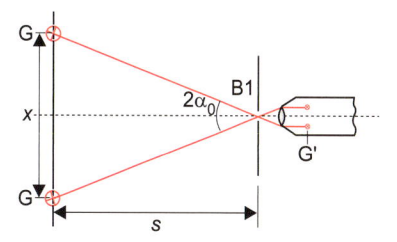

Bild 36.6. Anordnung zur Messung der Apertur

Das Licht einer auf einer Skala verschiebbaren Glühlampe G läßt man durch die Blende Bl in das Objektiv fallen und liest die Stellungen der Lampe ab, bei denen sie in den Bereich des Öffnungswinkels $2\alpha_0$ tritt. Dies ist daran zu erkennen, daß beim Einblick in den okularlosen Tubus hinter dem Objektiv das stark verkleinerte Bild G' der Lampe gerade erscheint bzw. verschwindet. Aus dem Abstand x der beiden Grenzstellungen der Lampe folgt für den Aperturwinkel α_0:

$$\sin \alpha_0 = \frac{x}{2s\sqrt{1 + \frac{x^2}{4s^2}}} \quad .$$

> Gemessene Aperturen z. B. der Objektive 10× und 40× angeben. Hieraus werden die kleinsten auflösbaren Abstände h berechnet.

36.3 Zusammenhang zwischen Auflösungsvermögen und Objektivapertur (1/2)

Messung des kleinsten auflösbaren Abstandes, z. B. von zwei Teilstrichen einer feinen Skala auf Glas, Objektmikrometer genannt.

Mikroskop mit verschiedenen Objektiven und Okularen und Beleuchtungsanordnungen. Blenden zur Verkleinerung der Objektivapertur. Objektmikrometer z. B. mit Teilstrichen im Abstand von 0,01 mm. Diatomeen-Präparat zur qualitativen Beobachtung der Grenze zwischen förderlicher und leerer Vergrößerung.

Wenn vom Objekt das Licht nur von zwei Punkten P und Q im Abstand h ausgeht, werden sich im Bild zwei Beugungsfiguren im Abstand h' ergeben, die sich überlagern. Zwei Bildpunkte werden nach Rayleigh als gerade aufgelöst betrachtet, wenn das Intensitätsmaximum des einen mit dem 1. Minimum des anderen zusammenfällt. In diesem Fall ergibt nun eine genaue Rechnung die in Bild 36.7 oben (ausgezogen) dargestellte Gesamtintensitätsverteilung. Die Höhe der Einsattelung des Zwischenminimums zwischen den beiden Maxima beträgt hierbei etwa 80% des Maximalwertes. Ein Erkennen als verschiedene Punkte ist gerade noch möglich, hängt allerdings auch von der Empfindlichkeit des Auges oder der Fotoplatte ab.

Eine bessere Auflösung der beiden Punkte ergibt sich, wenn das nullte Beugungsmaximum des einen Punktes in das zweite Minimum des anderen fällt, Bild 36.7 unten. In diesem Fall bildet sich zwischen den beiden Maxima ein absolutes Minimum aus, und daher können die Punkte ganz sicher getrennt werden. Für diesen Fall ergibt sich als kleinste auflösbare Strecke h gerade der doppelte Wert.

Es gibt also keine scharfe Grenze des Auflösungsvermögens, sondern nur einen gewissen kritischen Bereich der Auflösung, der etwa gegeben ist durch:

$$\frac{\lambda}{2NA} < h < \frac{\lambda}{NA} \quad .$$

Durch Messung der Größen h, NA kann man diese Ungleichungen prüfen und aus der Tatsache, wie nahe man der unteren Grenze kommt, die Gültigkeit des **Rayleighschen Auflösungskriteriums** empirisch untersuchen.

Zur Messung wird die Objektivapertur NA durch Einschieben von Lochblenden sukzessiv verkleinert und so derjenige Blendendurchmesser d_x (=wirksamer Objektivdurchmesser) bestimmt, bei dem zwei Objekte im Abstand $h = 1/100$ mm (Objektmikrometerskala) gerade noch aufgelöst werden. Aus d_x läßt sich $NA_x = (NA_1/d_1)d_x$ bestimmen. Für die Wellenlänge rechnen wir mit einem mittleren Wert $\lambda = 0{,}6$ μm.

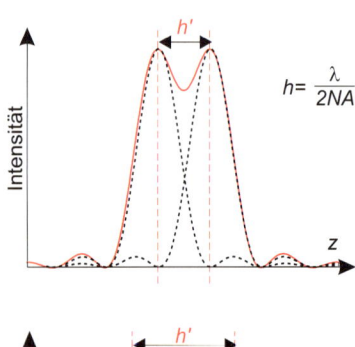

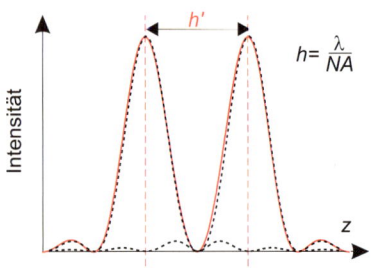

Bild 36.7. Zum Auflösungsvermögen: Intensitätsverteilung von zwei Bildpunkten P′ und Q′ in der Zwischenbildebene (Koordinate z). Der Abstand der zugehörigen Gegenstandspunkte ist h

Hinweis: Okular 10×; Kondensor so einsetzen, daß Kondensoriris genügend verstellt werden kann; Umlenkspiegel einsetzen. Die Beleuchtungsanordnung ist nicht kritisch (Hellfeld). Kondensoriris nicht zu stark schließen.

Durch Heben und Senken des Tubus ist keine Schärfenverbesserung zu erreichen. Die Schärfentiefe nimmt mit dem Abblenden wesentlich zu.

Förderliche und leere Vergrößerung Die Vergrößerung eines mit dem Auge betrachteten virtuellen mikroskopischen Bildes sollte so weit getrieben werden, daß die kleinsten, vom Mikroskop aufgelösten Strecken im Bild gerade so stark vergrößert sind, daß sie etwas über dem Auflösungsvermögen des Auges liegen. In diesem Fall wird also das Bild auch bei höherer Vergrößerung (bei gleicher Objektivapertur durch Verwendung eines stärker vergrößernden Okulars erreichbar) dem Auge keine weiteren Einzelheiten mehr zeigen. Diesen Fall nennt man *leere Vergrößerung*. Üblicherweise sind die Objektivaperturen schon entsprechend abgestimmt.

Zur qualitativen Beobachtung stelle man ein Diatomeenpräparat scharf; Objektivapertur mit Hilfe der Lochblenden verkleinern und die schwindende Auflösung beobachten: Bei welcher Blende stellt man erstmalig eine Verschlechterung des Bildes in den feinsten, noch gerade erkennbaren Einzelheiten fest? Bei dieser Blende (und damit der entsprechenden Objektivapertur) hätte es also keinen Sinn mehr, die jetzt vorhandene Vergrößerung (z. B. $\beta_{\text{Obj}} = 100\text{x}$) noch zu erhöhen. Eine erhöhte Vergrößerung wäre dann eine sog. leere Vergrößerung.

Die experimentell bestimmte Apertur angeben, bei der die Strecke $h = 1/100\,\text{mm}$ (= 1 Skalenteil) gerade noch aufgelöst wurde. Liegt h in dem o. a. Bereich?

Bei welchem *NA* liegt die Grenze zwischen förderlicher und leerer Vergrößerung bei $\Gamma_{\text{Mi}} = 100$?

37. Dispersion und Prismenspektrometer

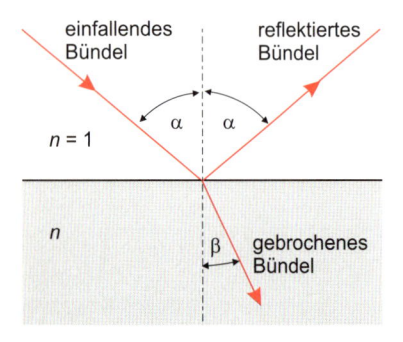

Bild 37.1. Brechung und Reflexion eines Lichtstrahls an einer optischen Grenzfläche

Untersuchung der Wellenlängenabhängigkeit der Lichtbrechung an einem Prisma; Verwendung eines Prismas für spektroskopische Messungen.

Standardlehrbücher (Stichworte: Brechung, Dispersion, Prisma, Spektrometer, spektrales Auflösungsvermögen),
Themenkreis 33: Linsen,
Demtröder: Experimentalphysik,
Schmidt: Optische Spektroskopie.

Lichtbrechung und Dispersion

Die Ablenkung eines Lichtbündels beim Durchgang durch die Grenzfläche eines Materials gegen Vakuum bzw. Luft bezeichnet man als *Brechung*, Bild 37.1. Sie wird quantitativ beschrieben durch das

$$\text{Snelliussches Brechungsgesetz:} \quad \frac{\sin \alpha}{\sin \beta} = \text{const.} = n \quad .$$

Die Konstante n heißt die **Brechzahl** des Materials; sie wird auch als Brechungsindex bezeichnet. Ursache für die Brechung ist die Materialabhängigkeit der *Phasengeschwindigkeit* c des Lichts. Es gilt:

$$c = \frac{c_0}{n} \quad (c_0 : \text{Lichtgeschwindigkeit im Vakuum}).$$

Hieraus folgt wegen $c = \lambda f$ für die Wellenlänge λ im Material die Beziehung $\lambda = \lambda_0/n$. Hierbei ist f die Frequenz der Lichtwelle.

Man findet im Experiment, daß die Brechzahl wellenlängenabhängig ist, das heißt zugleich, daß sich die Phasengeschwindigkeit des Lichts in Materie mit der Wellenlänge ändert. Diese Erscheinung wird als **Dispersion** bezeichnet:

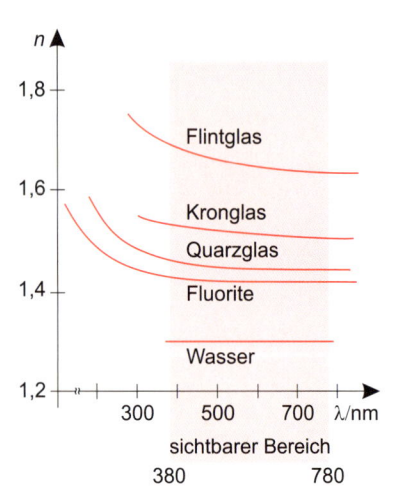

$$n = n(\lambda) \quad .$$

Bild 37.2. Dispersionskurven für verschiedene Stoffe im Bereich der normalen Dispersion

Bild 37.2 zeigt *Dispersionskurven* für verschiedene optische Materialien. In den dargestellten Beispielen nimmt die Brechzahl mit wachsender Wellenlänge ab, man spricht von *normaler Dispersion*: $dn/d\lambda < 0$.

Will man optische Materialien charakterisieren, so benutzt man als Kennzahl für die Brechung die *Hauptbrechzahl* n_e, das ist die Brechzahl für die Wellenlänge $\lambda = 546{,}1$ nm (grüne Hg-Spektrallinie). Als Kennzahl für die Dispersion definiert man die

Abbesche Zahl $\quad \nu_\mathrm{e} = \dfrac{n_\mathrm{e} - 1}{n_{\mathrm{F}'} - n_{\mathrm{C}'}}$,

worin die Brechzahldifferenz zwischen $\lambda_{\mathrm{F}'} = 480{,}0$ nm: blau und $\lambda_{\mathrm{C}'} = 643{,}8$ nm: rot eingeht. Diese wird auch als *Hauptdispersion* bezeichnet.

Das Phänomen der Dispersion läßt sich für die spektrale Analyse von Stoffen nutzen, eine Aufgabe, die z. B. in der Umweltanalytik eine wichtige Bedeutung hat. Für quantitative Messungen kann man dabei z. B. ein Prismenspektrometer einsetzen.

Prismenspektrometer

Wichtigstes Bauelement eines Prismenspektrometers ist ein Glasprisma mit dreieckiger Grundfläche. Bild 37.3 zeigt die Ebene eines Hauptschnitts eines solchen Prismas mit dem brechenden Winkel γ. Eingezeichnet ist ferner die Achse eines von links unter dem Einfallswinkel α_1 einfallenden Parallel-Lichtbündels. Dieses erfährt durch die zweimalige Brechung eine Gesamtablenkung δ gegenüber der Einfallsrichtung. Für δ gilt:

$$\delta = \alpha_1 - \beta_1 + \alpha_2 - \beta_2 = \alpha_1 + \alpha_2 - \gamma, \quad \text{da } \beta_1 + \beta_2 = \gamma \ .$$

Verändert man nun im Experiment den Einfallswinkel, so beobachtet man, daß es eine Einstellung gibt, für die δ minimal wird. In Übereinstimmung mit der hier nicht gezeigten theoretischen Herleitung tritt dieses **Minimum der Ablenkung** bei symmetrischem Durchgang des Lichtes auf, dabei verläuft das Lichtbündel innerhalb des Prismas senkrecht zur Winkelhalbierenden des brechenden Winkels γ, Bild 37.4. Für diesen Fall gilt:

$$\begin{aligned}\delta_\min &= 2\alpha - \gamma \\ \Rightarrow \alpha &= \tfrac{1}{2}(\delta_\min + \gamma),\end{aligned}$$

so daß sich das Brechungsgesetz $n = \sin\alpha/\sin\beta$ in der folgenden Form schreiben läßt:

Fraunhofer Formel: $\quad n = \dfrac{\sin \tfrac{1}{2}(\delta_\min + \gamma)}{\sin \tfrac{1}{2}\gamma}$.

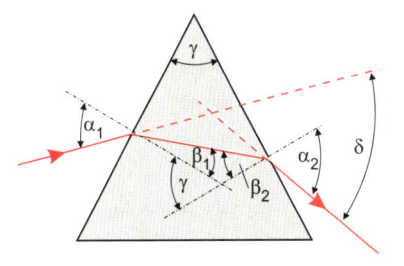

Bild 37.3. Strahlengang beim Durchgang durch ein Prisma

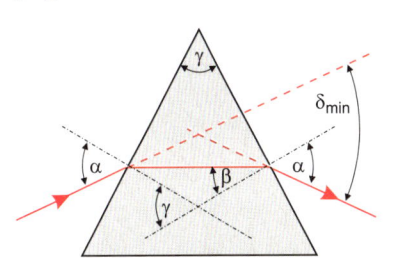

Bild 37.4. Prismenstrahlengang beim Minimum der Ablenkung

Bei Kenntnis des brechenden Winkels γ läßt sich so aus der Messung der Gesamtablenkung $\delta_\min$ die Brechzahl n des Prismenmaterials mit hoher Genauigkeit bestimmen.

Wegen der Dispersion des Prismenmaterials hängen die Brechzahl n und damit auch der Ablenkungswinkel $\delta_\min$ von der Wellenlänge der Strahlung ab. Benutzt man weißes Licht, so beobachtet man nach dem Durchgang durch das Prisma die **spektrale Zerlegung** des Lichtes. Dabei wird im Bereich normaler Dispersion blaues, d. h. kurzwelliges Licht stärker abgelenkt als rotes:

Bild 37.5. Strahlengang in einem Prismenspektrometer mit einem 30° Prisma

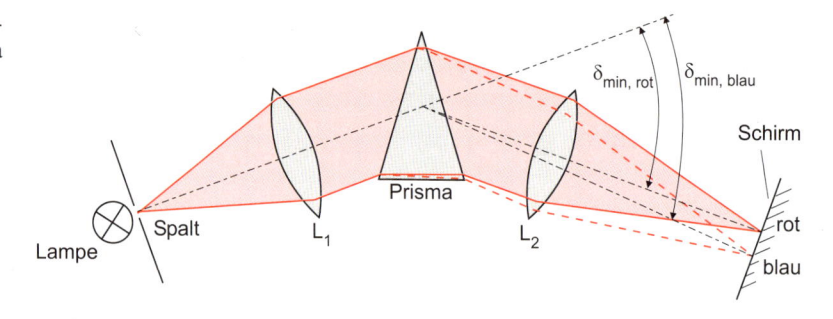

$$\delta_{\min}(\text{blau}) > \delta_{\min}(\text{rot}) \quad .$$

Kennt man nun die Dispersionskurve $n(\lambda)$ des benutzten Prismenmaterials, so läßt sich aus der Messung der Winkelverteilung der Strahlungsintensität das Emissionsspektrum der Lichtquelle bestimmen.

Bild 37.5 zeigt ein Prisma im Strahlengang eines **Prismenspektrometers**. Als Lichtquelle dient ein mit dem zu untersuchenden Licht beleuchteter *Eintrittsspalt*, der im Brennpunkt einer Kollimatorlinse L_1 liegt, so daß das Licht als Parallelbündel auf die eine brechende Fläche des Prismas fällt. Das durch die zweimalige Brechung abgelenkte Lichtbündel wird in der Brennebene einer zweiten Linse L_2 wieder fokussiert, so daß auf dem Schirm eine optische Abbildung des Eintrittsspaltes entsteht.

Ist das Licht nicht monochromatisch, sondern enthält mehrere Emissionswellenlängen, gibt es wegen der *Dispersion* je nach Wellenlänge einen anderen Ablenkwinkel z. B. δ_{rot} oder δ_{blau} und damit auch eine örtlich versetzte Abbildung. In der Brennebene der Linse L_2 entsteht so nebeneinander eine Abfolge von Spaltbildern in unterschiedlichen Farben. Im Bild 37.5 sind zwei Emissionswellenlängen angenommen, eine im roten und eine im blauen Spektralbereich. Eine Lichtquelle mit einem kontinuierlichen Spektrum liefert entsprechend ein spektrales Band, das nichts anderes ist als eine kontinuierlich dichte Folge solcher Spaltbilder.

Aus der Messung des minimalen Ablenkwinkels $\delta_{\min}$ für jedes Spaltbild kann man mit Hilfe der Fraunhofer-Formel die jeweils zugehörige Brechzahl berechnen und so die Dispersionskurve aufnehmen, wenn man die Wellenlängen kennt.

In der meßtechnischen Praxis allerdings werden (Prismen-)Spektrometer meistens umgekehrt dazu eingesetzt, Spektren von Lichtquellen, d. h. die Wellenlängenverteilung der emittierten Strahlungsleistung zu vermessen. Hierzu muß man die Dispersionskurve des Prismenmaterials bereits genau kennen und kann dann aus der präzisen Messung des Ablenkwinkels die zugehörige Wellenlänge bestimmen.

Für die Messungen in dieser Aufgabe wird eine Anordnung mit einem **Goniometer** entsprechend Bild 37.6 benutzt. Der *Kollimator* sorgt für die oben beschriebene Erzeugung eines Parallel-Lichtbündels. Zur Beobachtung des abgelenkten Lichtbündels hinter dem Prisma dient ein (Kep-

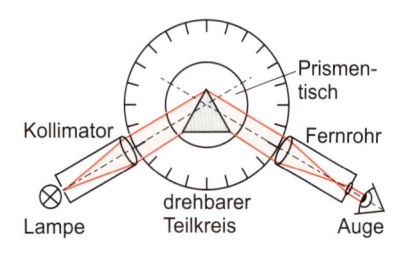

Bild 37.6. Goniometeranordnung für ein Prismenspektrometer

lersches) Ablesefernrohr. Dessen Objektiv entwirft in seiner Brennebene Bilder des Kollimator-Eintrittsspaltes, die mit dem als Lupe wirkenden Okular betrachtet werden.

📖 Spektrales Auflösungsvermögen

Bei der Verwendung eines Spektrometers zur spektralen Analyse von Lichtquellen mit eng benachbarten Emissionsbereichen stellt man fest, daß es auch bei Vermeidung von Linsenfehlern eine untere Grenze für die *spektrale Auflösung* gibt. Ursache dafür ist die Beugung. Aufgrund der seitlichen Begrenzung des Lichtbündels (Breite d der Aperturblende) durch die optischen Bauteile im Strahlengang entsteht in der Bildebene auch bei monochromatischer Strahlung kein beliebig scharf begrenztes Spaltbild, sondern eine Beugungsfigur mit Nebenmaxima und -minima, wie sie für die Spaltbeugung typisch ist. Um die Spaltbilder für zwei benachbarte Wellenlängen λ_1 und λ_2 in der Bildebene räumlich noch trennen zu können, muß ihr Wellenlängenabstand $\Delta\lambda = |\lambda_1 - \lambda_2|$ so groß sein, daß in der Bildebene das Maximum nullter Ordnung von λ_2 mindestens in das erste Nebenminimum von λ_1 fällt (*Rayleigh-Kriterium*), Bild 37.7. Aus der Theorie für die Beugung am Spalt (s. *Themenkreis 40*: Beugung am Einfachspalt) folgt als Bedingung für die dafür nötige Winkeldifferenz $\Delta\delta$:

$$\Delta\delta \geq \frac{\lambda}{d} \quad .$$

$\Delta\delta$ läßt sich auch durch die *Winkeldispersion des Prismas* $\mathrm{d}\delta/\mathrm{d}\lambda$ ausdrücken:

$$\Delta\delta \approx \frac{\mathrm{d}\delta}{\mathrm{d}\lambda}\Delta\lambda \quad .$$

Hieraus erhält man für das spektrale Auflösungsvermögen $\lambda/\Delta\lambda$:

$$\frac{\lambda}{\Delta\lambda} \approx d\frac{\mathrm{d}\delta}{\mathrm{d}\lambda} \quad .$$

Umrechnen von d auf die wirksame *Basislänge* b sowie von $\mathrm{d}\delta/\mathrm{d}\lambda$ auf $\mathrm{d}n/\mathrm{d}\lambda$ mit Hilfe der Fraunhoferformel liefert für kleine Winkel $\delta \to 0$ die Beziehung:

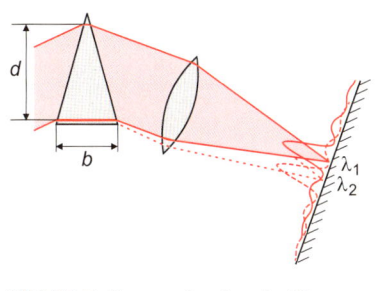

Bild 37.7. Zum spektralen Auflösungsvermögen eines Prismenspektrometers

| **Spektrales Auflösungsvermögen** | $\dfrac{\lambda}{\Delta\lambda} \approx -b\dfrac{\mathrm{d}n}{\mathrm{d}\lambda}$. |

Für eine möglichst große Auflösung benötigt man daher Prismen mit möglichst großer Dispersion $\mathrm{d}n/\mathrm{d}\lambda$ und großer Basisbreite b. Mit Prismenspektrometern erreicht man für das Auflösungsvermögen im sichtbaren Spektralbereich Werte von 10^3 bis 10^4. Benötigt man höhere Auflösungen, muß man entweder *Gitterspektrometer* oder noch höher auflösende *Interferometer* einsetzen.

37.1 Messung des brechenden Winkels (1/3)

Unter Verwendung eines Goniometers soll der brechende Winkel eines Glasprismas bestimmt werden.

Goniometertisch mit Kollimator und Ablesefernrohr, Lichtquelle mit Stromversorgung, Glasprisma.

Bei dieser Teilaufgabe wird nicht das durch das Prisma hindurchtretende Licht, sondern es werden die von den brechenden Flächen reflektierten – und daher spektral nicht zerlegten – Lichtbündel benutzt. Hierzu wird das Prisma so auf den Goniometertisch gestellt, daß die brechende Kante zum Kollimator hinweist, Bild 37.8. Das Prisma wird dann nach Augenmaß symmetrisch ausgerichtet. Für die Winkel gelten die folgenden Beziehungen:

$$\left.\begin{array}{rcl}\varphi &=& \psi_2 - \psi_1 \ =\ 2\beta_1 + 2\beta_2 \\ \gamma &=& \beta_1 + \beta_2\end{array}\right\} \gamma = \frac{\varphi}{2} \ .$$

Die Reflexionsrichtungen der Lichtbündel 1 und 2, d. h. die Winkel ψ_1 und ψ_2 sind zu bestimmen. Hierbei sollte der Eintrittsspalt möglichst klein eingestellt werden, um den Meßfehler klein zu halten. Für eine präzise Winkelmessung den Nonius benutzen.

Wird ein gleichseitiges Prisma benutzt, so soll die Messung auch für die beiden anderen brechenden Winkel erfolgen.

Berechnung der brechenden Winkel mit Fehlerangabe. Bei einem 60°-Prisma: Kontrolle der Winkelsumme von 180°.

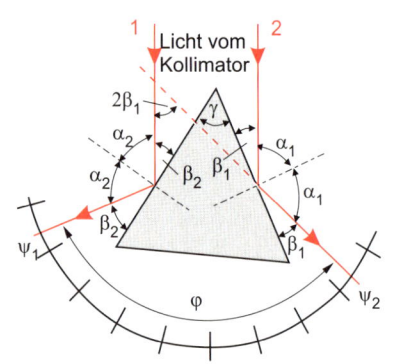

Bild 37.8. Zur Messung des brechenden Winkels γ eines Prismas auf einem Goniometertisch

37.2 Dispersion von Glas (2/3)

Aus der Ablenkung des Lichts mit einem Prisma sollen die Brechzahlen für mindestens vier sichtbare Emissionslinien einer Quecksilber-(Hg)-Spektrallampe bestimmt und daraus die Dispersionskurve des Prismenmaterials gezeichnet werden.

Hg-Spektrallampe mit Netzgerät, Goniometertisch mit Kollimator und Ablesefernrohr, Glasprisma mit bekanntem brechenden Winkel γ. Aufbau entsprechend der Skizze in Bild 37.6. Für eine möglichst große Ablesegenauigkeit den Eintrittsspalt des Kollimators möglichst schmal wählen und auf eine scharfe Abbildung in der Zwischenbildebene des Fernrohrs achten.

Für jede Emissionslinie wird durch langsames Drehen des Prismentisches oder auch des Prismas selbst das Minimum der Ablenkung eingestellt und der zugehörige Gesamtablenkungswinkel $\delta_{\min}$ möglichst genau abgelesen. Will man dabei die Bestimmung der Richtung des einfallenden Lichtbündels vermeiden, wird jede Messung sowohl in der Prismenstellung BAC als auch in der dazu symmetrischen Stellung B'A'C' durchgeführt. Die Gesamtablenkung ergibt sich dann entsprechend Bild 37.9 als $\delta_{\min} = 1/2(\psi_\mathrm{r} - \psi_\mathrm{l})$.

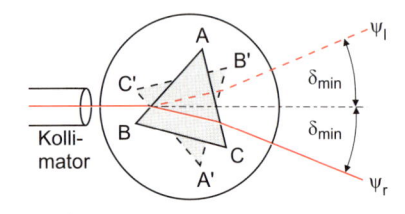

Bild 37.9. Zur Messung im Minimum der Ablenkung

✎ Berechnung der Brechzahlen mit Hilfe der Fraunhoferschen Formel und grafische Darstellung der Dispersionskurve $n(\lambda)$. Die zu den einzelnen Emissionslinien der Hg-Spektrallampe gehörenden Wellenlängen sind in der Tabelle 37.1 aufgeführt.

✎ Aus der Dispersionskurve und der Basisbreite des Prismas soll das spektrale Auflösungsvermögen $A = \lambda/\Delta\lambda \approx -b\,dn/d\lambda$ des Prismas im Bereich der grünen Hg-Linie abgeschätzt werden.

✎ Nach Extrapolation der Dispersionskurve in den roten Spektralbereich sollen sowohl die Hauptdispersion $(n_{F'} - n_{C'})$ als auch die Abbesche Zahl bestimmt werden.

Tabelle 37.1. Wellenlängen λ intensiver Spektrallinien für leuchtendes Wasserstoffgas bzw. Quecksilberdampf im sichtbaren Spektralbereich; Angaben in nm

Stoff / Farbe	Wasserstoff	Quecksilber
rot	656	-
gelb	-	577 und 579
grün	-	546
blau-grün	486	-
blau	434	436
violett	410	405 und 408

37.3 Prismenspektrometer (1/3)

🏁 Verwendung der Anordnung von Versuch 37.2 als Spektralapparat, Bestimmung der Wellenlänge der grünen Emissionslinie von leuchtendem Thalliumdampf.

🔧 Geräte und Aufbau wie in Versuch 37.2, nur wird die Hg-Lichtquelle durch eine Tl-Spektrallampe ersetzt.

⏱ Für die grüne Tl-Linie wird der Minimalablenkwinkel $\delta_{\min}$ bestimmt.

✎ Die Berechnung der Brechzahl erfolgt wieder nach der Fraunhofer-Formel. Aus der Grafik der im Versuch 37.2 gemessenen Dispersionskurve wird nun die Wellenlänge λ_{Tl} ermittelt. Fehlerabschätzung und Vergleich des Ergebnisses mit dem Literaturwert von $\lambda_{Tl} = 535{,}0$ nm.

⏱ Der Versuch kann für andere Lichtquellen (H, Ne, Cd, He, ...) wiederholt werden.

37.4 Brechzahl von Flüssigkeiten (1/3)

🏁 Aus der Ablenkung des Lichts durch ein flüssigkeitsgefülltes Hohlprisma soll die Brechzahl der Flüssigkeit für mindestens eine Wellenlänge der Strahlung eines leuchtenden Gases bestimmt werden.

🔧 Hg- oder Na-Spektrallampe mit Netzgerät, Goniometertisch mit Kollimator und Ablesefernrohr, Hohlprisma mit eingefüllter Flüssigkeit (z. B. H_2O). Aufbau und Versuchsdurchführung erfolgen, wie in Teilaufgabe 37.2 beschrieben.

⏱ Bestimmung des Gesamtablenkungswinkels $\delta_{\min}$ wie in Teilaufgabe 37.2. Bei einem gleichseitigen Hohlprisma ($3 \times 60°$) kann die Bestimmung des brechenden Winkels entsprechend Aufgabe 37.1 entfallen, wenn man $\delta_{\min}$ für alle drei brechenden Kanten des Prismas bestimmt und die Ergebnisse mittelt, denn die Gesamtwinkelsumme $\gamma_1 + \gamma_2 + \gamma_3$ beträgt genau $180°$.

✎ Berechnung der Brechzahl mit Hilfe der Fraunhofer Formel sowie Vergleich mit dem Literaturwert. Für H_2O gilt: $n_{\text{rot}}=1{,}33$ und $n_{\text{blau}}=1{,}34$.

Kapitel IX
Licht- und Mikrowellen

38. Wellenoptik – Beugungsversuche mit Laserlicht 397
39. Interferenz an dünnen Schichten 408
40. Beugung am Einfachspalt 414
41. Polarisation und Streuung 423
42. Ausbreitung von Laserstrahlung 438
43. Mikrowellen 448

38. Wellenoptik – Beugungsversuche mit Laserlicht

Kennenlernen der Grundlagen der Wellenoptik. Durchführung einer großen Zahl vorwiegend qualitativer Beugungsversuche unter Verwendung von Laserlicht. Anstelle der Aufnahme und Auswertung von Meßdaten soll hier das systematische Beobachten im Vordergrund stehen.

Standardlehrbücher (Stichworte: Licht, Interferenz, Beugung, Gitter, Doppelspalt, Lichtgeschwindigkeit),
Hecht: Optik,
Lipson/Lipson/Tannhauser: Optik.

Licht als elektromagnetische Welle

Licht ist eine *elektromagnetische Strahlung* und läßt sich als transversale Welle beschreiben. Dabei schwingen der elektrische Feldvektor E und der magnetische Feldvektor H senkrecht zur Ausbreitungsrichtung. Meist reicht es aus, die elektrische Feldstärke zu betrachten.

Die Farbe des Lichtes ist durch die

Frequenz $\quad f = \dfrac{1}{T}$

bestimmt, wobei T die Schwingungsdauer ist. Die *Frequenz* f und die *Wellenlänge* λ sind verknüpft durch die

Lichtgeschwindigkeit $\quad c = \lambda f$.

Die Wellenlängen für **sichtbares Licht** liegen zwischen $\lambda = 380\,\text{nm}$ (blau-violett) und $780\,\text{nm}$ (tiefrot). Der Bereich zwischen $100\,\text{nm}$ und $1\,\text{mm}$ wird nach DIN 5031 als *optische Strahlung* definiert. Der kurzwellige Teil ($100\,\text{nm}$ bis $380\,\text{nm}$) ist der *UV-Bereich* (**ultraviolette Strahlung**), der langwellige Teil ($780\,\text{nm}$ bis $1\,\text{mm}$) heißt *IR-Bereich* (**infrarote Strahlung** oder Wärmestrahlung). In Bild 38.1 ist der Gesamtbereich des **elektromagnetischen Spektrums** gezeigt. Von den langwelligen technischen Wechselströmen über die *Sendefrequenzen* von *Radio*, Funk und *Fernsehen* sowie über die Bereiche der *sichtbaren Strahlung* reicht das Spektrum bis hin zur kurzwelligen *Röntgen-*, γ- und *Höhenstrahlung*. Ein Bereich von über 25 Zehnerpotenzen in Wellenlänge und Frequenz wird überdeckt! Das sichtbare (engl. visible = VIS) Licht nimmt nur einen

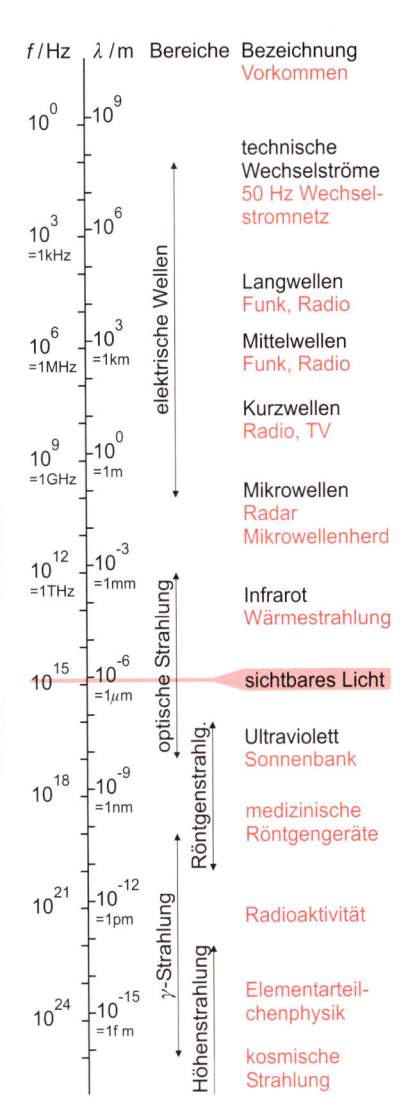

Bild 38.1. Gesamtbereich der elektromagnetischen Strahlung

sehr kleinen Bereich des elektromagnetischen Gesamtspektrums ein. Für Überschlagsrechnungen wählt man hierfür häufig $\lambda_\text{VIS} \approx 600$ nm. Da die

Lichtgeschwindigkeit im Vakuum $\quad c \approx 3 \cdot 10^8 \, \dfrac{\text{m}}{\text{s}}$

beträgt, liegt die Frequenz des sichtbaren Lichtes f in der Größenordnung

$$\frac{3 \cdot 10^8 \, \text{m/s}}{600 \cdot 10^{-9} \, \text{m}} = 5 \cdot 10^{14} \, \text{Hz} \quad ,$$

wie auch in Bild 38.1 abzulesen ist.

Eine ebene, monochromatische, in z-Richtung fortschreitende Lichtwelle läßt sich durch eine Wellenfunktion $E(z, t)$ beschreiben:

$$E = E_0 \sin 2\pi \left(\frac{t}{T} - \frac{z}{\lambda} + \delta \right) \quad .$$

Hierbei ist E der am Ort z zur Zeit t gerade vorhandene Wert der elektrischen Feldstärke. E_0 ist der maximale Wert, d. h. die *Amplitude*. Die Größe δ kennzeichnet die *Phasenlage* der Welle.

Die **Intensität** I der Lichtstrahlung ist proportional zum Quadrat der Amplitude der elektrischen Feldstärke:

Intensität des Lichtes $\quad I = \dfrac{1}{2Z} E_0^2 \quad .$

Dabei ist Z der *Wellenwiderstand*, der im Vakuum 377 Ω beträgt.

Interferenz und Beugung

Die Überlagerung von zwei oder mehr Wellen gleicher Frequenz führt je nach ihrer Phasendifferenz zu Verstärkung oder Schwächung und eventuell sogar zur Auslöschung. Dieser Vorgang wird als **Interferenz** bezeichnet. Überlagern sich z. B. an einem Raumpunkt zwei Wellen gleicher Phase $\delta_1 - \delta_2 = \delta = 0$ und gleicher Frequenz, so verstärken sie sich maximal, **konstruktive Interferenz**. Ihre Amplituden addieren sich, wie in Bild 38.2 dargestellt. Die Wellenfunktionen E der beiden interferierenden Wellen sind als Funktion der Zeit t an einem festen Ort z dargestellt.

Überlagern sich zwei Wellen mit entgegengesetzter Phase, d. h. $\delta = 1/2$, und gleicher Amplitude, so ergibt sich eine vollständige Auslöschung $I = 0$, **destruktive Interferenz**, Bild 38.3. Liegt die Phasendifferenz $\delta = \delta_1 - \delta_2$ der interferierenden Wellen zwischen 0 und 1/2 oder 1/2 und 1, so ergibt sich wieder eine resultierende Schwingung gleicher Frequenz mit einer Amplitude zwischen denen der beiden Extremfälle.

Fällt eine ebene Welle auf einen Schirm mit einem Loch, das näherungsweise klein gegen die Wellenlänge ist, so beobachtet man hinter dem Schirm eine Kugelwelle, Bild 38.4. Licht gelangt also auch in den

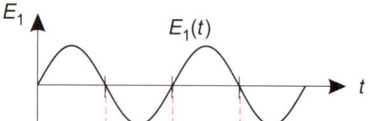

Bild 38.2. Konstruktive Interferenz: Überlagerung zweier Sinuswellen gleicher Frequenz und gleicher Phase aber unterschiedlicher Amplitude

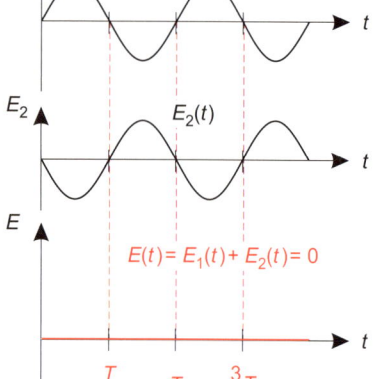

Bild 38.3. Destruktive Interferenz: Überlagerung zweier Sinuswellen gleicher Frequenz und gleicher Amplitude aber mit einer Phasenverschiebung von $\delta = 1/2$

Schattenraum: *Von der in der Strahlenoptik angenommenen geradlinigen Ausbreitung des Lichtes wird abgewichen.* Dies bezeichnet man als **Beugung**.

Demnach überlagern sich hinter einem Schirm mit zwei kleinen Löchern (Spalte) zwei Kugelwellen, und man erhält ein räumliches **Interferenzbild**, in dem sich in bestimmten Bereichen die Wellen auslöschen und in anderen maximal verstärken (rot markiert), Bild 38.5.

Nach dem **Huygens-Fresnelschen Prinzip** ist jeder Punkt einer Wellenfläche ein Ausgangszentrum einer neuen **Elementarwelle**, näherungsweise einer *Kugelwelle*.

Hinter einem Schirm mit einer gegen die Wellenlänge großen Öffnung überlagern sich die von jedem Punkt der Wellenfläche ausgehenden *gleichphasigen Elementarwellen*, Bild 38.6. Die Einhüllende aller dieser Elementarwellen bildet die neue **Wellenfront**. An den Rändern der Blende erfolgt ein Übergreifen der Elementarwellen in den strahlenoptischen Schattenbereich. Es ergeben sich in der Nähe der Schattengrenze komplizierte Interferenzerscheinungen, da hier die Beiträge der Elementarwellen aus den benachbarten abgeschatteten Bereichen zum Aufbau der ungestörten Wellenfront fehlen. Diese Interferenzfiguren sind in Bild 38.6 nicht eingezeichnet.

Fraunhofer- und Fresnel-Beugung

Man unterscheidet zwei verschiedene Arten von Beugungserscheinungen, die **Fraunhofer-Beugung** und die **Fresnel-Beugung**. Es sei jedoch ausdrücklich betont, daß es sich hierbei um zwei Arten der Beobachtung handelt, nicht aber um zwei Arten der Beugungsursachen.

Beobachtet man die Beugungserscheinungen hinter einem z. B. monochromatisch beleuchteten Objekt in einer endlichen Entfernung b, die nicht sehr groß gegen die verwendete Wellenlänge λ ist, so handelt es sich um *Fresnel-Beugung*, Bild 38.7a. Die beobachtete Lichtverteilung hängt dann außer von der Form und den Abmessungen des Objektes auch wesentlich vom Abstand b zwischen Objekt O und Beobachtungsschirm S ab und ist im allgemeinen kompliziert zu berechnen.

Wenn jedoch der Abstand b sehr groß wird ($b \longrightarrow \infty$), dann werden die Beugungsbilder einfacher und leichter berechenbar; man erhält *Fraunhofer-Beugung*. Statt auf einem Beobachtungsschirm S im Unendlichen kann man die gleiche Beugungserscheinung auch in der Brennebene einer hinter dem Beugungsobjekt stehenden Linse L beobachten, denn alle vom Objekt ausgehenden parallelen Strahlen, die sich ohne Linse erst im Unendlichen schneiden würden, schneiden sich hier bereits in der Brennebene, Bild 38.7b. Die Brennweite f der Linse bestimmt dabei die Größe des Fraunhofer-Beugungsbildes.

Wenn man also in Bild 38.7a die Entfernung b zwischen Objekt und Beobachtungsschirm immer größer macht, so gehen die Fresnel-Beugungsbilder kontinuierlich in den Grenzfall des Fraunhofer-Beugungsbildes über. Den gleichen Effekt kann man beobachten, wenn man bei

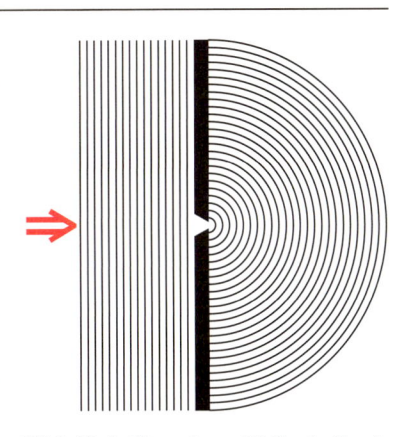

Bild 38.4. Eine ebene Welle (z. B. eine Lichtwelle) trifft auf einen Spalt, es entsteht eine Elementarwelle: Huygens-Fresnelsches Prinzip

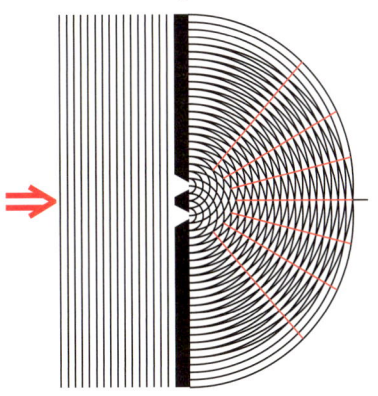

Bild 38.5. Eine ebene Welle (z. B. eine Lichtwelle) trifft auf zwei Spalte

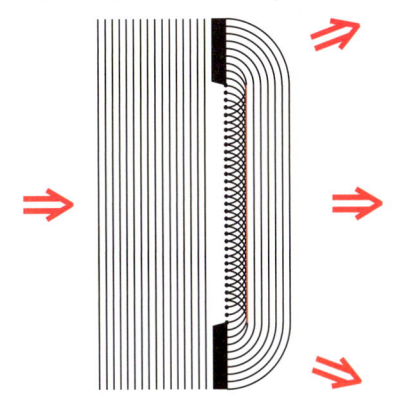

Bild 38.6. Eine ebene Welle trifft auf eine breite Öffnung. Die Enstehung der neuen Wellenfront läßt sich mit dem Huygens-Fresnelschen Prinzip beschreiben

Bild 38.7. Beobachtung der Fresnel-Beugung (a) und der Fraunhofer-Beugung (b)

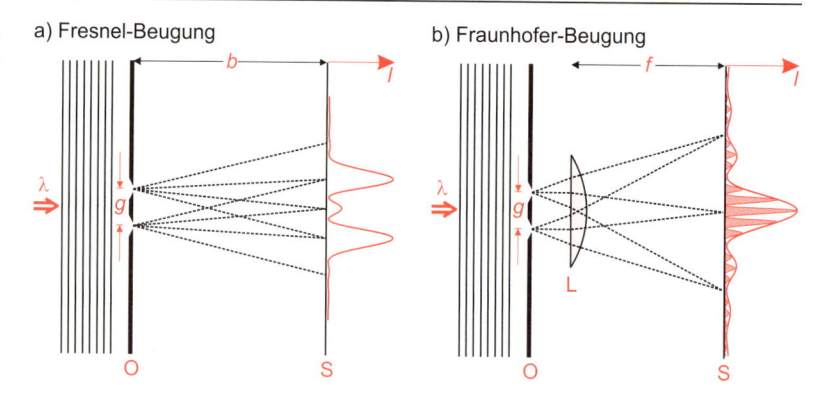

konstantem b die Objektausdehnung g maßstäblich verkleinert, wenn man also z. B. einen großen Spalt langsam schließt. Der Grenzübergang tritt ein, wenn die dimensionslose Zahl N_F etwa den Wert 1 durchläuft:

Fresnel-Zahl $\quad N_\mathrm{F} = \dfrac{g^2}{4b\lambda}$.

Fraunhofer-Beugung am Doppelspalt

Ein **Doppelspalt** besteht aus zwei parallelen Spalten der Breite d im Abstand g. Wenn die Spaltöffnungen sehr schmal sind, dann beobachtet man in einer Anordnung entsprechend Bild 38.7b für kleine x eine einfache, sinusförmige Beugungsverteilung, Bild 38.8a. Aus Intensitätsgründen wählt man jedoch die Spaltbreite d nicht sehr viel kleiner als den Spaltabstand g. Dann ergeben sich zwar wieder äquidistante Interferenzmaxima, deren Intensitäten jedoch sehr unterschiedlich sind, Bild 38.8b. Der Abstand der eng benachbarten Maxima ergibt sich aus der Berechnung nach Bild 38.9a:

$$\Delta x = \frac{\lambda f}{g} \quad .$$

Für $\alpha = 0$ ist der **Gangunterschied** der beiden Wellenzüge $\Delta = 0$, Bild 38.9b, das erklärt, daß sich in der Mitte auf dem Schirm ein Interferenzmaximum ergibt. Aber auch für andere Winkel α sind beide Wellenzüge wieder in Phase, nämlich dann, wenn der Gangunterschied $\Delta = \lambda$ oder ein Vielfaches der Wellenlänge beträgt, wie in Bild 38.2 schematisch dargestellt. Andererseits gibt es jeweils zwischen zwei Winkeln mit maximaler Abstrahlung einen Winkel, unter dem sich die beiden Sinuswellenzüge auslöschen, da der Gangunterschied bei der Überlagerung auf dem Schirm ein ungerades Vielfaches von $\lambda/2$ beträgt und daher Wellenberge auf Täler fallen, wie in Bild 38.3 skizziert.

Allgemein folgt aus Bild 38.9a: $\sin\alpha = \Delta/g$, also für den Gangunterschied $\Delta = g\sin\alpha$, wenn g der Spaltabstand ist. Verstärkung erfolgt für

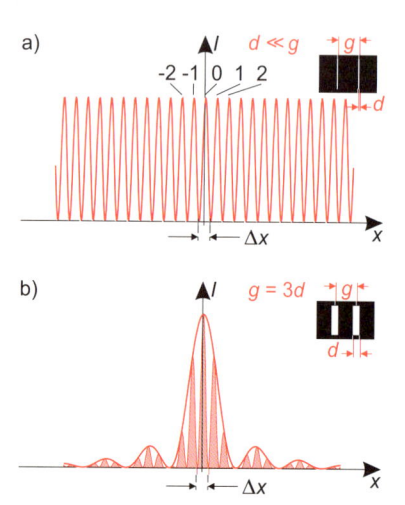

Bild 38.8. Fraunhofer-Beugungsfiguren mit Doppelspalt: (a) $d \ll g$, (b) $g = 3d$

$\Delta = m\lambda$, wobei m *Interferenz-Ordnungszahl* heißt. Als Interferenzbedingung für die Doppelspalt-Beugung folgt daher für die

> **Beugungsmaxima hinter einem Doppelspalt**
>
> $\sin\alpha_m = \dfrac{m\lambda}{g}$ mit $m = \pm 0, 1, 2, 3, \ldots$

α_m sind die Winkel, unter denen die Maxima auftreten. Dazwischen liegen mit gleichen Abständen die Minima (m halbzahlig).

Setzt man hinter den Doppelspalt eine Linse der Brennweite f, Bild 38.9b, dann werden die unter dem Winkel α einfallenden Parallelstrahlen in einem Punkt P der Brennebene zum Schnitt und zur Interferenz gebracht. Die Entfernung x des Punktes P von der optischen Achse ist $x = f\tan\alpha$. Für kleine Beugungswinkel ($\alpha < 5°$) gilt $\tan\alpha \approx \sin\alpha$. Es folgt für die Lage der Interferenz-Maxima

$$x_m = \frac{m\lambda f}{g} \quad \text{mit} \quad m = \pm 0, 1, 2, 3, \ldots \; .$$

Daraus ergibt sich die oben angegebene Gleichung für den Abstand Δx benachbarter Maxima.

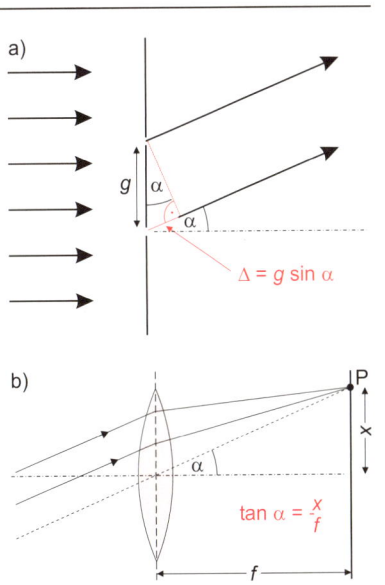

Bild 38.9. (a) Beugung am Doppelspalt, (b) Einsatz einer Linse zur Erzeugung der Fraunhofer-Beugung

Fraunhofer-Beugung am Gitter

Sehr viele parallele Spalte, die alle den gleichen Abstand g besitzen, bilden ein **Gitter**. Im Beugungsbild eines Gitters erscheinen äquidistante Hauptmaxima, die viel schmaler und heller sind als beim Doppelspalt. Zwischen den Hauptmaxima liegen breite Bereiche, in denen das Licht durch Interferenz nahezu ausgelöscht wird, Bild 38.10a. Ist die Zahl der Spalte N klein, in Bild 38.10b ist $N = 6$, dann beobachtet man zwischen den Hauptmaxima ($N - 2$) schwache Nebenmaxima. Der Abstand Δx der Hauptmaxima in der Brennebene einer Linse (f) ist auch bei der Gitterbeugung mit Gitterkonstante g gegeben durch

$$\Delta x = \frac{\lambda f}{g} \; .$$

Im Fall des Gitters gilt die gleiche Betrachtung wie für den Doppelspalt. Für bestimmte Winkel α ergibt sich auf einem weit entfernten Schirm oder in der Brennebene einer nachgeschalteten Linse wieder maximale Verstärkung. Daher gilt die gleiche Formel wie beim Doppelspalt entsprechend Bild 38.9 für die

> **Beugungsmaxima hinter einem Gitter**
>
> $\sin\alpha_m = \dfrac{m\lambda}{g}$ mit $m = \pm 0, 1, 2, 3, \ldots \; .$

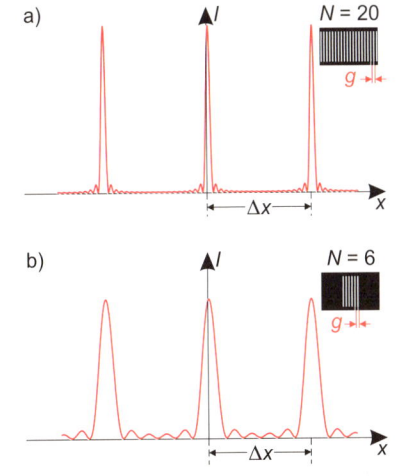

Bild 38.10. Fraunhofer-Beugungsfiguren mit Gitter: (a) $N = 20$, (b) $N = 6$

Im Falle der Verstärkung addieren sich bei N Spaltöffnungen des Gitters die Amplituden E_0 aller N Wellenzüge und liefern wegen des quadratischen Zusammenhangs zwischen E_0 und I_0 für die

> **Intensität eines Beugungsmaximums** $\quad I_{\max} = N^2 I_0$.

Die Intensität in den Interferenzmaxima wächst also nicht nur mit N, sondern mit N^2 an.

Beugungsgitter sind für praktische Anwendungen sehr wichtig, z. B. in Gitter-Spektrographen, als frequenzselektive Elemente in Lasern, bei der Bilderzeugung in der Holographie sowie für die Röntgenwellen-Interferenzen bei der Durchstrahlung von Kristallgittern.

Fresnel-Beugung an einer Kante

Stellt man in das einfallende Parallellichtbündel einen Schirm mit einer geraden Kante, so beobachtet man anstelle einer scharfen Schattengrenze einen kontinuierlichen Übergang vom dunklen zum hellen Bereich, an den sich eine Reihe **Interferenzstreifen** anschließt: Beugung an einer Halbebene, Bild 38.11. Eine Rechnung führt allerdings auf die elementar nicht lösbaren **Fresnel-Integrale**.

Bei der **Fresnel-Beugung** an Spalten, Lochblenden, Drähten usw. ergeben sich noch kompliziertere Beugungserscheinungen, deren Ausdehnung und Strukturen von der Objektgröße und dem Abstand des Beobachtungsschirmes wesentlich abhängen.

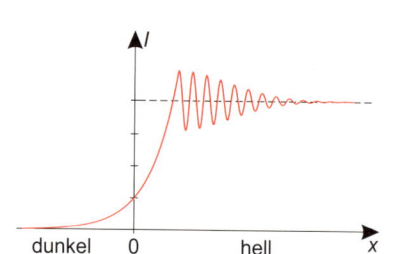

Bild 38.11. Fresnel-Beugung an einer Kante

38.1 Fresnel- und Fraunhoferbeugung (2/3)

Die *Beugung* im Fresnel- und im Fraunhoferfall soll in einer Art experimentellem Selbstunterrichtungskurs durch einfache qualitative Grundversuche veranschaulicht werden. Hier steht das systematische Beobachten und nicht die quantitative Messung im Vordergrund.

He-Ne-Gaslaser mit Strahlaufweitung, verschiedene Beugungsobjekte, Polarisationsfolien, Linsen, optische Bank, optische Reiter, glänzender und geschwärzter Metallstab, Linsenklemmhalter, Schiebelehre, Lupe, Taschenlampe, weiß mattierter Beobachtungsschirm (drehbare Mattscheibe).

> **Gefahr! Nie in den direkten Laserstrahl sehen!**

Aufbau der Versuchsanordnung

Als Lichtquelle wird ein He-Ne-Gaslaser verwendet, der ein extrem intensives, monochromatisches, nahezu paralleles Lichtbündel liefert. Das aus dem Laser austretende Parallelstrahlenbündel von etwa 2 mm

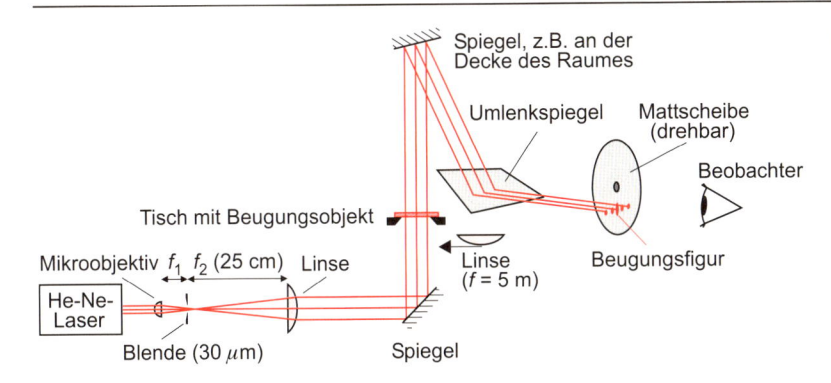

Bild 38.12. Gesamtaufbau für die Beugungsexperimente mit Laserstrahlung

Durchmesser wird in ein Parallelbündel von etwa 20 mm Durchmesser verwandelt, und zwar mit Hilfe eines umgekehrten Fernrohres, das aus einer Linse kurzer Brennweite f_1 (Mikroskopobjektiv) und einer Linse mit $f_2 = 25$ cm besteht. In dem gemeinsamen Brennpunkt befindet sich eine sehr kleine Lochblende, die dazu dient, nicht-achsenparalleles Störlicht aus dem Laserlichtbündel zu entfernen (*Raumfilter*).

Das Beugungsobjekt kann z. B. auf einem horizontalen Tisch liegen und mit dem aufgeweiteten Parallelstrahlenbündel beleuchtet werden. Die *Fresnel-Beugungsfigur* wird auf einer etwa 5 m entfernt aufgestellten Mattscheibe beobachtet. Die Planspiegel im Strahlengang dienen nur dazu, den langen Lichtweg geeignet zu falten, Bild 38.12.

> Achtung! Optische Flächen (Spiegel, Linsen usw.) bitte nicht berühren, da sie oberflächenbeschichtet sind!

Dicht vor das Beugungsobjekt kann eine Linse mit etwa $f = 5$ m Brennweite eingeschwenkt werden. Man beobachtet dann auf dem Mattglas das *Fraunhofer-Beugungsbild* des Objektes. Entfernt man das Beugungsobjekt, dann beobachtet man das auf den Brennpunkt der 5 m-Linse fokussierte Laserlicht.

Es ist günstig, wenn sich die Mattscheibe drehen läßt, um die störende *Granulation* des Laserlichtes zu verschmieren und auszuschalten. Auf diese Weise lassen sich auch feine Einzelheiten in der Beugungsfigur beobachten, wobei man zweckmäßigerweise eine Lupe verwendet.

Beobachtung der Fresnel-Beugung

Verschiedene makroskopische Objekte werden in den Strahlengang gebracht; denn Beugungserscheinungen beobachtet man nicht nur für sehr kleine Objekte, sondern auch für makroskopische, wenn der Abstand zwischen Beugungsobjekt und Beobachtungsebene genügend groß ist. (Daher der große Abstand von 5m im Versuchsaufbau!)

Fresnel-Beugung an der Kante: Eine undurchsichtige Blende (z. B. ein schwarzer Pappstreifen) mit einer geraden Kante wird etwa 0,4 m vom Beobachtungsschirm entfernt in den Strahlengang gestellt. Man sieht eine recht scharfe Schattengrenze.

Bringt man dagegen die gleiche Blende auf den Objekttisch, d. h. ca. 5 m vor der Beobachtungsebene in den Strahlengang ohne Linse, so sieht man anstelle einer scharfen Schattengrenze einen kontinuierlichen Übergang vom dunklen zum hellen Bereich mit einer Reihe von parallelen Interferenzstreifen.

Man skizziere den beobachteten Intensitätsverlauf der Fresnel-Beugung an einer Kante und vergleiche die Skizze mit Bild 38.11.

Fresnel-Beugung an einem Streifen: Verwendet man als Beugungsobjekt einen breiten Streifen (z. B. einen 4,5 mm breiten Blech-Streifen), so entsteht nur noch in grober Näherung ein Schattenbild; außerhalb und innerhalb des Schattenbereiches sieht man Interferenzstreifen.

Fresnel-Beugung am Doppelspalt: Bei einem Doppelspalt als Beugungsobjekt ist die beobachtete Beugungsfigur dem geometrischen Schatten des Objektes völlig unähnlich.

Fresnel-Beugung an zwei Schrauben: Man beobachte den Schattenwurf zweier verschiedener Schrauben. Es ergeben sich außerordentlich komplizierte Beugungsfiguren, die sich schon dann stark unterscheiden, wenn die Schraubendurchmesser nur um 0,5 mm differieren. Eine Berechnung dieser Beugungsfiguren dürfte sehr kompliziert werden.

Fresnel-Beugung an weiteren Gegenständen: Man beobachte die Fresnel-Beugungsbilder anderer Gegenstände (z. B. Finger, Bleistiftspitze, Papierecken usw.)

Man skizziere als ein Beispiel eine selbst gewählte Fresnel-Beugungsfigur.

Fresnel-Beugung an verschiedenartigen Kanten

Es soll gezeigt werden, daß Beugung nicht nur an *scharfen* Kanten oder Schneiden ensteht und daß die Beugungserscheinungen unabhängig vom Kantenradius sowie von Materialeigenschaften sind.

Man verwende als Beugungsobjekte z. B. eine Blende mit einer Rasierklingenschneide, eine Blende mit einem glänzenden Metallstab (z. B. 10 mm Durchmesser) und eine Blende mit einem geschwärzten Stab gleichen Durchmessers als beugende Kante.

In allen Fällen ergibt sich die gleiche Beugungsfigur. Dies soll erklärt werden.

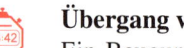

Übergang von Fresnel- zu Fraunhofer-Beugung

Ein Beugungsspalt mit variabler Breite d, der mit parallelem Laserlicht beleuchtet ist, wird verwendet. Die Spaltbreite wird mit einer Schiebelehre bestimmt.

Bei großer Breite des Spaltes sieht man in erster Näherung eine Art Schattenwurf, allerdings durchzogen von Interferenzstreifen infolge *Fresnel-Beugung*. Wird der Spalt langsam geschlossen, so ändern sich Zahl und Abstand der Interferenzstreifen in komplizierter Weise. Unterhalb einer Grenze bleibt jedoch das Beugungsbild in seiner Struktur gleich und vergrößert sich nur maßstäblich mit abnehmender Spaltbreite: Der Bereich der *Fraunhofer-Beugung* ist erreicht.

Es wird die Spaltbreite d bestimmt, bei der der Übergang von der Fresnel- zur Fraunhofer-Beugung stattfindet. Als Kriterium benutze man z. B. die Einstellung auf kleinste Ausdehnung des zentralen Lichtfleckes (Beugungs-Hauptmaximum bzw. Schattenwurf der Spaltöffnung).

Das Ergebnis soll mit der Bedingung für die Fresnel-Zahl verglichen werden:

$$N_\mathrm{F} = \frac{d^2}{4b\lambda} \approx 1 \quad ,$$

wobei $\lambda \approx 633\,\mathrm{nm}$ und $b = 5\,\mathrm{m}$ sind.

In der Brennebene einer in der Nähe des Objektes angeordneten Linse erscheint auch für größere Objekte das Fraunhofer-Beugungsbild. Man stelle einen Spalt mittlerer Breite ein, der noch deutlich ein Fresnel-Beugungsbild liefert, und bringe dann die Linse mit $f = 5\,\mathrm{m}$ in den Strahlengang. Wie erwartet, sieht man die typische Fraunhofer-Beugungsverteilung für einen Einfachspalt, Bild 38.13, die in diesem Fall allerdings nur eindimensional in x-Richtung variiert. Entfernt man das Beugungsobjekt, dann sieht man das punktförmige Laser-Lichtquellenbild, welches in unserem Versuch senkrecht zu den beugenden Kanten das Spaltes aufgefächert wurde.

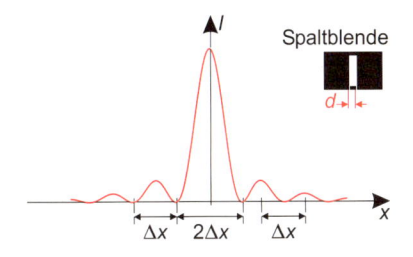

Bild 38.13. Fraunhofer-Beugungsverteilung für einen Einfachspalt

Der Beugungsspalt wird in der Ebene senkrecht zum einfallenden Lichtbündel parallel verschoben. Verschieben sich dann auch die Fresnel- bzw. Fraunhofer-Beugungsbilder?

Das Beugungsobjekt wird um die Lichtbündelachse gedreht. Drehen sich auch die Beugungsbilder?

Ein Satz von kreisförmigen Lochblenden (Drehscheibe) wird verwendet, und die Beugungsbilder in parallelem Licht (ohne die Linse $f = 5\,\mathrm{m}$) werden beobachtet. Auch hier erkennt man den Übergang von der Fresnel- zur Fraunhofer-Beugung.

Man beobachte die Beugungsfigur einer Irisblende, die langsam geschlossen wird. Erfolgt der Übergang von der Fresnel- zur Fraunhofer-Beugung etwa bei der gleichen Objektgröße wie im Spaltversuch?

Die Versuchsergebnisse sollen jeweils kurz zusammengefaßt und gedeutet werden.

Fraunhofer-Beugung am Doppelspalt

Man setze einen Doppelspalt in den Strahlengang und beobachte das Fraunhofer-Beugungsbild. Man skizziere die Lage der Maxima auf einem Papierstreifen sowie die ungefähre Intensitätsverteilung $I = f(x)$.

Sind die Intensitätsmaxima äquidistant? Geht die Intensität in den Minima auf Null?

Mit einer Pappe wird einer der beiden Spalte des Doppelspaltes abgedeckt. Man beobachtet jetzt das Beugungsbild des verbleibenden Einfachspaltes. Die Intensitätsverteilung soll etwa im gleichen Maßstab wie die Intensitätsverteilung des Doppelspaltes skizziert werden.

Worin besteht die Verwandtschaft zwischen den beiden Verteilungen?

Fraunhofer-Beugung am Gitter

Man setze ein Gitter in den Strahlengang und beobachte das Fraunhofer-Beugungsbild. Man skizziere die ungefähre Intensitätsverteilung $I = f(x)$.

Mit zwei Streifen schwarzen Papieres wird das Gitter so abgedeckt, daß das Licht nacheinander nur durch einen, zwei, drei oder vier (oder allgemein N) Spalte hindurchtreten kann, und es wird das Beugungsbild mit der Lupe beobachtet. Sind die zu erwartenden $N - 2$ Nebenmaxima zwischen je zwei Hauptmaxima zu sehen? (Die Abdeckung muß genau parallel zu den Spalten erfolgen.)

Man bringe einen Taschenkamm in den Strahlengang. Wie ändert sich die Beugungsfigur in Abhängigkeit von den unterschiedlichen Gitterkonstanten?

Ein Kreuzgitter (Drahtnetz) wird in den Strahlengang gesetzt. Das zweidimensionale Beugungsbild soll skizziert werden.

Man bringe ein Stück Gewebe (z. B. ein Taschentuch) in den Strahlengang. Wie ändert sich das Beugungsbild, wenn man das Gewebe schräg verzerrt?

Die Teilversuche sollen gedeutet werden. Dabei soll vor allem die Ein- bzw. die Zweidimensionalität der Beugungsbilder interpretiert werden.

38.2 Wellenlängenmessung aus Doppelspaltbeugung (1/3)

Die Beugung an einem Doppelspalt soll quantitativ dazu ausgenutzt werden, um die Wellenlänge des Lasers (z. B. He-Ne-Laser) zu bestimmen.

He-Ne-Gaslaser mit Strahlaufweitung und in Teilaufgabe 38.1 beschriebener Meßaufbau, Doppelspalte, Schiebelehre.

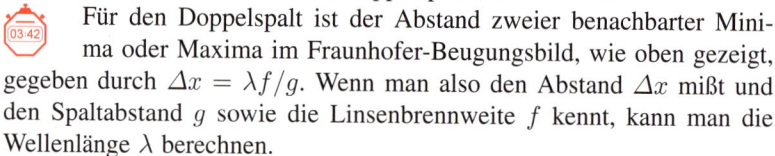

Für den Doppelspalt ist der Abstand zweier benachbarter Minima oder Maxima im Fraunhofer-Beugungsbild, wie oben gezeigt, gegeben durch $\Delta x = \lambda f / g$. Wenn man also den Abstand Δx mißt und den Spaltabstand g sowie die Linsenbrennweite f kennt, kann man die Wellenlänge λ berechnen.

Die Abstände der Beugungsminima auf der rotierenden Mattscheibe können im abgedunkelten Raum mit der Schiebelehre gemessen werden, die an die Plexiglas-Frontplatte angelegt wird, während man, zur Verringerung der Parallaxe, mit nur einem Auge beobachtet. Um grobe Fehler zu vermeiden, wiederhole man jede Einstellung 2- bis 3-mal und notiere die an der Schiebelehre abgelesenen Werte. Es sollen mehrere Doppelspalte vermessen werden.

Für das Ausmessen von Beugungsfiguren nutzt man am besten deren Symmetrie aus und mißt die Abstände jeweils zwischen dem linken und dem rechten Beugungs-Minimum 1., 2., 3., 4. und eventuell auch höherer Ordnung m, wobei man die Zahl M der eingeschlossenen Maxima ebenfalls notiert.

Dividiert man die gemessenen Abstände x durch M, so sollte man immer den gleichen Wert Δx erhalten. Aus dem Mittelwert von Δx ist die Wellenlänge λ des Lasers zu berechnen. Die Auswertung kann auch grafisch erfolgen (x über M auftragen).

Der Fehler $\Delta\lambda/\lambda$ läßt sich mit der Fehlerfortpflanzungsformel bestimmen. Die Ablese-Genauigkeit $\Delta(\Delta x)/\Delta x$ wird abgeschätzt.

38.3 Wellenlängenmessung aus Gitterbeugung (1/3)

Die Beugung an einem Gitter soll quantitativ dazu ausgenutzt werden, um die Wellenlänge des Lasers zu bestimmen.

He-Ne-Gaslaser mit Strahlaufweitung und in Teilaufgabe 38.1 beschriebener Meßaufbau, Gitter, Schiebelehre.

Für das Gitter ist der Abstand zweier benachbarter Maxima im Fraunhofer-Beugungsbild, wie oben gezeigt, gegeben durch $\Delta x = \lambda f/g$. Wenn man also den Abstand Δx mißt und die Gitterkonstante g sowie die Linsenbrennweite f kennt, kann man die Wellenlänge λ berechnen.

Die Experimente werden entsprechend denen am Doppelspalt durchgeführt, wobei mehrere unterschiedliche Gitter vermessen werden sollen.

Dividiert man die gemessenen Abstände x durch M, so sollte man immer den gleichen Wert Δx erhalten. Aus dem Mittelwert von Δx ist die Wellenlänge λ des Lasers zu berechnen. Die Auswertung kann grafisch erfolgen (x über M auftragen).

Der Fehler $\Delta\lambda/\lambda$ läßt sich mit der Fehlerfortpflanzungsformel bestimmen. Die Ablese-Genauigkeit $\Delta(\Delta x)/\Delta x$ wird abgeschätzt.

39. Interferenz an dünnen Schichten

Beobachten von Interferenzerscheinungen an dünnen Schichten als Anwendung des Wellenmodells des Lichtes. Bestimmung des Krümmungsradius einer plankonvexen Linse. Wellenlängenmessung mit Newtonschen Ringen. Herstellung und Charakterisierung einer Entspiegelungsschicht und eines dielektrischen Spiegels. Transmissionsmessungen mit einem Spektralphotometer.

Standardlehrbücher (Stichworte: Licht, optischer Weg, Brechungsgesetz, Phasenunterschied, Interferenz, kohärentes Licht),
Themenkreis 38: Wellenoptik – Beugungsversuche mit Laserlicht.

Grundbegriffe der Interferenz

Zum Verständnis der Funktion von Linsen und von damit aufgebauten optischen Instrumenten genügt es meistens, nur von Lichtstrahlen zu sprechen, ohne nähere Aussagen über die Natur der Strahlen zu machen. Geht man über die geometrische Optik hinaus, stellt sich die Frage, ob das Licht aus Wellen oder Teilchen besteht. Je nach Versuch verhält sich das Licht einmal als Welle und ein andermal als Teilchen: **Dualismus**.

In diesem Themenkreis wird der Wellencharakter des Lichtes und das dafür entscheidende Phänomen, die **Interferenz**, behandelt. Im Gegensatz dazu können jedoch z. B. der äußere Photoeffekt oder der Comptoneffekt nur erklärt werden, wenn man dem Licht Teilchencharakter zuschreibt.

Interferenz

Interferenz bedeutet die Überlagerung zweier (oder auch mehrerer) Wellen in einem Raumpunkt. Hierbei können sich die Wellen je nach ihrem Gang- bzw. Phasenunterschied verstärken oder abschwächen. Folgende Sonderfälle sind charakteristisch:

Konstruktive Interferenz bei einem Gangunterschied $\Delta_{\max} = m\lambda$ (mit λ = Wellenlänge und m = ganze Zahl): Die resultierende Welle hat die doppelte Amplitude, falls die Intensitäten der beiden Teilwellen gleich sind.

Destruktive Interferenz bei Gangunterschied $\Delta_{\min} = \frac{2m+1}{2}\lambda$: Die resultierende Welle hat die Amplitude Null.

Kohärenz

Zwei Wellenzüge ergeben nur dann beobachtbare Interferenzerscheinungen, wenn sie gleiche Frequenz und eine feste Phasenbeziehung besitzen. Solche Wellen werden als **kohärent** bezeichnet.

Newtonsche Ringe

Newtonsche Ringe sieht man z. B., wenn eine plankonvexe Linse von sehr großem Krümmungsradius auf eine planparallele Platte gelegt und im reflektierten Licht beobachtet wird, Bild 39.1. Die Dicke ε der Luftschicht zwischen Linse und Platte liegt in der Größenordnung der Wellenlänge und wird verursacht durch Fremdpartikel, die meist eine ganz enge Berührung der Gläser verhindern (hier stark übertrieben gezeichnet).

Trifft ein Strahl senkrecht im Punkt B auf die Linse, so wird ein Intensitätsanteil gleich reflektiert, der im folgenden unberücksichtigt bleibt. Im Punkt A kommt es zu einer weiteren Aufspaltung: Ein Teil der Wellenintensität wird in das Innere der Linse (praktisch in Strahlrichtung) reflektiert, während der andere Teil die Strecke $d + \varepsilon$ durchläuft und erst an der planparallelen Platte reflektiert wird.

In A treffen beide Anteile wieder zusammen und interferieren. Sie sind zueinander kohärent, weil ihr Gangunterschied Δ sehr klein ist. Dieser beträgt:

$$\Delta = 2(d + \varepsilon) + \frac{\lambda}{2} \quad .$$

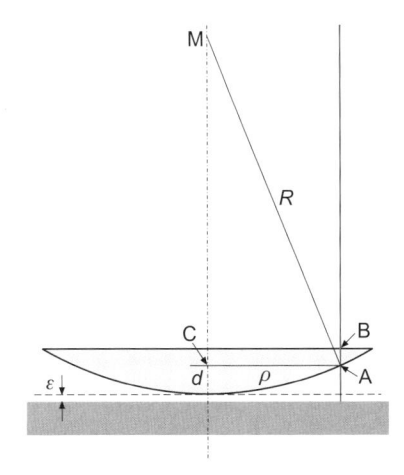

Bild 39.1. Anordnung zur Beobachtung Newtonscher Ringe

Das additive Glied $\lambda/2$ entsteht dadurch, daß bei der Reflexion am optisch dichteren Medium (planparallele Platte) ein Phasensprung von π auftritt, welcher als Gangunterschied $\lambda/2$ zu berücksichtigen ist.

Mit den vorstehenden Gleichungen ergeben sich für die *hellen Ringe*:

$$m\lambda = 2(d_{\max} + \varepsilon) + \frac{\lambda}{2} \quad \text{bzw.} \quad 2(d_{\max} + \varepsilon) = \frac{2m-1}{2}\lambda \quad .$$

und für die *dunklen Ringe*:

$$2(d_{\min} + \varepsilon) = m\lambda \quad .$$

Nun kann man die abgeleitete Gleichung für die dunklen Ringe mathematisch den geometrischen Konstanten der Apparatur anpassen. Aus Bild 39.1 folgt für das Dreieck MAC:

$$\rho^2 = R^2 - (R-d)^2 = 2dR - d^2 \quad .$$

Da $d \ll R$, ist näherungsweise

$$\rho^2 = 2Rd \quad \text{bzw.} \quad d = \frac{\rho^2}{2R} \quad .$$

Damit ist eine einfache Beziehung zwischen dem meßbaren Radius ρ und den unzugänglichen Größen d und R gefunden.

Durch Kombination der oben abgeleiteten Interferenzbedingung für das Auftreten eines dunklen Ringes folgt für den Radius der dunklen Ringe:

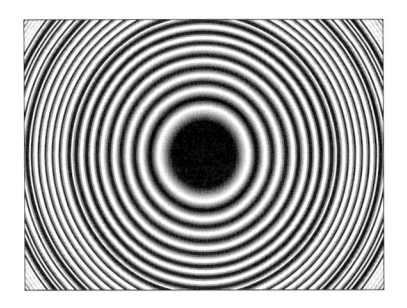

Bild 39.2. Newtonsche Ringe in reflektiertem monochromatischen Licht

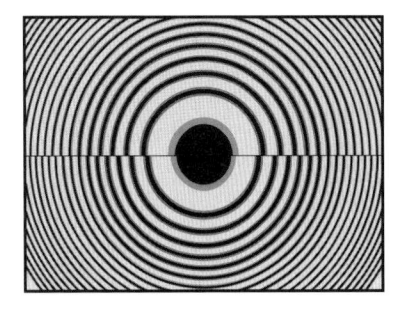

Bild 39.3. Newtonsche Ringe in rotem (oben) und in blauem Licht (unten)

$$\rho^2 = m\lambda R - 2R\varepsilon \quad .$$

Ein Beispiel Newtonscher Ringe im reflektiertem monochromatischen Licht ist in Bild 39.2 gezeigt. Bild 39.3 zeigt den Vergleich zwischen Newtonschen Ringen, die mit rotem Licht und mit blauem Licht erzeugt wurden.

Frage: Wie ist ein dunkles Zentrum in reflektiertem Licht zu deuten?

Dünne Schichten zur Reflexionsverminderung oder -erhöhung

Durch das Bedampfen von Glas oder anderen optischen Materialien mit durchsichtigen Schichten, die man auch als **dielektrische Schichten** bezeichnet und deren Dicke $d = \lambda/4n$ ist, kann man die Reflexion für eine Wellenlänge λ vermindern bzw. bei geeigneter Brechzahl n auch ganz unterdrücken, Bild 39.4. Dabei ist es nötig, daß die Brechzahl n der dielektrischen Schicht zwischen der der Luft n_1 und dem des Glases n_2 liegt. Bei senkrechtem Einfall gilt für den **Reflexionsgrad**

$$R = \left(\frac{n_1 n_2 - n^2}{n_1 n_2 + n^2}\right)^2 \quad .$$

Für den Fall $n = \sqrt{n_1 n_2}$ wird R gleich Null. Ein gebräuchliches Material für gute Einschichtenentspiegelungen für den sichtbaren Spektralbereich ist MgF_2 mit einer Brechzahl von $n = 1{,}38$. Durch die Reflexionsminderung werden z. B. Reflexe von Glasoberflächen geschwächt und die Lichtdurchlässigkeit von Linsensystemen erhöht. Anwendungsbeispiele: Entspiegelung von Brillengläsern oder Fotoobjektiven.

Für $n = n_1$ ergibt sich $R_0 = (n_2 - n_1)^2/(n_2 + n_1)^2$, d. h. der gleiche Wert wie bei der unbeschichteten Oberfläche. Für die Grenzfläche von Luft mit $n_1 \approx 1$ und Glas mit $n_2 \approx 1{,}5$ ergibt sich $R_0 = 4\,\%$. Für $n^2 > n_1 n_2$ erhält man umgekehrt eine Reflexionserhöhung, z. B. auf 20 % bei $n_1 = 1$, $n_2 = 1{,}5$ und $n = 2$.

Es gibt in der Optik eine Vielzahl von Anwendungen, bei denen man nicht reflexionsmindernde, sondern reflexionserhöhende Schichten benötigt. Die einfachste Form eines solchen Spiegels sind Glasträger, die z. B. durch Bedampfen mit einer metallischen Oberfläche versehen werden. Als Material dienen z. B. Silber, Aluminium oder Gold. Die Reflexionsgrade dieser **Metallspiegel** liegen je nach Material und Wellenlänge jedoch nur zwischen 50 % und 98 %.

Eine Möglichkeit, hochreflektierende Spiegel herzustellen, ist das Aufdampfen von transparenten Schichten. Durch einen Schichtstapel, der aus abwechselnd hochbrechenden und niedrigbrechenden $\lambda/4$-Schichten besteht, kommt es zu einer Folge von Grenzflächen, die zu einem hohen Reflexionsgrad führen: **dielektrische Spiegel**, Bild 39.5. Diese Vielschichtenspiegel haben besonders in der Lasertechnik eine große Bedeutung, da sie fast keine Absorption besitzen. Mit dieser Methode und geeigneten Materialien ist es möglich, für beliebige Wellenlängen und Einfallswinkel,

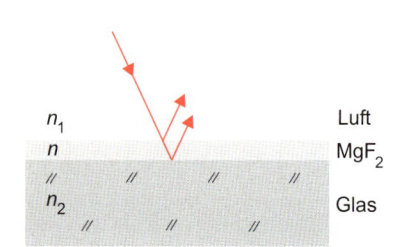

Bild 39.4. $\lambda/4$-Schicht zur Reflexionsverminderung. Die beiden reflektierten Teilwellen löschen sich durch Interferenz ganz oder teilweise aus

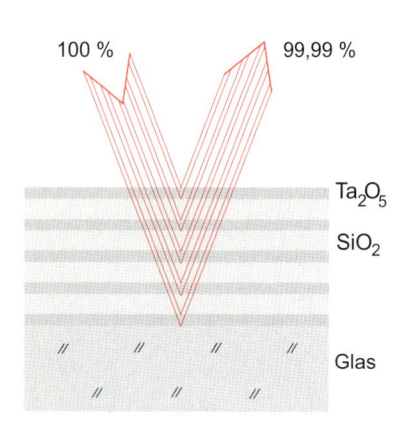

Bild 39.5. Schichtstapel oder dielektrischer Spiegel. Die an den $\lambda/4$-Schichten reflektierten Teilwellen interferieren konstruktiv, da bei der Reflexion am optisch dichteren Medium ein Phasensprung auftritt. Ta_2O_5 $n = 2{,}174$ und SiO_2 $n = 1{,}461$ im grünen Wellenlängenbereich

39.1 Krümmungsradius plankonvexer Linsen (1/2)

Messung des Krümmungsradius plankonvexer Linsen durch Beobachtung und Auswertung Newtonscher Ringe als Beispiel für eine interferometrische Abstandsmessung.

Verschiedene Linsen auf Planplatten nach Bild 39.1. Als Lichtquelle dient z. B. eine Na-Spektrallampe, die monochromatisches Licht von 589 nm liefert. Maßstab mit Millimetereinteilung. Spiegel mit Beobachtungsloch und Abschattung.

Der Durchmesser 2ρ der dunklen Newtonschen Ringe, die in einer Versuchsanordnung nach Bild 39.6 entstehen, wird als Funktion der Ordnungszahl, die den Gangunterschied Δ angibt, gemessen.

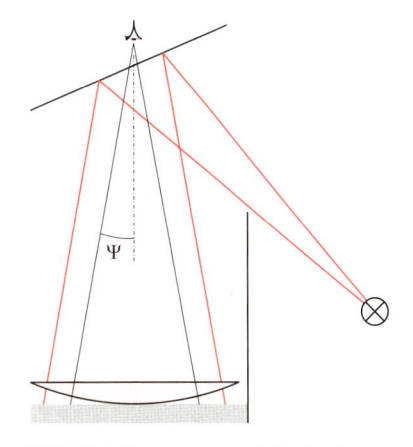

Die Bedingung, daß das einfallende und reflektierte Licht etwa senkrecht zur Linsen- und Plattenoberfläche läuft, wie in Bild 39.1 vorausgesetzt wurde, wird annähernd erfüllt, wenn $\sin\Psi \ll 1$ (Abstand Auge-Linse = *deutliche Sehweite* $s_0 = 250$ mm).

Das Quadrat des Ringradius ρ^2 ist linear sowohl von m und R als auch von λ abhängig und ist daher durch die Gleichung einer Geraden $y = at + b$ gegeben, wobei $y = \rho^2$ und $a = R\lambda$, $b = 2R\varepsilon$. Mit der Kenntnis der Wellenlänge λ der monochromatischen Lichtquelle (z. B. der Na-Spektrallampe) und der Messung von ρ in Abhängigkeit von der Ordnungszahl m läßt sich so der Krümmungsradius R leicht bestimmen. Darum zeichnet man das Diagramm $\rho^2 = f(m)$ und erhält aus der Steigung:

$$R = \frac{1}{\lambda}\frac{d\rho^2}{dm} \quad .$$

Die Kenntnis von ε ist also gar nicht nötig!

Man berechne den Krümmungsradius R verschiedener Linsen mit Fehlerabschätzung.

Diskutiere: Welche Ursache hat ein von der idealen Geraden abweichender Kurvenverlauf $\rho^2 = f(m)$?

Bild 39.6. Erzeugung und Beobachtung Newtonscher Ringe

39.2 Wellenlängenmessung mit Newtonschen Ringen (1/2)

Auswertung Newtonscher Ringe zur Wellenlängenmessung als Beispiel für einen interferometrischen Spektralapparat.

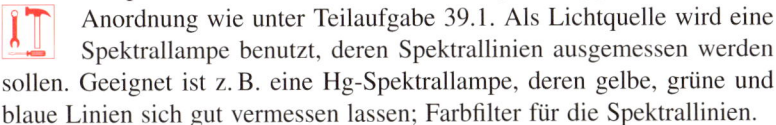

Anordnung wie unter Teilaufgabe 39.1. Als Lichtquelle wird eine Spektrallampe benutzt, deren Spektrallinien ausgemessen werden sollen. Geeignet ist z. B. eine Hg-Spektrallampe, deren gelbe, grüne und blaue Linien sich gut vermessen lassen; Farbfilter für die Spektrallinien.

Zur Beobachtung der einzelnen Linien werden Farbfilter in die Beobachtungsblende eingesetzt, die die nicht gewünschten Linien absorbieren. Gemessen werden die Durchmesser der Newtonschen Ringe, im Fall von Quecksilber z. B. für die drei Linien.

Zur Bestimmung der Wellenlängen kann man nun mit dem in 39.1 gemessenen Krümmungsradius R aus den Steigungen $a = R\lambda$ der drei Kurven den Wert für $R\lambda$ bestimmen und daraus λ berechnen.

Man findet jedoch gelegentlich, wie im nebenstehenden Bild 39.7 gezeigt, daß die Abhängigkeit $\rho^2 = f(m)$ in Wirklichkeit keine Gerade darstellt. Der Grund dafür ist, daß die konvexe Linsenoberfläche nicht ideal kugelförmig ($R = $ const.) ist. Da also im allgemeinen jedem ρ ein unterschiedliches R zuzuordnen ist, muß man dies gegebenenfalls bei der Wellenlängenberechnung berücksichtigen.

Man gebe die Wellenlängen der vermessenen Spektrallinien einschließlich Fehlerabschätzung an.

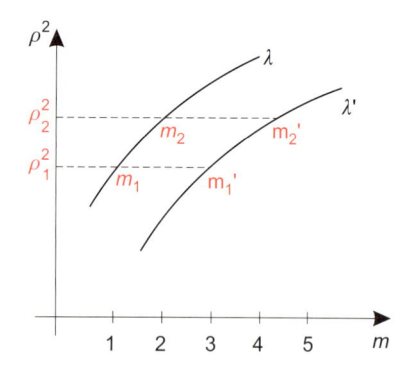

Bild 39.7. Experimenteller Durchmesser ρ der dunklen Newtonschen Ringe, die durch Interferenz am Luftspalt zwischen einer Linsenoberfläche und einer Planplatte entstehen. m ist die Ordnung der Ringe, wobei vom innersten Ring beginnend gezählt wird

39.3 Entspiegelungsschicht (1/1)

Herstellung und Charakterisierung einer Entspiegelungsschicht, z. B. auf Glas. Besuch eines Aufdampflabors, in dem die dafür notwendigen Apparaturen mit technischer Betreuung zur Verfügung stehen. Die Reflexminderung einer einfachen $\lambda/4$-Schicht soll als Funktion der Wellenlänge gemessen werden. Bei betriebsbereiter Aufdampfanlage soll die Schicht hierzu jeweils neu hergestellt werden.

Aufdampfanlage, Glasträger mit bzw. ohne $\lambda/4$-Schicht, Spektralphotometer

Die Entspiegelungsschicht wird durch Aufbringen einer $\lambda/4$-Schicht auf einen Glaskörper in einer Aufdampfanlage hergestellt. Die Bedienung einer Aufdampfanlage erfordert spezielle Fachkenntnisse und kann nur unter Aufsicht einer Fachkraft durchgeführt werden.

Der verringerte Reflexionsgrad R des Glasträgers mit der $\lambda/4$-Schicht wird über den erhöhten Transmissiongrad $T = 1 - R$ bestimmt. Hierzu wird die transmittierte Strahlungsleistung mit dem Spektralphotometer wellenlängenabhängig gemessen.

Man bestimme die Wellenlänge, bei der minimale Reflexion auftritt und diskutiere diese. Aus dem Maximum der gemessenen Transmissionskurve schätze man die Restreflexion ab. Man begründe, warum keine vollständige Reflexionsunterdrückung erreicht wird.

39.4 Dielektrischer Spiegel (1/1)

Herstellung und Charakterisierung eines dielektrischen Spiegels mit hohem Reflexionsgrad, $R > 98\%$. Zusammenarbeit mit einer Technikerin bzw. einem Techniker in einem entsprechend ausgerüstetem Aufdampflabor. Vertiefte Beschäftigung mit dielektrischen Schichtsystemen.

Geräte wie in Teilaufgabe 39.3.

Es wird eine periodische Folge von $\lambda/4$-Schichten aus zwei verschiedenen Materialien mit unterschiedlicher Brechzahl n aufgedampft, z. B. SiO_2 mit $n = 1{,}457$ und Ta_2O_5 mit $n = 2{,}152$ bei $\lambda = 633$ nm. Man überlege, woraus die oberste und die unterste Schicht dieses Paketes am günstigsten bestehen sollten. Man vermesse die Transmissionskurve des hergestellten Spiegels.

Überprüfung, ob das Maximum bei der erwarteten Wellenlänge auftritt. Abweichungen sind gegebenenfalls zu begründen. Aus der minimalen Transmission schätzt man die maximale Reflexion ab. Wodurch ist diese bestimmt?

40. Beugung am Einfachspalt

Vertiefung der Kenntnisse über Wellenoptik durch Untersuchung der Lichtinterferenzen hinter beugenden Einzelöffnungen wie Spalt und Lochblende. Bedeutung der Kohärenzbedingung, Kennenlernen einer empfindlichen Detektionstechnik.

Standardlehrbücher (Stichworte: Beugung, Interferenz, Kohärenzbedingung, Auflösungsvermögen optischer Instrumente),
Themenkreis 38: Wellenoptik – Beugungsversuche mit Laserlicht.

Beugung am Einfachspalt

Eine für die Ausbreitung von *Wellen* typische Erscheinung ist die **Beugung**, d. h. die Abweichung von der Geradlinigkeit der Ausbreitung. Sie wird hervorgerufen durch eine seitliche Begrenzung eines Wellenfeldes, z. B. Öffnungen oder Hindernisse. Beugung tritt bei allen Arten von Wellen auf – bei Schallwellen, elektromagnetischen Wellen (u. a. Mikrowellen, sichtbares Licht), aber auch bei Materiewellen wie z. B. Elektronenwellen oder sogar Atomwellen. Beugungserscheinungen bei Licht sind praktisch immer mit *Interferenzen* verbunden. Voraussetzung für das Auftreten von Interferenzerscheinungen ist dabei jedoch die **Kohärenz**. Kohärenz bedeutet, daß je zwei Punkte des Wellenfeldes eine zeitlich feste Phasenbeziehung zueinander haben müssen.

Das Auftreten der Beugung läßt sich qualitativ mit Hilfe des **Huygens-Fresnelschen Prinzips** der Elementarwellen beschreiben: Jeder Punkt einer Wellenfront kann als Ausgangspunkt einer neuen Elementarwelle betrachtet werden. Die Überlagerung all dieser Elementarwellen ergibt dann die neue Gesamtwellenfront, Bild 38.6. In diesem Beschreibungsmodell führt jede seitliche Begrenzung einer Wellenfront, z. B. durch einen Spalt, zu einer Wellenausbreitung auch in den Schattenraum hinein. A. Fresnel lieferte 1815 als erster ein mathematisches Kalkül, mit dem die durch Beugung hervorgerufenen Interferenzerscheinungen auch quantitativ berechnet werden können. Hier sollen solche Betrachtungen auf die Beugung am Spalt angewendet werden, wobei kohärentes Licht vorausgesetzt ist.

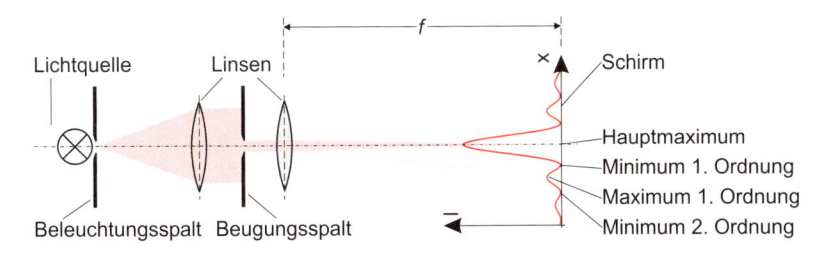

Bild 40.1. Beugung am Einfachspalt. Intensitätsverteilung in der Bildebene (Schirm) lateral stark vergrößert gezeichnet

Phänomenologische Betrachtung

Es wird ein Strahlengang betrachtet, bei dem ein schmaler monochromatisch beleuchteter Spalt mit Hilfe eines Systems aus 2 Linsen auf einen Schirm scharf abgebildet wird, Bild 40.1. Bringt man nun in den Strahlengang eine bündelbegrenzende Öffnung, z. B. einen **Beugungsspalt**, so entsteht auf dem Schirm ein charakteristisches Muster von Interferenzstreifen. Der überwiegende Teil der hindurchtretenden Strahlungsleistung erscheint im *Hauptmaximum*. Beiderseits schließen sich *Nebenmaxima* an, deren Intensitäten jedoch viel geringer sind und nach außen abnehmen und deren Breite nur halb so groß ist wie die des Hauptmaximums. Verringert man die Breite d des Beugungsspaltes, so wird die Beugungsfigur breiter, vergrößert man d, rücken die Interferenzstreifen zusammen, werden also schmaler.

Im gezeigten Beispiel liegt **Fraunhofersche Beugung** vor, weil sich auf dem Schirm in der Brennebene der 2. Linse jeweils solche Teilbündel überlagern, die den Spalt als Parallelbündel verlassen.

Eine anschauliche Erklärung für die Interenzfigur findet man, wenn man gedanklich das Lichtbündel rechts vom Beugungsspalt in Teilbündel jeweils so aufteilt, daß jedes gegen das benachbarte einen um $\lambda/2$ unterschiedlichen Weg (*Gangunterschied*) zum Überlagerungspunkt auf dem Schirm zurücklegt. Bild 40.2, links zeigt die Situation für einen Winkel α gegen die ursprüngliche Ausbreitungsrichtung, bei dem sich das Gesamtlichtbündel sinnvoll in genau zwei solche Teilbündel aufspalten läßt. Deren Überlagerung an einem Punkt des Schirms ergibt dann Dunkelheit: *Minimum 1. Ordnung*. Im rechten Teil von Bild 40.2 ist entsprechend die Situation verdeutlicht, die zum *Maximum 1. Ordnung* führt. Jedes der drei Teilbündel hat gegen das benachbarte einen Gangunterschied von $\lambda/2$; so löschen sich zwei Teilbündel bei der Überlagerung aus.

Rechnet man die zugehörigen Winkel aus, so findet man in Übereinstimmung mit dem experimentellen Befund die folgenden Beziehungen:

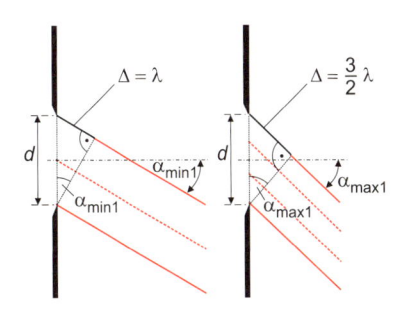

Bild 40.2. Schema der Bündelaufteilung für das Minimum 1. Ordnung (links) sowie für das Maximum 1. Ordnung (rechter Bildteil)

Hauptmaximum bei:	$\alpha = 0$	
Nebenminima bei:	$\sin \alpha_{\min,m} = 2m \frac{\lambda/2}{d}$,	$m = 1, 2, 3, \ldots$
Nebenmaxima bei:	$\sin \alpha_{\max,m} = (2m+1) \frac{\lambda/2}{d}$,	$m = 1, 2, 3, \ldots$

Diese einfache Betrachtung liefert zwar die richtigen Werte für die Lage von Maxima und Minima im Beugungsbild, Aussagen über die In-

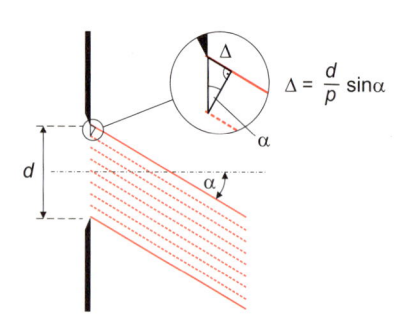

Bild 40.3. Zur exakten Berechnung der Intensitätsverteilung bei der Fraunhoferschen Beugung am Einfachspalt. Das Lichtbündel wird in p Teilbündel aufgeteilt

tensitätsverhältnisse der Maxima dagegen bedürfen einer genaueren Betrachtung, die im folgenden Abschnitt gegeben wird.

Intensität des Spaltbeugungsbildes

Die Intensität I an einem Ort des Schirms bezeichnet die dort pro Flächeneinheit auftreffende Strahlungsleistung. Sie ist proportional zum zeitlichen Mittelwert des Quadrats der elektrischen Feldstärke $E(t)$ der Lichtwelle an diesem Ort:

$$I \propto \overline{E^2(t)} \quad .$$

Um diese Feldstärke zu ermitteln, die ja aus der Überlagerung vieler Teilwellen entsteht, teilt man in Anlehnung an das Huygens-Fresnelsche Prinzip das vom Beugungsspalt ausgehende Lichtbündel in eine große Zahl p von entsprechend schmalen Teilbündeln auf, Bild 40.3. Diese legen vom Beugungsspalt bis zum gemeinsamen Überlagerungsort auf dem Schirm unterschiedliche Wege zurück. Dieser *Gangunterschied* beträgt für zwei benachbarte Teilbündel

$$\Delta = \frac{d}{p} \sin \alpha$$

und führt damit zu einem Phasenunterschied φ zwischen den entsprechenden Feldstärken von

$$\varphi = 2\pi \frac{\Delta}{\lambda} \quad .$$

Die Gesamtfeldstärke $E(t)$ am Überlagerungsort ergibt sich dann aus der phasenrichtigen Summation über die p Einzelfeldstärken E_i:

$$E(t) = \sum_{i=1}^{p} E_i(t) \quad .$$

Führt man diese Summation durch und läßt die Zahl p der Teilbündel dann gegen ∞ gehen, was einer unendlich dichten Folge von Elementarwellenzentren im Beugungsspalt entspricht, findet man für den Intensitätsverlauf $I(\alpha)$ auf dem Schirm die Beziehung:

$$I(\alpha) = d^2 \frac{\sin^2\left(\frac{\pi d \sin \alpha}{\lambda}\right)}{\left(\pi \frac{d}{\lambda} \sin \alpha\right)^2} = d^2 \left(\frac{\sin x}{x}\right)^2 \quad .$$

Die mathematische Diskussion dieser Funktion, Bild 40.4, führt zu folgenden Ergebnissen: Das *Hauptmaximum* liegt bei $\alpha = 0$, wie oben angegeben. Auch die *Minima* liegen bei den bereits angegebenen Winkeln. Die Lage der Nebenmaxima dagegen weicht geringfügig von den Werten der einfachen Theorie ab, Tabelle 40.1.

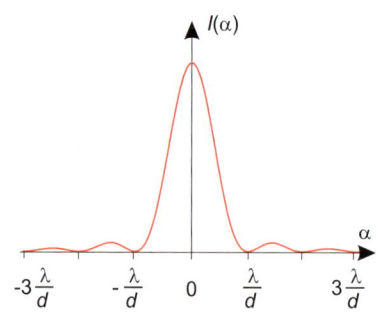

Bild 40.4. Die Intensitätsverteilung $I(\alpha)$ im Beugungsbild eines Spaltes

Ordnung	0.	1.	2.	3.	4.
$\sin \alpha_{max}$	0	$\frac{2{,}86}{2}\frac{\lambda}{d} \approx \frac{3}{2}\frac{\lambda}{d}$	$\frac{4{,}92}{2}\frac{\lambda}{d} \approx \frac{5}{2}\frac{\lambda}{d}$	$\frac{6{,}94}{2}\frac{\lambda}{d} \approx \frac{7}{2}\frac{\lambda}{d}$	...
Intensität	I_0	$I_0/(\frac{3}{2}\pi)^2$	$I_0/(\frac{5}{2}\pi)^2$	$I_0/(\frac{7}{2}\pi)^2$	...

Tabelle 40.1. Lage der Maxima und Intensitäten im Beugungsbild des Einzelspaltes

Fraunhofer-Beugung an einer Lochblende

Ersetzt man in dem Aufbau entsprechend Bild 40.1 den Objektspalt durch eine kreisförmige Öffnung und den Beugungsspalt durch eine *Lochblende*, so entsteht auf dem Schirm eine rotationssymmetrische Beugungsfigur: Das Hauptmaximum ist konzentrisch umgeben von einer Folge dunkler und heller Interferenzringe, Bild 40.5.

Die Berechnung der Intensitätsverteilung erfolgt ähnlich, wie für den Spalt beschrieben. Allerdings muß zusätzlich die Rotationssymmetrie der beugenden Öffnung berücksichtigt werden, was auf die sog. *Besselfunktion* führt. Deren Nullstellen beschreiben die Lage der Minima:

$$\sin \alpha_{\min,m} = z_m \frac{\lambda}{d} \quad \text{mit} \quad z_1 = 1{,}22; \quad z_2 = 2{,}23; \quad z_3 = 3{,}24; \quad \ldots$$

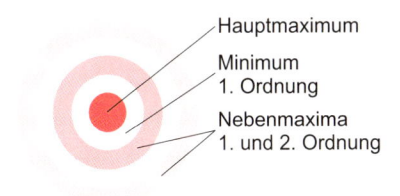

Bild 40.5. Interferenzfigur bei der Fraunhofer-Beugung an einer Lochblende (schematisch)

Die geringfügig größeren Abstände im Vergleich zum Beugungsbild des Spaltes lassen sich experimentell überprüfen.

Die Beugung an einer Lochblende spielt eine wichtige Rolle bei optischen Instrumenten wie z. B. Fernrohr und Mikroskop: Sie begrenzt das **örtliche Auflösungsvermögen** dieser Geräte. Die Begrenzung des Lichtbündels, z. B. durch die Linseneinfassung des Objektivs wirkt als beugende Öffnung und führt dazu, daß jeder Objektpunkt nicht als Punkt, sondern als Beugungsscheibchen entsprechend Bild 40.5 abgebildet wird. Ein dicht benachbarter zweiter Objektpunkt kann nur dann getrennt vom ersten wahrgenommen werden, wenn beide so weit voneinander entfernt sind, daß auf dem Schirm das Hauptmaximum des einen mindestens in das erste Minimum des anderen Bildpunktes fällt, Bild 40.6 (*Rayleigh-Kriterium*).

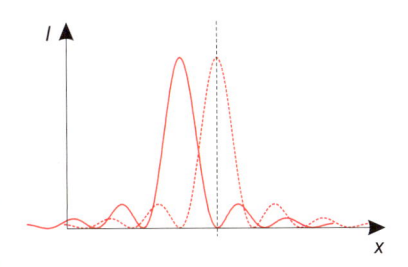

Bild 40.6. Zur Ortsauflösung zweier benachbarter Objektpunkte: Rayleigh-Kriterium

Kohärenzbedingung

Interferenzen lassen sich nur beobachten, wenn die dabei sich überlagernden Teilwellen *kohärent* sind, d. h. gleiche Frequenz und eine zeitlich konstante Phasenbeziehung zueinander haben. Diese Bedingung läßt sich streng allerdings nur für Wellen realisieren, die von einer exakt punktförmigen Lichtquelle ausgehen.

Aber auch mit ausgedehnten Lichtquellen lassen sich Interferenzen erzeugen, sofern die sog. **Kohärenzbedingung** eingehalten wird. In Bild 40.7 ist eine Anordnung gezeigt, in der eine Lichtquelle, z. B. ein einfach beleuchteter Objektspalt der Breite $2s$ auf einen Schirm abgebildet wird, wo die Bildbreite $2s' = 2s\frac{a'}{a}$ beträgt. Der Beugungsspalt mit der Breite d sorgt für eine Bündelbegrenzung (Apertur) und damit für eine Beugung

Bild 40.7. Zur Kohärenzbedingung für ausgedehnte Lichtquellen. Die durch Interferenz hervorgerufene Intensitätsverteilung $I(x)$ auf dem Schirm ist der Deutlichkeit wegen extrem breit gezeichnet

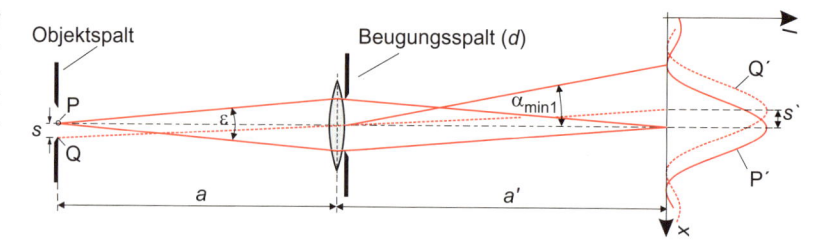

des Lichts. Eine strukturierte Interferenzfigur auf dem Schirm erhält man jedoch nur dann, wenn die Interferenzfiguren der einzelnen Punkte des Objektspaltes (z. B. P und Q) auf dem Schirm praktisch zusammenfallen. Dazu muß die halbe Bildbreite s' klein sein im Vergleich zum Abstand zwischen Hauptmaximum und 1. Minimum eines Bildpunktes:

$$\frac{s'}{a'} \ll \sin\alpha_{\min 1} \quad \text{mit} \quad \sin\alpha_{\min 1} = \frac{\lambda}{d} \ .$$

Ersetzen von s' durch $s\frac{a'}{a}$ sowie von d/a durch $2\tan(\varepsilon/2) \approx 2(\varepsilon/2)$ führt zu der

Kohärenzbedingung: $\quad s\dfrac{\varepsilon}{2} \ll \dfrac{\lambda}{2} \ .$

Ist diese Bedingung nicht eingehalten, dann führt die Überlagerung der von den verschiedenen Objektpunkten herrührenden Teilwellen zu einem völligen „Verschmieren" der Minima und Nebenmaxima. Interferenzerscheinungen sind dann nicht beobachtbar.

Die Kohärenzbedingung zeigt, wie man Interferenzfähigkeit erzeugen kann: Man muß entweder die Lichtquelle klein genug wählen oder die beugende Öffnung.

40.1 Wellenlängenmessung mit einem Einfachspalt (2/3)

Die Wellenlänge λ der grünen Hg-Linie einer Quecksilber-Spektrallampe soll gemessen und das Ergebnis mit dem Literaturwert verglichen werden.

Hg-Hochdrucklampe mit Netzgerät, Grünfilter, Objektspalt und Beugungsspalt (beide verstellbar), optische Bank mit Reitern, Kondensorlinse (z. B. $f_K = 80$ mm) und Linse zur Abbildung des Objektspaltes (z. B. $f_L = 400$ mm), Okularmikrometer und Ableselupe.

Der Aufbau soll mit dem im Bild 40.8 dargestellten *verketteten Strahlengang* erfolgen, bei dem der Hg-Lichtbogen in die abbildene Linse fokussiert wird, die wiederum den Objektspalt auf den Schirm abbildet: *Köhlerscher Strahlengang*. Man erreicht dadurch eine optimale Bildqualität, d. h. gleichmäßige Ausleuchtung sowie geringsten Einfluß von Linsenfehlern. Als Schirm dient eine Glasplatte mit Stricheinteilung

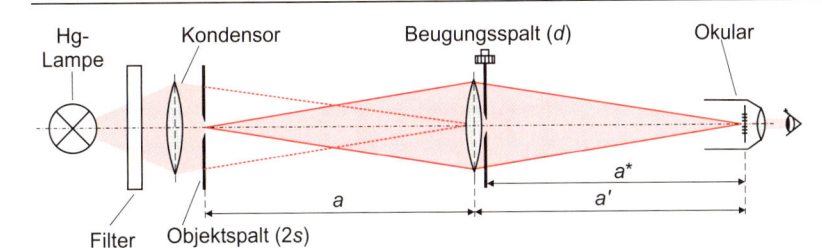

Bild 40.8. Meßaufbau zur Untersuchung der Fraunhofer-Beugung am Einfachspalt

(Okularmikrometer). Die darauf entstehenden Interferenzfiguren werden mittels einer Lupe visuell betrachtet und ausgemessen.

In dem vorgeschlagenen Aufbau erfolgt die Spaltabbildung mit Hilfe nur *einer* Linse statt der in Bild 40.1 diskutierten zwei. Dadurch wird der Beugungsspalt nicht durch ein paralleles, sondern durch ein leicht konvergentes Lichtbündel durchsetzt. Bei dem großen Bildabstand a' jedoch ist die dadurch bedingte Änderung der charakteristischen Winkel in der Interferenzfigur nicht merklich, die Abweichung liegt in der Größenordnung $1 : d^2/a'^2$ und ist daher vernachlässigbar.

Auf der optischen Bank werden zunächst alle benötigten Elemente visuell auf die gleiche Höhe eingestellt. Dazu schiebt man am einfachsten alle Bauelemente wie den Kondensor, den Objektspalt, die Abbildungslinse, den Beugungsspalt und die Lupe zunächst dicht aneinander vor die Hg-Lampe. Nach den Höhenkorrekturen entfernt man bis auf die Hg-Lampe und den Kondensor alle anderen Bauteile von der optischen Bank und schaltet die Lichtquelle mit vorgeschwenktem Grünfilter ein. Anschließend wird folgendes Verfahren empfohlen:

- Durch Verschieben des Kondensors wird die Lichtquelle in die vorgesehene Ebene der Abbildungslinse der Brennweite f_L vergrößert abgebildet. Entfernung Kondensor – Linsenebene etwas größer als $2 f_L$ wählen.
- Dicht hinter den Kondensor wird der Objektspalt gesetzt.
- An der Stelle, wo das Bild der Lichtquelle entstand, wird die Abbildungslinse aufgestellt.
- Mit Hilfe des Schirms sucht man das Bild des Objektspaltes. Durch Verschieben der abbildenden Linse wird nun diese Bildebene so gewählt, daß dort die Okularlupe gut zugänglich aufgestellt werden kann.
- Verschieben des Okulars, bis die Stricheinteilung gleichzeitig mit dem Bild des Objektspaltes scharf zu sehen ist.
- Als letztes setzt man den verstellbaren Beugungsspalt dicht hinter die Abbildungslinse und kann jetzt die Beugungserscheinung beobachten.

Man mache sich klar, daß für die Abstände der Maxima und Minima nicht die Bildweite a', sondern der Abstand Beugungsspalt-Bildebene a^* ausschlaggebend ist, da die Beugung vom Beugungsspalt und nicht von der Linsenöffnung verursacht wird. Dies läßt sich leicht nachprüfen, indem man den Beugungsspalt in Richtung Okular verschiebt und dabei die Interferenzstreifen beobachtet. Diese rücken dichter zusammen.

Die Messung wird für mindestens eine weitere Beugungsspaltbreite wiederholt. Für jede Beugungsspaltbreite d notiere man sich für die Laufzahl $m = 2, 3, 4, \ldots$ die Art des Interferenzmusters (1. Min.: $m = 2$, 1. Nebenmax.: $m = 3$, 2. Min.: $m = 4$ usw.) und lese die Lagen der zusammengehörigen Maxima bzw. Minima gleicher Laufzahl m rechts (x_r) und links (x_ℓ) des Hauptmaximums ab. Man errechne sich jeweils x aus $2x = (x_\ell + x_\text{r})$.

Gemäß dem Grundlagenteil kann man ansetzen: $\lambda = (2d \sin \alpha)/m$. Für die kleinen Winkel α kann man $\sin \alpha \approx \tan \alpha = x/a^*$ setzen:

$$\lambda \approx \frac{2d}{m}\frac{x}{a^*} \equiv \frac{d}{a^*}\frac{2x}{m} \ .$$

Die Auswertung soll grafisch erfolgen: Für jede Meßreihe wird $2x$ über m aufgetragen. Aus der Steigung der mittelnden Geraden wird λ bestimmt. Bei der Mittelung sollten die Wertepaare für großes m mit größerem Gewicht berücksichtigt werden. In die Fehlerrechnung geht dann außer den Fehlern für die Beugungsspaltbreite d und den Abstand a^* die Unsicherheit bei der Geradensteigung ein. Bei sorgfältigem Arbeiten erreicht man Abweichungen vom Literaturwert der grünen Quecksilberlinie ($\lambda = 546{,}1\,\text{nm}$) von nur wenigen Prozent.

Für eine Meßreihe soll zum Vergleich eine rechnerische Auswertung mit einem gewichteten Mittelwert ($\sum 2x / \sum m$) statt des sonst üblichen arithmetischen Mittelwerts erfolgen.

40.2 Prüfung der Kohärenzbedingung (1/3)

Durch Vergrößerung der Objektspaltbreite soll die Gültigkeit der Kohärenzbedingung qualitativ geprüft werden.

Versuchsaufbau wie bei Teilaufgabe 40.1.

Ausgehend von einer Beugungsspaltbreite d, bei der die Interferenzstreifen in der Okularmikrometerebene gut ausgeprägt sind, wird die Objektspaltbreite $2s$ so lange vergrößert, bis die Interferenzstreifen verschwinden. Der zugehörige Wert von $2s$ wird bestimmt.

Durch Einsetzen der Meßwerte wird die Gültigkeit der Kohärenzbedingung qualitativ geprüft.

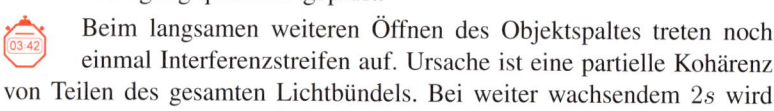

Beim langsamen weiteren Öffnen des Objektspaltes treten noch einmal Interferenzstreifen auf. Ursache ist eine partielle Kohärenz von Teilen des gesamten Lichtbündels. Bei weiter wachsendem $2s$ wird der Kontrast jedoch immer geringer, bis er schließlich nicht mehr meßbar ist.

Die Beobachtung soll notiert und diskutiert werden.

40.3 Prüfung der Ortsauflösungsgrenze (1/3)

In einer Anordnung entsprechend Bild 40.8 soll die Begrenzung der Ortsauflösung bei der Abbildung zweier dicht benachbarter Objektspalte untersucht werden.

Wie in Teilaufgabe 40.1, nur wird der Objektspalt ersetzt durch ein Objekt mit zwei schmalen zueinander parallelen Einzelspalten (Breiten $d_1 = d_2$) in kleinem Abstand g. Beispiel: $d_1 = 0{,}2$ mm, $g = 0{,}3$ mm.

Für einen zunächst weit geöffneten Beugungsspalt beobachtet man zwei scharfe Spaltbilder. Wird der Beugungsspalt allmählich zugezogen, werden Interferenzstreifen sichtbar, und die beiden Hauptmaxima werden breiter, bis sie einander überlagern und visuell nicht mehr trennbar sind. Man bestimme diejenige Breite d des Beugungsspaltes, bei der die Grenze der Auflösung erreicht ist.

Das Ergebnis soll mit den theoretischen Betrachtungen verglichen werden. Eine Fehlerrechnung ist nicht erforderlich.

40.4 Ausmessen des Spaltbeugungsbildes mit einem Fotomultiplier (1/3)

In einem Aufbau entsprechend Bild 40.9 soll das Beugungsbild eines Spaltes fotoelektrisch vermessen werden. Aus der aufgezeichneten Intensitätsverteilung soll die Wellenlänge λ der verwendeten monochromatischen Strahlung, z. B. der grünen Hg-Linie bestimmt werden.

Versuchsgeräte wie in Teilaufgabe 40.1, statt Okularmikrometer und Ableselupe jedoch Fotomultiplier mit Netzgerät und Abtastspalt, dazu Verstärker für den Fotostrom; Yt-Schreiber oder PC zur Aufzeichnung der Intensitätsverteilung. Schrittmotor mit Getriebe zur zeitproportionalen seitlichen Verschiebung des Fotomultipliers.

Der Vorteil einer Messung mit einem extrem lichtempfindlichen fotoelektrischen Sensor, dem **Fotomultiplier**, ist die Beobachtbarkeit einer sehr großen Zahl von Interferenzstreifen, die wegen der großen Intensitätsunterschiede visuell nicht wahrnehmbar sind. Zur Wirkungsweise eines Fotomultipliers, s. Themenkreis *48. γ-Spektroskopie*.

Wegen der hohen Lichtempfindlichkeit muß die gesamte Anordnung mit einer vollständig abdunkelbaren Abdeckung versehen werden.

> *Achtung:* **Fotomultiplier, auch ohne Spannungsversorgung, vor Streulichteinfall schützen, sonst Schädigung der Fotokathode!**

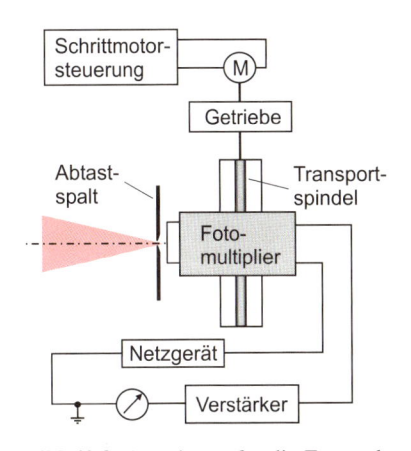

Bild 40.9. Anordnung für die Fotomultipliermessung, schematisch

Die Justierung des Strahlenganges erfolgt, wie in Teilaufgabe 40.1 beschrieben. Dabei wird der Objektspalt O auf den Abtastspalt vor dem Multiplier scharf abgebildet; hierbei befindet sich der Beugungsspalt noch nicht im Strahlengang oder ist weit geöffnet. Der spannunglose Fotomultiplier bleibt dabei lichtdicht abgedeckt. Nach dieser Justierung wird der Beugungsspalt eingesetzt und auf eine kleine Spaltbreite von wenigen zehntel Millimetern eingestellt. Danach wird die seitliche Verschiebung des Fotomultipliers über die motorgetriebene Transportspindel erprobt.

In einem Vorversuch mit abgedunkelter Versuchsanordnung und eingeschaltetem Fotomultiplier werden schließlich die Lagen der Intensitätsmaxima und deren Intensitätsverhältnis grob bestimmt. Hierbei muß der Verstärkungsfaktor des Fotostromverstärkers in der Nähe des Hauptmaximums um bis zum Faktor 100 heruntergeschaltet werden, damit das Meßgerät nicht in die Sättigung gerät.

Bei der eigentlichen Messung wird die Intensitätsverteilung mit möglichst vielen Nebenmaxima symmetrisch zum Hauptmaximum aufgenommen. Die Beugungsspaltbreite d sowie die Bildweite a^* müssen gemessen werden. Um die Lage der Maxima auf der Schreiberkurve auswerten zu können, muß die Zeitachse des Schreibers in Längen der seitlichen Multiplierverschiebung skaliert werden.

Die Messung soll für eine weitere Spaltbreite d des Beugungsspaltes wiederholt werden.

Die Auswertung soll grafisch erfolgen. Dabei wird für jede Meßreihe der Abstand $2x$ zweier zusammengehöriger Minima links und rechts des Hauptmaximums über deren Laufzahl k grafisch aufgetragen. Aus der Steigung der mittelnden Geraden wird wie in Teilaufgabe 40.1 die Wellenlänge λ bestimmt. Eine Fehlerrechnung ist erforderlich, um das Ergebnis mit dem Literaturwert quantitativ vergleichen zu können.

Aus der Schreiberkurve sollen die Intensitätsverhältnisse berechnet und mit der theoretischen Vorhersage verglichen werden. Hierbei muß der *Dunkelstrom* des Fotomultipliers berücksichtigt werden, d. h. der Strom, der bei vollständig abgedunkeltem Fotomultiplier fließt.

41. Polarisation und Streuung

🏁 Vertiefung der Kenntnisse über die Polarisationseigenschaften des Lichts, optische Aktivität, Umgang mit einem Polarimeter, Elektrooptik von Flüssigkristallen.

📖 *Standardlehrbücher* (Stichworte: Optische Aktivität, Polarisation, Doppelbrechung, Lichtstreuung, Tyndall-Effekt, Polarimeter),
Demtröder: Experimentalphysik,
Hecht: Optik.

📖 Polarisiertes Licht

Zur Beschreibung der Lichtausbreitung werden unterschiedliche Modelle benutzt, z. B. das Modell der *Lichtstrahlen*, das *Wellenmodell* oder das *Teilchenmodell*. Für Erscheinungen wie Beugung und Interferenz ist das Wellenmodell des Lichts ein angemessenes Beschreibungskonzept:

> Licht ist eine transversale elektromagnetische Welle ,

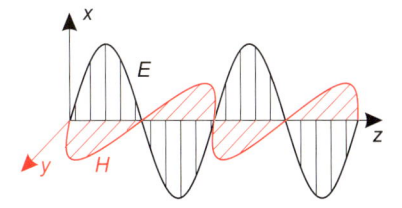

Bild 41.1. Zur Ausbreitung einer elektromagnetischen Welle. z ist die Ausbreitungsrichtung der Welle

bei der ein elektrisches und ein damit gekoppeltes magnetisches Feld mit gleicher Frequenz schwingen. Die Vektoren der elektrischen bzw. magnetischen Feldstärke, E bzw. H, stehen dabei stets senkrecht aufeinander und beide senkrecht auf der Ausbreitungsrichtung, wie in Bild 41.1 gezeigt. Im weiteren wollen wir davon nur die elektrische Feldstärke betrachten, für die Mehrzahl der optischen Erscheinungen ist das ausreichend.

Der Zeitverlauf der *elektrischen Feldstärke* E ist wegen der hohen Frequenzen einer Lichtwelle von einigen 10^{14} Hz allerdings nicht direkt meßbar. Durch Meßgeräte wie z. B. ein Fotoelement oder das menschliche Auge läßt sich stets nur eine zeitgemittelte Größe wie die *Intensität I* der Welle bestimmen, die durch den zeitlichen Mittelwert des Feldstärkequadrats gegeben ist:

$$I \sim \overline{E^2} \quad .$$

Die Intensität ist dabei definiert als die auf eine Empfängerfläche A auftreffende Lichtleistung P, dividiert durch diese Fläche: $I = P/A$. Sie heißt auch **Bestrahlungsstärke**, ihre Einheit ist $1\,\text{W/m}^2$. Im Teilchen- bzw. *Photonenbild* ausgedrückt, ist I die auf diese Fläche in einem Zeitintervall Δt auftreffende Photonenzahl ΔN, dividiert durch das Zeitintervall und die Fläche sowie multipliziert mit der Energie hf eines Photons:

$$I = \frac{\Delta N}{A\Delta t} hf \quad .$$

Bei 1 W/m² und sichtbarem Licht sind das einige 10^{18} (!) Photonen.

Hier soll Licht jedoch weiter als Transversalwelle betrachtet werden. Die experimentelle Bestätigung für die Transversalität einer Welle folgt aus ihrer *Polarisierbarkeit*. Für Licht wurde über diese Beobachtung erstmals 1808 von E. L. Malus berichtet. Man unterscheidet verschiedene wichtige Grenzfälle der Polarisation.

Linear polarisiertes Licht

Im Beispiel des Bildes 41.1 hat die elektrische Feldstärke an jedem Ort z die gleiche Richtung x. Eine solche Welle wird als **linear polarisiert** bezeichnet. Die Richtung von E wird *Polarisationsrichtung* genannt, die von dieser Richtung und der Ausbreitungsrichtung aufgespannte Ebene heißt *Polarisationsebene*. Für die linear polarisierte ebene Welle in Bild 41.2 läßt sich analytisch schreiben:

$$E_x(z,t) = E_0 \sin(2\pi ft - 2\pi z/\lambda) \quad .$$

λ ist die Wellenlänge der Lichtwelle, die mit der Frequenz f über die Lichtgeschwindigkeit c zusammenhängt: $c = \lambda f$. Mißt man die Intensität einer solchen Welle z. B. mit einem Fotoelement am Ort $z = z_0$, so gilt folgender Zusammenhang:

$$I \sim \overline{E_x^2(z_0,t)} = \frac{1}{T}\int_0^T E_0^2 \sin^2(2\pi ft - \text{const})\,\mathrm{d}t = \ldots = \frac{1}{2}E_0^2 \quad .$$

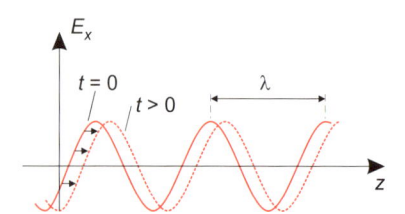

Bild 41.2. Momentaufnahmen einer in z-Richtung fortschreitenden linear polarisierten Welle

T ist die Schwingungsdauer von E, also der Kehrwert der Frequenz f.

Die meisten Lichtquellen liefern unpolarisiertes Licht. Mit einem **Polarisator** läßt sich daraus linear polarisiertes Licht erzeugen. *Unpolarisiertes Licht* kann als ein statistisches Gemisch von Lichtwellenzügen mit allen möglichen Schwingungsrichtungen aufgefaßt werden. An einem festen Ort z_0 gibt es daher zu jedem Zeitpunkt (Momentaufnahme) einen resultierenden elektrischen Feldvektor. Durch den Polarisator (P) wird hiervon nur eine Komponente durchgelassen, die dazu senkrechte dagegen nicht, Bild 41.3 links. Das Licht ist dann linear polarisiert. Durch Drehen des Polarisators kann jede beliebige Schwingungsrichtung senkrecht zur Ausbreitungsrichtung ausgewählt werden.

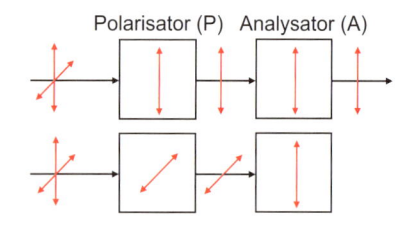

Bild 41.3. Wirkung von Polarisator und Analysator

Will man nun umgekehrt die Schwingungsrichtung einer linear polarisierten Welle feststellen, verwendet man einen völlig gleichartigen Polarisator, der dann jedoch **Analysator** (A) genannt wird. Stehen die Durchlaßrichtungen von A und P parallel zueinander, wird hinter A maximale Helligkeit beobachtet, stehen sie um 90° gegeneinander verdreht – man sagt „gekreuzt" –, dann herrscht hinter A Dunkelheit, Bild 41.3 rechts. Sind A und P um einen Winkel γ verdreht, Bild 41.4, kann die Feldstärke E_ein der auf A einfallenden linear polarisierten Welle in eine Komponente $E_0 \cos\gamma$ in Durchlaßrichtung von A und die dazu senkrechte Komponente zerlegt werden. Für die hinter A austretende Intensität I_aus gilt dann wegen $I \sim \overline{E^2}$:

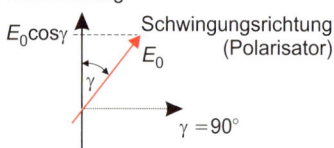

Bild 41.4. Zur Berechnung der durch den Analysator hindurchtretenden Intensität I_aus

$$I_\text{aus} = I_\text{ein} \cos^2 \gamma \quad .$$

Die Messung der Winkelabhängigkeit von I_aus erlaubt daher die Bestimmung der Schwingungsrichtung einer linear polarisierten Welle.

Zirkular und elliptisch polarisiertes Licht

Blickt man einem linear polarisierten Lichtbündel entgegen und betrachtet den elektrischen Feldvektor an einem beliebigen Beobachtungsort $z = z_0$, so vollführt die Spitze des Feldvektors eine lineare Schwingung. Bei **zirkular polarisiertem** Licht dagegen läuft die Spitze des elektrischen Feldvektors auf einem Kreis um. Die Angaben *rechts* bzw. *links zirkular polarisiertes* Licht beziehen sich dabei auf den Umlaufsinn des E-Vektors, wenn man dem Lichtbündel entgegen blickt.

Zirkular polarisiertes Licht entsteht, wenn man zwei senkrecht zueinander linear polarisierte Wellen gleicher Frequenz und Amplitude überlagert, die eine Phasenverschiebung von $+\pi/2$ oder $-\pi/2$ gegeneinander aufweisen:

$$\begin{aligned} E_x &= E_0 \sin(2\pi ft - 2\pi z/\lambda) \\ E_y &= E_0 \sin(2\pi ft - 2\pi z/\lambda \pm \pi/2) \\ &= \pm E_0 \cos(2\pi ft - 2\pi z/\lambda) \quad . \end{aligned}$$

Bild 41.5 veranschaulicht die Verhältnisse grafisch für den einen Drehsinn. Untersucht man übrigens zirkular polarisiertes Licht mit dem oben beschriebenen Analysator A, erhält man für jeden Analysatorwinkel γ hinter A die gleiche Intensität: I ist unabhängig von der Winkelstellung von A konstant.

Sind die Amplituden der beiden überlagerten Teilwellen E_x und E_y ungleich oder/und die Phasenverschiebung zwischen ihnen $\neq \pm\pi/2$, entsteht eine **elliptisch polarisierte** Welle: Die Spitze des elektrischen Feldvektors läuft nicht auf einem Kreis, sondern auf einer Ellipse um.

Aufbau und Funktion von Polarisatoren

Es gibt verschiedene physikalische Prozesse, die zur Erzeugung von polarisiertem Licht führen, von denen hier die Polarisation durch *Reflexion*, durch *Doppelbrechung* und durch *Streuung* behandelt werden sollen.

Polarisation durch Reflexion

Fällt ein Lichtbündel auf eine Glasfläche, wird ein Teil des Bündels reflektiert, der andere Teil tritt unter Brechung in das Glas ein. Eine Untersuchung des reflektierten Bündels mit einem Analysator zeigt, daß es teilweise polarisiert ist. Der Grad der Polarisation hängt dabei vom Einfallswinkel α ab. Vollständige lineare Polarisation liegt bei einem Winkel α_B vor, bei dem das reflektierte Bündel auf dem gebrochenen senkrecht steht, Bild 41.6. Für diesen nach Brewster benannten Einfallswinkel α_B gilt nach dem *Snelliusschen Brechungsgesetz* das:

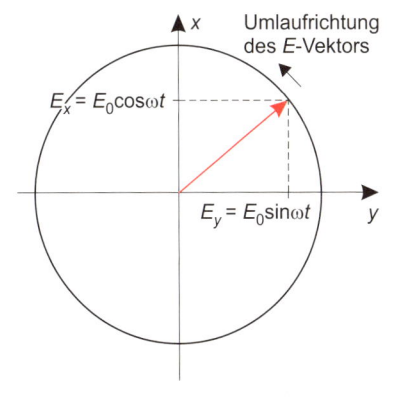

Bild 41.5. Momentaufnahme des Feldvektors einer linkszirkular polarisierten Welle in der Ebene $z = 0$; die Welle läuft (entgegen der positiven z-Richtung) auf den Betrachter zu

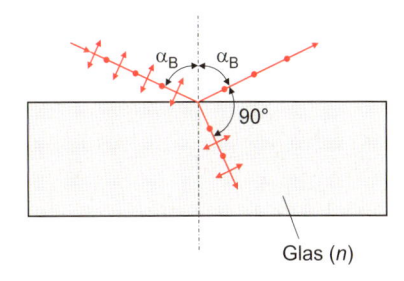

Bild 41.6. Reflexion einer Lichtwelle an einer Glasoberfläche unter dem Brewsterwinkel α_B. Die roten Doppelpfeile bzw. Punkte deuten die Schwingungsrichtungen der elektrischen Feldstärke an

> **Brewstersche Gesetz** $\tan\alpha_B = n$,

wobei n die Brechzahl des Glases ist.

Will man dieses Phänomen im atomaren Bild deuten, betrachtet man die atomare Wechselwirkung der Lichtwelle mit dem reflektierenden Medium, hier dem Glas. Die Atome in der Glasoberfläche werden durch das elektrische Wechselfeld der einfallenden Lichtwelle zu erzwungenen elektrischen Schwingungen (Elektronenhülle gegen Atomkern) angeregt. Jeder dieser schwingenden **elektrischen Dipole** strahlt dann wieder einen Lichtwellenzug der gleichen Frequenz ab. Die Überlagerung der Wellen aller betroffenen Atome ergibt zum einen das gebrochene Lichtbündel im Glas, zum anderen das reflektierte Bündel. Der beobachtete Polarisationseffekt beruht nun auf der *Abstrahlcharakteristik eines schwingenden Dipols*, die keine Emission in Richtung der Schwingungsachse erlaubt (s. a. Abschnitt über Streuung, Bild 41.11). Um diese Aussage zu erläutern, ist in Bild 41.6 die elektrische Feldstärke im einfallenden unpolarisierten Bündel in zwei Schwingungskomponenten zerlegt, einmal in der Zeichenebene und einmal senkrecht dazu. Nun ist leicht einzusehen, daß bei einer Reflexionsrichtung, die mit einer Dipol-Schwingungsrichtung im Glas zusammenfällt, kein Licht dieser Schwingungsrichtung reflektiert werden kann: Das unter diesem Winkel reflektierte Licht ist daher linear polarisiert mit dem E-Vektor senkrecht zur Zeichenebene. Im gebrochenen Lichtbündel ist diese Schwingungsrichtung entsprechend geschwächt, die andere dagegen nicht.

Läßt man nun umgekehrt linear polarisiertes Licht auf eine Glasplatte treffen, so wird die Intensität des reflektierten Lichts nicht nur vom Einfallswinkel α und der Brechzahl des Glases, sondern in starkem Maße auch von der Polarisationsrichtung des einfallenden Lichts abhängen. Mit Hilfe der Gesetze der Elektrodynamik (*Maxwellsche Gleichungen*) lassen sich die Zusammenhänge für die reflektierte Lichtintensität quantitativ herleiten:

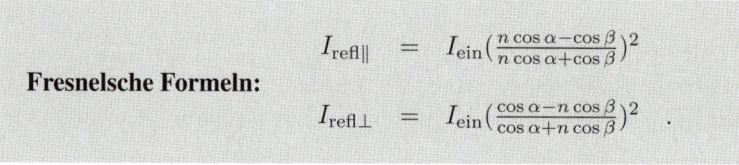

> **Fresnelsche Formeln:**
> $$I_{\text{refl}\parallel} = I_{\text{ein}}\left(\frac{n\cos\alpha - \cos\beta}{n\cos\alpha + \cos\beta}\right)^2$$
> $$I_{\text{refl}\perp} = I_{\text{ein}}\left(\frac{\cos\alpha - n\cos\beta}{\cos\alpha + n\cos\beta}\right)^2 .$$

Bild 41.7 zeigt den Verlauf des *Reflexionsgrades* $R = I_{\text{refl}}/I_{\text{ein}}$ als Funktion des Einfallswinkels α für die zwei zueinander senkrechten Polarisationsrichtungen. Für den Winkel $\alpha = 0$ und damit auch $\beta = 0$ nehmen beide den gleichen Wert an:

$$R_\parallel(0) = R_\perp(0) = \frac{(n-1)^2}{(n+1)^2} ,$$

der bei Glas mit $n = 1{,}5$ das bekannte Ergebnis $R = 0{,}04 = 4\,\%$ liefert.

Mißt man den Winkelverlauf von $R_\parallel$, so läßt sich aus der Nullstelle der Brewsterwinkel α_B bestimmen.

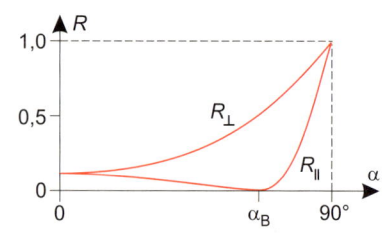

Bild 41.7. Reflexionsgrad für unterschiedlich polarisiertes Licht. Kurven berechnet für $n = 2$

Polarisation durch Doppelbrechung und Dichroismus

Es gibt Materialien, die für Lichtwellen unterschiedlicher Schwingungsrichtung unterschiedliche Brechzahlen aufweisen. Grund hierfür ist die Abhängigkeit der *Phasengeschwindigkeit* der Lichtwelle von der Schwingungsrichtung. Beispiele für solche *anisotrop* genannten Stoffe sind praktisch alle nicht kubischen Kristalle, aber auch amorphe Stoffe wie Glas und Plexiglas, wenn sie mechanisch verspannt werden.

Ein für Polarisatoren häufig verwendeter Kristall ist der Kalkspat, an dem schon vor über 300 Jahren diese Eigenschaft der **Doppelbrechung** das erste Mal beobachtet wurde. Unpolarisiertes Licht wird beim Durchgang durch diesen Kristall in zwei Teilbündel aufgespalten. Das eine Bündel, der sog. *ordentliche (o) Strahl*, gehorcht dem Brechungsgesetz, das andere, der *außerordentliche (ao) Strahl*, dagegen nicht. Beide Bündel sind linear polarisiert, und ihre Schwingungsebenen stehen senkrecht aufeinander. Will man nun linear polarisiertes Licht außerhalb des Kristalls erhalten, muß eines der beiden Bündel aus dem Strahlengang entfernt werden. Dies kann z. B. mit dem **Nicolschen Prisma** erreicht werden. Der Kalkspatkristall wird in einer Diagonalen aufgeschnitten und mit Kanadabalsam wieder zusammengekittet, wie im Bild 41.8 skizziert. Der o- und der ao-Strahl erfahren beim Eintritt in den Kristall unterschiedliche Brechungen ($n_{ao} = 1{,}486$, $n_o = 1{,}658$). Die Kittschicht mit $n = 1{,}55$ bildet für den ao-Strahl ein optisch dichteres, für den o-Strahl ein optisch dünneres Medium. Bei geeigneten Schnittwinkeln der Kristalle überschreitet der Einfallswinkel des o-Strahls an der Kittschicht den Grenzwinkel der Totalreflexion, so daß dieser Strahl zur Seite abgelenkt wird. Dort wird er durch eine geeignete Beschichtung absorbiert. In Richtung des einfallenden Lichtes – nur etwas parallel verschoben – tritt nur der ao-Strahl als linear polarisiertes Lichtbündel aus dem Nicolschen Prisma aus. Seine Schwingungsrichtung liegt in der Zeichenebene.

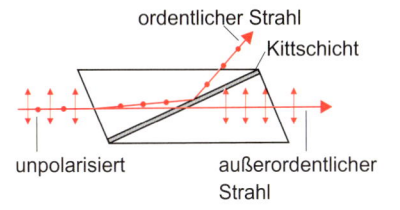

Bild 41.8. Erzeugung von linear polarisiertem Licht mit einem Nicolschen Prisma

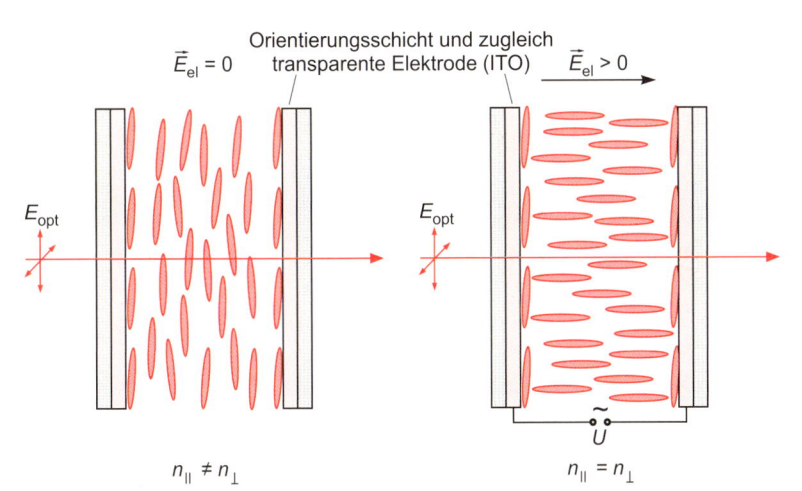

Bild 41.9. Ein *nematischer Flüssigkristall* besteht aus stäbchenförmigen Molekülen, die z. B. parallel zu den Fenstern einer Zelle angeordnet sind. Der Flüssigkristall ist doppelbrechend. Durch ein von außen angelegtes elektrisches Feld $E_{el} > 0$ orientieren sich die Moleküle in Feldrichtung. Steht das Feld senkrecht zu den Fensterflächen wie im rechten Bildteil, wird der Flüssigkristall scheinbar optisch isotrop

Ein anderes Beispiel für doppelbrechendes Material sind die sog. **Flüssigkristalle**. Sie bestehen im einfachsten Fall aus stabförmigen Molekülen, z. B. Cyanobiphenyl 5CB. Diese ordnen sich in einer Zelle mit geeignet präparierten Wänden annähernd parallel zu diesen an, Bild 41.9 links. Licht mit einer Schwingungsrichtung des elektrischen Feldvektors E_{opt} parallel zu den Molekülachsen besitzt eine größere Brechzahl als senkrecht dazu polarisiertes Licht. Der Flüssigkristall ist also doppelbrechend. Durch Anlegen eines elektrischen Feldes E_{el} werden die Moleküle in Feldrichtung gedreht und damit die Doppelbrechung verändert, Bild 41.9 rechts. Flüssigkristalle finden inzwischen vielfach Anwendung in Anzeigetafeln (*displays*) oder für Bildschirme.

Eine sehr handliche Form von Polarisatoren sind die **Polarisationsfolien**. Sie bestehen ebenfalls aus optisch anisotropem Material, in dem jedoch der ordentliche und der außerordentliche Strahl unterschiedlich stark absorbiert werden, Bild 41.10. Diese Erscheinung heißt auch **Dichroismus**. Ein preiswertes Beispiel sind Zellulosehydratfolien, die durch mechanische Streckung beim Herstellungsprozeß optisch anisotrop gemacht und zusätzlich mit Farbstoffen eingefärbt worden sind. Sie zeigen typisch eine Transmission von 25 % für die durchgelassene Schwingungsrichtung und lediglich 0,01 % für die dazu senkrechte Richtung.

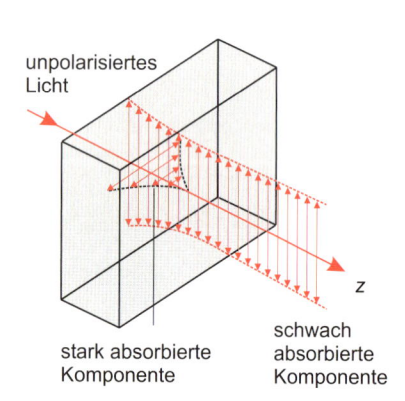

Bild 41.10. Wirkung dichroitischer Polarisationsfolien, schematisch

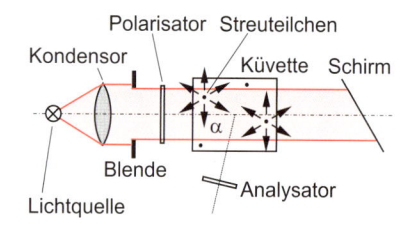

Bild 41.11. Anordnung zur Untersuchung des Tyndall-Effekts

Polarisation durch Streuung

Befinden sich im Strahlengang eines Lichtbündels kleine Partikel, durchsichtige oder undurchsichtige, so wird ein Teil des Lichts seitlich gestreut. Die Winkelverteilung der Streuintensität, die *Streucharakteristik*, hängt dabei wesentlich von der Größe d der Streuteilchen im Vergleich zur Lichtwellenlänge λ ab. Hier wollen wir uns auf die Betrachtung des Falls der **Rayleigh-Streuung**, d. h. $d \ll \lambda$ beschränken, wie er zum Beispiel beim **Tyndall-Effekt** oder auch bei der Streuung des Sonnenlichts in der Atmosphäre auftritt. Das gestreute Licht erweist sich dann als (teil-)polarisiert.

Bei diesem nach J. Tyndall benannten Effekt wird ein Glasrohr oder eine längliche Küvette mit einer verdünnten Kolloidlösung von einem weißen Lichtbündel durchstrahlt, Bild 41.11. Infolge der Streuung an den sehr kleinen Kolloidteilchen ist der Lichtweg von der Seite aus sichtbar. Die Untersuchung dieses Streulichts zeigt:

- Das Streulicht ist linear polarisiert, wenn man es im rechten Winkel zur Richtung des Lichtbündels betrachtet (d. h. $\alpha = 90°$), sonst ist es teilweise polarisiert.

- Das Streulicht ist nicht mehr weiß, sondern bläulich gefärbt. Wenn die Küvette lang genug ist, nimmt das durchgehende Lichtbündel dagegen eine rötlich-orange Farbe an.

Die Deutung dieser Erscheinungen betrachtet wieder die Wechselwirkung des elektrischen Wechselfeldes der Lichtwelle mit den submikroskopischen Makromolekülen des Kolloids. Diese werden durch das elektrische Feld zu erzwungenen Dipolschwingungen angeregt und strahlen als **Hertzsche Dipole** Lichtwellen der gleichen Frequenz wieder ab, allerdings mit einer für solch einen Dipol gültigen *Abstrahlcharakteristik*, Bild 41.12. Da in Schwingungsrichtung keine Abstrahlung erfolgt, ist das Licht, das im rechten Winkel zur Ausbreitungsrichtung des anregenden unpolarisierten Lichtbündels abgestrahlt wird, linear polarisiert.

Die Intensität der gestreuten Strahlung hängt ferner von der Lichtwellenlänge ab. Aus den Eigenschaften des o. g. Hertzschen Dipols läßt sich zeigen, daß bei den hier benutzten kleinen Streuteilchen für die gestreute Intensität gilt:

$$I_{\text{Streu}} \sim 1/\lambda^4 \quad (\text{Rayleigh} - \text{Streuung}) \quad .$$

Das bedeutet, daß blaues Licht mit der kleineren Wellenlänge erheblich stärker gestreut wird als das langwelligere rote. Das erklärt auch die farbigen Erscheinungen bei der Tyndall-Streuung.

Die Erläuterungen dieses Abschnitts gelten ganz entsprechend für das an den Luftmolekülen der oberen Atmosphäre gestreute Sonnenlicht (Himmelsblau, Abendrot).

Bild 41.12. Zur Abstrahlcharakteristik eines Hertzschen Dipols

Erzeugung von zirkular polarisiertem Licht

Zur Herstellung von zirkular polarisiertem Licht benötigt man zwei gleich intensive linear polarisierte Wellen mit einer gegenseitigen Phasenverschiebung von $+\pi/2$ oder $-\pi/2$. Diese lassen sich mit Hilfe der Doppelbrechung erzeugen, indem man die unterschiedlichen Phasengeschwindigkeiten von ordentlichem und außerordentlichem Strahl ausnutzt. Läßt man das Lichtbündel so einfallen, daß es den doppelbrechenden Stoff der Dicke d senkrecht zur optischen Achse durchläuft, Bild 41.13, dann gibt es den größtmöglichen Brechzahlunterschied $|\Delta n|_{\max} = |n_{\text{o}} - n_{\text{ao,max}}|$ und damit eine maximale Differenz des *optischen Weges* d_{opt} zwischen den beiden Teilbündeln von

$$|\Delta d_{\text{opt}}|_{\max} = d|\Delta n|_{\max} \quad .$$

Wenn dieser Weglängen- oder Gangunterschied gerade $\lambda/4$ bzw. $\lambda/4 + k\lambda$ ($k = 0, 1, 2, \ldots$) beträgt, das entspricht einem Phasenunterschied von $\Delta\varphi = 2\pi\Delta d_{\text{opt}}/\lambda = \pi/2$ bzw. $\pi/2 + k2\pi$, dann haben die beiden linear polarisierten Teilbündel beim Austritt aus dem doppelbrechenden Stoff den gewünschten Phasenunterschied und ergeben eine zirkular polarisierte Welle. Diese Bedingung läßt sich durch Wahl der richtigen Dicke d einstellen. Ein solches Bauelement nennt man $\lambda/\mathbf{4}$-**Platte**. Eine $\lambda/4$-Platte hat diese Eigenschaft der Phasenschiebung um genau $(\pi/2 + k2\pi)$ streng nur für eine definierte Wellenlänge.

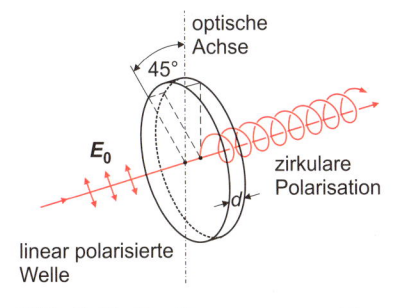

Bild 41.13. Zur Erzeugung von zirkular polarisiertem Licht mit einer $\lambda/4$-Platte (Bild nach *Demtröder*: Experimentalphysik)

📖 Optische Aktivität

Beim Durchgang von linear polarisiertem Licht durch einige Stoffe wie z.B. Quarz oder Rohrzucker wird die Schwingungsrichtung des elektrischen Feldvektors gedreht, wie in Bild 41.14 schematisch angedeutet. Solche Stoffe heißen **optisch aktiv**. Bei *rechtsdrehenden* Substanzen wird

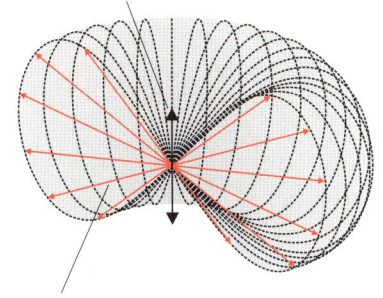

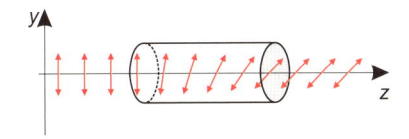

Bild 41.14. Zur Drehung der Polarisationsebene in einem optisch aktiven Stoff

die Schwingungsebene im Uhrzeigersinn gedreht, wenn man dem Licht entgegenblickt, bei *linksdrehenden* ist es umgekehrt. Der Drehwinkel α wächst in jedem Falle linear mit der durchstrahlten Schichtdicke d:

optische Drehung: $\quad \alpha = (\alpha)_\lambda^\vartheta d \quad .$

$(\alpha)_\lambda^\vartheta$ ist eine stoffspezifische Konstante und wird *spezifisches Drehvermögen* genannt. Eigentlich ist sie gar keine Konstante, denn ihr Wert hängt sowohl von der Temperatur ϑ als auch in besonders starkem Maße von der Wellenlänge λ ab. Die Tabellenwerte beziehen sich meistens auf die Temperatur $\vartheta = 20\,°C$ und die Wellenlänge der aus historischen Gründen mit dem Buchstaben D bezeichneten gelben Natriumlinie $\lambda_D = 589\,nm$. So findet man z. B. für Quarz den Wert $(\alpha)_D^{20} = 21{,}7\,Grad/mm$. Quarzkristalle können, abhängig von der Anordnung der SiO_2-Moleküle, sowohl rechts- als auch linksdrehend sein. Die Abhängigkeit des spezifischen Drehvermögens von der Wellenlänge bezeichnet man als **Rotationsdispersion**.

Ursache für die optische Drehung ist eine Unsymmetrie im Kristallbau wie z. B. beim Quarzkristall oder auch im Molekül wie beim Zucker. Im letzteren Fall wird die Drehung dann auch bei Lösungen dieser Substanz beobachtet. Dabei ist das spezifische Drehvermögen proportional zur Konzentration c dieser Substanz in der Lösung:

$\alpha = [\alpha]_\lambda^\vartheta c d \quad .$

In Tabellenwerken werden aus historischen Gründen die Konzentration in der sonst nicht üblichen Einheit: Gramm Substanz pro Kubikzentimeter Lösungsmittel angegeben, die Küvettenlänge in Dezimetern. Für Lösungen von Rohrzucker ergibt sich für das spezifische Drehvermögen der Wert $[\alpha]_\lambda^{20} = 66{,}5\,Grad\,dm^{-1}\,g^{-1}\,cm^3$. Bei Kenntnis dieses Wertes kann man aus der Messung des Drehwinkels die Konzentration des Zuckers in einer Lösung bestimmen, ein Verfahren, das z. B. bei medizinischen Blut- oder Harnuntersuchungen verwendet wird.

Auch Flüssigkristallmoleküle können optische Aktivität zeigen. So verwendet man z. B. sog. *TN-Zellen* (twisted nematic) zum Bau von Anzeigenelementen und Bildschirmen (engl.: displays). Bild 41.15 zeigt eine solche Zelle. Sie ist mit stäbchenförmigen Molekülen gefüllt, deren Orientierung an den Zellfenstern um 90° gegeneinander verdreht ist, siehe Bild 41.15 links. Dadurch entsteht in der Zelle eine schraubenartige Orientierung der Moleküle. Eine polarisiert einfallende Lichtwelle dreht ihre Schwingungsebene beim Durchlaufen der Zelle ebenfalls um 90° und passiert einen gekreuzten Analysator. Durch eine äußere Spannung von etwa 3 V wird ein elektrisches Feld senkrecht zu den Fenstern der Zelle erzeugt, so daß sich auch die Moleküle in diese Richtung einstellen, siehe Bild 41.15 rechts. Der Flüssigkristall ist nun nicht mehr optisch aktiv, sondern scheinbar optisch isotrop. Eine Drehung der Polarisationsebene des

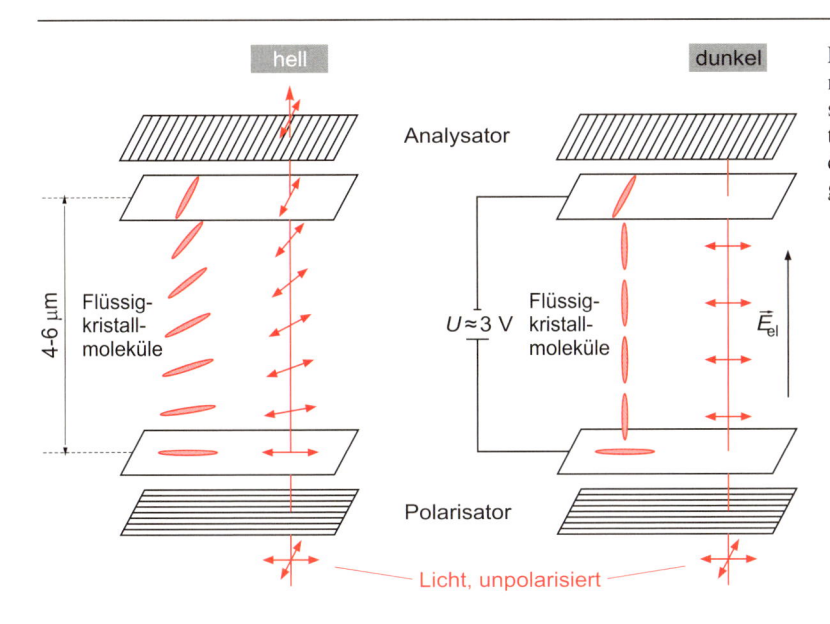

Bild 41.15. Eine TN-Flüssigkristallzelle mit stäbchenförmigen Molekülen zwischen gekreuzten Polarisatoren. Die optische Aktivität des Flüssigkristalls wird durch ein äußeres elektrisches Feld aufgehoben

durchtretenden Lichts tritt nicht mehr auf, so daß dieses den gekreuzten Analysator nicht mehr passieren kann.

Isomerie und optische Aktivität

Besonders im Bereich der organischen Chemie begegnet man oft dem Phänomen, daß zwei verschiedene chemische Verbindungen zwar die gleiche Summenformel aufweisen, aber die Anordnung der Atome unterschiedlich ist – man spricht dann generell von **Isomerie**.

Ein besonderer Fall wird durch die Händigkeit oder *Chiralität* (griech. cheire = Hand) zweier isomerer Moleküle beschrieben, die sich wie Bild und Spiegelbild zueinander verhalten – wie unsere beiden Hände. Die beiden spiegelbildlichen Formen nennt man *Enantiomere*, während der Begriff *Razemat* ein Gemisch aus beiden Enantiomeren bezeichnet.

Der Hauptunterschied zwischen den Enantiomeren besteht in ihrem Verhalten gegenüber anderen chiralen Verbindungen und im Verhalten gegenüber polarisiertem Licht. Die Polarisationsebene des polarisierten Lichts wird beim Durchgang durch Lösungen spiegelbildlicher Enantiomere in entgegengesetzte Richtungen gedreht. So lassen sich die beiden Enantiomere unterscheiden und benennen: Dreht eine der Formen das polarisierte Licht nach links (ist also linksdrehend), so ist die spiegelbildliche Form rechtsdrehend. Sie werden als L- und D-Form bezeichnet, von lat. lever (links) und dexter (rechts). Man spricht auch von *optischer Isomerie*.

In der Natur kommt bei vielen Verbindungen nur eines der beiden Enantiomere vor. Bei den Aminosäuren, den Bausteinen der Proteine, ist das stets die L-Form (nur in einigen Bakterien kommen auch D-Aminosäuren vor). Der menschliche Stoffwechsel verarbeitet nur linksdrehende Milchsäure, so daß deren Anteil in Yoghurt und anderen Nahrungsmitteln gekennzeichnet ist.

41.1 Polarisation durch Reflexion (2/3)

Durch Reflexion eines Lichtbündels an einer Glasplatte soll die Winkelabhängigkeit des Reflexionsgrades für linear polarisiertes Licht gemessen werden. Aus dem Brewster-Winkel soll die Brechzahl des Glases bestimmt werden.

Drehtisch mit Glasplatte und Winkelmeßskala, Polarisationsfilter, Experimentierleuchte mit Stromversorgung, Lochblende, Linse, Fotoelement mit Strommesser (µA), Stativmaterial.

Das Fotoelement wird so aufgebaut, daß es um die Achse der drehbar aufgestellten Glasplatte schwenkbar ist. Die beleuchtete Lochblende wird auf das Fotoelement abgebildet, so daß dieses höchstens voll ausgeleuchtet ist. Der Strahlengang ist durch die Reflexion an der Glasplatte „geknickt", Bild 41.16. Bei der optischen Justierung muß darauf geachtet werden, daß das Lichtbündel für den gesamten zu untersuchenden Winkelbereich ohne Abschattungsverluste auf die Glasplatte trifft.

Zur Bestimmung der Bestrahlungsstärke mit dem Fotoelement wird der Kurzschlußstrom, nicht die Leerlaufspannung des Fotoelements gemessen; denn nur dafür gilt die lineare Beziehung:

> Fotostrom $\sim$ Bestrahlungsstärke.

Für eine ausgewählte Polarisationsrichtung (z. B. **E** parallel zur Einfallsebene) wird die reflektierte Strahlungsleistung für einen möglichst großen Winkelbereich gemessen. Zur genauen Bestimmung des *Brewsterwinkels* sind die Winkelabstände in diesem Bereich kleiner zu wählen. Streulicht vermeiden. Zur Bestimmung der einfallenden Strahlungsleistung I_{ein} wird die Glasplatte aus dem Strahlengang genommen und das Fotoelement direkt bestrahlt.

Die Messung wird für die dazu senkrechte Polarisationsrichtung (**E** senkrecht zur Einfallsebene) wiederholt.

Der Reflexionsgrad $R = I_{\text{refl}}/I_{\text{ein}}$ wird für die beiden Polarisationsrichtungen über dem Einfallswinkel α grafisch aufgetragen.

Für die Bestimmung des Brewsterwinkels aus der Kurve $R_\parallel(\alpha)$ empfiehlt sich eine getrennte Grafik mit gespreiztem Maßstab in der Umgebung von α_B. Zur Angabe von α_B gehört eine Fehlerabschätzung.

Der Reflexionsgrad bei $\alpha \to 0$ (Extrapolation!) soll mit dem aus einer Glas-Brechzahl $n = 1{,}5$ berechneten Wert verglichen werden. Dabei ist zu beachten, daß eine zweimalige Reflexion vorliegt, einmal an der Vorder- und einmal an der Rückseite der Glasplatte.

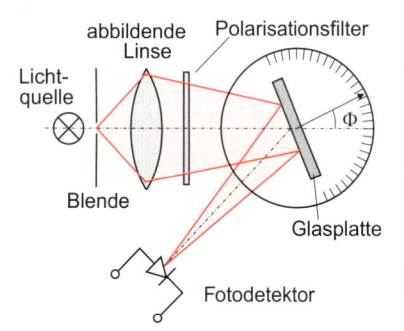

Bild 41.16. Zur Untersuchung der Polarisation durch Reflexion

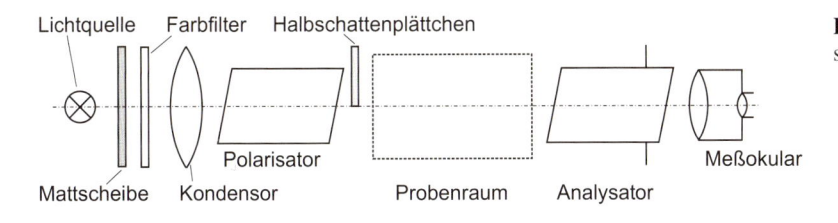

Bild 41.17. Bauelemente eines Halbschattenpolarimeters

41.2 Halbschattenpolarimeter (2/3)

Die prinzipielle Wirkungsweise eines Halbschattenpolarimeters soll durch die Messung charakteristischer Winkeleinstellungen untersucht werden.

Halbschattenpolarimeter, Na-Spektrallampe mit Netzgerät.

Ein Halbschattenpolarimeter wird zur präzisen Messung der Drehung der Polarisationsebene von linear polarisiertem Licht durch eine optisch aktive Substanz benutzt. Prinzipieller Aufbau und Strahlengang sind in Bild 41.17 skizziert. Als gleichmäßig ausgeleuchtete Lichtquelle dient eine mit monochromatischem Licht einer Na-Spektrallampe bestrahlte Lochblende mit Mattscheibe. Das durch einen Kondensor leicht konvergent gemachte Lichtbündel wird im Polarisator linear polarisiert und nach dem annähernd parallelen Durchtritt durch den Probenraum und den drehbaren Analysator mit einem Meßokular betrachtet. In der Zwischenbildebene des Okulars entsteht dabei das Bild der Lochblende, das mit Hilfe der Augenlinse des Okulars betrachtet wird. Bringt man nun eine optisch aktive Substanz in den Probenraum, so kann durch Nachdrehen des Analysators die Drehung der Polarisationsebene durch die Substanz gemessen werden.

Zur Erhöhung der Meßgenauigkeit dient das *Halbschattenplättchen* aus einem optischen aktiven Material, das in der Zwischenbildebene nur in die eine Hälfte des Strahlenganges eingeschoben ist und in diesem Teil die Polarisationsrichtung um einen kleinen Winkel δ, den sog. Halbschattenwinkel dreht. Bei einem beliebigen Analysatorwinkel β sind daher die Intensitäten in den beiden Teilen des Strahlenganges verschieden. Bei Änderung von β erhält man zwei $\cos^2$-Funktionen, die gegeneinander um den Winkel δ verschoben sind. Es ergeben sich dabei für eine Umdrehung $\Delta\beta = 360°$ insgesamt zwei Einstellungen mit gleicher, großer Gesamthelligkeit (β_{e1} und β_{e2}) sowie zwei mit gleicher, aber geringer Gesamthelligkeit (β_{a1} und β_{a2}), Bild 41.18. Diese Einstellungen können mit größerer Genauigkeit aufgefunden und reproduziert werden als die Einstellungen für maximale bzw. minimale Intensität in den einzelnen Gesichtsfeldern. Ursache ist die Eigenschaft des Auges, (kleine) Intensitäts*unterschiede* ΔI besser zu erkennen als absolute Intensitäten, wobei die Erkennbarkeit mit abnehmender Absolutintensität steigt: **Weber-Fechnersches Gesetz**.

Zunächst werden ohne Probensubstanz die beiden sog. Nullstellen des Polarimeters β_{a1} und β_{a2} bestimmt, das sind die Einstellungen für gleich helle Gesichtsfeldhälften bei geringer Gesamthelligkeit. Zur Mittelung

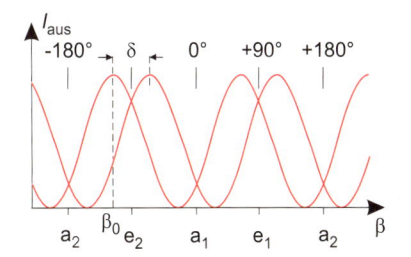

Bild 41.18. Drehwinkelabhängige Intensitätszerlegung in der Okularebene eines Halbschattenpolarimeters

über Einstell- und Ablesefehler soll die Messung mehrmals wiederholt werden, z. B. je viermal.

Zu messen sind auch die beiden anderen Winkel β_{e1} und β_{e2} für gleiche, große Helligkeit. Wiederholungsmessungen.

Für beide Messungen prüfen, ob innerhalb der Fehlerfrequenzen $\beta_{i1} - \beta_{i2} = 180°$.

Es sollen die beiden Winkel $\beta_{a1} \pm \delta/2$ eingestellt werden, bei denen die eine bzw. die andere Gesichtsfeldhälfte minimale Intensität aufweist.

Aus dem Vergleich der Standardabweichungen für β_{a1}, β_{a2} und $\beta_{a1} \pm \delta/2$ soll eine Aussage über die Meßgenauigkeiten der drei Bestimmungen gemacht werden.

Aus den Meßwerten sollen der Halbschattenwinkel δ und der Winkel β_0 zwischen der Durchlaßrichtung des Analysators und dem Nullpunkt des Ableseteilkreises berechnet werden.

Schließlich soll eine Skizze der zwei $\cos^2$-Funktionen, die die Intensitäten in den zwei Teilen des Polarimeter-Strahlenganges beschreiben, mit den gemessenen Winkelangaben gezeichnet werden.

41.3 Spezifische Drehung von Quarz (1/3)

Mit Hilfe des Halbschattenpolarimeters soll das spezifische Drehvermögen von Quarz für die Wellenlänge der gelben Natriumlinie bestimmt werden.

Halbschattenpolarimeter, Na-Spektrallampe mit Netzgerät, Quarzplättchen der Dicke d.

Der Analysator wird in eine der Minimumstellen β_{ai} gebracht. Das Quarzplättchen wird in den Probenraum des Halbschattenpolarimeters gegeben. Dadurch wird die Polarisationsebene in den beiden Gesichtsfeldhälften um einen Winkel α gedreht. Die Intensität beider Gesichtsfeldhälften stimmt dann nicht mehr überein. Der Winkel α wird dadurch ermittelt, daß man den Analysator nachdreht, bis beide Gesichtshälften wieder auf die gleiche, geringe Gesamtintensität abgeglichen sind. Hierbei muß auf die Drehrichtung geachtet werden: Es gibt rechts- und linksdrehende Stoffe.

Das spezifische Drehvermögen berechnen, Fehlerrechnung. Ergebnis mit dem Literaturwert vergleichen; den Drehsinn angeben.

41.4 Saccharimetrie (1/3)

Aus der Drehung der Polarisationsebene für verschieden konzentrierte Zuckerlösungen soll das spezifische Drehvermögen von Zucker für das Licht der Na-D-Linie bestimmt werden.

Halbschattenpolarimeter, Na-Spektrallampe mit Netzgerät, unterschiedlich konzentrierte Zuckerlösungen.

Hinweis: Bei wässrigen Lösungen von Rohrzucker ($C_{12}H_{22}O_{11}$) findet durch bakterielle Umwandlung (Metabolismus) eine Abnahme der Zuckerkonzentration schon innerhalb weniger Tage statt. Für die Messung sollte daher eine frisch angesetzte Lösung verwendet werden.

Zunächst mit einer leeren Küvette den Winkel β_{ai} für eine der Minimumstellen bestimmen. Dann die Drehwinkel für die verschiedenen Lösungen messen, Drehsinn notieren.

Drehwinkel grafisch über der Konzentration auftragen. Aus der Geradensteigung den Wert für $[\alpha]_D^\vartheta$ berechnen; Fehlerrechnung.

41.5 Rotationsdispersion (1/3)

Mit Hilfe eines Polarimeters soll die Wellenlängenabhängigkeit des spezifischen Drehvermögens von Quarz bestimmt werden.
Halbschattenpolarimeter, Hg-Spektrallampe (Quecksilber), Netzgerät, Farbfilter für die Hg-Linien, Quarzplättchen der Dicke d.
Für jede der sichtbaren Hg-Spektrallinien wird der Drehwinkel bestimmt, s. a. Tabelle 41.1.
Für jede vermessene Wellenlänge wird das spezifische Drehvermögen berechnet. Die Dispersionskurve wird grafisch aufgetragen.

Tabelle 41.1. Wellenlängen im sichtbaren Teil des Hg-Spektrums

Farbe	violett	blau	grün	gelb
Wellenlänge in nm	408	436	546	576/8

41.6 Tyndall-Effekt (1/3)

Mit Hilfe des Tyndall-Effekts in einer geeignet getrübten Lösung soll die Erscheinung der Polarisation durch Streuung qualitativ untersucht werden.
Längliche Küvette, mit Wasser verdünnte Lösung von Kolophonium in Alkohol, Experimentier-Glühlampe mit Stromversorgung, Kondensor, Blende, Polarisator, Analysator, Schirm.
Lichtquelle mit Hilfe des Kondensors auf den Schirm abbilden, so daß das Lichtbündel die Küvette schwach konvergent durchsetzt, Bild 41.11. Die trübe Lösung sorgt dafür, daß das Licht auch seitlich gestreut wird.

Polarisator herausnehmen. Das gestreute Licht unter verschiedenen Winkeln gegen die optische Achse – sowohl von der Seite als auch von oben – durch den Analysator hindurch betrachten. Analysator drehen.

Polarisator wieder in den Strahlengang bringen und so einstellen, daß das in die Küvette eintretende Licht zunächst entweder horizontal oder vertikal linear polarisiert ist. Das gestreute Licht dieses Mal mit bloßem Auge, d. h. ohne Analysator von der Seite und von oben betrachten. Beobachtung bei der anderen Polarisationsrichtung wiederholen.

Beobachtungen notieren und im Bild des Hertzschen Dipols erläutern.

Küvette ohne Polarisationsfilter einmal quer und einmal längs durchstrahlen. Die Farben des seitlich gestreuten und des durchgehenden Lichtes vergleichen.

Beobachtungen notieren und mit Hilfe der Wellenlängenabhängigkeit der Rayleigh-Streuung deuten.

41.7 Fotometrische Leistungsmessung hinter Polarisatoren (1/3)

Die durchtretende Lichtintensität hinter einem Paar Polarisationsfilter soll in Abhängigkeit vom Winkel zwischen Polarisator und Analysator bestimmt werden.

Zwei drehbare Polarisationsfilter mit Gradeinteilung, Fotoelement mit Strommesser, Na-Spektrallampe mit Netzgerät.

Die Geräte können auf einer optischen Bank justiert werden. Das Fotoelement dient zur Messung des Fotostromes, der zur auftreffenden Lichtintensität proportional ist. Auf eine hinreichend gute Abschirmung der Raumbeleuchtung achten, ggf. ein schmalbandiges Gelbfilter vor dem Fotoelement verwenden.

Fotoströme für mehrere Winkeleinstellungen (z. B. 20) in dem maximal möglichen Winkelbereich messen.

Meßwerte in einem Diagramm darstellen und den gemessenen Intensitätsverlauf mit der theoretisch zu erwartenden $\cos^2$-Kurve vergleichen.

41.8 Elektrooptik von Flüssigkristallen (2/3)

Die Doppelbrechung und optische Aktivität von Zellen, die mit Flüssigkristallen gefüllt sind, sollen untersucht werden.

Verschiedene Flüssigkristallzellen (doppelbrechend oder optisch aktiv), Netzgerät, Lichtquelle mit Stromversorgung, Polarisationsfolien.

Die Doppelbrechung einer Flüssigkristallzelle mit planarer Orientierung der Moleküle nach Bild 41.9 soll nachgewiesen werden, indem die Zelle mit polarisiertem Licht bestrahlt wird. Die Polarisation des durchtretenden Lichts wird mit einer Polarisationsfolie analysiert. Ist das einfallende Licht parallel oder senkrecht zur Molekülrichtung polarisiert, so ist die Polarisation des durchtretenden gleich der Polarisationsrichtung des einfallenden Lichts. Ist die Polarisation des einfallenden Lichts nicht parallel oder senkrecht zur Molekülachse, so ist das durchtretende Licht elliptisch polarisiert. Man bestimme für einige Polarisationsrichtungen des einfallenden Lichts durch Drehung der Analysatorfolien die jeweiligen Hauptachsenrichtungen des durchtretenden Lichts.

Man lege eine Spannung an die Zelle und untersuche, bei welcher Spannung die Zelle scheinbar isotrop wird, d. h. sich die Moleküle senkrecht zu den Zellfenstern ausrichten.

Man gebe die Spannung an, bei der der Flüssigkristall vom doppelbrechenden in den optisch isotropen Zustand umgeschaltet wird.

Man bestimme den Polarisationswinkel der Zelle mit schraubenförmig orientierten Molekülen als Funktion einer angelegten Spannung.

Die Spannungsabhängigkeit des Drehwinkels wird in einem Diagramm dargestellt und soll diskutiert werden.

42. Ausbreitung von Laserstrahlung

🏁 Beschreibung der Ausbreitung von Laserstrahlung durch das Modell des Gaußstrahls. Untersuchung der Divergenz von Laserstrahlung. Transformation von Gaußstrahlen durch Linsen. Vergleich mit der geometrischen Optik. Fokussierung und Aufweitung von Laserstrahlung.

📚 *Standardlehrbücher* (Stichworte: Laser, He-Ne-Laser, Diodenlaser, Halbleiterlaser, transversale Moden, Gaußstrahl),
Eichler/Eichler: Laser,
Themenkreis 33: Linsen,
Themenkreis 34: Optische Geräte.

📖 Laserstrahlung mit Gaußverteilung

Laser (*l*ight *a*mplification by *s*timulted *e*mission of *r*adiation) sind Lichtquellen, deren Strahlung sich von der gewöhnlicher Lichtquellen wie Glühlampen, Gasentladungslampen oder Leuchtdioden stark unterscheidet, weil es extrem einfarbig ist, d. h. eine geringe Linienbreite im Spektrum besitzt, weil es einen geringen *Öffnungswinkel* des emittierten Lichtbündels aufweist und sich durch große *Kohärenz*, d. h. sehr gute Interferenzfähigkeit auszeichnet. Ursache ist der unterschiedliche atomare Entstehungsmechanismus der Strahlung, der bei gewöhnlichen Lichtquellen durch *spontane Emissionsakte* hervorgerufen wird, was zu einer statistischen Verteilung von Emissionsrichtungen und Phasenlagen der Wellenpakete bzw. Photonen führt. Laserstrahlung dagegen entsteht durch **stimulierte Emission**, bei der durch Wechselwirkung eines Strahlungsfeldes mit stark besetzten angeregten atomaren Niveaus eine phasengekoppelte *Lichtverstärkung* entsteht. Bild 42.1 zeigt die Vorgänge schematisch. Das Bild zeigt links die *Absorption* eines Photons der passenden Energie $hf_{12} = E_2 - E_1$, bei dem ein Elektron aus dem tieferen Energieniveau

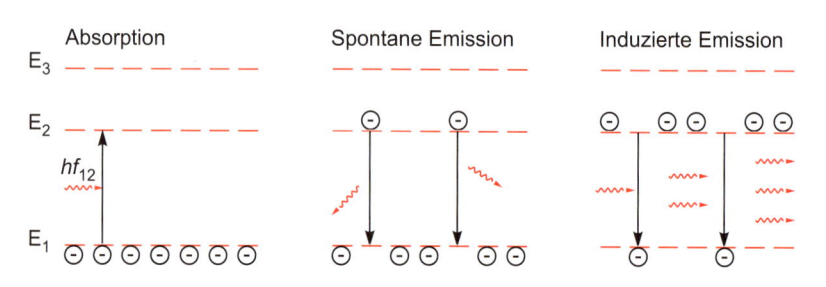

Bild 42.1. Zur Lichtabsorption und -emission in einem Material mit atomaren Energiezuständen E_1, E_2 und E_3. Gezeichnet ist jeweils eine lineare Kette von 7 solchen atomaren Systemen

E_1 in das höhere Niveau E_2 angeregt wird. Das Photon verschwindet dabei. In der Mitte sieht man *spontane Emission*, bei der Elektronen aus dem angeregten Zustand E_2 spontan in das tiefere Niveau E_1 übergehen, wobei die Photonen in beliebige Richtungen emittiert werden. Bild 42.1 zeigt rechts *induzierte Emission*, bei der ein Photon ein angeregtes Elektron (E_2) veranlaßt, in ein tieferes Energieniveau E_1 überzugehen. Das einfallende Licht wird dadurch verstärkt.

Bringt man das laseraktive Medium in einen *optischen Resonator*, z. B. zwischen zwei Spiegel, Bild 42.2, bewirkt das Hin- und Herreflektieren des Lichts eine Verstärkung und zugleich eine räumliche Bündelung der Strahlung. Voraussetzung für die hohe Besetzung der oberen Energieniveaus (E_2) ist eine geeignete Energiezufuhr von außen. Da diese zugeführte Energie begrenzt ist, stellt sich eine stationäre Photonenzahl im Lasermaterial zwischen den Spiegeln ein. Ein Teil dieser Photonen wird durch den teildurchlässigen Spiegel ausgekoppelt und steht dann als sog. **Laserstrahl** zur Verfügung.

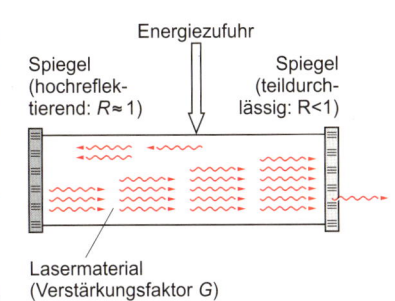

Bild 42.2. Prinzipaufbau eines Lasers, bestehend aus dem laseraktiven Material zwischen zwei Spiegeln (Resonator) und einer externen Energiequelle. Die eingezeichneten Wellenzüge sollen schematisch den Verstärkungsprozeß veranschaulichen

Gaußstrahlung

Ein Laserbündel hat zwar einen kleinen Öffnungswinkel, die Ausbreitung dieser Strahlung läßt sich jedoch wegen auftretender Beugung nicht einfach durch einen mathematischen Strahl beschreiben, wie dies in der geometrischen Optik üblich ist. Vielmehr besitzt ein Laserstrahl transversal zur Strahlrichtung eine Ausdehnung und Intensitätsstruktur. Allgemein läßt sich Strahlung, also auch Laserstrahlung, wegen der Beugung nicht beliebig scharf fokussieren.

Das transversale *Intensitätsprofil* von Laserstrahlung, Bild 42.3, wird im einfachsten Fall, im sog. **Grundmode**, an jedem Ort beschrieben durch eine

Gauß-Verteilung $I(r,z) = I_0 e^{-2r^2/w^2(z)}$.

Dabei ist $\pm w(z)$ der **Strahlradius**, d. h. der Abstand von der Achse, in dem die Lichtintensität auf den Betrag $1/e^2$ ($= 13{,}5\,\%$) der Intensität I_0 im Zentrum $r = 0$ gefallen ist.

Die Gaußsche Intensitätsverteilung bleibt bei Fortpflanzung im freien Raum und auch nach dem Durchgang durch Linsen näherungsweise erhalten.

Wegen der Beugung ändert sich der Strahlradius w in Ausbreitungsrichtung z:

$w(z) = w_0 \sqrt{1 + (\lambda z / \pi w_0^2)^2}$.

Dabei ist w_0 der minimale Strahlradius, d. h. am Ort der **Strahltaille** bei $z = 0$.

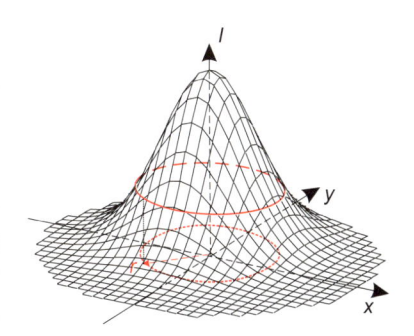

Bild 42.3. Intensitätsprofil eines Gaußstrahls, d. h. einer Lichtwelle mit einer Intensitätsverteilung I, die in Richtungen x, y oder r senkrecht zur Ausbreitungsrichtung z durch ein Gaußprofil beschrieben wird

Bild 42.4. Links: Änderung des Strahlradius $w(z)$ in Ausbreitungsrichtung z eines Laserstrahls. Die z-Koordinate ist im Verhältnis zur r-Koordinate stark verkleinert dargestellt. Typische Werte für He-Ne-Laser: $2w_0 = 1$ mm, $s = 1{,}2$ m, $2\Theta = 0{,}05°$. Rechts: Intensitätsverteilung $I(r)$ über die Strahlquerschnittsrichtung (Gaußfunktion mit $1/e^2$-Breite $2w$)

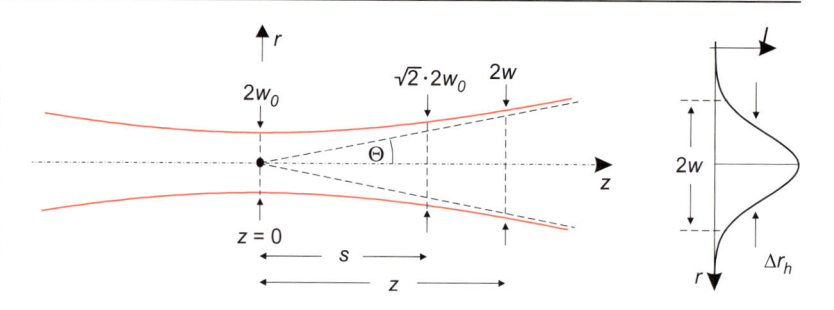

Der Gaußstrahl, Bild 42.4, läßt sich also durch ein Hyperboloid

$$(w/w_0)^2 - (z/s)^2 = 1$$

darstellen, das um die Ausbreitungsrichtung (hier die z-Achse) rotationssymmetrisch ist. Dieses kann man als Axialschnitt durch einen Laserstrahl auffassen.

Der Abstand z, für den $w = \sqrt{2}w_0$ wird, bezeichnet man als **Rayleighlänge** s. Innerhalb dieses Bereichs weicht der Strahlengang eines divergenten Strahlbündels der geometrischen Optik (gestrichelt) deutlich vom Verlauf des Gaußstrahls (rot durchgezogen) ab.

Die Rayleighlänge ist mit dem Strahltaillenradius w_0 über

$$w_0 = \sqrt{\lambda s/\pi} \quad \text{bzw.} \quad s = \pi w_0^2/\lambda$$

verknüpft. (Man beweise dies selbst).

Für $z \gg s$ weitet sich der Strahl kegelförmig auf, Bild 42.4; dort gilt $w(z) \to w_0 z/s$ und damit für den *Divergenzwinkel*

$$\Theta = \lim_{z\to\infty} \frac{w}{z} = \frac{w_0}{s} = \frac{\lambda}{\pi w_0} \quad .$$

Je schmaler der Strahl an der Strahl-Taille, z. B. am Laser-Ausgang ist, d. h. je kleiner w_0 ist, um so größer ist die Divergenz.

Umformung von Laserstrahlung durch Linsen

Für Gaußstrahlen gelten besondere **Abbildungsgesetze**, die als Grenzfall $s \to 0$ bzw. $w_0 \to 0$ in die Abbildungsgesetze der geometrischen Optik übergehen. Ein Gaußstrahl mit dem minimalen Strahlradius w_0, der sich in einem Abstand a vor einer Linse befindet, wird durch die Linse wiederum in einen Gaußstrahl transformiert, der eine Strahltaille w_0' im Abstand a' hinter der Linse besitzt.

In Bild 42.5 ist der Axialschnitt eines Laserstrahles vor und hinter einer Sammellinse stark vergrößert skizziert. Der Radius w_0' hängt dabei nach

$$w_0' = w_0 \frac{f}{\sqrt{(a-f)^2 + s^2}}$$

vom Abstand der Strahltaille a, der Linsenbrennweite f sowie dem Taillenradius w_0 und der Rayleighlänge s des einfallenden Strahls ab. Für die Lage der neuen Strahltaille erhält man

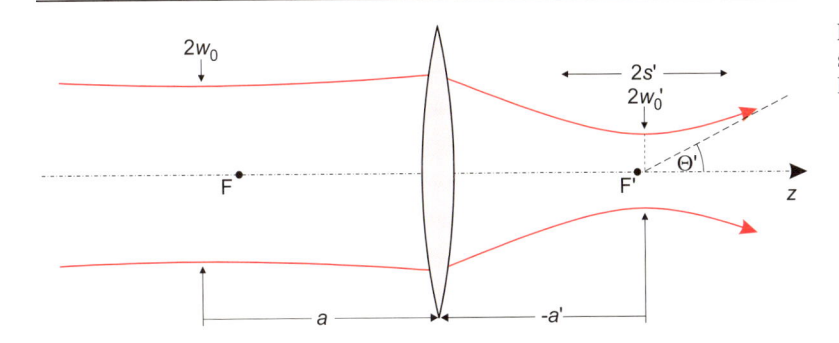

Bild 42.5. Transformation (hier Fokussierung) eines Gaußstrahls durch eine Linse

$$a' = -f + \frac{f^2(f-a)}{(f-a)^2 + s^2} \quad .$$

Man beachte dabei, daß Abstände von einer Strahltaille in Ausbreitungsrichtung als positiv angesetzt werden. Abstände, gegen die Ausbreitungsrichtung gemessen, sind negativ.

Im folgenden wird ein Spezialfall betrachtet, bei dem der Brennpunkt der Linse in der vorderen Strahltaille liegt ($a = f$). Damit ist $a' = -f$ und die Strahltaille des durchtretenden Strahls fällt in den hinteren Brennpunkt. Der neue Strahltaillenradius

$$w_0' = w_0 \frac{f}{s} = \frac{\lambda f}{\pi w_0}$$

ist proportional zur Linsenbrennweite f, zur Lichtwellenlänge λ sowie umgekehrt proportional zum Strahlradius w_0. Die Taillen-Länge

$$s' = s \left(\frac{f}{s}\right)^2$$

wird quadratisch im Verhältnis f/s verkürzt, während der Divergenzwinkel im Fernfeld dagegen um den Faktor s/f vergrößert wird:

$$\Theta' = \frac{w_0'}{s'} = \Theta \frac{s}{f} \quad .$$

Im Versuch wird die Linsen-Brennebene jedoch nicht genau mit der Strahltaille zusammenfallen. Man kann zeigen, daß w_0' jedoch wenig von $a - f$ abhängt (Fehlerrechnung).

Vergleich mit dem klassischen Abbildungsgesetz

Die Gesetze der geometrischen Optik lassen sich als Grenzfall $s \to 0$ der Linsen-Transformationsgesetze für Gaußstrahlen ableiten. Der Abstand a' der Strahltaille hinter der Linse ergibt sich:

$$a' = -f + \lim_{s \to 0} \frac{f^2(f-a)}{(f-a)^2 + s^2} = -f + \frac{f^2}{f-a} \quad .$$

Diese Näherung realisiert man experimentell, wenn die *Objektebene* genügend weit vom Brennpunkt F der abbildenden Linse entfernt liegt. Befindet man sich also mit den abbildenden Elementen außerhalb des Bereichs

Bild 42.6. Aufbau eines He-Ne-Lasers: zwischen Anode und Kathode brennt durch Anlegen einer Spannung (kV-Bereich) eine Gasentladung, die Neon-Atome anregt. Die spontane und induzierte Emission führt zur Ausbildung eines Laserstrahls mit einigen Milliwatt Leistung. Eine Glasplatte im Strahl unter dem Brewster-Winkel kann die Laserstrahlung polarisieren

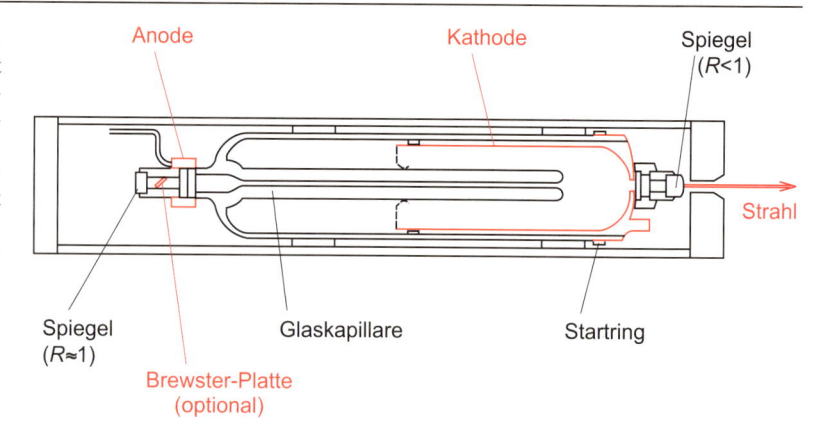

$|f - a| \gg s$, kann s in der oberen Formel vernachlässigt werden, und es gilt näherungsweise das Abbildungsgesetz der geometrischen Optik:

$$\frac{1}{a} - \frac{1}{a'} = \frac{1}{f} \ .$$

Nach Umformung ergibt sich ebenfalls:

$$\frac{w_0'}{w_0} = \frac{a'}{a} \ .$$

Die Entfernungen a, a' der Strahltaille von der Linse entsprechen somit der Gegenstands- und Bildweite der geometrischen Optik und die Taillen-Durchmesser w_0, w_0' der Gegenstands- und Bildgröße y bzw. y'.

Kollimierung von Laserdiodenstrahlung

Die eben besprochenen radialsymmetrischen Gaußstrahlen werden z. B. typisch von *Helium-Neon-Gas-Lasern* (Bild 42.6) emittiert. Zunehmend werden diese Laser durch **Halbleiterlaserdioden** ersetzt, die lediglich ca. 0,5 mm lang sind. Bei diesen wird die Strahlung durch Elektronenübergänge vom Leitungs- ins Valenzband erzeugt, ähnlich wie in einer lichtemittierenden Diode (LED), siehe *Themenkreis 29*: Halbleiterdioden. Dabei werden Elektronen aus dem n-dotierten und Löcher aus dem p-dotierten Material in den pn-Übergang injiziert, wo sie unter Lichtemission rekombinieren. Diese Laserdioden emittieren z. B. rotes Licht mit Wellenlängen von 635 nm oder 780 nm. Anwendung finden diese Laser in großem Umfang in Lesegeräten für CD- oder DVD-Speicherplatten.

Die Emission von Laserdioden, Bild 42.7, besitzt aufgrund des sehr kleinen Querschnitts der aktiven Zone von etwa $1\,\mu\mathrm{m} \times 4\,\mu\mathrm{m}$ und der daraus resultierenden Beugung eine relativ große, stark asymmetrische Divergenz. Senkrecht zur Richtung der aktiven Schicht beträgt diese ca. 40°, während der Divergenzwinkel in Schichtrichtung bei etwa 10° liegt. Das aktive Volumen eines He-Ne-Laserbündels dagegen hat einen Durchmesser von 1–2 mm und eine viel kleinere Divergenz.

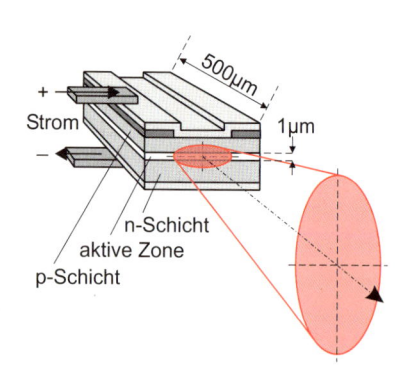

Bild 42.7. Aufbau einer Halbleiterlaserdiode und Ausbreitung der emittierten Strahlung

Zur Parallelisierung bzw. *Kollimation* werden Linsen bzw. Linsensysteme mit einem relativ großen Durchmesser in Bezug auf die Brennweite, d. h. mit großer numerischer Apertur ($\approx 0,5$) verwendet. Mit Brennweiten von etwa $f = 5$ bis 10 mm lassen sich dann Reduktionen der Strahldivergenz Θ' um den Faktor $f/s \approx 50$ erreichen. Die unterschiedlichen Divergenzwinkel in den beiden o. a. Richtungen können durch eine Zylinderlinsenoptik ausgeglichen werden, die zwei unterschiedliche Brennweiten für Strahlung parallel und senkrecht zur Schichtebene besitzt. Mit einer solchen Linsenkombination läßt sich ein nahezu kreisförmiger Strahl erzeugen.

Halbleiterlaser mit derartigen Optiken werden als z. B. *Laser-Pointer*, d. h. als optische Zeigestöcke oder z. B. auch an den Kassen von Supermärkten verwendet, um Strichcodes zu lesen.

Laserstrahl-Aufweitung mit einem Fernrohr

Das oben angegebene Verfahren zur Reduktion der Strahldivergenz mit einer Linse ist für He-Ne-Laser mit Rayleigh-Längen s von einigen Metern wenig praktikabel, da dann Linsen mit Brennweiten $f \gg s$ verwendet werden müssen, die gleichzeitig im Abstand f von der Strahltaille stehen sollten. Eine kompaktere Anordnung ergibt sich, wenn man den Strahl zunächst durch eine kurzbrennweitige Linse fokussiert und anschließend mit einer weiteren längerbrennweitigen Linse wieder sammelt, wobei die Brennpunkte ineinanderfallen. Dieses umgekehrte **Kepler-Fernrohr**, Bild 42.8, liefert einen Strahlradius

$$w_0'' = \frac{\lambda f_2}{\pi w_0'} = w_0 \frac{f_2}{f_1} \quad ,$$

der um den Vergrößerungsfaktor $V = f_2/f_1$ verändert ist. Dieser Zusammenhang ergibt sich im übrigen auch in der geometrischen Optik für die Aufweitung normaler Parallelstrahlenbündel. Durch das Teleskop läßt sich sowohl eine Vergrößerung ($V > 1$) als auch eine Verkleinerung ($V < 1$) der Strahltaille w_0'' erreichen.

Bei der Strahlaufweitung vergrößert sich die Taillen-Länge s'' quadratisch mit der Fernrohr-Vergrößerung $V = f_2/f_1$:

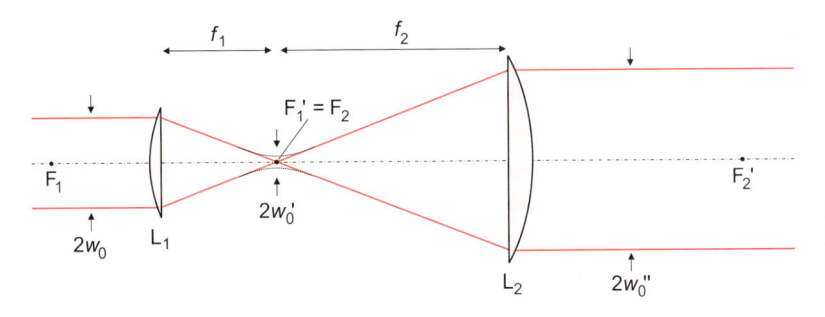

Bild 42.8. Strahlaufweitung eines nahezu parallel einfallenden Gaußstrahls mit einem umgekehrten Keplerfernrohr in einen Gaußstrahl geringerer Divergenz

$$s'' = \frac{\pi w''^2_0}{\lambda} = s\left(\frac{f_2}{f_1}\right)^2 \quad .$$

Die Divergenz verringert sich dagegen umgekehrt proportional zu V:

$$\Theta'' = \frac{\Theta}{f_2/f_1} \quad .$$

Der aufgeweitete Strahl besitzt also eine wesentlich bessere Parallelität d. h. größere Rayleighlänge s'' und kleinere Divergenz Θ''.

Anstelle eines Kepler-Fernrohres kann auch ein umgekehrtes **Galilei-Fernrohr** ohne einen reellen Brennpunkt verwendet werden. Bei Hochleistungspuls-Lasern hat das den Vorteil, daß die hohen Intensitäten mit extrem großen elektrischen Feldstärken im reellen Brennpunktbereich vermieden werden, die dort in Luft zu Ionisation und zu Plasma-Anregung führen können.

> Bei allen Versuchen mit Laserstrahlung ist zu beachten: Nie in den direkten Laserstrahl schauen! Nie reflektierende Gegenstände (Stativstangen etc.) in den Laserstrahl stellen!

42.1 Messung des Strahldurchmessers und -profils (1/3)

Die qualitative Bestimmung des Strahldurchmessers soll mit zwei einfachen Meßverfahren durchgeführt werden, die eine schnelle Abschätzung des Strahldurchmessers erlauben. Eine genauere quantitative Messung ist durch Abtastung mit einer Lochblende oder Schneide möglich. Der Strahldurchmesser soll sowohl qualititativ als auch quantitativ bestimmt werden.

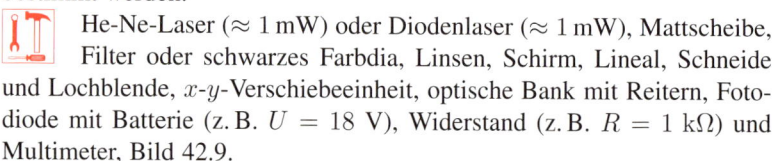

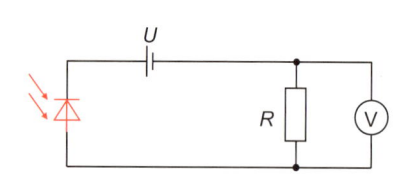

He-Ne-Laser (≈ 1 mW) oder Diodenlaser (≈ 1 mW), Mattscheibe, Filter oder schwarzes Farbdia, Linsen, Schirm, Lineal, Schneide und Lochblende, x-y-Verschiebeeinheit, optische Bank mit Reitern, Fotodiode mit Batterie (z. B. $U = 18$ V), Widerstand (z. B. $R = 1$ kΩ) und Multimeter, Bild 42.9.

Bild 42.9. Schaltung zur Messung der Leistung mit einer Fotodiode

Direkte Messung des Lichtflecks auf einer Mattscheibe

Trifft der Laserstrahl auf eine weiße Mattscheibe, so erscheint dieser infolge Überstrahlung vergrößert. Wird das Licht durch ein dichtes Filter ($T \approx 0{,}1\,\%$) gesandt, so ist die $1/e^2$-Breite besser zu erkennen. Der Durchmesser läßt sich dann direkt auf einem Lineal ablesen. Bei größeren Strahldurchmessern (über 5 mm) ist eine Lichtschwächung jedoch nicht mehr zweckmäßig.

Die $1/e^2$-Breite läßt sich mit dem o. a. Verfahren relativ gut bestimmen, da die steile Flanke der Gaußkurve sich im Bereich der Halbwertsbreite relativ stark ändert (Fehlerrechnung). Das Auge beurteilt als Durchmesser eines nicht zu hellen Lichtflecks mit gaußförmigem Intensitätsabfall etwa die $1/10$- oder $1/e^2$-Breite.

Abbildung des Streulichtflecks auf einen Schirm

Zur Messung kleiner Strahldurchmesser ($d < 2-3$ mm) wird eine Mattscheibe an die zu messende Position gestellt. Der Streulichtfleck wird mit einer Linse (z. B. $f = 100$ mm) auf einen weit entfernten Schirm (Abstand $a' \gg f$) stark vergrößert abgebildet. Der Fleckdurchmesser $2w_0$ ergibt sich über die Abbildungsgleichung der geometrischen Optik. Werden Mattglas und Linse im Abstand fixiert, so können sie zusammen axial auf der optischen Bank verschoben werden, ohne daß die Abbildung des Streulichtflecks unscharf wird.

Zur Steigerung der Helligkeit kann man das Mattglas auch entfernen und den dort vorhandenen Querschnitt des Laserbündels direkt abbilden und ausmessen.

Die bisher dargestellten Meßverfahren zur Bestimmung des Strahldurchmessers eignen sich nur zur groben Orientierung. Für eine genauere Messung ist eine Abtastung des Intensitätsprofils mit einer Lochblende oder einer Schneide und die Detektion der transmittierten Leistung mit einer Fotodiode geeigneter.

Abtastung der Intensitätsverteilung mit einer Lochblende

Eine Lochblende, Bild 42.10, wird radial durch den Laserstrahl geschoben und das gaußförmige Intensitätsprofil bestimmt. Dieses Meßverfahren zur Bestimmung des Strahlradius ist relativ unkritisch, da die Lochblende nicht unbedingt durch die Strahlachse geschoben werden muß. Denn für eine Verschiebung in x-Richtung erhält man beim Abstand y von der Strahlachse eine gaußförmige Intensitätsverteilung der Form

$$I(x,y) = I_0 e^{-2(x^2+y^2)/w^2} = I_0(y) e^{-2x^2/w^2}$$

$$\text{mit} \quad I_0(y) = I_0 e^{-2y^2/w^2},$$

so daß man immer den gleichen Strahlradius w, aber eine um den Faktor e^{-2y^2/w^2} verminderte Maximalintensität $I_0(y)$ mißt. Trotzdem ist es ratsam, zunächst das Maximum in x- und y-Richtung zu suchen, um die Fehler möglichst klein zu halten. Anschließend kann die Intensität als Funktion des Achsenabstands für beide Achsen aufgenommen werden. Die Position der Lochblende wird an den Meßschrauben direkt abgelesen.

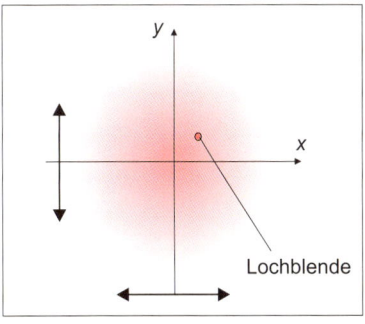

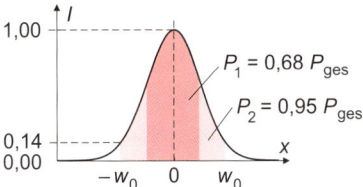

Bild 42.10. Messung des Strahlprofils mit einer Lochblende

Messung mit einer Schneide

Eine Schneide, die in den Strahl geschoben wird, Bild 42.11, läßt nur die Intensität der offenen Halbebene passieren. Die auf der Fotodiode gemessene Leistung $P(x)$ ist das Flächenintegral der Intensität über den nicht abgeschatteten Bereich. Das Ergebnis

$$P(x) = \int_{-\infty}^{x} \int_{-\infty}^{\infty} I_0 e^{-\frac{2(x'^2+y'^2)}{w^2}} \, dy' \, dx' = I_0 w \sqrt{\pi} \int_{-\infty}^{x} e^{-\frac{2x'^2}{w^2}} \, dx'$$

ist die *Gaußsche Fehlerfunktion*. Da $P(w/2) - P(-w/2) = 0{,}68 P(\infty)$ ergibt sich der Strahlradius aus den Punkten, an denen 84 % und 16 % der Gesamtleistung gemessen werden.

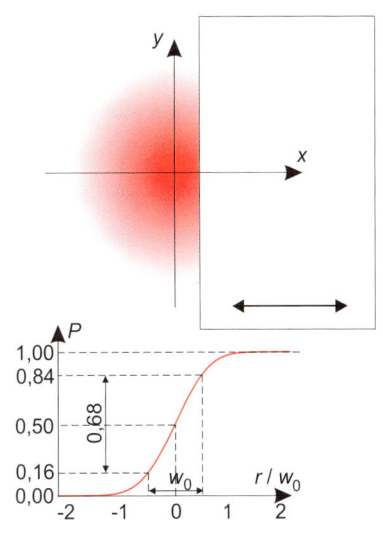

Bild 42.11. Messung des Strahlprofils mit einer Schneide

Die mit der Lochblende bzw. Schneide in horizontaler (oder vertikaler) Richtung bestimmte Intensitäts- bzw. Leistungsverteilung wird in einem Diagramm aufgetragen. Welche Form hat das Strahlprofil und erhält man mit der Schneide das Integral der Intensitätsverteilung? Stimmen die mit Lochblende und Schneide ermittelten Strahlradien überein?

42.2 Messung von Divergenz und Rayleigh-Länge (1/3)

Die Ausbreitung eines Laserstrahls soll charakterisiert und seine *Divergenz*, die *Rayleighlänge* und der *Taillenradius* experimentell bestimmt werden.

He-Ne-Laser ($\approx 1\,\text{mW}$) oder Diodenlaser ($\approx 1\,\text{mW}$), Fotodiode mit Batterie, Multimeter, Schneide, x-y-Verschiebeeinheit, optische Bank mit Reitern, Sammellinse.

Zunächst wird mit einer Sammellinse eine Strahltaille erzeugt. Der Strahlradius in x- und y-Richtung wird nun an 10 verschiedenen Positionen, möglichst vor und hinter der Strahltaille, gemessen und daraus Rayleigh-Länge und Divergenz bestimmt.

Gilt der Zusammenhang $\Theta w = \lambda/\pi$? Mögliche Abweichungen werden in der Praxis durch die Einführung eines Parameters $M > 1$ berücksichtigt:

$$w(z) = w_0 M^2 \sqrt{1 + (z/s)^2} \quad .$$

Welche Ursachen könnten die Abweichungen haben?

42.3 Strahltransformation durch eine Linse (1/3)

Untersuchung des Durchgangs von Laserstrahlen durch Linsen und der dabei auftretenden Änderungen der Strahleigenschaften.

He-Ne-Laser ($\approx 1\,\text{mW}$) oder Diodenlaser ($\approx 1\,\text{mW}$), Fotodiode mit Batterie, Multimeter, Schneide, x-y-Verschiebeeinheit, optische Bank mit Reitern, Linse $f_1 \geq 150\,\text{mm}$.

Hinter einer Sammellinse zieht sich der Strahl zunächst zusammen, um sich in einiger Entfernung von der Strahltaille $z > 2s'$ deutlich aufzuweiten, wobei die Aufweitung mit der Brechkraft der Linse zunimmt. Hinter einer Zerstreuungslinse divergiert der Strahl ohne reelle Strahltaille.

Zur quantitativen Analyse wird der Strahldurchmesser w' für je 10 verschiedene Positionen vor und hinter der neuen Strahltaille ausgemessen. Damit werden der minimale Strahlradius w'_0 sowie die Rayleigh-Länge s' bestimmt. Zur Ermittlung der Divergenz sollte der Strahlradius auch im Fernfeld gemessen werden.

Die Rayleighlänge s', der Strahltaillenradius w'_0 und die Position der Taille a' werden mit den aus den Transformationsformeln erhaltenen Werten verglichen.

42.4 Abbildungsgesetze der geometrischen Optik (1/3)

🏁 Vergleich der Abbildung Gaußscher Strahlen mit der geometrischen Optik.

🔧 He-Ne-Laser ($\approx 1\,\text{mW}$) oder Diodenlaser ($\approx 1\,\text{mW}$), Mattscheibe, Filter oder schwarzes Farbdia, optische Bank mit Reitern, Linsen $f_1 \geq 150\,\text{mm}$ und $f_2 \leq 75\,\text{mm}$.

⏱ Zunächst wird mit einer Sammellinse L$_1$, Bild 42.5, eine Strahltaille erzeugt und die Rayleigh-Länge bestimmt (Aufg. 42.2). Diese Taille wird mit einer weiteren Linse L$_2$ abgebildet und die Entfernung a' der neuen Taille zur Linse L$_2$ für verschiedene Objektabstände a ausgemessen.

✍ Durch Auftragen der reziproken Bildweite $1/a'$ über der reziproken Gegenstandsweite $1/a$ erhält man durch Vergleich mit der durch das klassische Abbildungsgesetz definierten Gerade $1/a' = 1/a - 1/f$ die Abweichung für reale Gaußstrahlen.

Für welche gemessenen Werte a treten deutliche Abweichungen auf, und wo läßt sich die Abbildung von Gaußstrahlen durch die Gesetze der geometrischen Optik nähern? Die theoretischen Kurven können aus der bei Bild 42.5 angegebenen Formel berechnet werden und sind in Bild 42.12 dargestellt.

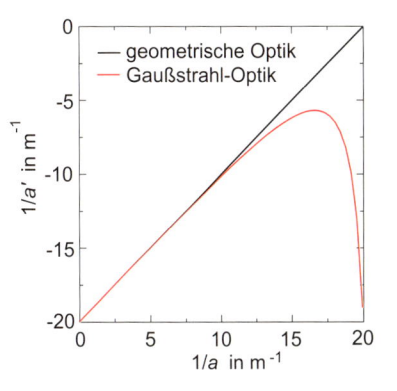

Bild 42.12. Vergleich der Abbildung von Gaußschen Strahlen mit der geometrischen Optik ($f = 50\,\text{mm}, s = 10\,\text{mm}$)

42.5 Aufweitung mit einem Fernrohr (1/3)

🏁 Vergrößerung des Durchmessers eines Laserstrahls bei gleichzeitiger Verminderung der Divergenz mit einer fernrohrartigen Linsenkombination.

🔧 He-Ne-Laser ($\approx 1\,\text{mW}$) oder Diodenlaser ($\approx 1\,\text{mW}$), Mattscheibe, Filter oder schwarzes Farbdia, Fotodiode mit Batterie, Multimeter, Schneide, x-y-Verschiebeeinheit, optische Bank mit Reitern, Linsen mit $f = 50\,\text{mm}$, $f = 100\,\text{mm}$ und $f = 200\,\text{mm}$.

Die Linse L$_1$ wird dann zentral und senkrecht durchstrahlt, wenn die gespiegelten Reflexe etwa in den Laser-Ausgang zurückfallen; L$_2$ wird in der Mitte durchstrahlt, wenn der Lichtfleck auf einem entfernten Schirm etwa an der gleichen Stelle erscheint wie der des direkten Laserbündels. Die Linse L$_2$ wird so positioniert, daß der Lichtfleck auf einem Schirm in einer Entfernung $z < s$ gegenüber dem auf der Linse nur unwesentlich aufgeweitet erscheint (Parallelbündel).

⏱ Mit zwei Fernrohren aus Linsen mit $f_1 = 50\,\text{mm}$ und $f_2 = 100\,\text{mm}$ bzw. $f_2 = 200\,\text{mm}$ wird der Strahl des Lasers aufgeweitet und der Strahlverlauf vermessen. Im zweiten Fall wächst die Rayleighlänge stark an, so daß eine merkliche Aufweitung erst nach einigen Metern erfolgt. Zur Messung der Divergenz muß daher der Strahl eventuell über einen Spiegel umgelenkt werden.

✍ Die Divergenz Θ'', der Taillenradius w_0'' und die Rayleighlänge s'' werden bestimmt und mit den theoretischen Werten verglichen.

43. Mikrowellen

🏁 Kennenlernen der Eigenschaften von Mikrowellen: Erzeugung, Ausbreitung und Nachweis. Die Verwendung elektromagnetischer Wellen mit einer makroskopischen Wellenlänge von etwa 3 cm soll das Verständnis der aus der Optik schon bekannten Ausbreitungseigenschaften von Lichtwellen vertiefen.

📚 *Standardlehrbücher* (Stichworte: Mikrowellen, elektromagnetische (auch: elektrische) Wellen, Reflexion, Brechung, Polarisation, Beugung, Interferometer),
Themenkreis 38: Wellenoptik – Beugungsversuche mit Laserlicht,
Themenkreis 41: Polarisation und Streuung,
Nimtz: Mikrowellen.

📖 Erzeugung und Nachweis

Mikrowellen sind ein Teil des *elektromagnetischen Spektrums*. Die Frequenzen liegen mit einigen Gigahertz zwischen den Bereichen der Ultrahochfrequenz, z. B. der UHF-Fernsehkanäle, und dem fernen Infrarot, Bild 38.1. Die zugehörigen Wellenlängen betragen Zentimeter bis Millimeter. In Physik-Praktika werden häufig Geräte mit einer Frequenz $f = 9{,}4$ GHz entsprechend einer Wellenlänge $\lambda = 3{,}2$ cm eingesetzt.

Mikrowellen werden in verschiedenen Lebensbereichen für ganz unterschiedliche Aufgabenarten angewendet. Beispiele für die *Leistungsübertragung* sind der *Mikrowellenherd* und die medizinische *Bestrahlungstherapie*. In beiden Fällen wird die abgestrahlte Mikrowellenenergie im Empfängermedium absorbiert und in Wärmeenergie umgesetzt. Beim *Radar* (Entfernungs- und Geschwindigkeitsmessung) und in der wissenschaftlichen Forschung dagegen dienen Mikrowellen als Trägerwellen für eine

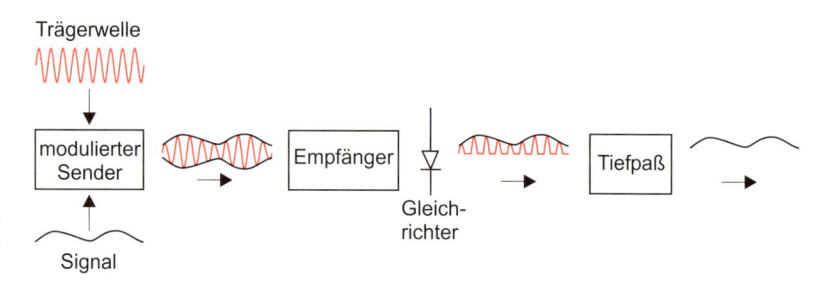

Bild 43.1. Schema einer Signalübertragung mit Hilfe einer elektromagnetischen Trägerwelle

Informationsübertragung. Hierzu muß ihnen im Sender das zu übertragende Signal aufmoduliert werden, Bild 43.1. Im Empfänger wird das Modulationssignal wieder vom Trägersignal getrennt und dann nachgewiesen.

Für die Erzeugung von Mikrowellen benötigt man – wie allgemein bei der Erzeugung elektrischer Wellen – rückgekoppelte schwingungsfähige Systeme. Im Praktikum werden dabei entweder ein *Klystron* oder ein *Gunn-Oszillator* verwendet. Ein **Klystron** ist eine spezielle Elektronenröhre, in der ein anfänglich konstanter Elektronenstrom aus einer beheizten Kathode durch geeignet beschaltete Elektroden periodisch dichtemoduliert wird. Die dadurch hervorgerufene elektrische Schwingung in dem internen *Hohlraumresonator* wird über eine Auskopplungseinheit abgenommen und über einen elektrischen Dipol in einem *Abstrahlhorn* abgegeben, Bild 43.2. Ein **Gunn-Oszillator** nutzt die 1963 von dem amerikanischen Physiker J. B. Gunn entdeckte Erscheinung, daß in speziellen Halbleitern bei hohen elektrischen Gleichspannungen hochfrequente Stromfluktuationen auftreten, deren Frequenz von der Länge des Halbleiterkristalles abhängt. Als Halbleitermaterial eignen sich z. B. n-dotiertes Galliumarsenid (n-GaAs) oder Indiumphosphid (n-InP). Die Abstrahlung der Mikrowelle erfolgt auch hier über einen Dipol in einem Abstrahlhorn, das der abgestrahlten Welle eine Vorzugsausbreitungsrichtung gibt. Das abgestrahlte Signal ist dabei *linear polarisiert.* Für die Signalübertragung werden die Mikrowellen im Sender mit einer niederfrequenten Wechselspannung *amplitudenmoduliert.*

Als Empfänger dient ein Dipol mit einer Diode, die die empfangenen Mikrowellen gleichrichtet. Hinter dem nachfolgenden Verstärker mit Tiefpaß kann die niederfrequente Signalspannung nachgewiesen werden. Die Empfängerdiode ist häufig in einem Empfangshorn untergebracht.

Für die Ausbreitung von Mikrowellen gelten im Prinzip die gleichen Gesetzmäßigkeiten wie für sichtbares Licht, denn in beiden Fällen handelt es sich um elektromagnetische Wellen. Wegen der sehr viel größeren Wellenlängen der Mikrowellen (Faktor etwa 10^5!) lassen sich Phänomene der Lichtoptik in einem quasi makroskopischen Modellexperiment besonders anschaulich untersuchen.

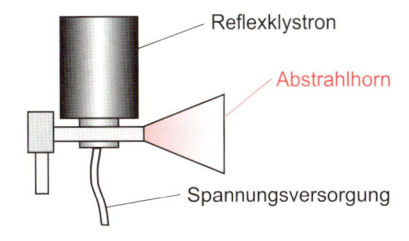

Bild 43.2. Mikrowellensender mit einem Reflexklystron

Reflexion und Absorption von Mikrowellen

Für die Reflexion von Mikrowellen gilt wie in der Lichtoptik das *Reflexionsgesetz* (Einfallswinkel = Reflexionswinkel). Als Reflektoren benutzt man – anders als bei sichtbarem Licht – elektrisch leitende Flächen wie z. B. Metallplatten, die sich durch einen hohen **Reflexionsgrad** $R \approx 1$ auszeichnen. Hierbei ist R der Quotient aus reflektierter Strahlungsleistung und einfallender Strahlungsleistung. Der hohe Wert für R ist eine Folge der hohen Werte einerseits der *Brechzahl n,* vor allem aber des *Absorptionsindexes* κ. Quantitativ gilt für R bei senkrechtem Einfall

$$R = \frac{(n-1)^2 + (n\kappa)^2}{(n+1)^2 + (n\kappa)^2} \quad ,$$

wobei im diskutierten Beispiel $n\kappa \gg (n-1)$ ist.

Treten Mikrowellen in Materie ein, so erfahren sie wie jede Art elektromagnetischer Strahlung eine Absorption. Für die Abnahme der Strahlungsleistung Φ in einem Medium der Brechzahl n und des Absorptionsindexes κ gilt nach Lambert folgendes

Absorptionsgesetz $\quad \Phi = \Phi_0 e^{-k\ell} \quad ,$

wobei ℓ die Weglänge der elektromagnetischen Strahlung im Medium und $k = 4\pi n\kappa/\lambda$ der **Absorptionskoeffizient** sind.

Um Mikrowellen wirksam zu absorbieren, darf man jedoch nicht einfach ein stark absorbierendes Medium wie z. B. eine Metallplatte verwenden, auch wenn deren Absorptionskoeffizient k sehr groß ist (eine Al-Schicht von nur 30 nm(!) Dicke ist für Mikrowellen praktisch undurchlässig). Denn aufgrund des großen Wertes von $n\kappa$ wird ein großer Teil der auftreffenden Strahlungsleistung nicht absorbiert, sondern reflektiert. Bei der Herstellung von sog. „Absorberplatten" geht man daher so vor, daß man in der Platte die Brechzahl langsam von 1 an wachsen läßt, ebenso den Absorptionskoeffizienten k. So reduziert man die Reflexion, muß allerdings die Platte zur genügenden Absorption entsprechend dick wählen. Geeignet sind Platten mit einem elektrisch leitenden Geflecht, dessen Dichte in Strahlrichtung zunimmt, womit sowohl n als auch k anwachsen.

Polarisation durch Reflexion

Elektromagnetische Wellen sind transversale Wellen und daher polarisierbar. Ein geeignetes Verfahren, um zunächst unpolarisierte Mikrowellen linear zu polarisieren, ist die Reflexion an der Oberfläche eines elektrisch nichtleitenden Stoffes. In diesem Themenkreis werden Bauteile aus Paraffin benutzt.

Der *Reflexionsgrad* R einer solchen Oberfläche, definiert als das Verhältnis von reflektierter zu einfallender Strahlungsleistung, hängt vom Einfallswinkel α der Strahlung und von dem Polarisationszustand ab. Wie in *Themenkreis 41*: Polarisation und Streuung erläutert, steigt $R_\perp(\alpha)$ – Schwingungsrichtung des elektrischen Feldvektors senkrecht zur Einfallsebene – mit wachsendem α monoton an, Bild 41.7. Für die zur Einfallsebene parallele Komponente wird $R_\parallel(\alpha)$ dagegen 0 beim

Brewsterwinkel $\quad \alpha_B = \arctan n \quad ,$

wobei n die Brechzahl des reflektierenden Mediums ist. Ursache ist die Abstrahlcharakteristik der für die Reflexion verantwortlichen atomaren Dipole im Medium.

Zirkulare Polarisation ($\lambda/4$-Plattensystem)

Zirkular polarisierte Mikrowellen lassen sich aus linear polarisierten Wellen mit Hilfe eines sog. *Metallplattenregals* erzeugen. Zur Begründung diene die folgende Betrachtung. Mit Hilfe der Maxwellschen Gleichungen kann man die Fortpflanzungsgeschwindigkeit von elektromagnetischen Wellen zwischen parallelen elektrisch leitenden Platten berechnen. Ist der elektrische Vektor senkrecht zu den Platten gerichtet, so haben die Platten keinen Einfluß auf die Wellenausbreitung. Steht der elektrische Vektor aber parallel zu den Platten mit dem Abstand d, so ergibt sich zwischen den Platten eine geänderte Phasengeschwindigkeit v_{Ph} der Wellen:

$$v_{\text{Ph}} = \frac{c_0}{\sqrt{1-(\lambda/2d)^2}} = \frac{c_0}{n} \quad .$$

Hier ist n die Brechzahl des Systems, sie ist kleiner als 1! In einem Plattensystem nach Bild 43.3 ist also die Phasengeschwindigkeit einer Welle, deren $\boldsymbol{E}$-Vektor parallel zu den Platten schwingt, größer als im Vakuum; die Phasengeschwindigkeit der Welle mit dem $\boldsymbol{E}$-Vektor senkrecht zu den Platten bleibt dagegen unverändert (c_0).

Für ein solches Plattensystem wie in Bild 43.3 läßt sich nun leicht eine Dicke a angeben, nach deren Durchlaufen zwischen den Wellen (1) und (2) ein Gangunterschied von $\lambda/4$ entstanden ist. Zum Durchlaufen von a brauche die Welle (2) (genauer: ein bestimmter Phasenzustand der Welle (2)), die Zeit τ, also gilt $a = \frac{c_0}{n}\tau$. Wir wählen τ und damit a so, daß für die Welle (1) gilt:

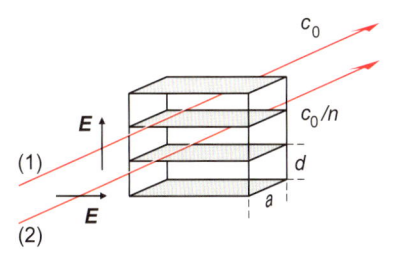

$$a = c_0\tau + \frac{\lambda}{4} \quad , \quad \text{dann folgt} \quad a = na + \frac{\lambda}{4} \quad \text{und damit}$$

$$a = \frac{\lambda}{4(1-n)} \quad .$$

Bild 43.3. Metallplattenregal als Phasenschieber

Totalreflexion

Eine elektromagnetische Welle, die aus einem optisch dichteren Medium 1 in ein optisch dünneres Medium 2 übertritt, wird an der Grenzfläche vollständig reflektiert, wenn der Einfallswinkel einen Grenzwinkel α_{gr} überschreitet, der sich aus der Beziehung $\sin\alpha_{\text{gr}} = n_{12}$ ergibt. Aus der *Maxwellschen Theorie* läßt sich allerdings herleiten, daß bei einer solchen **Totalreflexion** auch im optisch dünneren Medium eine Welle vorhanden sein muß, die quergedämpfte oder *evaneszente Welle*. Dabei handelt es sich um eine inhomogene Welle. Ihre Fortpflanzung erfolgt entlang der Grenzschicht, und ihre Amplitude E_i ist abhängig vom Einfallswinkel, sie fällt exponentiell mit der Entfernung z von der Grenzschicht ab:

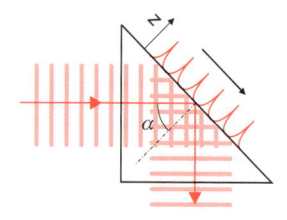

Bild 43.4. Quergedämpfte oder evaneszente Welle bei der Totalreflexion einer Mikrowelle an der Hypothenusenfläche eines 90°-Prismas aus Paraffin

$$E_i = E_{i0} e^{-z/\delta} \quad .$$

Hierbei bedeutet $\delta = \delta(\alpha, \lambda)$ die vom Einfallswinkel α und der Wellenlänge λ abhängige Eindringtiefe. δ liegt in der Größenordnung der Wellenlänge λ. In Bild 43.4 ist der Verlauf der Wellenfronten bei einer solchen Totalreflexion schematisch angedeutet.

Die Existenz der parallel zur Grenzfläche laufenden evaneszenten Welle wird plausibel, wenn man daran denkt, daß genau beim Grenzwinkel der Totalreflexion auch im einfachen strahlenoptischen Modellbild der ins dünnere Medium eintretende Strahl streifend zur Grenzfläche verlaufen muß, wobei dann offenbar nur in „unmittelbarer Nähe" der Grenzfläche eine Erregung auftritt.

Diese Erscheinung wird in Anlehnung an die Begriffe der Wellenmechanik nicht ganz zutreffend auch *Optischer Tunneleffekt* genannt.

43.1 Grundversuche mit Mikrowellen (2/3)

In einfachen Handversuchen sollen zum einen grundlegende Ausbreitungseigenschaften der Mikrowellen, zum anderen die Wirkungsweise benutzter Bauelemente qualitativ untersucht werden.

Mikrowellensender, Mikrowellenempfänger mit Verstärker, Lautsprecher, Oszilloskop, Metallspiegel, Metalldrahtgitter, Absorberplatten, Strahlteiler, Prismen und Linsen aus Paraffin oder Quarzsand, $\lambda/4$-Plattensystem, Tisch mit Winkeleinteilung.

Polarisation

Zunächst werden Sender S und Empfänger E einander gegenüber aufgestellt und die Signalamplitude auf dem Oszilloskop gemessen, Stellung A in Bild 43.5. Dreht man nun entweder Sender oder Empfänger um die Längsachse (Drehwinkel φ), so stellt man bei Parallelstellung maximale, bei Senkrechtstellung keine bzw. eine minimale Intensität fest.

Ursache: Der Sender emittiert linear polarisierte Strahlung. Für die Signalamplitude am Empfänger gilt dabei die Beziehung:

$$U(\varphi) = U_0 \cos \varphi \quad .$$

Reflexion am Metallspiegel

Stellt man den Sender auf den Teilstrich 0 und einen Metallspiegel in die Mitte eines auf den Tisch gezeichneten Teilkreises, so kann man für verschiedene Winkel durch Aufsuchen des jeweiligen Intensitätsmaximums mit dem Empfänger die Gültigkeit des aus der Lichtoptik bekannten Reflexionsgesetzes zeigen, Stellung B in Bild 43.5.

Bei diesen und den folgenden Messungen kann man im übrigen Störungen durch Beugungserscheinungen feststellen. Eine merkliche Beugung tritt hier an allen verwendeten Geräten auf, da deren Abmessungen nicht wesentlich größer als die Wellenlänge sind. Für sichtbares Licht betragen die entsprechenden Abmessungen etwa $10^4 \lambda$; Beugungserscheinungen sind dann viel schwerer zu beobachten.

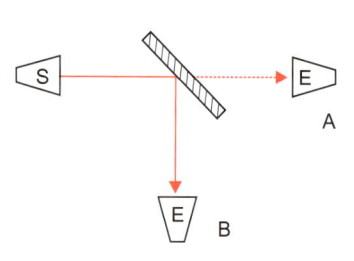

Bild 43.5. Polarisationsmessung (A) ohne sowie Reflexionsmessung (B) mit einem schräg in das Strahlungsfeld gestellten Metallspiegel

Stellt man den Spiegel so, daß er die Strahlung in sich selbst zurückwirft, so kann man vor dem Spiegel *stehende Wellen* nachweisen, Bild 43.6, und bereits eine erste Bestimmung der Wellenlänge vornehmen. Der Abstand zwischen benachbarten Minima beträgt $\lambda/2$. Bei dieser Messung benutzt man als Empfänger eine HF-Diode ohne Empfangshorn, um das Stehwellenfeld möglichst wenig zu stören.

Bild 43.6. Stehwellenfeld bei senkrechtem Einfall auf einen Metallspiegel

Teildurchlässige Spiegel

In diesem Experiment wird der eben beschriebene Reflexionsversuch mit einem engmaschigen Metallgitter statt einer Metallplatte wiederholt. Dabei soll die Richtung der Gitterstäbe einmal parallel und einmal senkrecht zur elektrischen Feldstärke E der Mikrowelle gewählt werden, Bild 43.7.

Man beobachtet eine große Reflexion, wenn E parallel zu den Drähten steht. Steht der Feldvektor senkrecht dazu, so ist der Spiegel praktisch durchsichtig, denn dann sind die elektrisch leitenden Abschnitte in Richtung des elektrischen Vektors zu klein, um als mitschwingende Dipole und somit für die Reflexion wirksam zu sein.

Ein Gitter aus Drähten im Abstand von etwa 1 cm ist für Wellen von ca. 3 cm ungefähr halbdurchlässig und halbreflektierend, wieder unter der soeben genannten Voraussetzung, daß der elektrische Vektor parallel zu den Drähten ist. Durch einen Aufbau, in dem der Empfänger wahlweise an den Ort A oder B wie im Bild 43.5 gebracht und die Richtung der Spiegel-Drähte um 90° geändert werden, kann man diese Beobachtung bestätigen.

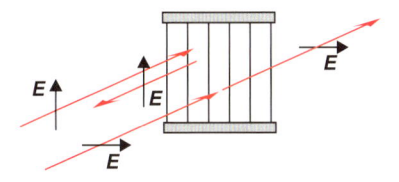

Bild 43.7. Reflexion am Metallgitter

Zirkulare Polarisation

Mit einem *Metallplattenregal* lassen sich nun mit Mikrowellen ganz analoge Versuche durchführen wie in der Lichtoptik mit einer $\lambda/4$-*Platte*.

Zunächst wird der Sender so eingestellt, daß der elektrische Feldvektor der einfallenden Welle unter 45° zur Richtung der Platten geneigt ist. Ergebnis: Der Empfänger hinter dem Plattenregal mißt bei jeder Winkeleinstellung etwa die gleiche Intensität, die Strahlung ist zirkular polarisiert. Begründung: Zerlegt man den Feldvektor der einfallenden Strahlung in die zwei Komponenten senkrecht und parallel zu den Platten, so werden beide hinter dem Plattenregal eine Phasenverschiebung von $\pi/2$ (entspricht dem Gangunterschied $\lambda/4$) haben und sich zur zirkular polarisierten Welle zusammensetzen. Bei einer Abweichung des Einfallwinkels von 45° ergibt sich elliptische Polarisation.

Stellt man hinter das $\lambda/4$-System ein weiteres gleiches, so erhält man wieder eine linear polarisierte Welle, bei der jedoch der elektrische Feldvektor im Vergleich zur einfallenden Welle um den Winkel π verdreht ist. Das entspricht einer $\lambda/2$-*Platte* in der Lichtoptik.

Absorption

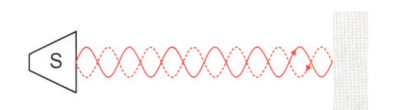

Man stelle eine Absorberplatte an die Stelle des Spiegels im Reflexionsversuch, Bild 43.5, und messe sowohl das reflektierte als auch das

hindurchgehende Signal. Nur wenn beide Signale etwa Null sind, ist die Wirkung der Absorberplatte ausreichend.

✍️ Die bisher durchgeführten qualitativen Experimente sollen dokumentiert und interpretiert werden.

Totalreflexion

In diesem Versuch werden Linsen und Prismen aus Paraffin verwendet. Paraffin hat für 3 cm-Wellen die Brechzahl $n = 1{,}47$; dies entspricht also etwa der Brechzahl von Glas bei sichtbarem Licht. Für den Grenzwinkel α_{gr} der Totalreflexion gilt wie in der Lichtoptik die Beziehung $\sin\alpha_{\mathrm{gr}} = n$. Daraus folgt für Paraffin $\alpha_{\mathrm{gr}} = 43°$.

Das Paraffinprisma I wird entsprechend Bild 43.8 mit einem Mikrowellenbündel bestrahlt, das zuvor durch eine Paraffinlinse parallel gemacht worden ist. Das Prisma II sei zunächst noch entfernt. An der Position E_1 läßt sich die totalreflektierte Strahlung nachweisen, während in der ursprünglichen Richtung (Position E_2) praktisch keine Strahlung ankommt. Um Störungen durch Streu- und Beugungseffekte zu vermeiden, sollten die jeweils nicht benutzten Seiten des Aufbaus durch Absorberplatten abgeschirmt werden.

Nähert man nun das Prisma II entsprechend Bild 43.8, so zeigt sich von einem hinreichend kleinen Abstand z an eine stark anwachsende Intensität im durchgehenden Strahl, also im Empfänger E_2. Die Totalreflexion wird dabei teilweise aufgehoben, weil die Oberfläche des Prismas II in den Ausläufer der *evaneszenten Welle* eintaucht, Bild 43.4. Dadurch wird ein Teil der Strahlungsenergie in das Prisma II hineintransportiert: Die gemessene Strahlintensität am Ort E_2 nimmt zu, während sie zugleich am Ort E_1 abnimmt.

✍️ Zur qualitativen Untersuchung des Effekts werden grafisch aufgetragen: $I_1 = f(z)$ und über gleicher Abszisse $I_2 = f(z)$. Hierbei sollten zur besseren Vergleichbarkeit I_1 für $z = 10$ cm und I_2 für $z = 0$ auf jeweils gleiche Werte normiert werden.

Anwendung dieses Effekts sind etwa die Verwendung für optische Filter im Ultrarot-Bereich und für die Amplitudenmodulation des Lichtes. Die erstere beruht auf der Wellenlängenabhängigkeit der Eindringtiefe $\delta = \delta(\lambda)$. Da δ die Größenordnung λ hat, kann man bei einer geeigneten Einstellung von Prismen erreichen, daß längere Wellen durchgelassen werden, kürzere dagegen nicht. Weiteres Beispiel: Wird die Basisfläche des Prismas II etwa als Membran ausgebildet, dann schwankt die Intensität des reflektierten Strahls im Rhythmus der Membranschwingungen (*Lichttelefonie*). Eine solche Anordnung findet im übrigen auch als variabler Strahlteiler in Laseroszillator-Verstärkeranordnungen Anwendung.

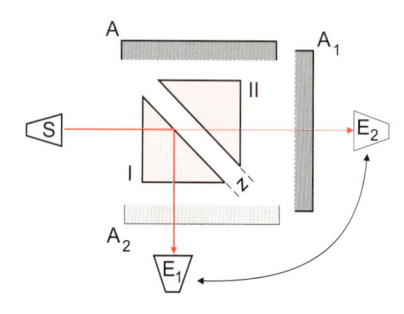

Bild 43.8. Versuchsaufbau zur Totalreflexion zur Demonstration von evaneszenten Wellen

43.2 Michelson-Interferometer (1/3)

🏁 Wirkungsweise und Eigenschaften eines Michelson-Interferometers sollen mit elektromagnetischen Wellen im Zentimeterwellenbereich untersucht werden.

Mikrowellensender, Mikrowellenempfänger mit Verstärker, Lautsprecher, Oszilloskop, Metallspiegel, Absorber, Strahlteiler.

Bild 43.9 erläutert die Arbeitsweise eines **Michelson-Interferometers** (Zweistrahlinterferometer), das in der Lichtoptik zur Messung von optischen Wegdifferenzen verwendet wird. Die vom Sender S ausgehende Mikrowelle wird durch den halbdurchlässigen Spiegel, den Strahlteiler T in zwei möglichst gleiche Anteile (1) und (2) aufgeteilt. Nach Reflexion an den Metallspiegeln M_1 und M_2 und nochmaligem Passieren des Strahlteilers T kommt es auf der Strecke $\overline{TE}$ zur Interferenz. Natürlich läuft jeweils ein Teil der Wellen (1) und (2) in Richtung S zurück und wird auch dort interferieren. Zur Messung werden jedoch nur die in Richtung E laufenden Anteile benutzt.

Für das entstehende Interferenzbild ist die jeweils durchlaufene *optische Weglänge* maßgebend. Sie kann für jede der Teilwellen durch Verschieben des zugehörigen Metallspiegels geändert werden. Meist läßt man einen Spiegel fest (M_2) und bewegt nur den anderen, M_1 in Bild 43.9. War zu Anfang in E ein Intensitätsmaximum, so wird durch Verschieben des Spiegels M_1 um $\lambda/4$ ($\hat{=}$ Wegänderung um $\lambda/2$) ein Minimum erreicht. Die Interferenzminima sind besonders deutlich, wenn die Amplituden von (1) und (2) etwa gleich sind.

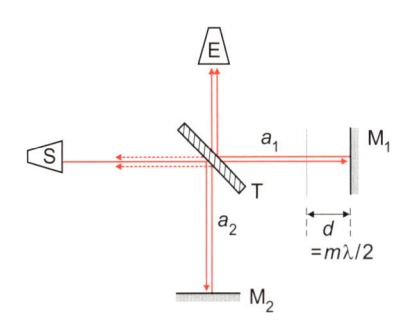

Bild 43.9. Michelson-Interferometer

Zunächst soll die Wellenlänge des Senders bestimmt werden. Dazu stellt man auf ein Intensitätsmaximum ein und verschiebt dann den Spiegel M_1, wobei man die folgenden Maxima zählt und die gesamte Verschiebungsstrecke d mißt. Es gilt dann:

$$d = m\frac{\lambda}{2} \quad \text{und} \quad \lambda = \frac{2d}{m} \quad \text{für } m \text{ Maxima.}$$

Wählt man m nicht zu klein (10...20), kann man λ mit einer einzigen Messung auf etwa 1% genau bestimmen. Eine Fehlerabschätzung ist hier sinnvoll.

Mit Hilfe des Michelson-Interferometers kann die Wirkung eines $\lambda/4$-Plattensystems quantitativ untersucht werden, Bild 43.3. Bringt man dieses in der geeigneten Orientierung (Platten parallel zum ***E***-Vektor!) bei vorher maximaler Intensität am Empfänger in den Strahlengang, etwa zwischen T und M_2, so stellt man fest, daß erst durch Verschieben von M_1 wieder maximale Intensität erreicht wird. Dabei muß der Abstand $\overline{TM_1}$ vergrößert (bzw. $\overline{TM_2}$ verkleinert) werden, um den vorherigen Zustand zu erreichen. Denn im Plattenregal ist die Phasengeschwindigkeit der Mikrowellen und damit auch ihre Wellenlänge größer, die zurückgelegte optische Weglänge daher kleiner als ohne Plattenregal.

Den genauen Betrag der Phasenverschiebung durch das Plattensystem ermittele man auf folgende Weise: Vor Einschieben des Plattensystems stelle man die Stellungen d_1, d_2, d_3, ... des Spiegels M_1 fest, bei denen maximale Intensität am Empfänger herrscht. Nach Einfügung des Plattensystems zwischen T und M_2 ermittele man wiederum die verschobenen Stellungen d'_1, d'_2, d'_3, ... maximaler Intensität.

Der absolute Gangunterschied Δ ergibt sich bei m Einstellungen aus:

$$\Delta = \frac{1}{m}\sum_{i=1}^{m}(d'_i - d_i) \quad .$$

Für den relativen Gangunterschied $x = \Delta/\lambda$ erhält man dann einen Wert nicht weit von 1/2. Die Auswertung kann auch grafisch vorgenommen werden. Dabei ergibt sich der Wert für Δ aus dem Abstand der beiden Geraden $d_i(i)$ und $d'_i(i)$.

Die bei der optischen Ausführung des Michelson-Interferometers einfach mögliche Bestimmung von (niedrigen) Brechzahlen durchsichtiger Medien stößt allerdings bei dem Zentimeterwellen-Aufbau wegen der Reflexion an den Grenzflächen der eingebrachten Medien auf Schwierigkeiten. Zusätzlich stören Interferenzeffekte, da hier die Dicke der eingebrachten Medien nicht mehr groß gegen die Wellenlänge ist.

43.3 Doppelspaltinterferenzen (1/3)

Beugung und Interferenz am *Doppelspalt* sollen mit Mikrowellen quantitativ untersucht werden.

Mikrowellensender, Mikrowellenempfänger mit Verstärker, Lautsprecher, Oszilloskop, Metallspiegel, Absorber, Paraffinlinse, Absorberplatte mit Öffnungen: Doppelspalt bzw. Gitter.

In einer Anordnung nach Bild 43.10, in der zwei gleich schmale Spaltöffnungen mit dem Mittenabstand g von einer annähernd ebenen Wellenfront, also gleichphasig erregt werden, sollen Beugung und Interferenz am Doppelspalt quantitativ untersucht werden. Die Spaltbreiten sind dabei kleiner als die Wellenlänge.

Die an den Öffnungen auftretende Beugung führt dazu, daß die Wellenausbreitung hinter der Öffnung nicht nur achsenparallel, sondern auch in andere Richtungen erfolgt, *Huygens-Fresnelsches Prinzip*. Es kommt zu Interferenzen, für die gemäß Bild 43.11 gilt:

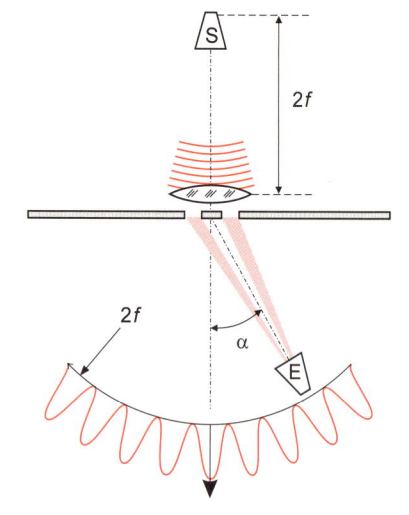

$$\sin\alpha_m = m\lambda/g \quad \text{Maxima für: } m = 0, 1, 2, \ldots$$
$$ \text{Minima für: } m = 1/2, 3/2, 5/2, \ldots \quad .$$

Bild 43.10. Interferenzen am Doppelspalt mit Mikrowellen

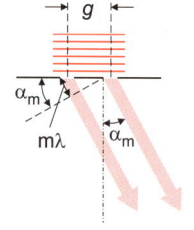

Bild 43.11. Zur Bedingung für Intensitätsmaxima bei der Überlagerung paralleler Bündel (Fraunhofer-Beugung)

Die Beziehung für die *Maxima*, Bild 43.11, bleibt auch gültig, wenn man weitere Spalte mit jeweils gleichem Abstand g einfügt, d. h. den Doppelspalt zu einem *Gitter* erweitert. Mit größerer Spaltzahl wird die Schärfe der Maxima erhöht, was zu einer Reduzierung der Halbwertsbreite führt. Zwischen diesen sog. Hauptmaxima treten intensitätsschwache Nebenmaxima auf, deren Zahl zwar mit der Spaltenzahl wächst, deren Intensität jedoch abnimmt (siehe *Themenkreis 38*: Wellenoptik – Beugungsversuche mit Laserlicht).

Bei der Durchführung von Messungen setzt man den Sender zweckmäßig in die doppelte (statt in die einfache) Brennweite der Linse, Bild 43.10. Die Wellenfront in der Spaltebene ist dann zwar nicht mehr völlig eben, sondern leicht konvergent; dies ändert aber an der

Bedingung für das Auftreten von Maxima praktisch nichts und hat den Vorteil, die Amplitudensummation bzw. Auslöschung der verschiedenen Spaltbeiträge bereits ebenfalls in der doppelten Brennweite (∼80 cm) – einem Bildpunkt des Senders – statt erst im Unendlichen beobachten zu können. Um Spaltabstände ändern zu können, sollte man eine Spaltplatte mit mehreren äquidistanten Spalten verwenden, so daß durch wahlweises Abdecken verschiedene Werte von g gewählt werden können. Die Breite der einzelnen Spalte sollte jeweils kleiner als die Wellenlänge λ der Mikrowelle sein.

Zunächst soll die Wellenlänge λ der Strahlung für einen festen Doppelspaltabstand g (möglichst großen Wert wählen) aus der Lage der Interferenzfiguren bestimmt werden. Hierzu umfahre man mit dem Empfänger den Doppelspalt im konstanten Abstand $2f$ (Schwenkarm verwenden!) und ermittle die Lagen der Maxima und Minima. Wegen der relativ schmalen Spalte ist die zur Messung gelangende Leistung bei diesem Versuch besonders gering. Man vermeide deshalb Reflexionen, und dadurch bedingt, im Raum vagabundierende, störende Wellen. Hierzu sollten beim Aufbau der Anordnung die Spaltplatte und auch ihre Umgebung sowohl zum Sender als auch zum Empfänger hin weitmöglichst mit Absorberplatten abgedeckt werden. Schon kleinste Öffnungen lassen eine noch nachweisbare Strahlung hindurch.

Die grafische Darstellung $\sin \alpha_\mathrm{m} = f(m)$ für Maxima und/oder Minima sollte eine Gerade ergeben, aus deren Steigung die Wellenlänge λ bestimmt werden kann.

In einer weiteren Messung soll der Zusammenhang zwischen dem Doppelspaltabstand g und der Lage einer Interferenzfigur untersucht werden. Hierzu werden für möglichst viele verschiedene Werte von g die Winkel α_1 für das Maximum erster Ordnung gemessen.

Die grafische Darstellung $\sin \alpha_1 = f(1/g)$ für das Maximum sollte wiederum eine Gerade ergeben.

Für einen Doppel- und einen Vierfachspalt mit gleichen (und möglichst geringen) Spaltabständen soll der Intensitätsverlauf des Hauptmaximums ($m = 0$) als Funktion des Winkels α ermittelt werden. Aus dem Ergebnis soll in beiden Fällen die Halbwertsbreite, Bild 43.12 bestimmt werden.

Die Halbwertsbreiten werden aus der grafischen Darstellung $I = f(\alpha)$ entnommen und im Winkelmaß $\Delta\alpha_\mathrm{H}$ angegeben. Die Ergebnisse sollen mit den theoretischen Werten verglichen werden. Für zwei Spalte liefert die Theorie unter der Voraussetzung einer ebenen Wellenfront und kleiner Spaltbreiten:

$$\Delta\alpha_\mathrm{H} = 2 \arcsin\left(0{,}25 \frac{\lambda}{g}\right) \quad .$$

Für vier Spalte ergibt eine kompliziertere Berechnung:

$$\Delta\alpha_\mathrm{H} = 2 \arcsin\left(0{,}115 \frac{\lambda}{g}\right) \quad .$$

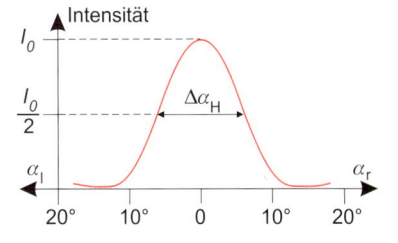

Bild 43.12. Zur Halbwertsbreite in einem Interferenzbild

43.4 Beugung am Einzelspalt (1/3)

🏁 Mit Hilfe von Mikrowellen lassen sich auch die Interferenzfiguren beobachten, die durch die Beugung an einem Einzelspalt entstehen. Sie sollen benutzt werden, um die Wellenlänge der Mikrowellen zu bestimmen.

🔧 Mikrowellensender, Mikrowellenempfänger mit Verstärker, Lautsprecher, Oszilloskop, Metallspiegel, Absorber, Paraffinlinse, Absorberplatte mit einer Öffnung: *Beugungsspalt*.

Vom Sender S ausgehend, fällt das Wellenbündel durch die Paraffinlinse L auf einen Spalt (empfohlene Breite $d \approx 5\lambda$), der von zwei Metallplatten gebildet wird, Bild 43.13. Zur Vermeidung von Reflexionen, die wiederum Anlaß zu vagabundierenden, die Messung störenden Wellen im Raum sein können, sind die Spaltplatten (und möglichst auch die Umgebung der Linse, sowohl zum Sender als auch zum Empfänger hin) mit Absorberschichten abgeschirmt. Die Abstände $\overline{SL}$ und $\overline{LE}$ sollten je $2f$ betragen.

⏱ In festem Abstand, zweckmäßig mittels eines Schwenkarmes, fährt man mit dem Empfänger E mit Horn um den Beugungsspalt herum und mißt die Winkel mehrerer Intensitätsminima und -maxima links (α_l) und rechts (α_r) von der optischen Achse. Da der Winkel hier nicht mehr klein ist, gilt auch die in der Lichtoptik häufig angewandte Näherung $\sin \alpha \approx \alpha$ nicht mehr. Für die Extremwerte der Intensität folgt aus der Theorie:

$$\sin \alpha_m = m\lambda/2d \quad \begin{array}{l} \text{für Maxima:} \quad m = 0,\ 3,\ 5,\ \ldots \\ \text{für Minima:} \quad m = 2,\ 4,\ 6,\ \ldots \end{array}.$$

✍ Die Mittelwerte der Ablenkungen links und rechts werden grafisch aufgetragen. Aus der Steigung der mittelnden Geraden wird dann λ bestimmt. Trotz der relativ groben Meßanordnung ist eine Genauigkeit von wenigen Prozent (ca. 3 %) erreichbar.

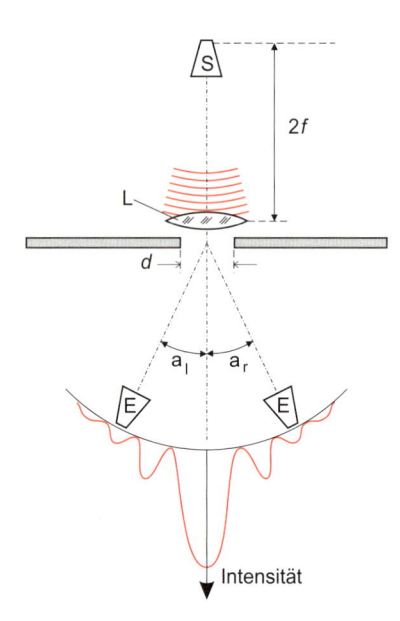

Bild 43.13. Versuchsanordnung für die Messung der Einzelspaltbeugung mit Mikrowellen

43.5 Polarisation durch Reflexion (1/3)

🏁 Aus der Optik ist bekannt, daß das an der Oberfläche durchsichtiger Medien reflektierte Licht mehr oder weniger polarisiert ist. In dieser Aufgabe soll diese Erscheinung für Mikrowellen untersucht werden. Aus dem *Brewsterwinkel* soll dann die Brechzahl des reflektierenden Materials bestimmt werden.

🔧 Mikrowellensender, Mikrowellenempfänger mit Verstärker, Lautsprecher, Oszilloskop, dielektrische Reflektorplatte, Absorber.

In einer Anordnung entsprechend Bild 43.14 sollen die reflektierten Intensitäten $I_\parallel$ und $I_\perp$ als Funktion des Einfallswinkels α gemessen werden. Als dielektrisches Reflexionsmaterial kann z. B. eine feste Kunststoffplatte (Pertinax o. ä.) benutzt werden. Statt einer technisch um-

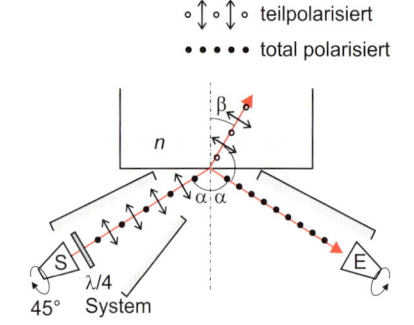

Bild 43.14. Bestimmung des Brewsterwinkels bei der Reflexion von Mikrowellen

ständlich herzustellenden unpolarisierten Welle wird hier eine zirkular polarisierte verwendet, indem der Sender mit dem vorher beschriebenen $\lambda/4$-Platten-System versehen und seine Schwingungsrichtung um 45° gegen die Plattenrichtung verdreht wird. Dies bedeutet keinen grundsätzlichen Unterschied: Anstelle vieler statistisch verteilter Schwingungsrichtungen bei einer unpolarisierten Welle hat man dann ein zeitlich-periodisches Nacheinander aller möglichen Schwingungsrichtungen. Die Folge ist, daß die partielle Polarisation im reflektierten Strahl dann keine statistische, sondern eine *elliptische Polarisation* ist.

Zur Durchführung der Messung: Sender S und Empfänger E befinden sich beide auf Schwenkarmen, die jeweils auf gleiche Winkel α zur Flächennormalen des zu untersuchenden Materials eingestellt werden. Durch Drehen des Empfängers um die Strahlachse werden zu jeder Winkeleinstellung nacheinander die Intensitäten $I_\parallel$ und $I_\perp$ festgestellt. Die Messung sollte im Winkelbereich $20° < \alpha < 70°$ durchgeführt werden.

Für die genaue Bestimmung des Brewster-Winkels α_B stelle man in einem Vorversuch zunächst seine ungefähre Lage fest und variiere, von $\alpha_B + 20°$ ausgehend, α in Schritten von etwa 5°, in der Nähe von α_B in noch kleineren Schritten. In einem kleinen Bereich ($\pm 2°$) um α_B herum kann man die Intensität $I_\perp$ als konstant betrachten und $I_\parallel$ allein beobachten; durch Umschalten auf höhere Empfindlichkeit des Oszilloskops läßt sich dann das Minimum von $I_\parallel$ sehr leicht auf 0,5 bis 1° eingrenzen und die Brechzahl somit auf etwa 2 % genau bestimmen. Bei diesem Abgleich muß ganz besonders auf das Vermeiden störender Reflexe und Beugungssignale geachtet werden, da diese die Messungen erheblich verfälschen können.

Bei der grafischen Auswertung der Messungen sollen die beiden Intensitätsverläufe $I_\parallel(\alpha)$ und $I_\perp(\alpha)$ in ein gemeinsames Diagramm eingezeichnet werden.

Die Bestimmung des Brewster-Winkels α_B erfolgt aus einer getrennten ausschnittsvergrößerten Darstellung $I_\parallel(\alpha)$. Hieraus wird die Brechzahl berechnet. Eine Fehlerabschätzung ist hier sinnvoll.

Kapitel X
Photonen, Elektronen und Atome

44. Spektren und Aufbau der Atome 463

45. Röntgenstrahlung 480

46. Elektronen als Teilchen und als Welle 491

44. Spektren und Aufbau der Atome

Aufbau der Atome und Entstehung der Spektren. Beugung an einem optischen Gitter und Anwendung zur Spektralanalyse von Wasserstoff und anderen Atomen sowie von Molekülen und Festkörpern.

Standardlehrbücher (Stichworte: Atommodell, Gitter, Spektrum),
Haken/Wolf: Atom- und Quantenphysik,
Mayer-Kuckuck: Atomphysik,
Themenkreis 38: Wellenoptik – Beugungsversuche mit Laserlicht.

Licht und Spektren

Zur Charakterisierung von Lichtstrahlung benutzt man die Größen **Wellenlänge** λ bzw. **Frequenz** f. Diese sind über die

Lichtgeschwindigkeit $c = \lambda f$

verknüpft. Enthält das Licht nur Strahlung einer Wellenlänge, so besitzt es eine charakteristische Farbe, die sog. Spektralfarbe: Das Licht ist **monochromatisch**. Mit Hilfe von Spektralapparaten läßt sich Licht, das aus Strahlung mehrerer Wellenlängen zusammengesetzt ist, nach den verschiedenen **Spektralfarben** zerlegen. Das **Spektrum des Lichtes**, das von einer bestimmten Sorte von Atomen ausgesendet wird, ist für diese charakteristisch und ermöglicht Rückschlüsse auf den Aufbau der Atome.

Durch die Untersuchung der Spektren wurden die Quantennatur des Lichtes und die Energiezustände in den *Atomen* und *Molekülen* aufgedeckt.

Vorstellungen vom Atomaufbau

Nach den Hypothesen der älteren Chemie und Physik bis zum 19. Jahrhundert sind die Atome (von griechisch *atomos = nicht teilbar*) die kleinsten unteilbaren Bausteine der Stoffe. Verschiedene Experimente ergaben für die **Atomdurchmesser** Werte in der Größenordnung von 10^{-8} cm.

Aus den Untersuchungen von Gasentladungen und elektrolytischen Lösungen zeigte sich jedoch, daß die Atome *doch* teilbar sind. So wer-

44. Spektren und Aufbau der Atome

den z. B. in einer **Gasentladung** neutrale Atome in positive **Ionen** und negative **Elektronen** zerlegt.

Um 1900 fand P. Lenard bei der Untersuchung der Fähigkeit von Elektronen, Materie zu durchdringen, daß zwar für langsame Elektronen Atome so wirken, als ob sie einen Durchmesser von 10^{-8} cm hätten, für sehr schnelle Elektronen ergab sich dagegen ein wirksamer Durchmesser von nur 10^{-13} cm. Deutung: Die Atome besitzen einen sehr kleinen dichten **Atomkern**,

$$\text{Durchmesser des Atomkernes} \approx 10^{-13}\,\text{cm} \quad,$$

während der übrige Raum nur elektrische Ladungen und Kraftfelder enthält. Dies ist die **Atomhülle**,

$$\text{Durchmesser der Atomhülle} \approx 10^{-8}\,\text{cm} \quad,$$

die von den schnellen Elektronen, aber nicht von den langsamen durchdrungen werden kann.

Aufgrund seiner Experimente über die **Streuung von α-Teilchen** (d. h. $_2^4$He-Kernen hoher Geschwindigkeit) an Atomen entwickelte E. Rutherford 1912 das **Planetenmodell der Atome**. Danach ist die Masse eines Atoms fast vollständig in einem positiv geladenen Kern konzentriert. Um diesen Kern kreisen, ähnlich wie die Planeten um unsere Sonne, negativ geladene Elektronen. Da das Atom nach außen neutral erscheint, muß die positive Kernladung genau so groß sein wie die Summe der negativen Ladungen der Elektronen.

In Bild 44.1 ist das einfachste Atom, das **Wasserstoffatom**, schematisch dargestellt: Ein Elektron kreist um den Atomkern. Es halten sich die *Zentrifugalkraft* F_Z und die *elektrostatische Anziehungskraft* F_C, die *Coulomb-Kraft*, gerade das Gleichgewicht. Mit der Masse des Elektrons m_e und seiner Ladung e gilt:

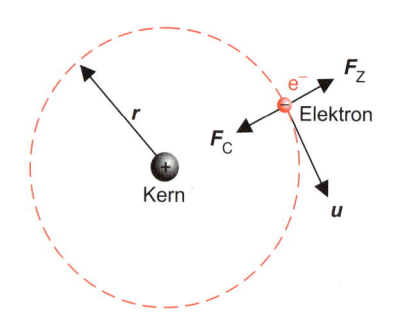

$$\boldsymbol{F_Z} = -\boldsymbol{F_C} \quad , \quad F_Z = m_e \omega^2 r = m_e \frac{u^2}{r} \quad , \quad F_C = \frac{-e^2}{4\pi\varepsilon_0 r^2} \quad .$$

Bild 44.1. Planetenmodell des Atoms nach Rutherford

Hierbei ist r der Radius der Elektronenbahn und u die Geschwindigkeit des Elektrons; ε_0 ist die *Dielektrizitätskonstante*.

Die Gesamtenergie des im Kernfeld kreisenden Elektrons läßt sich damit ausrechnen. Zunächst ergibt sich aus $F_Z = -F_C$ für seine kinetische Energie

$$E_{\text{kin}} = \frac{m_e}{2} u^2 = \frac{e^2}{8\pi\varepsilon_0 r} \quad .$$

Die potentielle Energie einer Ladung e^- im Abstand r_0 von der Kernladung e^+ errechnet sich aus der Arbeit, die gewonnen wird, wenn das Elektron aus dem Unendlichen bis in den Abstand r_0 gebracht wird:

$$E_\text{pot} = \int_\infty^{r_0} -F_\text{C}\,\mathrm{d}r = \int_\infty^{r_0} \frac{e^2}{4\pi\varepsilon_0}\frac{\mathrm{d}r}{r^2} = \frac{e^2}{4\pi\varepsilon_0}\left(\frac{-1}{r_0}\right) \quad .$$

Daraus folgt: $2E_\text{kin} = -E_\text{pot}$ und damit für die Gesamtenergie des Elektrons

$$E_\text{ges} = E_\text{kin} + E_\text{pot} = \frac{1}{2}E_\text{pot} = -\frac{e^2}{8\pi\varepsilon_0 r} \quad .$$

Dieses einfache Atommodell führt jedoch zu Widersprüchen: Das kreisende Elektron müßte, da es eine bewegte Ladung ist, ganz ähnlich wie ein in einer Dipolantenne hin- und herschwingendes Elektron, elektromagnetische Wellen der Umlaufskreisfrequenz ω abstrahlen. Dabei würde das Elektron natürlich ständig Energie verlieren, sich damit dem Kern nähern, mit abnehmendem r die Kreisfrequenz ω erhöhen und schließlich in den Kern stürzen! Das Atom müßte demnach instabil sein und während seiner Existenz ein kontinuierliches Spektrum abstrahlen. Tatsächlich sind jedoch Atome stabil und strahlen nur, wenn sie vorher angeregt worden sind, dann aber in scharfen **Spektrallinien** mit diskreten Frequenzen.

Atommodell von Bohr

Um das Planetenmodell mit den spektroskopischen Beobachtungen in Einklang zu bringen, stellte N. Bohr 1913 (Nobelpreis 1922) zwei Postulate auf.

Im Atom gibt es nur bestimmte Bahnen, auf denen die Elektronen strahlungsfrei kreisen können. Diese Bahnen sind durch eine Quantelungs-Vorschrift für den Drehimpuls $L = m_\text{e}ru$ des kreisenden Elektrons festgelegt:

1. Bohrsches Postulat: Bahnbedingung $\quad L = n\dfrac{h}{2\pi} \quad ,$

mit $n = 1, 2, 3, \ldots$, der **Hauptquantenzahl** oder Nummer der Bohrschen Bahn. Der Bahndrehimpuls L ist also ein ganzzahliges Vielfaches von $h/2\pi$. Hierin ist h das

Plancksche Wirkungsquantum $\quad h = 6{,}626 \cdot 10^{-34}\,\text{J s} \quad .$

Mit dem 1. Bohrschen Postulat können die Bahnradien r_n und daraus die Bahnenergien E_n des Wasserstoffatoms berechnet werden. Für Atome mit mehreren Elektronen liefert das Bohrsche Atommodell allerdings nur in wenigen Sonderfällen richtige Ergebnisse. Genauere Berechnungen müssen auf der Grundlage der Quantenmechanik erfolgen unter Berücksichtigung der Wechselwirkung der Elektronen untereinander. Nur für das Wasserstoffatom liefert die Quantenmechanik die gleichen Energiezustände wie die Bohrsche Theorie.

Das Elektron kann von einer Bahn mit der Energie E_m in eine andere mit der geringeren Energie E_n übergehen. Die dabei frei werdende Energie

Bild 44.2. Elektronenbahnen und Übergänge in einem Atom mit mehreren Elektronen (schematisch). Die durch die Hauptquantenzahlen n bezeichneten Elektronenbahnen können jeweils $2n^2$ Elektronen aufnehmen

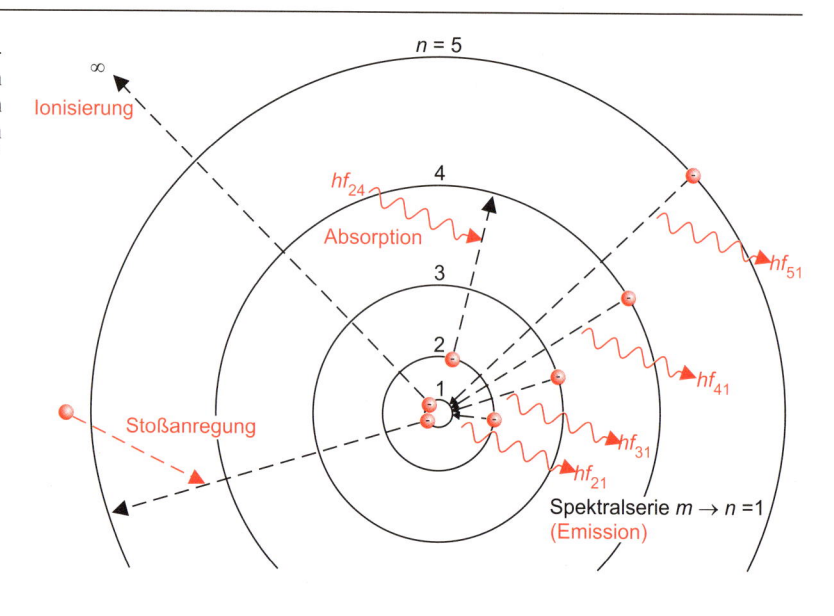

ΔE wird im allgemeinen in Form eines **Lichtquants** oder **Photons** abgestrahlt, dem im Wellenbild eine Frequenz f zugeordnet werden kann:

---
2. Bohrsches Postulat: Übergangsfrequenz

$\Delta E_{mn} = E_m - E_n = h f_{mn}$.

Das 2. Bohrsche Postulat gilt nicht nur für das H-Atom, sondern auch für beliebige andere Atome, Moleküle und andere Systeme mit charakteristischen Energien.

Aufgrund des 2. Bohrschen Postulats kann ein Atom nur Licht ganz bestimmter Frequenzen bzw. Wellenlängen aussenden, **Emission**, d. h. es entsteht ein atomspezifisches Linienspektrum, in Bild 44.2 mit den Frequenzen f_{21}, f_{31}, f_{41} und f_{51} schematisch dargestellt.

Auch für die **Absorption** gilt das 2. Bohrsche Postulat, d. h. ein Atom kann z. B. bei Bestrahlung mit Licht mit kontinuierlichem Spektrum nur Licht ganz bestimmter stoffspezifischer Frequenzen absorbieren, z. B. beim Übergang des Elektrons von der 2. in die 4. Bahn mit der Frequenz f_{24} in Bild 44.2. Die Absorption tritt bei den gleichen Frequenzen $f_{mn} = f_{nm}$ auf, bei der auch eine Emission möglich ist, z. B. $f_{24} = f_{42}$.

Auf Atome kann aber auch beim Zusammenstoß mit Elektronen bzw. Atomen oder Ionen Energie übertragen werden, wie das z. B. in Gasentladungen der Fall ist. Die Energieaufnahme ist dabei allerdings auch nur in den *diskreten Beträgen* möglich, die den Übergängen zwischen den diskreten Energiestufen des Atoms entsprechen: **Stoßanregung**. Dabei wird z. B. ein Elektron im Bild 44.2 von der 1. Bahn auf die 5. Bahn gehoben und damit das Atom aus dem Grundzustand in einen angeregten Zustand gebracht. Die so angeregten Atome kehren gewöhnlich innerhalb sehr kurzer Zeit unter Lichtemission spontan wieder in den Grundzustand zurück, typisch in einigen Nanosekunden (1 ns = 10^{-9} s). Im Rahmen dieser Praktikumsaufgabe sollen solche Lichtemissionen bei Gasentladungen spektral untersucht werden.

Wird einem im Grundzustand befindlichen Atom, Energie E_1, durch *Elektronenstoß* oder durch *Absorption* eines hinreichend energiereichen Photons ein Energiebetrag $E > E_\infty - E_1$ zugeführt, so kann das Elektron vom Atom vollständig abgetrennt werden: **Ionisierung**. Den Restbetrag der Energie $E - E_\infty$ nimmt das fortfliegende Elektron als kinetische Energie mit: $E_\text{kin} = \frac{1}{2}m_e v^2$.

Energien und Spektren des H-Atoms

Die zu den erlaubten Energieniveaus E_n gehörenden Bahnradien r_n des H-Atoms lassen sich aus dem Kräftegleichgewicht (siehe Bild 44.1)

$$m_e \frac{u_n^2}{r_n} = \frac{e^2}{4\pi\varepsilon_0 r_n^2}$$

und dem ersten Bohrschen Postulat

$$m_e r_n u_n = n\frac{h}{2\pi}$$

durch Eliminieren von u_n berechnen:

$$r_n = \frac{h^2 \varepsilon_0}{e^2 m_e \pi} n^2 \quad .$$

Im nicht angeregten Wasserstoffatom befindet sich das eine Elektron in seinem **Grundzustand**, d.h. im Bohrschen Modell auf der Bahn $n = 1$ mit dem Radius $r_1 = 0{,}53 \cdot 10^{-8}$ cm.

Einsetzen der Bahnradien r_n in die o. a. Gesamtenergie E_ges ergibt die gequantelten

Energien im Wasserstoffatom

$$E_n = -\frac{e^2}{8\pi\varepsilon_0 r_n} = -\frac{e^4 m_e}{8\varepsilon_0^2 h^2}\frac{1}{n^2} = -hR_y\frac{1}{n^2} = -(13{,}6\,eV)\frac{1}{n^2} \quad .$$

Die Konstante R_y, die **Rydberg-Frequenz**, hängt nur von Naturkonstanten ab: e, m_e, h und ε_0. Für deren möglichst genaue Kenntnis bemüht man sich bis heute um eine immer präzisere experimentelle Bestimmung der Rydberg-Frequenz.

Beim Übergang des Elektrons vom Energieniveau E_m in das tiefer liegende Energieniveau E_n wird nach dem 2. Bohrschen Postulat ein Lichtquant hf_{mn} ausgesandt:

Photonenemissionsenergien des Wasserstoffs

$$hf_{mn} = E_m - E_n = hR_y\left(\frac{1}{n^2} - \frac{1}{m^2}\right) \quad , \quad R_y = 3{,}29 \cdot 10^{15}\,\text{s}^{-1}$$

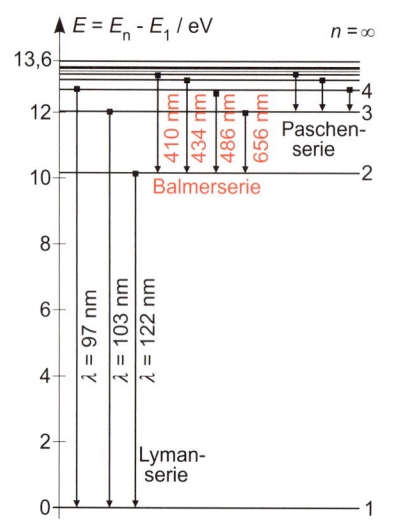

Bild 44.3. Vereinfachtes Energieschema des Wasserstoffatoms mit den ersten drei Serien. Es sind jeweils nur einige Übergänge pro Serie eingezeichnet

mit $n = 1, 2, 3, \ldots$ und $m = 2, 3, 4, \ldots$. Diese aus theoretischen Überlegungen hergeleitete Formel, die für alle **Wasserstoff-Spektrallinien** gilt, wird durch das Experiment bestätigt.

In Bild 44.3 ist das **Energie-Termschema** des H-Atoms dargestellt. Die Energien werden in Elektronen-Volt (eV) angegeben, dem Grundzustand $n = 1$ wird hier die Energie 0 zugeordnet. (In manchen Lehrbüchern wird nicht $E = E_n - E_1$ aufgetragen, sondern E_n selbst. Dann liegt der Nullpunkt $E_n = 0$ bei der Ionisationsgrenze $n = \infty$, und die Energieterme liegen bei negativen Werten, z. B. beim Wasserstoffatom: $E_1 = -13,6 eV$.) Einge der möglichen Übergänge sind durch Pfeile gekennzeichnet, deren Längen ΔE proportional zu den Frequenzen der ausgesandten Spektrallinien sind.

Spektrallinien, deren Übergänge auf dem gleichen Energiezustand enden, werden zu **Serien** zusammengefaßt, Bild 44.3, die nach ihren Entdeckern benannt wurden. Die Serie mit dem Endzustand $n = 2$ heißt **Balmer-Serie**. Für deren Wellenlängen λ_{m2} gilt wegen $\lambda_{m2} = c_0/f_{m2}$

$$\lambda_{m2} = \frac{c_0}{R_y}\left(\frac{1}{2^2} - \frac{1}{m^2}\right)^{-1} = \frac{c_0}{R_y}\left(\frac{1}{4} - \frac{1}{m^2}\right)^{-1} ; m = 3, 4, 5 \ldots .$$

Die ersten und zugleich intensivsten Linien dieser Serie ($m = 3, 4, \ldots$) werden mit H_α, H_β, H_γ und H_δ bezeichnet und liegen im sichtbaren Spektralbereich. Je größer m ist, um so dichter liegen die Linien im Spektrum; für $m \to \infty$ ergibt sich die **Seriengrenze** bei $\lambda = 364,5$ nm.

Aus historischen Gründen wird in der spektroskopischen Forschung oft die Größe $1/\lambda$ benutzt, die den Namen **Wellenzahl** hat und in der Einheit cm^{-1} angegeben wird. In diesem Zusammenhang wird dann statt der Rydberg-Frequenz R_y die **Rydbergkonstante** $R = R_y/c_0 \approx 1,0974 \cdot 10^7$ m^{-1} verwendet. Der experimentelle Bestwert 2003 mit $R = (10973731,5686399 \pm 0,0000002)$m^{-1} zeigt, mit welcher hohen Genauigkeit manche physikalischen Größen heutzutage gemessen werden können.

Die Bohrsche Atomtheorie beschreibt das experimentell gemessene Spektrum des H-Atoms in guter Annäherung. Für kompliziertere Atome ist jedoch die Modell-Vorstellung kreisender und springender Elektronen zu einfach. So kann man schon wegen der *Heisenberg-Unschärfe* von Ort und Impuls ein Elektron im H-Atom nicht auf diskreten Bahnen lokalisieren. Eine Neuformulierung der Theorie der Atome wurde von L. de Broglie, E. Schrödinger und W. Heisenberg (1923–1926) in der sog. *Wellen- und Quantenmechanik* vorgenommen. Danach lassen sich nur Aussagen über mittlere *Elektronen-Dichteverteilungen*, sog. **Orbitale**, in den verschiedenen Anregungszuständen des Atoms machen. Die zugehörigen erlaubten Energiezustände der Atome können mit Hilfe der Quantenmechanik berechnet werden. Im Falle des Wasserstoffatoms führt diese Rechnung zu den gleichen Energiezuständen wie das Bohrsche Modell.

Elektronen als Materiewellen

Teilchen wie Elektronen, Neutronen oder Atome haben auch Welleneigenschaften. So lassen sich z. B. Elektronen an einem Kristallgitter beugen. Die Wellenlänge λ ist dabei nach de Broglie gegeben durch Masse m und Geschwindigkeit u des Teilchens:

de Broglie-Wellenlänge $\quad \lambda = \dfrac{h}{mu}\quad$.

Ähnlich einer stehenden Welle auf einer schwingenden Gitarrensaite, Bild 44.4a, stellt man sich die nach dem Bohrschen Atommodell auf diskreten Bahnen strahlungsfrei umlaufenden Elektronen als entsprechende **stehende Materiewellen** vor, Bild 44.4b. Die Länge eines solchen geschlossenen Wellenzuges $2\pi r_n$ (Kreisumfang!) muß dabei gerade ein ganzes Vielfaches der Wellenlänge betragen: $n\lambda$. Ist der Kreisumfang kein ganzes Vielfaches der Wellenlänge, so erhält man Selbstauslöschung durch Interferenz, d. h. keine stehende Welle und damit keine stabile Bahn, Bild 44.4c.

Somit wird verständlich, daß nur in ganz bestimmten Elektronen-Bahnen stehende Materiewellen auftreten können. Aus $2\pi r_n = n\lambda$ folgt mit $\lambda = h/m_e u$ direkt das *1. Bohrsche Postulat*:

$$L = m_e u_n r_n = n\frac{h}{2\pi} \quad .$$

Das *2. Bohrsche Postulat* entspricht dem *Energieerhaltungssatz*. Änderungen der erlaubten Energien in Atomen können durch *Absorption* oder *Emission* passender elektromagnetischer Energiequanten (Photonen) erfolgen.

Beugungsgitter zur spektralen Zerlegung

Die Wellenlänge von Licht kann z. B. mit einem Prisma (Brechung) oder Gitter (Beugung) bestimmt werden. Die Benutzung eines Prismas hat jedoch den Nachteil, daß der Ablenkwinkel wegen der Dispersion nicht linear von der Wellenlänge abhängt, so daß stets eine umfangreiche Kalibrierung des Spektralapparates notwendig ist (vgl. *Themenkreis 37*: Dispersion und Prismenspektrometer). Die alternative Methode, die Messung der Wellenlänge mit einem Beugungsgitter, hat den Vorteil, daß Ablenkwinkel und Wellenlänge auf einfache Weise zusammenhängen. Außerdem können *Gitterspektrometer* höhere Auflösungsvermögen besitzen und werden heute in der Praxis bevorzugt.

Ein Beugungsgitter besteht aus einer großen Zahl von parallelen, äquidistanten Spalten im Abstand g, Bild 44.5. Wird das Gitter mit kohärentem Licht, z. B aus einer Wasserstoff-Gasentladungslampe beleuchtet, so treten *Interferenz*erscheinungen auf. Diese lassen sich quantitativ leicht auswerten, wenn man sie in der Brennebene einer Sammellinse wie in Bild 44.5

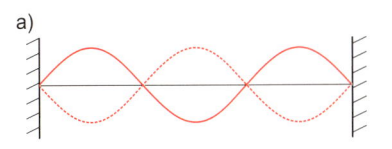

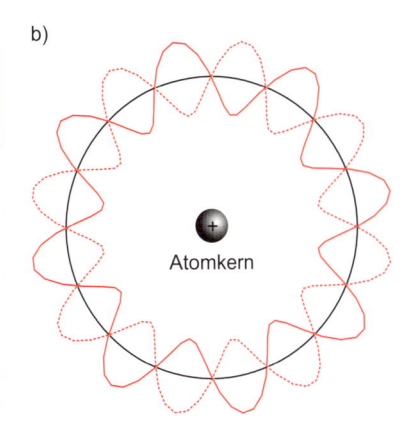

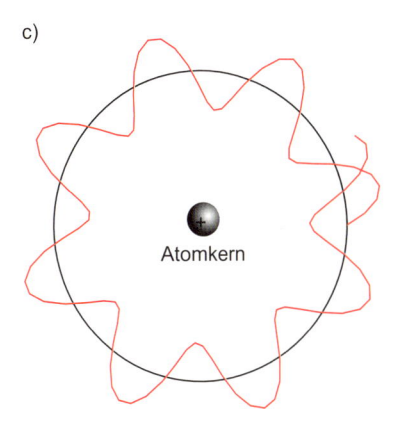

Bild 44.4. (a) Schwingende Saite. (b) Stehende Elektronenwelle. (c) Falsche Wellenlänge führt zu destruktiver Interferenz

Bild 44.5. Erzeugung eines Gitterspektrums bei Einstrahlung von Licht einer Wasserstoffspektrallampe (z. B. H-Geißlerröhre)

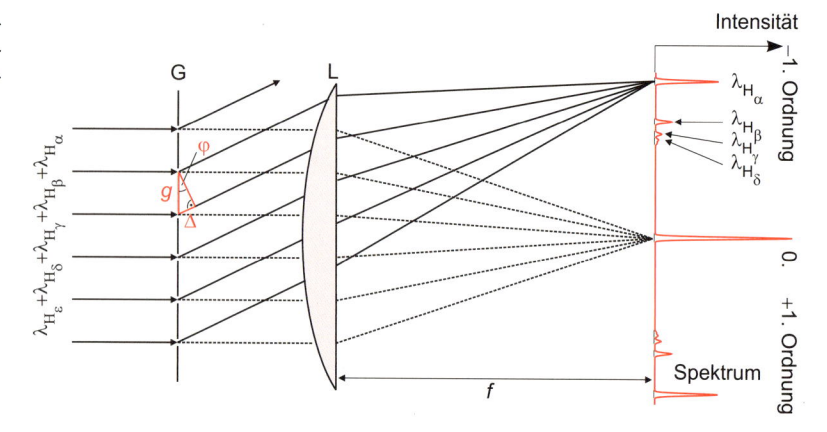

beobachtet. Die Entstehung der Interferenzen läßt sich mit Hilfe des Modells der *Huyghensschen Elementarwellen* beschreiben (s. a. *Themenkreis 38*: Wellenoptik – Beugungsversuche mit Laserlicht).

Je zwei benachbarte, unter dem Winkel φ vom Gitter ausgehende Parallelbündel besitzen den Gangunterschied $\Delta = g \sin\varphi$, Bild 44.5. Es ergibt sich nur für diejenigen Richtungen φ_k eine maximale Verstärkung, für die $\Delta = \pm\lambda, \pm 2\lambda, \ldots \pm k\lambda$ ist:

Gitterbeugung $\quad g \sin\varphi_k = \pm k\lambda$,

wobei $k = 0, 1, 2, \ldots$ die Ordnung der Interferenz ist.

Durch die Sammellinse hinter dem Gitter schneiden sich die verschiedenen zueinander parallelen Strahlbündel jeweils in einem Punkt der Brennebene, Bild 44.5. Man beobachtet daher dort scharfe Interferenzmaxima der verschiedenen Ordnungen $\pm k$. Stammt das einfallende Licht z. B. aus einer *H-Geißlerröhre*, so beobachtet man im Spektrum erster Ordnung unter den entsprechenden Winkeln die Interferenzmaxima der Wasserstoffspektrallinien der *Balmerserie*.

Das *Auflösungsvermögen* eines Gitterspektrometers in der k-ten Beugungsordnung ist gegeben durch

$$\frac{\lambda}{\Delta\lambda} = kN \quad ,$$

wobei k die Beugungsordnung, N die Zahl der beleuchteten Gitterstriche und $\Delta\lambda$ den Wellenlängenunterschied zweier gerade noch trennbarer Spektrallinien bedeuten. Wird z. B. bei einem Gitter mit 1000 Linien pro mm ein Bereich von 1 cm ausgeleuchtet, so ist das Auflösungsvermögen in der 1. Beugungsordnung $\lambda/\Delta\lambda = 10^4$. Durch Vergrößerung des ausgeleuchteten Bereichs und Verwendung von Gittern mit noch höherer Linienzahl läßt sich das Auflösungsvermögen auf $\geq 10^5$ steigern.

44.1 Wellenlängenmessungen mit dem Beugungsgitter (2/3)

Bestimmung der Gitterkonstanten g eines Beugungsgitters mittels eines Kalibrierspektrums, z. B. des Heliums. Mit dem kalibrierten Gitter werden die Wellenlängen der stärksten Linien der Balmer-Serie des Wasserstoff-Spektrums gemessen und daraus die Rydberg-Konstante R berechnet.

Gasentladungslampen (Geißlerröhren) mit Wasserstoff-, Helium- und anderen Gasfüllungen, Spannungsversorgung dazu, Transmissionsgitter (z. B. Replikagitter im Lesezeichen dieses Buches), Maßstab, Metermaß.

Bestimmung der Gitterkonstanten

Das Beugungsgitter G wird in der Entfernung a von der Maßstabsskala SS' so aufgestellt, daß die Gitterspalte parallel zum Entladungsrohr stehen, Bild 44.6. Das durch das Gitter blickende Auge A stellt die Linse aus Bild 44.5 dar und sieht unter dem Winkel $\varphi = 0$ im ungebeugten Licht die leuchtende Kapillare der *Geißlerröhre* Q, das *Beugungsmaximum* 0-ter Ordnung. Links und rechts beobachtet man die beiden ersten Ordnungen sowie auch noch höhere Ordnungen (hier nicht eingezeichnet). Die Bilder der Beugungsordnungen entstehen auf der Netzhaut des Auges.

Sendet die Quelle Q, z. B. eine He-Geißlerröhre, Licht verschiedener, diskreter Wellenlängen aus, so sieht man in jeder Ordnung mehrere verschiedenfarbige, scheinbar in der Ebene SS' liegende Interferenzmaxima. Der Abstand x von der Quelle Q entspricht dabei einem Beugungswinkel φ, für den aufgrund der Geometrie $\sin\varphi = x/\sqrt{a^2 + x^2}$ gilt. Damit ergeben sich aus dem Spektrum erster Ordnung die Wellenlängen zu:

$$\lambda = \frac{gx}{\sqrt{a^2 + x^2}} \quad .$$

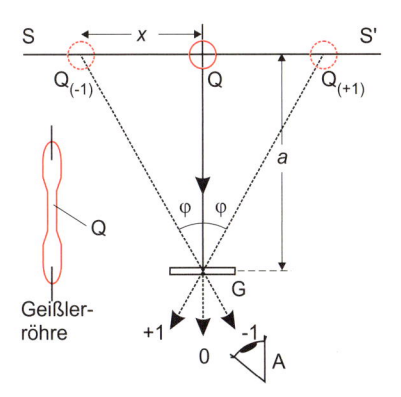

Bild 44.6. Versuchsanordnung zur Beobachtung von Spektren

Praktisch liest man auf einem Maßstab SS' die Lage x jeder untersuchten Spektrallinie im linken und rechten Spektrum 1. Ordnung ab; es ist dann $x_\ell - x_r = 2x$. Ferner wird der Abstand a zwischen Q und G mit einem Metermaß gemessen. Der Fehler Δa wird abgeschätzt.

Zur Messung der Gitterkonstanten g wird z. B. eine He-Geißlerröhre als Lichtquelle verwendet. Man mißt jeweils den Abstand x für alle sichtbaren Spektrallinien, deren Wellenlängen in Tabelle 44.1 angegeben sind. Jede Messung sollte mehrmals ausgeführt werden.

Man berechne für jede Spektrallinie den Wert g und bilde den Mittelwert. Alternativ kann eine graphische Auswertung durchgeführt werden.

Tabelle 44.1. He-Spektrallinien im sichtbaren Spektralbereich

Wellenlänge (nm)	706,52	667,81	587,56	501,57	492,19	471,31	447,15
Farbe	rot	rot	gelb	grün	grün	blaugrün	blau
Intensität	schwach	stark	stark	stark	schwach	mittel	stark

Zum Fehler des Mittelwertes der Gitterkonstanten g liefern einerseits die Meßunsicherheiten bei den Messungen von x einen Beitrag, Δg_x, der sich in der üblichen Weise aus den Schwankungen der g-Werte für die verschiedenen Linien errechnet. Andererseits addiert sich noch der Fehlerbeitrag Δg_a, der durch die Ungenauigkeit der Abstandsmessung Δa bedingt ist (Δa wird geschätzt):

$$\Delta g = \Delta g_x + \Delta g_a \quad .$$

Aus $\quad g = \left(\dfrac{\lambda}{x}\right)\sqrt{a^2 + x^2}\quad$ folgt:

$$\frac{\Delta g_a}{g} = \frac{1}{g}\frac{\partial g}{\partial a}\Delta a = \frac{1}{2}\frac{2a\Delta a}{(a^2+x^2)} = \frac{a^2}{(a^2+x^2)}\frac{\Delta a}{a} \quad .$$

Vermessung der Balmer-Serie des Wasserstoff-Spektrums

Die He-Geißlerröhre wird durch eine wasserstoffgefüllte Röhre ersetzt. Dann werden für die rote H_α-, die blau-grüne H_β- und die blaue H_γ-Linie des Wasserstoffes die Abstände x gemessen. Die Messungen sollen mehrmals wiederholt werden.

Nach $\lambda = gx/\sqrt{a^2+x^2}$ werden mit dem ermittelten Wert von g die Wellenlängen der H-Linien ausgerechnet. Daraus wird die Rydberg-Konstante R bestimmt.

Für den Fehler der Wellenlänge folgt:

$$\Delta\lambda \approx \left|\frac{\partial \lambda}{\partial g}\right|\Delta g + \left|\frac{\partial \lambda}{\partial x}\right|\Delta x + \left|\frac{\partial \lambda}{\partial a}\right|\Delta a \quad ,$$

$$\frac{\Delta\lambda}{\lambda} = \frac{\Delta g}{g} + \frac{a^2}{(a^2+x^2)}\left(\frac{\Delta x}{x} + \frac{\Delta a}{a}\right) \quad .$$

Man schätze Δx ab und übernehme den im vorherigen Versuch bestimmten Wert für Δg. Für die Rydberg-Konstante gilt: $\Delta R/R \approx \Delta\lambda/\lambda$.

Der experimentell bestimmte Wert für R soll mit dem angegebenen Literaturwert verglichen werden. Liegt dieser Wert im berechneten Fehlerbereich? Der relative Fehler ist mit dem für den heutigen Bestwert zu vergleichen.

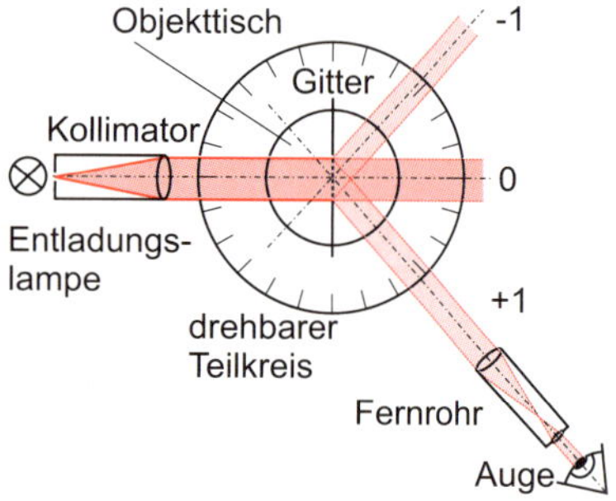

Bild 44.7. Goniometertisch mit Beugungsgitter – typischer Strahlengang eines einfachen Spektralapparates

44.2 Gitterspektrometer (2/3)

Alternative Wellenlängenmessung mit einem Gitterspektrometeraufbau.

Entladungslampe, z. B. sog. Balmerlampe (Wasserstoffspektrum), Beugungsgitter mit bekannter Gitterkonstante von z. B. 500 Linien pro mm, Goniometertisch nach Bild 44.7 zur Aufstellung des Gitters und Messung des Beugungswinkels.

Die Entladungslampe wird direkt vor den Spalt des Kollimators gestellt, so daß die Kollimatorlinse ein paralleles Lichtbündel erzeugt. Das Gitter wird in der Mitte des Goniometertisches dazu senkrecht aufgestellt. Mit dem schwenkbaren Ablesefernrohr werden dann die Beugungsmaxima der von der Lampe emittierten Spektrallinien (z. B. 3 bis 4 sichtbare Wasserstofflinien) gesucht. In der Brennebene des Fernrohrobjektivs entstehen die verschiedenfarbigen Bilder des Kollimatorspaltes als Beugungsmaxima nebeneinander. Durch Schwenken des Fernrohres werden die Maxima der gleichen Beugungsordnung k nacheinander in die Bildmitte gebracht und der zugehörige Schwenkwinkel φ_k bestimmt. Es empfiehlt sich, den Ablenkwinkel für die gleiche Spektrallinie einmal rechts und einmal links abzulesen und daraus den Beugungswinkel φ_k zu ermitteln.

Aus den Beugungswinkeln und der Gitterkonstante werden die Wellenlängen λ_i nach der o. a. Formel berechnet. Die Fehler $\Delta\lambda_i$ werden aus $\Delta\varphi_k$ (aus der Messung) und Δg (nach Angabe) bestimmt. Die ermittelten Werte sind mit den angegebenen Literaturwerten, Bild 44.3, zu vergleichen.

44.3 Spektroskopische Handversuche (1/3)

Eine Reihe qualitativer Versuche soll weitere Arten von Spektren und Verfahren der Spektroskopie veranschaulichen.

Anordnung zur Beobachtung der Gitterbeugung, z. B. Replikagitter im Lesezeichen. Weitere Geißlerröhren (außer H und He), z. B. Ne-, Hg- und N_2-Röhren und andere Spektrallampen. Glasprismen auf Prismentisch. Verschiedene Farbfilter (Farbfolien). Neodymglas. Glühlampe. Handspektroskop.

Beobachtung verschiedener Typen von Emissionsspektren

Die Spektren sind für die lichtaussendenden Atome, Moleküle und Festkörper charakteristisch und geben Aufschluß über ihren inneren Aufbau.

Spektren mit wenigen starken Linien – He (Helium), Hg (Quecksilber): Die Entladung zeigt eine weißliche Mischfarbe. Die spektrale Zerlegung zeigt, daß das von diesen Atomen ausgesandte Licht im wesentlichen aus wenigen, nahezu *monochromatischen Spektrallinien* besteht.

Herstellung von monochromatischem Licht: Die Herstellung von *monochromatischem Licht* erfolgt durch Isolation einer Spektrallinie mit einem Filter. Hg-Spektrum beobachten und ein Grünfilter in den Strahlengang einschalten (z. B. vor das Auge halten).

Gasentladungsspektrum mit vielen Linien – Ne (Neon): Atome mit vielen Elektronen zeigen Spektren mit vielen Linien, die sehr viel komplizierteren Gesetzen gehorchen als die Spektren von H oder He.

Molekülspektren mit Emissionsbanden – N_2 (Stickstoff): Die Spektrallinien liegen hier z. T. so dicht, daß sie mit dem Gitter nicht mehr aufgelöst werden können und daher als *Banden* im Spektrum erscheinen. Häufig sind diese Banden einseitig scharf begrenzt (Bandenköpfe). Die verschiedenen Linien- und Banden-Serien überlagern und überlappen sich. Der Linienreichtum der *Molekülspektren* rührt daher, daß außer den Elektronenübergängen in den Atomhüllen auch Änderungen der Energiezustände durch Wechsel der Rotations- und Schwingungszustände der Atome im Molekül auftreten.

Kontinuierliches Spektrum eines glühenden Körpers: Bei einer Glühlampe beobachtet man keine Linien oder Banden, sondern ein kontinuierliches Spektrum.

Spektrum des Lichtes einer Leuchtstofflampe: Man betrachte durch ein Handspektroskop das Licht einer Leuchtstofflampe (Deckenleuchte) und vergleiche es mit dem Licht einer Hg-Lampe. Wie ist das Spektrum der Leuchtstofflampe zu deuten?

Absorptionslinien im kontinuierlichen Spektrum: Mit dem Handspektroskop wird das Spektrum des von der Sonne herkommenden Himmelslichts beobachtet.

> **Achtung, nicht direkt in die Sonne blicken. Starke Blendungsgefahr!**

Man sieht im hellen kontinuierlichen Spektrum einige scharfe dunkle Linien, die *Fraunhofer-Linien*. Wie ist diese Erscheinung zu deuten?

Die Einzelbeobachtungen sollen stichwortartig notiert und diskutiert werden.

Vergleich der von Gitter und Prisma erzeugten Spektren

Durch das Gitter werden die verschiedenen Linienspektren einer He-Röhre beobachtet. Wie oft ist links und rechts von der 0. Ordnung z. B. die gelbe Linie zu beobachten? (Spektren ± 1. und höherer Beugungsordnung).

Gitterspektrum (Glühlampe): Mit dem Gitter wird das kontinuierliche Spektrum einer Glühlampe beobachtet. Man notiere die Farbenfolge im Spektrum der 1. Ordnung, von kleinen zu größeren Beugungswinkeln fortschreitend. Wie oft sind hier die Spektren zu sehen?

Prismenspektrum (Glühlampe): Mit dem Glasprisma wird das Spektrum einer Glühlampe beobachtet. Man beachte die Strahlablenkung um etwa 45° infolge der Brechung. Während man das Spektrum beobachtet, drehe man das Prisma auf dem Tisch um die vertikale Achse; es verschiebt sich dann das Spektrum, wobei der Ablenkwinkel ein *Minimum* durchläuft. Am günstigsten erfolgen die weiteren Beobachtungen im Bereich minimaler Ablenkung, siehe *Themenkreis 37*: Dispersion und Prismenspektrometer. Wieviele Spektren sind durch das Prisma zu sehen? Man notiere die Reihenfolge der Spektralfarben, wieder von kleinen zu großen Ablenkwinkeln fortschreitend. Hinweis: Man bewege das Auge in Richtung wachsender Ablenkwinkel, so daß durch die Prismenkante die Spektralbereiche nacheinander abgedeckt werden.

✏️ Man vergleiche das Gitterspektrum (1. Ordnung) und das Prismenspektrum. Ist die Reihenfolge der Farben die gleiche wie beim Gitter? Welches Spektrum ist länger? Welches Spektrum ist heller? Man überlege die Deutungen für diese Erscheinungen.

Prismenspektrum (He): Durch das Prisma wird das Linienspektrum der He-Röhre beobachtet. Im abgedunkelten Raum sieht man deutlich verschieden farbige Bilder der ganzen Spektralröhre. Warum?

Spektrale Verteilung der Durchlässigkeit verschiedener Filter
Am besten beobachtet man mittels Gitter und Glühlampe. Der Beobachter hält das jeweilige Filter vor das Auge. Es kann aber auch ein Partner das Filter so vor den Schlitz des Glühlampengehäuses halten, daß der Beobachter gleichzeitig das gefilterte und das ungefilterte Spektrum übereinander sieht. Es können z. B. Blau-, Rot-, Grünfilter benutzt werden. Welche Spektralbereiche werden außerdem noch durchgelassen?

Neodymglas besitzt eine schwach violette Färbung. Es zeigen sich relativ scharfe Absorptionslinien, die auf der linienhaften Absorption der in das Glas eingelagerten Nd^{3+}-Ionen beruhen. Diese Eigenschaft ist übrigens für die Anwendung dieses Materials für *Laser* von entscheidender Bedeutung.

Doppelprismen
Man stelle zwei Prismen so hintereinander auf, daß ein Spektrum doppelter Länge, d.h. mit doppeltem Auflösungsvermögen beobachtet wird. Man skizziere den Strahlengang. Hinweis: Die Ablenkung ist etwa 2 mal $45° = 90°$.

44.4 „Take Home' - Spektroskopie (1/3)

Mit dem einfachen Beugungsgitter im Lesezeichen können mit frei zugänglichen Lichtquellen eindrucksvolle Versuche zu Hause bzw. auf der Straße durchgeführt werden. Hier wird eine Reihe von Anregungen gegeben, von denen einige aufgegriffen werden sollen; viele weitere Versuche können ausgedacht und durchgeführt werden. Die zugrunde liegenden physikalischen Effekte sollen diskutiert werden.

Replikagitter im Lesezeichen mit 905,5 Linien pro mm (Achtung: Nicht auf das Gitter fassen, da sich sonst die Gitterfurchen zusetzen können). Diverse Lichtquellen, die zur Beleuchtung oder als Anzeigeelemente dienen.

Subjektiv-visuelle Beobachtung kontinuierlicher Spektren
Grundversuch: Man blicke auf eine sehr kleine oder auch auf eine linienförmig ausgedehnte helle Lichtquelle und halte das Beugungsgitter dicht vor das Auge (Brillenträger vor die Brille). Man sieht dann neben dem direkten Bild der Lichtquelle links und rechts je ein Beugungsspektrum 1. Ordnung; diese werden direkt im Auge auf der Netzhaut erzeugt. Damit steht ein einfaches **Spektroskop** zur Verfügung!

Als fast punktförmige Glühlichtquelle eignet sich sehr gut eine kleine Taschenlampenglühlampe, möglichst ohne eine in den Glaskolben eingeschmolzene Linse. Der Taschenlampenkopf mit dem Reflektor wird entfernt, so daß man die Glühwendel direkt sieht; ggf. eine Linsenglühlampe von der Seite betrachten.

Im teilweise abgedunkelten Zimmer wird die Glühlampe aus 0,5 bis 1 m Entfernung durch das Beugungsgitter betrachtet. Der Beobachter sieht links und rechts neben dem weißen, punktförmigen Lampenbild je ein helles, schmales, streifenförmiges kontinuierliches Spektrum mit allen Spektralfarben und noch weiter außen die deutlich lichtschwächeren Beugungsspektren der 2. Ordnung.

Dreht man das Gitter vor dem Auge, so dreht sich das Spektrum mit. Die Beugung erfolgt also immer in die Richtung senkrecht zu den Gitterstrichen, die im Lesezeichen übrigens parallel zur kürzeren Seite des Fensters liegen.

Man kann auch auf die Glühwendel einer Klarglas-Glühlampe (15 bis 40 W, 220 V) durch das Gitter blickend sehen. Wenn man die Gitterstriche etwa parallel zu den Glühfäden hält, beobachtet man ein sehr helles, breites farbenreines Spektrum; evtl. markieren sich die Haltedrähte der Glühwendel als Schattenlinien im Spektrum.

Wenn man mattierte Glühlampen aus der Nähe ($\approx 0{,}5$ m) betrachtet oder eine größere Lampe mit einer diffus streuenden Lampenglocke aus 1 bis 2 m Entfernung, so beobachtet man durch das Gitter wieder ein breites kontinuierliches Spektrum, das aber nicht mehr ganz spektralreine Farben zeigt. Die einzelnen Teilbereiche der ausgedehnten Lichtquelle liefern nämlich jeweils etwas verschobene Spektren, die sich überlappen und überlagern; dadurch entstehen Mischungen benachbarter Farben.

Eine Kerzenflamme liefert ebenfalls ein kontinuierliches Glühlichtspektrum. Das Licht wird vor allem durch glühende Kohleteilchen (Ruß) ausgesandt, nicht dagegen von den heißen Gasen, diese würden nämlich Linienspektren liefern.

Die Gelbfärbung der Kerzenflamme beruht auf der relativ geringen Temperatur in der Flamme von etwa 1800 K. Zum Vergleich: Wolfram-Glühlampe 2300 K, Sonne 6000 K mit Emissionsmaximum im Grünen - deshalb hat das menschliche Auge dort seine größte spektrale Empfindlichkeit. Der Blauanteil im Spektrum des Kerzenlichtes ist deutlich geringer als im Glühlampenlicht.

Wiensches Verschiebungsgesetz: $T\lambda_{\max} = \text{const.}$

Projektion des Sonnenspektrums: Mit einer Lupe wird ein Bild der Sonne auf weißes Papier entworfen, wobei die an der Linse vorbeilaufende Strahlung abgedeckt wird. (Linsenachse in Richtung Sonne und den Schirm senkrecht dazu freihand einstellen.) Setzt man nun das Beugungsgitter direkt vor oder hinter die Linse, so erscheinen im Schattenbereich auf dem Schirm die beiden Beugungsspektren ± 1. Ordnung. Die Entstehung der Spektren erfolgt hier ganz ähnlich wie innerhalb des Auges, s. Bild 44.5.

> ⚠ **Achtung, nicht direkt in die Sonne blicken. Starke Blendungsgefahr!**

Spektroskopie an Leuchtstoff- und Straßenleuchten
Leuchtstoffröhren enthalten geringe Mengen Quecksilberdampf, der bei elektrischem Stromdurchgang zum Leuchten angeregt wird. Von den Hg-Gasatomen wird Licht nur mit bestimmten Farben, d. h. bestimmten Wellenlängen im Gelben, Grünen und Blauen abgestrahlt; einige starke Hg-Spektrallinien liegen auch im Violetten und vor allem im Ultravioletten, vgl. *Themenkreis 46*: Elektronen als Teilchen und als Welle.

Die Leuchtstoffröhren tragen auf der Innenwand eine Schicht aus fluoreszierendem Material. Dieses absorbiert das violette und ultraviolette Licht und sendet sichtbares Licht aus. Wenn man nachts durch das Gitter aus 20 bis 100 m Entfernung auf die Leuchtstoffröhren einer isoliert stehenden Straßenlaterne blickt, wobei die Gitterstriche parallel zur Lichtquelle gehalten werden, so sieht man das kontinuierliche Fluoreszenzspektrum des Leuchtstoffes überlagert durch die grüne und blaue Spektrallinie des Quecksilbers. Die gelbe Hg-Linie ist schwächer und auf dem Untergrund meist nur schwer zu erkennen.

Es gibt auch Straßenleuchten mit einer birnenförmigen Hg-Lampe von der Größe einer normalen Glühlampe und einer fluoreszierenden Schicht auf dem Kolben. Die Spektren sind ähnlich wie bei den Leuchtstoffröhren.

Andere moderne birnenförmige Straßenlampen enthalten eine Hochdruck-Entladungslampe, die außer Quecksilber- noch andere Metalldämpfe enthält; der Glaskolben ist mattiert und trägt keine Fluoreszenzschicht. Bei Betrachtung einer solchen Quecksilber-Metalldampfleuchte durch das Gitter aus einiger Entfernung (20 bis 100 m) sieht man außer der blauen, grünen und gelben Hg-Spektrallinie eine starke rote und eine schwache orange Linie.

Bei der Beobachtung sollte man die Gitterstriche wieder möglichst parallel zur größeren Längsdehnung der Quelle halten, die auch durch den Leuchtenschirm bestimmt sein kann.

Die auffallend gelben Straßenleuchten sind Natrium-Dampflampen. Die Natrium-Atome senden sehr intensiv die beiden gelben Spektrallinien (Natrium-D-Linien bei 589 nm) aus, die spektral eng beieinanderliegen und mit dem Gitter nicht getrennt werden können. Im Spektrum sieht man daher ein gelbes scharfes Bild der Lampe.

Es gibt ferner gelbe Straßenleuchten, die außer Natrium noch andere Metalldämpfe enthalten und daher weitere Spektrallinien aussenden. In solchen Lampen kann man eine deutliche Selbstumkehr der gelben Na-Linie finden: An der Stelle der gelben Emissionslinie befindet sich eine dunkle Absorptionslinie. Die Ursache ist die gleiche wie die der Fraunhofer-Linien im Sonnenspektrum.

⏱ Xenon-Hochdrucklampen, die häufig zur Denkmalbeleuchtung benutzt werden, liefern ein bläulich-weißes Licht und zeigen mit dem Gitter ein scheinbar kontinuierliches Spektrum mit einer etwas stärkeren grünen Linie. Es handelt sich jedoch um sehr viele, dicht benachbarte Einzellinien.

⏱ Fahrrad-, Auto- und Verkehrsleuchten

Normale Glühlampen, auch Halogenlampen oder Leuchtdioden (LED) werden für Beleuchtungen verwendet.

⏱ Die Bremsleuchten liefern ein durch ein Rotglas oder roten Kunststoff gefiltertes Glühlicht oder es handelt sich um LED's. Bei beiden beleuchtungsarten handelt es sich, im Gegensatz zu den von Gasen ausgesandten Spektrallinien, um relativ breite Spektralbereiche im Roten, die bis ins Gelbe oder sogar ins Blaue hineinreichen.

⏱ Man betrachte die Lichter einer Verkehrsampel aus etwa 10 bis 50 m Entfernung. Worin unterscheiden sich die Spektren der älteren Verkehrsampeln mit *Glühlampen* hinter einer farbigen Glasabdeckung von den neueren mit grünen, gelben und roten *Leuchtdioden*?

⏱ Die meisten Reklame-Beleuchtungen mit bunten Leuchtröhren bestehen aus Hg-Leuchtstofflampen mit kontinuierlichen Fluoreszenz-Spektren. Das Maximum der Abstrahlung und damit der Farbeindruck hängt vom Leuchtstoff ab. Nur die roten Leuchtschriftröhren enthalten Neon. Die historische Bezeichnung Neon-Leuchten gilt also nur eingeschränkt. Blickt man übrigens durch das Gitter auf eine grüne Hg-Lampen-Leuchtschrift, so erkennt man den Schriftzug auch im grünen Teil des Spektrums; was ist die Ursache?

⏱ Flammenfärbung

Verschiedene chemische Elemente, die in die Flamme eines Bunsenbrenners gebracht werden, färben diese charakteristisch. Dies wird in der Chemie zu einem einfachen Elementnachweis ausgenutzt. An einer Gaskochstelle kann man leicht eine Flammenfärbung durch Natrium erreichen. Auf einem Draht mit einer kleinen Schlinge (1 bis 2 mm Durchmesser) wird eine mit einem Tropfen Wasser hergestellte Kochsalzperle (NaCl) in die Flamme gebracht, die sich alsbald intensiv gelb färbt. Durch das Replikagitter sieht man im Spektrum ein scharfes Bild der gelben Flamme; das Spektrum der Natrium-D-Linien.

⏱ Bengalische Feuerwerk-Stäbchen enthalten Erdalkalimetalle Strontium (mit mehreren Spektrallinien im Roten und Gelben) und Barium (mit Spektrallinien vor allem im Grünen). Wenn man das Licht einer solchen Fackel aus 10 bis 30 m Entfernung durch das Gitter beobachtet, so sieht man wenigstens andeutungsweise die entsprechenden Linienspektren.

Wegen der Rauchentwicklung empfiehlt es sich, den Versuch bei Dunkelheit im Freien durchzuführen.

Es ist auch recht eindrucksvoll, Spektren bei einem Feuerwerk zu betrachten. Die Flammenfärbung wird auch hier durch entsprechende Zusätze von Metallsalzen erreicht.

Glimmlampen und Leuchtdioden

Zur Anzeige der Netzspannung wurden früher kleine Glimmlampen verwendet. Diese sind mit dem Edelgas Neon gefüllte Gasentladungslampen. Betrachtet man im dunklen Raum das Licht einer schmalen, relativ hellen Glimmlampe durch das Gitter, so läßt sich das Neon-Spektrum erkennen. Die Gitterstriche wieder parallel zur Längsausrichtung der Quelle halten bei einer Entfernung von nur 0,3 bis 1 m. Das Neon-Spektrum enthält sehr viele Linien, vor allem im Roten und Gelben, die allerdings in der einfachen Anordnung mit dem Replikagitter nicht voll aufgelöst werden.

Leuchtdioden sind Halbleiter-Bauelemente, die in einem schmalen Spektralbereich ein kontinuierliches Spektrum aussenden.

Je nach Farbe erscheint im Spektrum z. B. eine grüne oder rote Emissionsbande, die deutlich breiter ist als die einer Spektrallinie leuchtender Gasatome.

Die Einzelbeobachtungen sollen individuell dargestellt und physikalisch interpretiert werden.

45. Röntgenstrahlung

🏁 Eigenschaften von Röntgenstrahlung, Verständnis für die Prozesse, die zu ihrer Emission und Absorption führen.

📚 *Standardlehrbücher* (Stichworte: Röntgenstrahlung, charakteristische Strahlung, Bremskontinuum, Bragg-Reflexion, Absorptionskoeffizient),
Haken/Wolf: Atom- und Quantenphysik,
Röntgenverordnung,
Themenkreis 44: Spektren und Aufbau der Atome.

📖 Röntgenquellen

Röntgenstrahlung ist ein Teil des *elektromagnetischen Spektrums*. Die Wellenlängen liegen zwischen den Bereichen der UV- und der γ-Strahlung und erstrecken sich damit von einigen Nanometern bis in die Größenordnung von Pikometern. Für die dazugehörigen Photonenenergien $E = hf = h\frac{c}{\lambda}$ erhält man dementsprechend Werte im keV-Bereich.

Röntgenstrahlung entsteht entweder beim Übergang angeregter Atome in tiefere Energiezustände (*charakteristische Strahlung*) oder bei hinreichend starker Beschleunigung bzw. Abbremsung elektrisch geladener Teilchen (*Bremsstrahlung*). Natürliche Röntgenstrahlquellen gibt es praktisch nur im Weltraum: die sog. *Röntgensterne*, deren kurzwellige Strahlung jedoch durch die Erdatmosphäre vollständig absorbiert wird und sich daher nur von Satelliten aus untersuchen läßt. Zur irdischen Erzeugung von Röntgenstrahlung verwendet man in der Regel eine evakuierte **Röntgenröhre**, Bild 45.1.

Die aus der beheizten Kathode durch Glühemission austretenden Elektronen werden im elektrischen Feld beschleunigt und treffen mit der kinetischen Energie $E_{\text{kin}} = \frac{1}{2}mv^2 = eU_A$ auf die meist angeschrägte Anode. Bei der Wechselwirkung dieser Elektronen mit dem Anodenmaterial wird nun ein Teil ihrer Energie in Röntgenstrahlung umgewandelt, die sich wegen der Anschrägung der Anode in einer seitlichen Vorzugsrichtung beobachten läßt. Der Wirkungsgrad ist dabei jedoch sehr gering: Mehr als 99% der durch den Elektronenstrom übertragenen Leistung wird in der Anode in Form von Wärme frei und muß durch Kühlung abgeführt werden.

Die Röntgenstrahlung (im angelsächsischen Sprachgebrauch: **X-rays**) wurde 1895 von W. C. Röntgen bei Untersuchungen an Gasentladungs-

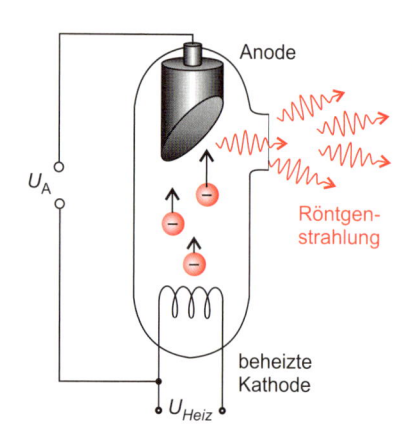

Bild 45.1. Röntgenröhre, schematisch

röhren entdeckt. Die Bedeutung dieser Entdeckung sowohl für den Erkenntnisfortschritt in der Atomphysik als auch für die Anwendung wurde bereits früh erkannt. Von den heute vielfältigen Anwendungsgebieten seien die Medizin (Diagnostik und Therapie), die Werkstoffanalyse und die naturwissenschaftliche Forschung erwähnt.

Röntgenspektren

Untersucht man den spektralen Verlauf einer mit einer Röntgenröhre erzeugten Röntgenstrahlung sowie den Einfluß von Anodenspannung U_A und Anodenmaterial, so findet man die in Bild 45.2 dargestellten Zusammenhänge. Das Bild zeigt deutlich zwei unterschiedliche Anteile des Spektrums:

- Spektrallinien, deren Wellenlängen für das Anodenmaterial charakteristisch sind, *charakteristische Strahlung*,
- einen kontinuierlichen Untergrund, *Bremskontinuum*, der durch eine kurzwellige Grenze λ_{gr} gekennzeichnet ist; diese ist unabhängig vom Anodenmaterial, sie wird nur durch die Anodenspannung bestimmt.

Das **Bremskontinuum** entsteht durch die Abbremsung der in die Anode eintretenden Elektronen im Coulombfeld zwischen Kern und Hülle der Anodenatome. Als radial beschleunigtes geladenes Teilchen strahlt das Elektron elektromagnetische Energie ab, die dadurch seiner kinetischen Energie verloren geht. Bei jedem solchen Abbremsvorgang wird ein Wellenzug der Frequenz f (Beschreibung im Wellenbild) bzw. ein Photon der Energie hf (Beschreibung im Teilchenbild) emittiert, Bild 45.3. Durch die Vielzahl der Elektronen kommen alle Frequenzen bzw. Wellenlängen vor (Kontinuum) bis zu einer kurzwelligen Grenze λ_{gr}, bei der ein Elektron seine gesamte kinetische Energie $E_1 = eU_A$ in einem einzigen Elementarakt in Strahlungsenergie umsetzt, so daß gilt:

Gesetz von Duane und Hunt $\quad eU_A = hf_{gr} = h\dfrac{c}{\lambda_{gr}}$.

Die experimentelle Bestimmung dieser Grenzwellenlänge gibt die Möglichkeit, über das **Duane-Hunt-Gesetz** die *Plancksche Konstante h* zu ermitteln.

Die **charakteristische Röntgenstrahlung** entsteht, wenn ein Elektron nach seinem Eindringen in die Anode ein fest gebundenes Elektron von seinem Anodenatom trennt, also eine *Ionisation* erzeugt. Der so entstandene freie Platz auf dem meist tief liegenden Energieniveau (im Beispiel des nebenstehenden Bildes 45.4: K-Niveau $\hat{=}$ Hauptquantenzahl $n = 1$) wird sehr rasch durch einen Elektronenübergang aus einem höheren Energieniveau aufgefüllt. Dabei ist die Übergangswahrscheinlichkeit aus dem nächst benachbarten Niveau am größten. Die bei einem solchen Übergang freiwerdende Energie wird in der Regel als elektromagnetische Strahlung emittiert, im genannten Beispiel als Röntgen-K_α-Strahlung. Wegen der starken Abhängigkeit der Lage der Energieniveaus von der Ordnungszahl

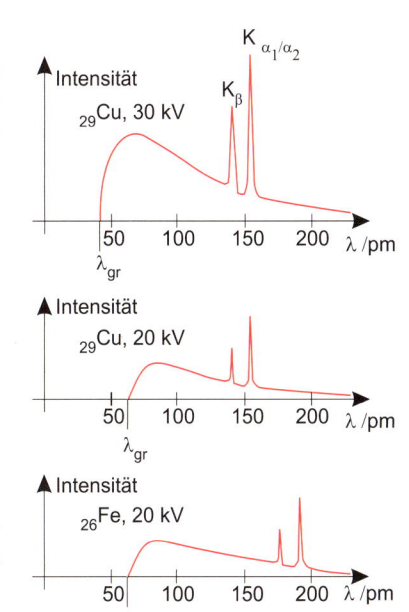

Bild 45.2. Röntgenspektren, Beispiele

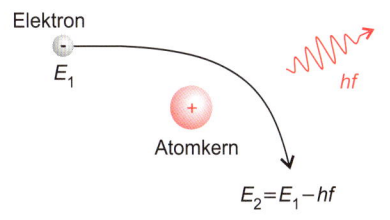

Bild 45.3. Zur Entstehung der Bremsstrahlung

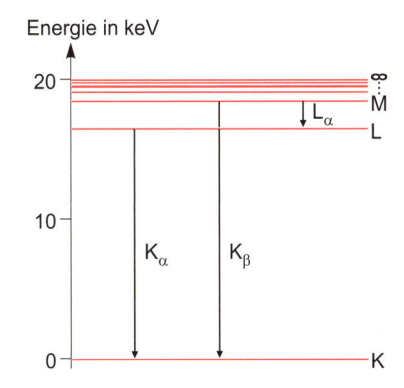

Bild 45.4. Vereinfachtes Energietermschema für ein Molybdänatom. Einige mögliche Übergänge sind eingezeichnet. Die Bezeichnung ∞ markiert die Ionisierungsgrenze

sind die entsprechenden Wellenlängen (λ_{K_α}, λ_{K_β}, ...) anodenmaterialspezifisch und können daher auch zu Analysezwecken verwendet werden (*Röntgenfluoreszenzanalyse*). Eine genaue Betrachtung zeigt, daß die Energieniveaus in Unterniveaus aufgespalten sind, was zu geringfügig unterschiedlichen Übergangsenergien (K_{α_1}, K_{α_2} usw.) führt.

Im Gefolge einer K-Strahlung treten immer auch Röntgen-Linien der L-, M- usw. Serie auf, die von dem kaskadenartigen Wiederauffüllen der entsprechenden Energieniveaus herrühren. Deren Wellenlängen (λ_{L_α} usw.) sind jedoch in der Regel so groß, daß sie im Glas der Röntgenröhre absorbiert werden und zum Experimentieren daher nicht zur Verfügung stehen.

Moseley-Gesetz

Die Quantenenergie bzw. die Wellenlänge der K_α-Strahlung läßt sich mit nur geringen Kenntnissen aus der Atomphysik in guter Näherung berechnen. Der Weg dazu soll hier kurz skizziert werden, siehe auch *Themenkreis 44*: Spektren und Aufbau der Atome. Atome bzw. Ionen mit nur einem Elektron in der Hülle nennt man **wasserstoffähnlich**. Für deren Energieniveaus erhält man durch Verknüpfung der *Coulomb-Wechselwirkung* zwischen Elektron und Atomkern mit der *Bohrschen Quantisierungsbedingung* diskrete erlaubte Werte, die von der Hauptquantenzahl n abhängen:

Energieniveaus beim wasserstoffähnlichen Atom mit der Kernladungszahl Z

$$E_n = -hR_y \frac{Z^2}{n^2}$$

mit dem Planckschen Wirkungsquantum h und der Rydbergfrequenz R_y. Für Übergänge zwischen zwei solchen Energieniveaus E_n und E_m gilt dann

$$E_m - E_n = hR_y Z^2 \left(\frac{1}{n^2} - \frac{1}{m^2} \right) .$$

Dieses Ergebnis für wasserstoffähnliche Atome läßt sich modifiziert auch für Atome mit mehreren Elektronen anwenden. Für Elektronen auf äußeren Bahnen erscheint die positive Kernladung durch die Elektronen auf kernnäheren Bahnen teilweise abgeschirmt. Die Kernladungszahl Z wird daher nur mit einem um eine *Abschirmkonstante* σ_n verringerten Betrag wirksam, so daß man erhält:

Energieniveaus von Mehrelektronen-Atomen

$$E_n = -hR_y \frac{(Z - \sigma_n)^2}{n^2} .$$

Die Abschirmkonstante σ_n hängt in starkem Maße von der Hauptquantenzahl n des betrachteten Niveaus ab.

Für den Übergang aus einem L- in das K-Niveau (K_α-Strahlung) gilt $\sigma \approx 1$, weil die Kernladung nur durch das eine auf dem K-Niveau verbliebene Elektron abgeschirmt wird. Hiermit erhält man:

$$\Delta E_{21} = E_2 - E_1 \approx hR_y(Z-1)^2 \left(\frac{1}{1^2} - \frac{1}{2^2}\right) \quad .$$

Diese Beziehung nennt man das

> **Moseley-Gesetz** $\quad \Delta E_{21} = \frac{3}{4}hR_y(Z-1)^2 = hf_{K_\alpha} \quad .$

Dieser auf H. Moseley (1913) zurückführbare Zusammenhang zwischen Frequenz bzw. Quantenenergie der K_α-Strahlung einerseits und der Ordnungszahl des emittierenden Elements andererseits kann zur näherungsweisen Bestimmung von Frequenz bzw. Wellenlänge der K_α-Strahlung des Anodenmaterials dienen. Er hat in der Entwicklung der Atommodelle eine wichtige Rolle gespielt.

Schwächung der Röntgenstrahlung

Für die Schwächung von monochromatischer Röntgenstrahlung in Materie gilt – wie für alle Bereiche elektromagnetischer Strahlung – ein exponentielles Schwächungsgesetz, das auch als

> **Lambertsches Absorptionsgesetz** $\quad P(x) = P_0 e^{-\mu x}$

bezeichnet wird. Hierin sind P_0 bzw. $P(x)$ die Strahlungsleistungen vor bzw. nach Durchstrahlung von Materie der Dicke x, μ ist der Schwächungskoeffizient, Bild 45.5. Die zur Schwächung führenden Elementarprozesse sind zum einen die **Streuung**, d. h. die Änderung der ursprünglichen Ausbreitungsrichtung der Strahlung (hier: *Rayleigh-Streuung* und *Compton-Streuung*), zum anderen die **Absorption**, d. h. die vollständige Umwandlung der Strahlungsenergie in andere Energieformen. Die Größe μ setzt sich daher additiv aus Streu- und Absorptionskoeffizient zusammen:

$$\mu = \mu_{\text{Str}} + \mu_{\text{Abs}} \quad .$$

Beide hängen in unterschiedlicher Weise vom Absorbermaterial und der Röntgenwellenlänge ab. Bei den unten besprochenen Experimenten überwiegt die Absorption, die hier deshalb ausschließlich betrachtet werden soll.

Für den spektralen Verlauf des *Absorptionskoeffizienten* findet man generell eine starke Zunahme mit zunehmender Wellenlänge, d. h. abnehmender Quantenenergie der Strahlung:

$$\mu_{\text{Abs}} \sim \lambda^3 \quad .$$

Dazwischen gibt es aber bei diskreten Wellenlängen eine sprunghafte Änderung der Absorption, Bild 45.6, die man als *Absorptionskante* bezeich-

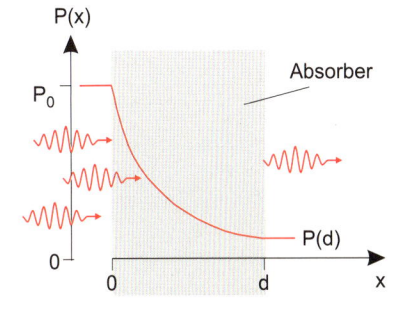

Bild 45.5. Schwächung elektromagnetischer Strahlungsleistung in Materie

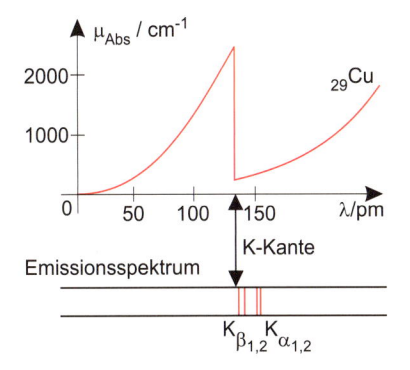

Bild 45.6. Wellenlängenabhängigkeit der Röntgenstrahlabsorption in Kupfer; unten zum Vergleich: die Lage der Emissionslinien $K_{\alpha 1}$, $K_{\alpha 2}$, $K_{\beta 1}$ und $K_{\beta 2}$

net. Ein solcher Sprung tritt stets auf, wenn die Quantenenergie hf der Strahlung gerade ausreicht, um ein Elektron im Absorberatom aus einem besetzten Energieniveau, z. B. dem K-Niveau, von dem Atom zu trennen: **Fotoionisation** bzw. **innerer Fotoeffekt**. Die entsprechende Strahlung ist daher stets etwas kurzwelliger als die der zugehörigen Emissionslinien, hier der K_α- und K_β-Linien. Die Absorptionskanten sind wie die charakteristischen Emissionslinien anodenmaterialspezifisch und können ebenfalls zur Stoffanalyse herangezogen werden.

Bragg-Reflexion

Zur Messung der Wellenlänge von Röntgenstrahlung eignen sich die in der Lichtoptik verwendeten Strichgitter wegen der viel zu großen Gitterkonstanten nicht. Stattdessen benutzt man einkristalline Stoffe wie z. B. NaCl, LiF o. ä., deren Atome bzw. Moleküle ein sog. **Raumgitter** mit hinreichend kleiner Gitterkonstante darstellen. Dabei macht man sich die Beobachtung zunutze, daß beim Auftreffen von monochromatischer Röntgenstrahlung auf die Kristalloberfläche – völlig anders als bei sichtbarem Licht – eine Reflexion nur bei einzelnen (diskreten), von der Wellenlänge abhängigen Einfallswinkeln auftritt. Die Deutung dieser Erscheinung als *Interferenzeffekt* gelang als ersten Vater und Sohn Bragg (1914) mit einem einfachen Modell, Bild 45.7. In diesem Bild sind die einzelnen Atomlagen des Kristalls zu sog. **Netzebenen** zusammengefaßt. Man betrachtet nun die potentiellen Reflexionen an diesem Vielschichtsystem. Ein reflektiertes Röntgenbündel tritt nur für diejenigen Einfallswinkel auf, bei denen die an den verschiedenen Netzebenen reflektierten Teilbündel konstruktiv interferieren. Ein solcher Fall ist im Bild 45.7 für ein ebenes Röntgenbündel skizziert. Konstruktive Interferenz bedeutet, daß die Strecke ($\overline{EF}+\overline{FG}$) ein ganzzahliges Vielfaches der Wellenlänge sein muß (A - D und C - H sind ebene Wellenfronten). Daraus folgt die

Bragg-Bedingung $\quad z\lambda = 2d\sin\vartheta_z \quad (z = 1, 2, \ldots)$.

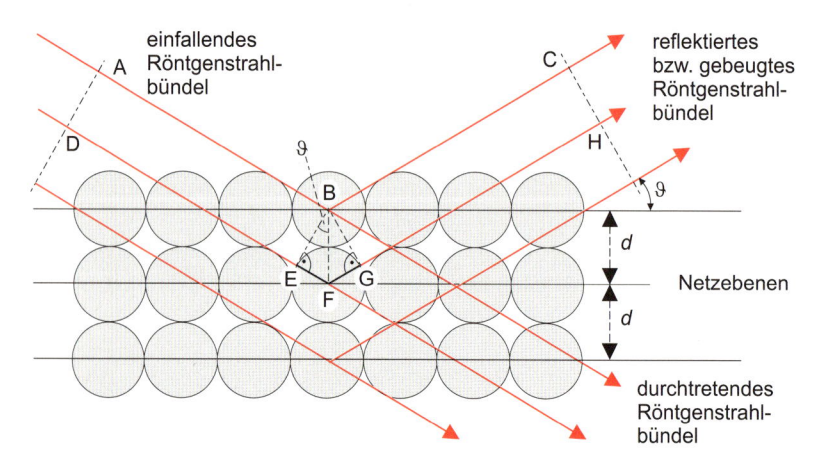

Bild 45.7. Modellvorstellung zur Bragg-Reflexion von Röntgenstrahlung an den Netzebenen eines Kristalls

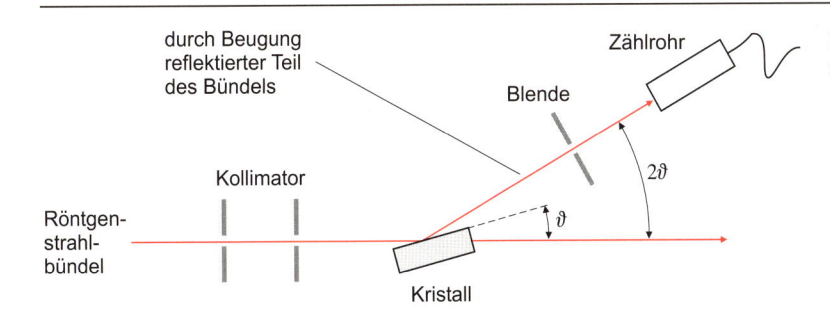

Bild 45.8. Anordnung zur Aufnahme eines Röntgenspektrums, schematisch

Man nennt die zugehörigen Reflexionen *Beugungsreflexe* erster ($z = 1$) bzw. zweiter ($z = 2$) usw. Ordnung. Für alle anderen Winkel, für die diese Gleichung nicht erfüllt ist, ergibt sich bei monochromatischer Strahlung infolge der Beteiligung sehr vieler Netzebenen Auslöschung durch Vielstrahlinterferenz (wie bei einem Strichgitter in der Optik). Die Bragg-Bedingung beschreibt im übrigen auch die Beugung von sichtbarem Licht an dicken Gittern, z. B. stehenden Ultraschallwellenfeldern in Flüssigkeiten.

Die Bragg-Bedingung kann nun benutzt werden, um das *polychromatische Spektrum* einer Röntgenquelle aufzunehmen. Dabei muß lediglich sichergestellt sein, daß man für den untersuchten Wellenlängenbereich innerhalb ein und derselben Beugungsordnung bleibt, sinnvollerweise in der 1. Beugungsordnung. Man bedient sich eines Aufbaus nach Bild 45.8. Durch ein Blendensystem (*Kollimator*) wird ein Röntgen-Parallelstrahlenbündel erzeugt. Ist die Schar von Netzebenen des Analysatorkristalls im Winkel ϑ zur Strahlrichtung eingestellt, so kann man unter dem Winkel 2ϑ diejenige Strahlung registrieren, deren Wellenlänge der Bragg-Bedingung genügt. Verändert man nun den Winkel ϑ, beginnend von kleinen Werten, erhält man nacheinander eine Reflexion der verschiedenen Wellenlängen des „weißen" Röntgenspektrums. Für die Umrechnung der Winkel in eine Wellenlängenskala mit Hilfe der Bragg-Bedingung benötigt man noch den Wert für den wirksamen Netzebenenabstand, Tabelle 45.1. *Hinweis*: Dieser Abstand d darf bei diesen Kristallen nicht verwechselt werden mit der Gitterkonstanten, d. h. dem Abstand zweier gleichartiger Atome im Kristall, also z. B. zwischen zwei benachbarten Li-Atomen. Diese Gitterkonstante ist in unseren Beispielen gerade $2d$.

Tabelle 45.1. Netzebenenabstand d verschiedener Kristalle

Kristall	d
NaCl	281,97 pm
LiF	201,38 pm

Röntgengeräte

Als bauartzugelassene Röntgengeräte für Physikpraktika kommen im wesentlichen zwei Typen vor, die sich im Anodenmaterial und in der Art der Spannungsversorgung unterscheiden, Tabelle 45.2.

Bei beiden Gerätetypen ist der Anodenstrom auf in der Regel max. 1 mA begrenzt. Bei dem Wechselstromgerät mit Molybdänanode steht dem Vorteil der höheren Quantenenergien der Nachteil des *Halbwellenbetriebs* gegenüber: Röntgenstrahlung wird stets nur in einer Halbperiode emittiert,

Tabelle 45.2. Anodenmaterial und Spannungsversorgung von Röntgengeräten für die Ausbildung

Anodenmaterial	max. Hochspannung
Kupfer	Gleichspannung: 20 bis 30 kV
Molybdän	Wechselspannung: 30 kV$_{eff}$ ≙ 42 kV$_p$

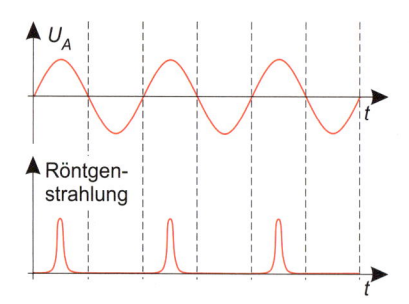

Bild 45.9. Röntgenstrahlung beim Halbwellenbetrieb

und da bevorzugt nahe der Scheitelspannung, Bild 45.9. Das hat Konsequenzen für die maximal erlaubte Zählrate, denn für den Nachweis der Röntgenstrahlung wird in Praktika aus Gründen der Handlichkeit meistens ein *Geiger-Müller-Zählrohr* benutzt, obwohl es wegen seiner nur gering absorbierenden Gasfüllung nicht sehr empfindlich für Röntgenstrahlung ist. Nun muß dessen Totzeit beachtet werden (ca. 10^{-4} s), die die Zählraten auf einige tausend Impulse pro Sekunde begrenzt, wenn man keine Korrekturen anbringen will. Beim Halbwellenbetrieb ist wegen der ungleichmäßigen Pulsfolge diese Grenze der zeitlichen Auflösung der Pulse schon bei ca. $400\,\mathrm{s}^{-1}$ erreicht! Für das Experimentieren muß daher der Röntgenstrom so eingestellt werden, daß dieser Wert bei einer Meßreihe nirgends überschritten wird.

Strahlenschutzhinweise

Beim Umgang mit ionisierenden Strahlenquellen (Röntgengeräte, radioaktive Präparate) ist besondere Vorsicht geboten, weil ionisierende Strahlung gesundheitsschädlich sein kann. Bild 45.10 zeigt das Warnschild für ionisierende Strahlung. Die Absorption solcher Strahlung im menschlichen Gewebe kann Schädigungen in den Zellen hervorrufen, dort insbesondere an den DNS-Ketten der Zellkerne. Der menschliche Organismus verfügt zwar über sehr effiziente Zellreparatursysteme (sonst hätte die Menschheit die stets vorhandene natürliche ionisierende Strahlenexposition nicht unbeschadet überstanden), aber jede zusätzliche Dosis soll möglichst gering gehalten werden.

Aus diesem Grunde hat der Gesetzgeber Vorschriften über maximal zulässige Strahlendosen erlassen: die **Strahlenschutzverordnung** für radioaktive Präparate, Teilchenbeschleuniger u. a., sowie die **Röntgenverordnung** für Röntgenstrahlung erzeugende Quellen wie Röntgengeräte und Störstrahler. Die für Praktikumsexperimente hergestellten Röntgengeräte sind daher werksseitig mit Strahlenschutzvorrichtungen versehen, die eine unzulässige Bestrahlung der Benutzer ausschließen. Bitte achten Sie darauf, daß diese Schutzvorrichtungen nicht verändert oder beschädigt werden.

Bild 45.10. Warnschild für ionisierende Strahlung, also auch für eine Röntgenanlage (Farben: schwarz auf gelbem Grund)

> **Vor Beginn der eigentlichen Experimente machen Sie sich bitte zunächst mit dem Gerät und seinen verschiedenen Bauteilen (Gerätebeschreibung bzw. Einweisung durch Betreuer) vertraut.**

45.1 Wellenlängenbestimmung der K-Linien (1/3)

Aus der Messung der *Bragg-Reflexe* in mehreren Beugungsordnungen sollen die Wellenlängen der K_α- und der K_β-Linie der charakteristischen Röntgenstrahlung bestimmt werden.

Röntgengerät, Kristall (z. B. LiF oder NaCl), Zählgerät und Lautsprecher, Voltmeter. Bei Geräten mit Handverstellung von Kristallhalter und Zählrohr gehören zur Justierung auch Nullpunktskontrolle sowie Kontrolle und gegebenenfalls Korrektur der 2ϑ-Kopplung des Zählrohres.

Sofern eine Nullpunktskontrolle notwendig ist (z. B. bei einem Halbwellengerät), wird der Kristallhalter zunächst aus dem Strahlengang entfernt und die Winkelverteilung des durchgehenden Röntgenstrahlbündels mit dem Zählrohr registriert. Hierzu kleine Werte von U_A und I_A wählen, so daß die Totzeit des Zählrohres die Messung nicht verfälscht. Die Zählraten in der Umgebung von $\vartheta = 0$ werden in Schritten von $\Delta\vartheta \approx 0{,}25°$ gemessen.

Werte grafisch auftragen und aus der Lage des Maximums der Kurve den Nullpunkt bestimmen.

Kristall mit Halter wieder einsetzen. Die Kontrolle und gegebenenfalls Korrektur der 2ϑ-Kopplung des Zählrohres erfolgt am besten mit Hilfe der 2. Beugungsordnung der K_α-Linie. Anschließend Nullpunktsanzeige für die Kristallhalterung feststellen.

Durch Beobachten der Zählraten werden die Winkel für die Beugungsreflexe der K_α- und der K_β-Linie in 2 bis 3 Ordnungen bestimmt. Den Röntgenstrom dabei jeweils nicht höher wählen, als es die Totzeit des Zählrohres zuläßt. Hinweis: Wegen der begrenzten Winkelauflösung der Apparatur können die K_{α_1}- und K_{α_2}-Linien nicht getrennt werden.

Die Auswertung soll grafisch erfolgen ($\sin\vartheta_z \sim z$). Nullpunktskorrekturen berücksichtigen. Anzugeben sind Wellenlänge und Quantenenergie für die K_α- und die K_β-Strahlung. Diese experimentell ermittelten Werte sollen mit den Literaturwerten, Tabelle 45.3, für die K_α-Strahlung und mit dem aus dem *Moseley-Gesetz* berechneten Wert verglichen werden.

Bei der Fehlerabschätzung muß auch die Unsicherheit des (korrigierten) Nullpunktes betrachtet werden.

Tabelle 45.3. Linien der charakteristischen Strahlung von Kupfer und Molybdän

		Kupfer	Molybdän
$\lambda_{K\alpha}$	in pm	154	71,0
$hf_{K\alpha}$	in keV	8,0	17,5
$\lambda_{K\beta}$	in pm	139	63,1
$hf_{K\beta}$	in keV	8,9	19,6

45.2 Ausmessen eines Röntgenspektrums (1/3)

Mit Hilfe der Braggschen Drehkristallmethode soll das Spektrum einer Röntgenröhre für mindestens eine Beschleunigungsspannung aufgenommen werden. Bestimmung von Wellenlänge bzw. Quantenenergie der K_α- und der K_β-Strahlung sowie der Planckschen Konstante h aus der kurzwelligen Grenze des Bremskontinuums.

Röntgengerät, Kristall (z. B. NaCl), Zählgerät und Lautsprecher, Voltmeter, XY-Schreiber (optional). Aufbau und Justierung erfolgt, wie in Teilaufgabe 45.1 beschrieben.

Für die „reflektierte" Röntgenstrahlung werden die Zählraten als Funktion des Winkels ϑ aufgenommen. Die Messung erfolgt aus

Intensitätsgründen nur in der ersten Beugungsordnung. Dabei sollen Meßpunkte in der Nähe markanter Punkte der Kurve hinreichend dicht gewählt werden (Vorversuch!). Die Messung kann auch mit einem XY-Schreiber erfolgen, sofern das Röntgengerät über einen Winkelgeber verfügt und das Zählrohrnetzgerät eine zur Zählrate proportionale Spannung liefert. Achtung: Bei kleinen Beugungswinkeln gibt es eine Überlagerung der Bragg-Reflexion mit dem direkten Röntgenbündel wegen dessen endlichen Öffnungswinkels. Daher nicht bei $\vartheta = 0$ beginnen!

Die Meßwerte sollen grafisch aufgetragen werden. An zwei bis drei Stellen der Kurve soll die Unsicherheit der Einzelmeßwerte für die Zählrate N durch einen Fehlerbalken gekennzeichnet werden. Da die statistischen Zählrohrimpulse einer Poisson-Verteilung genügen, gilt: $\Delta N = \sqrt{N}$.

Aus der Lage der Maxima sollen mit Hilfe der Bragg-Bedingung die Wellenlängen λ_{K_α} und λ_{K_β} der *charakteristischen Röntgenstrahlung* berechnet werden. In den Meßfehler geht wesentlich auch der Nullpunktsfehler ein.

Zur Berechnung der Planckschen Konstante muß die kurzwellige Grenze des *Bremskontinuums* bestimmt werden. Liegt diese bei zu kleinen Winkeln, muß wegen der Überlagerung mit dem direkten Röntgenbündel die Bremskontinuumskurve extrapoliert werden.

Für die Abschätzung der Fehler muß auch hier die Unsicherheit des Nullpunktes berücksichtigt werden.

45.3 Bestimmung der K-Absorptionskante (1/3)

Einsatz von Monochromatisierungsfiltern für die Röntgenstrahlung, Bestimmung der Lage einer K-Absorptionskante.

Röntgengerät, Kristall (z. B. NaCl), Zählgerät und Lautsprecher, Voltmeter, Absorberfolie (Zirkon- bzw. Nickelfolie), XY-Schreiber (optional).

Zur Monochromatisierung von Röntgenstrahlung benutzt man Absorber, deren K-Absorptionskante zwischen der K_α- und der K_β-Linie der verwendeten Röntgenquelle liegt (bei Molybdänanode: Zirkonfolie, bei Kupferanode: Nickelfolie). Dadurch werden die K_β-Linie und der kurzwellige Teil der Bremsstrahlung stark absorbiert, und in der durchtretenden Strahlung dominiert die K_α-Linie.

Durch Vergleich der Röntgenspektren ohne und mit einem solchen Absorber soll die Lage der K-Absorptionskante eines solchen Filters bestimmt werden.

Aufnahme des Röntgenspektrums wie in Aufgabe 45.2, nur mit dem entsprechenden Absorber der Dicke d im Strahlengang.

Die Meßwerte werden am besten mit den entsprechenden Werten aus der Aufgabe 45.2 gemeinsam grafisch aufgetragen. Aus den Meßwerten soll zunächst der

> **Transmissionsgrad** $\quad T(\lambda) = \dfrac{I_d}{I_0}$

oder der

> **Absorptionskoeffizient** $\quad \mu_{\text{Abs}}(\lambda) = \dfrac{1}{d} \ln \dfrac{I_0}{I_d}$

Tabelle 45.4. Lage der K-Kanten von Monochromatisierungsfiltern

Filtermaterial	K-Kante
Zirkon	68,7 pm ≙ 18,0 keV
Nickel	148,5 pm ≙ 8,3 keV

aufgetragen werden. Hieraus soll die Lage der K-Kante bestimmt und mit den Literaturwerten, Tabelle 45.4, verglichen werden.

45.4 Schwächungskoeffizient (1/3)

Durch Messung der Transmission für verschiedene Absorberdicken soll die Gültigkeit des *Lambertschen Gesetzes* überprüft und der Wert des Schwächungskoeffizienten bestimmt werden.

Röntgengerät mit geeigneter Monochromatisierung, Absorber unterschiedlicher Dicke d (z. B. Aluminium), Geiger-Müller-Zähler mit Zählgerät, Voltmeter für die Mittelwertanzeige, Lautsprecher zur akustischen Zählratenkontrolle.

Da μ stark von der Wellenlänge abhängt, muß mit möglichst monochromatischer Röntgenstrahlung gearbeitet werden. Eine solche *Monochromatisierung* kann entweder durch ein geeignetes Absorberfilter, Tabelle 45.4, oder auch durch Bragg-Reflexion an einem Einkristall entsprechend Bild 45.8 erzeugt werden. Bei einem Gerät mit Molybdän-Anode ist die Filterwirkung der Zirkonfolie besonders erfolgreich, wenn mit einer so niedrigen Anodenspannung gearbeitet wird, daß das Bremskontinuum nur wenig über die charakteristischen Linien hinausreicht.

Die Röntgenstrahlleistung wird nach dem Durchtritt durch Absorberschichten verschiedener Dicken d gemessen. Den Röhrenstrom dabei so einstellen, daß die Zählrate bei $d = 0$ nicht zu hoch ist, damit eine Totzeitkorrektur für das Zählrohr unterbleiben kann.

Werte entsprechend dem Absorptionsgesetz logarithmisch auftragen, wobei sich eine Gerade ergeben sollte. Bestimmung des Absorptionskoeffizienten μ aus der Geradensteigung. Fehlerrechnung und Vergleich mit dem Literaturwert, Tabelle 45.5.

Tabelle 45.5. Schwächungskoeffizient μ für Aluminium

hf in keV	μ in cm^{-1}
17,5 (Mo K$_\alpha$)	14
8,0 (Cu K$_\alpha$)	ca. 100

45.5 Durchstrahlungsexperiment (1/3)

Die Material- und Dickenabhängigkeit der Absorption von Röntgenstrahlung soll in einem qualitativen Experiment demonstriert werden. Hierzu sollen mehrere geeignete Objekte dem direkten Röntgenstrahl ausgesetzt und ihre absorbierende Wirkung auf einem dahinter angebrachten Leuchtschirm beobachtet werden.

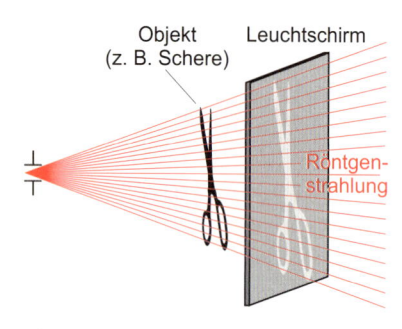

Bild 45.11. Schema einer Durchstrahlungsmessung

Röntgengerät ohne Kristallhalter und Zählrohr, Polaroid-Filme. Durchstrahlungsobjekte: z. B. eine Federtasche mit Bleistiften und Kugelschreibern, eine Platine mit elektronischen Bauteilen, eine mechanische Stoppuhr mit Plastikgehäuse o. ä.

Hochspannung und Röhrenstrom auf die maximal möglichen Werte einstellen. Für eine Beobachtung der durchstrahlten Objekte auf dem geräteeigenen Leuchtschirm, Bild 45.11, muß der Raum hinreichend abdunkelbar sein.

Die Ergebnisse sollen qualitativ diskutiert werden.

45.6 h-Bestimmung aus der Grenzwellenlänge (1/3)

Die *Plancksche Konstante* soll bei einem festen Bragg-Winkel ϑ aus der Zählraten-Spannungs-Kennlinie ermittelt werden.

Röntgengerät, Kristall (z. B. NaCl), Zählgerät und Lautsprecher, Voltmeter, XY-Schreiber (optional). Aufbau und Justierung erfolgt wie in Aufgabe 45.1 beschrieben.

Röntgenbremsstrahlung wird bei einer festen Wellenlänge λ_0 bzw. Frequenz $f_0 = c/\lambda_0$ nur erzeugt, wenn die Anodenspannung U_A groß genug ist, Bild 45.12:

$$U_A \geq \frac{h f_0}{e} = U_E \quad .$$

Oberhalb von U_E steigt die Röntgenstrahlintensität dann zunächst annähernd linear mit der Anodenspannung an (Theorie von Kulenkampff). Wegen der Störeinflüsse in der Umgebung der Einsatzspannung muß U_E aus einer linearen Extrapolation gewonnen werden (mittelnde Gerade in Bild 45.12).

Für einen fest eingestellten Winkel ϑ_0 wird daher die Zählrate in Abhängigkeit von der Anodenspannung U_A gemessen.

Meßwerte grafisch auftragen. Einsatzspannung U_E für die eingestellte Grenzwellenlänge λ_0 durch Extrapolation bestimmen, Bild 45.12. Aus U_E und λ_0 kann die Plancksche Konstante h berechnet werden.

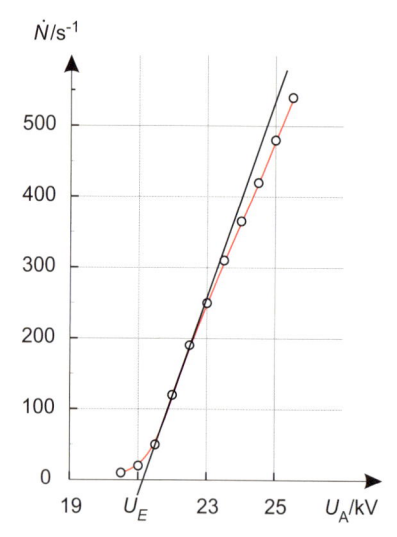

Bild 45.12. Zählrate für eine feste Wellenlänge in Abhängigkeit von der Anodenspannung. Beispielmessung für $\lambda_0 = 63.2$ pm. Störungen in der Nähe der Einsatzspannung U_E machen eine Extrapolation notwendig

Für eine präzisere Bestimmung von h wird der Versuch für vier weitere Wellenlängen λ_0 wiederholt.

Die fünf grafisch bestimmten Werte für U_E werden über $f_0 = c/\lambda_0$ aufgetragen. Aus der Steigung ergibt sich h/e und daraus h. Die Genauigkeit der Methode läßt eine Fehlerrechnung sinnvoll erscheinen.

46. Elektronen als Teilchen und als Welle

Quanteneffekte bei der Wechselwirkung von Lichtstrahlung und Teilchen mit Materie. Diskrete Anregungsstufen von Atomen bei Stößen mit Elektronen (Franck-Hertz-Versuch). Elektronenemission aus Metallen bei der Bestrahlung mit Licht (lichtelektrischer Effekt).

Standardlehrbücher (Stichworte: Elektronenstoßversuche, Franck-Hertz-Versuch, licht- oder fotoelektrischer Effekt),
Haken/Wolf: Atom- und Quantenphysik,
Themenkreis 44: Spektren und Aufbau der Atome.

Elektronenstoßversuche mit Atomen

Die Entwicklung der Vorstellungen vom inneren Aufbau der Atome ist eng mit dem Namen von Nils Bohr verbunden. Sein zunächst nur für atomaren Wasserstoff aufgestelltes **Atommodell**, siehe auch *Themenkreis 44*: Spektren und Aufbau der Atome, enthält die noch heute gültigen Aussagen (*1. und 2. Bohrsche Postulat*):

1. Atome besitzen nur diskrete Energieniveaus E_i, deren Berechnung auf der Quantenmechanik basiert;
2. Übergänge eines Atoms zwischen zwei Energieniveaus E_n und E_m sind mit Aufnahme bzw. Abgabe der Quantenenergie ΔE_{mn} verbunden:

$$E_m - E_n = \Delta E_{mn} = hf_{mn} \quad ,$$

wobei f_{nm} die Frequenz der emittierten bzw. absorbierten Strahlung und h das *Plancksche Wirkungsquantum* bedeuten, Bild 46.1.

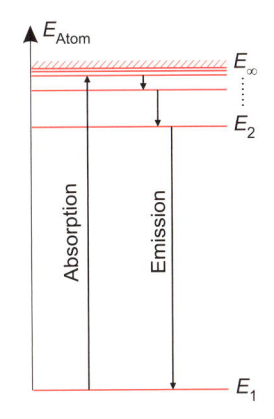

Bild 46.1. Energietermschema eines freien Atoms (schematisch)

Die Idee, daß Atome nur diskrete Energiewerte annehmen können, gilt auch im heutigen quantenmechanischen Atommodell. Allerdings mußte die damalige anschauliche Vorstellung von den Planetenbahnen der Elektronen einer Beschreibung durch **Orbitale** bzw. durch **Aufenthaltswahrscheinlichkeiten** für die Elektronen weichen. Auch sind bei Atomen mit mehreren Elektronen deren Wechselwirkungen untereinander zu berücksichtigen. Das führt zum einen dazu, daß die Energieniveaus nicht mehr so einfach wie für das Wasserstoffatom berechnet werden können. Zum anderen sind Strahlungsübergänge nicht zwischen allen Energieniveaus des Atoms „erlaubt": es gibt sog. **Auswahlregeln**. Beispiele für solche komplizierteren Energietermschemata zeigen die späteren Darstellungen für Quecksilber und Neon, Bild 46.8.

Die Bohrsche Modellvorstellung erfuhr noch im Jahr ihrer Formulierung (1913) eine experimentelle Bestätigung durch **Elektronenstoßversuche** von J. Franck und G. Hertz. Diese Forscher zeigten, daß solche Atome auch bei Stößen mit freien Elektronen nur dann Energie aufnehmen, wenn deren kinetische Energie genau ausreicht, die Atome aus ihrem energetischen Grundzustand in einen erlaubten höheren Energiezustand zu bringen. Die auf diese Weise angeregten Atome kehren nach kurzer Zeit – etwa 10^{-8} s = 10 ns – wieder in den Grundzustand zurück und geben die Energiedifferenz ΔE als experimentell nachweisbare elektromagnetische Strahlung mit einer Quantenenergie $hf = \Delta E$ wieder ab. Franck und Hertz wurden für diese Entdeckung, die die damals noch sehr junge Quantentheorie eindrucksvoll bestätigte, 1925 mit dem Nobelpreis geehrt.

Franck-Hertz-Röhre mit reiner Hg-Füllung

Eine evakuierte Dreielektrodenröhre mit einer geheizten Kathode K, einer netzförmig ausgebildeten Anode A sowie einer Gegen- oder Auffangelektrode G enthält einen Tropfen Quecksilber und bildet die **Franck-Hertz-Röhre**. Bild 46.2 zeigt die Elektrodenanordnung schematisch, ebenso die zugehörige Schaltung. Gemessen werden die veränderbare Anodenspannung U_A sowie der Strom I_G über die Auffangelektrode, die geringfügig negativ gegenüber der Anode gepolt ist.

Ist die Franck-Hertz-Röhre kalt, steigt der Strom I_G monoton mit der Anodenspannung, Bild 46.3, Kurve a. Dieses Verhalten läßt sich wie folgt verstehen. Aufgrund des *glühelektrischen Effektes* treten aus der geheizten Kathode Elektronen aus und bilden eine Raumladungswolke vor der Kathode. Bei kleinen Anodenspannungen nimmt zunächst nur ein Teil dieser Elektronen am Stromtransport teil. Infolge der Energieaufahme aus dem elektrischen Feld erreichen diese Elektronen bis zur Anodenebene die kinetische Energie $E_{kin} = eU_A$. Die meisten Elektronen passieren die netzförmige und damit sehr „durchsichtige" Anodenebene und laufen gegen das geringfügige Gegenfeld zur Gegenelektrode G an. Mit wachsender Anodenspannung U_A werden immer mehr Elektronen aus der Raumladungszone vor der Kathode „abgesaugt" und erreichen die Gegenelektrode: Der Strom nimmt monoton zu. Das Quecksilber stört diesen Prozeß nicht, weil bei Zimmertemperatur der Hg-Dampfdruck sehr gering ist ($p_{Hg} \approx 2$ μbar) und die freie Weglänge der Elektronen zwischen zwei Stößen mit den wenigen gasförmigen Hg-Atomen dadurch viel größer ist als der Abstand Kathode-Anode.

Wird die Franck-Hertz-Röhre nun aber auf eine geeignete Temperatur geheizt, wobei ein Teil des Quecksilbers verdampft, sieht die Kurve $I_G = f(U_A)$ völlig anders aus: Es entstehen charakteristische **Stromoszillationen**, Bild 46.3, Kurve b, mit einer Periode von $\Delta U_A = 4{,}9$ V. Deren Entstehung läßt sich wie folgt deuten. Durch die Heizung der Röhre steigt der Hg-Dampfdruck auf mehr als den zehntausendfachen Wert ($p_{Hg} \approx 23$ mbar bei $\vartheta = 200\,°$C), und es kommt nun zu einer merklichen Zahl von Zusammenstößen zwischen Elektronen und Hg-Atomen.

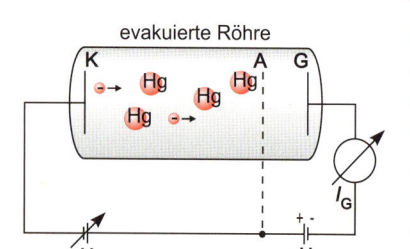

Bild 46.2. Elektrodenanordnung und Schaltung für eine Franck-Hertz-Röhre

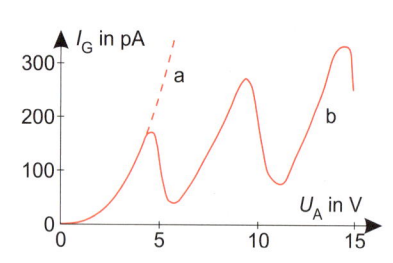

Bild 46.3. Stromoszillationen bei einer Franck-Hertz-Röhre mit Hg: (a) Röhre ungeheizt, (b) Röhre bei etwa 200 °C (Kathode und Anode aus gleichem Material)

Bei kleinen Elektronenenergien sind diese Stöße zunächst noch elastisch, und wie beim Stoß einer kleinen gegen eine sehr viel größere Kugel (Massenverhältnis etwa 1 : 400 000) wird das Elektron dabei nur seine Richtung ändern, seine kinetische Energie aber praktisch vollständig behalten. Der Beginn der Strom-Spannungskennlinie hat daher die gleiche Form wie bei Zimmertemperatur.

Ursache für die bei größeren Spannungen auftretenden Stromoszillationen sind **inelastische Stöße** der Elektronen mit Quecksilberatomen. Ist die Elektronenenergie beim Erreichen der Anodenebene (A in Bild 46.2) gerade groß genug, um bei einem Zusammenstoß mit einem Hg-Atom dieses aus seinem Grundzustand in einen angeregten Zustand zu heben, so verliert das Elektron dabei seine gesamte kinetische Energie und ist nicht mehr in der Lage, gegen das Gegenfeld zur Auffangelektrode anzulaufen. Es wird daher über den Anodendraht abfließen und für die Messung verloren gehen. Die für einen solchen inelastischen Stoß nötige Energie beträgt gerade $E_{kin} = 4,9\,\text{eV}$. Steigert man die Spannung weiter, so werden solche inelastischen Stöße räumlich bereits vor Erreichen der Anodenebene stattfinden, die dadurch abgebremsten Elektronen können auf ihrem restlichen Weg zur Anode wieder Energie aus dem elektrischen Feld aufnehmen und „erfolgreicher" gegen das Gegenfeld anlaufen: Der Strom I_G über die Gegenelektrode steigt wieder an. Der zweite Abfall in der Stromkurve beginnt bei einer solchen Anodenspannung, bei der Elektronen auf ihrem Weg von der Kathode zur Anode zweimal Quecksilberatome anregen können: einmal auf halbem Wege, das zweite Mal praktisch in der Anodenebene. Bild 46.4 soll die Situation für eine Anodenspannung darstellen, die etwas größer ist als beim 2. Minimum der Stromkurve.

Bild 46.5 zeigt einen kleinen Ausschnitt aus dem Energietermschema des Quecksilberatoms. Hervorgehoben ist der durch den Elektronenstoß hervorgerufene Übergang, der zu einem Energieniveau E_2 führt, das $4,9\,\text{eV}$ über dem Grundniveau E_1 liegt. Bei der Rückkehr des angeregten Quecksilberatoms in den Grundzustand wird die für dieses Atom charakteristische ultraviolette Strahlung mit der Wellenlänge $\lambda = 253,7\,\text{nm}$ emittiert, was einer Quantenenergie $hf = 4,9\,\text{eV}$ entspricht. Bei den im Praktikum benutzten Röhren läßt sich diese UV-Strahlung allerdings nicht nachweisen, da die Glaswand der Röhre dieses UV-Licht absorbiert. *Bemerkung*: Diese UV-Spektrallinie des Quecksilbers regt übrigens in Leuchtstoffröhren die Leuchtstoffschicht an!

Ist die Anodenspannung sehr hoch, kann es zu Gasentladungserscheinungen infolge von **Stoßionisation** der Quecksilberatome kommen. Im Zuge der Rekombination werden dann auch höhere Energieniveaus dieser Atome angeregt, so daß man die charakteristischen Hg-Emissionslinien im Sichtbaren mit Hilfe eines Spektroskops beobachten kann, z. B. mit dem Gitter im Lesezeichen.

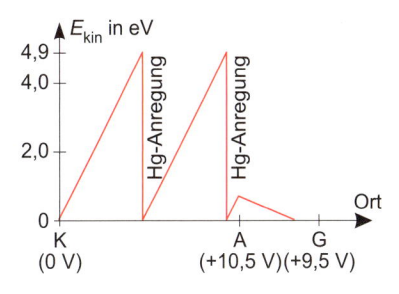

Bild 46.4. Kinetische Energie der Elektronen als Funktion des Ortes in einer geheizten Franck-Hertz-Röhre

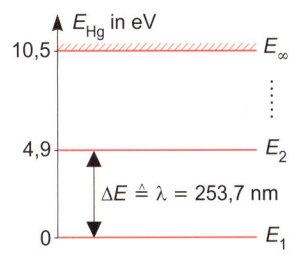

Bild 46.5. Ausschnitt aus dem Energietermschema freier Quecksilberatome, schematisch

Aufbau einer Franck-Hertz-Röhre

Bild 46.6 zeigt den Aufbau der *Franck-Hertz-Röhre* im Detail. Die Kathode ist indirekt beheizt. Die Emission erfolgt von einem kleinen *Bariumoxid*fleck aus, einem Material mit besonders geringer Austrittsarbeit für Elektronen. So reicht schon eine geringe Glühtemperatur der Kathode für eine ausreichende Elektronenemission. Die auf Kathodenpotential liegende Lochblende sorgt für eine Elektronenstrahl-Bündelbegrenzung sowie für eine Homogenisierung des elektrischen Feldes zwischen Kathode und Anode.

Der Abstand zwischen Kathode und Anode ist so groß gewählt, daß es eine genügend große Wahrscheinlichkeit für Stöße der Elektronen mit den elektrisch neutralen Hg-Atomen gibt, d. h. er ist groß gegen die mittlere freie Weglänge der Elektronen. Der Abstand zwischen Anode und Gegenelektrode hingegen ist klein, damit die Elektronen nach dem Passieren der Anode keine Energie mehr durch inelastische Stöße verlieren können. Dampfdruck und Konzentration der Quecksilberatome für den verwendeten Heiztemperaturbereich sind in der Tabelle 46.1 aufgeführt.

Der über die Gegenelektrode abfließende Strom I_G ist sehr gering, er liegt in der Größenordnung von $100\,\text{pA} = 10^{-10}\,\text{A}$ und muß daher vorverstärkt werden. Damit Leckströme über die heiße Glaswand, die bei der Betriebstemperatur von etwa $200\,°C$ eine merkliche Ionenleitfähigkeit zeigt, die Messung nicht verfälschen, ist die Zuleitung zur Gegenelektrode hochisoliert durch die Röhrenwand hindurchgeführt.

Zum Erwärmen der gesamten Röhre ist diese in einem Gehäuse untergebracht, das durch Heizdrähte auf die Betriebstemperatur gebracht wird.

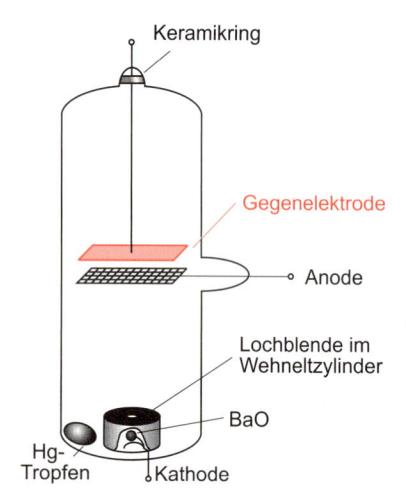

Bild 46.6. Franck-Hertz-Röhre (schematisch)

Tabelle 46.1. Quecksilberdampfdruck bei verschiedenen Temperaturen

$\vartheta/°C$	20	30	160	180	200
p_{Hg}/mbar	0,002	0,004	5,6	11,5	22,8

Elektronenstoßröhre mit Hg-Ne-Füllung

Diese Elektronenstoßröhre ist ebenso aufgebaut wie die klassische Franck-Hertz-Röhre. Sie besitzt eine direkt beheizte Kathode, eine netzförmigen Anode und eine Auffängerelektrode dahinter, Bild 46.6. Die Glasröhre enthält jedoch zusätzlich zum Quecksilberdampf das Edelgas Neon mit einem Druck von etwa 1 mbar. Auch mit dieser Röhre läßt sich die quantenhafte Energieübertragung auf Atome experimentell zeigen. Vorteile gegenüber der Franck-Hertz-Röhre sind:

- der Betrieb erfordert keine Heizung: Die Messung erfolgt bei Zimmertemperatur;
- das Erreichen der verschiedenen Anregungsstufen im Atom läßt sich nicht nur durch die Stromoszillationen über ein Meßgerät, sondern gleichzeitig auch visuell beobachten, da die entsprechenden Strahlungsemissionen im sichtbaren Spektralbereich liegen;
- der Strom durch die Röhre läßt sich so groß einstellen, daß für seine Messung keine besondere Verstärkung nötig ist (Bereich: $100\,\mu\text{A}$).

Der Nachteil dieses Systems ist, daß sich nur maximal 2 Oszillationen beobachten lassen.

Mißt man den Auffängerstrom I_G in Abhängigkeit von der Anodenspannung U_A, so erhält man eine Strom-Spannungs-Kennlinie entsprechend Bild 46.7. Für die quantitative Diskussion ist zusätzlich eine korrigierte Spannungsachse eingezeichnet. Sie berücksichtigt die sog. *Kontaktspannung* U_0, die stets zwischen zwei Elektroden aus unterschiedlichem Material, hier zwischen der Eisenanode und der Bariumoxidkathode auftritt. Die elektrisch gemessenen und visuell beobachteten Phänomene lassen sich wie folgt beschreiben:

- Bei kleinen Spannungen ($U_A - U_0 = 7$ V) ist der Auffängerstrom deutlich kleiner als 1 µA. Die entsprechend Bild 46.3 bei ca. 5 V zu erwartenden Stromoszillationen fallen hier nicht ins Gewicht; denn die Strommessung erfolgt hier mit etwa tausendmal geringerer Empfindlichkeit als bei der Franck-Hertz-Röhre.

- Bei Spannungen über ca. 10 V wird in Kathodennähe ein fahlblaues Leuchten erkennbar. Mit einem Spektroskop, z. B. dem Gitter im Lesezeichen dieses Buches, erkennt man die bekannten blauen Quecksilberlinien (vor allem $\lambda = 404{,}7$ nm und $\lambda = 436{,}8$ nm) Die Deutung hierfür liefert das ausführlichere Energietermschema des Hg-Atoms in Bild 46.8, das außer der schon bekannten ersten Anregungsstufe bei 4,9 eV weitere Energieniveaus enthält. Geht das Atom von einem höheren in ein tiefer liegendes Niveau über, wird die Energiedifferenz ΔE in Form von Strahlung mit der Quantenenergie $hf = \Delta E$ frei; die zugehörigen Wellenlängen $\lambda = hc/\Delta E$ dieser Strahlung sind jeweils angeschrieben.

Für das Auftreten dieses **Quecksilberleuchtens** ist die Anwesenheit der Neonatome unabdingbar; denn bei der niedrigen Betriebstemperatur von ca. 300 K ist der Hg-Dampfdruck sehr gering und damit auch die Wahrscheinlichkeit für Stöße von Elektronen mit den wenigen Quecksilberatomen im Gasraum. Das Neon mit seiner tausendmal höheren Konzentration dient hier als *Stoßgas*. Da die erste Anregungsstufe des Neonatoms etwa 17 eV über dem Grundzustand liegt, Bild 46.8, erfolgen die Stöße mit den Elektronen zunächst elastisch. Wegen des großen Massenunterschiedes ($m_{Ne} : m_e \approx 40\,000 : 1$) gibt das Elektron bei einem solchen Stoß praktisch keine Energie ab, es ändert nur seine Richtung. Infolge der vielen Stöße mit den relativ zahlreichen Neonatomen verlängert sich aber der Weg der Elektronen von der Kathode zur Anode erheblich, und damit steigt die Wahrscheinlichkeit, unterwegs doch auf eines der seltenen Quecksilberatome zu treffen.

- Bei $U_A - U_0 = 17$ V beginnt ein deutlicher Abfall des Auffängerstroms. Ursache sind die nunmehr einsetzenden *inelastischen Stöße der Elektronen mit den Neonatomen*, die dadurch in den tiefsten der angeregten Zustände gehoben werden. Die Rückkehr dieser angeregten Atome in den Grundzustand ist verbunden mit einer weit im Ultravioletten liegenden, d. h. nicht sichtbaren Strahlung mit der Quantenenergie hf von etwa 17 eV, was den beiden bekannten Neon-Emissonslinien 73,5 nm und 74,3 nm entspricht, Bild 46.8.

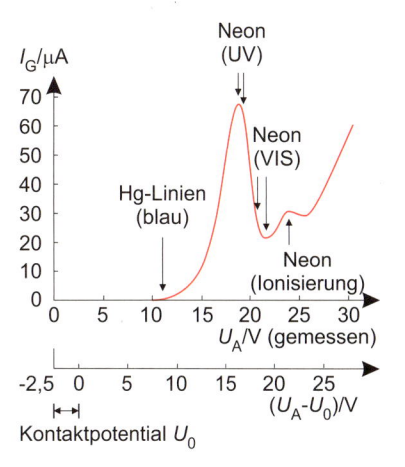

Bild 46.7. Auffängerstrom bei wachsender Anodenspannung in einer Hg-Ne-Röhre

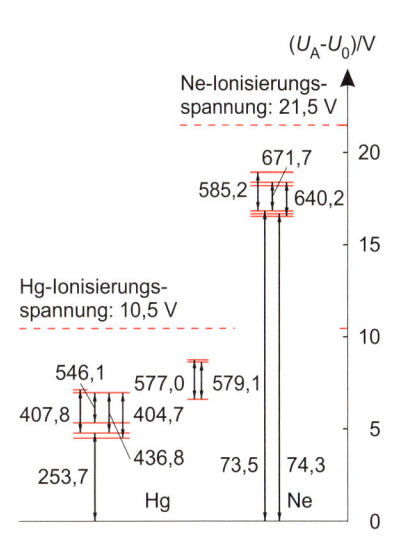

Bild 46.8. Vereinfachte Energietermschemata von Quecksilber und Neon. Es sind nur Energieniveaus eingezeichnet, die mit Übergängen verknüpft sind, die in der Aufgabe Anwendung finden. Wellenlängenangaben in nm

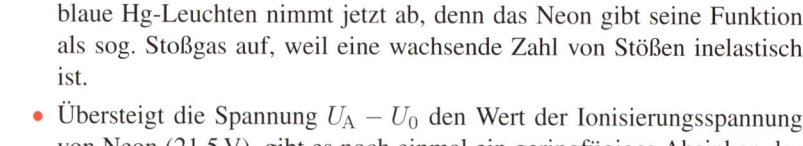

- Bei weiterer Steigerung der Spannung beobachtet man eine Farbänderung in der Gasentladung; denn zusätzlich zu den intensitätsschwachen blauen Hg-Linien treten jetzt die sehr intensiven roten Ne-Linien bei 640,2 und bei 671,7 nm auf.
  Der Farbumschlag von Dunkelrot nach Gelblichrot bei ca. 19 V zeigt das Auftreten der gelboranen Ne-Linie mit $\lambda = 585,2$ nm an. Das blaue Hg-Leuchten nimmt jetzt ab, denn das Neon gibt seine Funktion als sog. Stoßgas auf, weil eine wachsende Zahl von Stößen inelastisch ist.
- Übersteigt die Spannung $U_A - U_0$ den Wert der Ionisierungsspannung von Neon (21,5 V), gibt es noch einmal ein geringfügiges Absinken des Stromes.
  Weitere Stromoszillationen wie bei der Franck-Hertz-Röhre sind allerdings nicht beobachtbar. Ursache dafür ist die vergleichsweise hohe Gaskonzentration, die bei großen Spannungen durch Ladungsträgervervielfachung zur Entstehung von Raumladungen in der Röhre führt. Diese behindern eine Ausbildung der Stromoszillationen.

Äußerer lichtelektrischer Effekt

Neben den Quantenprozessen in freien Atomen, wurde schon früh ein anderer Quanteneffekt bei der Wechselwirkung von Licht mit *festen Körpern* beobachtet: der **äußere lichtelektrische Effekt**.

Bestrahlt man eine Metalloberfläche mit Licht hinreichend kurzer Wellenlänge, so treten Elektronen aus der Oberfläche aus. Dieses Phänomen wird durch die folgenden zwei experimentellen Befunde gekennzeichnet:

- Das eingestrahlte Licht muß eine Mindestfrequenz $f_{\min}$ aufweisen.
- Die maximale kinetische Energie der ausgelösten **Fotoelektronen** steigt linear mit der Frequenz des eingestrahlten Lichts, Bild 46.9:

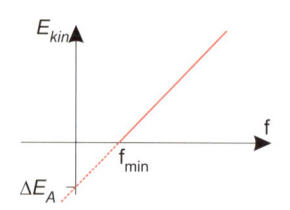

$$E_{\mathrm{kin}} \sim (f - f_{\min}) \quad .$$

Bild 46.9. Maximale kinetische Energie der Elektronen, die durch Lichtstrahlung der Frequenz f aus einer Metalloberfläche ausgelöst werden

Eine Deutung dieser Erscheinung gelang A. Einstein 1905, der dafür 1919 mit dem Physik-Nobelpreis ausgezeichnet wurde. Einstein benutzte die von Planck im Jahr 1900 formulierte **Quantenhypothese**:

> Monochromatisches Licht der Frequenz f wird bei Absorptions- und Emissionsvorgängen nur in Energiequanten vom Betrage hf wirksam (h = Plancksches Wirkungsquantum).

Nach diesem durch viele Messungen bestätigten Modell von Einstein muß den Elektronen des Metalls mindestens ein Energiebetrag ΔE_A zugeführt werden, damit sie den Metallverband verlassen können. Diese Bindungsenergie heißt **Austrittsarbeit**. Bild 46.10 veranschaulicht diesen Sachverhalt in einem Energie-Orts-Diagramm. Damit die Austrittsarbeit durch das eingestrahlte Licht aufgebracht werden kann, muß es mindestens eine Frequenz $f_{\min}$ haben, so daß gilt:

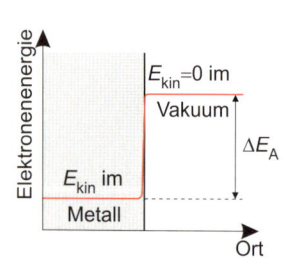

Bild 46.10. Zur Austrittsarbeit von Elektronen aus Metallen. Der eingezeichnete Wert für die kinetische Energie im Metall entspricht der sog. Fermienergie (*Themenkreis 29*: Halbleiterdioden)

$$\Delta E_\mathrm{A} = h f_\mathrm{min} = h \frac{c}{\lambda_\mathrm{max}} \quad .$$

Die Austrittsarbeiten der meisten Metalle liegen bei einigen Elektronenvolt. Tabelle 46.2 gibt einige Beispiele experimentell bestimmter Werte sowie die zugehörige Grenzwellenlänge für Licht, mit dessen Hilfe diese Austrittsarbeit gerade aufgebracht werden kann.

Ist die Energie des Lichtquants größer als ΔE_A, nimmt das Elektron diese Energie als kinetische Energie E_kin mit. Für E_kin gilt daher der Zusammenhang:

$$E_\mathrm{kin} = hf - \Delta E_\mathrm{A} = h(f - f_\mathrm{min}) \quad .$$

Durch Messungen der kinetischen Elektronenenergie E_kin und der zugehörigen Strahlungsfrequenz f läßt sich so das **Plancksche Wirkungsquantum** h experimentell bestimmen.

Für das Experiment wird eine **Fotozelle** benutzt. Diese besteht aus einem evakuierten Glasgefäß, in dem einer großflächigen Kathode ein Anodenring gegenüberliegt, Bild 46.11. Die Kathode ist mit einem Metall geringer *Austrittsarbeit* beschichtet (z. B. Kalium: $\Delta E_\mathrm{A} = 2{,}25$ eV) und wird durch den Anodenring aus Platin hindurch belichtet. Die verschiedenen Frequenzen des Lichts lassen sich durch entsprechend schmalbandige Lichtfilter (z. B. **Interferenzfilter**) aus dem Spektrum der Lichtquelle herausfiltern.

Die maximale kinetische Energie der lichtelektrisch aus der Kathode ausgelösten Elektronen läßt sich auf zwei verschiedene Arten bestimmen. Zum einen kann man zwischen Kathode und Anode ein *Gegenfeld* erzeugen (Anode negativ gegen die Kathode polen), das man so hoch regelt, daß die Elektronen mit der zu bestimmenden Energie E_kin die Anode gerade nicht mehr erreichen: Dann wird der im Anodenkreis fließende (Gegen-)Strom gerade Null.

Eine andere Möglichkeit besteht darin, die aus der Kathode austretenden Elektronen ohne äußeres Gegenfeld auf die Anode auftreffen zu lassen. Dadurch lädt sich die Anode von selbst so weit negativ auf, daß weitere Elektronen gegen diese Gegenspannung nicht mehr anlaufen können und die Anode nicht mehr erreichen. Für die Spannung zwischen Anode und Kathode gilt dann gerade:

$$U_\mathrm{gegen} = \frac{E_\mathrm{kin}}{e} \quad .$$

Diese Spannung muß allerdings sehr hochohmig gemessen werden; denn die Fotozelle, die bei dieser Betriebsart sozusagen als Gleichspannungsgenerator wirkt, hat wegen der relativ kleinen Zahl aus der Fotokathode nachgelieferter Elektronen einen sehr hohen Innenwiderstand. Zur Spannungsmessung kann z. B. ein aus einem Operationsverstärker aufgebauter Elektrometerverstärker eingesetzt werden, siehe auch *Themenkreis 31*: Operationsverstärker. Die zugehörige Schaltung ist in Bild 46.12 dargestellt.

Tabelle 46.2. Fotoelektrisch gemessene Austrittsarbeiten reiner Metalle sowie zugehörige Lichtgrenzwellenlängen λ_max

Metall	ΔE_A/eV	λ_max/nm
Caesium	1,94	639
Kalium	2,25	551
Wolfram	4,57	271
Platin	5,66	219

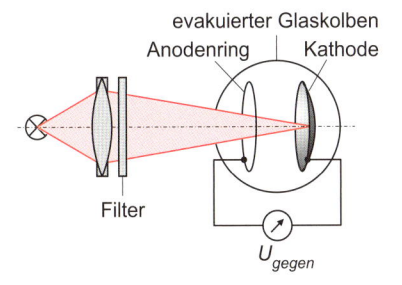

Bild 46.11. Messung der spektralen Abhängigkeit der in einer Fotozelle entstehenden Gegenspannung im Leerlaufbetrieb

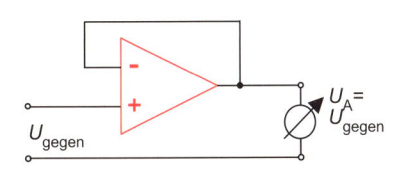

Bild 46.12. Elektrometerschaltung zur Messung von U_gegen an einer Fotozelle

46. Elektronen als Teilchen und als Welle

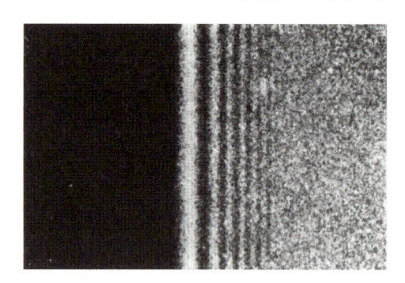

Bild 46.13. Fotografische Aufnahme von Interferenzstreifen durch Beugung eines Elektronenstrahls an einer MgO-Kristallkante (1940, Messung von H. Boersch, später TU Berlin)

Elektronenwellen

Erscheinungen wie Beugung und Interferenz beobachtet man nicht nur bei typischen Wellen wie Wasserwellen, Mikrowellen oder Licht. Sie lassen sich auch mit klassischen Teilchen wie Elektronen, Neutronen oder Atomen erzeugen. So zeigt das Bild 46.13 Interferenzstreifen, die durch *Fresnelsche Beugung* von Elektronen an einer Kante entstanden sind. **Elektronenbeugung** wurde erstmals 1927 durch die Physiker Davisson und Germer bei der Reflexion von Elektronen an Kristallen beobachtet (Nobelpreis 1937). Sie bestätigen damit die Vorhersage von Louis de Broglie (1924), daß Teilchen wie z.B. Elektronen neben klassischen Teilcheneigenschaften wie Energie E und Impuls p auch Welleneigenschaften (Frequenz f, Wellenlänge λ) aufweisen. De Broglie erweiterte damit das Bild, das Einstein in einer seiner drei berühmt gewordenen Arbeiten von 1905 entworfen hatte, als er mit dem Photonenbild etwas Entsprechendes für die Lichtstrahlung formulierte. Für Energie E und Impuls p der Photonen gilt danach:

$$E = hf = h\frac{c}{\lambda} = mc^2 \quad \text{und} \quad p = mc = \frac{h}{\lambda} \quad .$$

Hierin ist $c = \lambda f$ die Lichtgeschwindigkeit.

Nach de Broglie erhält man bei einem Strahl von Teilchen der Masse m und der Geschwindigkeit u für die

Wellenlänge der Materiewelle $\quad \lambda = \dfrac{h}{p} = \dfrac{h}{mu} \quad ,$

die **de Broglie-Wellenlänge**. Dieses „zweifache" Verhalten von klassischen Wellen bzw. Teilchen wird auch als **Welle-Teilchen-Dualismus** bezeichnet.

Eine wichtige Voraussetzung für die Erzeugung von Elektroneninterferenzen ist – wie im Falle der Lichtwellen – die **Kohärenz** der Elektronenwellen, was u.a. gleiche Energien und damit Geschwindigkeiten u voraussetzt. Die Energie E erhalten solche Elektronen (Masse m_e, Ladung e) in der Regel durch die Beschleunigung in einem elektrischen Feld mit der Potentialdifferenz U. Dabei gilt (im nicht-relativistischen Fall):

$$E = eU = \frac{1}{2}m_e u^2 \quad .$$

Für die zugehörige Materiewellenlänge erhält man damit:

$$\lambda = \frac{h}{p} = \frac{h}{mu} = \frac{h}{\sqrt{2em_e U}} \quad .$$

Je größer die durchlaufene Spannung, desto kleiner die Wellenlänge. Tabelle 46.3 zeigt einige zusammengehörige Wertepaare für U und λ. Aus den Tabellenwerten erkennt man, daß schon bei sehr kleinen Elektronenenergien Materiewellenlängen vorliegen, die deutlich kleiner sind als optische

Durchlaufene Spannung U	1 V	100 V	10^4 V	10^6 V
Energie E der Teilchen	1 eV	100 eV	10 keV	1 MeV
Wellenlänge λ der Materiewelle	1,23 nm	123 pm	12,3 pm	1,23 pm

Tabelle 46.3. Zusammenhang zwischen Energie von Elektronen und der Wellenlänge der zugehörigen Elektronenwelle

Wellenlängen im sichtbaren Spektralbereich. Durch die Verwendung solcher Materiewellen läßt sich daher z.B. ein örtliches Auflösungsvermögen erreichen, das erheblich über dem der Lichtoptik liegt und bis zu atomaren Abmessungen (ca. 10^{-8} cm) hinabreicht: *Elektronenmikroskopie*. Um meßbare Beugungs- und Interferenzerscheinungen zu erzeugen, braucht man allerdings auch Objekte, die deutlich kleiner sind als die in der Lichtoptik üblichen Beugungsobjekte wie z. B. optische Gitter. Besonders gut lassen sich einkristalline Festkörper mit ihren geringen Atomabständen von einigen 100 pm als Beugungsobjekte für Elektronenwellen benutzen.

Elektronenbeugung an Kristallen

Läßt man einen parallelen Elektronenstrahl (im Wellenbild: eine ebene Elektronenwelle) auf einen Einkristall fallen, so tritt wie bei der Verwendung von Röntgenstrahlen eine Reflexion nur bei einzelnen diskreten Einfallswinkeln auf. Die Beschreibung dieser Erscheinung gelingt durch die Deutung als Interferenzeffekt (siehe auch *Themenkreis 45*: Röntgenstrahlung). Dabei denkt man sich die einzelnen Atome bzw. Moleküle des Kristalls in sogenannten Netzebenen mit dem Abstand d angeordnet, siehe Bild 46.14. Diese Netzebenen wirken wie teildurchlässige Spiegel für die Elektronenwelle. Die reflektierten Teilwellen verstärken sich jedoch nur dann, wenn ihr Gangunterschied ein ganzzahliges Vielfaches der Wellenlänge λ beträgt. Für das Auftreten dieser Interferenzmaxima gilt dann die

Bragg-Bedingung: $\quad z\lambda = 2d \sin \vartheta_z \quad ,$

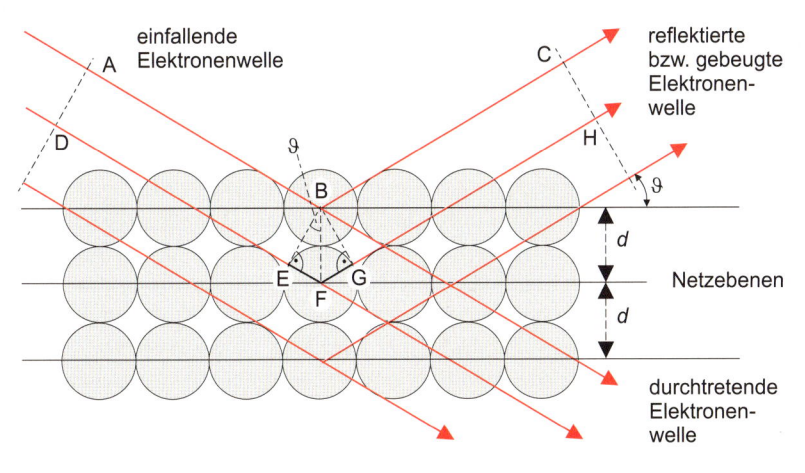

Bild 46.14. Modellvorstellung zur Bragg-Reflexion von Elektronenwellen an den Netzebenen eines Kristalls. AD und CH: ebene Wellenfronten. Für konstruktive Interferenz muß der Gangunterschied (EF + FG) = $z\lambda$ sein

Bild 46.15. Beugung eines Elektronenstrahls an einem Krystalliten eines Polykristalls

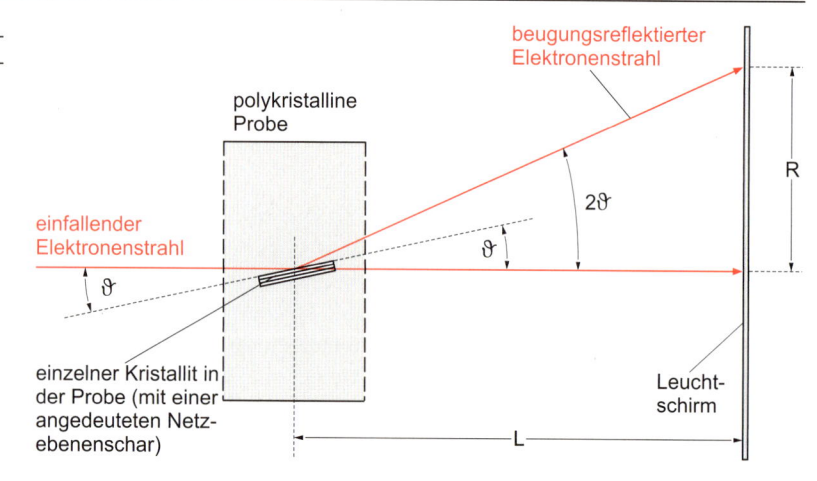

wobei $z = 1, 2, \ldots$ die Beugungsordnung ist. Die Winkel ϑ_z, für die die Bragg-Bedingung erfüllt ist, nennt man Glanzwinkel.

Untersucht man statt eines Einkristalls einen Polykristall, enthält diese Probe sehr viele kleine Einkristalle, sog. Kristallite, die räumlich statistisch verteilt sind. Diejenigen Kristallite, die so zur Einfallsrichtung des Elektronenstrahls orientiert sind, daß die Bragg-Bedingung erfüllt ist, liefern einen Reflex, siehe Bild 46.15. Die Richtungen all dieser Reflexe der gleichen Beugungsordnung liegen wegen der Rotationssymmetrie auf einem Kegelmantel mit dem halben Öffnungswinkel 2ϑ, der auf dem Leuchtschirm eine ringförmige Spur mit dem Radius R ergibt.

Für die gleiche Beugungsordnung beobachtet man in der Regel jedoch nicht nur einen, sondern mehrere unterschiedliche Beugungsringe. Ursache dafür ist die Existenz mehrerer Netzebenen in den Kristallen mit entsprechend unterschiedlichen Abständen. Dabei erzeugen wie bei der Lichtbeugung große Netzebenenabstände kleine Ringradien und umgekehrt.

46.1 Elektronenstöße in reinem Hg-Dampf (2/3)

An einer Elektronenstoßröhre mit reiner Hg-Füllung sollen die typischen Stromoszillationen des Franck-Hertz-Experiments gemessen werden. Aus der Oszillationsperiode soll die Energiedifferenz ΔE_{Hg} zwischen den beteiligten Hg-Energieniveaus bestimmt werden.

Franck-Hertz-Röhre mit reiner Hg-Füllung, Heizofen, Thermometer bis 200 °C, Netzgerät zur Versorgung der Röhre mit zugehörigem Stromverstärker (alternativ: regelbare Spannungsquelle bis ca. 40 V, Stromquelle für Kathodenheizung, Stromverstärker); Strom- und Spannungsmesser (alternativ: XY-Schreiber oder PC), Oszilloskop.

Nach Aufbau der Schaltung entsprechend der schematischen Darstellung in Bild 46.2 wird die Röhre zunächst auf etwa 180 °C bis 200 °C geheizt. Danach wird der Auffängerstrom I_G bei wachsender

Anodenspannung U_A zunächst punktweise gemessen bzw. mit Hilfe eines XY- Schreibers aufgezeichnet.

Das Kurvenbild der Oszillationen hängt von der Kathodenheizung und dem Hg-Dampfdruck, d. h. der Röhrentemperatur ab. Beide Parameter sollen so variiert werden, daß möglichst viele Stromoszillationen auftreten.

Liegt die Anodenspannung auch als periodische Sägezahnspannung vor, kann das Experiment in einem weiteren Versuch auf einem Oszilloskopschirm verfolgt werden. Bei einer Frequenz von 50 Hz entsteht ein scheinbar stehendes Bild der Oszillationen auf dem Bildschirm.

Die Oszillationskurven sollen graphisch aufgetragen werden (sofern sie nicht schon als Schreiberkurven vorliegen). Mit Hilfe einer weiteren Graphik $U_{\max} = f(U_A)$ soll der Spannungsabstand zwischen den Maxima ($\Delta U_{\max}$) durch graphische Interpolation bestimmt werden. Die gleiche Auswertung wird auch für die Minima durchgeführt. Aus dem Mittelwert erhält man die gesuchte Energiedifferenz:

$$\Delta E_{\mathrm{Hg}} = e \frac{1}{2} \left(\overline{\Delta U}_{\max} + \overline{\Delta U}_{\min} \right) \quad .$$

In die Fehlerabschätzung gehen nur der mögliche Instrumentenfehler des Spannungsmessers sowie die Streufehler bei der Bestimmung von $\overline{\Delta U}_{\max}$ und $\overline{\Delta U}_{\min}$ ein.

46.2 Elektronenstöße in einer Hg/Ne-Röhre (2/3)

An einer Elektronenstoßröhre mit einer Füllung von Quecksilber und Neon sollen die durch Elektronenstoßanregung hervorgerufenen Leuchterscheinungen visuell und spektroskopisch beobachtet werden. Die zugehörigen atomaren Energieniveaus sollen aus den Einsatzspannungen der jeweiligen Emissionen bestimmt werden.

Aus der Messung der Strom-Spannungskennlinie wird die Ionisierungsenergie der Neonatome ermittelt.

Franck-Hertz-Röhre mit Hg-Ne-Füllung, Netzgerät zur Versorgung der Röhre (alternativ: regelbare Gleichspannungsquelle bis 25 V, Stromquelle für Kathodenheizung), Strom- und Spannungsmesser (alternativ: XY-Schreiber oder PC), Spektroskop, möglichst mit Wellenlängenskala.

Aufbau der Schaltung entsprechend Bild 46.2 in einem abdunkelbaren Raum. Bei langsamer Steigerung der Anodenspannung sollen die Veränderungen des Emissionsspektrums zunächst visuell, bei einem erneuten Durchgang spektroskopisch beobachtet werden. Die entsprechenden Werte der Anodenspannung sind zu notieren.

Es soll die Strom-Spannungskennlinie aufgenommen werden.

Die spektroskopischen Beobachtungen sollen verbal beschrieben sowie die zugehörigen Spannungswerte angegeben werden.

Aus den Stromoszillationen soll der Wert für die Ionisationsspannung des Neons ermittelt werden.

46.3 Plancksches Wirkungsquantum (1/3)

Mit Hilfe des lichtelektrischen Effekts soll durch Verwendung einer Fotozelle der Wert der Planckschen Konstanten h ermittelt werden.

Fotozelle zur h-Bestimmung, regelbare Stromquelle und Strommesser zum Ausheizen des Anodenrings, Elektrometerverstärker mit Spannungsmesser, Quecksilberhochdrucklampe mit Netzgerät, Interferenzfilter für die wichtigsten Hg-Linien (z. B. 365 nm, 404 nm, 436 nm, 546 nm, 578 nm).

Der Strahlengang wird entsprechend Bild 46.11 aufgebaut, dabei muß Streulichteinfall auf die Kathode durch eine geeignete Abschirmung vermieden werden. Die Strahlführung muß außerdem sicherstellen, daß kein Licht auf den Anodenring trifft, um das Auslösen von Fotoelektronen aus der Anode zu verhindern (Blende). Vor der Messung wird der Anodenring entsprechend den Firmenangaben ausgeheizt, um eventuell adsorbierte Kalium-Atome von der Anode abzudampfen.

Die Bestimmung der maximalen kinetischen Energie der Fotoelektronen soll durch direkte Messung der Gegenspannung in einer Elektrometerschaltung erfolgen. Bild 46.12 zeigt die entsprechende Beschaltung eines Operationsverstärkes (siehe auch *Themenkreis 31*: Operationsverstärker). Um Kriechströme zu vermeiden, sollte der hochisolierte Anodenkontakt vor der Messung mit Alkohol gesäubert werden.

Für jede Wellenlänge bzw. Frequenz wird die sich einstellende Spannung an der Anode U_{gegen} bestimmt.

Die Wertepaare (U_{gegen}, f) werden graphisch aufgetragen. Aus der Steigung der Geraden werden der Wert h/e und daraus h ermittelt. Aus dem extrapolierten Abszissenabschnitt kann die Austrittsarbeit der Kathodenbeschichtung bestimmt werden.

Das Ergebnis für h soll – nach einer Fehlerabschätzung – mit dem Literaturwert verglichen werden.

46.4 Elektronenbeugung (1/3)

Durch Elektronenbeugung an einer Graphitfolie soll die Abhängigkeit der de Broglie-Wellenlänge der Elektronen von ihrer kinetischen Energie quantitativ untersucht werden.

Elektronenbeugungsröhre mit Elektronenkanone, Graphitfolie und Leuchtschirm, Hochspannungsnetzgerät und Messgerät, Schiebelehre.

Den Versuchsaufbau zeigt schematisch Bild 46.16. Das Elektrodensystem in dem evakuierten Glaskolben besteht aus vier hintereinander angeordneten Metallzylindern. Die Glühkathode ist indirekt beheizt. K2, A1, A2 wirken als elektrostatisch fokussierende Linse. Die Elektroden liegen dazu paarweise auf Kathodenpotential (K1, K2) bzw. an der Anodenhochspannung (A1, A2). An der Anode A2 ist auf einem feinen Trägernetz

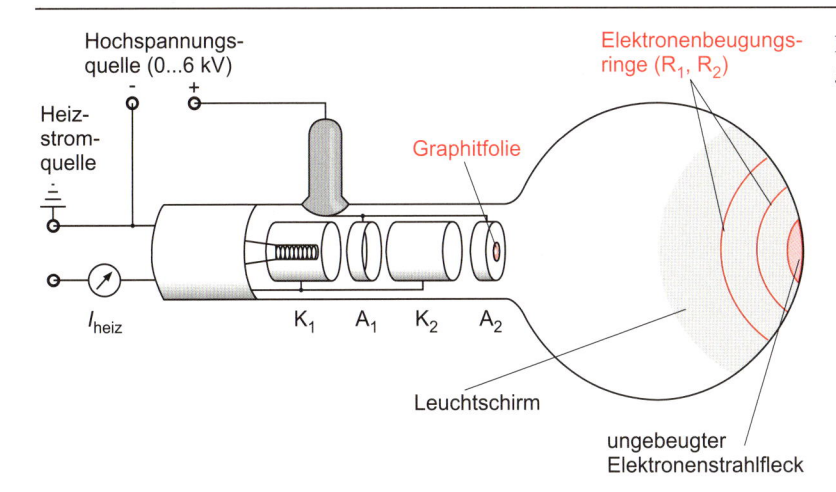

Bild 46.16. Aufbau der Elektronenbeugungsröhre, schematisch

eine dünne polykristalline Graphitfolie als Beugungsgitter so angebracht, daß der fokussierte Elektronenstrahl senkrecht auftrifft.

> ⚠️ **Achtung, HOCHSPANNUNG!**

> Vorsicht! Beugende Graphitfolie kann durch zu hohe Elektronenströme leicht zerstört werden!

Vor dem Beginn der Messung sicherstellen, daß die Hochspannung wirklich Null ist. Zuerst wird dann der Heizstrom für die Glühkathode auf ca. 250 mA eingestellt, bevor die Hochspannung zun„chst auf einen niedrigen Wert von ca. 2 kV hochgeregelt wird. Erst wenn der Leuchtfleck auf dem Leuchtschirm seine Helligkeit nicht mehr merkbar ändert (typisch nach einigen Minuten), darf die Hochspannung höher geregelt werden (3 bis max. 5 kV). Dabei wird der Heizstrom jeweils nur so hoch gewählt, daß die Beugungsringe gerade sichtbar und meßbar sind. Mit Hilfe eines kleinen Magneten am Schaft der Elektronenröhre muß die Richtung des Elektronenstrahls u. U. etwas korrigiert werden, damit dieser auf ein unbeschädigtes Stück der Graphitfolie trifft.

Die Ringdurchmesser $2R_1$ und $2R_2$ für die inneren zwei zur Beugungsordnung $z = 1$ gehörigen Ringe werden für 6 unterschiedliche Werte der Beschleunigungsspannung U bestimmt.

Aus den Ringradien R_1 und R_2 sowie den bekannten Netzebenenabständen d_1 und d_2 werden mit Hilfe der Bragg-Bedingung zunächst die jeweiligen Wellenlängen der Elektronenwellen berechnet. Bei der Auswertung der Messungen kann wegen der Kleinheit der Winkel gesetzt werden:

$$2\sin\vartheta \approx \sin(2\vartheta) \approx \tan(2\vartheta) = R/2L \quad .$$

Tabelle 46.4. Netzebenenabstände für die zwei Beugungsringe bei einer Graphitfolie

Ring	innen	außen
Netzebenen-abstand	0,213 nm	0,123 nm

Die Netzebenenabstände d_1 und d_2 können der nebenstehenden Tabelle 46.4 entnommen werden. Damit soll dann die Richtigkeit des Zusammenhangs $\lambda \sim 1/\sqrt{U}$ durch eine geeignete graphische Auftragung qualitativ überprüft werden.

Ferner soll aus der Geradensteigung die Plancksche Konstante h bestimmt werden. Zur h-Bestimmung gehört eine Fehlerrechnung.

Kapitel XI
Radioaktivität und Strahlenschutz

47. Radioaktive Strahlung 507

48. γ-Spektroskopie 525

49. α-Strahlung und Nebelkammer 535

47. Radioaktive Strahlung

🏁 Kennenlernen des Aufbaus der Atomkerne, der Gesetze der Radioaktivität und kernphysikalischer Meßmethoden. Dosimetrie und biologische Wirkung radioaktiver Strahlung. Messungen mit Geiger-Müller-Zählrohr und radioaktiver Quelle (γ-Strahler).

📖 *Standardlehrbücher*(Stichworte: Atomkern, Radioaktivität, Proton, Neutron, Zerfallsgesetz, Zählrohr, Aktivität, Dosimetrie),
Bethge: Kernphysik
Strahlenschutzverordnung.

📖 Aufbau der Atomkerne

Ein **Atom** besteht aus einem sehr kleinen positiv geladenen **Atomkern**, der fast die gesamte Atommasse enthält, und einer Anzahl von Elektronen, die man sich in einem einfachen Modellbild als den Kern auf Bahnen umkreisend vorstellen kann, Bild 47.1a. Jedes **Elektron** besitzt die gleiche Ladung, die negative Elementarladung $-e \approx -1,6 \cdot 10^{-19}$ As. Der Atomdurchmesser von ca. 10^{-8} cm ist durch die **Atomhülle** oder **Elektronenhülle** bestimmt. Der Kern besitzt dagegen nur einen Durchmesser von ca. 10^{-13} cm.

Die Atomkerne setzen sich aus **Protonen** p und **Neutronen** n zusammen, die durch die extrem starke, aber nur über sehr kurze Entfernungen wirksame **Kernkraft** zusammengehalten werden, Bild 47.1b.

Protonen tragen die Ladung $+e$, Neutronen dagegen sind elektrisch neutral. Die Masse von Protonen m_p ist etwa gleich der von Neutronen m_n und um einen Faktor 1836 größer als die von Elektronen:

$$m_\mathrm{n} \approx m_\mathrm{p} = 1{,}67 \cdot 10^{-27} \text{ kg} \approx 1836 \cdot m_\mathrm{e} \ .$$

Ein Atom, das im **Periodischen System** der Elemente die **Ordnungszahl** Z besitzt, hat Z Protonen im Kern und auch Z Außenelektronen. Die Kernladung Ze^+ wird also durch die Ladung aller Elektronen gerade kompensiert, d. h. das Atom ist nach außen hin elektrisch neutral. Zusammen mit den N Neutronen erhält man für die Gesamtzahl der Kernteilchen oder **Nukleonen** die sog.

Massenzahl $\quad A = Z + N$.

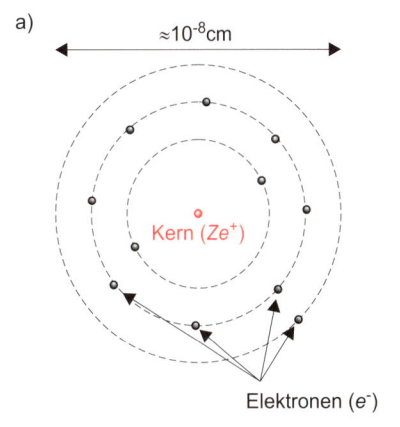

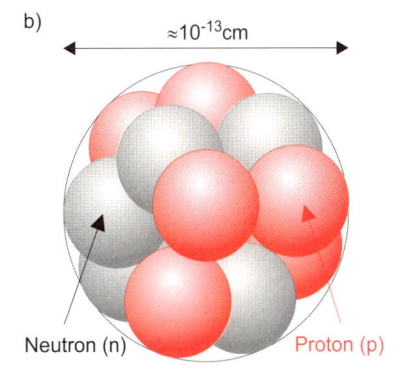

Bild 47.1. (a) Schematische Darstellung eines Atoms; (b) Schematische Darstellung eines Atomkerns, bestehend aus Neutronen und Protonen

Tabelle 47.1. Häufigkeiten h einiger stabiler Isotope und mittlere Molmassen M der Isotopengemische (Beispiele)

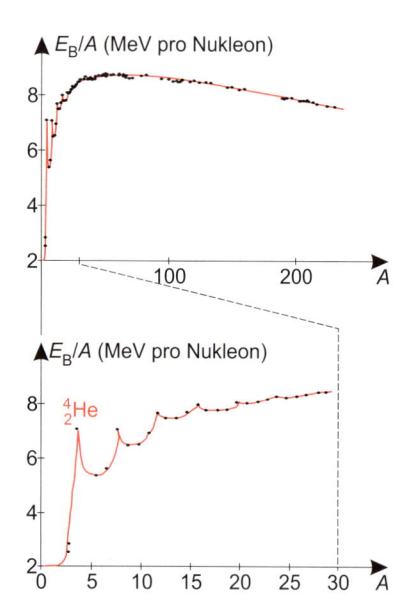

Element	Isotop	h (%)	M in g
Wasserstoff	$^{1}_{1}$H	99,985	} 1,0079
	$^{2}_{1}$H	0,015	
Helium	$^{3}_{2}$He	0,000138	} 4,0026
	$^{4}_{2}$He	99,999862	
Kohlenstoff	$^{12}_{6}$C	95,02	} 12,01
	$^{13}_{6}$C	0,75	
Schwefel	$^{32}_{16}$S	95,02	} 32,06
	$^{33}_{16}$S	0,75	
	$^{34}_{16}$S	4,21	
	$^{36}_{16}$S	0,02	
Kobalt	$^{59}_{27}$Co	100	58,9332
Blei	$^{204}_{82}$Pb	1,4	} 207,2
	$^{206}_{82}$Pb	24,1	
	$^{207}_{82}$Pb	22,1	
	$^{208}_{82}$Pb	52,4	

Bild 47.2. Bindungsenergie pro Nukleon in Abhängigkeit von der Massenzahl für alle Elemente

Zur Kennzeichnung einer durch Z und N definierten Kernsorte, allgemein **Nuklid** genannt, wird an das Symbol des chemischen Elementes links oben die *Massenzahl A* und links unten die *Ordnungszahl Z* angeschrieben, z. B. $^{23}_{11}$Na (Natrium) oder $^{238}_{92}$U (Uran).

Die meisten natürlichen Elemente bestehen allerdings nicht nur aus einer Atomsorte, sondern aus einem Gemisch verschiedener Atomsorten, den **Isotopen**. Isotope eines Elementes besitzen immer die gleiche Anzahl von Protonen und damit stets die gleiche Kernladungszahl Z, jedoch eine unterschiedliche Anzahl an Neutronen und damit auch unterschiedliche Massen - Beispiele sind in Tabelle 47.1 zusammengestellt. So existiert z. B. das leichteste Element unseres Periodensystems in drei verschiedenen Isotopen: $^{1}_{1}$H **Wasserstoff**, $^{2}_{1}$H **Deuterium** oder schwerer Wasserstoff und $^{3}_{1}$H **Tritium**. Das Tritium ist radioaktiv und kommt nicht natürlich auf unserer Erde vor - es ist daher nicht in Tabelle 47.1 aufgeführt. Tritium kann jedoch aus Kernreaktionen gewonnen werden. Die mittlere Molmasse M des natürlichen Isotopengemischs ist ebenfalls in Tabelle 47.1 angegeben. Dies ist die Masse von jeweils $N_A = 6,02 \cdot 10^{23}$ Atomen des natürlichen Isotopengemischs. Die mittlere Masse eines einzelnen Atoms ist M/N_A. Als atomare Bezugsgröße wird häufig auch die *atomare Masseneinheit* $u = 1,66 \cdot 10^{-27}$ kg benutzt. u ist 1/12 der Masse eines Atoms des Kohlestoffisotops $^{12}_{6}$C.

Die chemischen Eigenschaften eines Atoms werden durch die Zahl Z der Hüllenelektronen und deren Verteilung auf die Schalen bestimmt. Das bedeutet auch, daß die chemischen Eigenschaften für alle Isotope eines Elementes gleich sind. In dem natürlichen Vorkommen der Elemente auf unserer Erde ist das Verhältnis der relativen Häufigkeiten h der Isotope, Tabelle 47.1, immer das gleiche.

Die **Bindungsenergien** E_B der Protonen und Neutronen, d. h. der Nukleonen im Kern, sind außerordentlich hoch und liegen in der Größenordnung von MeV = 10^6 eV (Elektronvolt). 1 MeV ist gleich der kinetischen Energie eines einfach geladenen Teilchens, z. B. eines Protons oder Elektrons, das die Spannungsdifferenz von 1 Million Volt (!) durchlaufen hat. Vergleichsweise betragen die chemischen Bindungsenergien im Atom oder Molekül nur einige Elektronenvolt.

In erster Näherung ist die Bindungsenergie E_B für Protonen und Neutronen in den unterschiedlichen Kernen etwa gleich groß: ca. 8 MeV. Eine genauere Betrachtung zeigt allerdings, daß die Kerne mit mittlerer Molmasse die größte Bindungsenergie pro Nukleon besitzen und deshalb am stabilsten sind, wie aus Bild 47.2 ersichtlich.

Bei den sehr schweren Kernen nimmt die Bindungsenergie und damit die Stabilität mit wachsender Ordnungszahl infolge der elektrostatischen Abstoßung zwischen den zahlreichen Protonen ab. Unter den leichten Kernen ist die Kombination von 2 Protonen und 2 Neutronen, d. h. der He-Kern, bei weitem am stabilsten. Daher werden z. B. von schweren instabilen, d. h. radioaktiven Kernen, aus energetischen Gründen nicht Protonen, sondern $^{4}_{2}$He-Kerne, die sog. α-*Strahlung*, ausgesandt.

Durch Verschmelzung leichter Kerne, **Kernfusion**, gewinnt man ebenso Energie wie durch die Spaltung von schweren Kernen zu mittelschweren Kernen, **Kernspaltung**.

Eigenschaften radioaktiver Strahlung

Die schwersten Kerne im periodischen System der Elemente, wie z. B. Radium, Thorium und Uran, sind nicht mehr stabil. Sie wandeln sich unter Aussendung von Strahlung in andere Kerne um: **radioaktiver Zerfall**. Die neuen Kerne sind im allgemeinen ebenfalls instabil und zerfallen weiter. Man findet in der Natur unterschiedliche Zerfallsreihen mit radioaktiven Nukliden, sog. **Radionukliden**, wobei jedes auftretende Radionuklid eine charakteristische mittlere **Lebensdauer** τ bzw. **Halbwertszeit** $T_{1/2} = \tau \ln 2$ besitzt. Der Zerfall erfolgt allerdings statistisch, so daß man für ein einzelnes Atom nicht voraussagen kann, wann es zerfällt.

Der radioaktive Zerfall läßt sich durch äußere physikalische Bedingungen, wie hohe Temperaturen, magnetische oder elektrische Felder etc. nicht beeinflussen. Jede Zerfallsreihe endet schließlich bei einem stabilen Nuklid mit der Lebensdauer $\tau = \infty$, in den meisten Fällen bei einem Blei-Isotop.

Die Halbwertszeiten $T_{1/2}$ für die verschiedenen radioaktiven Substanzen sind extrem unterschiedlich und liegen zwischen weniger als 10^{-8} s und mehr als 10^{10} Jahren! Die Halbwertszeit von $^{60}_{27}$Co z. B. beträgt 5,2 Jahre.

Die **Aktivität** A einer radioaktiven Substanzmenge ist gleich der Anzahl der Zerfälle ΔN pro Zeitintervall Δt

$$A = \frac{\Delta N}{\Delta t} \quad ; \quad [A] = 1\,\text{Bequerel} = 1\,\text{Bq} = \frac{1\,\text{Zerfall}}{1\,\text{Sekunde}}\,.$$

Alte Einheit: 1 Curie = 1 Ci = $3{,}7 \cdot 10^{10}$ Bq.

Die Aktivität ist proportional zur Menge des Radionuklids und umgekehrt proportional zur Lebensdauer τ.

Radioaktive Strahlung kann durch ihre **ionisierende Wirkung** nachgewiesen werden, z. B. durch Ionisation von Gasatomen (*Ionisationskammer*, *Geiger-Müller-Zählrohr*, *Wilson-Nebelkammer*) oder durch Schwärzung fotografischer Schichten (*Kernspurplatten*, *Radiografie*, *Dosimetrie*), durch Anregung von Leuchtstoffen zu Lichtblitzen (*Zählung mit Fotomultiplier*, *Szintillationen*) und durch Erzeugung von freien Elektronen in Halbleiter-Kristallen (*Halbleiter-Strahlungsdetektor*).

Die wichtigsten Arten radioaktiver Strahlung sind die α-**Strahlung** ($^4_2$He-Kerne), die β^--**Strahlung** (Elektronen) und die γ-**Strahlung**, eine sehr kurzwellige elektromagnetische Strahlung (Photonen), Bild 47.3.

Die verschiedenen Strahlungsarten unterscheiden sich wesentlich in der *Durchdringungsfähigkeit von Materie*: α-Strahlung wird schon in einer äußerst dünnen Aluminium-Folie ($d < 0{,}01$ mm) oder einer Postkarte fast vollständig absorbiert, β-Strahlung wird dagegen erst von Al-Blech

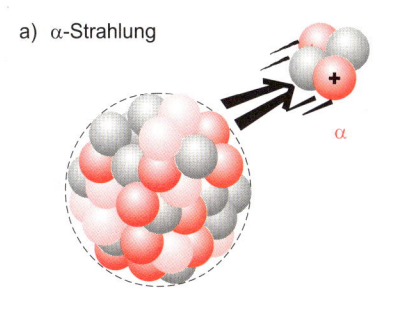

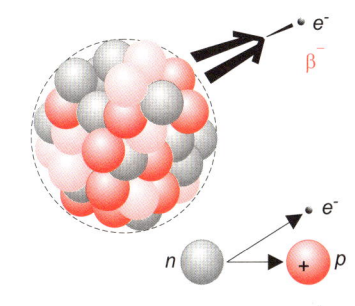

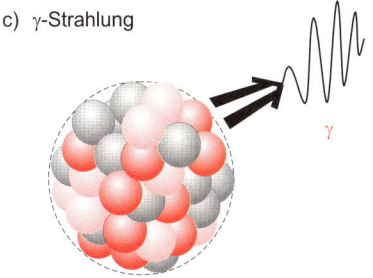

Bild 47.3. Schematische Darstellung der radioaktiven Zerfallsarten: (a) α-, (b) β^-- und (c) γ-Strahlung

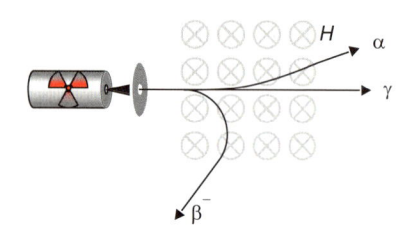

Bild 47.4. α-, β^-- und γ-Strahlung in einem homogenen Magnetfeld H, schematisch

($d \geq 1$ mm) abgeschirmt, während ein Teil der γ-Strahlung auch noch 100 mm dicke Aluminium-Blöcke durchdringt. Die Absorption radioaktiver Strahlung wächst ferner mit der Materialdichte, deshalb werden häufig Blei-Abschirmungen verwendet.

Eine Identifizierung und Untersuchung von α- und β-Strahlung ist durch ihre *Ablenkung* in transversalen elektrischen oder magnetischen Feldern möglich, da sie aus schnell fliegenden, geladenen Teilchen bestehen. Die Ablenkung erfolgt in entgegengesetzten Richtungen und ist proportional zum Verhältnis Ladung/Masse der Teilchen, wie in Bild 47.4 schematisch dargestellt. Die γ-Strahlung, d. h. ein Photonenstrom, wird natürlich nicht abgelenkt.

Sehr stark unterscheidet sich auch die *ionisierende Wirkung* der drei radioaktiven Strahlungsarten. Während ein α-Teilchen z. B. in atmosphärischer Luft pro Zentimeter Weglänge einige hundert Ionen erzeugt, werden vom β-Teilchen nur einige wenige Ionen pro Zentimeter erzeugt. Dies ist z. B. ein wichtiges Unterscheidungsmerkmal bei den Spuren in einer Nebelkammer. Die γ-Strahlung besitzt nur eine sehr geringe ionisierende Wirkung. Je stärker die Strahlung ionisiert, um so geringer ist ihre Eindringtiefe in Materie.

Bei der Aussendung eines α-Teilchens, $^4_2$He-*Kern*, Bild 47.3a, verliert der Atomkern zwei positive Ladungen und vier Masseneinheiten. Es entsteht daher ein *Tochterkern*, der zu dem Element gehört, das im Periodensystem zwei Stellen links vom Ursprungs-Element steht.

Bei Aussendung von β^--*Strahlung*, Bild 47.3b, entsteht dagegen ein Tochterkern, der im Periodensystem um eine Stelle nach rechts gerückt zu finden ist, da ein Neutron n in ein Proton p^+, ein Elektron e^- (und ein Anti-Neutrino $\overline{\nu}$) zerfällt:

$$\beta^- \text{-Zerfall} \quad n \longrightarrow p^+ + e^- + \overline{\nu} \ .$$

Ein β^+-Zerfall ist im übrigen ebenfalls möglich:

$$\beta^+ \text{-Zerfall} \quad p^+ \longrightarrow n + e^+ + \nu \ .$$

Diese Verschiebungen im Periodensystem durch α- bzw. β-Zerfall werden beschrieben durch die

Fajans-Soddyschen Verschiebungsgesetze

$$^A_Z X \xrightarrow{\alpha} \ ^{A-4}_{Z-2} X' \ , \quad ^A_Z Y \xrightarrow{\beta^-} \ ^A_{Z+1} Y' \ , \quad ^A_Z Y \xrightarrow{\beta^+} \ ^A_{Z-1} Y' \ .$$

Bild 47.5a,b. Häufigkeitsverteilung der kinetischen Energien der α- und der β-Strahlung, die beim Zerfall verschiedener Radionuklide entsteht

Alle von einem bestimmten Nuklid ausgesandten α-Teilchen besitzen die gleiche Energie E_{kin}, Bild 47.5a. Auch die Photonen der γ-Strahlung besitzen eine für den betrachteten Zerfall charakteristische diskrete Energie hf, d. h. eine Spektrallinie im kurzwelligen Bereich elektromagnetischer Strahlung: monochromatische Strahlung. Es können allerdings auch zwei oder mehr diskrete γ-Spektrallinien gleichzeitig auftreten.

Die β^--Teilchen besitzen dagegen eine kontinuierliche Häufigkeitsverteilung der kinetischen Energien E_{kin}, die sich von Null bis zu einem für den Zerfall charakteristischen Maximalwert $E_{\max}$ erstreckt, Bild 47.5b. Da die Gesamtenergie des β^--Zerfalls $E_{\max}$ konstant ist, besitzt die jeweilige verbleibende Energie das Anti-Neutrino $\bar{\nu}$. Entsprechendes gilt für den β^+-Zerfall.

γ-Strahlung tritt stets nur zusammen mit α- oder β-Strahlung auf. Betrachtet man z. B. das in den nachfolgenden Experimenten verwendete künstlich hergestellte radioaktive Isotop ^{60}Co (Kobalt), das sich unter gleichzeitiger Aussendung von β- und γ-Strahlung in das stabile Isotop ^{60}Ni (Nickel) umwandelt:

$$^{60}_{27}\mathrm{Co} \xrightarrow{\beta,\gamma} {}^{60}_{28}\mathrm{Ni} \ ,$$

so treten eine maximale β-Energie von 0,31 MeV und zwei γ-Quanten mit Energien von 1,17 MeV und 1,33 MeV auf (siehe auch *Themenkreis 48*: γ-Spektroskopie). Die β-Strahlung ist also eine relativ weiche Strahlung und wird schon von der metallischen Umhüllung des Präparates absorbiert, so daß nur die γ-Strahlung aus dem Präparat austritt.

Außer bei den radioaktiven schweren Kernen gibt es auch unter den mittelschweren und leichten Elementen radioaktive Isotope. In der Regel kommen diese jedoch nicht in der Natur vor, sondern werden durch Atomumwandlungen, z. B. durch Bestrahlung natürlicher stabiler Elemente mit Neutronen im Atomreaktor künstlich erzeugt, **künstliche Radioaktivität**.

Absorption von γ-Strahlung

Das Durchdringungsvermögen radioaktiver Strahlung durch Materie hängt außer von der Art der Strahlung, α, β, γ, auch von deren Energie sowie von Atomart und Dichte der Atome im Absorber ab.

Die Schwächung von α- und β- Strahlung beim Durchtritt durch Materie erfolgt durch Absorption von Energie. Dabei erzeugen die geladenen Teilchen längs ihrer Flugbahn eine große Zahl von Ionen und Elektronen und verlieren so stufenweise ihre Energie, bis sie schließlich zur Ruhe kommen. Bei der Schwächung eines γ-Strahlenbündels dagegen gibt es beim Durchgang durch Materie neben den Absorptionsprozessen auch **Streuung**, d. h. eine Ablenkung einzelner Quanten aus ihrer Flugbahn.

Die Absorption bzw. Reichweite von α-Strahlung wird im *Themenkreis 49*: α-Strahlung und Nebelkammer dargestellt. Die folgenden Überlegungen gelten für γ-Strahlung.

Nach einer vereinfachenden Modellvorstellung besitzt jedes Atom einen **Wirkungsquerschnitt** σ, d. h. vom Atom werden alle γ-Quanten absorbiert, die innerhalb einer Fläche σ einfallen. Sind n Atome pro cm^3 im Absorber vorhanden, so sind in einer Schicht der Dicke dx je cm^2 Querschnittsfläche $n\mathrm{d}x$ Atome enthalten, und die abschattende Fläche beträgt $\sigma n \mathrm{d}x$, Bild 47.6. Von den pro cm^2 und Sekunde einfallenden N γ-Quanten werden also absorbiert

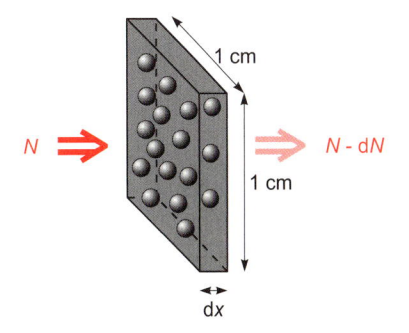

Bild 47.6. Absorption radioaktiver Strahlung

$$dN = -N\sigma n\,dx = -N\mu\,dx \qquad \text{mit} \qquad \mu = n\sigma \quad,$$

wobei μ der **Absorptionskoeffizient** oder Schwächungskoeffizient ist. Für eine Platte endlicher Dicke d ergibt sich die Zahl der durchtretenden γ-Quanten $N(d)$ durch Integration und man erhält das

Absorptionsgesetz $\qquad N(d) = N_0 e^{-\mu d}$

mit der

Halbwertsdicke $\qquad \delta = \dfrac{\ln 2}{\mu} \quad \text{mit} \quad \ln 2 = 0{,}693 \quad .$

Abstandsgesetz

Die radioaktive Strahlung wird von den radioaktiven Atomen in der Regel in alle Raumrichtungen ausgesendet und breitet sich geradlinig aus. Alle Teilchen, die von einer annähernd punktförmigen Quelle Q durch eine Blendenöffnung in einen Raumwinkel ω ausgesandt werden, durchsetzen die im Abstand R_1 und R_2 im gleichen Raumwinkel liegenden Flächen A_1 und A_2, wie in Bild 47.7 dargestellt. Stellt man nun einen Strahlungsempfänger, z. B. ein Zählrohr mit der kleinen Fläche A_Z im Abstand R_1 bzw. R_2 von der Quelle auf, so wird nur ein Bruchteil A_Z/A_1 bzw. A_Z/A_2 des betrachteten Teilchenstromes gemessen. Da $A_1 = \omega R_1^2$ und $A_2 = \omega R_2^2$ ist der jeweils gemessene Teilchenstrom I umgekehrt proportional zum Quadrat der Entfernung Punktquelle-Empfänger. Damit erhält man das

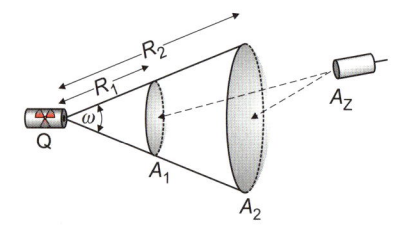

Bild 47.7. Zur Herleitung des Abstandsgesetzes

Abstandsgesetz $\qquad I = \text{const.}/R^2 \quad .$

Der Teilchenstrom I ist die Zahl N der durch eine Fläche A pro Zeiteinheit hindurchtretenden Teilchen. Der Quotient I/A wird als Teilchenstromdichte bezeichnet.

Biologische Wirkungen radioaktiver Strahlung

Radioaktive Strahlung kann bei Absorption im tierischen und menschlichen Körper **Strahlenschäden** bewirken. Durch die in den lebenden Zellen erzeugten Ionen und freien Elektronen werden in den organischen, sehr komplizierten Molekülen chemische Reaktionen eingeleitet, die zu schwerwiegenden Folgen für den Organismus führen können, z. B. zur Krebserzeugung, insbesondere Blutkrebs (Leukämie), zu genetischen Schäden (Schädigung des Erbgutes) oder bei hohen Strahlungsdosen zu akuten Vergiftungserscheinungen, in Extremfällen mit tödlichem Ausgang wie beim Reaktorunglück in Tschernobyl 1986. Die Schäden machen sich oft nicht sofort nach der Bestrahlung, sondern erst nach längerer oder sehr

Tabelle 47.2. Physikalische und biologische Halbwertszeiten wichtiger Radioisotope

Radioisotop		Strahlenart	physikalische Halbwertszeit	Ablagerung in	biologische Halbwertszeit
Jod	$^{131}_{53}$J	β^-	8 Tage	Schilddrüse	120 Tage
Cäsium	$^{137}_{55}$Cs	β^-	30 Jahre	Muskelgewebe	100 Tage
Strontium	$^{90}_{38}$Sr	β^-	28 Jahre	Knochen	50 Jahre
Radium	$^{226}_{88}$Ra	α	1600 Jahre	Knochen	50 Jahre
Plutonium	$^{239}_{94}$Pu	α	$2{,}4 \cdot 10^4$ Jahre	Knochen, Leber	100 Jahre

langer Zeit bemerkbar, Tage bis Jahre; die Erbschäden erst in der nächsten oder in den folgenden Generationen.

Beim Umgang mit ionisierenden Strahlungsquellen wie radioaktiven Substanzen oder auch mit Röntgen-Strahlung ist daher *äußerste Vorsicht* geboten. Besonders gefährlich ist die Aufnahme radioaktiver Substanzen mit der Nahrung, **Ingestion**, oder mit der Atemluft, **Inhalation**, bei anschließendem Einbau der Radionuklide in den Körper. Hierdurch erfährt der Körper eine Dauerstrahlungsbelastung, die während der ganzen Lebensdauer des Radionuklids anhält bzw. bis dieses nach einiger Zeit biologisch ausgeschieden wird. Neben der physikalischen Halbwertszeit eines Radioisotops ist daher für die Wirkung auf den menschlichen Organismus auch die **biologische Halbwertszeit** von großer Bedeutung; nach dieser Zeit hat der Körper die Hälfte der Nuklide wieder ausgeschieden, siehe Tabelle 47.2. Wie man sieht, kann die Verweildauer einiger Radionuklide sogar ein Menschenleben überdauern.

Der menschliche Körper ist ständig der einfallenden Höhenstrahlung, einer schwachen Strahlung natürlicher radioaktiver Elemente der Umgebung, z.B. aus Baustoffen, sowie einer Eigenstrahlung seines Gewebes ausgesetzt. Solange eine zusätzliche Strahlenbelastung im Rahmen der Schwankungsbreite der natürlichen Strahlenbelastung bleibt, sollten keine merklichen Schäden auftreten. Es wird deshalb eine gewisse **Toleranzdosis** für zulässig erklärt. Jede zusätzliche Strahlungsbelastung sollte jedoch so gering wie möglich bleiben, da sich die Wahrscheinlichkeiten für das Auftreten von Strahlenschäden über lange Zeiten aufsummieren!

Bei der medizinischen Anwendung ionisierender Strahlung zur Diagnose oder zur Therapie muß der Arzt stets den medizinischen Nutzen der Maßnahme gegen die potentielle Gesundheitsgefährdung durch die Strahlung abwägen. In jedem Fall muß auch dabei die gewählte Dosis so gering wie möglich bleiben.

Zur quantitativen Erfassung der Strahlungsmenge und ihrer Wirkung verwendet man sog. Dosisbegriffe. Die **Energiedosis** ist der Quotient aus der im Gewebe absorbierten Strahlungsenergie und der Masse des Gewebes, Bild 47.8.

Energiedosis $\quad D = \dfrac{\mathrm{d}W}{\mathrm{d}m}$.

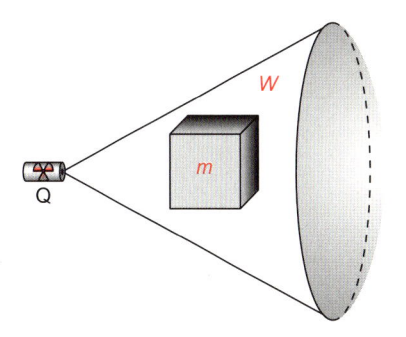

Bild 47.8. Veranschaulichung der Energiedosis

Tabelle 47.3. Wichtungsfaktoren w_R

Strahlenart	w_R
α - Strahlung	20
β - Strahlung	1
γ - Strahlung	1
Neutronen	5 bis 10

Einheit: $1\,\text{Gray} = 1\,\text{Gy} = 1\,\text{J/kg}$ (früher $1\,\text{Rad} = 1\,\text{rd} = 0{,}01\,\text{Gy}$).

Wichtiger für den Strahlenschutz ist jedoch der Begriff der **Organodosis** H_R, da er die biologische Wirkung der unterschiedlichen Strahlarten berücksichtigt. H_R ist das Produkt aus der Energiedosis D und einem dimensionslosen Wichtungsfaktor w_R (der Index R steht für Strahlung, englisch: radiation), der die Schädlichkeit der jeweiligen Strahlung charakterisiert.

Organdosis $\qquad H_R = w_R D$.

Einheit: $1\,\text{Sievert} = 1\,\text{Sv} = 1\,\text{J/kg}$ (früher $1\,\text{rem} = 0{,}01\,\text{Sv}$). In Tabelle 47.3 sind die Strahlungs-Wichtungsfaktoren für einige ionisierende Strahlenarten aufgeführt.

Geiger-Müller-Zählrohr

Das **Geiger-Müller-Zählrohr** nutzt die ionisierende Wirkung radioaktiver Strahlung aus und ermöglicht so, einzelne α- und β-Teilchen oder auch γ-Quanten nachzuweisen. Das Zählrohr nach H. Geiger und E. W. Müller besteht aus einem gasgefüllten zylindrischen Rohr, in dem axial ein dünner Draht (ca. 0,1 mm Durchmesser) isoliert aufgespannt ist, wie in Bild 47.9a dargestellt. An den Draht wird über einen hochohmigen Widerstand R die positive Spannung U (z. B. 500 V) angelegt. Ein α- bzw. β-Teilchen oder ein γ-Quant, das in das Zählrohr eindringt, erzeugt im Füllgas eine Anzahl von Ionen und freien Elektronen, Bild 47.9b, die im elektrischen Feld zur Kathode bzw. Anode beschleunigt werden. In der Nähe des dünnen Drahtes ist die elektrische Feldstärke erheblich größer als im restlichen Volumen, d. h. die dorthin beschleunigten Elektronen, Bild 47.9c, können zwischen zwei Zusammenstößen mit Gasatomen durch Beschleunigung im elektrischen Feld soviel Energie aufnehmen, daß sie beim nächsten Stoß das neutrale Gasatom ionisieren. Auch die neu entstandenen geladenen Teilchen werden weitere Gasatome ionisieren, so daß sich in einer Kettenreaktion eine *Lawine von Ladungsträgern* ausbildet. Der entsprechend ansteigende Strom I fließt über den Widerstand R, an dem nun der Spannungsabfall $U_R = IR$ schnell die Größenordnung der Batteriespannung U_0 erreicht, Bild 47.9a. Entsprechend sinkt die Spannung am Zählrohr

$$U = U_0 - U_R \quad ,$$

und die Gasentladung bricht zusammen.

Sobald ein weiteres ionisierendes Teilchen einfällt, wiederholt sich der Vorgang. Die Spannungsimpulse werden elektronisch verstärkt und mit einem Zähler gezählt. Folgt allerdings das nächste Teilchen bereits, bevor die Gasentladung erloschen ist, so wird es keinen weiteren Impuls auslösen. Das Zählrohr besitzt also eine gewisse **Totzeit** (typisch t_{tot} einige 10^{-4} s).

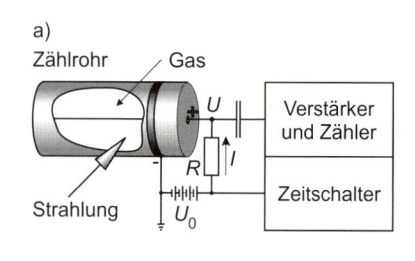

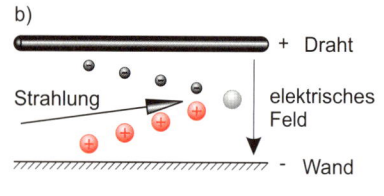

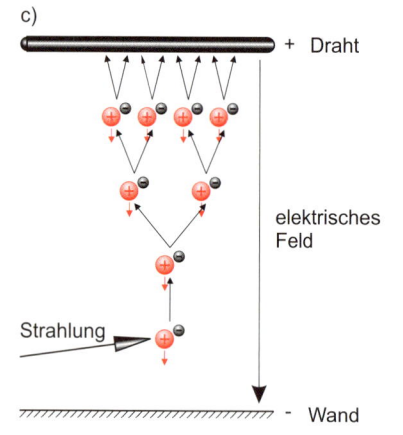

Bild 47.9. (a) Aufbau und Schaltung zur Registrierung der Zählrate beim radioaktiven Zerfall mit dem Geiger-Müller-Zählrohr, (b) Ionisierung von Gasatomen, (c) Lawineneffekt

Mißt man bei konstanter Bestrahlung die Zählrate N für verschiedene Spannungen U, so erhält man die **Zählrohrkennlinie**, Bild 47.10. Unterhalb eines gewissen Schwellwertes U_S tritt keine Verstärkung durch Stoßionisation im Zählrohrgas ein, und man beobachtet keine Impulse. Oberhalb von U_S steigt dann die Zählrate zunächst steil an, erreicht aber bald eine gewisse Sättigung bei U_1, weil dann fast jedes in das Zählrohr eindringende ionisierende Teilchen einen zählbaren Impuls auslöst: *Plateaubereich*. Oberhalb der Spannung U_2 wird die Impulsrate durch Nachentladungen erhöht und bei noch höheren Spannungen U_Z setzt schließlich eine Dauergasentladung ein, die zur Zerstörung des Zählrohres führen kann. Als Arbeitsspannung U_A wählt man einen Wert, der etwa in der Mitte des Plateaubereiches liegt.

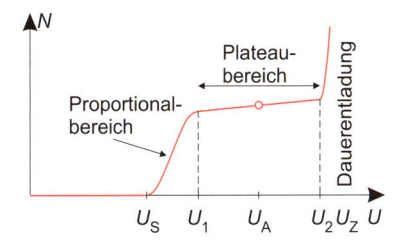

Bild 47.10. Kennlinie eines Geiger-Müller-Zählrohres

Auch wenn man alle radioaktiven Quellen aus der Umgebung des Zählrohres entfernt, mißt man dennoch eine gewisse geringe Zählrate N_0, die **Nullrate**. Diese wird durch die *kosmische Strahlung*, die *Höhenstrahlung*, sowie durch geringe Spuren radioaktiver Substanzen im Zählrohrmaterial und in der Umgebung, z. B. in den Baustoffen der Wände, verursacht. Die Nullrate N_0 überlagert sich natürlich auch einer vom Präparat herrührenden Zählrate N_P, d. h. es wird stets die Summe N gemessen:

$$N = N_P + N_0 \quad .$$

Statistische Schwankungen bei Zählungen

Der Zerfall radioaktiver Substanzen unterliegt statistischen Schwankungen. Zählt man bei konstanter mittlerer Strahlungsintensität während einer Zeit T die Zählrohrimpulse, so erhält man bei n-facher Wiederholung der Messung die um einen Mittelwert $\overline{N}$ schwankenden Ergebnisse N_1, N_2, N_3, ... N_n. Als Maß für die Schwankungen wird die Standardabweichung ΔN, d. h. der mittlere quadratische Fehler der Einzelmessung, benutzt. Nach den Formeln der Fehlerstatistik kann ΔN aus den Abweichungen der Einzelbeobachtungen N_i vom Mittelwert $\overline{N}$ ausgerechnet werden:

$$\Delta N = \sqrt{\frac{1}{n-1} \sum_{i=1}^{n} (N_i - \overline{N})^2} \quad \text{mit} \quad \overline{N} = \frac{1}{n} \sum_{i=1}^{n} N_i \quad .$$

Andererseits ergibt die statistische Theorie der Zählprozesse:

$$\Delta N = \sqrt{\overline{N}} \quad \text{oder} \quad \frac{\Delta N}{\overline{N}} = \frac{\sqrt{\overline{N}}}{\overline{N}} = \frac{1}{\sqrt{\overline{N}}} \quad .$$

Der relative Fehler $\Delta N / \overline{N}$ wird also um so kleiner, je mehr Impulse gezählt werden, d. h. je länger die Meßzeit T gewählt wird.

47.1 Zählrohrkennlinie und statistische Schwankungen beim radioaktiven Zerfall (1/3)

> **Bei Experimenten mit radioaktiven Stoffen sind besondere Sicherheitshinweise zu beachten:**
> - Nur mit Blei abgeschirmte radioaktive Quellen verwenden!
> - Experimentierdauer kurz halten!
> - Vermeiden, sich der radioaktiven Strahlung direkt auszusetzen!
> - Schwangere dürfen radioaktive Experimente nicht durchführen!

Messung der Kennlinie eines Geiger-Müller-Zählrohres. Ermittlung der statistischen Schwankungen beim radioaktiven Zerfall und Überprüfung von Näherungsformeln.

Radioaktives Präparat: γ-Strahler (z. B. $^{60}_{27}$Co mit Aktivität $A \approx 10^6$ Bq) in Bleiabschirmung, Geiger-Müller-Zählrohr mit Netzgerät (Spannung variabel, z. B. $U = 300$ bis 600 V), elektronisches Zählgerät oder Stoppuhr, Stativmaterial.

Sinnvolle Zählrate

Das Schema der Zählrohr-Anordnung ist in Bild 47.9a dargestellt. Mit einem elektronischen Zeitschalter oder einer Stoppuhr können verschiedene Zählzeiten eingestellt werden, in denen die Zahl der Impulse N gemessen wird.

Zunächst wird eine sinnvolle Zählrate eingestellt. Dazu wählt man eine Zählrohrspannung im Plateau-Bereich (typisch $U = 400$ V – 600 V) und eine Zählzeit T von z. B. 30 s. Die Entfernung zwischen Quelle und Zählrohr wird nun so eingestellt, daß man etwa $N = 1000$ Impulse in der Zeit T mißt und damit eine hinreichende Genauigkeit erreicht.

Der ermittelte Abstand R wird notiert.

Zählrohrkennlinie

Zur Messung der Zählrohrkennlinie $N = f(U)$ wird die Spannung U in Schritten von z. B. 30 V, beginnend bei ca. 300 V bis zum Erreichen der Maximalspannung erhöht und jeweils die Impulszahl N gemessen.

Zur Auswertung wird die Kennlinie $N = f(U)$ als Diagramm aufgezeichnet. Um den Fehlerbereich zu veranschaulichen, trägt man an jeden Meßpunkt den mittleren Fehler $\pm\sqrt{N}$ als vertikale Strecke ein: *Fehlerbalken*.

Die Arbeitsspannung U_A wählt man für alle folgenden Messungen etwa in der Mitte des Plateau-Bereiches.

Zählstatistik

Zum experimentellen Vergleich der o. a. Formeln für die Standardabweichung ΔN bei Zählstatistiken stellt man eine relativ kurze Zählzeit, z. B. $T = 20$ s, ein und wählt die Entfernung R zwischen Zählrohr und

Quelle so, daß N zwischen 100 und 200 Impulsen liegt. Die Zählung wird mehrfach, z. B. 15- bis 20-mal, unter gleichen Bedingungen wiederholt.

> Der Mittelwert $\overline{N}$ wird gebildet und die Abweichungen $v_i = N_i - \overline{N}$, sowie v_i^2 berechnet. Nach obiger Gleichung wird ΔN ermittelt und der Wert mit $\Delta N = \sqrt{\overline{N}}$ verglichen.

47.2 Prüfung des Abstandsgesetzes (1/3)

Prüfung des Abstandsgesetzes für radioaktive Strahlung. Umgang mit doppelt-logarithmischen grafischen Darstellungen.

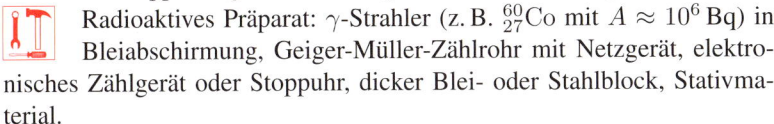

Radioaktives Präparat: γ-Strahler (z. B. $^{60}_{27}$Co mit $A \approx 10^6$ Bq) in Bleiabschirmung, Geiger-Müller-Zählrohr mit Netzgerät, elektronisches Zählgerät oder Stoppuhr, dicker Blei- oder Stahlblock, Stativmaterial.

Abstandsgesetz

Eine nicht zu kurze Zählzeit, z. B. $T = 30\,\text{s}$, wird gewählt und für etwa 10 verschiedene Abstände R zwischen Zählrohr und Quelle die Impulszahl N gemessen. Wegen des quadratischen Abstandsgesetzes sind äquidistante Schritte nicht sinnvoll. Vielmehr sollte R jeweils um den gleichen Faktor geändert werden, z. B. 1,2 bis 1,3. Für zu kleine Entfernungen wird die Zählrate so groß, daß sich die *Totzeit* des Zählrohres bereits störend bemerkbar macht; Messungen für $R \leq 10\,\text{cm}$ oder Zählraten ≥ 250 Impulse pro Sekunde sind typischerweise nicht mehr sinnvoll.

Bestimmung des Nulleffektes

Zur Bestimmung des *Nulleffektes* wird die radioaktive Quelle möglichst weit vom Zählrohr weggeschoben, $R \geq 1\,\text{m}$ und mit ihrer Bleimantelöffnung zur Wand gedreht. Vor die Quelle wird zusätzlich ein dicker Blei- oder Stahlblock gestellt, so daß der Weg für die γ-Strahlung zum Zählrohr weitgehend abgeschirmt ist. Um N_0 mit einiger Sicherheit bestimmen zu können, wird die Messung mehrfach wiederholt.

> Durch Mittelung bestimme man zunächst N_0. Unter Berücksichtigung dieses Nulleffektes lautet das Abstandsgesetz
>
> $$I \approx N_P = N - N_0 = \frac{\text{const}}{R^2} \quad, \quad \text{also} \quad \lg N_P = \text{const} - 2 \lg R \quad.$$

Man errechne aus den Meßwerten N_P und $\sqrt{N_P} \approx \Delta N_P$. Zur Nachprüfung des quadratischen Abstandsgesetzes werden die Werte von N_P und R in *doppelt-logarithmischem Maßstab* wie in Bild 47.11 aufgetragen und die *Fehlerbalken* eingezeichnet, die in einer solchen nichtlinearen Grafik sehr unterschiedliche Längen besitzen!

Um Theorie und Experimente zu vergleichen, zeichnet man im log-log-Diagramm eine Gerade mit dem Anstieg $n = -2$ durch die Meßpunkte. Eine mögliche Abweichung bei kleinen Abständen soll diskutiert werden.

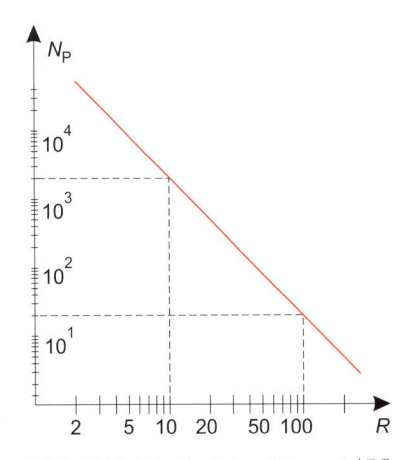

Bild 47.11. Die Funktion $N_P \propto 1/R^x$ in doppelt-logarithmischer Darstellung ergibt eine fallende Gerade, aus deren Steigung der Exponent x berechnet werden kann

47.3 Prüfung des Absorptionsgesetzes (1/3)

Das Absorptionsgesetz für radioaktive Strahlung soll überprüft werden. Umgang mit einfach-logarithmischen grafischen Darstellungen.

Radioaktives Präparat: γ-Strahler (z. B. $^{60}_{27}$Co mit $A \approx 10^6$ Bq) in Bleiabschirmung, Geiger-Müller-Zählrohr mit Netzgerät, elektronisches Zählgerät oder Stoppuhr, Absorberplatten aus unterschiedlichen Materialien (z. B. Al, Fe, Cu, Pb, Kunststoff), Schiebelehre, diverses Stativmaterial.

Absorptionsgesetz

Zwischen Quelle und Zählrohr werden Absorberplatten eingesetzt, Bild 47.12, und die Impulszahl N als Funktion der Plattenzahl, d. h. der Gesamtdicke d mehrfach gemessen, z. B. je 10 Messungen. Die Dicke der Platten wird mit einer Schiebelehre bestimmt. Die durch den Nulleffekt bedingte Impulszahl N_0 muß auch hier wieder berücksichtigt werden.

Der Abstand a zwischen Quelle und Zählrohr wird möglichst klein gewählt, um bei kurzen Meßzeiten hinreichend hohe Impulszahlen und damit eine ausreichende Genauigkeit zu bekommen. Die Zählzeit T wird so eingestellt, daß man ohne Absorber, also $d = 0$, etwa 800 bis 1000 Impulse mißt. Die Absorberplatten werden möglichst dicht vor die Quelle gesetzt, um nicht zu viel von der im Absorber entstehenden Streustrahlung mitzumessen.

Unter Berücksichtigung des Nulleffektes lautet das Absorptionsgesetz

$$N(d) = N - N_0 = N(0)\mathrm{e}^{-\mu d}$$

mit der Halbwertsdicke $\delta = \ln 2/\mu$. Dabei ist $N(0)$ der Wert von $N(d)$ bei $d = 0$. Durch Logarithmieren (dekadischer Logarithmus) der Zahlenwerte von N ergibt sich

$$\lg N(d) = \lg N(0) - \mu d \lg \mathrm{e} \quad .$$

Aus den Meßergebnissen wird $N(d)$ und $\sqrt{N(d)} \approx \Delta N(d)$ ausgerechnet und ebenfalls in die Tabelle eingetragen. Zwecks grafischer Auswertung wird $N(d)$ als Funktion von d in halb-logarithmischer Darstellung aufgetragen und linear interpoliert, Bild 47.13. Zu jedem Meßpunkt wird der Fehlerbalken $\Delta N(d) \approx \sqrt{N(d)}$ eingezeichnet (Achtung: logarithmische Skala!).

Die Halbwertsdicke δ läßt sich aus dem Diagramm direkt ablesen: Für $d = \delta$ ist $N(d) = N(0)/2$. Der Absorptionskoeffizient errechnet sich aus $\mu = \ln 2/\delta$.

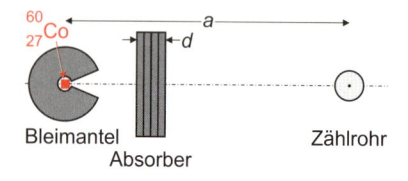

Bild 47.12. Schematischer Versuchsaufbau zum Absorptionsgesetz

Bild 47.13. Die Exponentialfunktion $N(d) = N(0)\mathrm{e}^{-\mu d}$ in halb-logarithmischer Darstellung ergibt eine fallende Gerade

47.4 Absorptionskoeffizient und Wirkungsquerschnitt verschiedener Substanzen für γ-Strahlung (2/3)

Für verschiedene Materialien mit unterschiedlicher Dichte ρ sollen die Absorptionskoeffizienten μ für γ-Strahlung gemessen und die atomaren Wirkungsquerschnitte berechnet werden. Das Gesetz $\mu/\rho =$ const soll überprüft werden. Aus der Größe μ/ρ soll der Elektronenradius abgeschätzt werden.

Zählrohr-Meßanordnung mit radioaktiver Quelle: γ-Strahler (z. B. $^{60}_{27}$Co mit $A \approx 10^6$ Bq) in Bleiabschirmung, Abschirm-Stahlblock, z. B. $10 \times 4 \times 8$ cm^3, Halter für Substanzproben, Proben: Blei, Stahl, Aluminium, Kunststoff (PVC), Holz, u. a.; Maßstab, Schiebelehre.

Setzt man zwischen radioaktiver Quelle und Zählrohr verschiedene Materialien ein, so kann man aus der Schwächung der Strahlung bei bekannter Materialdicke d aus dem *Absorptionsgesetz* die *Absorptionskoeffizienten* bzw. Schwächungskoeffizienten μ bestimmen. Dazu werden die Impulszahlen N einmal ohne und einmal mit den ausgewählten Absorberkörpern zwischen Quelle und Zählrohr gemessen. Die Messung wird für verschiedene Probendicken d wiederholt.

Die statistischen Schwankungen bei Zählungen bedingen einen relativen Fehler. Um große Impulszahlen und damit eine angemessene Genauigkeit zu erreichen, verwende man eine relativ lange Meßzeit (z. B. $T = 2$ min) und einen möglichst kleinen Abstand ($a \approx 20$ cm) zwischen Quelle und Zählrohr; jede Messung wiederhole man mindestens dreimal. Der Nulleffekt ist wieder zu berücksichtigen.

Nach der Formel für den Absorptionskoeffizienten wird μ berechnet. Von den Mittelwerten der Meßergebnisse $\overline{N}$ wird dabei die Nullrate abgezogen $N_\mathrm{P} = \overline{N} - N_0$. Es folgt durch Logarithmieren

$$\ln \frac{N_\mathrm{P}}{N_{\mathrm{P}_0}} = -\mu d \quad \text{oder} \quad \mu = \frac{1}{d} \ln \frac{N_{\mathrm{P}_0}}{N_\mathrm{P}} \quad .$$

Man vergleiche die gemessenen Werte für μ mit den in Tabelle 47.4 aufgeführten Literaturwerten. Man beachte dabei, daß beim β-Zerfall von ^{60}Co zwei γ-Quanten entstehen und verwende deren mittlere Energie.

Bei der im Experiment verwendeten γ-Strahlung (Quantenenergie $\geq$ 1 MeV) ist das Verhältnis μ/ρ, also der *Massenabsorptionskoeffizient*, in erster Näherung konstant, d. h. unabhängig vom Material des Absorbers. Hierbei ist ρ die Dichte des Materials. Der *Wirkungsquerschnitt* σ eines einzelnen Atomes für die vorliegende γ-Strahlung läßt sich aus

$$\mu = n\sigma$$

berechnen, wenn außer μ auch die Zahl n der Atome pro Volumen für die untersuchte Substanz bekannt ist. Ist M die Molmasse und N_A die Zahl der Atome pro Mol, so gilt

$$n = \frac{N_\mathrm{A} \rho}{M}$$

mit der *Avogadro-Konstanten*

$$N_\mathrm{A} = 6{,}023 \cdot 10^{23} \, \mathrm{mol}^{-1} \quad .$$

Die Werte von ρ und M sind für verschiedene Materialien in Tabelle 47.4 angegeben, so daß sich

Tabelle 47.4. Dichte ρ, Molmasse M und Absorptionskoeffizient μ für eine γ-Energie von etwa 1,25 MeV für verschiedene Materialien

Material	Dichte ρ g/cm^3	M g	μ cm^{-1}
Pb	11,35	207,2	0,7
Messing	8,50	64,3	--
Fe	7,86	55,8	0,4
Al	2,80	27,0	0,15
Kunststoff	1,33	--	--
Holz	0,57	--	--
Strahlenschutzgläser	2,53 3,60 5,20	-- -- --	-- -- --

$$\mu/\rho \quad \text{und} \quad \sigma = \frac{\mu}{n} = \frac{\mu}{\rho}\frac{M}{N_\mathrm{A}}$$

für einige der untersuchten Proben ausrechnen lassen.

Man berechne ferner für eine der untersuchten Substanzen (Metall) die Querschnittsfläche $Q_\mathrm{A} = n^{-2/3}$ eines Atoms und vergleiche sie mit dem Wirkungsquerschnitt σ_A. Wieviele Atome werden vom γ-Quant im Mittel durchquert?

Fehlerbetrachtung: Der Fehler von d kann vernachlässigt werden. Für den Fehler von μ ergibt sich dann

$$\frac{\Delta\mu}{\mu} = \frac{1}{\mu d}\left(\frac{\Delta N_{\mathrm{P}_0}}{N_{\mathrm{P}_0}} + \frac{\Delta N_\mathrm{P}}{N_\mathrm{P}}\right) = \frac{1}{\mu d}\left(\frac{1}{\sqrt{N_{\mathrm{P}_0}}} + \frac{1}{\sqrt{N_\mathrm{P}}}\right)$$

Der Fehler des Wirkungsquerschnitts σ ist

$$\frac{\Delta\sigma}{\sigma} = \frac{\Delta\mu}{\mu}\ .$$

Abschätzung der Größe des Elektrons

Bei den durchgeführten Versuchen beruht die Schwächung der γ-Strahlung beim Durchtritt durch Materie überwiegend auf der *Compton-Streuung*, also auf Stoßprozessen zwischen Lichtquanten und Elektronen. Man nehme in einem stark vereinfachten Modell das Elektron als kleine Kugel mit dem Radius r_E und das Photon als punktförmig an. Der Wirkungsquerschnitt pro Elektron ist dann $\sigma_\mathrm{E} = \pi r_\mathrm{E}^2$. Andererseits ist der aus dem Schwächungskoeffizienten μ experimentell ermittelte Wirkungsquerschnitt für ein einzelnes Absorberatom $\sigma = \mu M/\rho N_\mathrm{A}$, wie bereits angegeben. Da jedes Absorberatom Z Hüllenelektronen besitzt, ist der Wirkungsquerschnitt für jedes einzelne Elektron $\sigma_\mathrm{E} = \sigma/Z$.

Man berechne nach dieser Hypothese aus dem experimentell bestimmten Wert für σ den *Elektronenradius* r_E und vergleiche ihn mit dem Literaturwert von $2{,}8 \cdot 10^{-15}$ m.

47.5 Messung der Totzeit eines Zählrohres (2/3)

Es soll die **Totzeit** t_tot bzw. das zeitliche *Auflösungsvermögen* der verwendeten Zählrohranordnung experimentell bestimmt werden. Zählrohr-Meßanordnung, 2 radioaktive Quellen: γ-Strahler (z. B. $^{60}_{27}$Co mit $A \approx 10^6$ Bq) in Bleiabschirmung.

Bestimmung von t_tot mit zwei γ-Quellen

Jeder Zählvorgang erfordert eine gewisse endliche Zeit t_tot. Trifft der nächste Impuls innerhalb der Zeit t_tot nach dem vorhergehenden Impuls ein, so wird er nicht mitgezählt. Die Zeit t_tot bezeichnet man als *Totzeit* und $1/t_\mathrm{tot}$ als zeitliches *Auflösungsvermögen* der Zählanordnung. Bei einer statistischen Impulsfolge werden grundsätzlich zu wenige Impulse gezählt, da gelegentlich zwei oder mehr Impulse innerhalb der Zeit t_tot

zufällig eintreffen werden. Der Fehler der Zählungen wird um so größer, je größer die mittlere Zählrate ist. Es sei n die wahre Zählrate in 1/s, n' die gemessene Zählrate in 1/s und t_{tot} die Totzeit in s, innerhalb der kein einfallender Impuls registriert wird. Die Zählanordnung ist also pro Sekunde n'-mal für die Zeitdauer t_{tot} für die Anzeige weiterer Impulse gesperrt. Innerhalb der Zeit t_{tot} treffen im Mittel $n t_{\text{tot}}$ Impulse ein. Pro Sekunde werden daher $n' n t_{\text{tot}}$ Impulse nicht gezählt; man zählt also nur $n' = n - n' n t_{\text{tot}}$ Impulse/s. Daraus folgt durch Auflösen nach n

$$n = \frac{n'}{1 - n' t_{\text{tot}}} \quad .$$

Aus Messungen mit zwei etwa gleich starken radioaktiven Quellen 1 und 2 kann man die Totzeit folgendermaßen ermitteln: Man stelle die Quelle 1 in einem festen Abstand a links von dem *Zählrohr* auf und messe die Zählrate n'_1. Dann entferne man die Quelle 1, stelle die Quelle 2 im gleichen Abstand a rechts vom *Zählrohr* auf und messe die Zählrate n'_2. Schließlich messe man die Zählrate n'_{1+2} mit den beiden Quellen 1 und 2, jeweils im Abstand a. Die wahren Zählraten müßten sich dabei eigentlich addieren: $n_1 + n_2 = n_{1+2}$. Für die gemessenen Zählraten wird dagegen $n'_1 + n'_2 > n'_{1+2}$ sein. Aus obiger Gleichung für n und $n_1 + n_2 = n_{1+2}$ folgt

$$\frac{n'_1}{1 - n'_1 t_{\text{tot}}} + \frac{n'_2}{1 - n'_2 t_{\text{tot}}} = \frac{n'_{1+2}}{1 - n'_{1+2} t_{\text{tot}}} \quad .$$

Solange die Totzeit klein gegen die mittlere Impulszeit $1/n$ ist, d.h. wenn $n t_{\text{tot}} \ll 1$ ist, gilt näherungsweise

$$n'_1 (1 + n'_1 t_{\text{tot}}) + n'_2 (1 + n'_2 t_{\text{tot}}) \approx n'_{1+2} (1 + n'_{1+2} t_{\text{tot}}) \quad .$$

Daraus folgt für die Totzeit

$$t_{\text{tot}} \approx \frac{n'_1 + n'_2 - n'_{1+2}}{{n'_{1+2}}^2 - {n'_1}^2 - {n'_2}^2} \quad .$$

Man zähle die Impulse N_1, N_2 und N_{1+2} über eine längere Zeit T (z. B. 60 s), wenn die Quellen 1 bzw. 2 im Abstand R aufgestellt sind und berechne die entsprechenden Raten $n' = N/T$. Es empfiehlt sich, jede Messung 3- bis 4-mal zu wiederholen. Der Wert von t_{tot} wird aus diesen Mittelwerten berechnet.

Um die Gültigkeit der Näherungsformel für t_{tot} und damit die der Ableitung zugrunde liegenden Annahmen nachzuprüfen, wird der Versuch für verschiedene Zählraten, d. h. für verschiedene Abstände R wiederholt, z. B. für $R = 6, 8, 10$ und 12 cm.

Wie gut stimmen die t_{tot}-Werte überein?

Bei Beurteilung der Ergebnisse muß man allerdings die statistischen Fehler der Zählungen berücksichtigen:

Man nehme vereinfachend an, daß die Quellen genau gleich stark sind und setze abkürzend $n'_1 = n'_2 = n$ und $n'_{1+2} = \tilde{n}$. Dann gilt

$$t_{\text{tot}} = (2n - \tilde{n})/(\tilde{n}^2 - 2n^2) \quad .$$

Der Fehler der Zählrate Δn ergibt sich aus dem statistischen Fehler $\Delta N = \sqrt{N}$ der in der Zeit T gemessenen Anzahl N von Impulsen $n = N/T$; $\Delta n = \Delta N/T$. (Die Zeitmessung wird als fehlerfrei angenommen.)

Wird N mehrfach gemessen, z. B. z-mal, dann ist der Fehler des Mittelwertes bekanntlich um den Faktor $1/\sqrt{z}$ kleiner:

$$\Delta n = \sqrt{N}/(T\sqrt{z}) \quad .$$

Die Zählrate $\tilde{n}$ ist nun etwa doppelt so groß wie n, und daher ist der Fehler etwa $\Delta \tilde{n} = \sqrt{2}\Delta n$. Der Fehler von t_{tot} ergibt sich zu

$$\Delta t_{\text{tot}} = \left|\frac{\partial t_{\text{tot}}}{\partial n}\right| \Delta n + \left|\frac{\partial t_{\text{tot}}}{\partial \tilde{n}}\right| \Delta \tilde{n} \quad .$$

Nach Ausführung der partiellen Ableitungen folgt:

$$\Delta t_{\text{tot}} = \frac{1}{n^2}\Delta n + \frac{1}{2n^2}\Delta \tilde{n} = \frac{\Delta n}{n^2}\left(1 + \frac{\sqrt{2}}{2}\right) = \frac{1{,}7\Delta n}{n^2} \quad .$$

47.6 Untersuchung von Zählstatistiken (2/3)

Bei niedrigen Zählraten sollen über kurze Zählzeiten T die Impulszahlen N wiederholt bestimmt werden, um die Häufigkeit der Impulszahlen mit der Poisson- und der Gauß-Verteilung vergleichen zu können.

Zählrohr-Meßanordnung, radioaktive Quelle, Substanzproben, Abschirmstahlblock, elektronischer Zeitschalter oder Stoppuhr.

Poisson- und Gauß-Verteilungen
Bei Zählungen diskreter Ereignisse, die statistischen Schwankungen unterliegen, gilt genau genommen nicht die **Gauß-Verteilung**, die wir normalerweise unseren Fehlerbetrachtungen zugrunde legen. Unter gewissen Voraussetzungen werden Zählstatistiken vielmehr durch die **Poisson-Verteilung** beschrieben.

Angenommen, man hätte eine sehr große Anzahl m von wiederholten Zählungen, z. B. von radioaktiven Zerfallsprozessen, unter gleichen Bedingungen ausgeführt. Bei sehr kleinen Zählraten tritt dabei öfter der Fall ein, daß $N = 0$ Impulse innerhalb der Zählzeit T beobachtet werden. Alle Meßergebnisse N_i ($i = 1, 2, \ldots, m$) kann man nun in Klassen einteilen, wobei m_0-mal der Wert $N = 0$, m_1-mal der Wert $N = 1$ usw., also m_j-mal der Wert $N = j$ auftritt. Die Häufigkeit h_j, mit der gerade $N = j$ Impulse gezählt werden, ist dann definiert durch

$$h_j = m_j/m \quad .$$

Der Mittelwert $\overline{N}$ aller Meßergebnisse ist

$$\overline{N} = \frac{1}{m}\sum_{i=1}^{m} N_i \quad \text{oder} \quad \overline{N} = \sum_{j=0}^{k} h_j j \quad .$$

Hierbei ist über alle Klassen $j = 0$ bis $k = N_{max}$ zu summieren, wobei N_{max} die größte Impulszahl ist, die bei der Messung beobachtet wurde.

Die statistische Theorie der Zählprozesse liefert die folgende Formel für die Häufigkeitsverteilung der einzelnen Impulszahlen $N = j$

Poisson-Verteilung $\quad h_j = \dfrac{\overline{N}^j}{j!} e^{-\overline{N}} \qquad (j = 0, 1, 2, \ldots)$.

In Bild 47.14 ist z. B. für $\overline{N} = 2$ eine solche Verteilung aufgezeichnet. Die Funktion ist nur für ganzzahlige Werte $j \geq 0$ definiert, da negative Impulszahlen physikalisch sinnlos sind. Die Verteilung ist daher asymmetrisch.

Bei der Ableitung der Poisson-Verteilung wird vorausgesetzt, daß während der Meßzeit T nur ein sehr kleiner Bruchteil der Atome zerfällt und daß der Zerfall der Atome unabhängig voneinander und unabhängig von ihrer Vorgeschichte stattfindet.

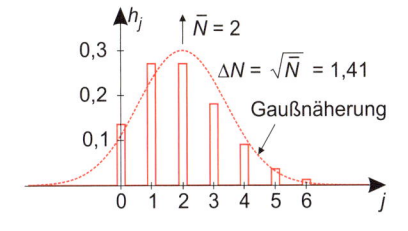

Bild 47.14. Poisson-Verteilung

Ist die mittlere Zählrate $\overline{N} \gg 1$, dann kann die Poisson-Verteilung durch die

Gauß-Verteilung $\quad h_j \approx \dfrac{1}{\sqrt{2\pi}\sqrt{\overline{N}}} e^{-(j-\overline{N})^2/(2\overline{N})}$

angenähert werden. Der Mittelwert ist auch hier $\overline{N}$ und die Standardabweichung $\Delta N = \sqrt{\overline{N}}$.

Die Unterschiede zwischen Poisson- und Gauß-Verteilung werden sich experimentell nur für kleine Zählraten nachweisen lassen, für die die Impulszahl $N = 0$ des öfteren auftritt. Das ist der Fall, wenn Zählzeit T und Impulsrate so klein sind, daß die mittlere Impulszahl etwa $\overline{N} < 2$ ist.

Man wähle eine Zählrohrspannung U im Plateaubereich und stelle die radioaktive Quelle möglichst weit entfernt vom Zählrohr auf, z. B. $a \approx 1\,\text{m}$, drehe die Öffnung des Abschirmmantels zur Wand und setze den Stahlblock zwecks zusätzlicher Abschirmung zwischen Quelle und Zählrohr. Man erhält dann eine Zählrate von etwa 2 Impulsen/s. Nun wähle man eine Zählzeit von z. B. $T = 1\,\text{s}$ und wiederhole die Messungen mindestens 100-mal, wobei N_i-Werte zu notieren sind.

Die Messung soll z. B. für $T = 0{,}5\,\text{s}$ oder $T = 3\,\text{s}$ wiederholt werden. Um den Übergang zur Gauß-Verteilung zu beobachten, kann man die Zählrate erhöhen, indem man den Abschirm-Stahlblock entfernt und die Messungen z. B. mit $T = 1\,\text{s}$ ebenfalls wiederholt.

Die $m \geq 100$ Meßwerte werden in die Klassen $N = j = 0, 1, 2, \ldots$ eingeteilt, die Besetzungszahlen m_j ausgezählt und die Häufigkeiten $h_j = m_j/n$ als Funktion von j ausgerechnet und aufgezeichnet. Nach $\overline{N} = \sum_{j=0}^{k} h_j j$ berechne man den Mittelwert $\overline{N}$. Nach der Formel der Poisson-Verteilung werden diejenigen Werte h_j ausgerechnet, die für $j = 0, 1, 2, \ldots$ zu erwarten wären und in ein Diagramm eingezeichnet. Zum Vergleich sollen die Werte h_j für $j = 0, 1, 2, \ldots$ berechnet werden, die zu erwarten wären, wenn die Gauß-Verteilung für die Zählstatistik gelten würde.

48. γ-Spektroskopie

🏁 Vertiefung der Kenntnisse über γ-Strahlung sowie Verständnis für die Prozesse, die bei ihrer Absorption bzw. Streuung in Materie auftreten. Kennenlernen eines kernspektroskopischen Meßverfahrens unter Nutzung von elektronischer Datenverarbeitung.

📚 *Standardlehrbücher* (Stichworte: Radioaktiver Zerfall, γ-Strahlung, Szintillationszähler, Compton-Effekt),
Mayer-Kuckuk: Kernphysik,
Povh/Rith/Scholz/Zetsche: Teilchen und Kerne,
Strahlenschutzverordnung.

📖 γ-Strahlung

Als γ-*Strahlung* bezeichnet man die kurzwellige *elektromagnetische Strahlung*, die aus dem Atomkern kommt. Für Atomkerne gibt es - ähnlich wie für die Elektronenhülle eines Atoms - verschiedene *erlaubte Energiezustände*: einen stabilen Grundzustand und eine diskrete Folge von kurzlebigen Anregungsniveaus. Man nennt die Kerne in den verschiedenen Zuständen **isomer**: Sie unterscheiden sich in der Anordnung der Nukleonen, nicht jedoch in Ordnungs- und Massenzahl. Beim Übergang von einem angeregten in den Grundzustand, der - je nach Kernart - in einem einzigen Elementarakt oder auch in einer Folge von Teilübergängen erfolgen kann, wird die freiwerdende Energie ΔE in Form von γ-Strahlung mit der Quantenenergie $\Delta E = hf_\gamma$ bzw. $\sum_i hf_{\gamma_i}$ emittiert, Bild 48.1. Das entstehende γ-*Linienspektrum* ist für die emittierende Kernsorte, d. h. das **Radionuklid** charakteristisch. Aus der Analyse von γ-Spektren lassen sich daher die am Zerfall beteiligten Nuklide identifizieren. Die in der Natur auftretenden Quantenenergien liegen dabei zwischen mehreren keV und einigen MeV.

Angeregte Atomkerne entstehen im Verlauf von natürlichen oder auch künstlich erzeugten *Kernumwandlungen*, d. h. in der Regel zusammen mit α- oder β-Strahlung. Die γ-Strahlung läßt sich meßtechnisch von diesen Strahlenarten durch ihre Nichtablenkbarkeit in elektrischen und magnetischen Feldern sowie durch die erheblich größere Durchdringungsfähigkeit bei gleicher Energie unterscheiden. Ursache hierfür ist die unterschiedliche Art der Energieabgabe an die durchstrahlte Materie. Geladene Teilchen wie α- und β-Strahlung ionisieren auf ihrer ganzen Bahn und geben so nach und nach ihre gesamte kinetische Energie ab, bis sie am Ende

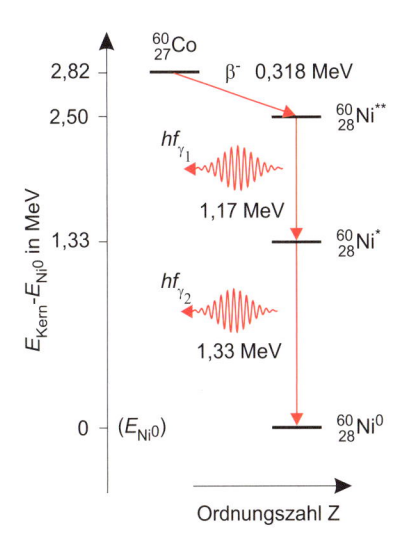

Bild 48.1. γ-Strahlung als Folge von Übergängen zwischen Kernzuständen beim Zerfall von $^{60}_{27}$Co zu $^{60}_{28}$Ni

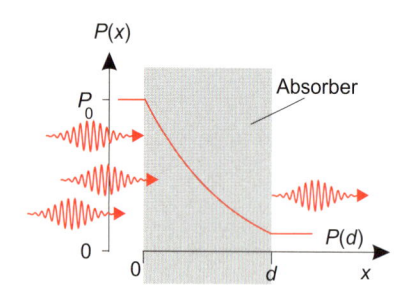

Bild 48.2. Zum Schwächungsgesetz für γ-Strahlung

der Bahnen steckenbleiben (*Reichweite*). Bei elektromagnetischer Strahlung dagegen gibt es nur eine (energieabhängige) Wahrscheinlichkeit für die Abgabe von Energie an die durchstrahlte Materie. Es gilt das nach Lambert benannte

Schwächungsgesetz $\quad P(d) = P_0 e^{-\mu d}$,

wobei P die Strahlungleistung, d die durchstrahlte Materiedicke und μ der *Absorptions-* oder *Schwächungskoeffizient* sind, Bild 48.2. Da μ von der Quantenenergie hf abhängt, gilt das Gesetz in dieser Form stets nur für monochromatische Strahlung ($\Delta f/f \ll 1$). Die Elementarprozesse, die zu diesem makroskopischen Gesetz führen, werden im folgenden genauer beschrieben.

Wechselwirkung von γ-Strahlung mit Materie

Beim Durchgang von γ-Strahlung durch Materie sind im wesentlichen drei Prozesse möglich, die zu Umwandlung oder Energieverlust der γ-Quanten führen:

- (Innerer) Fotoeffekt
- Compton-Streuung
- Paarbildung.

Der **Schwächungskoeffizient** μ setzt sich daher aus drei Anteilen zusammen:

$$\mu = \mu_\text{Foto} + \mu_\text{Compton} + \mu_\text{Paar} \quad .$$

Je nach Energie der Strahlung sind die Wahrscheinlichkeiten für die einzelnen Wechselwirkungsprozesse verschieden. Bild 48.3 zeigt die Abhängigkeit des Schwächungskoeffizienten von der Energie hf_γ für Natriumjodid als Absorber.

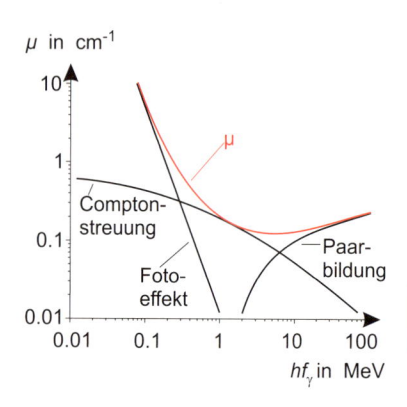

Bild 48.3. Abhängigkeit des Schwächungskoeffizienten von der Photonenenergie für NaJ (Kurven geglättet)

Fotoeffekt

Die üblichen γ-Quantenenergien reichen praktisch immer aus, um ein Atom zu ionisieren. Dabei wird das γ-Quant in einem einzigen Elementarakt absorbiert, und die Strahlungsenergie geht in Ionisierungsenergie des Atoms sowie kinetische Energie des herausgelösten Elektrons über, wie in Bild 48.4 schematisch dargestellt. Das angeregte Atom relaxiert dann entweder mittels Emission elektromagnetischer Strahlung (z. B. *Röntgenstrahlung*) oder auch strahlungslos. Im letzteren Fall wird die freiwerdende Energie in einer Art Resonanzprozeß an ein weiteres Elektron der Atomhülle übertragen, das das Atom verläßt, **Auger-Prozeß**. Die Wahrscheinlichkeit für den Fotoeffekt wird durch den *Fotoabsorptionskoeffizienten* μ_Foto gekennzeichnet, der mit steigender γ-Energie stark abnimmt, wie Bild 48.3 zeigt.

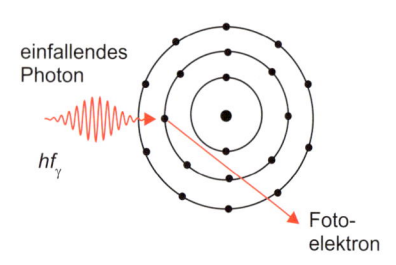

Bild 48.4. Zum Fotoeffekt bei Absorption von γ-Strahlung, schematisch

Das entstandene *Fotoelektron* (entsprechendes gilt auch für die unter Umständen auftretenden *Auger-Elektronen*) gibt seine kinetische Energie in einer dichten Folge von Ionisierungsprozessen ab und hinterläßt so eine ionisierte Bahn im Absorber. Ist dieser Absorber ein Halbleiter oder Isolator, entspricht diese Ionisierung einer Erzeugung von Paaren von Elektronen im Leitungs- und Löchern im Valenzband. Dabei ist die Zahl z_0 solcher Elektron-Loch-Paare proportional zur Energie hf_γ des primären γ-Quants. Wenn es also gelingt, eine zu z_0 proportionale Größe zu messen, kann daraus auf die Energie des primären γ-Quants geschlossen werden. Nach einiger Zeit werden Elektronen und Löcher im übrigen wieder miteinander rekombinieren.

Compton-Streuung

Durch den Fotoeffekt nimmt beim Durchgang von γ-Strahlung durch Materie die Zahl der Photonen ab, die Energie der nicht absorbierten Quanten ändert sich jedoch nicht. Im Wellenbild: Die Amplitude der elektromagnetischen Welle nimmt ab, die Wellenlänge bleibt jedoch gleich.

Im Jahre 1922 beobachtete A. H. Compton bei der Streuung von γ-Strahlung in Materie jedoch auch eine vom Streuwinkel abhängige Wellenlängen*zunahme*. Diese Erscheinung kann im Rahmen einer klassischen Wellentheorie der γ-Strahlung nicht erklärt werden. Eine zutreffende Beschreibung für diese als **Compton-Effekt** bezeichnete Beobachtung liefert hingegen das schon oben benutzte Teilchenbild. Hierbei wird der Streuvorgang als *elastischer Stoß* eines γ-Quants mit einem freien bzw. nur locker gebundenen Elektron betrachtet, Bild 48.5. Das Photon gibt – anders als beim Fotoeffekt – nur einen Teil seiner Energie an das Elektron ab, das mit dieser Energie als kinetischer Energie fortfliegt. Zugleich entsteht ein neues, energieärmeres Photon (im Wellenbild: ein Wellenzug mit größerer Wellenlänge), das sich entsprechend den Stoßgesetzen der Mechanik unter einem Winkel ϑ gegen die ursprüngliche Flugrichtung fortbewegt, Bild 48.5. Die Wellenlängenänderung wächst mit dem Streuwinkel ϑ und ist maximal bei *Rückwärtsstreuung* $\vartheta = \pi$.

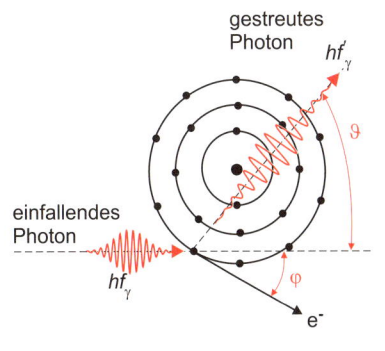

Bild 48.5. Schematische Darstellung des Compton-Effektes

Im folgenden soll nun der Zusammenhang zwischen Streuwinkel ϑ und zugehöriger Wellenlängenänderung quantitativ berechnet werden. In Analogie zur Mechanik wird dieser Stoß durch *Energie- und Impulsatz* beschrieben, wobei das Elektron als ruhend vor dem Stoß betrachtet und der Photonenimpuls $p = h/\lambda = hk/2\pi$ gesetzt wird ($k = 2\pi/\lambda$: Betrag des Wellenvektors). Zu beachten ist ferner, daß die nach dem Stoß auftretende Elektronengeschwindigkeit häufig relativistisch ist, so daß die kinetische Energie nicht mehr durch $\frac{1}{2}mv^2$, sondern durch $(mc^2 - m_0c^2)$ gegeben ist, hierbei ist $m_0c^2 = 511\,\text{keV}$ die Ruheenergie des Elektrons. Die beiden Erhaltungssätze für den „Stoß" lauten dann:

Energiesatz: $\quad hf = hf' + mc^2 - m_0c^2 \quad ,$

Impulssatz: $\hbar\boldsymbol{k} = \hbar\boldsymbol{k}' + m\boldsymbol{v}$.

Mit $\Delta f = f - f'$ und $m = m_0/\sqrt{1 - v^2/c^2}$ folgt aus dem *Energiesatz*:

$$h\Delta f + m_0 c^2 = m_0 c^2 \frac{c}{\sqrt{c^2 - v^2}} \quad .$$

Quadrieren dieser Gleichung ergibt:

$$h^2(\Delta f)^2 + 2h\Delta f m_0 c^2 = m_0^2 c^4 v^2/(c^2 - v^2) \quad .$$

Der *Impulssatz* in Komponentendarstellung führt zu:

$$hf - hf' \cos\vartheta = mvc \cos\varphi \quad \text{sowie}$$

$$hf' \sin\vartheta = mvc \sin\varphi \quad .$$

Dies ergibt durch Quadrieren wegen $(\sin^2 + \cos^2) = 1$:

$$h^2(f^2 - 2ff' \cos\vartheta + f'^2) = (mvc)^2 \quad .$$

Dieser Ausdruck läßt sich mit $f' = f - \Delta f$ umschreiben zu:

$$h^2((\Delta f)^2 + 2f(f - \Delta f)(1 - \cos\vartheta)) = m_0^2 c^4 v^2/(c^2 - v^2) \quad .$$

Gleichsetzen der Ergebnisse aus Energie- und Impulssatz liefert:

$$2m_0 c^2 h\Delta f = h^2 2f(f - \Delta f)(1 - \cos\vartheta) \quad .$$

Da für die Wellenlängendifferenz zwischen primärer und gestreuter Strahlung gilt

$$\lambda' - \lambda = \Delta\lambda = \frac{c}{f - \Delta f} - \frac{c}{f} = \frac{c\Delta f}{(f - \Delta f)f} \quad ,$$

folgt damit schließlich:

$$\Delta\lambda = \lambda_c(1 - \cos\vartheta) = 2\lambda_c \sin^2 \frac{\vartheta}{2} \quad .$$

Hierin ist $\lambda_c = h/m_0 c = 2{,}4\,\text{pm}$ die **Compton-Wellenlänge** des Elektrons. Bei einer γ-Strahlung mit dieser Wellenlänge besitzt ein γ-Quant gerade die Ruheenergie $m_0 c^2$ eines Elektrons:

$$hf_c = \frac{hc}{\lambda_c} = m_0 c^2 = 511\,\text{keV} \quad .$$

Die Zunahme $\Delta\lambda$ der Wellenlänge bzw. die Abnahme der Quantenenergie der (Compton-)gestreuten γ-Strahlung mit wachsendem Streuwinkel ϑ hängt nur von diesem Winkel und nicht von der Wellenlänge der einfallenden Strahlung ab, Bild 48.6. Die größte Änderung tritt im übrigen bei Rückstreuung auf ($\vartheta = \pi$, im Teilchenbild: zentraler Stoß) und beträgt:

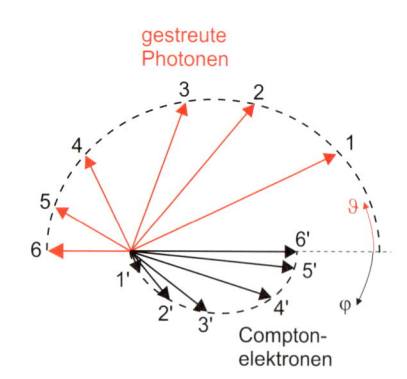

$$\Delta\lambda_{\text{max}} = 2\lambda_c = 2\frac{h}{m_0 c} = 4{,}8\,\text{pm} \quad .$$

Bild 48.6. Energieverteilung gestreuter Photonen bzw. zugehöriger Compton-Elektronen in Abhängigkeit vom Streuwinkel. Die Pfeillängen entsprechen den Energien der Stoßpartner

Die Energieabnahme $h\Delta f$ der γ- Quanten findet sich als kinetische Energie der Elektronen nach dem Stoß wieder, siehe auch Bild 48.6:

$$h\Delta f = E_{\text{kin}} = hf\left(1 - \frac{1}{1 + \frac{hf}{m_0 c^2} 2\sin^2\frac{\vartheta}{2}}\right) \quad .$$

Der Maximalwert der kinetischen Energie wird als

Compton-Kante $\quad E_{\max} = hf\left[1 - \dfrac{1}{1 + 2\frac{hf}{m_0 c^2}}\right] \quad .$

bezeichnet, Bild 48.7. $E_{\max}$ liegt also stets um den Bruchteil $1/(1 + 2hf/m_0c^2)$ unterhalb der Energie hf des auslösenden γ-Quants. Der Primärstrahlungspeak im Spektrum entsteht durch einen Fotoeffekt der primären γ-Quanten.

Paarbildung

Schließlich findet man noch eine dritte Art der Wechselwirkung zwischen γ-Strahlung und Materie: die **Paarbildung**. Hierbei wird ein γ-Quant „materialisiert", und es entsteht ein Elektron-Positron-Paar, Bild 48.8. Für die Energiebilanz dieses Vorgangs gilt nach der **Masse-Energie-Äquivalenzbeziehung** $E = mc^2$:

$$hf_\gamma = 2m_0 c^2 + E_{\text{kin}} \quad ,$$

worin E_{kin} die kinetische Gesamtenergie von Elektron und Positron darstellt. Wegen der Energieerhaltung ist der Paarbildungsvorgang erst für γ-Quantenenergien möglich, die größer sind als die doppelte Ruheenergie des Elektrons, d. h. für $hf \geq 1{,}022$ MeV. Wegen der Gültigkeit auch des Impulssatzes kann eine solche Umwandlung nicht im Vakuum stattfinden; denn ist z. B. $hf = 2m_0 c^2$, so entsteht ein praktisch ruhendes Elektron-Positron-Paar, das heißt: Sein Impuls ist gleich Null. Das ursprüngliche γ-Quant besaß aber einen Impuls hf/c. Folglich muß aus Erhaltungsgründen ein weiteres Teilchen beteiligt sein, welches den Impuls aufnimmt, z. B. ein Elektron oder ein Atomkern. Die Paarbildungswahrscheinlichkeit μ_{paar} nimmt mit steigender Energie zu, ist aber erst oberhalb von ca. 10 MeV der dominierende Prozeß, Bild 48.3.

Der inverse Prozeß, die *Paarvernichtung*, findet statt, sobald ein Positron bei geringer Geschwindigkeit mit einem Elektron zusammentrifft. Dabei entstehen zwei γ-Quanten mit je 511 keV, die entgegengesetzte „Flugrichtungen" haben, so daß ihr Gesamtimpuls Null ist:

$$e^- + e^+ \longrightarrow 2\gamma \quad .$$

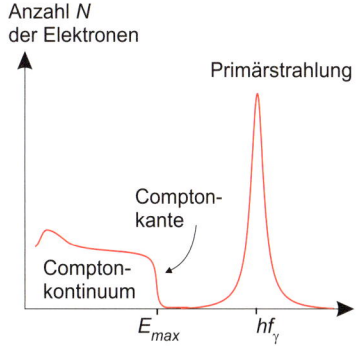

Bild 48.7. Energiespektrum der bei der γ-Spektroskopie nachgewiesenen Elektronen, schematisch, mit Kennzeichnung der Energie der Primärstrahlung $E_\gamma = hf_\gamma$ (Fotoelektronen) und der Comptonkante $E_{\max}$

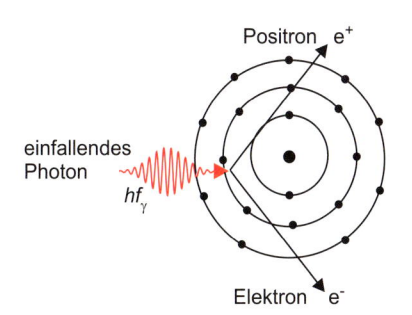

Bild 48.8. Schematische Darstellung der Paarbildung

📖 Detektion von γ-Strahlung

Bei der Detektion von γ-Strahlung wird, wie auch beim Nachweis von α- und β-Strahlung deren Ionisierungsvermögen ausgenutzt. Da die γ-Ionisierungswahrscheinlichkeit im Vergleich zu den geladenen Teilchenstrahlen sehr gering ist, bevorzugt man möglichst Geräte mit großer Dichte des Absorbermaterials: Halbleiterdetektor (statt Ionisationskammer), Blasenkammer (statt Nebelkammer), Fotoplatten (Höhenstrahlung) und Szintillationszähler. In diesem Experiment soll ein **Szintillationszähler** benutzt werden. Er erlaubt neben der reinen Detektion der γ-Strahlung auch eine Energiebestimmung und eignet sich daher zur Aufnahme von γ-Spektren.

Szintillationszähler

Dieses Nachweisgerät besteht prinzipiell aus dem Szintillator, einem Fotomultiplier (Sekundärelektronenvervielfacher: SEV) und einem Verstärker, Bild 48.9.

Viele Zähler enthalten als **Szintillator** einen Natriumjodid-Einkristall (NaJ), der mit Thallium (Tl) dotiert ist. Die zeitliche Auflösung eines solchen Zählers liegt im Bereich von 10^{-7} s. Bei Verwendung von gelösten organischen Substanzen als Szintillatoren sind noch kürzere Zeiten erreichbar (bei p-Terphenyl z. B. 10^{-10} s). Szintillationszähler sind damit wesentlich schneller als gasgefüllte Zählrohre, deren *Totzeiten* zwischen 10^{-4} s und 10^{-6} s betragen, und auch deutlich empfindlicher. Die Energieauflösung von NaJ:Tl-Szintillationszählern ist jedoch gering, sie liegt z. B. für die γ-Strahlung von $^{137}_{55}$Cs ($E = 663\,\text{keV}$) bei $\Delta E \approx 50\,\text{keV}$. Diese Auflösung wird von Halbleiterdetektoren um 1 bis 2 Zehnerpotenzen übertroffen.

Der eigentliche Szintillationsprozeß findet in dem Szintillatorkristall statt. Wenn ein eindringendes γ-Quant einen **Fotoeffekt** auslöst, gibt das dabei entstehende Fotoelektron seine kinetische Energie durch eine Kaskade von Ionisierungen an den Kristall ab. In dem Isolatorkristall NaJ entstehen dabei Elektronen und Löcher im Leitungs- bzw. Valenzband, deren Zahl z_0 proportional zur Energie hf_γ des auslösenden γ-Quants ist. Die meisten Elektron-Loch-Paare rekombinieren danach strahlungslos und geben die dabei freiwerdende Energie in Form von Wärme an den Kristall ab (im klassischen Kontinuumsbild: Anregung von *Gitterschwingungen*; im Teilchenbild: Erzeugung von *Phononen*). Ein Bruchteil x der so erzeugten Ladungsträgerpaare wird jedoch über die in einer Konzentration von etwa 1% zusätzlich eingebauten Tl-Störstellen rekombinieren. Diese Rekombination erfolgt unter Emission von sichtbarer Strahlung, Bild 48.9. So entsteht aus dem primären γ-Quant eine Zahl $z_1 = xz_0$ von „sichtbaren Photonen", die der Primärenergie hf_γ proportional ist: $z_1 \propto hf_\gamma$.

Neben dem Fotoeffekt treten im Szintillatorkristall jedoch auch immer **Compton-Streuprozesse** auf, bei denen das primäre γ-Quant nur einen Teil seiner Energie hf_γ an das Compton-Elektron abgibt. Dieses verur-

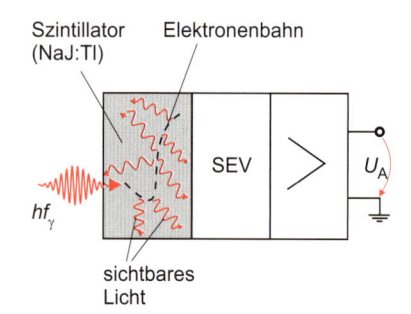

Bild 48.9. Szintillationszähler, schematisch, bestehend aus Szintillator, Sekundärelektronenvervielfacher (SEV) und elektronischem Verstärker

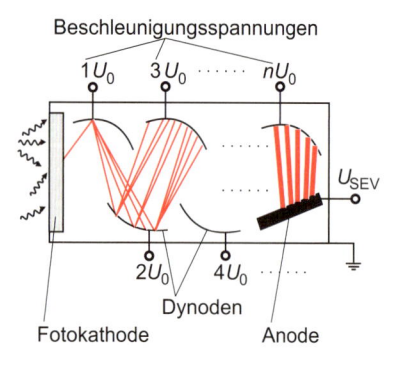

Bild 48.10. Fotomultiplier, schematisch

sacht entsprechend auch nur eine geringere Zahl von „sichtbaren Photonen": $z_1' \propto (hf_\gamma - hf_\gamma')$. Das gestreute Compton-Photon mit $hf' < hf$ verläßt den Kristall in der Regel ohne weitere Wechselwirkung (sog. Einfachstreuung), die Wahrscheinlichkeit für eine Mehrfachstreuung ist bei den verwendeten relativ kleinen Szintillatorkristallen gering.

Sekundärelektronenvervielfachung

Das im Szintillator erzeugte sichtbare Licht ist im allgemeinen von so geringer Intensität, daß es sich nicht zur direkten Analyse eignet. Aus diesem Grunde werden in der Szintillationsspektroskopie **Fotomultiplier** eingesetzt. Diese bestehen aus einer Fotokathode, den Dynoden und der Anode, Bild 48.10. Alle Bauteile sind in einer evakuierten Röhre untergebracht.

Der Szintillationszähler ist so gebaut, daß ein möglichst großer Anteil y des Szintillationslichtes aus dem Szintillator auf die *Fotokathode* fällt. Die zugehörige Photonenzahl beträgt dann: $z_2 = y z_1$. An der Fotokathode findet ein äußerer fotoelektrischer Effekt statt, d. h. ein Photon, das – aus dem Szintillator kommend – von hinten auf die sehr dünne Fotokathode fällt, löst ein Elektron aus ihr heraus. Ein solches austretendes Elektron wird infolge der angelegten Spannung auf die erste **Dynode** hin beschleunigt und setzt dort **Sekundärelektronen** frei. Diese Elektronen werden nun ihrerseits auf die nächste Dynode hin beschleunigt, um dann dort ebenfalls Sekundärelektronen herauszuschlagen. Auf diese Weise wächst die Elektronenzahl bis zum Erreichen der Anode lawinenartig an, wobei die Gesamtverstärkung G von dem *Sekundäremissionsfaktor* δ der Dynoden und deren Anzahl n abhängt:

$$G = \delta^n \quad .$$

Für einen typischen Wert $\delta = 5$ ergibt sich somit bei 10 Dynoden eine Verstärkung von $5^{10} \approx 10^7$. δ hängt jedoch sehr stark von der Spannung zwischen den einzelnen Dynoden ab. Günstige Werte für diese Spannungen liegen zwischen 50 und 100 V. Über die Anode schließlich, die aus einem Material mit geringem Sekundäremissionsvermögen besteht, fließt die in den Dynoden erzeugte Ladung ab. Den Stromimpuls am Ausgang mißt man als Spannungsimpuls U_A an einem Meßwiderstand. U_A ist proportional zur Zahl der aus der Fotokathode ausgelösten Fotoelektronen und damit proportional zur Zahl der im Szintillatorkristall erzeugten „sichtbaren Photonen". So ist die Größe des Ausgangssignals schließlich proportional zur Energie des auslösenden γ-Quants:

$$U_A \sim hf_\gamma \quad .$$

Impulshöhenanalyse

Die zeitaufgelöste Messung des Ausgangssignals eines Fotomultipliers ist in Bild 48.11 oben schematisch dargestellt. Man erkennt deutlich, daß während dieser Meßzeit einige Spannungswerte häufiger auftreten als andere. Zur quantitativen Beurteilung wird die Impulshöhenachse in

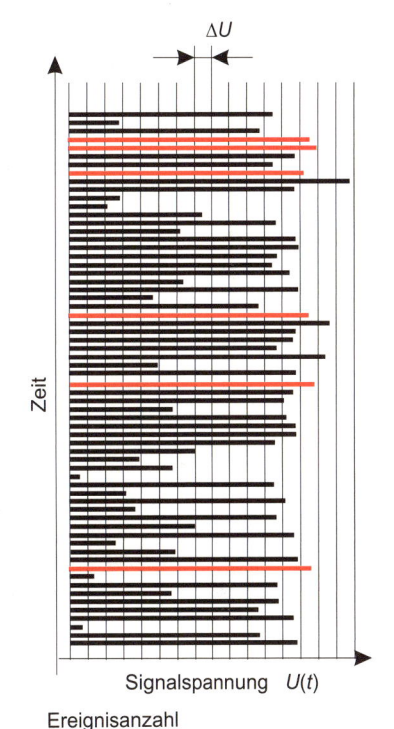

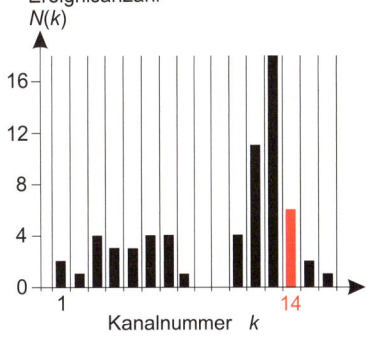

Bild 48.11. Messungen zur Impulshöhenanalyse. Beispielhaft sind dabei die zu einem willkürlich ausgewählten Kanal, hier $k = 14$, gehörigen Spannungsimpulse rot markiert

gleich große Intervalle ΔU eingeteilt. Da die Spannungen mit den γ-Quantenenergien korrelieren, ist die Breite dieser Intervalle maßgeblich für die Energieauflösung. Der untere Teil der Grafik enhält nun ein Histogramm der Ereignisse der Messung. Jedem Spannungsintervall im oberen Bildteil wird hier ein Spannungskanal mit der Kanalnummer k zugeordnet. Die Ordinate zählt die Häufigkeit $N(k)$ des Auftretens von Spannungspulsen in dem jeweiligen Intervall. Ein großer Ordinatenwert in diesem Impulshöhen- bzw. Energiespektrum bedeutet, daß die zu der Kanalnummer gehörige Elektronenenergie im Szintillatorkristall häufig auftrat.

Bei der **Einkanalanalyse** wird ein konstantes Spannungsfenster ΔU so über den gesamten Meßbereich geschoben, daß jeweils für eine definierte Meßzeit die Zahl derjenigen Pulse gezählt wird, deren Spannungen in dem Intervall zwischen U und $(U + \Delta U)$ liegen. In der folgenden Meßzeit werden dann die Pulse aus dem Intervall $(U + \Delta U)$ bis $(U + 2\Delta U)$ gezählt usw. , bis der gesamte Meßbereich in Schritten von ΔU abgedeckt worden ist. Benutzt man einen Digitalrechner, werden die Spannungsimpulshöhen dabei auf elektronischem Wege der als Kanalnummer k bezeichneten Zahl zugeordnet. Zentrales Element ist dabei ein **Analog-Digital-Wandler** A/D-Wandler, der die jeweilige Spannung in eine Zahl umwandelt.

Bei der **Vielkanalanalyse** werden während der Meßzeit die unterschiedlichen Pulshöhen gleichzeitig registriert und den verschiedenen Kanälen zugeordnet (Parallel-Verarbeitung). Im Vergleich zur Einkanalanalyse fällt bei der Vielkanalanalyse bei gleicher Gesamtmeßzeit die Zählzeit pro Kanal deutlich länger aus: Für jeden Kanal steht die Gesamtmeßzeit zur Verfügung, was sich positiv auf die Zählstatistik auswirkt.

Ein auf diese Weise gewonnenes Spektrum ist eine Menge von Zahlenpaaren $(k, N(k))$, wobei k die spannungs- und damit energieproportionale Kanalnummer repräsentiert. Bild 48.12 zeigt ein Meßbeispiel.

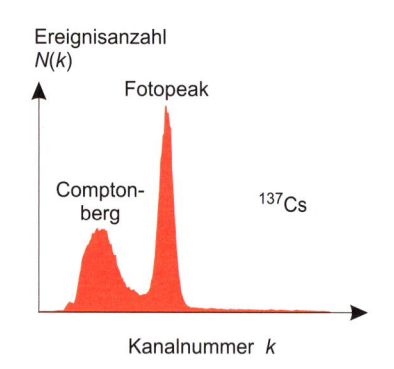

Bild 48.12. Beispiel für ein γ-Spektrum, aufgenommen mit einem Vielkanalanalysator. Zur Erläuterung des Spektrums siehe Bild 48.7

48.1 Spektren von γ-Quellen (1/2)

Aufnahme und Auswertung von γ-Spektren mit Diskussion der unterschiedlichen Wechselwirkungen von γ-Strahlung mit Materie. Gammastrahler (z. B. ^{60}Co, ^{22}Na, ^{137}Cs), Szintillationszähler und Fotomultiplier mit Hochspannungsnetzteil, Ein- oder Mehrkanalanalysator, XY-Schreiber; alternativ: A/D-Wandler, PC mit Peripherie und Software, z. B. das Programm LabView.

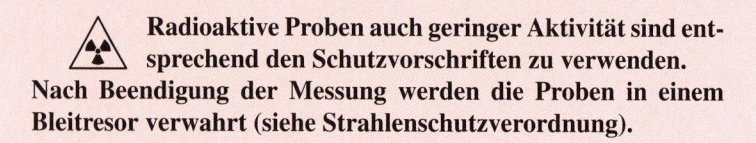

> **Radioaktive Proben auch geringer Aktivität sind entsprechend den Schutzvorschriften zu verwenden.**
> Nach Beendigung der Messung werden die Proben in einem Bleitresor verwahrt (siehe Strahlenschutzverordnung).

Bei den Messungen muß auf eine hinreichende Meßzeit geachtet werden, damit trotz der aus Strahlenschutzgründen geringen Aktivität der in Praktika üblicherweise benutzten Präparate der statistische Fehler nicht zu groß ist. Andererseits darf der Abstand des Präparates vom Zählrohr auch nicht zu klein gewählt werden. Bei sehr kleinen Abständen und damit einhergehenden hohen Pulsraten kann die Signalspannung und damit scheinbar die γ-Energie abnehmen. Diese Abweichungen können als Folge zu hoher Ladungsträgerströme im Fotomultiplier, bzw. einer zu großen *Totzeit* des Meßsystems auftreten. Letztere wird im wesentlichen durch die Wandlungszeit des A/D-Wandlers und die Zeitkonstanten der Verstärkerelektronik bestimmt. Der Abstand des Präparats vom Szintillationszähler sollte daher so gewählt werden, daß eine Energieverschiebung nicht auftritt – vorher ausprobieren!

Für eine feste Hochspannung sollen die Spektren verschiedener radioaktiver Präparate aufgenommen werden. Gegebenenfalls muß zuvor ein Untergrundspektrum aufgenommen und vom eigentlichen Spektrum abgezogen werden.

Der Verlauf der Spektren soll zunächst qualitativ diskutiert werden. Das gilt insbesondere auch für die Strukturen im Kontinuum. Als mögliche Ursachen sind Compton-Rückstreuung im Präparatehalter oder der Szintillatorhalterung sowie Röntgenstrahlung im Szintillator mit einzubeziehen.

Es sollen die Peakpositionen und die Halbwertsbreiten der Primärpeaks bestimmt werden. Die γ-Quantenenergien sollen mit Literaturwerten, z. B. aus einer Nuklidkarte verglichen werden.

Die Compton-Kante soll aus den aufgenommenen Spektren grafisch bestimmt werden und mit der aus der Position des Fotopeaks berechneten verglichen werden.

Anhand der charakteristischen Übergangsenergien der einzelnen Präparate kann eine Kalibrierung der Energieachse durchgeführt werden. Das setzt allerdings voraus, daß alle Präparate mit der gleichen Fotomultiplier-Spannung vermessen wurden. Die Literaturwerte der γ-Quantenenergien für einige ausgewählte γ-Linien zeigt die nebenstehende Tabelle 48.1. Weitere Werte können einer Nuklidkarte entnommen werden.

Tabelle 48.1. γ-Quantenenergien einiger radioaktiver Quellen

γ-Quelle	hf_γ in keV
Am-241	59,6
Cs-137	663
Co-60	1173 und 1333
Na-22	511 und 1275

48.2 Compton-Streuung (1/2)

Für einen Streukörper soll der Compton-Effekt gemessen werden. Dabei kann auch die Abhängigkeit der Intensität der Streustrahlung vom Material des Streukörpers qualitativ untersucht werden.

Gammastrahler (z. B. ^{241}Am), Szintillationszähler und Fotomultiplier mit Hochspannungsnetzteil, Ein- oder Mehrkanalanalysator, XY-Schreiber; alternativ: A/D-Wandler, PC mit Peripherie und Software, z. B. LabView. Streukörper (Kohlenstoff, Plexiglas), Kollimator, Drehtisch mit Winkeleinteilung.

Als Gammastrahler wird ein Präparat mit geringer γ-Quantenenergie gewählt, um den Szintillationszähler leichter gegen die direkte Bestrah-

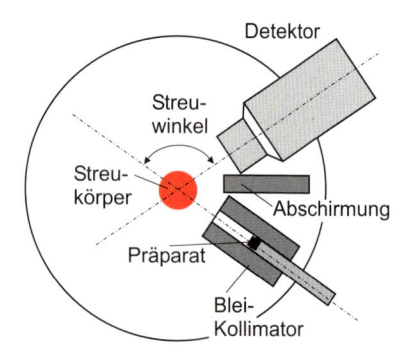

Bild 48.13. Versuchsaufbau zur Messung des Compton-Effektes, schematisch

lung durch das Präparat abschirmen zu können. Der Aufbau erfolgt entsprechend Bild 48.13. Die Zählraten sind geringer als in der Teilaufgabe 48.1, daher sollte die Meßzeit deutlich länger gewählt werden.

Es sollen Streuspektren für einen Streukörper bei mindestens zwei Winkeln aufgenommen werden. Vorab muß das Spektrum der ungestreuten Strahlung vermessen werden. Als Streukörper wird hier Plexiglas vorgeschlagen, da bei kleinen γ-Quantenenergien die Compton-Wechselwirkungswahrscheinlichkeit nur für Materialien kleiner Ordnungszahl hinreichend groß ist. Der kleinere der eingestellten Winkel sollte im übrigen größer als 45° sein, da sonst aufgrund der begrenzten Kollimierung direkte Strahlung vielfacher Intensität in das Zählrohr gelangt und das Streuspektrum überlagert, das sich für kleine Winkel noch nicht sehr von dem direkten Spektrum unterscheidet.

Die Lagen der Fotopeaks werden bestimmt. Die gemessene winkelabhängige Energieverschiebung soll qualitativ diskutiert werden. Ein quantitativer Vergleich mit der Theorie ist nur möglich, wenn eine Kalibrierung der Energieachse (Kanalnummer) vorliegt.

49. α-Strahlung und Nebelkammer

Natürliche Radioaktivität, zeitliches Zerfallsgesetz, Eigenschaften radioaktiver Strahlen, Reichweite von α-Strahlen, Nachweismethoden für Kernstrahlung: Ionisationskammer, Nebelkammer.

Standardlehrbücher (Stichworte: Radioaktive Zerfallsreihen, Zerfallskonstante, Halbwertszeit),
Strahlenschutzverordnung,
Themenkreis 47: Radioaktive Strahlung.

Radioaktiver Zerfall, α-Strahlung

Instabile Atomkerne oder **Radionuklide** senden α-*Teilchen* (He-Kerne), β-*Teilchen* (Elektronen) und zusätzlich γ-*Strahlung*, d. h. kurzwellige elektromagnetische Strahlung aus. Die Zahl der emittierten Teilchen in einem kurzen Zeitintervall ist der Zahl $N(t)$ der vorhandenen Atomkerne proportional.

Für die Anzahl $N(t)$ der noch vorhandenen Kerne gilt das

Zerfallsgesetz $\quad N(t) = N(0)e^{-\lambda t}$

mit der *Zerfallskonstanten* λ.

Nach der *Halbwertszeit* $T_{1/2}$ ist die Hälfte der anfangs vorkommenden Atomkerne $N(0)$ zerfallen:

$$T_{1/2} = \frac{\ln 2}{\lambda}.$$

Radioaktive Strahlung ionisiert beim Durchgang durch Materie, z. B. durch ein Gas, die Atome bzw. Moleküle. α- und β-Teilchen werden dabei abgebremst und bleiben schließlich stecken. Diese sog. *Reichweite* nimmt mit wachsender kinetischer Energie der Teilchen zu und mit wachsender Massendichte des Absorbers ab, Bild 49.1. Man definiert die von der ionisierenden Strahlung erzeugte energieabhängige **Ionendosis** J als Quotient aus dem Betrag der elektrischen Ladung der gebildeten Ionen eines Vorzeichens dQ in Luft der Masse dm_L in einem Volumenelement dV:

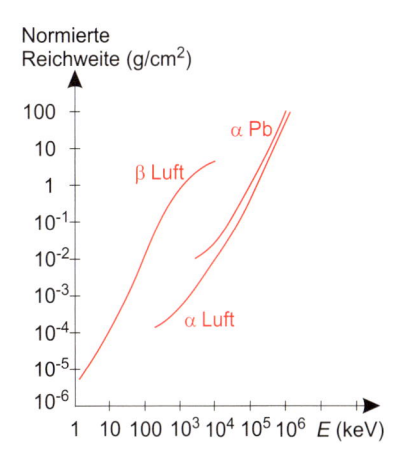

Bild 49.1. Normierte Reichweite ρd von α– und β–Strahlung als Funktion der Energie, schematisch nach *Vogel*: Gerthsen Physik. Zur Bestimmung der Reichweite d muß die *normierte Reichweite* durch die Massendichte ρ dividiert werden, z. B. $\rho_{\text{Luft}} \approx 0,0013 \, \text{g/cm}^3$

Ionendosis $$J = \frac{dQ}{dm_L} = \frac{1}{\rho_L} \cdot \frac{dQ}{dV}$$

mit der Luftdichte $\rho_L = \frac{dm_L}{dV}$. Die Einheit der Ionendosis ist: As/kg_{Luft} (früher 1 Röntgen = $1R = 2{,}58 \cdot 10^{-4} \frac{As}{kg}$).

Zerfallsreihen

Die natürlichen radioaktiven **Nuklide** gehören fast alle einer **Zerfallsreihe** an. Es existieren vier *radioaktive Zerfallsreihen*, radioaktive Familien, die nach dem jeweils langlebigsten (größte Halbwertszeit) Isotop benannt sind: *Thoriumreihe* (nach $^{238}_{90}$Th), *Neptuniumreihe* (nach $^{237}_{93}$Np), *Uranreihe* (nach $^{238}_{92}$U) und *Actiniumreihe* (nach $^{237}_{89}Ac$). Die Massenzahlen A der Isotope der einzelnen radioaktiven Familien lassen sich durch A=4n+a ausdrücken; n ist eine ganze Zahl. Es gilt a=0 in der Thoriumreihe, a=1 in der Neptuniumreihe, a=2 in der Uranreihe und a=3 in der Actiniumreihe. In der Natur kommen nur drei Reihen vor, da die (4n+1)-Reihe kein Isotop hat, das eine Halbwertszeit von Milliarden Jahren besitzt - daher ist diese Reihe heute bereits abgebaut. Allerdings läßt sich $^{237}_{93}$Np künstlich erzeugen und somit auch diese Zerfallsreihe experimentell nachweisen.

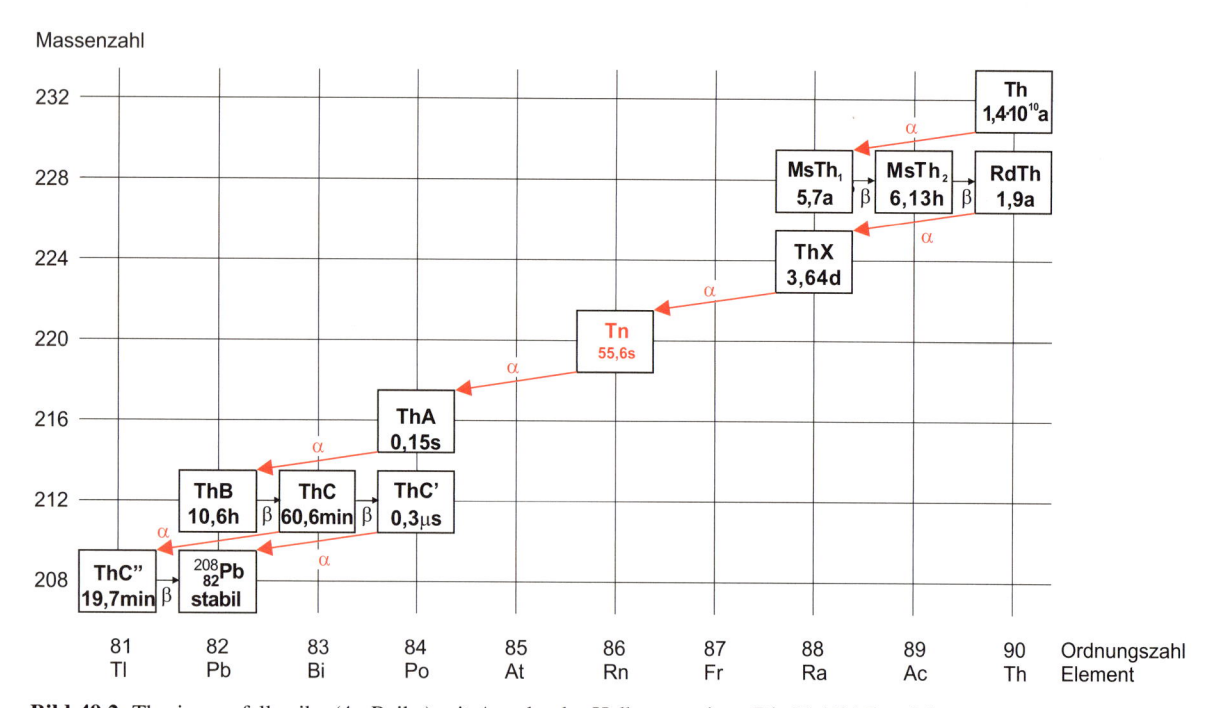

Bild 49.2. Thoriumzerfallsreihe (4n-Reihe) mit Angabe der Halbwertszeiten. Die Nuklid-Bezeichnungen stammen aus einer Zeit, als die zugehörigen Elemente noch nicht identifiziert waren. Heute schreibt man z. B. statt Tn (Thoron): $^{220}_{86}$Rn (Radon) und statt MsTh$_2$ (Mesothorium 2): $^{228}_{89}$Ac. Die rot hervorgehobenen Teile der Grafik nehmen Bezug auf das Experiment 49.3

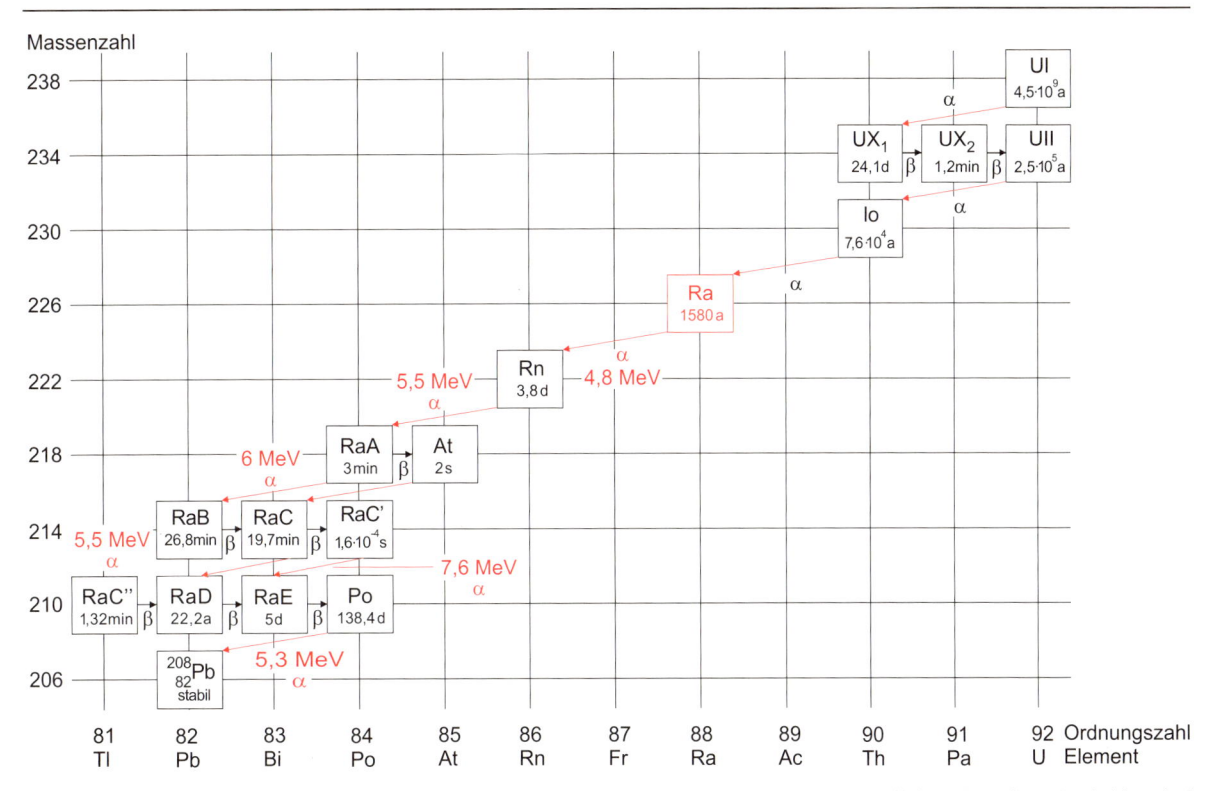

Bild 49.3. Uran-Zerfallsreihe oder (4n+2)-Reihe mit Angabe der Halbwertszeiten und α-Teilchen-Energien. Auch hier sind wieder historische Nuklidbezeichnungen verwendet. Die rot hervorgehobenen Teile der Grafik nehmen Bezug auf das Experiment in 49.2

Die Isotope einer Zerfallsreihe gehen unter α- und β-Zerfall ineinander über bis zu den stabilen Endprodukten; $^{208}_{82}$Pb, $^{209}_{83}$Bi, $^{206}_{82}$Pb und $^{207}_{82}$Pb.

Das in diesem Themenkreis benutzte Radionuklid zur experimentellen Bestimmung der Halbwertszeit ist das Radon-Isotop $^{220}_{86}$Rn, früher Thoron (Tn) genannt, aus der Thoriumreihe (4n-Reihe), Bild 49.2.

Zur Bestimmung der Reichweite von α-Strahlung wird der Zerfall von $^{226}_{88}$Ra mit einer Halbwertszeit von 1580 Jahren untersucht, Bild 49.3. Die verschiedenen Folgeprodukte emittieren einerseits α-Teilchen, die sich in eine niederenergetische Gruppe mit 4.8 bis 6 MeV zusammenfassen lassen. Andererseits entstehen höherenergetische α-Teilchen mit 7.6 MeV.

Ionisationskammer

Die Ionisation durch radioaktive Strahlen läßt sich mit der **Ionisationskammer** nachweisen und meßtechnisch z. B. zur Bestimmung der Lebensdauer und Reichweite von α-Strahlen ausnutzen. Bestrahlt man ein Gasvolumen zwischen zwei Elektroden E_1 und E_2 mit radioaktiver Strahlung, Bild 49.4, dann fließt beim Anlegen einer Spannung U ein Ionisationsstrom I_{Ion}, der durch die Wanderung der gebildeten Gasionen im elektrischen Feld hervorgerufen wird.

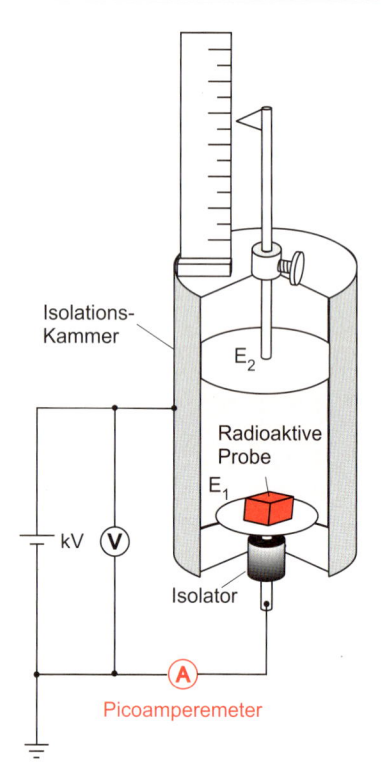

Bild 49.4. Ionisationskammer

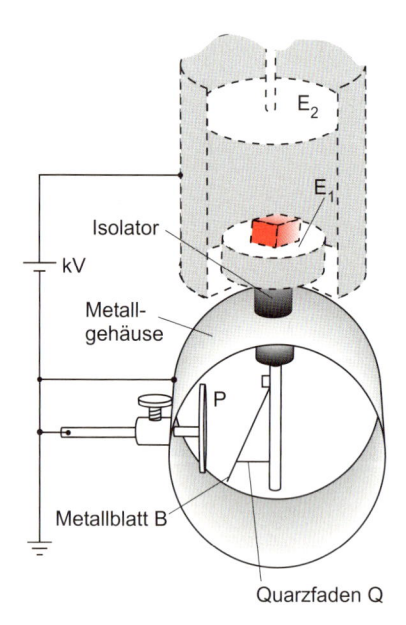

Bild 49.5. Wulfsches Elektroskop, zum Einsatz als Amperemeter in der Schaltung nach Bild 49.4

Bei kleinen Feldstärken ermöglicht der Ionisationsstrom noch keine Rückschlüsse auf die Anzahl der erzeugten Ionen, da diese im Gas nicht beständig sind. Ihre Anzahl verringert sich infolge der Rekombination von positiven und negativen Ionen, noch ehe sie an die Platten gelangen. Bei größeren Feldstärken sinken die Rekombinationsverluste, da die Ionen sich infolge zunehmender Geschwindigkeit eine kürzere Zeit im Feld aufhalten, eine Rekombination wird unwahrscheinlicher. Werden schließlich alle erzeugten Ionen abgeführt, so nimmt der Ionisationsstrom einen Sättigungswert I_S an, der nur von der Stärke des Präparates und der Kammergröße abhängt. In diesem Bereich wird die Kammer für die Messung betrieben.

Die kleinen Ionisationsströme im Bereich von 10^{-12} A = 1 pA lassen sich heute mit empfindlichen Meßgeräten (Picoamperemeter) direkt messen. Im folgenden wird aber auch noch eine historische Anordnung zur Messung kleiner Ionisationsströme vorgestellt.

Wulfsches Elektroskop

Kleine Ionisationsströme lassen sich mit einem **Wulfschen Elektroskop** nach der Tropfenmethode ermitteln, Bild 49.5. Dieses besitzt ein bewegliches Blättchen B, das bei Aufladung (wie etwa durch Zuführen positiver Ladungen in Form von Ionen) von der auf Gehäusepotential liegenden Elektrodenplatte P gegen die elastische Spannung eines feinen Quarzfadens Q angezogen wird. Erreicht durch weitere Ladungszufuhr die aufgebrachte Ladung q_E einen bestimmten Wert, berührt das Blättchen B die Platte P. Die positive Ladung „fließt zur Erde ab" das Elektrometer ist entladen, und die innere Tellerelektrode E_1 hat jetzt ebenfalls Gehäusepotential (Erdpotential). Damit verschwindet die Anziehung zwischen dem Blättchen B und P, das Blättchen fällt von P ab (bzw. wird vom Quarzbügel abgezogen). Die Tellerelektrode „schaltet" sich also selbsttätig vom Gehäuse ab, womit der Ausgangszustand wiederhergestellt ist.

In dem Gesamtaufbau stellen die Tellerelektrode und die obere Elektrode E_2 einen Kondensator dar. Ionisationskammer und Elektrometer kann man also auch als zwei hintereinander geschaltete Kondensatoren mit gemeinsamer mittlerer Elektrode E_1 auffassen. Diese ist nicht mit einer Spannungsquelle verbunden; sie nimmt daher ein (von der Geometrie abhängiges) Potential zwischen Erde und der an E_2 anliegenden Spannung $+U$ (einige kV) an. Durch Influenz werden dabei oben (am Teller) die negativen und unten (am Blättchen B) die positiven Ladungsträger konzentriert sein. Von den im Raum zwischen E_2 und E_1 (Ionisationskammer) gebildeten Ionen werden die negativen zu E_2 gehen, und ihre Ladung fließt über die Spannungsquelle ab.

Die positiven Ionen hingegen gehen zur Tellerelektrode E_1 (die ja gegenüber E_2 negativ ist), wodurch deren Potential erhöht wird. Das heißt, die Spannung (Potentialdifferenz) zwischen E_2 und E_1 wird geringer, zwischen E_1 und Gehäuse jedoch größer. Dadurch spreizt das Blättchen B wie beschrieben ab, berührt P, und die Ladung $q_E = I_S \mathrm{d}t$ wird abgeführt und

E_1 auf Gehäusepotential gelegt. B schaltet dann den Stromfluß wieder ab. Zwischen E_2 und E_1 wird das Potential wieder erhöht, usw. Der Vorgang der Ladungsabführung wiederholt sich dann, bis die Gesamtladung auf E_1 in Form mehrerer *Ladungstropfen* abgebaut ist. Bei konstantem Ionisationsstrom ergibt sich eine fast konstante Ladung auf E_1 und eine periodische *Tropfenfolge*.

Nebelkammer

Nebelkammern dienen zur Darstellung von Bahnen von α- und β- sowie anderer ionisierender Teilchen. In einer solchen Kammer befindet sich im einfachsten Fall ein Gemisch aus Luft und einem übersättigtem Dampf, z. B. ein Alkohol-Wasserdampf-Gemisch. Die energiereichen Teilchen ionisieren die Luftmoleküle. Die entstehenden Ionen wirken als Kondensationskeime für den Dampf, der um die Ionen kleine Tröpfchen bildet, ähnlich wie Wasserdampf an Staubteilchen zu Nebeltröpfchen kondensiert. Die Tröpfchen markieren somit die Bahn der radioaktiven Teilchen.

Die kontinuierliche Nebelkammer ist im Gegensatz zur sog. Expansionskammer über längere Zeit empfindlich. Zwischen einem z. B. durch flüssigen Stickstoff gekühlten Kammerboden und dem auf Zimmertemperatur befindlichen Kammerdeckel besteht ein Temperaturgefälle. Wird ein Filzring am Deckel mit einem Alkohol-Wasser-Gemisch getränkt, entsteht Dampf, der nach unten sinkt und am Kammerboden wieder kondensiert. Über dem Kammerboden entsteht ein zeitlich stationärer Bereich übersättigten Dampfgemischs. In diesem werden bei seitlicher Beleuchtung die Spuren ionisierender Strahlung sichtbar. Um die in der Kammer gebildeten Ionen wieder zu entfernen, kann man eine Saugspannung zwischen Kammerboden und einer Ringelektrode am Deckel anlegen.

49.1 Ionisationskammer (1/3)

Untersuchung der Wirkungsweise einer Ionisationskammer zum Nachweis von α-Strahlung

Ionisationskammer mit *Picoamperemeter* nach Bild 49.4 oder Wulfschem Elektroskop nach Bild 49.5, Spannungsquelle, Schreiber, radioaktives Präparat.

Die Arbeitsspannung U_A der Ionisationskammer wird bestimmt. Ferner wird der Ionisationsstrom I_{Ion}, bzw. die Tropfenhäufigkeit n/t (n = Zahl der Entladungen bzw. „Tropfen") gemessen und in Abhängigkeit der Kammerspannung U dargestellt.

Die Arbeitsspannung wird als Sättigungswert der I_{Ion}-U-Kennlinie bestimmt.

> **⚠ Es kann vorkommen, daß der Metallfaden des Elektrometers an der Gegenelektrode klebt. Dieser darf dann nur unter äußerster Vorsicht zurückgezogen werden, weil sonst Gefahr besteht, daß der Faden reißt.**

49.2 Reichweite der α-Strahlen in Luft (1/3)

Bestimmung der Reichweite von *α-Strahlung* mit einer Ionisationskammer.

Ionisationskammer nach 49.1 mit Wulfschem Elektroskop oder empfindlichem Amperemeter. Radioaktives Präparat, das α-Strahlung mit einer Reichweite in Luft von einigen cm aussendet, so daß der maximale Abstand h zwischen den Elektroden E_1 und E_2 der Ionisationskammer groß genug ist, z. B. Radium $^{226}_{88}$Ra, ein Isotop aus der Uranreihe.

> **☢ Radioaktive Proben auch geringer Aktivität sind entsprechend den Schutzvorschriften zu verwenden. Die Proben werden mit einer Pinzette eingesetzt. Nach Beendigung der Messung werden die Proben in einem Bleitresor verwahrt.**

Die radioaktive Probe wird in die Ionisationskammer gelegt und der Ionisationsstrom mit einem Amperemeter oder Elektroskop gemessen. Verringert man den Abstand h zwischen den Elektroden, wird sich an dem Ionisationsstrom oder der Tropfenhäufigkeit n/t solange nichts ändern, bis der Abstand h gleich der Reichweite der α-Strahlen ist, Bild 49.6. Verringert man h noch weiter, dann vermögen die α-Strahlen nicht mehr so viele Gasionen auf ihrem Weg von Elektrode E_1 zu E_2 zu erzeugen, wie sie auf Grund ihrer kinetischen Energie eigentlich in der Lage wären.

Aus der grafischen Darstellung des Ionisationsstroms in Abhängigkeit von der Kammerhöhe h ist die Reichweite zu ermitteln.

Bei einem $^{226}_{88}$Ra-Präparat ist der Anstieg der Kurve zweimal geknickt. Daraus folgt, daß es zwei Gruppen von α-Strahlen mit verschiedenen Energien – und damit Reichweiten – geben muß. Bei den Folgeprodukten des Radiums existiert einmal eine Gruppe von α-Strahlern, deren Strahlen eine Energie zwischen 4,7 und 6,0 MeV haben. Das entspricht einer Reichweite in Luft von 2,8 bis 4 cm. Ein anderes Folgeprodukt, ^{214}Po, hat jedoch eine Energie von 7,7 MeV, Bild 49.3, und damit eine Reichweite von 5,7 cm in Luft. Daß tatsächlich jedoch kleinere Reichweiten gemessen werden, liegt an der dünnen Palladium-Folie, mit der das Präparat zum Schutz gegen Substanzverlust und damit radioaktiver Verseuchung der Umgebung abgedeckt ist. In der Folie verlieren die α-Teilchen bereits einen Teil ihrer Energie.

Man diskutiere das unterschiedliche Absorptionsverhalten von α- und γ-Strahlung (vgl. *Themenkreis 47*: Radioaktive Strahlung).

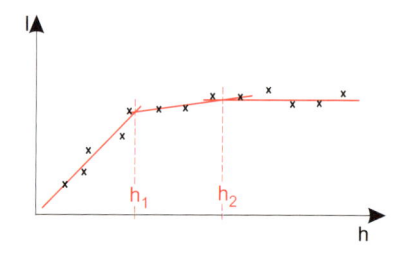

Bild 49.6. Bestimmung der Reichweite der α-Strahlen durch Messung des Ionisationsstroms I als Funktion des Elektrodenabstandes h. Bei α-Strahlung, die aus 2 Komponenten mit unterschiedlicher Energie besteht, tritt ein zweifacher Knick in der $I(h)$-Funktion auf. Die Knickpunkte h_1 und und h_2 entsprechen den beiden Reichweiten

49.3 Halbwertszeit von Radon-220 (1/3)

Bestimmung der *Halbwertszeit* eines Radonuklids mit einer Ionisationskammer.

Ionisationskammer nach 49.2, Flasche aus elastischem Kunststoff und Anschlußrohr zum Ausblasen von Radongas. Das Radongas kann durch Drücken der Kunststoffflasche über das Rohr in die Ionisationskammer geblasen werden.

Bei der Bestimmung der Halbwertszeit eines derartigen Nuklids durch Messen des zeitlichen Abklingens der ionisierenden Wirkung, hier zeitliches Abklingen des Ionisationsstromes bzw. der Tropfenfolge, muß darauf geachtet werden, daß die Strahlung der Muttersubstanz und der Folgekerne das Ergebnis nicht verfälschen. Diese Bedingung läßt sich gut bei Radon ($^{220}_{86}$Rn, historisch als *Thoron* bezeichnet, siehe Bild 49.2), einem Isotop der *4n-Reihe*, der *Thoriumzerfallsreihe* erfüllen. Radon ist ein Edelgas, das sich über dem Thoriumpräparat ($^{228}_{90}$Th) ansammelt und leicht von der Muttersubstanz durch Ausblasen getrennt werden kann. Aus dem Radonisotop entsteht nach der zu bestimmenden Halbwertszeit $^{216}_{84}$Po (historisch als ThA bezeichnet, siehe Bild 49.2).

Sobald ein Ionisationsstrom fließt, wird die Gaszufuhr sofort mit einer Klemme unterbrochen und die Strom- und Zeitmessung begonnen.

Falls der Strom durch die Ionisationskammer elektronisch gemessen wurde, wird $\log(I_{\text{Ion}}/pA) \approx \ln(I_{\text{Ion}}/pA)$ über t aufgetragen. Durch die Meßwerte wird eine Ausgleichsgerade gelegt, aus deren Steigung die Halbwertszeit folgt.

Bei der Anwendung des Elektroskops und der Tropfenmethode wird der Logarithmus der Differenzzeit Δt zwischen je zwei Tropfen, die einer Ladung ΔQ entsprechen, über t aufgetragen. Es gilt:

$$\frac{\Delta Q}{\Delta t} = \frac{dN}{dt} \sim e^{-\lambda t} \quad .$$

Da $\Delta Q = $ const., folgt:

$$\frac{1}{\Delta t} \sim e^{-\lambda t} \quad \text{oder} \quad \ln(\Delta t) = \lambda t + \cdots \quad .$$

Deshalb kann aus einer Ausgleichsgeraden durch die Meßwerte wiederum die Zerfallskonstante λ bzw. die Halbwertszeit $T_{1/2} = \ln 2/\lambda$ bestimmt werden. Man vergleiche mit dem Literaturwert, Bild 49.2.

49.4 Kontinuierliche Nebelkammer (1/3)

Beobachtung von Bahnen radioaktiver Strahlung, z. B. α-Strahlen.

Nebelkammer, radioaktives Präparat, z. B. das natürliche Radionuklid $^{210}_{84}$Po aus der Uranreihe, Ethanol-Wasser-Gemisch (4:1), Netzgerät zur Beleuchtung und für Absaugspannung.

49. α-Strahlung und Nebelkammer

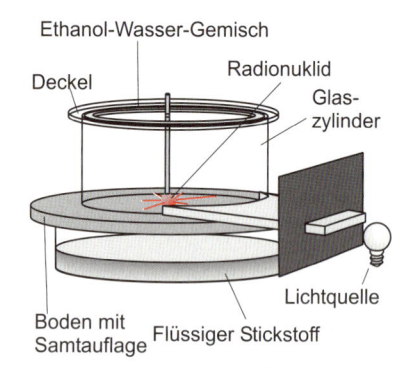

Bild 49.7. Nebelkammer. Die Lichtquelle und der Spalt erzeugen eine Lichtscheibe zur Beleuchtung

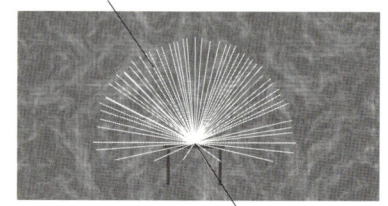

Bild 49.8. Nebelkammerspuren (schematisch nachgezeichnet) von α-Strahlung einheitlicher Reichweite aus einem Radionuklid

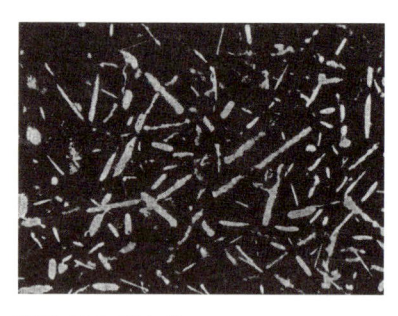

Bild 49.9. Nebelkammerspuren von α-Teilchen aus dem Zerfall von Radon-Gas

Zur Inbetriebnahme der Nebelkammer, Bild 49.7, wird der Filzring mit dem Alkohol-Wasser-Gemisch gut angefeuchtet und das radioaktive Präparat (Polonium) mit der Pinzette (keinesfalls mit der Hand!) auf den Probenhalter gesteckt. Anschließend wird die Nebelkammer zusammengesetzt, d. h. der Glaszylinder auf die Samtauflage gestellt, der Plexiglas-Deckel aufgelegt und mit Schraubenfedern am Boden befestigt. Als Kühler wird ein Aluminium-Behälter mit Bodenisolierung mit flüssigem Stickstoff befüllt. Zum vollständigen Abkühlen der Apparatur sind mehrere Stickstoff-Füllungen notwendig.

Wenn sich außerhalb der Kammer nach etwa 5 Minuten deutlich sichtbar Raureif bildet, wird die Beleuchtung eingeschaltet und die ionisierende Probe ins stärker übersättigte Kammervolumen abgesenkt. Wenn die Probe sich ausreichend abgekühlt hat, sind die Nebelbahnen zu sehen. Um Ionen aus der Kammer abzuziehen, wird eine Hochspannung angeschlossen, die Nebelspuren werden so schärfer und deutlicher. Eine derartige Kammer kann 1 bis 2 Stunden betriebsbereit bleiben. Das Feld führt allerdings zu einer Verbreiterung und Krümmung der Teilchenspuren. Nach dem Versuch wird die Kammer vollständig auseinandergenommen, die radioaktive Probe in den Bleitresor zurückgelegt und alle Einzelteile zum Trocknen aufgestellt.

Da die emittierten α-Teilchen des Polonium-Präparates praktisch alle die gleiche Reichweite haben, liegen die Endpunkte der im empfindlichen Volumen sichtbar werdenden Bahnen annähernd auf einem Kreis, bzw. einem Kreisabschnitt, dessen Mittelpunkt die radioaktive Probe darstellt, Bild 49.8. Der Radius ist zur Reichweitenbestimmung auszumessen. Auch ohne radioaktives Präparat beobachtet man gelegentlich Bahnen von Sekundärteilchen der *Höhenstrahlung*, z. B. relativ langsame Elektronen mit meist gekrümmten Bahnen oder α-Strahlen aus dem Radon der Luft. In Zählrohren werden derartige α- und β-Strahlen als *Nulleffekt* beobachtet.

Der α-Zerfall von $^{220}_{86}$Rn oder Thoron und die Laufstrecke der α-Teilchen sind auch in der kontinuierlichen Nebelkammer gut zu beobachten. Dazu wird wie in Teilaufgabe 49.3 Radon $^{220}_{86}$Rn enthaltende Luft eingeblasen. Beim α-*Zerfall* von Radon mit der Halbwertszeit von 55 s entsteht $^{216}_{84}$Po nach Bild 49.2. Dieses zerfällt mit einer Halbwertszeit von 0.145 s unter Aussendung eines weiteren α-Teilchens in $^{212}_{82}$Pb.

Nach Einblasen radonhaltiger Luft in die kontinuierliche Nebelkammer zerfallen gewöhnlich soviele Rn-Atome, daß man nur mit dem elektrischen Feld die vielen sich durchkreuzenden Bahnen sieht, Bild 49.9. Nach einiger Zeit wird das Bild wegen der Halbwertszeit von 55 s übersichtlicher. Man sieht dann oft zwei Bahnen unter beliebigen Winkeln von einem Punkt ausgehen. Sie stammen aus den unmittelbar aufeinanderfolgenden α-Zerfall von ^{220}Rn und ^{216}Po.

Kapitel XII
Digitalelektronik und Computer

50. Logische Verknüpfungen 545

51. Einführung in das Arbeiten mit einem PC 553

52. Fourieranalyse, Signalabtastung und Signalfilterung 564

53. Ein- und Ausgabe von Messwerten und Steuersignalen
 mit dem PC 578

50. Logische Verknüpfungen

Kennenlernen der prinzipiellen Funktionsweise von digitalen, logischen Verknüpfungen: AND, OR, NOT, NAND. Arbeiten mit dem Softwarepaket `LabVIEW`.

Standardlehrbücher zur Datenverarbeitung (Stichworte: Boolesche Algebra, Transistor, Digitalelektronik),
Jamal/Hagestedt: LabVIEW,
Kose/Wagner: Kohlrausch Praktische Physik.

Digitalschaltungen

In einem **Digitalrechner** werden alle informationsverarbeitenden Operationen wie Rechnen, Speichern usw. auf eine Abfolge von logischen Verknüpfungen zurückgeführt. Diese basieren im *Dualsystem* auf der Verwendung binärer Zeichen, die nur die Entscheidung zwischen zwei Zuständen zulassen wie: Aussage Ja oder Nein, Ziffer 1 oder 0, Schalter Ein oder Aus, Spannung Hoch (high) oder Niedrig (low). Ein solches Paar symbolisiert damit zugleich die kleinste Einheit, in die jede Information zerlegt werden kann: 1 **bit** (binary digit).

Logische Verknüpfungen lassen sich im einfachsten Fall durch einfache Kontaktschalter aufbauen. Ein Beispiel dafür war die erste elektronische Rechenmaschine von Konrad Zuse (1941), die mit elektrischen Relais arbeitete. Heute benutzt man jedoch ausschließlich Halbleiter-Schaltungen, die miniaturisiert sind und in denen viele Transistoren, Dioden und Widerstände auf kleinstem Raum zusammengeschaltet sind *(Integrierter Schaltkreis*: IC=Integrated Circuit).

Alle logischen Verknüpfungen lassen sich auf der Basis der *Booleschen Algebra* aus drei Grundverknüpfungen, der AND-, der OR- und der NOT-Verknüpfung zusammensetzen. Mit Hilfe von Transistor-Schaltungen läßt sich technisch am einfachsten die kombinierte NOT/AND- oder kurz *NAND-Verknüpfung* realisieren. Durch geeignete Kombination dieser einen Sorte von Bausteinen kann man auch die anderen oben genannten Verknüpfungen herstellen. Durch Vernetzung der logischen Grundverknüpfungen lassen sich dann Rechenwerke zur Lösung komplexer Aufgaben aufbauen.

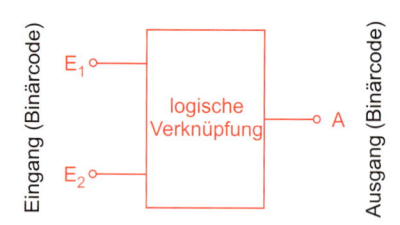

Bild 50.1. Blockschaltbild einer allgemeinen logischen Verknüpfung mit zwei Eingängen E_1 und E_2 sowie dem Ausgang A

Grundverknüpfungen

Elektronische Datenverarbeitungsanlagen (EDV-Anlagen), wie z. B. auch PCs, arbeiten im Dualsystem mit dem sog. **Binärcode**. Es werden dabei nur zwei Zustände verwendet, die bei Transistor-Schaltungen 1 = hohe Spannung (z. B. +5 V) und 0 = niedrige Spannung (z. B. 0 V) bedeuten können. Das Blockschaltbild einer allgemeinen **logischen Verknüpfung** ist in Bild 50.1 dargestellt.

Die Eingangsgrößen E_1, E_2, die nur die Werte 1 oder 0 annehmen können, werden nach einem bestimmten Schema verknüpft. Das Ergebnis dieser Verknüpfung erscheint dann im Binärcode am Ausgang. Das Verknüpfungsschema wird durch eine Funktionswertetabelle oder kurz *Wertetabelle* beschrieben, in der für alle möglichen Kombinationen der Eingangssignale E_1, E_2 das Ausgangssignal A angegeben ist, s. a. Bild 50.7. Es gibt auch Verknüpfungen mit mehr als zwei Eingängen und mehr als einem Ausgang. Für die wichtigsten Verknüpfungen werden eigene Schaltsymbole verwendet.

Für einfache logische Verknüpfungen lassen sich Schaltungen angeben, die außer Stromquelle und Anzeigelampe nur Kontaktschalter enthalten. Die Werte für die Eingangsgrößen E_1 und E_2 sind dann durch die Stellung der Schalter gekennzeichnet, in den Bildern 50.2 bis 50.4 durch 1 = Schalter links und 0 = Schalter rechts. Die Werte für die Ausgangsgröße A werden durch eine Lampe angezeigt: 0 = Lampe ist dunkel; 1 = Lampe leuchtet.

Die AND-Verknüpfung besitzt zwei Eingänge E_1 und E_2, die die Werte 0 und 1 annehmen können. Am Ausgang A erscheint nur dann das Signal 1, wenn an E_1 *und* an E_2 das Signal 1 steht, Bild 50.2a. Das Ersatzschaltbild veranschaulicht die Wirkungsweise der AND-Verknüpfung.

Die OR-Verknüpfung besitzt ebenfalls zwei Eingänge. Am Ausgang erscheint das Signal 1 immer dann, wenn an E_1 *oder* E_2 *oder* an beiden das Signal 1 steht, Bild 50.2b.

Außer dieser disjunktiven OR-Verknüpfung gibt es noch eine exklusive OR-Verknüpfung. Beim XOR ist der Ausgang nur dann 1, wenn *entweder* E_1 *oder* E_2, d. h. wenn lediglich einer der beiden Eingänge 1 ist, aber

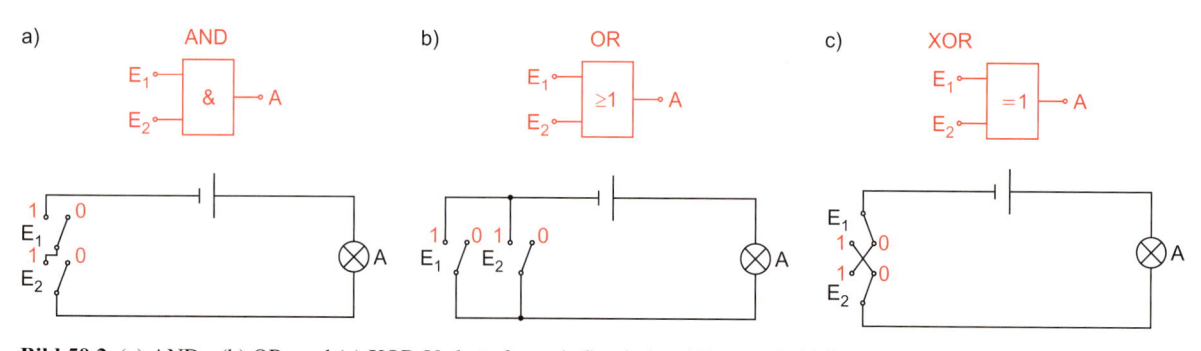

Bild 50.2. (a) AND-, (b) OR- und (c) XOR-Verknüpfung als Symbol und Ersatzschaltbild

Bild 50.3. (a) NOT-, (b) NAND- und (c) NOR-Verknüpfung als Symbol und Ersatzschaltbild

nicht, wenn beide Eingänge 1 sind! Dies verdeutlicht das Ersatzschaltbild in Bild 50.2c.

Die NOT-Verknüpfung besitzt nur einen Eingang und kehrt das Signal um, Bild 50.3a. Zur Kennzeichnung der Negation wird im Schaltsymbol ein zusätzlicher Punkt (schwarz hervorgehoben) eingefügt.

Die technisch wichtigen Verknüpfungen NAND und NOR ergeben sich durch Anfügung einer NOT-Verknüpfung an eine AND- bzw. OR-Verknüpfung; NOT + AND = NAND bzw. NOT + OR = NOR.

Die NAND-Verknüpfung liefert am Ausgang immer das Signal 1, wenn nicht E_1 und E_2 beide das Signal 1 erhalten, Bild 50.3b. Die Schaltskizze zeigt zwei parallele Schalter.

Die NOR-Verknüpfung liefert am Ausgang immer das Signal 0, wenn nicht beide Eingänge E_1 und E_2 das Signal 0 erhalten, Bild 50.3c. Die Kontaktskizze zeigt zwei Schalter in Serie.

Realisierung einer NAND-Schaltung

Legt man an die Basis eines npn-Transistors eine positive Spannung gegenüber dem Emitter, so wird die Kollektor-Emitter-Strecke leitend, Bild 50.4. Da in der NAND-Schaltung beide Transistoren in Reihe liegen, wird nur dann ein Strom fließen, wenn beide Transistoren gleichzeitig leiten. Im Schaltermodell sind dann beide Schalter geschlossen. Wenn aber ein Strom fließt, wird die Spannung 5 V am Widerstand R abfallen, das Potential an A geht gegen 0. Die Schaltung arbeitet als NAND-Verknüpfung, wenn man festlegt, daß +5 V = logisch 1 und 0 V = logisch 0 sein soll, Bild 50.4. Es lassen sich alle Grundverknüpfungen und somit auch alle

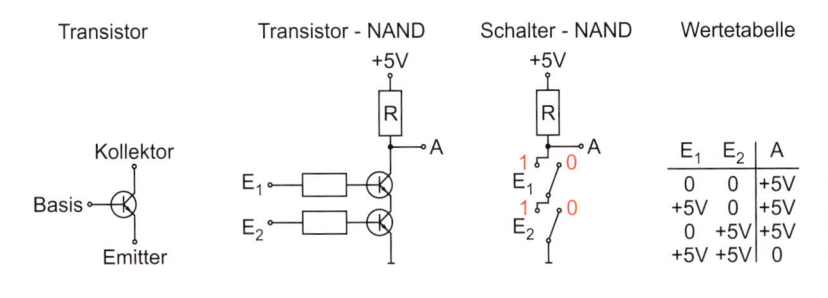

Bild 50.4. Beispiele der Realisierung einer NAND-Verknüpfung mit npn-Transistoren bzw. mechanischen Schaltern

logischen Schaltungen aus jeweils einer Bausteinart, z.B. mit nur NAND- oder mit nur NOR-Bausteinen realisieren. Man spricht dann von FULL-NAND-, bzw. FULL-NOR-Schaltungen (s. a. Aufgabe 50.1).

Grafische Programmierumgebung LabVIEW

LabVIEW ist eine von der Firma National Instruments entwickelte Software, mit der ein Nutzer Programme zur Meßdatenerfassung und zur Steuerung von Geräten selbst erstellen kann. `LabVIEW` steht für „**Lab**oratory **V**irtual **I**nstrument **E**ngineering **W**orkbench". Die dabei benutzte grafische Programmiersprache `G` erlaubt die Programmerstellung mit Hilfe grafischer Symbole zur Repräsentation von Geräten, Funktionen zur Datenmanipulation und Ein-/Ausgabeelementen (`Terminals`), die man auf dem Bildschirm durch farbige Linien (`Wires`) miteinander verbindet. Das Programmschema auf dem Bildschirm sieht dann ähnlich aus wie ein elektrischer Schaltkreis.

Ein solches Programm, das **Virtual Instrument** (kurz `VI`) genannt wird, läßt sich in zwei verschiedenen Bearbeitungsebenen, sog. Oberflächen darstellen: Im `Block Diagram` wird das bei Programmstart auszuführende Programmschema dargestellt. Das `Front Panel` enthält die Benutzeroberfläche für die Bedienung des Programms und zur Anzeige von Meßergebnissen oder anderen Programmereignissen, Bild 50.5.

In `LabVIEW` stehen viele Funktionen zur Verfügung, die zum Gesamtprogramm zusammengeschaltet werden können. Viele dieser Funktionen sind Module (`subVIs`), die aus elementaren Bausteinen oder selbst aus anderen `subVIs` zusammengesetzt sind. Genauso kann ein selbst erstelltes `VI` abgespeichert und als `subVI` modular in das Programm integriert werden. Verknüpft man die Ein-/Ausgabeelemente auf dem `Front Panel` des `subVI` mit seinem Anschlussfeld (`Connector Pane`), so werden Datenein- und -ausgänge definiert, über die Daten aus dem Hauptprogramm an das `subVI` übergegeben werden können und umgekehrt. Beispielsweise kann man so Module zur Ausführung verschiedener logischer

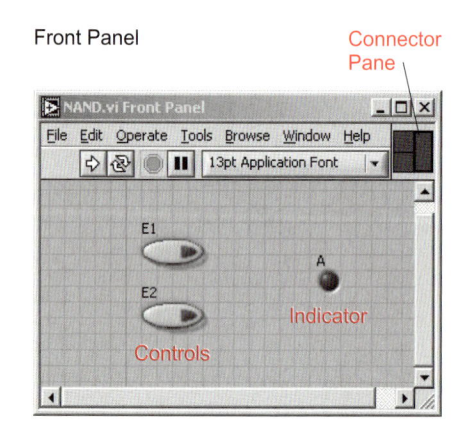

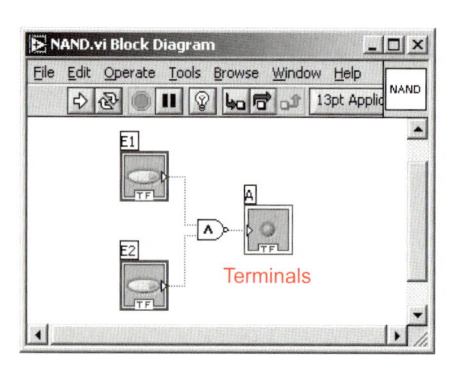

Bild 50.5. Oberfläche von `LabVIEW` mit `Block Diagram`, `Front Panel` und `Tools Palette`

Verknüpfungen (z.B. AND, OR, XOR) unter ausschließlicher Verwendung von NAND-Verknüpfungen erstellen, um diese dann in einem Programm zu komplexeren logischen Operationen, wie z.B. einem binären Addierer zusammenzuschalten (s. a. Aufgabe 50.2).

Die einfache Erstellung von Meßprogrammen mit komfortabler Benutzeroberfläche sowie ein großer Umfang an existierenden Programmlösungen und Hardware-Ansteuerungen (Hardware-Treiber) machen den Einsatz von `LabVIEW` in vielen wissenschaftlichen Bereichen attraktiv.

Einführung in die Nutzung von LabVIEW

Eingabeobjekte (`Controls`) oder Ausgabeobjekte (`Indicators`) werden in der Regel im `Front Panel` plaziert. Im `Block Diagram` entsteht dann eine Entsprechung dazu, das `Terminal`. Die `Terminals` werden mit den Ein- und Ausgängen der Funktionsbausteine durch `Wires` verbunden. Dafür muß zunächst in dem Auswahlfenster `Tools Palette` das Symbol der Kabelrolle, siehe Bild 50.5, selektiert werden. (Das Fenster `Tools Palette` läßt sich über den entsprechenden Eintrag im Menü `Window` öffnen.) Zum Verbinden drückt man dann die linke Maustaste einmal mit dem Mauszeiger über dem Terminal und ein weiteres Mal über dem Anschluß des Funktionsbausteins. Falls nötig, kann jedes `Terminal` auch nachträglich über ein Kontextmenü, welches beim Selektieren des `Terminal` mit der rechten Maustaste erscheint, von einem Eingabe- in ein Ausgabeobjekt umgewandelt werden und umgekehrt (`Control` ↔ `Indicator`).

Bei der Erstellung von Programmen ist es oft hilfreich, daß man automatisch ein `Terminal` oder eine `Konstante` passend zu einem bestimmten Ein- oder Ausgang eines Funktionsbausteins erzeugen lassen kann. Dazu bewegt man einfach den Mauszeiger auf den entsprechenden Anschluß und wählt im Kontextmenü unter dem Menüpunkt `Create` das zu erzeugende Objekt.

Für die Plazierung einer Funktion, beispielsweise eines NAND-Bausteins, bewegt man den Mauszeiger an eine freie Stelle im `Block Diagram`. Durch Drücken der rechten Maustaste öffnet sich dann das Auswahlfenster `Function`, in dem man z.B das Menü `Arithmetic & Comparison` und dann `Boolean` öffnet. In diesem befindet sich der Baustein `NotAnd`, der durch Betätigen der linken Maustaste zuerst selektiert und anschließend an entsprechender Stelle auf dem `Block Diagram` positioniert wird. Alternativ lässt sich das Auswahlfenster über den Menüpunkt `Window` und dann `Show Functions Palette` auch dauerhaft anzeigen.

Um das Programmieren zu erleichtern, bietet `LabVIEW` verschiedene Hilfefunktionen, wie z.B. die integrierte Hilfe-Bibliothek, die so etwas wie ein elektronisches Handbuch darstellt. Diese Hilfe lässt sich über das Menü `Help` und das Untermenü `VI, Function, & How-To Help...` öffnen. Selektiert man im `Kontextmenü` einer Funktion im `Block Diagram` den Eintrag `Help`, so erhält man direkt den dieser Funktion zugeordneten Hilfeeintrag.

Eine weitere wichtige Programmierhilfe ist die sog. Kontexthilfe (`ContextHelp`), die sich unter dem gleichnamigen Eintrag im Menü `Help` befindet. Befindet sich der Mauszeiger bei aktivierter Kontexthilfe über einer Struktur oder einer Funktion, so wird in einem Zusatzfenster eine Kurzbeschreibung des Elementes sowie aller seiner Anschlüsse gegeben.

Sind alle Verbindungen erstellt, so kann das Programm durch einen Mausklick auf das Feld `Run` ausgeführt werden. Befinden sich in dem erstellten Programm noch Syntaxfehler oder unbelegte, aber benötigte Anschlüsse, so wird das `Run`-Feld in zwei grauen Teilen angezeigt. Versucht man trotzdem, das Programm zu starten, so zeigt `LabVIEW` eine Liste der zu behebenden Fehler an und liefert, falls möglich, auch Korrekturvorschläge.

Soll ein Programm kontinuierlich ausgeführt werden, so nutzt man das Bedienfeld `Run Continuously`. Dabei wird das Programm nach jeder Ausführung automatisch neu gestartet. Dieser Modus ist z.B. hilfreich, wenn man Eingabefeldern, die pro Ausführungszyklus nur einmal verrechnet werden, verschiedene Werte zuordnen möchte, ohne das Programm jedes Mal neu starten zu müssen.

50.1 Logische Verknüpfungsschaltungen (1/2)

Logische Grundverknüpfungen kennenlernen und aus NAND-Bausteinen zusammensetzen.

Logikbausteine NAND, Anzeige-Leuchtdioden, Baustein Transistor-NAND, Spannungsquelle 5 V, Kabel.

Für die Versuche stehen z. B. Schaltbretter zur Verfügung, die einen IC-Baustein mit vier NAND-Gattern enthalten, Bild 50.6. Die 5 V Gleichspannung wird polrichtig an das Schaltbrett angeschlossen. Die logischen Zustände an den Eingängen können durch Kabelverbindungen mit den Buchsen hergestellt werden. Der logische Zustand des Ausgangs wird durch Anschluß einer Leuchtdiode geprüft: Lampe brennt = logisch 1, Lampe aus = logisch 0. Es ist zu beachten, daß ein offener Eingang einer NAND-Verknüpfung des IC als logisch 1 gewertet wird. Je nach Ausstattung können auch zwei oder mehr Logikbausteine hintereinander geschaltet werden.

Ferner steht ein Schaltbrett mit einer einfachen NAND-Schaltung aus zwei Transistoren zur Verfügung.

NAND-Schaltung

Anhand der NAND-Schaltung aus Einzelbauelementen entsprechend Bild 50.4 soll die Richtigkeit der Wertetabelle überprüft werden. Dieser Versuch soll zeigen, wie eine logische Schaltung mit wenigen Bauelementen realisiert werden kann.

In dieser und allen weiteren Teilaufgaben sind die Wertetabellen gemäß der Vorlage in Bild 50.7 anzugeben sowie die Ergebnisse zu interpretieren.

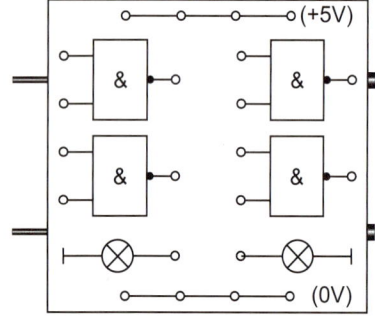

Bild 50.6. Schaltbrett mit vier NAND-Bausteinen (Beispiel)

E_1	E_2	E_3 ...	A_1	A_2 ...
0	0	0		
1	0	0		
0	1	0		
1	1	0		
⋮	⋮	⋮		

Bild 50.7. Allgemeine Form einer Wertetabelle

50.1 Logische Verknüpfungen   551

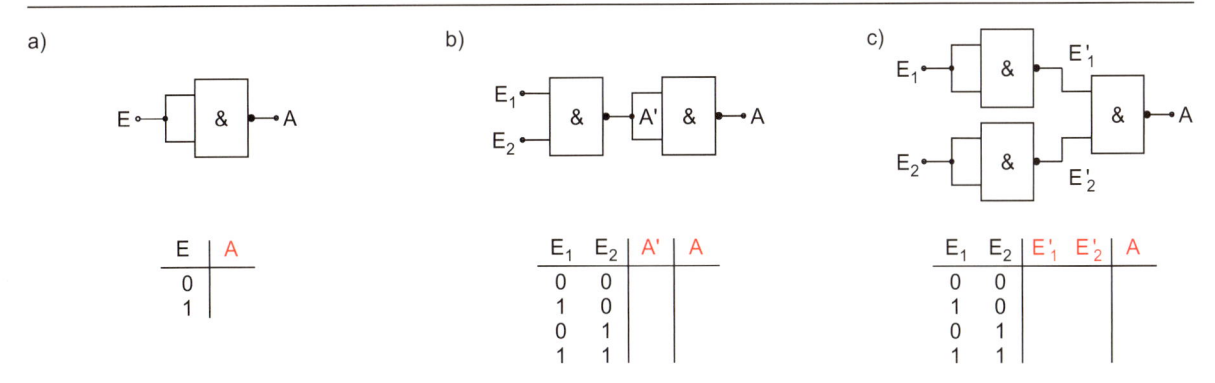

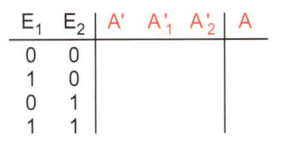

Bild 50.8. (a) NOT-, (b) AND- und (c) OR-Verknüpfung aus NAND-Verknüpfungen sowie auszufüllende Wertetabellen

NAND-Verknüpfung eines Logikbausteins

An einem der Logikbausteine, Bild 50.6, soll experimentell gezeigt werden, daß es sich tatsächlich um einen NAND-Baustein handelt (Wertetabelle). Der Ausgangszustand wird mit einer Leuchtdiode geprüft.

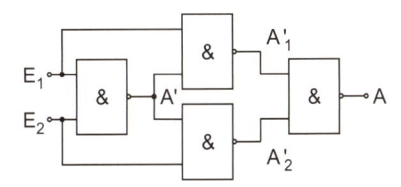

Logische Grundverknüpfungen

Eine NOT-Verknüpfung soll aus einer NAND-Verknüpfung geschaltet und deren Wertetabelle aufgenommen werden, Bild 50.8a.

Eine AND-Verknüpfung soll aus NAND-Verknüpfungen geschaltet und die Wertetabelle mit den Zwischenzuständen A' aufgenommen werden, Bild 50.8b.

Man schalte eine OR-Verknüpfung aus NAND-Verknüpfungen. Dazu soll die Wertetabelle mit den Zwischenzuständen E_1' und E_2' aufgenommen werden, Bild 50.8c.

Man realisiere eine EXCLUSIVE-OR-Verknüpfung durch eine Schaltung nach Bild 50.9. Die Wertetabelle mit den Zwischenzuständen A', A_1', A_2' wird aufgenommen.

Bild 50.9. XOR-Verknüpfung aus NAND-Verknüpfungen

Zusatzaufgabe: Halb-Addierer

Das Addieren von zwei Dualzahlen geschieht nach folgenden Regeln:

$$0+0=0 \quad 1+0=1 \quad 0+1=1 \quad 1+1=10 \quad .$$

Ein *Halb-Addierer* für zwei Dualzahlen ist eine logische Verknüpfung mit einer Wertetabelle nach Bild 50.10. Der Halb-*Addierer* hat zwei Eingänge E_1, E_2 für je eine einstellige Dualzahl sowie je einen Ausgang für Summe S und Übertrag ü. Die Schaltung für den Halb-Addierer soll aufgebaut, die Wertetabelle bestimmt und mit der Vorgabe verglichen werden.

Halb-Addierer - Verknüpfung

Wertetafel

E_1	E_2	Ü	S
0	0	0	0
1	0	0	1
0	1	0	1
1	1	1	0

Bild 50.10. Halb-Addierer-Schaltung

50.2 Grafische Programmierung logischer Verknüpfungen (1/2)

Kennenlernen des Programmpakets `LabVIEW` und Erstellen von Programmen zur Simulationen von Schaltungen aus Logikbausteinen. Die in Aufgabe 50.1 mit Logikbausteinen aufgebauten logischen Verknüpfungen sollen mit `LabVIEW` simuliert werden. Durch modulare Programmierung werden komplexere logische Schaltungen unter Verwendung der entwickelten Grundbausteine erzeugt.

PC mit installierter `LabVIEW`-Software, Drucker

Die Schaltungen für die Verknüpfungen NAND, NOT, AND, OR und XOR sollen mit Hilfe von LabVIEW ausschließlich aus NAND-Bausteinen erstellt werden. In den Programmen AND und XOR sollen die beiden Eingabefelder und das Ausgabefeld mit `Connector Pane` verbunden werden. (`Connector Pane` wird sichtbar, wenn man den Mauszeiger im `Front Panel` auf das VI-Symbol oben rechts bewegt, die rechte Maustaste drückt und im erscheinenden Menü `Show Connector` auswählt, s.a. Bild 50.5.) Beide Programme werden als VI's abgespeichert.

Es soll ein *Halb-Addierer* mit `LabVIEW` programmiert werden. Die zuvor erstellten VI's (AND und XOR) können verwendet werden. (Um ein `subVI` in ein Programm einzufügen wählt man im Menüfenster `Functions` den Eintrag `All Functions` und dann `Select a VI....`) Die Schaltung soll direkt aus NAND-Bausteinen aufgebaut werden, so daß ein Vergleich mit einer unter Verwendung von AND- und XOR-Bausteinen erstellten Schaltung erfolgen kann.

Voll-Addierer: Eine Schaltung, welche eine dritte Binärzahl zu dem Ergebnis eines Halb-Addierers hinzuaddiert, nennt sich Voll-Addierer. Voll-Addierer können in einer Kaskade hintereinander geschaltet werden, um beliebig lange Binärzahlen zu addieren. Es soll selbstständig eine Wertetabelle für die Addition dreier Dualzahlen erstellt werden, die wiedergibt wie der Voll-Addierer funktionieren soll. Anhand dieser Tabelle soll der Voll-Addierer konstruiert werden. Ist diese Schaltung noch effizienter zu bauen, d.h. mit möglichst wenigen NAND-Bausteinen bzw. Transistoren? Die minimale Anzahl benötigter NAND-Bausteine soll bestimmt werden.

Die Schaltungen sollen ausgedruckt und deren Funktionsweise beschrieben werden. Die so erhaltenen Ergebnisse sind mit den entsprechenden Ergebnissen aus Aufgabe 50.1 zu vergleichen.

51. Einführung in das Arbeiten mit einem PC

Kennenlernen von Eigenschaften und Arbeitsweisen eines PC (Hardware, Software), Nutzung und Ergänzung von vorhandenen Anwenderprogrammen zur Anfertigung von Meßprotokollen, zur Auswertung von Meßdaten und zur Bildschirmdarstellung der Ergebnisse.

Standardlehrbücher der Datenverarbeitung (Stichworte: Computer, PC, Hardware, Software). Es existiert ein großer Markt an Einführungs- und weiterführender Literatur (Zeitschriften und Bücher).
Press u.a.: Numerical Recipes in C.

Digitale Informationsverarbeitung im PC

Der **personal computer** (*PC*, auf deutsch: persönlicher Computer) hat heute im beruflichen wie im privaten Bereich ein breites Anwendungsspektrum gefunden. Das gilt insbesondere auch für das wissenschaftliche Arbeiten: Von der automatischen Erfassung und Auswertung von Meßwerten über die Simulation von Prozeßabläufen bis hin zur Erstellung von elektronischen Dokumenten wie Protokollen, Veröffentlichungen oder Vortragspräsentationen ist der PC heute ein unverzichtbares Arbeitsmittel geworden.

Zu jedem PC gehören einerseits ein Bildschirm, zusätzlich u.U. auch ein Drucker zur Ausgabe von Informationen, andererseits eine Tastatur, mit deren Hilfe der Benutzer Daten in den Rechner eingeben kann, sowie eine sog. **Maus**. Für den Betrieb eines PC unterscheidet man zwischen der Hardware und der Software. **Hardware** bezeichnet den elektronischen Aufbau des Rechners sowie die zu seinem Betrieb fest installierten Prozeßabläufe. Unter der **Software** versteht man die in riesiger Vielfalt verfügbaren Anwenderprogramme. Alle Prozeßschritte in einem solchen Rechner basieren auf einer Abfolge von logischen Operationen in Form von binären Zeichen, d.h. in digitalen Schritten. Man spricht daher auch von einem **Digitalrechner**.

Die Grundbausteine für diese Art der Informationsverarbeitung bestehen aus elektronischen Bauelementen, in der Regel Transistoren, die miniaturisiert auf sog. Chips zu integrierten Schaltungen zusammengeschaltet sind. Alle Daten, die der Computer bearbeiten soll, müssen in elektrischer Form vorliegen. Die kleinste Informationseinheit, die ein Rechner darstellen oder verarbeiten kann, ist ein **Bit**, eine Informationseinheit, die entweder den Wert 0 oder 1 besitzt und elektronisch durch „Spannung

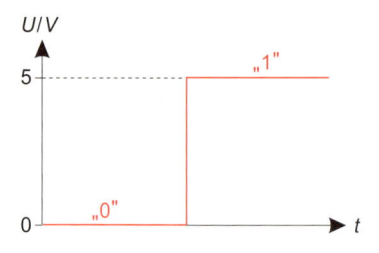

Bild 51.1. Setzen eines Bits von 0 (0 V) auf 1 (5 V)

ein" bzw. „Spannung aus" realisiert werden kann. Zum Beispiel entspricht den Spannungen $U = 0$ V eine 0 und $U = 5$ V eine 1, Bild 51.1. 8 Bits bilden 1 Byte. 1 kByte sind 1024 Byte, 1 MByte (1 MB) sind 1024 kB, also 1048576 Byte.

Die Fähigkeit eines Computers beruht nun darauf, daß er sehr viele solcher Bits sehr schnell miteinander verknüpfen und nach vorgegebenen Regeln manipulieren kann. So kann ein handelsüblicher PC mit einer Taktfrequenz von 3 GHz drei Milliarden Verknüpfungen in der Sekunde tätigen. Auf einer 120 GB-Festplatte können mehr als 1000 Milliarden Bits gespeichert werden. Aber erst durch die Programme des Benutzers bekommen die Bits eine Bedeutung. So kann ein Bit z. B. den speziellen „Grauwert" eines Punktes in einem Schwarz-Weiß-Bild charakterisieren oder einfach eine Ziffer in einer Binärzahl sein.

Der Schwerpunkt dieses Themenkreises liegt neben der Vermittlung von Grundwissen zu den physikalischen, technischen und logischen Abläufen in PCs in der Einführung in die Möglichkeiten, solche Rechner mittels geeigneter Software im wissenschaftlichen Bereich zu nutzen. Die in diesem Themenkreis verwendete Software wurde so ausgewählt, daß sie unter den zur Zeit besonders häufig benutzten PC-Betriebssystemen (Microsoft `Windows` sowie `Linux`) einsetzbar ist.

Hardware

Die Informationsverarbeitung im PC findet im zentralen Prozessor, der *CPU* (central processing unit) statt, der auf der Hauptplatine, dem sog. *motherboard*, eingebaut ist und mit allen anderen Hardware-Komponenten elektronisch verbunden ist. Derzeit (im Jahr 2005) arbeiten diese Halbleiterbausteine mit einer typischen Taktfrequenz von ca. 3 GHz. Die bisherige ständige Erhöhung der Taktfrequenz setzt sich jedoch noch immer fort.

Zur Speicherung der zu verarbeitenden Informationen sowie der Programme im PC dienen integrierte Schaltungsmodule als sog. *Arbeitsspeicher* sowie *Massenspeichergeräte* wie z. B. Festplatten. Zur Speicherung nicht veränderbarer Daten und Programme dient ein eigener Speichertyp, genannt `Read Only Memory` (`ROM`). Den eigentlichen Arbeitsspeicher bildet ein Speichertyp, der als `Random-Access-Memory` (`RAM`) bezeichnet wird. Typischerweise werden PCs zur Zeit mit einer RAM-Speicherkapazität von 512 MB bis 4 GB ausgestattet. Durch die Bauweise der derzeit verwendeten Speicherbausteine sind die im RAM abgelegten Informationen nur verfügbar, solange der Computer eingeschaltet ist. Zur permanenten Speicherung von Informationen benötigt man daher andere Geräte, beim PC typischerweise sog. Festplatten, die derzeit Kapazitäten von etwa 100 bis 200 Gigabyte haben. Zur Speicherung von Informationen auf transportablen Medien (z. B. Disketten, CD-ROMs, DVDs oder Magnetbändern) nutzt man spezielle sog. Laufwerke.

Die Schaltungsstruktur des `motherboard` ermöglicht die Kommunikation der `CPU` mit den anderen Hardwarekomponenten durch geeignete

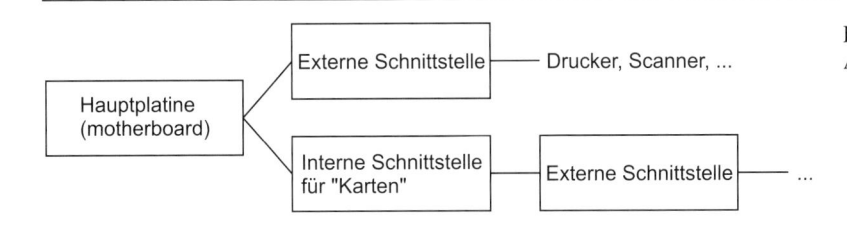

Bild 51.2. Anschlußschema für Ein- und Ausgabegeräte eines PC

Anschlußsteckverbindungen, die man auch als *Schnittstellen* bezeichnet. Die Grafik in Bild 51.2 veranschaulicht diese Struktur. Die für den Nutzer direkt zugänglichen *externen Schnittstellen* können entweder auf der Hauptplatine bereits beschaltet sein oder über eine *interne Schnittstelle* mittels *Datenbus* und einsteckbarer Schaltungsmodule, die man auch als *Karten* (Grafikkarte, Soundkarte, Netzwerkkarten o. ä.) bezeichnet, nachgerüstet werden. Periphere Geräte wie Laufwerke, Drucker oder Scanner (Gerät zum gerasterten Einlesen von Text- oder Bildvorlagen) werden über die externen Schnittstellen, beispielsweise `USB` oder `Firewire` angesprochen. Das gilt entsprechend auch für physikalische Meßgeräte, s. dazu *Themenkreis 53*: Ein- und Ausgabe von Meßwerten und Steuersignalen mit dem PC.

Software

Das für den Betrieb eines PC grundlegende Programmpaket wird als *Betriebssystem* bezeichnet. Die weltweit größte Verbreitung haben die `WINDOWS`-Betriebssysteme der Firma Microsoft gefunden. In den letzten Jahren hat auch `Linux`, eine kostenlose Implementierung eines `UNIX`-ähnlichen Systems für den PC, einen gewissen Verbreitungsgrad erreicht. Die Betriebssysteme der `UNIX`-Familie werden seit etlichen Jahren als Betriebssysteme sehr leistungsfähiger Großrechner eingesetzt, wodurch `Linux` für die Nutzung im wissenschaftlichen Bereich interessant ist.

Die Form der Nutzung der Software hängt vom Typ der verwendeten Software ab: Im wesentlichen unterscheidet man zwischen kommandozeilenorientiertem Arbeiten und einer Steuerung mit Hilfe einer grafischen Bearbeitungsebene, der sog. *Oberfläche* (`GUI, graphical user interface`). Bei einem kommandozeilenorientierten Programm oder Betriebssystem werden einzelne Befehle über die Tastatur eingegeben und mit der Eingabetaste bestätigt, woraufhin das Kommando ausgeführt wird. Demgegenüber dient bei einem GUI-Programm mit grafischer Benutzeroberfläche häufig die Maus als hauptsächliches Eingabegerät.

Anwenderprogramme werden meistens nach ihrem Verwendungszweck klassifiziert. *Textverarbeitungsprogramme* wie z. B. `Word` und das ältere `Word Perfect` oder auch das kostenlos erhältliche `OpenOffice-Writer` sind in der Anwendung sehr ähnlich. Das solchen Programmen zugrundeliegende Konzept wird `WYSIWYG` genannt (Abkürzung für: what you see is what you get). Für umfangreiche wissenschaftliche Dokumente wird häufig andere Software verwendet, beispielsweise das Textsatzsystem LATEX, mit dem auch dieses Buch geschrieben ist.

Andere wichtige Programme sind *Tabellenkalkulationsprogramme* (z. B. `Excel` (Microsoft) oder `OpenOfficeCalc`, *Symbolische Algebraprogramme* wie `Mathematica` oder `Maple`, *Zeichenprogramme* wie `Corel Draw` oder `OpenOfficeDraw`, *CAD-Programme* (computer aided design) wie `AutoCAD`. Zur Verarbeitung und Darstellung von Meßdaten kann z. B. `Origin` oder auch das in diesem Kapitel kurz vorgestellte `Gnuplot` verwendet werden.

Die in lokalen Netzen oder im Internet verfügbaren Informationen (Dateien) sind meistens in besonderer Weise kodiert (*Dateiformat*). Zum Dekodieren benötigt der Rechner passende Leseprogramme. So wird z. B. für die lesbare Wiedergabe eines in `pdf` (portable document formate) kodierten Textes das Programm `Adobe Reader` benötigt. Der Zugang zu den im *Internet* verfügbaren Informationen wird durch Programme ermöglicht, die *Browser* genannt werden. Beispiele sind der `Internet Explorer` (Microsoft), der traditionsreiche `Netscape Navigator` oder sein Nachfolger `Mozilla Firefox`. Diese eignen sich zur direkten Bildschirmdarstellung von `html`- oder `xml`-Dateiformaten.

Erstellung von Programmen

Aufgaben, die ein Computer erledigen soll, müssen im Prinzip in einzelne Elementarbefehle zerlegt werden, die mit Hilfe logischer Bausteine ausgeführt werden. In den Anfängen des Programmierens wurden die Rechner auch noch in solchen Elementarschritten programmiert (Assemblerprogrammierung). Diese Art der Programmierung ist nicht nur sehr zeitaufwendig, sondern auch recht fehleranfällig.

Daher wurde mittlerweile eine Vielzahl von sog. *höheren Programmiersprachen* entwickelt wie `Fortran`, `C/C++`, `Java`, die Sprachfamilie `Pascal/Delphi/Kylix` oder auch die auf der Prädikatenlogik aufbauende Sprache `Prolog`. In den bisher genannten Sprachen wird der sog. Quelltext von einem Übersetzungsprogramm (`Compiler`) in eine Binärcodedatei übersetzt, welche dann im Rechner ausgeführt werden kann. Der Quelltext eines Programms besteht aus Befehlen, in denen einfache, aber auch komplexe Abfolgen binär codierter Einzelschritte zu größeren Einheiten zusammengefaßt sind. Diese Befehle haben den Vorteil, daß sie sich einfach merken lassen, da sie üblicherweise entsprechend ihrer Funktionsweise benannt sind.

Neben Sprachen, welche ein solches Übersetzungsprgramm benötigen, gibt es auch *Skriptsprachen* wie z. B. `Perl` oder `Python`, die von einem *Interpreter* direkt ausgeführt werden. Auf einem PC ohne einen solchen Programminterpreter kann das Programm nicht ausgeführt werden. Das in den Aufgaben 50, 52 und 53 eingesetzte Programmpaket `LabVIEW` verwendet eine eigene grafische Programmiersprache `G`. Dabei kann das vom Nutzer grafisch erzeugte Programm direkt von `LabVIEW` als Interpreter ausgeführt werden. Mit Hilfe eines als `Application Builder` bezeichneten Übersetzungsprogramms kann jedoch auch ein ohne die `LabVIEW`-Umgebung lauffähiges Programm erzeugt werden.

51.1 Protokollerstellung mittels GUI-Programmen (1/3)

Benutzung von GUI-Progammen am Beipiel eines Bürosoftware-Paketes zur Erstellung eines Versuchsprotokolls.

PC mit installierter Bürosoftware (z. B. `Open Office`), Tastatur, Maus, Monitor, Drucker. Die für diese Aufgabe benötigten Dateien sind in einem Ordner zusammengestellt, der über den Desktop zugänglich ist: `<Aufgabe 51>`. Dazu gehören die Dateien:

`<gausswerte.txt>`: Zweispaltige Textdatei mit einem beispielhaften Meßergebnis der Aufgabe Galton-Fallbrett (*Themenkreis 2*: Meßunsicherheit und Statistik). Erste Spalte: Nummer des Kugelfaches, zweite Spalte: Kugelanzahl.

`<linienwerte.txt>`: Zweispaltige Textdatei, erste Spalte: Werte für die x-Achse, zweite Spalte: Werte y(x) mit annähernd linearer Abhängigkeit. Als Dezimalseparator muss ein Punkt verwendet werden.

Für die Durchführung dieses Versuchsteils beschränken wir uns auf eine Textverarbeitung mit integriertem Formeleditor und ein Tabellenkalkulationsprogramm. Auf dem *Desktop*, der auf dem Bildschirm sichtbaren Arbeitsfläche, können im o. g. Ordner `<Aufgabe 51>` über die Verknüpfungen „Tabellendokument" und „Textdokument" die entsprechenden Programme gestartet werden.

Im ersten Versuchsteil soll der Text des Protokolls zu *Themenkreis 2: Meßunsicherheit und Statistik* eingegeben werden. Dabei ist auf Layout und Strukturierung zu achten, so daß ein grafisch ansprechend gestaltetes Textdokument entsteht.

Im Tabellenkalkulationsprogramm sollen Meßwerte aus dem Versuch in ein Tabellenarbeitsblatt eingegeben werden. Hierbei ist es möglich, jeder Zelle der Tabelle einen Wert, einen Text oder eine Funktion zuzuordnen. Die Funktion kann sowohl selbstdefiniert als auch aus einem Katalog in der Menüleiste gewählt werden. Zu den letzgenannten gehören z. B. die beiden Funktionen `STABW` und `STABWN`, bei denen es um die *Standardabweichung* geht. Der Unterschied zwischen diesen beiden Funktionen soll ermittelt und dokumentiert werden.

Mit Hilfe des Befehls `Einfügen > Diagramm` soll eine Grafik erstellt werden. Dabei muß eine geeignete Darstellungsform gewählt werden, und die Beschriftungen der Achsen sind geeignet einzufügen. Die Meßwertetabelle und das Diagramm sollen dann in das im Textverarbeitungsprogramm bearbeitete Dokument eingefügt werden.

Das Ergebnis soll ausgedruckt oder in einer anderen geeigneten Form dokumentiert werden.

Die Fähigkeit zur Bearbeitung von in Dateien abgelegten Meßdaten soll anhand der bereitgestellten Beispieldatei `gausswerte.txt` überprüft werden. Diese wird in ein Tabellenblatt unter Verwendung der Befehlskette `Einfügen > Tabelle > Aus Datei erstellen` eingelesen. Die Werte der einzelnen Tabellenspalten sollen in Diagrammen dargestellt werden. Falls Probleme bei der Erstellung der Diagramme mit einer der Spalten auftreten, soll die Erklärung für das Verhalten der Software gefunden und angegeben werden.

Es soll der Formeleditor benutzt werden (in `OpenOffice` über die Menübefehlskette `Einfügen > Objekt > Formel` zu starten), um die Formeln für eine Gaußverteilung und ihre zugehörige Standardabweichung einzugeben. Hinweis: In GUI-Programmen erhält man häufig ein sog. *Kontextmenü* durch das Betätigen der rechten Maustaste, während sich der Mauszeiger über einem Objekt befindet. In diesem Menü werden wichtige Programmbefehle angeboten.

Da Bürosoftware nur über begrenzte Darstellungsmöglichkeiten verfügt, soll der Import von einer mit anderer Software erstellten Grafik durchgeführt werden. Der zugehörige Menübefehl soll ermittelt werden, indem nötigenfalls die integrierte Hilfefunktion des Programms benutzt wird. Die durch die Software bereitgestellte Datei im Format `EMF-enhanced metafile` kann, da nicht einzelne Pixel, sondern die Kurvenverläufe in Vektorform gespeichert sind, leicht auf eine in das Protokoll passende Größe gebracht werden, ohne daß das Bild verfälscht wird.

Die Ergebnisse sollen ausgedruckt werden. Vergleichend soll die Bildqualität einer pixelierten Bilddatei (Format `PNG`) im Protokollausdruck untersucht werden.

51.2 Verarbeitung und Visualisierung von Meßdaten(1/3)

Kennenlernen einfacher Kommandozeilenprogrammierung sowie der möglichen grafischen Auswertung mit dem PC.

PC mit installiertem Programm `Gnuplot`, Tastatur, Maus, Monitor, Drucker. Dateien wie in Aufgabe 51.1.

Es sollen grafische Darstellungen sowie Auswertungen mit dem Programm `Gnuplot` erstellt werden. Dieses Programm verfügt gegenüber Programmen üblicher Bürosoftwarepakete über erweiterte Möglichkeiten zur Verarbeitung und Darstellung von Meßwerten. Das hier im wesentlichen kommandozeilenorientierte Bedienkonzept erfordert allerdings auch bei anderer wissenschaftlicher Software, z. B. `Mathematica`, die Kenntnis der Befehle und damit eine höhere Einarbeitungszeit. Die Mächtigkeit der einmal erlernten Befehle ermöglicht dann jedoch ein effektives Arbeiten. Im Grunde ist das Programm ein Kommandointerpreter wie auch die zuvor erwähnten Skriptsprachen. Eine aus einer Datei geladene Sequenz von abgespeicherten `Gnuplot`-Befehlen wird dabei von dem Programm sukzessive abgearbeitet.

Zur Verwendung des interaktiven Modus wird das Programm durch Eingabe des Befehls `gnuplot` in einem Kommandozeilen-Terminal (z. B. die `Eingabeaufforderung` unter `MS-Windows` oder `xterm` unter `Linux`) gestartet.

Die an die Befehle übergebenen Parameter bestehen meist aus Ausdrücken aus Zahlen, Funktionen und Operatoren (+, -, *, /). Mit dem Befehl `plot` *[Funktion]* z. B. wird die ausgewählte Funktion geplottet.

51.2 Verarbeitung und Visualisierung von Meßdaten

Die nachfolgenden Befehle sollen eingegeben und das jeweilige Ergebnis protokolliert werden.

```
f(x)= sin(x)
plot f(x)
plot[-2:2] [0:6] f(x)

set label "Beschriftung" at 1,30
set title "Ueberschrift"
set xlabel "x-Achsenbeschriftung"
set ylabel "y-Achsenbeschriftung"
replot

reset
replot

f(x)= -2<=x && x<-1 ? 2 : -1<=x && x<1 ? 4 : 5
set samples 500
plot [-3:3] [-1:6] f(x)

set samples 50
replot
```

Die Bedeutung der in den eckigen Klammerpaaren angegeben Parameter des `plot`-Befehls soll ermittelt und die Parameter gegebenenfalls angepaßt werden. Welchen Effekt hat der Befehl `set samples`?

Zum Ansprechen von Zeichenketten werden einfache Anführungszeichen ' ' verwendet. Durch Verwendung von Zeichenketten können z.B. Dateinamen als `gnuplot`-Befehlsparameter verwendet und so die in den Dateien gespeicherten Daten geplottet und damit visualisiert werden. Die folgenden Befehlszeilen sollen ausgeführt werden.

```
cd 'E:\Studentenordner\Versuch_51'
plot'gausswerte.txt' using 1:2
set boxwidth 0.9 relative
plot'gausswerte.txt' using 1:2 with boxes
f(x)=x; plot(f(x)),'gausswerte.txt'
```

Die Wirkung der Befehle soll beschrieben werden.

Eine numerische Kurvenanpassung (engl: fit) geschieht mit dem Befehl `fit` *[anzufittende Funktion] [Wertepaare]*, wobei die Funktionsart der anzufittenden Funktion vordefiniert werden muss. Die Trennung einzelner Befehle erfolgt mittels „;". Als erstes Beispiel wird hier der *Fit* einer Meßwertetabelle aus der Datei „linienwerte.txt" mit einer Funktion 1. Grades angeführt:

```
g(x)= a*x + b; fit g(x) 'linienwerte.txt' via a,b
```

Dieser Befehl soll nun so verändert werden, daß die Daten mit einem Polynom 2. Grades einmal auf dem gesamten Bereich der Meßwerte und einmal im Intervall `[8:13]` angefittet werden.

Schließlich soll eine komplexere Funktion ausprobiert werden:

$$g(y) = \frac{1}{\sqrt{2\pi}s} e^{-\frac{y-u}{2s^2}} \quad .$$

Dazu schreibt man:

```
s=1; u=1
g(y)= 1/sqrt(2*pi)*1/s *exp(-(y-u)**2/(2*s**2))
plot g(x)

u=1;s=0.5
replot
```

Es soll angegeben werden, was für eine Funktion durch g definiert ist und welche Parameter u und s darstellen.

```
g(y)= a/sqrt(2*pi)*1/s *exp(-(y-u)**2/(2*s**2))
a=1; u=1; s=1
fit [0:10] g(x) 'gausswerte.txt' via a, s, u
```

Die gewonnenen Parameter sollen nun verwendet werden, um in einem gemeinsamen Plot sowohl die Werte aus der Tabelle (d.h. die Meßdaten) als auch die angepaßte Kurve darzustellen, wobei die Meßdaten als Histogramm und die Kurve als durchgezogene Linie dargestellt werden sollen.

Die Ergebnisse sollen ausgedruckt werden.

Die erstellten Grafiken sollen nun in Dateien geschrieben werden. Gnuplot benutzt den Befehl `set terminal`, um die Ausgabe entweder auf den Bildschirm oder aber in eine Datei zu lenken.

```
cd 'E:\Studentenordner\Versuch_51\neu'
set terminal png
set output 'test.png'
replot

set terminal emf
set output 'test.emf'
replot

set terminal windows
replot

g(x)= 5*x; replot
```

Die erzeugten Dateien sollen entweder mit einem zur Betrachtung geeigneten Programm oder auch durch Einfügen in ein anderes

Dokument (mit einem Textverabeitungsprogramm, siehe Aufgabe 51.1) getestet werden.

Anhand der Hilfedatei sollen weitere mögliche Ausgabe-Dateiformate ermittelt und wenn möglich ausprobiert werden. Weiterführend können mittels der umfassenden Hilfedatei weitere Befehle und Variationen ausprobiert werden. Das gewonnene Wissen soll genutzt werden, weitere für das aktuelle Protokoll notwendige Graphiken zu erstellen.

Die verwendeten Befehlssequenzen sollen dokumentiert und ihre Bedeutung erläutert werden.

51.3 Statistik und Zufallszahlen mit C++ (1/3)

Verstehen und Erstellen von Programmbeispielen zur Berechnung von Zufallszahlen und statistischen Größen in der Programmiersprache C++.

PC mit installiertem Compiler für C++ aus der GNU compiler collection (gcc) sowie einem geeigneten Editor für Quelltexte (beispielsweise SciTE), Tastatur, Maus, Monitor, Drucker. Die für diese Aufgabe benötigten Dateien sind in einem Ordner zusammengestellt, der über den Desktop zugänglich ist: <Aufgabe 51>. Dazu gehören die Dateien:

gauss-statistik.cpp: C++-Quelltext eines Programms, welches Eingaben von Einzel-Meßwerten über die Tastatur erhält und nach jeder Eingabe von allen bis dato eingegebenen Werten Mittelwert, Standardabweichung und Fehler des Mittelwertes berechnet.

galton-fallbrett.cpp: C++-Quelltext eines Programms, welches nach Eingabe einer Kugelanzahl eine Gaußverteilung der Kugeln über eine dem Galton-Fallbrett aus *Themenkreis 2*: Meßunsicherheit und Statistik entsprechende Anzahl von Wertebereichen ausgibt.

In diesem Aufgabenteil soll mit Hilfe eines einfachen Beispielprogramms gauss-statistik.cpp die Berechnung der statistischen Größen einer Gaußverteilung (Mittelwert, Standardabweichung und Fehler des Mittelwertes) durchgeführt werden. Nach Eingabe jedes einzelnen Wertes sollen Mittelwert und Standardabweichung aller bereits eingegebenen Zahlen berechnet und am Bildschirm ausgegeben werden.

Die eingegebenen Werte selbst sollen im Programm nicht zwischengespeichert werden. Das Programm soll statt dessen bei jeder neuen Eingabe eines Wertes x_i sowohl den neuen Mittelwert $\overline{x}$ als auch den Mittelwert $\overline{x^2}$ der Quadrate berechnen. Hierzu muß die folgende Formel für den Mittelwert der Fehlerquadrate benutzt werden:

$$\frac{1}{n}\sum_{i=1}^{n}(x_i - \overline{x})^2 = \overline{x^2} - \overline{x}^2 .$$

Die zwischenzuspeichernden Variablen und der notwendige Rechenweg sollen bestimmt werden. Der Programmablauf inklusive Benutzereingaben und Programmausgaben soll erarbeitet werden.

✎ Die benötigten Formeln und der Rechenweg sollen dokumentiert werden. Der Programmablauf soll beispielsweise in Form eines Flußdiagramms dargestellt werden.

✎ Der Unterschied zwischen dem Mittelwert der Fehlerquadrate und der Standardabweichung soll benannt werden.

⏱ Der Programm-Quelltext `gauss-statistik.cpp` wird mit Hilfe eines Texteditors geöffnet. Dabei soll, wenn möglich, ein Texteditor mit `syntax highlighting` verwendet werden, welcher Schlüsselwörter automatisch farblich kennzeichnen und auch zusammengehörige Klammern einer Struktur (z.B. Schleife) sichtbar machen kann, so daß Programmstrukturen leichter erkennbar und syntaktische Fehler leichter auffindbar sind.

✎ Der kommentierte Quelltext soll analysiert werden. Stimmt der verwendete Rechenweg und die Programmstruktur mit der vorher überlegten überein?

Die bereits vorhandenen Kommentare im Quelltext sollen ergänzt werden, um ein klares Verständnis des Programms zu dokumentieren. Das Resultat wird ausgedruckt.

⏱ Aus einem Kommandozeilen-Terminal (z. B. die `Eingabeaufforderung` unter `MS-Windows` oder `xterm` unter `Linux`) soll nun das Programm mit dem Compiler `c++` übersetzt und die so erstellte Anwendung ausgeführt werden. Dazu wird der Quelltext in der Datei `gauss-statistik.cpp` im Kommandoterminal mit der Anweisung „`c++ -o gauss-statistik.exe gauss-statistik.cpp`" compiliert und das Programm anschließend durch Eingabe von „`gauss-statistik.exe`" ausgeführt.

Die Funktion des Programms soll durch Eingabe von Werten einer Meßreihe getestet werden. Als Meßwerte können beispielsweise die Nummern von Kugelfächern des Galtonfallbrettes dienen.

✎ Die Programmergebnisse für Mittelwert, Standardabweichung und Fehler des Mittelwertes sollen mit selbst berechneten Werten verglichen werden.

⏱ Durch Erzeugung von normalverteilten Zufallszahlen soll das Galton-Fallbrett mithilfe eines `C++`-Programms simuliert werden.

Gleichverteilte Zufallszahlen in einem vorgegebenen Intervall treten statistisch nicht vorhersagbar auf. Solche Zufallszahlen können beispielsweise in `C++` mit Hilfe des Befehls `rand()` erzeugt werden.

Normalverteilte Zufallszahlen hingegen können mit Hilfe einer Gaußschen Glockenkurve beschrieben werden, das heißt eine Verteilung solcher Zufallszahlen hat einen Mittelwert µ und eine Standarabweichung s.

Aus einer Menge von gleichverteilten Zufallszahlen können normalverteilte Zufallszahlen berechnet werden. Sind x_a, x_b zwei Zufallszahlen aus einer Gleichverteilung im Intervall [0,1], so ist die Zahl

$$x = \mu + s\sqrt{-2\ln x_a}\cos 2\pi x_b$$

eine Zufallszahl aus einer Normalverteilung mit dem Mittelwert µ und der Standardabweichung s (s. a. *Press u.a.*: Numerical Recipes in C).

Eine so erzeugte Zufallszahl entspricht dem Auftreffort einer Kugel im Galton-Fallbrett. Die im Galton-Fallbrett vorhandenen Fächer sind daher gleichzusetzen mit Zahlenintervallen. So wie die in ein Fach gefallenen Kugeln abgezählt werden können, kann auch das Auftreten von Zufallszahlen in den erwähnten Zahlenintervallen abgezählt werden.

Der strukturelle Ablauf eines Programms zur Erzeugung von N normalverteilten Zufallszahlen soll erarbeitet werden. Dabei sollen auch notwendige Benutzereingaben und die Bildschirmausgaben des Programms definiert werden.

✍ Der erarbeitete Programmablauf soll in Form eines Flußdiagramms dargestellt werden. Wieviele Zählvariablen werden gebraucht? Welche Werte sollten μ und s erhalten, um eine Verteilung wie beim Galton-fallbrett zu erhalten?

Der kommentierte Programm-Quelltext `galton-fallbrett.cpp` soll mithilfe des Texteditors geöffnet und analysiert werden. Stimmt die Programmstruktur mit der vorher überlegten überein? Anschließend soll der Quelltext in der Datei `galton-fallbrett.cpp` mit der Anweisung „`c++ -o galton-fallbrett.exe galton-fallbrett.cpp`" in ein ausführbares Prgramm übersetzt werden. Das erhaltene Programm soll ausgeführt und Ergebnisse für 10 und für 2000 Zufallszahlen notiert werden.

✍ Der Quelltext soll mit weiteren Kommentaren versehen werden, um ein klares Verständnis des Programms zu dokumentieren. Der so modifizierte Quelltext soll ausgedruckt werden. Für die erhaltenen Ergebnisse für 10 und für 2000 Zufallszahlen sollen die erhaltenen Werte für Mittelwert und Standardabweichung mit den im Programm verwendeten Werten für μ und s verglichen werden.

Unter Verwendung der Quelltexte der beiden zuvor bearbeiteten Beispiele soll ein `C++`-Programm erstellt werden, das eine Eingabe einer Zahl N von Meßwerten, eines Mittelwertes und einer Standardabweichung erlaubt. Das Programm soll dann N normalverteilte Zufallszahlen erzeugen und deren Mittelwert, Standardabweichung and Fehler des Mittelwertes bestimmen.

Vor Erstellung des Quellcodes soll der benötigte Programmablauf ermittelt und geeignet dargestellt werden.

✍ Der erarbeitete Programmablauf soll beispielsweise in Form eines Flußdiagramms dargestellt werden. Der erstellte Programmquelltext soll kommentiert, ausgedruckt und dem Protokoll beigefügt werden.

52. Fourieranalyse, Signalabtastung und Signalfilterung

🏁 Analyse periodischer Signale; Simulation und Bearbeitung von physikalischen Meßsignalen; Verfahren der digitalen Signalabtastung; Abtasttheorem nach Shannon.

📚 *Standardlehrbücher* (Stichworte: Fourieranalyse, analoge Signalverarbeitung, Abtastung, Sampling-Verfahren),
Alkin: Digital Signal Processing,
Diemer/Baser/Jodl: Computer im Praktikum,
Jamal/Hagestedt: LabVIEW,
John Hopkins University: Signals Systems Control Demonstrations,
Press u.a.: Numerical Recipes in C,
Themenkreis 50: Logische Verknüpfungen.

📖 Periodische Signale und Fourierreihen

Periodische Signale tauchen in vielen Bereichen der Physik und Technik auf, unter anderem bei schwingungsfähigen Systemen in der Mechanik, Optik, Elektronik oder Atomphysik.

Unter einem **Signal** wird hier eine Funktion verstanden, die eine physikalische Größe in Abhängigkeit von der Zeit, dem Ort oder einer anderen Variablen darstellt. Wir betrachten hier *zeitkontinuierliche* analoge Signale, die z. B. mit einem Oszilloskop dargestellt oder mit einem A/D-Wandler (Analog-Digital-Wandler) diskretisiert werden können. Als Beispiel zeigt Bild 52.1 einen Spannungsverlauf mit einer **Periodendauer** T, so daß gilt: $F(t) = F(t+T)$. Alle Informationen dieses Signals stecken bereits in einer einzigen Periode, d. h. es genügt, die Funktion F während einer Zeitspanne der Dauer T zu messen.

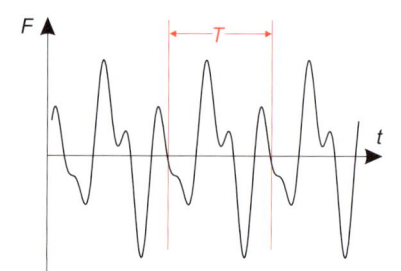

Bild 52.1. Periodisches Signal $F(t) = F(t+T)$

Aus der Mathematik ist bekannt, daß jede beliebige periodische Funktion als

Fourier-Reihe $\quad \mathcal{F}(t) = \dfrac{a_0}{2} + \sum_{n=1}^{N} [a_n \cos(n\omega t) + b_n \sin(n\omega t)]$

dargestellt werden kann, d. h. durch Sinus- und Kosinus-Funktionen mit unterschiedlichen Perioden $2\pi n$. Dabei ist $\omega = 2\pi/T$ die Kreisfrequenz der Grundschwingung. Im allgemeinen geht N gegen ∞. Bei physikalischen Experimenten genügt jedoch eine endliche Zahl, weil durch die Verarbeitung des Signals die hohen Frequenzen stark gedämpft werden. Die

Konstanten $a_0, a_1 \ldots$ heißen *gerade Fourierkoeffizienten*, $b_1, b_2, \ldots$ *ungerade Fourierkoeffizienten*. Diese Bezeichnungen beruhen darauf, daß $\cos(x)$ eine gerade und $\sin(x)$ eine ungerade Funktion ist. Führt man die Größen

$$\rho_0 = \frac{a_0}{2}, \qquad \rho_n = \sqrt{a_n^2 + b_n^2}, \qquad \Phi_n = \arctan\left(\frac{a_n}{b_n}\right)$$

ein, so ergibt sich eine Darstellung der Fourier-Reihe nur mit Sinusfunktionen, die aber unterschiedliche Phasen Φ_n besitzen können:

$$\mathcal{F}(t) = \rho_0 + \sum_{n=1}^{N} \rho_n \sin(n\omega t + \Phi_n).$$

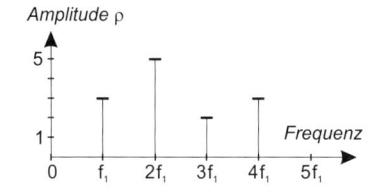

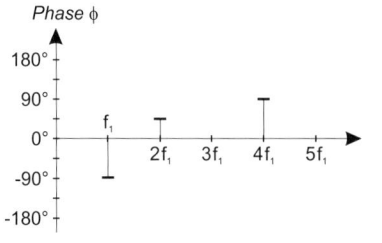

Bild 52.2. Amplituden- und Phasenspektrum des Zeitsignals von Bild 52.1

Der Periode 2π des Signals $F(t)$ entspricht eine Frequenz $f_1 = 1/T = \omega/2\pi$. Diese wird als Grundfrequenz bezeichnet. Die Sinus- und Kosinusfunktionen der Fourierreihe besitzen Frequenzen $f_n = nf_1$, d. h. ganzzahlige Vielfache der Grundfrequenz. Die Frequenzdarstellung der Fourierkoeffizienten nennt man **Kosinusspektrum** $(a_0/2, a_1, a_2, \ldots)$ und **Sinusspektrum** $(b_1, b_2, \ldots)$.

Außer der Darstellung des Signals in der Form $F(t)$, Bild 52.1, besteht die Möglichkeit, ρ_n und Φ_n in Abhängigkeit von f_n darzustellen:

$\{(0, \rho_0), (f_1, \rho_1), (2f_1, \rho_2), \ldots\}$ heißt **Amplitudenspektrum** und
$\{(f_1, \Phi_1), (2f_1, \Phi_2), \ldots\}$ heißt **Phasenspektrum**.

Die periodische Funktion $F(t)$ kann also völlig gleichwertig entweder durch den Zeitverlauf $F(t)$ oder durch die Angabe von Kosinus- plus Sinusspektrum bzw. von Amplituden- plus Phasenspektrum beschrieben werden, Bild 52.2.

ρ_0 heißt Gleichanteil und wäre der konstante Anzeigewert eines sehr trägen Meßgeräts. Dem Gleichanteil kann keine Phase Φ_0 zugeordnet werden, weshalb das Phasenspektrum erst mit Φ_1 beginnt. Die Schwingungen mit $n = 2, 3, \ldots$ werden in der Akustik als harmonische Obertöne oder kurz **Harmonische der Grundschwingung** ($n = 1$) bezeichnet, ihre Gesamtheit heißt **Obertonreihe**.

Bandbreite

Um alle Fourierkoeffizienten $a_0, a_1, a_2, \ldots, b_1, b_2, \ldots$ aus der Funktion $F(t)$ berechnen zu können, muß man $F(t)$ *genau* kennen. Dies ist nur dann gegeben, wenn die Fourierreihe *endlich* ist und nach einer Frequenz Nf_1 abbricht, d. h. daß alle $\rho_n = 0$ für $n > N$. Ist dabei $\rho_N \neq 0$, so heißt Nf_1 **Bandbreite** des Signals F. Wenn die Bandbreite endlich ist, können die endlich vielen Koeffizienten für $n \leq N$ ausgerechnet werden, das Signal heißt dann *bandbreitenbegrenzt*. In der physikalischen und meßtechnischen Realität kann immer davon ausgegangen werden, daß die Fourierreihe eines periodischen Signals in dieser Weise bandbegrenzt ist; denn eine Signalverarbeitung führt meistens zu einer Verringerung

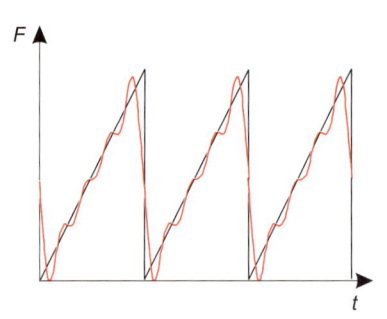

Bild 52.3. Approximation der 2π-periodisch fortgesetzten Funktion $F(t) = t$, $0 < t < T$, durch ein Fourierpolynom vom Grad $N = 4$

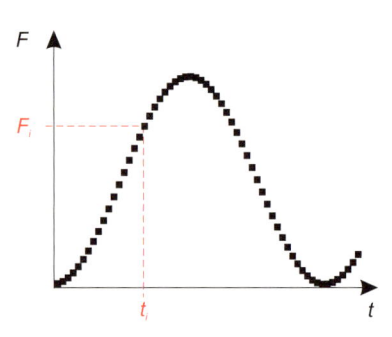

Bild 52.4. Abtastung eines Signals erzeugt eine Punktmenge $F_i = f(t_i)$

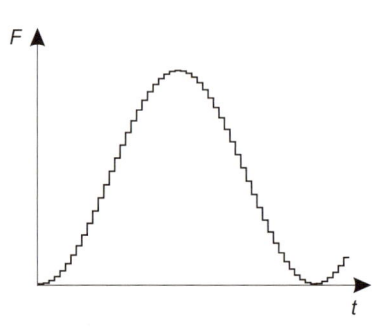

Bild 52.5. Abtastung mittels *sample-and-hold* Schaltung erzeugt eine Stufenfunktion

der Bandbreite, z. B. durch Tiefpässe oder durch andere Filter. Dadurch treten zwar Signalverformungen auf, aber das Spektrum von F ist dann *vollständig* bekannt.

Als Beispiel soll ein sägezahnförmiger Spannungsverlauf betrachtet werden. Die zugehörige mathematische Funktion $F(t)$ ist unstetig und benötigt zur korrekten Beschreibung unendlich viele Fourierkomponenten ($N \to \infty$). Begrenzte Bandbreite bei der Signalverarbeitung führt infolge der Endlichkeit der Fourierreihe nur zu einer Approximation, wie in Bild 52.3 dargestellt.

Signal-Abtastung und Spektrenberechnung

Unter der **Abtastung** (*sampling*) eines periodischen Signals $F(t)$ mit der Abtastfrequenz f_s wird die Auswertung $F_i = f(t_i)$ des Signals zu Zeitpunkten t_i verstanden, die gleichmäßig im Abstand $1/f_s$ aufeinanderfolgen, sog. Punktauswertungen, Bild 52.4.

Bei der meßtechnischen Realisierung einer Abtastung wird oft eine **sample-and-hold**-Schaltung benutzt, die den Signalwert zwischen zwei Auswertungen (Tastpunkten) konstant auf dem Wert der vergangenen hält, um den zeitkontinuierlichen Charakter des Signals zu erhalten, Bild 52.5.

Man muß mindestens $S = 2N + 1$ Punkte (t_i, F_i) kennen, um ein Fourierpolynom vom Grad N konstruieren zu können: Zur Berechnung der Koeffizienten der linear unabhängigen Basisfunktionen 1, $\cos(\omega t)$, $\cos(2\omega t), \ldots$, $\sin(\omega t), \sin(2\omega t), \ldots$ müssen im Prinzip $2N + 1$ Gleichungen gelöst werden. Dieses Gleichungssystem wäre unterbestimmt und damit nicht eindeutig lösbar, falls $S < 2N + 1$.

Hieraus folgt das **Shannonsche Abtasttheorem**, welches besagt, daß die halbe Abtastfrequenz $f_s/2$ größer sein muß als die höchste im Signal enthaltene Frequenz $f_N = Nf_1$. Umgekehrt ergibt sich bei vorgegebener Abtastfrequenz f_s, daß für ein Ergebnis ohne Informationsverlust die in einem Signalspektrum enthaltenen Frequenzen nicht größer sein dürfen als die sog. **Nyquist-Frequenz** $f_{\text{Nyquist}} = f_s/2$.

Gauß-Rauschen

Meßsignalen sind häufig statistische Störsignale überlagert, s. a. Bild 52.6, die man als **Rauschen** bezeichnet. Je nach physikalischer Ursache unterscheidet man unterschiedliche Rauschtypen wie 1/f-Rauschen, thermisches Rauschen oder Schrotrauschen u.a. Von *weißem Rauschen* spricht man, wenn im Rauschspektrum alle Frequenzen vorkommen. Ein Sonderfall ist das sog. **Gauß-Rauschen**, Bild 52.6.

Eine wichtige Aufgabe für Experimentatoren ist es, aus einem verrauschten Signal das eigentliche Meßsignal herauszufiltern. Ein dabei häufig eingesetztes experimentelles Verfahren ist die *Lock-in-Technik*, bei der Verstärker benutzt werden, die nur das mit einer festen Frequenz modulierte Meßsignal verstärken, den Rauschuntergrund, der sich auf viele Frequenzen verteilt, dagegen nicht.

Entscheidend für die Erkennbarkeit eines (schwachen) Meßsignals ist das Verhältnis der Signalamplitude zur Rauschamplitude, ausgedrückt durch das **Signal-Rausch-Verhältnis** (SNR = signal to noise ratio):

SNR = $10 \cdot \log(\text{Signalpegel}/\text{Rauschpegel}) dB$.

Will man ein Rauschsignal künstlich erzeugen, benutzt man einen Rauschgenerator. An dessen Ausgang steht ein Rauschsignal zur Verfügung, dessen Amplituden durch den einstellbaren *Rauschpegel* bestimmt werden. Zur Erzeugung von Gauß-Rauschen benötigt man eine Schaltung bzw. ein Programm, das dem zu untersuchenden Signal einen zufälligen Funktionswert hinzuaddiert, der einer Normalverteilung entstammt.

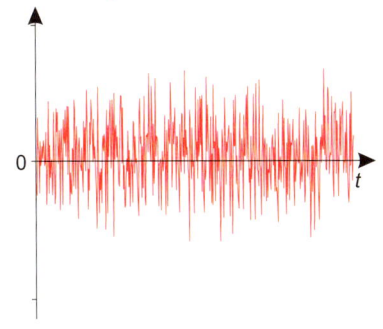

Bild 52.6. Zeitlicher Verlauf der Rauschamplitude bei Gauß-Rauschen

Harmonische Analyse und Synthese

Die Fourierkoeffizienten, die ein Signal $F(t)$ darstellen, sind gegeben durch

$$a_n = \frac{1}{\pi} \int_0^{2\pi} F(t) \cos(n\omega t) \mathrm{d}t \quad \text{für } n = 0 \text{ bis } N \quad \text{bzw.}$$

$$b_n = \frac{1}{\pi} \int_0^{2\pi} F(t) \sin(n\omega t) \mathrm{d}t \quad \text{für } n = 1 \text{ bis } N \;.$$

Die Berechnung der Fourierkoeffizienten erfolgt in der Regel numerisch, wobei verschiedene Algorithmen zum Einsatz kommen können, siehe hierzu *Press u.a.*: Numerical Recipes in C. Häufig werden Implementierungen eines *FFT*-Algorithmus (*Fast Fourier Transform*) verwendet.

Der in dieser Aufgabe verwendete Algorithmus ermöglicht, aus den äquidistant aufgenommenen Tastpunkten während einer Periode eine Darstellung des Spektrums zu berechnen: *harmonische Analyse*. Die Rechnung kann auch umgekehrt ausgeführt werden, d. h. aus vorgegebenen Spektren kann der Zeitverlauf von $F(t)$ berechnet werden: *harmonische Synthese*.

Fourierspektrum von Rechteck- und Sägezahnsignalen

Das Fourierspektrum eines idealen Rechtecksignales der ganzzahligen Frequenz f_1 nimmt nur bei den Frequenzen $f_n = n f_1$ mit $n = 1, 3, 5, \ldots$ Werte ungleich Null an. Für das Amplitudenspektrum gilt dann:

$$\rho_n = \frac{4a}{n\pi}.$$

Die Verteilung der Fourier-Koeffizienten auf gerade (Kosinus-Anteile) und ungerade Anteile (Sinus-Anteile) wird durch die Phase des Signals bestimmt: Eine gerade Funktion besitzt nur reelle bzw. gerade Fourierkoeffizienten, eine ungerade Funktion nur imaginäre bzw. ungerade Fourierkoeffizienten.

Durch die Abtastung mit endlichen Zeitabständen haben die Flanken eine beschränkte Steigung: *Diskretisierungsfehler*. Der Diskretisierungsfehler bewirkt, daß auch die im Idealfall verschwindenden Anteile des Fourierspektrums endliche Werte annehmen.

Das Spektrum eines Rechtecksignals ist nicht bandbegrenzt, so daß eine Darstellung durch ein endliches Fourierspektrum zum Abschneiden unendlich vieler Teilfrequenzen führt. Außerdem werden Frequenzanteile abgetastet, die in der Nähe der Abtastfrequenz liegen. Diese Verletzung des Shannon-Theorems bewirkt, daß das Abtastergebnis dieser Frequenzanteile Fourierkoeffizienten zu sehr viel niedrigeren Frequenzen liefert, die im Originalsignal gar nicht vorhanden sind. Diese Erscheinung nennt man *Aliasing*. Die Abtastung eines solchen Signals mit einer endlichen Frequenz kann daher dessen Spektrum verfälschen und gibt deshalb nur bedingt die physikalische Realität wieder.

Die gleichen Einschränkungen treffen auch für die diskrete Fourieranalyse eines sägezahnförmigen Signalverlaufes zu. Im Gegensatz zur Rechteckfunktion kann das Sägezahnsignal durch Verschiebung nicht zu einer symmetrischen Funktion umgewandelt werden. Bei einer Phase $\Phi = 0$ ist die Funktion antisymmetrisch und das Fourierspektrum wird ausschließlich durch die Sinus-Anteile dargestellt. Für diese gilt dann

$$b_n = (-1)^{(n+1)} \frac{2a}{n\pi},$$

mit $f_n = nf_1$ und $n = 1, 2, 3, \ldots$

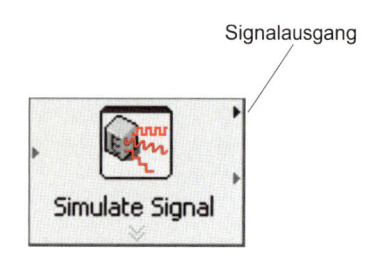

Bild 52.7. LabVIEW Express-VI *Simulate Signal.vi* zur einfachen Erzeugung periodischer Signale

Erzeugung und Abtastung von Signalen mit LabVIEW

Bei der Beschreibung des Versuches wird auf LabVIEW-Begriffe zurückgegriffen, die in *Themenkreis 50*: Logische Verknüpfungen eingeführt werden. Für weitergehende Fragen ist die installierte Hilfefunktion der Software zu benutzen.

Bei der Fourieranalyse der Signale wird im Folgenden von einer Periodendauer von $T = 1s$ ausgegangen. Daraus ergibt sich dann die Grundfrequenz zu $f_1 = 1Hz$, die zugehörige Kreisfrequenz ist dann

$$\omega_1 = 2\pi f_1 = \frac{2\pi}{s}.$$

Im Programmpaket LabVIEW steht zur Erzeugung der Signale das Express-VI *Simulate Signal.vi*, Bild 52.7, zur Verfügung. Dieses simuliert einen Funktionsgenerator mit dahinter geschalteter Sampling-Meßkarte. Verschiedene periodische Signalformen, wie z.B. Sinus (Bild 52.8), Rechteck oder Sägezahn, können mit frei einstellbaren Parametern (Amplitude, Frequenz, Phase und Gleichanteil) auf dem Rechnerbildschirm erzeugt und dann punktweise abgetastet werden. Zusätzlich ist ein Rauschgenerator vorhanden, der dem Signal verschiedene Rauschtypen aufmodulieren

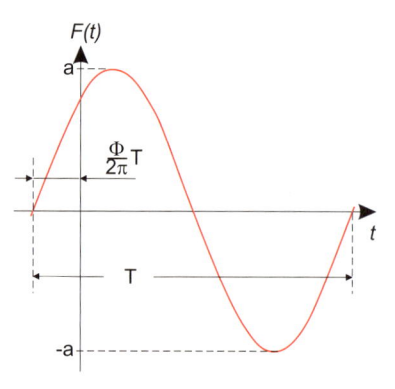

Bild 52.8. Ein Sinus-Signal erzeugt von der Funktion $F(t) = a \sin(n\omega t + \Phi)$

kann. Das diskrete Signal wird dann als `Dynamic Data Type` ausgegeben. Dieser noch nicht festgelegte Datentyp kann je nach Bedarf in ein Feld von beliebig vielen 64-Bit Fließkommawerten, `double array` oder in eine `Waveform` umgewandelt werden. `Waveform` ist ein zusammengesetzter Datentyp, welcher zusätzlich zu den Datenwerten

$$\{F_0, F_1, F_2 \ldots\}$$

noch die Anfangszeit der Messung t_0 und den zeitlichen Abstand zwischen zwei Meßpunkten dt beinhaltet, so daß in einer grafischen Darstellung jedem Meßpunkt seine entsprechende Meßzeit zugeordnet werden kann.

Nach einem Doppelklick auf das VI *simulateSignal.vi* öffnet sich das Konfigurationsfenster, in dem der Signaltyp und die Signalparameter eingestellt werden. Zudem kann man hier die Samplingfrequenz und optional auch die Anzahl der Meßpunkte vorgeben. Über die Anschlüsse der Funktion können die Signalparameter, nicht aber der Signaltyp oder die Abtastbedingungen verändert werden.

Dafür wird das VI *Signalerzeugung.vi*, Bild 52.9, zur Verfügung gestellt, welches unter anderem Anschlüsse für den Signaltyp, für die Erzeugung von Rauschen, für die Samplingrate und die Anzahl der Samplingpunkte besitzt. Die Samplingrate muß größer als die doppelte Frequenz des abzutastenden Signals sein, sonst erzeugt das VI einen Fehler. Wählt man die Anzahl der Samplingpunkte gleich der Samplingrate, so wird genau eine Sekunde lang abgetastet. Möchte man nur eine Periode des Signals darstellen, so wählt man die Anzahl der Samplingpunkte als (ganzzahliges) Verhältnis der Samplingrate zur Signalfrequenz. Zusätzlich bietet dieses VI die Möglichkeit, das Signal im *Sample-and-hold-Verfahren* abzutasten. Hierfür muß die Größe des auszugebenden Arrays vorgegeben werden. Das erzeugte Signal wird dann als `Waveform` ausgegeben.

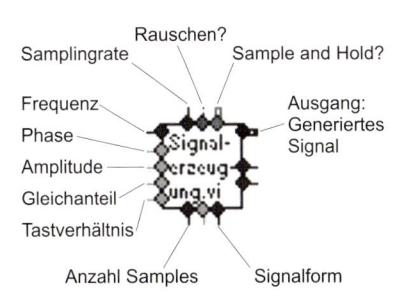

Bild 52.9. `LabVIEW-VI` *Signalerzeugung.vi* zur Erzeugung periodischer Signale. Signalform sowie Art der Abtastung werden durch die übergebenen Parameter eingestellt

52.1 Darstellung von Signalen (1/3)

Kennenlernen der grundlegenden Signalerzeugungsroutinen von `LabVIEW`, mit denen periodische Signale erzeugt und dargestellt werden können. Diese Aufgabe ist obligatorische Voraussetzung für die Bearbeitung der folgenden Aufgaben in diesem Themenkreis.

PC mit installierter `LabVIEW` Software, Drucker,

`LabVIEW` VIs: *Signalerzeugung.vi*, *Einfache Simulation periodischer Signale.vi*, *Erweiterte Simulation periodischer Signale.vi*

Erzeugung periodischer Signale: Sinus / Kosinus

Das Sinussignal
$$F(t) = 2\sin(5\omega_1 t) - 1$$
soll mit *Einfache Simulation periodischer Signale.vi* erzeugt und auf dem Bildschirm dargestellt werden. Alle Bedien- und Anzeigeelemente sowie das VI zur Signalerzeugung, *Simulate Signal.vi*, befinden sich bereits in dem Programm. Es bedarf also nur noch der richtigen Verkabelung, einer entsprechenden Konfiguration von *Simulate Signal.vi* (s. a. Erzeugung und Abtastung von Signalen mit LabVIEW) und der Anpassung der Werte der Kontrollelemente.

Man taste das Signal mit einer Samplingfrequenz von $f_s = 1000\,Hz$ ab. Die Anzahl der Samplingpunkte ist jeweils so anzupassen, daß das Signal über eine Sekunde, bzw. über eine Periode abgetastet wird. Eine unabhängige Einstellung beider Werte ist nur möglich, wenn im Konfigurationsfenster von *Simulate Signal.vi* das Kontrollfeld Automatic deaktiviert wird.

Die Samplingfrequenz soll nun auf $f_s = 20\,Hz$ gesetzt und der Kurvenverlauf über eine Sekunde abgetastet werden. Wie verändert sich das dargestellte Signal? Für welchen Wert von f_s nimmt das Signal einen sinusförmigen Verlauf an?

Durch Anpassung des Wertes *eines* der Kontrollelemente soll nun die Kosinusfunktion
$$F(t) = -2\cos(5\omega_1 t) - 1$$
erzeugt werden.

Man beschreibe die Änderungen, die bei Verwendung unterschiedlicher Abtastfrequenzen auftreten. Welcher Parameter wird verändert, um aus der Sinus- die Kosinus-Funktion zu erhalten?

Man gebe zu allen aufgenommenen und protokollierten Signalverläufen die Samplingfrequenz sowie die Anzahl der Samplingpunkte an.

Erzeugung und Darstellung von Sägezahn- und Rechteck-Signal

Ein **Sägezahn-Signal**, Bild 52.10, soll mit Hilfe des Programms *Einfache Simulation periodischer Signale.vi* erzeugt werden. Der Signaltyp wird im Konfigurationsfenster von *Simulate Signal.vi* definiert. Man stelle mindestens zwei verschiedene Sägezahnsignale auf dem Bildschirm dar.

Das Programm *Erweiterte Simulation periodischer Signale.vi* basiert auf *Signalerzeugung.vi* als Signalgenerator. Die Benutzeroberfläche zur Eingabe der Signalparameter ist in Bild 52.12 dargestellt. Mit diesem Programm soll eines der beiden Sägezahnsignale noch einmal erzeugt werden. Die Anzahl der Samplingpunkte läßt sich hier über ein entsprechendes Kontrollelement vorgeben; die Samplingfrequenz wird dann automatisch so angepaßt, daß das Signal über eine Sekunde abgetastet wird.

Man taste einen der vorher dargestellten Sägezahn-Verläufe mit mindestens drei unterschiedlich großen Samplingfrequenzen ab.

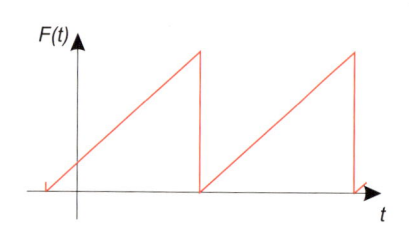

Bild 52.10. Sägezahn-Signal

52.1 Darstellung von Signalen

Ein **Rechteck-Signal** wie in Bild 52.11 wird mit *Erweiterte Simulation periodischer Signale.vi* erzeugt. Das Tastverhältnis $x \in [0;1]$ gibt den prozentualen Anteil der Zeit einer Periode an, während der das Signal positiv ist. Ein Tastverhältnis von Null erzeugt demnach ein zeitlich konstantes Signal $F(t) \equiv -a$, eines von Eins erzeugt $F(t) \equiv a$.

Ein symmetrisches Rechtecksignal (Tastverhältnis ist 1:2) der Frequenz z. B. $f = 5$ Hz mit der Amplitude $a = 1$ soll erzeugt und mit einer passenden Samplingfrequenz abgetastet werden. Anschließend sollen Rechtecksignale verschiedener Tastverhältnisse dargestellt werden.

Man drucke einen der Signalverläufe aus. Hierfür kann jeweils die gesamte Bildschirmdarstellung von `Front Panel` auf dem Drucker ausgegeben werden. Für die nicht gedruckten Signalverläufe werden die aufgetretenen Änderungen notiert.

Die Abnahme der Amplitude der Sägezahnfunktion bei Verwendung nur weniger Samplingpunkte soll erklärt werden.

Stimmen Darstellung der Sägezahn- und der Rechteckfunktion mit den erwarteten Darstellungen gemäß Bild 52.10 bzw. Bild 52.11 überein? Man erkläre eventuelle Unterschiede.

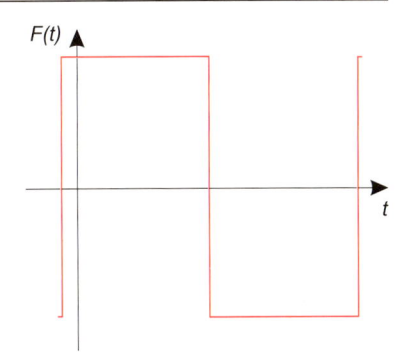

Bild 52.11. Rechteck-Signal mit Tastverhältnis 1:2

Gauß-Rauschen

Bei *Erweiterte Simulation periodischer Signale.vi* wird dem Signal ein Rauschen überlagert, wenn das Kontrollfeld `Rauschen`, Bild 52.12, aktiviert ist. Aus der Vielzahl verschiedener Rauschtypen ist hier bereits das weiße Gauß-Rauschen vorselektiert. Der Rauschpegel wird über ein weiteres Kontrollelement vorgegeben.

Es soll das weiße Rauschen ohne Meßsignal für verschiedene Pegel auf dem Bildschirm dargestellt werden. Welche Signalform muß hierfür sinnvollerweise unterlegt werden?

Wie hängt der Rauschpegel mit den Amplituden des Rauschsignals zusammen, d.h. mit welchen Wahrscheinlichkeiten befindet sich ein einzelner Rausch-Signalwert in den Intervallen $[-k\sigma, k\sigma]$, für $k = 1, 2, 3$, wenn σ der Rauschpegel ist?

Schwebungen bei der Messung

Ein Sinus-Signal mit einer Frequenz von 50 Hz wird erzeugt. Das Signal soll mit einer Samplingrate von 100 Hz abgetastet werden. Man erhöhe nun die Samplingrate schrittweise um jeweils 1 Hz und beobachte den Signalverlauf. Man verfahre genau so für Abtastfrequenzen, die verschieden große Vielfache der Signalfrequenz bilden, wie z.B. 200 Hz und 2000 Hz.

Man interpretiere die verschiedenen Formen der Signalverläufe. Wie läßt sich das Auftreten von Schwebungsfrequenzen erklären?

Die Netzfrequenz von 50 Hz wird von allen elektrisch betriebenen Geräten je nach Abschirmung mehr oder weniger stark abgestrahlt und überlagert sich somit immer dem Meßvorgang. Wie soll man deshalb günstigerweise im Laborexperiment die Abtastfrequenz wählen, um den Einfluß dieser Störung auf das Meßergebnis zu minimieren?

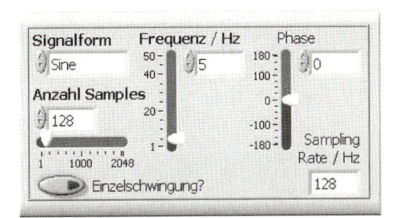

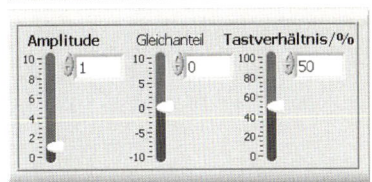

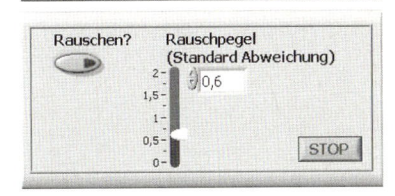

Bild 52.12. Eingabebereich von *Erweiterte Simulation periodischer Signale.vi*

52.2 Fourieranalyse und -synthese (1/3)

Am Beispiel von Sinus- und Kosinusfunktionen sollen Fourieranalyse und -synthese erprobt werden. Durchführung von Manipulationen im Frequenzbereich. Diese Aufgabe ist Grundlage für die Bearbeitung einer der beiden folgenden Aufgaben.

PC mit installierter `LabVIEW` Software und Soundkarte, Drucker, Mikrofon, Stimmgabel, Frequenzgenerator mit Lautsprecher, `LabVIEW VIs`: *Fourieranalyse.vi*, *Fouriersynthese.vi*, *Fourieranalyse-Summe harmonischer Signale.vi*, *Fouriersynthese aus F.koeffizienten.vi*, *Klangspektrum.vi*.

Fourier-Synthese

`LabVIEW` stellt bereits `VIs` zur numerischen komplexen Fourieranalyse und -synthese zur Verfügung: *Complex FFT.vi* und *Inverse Complex FFT.vi*. FFT ist die Abkürzung für *Fast Fourier Transform*. Da in diesem Themenkreis die Signale aber durch reellwertige Meßwerte, nämlich die diskreten Signalamplituden beschrieben werden, können die `VIs` *Fourieranalyse.vi* und *Fouriersynthese.vi* zur reellen Fouriertransformation verwendet werden, die auf die `LabVIEW`-internen `VIs` zugreifen.

Fourieranalyse.vi benötigt das periodische Signal als Kurvenverlauf (`Waveform`). Das berechnete Fourierspektrum wird als Sinus-Kosinus-Spektrum sowie als Amplituden-Phasen-Spektrum ausgegeben.

Fouriersynthese.vi kann mit einer der beiden Formen des Fourierspektrums initialisiert werden. Das synthetisierte Signal wird wieder als Kurve (`Waveform`) ausgegeben.

Mit *Fourieranalyse-Summe harmonischer Signale.vi* lassen sich beliebig viele harmonische Signale erzeugen und zu einem Summensignal überlagern. Die Fourier-Koeffizienten des Summensignals werden wahlweise in Sinus-Kosinus- oder in Amplituden-Phasen-Darstellung grafisch ausgegeben, Bild 52.13. Zum genauen Ablesen der Fourier-Koeffizienten ist es sinnvoll, möglichst wenige Samplingpunkte bei der Signalerzeugung zu wählen (Warum?). Möchte man die Kurvenverläufe originalgetreu darstellen, so muß die Anzahl der Samplingpunkte entsprechend erhöht werden.

In dem Programm *Fouriersynthese aus F.koeffizienten.vi* können bis zu 16 Koeffizienten des Sinus- sowie des Kosinus-Spektrums als Zahlenwerte angegeben werden. Das grafisch dargestellte Signal ist durch inverse Fouriertransformation der 32 Koeffizienten synthetisiert.

Fourier-Analyse harmonischer Funktionen

Mit *Fourieranalyse-Summe harmonischer Signale.vi* sollen hintereinander die Funktionen

$$F(t) = 2\sin(5\omega_1 t) - 1 \quad \text{und} \quad F(t) = -2\cos(5\omega_1 t) - 1$$

aus Aufgabe 52.1 erzeugt werden. Man berechne das Fourierspektrum in beiden Darstellungen.

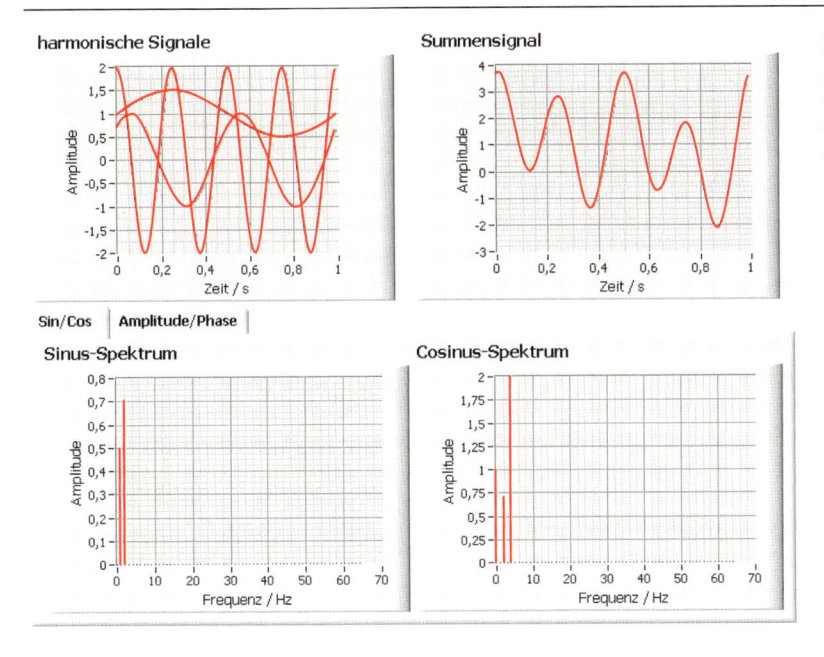

Bild 52.13. Grafische Ausgabe des generierten Summensignals, sowie des Sinus-Kosinus-Spektrums in *Fourieranalyse-Summe harmonischer Signale.vi*

Die beiden Funktionen sollen nun addiert werden. Man stelle wiederum beide Formen des Fourierspektrums dar.

✎ Man interpretiere Sinus-Kosinus- und Amplituden-Phasen-Spektrum jeweils für die harmonischen Funktionen sowie für die Summenfunktion. Auf welche Weise finden sich die einstellbaren Funktionsparameter in dem jeweiligen Spektrum wieder. Warum tritt im Amplitudenspektrum des Summensignals neben dem Anteil für den Signaluntergrund nur eine Frequenz auf?

⏱ **Fourier-Analyse und -Synthese einer Überlagerung harmonischer Funktionen**

Mit *Fourieranalyse-Summe harmonischer Signale.vi* werden fünf harmonische Funktionen unterschiedlicher Frequenzen ($f_{max} = 15\,Hz$), Phasen, Amplituden und/oder Gleichanteile überlagert. Die Signalparameter sollen für eine spätere Verwendung auf der Festplatte gespeichert werden.

Man gebe die Funktionsgleichung des erzeugten Signals an. Die Koeffizienten des Sinus-Kosinus-Spektrums sollen aus der grafischen Darstellung abgelesen werden.

Man rekonstruiere das Summensignal mit *Fouriersynthese aus F.-koeffizienten.vi* aus den vorher notierten Werten für die Fourierkoeffizienten.

✎ Man drucke das Summensignal, sowie das aus den manuell eingegebenen Fourierkoeffizienten synthetisierte Signal aus. Sind die Signalverläufe identisch?

⏱ **Analyse von Audiodaten**

Mit Hilfe des Programms *Klangspektrum.vi* ist es möglich, ein

Audiosignal von der Dauer einer Sekunde über den Mikrofoneingang der Soundkarte des PCs einzulesen. Die Aufnahme des Mono-Signals erfolgt mit einer Auflösung von 16 Bit und einer Samplingfrequenz von 44,1 kHz. Es sollen einige Geräusche, wie z.B. das einer Stimmgabel und ein von einem Frequenzgenerator und Lautsprecher erzeugter Sinus-Ton aufgenommen werden. Die Frequenzen dieser Töne sind aus den dafür am besten geeigneten Spektren abzulesen.

Die gemessenen Frequenzen sollen, sofern möglich, mit den bekannten Signalfrequenzen verglichen werden. Die Datenmenge des vom Computer verarbeiteten Audiosignals soll rechnerisch ermittelt werden: 8 Bit = 1 Byte.

52.3 Fourieranalyse von Rechteck- und Sägezahnsignalen, Abtasttheorem von Shannon (1/3)

Die Fourierkoeffizienten von Rechteck- und Sägezahnsignalen sollen untersucht werden. Auswirkung der Diskretisierung des Signals auf das Fourierspektrum. Überprüfung des Abtasttheorems von Shannon.

PC mit installierter LabVIEW Software, Drucker,

LabVIEW VIs: *Fourieranalyse-Rechteck, Saegezahn.vi*, *Shannon Theorem.vi*.

Das Programm *Fourieranalyse-Rechteck, Saegezahn.vi* dient der Darstellung und Fourieranalyse von Rechteck- oder Sägezahnsignalen. Die Fourierkoeffizienten lassen sich wahlweise als Amplituden-Phasen- oder als Sinus-Kosinus-Spektrum darstellen.

Das Spektrum kann auf verschiedene Arten manipuliert werden. Zum einen lassen sich die reellen oder die imaginären Anteile abschneiden, d.h. auf Null setzen. Zum anderen können alle Frequenzanteile gelöscht werden, die bei einem idealen Rechteck- bzw. Sägezahnspektrum nicht vorhanden sind, bzw. es können umgekehrt dazu genau die Anteile gelöscht werden, welche die Information des idealen Signals tragen. Somit kann z.B. ausschließlich die Form der Störung betrachten werden.

Anschließend wird aus dem veränderten Frequenzspektrum wieder ein Signalverlauf durch inverse Fouriertransformation synthetisiert.

Ein Rechtecksignal (Tastverhältnis 1:2) mit ganzzahliger Frequenz n und Amplitude a (z.B. $a = 1$ und $n = 2$) soll mit Phase $\Phi = 0$ erzeugt werden. Es sind sehr kleine und sehr große Werte für die Anzahl der Samplingpunkte und damit der Samplingrate einzustellen. Betrachtet wird jeweils das Sinus-Kosinus-Spektrum. Die reellen, bzw. die imaginären Anteile sind auf Null zu setzen. Man verfahre genauso mit den Frequenzanteilen, die das ideale Spektrum tragen und mit denen, die bei einem idealen Spektrum verschwinden sollten.

Ein Rechtecksignal mit $\Phi = \frac{\pi}{4}$ ist zu erzeugen und die gleichen Untersuchungen sind durchzuführen, wie im vorigen Abschnitt beschrieben.

Man erzeuge ein Sägezahnsignal mit gleicher Frequenz und Amplitude wie die des Rechtecksignals. Das Fourierspektrum ist auf die beschriebene Weise zu untersuchen.

✎ Zwei Darstellungen der Spektren sowie des synthetisierten Signals sollen exemplarisch ausgedruckt werden. Für die nicht ausgedruckten Darstellungen beschreibe man die aufgetretenen Veränderungen. Der Signalverlauf der Invers-Fouriertransformierten ist zu interpretieren für den Fall, daß bestimmte Anteile des Fourierspektrums auf Null gesetzt sind. Man ziehe Rückschlüsse auf die Bedeutung dieser Anteile bezüglich der Fehler, die bei endlicher Abtastung eines nicht bandbegrenzten Signals auftreten.

Wie lässt sich das synthetisierte Signal für $\Phi = \frac{\pi}{4}$ deuten, wenn jeweils die Sinus- oder die Kosinus-Anteile auf Null gesetzt werden?

Shannons Abtasttheorem

In diesem Versuchsteil wird von der Möglichkeit Gebrauch gemacht, die Zeitauflösung eines Signalverlaufs durch sog. *zero-padding* zu erhöhen. Dabei werden dem Spektrum vor der Fouriersynthetisierung genau so viele höhere Harmonische mit der Amplitude Null angehängt, wie Zwischenwerte des Signals erzeugt werden sollen. Bei der anschließenden Fouriersynthese bewirkt diese Operation eine Interpolation von Zwischenwerten gemäß dem Fourierspektrum des ursprünglichen Signals. Dabei entsteht zwar keine neue Information im Signal, aber dem Signalverlauf liegt eine scheinbar höhere Samplingrate zugrunde.

Es soll ein sinus-förmiges Signal erzeugt werden, z.B. $F(t) = \sin(7\omega_1 t)$. Man setze die Anzahl der Punkte des zu synthetisierenden Signals möglichst hoch (z.B. $N = 2048$) und bestimme die minimale Samplingfrequenz f_s, die nötig ist, um das Originalsignal fehlerfrei aus dem Spektrum des gesampelten Signals zu synthetisieren. Man bestimme auch die minimale Samplingfrequenz eines kosinusförmigen Signals gleicher Frequenz.

Das Summensignal aus 52.2 soll von der Festplatte geöffnet werden. Wiederum ist die kleinste Samplingrate zu bestimmen, mit der das ursprüngliche Signal fehlerfrei rekonstruiert werden kann.

✎ Man gebe jeweils die für die Rekonstruktion der Signale notwendigen Samplingraten an und diskutiere die Ergebnisse unter Berücksichtigung von Shannons Abtasttheorem. Man beschreibe auch das Spektrum und das synthetisierte Signal bei Verwendung einer zu kleinen Samplingrate. Ein Signalverlauf ist exemplarisch auszudrucken und zu beschreiben.

Welche Frequenz kann nach der analogen Wandlung des digitalen Signals einer Audio-CD (Samplingfrequenz 44,1 kHz) nach Shannon maximal wiedergegeben werden? Dies ist mit der typischen Hörschwelle des menschlichen Gehörs zu vergleichen.

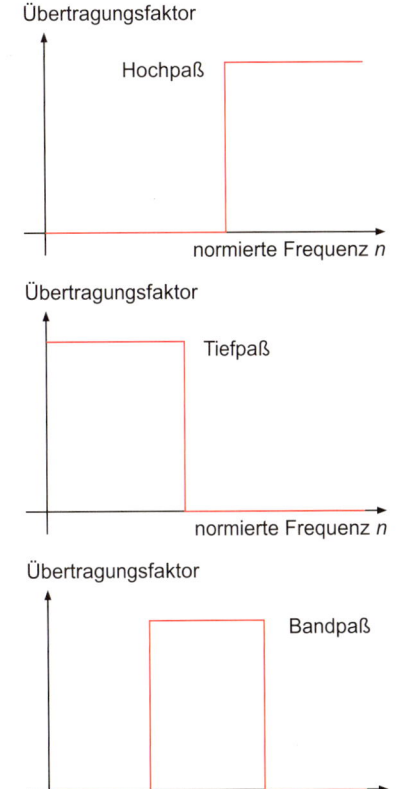

Bild 52.14. Frequenzverlauf des Übertragungsfaktors für Hochpaß, Tiefpaß und Bandpaß

52.4 Spektrale Filterung durch Bandpässe (1/3)

Einsatz eines Bandpaßfilters in der Fourieranalyse und Erprobung von dessen Wirkungsweise.

PC mit installierter LabVIEW Software, Drucker,
LabVIEW VIs: *Bandpass.vi*, *Manipulation im Fourierspektrum.vi*.

Mit dem VI *Bandpass.vi* steht ein *Bandpaß* zur Verfügung, der die Frequenzen von einer unteren bis zu einer oberen Grenzfrequenz unangetastet läßt und alle anderen löscht, Bild 52.14 unten.

Das VI besteht aus einer Kombination von einem *Hoch-* und einem *Tiefpaß*. Das Eingangssignal wird zunächst in sein Fourierspektrum zerlegt. Der Bandpaß arbeitet als Frequenzfilter und setzt alle Anteile des Fourierspektrums, die außerhalb der Bandgrenzen liegen, auf Null. Dann wird das fouriersynthetisierte Signal mit dem modifizierten Spektrum zum Ausgangssignal. Daher kann ein Zeitverlauf in besagtes VI hineingeschickt werden, und man erhält auch einen Zeitverlauf zurück.

Die Aufgaben in diesem Versuchsteil sollen mit dem Programm *Manipulation im Fourierspektrum.vi* bearbeitet werden. Dieses verwendet *Bandpass.vi* zur Filterung erzeugter Signale. Desweiteren kann eine Signalabtastung mit dem *Sample-and-Hold*-Verfahren simuliert werden.

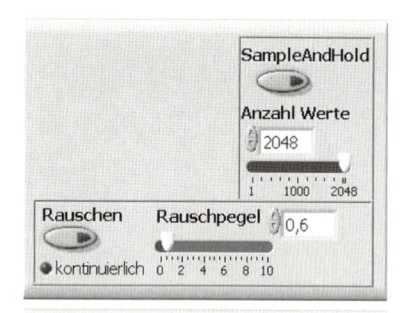

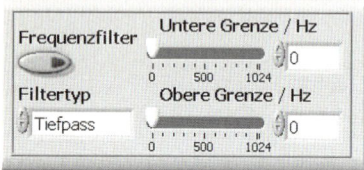

Bild 52.15. *Manipulation im Fourierspektrum.vi*: Neue Bedienelemente, zusätzlich zu den in Bild 52.12 dargestellten

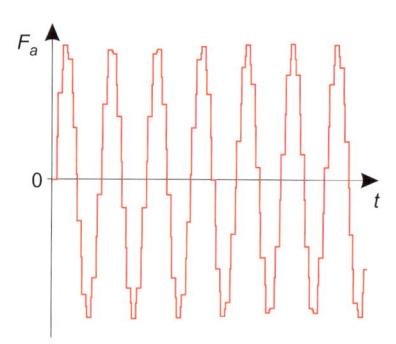

Bild 52.16. Abgetasteter Verlauf F_a eines Sinussignals $\sin(7\omega_1 t)$ mit einer Samplingrate $f_s = 64\,Hz$

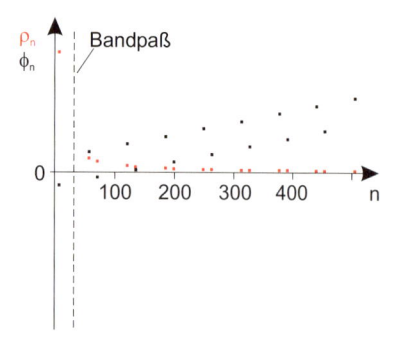

Bild 52.17. Amplituden- und Phasenspektrum des Signals F_a nach Bild 52.16

Extrahierung von Signalanteilen

Das in 52.2 gewonnene Summensignal soll von der Festplatte geöffnet werden. Der Bandpaß ist zu verwenden, um jede der enthaltenen Frequenzen im gefilterten Signal einzeln darzustellen. Danach ist der Filter so anzupassen, daß Überlagerungen von zwei oder mehr Signalen sichtbar werden.

Man notiere jeweils eine obere und eine untere Grenze des Paßfilters und vergleiche mit der Frequenz des isolierten Signals.

Sample And Hold

Eine *Sample-and-Hold*-Schaltung wird simuliert. Dafür wird der Schalter Sample-and-Hold in *Manipulation im Fourierspektrum.vi* aktiviert, Bild 52.15. Zusätzlich wird die Größe des auszugebenden Arrays über das Feld Anzahl Werte angegeben. Dieser Wert bestimmt zugleich die Anzahl der Harmonischen, die bei der Fourieranalyse entstehen.

Man erzeuge ein harmonisches Signal, z.B. $F(t) = \sin(7\omega_1 t)$ und wähle z.B. eine Samplingrate $f_s = 64\,Hz$, Bild 52.16 und Bild 52.17. Das Array, welches das gesampelte Signal enthält, werde möglichst groß gewählt, z.B. $N = 2048$. Man stelle das Signal zunächst ungefiltert dar. Der Bandpaß soll dann als Tiefpaß verwendet werden. Die obere Grenze ist so einzustellen, daß nur die Grundfrequenz durchgelassen wird. Anschließend setze man den Paß als Hochpaß ein und gebe die untere Grenze so vor, daß gerade die Grundfrequenz des Signals abgeschnitten wird.

Es soll nun ein Rechteck- oder Sägezahnsignal mit der gleichen Frequenz wie vorher erzeugt werden. Diese Signalformen sind nicht bandbegrenzt, das ideale Spektrum besitzt also unendlich viele höhere Harmonische. Der Tiefpaß werde zunächst, genau wie vorher, so eingestellt, daß nur die Grundfrequenz des Signals durchgelassen wird. Man versuche anschließend den Tiefpaß so einzustellen, daß das ursprüngliche Signal möglichst gut dargestellt wird.

Man verwende den Hochpaß, um genau diese Anteile aus dem Spektrum herauszufiltern und betrachte das entstehende Signal.

✎ Mindestens ein Signalverlauf ist auszudrucken. Für alle anderen Durchführungen ist die Wirkung des Filters kurz zu beschreiben und zu interpretieren. Dabei sind auch jeweils obere und untere Grenze des Bandpasses zu notieren. Man interpretiere insbesondere auch die auftretende Phasenverschiebung bei der Filterung des *Sample-and-Hold*-Signals.

Wo liegen die Grenzen der Filterung, und wie hängen diese mit der Signalform zusammen?

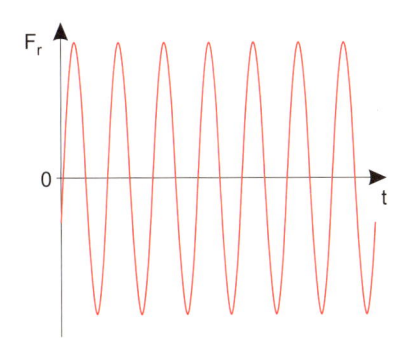

Bild 52.18. Rekonstruiertes Signal F_r nach Abtastung, Fouriertransformation und Filterung

Rauschunterdrückung, Signal-Rausch-Verhältnis

Das Amplituden-Phasen-Spektrum des weißen Rauschens, eines verrauschten Sinus-Signals und eines verrauschten Rechtecksignals sollen erzeugt werden. Man wähle jeweils zwei verschieden große Rauschpegel.

Das Bild 52.19 zeigt ein solches Amplituden/Phasen-Spektrum für weißes Rauschen. Man filtere die verrauschten Signale durch einen Tiefpaß. Dabei wähle man verschiedene Abschneidefrequenzen und schätze jeweils das Signal-Rausch-Verhältnis (*SNR: signal to noise ratio*) ab. Es ist sinnvoll, daß bei der Änderung der Abschneidefrequenzen immer ein identisch gleich verrauschtes Signal betrachtet wird. Dazu wird das Feld `kontinuierlich` deaktiviert, Bild 52.15.

✎ Mindestens ein Signalverlauf soll ausgedruckt werden. Man dokumentiere, wie sich starkes Rauschen von einem harmonischen Signal durch digitale Filterung abtrennen läßt, selbst wenn das Signal-Rausch-Verhältnis deutlich kleiner als Eins ist. Dafür vergleiche man die Signal-Rausch-Verhältnisse der ungefilterten Signale mit denen für verschiedene Grenzfrequenzen des Tiefpasses jeweils für beide Signalformen. Für welche Abschneidefrequenzen werden die Signale möglichst gut reproduziert, während das jeweilige SNR gleichzeitig minimal ist?

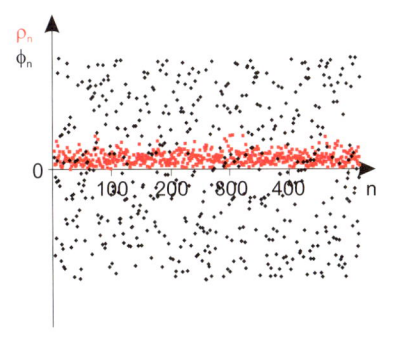

Bild 52.19. Amplituden- und Phasenspektrum für weißes Rauschen

53. Ein- und Ausgabe von Meßwerten und Steuersignalen mit dem PC

Ein- und Auslesen digitaler und analoger Signale über die Druckerschnittstelle eines PCs. AD/DA-Wandler. Ein- und Ausgabe von Spannungen. Aufbau eines D/A-Wandlers.

Jamal/Hagestedt: LabVIEW,
Diemer/Baser/Jodl: Computer im Praktikum,
Themenkreis 50: Logische Verknüpfungen.

Computer am Experiment

Computer sind in der Technik und den experimentellen Naturwissenschaften ein selbstverständliches und alltäglich verwendetes Werkzeug. Mit ihnen können große Datenmengen schnell und zuverlässig erfaßt und verarbeitet werden. Innerhalb der experimentellen Naturwissenschaften nimmt der Computer dem Experimentator viele monotone Arbeiten ab und ermöglicht Experimente, die ohne Rechnerunterstützung zum Teil nicht realisierbar wären, wie z. B. die Experimente der Elementarteilchenphysik, bei denen riesige Datenmengen innerhalb kürzester Zeit anfallen. Beim experimentellen Arbeiten sind die beiden wesentlichen Aufgaben des Computers die *Meßdatenerfassung* und *-verarbeitung* sowie die *Experimentsteuerung*. Bei der Meßdatenerfassung werden die Daten in eine für den Computer verständliche digitale Form übersetzt und gespeichert, damit sie später für eine Verarbeitung wieder zur Verfügung stehen. Bei der Steuerung des Experiments können Betriebsparameter des Experiments durch den Computer verändert werden, so daß unter geänderten Bedingungen neu gemessen werden kann, ohne daß der Experimentator selbst eingreifen muß.

Für die Kommunikation zwischen Computer und dem restlichen physikalischen Aufbau werden **Schnittstellen** (*interfaces*) benötigt. Eine Schnittstelle ist ein elektronischer Anschluß am Computer, über den Daten eingelesen und ausgegeben werden können.

Alle PCs haben heute serienmäßig mehrere unterschiedliche digitale Schnittstellen, die Daten seriell oder parallel verarbeiten können. Eine Maus z. B., die keine hohen Übertragungsraten erfordert, wird an eine serielle Schnittstelle angeschlossen. Eine parallele Schnittstelle arbeitet schneller und wird beispielsweise zum Datenaustausch mit Videokameras verwendet.

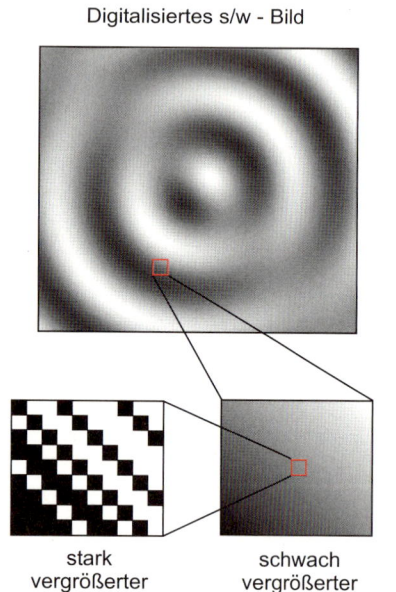

Bild 53.1. Darstellung eines digitalisierten Grautonbildes durch eine Matrix von Nullen (weiße Quadrate) und Einsen (schwarze Quadrate)

Ein Computer kann nur mit Nullen und Einsen umgehen, d. h. er kann nur digitale Signale verarbeiten. Die Welt, mit der der Computer kommuniziert, ist aber im allgemeinen nicht in lauter diskrete Werte wie Nullen und Einsen unterteilt, vielmehr können auch alle Zwischenwerte auftauchen. So gibt es z. B. bei einem Schwarzweißfoto außer den beiden Farben Schwarz und Weiß noch beliebig viele Grautöne. Informationen, die so vorliegen, werden *analog* genannt. Damit der Computer die analogen Informationen verarbeiten kann, müssen sie digitalisiert, d. h. in binäre Zahlen übersetzt werden. Das übersetzen solcher analogen Informationen wird vom Analog-Digital-Wandler (**A/D-Wandler**) übernommen. Bild 53.1 zeigt ein digitalisiertes Schwarzweißbild. Bei genügend starker Vergrößerung ist das digitale Raster zu erkennen, d. h. das Bild setzt sich nur aus den beiden Signalen Schwarz und Weiß zusammen; es werden keine Grautöne verwendet.

Sollen umgekehrt Werte vom Computer analog ausgegeben werden, so müssen digitale Zahlen in analoge Größen umgewandelt werden. Diese Aufgabe hat der Digital-Analog-Wandler (**D/A-Wandler**). Beide Wandler sind oft in einem Schaltungsmodul vereint, das entweder als *AD/DA-Wandlerkarte* im Computer eingebaut ist oder als externes Gerät angeschlossen werden kann.

Parallele Schnittstelle eines PC

PCs haben standardmäßig eine digitale parallele Schnittstelle, den sog. Druckerport, an den früher meistens ein Drucker angeschlossen wurde. Heutzutage wird dafür die schnellere USB-Schnittstelle verwendet. Der parallele Anschluß ist als eine 25-polige Steckerbuchse (vom Typ SUB-D) aus dem Computer herausgeführt und wird auch mit LPT1 bezeichnet. Die Anschlußbelegung zeigt Bild 53.2. Die Leitungen lassen sich in drei Kategorien unterteilen: Eingänge, Ausgänge und bidirektionale Leitungen. Die acht Leitungen D_0 bis D_7 bilden einen 8-Bit breiten parallelen Ausgang, d. h. über alle acht Leitungen können jeweils verschiedene Daten gleichzeitig ausgegeben werden. Fünf Leitungen sind einem 5-Bit Eingang zugeordnet, und vier Leitungen können sowohl als Eingang als auch als Ausgang verwendet werden.

Die fünf Eingänge tragen die Bezeichnungen ACK, BUSY, PE (Paper Empty), ONLINE und ERROR. Die vier bidirektionalen Leitungen werden STROBE, AUTO, INIT und SELECT genannt. Die Bedeutungen dieser Bezeichnungen stammen von der Verwendung der Schnittstelle zur Kommunikation mit einem Drucker.

über diese 17 Leitungen des Druckerports können gemäß der TTL-Norm (Transistor-Transistor-Logik: 0 V oder 5 V) Spannungen digital ein- bzw. ausgegeben werden. Im Innern des PC ist dazu die Buchse mit einem Integrierten Schaltkreis (IC) verbunden, siehe Bild 53.3. In diesem Speicher-IC gibt es für jede Leitung ein *Bit*, dessen Wert 0 oder 1 ist, je nach dem ob die Spannung der Leitung 0 V oder 5 V beträgt.

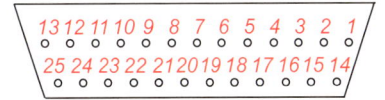

Nummerierung der Pins: auf die Buchse gesehen

Pinbelegung
(Die roten Anschlüsse sind invertierend.)

Pin.	Funktion	Pin.	Funktion
1	STROBE	14	AUTO
2	D_0	15	ERROR
3	D_1	16	INIT
4	D_2	17	SELECT
5	D_3	18	Masse
6	D_4	19	Masse
7	D_5	20	Masse
8	D_6	21	Masse
9	D_7	22	Masse
10	ACK	23	Masse
11	BUSY	24	Masse
12	PE	25	Masse
13	ONLINE		

Bild 53.2. Pinbelegung der parallelen Schnittstelle eines Computers, die ursprünglich für die Druckeransteuerung genormt wurde

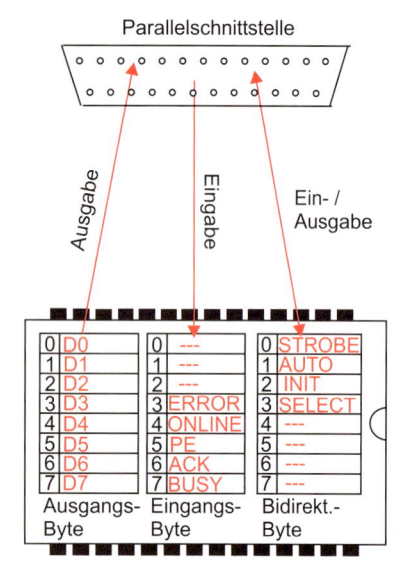

53. Ein- und Ausgabe von Messwerten und Steuersignalen mit dem PC

Bild 53.3. Belegung des mit der Parallelschnittstelle verbundenen Speicher-ICs

Durch Setzen und Löschen der Ausgabebits können Spannungen an den Ausgabeleitungen ein- und ausgeschaltet werden, wobei eine Null 0 V bedeutet und eine Eins 5 V. Spannungen an den Eingangsleitungen werden vom IC registriert, und die Werte der Bits werden von diesem entsprechend auf 0 oder 1 gesetzt. Der BUSY Eingang ist jedoch invertierend, so daß dort eine Null 5 V und eine Eins 0 V bedeutet. Die Leitungen des 5-Bit Eingangs liegen ohne Beschaltung automatisch auf 5 V. Wird ein Eingang auf Masse gelegt, so hat das entsprechende Bit bei einem nicht invertierenden Eingang den Wert Null. Damit über eine bidirektionale Leitung eingelesen werden kann, muß diese zuerst durch eine Datenausgabe auf 5 V gesetzt werden. Dabei ist zu berücksichtigen, daß die Anschlüsse STROBE, AUTO und SELECT invertierend sind.

Das IC enthält drei 8-Bit-Register (Speicherzellen), wobei eins die 8-Bit des Ausgangs enthält, eins die 5 Bit des Eingangs und eins, die 4 Bit des bidirektionalen Anschlusses, siehe Bild 53.3. Bei den letzten beiden Registern sind die ersten 3 bzw. die letzten 4 Bit überflüssig, d.h. sie haben keine Bedeutung für den Datenaustausch und können irgendeinen beliebigen Wert haben. Um auf die Register zugreifen zu können, hat jedes eine eigene Adresse. Die Adresse des Registers des 8-Bit-Ausgangs wird beim PC mit Hilfe einer hexadezimalen Zahl angegeben. Die Registeradresse des 5-Bit-Eingangs ist um eins größer als die des Ausgangs, und die Adresse für den bidirektionalen Anschluß ist um zwei größer (z. B. Ausgang 0378, Eingang 0379 und bidirektional 037A, Bild 53.4).

Um Daten über den Druckerport auszugeben, wird ein Byte (1 Byte = 8 Bit) in ein Register geschrieben. Um Daten einzulesen, wird ein Byte aus einem Register gelesen.

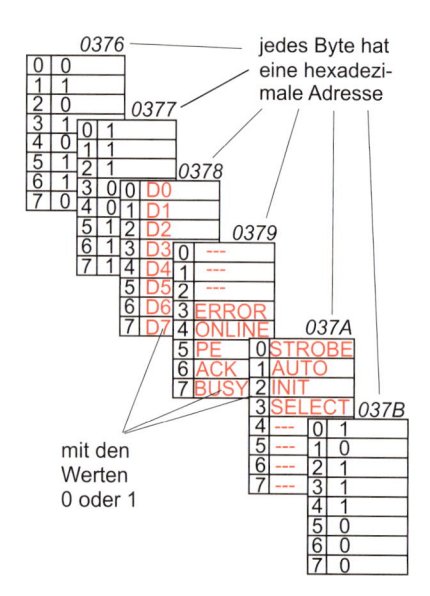

Bild 53.4. Register des Speicher-ICs der parallelen Schnittstelle mit hexadezimaler Adresse

Zahlensysteme		
binär	hexadezimal	dezimal
0000	0	0
0001	1	1
0010	2	2
0011	3	3
0100	4	4
0101	5	5
0110	6	6
0111	7	7
1000	8	8
1001	9	9
1010	A	10
1011	B	11
1100	C	12
1101	D	13
1110	E	14
1111	F	15

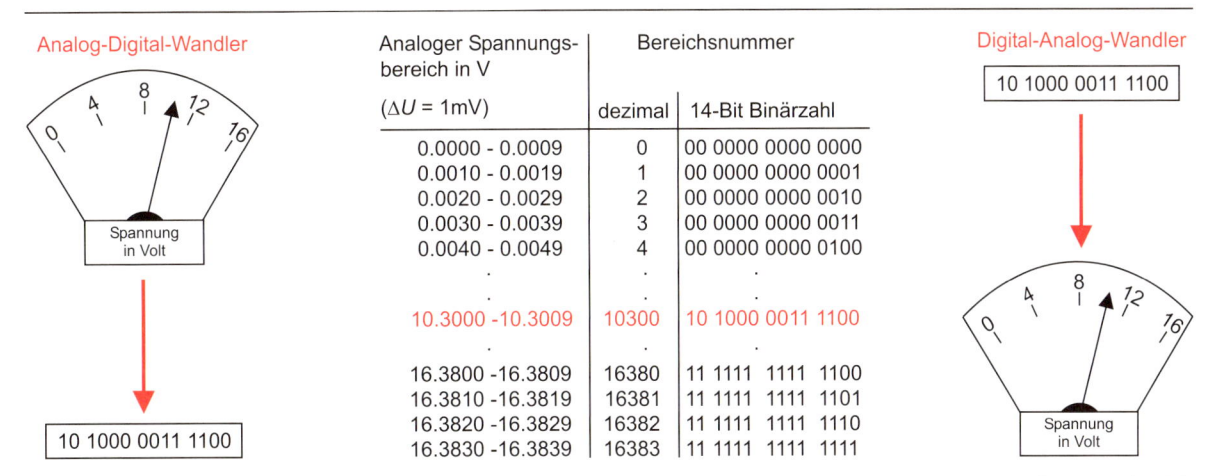

Analog-Digital-Wandler	Analoger Spannungs-bereich in V (ΔU = 1mV)	Bereichsnummer		Digital-Analog-Wandler
		dezimal	14-Bit Binärzahl	10 1000 0011 1100
	0.0000 - 0.0009	0	00 0000 0000 0000	
	0.0010 - 0.0019	1	00 0000 0000 0001	
	0.0020 - 0.0029	2	00 0000 0000 0010	
	0.0030 - 0.0039	3	00 0000 0000 0011	
	0.0040 - 0.0049	4	00 0000 0000 0100	
	.	.	.	
	10.3000 -10.3009	10300	10 1000 0011 1100	
	.	.	.	
	16.3800 -16.3809	16380	11 1111 1111 1100	
	16.3810 -16.3819	16381	11 1111 1111 1101	
	16.3820 -16.3829	16382	11 1111 1111 1110	
	16.3830 -16.3839	16383	11 1111 1111 1111	
10 1000 0011 1100				

Bild 53.5. Der Analog-Digital-Wandler ordnet einer Spannung eine Binärzahl zu. Der Digital-Analog-Wandler setzt eine Binärzahl in eine Spannung um. Einem 14-Bit Wandler stehen 16384 aufeinander folgende Spannungsintervalle zur Verfügung

Analog-Digital-Wandler

Der Analog-Digital-Wandler wandelt eine analoge Spannung in eine digitale Zahl um, die vom Computer in binärer Form entgegengenommen wird, Bild 53.7. Dazu wird eine kleine elementare Spannung ΔU definiert, und im A/D-Wandler wird gezählt, wie oft diese Spannung „aufeinandergestapelt" werden muß, um die analoge Spannung zu ergeben. Der digitalisierte Wert der Spannung ist somit eine Zahl, deren Größe proportional zur analogen Spannung ist. Der gesamte Spannungsbereich wird dadurch in lauter kleine, aber gleich große Intervalle unterteilt. Aus einem gleichmäßigen Kurvenverlauf der analogen Spannung wird dadurch ein stufenförmiger digitalisierter Spannungsverlauf. Die Elementarspannung ΔU gibt die Größe der Intervalle vor. Je kleiner die Elementarspannung ist, desto kleiner sind diese Intervalle, und das Produkt aus digitaler Zahl und Elementarspannung liegt näher an der realen Spannung, d. h. die Spannungsauflösung ist größer.

Ein 14-Bit A/D-Wandler z. B. teilt den Spannungsbereich in $2^{14} = 16384$ Bereiche (0...16383) und gibt mit der 14-Bit Zahl an, in welchem Intervall die zu digitalisierende Spannung liegt, siehe Tabelle in Bild 53.5.

Digital-Analog-Wandler

Wenn eine im Rechner erzeugte digitale Zahl als eine analoge Spannung ausgeben werden soll, muß diese Zahl vom Digital-Analog-Wandler in eine analoge Spannung umgewandelt werden. Der D/A-Wandler hat somit die Aufgabe, einen Zahlenwert in eine zu diesem proportionale Spannung umzusetzen. Hierzu nimmt er den kleinsten Spannungsschritt, den er erzeugen kann, die Elementarspannung, und gibt das Produkt aus digitaler Zahl und Elementarspannung aus. Er kann nur ein ganzzahliges Vielfa-

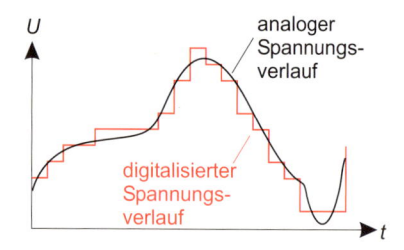

Bild 53.6. Darstellung eines analogen Spannungsverlaufs durch eine digitale Stufenfunktion

ches der Elementarspannung ausgeben, rote Kurve in Bild 53.6, und daher keinen kontinuierlichen Spannungsverlauf produzieren, schwarze Kurve.

D/A-Wandler mit der Parallelschnittstelle

Es gibt mehrere Verfahren, einen D/A-Wandler zu realisieren. Das Summenstromverfahren ermöglicht einen einfachen Aufbau, der an einer Parallelschnittstelle realisiert werden kann. Bei diesem Verfahren erhält man die analoge Ausgangsspannung indirekt über die Summe gewichteter Teilströme. An einem Meßwiderstand fällt proportional zum eingestellten Summenstrom die gewünschte Ausgangsspannung ab. Der Summenstrom wird so erzeugt, daß jedem Bit des digitalen Zahlenwertes ein Strom zugeordnet wird, der nur dann eingeschaltet wird, wenn das entsprechende Bit gesetzt ist. Alle Teilströme fließen über denselben Meßwiderstand und werden so addiert. Bei einer binären Zahl trägt jede Ziffer innerhalb der Bitfolge den doppelten Wert im Vergleich zur vorangegangenen Ziffer zum Gesamtwert der Zahl bei (Dualsystem). Der Gesamtwert ist die Summe der Beiträge aller Bits, die gesetzt sind. Beim Summenstromverfahren wird jedem Bit ein eigener Strom zugeordnet. Dafür liegt an jedem Anschluß ein Ohmscher Widerstand, dessen Widerstandswert sich jeweils zum nächst höherwertigen Anschluß halbiert. Die Ströme, die bei nebeneinander liegenden und eingeschalteten Anschlüssen fließen, unterscheiden sich deswegen um den Faktor 2. Werden diese Ströme addiert, so ist der Gesamtstrom proportional zum Zahlenwert der Bitfolge. An dem Meßwiderstand fällt dann eine zum Zahlenwert proportionale analoge Spannung ab.

Das Verfahren wird in Bild 53.7 anhand eines 3-Bit D/A-Wandlers demonstriert, mit dem sich acht verschiedene Spannungswerte erzeugen lassen. In Bild 53.11 ist ein 8-Bit D/A-Wandler an einer Parallelschnittstelle gezeigt. Dort ist vor jeden Widerstand zusätzlich noch eine Diode geschaltet, um zu verhindern, daß Ströme über die auf Masse gesetzten Anschlüsse abfließen.

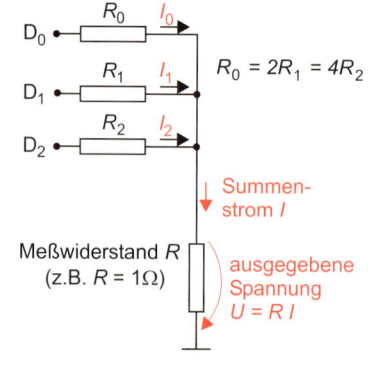

Bild 53.7. Aufbau eines einfachen 3-Bit D/A-Wandlers. Die Tabelle zeigt, wie sich mittels der aufsummierten Ströme aus den drei gleichen Eingangsspannungen eine Ausgangsspannung mit acht verschiedenen Werten erzeugen läßt

8 mögliche Ausgabewerte (z.B. $D_0 .. D_2$ mit 5V, R_0 = 5kΩ)

3-Bit Zahl D_2 D_1 D_0	Gesamtstrom I	Spannung U
0 0 0	0mA	0mV
0 0 1	I_0 = 1mA	1mV
0 1 0	I_1 = 2mA	2mV
0 1 1	$I_1 + I_0$ = 3mA	3mV
1 0 0	I_2 = 4mA	4mV
1 0 1	$I_2 + I_0$ = 5mA	5mV
1 1 0	$I_2 + I_1$ = 6mA	6mV
1 1 1	$I_2 + I_1 + I_0$ = 7mA	7mV

$R_0 = 2R_1 = 4R_2$

Meßwiderstand R (z.B. $R = 1Ω$)

Summenstrom I

ausgegebene Spannung $U = R\,I$

DA/AD-Wandler-Meßkarten für PCs

DA/AD-Wandler-Meßkarten werden als „Data Acquisition Device" (`DAQ`) bezeichnet. Eine `DAQ`-Einsteckkarte wird direkt mit dem Bus-System des Rechners (`PCI` - Peripheral Component Interconnect) verbunden und bietet eine Vielzahl von Möglichkeiten zur Experimentsteuerung und Meßdatenerfassung. An der Rückseite des PC hat die Steckkarte eine Buchse mit den Ein- und Ausgängen, welche über ein Kabel zu einem Anschlußblock herausgeführt werden, an welchem Klemmen oder BNC-Buchsen leicht zugänglich sind. Neben Anschlüssen für konstante Spannungen, digitale und analoge Trigger, Counter und Timer, stehen sowohl digitale als auch analoge Ein- und Ausgänge zur Verfügung, deren Anzahl und Auflösung vom Modell der Einsteckkarte abhängig ist. Typisch sind z. B. 8 digitale Ein-/Ausgänge sowie 2 analoge Aus- und 16 analoge Eingänge mit einer Auflösung von 16 Bit.

Nutzung von PC-Schnittstellen mit LabVIEW

Für die Beschreibung des Versuches wird auf `LabVIEW`-Begriffe zurückgegriffen, die in *Themenkreis 50*: Logische Verknüpfungen eingeführt werden. Für weitergehende Fragen ist die installierte Hilfefunktion der Software zu benutzen.

Die Software `LabVIEW` und die integrierte Programmiersprache `G` bieten durch geeignete Programmodule, die `Virtual Instrument` (`VI`) genannt werden, Zugriff auf die Schnittstellen eines PCs. Während für den Zugriff auf die im PC standardmäßig vorhandenen Schnittstellen bereits `VI`s von `LabVIEW` zur Verfügung stehen, müssen für spezielle Schnittstellen wie `DAQ`s die erforderliche unterstützende Software und passende `LabVIEW-VI`s durch den Hardware-Hersteller mitgeliefert werden.

Bytes lesen und schreiben

In `LabVIEW` kann mit *In Port.vi* ein Byte ausgelesen und mit *Out Port.vi* ein Byte ausgegeben werden, wobei stets die Speicheradresse des betreffenden Ports übergeben werden muß. Passende Kontroll- oder Anzeigeelemente oder auch Konstanten können z.B. über das Kontextmenü des jeweiligen Anschlusses erstellt werden, um den auszugebenden Wert einzugeben oder den ausgelesenen Bytewert anzuzeigen bzw. um die Adresse der Schnittstelle fest vorzugeben. Damit kann beispielsweise ein Zugriff auf den `LPT`-Port eines PCs realisiert werden (siehe Bild 53.8).

Spannungen einlesen und ausgeben

Ein mit einer `DAQ`-Meßkarte ausgestatter PC ermöglicht zusammen mit `LabVIEW` eine komfortable Aufnahme von Meßwerten. Mit Hilfe eines zugehörigen `VI`'s kann ein Spannungswert ausgegeben oder ein Spannungswert gemessen werden, wobei die Nummer des zu verwendenden

Bild 53.8. Blockdiagramm eines LabVIEW-VI's zur Spannungausgabe am LPT-Port des PC. Die Adresse wird als hexadezimaler Wert angegeben

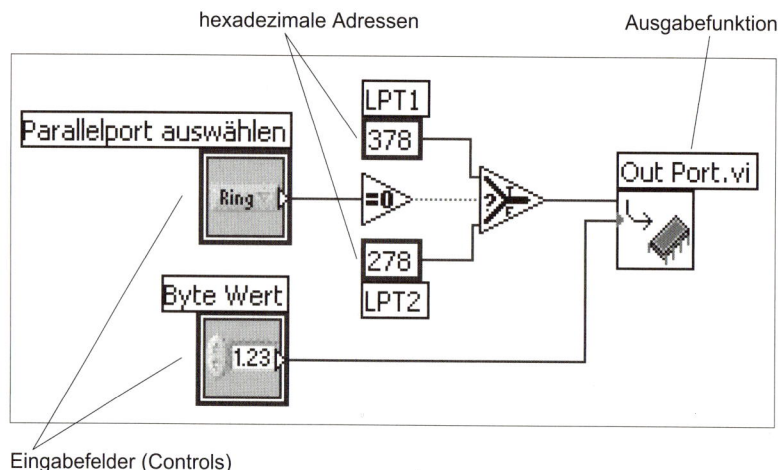

Ein- bzw. Ausgangskanals angegeben werden muß, da eine DAQ-Karte meist mehrere besitzt.

Zur Aufnahme mehrerer Werte einer Größe (*Meßreihe*) kann z.B. ein leeres Array erzeugt werden, an welches in einer for-Schleife mit dem Funktionsbaustein Build Array jeweils der neue Meßwert angehängt wird. Am Ende der Meßreihe enthält dieses Array dann alle Daten und kann graphisch dargestellt oder abgespeichert werden. Liegen die Arrays zweier Meßgrößen vor, welche in Abhängigkeit voneinander dargestellt werden sollen, so kann dies mit XY Graph (*mergeXYGraph.vi*) realisiert werden.

53.1 Digitale Spannungsein- und -ausgabe (1/2)

Über die digitale Parallelschnittstelle (Druckerport) sollen Spannungen ein- und ausgegeben werden. Die Bearbeitung dieses Aufgabenteils ist obligatorisch.

PC mit installierter LabVIEW-Software, Drucker, Anschlußkabel mit z. B. acht Steckern für Ausgänge, zwei für Eingänge und einem Massestecker, Steckbrett, Widerstände, Leuchtdioden, Kabel, Spannungsmeßgerät.

Einlesen digitaler Spannungen

Es soll die Spannung gemessen werden, die an einer Leitung des 5-Bit-Eingangs liegt, wenn diese ohne Beschaltung ist. Dafür soll ein Programm mit LabVIEW geschrieben werden, das das Byte einliest, welches die 5 Eingangsbits enthält. Das Byte soll auf dem Bildschirm als Dezimalzahl ausgegeben und notiert werden. Dann wird eine Eingangsleitung auf Masse gelegt und wiederum der Zahlenwert bestimmt.

Das Programm soll um eine Endlosschleife erweitert werden, so daß ständig der aktuelle Wert des Eingangsbytes ausgegeben wird. Die Funktion des Programms kann getestet werden, indem während des Programmablaufs der Eingang kurz auf Masse gelegt und dabei die Ausgabe auf dem Bildschirm verfolgt wird.

✍ Die Blockdiagramme der erstellten Programme sollen ausgedruckt und die einzelnen Programmteile erklärt werden. Anhand der notierten Zahlenwerte ist zu bestimmen, welches Bit im Register der Eingangsleitung zugeordnet ist. Achtung, der BUSY-Eingang ist invertierend.

Ausgeben digitaler Spannungen

Jede Leitung des 8-Bit-Ausgangs soll mit einer Leuchtdiode und einem Vorwiderstand ($100\,\Omega$) entsprechend Bild 53.9 beschaltet werden. Eine LED leuchtet, wenn am Ausgang 5 V anliegt, bzw. wenn das entsprechende Bit den Wert 1 hat. Es soll ein Programm geschrieben werden, das einen 8-Bitwert in den Ausgangsport schreibt, um einzelne LEDs an- und auszuschalten. Die Leuchtdiodenmuster, die sich beim Ausgeben von 5 unterschiedlichen dezimalen Zahlenwerten einstellen, sollen notiert werden.

Anschließend soll ein Programm geschrieben werden, das die LEDs wie ein Lauflicht blinken läßt. Mit der Formel 2^n für den dezimalen Ausgabewert kann die n−te LED bei gleichzeitigem Ausschalten der übrigen LEDs eingeschaltet werden. Es kann z.B. eine Schleife mit einem Zähler, der von 0 bis 7 läuft, verwendet werden, in der dann laufend 2^n berechnet wird. Die Laufgeschwindigkeit soll mit Hilfe des Befehls `Time Delay` geeignet verringert werden.

Das Lauflichtprogramm soll eine Endlosschleife verwenden, so daß das Lauflicht nicht nur einmal durchlaufen wird. Zusätzlich sollen sechs weitere Werte so berechnet werden, daß das Lauflicht auch in beide Richtungen läuft.

✍ Die erstellten Programme sollen ausgedruckt und kommentiert werden. Die fünf beobachteten Leuchtmuster sind zu erläutern.

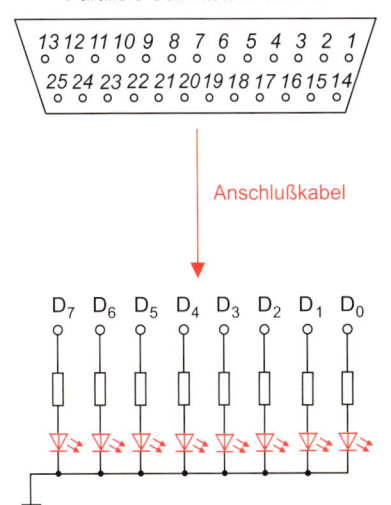

Bild 53.9. Schaltung zur Veranschaulichung der Ausgabe digitaler Spannungen

53.2 Analoge Spannungsein- und -ausgabe (1/2)

🏁 über die `DAQ`-Meßkarte sollen analoge Spannungen eingelesen und ausgegeben werden. Die Kennlinie eines elektrischen Bauteiles wird aufgenommen.

🔧 PC mit installierter `LabVIEW`-Software und `DAQ`-Meßkarte, Drucker, Anschlußkabel mit z. B. einem Ausgang und zwei Eingängen, Steckbrett, Widerstände, Kabel, div. elektrische Bauteile (z. B. Dioden)

Kennlinienaufnahme

Zunächst soll eine Schaltung entsprechend Bild 53.10 aufgebaut werden. Ein Programm zur Aufnahme von Kennlinien elektrischer Bauteile soll mit `LabVIEW` geschrieben werden.

Mit Hilfe eines analogen Ausgangskanals werden verschieden große Spannungen U_0 erzeugt und an die Schaltung angelegt. Zu jeder eingestellten Spannung wird jeweils mit einem Eingangskanal die Spannung am

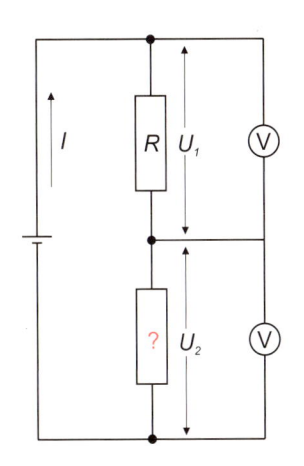

Bild 53.10. Schaltung zur Aufnahme der Kennlinie eines unbekannten Bauelementes

auszumessenden Bauteil, z. B. an einer Diode, sowie die zum Strom durch dieses Bauteil proportionale Spannung am Meßwiderstand aufgenommen. Hierbei sollen der Start- und Endwert der auszugebenden Spannung sowie deren Schrittgröße einstellbar sein. Zur Skalierung der Stromwerte ist die Größe des verwendeten Meßwiderstandes einzugeben. Die Meßdaten sind innerhalb des Programms graphisch in Form einer Kennlinie darzustellen.

Um die Abfolge der einzelnen Programmteile sicherzustellen, werden diese in eine geeignete Sequenzstruktur gebracht (Spannung ausgeben, Strom einlesen, Meßpunkt darstellen).

Zusätzlich soll das Programm die Meßdaten in Form einer Textdatei speichern können.

Das Programmschema soll ausgedruckt und seine Funktionsweise erläutert werden. Die Meßdaten sollen gespeichert und die Datei in eine geeignete Software, z. B. Tabellenkalkulation oder Meßdatenvisualisierungs-Software, zur Weiterverarbeitung importiert werden.

53.3 Aufbau eines Digital-Analog-Wandlers (1/2)

Aufbau eines 8-Bit D/A-Wandlers nach dem Summenstromprinzip. Programmierung des D/A-Wandlers. Untersuchung der Eigenschaften des Wandlers.

PC mit installierter `LabVIEW`-Software und `DAQ`-Meßkarte, Anschlußkabel mit z. B. acht Steckern für Ausgänge, zwei für Eingänge und einem Massestecker, Steckbrett, Widerstände, Dioden, Kabel, Spannungsmeßgerät.

Punktweise Aufnahme der Kalibrierkurve

An der Parallelschnittstelle des PC soll das Widerstandsnetzwerk mit den vorgeschalteten Dioden entsprechend Bild 53.11 aufgebaut werden. Der kleinste Widerstand des Netzwerkes soll 200 Ω nicht unterschreiten. Der Meßwiderstand soll ca. 50 Ω betragen. Ein Programm zur Ausgabe von Byte-Werten am Parallelport soll geschrieben werden, um unterschiedliche Spannungen am Meßwiderstand erzeugen zu können.

Die verschiedenen Spannungen am Meßwiderstand sollen gemessen werden, wenn jeweils eine der acht Leitungen eingeschaltet ist. Ebenso ist die Spannung, die sich an dem jeweiligen digitalen Ausgang ($D_0 \ldots D_7$) einstellt, zu messen. Eine Kalibrierkurve (ca. 10 Werte zwischen 0 und 255) des D/A-Wandlers soll aufgenommen und die Auflösung des Wandlers ermittelt werden.

Das Programm kann um die Option erweitert werden, daß die Spannung am Meßwiderstand mit der `DAQ`-Meßkarte gemessen wird.

Das erstellte Programm soll ausgedruckt und kommentiert werden.

Die Spannungsdifferenzen der acht aufeinanderfolgenden Ausgangsspannungen sollen berechnet werden für den Fall, daß jeweils nur ein digitaler Ausgang auf 5 V liegt. Diese Spannungen sind mit den gemessenen zu vergleichen: Verdoppeln sich die Spannungswerte? Wenn nicht,

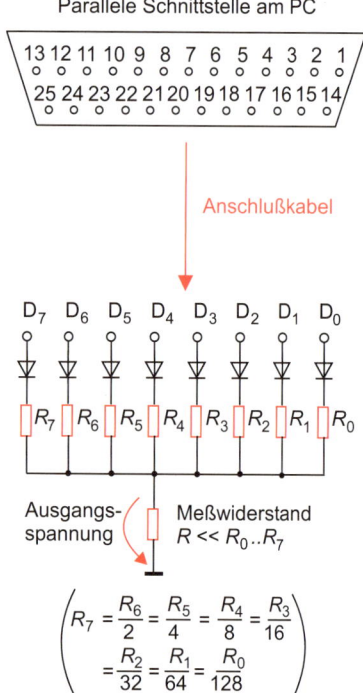

$$\left(R_7 = \frac{R_6}{2} = \frac{R_5}{4} = \frac{R_4}{8} = \frac{R_3}{16} = \frac{R_2}{32} = \frac{R_1}{64} = \frac{R_0}{128} \right)$$

Bild 53.11. Ausgabe analoger Spannungen. 8-Bit D/A-Wandler am Druckerport

woran kann dies liegen? Die Spannungsauflösung ist anhand der verwendeten Schaltung zu berechnen und mit der gemessenen zu vergleichen. Die Kalibrierkurve soll graphisch dargestellt werden.

Automatische Aufnahme der Kalibrierkurve

Es soll ein Programm mit `LabVIEW` geschrieben werden, mit welchem die Kalibrierkurve des DA-Wandlers automatisch aufgenommen werden kann, wobei jeder Wert von 0 bis 255 durchlaufen und der jeweilige Spannungswert am Meßwiderstand mit der `DAQ`-Meßkarte gemessen wird. Die Kurve wird während der Messung im Programm selbst graphisch dargestellt. Die Programmteile sind in eine geeignete Sequenzstruktur zu bringen.

Das erstellte Programm soll ausgedruckt und kommentiert werden. Die Kalibrierkurve ist zu diskutieren.

Das Programm soll erneut um die Option der Speicherung aller Meßdaten erweitert werden.

Die Datei wird in eine geeignete Software, z. B. Tabellenkalkulation oder Meßdatenvisualisierungs-Software, zur Weiterverarbeitung importiert.

Literaturverzeichnis

[**Standardliteratur**]

[*Bergmann-Schäfer*: Experimentalphysik]
BERGMANN, LUDWIG; SCHÄFER, CLEMENS: Lehrbuch der Experimentalphysik; Bd. 1: Mechanik, Relativität, Wärme, Bd. 2: Elektromagnetismus, Bd. 3: Optik, Bd. 4: Teilchen, Bd. 5: Vielteilchen-Systeme, Bd. 6: Festkörper, Bd. 7: Erde und Planeten, Bd. 8: Sterne und Weltraum, Walter deGruyter, Berlin New York

[*Czichos*: Hütte: Die Grundlagen der Ingenieurwissenschaften]
CZICHOS, HORST: Hütte: Die Grundlagen der Ingenieurwissenschaften, Springer-Verlag, Berlin Heidelberg

[*Demtröder*: Experimentalphysik]
DEMTRÖDER, WOLFGANG: Experimentalphysik; Bd. 1: Mechanik und Wärme, Bd. 2: Elektrizität und Optik, Bd. 3: Atome, Moleküle und Festkörper, Bd. 4: Kernphysik, Teilchenphysik, Astrophysik, Springer-Verlag, Berlin Heidelberg

[*Kose/Wagner*: Kohlrausch Praktische Physik]
KOSE, VOLKMAR; WAGNER, SIEGFRIED (Hrsg.): Kohlrausch Praktische Physik, Band 1, Band 2, Band 3 Tabellen und Diagramme, Teubner-Verlag, Stuttgart

[*Nolting*: Grundkurs Theoretische Physik]
NOLTING, WOLFGANG: Grundkurs Theoretische Physik; Bd. 1: Klassische Mechanik, Bd. 2: Analytische Mechanik, Bd. 3: Elektrodynamik, Bd. 4: Spezielle Relativitätstheorie, Thermodynamik, Bd. 5.1 und 5.2: Quantenmechanik, Bd. 6: Statistische Physik, Bd. 7: Viel-Teilchen-Theorie, Springer-Verlag, Berlin Heidelberg

[*Sommerfeld*: Vorlesungen über Theoretische Physik]
SOMMERFELD, ARNOLD: Vorlesungen über Theoretische Physik Bd.1: Mechanik, Bd.2: Mechanik der deformierbaren Medien, Bd.3: Elektrodynamik, Bd.4: Optik, Bd.5: Thermodynamik und Statistik, Bd.6: Partielle Differentialgleichungen in der Physik, Verlag Harri Deutsch

[*Stuart/Klages*: Kurzes Lehrbuch der Physik]
STUART, HERBERT A.; KLAGES, GERHARD: Kurzes Lehrbuch der Physik, Springer-Verlag, Berlin Heidelberg

[*Tipler*: Physik]
TIPLER, PAUL A.: Physik, Spektrum Akademischer Verlag, Heidelberg Berlin Oxford

[*Vogel*: Gerthsen Physik]
    VOGEL, HELMUT: Gerthsen Physik, Berlin Heidelberg

[*Walcher*: Praktikum der Physik]
    WALCHER, WILHELM: Praktikum der Physik, Teubner-Verlag, Stuttgart

[Spezielle Literatur für Themenkreis I. Grundbegriffe der Meßtechnik]

[*Carleton University*: Computational Physics]
    http://www.physics.carleton.ca/courses/75.502/slides/intro/index.html

[*Kreyszig*: Statistische Methoden und ihre Anwendungen]
    KREYSZIG, ERWIN: Statistische Methoden und ihre Anwendungen, Vandenhoek-Ruprecht-Verlag, Göttingen

[*Physikalisch Technische Bundesanstalt (PTB)*: Die SI-Basiseinheiten]
    PHYSIKALISCH TECHNISCHE BUNDESANSTALT (PTB): Die SI-Basiseinheiten: Definition, Entwicklung, Realisierung, Braunschweig und Berlin

[*Retzlaff/Rust/Waibel*: Statistische Versuchsplanung]
    RETZLAFF, G.; RUST, G.; WAIBEL, J.: Statistische Versuchsplanung, VCH, Weinheim New York

[*Squires*: Meßergebnisse]
    SQUIRES, G.L.: Meßergebnisse und ihre Auswertung, DeGruyter-Verlag, Berlin

[Spezielle Literatur für Themenkreis II. Bewegungen und Kräfte]

[*Magnus/Popp*: Schwingungen]
    MAGNUS, KURT; POPP, KARL: Schwingungen. Eine Einführung in physikalische Grundlagen und die theoretische Behandlung von Schwingungsproblemen, Bd. 3, Teubner-Verlag, Stuttgart

[Spezielle Literatur für Themenkreis III. Deformierbare Körper und Akustik]

[*Handbook of Chemistry and Physics*]
    WEAST, ROBERT C. (ED.) Handbook of Chemistry and Physics, CRC Press, Florida

[*Physics Handbook*]
    GRAY, DWIGHT E. (ED.) American Institute of Physics Handbook, McGraw-Hill, New York

[*Lüders/Pohl*: Pohls Einführung in die Physik]
    LÜDERS, KLAUS; POHL, ROBERT OTTO: Pohls Einführung in die Physik – Mechanik, Akustik und Wärmelehre, Springer-Verlag, Berlin Heidelberg

[Spezielle Literatur für Themenkreis IV. Vielteilchensysteme und Thermodynamik]

[*Atkinson*: Wetterforschung]
    ATKINSON, BRUCE W.: Wetterforschung. Analyse, Vorhersage und Beeinflussung des Wetters, Deutsche Verlags-Anstalt Stuttgart

[*Becker*: Theorie der Wärme]
    BECKER, RICHARD: Theorie der Wärme, Springer-Verlag, Berlin Heidelberg New York

[Spezielle Literatur für Themenkreis V. Gleich- und Wechselstromkreise]

[*Becker*: Theorie der Elektrizität]
    BECKER, RICHARD: Theorie der Elektrizität, Bd. 1, Hrsg. von F. Sauter, Teubner-Verlag, Stuttgart

[*Eichler/Knepper/Findeisen*: Demonstration der Leitfähigkeitsänderung in Nanodrähten]
    EICHLER, H.J.; KNEPPER, M.; FINDEISEN, J.: Demonstration der Leitfähigkeitsänderung in Nanodrähten, Praxis Naturwissenschaften - Physik 4/46, 36 (1997)

[*Garcia/Costa-Krämer*: Quantum-Level Phenomena in nanowires]
    GARCIA, N.; COSTA-KRÄMER, J.L.: Quantum-Level Phenomena in nanowires, Europhysics News 27, 89 (1996)

[*Ott/Lunney*: Quantum Conduction: A Step-by-Step Guide]
    OTT, F.; LUNNEY J.: Quantum Conduction: A Step-by-Step Guide, Europhysics News 29, 13 (1998)

[*Pohl*: Elektrizitätslehre]
    POHL, ROBERT W.: Elektrizitätslehre, Springer-Verlag, Berlin Heidelberg

[Spezielle Literatur für Themenkreis VI. Elektrische und magnetische Felder]

[*Becker*: Theorie der Elektrizität]
    BECKER, RICHARD: Theorie der Elektrizität, Bd. 1, Hrsg. von F. Sauter, Teubner-Verlag, Stuttgart

[*Bloxham/Gubbins*: Die Entwicklung des Erdmagnetfeldes]
    BLOXHAM, J.; GUBBINS, D.: Bloxham Erdmagnetfeld, Spektrum der Wissenschaft, 2/90, Spektrum-Verlag, Heidelberg 1990

[*Gubbins/Bloxham*: Morphology of the geomagnetic field and implications for the geodynamo]
    BLOXHAM, J., GUBBINS, D.: Bloxham Geodynamo, Nature, 325, 5, 2/87 Macmillan, London (1987)

[*Powell*: Innenansicht der Erde]
    POWELL, C. S.: Innenansicht der Erde, Spektrum der Wissenschaft, 8/91, Spektrum-Verlag Heidelberg (1991)

[Spezielle Literatur für Themenkreis VII. Halbleiterelektronik]

[*Bleicher*: Optoelektronik]
BLEICHER, MAXIMILIAN: Halbleiter-Optoelektronik, Dr. A. Hüthig Verlag, Heidelberg

[*Ibach/Lüth*: Festkörperphysik]
IBACH, HARALD; LÜTH, HANS: Festkörperphysik, Springer-Verlag, Berlin Heidelberg

[*Kellner*: Feldeffekttransistoren]
KELLNER, WALTER: GaAs-Feldeffekttransistoren, Springer-Verlag, Berlin Heidelberg

[*Müller*: Halbleiter-Elektronik]
MÜLLER, RUDOLF: Grundlagen der Halbleiter-Elektronik, Springer-Verlag, Berlin Heidelberg

[*Müller*: Bauelemente]
MÜLLER, RUDOLF: Bauelemente der Halbleiter-Elektronik, Springer-Verlag, Berlin Heidelberg

[*Tietze*: Halbleiter-Schaltungstechnik]
TIETZE, ULRICH; SCHENK, CHRISTOPH: Halbleiter-Schaltungstechnik, Springer-Verlag, Berlin Heidelberg

[*Winstel/Weyrich*: Optoelektronik]
WINSTEL, GÜNTER; WEYRICH, CLAUS: Optoelektronik I, Optoelektronik II, Springer-Verlag, Berlin Heidelberg

[Spezielle Literatur für Themenkreis VIII. Lichtstrahlen und optische Instrumente]

[*Ehringhaus/Trapp*: Das Mikroskop]
EHRINGHAUS, A.; TRAPP, LOTHAR: Das Mikroskop. Seine wissenschaftlichen Grundlagen und seine Anwendung, Teubner-Verlag, Stuttgart

[*Hammer*: Lehrbuch der Physik für Ingenieurschulen]
HAMMER, KARL: Lehrbuch der Physik für Ingenieurschulen, R. Oldenbourg-Verlag, München

[*Litfin*: Technische Optik in der Praxis]
LITFIN, GERD: Technische Optik in der Praxis, Springer-Verlag, Berlin Heidelberg

[*Naumann/Schröder*: Bauelemente der Optik]
NAUMANN, HELMUT; SCHRÖDER, GOTTFRIED: Bauelemente der Optik, Hanser-Verlag

[*Schmidt*: Optische Spektroskopie]
SCHMIDT, WERNER: Optische Spektroskopie, VCH, Weinheim New York

[**Spezielle Literatur für Themenkreis IX. Licht- und Mikrowellen**]

[*Baden-Fuller*: Mikrowellen]
    BADEN FULLER, ARTHUR J.: Mikrowellen, Vieweg-Verlag, Braunschweig

[*Eichler/Eichler*: Laser]
    EICHLER, J.; EICHLER, H.J.: Laser, Springer-Verlag, Berlin Heidelberg

[*Hecht*: Optik]
    HECHT, EUGENE: Optik, Addison-Wesley, Bonn New York

[*Lipson/Lipson/Tannhauser*: Optik]
    LIPSON, STEPHEN G., LIPSON, HENRY S.; TANNHAUSER, DAVID S.: Optik, Springer-Verlag, Berlin Heidelberg

[*Nimtz*: Mikrowellen]
    NIMTZ, GÜNTER: Einführung in die Theorie und Anwendung der Mikrowellen, BI-Wiss. Verlag, Mannheim Wien Zürich

[**Spezielle Literatur für Themenkreis X. Spektroskopie und Atomaufbau**]

[*Haken/Wolf*: Atom- und Quantenphysik]
    HAKEN, HERMANN; WOLF, HANS CHRISTOPH: Atom- und Quantenphysik, Springer-Verlag, Berlin Heidelberg

[*Mayer-Kuckuck*: Atomphysik]
    MAYER-KUCKUCK, THEO: Atomphysik. Eine Einführung, Teubner-Verlag, Stuttgart

[*Pohl*: Optik und Atomphysik]
    POHL, ROBERT W.: Optik und Atomphysik, Springer-Verlag, Berlin Heidelberg

[*Röntgenverordnung*]
    Röntgenverordnung (RöV), Verordnung über den Schutz vor Schäden durch Röntgenstrahlen vom 8. Januar 1987 in der aktualisierten Fassung vom 18. Juni 2002, Bundesanzeiger Verlag, Köln (2002)

[**Spezielle Literatur für Themenkreis XI. Radioaktivität und Strahlenschutz**]

[*Bethge*: Kernphysik]
    BETHGE, KLAUS: Kernphysik. Eine Einführung, Springer-Verlag, Berlin Heidelberg

[*Grimsehl*: Physik Bd. IV, Aufbau der Materie]
    GRIMSEHL, ERNST: Physik Bd. IV, Teubner-Verlag, Leipzig

[*Leo*: Techniques for Nuclear Experiments]
    LEO, WILLIAM R.: Techniques for Nuclear and Particle Physics Experiments, Springer-Verlag, Berlin Heidelberg

[*Mayer-Kuckuk*: Kernphysik]
    MAYER-KUCKUK, THEO: Kernphysik, Teubner-Verlag, Stuttgart

[*Povh/Rith/Scholz/Zetsche*: Teilchen und Kerne]
: POVH, BOGDAN; RITH, KLAUS; SCHOLZ, CHRISTOPH; ZETSCHE, FRANK: **Teilchen und Kerne**, Springer-Verlag, Berlin Heidelberg

[*Stolz*: Messung ionisierender Strahlung]
: STOLZ, WERNER: **Messung ionisierender Strahlung**, VCH, Weinheim

[*Strahlenschutzverordnung*]
: **Strahlenschutzverordnung**, Verordnung über den Schutz vor Schäden durch ionisierende Strahlen, Neufassung vom 20.7.2001, Bundesanzeiger Verlag, Köln (2001)

[Spezielle Literatur für Themenkreis XII. Digitalelektronik und Computer]

[*Alkin*: Digital Signal Processing]
: ALKIN, OKTAY: **Digital Signal Processing, A Laboratory Approach Using PC-DSP**, Prentice-Hall, London

[*Diemer/Baser/Jodl*: Computer im Praktikum]
: DIEMER, V.; BASER, B.; JODL, H.J.: **Computer im Praktikum**, Springer-Verlag, Berlin Heidelberg

[*Jamal/Hagestedt*: LabVIEW]
: JAMAL, RAHMAN; HAGESTEDT, ANDRE: **LabVIEW – das Grundlagenbuch**, Addison-Wesley-Verlag, München Boston

[*John Hopkins University*: Signals Systems Control Demonstrations]
: JOHN HOPKINS UNIVERSITY: **Signals Systems Control Demonstrations**, http://www.jhu.edu/signals/

[*Press u.a.*: Numerical Recipes in C]
: PRESS, W.H.; TEUKOLSKY, S.A.; VETTERLING, W.T.; FLANNERY, B.P.: **Numerical Recipes in C**, Cambridge University Press, Cambridge; im Internet frei zugänglich über http://www.library.cornell.edu/nr/bookcpdf.html

[*Tietze/Schenk*: Halbleiterschaltungstechnik]
: TIETZE, U.; SCHENK, CH.: **Halbleiterschaltungstechnik**, Springer-Verlag, Berlin Heidelberg

Sachverzeichnis

Symbols

α-Strahlung ... 508, **509**, 525, 535, 542
β-Strahlung **509**, 510, 525, 535
γ-Strahlung 397, **509**, 525, 535
$\lambda/2$-Platte 453
$\lambda/4$-Platte **429**, 453
$^{4}_{2}$He-Kern 510
Äquipotentialfläche 260
Äquipotentiallinie 260
Öffnungsfehler **353**, 357
Öffnungswinkel,
– eines Strahlenbündels 438

A

A/D-Wandler 236, **579**
Abbesche Zahl 389
Abbildung,
– optische 351
Abbildungsfehler **353**
– Astigmatismus **354**, 357, 358
– Bildfeldwölbung **354**, 357
– chromatische Aberration ... **354**, 359
– geometrischer 360
– Koma **354**, 358
– sphärische Aberration 360
– Verzeichnung **354**, 358
Abbildungsgesetze **440**
Abbildungsgleichung,
– allgemeine **352**, 356
– brennpunktbezogen 352
– hauptpunktbezogen 352
– Newtonsche 352
Abbildungsmaßstab **351**, **352**, **362**, 372
Aberration,
– chromatische **354**, 359
– sphärische **353**, 357, 360
Absorption **466**, 467, 469, **483**
Absorptionsgesetz **450**, **512**, 518, 519
Absorptionsindex 449
Absorptionskoeffizient .. **450**, 483, **512**, 519
– Fotoeffekt 526
Abstandsgesetz **512**, 517
Abszisse 13

Abtasttheorem,
– Shannonsches **566**
Abtastung **566**
Achromat **354**
Actiniumreihe 536
Addierer 551
Adhäsion **113**
Adiabaten-Gleichungen **177**
Adiabatenexponent 127, **177**
adiabatischer Vorgang **122**
Aggregatzustand **146**
Akkomodation **362**
Aktivität,
– optische **429**
– radioaktive **509**
Akzeptoren **304**, 306
Aliasing 568
Amperemeter **203**
– ideales 332
Amplitude **52**, **119**
– Schwingungs- 54
Amplitudenmodulation 72
Amplitudenspektrum **565**
Analog-Digital-Wandler **532**
Analogtechnik 315
Analysator **424**
Anisotropie 427
Anode **271**
Anpassung **230**
aperiodischer Grenzfall 249, 338
Apertur 381
– numerische 378
Arbeit **38**
– elektrische **201**
Arbeitsspeicher 554
Archimedisches Prinzip 107
Astigmatismus **353**, **354**, 357, 358
astronomisches Fernrohr **364**, 368
Atom 463, **507**
– Mehrelektronen- **482**
– Wasserstoff- **464**
– wasserstoffähnliches **482**
atomare Masseneinheit 508
Atomdurchmesser **463**

Atomhülle **464**, **507**
Atomkern **464**, **507**
Atommodell,
– Bohrsches **465**, **491**
– Rutherfordsches **464**
Aufenthaltswahrscheinlichkeit **491**
Auflösungsvermögen 520
– örtliches **363**, **382**, **417**
– Gitter 470
– spektrales **391**
Auftriebskraft 107
Aufweitung,
– von Laserstrahlen **366**
Auge **362**
Auger,
– Elektron **527**
– Prozeß **526**
Ausbreitungsgeschwindigkeit . 118, 119
Ausgangswiderstand 326
Ausgleichsgerade **17**, **18**
Ausgleichskuve 12
Austrittsarbeit **496**, 497
Austrittspupille **366**, 380
Auswahlregeln **491**
Avogadro-Konstante **146**, **159**, 178, 519

B

Balmer-Serie **468**, 470
Bandabstand 306
Bandbreite 250, **250**, **565**
Banden 474
Bandpaß 576
Barkhausen-Sprünge 288
barometrische Höhenformel .. **159**, **160**
Basis **315**
– strom 316
Batterie 209
Beleuchtungsapertur **379**
Beschleunigung 35
Besetzungsinversion 310
Besselverfahren 356
Bestrahlungsstärke **423**
Bestwert 24
Betriebssystem **555**
Beugung **399**, 402, **414**
– Doppelspalt **400**
– Fraunhofer- **399**, 403, **415**
– Fresnel- **399**, 403
– Gitter **401**, 470
Beugungsmaximum 471
Beugungsspalt **415**, 458
Beweglichkeit **301**
Bewegungsenergie **38**
Bewegungsfreiheitsgrad 148, **178**
Bewegungsgleichung,
– gekoppelter Pendel 68
– Newtonsche **36**
Bewegungsgröße (Impuls) **36**
Bezugssehweite 363, **363**
Bild,
– reelles **351**
– virtuelles **347**, **352**
Bildfeldwölbung **354**, 357
Bildhelligkeit **367**
Bildkonstruktion,
– Listingsche **351**
Bildladung 262
Bindungsenergie **508**
Binärcode **546**
Bit **545**, **553**, 579
Blende **367**
Blendenzahl **367**
Blindstrom 248
Bloch-Wand 288
Blutdruckmessung 244
Bohrsches Atommodell **465**
Bohrsches Postulat,
– erstes **465**, 469, 491
– zweites **466**, 469, 491
Boltzmann-Verteilung **160**
Boltzmannkonstante 148, **159**, 178
Boolesche Algebra 545
Bragg,
– Bedingung **484**
– Reflexion **484**, 486
Bragg-Bedingung **499**
Braunsche Röhre **271**
Brechkraft **349**
Brechung **348**, **388**
Brechungsgesetz **348**, **388**
– Paraxialgebiet **353**
Brechungsindex 348
Brechungswinkel **348**
Brechzahl **348**, **388**, 449
Brechzahlmessung 376
Bremskoeffizient 76
Bremskontinuum **481**, 488
Bremszaum 195
Brennglas 350
Brennpunktsstrahl 351
Brennweite **349**
– dünne Linse **350**
Brennweiten,
– abschätzung 355
– bestimmung 355, 377
Brewstersches Gesetz **425**
Brewsterwinkel **432**, 450, 458
Browser 556
Bändermodell **305**, 316

C

CCD-Bildwandler 367
chaotisches System 27

Sachverzeichnis

Chiralität 431
Clement-Désormes 181
Compiler 556
Compton,
– Effekt **527**
– Streuung 483, 526, **527**, **530**
– Wellenlänge **528**
Coulomb-Kraft 464
Coulombkraft 258
CPU 554
Curie-Temperatur 288
Curiesches Gesetz **286**

D

D/A-Wandler 237, **579**
Dampfdruck 166
Darstellung,
– doppelt-logarithmisch **517**
– einfach-logarithmisch **518**
de Broglie-Wellenlänge 240, **498**
de Broglie-Wellenlänge **469**
Debye-Sears-Effekt **136**
Defektelektron **302**
Deformationsellipsoid 97
Dehnung 93
Deklination **279**
Desktop **557**
Deuterium **508**
deutliche Sehweite 363
Dia-Projektor 366, **369**
Diamagnet **285**
Dichroismus **428**
Dichte 121, **166**
dicke Linse 373, **377**
dielektrische Schichten **410**
Dielektrizitätskonstante **258**, 464
Differentialgleichung,
– erster Ordnung **336**
– gekoppelte 69, **341**
– homogene 53
– inhomogene 340
– zweiter Ordnung **338**
Differentialquotient,
– partieller 10
Differenzverstärker **327**
Diffusionsspannung **304**
Digitalelektronik 315
Digitalkamera 367, **369**
Digitalmultimeter 204
Digitalrechner 342, **545**, **553**
Dilatometer 153
Diodenkennlinie **305**
Diodenlaser **442**
Dioptrie **349**
Dipol **277**
– atomarer 286
– elektrischer **426**

Dipolmoment,
– magnetisches **286**
Direktionskonstante **52**
Dispersion **348**, 353, 354, **388**, 390
Dispersionskurve 388
Dissonanz 123
Divergenz eines Laserstrahls . . 440, 446
Donatoren **303**, 306
Doppelbrechung **427**
Doppelpendel 66
Doppelspalt **400**, 456
Dosimetrie 509
Dotierung 302
Drain **319**
Drehbewegung 39, **83**
– gleichmäßig beschleunigte **88**
– Grundgleichung **40**, 56
Drehimpuls 40, **40**
Drehmoment 39, **39**, 95
– rücktreibendes 55
Drehschwingung **83**
Drehtisch 86
Drehvermögen,
– spezifisches 430
Druck,
– hydrostatischer 112
Druckeinheiten 170
Druckspannung 93
Dualismus **408**
Dualsystem 545
Duane-Hunt-Gesetz **481**
Dulong und Petit-Regel 151
Dunkelfeldbeleuchtung . . 380, 381, 385
Dunkelstrom 422
Durchbruchsspannung **308**
Durchflutungsgesetz **290**
Durchlaßrichtung **305**
Durchlaßstrom 316
Dynode **531**
Dämpfung 58, 245
Dämpfungsdekrement,
– logarithmisches **79**, 250, 251

E

Ebene,
– schiefe 163
Effekt,
– Debye-Sears **136**
– magnetostriktiver **130**
– piezoelektrischer **131**, 140
Effektivwert **227**
Eigenfrequenz **120**, 245
Eigenkreisfrequenz 76
Eigenleitung 302, **303**
Einfachspalt **414**
Einfallsebene **347**

Eingangswiderstand 326
Einheiten,
– abgeleitete **4**
– Basis- **3**
Einkanalanalyse **532**
Einschwingvorgang 247, 340
Eintrittspupille **366**, 367
Eisenverluste **290**
Elastizitätsmodul **94**, 121
elektrische Arbeit **201**
Elektrolyte 203
elektrolytischer Trog **257**, 264
elektromagnetisches Spektrum **397**
Elektrometerverstärker 331
Elektron **302**, **464**, **507**
– Geschwindigkeit **268**
Elektronen-Dichteverteilungen 468
Elektronen-Wellenlänge 242
Elektronenbeugung **498**
Elektronengasmodell **301**
Elektronenhülle **507**
Elektronenlinse **271**
Elektronenmikroskopie 499
Elektronenradius 520
Elektronenstoß 467, **492**
Elektronenstrahl-Oszilloskop **271**
Elektronenstrahlablenkung,
– elektrisches Gleichfeld 276
– elektrisches Wechselfeld 276
– magnetisches Gleichfeld 275
– magnetisches Wechselfeld 276
Elektroskop,
– Wulfsches **538**
elektrostatische Anziehungskraft .. 464
Elementarladung **201**
Elementarwelle **399**
Emission **466**, 469
– spontane 438
– stimulierte 438
Emissionsspektrum **466**, 473
Emitter 315
Emitterschaltung **316**
Emulgierung 136
Enantiomere 431
Energie **38**
– elektrische **147**, 268
– innere 188
– kinetische ... **38**, 39, 45, 46, 52, 268
– mechanische **147**
– potentielle **38**, 46, 52, 259
– thermische **147**, 303
Energie-Termschema **468**
Energiebänder **305**
Energiedichte einer Schallwelle ... 133
Energiedosis **513**
Energieerhaltungssatz **147**, 469

– mechanischer **39**, 45
Energielücke **305**, **306**
Energiezustände,
– erlaubte 525
Entmagnetisierung 295
Entropie **189**
Erdbeschleunigung 54, 57, 59
Erdmagnetfeld 281
erdmagnetisches Feld 276
Erhaltungssatz,
– Drehimpuls- **40**
– Impuls- **37**
Erregermoment 76
Erzeugungsrate 303
Esakidiode 309
Euler-Formel 78
evaneszente Welle 451
Experiment,
– steuerung 578

F
Fadenpendel **54**, 59
Fajans-Soddy,
– Verschiebungsgesetze **510**
Fallbeschleunigung 54
Farbfehler **354**, 359
Fast Fourier Transform 567, 572
Federkonstante **52**
– dynamische Bestimmung 58
– statische Bestimmung 58
Federkopplung 72
Federpendel 58
Fehler,
– absoluter 6
– Diskretisierungs- 568
– relativer 6
– statistischer 5
– statistischer des Mittelwerts ... 24
– Streu- **5**
– systematischer **5**, **6**, 27
– zufälliger 5
Fehler des Mittelwertes 9
– statistischer **8**
Fehlerabschätzung 9
Fehlerfortpflanzung **10**
Fehlerquadrate,
– Methode der kleinsten 18
Fehlerrechnung **5**, 9
Feld,
– elektrisches 257
– erdmagnetisches 276
– homogenes **269**
– magnetisches **269**
Feldeffekttransistor,
– Sperrschicht 320
Feldeffekttransistor,

– MOS **320**
Feldenergie,
– elektrische 245
– magnetische 245
Feldkonstante,
– elektrische **258**
– magnetische 270, **285**
Feldlinien **257**, 259, 284
Feldlinse **373, 374**, 375
Feldplatte **292**
Feldstärke,
– elektrische **257**
– magnetische **277, 284**
Fermienergie **307**
Fernglas 366
Fernrohr,
– Galilei **365**, 368
– Kepler (astronomisches) ... **364**, 368
Fernsehen 397
Ferromagnet **285**
Festkörper 148
– Leitungsmechanismen **301**
Fit 559
Flammersfeld 184
Fließgrenze 98
Fluß,
– magnetischer **285**
Flußdichte,
– magnetische **285**
Flüssigkeits-Stromstärke 106
Flüssigkeitslamelle 111
Flüssigkristall **428**
– nematischer 427
Flüssigkristallanzeige 273
Fotodiode 309
Fotoeffekt **526, 530**
– innerer **484**, 526
Fotoelektron **496**, 527
Fotoionisation **484**
Fotokathode 531
Fotomultiplier 421, **531**
Fotozelle **497**
Fourier-Reihe 564
Fourierkoeffizienten,
– gerade 565
– ungerade 565
Franck-Hertz-Röhre **492**, 494
Frauenhofer-Linien 474
Fraunhofer Formel **389**
Fraunhofer-Beugung **399**, 403
Frequenz 53, 397, **397**, 463
– Rydberg- **467**
Fresnel,
– Beugung **399, 402**, 403
– Integrale **402**
– Zahl **400**

Fresnelsche Beugung 498
Fresnelsche Formeln **426**
Fundamentalschwingung **70**
Füllfaktor einer Solarzelle 309

G

Galilei-Fernrohr **365**, 368, **444**
galvanomagnetische Effekte 291
Gangunterschied **400**, 415, 416
Gas,
– ideales 122, **176**, 187
– reales **179**
Gasentladung **464**
Gasentladungsspektrum 473
Gasgleichung,
– ideale **159**, **176**, 187
Gaskonstante,
– universelle 159, **176**, 187
Gate **319**
Gauß,
– Fehlerfunktion 445
– Fehlerintegral 26
– Verteilung 25, 522, 523
Gauß-Rauschen **566**
Gaußstrahl **439**
Gegenkopplung 328
Gegenkopplungszweig 336
Gegenstandsweite 349
Geiger-Müller-Zählrohr . 486, 509, **514**, 516
Geißlerröhre 470, 471
Geodynamo 280
Geschwindigkeit 35
– eines Elektrons **268**
Geschwindigkeitsverteilung,
– Maxwell **161**
Gesichtsfeld 373, **379**
Gewichtskopplung 73
Gitter,
– Beugungs- **401**, 456
– Raum- **484**
– schwingung 530
– spektrometer 391
– spektrum 474
Gitterbeugung 470
Gitterspektrometer 469
Gleichgewichtsbedingung 303
Gleichrichter **232**
Gleichrichtung **307**
Gleichverteilungssatz **148**, 178
Global Positioning System (GPS) .. 279
glühelektrischer Effekt 492
Goniometer **390**
grafische Darstellung **12**
– doppelt-logarithmisch 14
– einfach-logarithmisch 14

Gravitationsbeschleunigung **54**, 57, 59, 65
Gravitationskraft 35
Grenzfall,
– aperiodischer **79**
Grenzflächenspannungen 113
Grenzwinkel,
– der Totalreflexion **348**
Grundgleichung,
– Drehbewegung 56, 66
– kalorische **146**, 177
– Newtonsche **36**, 53
Grundschwingung,
– Harmonische der **565**
Grundton 122
Grundzustand **467**
Grüneisen-Regel 154
Gunn-Oszillator **449**
Güteklasse **7**

H

Hagen-Poiseuille'sches Gesetz 106
Halb-Addierer 551
Halbleiter 203, 302
– laser **310**, **442**
– speicher 236
– Strahlungsdetektor 509
Halbschattenplättchen 433
Halbwertsdicke **512**
Halbwertszeit 211
– biologische **513**
– radioaktive 337, **509**, 535, 541
Halleffekt **291**
Hallkonstante 292
Hallsonden 279
Hardware **553**
harmonische,
– Analyse 567
– Synthese 567
Haupt,
– brechzahl 388
– dispersion 389
– maximum 415
– punkt 349
Hauptsatz der Wärmelehre,
– erster 147, **176**, **187**, **188**
– zweiter 169, **189**
Hebelarm 39
Heisenberg-Unschärfe 468
Heißluftmotor **187**, **189**, 193
Helium-Neon-Gas-Lasern 442
Hellfeldbeleuchtung 380, 383
Hertzscher Dipol **429**
Histogramm 25, 164
Hochpaß 576
Hohlraumresonator 449
Hookesches Gesetz **93**, **94**, **97**, 99

Huygens-Fresnelsches Prinzip**399**, **414**, 456
Huygenssche Elementarwellen 470
Hygrometer 171
Hysteresekurve **98**, **287**, 296
Höhenformel,
– barometrische **160**
Höhenstrahlung 515, 542
Hörschall **122**, **130**
Hörschwelle 128

I

ideales Gas 122
Impedanz 327
Impedanzwandler **327**, 329
Impuls **36**
Impulserhaltungssatz 45
Induktions,
– gesetz 285, 294
– konstante **270**
– spannung 285
Induktivität **228**
Influenz 262
Influenzkonstante 258
Influenzmaschine 262, 265
Ingestion **513**
Inhalation **513**
Inklination **279**, 283
Integrationsschaltung 338
Integrationszeitkonstante 294
integrierte Schaltung 315
Intensität **398**, 423
Intensitätsprofil 439
Interferenz **398**, **408**, 414, 469, 484
– bild **399**
– destruktive **398**
– filter **497**
– konstruktive **398**
– streifen **402**
Interferometer 391
Internet 556
Interpreter 556
Ion **464**
Ionendosis **535**
Ionisation 481
Ionisationskammer 509, **537**, 539
Ionisierung **467**
Irisblende 367, 379
Isomerie **431**
– optisch 431
Isotope **508**

J

Joule-Thomson,
– Effekt 179
– Koeffizient 180

K

Kapazität **228**
Kapillar-Depression 113
Kapillardruck 112
Kapillare **113**
Kapillaritätsgesetz **113**
Kathode **271**
– indirekt geheizte 271
Kathodenstrahlröhre **218**
Kavitation **136**
Kennlinie,
– Strom-Spannungs- 301
– Zählrohr 516
Kepler-Fernrohr **364**, 368, **443**
Kern,
– fusion **509**
– kraft 36, **507**
– spaltung **509**
– spurplatten 509
– umwandlung **525**
Kernisomerie **525**
kinetische Energie 268
kinetische Gastheorie **147**, **178**
Kippspannung 219, **272**
Kirchhoff-Gesetz,
– erstes 328
– zweites 333
Kirchhoffsche Regeln **208**
Klang **122**
Klemmenspannung **210**
Klystron **449**
Koagulation 136
Koerzitivfeldstärke 287
Kohärenz **409**, **414**, 417, 438, **498**
Kohärenzbedingung **417**
Kohäsion **113**
Kohäsionsdruck 111, 112
Kollektor **315**
Kollimation 443
Kollimator 390, 485
Koma **354**, 358
Kompensationsschaltung 264
Kondensator **210**
Kondensatorentladung 240
Kondensor **366**, **379**
Kondensoriris **379**
Konsonanz 123
Konstantspannungsquelle 332
Konstantstromquelle 332
Kontaktspannung 495
Konvektion 150
Kopplungsschwingung **66**, **67**, 71
– gegensinnige **67**, 71
– gleichsinnige **67**, 70
Korrelationskoeffizient **19**
Kosinusspektrum **565**

kosmische Strahlung 515
Kraft **35**
– Coulomb- 464
– elektrostatische 464
– Lorentz- **270**
– rücktreibende **52**
– Zentrifugal- 270, 464
Kreisel **85**
Kreisfrequenz **53**, **119**
Kreisfrequenzen 70
Kreisprozeß **187**
– Carnotscher 188
– Stirlingscher **188**, 197
Kriechfall **79**, 249, 338
Kristallgitter-Bindungs-Modell **302**
kritischer Punkt **179**
Kugelpendelkette **46**, 48
– mit Störungen 50
Kundtsches Rohr 126
Kupferverluste **290**
Kurzschlußfall 210
Kurzschlußstrom 230
Kältemaschine **192**, 197
Köhlerscher Strahlengang **366**, 369, 418
Körper,
– anisotrope **97**, 100
– inhomogene **97**, 100
– starrer **55**

L

LabVIEW **548**, 583
Ladung **201**
– elektrische 258
Lambertsches Gesetz . . . **450**, **483**, 489, 526
Laplace-Operator 261
Laser **438**, 475
Laserlichtgranulation 403
Laserresonator 120
Laserstrahl **439**
Laserstrahlaufweitung 366
Lautstärke **123**
Lautstärkepegel **124**
Lawinenbildung 308
Lebensdauer **509**
Leerlaufspannung 210, 230
Leerlaufverstärkung 326
Leistung,
– elektrische **202**
Leitfähigkeit **301**
– elektrische **202**
Leitungsband **306**, 316
Leitwert 202
Leitwerte 209
Leuchtdiode **310**
Leuchtfeldblende **379**
Leuchtschirm **271**

Licht **397**
– monochromatisches ... 353, **463**, 473
– sichtbares **397**
Lichtbeugung 402
Lichtelektrischer Effekt,
– äußerer **496**
Lichtgeschwindigkeit **463**
– Vakuum **398**
Lichtquant **466**
Lichtstrahlen **347**, 423
Lichttelefonie 454
Lichtverstärkung 438
Lichtweg,
– optischer 429
linearer Ausdehnungskoeffizient ... **145**
Linearisierung **19**
Linienintegral 259
Linienspektrum **466**
Linse **349**, 362
– asphärisch **349**, 355
– dicke 373, 377
– Elektronen- **271**
– sphärisch **349**
Linsenbrennweite **349**, 350
Linsenfehler **353**
Lissajous-Figur 222, **223**, 225
Listingsche Bildkonstruktion **351**
Logarithmen-Papier **14**
Lock-in-Technik 566
logarithmisches Dekrement ... **79**, 247, 250, 251
Logische Verknüpfungen 545
Logos VI
Longitudinalwellen **118**
Lorentzkraft .. 270, **270**, 278, 280, 281, 284, **291**
Luftdichte **166**
Luftfeuchte **166**
– absolute 167
– relative 167
Luke 381
Lupe 352, **363**
– Vergrößerung 364
Längenausdehnung 145
Löcher 302

M

magnetische Feldkonstante 270
Magnetische Kreise **284**
Magnetische Widerstandsänderung **292**
Magnetisierung **286**
Magnetismus,
– Dia. **286**
– Ferro **287**
– Para **286**
Magnetostriktion 130
Majoritätsladungsträger **304**, 316

Masse **36**
– schwere **36**
– träge **36**
Masse-Energie-Äquivalenzbeziehung **529**
Massenabsorptionskoeffizient 519
Masseneinheit,
– atomare 508
Massenspeichergeräte 554
Massenzahl 508
Materiewellen **498**
– stehende **469**
mathematische Statistik **23**
Mathematisches Pendel 59
Maus **553**
Maxwellsche Geschwindigkeitsverteilung,
– dreidimensionale **162**
– eindimensionale **161**
– zweidimensionale **162**
Maxwellsche Gleichungen 426
Maxwellsche Theorie 451
Messen **3**
Methode der kleinsten Fehlerquadrate 18
Methode der Punktpaare **17**
Meß,
– datenerfassung 578
– geräte **3**
– unsicherheit **27**
– verfahren **3**
Michelson-Interferometer 455
Mikroskop **371**, 378
– Vergrößerung **372**
Mikroskopbeleuchtung,
– Dunkelfeld 380, 381, 385
– Hellfeld 380, 383
Mikrowellen **448**
Millimeter-Papier **13**
Minimum der Ablenkung **389**, 474
Minoritätsladungsträger **304**, 315
Mittelpunktsstrahl 351
Mittelwert 9, 24
Molekül 463
Molekülspektrum 473, 474
monochromatisches Licht 353, **463**
Monochromatisierung 489
Moseley-Gesetz **483**, 487
Motherboard 554

N

n-Halbleiter 303
n-Leitung **302**
NAND-Verknüpfung 545
Nanodrähte **239**
Nebelkammer **539**, 541
Nebenwiderstand 211

Neptuniumreihe 536
Netzebenen **484**
Netzhaut **362**
Neukurve 287, 296
neutrale Faser 94
Neutronen **507**
Newtonsche Abbildungsgleichung . **352**
Newtonsche Grundgleichung 4, 53
Newtonsche Ringe **409**, 411
Nicolsches Prisma **427**
Normalverteilung **25**
Normbedingungen 166
Nukleonen **507**
Nuklid **508**, 536
Nulleffekt **515**, 517, 542
Nullinstrument 213
Nullpunkt,
– absoluter **146**
Nullrate **515**
Nyquist-Frequenz **566**

O

Oberflächenenergie, spezifische . . . **111**
Oberflächenspannung **112**
Oberflächenspannungsdruck 113
Oberflächenspannungskraft 114
Oberton 122
Obertonreihe **565**
Objektiv **364**, 365, 367, **371**
Objektivbrennweite 367
Objektweite 349
Offsetspannung 292, 295
Ohmsche Verluste 247
Ohmsches Gesetz 150, **202**, **301**
Okular **364**, 364, **371**, 373, 374
– Huygens 374
Operationsverstärker **326**, 327, **336**
Opernglas **366**, 368, 369
optische Abbildungen **351**
optische Drehung **430**
optische Weglänge 455
Optischer Tunneleffekt 452
Orbitale **468**, **491**
Ordinate **13**
Ordnungszahl **507**, 508
Organdosis **514**
Oszillator 75
Oszillatoren,
– gekoppelte 66
Oszilloskop **217**, **271**
– Speicher- **236**
– technisch 273

P

p-Halbleiter 304
p-Leitung **302**

Paarbildung 526, **529**
Paarvernichtung 529
Parallelschaltung **209**
Parallelstrahl 351
Paramagnet **285**
Paraxialgebiet 353, **353**
Partialdruck 166, 171
PC 553
Peltierelement 171
Pendel,
– Einzel- **66**
– gekoppelte **66**
– mathematisches **54**, 59, 66
– physikalisches **55**, 56, **62**
– Reversions- **56**, 57, 63
Pendellänge 59
– reduzierte **56**
Pendelmasse **55**
Periodendauer **564**
Periodensystem **507**
Permanentmagnete 284, 289
Permeabilitätszahl **286**
Personal Computer **553**
Phase 54
Phasen,
– übergang **149**
– geschwindigkeit 388, 427
– grenzkurve 166
– konstante 54
– lage 398
– spektrum **565**
Phonon 530
Phononen **133**
Photon **466**
Photonenbild 423
Physikalische Größen **3**
Picoamperemeter 539
piezoelektrischer Effekt **131**, 140
pin-Diode 308
Plancksches Wirkungsquantum . . . **465**,
     481, 490, 491, **497**
Planetenmodell der Atome **464**
Plateaubereich 515
Plattenkondensator **268**
pn-Übergang 304, **315**
Pohlsches Rad **75**, 81
Poisson-Gleichung 122
Poisson-Verteilung 522, 523
Poissonsche Zahl **96**
Polarisation **450**
– elliptische **425**
– lineare **424**
– zirkulare **425**
Polarisations-,
– ebene 424
– folien **428**

Polarisator **424**
Polarkoordinaten-Papier **13**
Postulat,
– erstes Bohrsches **465**
– zweites Bohrsches **466**
Potential 257
Potentialdifferenz **201**, 260
Potentiometerschaltung......... **203**
Prellen..................... 241
Pretrigger 243
Prinzip,
– Archimedisches 107
– von Le Chatelier.............. 96
Prisma..................... 348
Prismenspektrometer **390**
Prismenspektrum 474
Programmiersprachen 556
Projektor,
– Dia...................... 369
Protonen **507**
Punktpaare,
– Methode der 17, 87
Pupille **363**, 381
pV-Diagramm 188
pV-Indikator................. 193
Pyknometer 170

Q

Quanteneffekte 239
Quantenhypothese **496**
Quantenzahl,
– Haupt-................... **465**
Quecksilberleuchten............ **495**
Querkontraktion **96**

R

Radio..................... 397
radioaktive Zerfallsreihe 536
Radioaktivität,
– künstliche................ **511**
Radiografie................. 509
Radionuklid **509**, **525**, **535**
Rasterelektronenmikroskop 239
Raumfilter 403
Raumgitter.............. 94, **484**
Raumladung................. 304
Rauschen **123**, 566
Rauschpegel................. 567
Rayleigh,
– Kriterium 386, 417
– länge **440**, 446
– Streuung **428**, 483
Rayleigh-Kriterium 391
Rechte-Hand-Regel........... **270**, 274
Rechteck-Signal 571
reelles Bild.................. **351**

Reflexion,
– einer Masse an Wand........... 49
Reflexionsgesetz **347**, 449
Reflexionsgrad..... **410**, 426, **449**, 450
Regel von,
– Dulong und Petit 151
– Grüneisen................. 154
Regression **19**
Reibung.................... 51
– Koeffizient der inneren 105
Reibungskoeffizient 76
Reibungskraft 107
Reibungsmoment 89
Reichweite 535
– α-Strahlung............... 540
– ionisierender Strahlung........ 526
Reihenschaltung **208**
Rekombination 303
Relativitätstheorie **36**
Remanenz 287, 289
Replika-Gitter VI
Resonanz **76**, **80**
– überhöhung 250
– frequenz 249
– kurve.................... **247**
Resonator................ 75, **120**
– Kreisfrequenz 80
– optischer................. 439
Reynoldszahl **106**
Richtgröße **52**
Rotation **39**
Rotationsdispersion **430**
Rutherfordsches Atommodell **464**
Rydberg-Frequenz **467**
Rydbergkonstante **468**
Röntgen,
– fluoreszenzanalyse 482
– röhre **480**
– sterne 480
– strahlung 397, **480**, 526
– strahlung, charakteristische. **481**, 488
– verordnung **486**
Rüchardt 182

S

Sammellinse **350**
sample-and-hold **566**
sampling 566
Schall,
– geschwindigkeit 137, 243
– geschwindugkeit............ 121
– intensität **123**, 134
– pegel 124, 124
– reflexion 134
– schnelle 132
– strahlungsdruck 133, **133**
– wechseldruck **133**

– welle 118, 131
– wellengitter 136
– wellenwiderstand **135**
Schallkopf 136
Schalter,
– digitaler **318**
Schaltkreis,
– integrierter **327**, 545
Scheitelwert **227**
Scherung **290**
Schieberegister 238
Schleusenspannung 305
Schmelzdruckkurve 167
Schmelzen **149**
Schmelzwärme 152
Schmiedestahl,
– gezogener 289
Schnittstelle **578**
Schnittstellen 555
Schub 121
Schubmodul **94**, 121
Schubspannung **94**, 105
Schwebung 67, 72
Schwebungsschwingung 67
Schwerkraft **159**
Schwerpunkt **55, 84**
Schwingfall **78**, 246, 249, 338
Schwingkreis 240
– elektrischer **231**
– Güte **250**
Schwingung,
– chaotische 66
– elektrische **245**
– erzwungene 75, 76, **340**
– erzwungene elektrische 231, **247**
– freie **76**
– gedämpfte **76**, 78
– gekoppelte 66, **67**, 71
– harmonische 58
– Koppel- **341**
– mechanische **52**
Schwingungs,
– bäuche **120**
– knoten **120**
– weite 55, **119**
– zeit **119**
Schwingungsdauer **52**, 54, **55**
– Fadenpendel 55
– Federpendel 53
– physikalisches Pendel 56
Schwingungsgleichung 77, 96, **246**, 279, **338**
– Federpendel 53
– mathematisches Pendel 54
– physikalisches Pendel 56
Schwungrad 88

Schwächungsgesetz 526
Schwächungskoeffizient **526**
Schärfentiefe **368**
Sehfeld **366**
Sehweite 363, 411
Sehwinkel **362**
Sekundärelektron **531**
Sekundäremissionsfaktor 531
Sendefrequenz 397
Serien **468**
Seriengrenze **468**
Shannons Abtasttheorem 575
Shunt 211
SI-System **4**
Signal **564**
– zeitkontinuierlich 564
Signal-Rausch-Verhältnis **567**
Sinkgeschwindigkeit 108
Sinusspektrum **565**
Skriptsprachen 556
Snelliussches Brechungsgesetz 348, 425
Software **553**
Solarzelle **309**
Source **319**
Spannung **201**
– elektrische 260
– Kipp- **272**
– zeitabhängige **219**
Spannungsmesser 203
Speicheroszilloskop 217, **236**
Spektralanalyse **463**
Spektralfarbe **463**
Spektrallinien **465**
– monochromatische 473
Spektroskop 475
Spektrum **463**
– γ-Linien 525
– elektromagnetisches .. **397**, 448, 480
– Emissions- **466**
– Gasentladungs- 473
– Gitter- 474
– Licht- **463**
– Linien- **466**
– Molekül- 473
– Prismen- 474
Sperrichtung **305**
Sperrstrom 315
Spiegel **347**
– dielektrischer 410
– Metall- 410
Spinmoment 287
Spitzentransistor 315
Spule **269**
Standardabweichung .. 8, 9, **24**, 30, 31, 557
starrer Körper **55**

Statistik **23**
Stauchung 93
Steinerscher Satz . 57, 60, 62, **84, 85,** 90
Stichprobe 24
Stirlingmaschine 187, 193
Stoppuhren **7**
Stoß,
– elastischer **45**, 527
– inelastischer **493**
– teilelastischer **48**
– unelastischer **46**
– zwischen zwei gleichen Massen . . **47**
– zwischen zwei ungleichen Massen **47**
Stoßanregung **466**
Stoßionisation 308, **493**
Strahl,
– außerordentlicher 427
– ordentlicher 427
Strahlaufweitung **366**
Strahleinengung **366**
Strahlengang,
– Köhlerscher **378**
– verketteter 418
Strahlenschutzverordnung **486**
Strahlenschäden **512**
Strahlradius **439**
Strahltaille **439**
Strahltaillenradius 446
Strahlung **347**
– α **509**, 525, 535
– β **509, 510**, 525, 535
– γ **509**, 525
– elektromagnetische 525
– Höhen- 515
– infrarote (IR) **397**
– ionisierende 486
– kosmische 515
– sichtbare (VIS) **397**
– ultraviolette (UV) **397**
Streucharakteristik 428
Streuung **483**, **511**
– α-Teilchen **464**
– Compton- 483, 520
– Rayleigh- 483
Stroboskop 165
Stromlinienbild **107**
Strommesser 203
Stromoszillationen **492**
Stromverstärkung **317**
– dynamische 317
Stromwärme 202
Strömung 106
– laminare **106**
– turbulente **106**
Störleitung 302, **303**
Sublimationskurve 167

Sublimieren **149**
Summationspunkt 330
Suszeptibilität,
– magnetische **286**
systematischer Fehler **27**
Szintillationen 509
Szintillationszähler **530**
Szintillator **530**
Sägezahn-Signal 570
Sägezahnspannung 219, 237
Sättigung 287
Sättigungsdampfdruck 166

T

Taupunkt **167**
Teilchenmodell **423**
Temperatur **145**
– absolute 147
Temperaturskalen **145**
Thoriumreihe 536, 541
Tiefpaß 230, 576
TN-Zelle 430
Toleranzdosis **513**
Ton **122**
Tonhöhe 123
Torsionsmodul **94**, 121
Totalreflexion **348, 451**
Totzeit **514**, 517, 520, 530, 533
Transformator **289**
– Spannungsübersetzung **290**
Transistor,
– als Schalter **315**
– als Verstärker **315**
– Ausgangskennlinien **316**
– bipolarer **315**
– Eingangskennlinie **316**
– Feldeffekt 315, 319
Transitfrequenz **332**
Translation **39**
Transversalwellen **118**
Trigger-Level 220
Triggerkomparator 237
Tripelpunkt **167**
Tritium **508**
Trägheit 36
Trägheitsmoment **40, 55, 83**
– Drehtisch 86
– dünner Stab **84**
– Hohlzylinders **84**
– Kugel **84**
– Vollzylinder 44, 84
Trägheitstensor **85**
Tunneldiode 309
Tunneleffekt 309
Tyndall-Effekt **428**

U

Ultraschall **130**
Ultraschallquarz **131**
Ummagnetisierungsenergie **287**
Unschärferelation 468
Ur-Spannung 210
Uranreihe 536

V

Vakuumlichtgeschwindigkeit **398**
Valenzband **306**, 316
Van der Waals,
– Konstanten 179
– Zustandsgleichung **179**, 186
Van-Allen-Gürtel 281
Vektorprodukt **270**
Verdampfen **149**
Verdampfungsenthalpie 149
Verdampfungswärme 149, 152
– nach Clausius-Clapeyron .. **169**, 173
Verformung,
– elastische **93**, **98**
– plastische **93**, **98**
Vergrößerung 374
– leere 387
Verknüpfung,
– logische **546**
Verschiebungsgesetze,
– Fajans-Soddy **510**
Verstärker,
– analoger **318**
Verteilungsfunktion 161
Vertrauensbereich **8**, 24, 31
Verzeichnung **354**, 358
Vielfachmeßinstrumente **212**
Vielkanalanalyse **532**
Virtual Instrument **548**, 583
Viskosimeter 109
Viskosität **105**
Voltmeter 203
Volumen-Ausdehnungskoeffizient . **146**
Volumenausdehnung 145

W

Wahrscheinlichkeit **25**
Wahrscheinlichkeitsdichte 161
Wahrscheinlichkeitsdichteverteilung 25
Wasserstoff **508**
– atom **464**
– Spektrallinien **468**
Weber-Fechnersches Gesetz 433
Wechsel,
– spannung **227**
– strom **227**
Wechselwirkung 35
Weg-Zeit-Gesetz **37**, 41

Wehnelt-Zylinder 218, **271**
Weicheisen 289
Weißsche Bezirke **288**
Welle,
– evaneszente 454
Welle-Teilchen-Dualismus **498**
Wellen **118**
– elastische 121
– front **399**
– harmonische 118
– länge **119**, 397, **463**
– modell 423
– stehende 120
– vektor **119**
– widerstand 398
– zahl **468**
Werkzeugstahl,
– gehärteter 289
Wertetabelle 546
Wheatstone-Brücke **209**, 282
Widerstand,
– elektrischer **202**
– induktiver **228**
– kapazitiver **228**
– Ohmscher **228**, 229
– spezifischer **202**
Widerstandsgerade **317**
Wiensches Verschiebungsgesetz .. 476
Wilson-Nebelkammer 509
Winkelbeschleunigung **39**
Winkeldispersion des Prismas ... 391
Winkelgeschwindigkeit **39**
Winkelort **39**
Winkelrichtgröße,
– Draht **95**
– Stab **95**
Winkelvergrößerung **362**, 372
Wirbelfelder **284**
Wirkleistung 248
Wirkung,
– ionisierende **509**
Wirkungsgrad 190
– thermodynamischer **189**
Wirkungsquantum,
– Plancksches **465**, 491
Wirkungsquerschnitt **511**, 519
Wulfsches Elektroskop **538**
Wärmedämmungskoeffizient 150
Wärmeenergiefluß **150**
Wärmekapazität,
– molare **177**
– spezifische **146**, 151, 177
Wärmeleitfähigkeit 155
Wärmepumpe **192**, 197
Wärmestrom 150
Wärmeübergangswiderstand **150**

X

X-rays **480**

Z

Z-Diode 308
Zeitablenkung **219**
Zeitbasis 237
Zeitkonstante **211**
Zener-Effekt.................... 308
Zentrifugalkraft................ 464
Zerfall,
– radioaktiver **337, 509**
Zerfallsgesetz **535**
Zerfallskonstante 337, 535
Zerfallsreihe................... **536**
Zerlegung,
– spektrale.................... **389**
zero-padding 575
Zerstreuungslinse 350
Zoomobjektive 367
Zugspannung 93
Zustandsdiagramm,
– von Wasser 166
Zustandsgleichung,
– kalorische................... **177**
– Van-der-Waalsche **179**, 186
Zustandsgrößen................ **176**
Zustandsänderung,
– adiabatische **122, 177**
– isochor 188
– isotherm.................... 188
Zähigkeit **104, 105**, 106
Zählrohr 521
– Geiger-Müller- 516
Zählrohrkennlinie **515**, 516
Zählstatistik.................. 516